某油田办公大楼纠倾增层加固（88m）

某油田管理局办公大楼，建于1994年，原地上20层，75.62m，地下1层，现拟增加1层，增层后总高度88m，地上21层，增加后建筑面积29880.5m^2。该大楼2006年8月已产生360mm最大沉降，最大倾斜量达270mm，于2007年8月开始纠倾和地基加固，共压入182根锚杆静压桩，纠倾后最大倾斜量小于0.1%H，该工程由黑龙江四维岩土工程公司承建完成。

浙江某电厂海水淡化车间该电厂桩基置于30多米厚软黏土层上。由于沉降较大，严重威胁生产车间的安全使用，上海华铸地基技术有限公司采用锚杆静压钢管桩加固方案，能穿透2.5m厚塘渣。补桩加固施工是在不停产和密集的设备群中进行，设计补桩148根，桩长36～38m，压桩力1200kN，开凿压桩孔底板最大厚度达4m，经过3个月的连续奋战，胜利完成加固任务，目前车间柱基沉降已基本稳定，取得立竿见影的效果。

锚杆静压钢管桩加固工程

山东莱芜高新区管委会综合楼移位工程（72m 高）

该综合楼为框架－剪力墙结构，主楼地下一层，地上十五层，裙楼地下一层，地上三层，筏形基础，基础埋深 7.05m，总建筑面积 24000m^2，该建筑物沿纵向向西平移 72 米。该工程由山东建筑大学工程鉴定加固研究所承担。

珠海华厦学校共 15 幢建筑群整体加固改造

珠海华厦学校共 15 幢建筑，整体加固改造工程由广州市胜特建筑科技开发有限公司承担，总建筑面积为 56000m^2，该加固改造工程规模巨大，耗资千万余元。

徐州华厦小康人家 **A9** 号楼纠倾加固工程

该楼整体向北倾斜率达 6‰，由江苏东南特种技术工程有限公司出具纠倾加固方案，2007 年 9 月顺利完成。经徐州市建设工程检测中心对该楼的纠倾效果进行测量，其倾斜率在 0.08% 以内。该工程在国内首创基础下碎石垫层振撼扰动法进行纠倾。

天津海河北安桥抬升工程

该桥始建于 1973 年，主桥共分三跨，跨径 24m + 45m + 24m，桥宽 24.6 米。上部结构为简支单悬中间带挂孔结构，根据规划要求，海河的通航为Ⅵ级航道，通航净高为 4.5 米，按此要求北安桥需顶升 1 米。该桥于 2004 年 4 月顶升到位。由上海天演建筑物移位工程有限公司承担。

云南大理富海小区22栋住宅楼地基基础托换加固工程

该住宅楼为砖混结构，条形基础，地基为粉喷桩，持力层为淤泥质土，分别有不同程度的倾斜和下沉；纠倾部分综合采用辐射井射水取法、预应力解除法、截桩法、浸水法、人工掏土法等；地基加固采用了双灰桩及地基基础托换（由条形基础托换为筏板式基础）；通过纠倾加固及基础托换改造，提高了原建筑物的抗震强度等级，达到了最初的设计要求。该工程由大连九鼎特种建筑工程有限公司承担。

上海音乐厅顶升平移工程

上海音乐厅占地面积1254m^2，建筑面积约3000m^2。结构总体上为框架－排架混合结构。音乐厅整体平移66.46m，并整体顶升3.38m。音乐厅总体迁移方案为：先在原址顶升1.7m，然后平移66.46m到达新址，最后顶升1.68m。该工程由上海天演建筑物移位工程有限公司完成。

建筑物移位纠倾与增层改造

唐业清　主　编

林立岩
崔江余　副主编

中国建筑工业出版社

图书在版编目（CIP）数据

建筑物移位纠倾与增层改造/唐业清主编. —北京：中国建筑工业出版社，2007

ISBN 978-7-112-09638-1

Ⅰ. 建… Ⅱ. 唐… Ⅲ. ①建筑物—整体搬迁②建筑物—改造 Ⅳ. TU746

中国版本图书馆 CIP 数据核字（2007）第 158134 号

本书是配合《建筑物移位纠倾增层改造技术规范》贯彻执行而编制的。此规范为我国建筑物改造与病害处理学科领域里第一个设计施工综合性新标准，也是这个学科领域新技术、新成果的集中体现。

本书的主要内容包括：综述；建筑物的检测鉴定；移位工程设计与施工；纠倾工程设计与施工；增层工程设计与施工；结构改造与加固；地基基础的加固处理等。

本书的特点是简明、新颖和实用；内容丰富，图文并茂，与新规范相呼应；工程实例 213 个，理论联系实际；是从事既有建筑物移位、纠倾、增层改造加固与地基基础处理的教学、科研及广大工程技术人员的良师益友。本书可供结构设计、加固、施工技术人员使用。

* * *

责任编辑：王 跃 郭 栋
责任设计：张政纲
责任校对：汤小平

建筑物移位纠倾与增层改造
唐业清 主编
林立岩 崔江余 副主编

*

中国建筑工业出版社出版、发行（北京西郊百万庄）
各地新华书店、建筑书店经销
北京中科印刷有限公司印刷

*

开本：787×1092 毫米 1/16 印张：51½ 插页：2 字数：1250 千字
2008 年 3 月第一版 2008 年 3 月第一次印刷
印数：1—3,000 册 定价：115.00 元
ISBN 978-7-112-09638-1
（16302）

建筑物移位纠倾与增层改造

编写组成员名单

主　　编：唐业清
副 主 编：林立岩　崔江余

编写组成员（按编写章节顺序）：

袁海军　卢明全　蓝戊己　楼永林　张　鑫　江　伟
李启民　徐学燕　何新东　谌壮丽　王　桢　李国雄
寿　光　杨桂芹　许　丽　吴如军　苗启松　李今保
韩继云　惠云玲　叶观宝　刘　波　周志道　李　虹

前 言

建筑行业是国家经济的重要支柱，约占GDP17%左右。我国自改革开放以来，进行了大规模工程建设，已建成的各类建筑物总面积约达400多亿平方米，每年还以20亿多平方米的规模进行建设。再经过20多年的大规模建设，我国新建工程将基本饱和，那时每年的新建工程开工量将明显减少，而既有建筑物社会积蓄总量将显著增加。目前欧美一些发达国家既有建筑物的加固改造与病害处理工程，占建筑市场工程总量60%以上，成为建筑市场的主体工程。可见既有建筑物加固改造与病害处理工程将会有广阔的市场前景，这是一个重要技术领域，对其必须有充分认识与重视。

我国建筑物的设计使用寿命一般为50~70年，然而据统计，目前我国建筑物平均使用寿命仅30年左右，常以各种借口随便拆除既有建筑物的现象十分惊人，尤其是国家公共建筑物。这不仅提前结束了建筑物的使用寿命，还要再耗费大量人力、物力投资兴建，是对国家社会财富的严重破坏和浪费。我国适合建筑用的水泥、砂、石料资源都较紧张，拆除和重建也加重能源短缺的压力。拆除建筑物产生的大量垃圾，需土地堆放。拆除和新建施工都会对环境造成重复严重污染。《北京晚报》2007年6月27日发表题为“我国建筑折寿令人忧，本该到花甲，而立便夭折”的文章，就是评述这一严重问题。这足以说明，我们一些业务主管部门忙于抓新建，习惯于大把花钱，而对于已建成的各类建筑物如何有效保护其继续使用价值、延长使用寿命重视不足，措施不力，是个薄弱的环节。有了问题的建筑物应通过改造加固及病害处理等技术手段进行整治，不要随便拆除，不能把仍有继续使用价值的建筑物化为垃圾。

应当严格既有建筑物的拆除鉴定、审批手续，建立建全既有建筑物保护的法律监管制度，大力宣传保护既有建筑物的重建性。坚决制止乱拆既有建筑物、毁坏国家社会财富的“败家子”卑劣行径。

由于天灾人祸（如地震、洪水、泥石流、滑坡、地面塌陷、风灾等自然灾害和建筑勘察、设计、施工以及使用过程的各种失误，对建筑物造成严重隐患等人为原因），都会使建筑物发生各种病害，如裂损、倾斜、下沉、扭曲等严重质量事故，特别是地下铁道、地下工程、地下巷道的开挖施工，也都可能使地面建筑物受到明显的影响。经过鉴定证明仍有继续使用价值的建筑物不要轻易拆除，可以通过纠倾、加固等病害治理手段或者托换抬升等技术措施，使其转危为安，恢复其继续使用价值，延长其使用寿命。建筑物病害治理所付出的代价，一般不超过新建筑工程造价的1/4~1/3，而且还可避免因拆除所产生的一切弊端。

随着社会经济的迅速发展，生活水平不断提高，人们对生产、办公、生活等用房的使用条件要求也会不断提高，如增加使用面积、改善使用功能、增设节能设备、美化与改善周边环境条件，乃至于整个城市的规划改造和“整容”等方面，都会对既有建筑物不断提出新的要求。对于不能满足上述种种要求的各类既有工业和民用建筑物，甚至在规划红线内“碍事”的建筑物，通过技术经济论证认为要求合理者，都可以通过建筑物移位（平移、抬升、迫降、转动）、增层（室外、室内、地下）以及改造加固等特种工程技术手段进行处理。

现在社会上有个误解，认为到了设计寿命的建筑物已老旧不堪，就应当拆除，这是不对的，应当经过专业人员的检查鉴定。对于那些管线老化，门窗破旧但主体结构仍有继续使用价值的建筑物，可进行大修、改造，加固破损构件，甚至采用病害处理等手段，恢复其继续使用价值，使其焕发青春。改造加固后的建筑物比原建筑物会更安全、更美观、更方便、更舒适，能满足使用者的要求，还可继续使用数十年。数十年后，还可以再通过改造加固等技术手段进行治理，仍然能延长其使用寿命。当然，既有建筑物是否需要改造加固或病害处理，一定要通过技术经济比较论证后方可进行。

我国人口多，底子薄，城市人口由20世纪80年代初的1.9亿增至现在5.4亿，住房需求压力很大，人均居住面积还较低，房屋的质量、居住条件与发达国家相比还有很大差距，目前只是较少的人拥有较满意的住房。要较好地解决我国众多人口的生活住房和生产、公共用房，还要经历一个较长时期的建设与积累。一定要认识到每栋建筑物都是来之不易，是血汗劳动的结晶，是改革开放社会财富积累的成果。必须认真保护各类已有建筑物，乱拆和提前结束其使用寿命的行为就是对社会的犯罪。我们可以把爱护一草一木作为社会美德，难道对来之不易、耗资巨大的各类建筑物不更应该百倍珍惜吗?

由于我国人均占有耕地只有0.8~1.0亩，而世界人均占有耕地约为14亩，而且沙化土地已占国土27%左右，土地本来就宝贵、紧缺，每年还要拿出几百万亩土地堆放城市排出的垃圾，最近北京、上海有些地段1平方米土地售价高达万元，土地已如此珍贵。为解决各类用房的严重不足，也可以向空中要住房，向旧房要面积，用新建与旧房增层改造两条腿走路办法，解决我国各类用房的严重不足。对有条件的既有建筑物，通过技术经济比较认为可行的，可进行增层改造，增层改造后的建筑物可以扩大使用面积，改善使用功能，延长使用寿命。在地价越来越贵、房价不断抬升的今天，这仍然是解决各类用房严重不足，乃至降低房价的一个可选出路。

前不久媒体传出南京长江大桥（不仅南京大桥，甚至包括长江上多数大桥）因桥下净空小，不能满足大型船只通航要求，有人主张拆除重建，他们认为拆除重建的资金很快就会从通航的效益中收回。这只是从投资角度看问题的观点。其实拆除已有大桥或拆除既有建筑物都具有同样的弊端，桥下通航净空不足的桥梁，可以采用抬升、改造加固的技术方法解决。目前暴露出我国许多大江大河上的桥梁，建造设计时预留的桥下通航净空不足，已不能满足迅速发展航运事业要求。这些水上既有建筑物，也应当和其他既有建筑物一样不能随意拆除，应通过全面技术经济论证比较，优先采用改造加固技术方案，给我们子孙后代少留点垃圾，多留点能源，尽力保护社会已有财富，时刻要想到净化环境的大主题。

建筑物改造与病害处理行业是我国近些年为适应社会需要而逐渐发展起来的新行业、新学科，我国目前约有近百家专门从事这项工程的专业公司。从1980年以后，全国进行了大规模的既有建筑物增层改造、移位、纠倾等病害处理以及桥梁抬升改造等工程，挽救了大批濒危建筑物，使其转危为安，同时也扩大了许多既有建筑物的使用面积，延长了使用寿命，改善了使用功能，以较少的经济投入取得较大的成果，缓解我国当年百废俱兴时面临资金严重不足的压力，对解决当时社会各类用房严重不足作出了贡献，对推动生产、保持社会稳定起到了积极作用，这条路越走越宽，其重要性逐渐被领导部门和广大工程技术人员所赏识。

我国在既有建筑物改造与病害处理方面积累了较强的技术实力，有许多独创新技术，完全可以满足这类工程的要求。即将问世的《建筑物移位纠倾增层改造技术规范》将会对这类工程提供更有效的技术指导。已做过许多重要建筑物的加固改造病害处理工程，就是我国在这个领域技术实力的体现。其中较为典型的如：我国目前最高的移位工程为13层吴忠宾馆，成功移位80多m；目前最高纠倾工程为倾斜54cm百米高楼哈尔滨齐鲁大厦的纠倾成功；目前最高增层工程为原28层再加4层的广州联华商住大厦；最典型的加固工程如上海国际会议中心的桩基础加固；此外，城市地铁往往要从有深桩基础的楼群下穿过，都需要进行断桩托换加固处理；还有全长230m，最大跨度73.3m，全桥同步顶升2.5m的湖洲岂风大桥成功抬升改造工程等。都取得显著成果，成绩斐然，其技术已达到国际先进水平。

为了适应这个新形势的需要，新编制了《建筑物移位纠倾增层加固技术规范》（下简称新规范）。为了配合新规范的推行而编制了本书。本书编写组成员，全部是新规范编制组的成员，他们都是从事本学科有丰富经验的专家。希望通过本书的出版，能更有效、更深入、更及时、更准确地宣传、学习、运用新规范。为确保我国既有建筑物的移位、纠倾、增层、加固改造和地基基础加固工程的高质量和推动相应技术的新发展作出新贡献。

本书包括了：建筑物的位移工程；倾斜房屋的扶正加固工程；既有建筑物的增层工程；建筑物的改造加固工程以及地基基础的加固处理工程等，本书涵盖面广泛，是建筑物改造与病害理处学科的新技术、新成果、新理论的全面体现。

本书不仅着重《建筑物移位纠倾增层改造技术规范》条文的正确解释，而且还对条文的出处与应用作了相应的介绍。全书吸收了212个工程实例，其中有详细实例96个，例表实例116个。重要工程实例，大部分实例都是作者的理论和工程实践的成果，都是代表本学科先进技术的成果。

我们相信在大规模的新建工程逐渐饱和后，在建设领域内更为久远的是既有建（构）筑物的移位、纠倾、增层加固工程以及地基基础的加固处理工程，我们统称其为建筑物改造与病害处理工程。因此这是一个具有丰富内容和远大前途的新领域、也会是久盛不衰的新学科。

我国是各类建（构）筑物拥有量较多的世界大国，同时也是建（构）筑物改造与病害处理技术较为先进、完善的国家，不仅有了世界上第一部《建筑物移位纠倾增层改造技术规范》，而且还有了与其配套的相关技术成果，国内还大量涌现了推动本学科迅速发展的高级技术人材。我们相信随着新规范和本书相继颁布和出版，一定会为本学科的发展提供新的动力和更加有利的条件。

本书的特点是：移位工程、纠倾工程、增层工程和结构改造工程都是难度较大，社会急需而又缺乏相关技术标准规定的特殊工程，在本书中都有明确规定，而且还附有215个不同类型的工程实例，可使读者学以致用，有可参照余地。

本书具有简明、新颖、实用的特点；内容丰富，图文并茂与新规范对应；工程实例较多，理论联系实际；是从事本学科广大工程、教学、科研人员的良师益友。

2006年6月，由中国老教授协会土木建筑专业委员会在上海召开的“第七届建筑物改造与病害处理学术研讨会”，出版的大会论文集，刊登近百篇有经验、高水平的学术论文，也为本书的编写提供有力的帮助，在此对被引用论文资料的作者致谢。同时我们也期待2009年春在广州召开的第九届建筑物改造与病害处理学术研讨会，一定会提供一大批更为新颖的本学科科技成果，为推动本学科的技术发展提供新动力。

《建筑物移位纠倾增层改造技术规范》和本书的编写过程中，得到了国内知名同行们大力支持和热心的指导，特向王梦恕院士、刘金励、钟亮、胡连文、张誉、黄兴棣、万墨林等各位专家致以衷心的感谢。

本书是在《建筑物移位纠倾增层改造技术规范》编制的基础上编制的，由于编者水平有限，经验不足，时间仓促，不当谬误之处在所难免，敬请读者指正。

编　者

目 录

第一章 综 述

本章内容提示：本章全面综述了既有建筑物改造与病害处理学科的重要性，主要内容，发展特点，技术进步概况。同时还对《建筑物移位纠倾增层改造技术规范》进行简介与评价。还对本学科的发展提出展望意见。

第一节 本学科的重要性

我国自改革开放以来，进行了大规模的建设工程，已建成的各类建构筑物达400多亿平方米，现在每年还以20多亿平方米的规模进行建设。这些耗费巨资和人力、物力建成的各类既有建构筑物，是我国的宝贵社会财富，是全国亿万人民劳动的结晶，也是改革开放的重要成果。因此，维护好这些大量既有建（构）筑物，保证其安全使用，及时的消除天灾或人为造成的各种病害，延长其使用寿命，就是对国家社会财富最有力的保护。

建筑行业包括两大领域，即新建工程领域和既有建筑领域。本学科涵盖了既有建（构）筑物的改造和病害处理工程领域。既有建（构）筑物的改造工程包括：建（构）筑物的移位、增层、改建与扩建；既有建（构）筑物的病害处理工程包括：建（构）筑物的纠倾、沉降控制和裂损的加固处理。

由于管理不当，据统计，有许多设计寿命为50年的建筑物一般仅使用30年左右就被拆除，这是对国家财产的极大浪费。对仍有使用价值的建筑物不可乱拆，有了毛病可通过加固、改造与病害处理方式挽救，尽量延长建筑物的使用寿命。一栋建筑物从建造到最终被拆除，可能经历许多意想不到的“苦难”历程。例如：由于勘察、设计、施工等方面的失误，有些建（构）筑物在施工建造过程中就会发生倾斜、裂损以及不均匀下沉等严重质量事故，如能及时地查明这些建筑物病害原因，对其进行有效的加固和病害处理，使其转危为安，确保建筑工程质量，可避免重大经济损失和保护人民生命财产的安全，为新建工程保驾护航。

由于地震、水灾、风灾、雪灾、地面塌陷、滑坡、泥石流等自然灾害和火灾等人为灾害，可使既有建（构）筑物遭受严重损坏，通过纠倾扶正、地基基础和上部结构的补强加固，可消除其病害，恢复正常使用功能，挽回经济损失。

随着社会经济水平不断提升，人们对增加房屋面积，改善房屋使用功能，提高房屋质量，美化周边环境等要求也会随之提高。因此，及时做好既有建筑物的改造和加固，以满足人们不断增长的新要求，使既有建筑物不断适应时代进步的要求，其重要性决不亚于新建工程。

我国人口众多，人均住房面积还较低，房屋的质量和环境条件与发达国家相比还有较大差距，目前只是少数人有较宽敞、满意的住房。要较好地解决多数人期盼的住房还要走很长的路，因此我们要十分珍惜和有效地保护各类既有房屋，而且还可通过对既有房屋的增层与改扩建，增加房屋使用面积，不仅节省土地，还可比简单拆除旧房节省投资30%～60%，可见本学科的任务有多么重要与艰巨。

再经过若干年的大规模建设，各类建筑物的拥有量已达到饱和，新建工程的规模会逐年下降，而既有建筑物拥有量则会十分巨大，在全世界也是大户人家。因此，对既有建构筑物进行维护、加固、改造和各类病害的治理，则会成为建筑领域里头等大事，相关的企业和科学技术必然得到迅速的发展。一些发达国家新建工程数量较少，而既有建筑物的维护、加固与改造工程则占60%以上的比例。必须看到，本学科还是一个正在发展中的新学科，基础薄弱，经验不足，工程难度较大，人才缺乏，科研滞后，是一个风险与创新并存的学科。目前人们普遍关注的是房屋市场价格，而对既有建筑物的改造加固与病害处理工程的严竣现状与重要性的认识还有待提高。

建筑物改造与病害处理的行业或学科的重要性可概括为：它是人们为保护自己的劳动成果，抗拒天灾人祸对建筑物的毁坏，及时地加固处理各种建筑物病害使其转危为安。及时地对既有建筑物进行高质量改造及改扩建工程，使其不断适应人们生产、工作和生活的新需求，确保人们生产、工作、学习、生活等各类用房的安全和正常使用。不断改善人们生产、工作和生活条件，保持社会安宁和稳定而不可缺少的重要行业或学科。这个行业的技术能力和水平，也是一个国家和民族抗拒灾难、保护自己、求生存、谋发展的能力和智慧的标志与体现。

第二节　本学科的主要内容

在建筑工程中包括新建工程和既有建筑工程两大领域，而既有建筑工程包括建筑物改造和建筑物的病害处理两大部分，这也就是本学科所包括的两大主要内容。

一、建筑物的改造工程

建筑物的改造包括广泛的内容，如增层、改造、扩建、移位等。随着人们的经济条件不断改善，生活水平逐渐提高，对生产、生活、工作等各类用房的使用要求不断提高，原有房屋的使用面积、功能、质量和诸多条件已不能满足要求，而在不同时期建造的房屋又是固定资产不能随意拆除，因此对旧房进行有效的改造加固，使其不断适应客观需求是惟一正确的出路，而且是今后建筑工程领域中一项长远的任务。建筑物的改造内容还可以进一步分类如下：

1. 地下改扩建工程：新增设局部或整体式地下室或者改扩建旧地下室，增加旧房的地下使用空间，如新增设地下街道、储藏室、人防工程以及其他地下开发工程等，通过开发地下工程拓展空间，向地下要各类生产、生活及工作用房。

2. 在房屋和构筑物上的增层改造：在旧房上增建新的楼层，进行建筑物增层改造工程，向空间要住房；在室内空间较大、屋顶较高的房屋内进行室内增层改造工程，增加既有房屋的空间使用面积。

3. 在平面上进行改扩建，增加或扩大房屋在平面上的使用面积。

4. 拆除部分已损坏、腐蚀的地基基础、墙体、梁、柱、板等承重构件，重新进行构筑或加固改造，或者同时进行改扩建，扩大房屋的使用面积，使改造与加固相结合，从而消除旧房隐患，延长房屋的使用寿命，改善房屋的使用功能。不一定到了设计寿命就拆除，有条件的通过大修、改造和加固还可再延长使用寿命20年以上，这是不争的事实。

5. 更新外墙面、屋面、门窗、管道、电线路，室内重新装修、装饰和改造等，通过大修使其焕然一新。

6. 建筑物的移位工程：根据城市建筑规划的要求，对于妨碍交通和影响城市功能的有继续使用价值的房屋或重要文物可进行移位处理。移位工程包括平移、转动、抬升与迫降。通过移位不仅保护了建筑物，而且也使城市面貌一新，这是一举多得的好事。

由此可见，旧房改造工程的内容和项目繁多，这些工程都应通过常规手续依法进行设计、施工，而且要经过可行方案的论证和比选，邀请有经验、施工质量可靠的专业公司承担工程任务，并要办理相关的报批手续方可施工。

二、建筑物的病害处理工程

由于勘察、设计、施工和使用不当的人为因素及自然界灾害等诸多因素所致，致使建筑物出现影响正常使用甚至危害使用者安全的各种病害，如倾斜、扭曲、严重裂损、大面积下沉等。不采取有效措施对其病害进行有效治理，恢复其正常使用功能，建筑物将丧失使用价值甚至被拆除或报废。

建筑物的病害处理工程还可进一步分类如下：

1. 建筑物的纠倾加固工程，针对建筑物发生倾斜的原因，采取有针对性的纠倾和加固技术措施，使其改斜归正，并且防止复倾的可能性。

2. 建筑物裂损与扭曲变形的挽救与加固处理，针对发生病害的原因，对其进行不均匀沉降的调整处理，释放结构变形产生的内应力，修补裂缝，对损坏结构构件进行加固。

3. 因自然或人为灾害而损坏的建筑物加固处理。如地震、泥石流、飓风、火灾、洪水等灾害造成建筑物损坏时，应根据病害原因和损坏状况有针对性地对其进行抢救与加固，尽可能地恢复其正常使用功能。

4. 由于地下水位变化或其他因素，引起大批建筑物发生过量沉降以及地基基础发生严重损坏时的沉降控制与加固处理。

5. 进行增层、移位、改扩建的建构筑物，也可能同时具有不同程度的病害，因此建筑物的改造与病害处理加固工程通常要结合进行。

要成功地治理建筑物的病害，必须正确判断发生病害的原因，应通过检测鉴定，正确做出评价，加固处理应经过方案比较论证，不可简单、粗糙地处理。

三、建筑物改造与病害治理工程必需与环境治理保护相结合

环境治理时也可能要对建筑物进行必要的改造与病害处理，或者在进行建筑物改造与病害处理的同时需要与环境保护、治理相结合。总之，在进行既有建筑物改造与病害处理时须具有环境保护的意识与相应措施。使经过处理后的建筑物变为安全、坚固、适用、美观、面貌焕然一新的房屋，而其周边环境也应做相应的改造、美化、治理，使居住者感到舒适满意，提高居住的房屋质量与环境质量。

四、建筑物改造与病害处理工程必须本着节约能源的原则进行

我国人口众多，近期查明我国可利用石油等能源只能供20多年使用，全国每年耗油3

亿多吨，1/3 靠进口，能源储备严重不足。因此，我们必须十分重视节约能源。而建筑行业又是我国耗能较大行业，从钢铁材料到水泥等各类建筑材料的生产、挖掘都要耗费大量电力能源，如生产 1 吨水泥就需消耗 100 度电。因此，既有建筑改造与祸害处理工程，应本着节约原则进行设计和选择节能和节电方法施工，我国不适宜建造大量玻璃幕墙耗能建筑，应充分开发利用太阳能、风能、地热能等方面能源。既有建筑物有继续使用价值的，应通过改造、加固与病害处理等技术手段，延长其使用寿命。避免大量拆除旧房，造成大量建筑垃圾。拆放与垃圾运输过程又会对环境与地下水造成新的污染，还需要大量土地堆放建筑垃圾。此外，还需要生产大量新建筑材料重新建造，因此拆除有继续使用价值的旧房，不仅造成经济上的巨大浪费，也同样对环境、土地、能源等方面都会造成严重的破坏。

况且，目前许多建筑物的使用寿命仅为 20 ~ 30 年，距设计使用寿命 50 ~ 70 年还有很长时间，这种提前拆除的行为是法理难容的，必须坚决制止。

第三节　本学科的发展特点

建筑物改造与病害处理在建筑工程领域中是个新兴的学科，它的发展与新建工程技术的发展密不可分，是弥补新建工程的失误与不足而发展起来的学科，或者说是大规模新建工程的拾遗补缺，是新建工程的影子和小兄弟，但它会从弱到强，今后可能是逐渐成为建筑领域主要支柱，是有远大前程的新学科，其发展特点可概括如下。

一、20 世纪 80 年代初开始的低多层房屋增层改造工程

随着 20 世纪 80 年代初全国改革开放以来，百废待兴，要开始进行大规模建设，但资金严重短缺，各类生产、公用、居住房屋严重不足，北京市提出人均居住面积 6m^2 为奋斗目标，上海工人住宅区有不少是三世同堂，一家人只能挤住在一间 10 多 m^2 的房间里，十分窘迫困难。在这种形势下单靠新建工程来解决全国房屋严重不足的重大困难是不现实的，因此各地首先从有条件的低多层房屋开始，进行改扩建和增层改造工程，资金多为自筹，工程规模有限，但颇有实效，有些大单位自力更生，先解决居住面积甚挤的住房，增加小客厅、厨房、卫生间等面积缓解矛盾；有些机关、商场、学校在原有的低多层楼房上进行增层改造，扩大房屋的使用面积；也有些城市的房管部门选择最为困难的小区进行增层改造，以较少的资金投入，取得立竿见影的显著成效；在广州沿街有许多居民楼，但商业店铺门面严重不足，他们有针对性地对其进行增层改造，改变底层房屋结构，使其适于商业店铺需要，对推动商业的发展也是颇有贡献的。全国许多城市都进行了房屋的增层改造，同时也对旧房进行必要的加固补强，这不仅缓解了各类用房严重不足的燃眉之急，也延长了旧房的使用寿命，增加了房屋的安全性。

当时全国典型的增层改造工程有：

1. 哈尔滨秋林公司商业楼，是俄罗斯风格建筑，原为两层的砖混结构，墙上有许多俄罗斯风格的建筑雕塑，是一栋保护性文物建筑。为适应商业发展需要，哈尔滨市对其进行了很成功的增层改造工程，由 2 层增为 4 层，建筑面积增加一倍，完全保留了原建筑物的风格。内框架结构，外墙上的雕塑都按视觉比例放大，如今已成为哈尔滨市一个景点建筑。

2. 北京晚报社办公楼。原为 4 层砖混结构，增层改造后为 8 层外套框架结构，新增结

构为钢结构，是由北京市建筑设计研究院设计，这是一栋很成功的增层改造工程，改造后建筑面积增加一倍，外观漂亮，是北京市增层改造工程中一栋标志性建筑。

3. 上海鞍山新邨住宅小区住宅楼。原建筑为2层灰砖楼，一户2~3室，每室住一家，老少三代同室，几家合用一个厨房和厕所，拥挤不堪。上海市房管局对其进行增层改造，由2层增至5层，造型漂亮、宽敞实用，老住户都搬进有2~3个卧室的单元房，当时是上海市有代表性的解困式住宅改造工程。

4. 北京黑色冶金设计研究总院办公楼和职工住宅楼的增层改造工程。为了解决办公用房紧张和改善职工住房条件，对院部办公楼（3+1）和家属宿舍（增加使用面积、改善使用功能），他们采取自力更生的办法，自行设计、自己管理施工，其增层改造工程都取得较好成果。

5. 沈阳铝镁设计院办公楼（3+2）的增层改造也是一个成功的典范。改造后不仅改变了建筑物本身，也改变了沈阳马路湾地区的环境。

6. 此后相继进行的有代表性增层改造工程如：中石油天然气总公司地球物理勘探局办公大搂，原为4层砖混结构，采用外套结构增至11层；武汉铁道部第四勘测设计院办公楼，是20世纪50年代建成的4层砖混结构，采用外套框架结构，在20世纪90年代增至10层；四川绵阳市医药站办公楼，是20世纪70年代建成的7层砖混结构，20世纪90年代采用框架结构增至11层；其他还有：北京电力公司办公楼、北京地毯厂办公楼、公安大学教学楼、北京国家商务部办公楼以及原纺织工业部办公楼的增层工程等等。不仅北京乃至全国，规模较大的增层改造工程也是不胜枚举。

当时在全国范围内的旧房增层改造工程，数量多、规模大、费用低、见效快，颇受欢迎。报刊媒体对此也十分关切和支持，20世纪90年代初在《南方周末》报上，刊登了对唐业清教授的访谈录，支持当时他提出的："向空中要住房，向旧房要面积，用新建与旧房增层改造两条腿走路的办法解决我国各类用房严重不足"的主张，鼓励和推动了我国旧房增层改造事业的迅速发展。

二、20世纪90年代初建筑物纠倾扶正和各类建筑物病害处理工程大量涌现

随着大规模建设的逐渐展开，由于勘察、设计、施工等环节的失误和建筑行业中的不正之风，出现了一批倾斜、裂损、严重病害的劣质建筑，给国家建设事业造成很大危害，为挽回经济损失，建筑物的纠倾扶正和病害处理工程大量出现，使我国的建筑物纠倾扶正和建筑物病害处理技术得到相应发展。

有关建筑物改造与病害处理学科的科研和专门人才的培养也得到高校和科研单位的重视，专门从事这类工程的专业技术公司迅速涌现。经主管部门批准开始编制了指导本类工程的技术标准。许多成功的典型工程出现，增强了治理建筑物病害的信心。成功的纠倾扶正与病害治理工程有：

1. 哈尔滨29层百米高楼齐鲁大厦纠倾扶正成功。这栋正在施工中的超高层建筑物发生了严重倾斜，是由于设计不当、偷工减料、地基被注水软化等诸多因素所造成的。经过纠倾加固取得成功，为国家挽回6000余万元经济损失。这也是我国第一座扶正成功的超高层建筑，美国《世界日报》以"中国哈尔滨百米高楼扶正成功"为标题对此加以报道。

2. 山西化肥厂倾斜155cm的百米高烟囱纠倾扶正成功。由于强夯处理地基质量不合

格、设计失误和使用维护不当，造成该烟囱严重倾斜，而且每日还以 1 ~ 2mm 的速度发展，经过纠倾扶正处理成功，确保山西化肥厂的正常生产。此后我国还有 150m 的高烟囱扶正成功的工程实例。

3. 海口海事法院大楼深桩基础（桩长 19m），倾斜 39cm 的 7 层建筑物扶正成功。这是由于相邻深基坑施工降水而引发的倾斜。温州永嘉县 7 层居民楼（26m 深桩基础）扶正成功，这些都进一步证实了具有深桩基础的倾斜建筑物纠倾扶正的可行性。

4. 云南大理 24 栋倾斜和过量沉降的住宅楼纠正和沉降控制成功。这是在深达 50m 的深厚淤泥软土地基上纠倾加固成功，有效控制沉降的工程实例。

5. 我国兰州黄河北岸的白塔纠倾加固成功。这是我国古建筑加固扶正的一个典范，该工程是由西北铁道科研院主持进行的。四川都江堰葵光塔的纠倾扶正成功，又是该院第一成果。

全国这些年纠倾扶正工程量很大，各地同行都做了许多重要工程，丰富了这个学科领域的技术成果。还有许多工程实例不一一赘述。

三、最近十余年以来建筑物移位工程方兴未艾

由于改革开放深入发展，城乡的房屋和道路建设迅速开展，文物保护逐渐被重视，各类已建的建筑物和构筑物，由于妨碍建设规划而被拆除者甚多，在社会舆论的呼唤和领导部门的提倡下，许多有价值的建构筑物通过移位工程，被完好地保留下来，这也是保护国家和社会公共财富的有力措施。最近十余年来，做过许多有价值的平移工程，例如：

1. 上海音乐厅平移工程。上海音乐厅是一栋具有百年历史的知名建筑物，经过平移、抬升和扩建，成为上海市一个新景点。这是由上海天演建筑移位公司主持的工程。

2. 广西梧州市人事局 10 层办公楼的成功平移，该楼 36m 高，总面积 8836m^2，总重 13000 吨，平移 30. 3m。打破世界纪录，荣获世界吉尼斯金奖。这是大连九鼎特建公司主持的工程。

3. 宁夏自治区吴忠市 13 层的吴忠宾馆成功平移，开创了我国 10 层以上高层建筑成功平移的新例证。这也是由上海天演建筑移位公司主持的工程。

4. 山东东营市孤岛镇 5 层商业大楼原地转动移位 45°，为我国移位工程增添新类型。这也是大连九鼎特建公司主持的工程。

5. 我国建造年限久远的古建筑河南省济源寺平移工程取得成功，该寺位于河南省安阳市林洲横水镇马店村，建于 1300 年前唐代真观年间。由于修建安林高速公路要穿过寺院，因此决定对该寺移位。由河南省古建筑研究所杜启明所长主持平移工程，是降坡 1. 5m，搬迁 400m，而且要转三次大弯的移动工程，工程难度大，有许多创新取得圆满成功。

6. 平移工程在国外也有广阔的市场，位于美国纽约时代广场，具有文物保护价值的美国纽约大剧院，2003 ~ 2004 年进行了平移和改造工程，引起美国举国上下极大的关注，工程费用达 1 亿多美元，被世界工程界瞩目。

第七届建筑物改造与病害处理学术研讨会上又提供一批新的移位工程实例，其作用与效益被社会广泛地接受。此外，还有许多精彩成功的移位工程不再一一赘述。总之，移位工程技术在广泛实践的基础上得到迅速发展，通过多年实践，已形成一项保护重要建筑物的特殊技术。

四、当前具有崭新特色的旧房改造工程正掀起新高潮

为迎奥运、迎世博、开展了大规模的城乡建设，与此同时当前全国也开展了具有崭新特色的既有建筑物增层改造与病害处理工程，其特征是：

1. 平屋顶改为彩色坡屋顶的平改坡旧房改造工程大规模的开展。

在北京、上海、广州等大城市的带动下，这一改造工程很快展开，不仅增加城市建筑群的整体美观，而且对旧房屋顶具有保温、防渗漏多种效果，为人们广为接受，今后会波及有条件的中小城市。

2. 20世纪八九十年代建造的多层和10余层的普通高层，面临改扩建和加固改造高潮。

由于当时经济条件所限，单元房面积较小，使用功能要求较低，工程质量较差，不少房屋出现开裂、下沉、倾斜、墙皮剥落、管线老化，已建造20多年，面临大修期。这类建筑物数量多，影响大，一般不可采取拆除的办法处理，因此，新一轮的改扩建和加固改造工程提到日程。不仅大城市，甚至中小城镇也会波及。

3. 高层和超高层建筑的增层改造工程日渐增加。

一批超高层、大体形、高档次的建筑物，已不能满足日益发发展的需要，要进行增层改造或整体改扩建的工程也常出现。如广州的南方大厦改造加固工程、广州联华大厦的增层改造工程、广州百脑汇大厦的改造工程、深圳绿岛酒店的改造加固工程等。此外，随着地价的上涨，近些年修建的5~6层多层建筑的增层改造工程也屡见不鲜。

4. 大批“烂尾楼”的改造加固工程目前正在重新启动。

在亚洲经济风暴时大批下马遗留的“烂尾楼”为数不少，质量问题较多，资金不能到位，已长期在风雨中摇晃，破坏城市风景线，是城建工程中一大难题。通过重新筹措资金或售出，由新业主主持使其起死回生，目前已开始起动，首先通过检测评估，查出其缺欠和病害，然后进行整体的加固改造，完成后继工程。海南岛的“烂尾楼”数量较多，沿海一些城市也不少，北京市也还有100余栋“烂尾楼”，目前正在纷纷启动。

5. 为迎2008年奥运会、2010年世博会，目前北京、上海的一些重要酒店、体育运动设施、公共建筑物正在进行大量的改扩建和加固工程。如北京饭店二期工程、五洲大酒店的改造加固工程、北京奥林匹克体育场的改造工程、民族宫饭店的改造工程以及北京展览馆的改造工程等。全国各地都有这类大型既有建筑物的改造加固工程。

6. 随着城市规划的发展，高速公路修建的增多，我国古建筑物的移位、加固、改造等工程日渐增多，兰州黄河北岸白塔纠倾工程、四川奎光塔纠倾加固工程、北京西山戒台寺的加固工程、四川都江堰的加固工程以及河南济原寺的平移工程等。因此，古建筑物的保护、加固工程具有广阔前景。

第四节 本学科的技术进步概况

本学科技术的发展与进步，是全国既有建筑物的改造与病害处理工程进展的缩影，是密不可分的，下面简略回忆这些年的发展概况：

1. 经主管部门批准成立了有关本学科的学术交流社会团体，积极地开展了技术交流活

动如中国老教授协会于1990年经民政部社团司的批准成立了房屋增层改造专业委员会、中国建筑标准化协会的建筑物检验与加固专业委员会等学术团体。通过这些学术团体的活动，团结了全国从事这一行业的专家同仁，开展交流合作，推动了我国房屋增层、移位、纠倾扶正、改造加固工程技术的发展。在中国老教授协会房屋增层改造专业委员会的主持下，这些年召开了多次全国性学术研讨会并出版大会论文集。例如：

1991年1月在北京召开的第一届房屋增层纠偏学术研讨会；

1992年10月在郑州召开的第二届建筑物增层改造学术研讨会；

1994年5月在武汉召开的第三届建筑物增层改造学术研讨会；

1996年10在济南召开的第四届建筑物改造与病害处理学术研讨会；

2002年因SARS，而取消第五届研讨会的集会，只在北京出版《第五届学术研讨会论文集》；

2004年10月在大连召开第六届建筑物改造与病害处理学术研讨会；

2006年6月在上海召开第七届建筑物改造与病害处理学术研讨会。

此外，中国标准化协会建筑物检验与加固专业委员会，隔1~2年也召开一次建筑物检验加固学术研讨会并出版大会论文集。这些活动对推动我国在建筑物检验、鉴定、加固、改造与病害处理技术学科领域的进步都起到很大的作用。

2. 有关本学科、本专业的技术标准已陆续颁布执行

为更好地推动本学科技术发展，使其纳入国家技术标准指导之下，用于指导本学科的技术标准建设工作正在有序的进行，例如：

（1）1996年颁布的建设部推荐性技术标准《砖混结构房屋增层技术规程》；

（2）1997年铁道部颁布的中华人民共和国行业技术标准《铁路房屋增层纠倾技术规范》；

（3）1998年颁布的中华人民共和国行业技术标准《既有建筑物地基基础加固技术规范》；

（4）《建筑物移位纠倾增层改造技术规范》的颁布与执行，为本学科提供一个崭新的技术标准，是本领域进步的依据与标准，对推动这个学科发展起到重大作用。

这些新技术标准是我国在这个学科领域技术进步的结晶，是新技术新成果的集中体现，是指导建筑物改造与病害处的技术法规，是既有建筑物改造与加固工程质量的根本保证。

3. 这些年全国先后成立一批专门从事建筑物改造与病害处理的专业技术公司

建设部还专门批准了具有从事特种工程资质的专业技术工程公司。通过市场竞争大力推进了本行业的技术进步，显著地提高工程质量，降低了工程造价，为本学科的发展注人新的动力。

4. 学术交流甚为活跃，除了参加两年一届学术研讨会之外，每年都在全国一些专业学术刊物上发表许多学术论文，不断提升我国在这一领域的技术水平。

5. 有关本学科的人才培养和科研课题，都得到应有重视，许多高校和科研单位，专门招收了这类专业的研究生，并积极开展相关的科研工作，为加强本学科的理论基础作出贡献。

第五节 《建筑物移位纠倾增层改造技术规范》简介与评述

一、《建筑物移位纠倾增层改造技术规范》的编制得到广泛的重视与支持

建筑物改造与病害处理专业领域是个新发展起来的学科，随着既有建筑物积蓄量越来越大，城乡建设与城市改造正方兴未艾，这个学科领域的任务就会更艰巨、更繁重。但为确保建筑物移位、纠倾、增层、改造加固的工程质量，必须加快编制指导这一领域的技术标准。根据中国工程建设标准化协会［2003］建标协字第 27 号文《关于印发中国工程建设标准化协会 2003 年第二批标准编制、修订项目计划的通知》要求，批准了《建筑物移位纠倾增层改造技术规范》的立项和规范编制。

《建筑物移位纠倾增层改造技术规范》（下简称新规范）北京交通大学为主编单位，会同国内 24 所高校、科研、工程等单位的 30 位长期从事本学科的专家，从 2002 年 11 月 25 日开始，经过近四年的共同努力，于 2006 年底完成规范的编制、审查和报批工作，该规范即将颁布执行。

新规范包括了既有建筑物的移位、纠倾、增层与改造加固等综合全面的内容，编制工作难度较大，能在较短时间内高效率、高质量地完成，是与领导的支持和各参编专家们的重视和努力分不开的。更要感谢对新规范征求意见稿和审查稿提出许多宝贵修改意见和建议的国内同行专家们的热情帮助。

二、《建筑物移位纠倾增层改造技术规范》简介

新规范的内容包涵 10 章正文、5 条附录以及条文说明等，具体内容如下：

1. 总则；
2. 术语符号；
3. 基本规定；
4. 检测与鉴定：包括一般规定、检测、鉴定。
5. 移位工程：包括一般规定、移位工程设计、移位工程施工、质量控制。
6. 纠倾工程：包括一般规定、纠倾工程设计、纠倾工程施工、古建筑物纠倾加固、防复倾加固、质量控制。
7. 增屋工程：包括一般规定、增层设计、直接增层、外套增层、室内及地下增层、地基基础设计、质量控制。
8. 结构改造加固：包括一般规定、结构改造加固设计、结构改造加固方法。
9. 地基基础加固：包括一般规定、地基加固、基础加固、基础托换。
10. 检验与验收：包括一般规定、质量检测、质量验收。

附录：包括附录 A、B、C、D 和 E。

用词和用语说明；

条文说明。

三、对新规范的评价

1. 在我国既有建筑物改造与病害处理专业学科领域里，《建筑物移位纠倾增层改造技术规范》是第一本包括既有建筑物的移位、纠倾、增层、改造加固等诸多内容的新规范，对这个新学科的建设与发展是有重大意义的标志和重要成果。

2. 和其他几个已颁布的单项技术标准相比，不仅资料新颖、内容丰富齐全，反映了最近10年我国在这个学科领域里最新成就，而且移位工程也是第一次编入规范，是既有建筑物专业学科领域里最具代表性的新技术标准。

3. 建筑物移位、纠倾、增层和改造加固技术，这些年在广泛工程实践中，有许多新创造、新成果，而参加这本新规范编制组的成员，他们都是这些新技术、新成果的发明人、创造者和许多著名移位、纠倾、增层与改造加固工程的主持人，他们对这些技术最有发言权，他们参加新规范的编制使其更具有权威性、实用性和可靠性。在既有建筑物改造与病害处理专业学科领域里，基本上是工程在先，科研滞后，靠工程实践带动学科发展，新规范的编制就是在认真全面总结、研判最近10余年国内在这领域里的重要成果的基础上而编制的，因此新规范更具有坚实的理论与实践基础，更具有权威性。

4. 新规范目前还是推荐性技术标准（CECS），通过颁布后实行过程中进一步检验、补充、修订，使其日趋完善，再进一步成为具有行业强制条文的技术标准。

5. 建筑物改造与病害处理专业学科，是基于我国的特殊情况，得到了迅速而有成效的发展，它的成果是建立在大量工程事故抢救处理的实施基础上，是通过付出沉重代价而取得的，因此这些成果是来之不易的，特别地宝贵。而根据这些成果编制的新规范也就更为难得可贵。可以说这本新规范不仅在国内是第一本，在国际上也是珍贵的。

第六节　今后的展望

1. 建筑物改造与病害处理是个具有强大生命力而且可以久盛不衰的新学科，是保护国家和人民财富、延长建筑物使用寿命、确保人民居住安全、能不断满足使用功能要求的重要技术领域。随着既有建筑物累积量越大，其任务就更加繁重，它的重要性就会得到社会更加广泛的认可和重视。

2. 随着社会发展和人们生活水平的不断提升，对本专业技术领域会不断提出新的需要，因此本学科要不断吸收高新科学技术成果，不断技术更新，新的科学技术成果是保证本学科持久发展的坚实基础，而经常有效地开展本学科的技术交流和学术研讨是吸收新技术，普及新技术，交流推广新成果的有效途径。

3. 科研和人才培养是推动本学科领域高新技术不断迅速发展的两个车轮，必须得到更加有效重视与落实。

4. 必须不断充实、提高专门从事建筑物改造与病害处理专业公司的技术素质，鼓励从业人员的定期培训，不断提高技术人员的业务水平。

5. 要继续加强有关本专业、本学科领域新技术标准的修订与编制工作，使建筑物移位、纠倾、增层改造加固工程，都能在技术标准的指导下高质量地有序进行。

6. 为更好地进行技术交流，希望有个专门技术刊物，以便能更集中、更有效、更及时地进行报导和交流。

7. 选择成熟、可靠、有效的技术成果，通过有关部门的论证和批准，加强本学科技术工法的建设。

长期以来建筑行政主管部门，对既有建筑物改造与病害处理学科重要性的认识和重视程度不足，限制、约束较多，而主动引导与推动不足。以技术标准的编制为例，属于新建工程的技术标准占绝对多数（当然这都是很需要的），而关于既有建筑物的技术标准却寥寥无几，工法立项批准情况也大体相似，我们相信这种不重视、不平衡的现象是暂时的，随着既有建筑物累积数量越来越多，各类矛盾突出后就会得到重视和加强。此外，还要通过新闻媒体的力量宣传本学科的重要性，得到社会更广泛的重视，才能为本学科的发展提供更加有利的条件。

建筑物改造与病害处理学科的发展前景是无限广阔的，高新技术的发展与应用是这个学科不断向上提升的动力，从事这个学科领域的同行们是重担在肩，要靠大家踏实苦干、团结合作、取长补短、共同提高，以推动本学科的迅速发展，为国家社会不断作出新贡献。

第二章 建筑物的检测与鉴定

本章内容提示：本章针对既有建筑物改造与病害处理，全面介绍了建筑物的检测与鉴定方法。其内容包括地基基础检测、钢筋混凝土结构的检测、砌体结构的检测、结构构件变形检测与建筑物沉降观测、既有建筑物的可靠性鉴定以及结构检测鉴定实例等。

建筑物在规定的时间内（结构的设计基准期一般为50年），在规定的条件下（正常设计、正常施工、正常使用和维护），应满足安全性、适用性和耐久性的要求。安全性是指结构在规定的条件下应能承受可能出现的各种荷载作用。适用性是指结构在正常使用时，其变形、裂缝或振动等性能均满足规定的限值。耐久性是指结构在正常使用、正常维护情况下，其材料性能虽随时间推移发生恶化，但仍满足预定功能的要求。当建筑物由于某种原因不能满足某项功能的要求或对满足某项功能的要求产生怀疑时，就需要对建筑物的整体结构、结构的某一部分或某些构件进行检测。当建筑物实施移位、纠倾、增层和加固改造前，一般都要对现场进行调查和收集有关资料，如果没有相关资料，应根据需要进行相应的检测、鉴定，对其可靠性作出正确的评价，为下一步移位、纠倾、增层、改造等工程方案论证时的依据。

为统一建筑结构检测和检测结果的评价方法，提高检测结果的可比性，保证检测结果的可行性，国家建筑工程质量监督检验中心会同有关部门编制了《建筑结构检测技术标准》（GB/T 50344—2004），该标准已于2004年12月1日颁布实施。我国已颁布的检测标准或规程有《钻芯法检测混凝土强度技术规程》（CECS 03:88）、《超声回弹综合法检测混凝土强度技术规程》（CECS 02:2005）、《回弹法检测混凝土抗压强度技术规程》（JGJ/T 23—2001）、《超声法检测混凝土缺陷技术规程》（CECS 21:2000）、《后装拔出法检测混凝土技术规程》（CECS 69:94）、《砌体工程现场检测技术规程》（GB/T 50315—2000）等，这为工程结构的检测提供了科学的依据。

结构鉴定的目的是根据检测结果，对结构进行验算、分析，找出薄弱环节，评价其安全性和耐久性，为工程改造或加固维修提供依据。在工程鉴定中可靠性是以某个等级指标（例如a、b、c、d；A、B、C、D；一、二、三、四），来反映服役结构的可靠度水平。在民用建筑可靠性鉴定中，根据结构功能的极限状态，分为两类鉴定：安全性鉴定和使用性鉴定。具体实施时是进行安全性鉴定，还是进行正常使用性鉴定，或是两者均需进行（即可靠性鉴定），应根据鉴定的目的和要求进行选择。结构安全性鉴定按构件、子单元、鉴定单元三层次，每一层次分为四个等级进行鉴定。在实际工程鉴定中，往往用结构计算软件分析构件的承载力，以便在构件这一层次上确定其相应的等级指标。但结构鉴定与设计时的主要差别在于，结构鉴定应根据结构实际受力状况和构件实际尺寸确定承载能力，结构承受荷载通过实地调查结果取值，构件截面采用扣除损伤后的有效面积，材料强度通过现场检测确定；而结构设计时所用参数均为规范规定或设计所给定的设计值。我国已颁布的鉴定标准有《民用建筑可靠性鉴定标准》（GB 50292—1999）、《工业厂房可靠性鉴定标准》（GBJ 144—90）、《危险房屋鉴定标准》（JGJ 125—99）、《建筑抗震鉴定标准》（GB 50023—95）等。

第一节 地基基础的检测

由于地基基础是位于地面以下的隐蔽体，其质量状况难以直接发现。对既有建筑而言，往往通过上部结构的某些变化（如建筑物的倾斜、裂缝等）反映出来。

对地基检测前，应先搜集原岩土工程勘察资料，了解既有建筑的地基基础和上部结构设计资料（图纸），隐蔽工程的施工记录及竣工图等。查明土层分布及土的物理力学性能，并根据已有的资料，适当补充勘探孔或原位测试孔，孔位应靠近基础。对于重要的增层或加荷等工程，应在基础下取原状土进行室内土工试验或进行基础下的静力载荷试验。

一、地基坑探与钻探检测

坑探是在建筑场地挖探井（槽）以取得直观资料和原状土样，是一种不必使用专门机具的常用勘探方法。当场地地质条件比较复杂时，利用坑探能直接观察地层的结构和变化情况，但坑探可达的深度较浅。探井的平面形状一般采用1.5m×1.0m的矩形或直径为0.8～1.0m的圆形。在探井中取样时，先在井底处挖一土柱，土柱的直径应稍大于取土筒的直径。放上两端开口的金属筒并削去筒外多余的土，一边削土一边将筒压入，直至筒完全套入地柱后，削平筒两端的土体，盖上筒盖，用熔蜡密封后贴上标签，注明土样的上下方向。

钻探是用钻机在地层中钻孔，以鉴别和划分地层，并可沿孔深取样，测定岩土的物理力学性能。钻机一般分回转式与冲击式两种。回转式钻机是利用钻机的回转器带动钻具旋转，磨削孔底的地层进行钻进，它通常使用管状钻具，能取柱状岩芯标本。冲击式钻机则利用卷扬机通过钢丝绳带动钻具，依靠钻具的质量上下反复冲击，使钻头冲击孔底，破碎地层形成钻孔，这种方法取出的是岩石碎块或扰动土样。钻探时按不同土质条件，常分别采用击入法或压入法取土器两种方式在钻孔中取得原状土样。击入法一般以重锤少击效果较好；压入法则以快速压入为宜，这样可减少取土过程中对土样的扰动。

二、地基触探检测

触探是通过探杆用静力或动力将金属探头贯入土层，并量测各层土对探头的贯入阻力大小的指标，从而间接地判断土层及其性质的一类原位测试技术。触探既可用于划分土层，了解土层的均匀性，又可估计地基承载力和土的变形指标等。

静力触探借静压力将探头压入土层，利用电测技术测得贯入阻力来判断土的力学性质。静力触探设备中的核心部分是触探头。触探杆将探头匀速贯入土层时，一方面引起尖锥以下局部土层的压缩，于是产生了作用于尖锥的阻力；另一方面又在孔壁周围形成一圈挤实层，从而引起作用于探头侧壁的摩阻力。探头的这两种阻力是土的力学性质的综合反映。为了直观地反映勘探深度范围内土层的力学性质，可绘制土层深度（z）与各种阻力间的关系曲线。

动力触探是将一定质量的穿心锤，以一定的高度（落距）自由下落，将探头贯入土中，然后记录贯入一定深度所需的锤击次数，并以此判断土的性质。根据穿心锤的不同，可分为标准贯入试验和轻便触探试验两种动力触探方法。标准贯入试验是将质量为63.5kg的穿心锤以760mm的落距自由下落，将探头垂直打入土层中150mm（此时不计锤击数）。以后垂直打入土层300mm的锤击数，即为实测的锤击数。由标准贯入试验测得的锤击数，可用于估计地基承载力、土的抗剪强度和黏性土的变形指标、判别黏性土的稠度和砂土的密实度以及估计地震时砂土液化的可能性。

三、地基旁压试验

旁压试验是将圆柱形旁压器垂直地放入土中，通过旁压器在垂直的孔内加压，使旁压膜膨胀，并由旁压膜将压力传递给周围的土体，使土体产生变形直至破坏，通过测量施加压力和土变形之间的关系，可得到地基土在水平方向上的应力-应变关系。试验装置见图2.1-1所示。

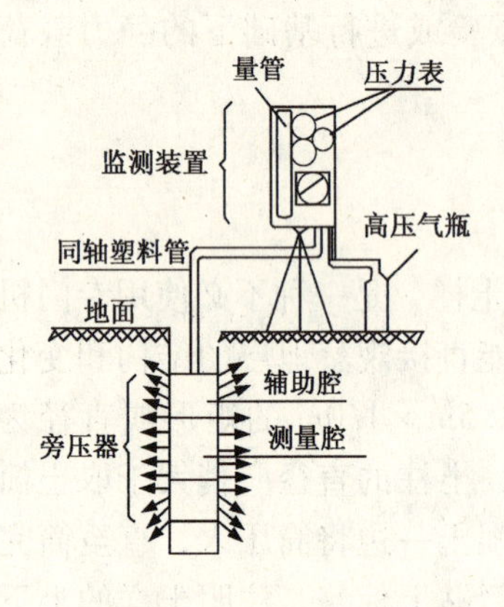

图2.1-1　旁压试验示意图

根据旁压器置于土中的方法，可将旁压仪分为预钻式、自钻式和压入式等。预钻式旁压仪一般需有竖向钻孔，自钻式旁压仪是利用自转的方式钻到预定位置，压入式旁压仪以静压方式压到预定位置。

四、地基静力载荷试验

静力载荷试验是在设计的基础埋置深度处，在一定规格的承压板上逐级施加荷载，并观测每级荷载下地基的变形特性，从而评定地基的承载力，计算地基的变形模量，预测实体基础的沉降量。

静力载荷试验所反映的是承压板以下1.5~2.0倍承压板直径或宽度范围内地基强度、变形的综合性状。用静力载荷试验测得的压应力p与相应的土体稳定沉降量s之间的关系p—s曲线，可以确定地基土临塑荷载p_0、极限荷载p_u，为评定地基的承载力提供依据，也可估算地基的变形模量、不排水抗剪强度和基床反力系数。

静力载荷试验的装置由承压板、加荷装置及沉降观测装置等部分组成。承压板一般为方形板或圆形板；加荷装置包括压力源、载荷台架或反力架，加荷方式可采用重物加荷和油压千斤顶反力加荷两种方式；沉降观测装置有百分表、位移传感器或水准仪等（见图2.1-2*a*、图2.1-2*b*所示）。

静力载荷试验所挖试验坑的宽度不应小于压板宽度或直径的3倍，承压板面积不应小于0.25m^2（对于软土不应小于0.5m^2）。在静力载荷试验时，应注意保持试验土层的原状结构和天然湿度，并宜对试压的土层表面用不超过20mm厚的粗、中砂层找平。加荷等级不应少于8级，最大加载量不应少于荷载设计值的2倍。每级加载后，按时间间隔10min、

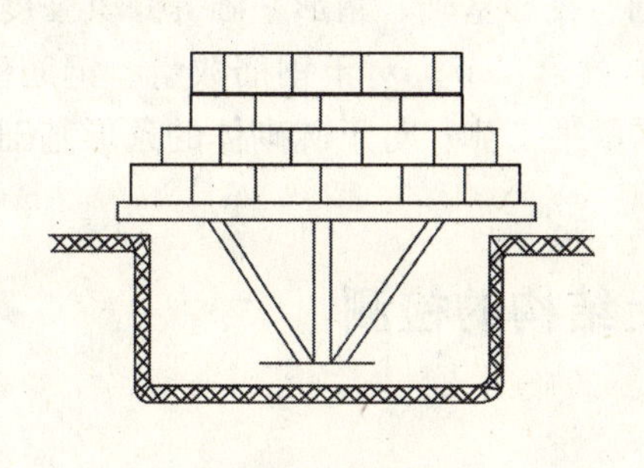

（a）重物加荷示意图

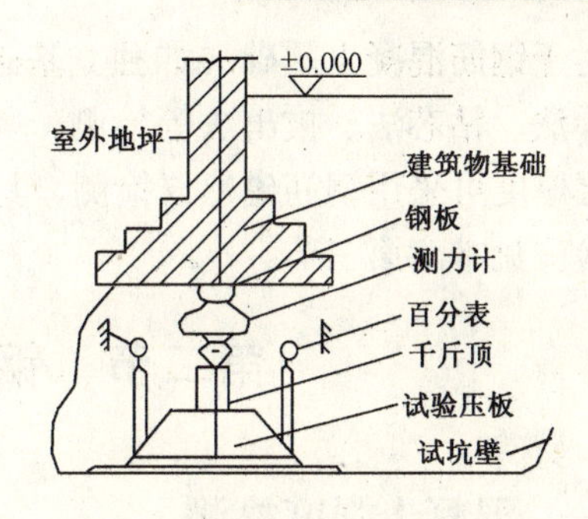

（b）基础下反力加荷示意图

图 2.1-2

10min、10min、15min、15min 读取沉降量，以后每隔 30min 读一次，当连续 2h 内每小时的沉降量小于 0.1mm 时，则认为已趋于稳定，可加下一级荷载。

当出现下列情况之一时，即可终止加载，其对应的前一级荷载定为极限荷载：

①承压板周围的土有明显的侧向挤出现象；

②沉降量 s 急骤增大，p—s 曲线出现陡降段；

③在某一荷载下，24h 内沉降速率不能趋于稳定；

④$s/b \geqslant 0.06$（其中 b 为承压板宽度或直径）。

静力载荷试验完成后，可根据压应力 p 与相应的土体稳定沉降量 s 之间的关系 p—s 曲线进行承载力特征值的推定：

①当 p—s 曲线上有明显的比例界限时，取该比例界限所对应的荷载值作为承载力的特征值；

②当极限荷载小于对应比例界限的荷载值的 2 倍时，取 1/2 极限荷载值作为承载力的特征值。

五、原状土物理力学性能试验

原状土的室内物理性能试验项目内容较多，其中常规试验有含水量、密度、干重度、孔隙率、饱和度、液塑限等指标。土的力学性能试验项目有压缩性试验、抗剪强度试验、侧压力系数试验、空隙水压力系数试验、土动力特性试验等。在对原状土进行检测时，应根据不同要求、不同土的种类选取不同的试验内容。具体试验方法可参照《土工试验方法标准》（GB/T 50123—1999）和《工程岩土试验方法标准》（GB/T 50266—1999）。

六、基础检测

对基础检测前应搜集基础、上部结构和管线设计、施工资料和竣工图，了解建筑各部位基础的实际荷载。对基础的检测，通常通过开挖探坑，将基础暴露出来，才能对基础的现状有全面的了解。通过开挖验证基础的类型、材料、尺寸及埋置深度，检查基础变形与损伤情况，判断基础材料的强度。对纠倾工程，应查明基础的倾斜、弯曲等情况。

对于钢筋混凝土基础（如独立基础、条形基础、筏形基础、箱形基础等）其强度可采用回弹法、钻芯法、拔出法等检测，具体方法见本章第二节；对于钢筋数量、钢筋位置、保护层厚度可采用钢筋磁感仪检测，具体方法见本章第二节。对于砖砌体的条形基础，其强度检测见本章第三节。

第二节　钢筋混凝土结构的检测

一、混凝土强度检测

结构混凝土强度的现场检测方法，可分为非破损法和局部破损法。

非破损法是以某些物理量与混凝土立方体试块强度之间的相关关系为基本依据，在不损坏结构的前提下，测试混凝土的这些物理特性，并按其相关关系推算出混凝土的抗压强度。目前常用的非破损法测强技术有回弹法、超声法、超声回弹综合法。局部破损法是在不影响结构承载力的前提下，从结构物上直接取样作试验或进行局部破损试验，根据试验结果确定混凝土抗压强度的方法，目前常用的方法有钻芯法、拔出法、剪压法。

1. 回弹法检测混凝土强度

回弹法是根据混凝土的回弹值、碳化深度与抗压强度之间的相关关系来推定其抗压强度的一种非破损方法。在建筑结构检测中常采用的为中型回弹仪，其冲击动能为2.207J。

（1）测试现场准备

被测构件和测试部位应具有代表性，试样的抽样原则为：当推定单个构件的混凝土强度时，可根据混凝土质量的实际情况确定检测数量；当用抽样法推定整个结构或成批构件的混凝土强度时，随机抽样的数量不应少于同批同类构件总数的30%，且构件数量不得少于10件。

测点布置采用测区、测面的概念。一个测区相当于一个试块，一个测面相当于混凝土试块的一个表面。在每个抽样构件上均匀布置测区，其测区数不应少于10个，对某一方向尺寸小于4.5m且另一方向尺寸小于0.3m的构件，其测区数不应少于5个。相邻测区的间距不宜大于2m，每个测区宜选在构件的两个对称可测面上，也可选在一个可测面上，测区的面积宜控制在$0.04m^2$以内。检测面应为原状混凝土面，并应清洁、平整，不应有疏松层、浮浆、油垢以及蜂窝、麻面，必要时可用砂轮清除疏松层和杂物，且不应有残留的粉末碎屑，不能用清水清洗。

（2）回弹仪的操作与测读

检测时，回弹仪的轴线应垂直于测试面，缓慢均匀施压，待弹击杆反弹后测读回弹值。每个测区弹击16点（当一个测区有两个测面时，则每一测面弹击8点）。测点宜在测区范围内均匀分布，相邻两测点的净距一般不小于20mm。测点距构件边缘或外露钢筋、预埋件的距离不宜小于30mm。测点不应在气孔或外露石子上，同一测点只允许弹击一次。

（3）碳化深度值的测量

回弹测试完毕后，用凿子或冲击钻在测区内凿或钻出直径约15mm，深度不小于6mm的孔洞。然后除净孔洞的粉末和碎屑，不得用水冲洗。将浓度为1%的酚酞酒精溶液滴在孔洞内壁的边缘处，再用碳化深度测量规或游标卡尺测量自混凝土表面至变色部分的垂直距离（未碳化的混凝土呈粉红色），该距离即为混凝土的碳化深度值。通常，每个孔测1～2次，求出平均碳化深度 d_m，每次读数精确至0.5mm。

（4）回弹值的数据处理

分别剔除测区16个测点回弹值中的3个较大值和3个较小值，然后按下式计算测区平均回弹值：

$$R_m = \left(\sum_{i=1}^{10} R_i\right)/10 \quad (2.2\text{-}1)$$

式中 R_m——测区平均回弹值，精确至0.1；

R_i——第 i 个测点的回弹值。

除回弹仪水平方向检测外，其他非水平方向检测时应对测区平均回弹值进行角度修正；当测试面不是混凝土的浇筑侧面时，应对测区平均回弹值进行浇筑面修正；当测试时回弹仪既非呈水平方向，测区又非混凝土的浇筑侧面时，应先对测区平均回弹值进行角度修正，然后再进行浇筑面修正。回弹值的修正见《回弹法检测混凝土抗压强度技术规程》（JGJ/T 23—2001）的附录C和附录D。从笔者的工程检测经验来看，回弹法经过角度或浇筑面修正后，已测试误差有所增大，因此检测混凝土强度时，应尽可能在构件的浇筑侧面进行检测。

（5）混凝土强度的计算

由测区平均回弹值 R_m 及平均碳化深度 d_m 查《回弹法检测混凝土抗压强度技术规程》（JGJ/T 23—2001）的附录E，可得出各测区混凝土的抗压强度。

当按单个构件检测且测区数少于10个时，以该构件各测区强度中的最小值作为该构件的混凝土强度推定值；当按单个构件检测且测区数不少于10个时，以该构件各测区的强度平均值减去1.645倍标准差后的强度值作为该构件的混凝土强度推定值；当按批量检测时，以该批同类构件所有测区的强度平均值减去1.645倍标准差后的强度值，作为该批构件的混凝土强度推定值。

（6）回弹法适用条件

混凝土强度的检验与评定应按现行国家标准《混凝土强度检验评定标准》（GBJ107—87）执行。当对结构混凝土强度有怀疑或评定不合格时，可进行回弹法检测，检测结果可作为处理混凝土质量的一个依据。

回弹法不适用于表层与内部质量有明显差异或内部存在缺陷的混凝土构件的检测，对测试前遭受冻结或表层湿润的混凝土，应待解冻或经风干后再进行测试。

对龄期超过1000d的混凝土，用回弹法进行检测时，需钻取不少于6个芯样的混凝土抗压强度进行修正。修正系数是芯样（直径100mm）强度与芯样所对应测区的回弹强度之比，取各修正系数的平均值作为其回弹法修正系数。必须注意的是，不可以将较长芯样沿长度方向截取为多个芯样来计算修正系数。

2. 超声回弹综合法检测混凝土强度

超声回弹综合法是建立在超声波传播速度和回弹值与混凝土抗压强度之间相关关系的

基础上，以声速和回弹值综合反映混凝土抗压强度的一种非破损方法，其适用条件与回弹法基本相同。

超声测点布置在回弹测试的同一测区内，先进行回弹检测，后进行超声检测。对构件上每一测区的两个相对测试面各弹击 8 点，按回弹法的计算原则，算出各测区平均回弹值。超声测试时，每个测区在对角线上布置相对的 3 个测点，对测时，要求两换能器的中心置于一条轴线上。为保证混凝土与换能器（即探头）间有良好的耦合，应在混凝土面与换能器之间涂以黄油或浆糊作为耦合剂。取各测区 3 个声时值的平均值作为测区声时值 t_m（μs），由构件的超声测试厚度即可求得测区声速 v（km/s）：

$$v = l/t_m \tag{2.2-2}$$

式中 v——测区声速值，km/s；

l——超声测距，mm；

t_m——测区平均声时值，μs 。

根据测区的回弹值与声速推算混凝土的强度。在没有专用的测强曲线时可用下式推算测区混凝土强度：

$$f_{cu,i}^{c} = 0.0056\ (v_i)^{1.439}(R_i)^{1.769} \quad (卵石) \tag{2.2-3}$$

$$f_{cu,i}^{c} = 0.0162\ (v_i)^{1.656}(R_i)^{1.410} \quad (碎石) \tag{2.2-4}$$

式中 $f_{cu,i}^{c}$——第 i 个测区混凝土强度换算值，MPa；

v_i——第 i 个测区的超声声速值，km/s ；

R_i——第 i 个测区修正后的回弹值。

当按单个构件检测时，以该构件各测区强度中的最小值作为该构件的混凝土强度推定值；当按批量检测时，需计算两个强度指标，一个是该批构件所有测区的强度平均值减去 1.645 倍标准差后的强度值，另一个是该批单个构件中最小的测区强度值的平均值（即该批所有构件的强度平均值）。取这两者中的较大值作为该批构件的混凝土强度推定值。

3. 钻芯法检测混凝土强度

钻芯法是使用专用钻机从结构上钻取芯样，并根据芯样的抗压强度推定结构混凝土强度的一种局部破损的检测方法。与非破损方法相比，钻芯法还可用来检测长龄期混凝土和遭受火灾、冻害及化学侵蚀等的混凝土。对混凝土强度等级低于 C10 的结构，不宜采用钻芯法检测。

（1）芯样钻取

钻取芯样时宜采用内径 100mm 或 150mm 的金刚石或人造金刚石薄壁钻头。

由于钻芯法对结构有所损伤，钻芯的位置应选择在结构受力较小、没有主筋或预埋件的部位。为避开混凝土中钢筋，在钻芯位置先用磁感仪或雷达仪测出钢筋位置，画出标线。就梁、柱构件而言，由于构件端头一般为箍筋加密区，应尽可能避开在端头钻芯；对于矩形柱子，可选在柱长边一侧靠近柱中线位置钻取芯样。当同一柱中钻取多个芯样时，宜选各芯样在同一铅直线上取芯，避免各芯样在同一水平上取芯，而过多地减弱柱的截面积；对于框架梁的取芯，为便于钻芯操作进行，可选楼梯间的主梁进行抽芯检测，并在梁侧面靠近梁中和轴附近钻取芯样。

在选定的钻芯点上将钻芯机就位、固定，接通水源并调整好冷却水流量。接通电源，用进钻操作手柄调节钻头进钻速度。钻至预定深度后退出钻头，然后将钢凿插入钻孔缝隙中，用小锤敲击钢凿。芯样可在根部折断，用夹钳或钢丝活套从钻孔中把芯样取出。

用钻芯法对单个构件检测时，每个构件的钻芯数量不应少于3个；对于较小构件，钻芯数量可取2个。钻取的芯样直径一般不宜小于骨料最大粒径的3倍，在任何情况下不得小于骨料最大粒径的2倍。

（2）芯样加工及技术要求

从结构中取出的混凝土芯样往往是长短不齐的，应采用锯切机把芯样切成一定长度，一般试件的高度与直径之比应在1～2的范围内，芯样试件内不宜有钢筋。如不能满足此要求，每个试件内最多只允许含有两根直径小于10mm的钢筋，且钢筋应与芯样轴线基本垂直并不得露出端面。锯切后的芯样，当不能满足平整度及垂直度要求时，应用磨平机磨平或硫磺胶泥等材料补平。

（3）芯样抗压强度试验与计算

芯样在作抗压强度试验时的状态应与实际构件的使用状态接近。如结构工作条件比较干燥，芯样试件在抗压试验前应在室内自然干燥3d；如结构工作条件比较潮湿，芯样试件应在20±5℃的清水中浸泡2d，从水中取出后应立即进行抗压试验。

芯样试样的混凝土强度换算值，按下式计算：

$$f_{cu}^{c} = \alpha \frac{4F}{\pi \cdot d^2} \tag{2.2-5}$$

式中 f_{cu}^{c}——芯样试件混凝土强度换算值（MPa）；

F——芯样试件抗压试验测得的最大压力（N）；

d——芯样试件的平均直径（mm）；

α——不同高径比的芯样试件混凝土强度换算系数（见表2.2-1）。

芯样试件混凝土强度换算系数　　表2.2-1

高径比（h/d）	1.0	1.1	1.2	1.3	1.4	1.5	1.6	1.7	1.8	1.9	2.0
系数（α）	1.00	1.04	1.07	1.10	1.13	1.15	1.17	1.19	1.21	1.22	1.24

单个构件或单个构件的局部区域，可取芯样试件混凝土强度换算值中的最小值作为其代表值。

（4）芯样孔的修补

钻孔取芯后，结构上留下的圆孔必须及时修补。通常采用微膨胀水泥细石混凝土填实，修补时应清除孔内污物，修补后应及时养护，并保证新填混凝土与原结构混凝土结合良好。一般来说，即使修补后，结构的承载力仍有可能低于未钻孔时的承载力，因此钻芯法不宜普遍使用，更不宜在一个受力区域内集中钻孔。建议将钻芯法与其他非破损方法结合使用，一方面利用非破损方法来减少钻芯的数量，另一方面又利用钻芯法来提高非破损方法的测试精度。

4. 拔出法检测混凝土强度

拔出法是一种局部破损的检测方法，其试验是把一个用金属制作的锚固件预埋入未硬化的混凝土浇筑构件内，或在已硬化的混凝土构件上钻孔埋入一个锚固件，然后根据测试锚固件被拔出时的拉力，来推算混凝土的抗压强度。在浇筑时预埋锚固件的方法叫预埋拔出法，混凝土硬化后再埋入锚固件的方法叫后装拔出法。在现场检测混凝土强度时，如果试块强度不足或对质量有怀疑，则只能采用后装拔出法。拔出法在美国、俄罗斯、加拿大、丹麦等国家已得到广泛应用。我国于1994年由中国工程建设标准协会公布了《后装拔出法检测混凝土强度技术规程》（CECS69：94）。

（1）后装拔出法的试验装置

后装拔出法的试验装置是由钻孔机、磨槽机、锚固件及拔出仪等组成。钻孔机与磨槽机用以在混凝土上钻孔，并在孔内磨出凹槽，以便安装胀簧和胀杆。钻孔机可采用金刚石薄壁空心钻或冲击电锤，并应带有控制垂直度及深度的装置和水冷却装置；磨槽机可采用电钻配以金刚石磨头、定位圆盘及水冷却装置组成。

圆环式拔出试验装置的反力支承内径 $d_3=55$mm，锚固件的锚固深度 $h=25$mm，钻孔直径 $d_1=18$mm，圆环式适用于粗骨料最大粒径不大于40mm的混凝土。三点式反力支承内径 $d_3=120$mm，锚固件的锚固深度 $h=35$mm，钻孔直径 $d_1=22$mm，三点式适用于粗骨料最大粒径不大于60mm的混凝土。

（2）后装拔出法的测点布置

当按单个构件检测时，应在构件上均匀布置3个测点。如果3个拔出力中的最大值和最小值与中间值之差均小于中间值的15%，仅布置3个测点即可；当最大值或最小值与中间值之差大于中间值的15%（包括两者均大于中间值的15%）时，应在最小拔出力测点附近再加测2个点。

当按批抽样检测时，抽检数量不应少于同批构件总数的30%，且不少于10件，每个构件不应少于3个测点。

测点应布置在构件受力较大及薄弱部位，且尽可能布置在构件混凝土成型的侧面。两测点的间距不应小于10倍锚固深度，测点距构件边缘不应小于4倍锚固深度，测点应避开表面缺陷及钢筋、预埋件，反力支承面应平整、清洁、干燥，对饰面层、浮浆等应清除。

（3）试验步骤

1）钻孔：用钻孔机在测试点钻孔，孔的轴线应与混凝土表面垂直。

2）磨槽：用磨槽机在孔内磨出一环形沟槽，槽深约3.6～4.5mm，四周槽深应大致相同，并将孔清理干净。

3）安装拔出仪：在孔中插入胀簧，把胀杆打进胀簧的空腔中，使簧片扩张，簧片头嵌入沟槽；然后，将拉杆一端旋入胀簧，另一端与拔出仪连接。

4）拉拔试验：调节反力支承高度，使拔出仪通过反力支承均匀地压紧混凝土表面。然后对拔出仪施加拔出力，施加的拔出力应均匀、连续（拔出力增长速度应控制在1kN/s）。当显示器读数不再增加时，说明混凝土已破坏，记录此极限拔出力读数后，回油卸裁。

（4）混凝土强度换算及推定

混凝土强度换算值按下式计算：

$$f_{cu}^{c}=A\cdot F+B \tag{2.2-6}$$

式中　f_{cu}^{c}——混凝土强度换算值，MPa；

F——拔出力，kN；

A、B——测强公式回归系数。

对于圆环式拔出仪（TYL 型），推荐使用的测强曲线是：

$$f_{cu}^{c}=1.59F-5.8 \quad (2.2\text{-}7)$$

按单个构件检测时其构件拔出力的计算如下，当构件 3 个拔出力中的最大值和最小值与中间值之差小于中间值的 15%，取最小值作为该构件拔出力计算值；当加测时，加测的 2 个拔出力值和最小拔出力值相加后取平均值，再与原先的拔出力中间值比较，取两者的小值作为该构件拔出力计算值。

按批构件检测时，其批强度的评定与回弹法批推定相同。

二、钢筋位置与钢筋锈蚀程度的检测

1. 钢筋位置与保护层厚度的检测

测定钢筋位置和保护层厚度的目的，是为了查明钢筋混凝土结构构件的实际配筋情况。钢筋配置是否正确对构件的受力性能有直接的影响，而保护层厚度对构件的耐久性有影响。例如受弯构件受拉主筋配置过高（保护层过大），将使构件横截面的内力臂减小，从而使截面的受弯承载力降低；反之，保护层过薄，则混凝土碳化深度易到钢筋部位，钢筋的抗锈蚀性能降低，构件的耐久性也随之降低。

钢筋位置和保护层厚度的测定可采用磁感仪。较早的磁感仪采用指针指示，目前常用的为数字显示或成像显示。FS10 系统钢筋探测仪是较为先进的仪器设备，整个系统由 RV10 监测器、RS 扫描仪、RC10 连接线、RB10 充电池和 RG10 坐标纸等组成。使用前将电池插入电池槽内，用 RV10 连接线连接 RV10 监测器和 RS 扫描仪。该仪器最大特点是能将钢筋检测结果成像并贮存起来，一共可贮存 42 幅图像，每一图像可通过屏幕上的序号和扫描仪日期/时间分辨。这样在检测现场就可以不对检测结果作记录，而只需将检测构件编上图号，回室内再对检测结果进行分析即可。当钢筋保护层厚度较小、钢筋间距足够大时，该系统还能测读出钢筋直径。利用随机所带的 Ferroscan 4.0 软件，可将图像传送至计算机，通过打印机输出图像。

当选择 FS10 系统钢筋探测仪的快速扫描时，则检测结果不能成像显示，而只能测定钢筋的位置。测试时，将 RS 扫描仪（探头）长向与钢筋长度方向平行，探头作横向移动，RV10 监测器上显示最大磁信号时的头对应位置即为钢筋所在位置。

用非成像型磁感仪检测钢筋保护层厚度时，由于主筋与箍筋（或主筋）间会相互影响，使显示的钢筋保护层厚度不准，因此，可先粗略定出钢筋位置后，再用探头在钢筋间进行二次测试（见图 2.2-1），以进一步准确测定钢筋位置与其保护层厚度。

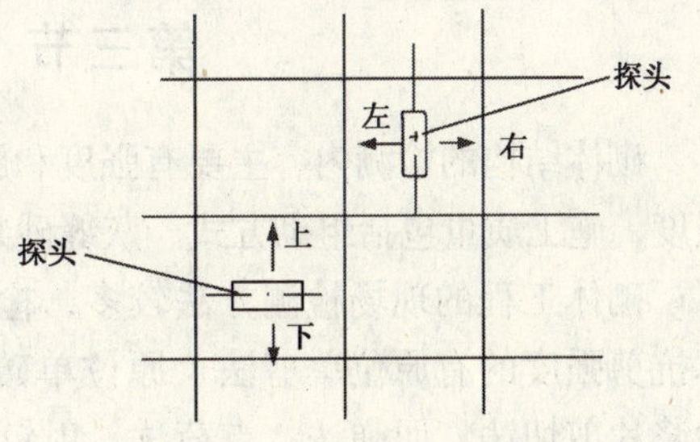

图 2.2-1 钢筋位置的检测

2. 钢筋锈蚀程度的检测

结构构件中的钢筋锈蚀后，钢筋截面积减小，钢筋与混凝土的粘结力降低，锈蚀产生的膨胀力还会引起混凝土保护层剥落。因此，钢筋锈蚀对构件的承载力和耐久性有严重影响。

检测钢筋锈蚀的方法有剔凿法、取样法和自然电位法。

(1) 剔凿法

凿开混凝土保护层，用钢丝刷刷去浮锈，用游标卡尺测量钢筋剩余直径，主要量测钢筋截面有缺损部位的钢筋直径，以此计算钢筋截面损失率。

(2) 取样法

这是一种在现场截取锈蚀钢筋的样品，经处理后测得钢筋锈蚀数据的方法。

取样可用合金钻头或手锯截取，样品的长度视测试项目而定；若需测试钢筋的力学性能，样品应略长。一般仅测定钢筋锈蚀量的样品，其长度可为直径的3~5倍。

将取回的样品端部锯平或磨平，用游标卡尺测量样品的实际长度，在氢氧化纳溶液中通电除锈。将除锈后的试样放在天平秤上称出残余质量，残余质量与该种钢筋公称质量之比即为钢筋的剩余截面率。当已知锈前钢筋质量时，则取锈前质量与称量质量之差来衡量钢筋的锈蚀率。

(3) 自然电位法

自然电位法是利用电化学原理来定性判断混凝土中钢筋锈蚀程度的一种方法。当混凝土中的钢筋锈蚀时，钢筋表面便有腐蚀电流，钢筋表面与混凝土表面间存在电位差。电位差的大小与钢筋锈蚀程度有关，运用电位测量装置，可大致判断钢筋锈蚀的范围及其严重程度。

3. 钢筋强度检测

结构构件中钢筋的力学性能检验，一般采用破损法，即凿开混凝土，截取钢筋试样，然后对试样进行力学试验，以此确定钢筋的力学性能。同一规格的钢筋应抽取两根，每根钢筋再分成两根试件，取一根试件作拉力试验，另一根试件作冷弯试验。在拉力试验的两根试件中，如其中一根试件的屈服点、抗拉强度和伸长率三个指标中有一个指标达不到钢筋标准中的数值，应再抽取钢筋，制作双倍（4根）试件重作试验；如仍有一根试件的一个指标达不到标准要求，则不论这个指标在第一次试件中是否达到标准要求，拉力试验项目为不合格。在冷弯试验中，如有一根试件不符合标准要求，应同样抽取双倍钢筋，重作试验；如仍有一根试件不符合标准要求，冷弯试验项目为不合格。

破损法检测钢筋的力学性能，截断后的钢筋应用同规格的钢筋补焊修复，单面焊时搭接长度为$10d$，双面焊时搭接长度为$5d$。因此，应选择结构构件中受力较小的部位截取钢筋试件，在梁构件中不应在梁跨中部位截取钢筋。

第三节　砌体结构的检测

砌体结构的检测内容主要有强度和施工质量，其中强度包括块材强度、砂浆强度及砌体强度，施工质量包括组砌方式、灰缝砂浆饱满度、灰缝厚度、截面尺寸、垂直度及裂缝等。

砌体工程的现场检测方法较多，检测砌体抗压强度的有原位轴压法、偏顶法，检测砌体抗剪强度的有原位单剪法、原位单砖双剪法，检测砌体砂浆强度的有推出法、筒压法、砂浆片剪切法、回弹法、点荷法、射钉法。在工程检测时，应根据检测目的、被测对象选择检测方法（见表2.3-1）。

砌体结构检测方法比较　　**表 2.3-1**

序号	检测方法	特　点	用　途	限制条件
1	原位轴压法	1. 属原位检测，直接在墙体上测试，测试结果综合反映了材料质量和施工质量； 2. 直观性、可比性强； 3. 设备较重； 4. 检测部位局部破损	检测普通砖砌体的抗压强度	1. 槽间砌体每侧的墙体不应小于1.5m； 2. 同一墙体上的测点数量不宜多于1个：测点数量不宜太多； 3. 限用于240mm厚的墙
2	扁顶法	1. 属原位检测，直接在墙体上测试，测试结果综合反映了材料质量和施工质量； 2. 直观性、可比性强； 3. 砌体强度较高或轴向变形较大时，难以测出抗压强度； 4. 检测部位局部破损	1. 检测普通砖砌体的强度； 2. 测试古建筑和重要的实际应力； 3. 测试具体工程的砌体弹性模量	1. 槽间砌体每侧的墙体宽度不应小于1.5m； 2. 同一墙体上的测点数量不宜多于1个；测点数量不宜太多
3	原位单剪法	1. 属原位检测，直接在墙体测试，测试结果综合反映了施工质量和砂浆质量； 2. 直观性强； 3. 检测部位局部破损	检测各种砌体的抗剪强度	1. 测点宜选在窗下墙部位，且承受反作用力的墙体应有足够长度； 2. 测点数量不宜太多
4	原位单砖双剪法	1. 属原位检测，直接在墙体上测试，测试结果综合反映了质量和砂浆质量； 2. 直观性较强； 3. 设备较轻便； 4. 检测部位局部破损	检测烧结普通砖砌体的抗剪强度；其他墙体应经试验确定有关换算系数	当砂浆强度低于5MPa时，误差较大
5	推出法	1. 属原位检测，直接在墙体上测试，测试结果综合反映了施工质量和砂浆质量； 2. 设备较轻便； 3. 检测部位局部破损	检测普通砖墙体的砂浆强度	当水平灰缝的砂浆饱满度低于65%时，不宜选用
6	筒压法	1. 属取样检测； 2. 仅需利用一般混凝土试验室的常用设备； 3. 取样部位局部破损	检测烧结普通砖墙体中的砂浆强度	测点数量不宜太多
7	砂浆片剪切法	1. 属取样检测； 2. 专用的砂浆强度仪和其标定仪，较为轻便； 3. 试验工作较简便； 4. 取样部位局部破损	检测烧结普通砖墙体中的砂浆强度	—
8	回弹法	1. 属原位无损检测，测区选择不受限制； 2. 回弹仪有定型产品，性能较稳定，操作简便； 3. 仅需对检测部位的装修面层作局部剔凿	1. 检测烧结普通砖墙体中的砂浆强度； 2. 适宜于砂浆强度均质性普查	砂浆强度不应小于2MPa
9	点荷法	1. 属取样检测； 2. 试验工作较简便； 3. 取样部位局部损伤	检测烧结普通砖墙体中的砂浆强度	砂浆强度不应小于2MPa
10	射钉法	1. 属原位无损检测，测区选择不受限制； 2. 射钉枪、子弹、射钉有配套定型产品，设备较轻便； 3. 仅需对检测部位的装修面层作局部剔凿	烧结普通砖、多孔砖砌体中，砂浆强度均质性普查	砂浆强度不应小于2MPa

上述十种检测方法，可归纳为“直接法”和“间接法”两类，前者为检测砌体抗压强度和砌体抗剪强度的方法，后者为测试砂浆强度的方法。直接法的优点是直接测试砌体的强度参数，反映被测工程的材料质量和施工质量，其缺点是试验工作量较大，对砌体工程有一定损伤；间接法是测试与砂浆强度有关的物理参数，进而推定其强度。“推定”时，难免增大测试误差，也不能综合反映工程的材料质量和施工质量，使用时具有一定的局限性。但其优点是测试工作较为简便，对砌体工程无损伤或损伤较少，因此，对重要工程或客观条件允许时，宜选用“综合性”，即在直接法和间接法中各选一种方法，以发挥各自的优点，避免各自的缺点。即使仅检测砂浆强度，也可选用两种检测方法，对两种检测结果互相验证。当两种检测结果差别较大时，应对检测结果全过程进行检查，查明原因，并根据上表所列方法和特点，综合分析，作出结论。

一、砌体抗压强度的检测

1. 原位轴压法

该方法是在墙体上开凿两条水平槽孔，安放原位压力机，测试槽间砌体的抗压强度，进而换算为标准砌体的抗压强度。它适用于测试240mm厚普通砖墙体的抗压强度。原位轴压法压力机测试工作状况如图2.3-1所示。

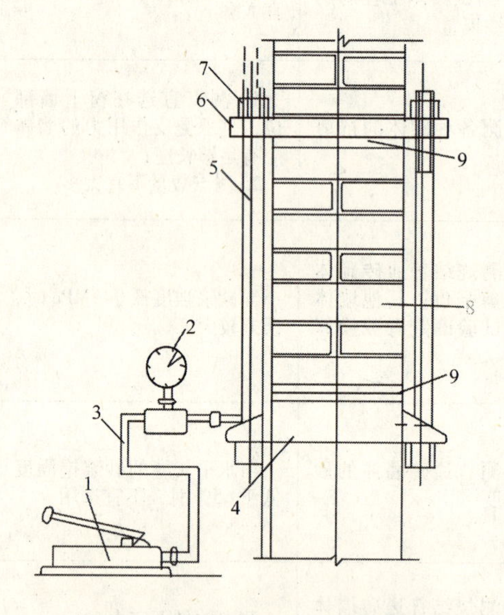

图2.3-1　原位轴压法测试状况

1—手泵；2—压力表；3—高压油管；4—扁式千斤顶；5—拉杆；6—反力板；7—螺母；8—槽间砌体；9—砂垫层

单个测点的槽间砌体抗压强度，除以换算系数ξ_{1ij}即为标准砌体的抗压强度。

ξ_{1ij}按下式计算：

$$\xi_{1ij}=1.36+0.54\sigma_{0ij} \tag{2.3-1}$$

式中　ξ_{1ij}——原位轴压法的强度换算系数；

σ_{0ij}——该测点的墙体工作压应力（MPa）。

该法的最大优点是综合反映了砖材、砂浆变异及砖筑质量对抗压强度的影响：测试设备则有变形适应能力强、操作简便等特点，对强度较低的砂浆、变形很大或抗压强度较高的墙体，均可适用。

2. 扁顶法

该方法是利用砖墙砌筑特点，在水平砂浆灰缝处开凿槽口，装入扁式液压千斤顶，依据应力释放和恢复定理，测得墙体的受压工作应力、弹性模量，并通过测定槽间砌体的抗压强度，进一步确定其标准砌体的抗压强度。其工作状态如图2.3-2所示。液压扁顶尺寸有380mm×250mm×5mm和250mm×250mm×5mm等几种。

根据槽间砌体的抗压强度除以换算系数ξ_{2ij}即为标准砌体的抗压强度。ξ_{2ij}按下式计算：

$$\xi_{2ij}=1.18+4\frac{\sigma_{0ij}}{f_{uij}}-4.18\left(\frac{\sigma_{0j}}{f_{uij}}\right)^2 \tag{2.3-2}$$

式中　ξ_{2ij}——扁顶法的强度换算系数；

f_{uij}——单个槽间砌体的抗压强度（MPa）；

σ_{0ij}——该测点的墙体工作压应力（MPa），可采用实测的墙体工作压应力，亦可按墙体实际承受的荷载标准值计算。

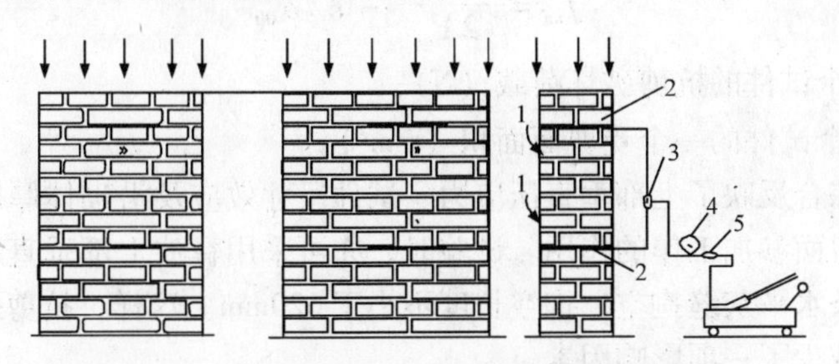

图 2.3-2　扁顶法测试装置与变形测点布置
1—变形测量脚标（两对）；2—扁式液压千斤顶；3—三通接头
4—压力表；5—溢流阀；6—手动油泵

二、砌体抗剪强度的检测

1. 原位单剪法

该方法的测试部位宜选在窗、洞口下 2 ~ 3 皮砖范围，试件具体尺寸和测试装置分别见图 2.3-3、图 2.3-4。砌体沿通缝截面的抗剪强度等于抗剪荷载除以受剪面积，不需换算系数。

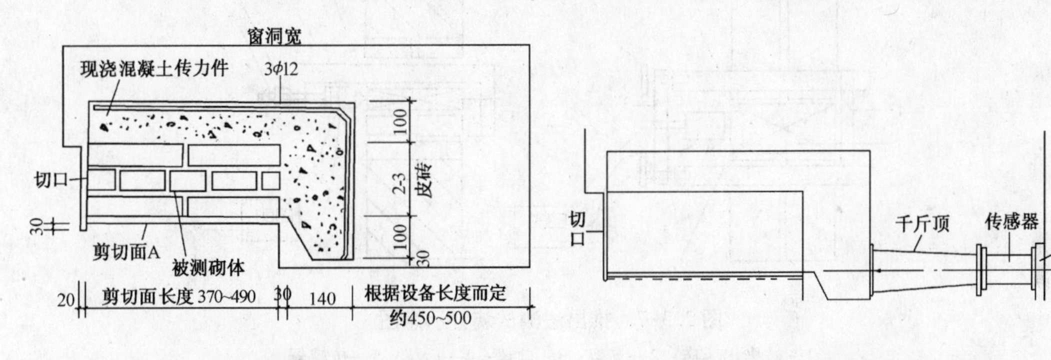

图 2.3-3　原位单剪法试件大样　　　　图 2.3-4　原位单剪法测试装置

2. 原位单砖双剪法

该方法的工作原理和采用的设备分别见图 2.3-5 和图 2.3-6。

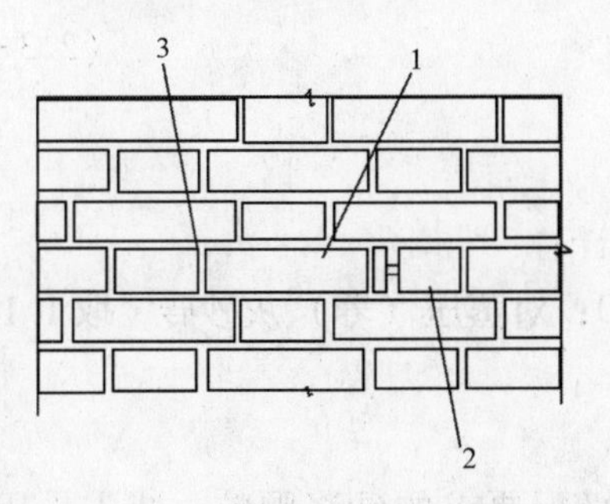

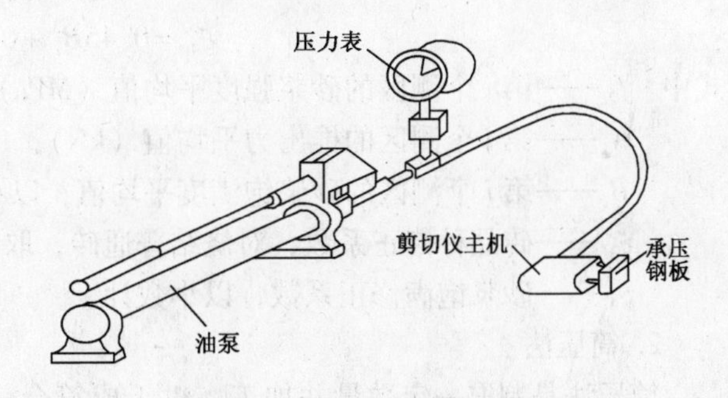

图 2.3-5　原位单砖双剪法工作示意图
1—剪切试件；2—剪切仪主机；3—掏空的竖缝

图 2.3-6　原位剪切仪示意图

单个试件的抗剪强度，按下式计算：

$$f_{uij}=\frac{0.64N_{uij}}{2A_{uij}}-0.7\sigma_{0ij} \qquad (2.3\text{-}3)$$

式中 N_{uij}——单个试件的抗剪破坏荷载（N）；

A_{uij}——单个试件的一个受剪面面积（mm^2）。

该计算公式综合反映了上部垂直压应力、试件尺寸效应及沿砌体厚度方向相邻竖向灰缝作为第三者受剪面参加工作的作用。试验时，亦可采用释放上部垂直压应力的方法，即将试件顶部第三条水平灰缝掏空，掏空长度不小于620mm。这样，抗剪强度公式等号右边的第二项为零，减少了一项影响因素。

三、砌筑砂浆强度的检测

1. 推出法

推出法主要测定墙上单块丁砖推出力和砂浆饱满度两项参数，据此推定砌筑砂浆的抗压强度。其测力装置见图2.3-7。

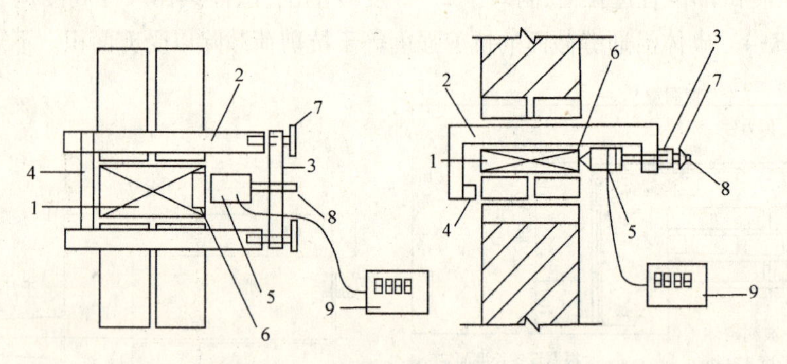

图2.3-7　推出法测试装置示意图

1—被推出丁砖；2—支架；3—前梁；4—后梁；5—传感器
6—垫片；7—调平螺丝；8—传力螺杆；9—推出力峰值测定仪

每个测区（相当于单片墙，不应小5个测点）的砂浆强度平均值，按下列公式计算：

$$f_{2i}=0.3(\xi_{3i}N_i/\xi_{4i})^{1.19} \qquad (2.3\text{-}4)$$

$$\xi_{4i}=0.45B_i^2+0.9B_i \qquad (2.3\text{-}5)$$

式中 f_{2i}——第 i 个测区的砂浆强度平均值（MPa）；

N_i——第 i 个测区的推出力平均值（kN）；

B_i——第 i 个测区的砂浆饱满度平均值，以小数计；

ξ_{3i}——砖品种修正系数，对烧结普通砖，取1.00；对蒸压（养）灰砂砖，取1.14。

ξ_{4i}——砂浆饱满修正系数，以小数计。

2. 筒压法

筒压法是制取一定数量并加工、烘干成符合一定级配要求的砂浆颗粒，装入承压筒中，施加一定的静压力后，测定其破损程度（以筒压比表示），据此推定砌筑砂浆抗压强度的方法。

施压后的试样，倒入由孔径5mm和10mm标准筛组成的套筛中，装入摇筛机摇筛2min或人工摇筛1.5min，直至每隔5s的筛出量基本相等。按下式计算筒压比：

$$T_{ij}=\frac{t_1+t_2}{t_1+t_2+t_3} \tag{2.3-6}$$

式中　T_{ij}——第i个测区中第j个试样的筒压比，以小数计；

t_1、t_2、t_3——分别为孔径5mm、10mm筛的分计筛余量和底盘中的剩余量。每个测区取3组试样，测试后取平均值T_i。按下列公式计算砂浆强度：

水泥砂浆：

$$f_{2i}=34.58T_i^{2.06} \tag{2.3-7}$$

水泥石灰混合砂浆：

$$f_{2i}=6.1T_i+11T_i^2 \tag{2.3-8}$$

粉煤灰砂浆：

$$f_{2i}=2.52-9.4T_i+32.8T_i^2 \tag{2.3-9}$$

3. 砂浆片剪切法

砂浆片剪切法是以测试砂浆片的抗剪强度来推定砂浆的抗压强度的方法。其工作原理如图2.3-8所示。

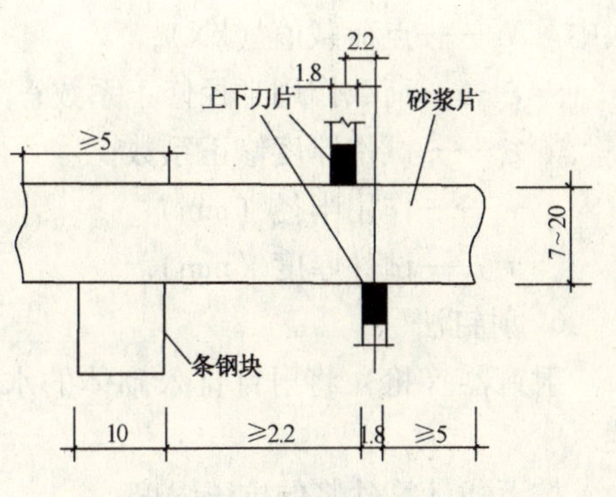

图2.3-8　砂浆片剪切法工作原理

根据测试结果，按下式推定砌筑砂浆的抗压强度：

$$f_{2i}=7.17\tau_i \tag{2.3-10}$$

式中　τ_i——第i测区的抗剪强度平均值（MPa）。

4. 回弹法

检测灰缝砂浆强度的回弹仪冲击能量小，标称冲击动能为0.196J。根据砂浆表面硬度与抗压强度之间的相关性，建立砂浆强度与回弹值及碳化深度的相关曲线，并用来评定砂浆强度。

检测前，按250m³砌体结构或同一楼层品种相同、强度等级相同的砂浆分为一个检测单元，每个检测单元应选不少于6面墙，每面墙的测区不应少于5个，测区大小一般约0.3m²，测区宜选在有代表性的承重墙。测区灰缝砂浆表面应清洁、干燥，应清除勾缝砂浆、浮浆，用薄砂轮片将暴露的灰缝砂浆打磨平整后，方可检测。

每个测区弹击12点，每个测点连续弹击3次，前2次不读数，仅读取最后一次的回弹值，在测区的12个回弹值中，剔除一个最大和最小值，计算余下10个值的平均值。

灰缝碳化深度的测定采用酚酞酒精试剂。取出部分灰缝砂浆，清除孔洞中的粉末和碎屑，但不可用水冲洗，立即用1%的酚酞酒精溶液滴入孔洞内壁边缘，外侧碳化区为无色，内侧未碳化区变成紫红色，测量有颜色交界线的深度，即为碳化深度。

根据测位的平均回弹值和平均碳化深度，分别按下列公式计算砂浆强度：

（1）$d\leqslant1.0$mm时，

$$f_{2i}=13.97\times10^{-5}R^{3.57} \tag{2.3-11}$$

（2）$1.0<d<3.0$mm 时，

$$f_{2i}=4.85\times10^{-4}R^{3.04} \tag{2.3-12}$$

（3）$d\geqslant3.0$mm 时，

$$f_{2i}=6.34\times10^{-5}R^{3.60} \tag{2.3-13}$$

式中 d——平均碳化深度（mm）；

R——平均回弹值。

5. 点荷法

本方法适用于推定烧结普通砖砌体中的砌筑砂浆强度，检测时从砖墙中抽取砂浆片试样，采用试验机测试其点荷载值，然后换算成砂浆强度。

按下列公式计算砂浆的抗压强度：

$$f_{2ij}=(33.3\xi_5\xi_6N_{ij}-1.1)^{1.09} \tag{2.3-14}$$

$$\xi_5=1/(0.05\gamma_{ij}+1) \tag{2.3-15}$$

$$\xi_6=1/[(0.03t_{ij}(0.1t_{ij}+1)+0.4] \tag{2.3-16}$$

式中 N_{ij}——点荷载值（kN）；

ξ_5——荷载作用半径修正系数；

ξ_6——试件厚度修正系数；

γ_{ij}——作用半径（mm）；

t_{ij}——试件厚度（mm）。

6. 射钉法

射钉器（枪）将射钉打入砌体的水平灰缝中，依据射钉的射入深度推定砂浆抗压强度。

按下式计算砂浆的抗压强度：

$$f_{2i}=al_i^{-b} \tag{2.3-17}$$

式中 l_i——射钉平均射入量（mm）；

a、b——射钉常数，按表 2.3-2 取值。

射钉常数 **表 2.3-2**

砖品种	a	b
烧结普通砖	47000	2.52
烧结多孔砖	50000	2.40

四、砂浆和砌体强度的推定

1. 砂浆抗压强度推定

砂浆强度等级的推定方法与现行国家标准《砌体工程施工质量验收规范》（GB50203）一致。当测区数不少于 6 个时，规定各测区的砂浆抗压强度平均值不应低于设计强度等级所对应的立方体抗压强度，且最小的测区强度值不应低于设计强度等级所对应的立方体抗压强度的0.75倍。

当测区数少于6个时，规定最小的测区强度值不应低于设计强度等级所对应的立方体抗压强度。若检测结果的变异系数大于0.35，应检查检测结果离散性偏大的原因。若系检测单元划分不当，宜重新划分，并可增加测区数进行补测，然后重新推定。

2. 砌体抗压或抗剪强度推定

每一检测单元的砌体抗压强度标准值或砌体沿通缝截面的抗剪强度标准值，应分别按下列规定进行推定：

当测区数 $n_2 \geqslant 6$ 时，

$$f_k = f_m - k \cdot s \tag{2.3-18}$$

$$f_{v,k} = f_{v,m} - k \cdot s \tag{2.3-19}$$

式中　f_k——砌体抗压强度标准值（MPa）；

f_m——同一检测单元的砌体抗压强度平均值（MPa）；

$f_{v,k}$——砌体抗剪强度标准值（MPa）；

$f_{v,m}$——同一检测单元的砌体沿通缝截面的抗剪强度平均值（MPa）；

s——按 n_2 个测区计算的抗压或抗剪强度的标准差（MPa）；

k——与 α、C、n_2 有关的强度标准值计算系数，见表2.3-3；

α——确定强度标准值所取的概率分布下分位数，$\alpha = 0.05$；

C——置信水平，$C = 0.60$。

计算系数 k　　　**表2.3-3**

n_2	6	7	8	9	10	12	15	18
k	1.947	1.908	1.880	1.858	1.841	1.816	1.790	1.773
n_2	20	25	30	35	40	45	50	55
k	1.764	1.748	1.736	1.728	1.721	1.716	1.712	1.709

当测区数 $n_2 < 6$ 时，

$$f_k = f_{mi,\min} \tag{2.3-20}$$

$$f_{v,k} = f_{vi,\min} \tag{2.3-21}$$

式中　$f_{mi,\min}$——同一检测单元中，测区砌体抗压强度的最小值（MPa）；

$f_{vi,\min}$——同一检测单元中，测区砌体抗剪强度的最小值（MPa）。

每一检测单元的砌体抗压强度或抗剪强度，当检测结果的变异系数 δ 分别大于0.2或0.25时，应检查检测结果离散性较大的原因；若查明系混入不同总体的样本所致，宜分别进行统计，并分别确定标准值。

五、砖抗压强度的检测

1. 砖强度直接取样法

在同一测区取有代表性的砖10块，将砖样切断或锯成两个半截砖，半截砖的长度不得小于100mm，否则作废再取。将已切断的半截砖放入净水中浸10～20min，取出后以断

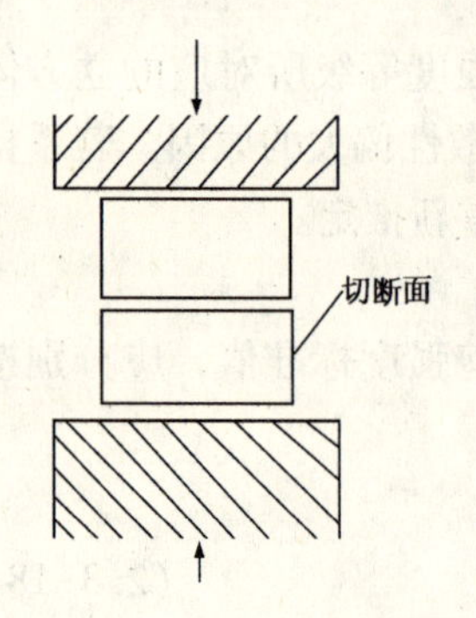

图 2.3-9 砖抗压强度试验

口相反方向叠放（图 2.3-9），中间用 32.5 级普通硅酸盐水泥调制的净浆粘结，厚度不超过 5mm，上下两承压面用厚度不超过 3mm 的同种水泥浆抹平。制成的试件置于不通风的室内养护 3d，室温不低于 10℃。测量每个试件连接面的面积作为计算受力面积 A，在试验机上压至破坏，测出破坏荷载 P，单块试样的抗压强度为：

$$f_i = \frac{P_i}{A_i} \tag{2.3-22}$$

砖抗压强度标准值和变异系数按下式计算：

$$f_k = f - 1.8 \cdot s \tag{2.3-23}$$

$$\delta = \frac{s}{f} \tag{2.3-24}$$

式中 f——10 块试样抗压强度的平均值（MPa）；

s——10 块试样抗压强度的标准差（MPa）；

δ——该组砖试件强度变异系数。

根据试验得出的砖抗压强度平均值和标准值（最小值），按表 2.3-4 可确定砖的强度等级。

烧结普通砖强度等级划分规定 **表 2.3-4**

强度等级	抗压强度平均值 f（MPa）	变异系数 $\delta \leq 0.21$	变异系数 $\delta > 0.21$
		强度标准值 f_k（MPa）	单砖最小抗压强度 f_{min}（MPa）
MU30	≥30.0	≥22.0	≥25.0
MU25	≥25.0	≥18.0	≥22.0
MU20	≥20.0	≥14.0	≥16.0
MU15	≥15.0	≥10.0	≥12.0
MU10	≥10.0	≥6.5	≥7.5
MU7.5	≥7.5	≥5.0	≥6.0

2. 砖强度回弹法

回弹法检测砌体中烧结普通砖强度这种方法适用于检测评定以黏土为主要原料，质量符合《烧结普通砖》（GB5101—2003）的实心烧结普通砖砌筑成砖墙后的砖抗压强度等级。不适用于评定用欠火砖、酥砖，外观质量不合格及强度等级低于 MU7.5 的砖的强度等级。

检测砖强度的回弹仪，其标称冲击动能为 0.735J。根据砖表面硬度与抗压强度间的相关性，建立砖强度与回弹值的相关曲线，并用来推定砖强度。

检测前，按 $250m^3$ 砌体结构或同一楼层品种相同、强度等级相同的砖划分为一个检测单元，每个检测单元应选不少于 6 面墙，每面墙的测区不应少于 5 个，测区大小一般约为 $0.3m^2$。

每个测区抽取条面向外的烧结普通砖作回弹测试，用回弹仪对每一块砖样条面分别弹击5点，5点在砖条面上呈一字形均匀分布，每一测点只能弹击一次，每面墙弹击100个点。砖强度等级的推定按下列要求进行：

（1）每面墙平均回弹值R_j按下式计算：

$$R_j = \frac{\sum_{i=1}^{100} R_i}{100} \quad (i=1,2,\cdots 100) \tag{2.3-25}$$

式中　R_i——第i测点的回弹值。

（2）每一检测单元平均回弹值按下式计算：

$$R = \frac{\sum_{j=1}^{n} R_j}{n} \quad (j=1,2,\cdots) \tag{2.3-26}$$

式中　n——测试墙数。

（3）从抽样墙中选出最低平均回弹值$R_{j\min}$。

（4）砌体中烧结普通砖的强度等级由表2.3-5确定。

砌体中烧结普通砖的强度等级　　表2.3-5

强度等级	指标	
	取样单元平均回弹值（R）	墙最低平均回弹值（$R_{j\min}$）
MU20	48.6	45.3
MU15	44.9	40.9
MU10	40.1	35.8
MU7.5	37.0	32.8

第四节　结构构件变形检测与建筑物沉降观测

一、梁、板跨中变形检测

梁、板结构跨中变形测量的方法之一是在梁、板构件支座之间拉紧一根细钢丝或琴弦，然后测量跨中部位构件与细钢丝（或琴弦）之间的距离，该数值即是梁板构件的变形。

采用水准仪测量梁、板跨中变形，其数据较为精确。具体做法如下：

1. 将标杆分别垂直立于梁、板构件两端和跨中，通过水准仪测出同一水准高度时标杆上的读数。

2. 将水准仪测得的两端和跨中时水准仪的读数相比较即可求得梁、板构件的跨中挠度值：

$$f = f_0 - \frac{f_1 + f_2}{2} \tag{2.4-1}$$

式中　f_0、f_1、f_2——分别为构件跨中和两端水准仪的读数。

用水准仪量标杆读数时，至少测读3次，并以3次读数的平均值作为跨中标杆读数。

二、墙、柱和建筑物倾斜检测

检测墙、柱和整幢建筑物倾斜一般采用经纬仪测定，其主要步骤有：

1. 经纬仪位置的确定

测量墙体、柱以及整幢建筑物的倾斜时，经纬仪位置如图2.4-1所示，其中要求经纬仪至墙、柱及建筑物的间距 l 大于墙、柱及建筑物的宽度。

2. 数据测读

如图2.4-2所示，瞄准墙、柱以及建筑物顶部 M 点，向下投影得 N 点，然后量出 $N-N'$ 间的水平距离 a。

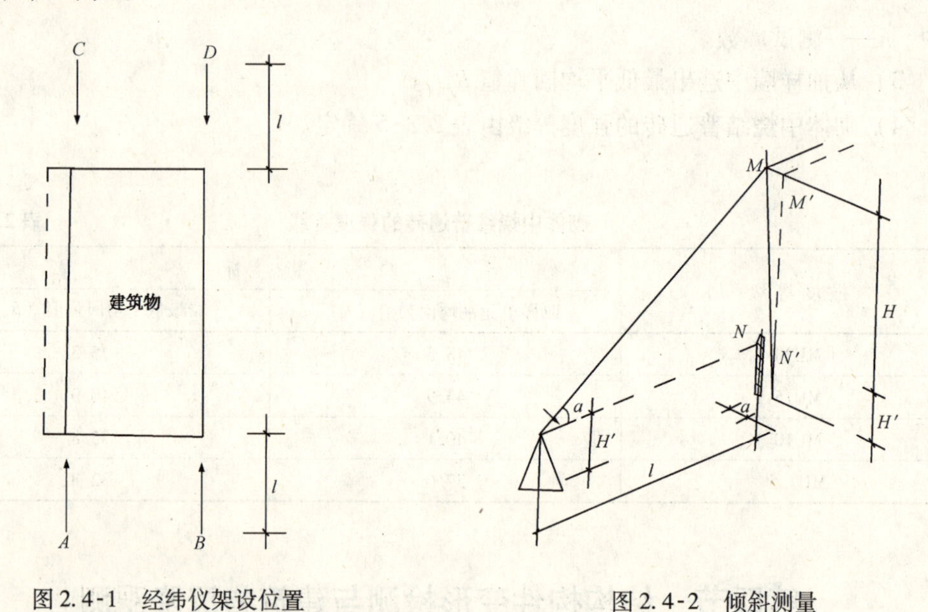

图2.4-1　经纬仪架设位置　　　　图2.4-2　倾斜测量

以 M 点为基准，采用经纬仪测出垂直角角度 α。

3. 结果整理

根据垂直角 α，计算测点高度 H。计算公式为：

$$H = l \cdot \mathrm{tg}\alpha \qquad (2.4\text{-}2)$$

则墙、柱或建筑物的倾斜量 i 为：

$$i = a/H \qquad (2.4\text{-}3)$$

墙、柱或整幢建筑物的倾斜量 Δ 为：

$$\Delta = i(H + H') \qquad (2.4\text{-}4)$$

根据以上测算结果，综合分析四角阳角的倾斜度及倾斜量，即可描述墙、柱或建筑物的倾斜情况。

三、建筑物沉降观测

沉降观测可了解沉降速度，判断沉降是否稳定及有无不均匀沉降。对于现有建筑物，当邻近建筑物的周边新建房屋开挖基坑、或大量抽取地下水、或建筑物受损原因不明怀疑与沉降有关时，应考虑对建筑物进行沉降观测。

建筑物沉降观测采用水准仪测定，其主要步骤有：

1. 水准点位置

水准基点可设置在基岩上，也可设置在压缩性低的土层上，但须在地基变形的影响范围之内。

2. 观测点的位置

建筑物上的沉降观测点应选择在能反映地基变形特征及结构特点的位置，测点数不宜少于6点。测点标志可用铆钉或圆钢锚固于墙、柱或墩台上，标志点的立尺部位应加工成半球或有明显的突出点。

3. 数据测读及整理

沉降观测的周期和观测时间，根据具体情况来定。建筑物施工阶段的观测，应随施工进度及时进行。一般建筑，可在基础完工后或地下室墙体砌完后开始观测。观测次数和时间间隔应视地基与加荷情况而定，民用建筑可每加高1~5层观测一次，工业建筑可按不同施工阶段（如回填基坑、安装柱子和屋架、砌筑墙体、设备安装等）分别进行观测，如建筑物均匀增高，应至少在增加荷载的25%、50%、75%和100%时各测一次。施工过程中如暂时停工，在停工时和重新开工时应各观测一次，停工期间可每隔2~3个月观测一次。

建筑物使用阶段的观测次数，应视地基土类型和沉降速度大小而定。一般情况下，可在第一年观测3~4次，第二年观测2~3次，第三年后每年一次，直至稳定为止。砂土地基的观测期限一般不少于2年，膨胀土地基的观测期限一般不少于3年，黏土地基的观测期限一般不少于5年，软土地基的观测期限一般不少于10年。当建筑物基础附近地面荷载突然增减、基础四周大量积水、长时间连续降雨等情况，均应及时增加观测次数。当建筑物突然发生大量沉降、不均匀沉降或严重裂缝时，应立即进行逐日或几天一次的连续观测，观测时应随时记录气象资料。

测读数据就是用水准仪和水准尺测读出各观测点的高程。水准仪与水准尺的距离宜为20~30m。水准仪与前、后视水准尺的距离要相等。观测应在成像清晰、稳定时进行，读完各观测点后要回测后视点，两次同一后视点的读数差要求小于±1mm，记录观测结果，计算各测点的沉降量、沉降速度及不同测点之间的沉降差。

沉降是否稳定由沉降与时间关系曲线判断，一般当沉降速度小于0.1mm/月时，认为沉降已稳定。沉降差的计算可判断建筑物不均匀沉降的情况，如果建筑物存在不均匀沉降，为进一步测量，可调整或增加观测点，新的观测点应布置在建筑物的阳角和沉降最大处。

第五节　既有建筑的可靠性鉴定

一、既有建筑的鉴定方法

既有建筑的可靠性鉴定方法，正在从传统经验法和实用鉴定法，向概率法过渡；目前采用的仍然是传统经验法和实用鉴定法，概率法尚未达到应用阶段。

1. 传统经验法

传统经验法是依赖有经验的技术人员通过调查、现场目测检查，并按照原设计程序进行校核，借助个人拥有的知识、经验和验算进行评估。这种方法过多地依赖个人经验，缺乏一套科学的评估程序和现代测试技术，因此鉴定结果具有很大的随机性和主观性。但是，由于这一方法简单、节约时间和鉴定费用，至今仍广泛采用。

2. 实用鉴定法

实用鉴定法是在传统经验法的基础上发展形成的。这种方法通过专业人员全面分析已有建筑损伤的原因，列出明确的调查项目，一般经过数次调查，并结合结构计算或实验结果，经逐项评估后，综合得出较为完全准确的鉴定结论。该法强调利用现代检测技术获取各种结构信息。实用鉴定法一般需进行以下几项工作：

（1）初步调查。调查建筑概况，包括建设规模、图纸资料、环境、结构形式及鉴定目的等。

（2）调查建筑物的地基基础（包括基础和桩、地基变形及地下水）、建筑材料（如混凝土、钢材、砖以及外围结构材料）和建筑结构（结构尺寸、变形、裂缝、损伤、抗震能力、振动特征及承载能力等）。

（3）结构计算和分析以及在试验室进行构件试验或模型试验。

3. 概率法

概率法是依据结构可靠性理论，用结构失效概率来衡量结构的可靠程度。但是由于建筑结构诸多的复杂因素，目前，该方法仅仅是在理论和概念上对可靠性鉴定方法的完善，实用上仍存在很大的困难。

目前我国已经正式颁布的几个房屋可靠性鉴定标准，根据鉴定对象的不同、鉴定的出发点和目的不同，大致分为三类：危险房屋鉴定、结构可靠性和结构抗震鉴定。

危险房屋鉴定的侧重点是判断房屋是否已构成危险房屋，而对未达到危险状态的结构构件并不加以区分和判定，鉴定结果主要为房产管理部门提供依据。

抗震鉴定是对那些未抗震设防或设防烈度低于规定的建筑进行抗震性能评价。它的侧重点是结构是否满足抗震构造和地震作用下的承载力要求。由于绝大多数需鉴定的房屋未遭受过地震，所以无法根据现状直接判别结构的抗震能力，因而抗震鉴定更注重依据长期工程经验和实验研究得出的构造要求和概念，结合定量计算来综合评定。特别需要指出的是，按已颁布的《建筑抗震鉴定标准》（GB50023—95）对现有建筑进行抗震鉴定的目标，保持与原《工业与民用建筑抗震鉴定标准》（TJ23—77）基本一致，比抗震设计规范对新建工程规定的设防标准低。

结构可靠性鉴定是对已投入使用的建筑，在正常使用条件下结构可靠性状态进行评价。目前，已颁布的《民用建筑可靠性鉴定标准》（GB50292—1999）和《工业厂房可靠性鉴定标准》（GBJ144—90）均未包括抗震鉴定要求的内容，对于地震区的结构可靠性鉴定尚需依据有关抗震鉴定的要求进行。

二、可靠性鉴定的特点

结构可靠性鉴定与结构设计的区别在于，结构设计是在结构可靠性与经济之间选择一种合理的平衡，使所建造的结构能满足各项预定功能的要求。结构鉴定则是对已建成或服役多年的结构进行结构上的作用、结构抗力及其相互关系的检查、测定、分析判断并取得结论的过程。

结构可靠性是指结构在规定的时间和规定的条件下，完成预定功能的能力。它包括安全性、适用性和耐久性，当用概率度量时，称为可靠度。这一概念对使用若干年后的服役结构，在许多方面已发生了变化，对一些基本问题的定义和依据也有所不同。结构可靠性鉴定与结构设计的不同点有如下：

1. 设计基准期和目标使用期

结构设计中的设计基准期为编制规范采用的基准期，《建筑结构可靠度设计统一标准》（GB50068—2001）规定为50年。结构可靠性鉴定的基准期应当是考虑的下一个目标使用期，目标使用期的确定，是根据国民经济和社会发展状况、工艺更新、服役结构的技术状况（包括已使用年限、破损状况、危险程度、维修状况）等综合确定。

2. 设计荷载和验算荷载

进行结构设计时采用的荷载值为设计荷载，它是根据《建筑结构荷载规范》（GB50009—2001）及生产工艺要求而确定的。对使用若干年后的服役结构进行承载力验算时采用的荷载值称作验算荷载。验算荷载的取值是根据服役结构在使用期间的实际荷载，并考虑荷载规范规定的基本原则经过分析研究核准确定的。对一些无规范可遵循的荷载，如温度应力作用、超静定结构的地基不均匀下沉所造成的附加应力作用等，均应根据《建筑结构可靠度设计统一标准》（GB50068—2001）的基本原则和现场测试数据的分析结果来确定。

3. 抗力计算依据

结构设计的抗力是根据结构设计规范规定的材料强度和计算模式来进行计算的。而在鉴定工作中验算结构抗力时结构的材性和几何尺寸是依据查阅设计图纸、施工文件和现场检测结果等综合考虑确定。对结构抗力的验算模式，可根据需要对规范提供的计算模式加以修正。对情况比较复杂的结构或难以计算的结构问题，还应采用结构试验的结果。总之，抗力验算的准则是要反映结构真实性。

4. 可靠性控制级别

在结构设计中可靠性控制是以满足现行设计规范为准绳，其设计结果只有两种结论，即满足或不满足。在鉴定工作中可靠性是以某个等级指标给出的。例如 *a*、*b*、*c*、*d* 级，这是因为在验算和评估工作中必须考虑结构设计规范的变迁，服役结构的使用效果及对目标使用期的要求等问题，因而其鉴定结论不能按满足或不满足来评定，而应更细化，所以，目前颁布的工业建筑可靠性鉴定标准和民用建筑可靠性鉴定标准均按四个级别（如a、b、c、d；A、B、C、D；一、二、三、四）来反映服役结构的可靠度水平。

三、既有建筑荷载标准值与材料强度标准值的确定

1. 荷载标准值的确定

结构和构件自重的标准值应根据构件和连接的实际尺寸，按材料或构件自重的标准值确定。对不便实测的某些连接构造尺寸，允许按结构详图估算。常用材料和构件的单位自重标准值可按现行荷载规范的规定取用。当规范规定值有上、下限时，按以下原则采用：当其效应对结构不利时，取上限值；当其效应对结构有利（如验算倾覆、滑移、抗浮等）

时，取下限值。

如果单位自重标准值在现行荷载规范中尚无规定或材料（构件）的自重变异较大（如现场制作的保温材料、混凝土薄壁构件等）或怀疑规范值与实际情况有显著出入时，材料和构件的自重标准值应根据现场称重确定。现场抽样检测的试样不少于5个，并按下列规定确定标准值。

当其效应对结构不利时：

$$g_{k,sup}=m_g+\frac{t}{\sqrt{n}}S_g \tag{2.5-1}$$

当其效应对结构有利时：

$$g_{k,sup}=m_g-\frac{t}{\sqrt{n}}S_g \tag{2.5-2}$$

式中 $g_{k,sup}$——材料或构件自重的标准值；

m_g——试件称重结果的平均值；

S_g——试样称重结果的标准差；

n——试样数量（即样本容量）；

t——考虑样本数量影响的计算系数，按表2.5-1采用。

计算系数 t **表2.5-1**

n	5	6	7	8	9	10	15	20	25	30	40	≥60
t	2.13	2.02	1.94	1.89	1.86	1.80	1.76	1.73	1.71	1.70	1.68	1.67

对非结构的构、配件，或对支座沉降有影响的构件，若其自重效应对结构有利，应取其自重标准值为零。

对于活荷载而言，像基本雪压值、基本风压值和楼面活荷载的标准值，除应按现行《建筑结构荷载规范》（GB50009—2001）的规定采用外，尚应按下一目标使用期，乘以表2.5-2的修正系数 k_t 予以修正。

基本雪压、基本风压及楼面活荷载的修正系数 k_t **表2.5-2**

下一目标使用期t（年）	10	20	30~50
雪荷载或风荷载	0.85	0.95	1.0
楼面活荷载	0.85	0.90	1.0

注：1. 表中未列出的中间值，按插值确定，当 $t<10$ 时，按 $t=10$ 确定 k_t 值。

2. 下一目标使用期应由委托方和鉴定方共同商定。

2. 材料强度标准值的确定

已有建筑在进行可靠性鉴定时，一般需要对结构原材料进行检测，以充分考虑其受自然作用、化学腐蚀等造成的损伤。在批量检测时，其批推定强度见表2.5-3。

材料批强度的推定　　表 2.5-3

材料种类	混凝土	砌筑砂浆	钢材
强度类别	抗压强度	抗压强度	抗拉、抗压强度
抽检数量	不少于同批构件总数的30%，且不少于10件	不少于6个构件	2件
批推定强度	$m-1.645s$ m——测区混凝土强度换算值的平均值； s——测区混凝土强度换算值的标准差	$f_{2,m}$和$f_{2,min}/0.75$取两者之小者 $f_{2,m}$——测区砂浆强度换算值的平均值； $f_{2,min}$——测区砂浆强度换算值的最小值	f_{min} f_{min}——最小值
备注	$m<25$MPa时，$s\leq4.5$； $m\geq25$MPa时，$s\leq5.5$	变异系数δ不大于0.35	—

《民用建筑可靠性鉴定标准》（GB50292—1999）对确定材料强度标准作出了以下规定：当受检构件仅2~4个，且检测结果仅用于鉴定这些构件时，允许取受检构件强度推定值中的最低值作为材料强度标准值；当受检构件数量不少于5个，且检测结果用于鉴定一种构件时，按下式确定其强度标准值f_k：

$$f_k=m_f-ks \tag{2.5-3}$$

式中　m_f——按n个构件算得的材料强度平均值；

s——按n个构件算得的材料强度标准差；

k——与α、C和n有关的材料标准强度计算系数，按表2.5-4选用；

α——确定材料强度标准值所取的概率分布下分位数，一般取$\alpha=0.05$；

C——置信水平，对钢材取$C=0.90$，对混凝土取$C=0.75$，对砌体取$C=0.60$。

计算系数k值　　表 2.5-4

n	k值			n	k值		
	$C=0.90$	$C=0.75$	$C=0.60$		$C=0.90$	$C=0.75$	$C=0.60$
5	3.400	2.463	2.005	18	2.249	1.951	1.773
6	3.092	2.336	1.947	20	2.208	1.933	1.764
7	2.894	2.250	1.908	25	2.132	1.895	1.748
8	2.754	2.190	1.880	30	2.080	1.869	1.736
9	2.650	2.141	1.858	35	2.041	1.849	1.728
10	2.568	2.103	1.841	40	2.010	1.834	1.721
12	2.448	2.048	1.816	45	1.986	1.821	1.716
15	2.329	1.991	1.790	50	1.965	1.811	1.712

当按n个受检构件材料强度标准差算得的变异系数：对混凝土和砌体大于0.20，对钢材大于0.10时，不宜直接按上式计算构件材料的强度标准值，而应先检查导致离散性增大的原因。若查明系混入不同总体（不同批）的样本所致，宜分别进行统计，再分别按上

式确定其强度标准值。

四、民用建筑的可靠性鉴定

结构的安全性、适用性和耐久性总称为结构的可靠性。民用建筑可靠性鉴定，根据结构功能的极限状态，分为两类鉴定：安全性鉴定和使用性鉴定。具体实施时是进行安全性鉴定，还是进行正常使用性鉴定，或是两者均需进行（即可靠性鉴定），应根据鉴定的目的和要求进行选择。

（一）鉴定程序和内容

民用建筑可靠性鉴定应按图2.5-1规定的程序进行。各类别的鉴定可适用于不同范围，按不同要求选用不同的鉴定类别。

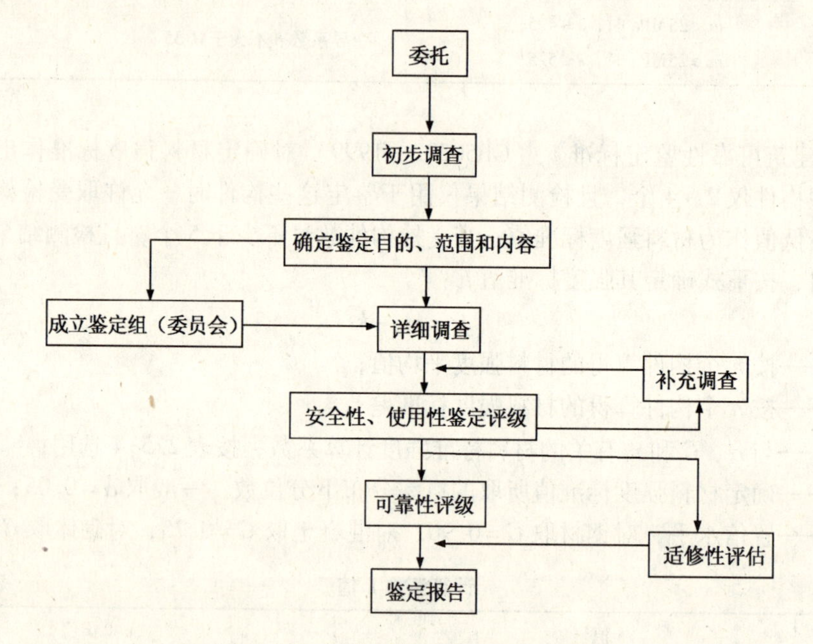

图2.5-1　民用建筑可靠性鉴定程序

1. 安全性鉴定的适用范围

（1）危房鉴定或其他应急鉴定；

（2）房屋改造前的安全检查；

（3）临时性房屋需要延长使用期的检查；

（4）使用性鉴定中发现有安全问题。

2. 使用性鉴定的适用范围

（1）建筑物日常维护的检查；

（2）建筑物使用功能的鉴定；

（3）建筑物有特殊使用要求的专门鉴定。

3. 可靠性鉴定的适用范围

（1）建筑物大修前的全面检查；

（2）重要建筑的定期检查；

（3）房屋改变用途或使用条件的鉴定；

（4）建筑物超过设计基准期继续使用的鉴定；

（5）为制订建筑群维修改造规划而进行的普查。

鉴定的目的、范围和内容应根据委托方提出的鉴定原因和要求，经初步调查后确定。

图 2.5-1 程序框图中的调查具有广泛的含义，包括访问、查档、验算、检验和现场检查实测等。根据鉴定工作的进程分为初步调查、详细调查和补充调查。其中，初步调查的目的是了解建筑物的历史和现状的一般情况，为下一阶段的结构质量检测提供有关依据。初步调查一般应包括以下几个方面的内容：图纸资料（如岩土工程勘察报告、设计计算书、设计变更记录、施工图、施工及施工变更记录、竣工图、竣工质检及验收文件、定点观测记录、事故处理报告、维修记录、历次加固改造图纸等）；建筑物历史（如原始施工、历次修缮、改造、用途变更、使用条件改变以及受灾情况）；考察现场，按资料核对实物（调查建筑物实际使用条件和内外环境、查看已发现的问题、听取有关人员的意见等）；填写初步调查表；制订详细调查计划及检测、试验工作大纲并提出需由委托方完成的准备工作。

详细调查是可靠性鉴定的基础，其目的是为结构的质量评定、结构验算和鉴定以及后续的加固设计提供可靠的资料和依据。根据实际需要选择下列工作内容：

（1）结构基本情况勘查：包括结构布置及结构形式；圈梁、支撑（或其他抗侧力系统）布置；结构及其支承构造；构件及其连接构造；结构及其细部尺寸，其他有关的几何参数。

（2）结构使用条件调查核实：包括结构上的作用；建筑物内外环境；使用史（含荷载史）。

（3）地基基础检查：包括场地类别与地基土（包括土层分布及下卧层情况）；地基稳定性；地基变形及在上部结构中的反应；评估地基承载力的原位测试及室内物理力学性能试验；基础和桩的工作状态（开裂、腐蚀和其他损坏的检查）；其他因素（如地下水抽降、地基浸水、水质、土的腐蚀等）的影响或作用。

（4）材料性能检测分析：包括结构构件材料；连接材料；其他材料。

（5）承重结构检查：包括构件及其连接工作情况；结构支承工作情况；建筑物的裂缝分布；结构整体性；建筑物侧向位移（包括基础转动）和局部变形；结构动力特征。

（6）围护系统使用功能检查。

（7）易受结构位移影响的管道系统检查。

鉴定评级过程中，如发现某些项目的评级依据尚不充分，或者评级介于两个等级之间，需要进行补充调查，以获得较正确的评定结果。

撰写鉴定报告是整个鉴定过程的最后一项工作。鉴定报告一般应包括下列内容：建筑物概况；鉴定的目的、范围与内容；检查、分析、鉴定的结果；结论和建议；附录。

（二）鉴定评级的层次和等级划分

1. 安全性鉴定

安全性鉴定按构件、子单元、鉴定单元三层次，每一层次分为四个等级进行鉴定，这里的构件可以是一个单件，如一根整截面梁或柱；也可以是一个组合件，如一榀桁架或一根组合柱，还可以是一个片段，如一片墙或一段条形基础。构件是可靠性鉴定最基本的鉴定单位。

子单元是由构件组成的，民用建筑可靠性鉴定标准按地基基础、上部承重结构和围护结构系统分为三个子单元。

鉴定单元由子单元组成，根据被鉴定建筑物的构造特点和承重体系的种类，可将该建筑物划分一个或若干个可以独立进行鉴定的区段，这样的每一区段为一鉴定单元。结构安全性鉴定层次和等级关系如图2.5-2所示。

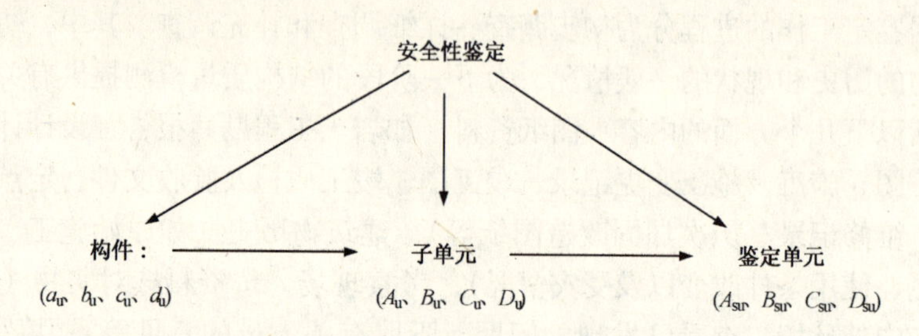

图2.5-2　安全性鉴定的层次和等级

按规定的检查项目和步骤，从第一层次开始，逐层进行评定。

根据构件各检查项目评定结果，确定单个构件等级；

根据子单元各检查项目及各种构件的评定结果，确定该子单元等级；

根据子单元的评定结果，确定鉴定单元等级。

建筑结构鉴定单元（子单元、构件）安全性鉴定四个等级标准如下：

A_{su}（A_u、a_u）——安全性符合标准要求，具有足够的承载能力，不必采取措施进行处理；

B_{su}（B_u、b_u）——安全性略低于标准要求，尚不显著影响承载能力。可不采取措施，但可能有少数构件应采取措施进行处理。

C_{su}（C_u、c_u）——安全性不符合标准要求，显著影响承载能力。应采取措施，且个别构件须立即采取措施进行处理。

D_{su}（D_u、d_u）——安全性极不符合标准要求，已严重影响承载能力。必须及时或立即采取措施进行处理。

2. 正常使用性鉴定

正常使用性鉴定按构件、子单元和鉴定单元三个层次，每一层次分为三个等级进行鉴定。这里指的构件，子单元、鉴定单元的划分与安全性鉴定相同，也是从第一层次开始，逐层进行评定，层次与等级关系见图2.5-3。

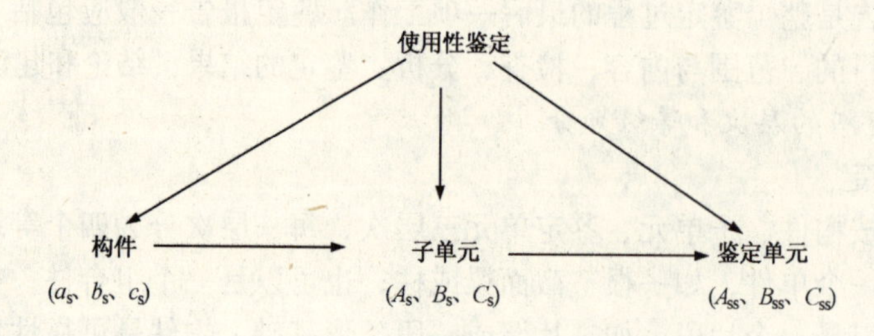

图2.5-3　使用性鉴定的层次和等级

建筑结构鉴定单元（子单元、构件）使用性鉴定三个等级标准如下：

A_{ss}（A_s、a_s）——使用性符合标准要求，具有正常的使用功能，不必采取措施进行处理；

B_{ss}（B_s、b_s）——使用性略低于标准要求，尚不显著影响使用功能。可不采取措施，但可能有少数构件应采取适当措施进行处理；

C_{ss}（C_s、c_s）——使用性不符合标准要求，显著影响使用功能，应采取措施进行处理。

3. 可靠性鉴定

可靠性鉴定是按构件、子单元、鉴定单元三个层次，每一层次分为四个等级进行鉴定。各层次可靠性鉴定评级，以该层次的安全性和使用性的评定结果为依据综合确定。民用建筑可靠性鉴定评级的各层次分级标准如下：

Ⅰ（A、a）——可靠性符合标准要求，具有正常的承载能力和使用功能，可不采取措施，但可能有少数构件应在使用性方面采取适当措施进行处理。

Ⅱ（B、b）——可靠性略低于标准要求，尚不显著影响承载能力和使用功能，有些构件应在使用性方面采取适当措施，少数构件应在安全性方面采取措施进行处理。

Ⅲ（C、c）——可靠性不符合标准要求，影响正常的承载能力和使用功能。应采取措施，且可能个别构件必须立即采取措施进行处理。

Ⅳ（D、d）——可靠性严重不符合标准要求，已危及安全，应停止使用，必须立即采取措施进行处理。

4. 适修性评定

民用建筑适修性评级按构件、子单元、鉴定单元三个层次，每一层次分为四个等级进行鉴定。各层次分级标准如下：

A_r（A'_r、a_r）——构件易加固或易更换，所涉及的相关构造问题易处理。适修好，修后可恢复原功能。所需的总费用远低于新建的造价，应予修复或改造。

B_r（B'_r、b_r）——构件稍难加固或稍难更换，所涉及的相关构造问题易于或稍难处理。修后可恢复或接近恢复原功能。所需总费用为新建造价 30% ~ 70%。适修性尚好，宜予修复或改造。

C_r（C'_r、c_r）——难修、或难改造，或所涉及的相关构造问题难处理，或所需总费用为新建造价 70% 以上。适修性差，是否有保留价值，取决于重要性和使用要求。

D_r（D'_r、d_r）——该鉴定对象已严重残损，构造很难加固，亦难更换，或所需总费用接近、甚至超过新建的造价。适修性很差，除非是纪念性或历史性建筑，一般宜予拆换或重建。

鉴定评级的层次和等级的划分情况见表 2.5-5。

可靠性鉴定评级的层次、等级划分及工作内容　　表2.5-5

层 次		一	二		三
层 名		构 件	子 单 元		鉴定单元
安全性鉴定	等 级	A_u、b_u、c_u、d_u	A_u、B_u、C_u、D_u		A_{su}、B_{su}、C_{su}、D_{su}
	地基基础	—	按地基变形或承载力、地基稳定性（斜坡）等项目评定地基等级	地基基础评级	鉴定单元安全性评级
		按同类材料构件各检查项目评定基础等级	每种基础评级		
	上部承重结构	按承载能力、构造、不适合继续承载的位移或残损等检查项目评定单个构件等级	每种构件评级	上部承重结构评级	
			结构侧向位移评级		
		—	按结构布置、支撑、圈梁、结构间联系等检查项目评定结构整体性等级		
	围护系统承重部分	按上部承重结构检查项目及步骤评定围护系统承重部分各层次安全性等级			
正常使用性鉴定	等级	a_s、b_s、c_s	A_s、B_s、C_s		A_{ss}、B_{ss}、C_{ss}
	地基基础	—	按上部承重结构和围护系统工作状态评估地基基础评级		鉴定单元正常使用性评级
	上部承重结构	按位移、裂缝、风化、锈蚀等检查项目评定单个构件等级	每种构件评级	上部承重结构评级	
			结构侧向位移评级		
	围护系统功能		按屋面防水、吊顶、墙、门窗、地下防水及其他防护设施等检查项目评定围护系统功能等级	围护系统评级	
		按上部结构检查项目及步骤评定围护系统承重部分各层次使用性等级			
可靠性鉴定	等级	a、b、c、d	A、B、C、D		Ⅰ、Ⅱ、Ⅲ、Ⅳ
	地基基础	以同层次安全性和正常使用性评定结果并列表达，或按本标准（《民用建筑可靠性鉴定标准》GB50292—1999）规定的原则确定其可靠性等级			鉴定单元可靠性评级
	上部承重结构				
	围护系统				

（三）构件安全性鉴定

1. 混凝土结构构件

混凝土结构构件的安全性鉴定包括：承载能力、构造、不适于继续承载的位移（或变形）和裂缝四个检查项目。

承载能力项目的评定按表2.5-6分别评定每一验算项目（如受弯承载力、受剪承载力等）的等级，然后取其中最低一级作为该项目的评定等级。

混凝土结构构件承载能力的评定　　表2.5-6

构件类别	$R/\gamma_0 S$			
	a_u 级	b_u 级	c_u 级	d_u 级
主要构件	≥1.0	≥0.95，且<1.0	≥0.90，且<0.95	<0.9
一般构件	≥1.0	≥0.95，且<1.0	≥0.85，且<0.90	<0.85

注：γ_0 为结构重要性系数；结构倾覆、滑移、疲劳、脆断的验算应符合国家现行有关规范的规定。

构造检查项目按表2.5-7分别评定两个内容的等级，然后取其中较低一级作为该项目的评级。

混凝土结构构件构造等级的评定　　表2.5-7

检查项目	a_u 级或 b_u 级	c_u 级或 d_u 级
连接（或节点）构造	连接方式正确，构造符合国家现行设计规范要求，无缺陷，或仅有局部的表面缺陷，工作无异常	连接方式不当，构造有严重缺陷，已导致焊缝或螺栓等发生明显变形、滑移、局部拉脱、剪坏或裂缝
受力预埋件	构造合理，受力可靠，无变形、滑移、松动或其他损伤	构造有严重缺陷，已导致预埋件明显变形、滑移、松动或其他损伤

不适于继续承载项目的评级按下列3条规定进行：

（1）对桁架（屋架、托架）的挠度，当实测值大于其计算跨度的1/400，验算其承载能力时考虑由位移产生的附加应力的影响；若验算结果不低于 b_u 级，定为 b_u 级，但附加观察使用一段时间的限制；若验算结构低于 b_u 级，根据实际严重程度定为 c_u 级或 d_u 级。

（2）对其他受弯构件的挠度或施工偏差造成的侧向弯曲，按表2.5-8的规定评级。

混凝土受弯构件不适于继续承载的变形的评定　　表2.5-8

检查项目	构件类别		c_u 级或 d_u 级
挠　　度	主要受弯构件——主梁、托梁等		$>l_0/250$
	一般受弯构件	$l_0\leqslant 9\text{m}$	$>l_0/150$ 或 45mm
		$l_0>9\text{m}$	$>l_0/200$
侧向弯曲的矢高	预制屋面梁、桁架或深梁		$>l_0/500$

注：l_0 为计算跨度。

（3）对柱顶的水平位移（或倾斜），当其实测值大于表2.5-25所列的限值时，若该位移与整个结构有关，根据侧移的评定结果，取与上部承重结构相同的级别作为该柱的水平位移等级；若该位移是孤立事件，则在承载能力验算中考虑此附加位移的影响，根据验算结果按第一条的原则评级；若该位移尚在发展，直接定为 d_u 级。

不适于继续承载的裂缝项目应分别检查受力裂缝和非受力裂缝。对于受力裂缝，出现表2.5-9所列的情况时，应视为不适于继续承载的裂缝，并根据其严重性定为 c_u 级或 d_u 级。

混凝土构件不适于继续承载的裂缝宽度的评定　　　　表2.5-9

检查项目	环境	构件类别		c_u 级或 d_u 级
受力主筋处的弯曲（含一般弯剪）裂缝和轴拉裂缝宽度（mm）	正常湿度环境	钢筋混凝土	主要构件	>0.50
			一般构件	>0.70
		预应力混凝土	主要构件	>0.20（0.30）
			一般构件	>0.30（0.50）
	高湿度环境	钢筋混凝土	任何构件	>0.40
		预应力混凝土		>0.10（0.20）
剪切裂缝（mm）	任何湿度环境	钢筋混凝土或预应力混凝土		出现裂缝

注：1. 剪切裂缝系指斜拉裂缝，以及集中荷载靠近支座处或深梁中出现的斜压裂缝。

2. 高湿度环境系指露天环境，敞开式房屋易遭飘雨部位，经常受蒸汽或冷凝水作用的场所（如厨房、浴室、寒冷地区不保温屋盖等）以及与土壤直接接触的部件等。

3. 表中括号内的限值适用于冷拉Ⅱ、Ⅲ、Ⅳ级钢筋的预应力混凝土构件。

4. 对板的裂缝宽度以表面量测值为准。

出现下列情况的非受力裂缝也视为不适于继续承载的裂缝：因主筋锈蚀产生的沿主筋方向的裂缝，其宽度已大于1mm；因温度、收缩等作用产生的裂缝，其宽度已比表2.5-9规定的弯曲裂缝宽度值超出50%，且分析表明已显著影响结构的受力。

当出现下列情况之一时，不管其裂缝宽度大小，直接定为 d_u 级：受压区混凝土有压坏迹象；因主筋锈蚀导致构件掉角以及混凝土保护层严重脱落。

2. 砌体结构构件

砌体结构构件的安全性鉴定包括：承载能力、构造、不适于继续承载的位移和裂缝四个检查项目。

承载能力项目的评定按表2.5-10分别评定每一验算项目的等级，然后取其中最低一级作为该项目的评定等级。

砌体结构构件承载能力等级的评定　　　　表2.5-10

构件类别	$R/\gamma_0 S$			
	a_u 级	b_u 级	c_u 级	d_u 级
主要构件	≥1.0	≥0.95，且<1.0	≥0.90，且<0.95	<0.9
一般构件	≥1.0	≥0.90，且<1.0	≥0.85，且<0.90	<0.85

注：结构倾覆的验算应符合国家现行有关规范的规定；当材料的最低强度等级不符合现行国家标准《砌体结构设计规范》的要求时，即使验算结果高于 c_u 级，也应定为 c_u 级。

构造检查项目按表2.5-11分别评定两个内容的等级，然后取其中较低一级作为该项目的评级。

砌体结构构造等级的评定　　表 2.5-11

检 查 项 目	a_u 级或 b_u 级	c_u 级或 d_u 级
墙、柱的高厚比	符合或略不符合国家现行设计规范要求	不符合国家现行设计规范的要求，且已超过限值的 10%
连接及其他构造	连接及砌筑方式正确，构造符合国家现行设计规范要求，无缺陷，或仅有局部的表面缺陷，工作无异常	连接或砌筑方式不当，构造有严重缺陷（包括施工遗留缺陷），已导致构件或连接部位开裂、变形、位移或松动，或已造成其他损坏

不适于继续承载的位移项目评级按下列 3 条规定进行：

（1）对墙、柱的水平位移（或倾斜），当其实测值大于表 2.5-25 所列的限值时，若该位移与整个结构有关，取与上部承重结构相同的级别作为该墙、柱的水平位移等级；若该位移是孤立事件，则应在承载能力验算中考虑此附加位移的影响。若验算结果不低于 b_u 级，仍定为 d_u 级，但附加观察使用一段时间的限制；若验算结果低于 b_u 级，根据实际严重程度定为 c_u 级或 d_u 级。

（2）对偏差或其他使用原因造成的柱（不包括带壁柱）的弯曲，当矢高实测值大于柱的自由长度的 1/500 时，应在其承载能力验算中计入附加弯矩的影响，按照（1）所述的原则评级。

（3）对拱或壳体结构构件，出现下列位移或变形，可根据其实测严重程度定为 c_u 级或 d_u 级：拱脚或壳的边梁出现水平位移；拱轴线或筒拱、扁壳的曲面发生变形。

不适于继续承载的裂缝项目应分别检查受力裂缝和非受力裂缝。对于受力裂缝，出现下列 6 种情况之一时，应视为不适于继续承载的裂缝，并根据其实际严重程度定为 c_u 级或 d_u 级。

（1）桁架、主梁支座下的墙、柱端部或中部出现沿块材断裂（贯通）的竖向裂缝。

（2）空旷房屋承重外墙的变截面处，出现水平裂缝或斜向裂缝。

（3）砌体过梁的跨中或支座出现裂缝；或虽未发现肉眼可见裂缝，但其跨度范围内有集中荷载。

（4）筒拱、双曲筒拱、扁壳等的拱面、壳面，出现沿拱顶母线或对角线的裂缝。

（5）拱、壳支座附近或支承的墙体上出现沿块材断裂的斜裂缝。

（6）其他明显的受压、受弯或受剪裂缝。

当砌体结构构件出现下列 4 种情况的非受力裂缝时，也应视为不适于继续承载的裂缝，并根据实际严重程度评为 c_u 级或 d_u 级：

（1）纵横墙连接处出现通长的竖向裂缝。

（2）墙身裂缝严重，且最大裂缝宽度已大于 5mm。

（3）柱已出现宽度大于 1.5mm 的裂缝，或有断裂、错位迹象。

（4）其他显著影响结构整体性的裂缝。

3. 钢结构构件

钢结构构件的安全性鉴定一般包括：承载能力、构造、不适于继续承载的位移（或变形）等三个检查项目；但对冷弯薄壁型钢结构、轻钢结构、钢桩以及地处有腐蚀性介质的工业区，或高湿、临海地区的钢结构，尚应以不适于继续承载的锈蚀作为检查项目。

承载能力（含连接）检查项目按表 2.5-12 评级。构造检查项目按表 2.5.13 评级。

钢结构构件（含连接）承载能力等级的评定 **表 2.5-12**

构件类别	$R/\gamma_0 S$			
	a_u 级	b_u 级	c_u 级	d_u 级
主要构件	≥1.0	≥0.95，且<1	≥0.90，且<0.95	<0.9
一般构件	≥1.0	≥0.90，且<1	≥0.85，且<0.90	<0.85

注：结构倾覆、滑移、疲劳、脆断的验算应符合国家现行有关规范的规定；当构件或连接出现脆性断裂或疲劳开裂时，应直接定为 d_u 级。

钢结构构件构造等级评定 **表 2.5-13**

检查项目	a_u 级或 b_u 级	c_u 级或 d_u 级
连接构造	连接方式正确，构造符合国家现行设计规范要求，无缺陷，或仅有局部的表面缺陷，工作无异常	连接方式不当，构造有严重缺陷（包括施工遗留缺陷）；构造或连接有裂缝或锐角切口；焊缝、铆钉、螺栓有变形、滑移或其他损伤

注：施工遗留缺陷，对焊缝系指夹渣、气泡、咬边、烧穿、漏焊、未焊透以及焊脚尺寸不足等；对铆钉或螺栓系指漏铆、漏栓、错位、错排及掉头等。

不适于继续承载项目的评级按下列 5 条规定进行：

（1）对桁架（屋架、托架）的挠度，当实测值大于其计算跨度的 1/400，验算其承载能力时，考虑由位移产生的附加应力的影响。若验算结果不低于 b_u 级，定为 b_u 级，但附加观察使用一段时间的限制；若验算结果低于 b_u 级，根据实际严重程度定为 c_u 级或 d_u 级。

（2）对桁架顶点的侧向位移，当其实测值大于桁架高度的 1/200，且有可能发展时，应定为 c_u 级。

（3）对其他受弯构件的挠度或施工偏差造成的侧向弯曲，按表 2.5-14 的规定评级。

钢结构受弯构件不适于继续承载的变形的评定 **表 2.5-14**

检查项目	构件类别			c_u 级或 d_u 级
挠度	主要构件	网架	屋盖（短向）	$>l_s/200$，且有可能发展
			屋盖（长向）	$>l_s/250$，且有可能发展
		主梁、托梁		$>l_0/300$
	一般构件	其他梁		$>l_0/180$
		檩条等		$>l_0/120$
侧向弯曲的矢高	深梁			$>l_0/660$
	一般实腹梁			$>l_0/500$

注：l_0 为计算跨度；l_s 为网架短跨计算跨度。

（4）对柱顶的水平位移（或倾斜），当其实测值大于表 5-27 所列的限值时，若该位移与整个结构有关，取与上部承重结构相同的级别作为该柱的水平位移等级；若该位移是孤立事件，则在承载能力验算中考虑此附加位移的影响，根据验算结果按（1）所述的原则评级；若该位移尚在发展，直接定为 d_u 级。

（5）对偏差或其他使用原因引起的柱的弯曲，当弯曲矢高实测值大于柱的自由长度的 1/660 时，应在承载能力的验算中考虑其所引起的附加弯矩的影响，并按（1）所述的原则评级。

当需要按不适于继续承载的锈蚀进行评级时，除应按剩余的完好截面验算其承载能力外，按表 2.5-15 进行评级。

钢结构不适于继续承载的锈蚀的评定　　表 2.5-15

等　级	评定标准
c_u	在结构的主要受力部位，构件截面平均锈蚀深度 Δt 大于 $0.05t$，但不大于 $0.1t$
d_u	在结构的主要受力部位，构件截面平均锈蚀深度 Δt 大于 $0.1t$

注：表中 t 为锈蚀部位构件原截面的壁厚，或钢板的厚度。

（四）构件使用性鉴定

正常使用性的鉴定，应以现场调查、检测结果为基本依据。当遇到下列情况之一时，尚应按正常使用极限状态的要求进行计算分析和验算：检测结果需与计算值进行比较；检测只能取得部分数据，需通过计算分析进行鉴定；为改变建筑物用途、使用条件或使用要求而进行的鉴定。

验算时，对构件材料的弹性模量、剪变模量和泊松比等物理性能指标，可以根据鉴定确认的材料品种和强度等级，按现行设计规范规定的数值采用。验算结果应按现行标准、规范规定的限值进行评级：若验算合格，可根据其实际完好程度评为 a_s 级或 b_s 级；若验算不合格，应定为 c_s 级。若验算结果与观察不符，应进一步检查设计和施工方面可能存在的差错。

1. 混凝土结构构件

混凝土结构构件的正常使用性鉴定包括位移和裂缝两个检查项目。其中，位移项目包括受弯构件挠度和柱顶水平位移两项内容。

桁架或其他受弯构件的挠度根据检测结果按下列规定评级：若检测值小于计算值及现行设计规范限值时，评为 a_s 级；若检测值大于或等于计算值，但不大于现行设计规范限值时，评为 b_s 级；若检测值大于现行设计规范限值时，应评为 c_s 级。对一般构件，当检测值小于规范限值时可不作验算，直接根据其完好程度定为 a_s 级或 b_s 级。

混凝土柱的水平位移根据检测结果按下列规定评级：若该位移的出现与整个结构有关，按表 2.5-27 的评定结果，取与上部承重结构相同的级别作为该柱的水平位移等级；若该位移的出现是孤立事件，按表 2.5-27 所列的层间数值乘以 1.1 的系数，根据检测结果直接评级。

裂缝宽度项目的正常使用性评定，按下列 6 条进行：

（1）若检测值小于计算值及现行设计规范限值时，可评为 a_s 级。

（2）若检测值大于或等于计算值，但不大于现行设计规范限值时，可评为 b_s 级。

（3）若检测值大于现行设计规范限值时，应评为 c_s 级。

（4）若计算有困难或计算结果与实际情况不符时，宜按表 2.5-16、表 2.5-17 的规定评级。

（5）对沿主筋方向出现的锈蚀裂缝，应直接评为 c_s 级。

（6）若一根构件同时出现两种裂缝应分别评级，并取其中较低一级作为该构件的裂缝等级。

钢筋混凝土构件裂缝宽度等级的评定　　表 2.5-16

检查项目	环　境	构件类别		a_s 级	b_s 级	c_s 级
受力主筋处横向或斜向裂缝宽度（mm）	正常湿度环境	主要构件	屋架、托架	≤0.15	≤0.20	>0.20
			主梁、托梁	≤0.20	≤0.30	>0.30
		一般构件		≤0.25	≤0.40	>0.40
	高湿度环境	任何构件		≤0.15	≤0.20	>0.20

预应力混凝土构件裂缝宽度等级的评定　　表 2.5-17

检查项目	环　境	构件类别	a_s 级	b_s 级	c_s 级
横向或斜向裂缝宽度（mm）	正常湿度环境	主要构件	无裂缝 （≤0.15）	无裂缝 （>0.15，≤0.20）	无裂缝 （>0.20）
		一般构件	无裂缝 （≤0.20）	无裂缝 （>0.20，≤0.30）	无裂缝 （>0.30）
	高湿度环境	任何构件	（无裂缝）	（无裂缝）	出现裂缝

注：表中括号内限值适用于冷拉Ⅱ、Ⅲ、Ⅳ级钢筋的预应力混凝土构件；当构件无裂缝时，可根据其完好程度评为 a_s 级或 b_s 级。

2. 砌体结构构件

砌体结构构件的正常使用性鉴定包括位移、非受力裂缝和风化（或粉化）三个检查项目。

墙、柱的顶点水平位移（或倾斜）根据检测结果按下列规定评级：若该位移的出现与整个结构有关，按表 2.5-27 的评定结果，取与上部承重结构相同的级别作为该构件的水平位移等级；若该位移的出现是孤立事件，按表 2.5-27 所列的层间数值乘以 1.1 系数，根据检测结果直接评级。

非受力裂缝项目根据检测结果按表 2.5-18 评级。

砌体结构构件非受力裂缝等级的评定　　表 2.5-18

检查项目	构件类型	a_s 级	b_s 级	c_s 级
非受力裂缝宽度（mm）	墙及带壁柱墙	无可见裂缝	≤1.5	>1.5
	柱	无可见裂缝	无可见裂缝	出现裂缝

注：对无可见裂缝的柱，评定结果取 a_s 级还是 b_s 级应根据其完好程度确定。

风化或粉化项目根据检测结果按表 2.5-19 进行评级。

砌体结构构件风化或粉化等级的评定　　表 2.5-19

检查部位	a_s 级	b_s 级	c_s 级
块　材	无风化迹象，且所处环境正常	局部有风化迹象或尚未风化，但所处环境不良（如潮湿、腐蚀性介质等）	局部或较大范围已风化
砂浆层（灰缝）	无粉化迹象，且所处环境正常	局部有粉化迹象或尚未粉化，但所处环境不良（如潮湿、腐蚀性介质等）	局部或较大范围已粉化

3. 钢结构构件

钢结构构件的正常使用性鉴定包括位移和锈蚀两个检查项目。对钢结构受拉构件，尚应以长细比作为检查项目参与上述评级。位移项目包括受弯构件挠度和柱顶水平位移两项内容。

桁架或其他受弯构件的挠度根据检测结果按下列规定评级：若检测值小于计算值及现行设计规范限值时，评为 a_s 级；若检测值大于或等于计算值，但不大于现行设计规范限值，评为 b_s 级；若检测值大于现行设计规范限值时，应评为 c_s 级。对一般构件，当检测值小于规范限值时可不作验算，直接根据其完好程度评为 a_s 级或 b_s 级。

钢柱的水平位移（或倾斜）根据检测结果按下列规定评级：若该位移有出现与整个结构有关，按表 2.5-27 所列的评定结果，取与上部承重结构相同的级别作为该柱的水平位移等级；若该位移的出现是孤立事件，按表 2.5-27 所列的层间数值，根据检测结果直接评级。

锈蚀项目的评级按表 2.5-20 进行。受拉构件的长细比检查项目按表 2.5-21 评级。

钢结构构件和连接的锈蚀（腐蚀）等级的评定　　表 2.5-20

锈蚀程度	等　级
面漆及底漆完好，漆膜尚有光泽	a_u 级
面漆脱落（包括起鼓面积），对于普通钢结构不大于 15%；对薄壁型钢和轻钢结构不大于 10%；底漆基本完好，但边角处可能有锈蚀，易锈部位的平面上可能有少量点蚀	b_u 级
面漆脱落（包括起鼓面积），对于普通钢结构大于 15%；对薄壁型钢和轻钢结构大于 10%；底漆锈蚀面积正在扩大，易锈部位可见到麻面状锈蚀	c_u 级

钢结构构件长细比等级的评定　　表 2.5-21

构件类别		a_s 级或 b_s 级	c_s 级
主要受拉构件	桁架拉杆	≤350	>350
	网架支座附近处拉杆	≤300	>300
一般受拉构件		≤400	>400

注：评定结果取 a_s 级还是 b_s 级应根据其完好程度确定；当钢结构受拉构件的长细比略大于 b_s 级的限值，但该构件的下垂矢高尚不影响其正常使用时，仍可定为 b_s 级；张紧的圆钢拉杆的长细比不受本表限制。

（五）子单元的安全性鉴定

民用建筑安全性的第二个鉴定层次，包括地基基础、上部承重结构和围护系统的承重部分等三个子单元。若不要求评定围护系统可靠性时，围护系统承重部分可不单独列为子单元，而将其安全性鉴定并入上部承重结构。

1. 地基基础

地基基础的安全性鉴定包括地基、桩基、斜坡（地基稳定性）三个检查项目和基础、桩两个主要构件。其中，地基、桩基、斜坡等三个项目因无法细分，故直接从第二层次评级；基础和桩需根据第一层次单个构件的评定结果，参与第二层次的评定。

地基基础子单元的安全性等级按上述5项内容的最低一级确定。

地基（或桩基）项目的安全性鉴定一般应根据地基变形评级，也可按地基承载力评级。

（1）地基（或桩基）项目

地基（或桩基）按地基变形鉴定时，根据建筑物沉降观测资料或上部结构反应的检查结果，按下列规定评级：

A_u 级：不均匀沉降小于现行国家标准《建筑地基基础设计规范》（GB50007）规定的允许沉降差；或建筑物无沉降裂缝、变形或位移。

B_u 级：不均匀沉降小于现行国家标准《建筑地基基础设计规范》（GB50007）规定的允许沉降差，且连续两个月地基沉降速度小于每月2mm；或建筑物上部结构砌体部分虽有轻微裂缝，但无发展迹象。

C_u 级：不均匀沉降大于现行国家标准《建筑地基基础设计规范》（GB50007）规定的允许沉降差；或连续两个月地基沉降速度大于每月2mm；或建筑物上部结构砌体部分出现宽度大于1mm的沉降裂缝，且沉降裂缝短期内无终止趋势。

D_u 级：不均匀沉降远大于现行国家标准《建筑地基基础设计规范》（GB50007）规定的允许沉降差；连续2个月地基沉降速度大于每月2mm，且尚有变快趋势；或建筑物上部结构的沉降裂缝发展明显，砌体的裂缝宽度大于10mm；预制构件之间的连接部位的裂缝宽度大于3mm；现浇结构个别部位也已开始出现沉降裂缝。

当地基（或桩基）的安全性按其承载力评定时，可根据岩土工程勘察档案和有关检测资料的完整程度，适当补充近位勘探点，进一步查明土层分布情况，并采用原位测试和取原状土作室内物理力学性能试验方法进行地基检验，结合当地工程经验对地基、桩基的承载力综合评价；若现场条件许可，还可以在基础（承台）下进行载荷试验以确定地基（或桩基）的承载力；当发现地基受力层范围内有软弱下卧层时，应对软弱下卧层的地基承载力进行验算。采用下列标准评级：当承载能力符合现行国家标准《建筑地基基础设计规范》（GB50007）或现行行业标准《建筑桩基技术规范》（JGJ94）的要求时，可根据建筑物的完好程度评为 A_u 级或 B_u 级；当承载能力不符合现行国家标准《建筑地基基础设计规范》（GB50007）或现行行业标准《建筑桩基技术规范》（JGJ94）的要求时，可根据建筑物损坏的严重程度定为 C_u 级或 D_u 级。

（2）斜坡（地基稳定性）

斜坡（地基稳定性）项目的安全性等级按下列标准评定：

A_u 级：建筑场地地基稳定，无滑动迹象及滑动史。

B_u 级：建筑场地地基在历史上曾有过局部滑动，经治理后已停止滑动，且近期评估表明，在一般情况下，不会再滑动。

C_u 级：建筑场地地基历史上发生过滑动，目前虽已停止滑动，但若触动诱发因素，今后仍有可能滑动。

D_u 级：建筑场地地基在历史上发生过滑动，目前又有滑动或滑动迹象。

（3）基础（桩）

基础（或桩）的安全性鉴定对浅埋的基础（或桩），宜根据抽样或全数开挖的检查结果，先按前述同类材料结构构件的有关项目评定每一受检构件的等级，并按样本中所含的各个等级的百分比，根据下列原则进行评级：

A_u 级：不含 c_u 级及 d_u 级基础（或桩），b_u 级基础（或桩）的含量不超过30%。

B_u 级：不含 d_u 级基础（或桩），c_u 级基础（或桩）的含量不超过15%。

C_u 级：d_u 级基础（或桩）的含量不超过5%。

D_u 级：d_u 级基础（或桩）的含量超过5%。

基础（或桩）的安全性鉴定对深基础（或桩），可根据原设计、施工、检测和工程验收的有效文件进行分析。也可向原设计、施工、检测人员进行核实；或通过小范围的局部开挖，取得其材料性能、几何参数和外观质量的检测数据。若检测中发现基础（或桩）有裂缝、局部损坏或腐蚀现象，应查明其原因和程度。根据核实结果对基础或桩身的承载能力进行计算分析和验算。若验算结果符合现行有关国家规范的要求，可根据其开挖部分的完好程度定为 A_u 级或 B_u 级；若验算结果不符合现行有关国家规范的要求，可根据其开挖部分所发现问题的严重程度定为 C_u 级或 D_u 级。

2. 上部承重结构

上部承重结构子单元的安全性鉴定等级根据各种构件的安全性等级、结构整体性等级，以及结构侧向位移等级进行评定。

（1）同类构件

各种同类构件的安全性等级根据单个受检构件（第一层次）的评定结果，分主要构件和一般构件，分别按表2.5-22、表2.5-23的规定评定。

每种主要构件安全性等级的评定 表2.5-22

等级	多层及高层房屋	单层房屋
A_u	在该类构件中，不含 c_u 级和 d_u 级，一个子单元含 b_u 级的楼层数不多于（$\sqrt{m}/m$）%，每一楼层的 b_u 级含量不多于25%，且任一轴线（或任一跨）上的 b_u 级含量不多于该轴线（或跨）构件数的1/3	在该类构件中，不含 c_u 级和 d_u 级，一个子单元 b_u 级含量不多于30%，且任一轴线（或任一跨）上的 b_u 级含量不多于该轴线（或跨）构件数的1/3
B_u	在该类构件中，不含 d_u 级，一个子单元含 c_u 级的楼层数不多于（$\sqrt{m}/m$）%，每一楼层的 c_u 级含量不多于15%，且任一轴线（或任一跨）上的 c_u 级含量不多于该轴线（或跨）构件数的1/3	在该类构件中，不含 d_u 级，一个子单元 c_u 级含量不多于20%，且任一轴线（或任一跨）上的 c_u 级含量不多于该轴线（或跨）构件数的1/3
C_u	在该类构件中，一个子单元含 d_u 级的楼层数不多于（$\sqrt{m}/m$）%，每一楼层的 d_u 级含量不多于5%，且任一轴线（或任一跨）上的 d_u 级含量不多于1个	在该类构件中，可含 d_u 级（单跨或双跨除外），一个子单元 d_u 级含量不多于7.5%，且任一轴线（或任一跨）上的 d_u 级含量不多于1个
D_u	在该种构件中，d_u 级含量或分布多于 c_u 级的规定	在该种构件中，d_u 级的含量或分布多于 c_u 级的规定

注：表中 m 为建筑物鉴定单元的楼层数。

每种一般构件安全性等级的评定　　表 2.5-23

等　级	多层及高层房屋	单层房屋
A_u	在该类构件中，不含 c_u 级和 d_u 级，一个子单元含 b_u 级的楼层数不多于（$\sqrt{m}/m$）%，每一楼层的 b_u 级含量不多于30%，且任一轴线（或任一跨）上的 b_u 级含量不多于该轴线（或跨）构件数的2/5	在该类构件中，不含 c_u 级和 d_u 级，一个子单元 b_u 级含量不多于35%，且任一轴线（或任一跨）上的 b_u 级含量不多于该轴线（或跨）构件数的2/5
B_u	在该类构件中，不含 d_u 级，一个子单元含 c_u 级的楼层数不多于（$\sqrt{m}/m$）%，每一楼层的 c_u 级含量不多于20%，且任一轴线（或任一跨）上的 c_u 级含量不多于该轴线（或跨）构件数的2/5	在该类构件中，不含 d_u 级，一个子单元 c_u 级含量不多于25%，且任一轴线（或任一跨）上的 c_u 级含量不多于该轴线（或跨）构件数的2/5
C_u	在该类构件中，一个子单元含 d_u 级的楼层数不多于（$\sqrt{m}/m$）%，每一楼层的 d_u 级含量不多于5%，且任一轴线（或任一跨）上的 d_u 级含量不多于该轴线（或跨）构件数的1/3	在该类构件中，一个子单元 d_u 级含量不多于10%，且任一轴线（或任一跨）上的 d_u 级含量不多于该轴线（或跨）构件数的1/3
D_u	在该种构件中，d_u 级的含量或分布多于 c_u 级的规定	在该种构件中，d_u 级的含量或分布多于 c_u 级的规定

注：表中“轴线”系指结构平面布置图中的横轴线或纵轴线，当计算轴线上的构件数时，对桁架、屋面梁等构件可按跨统计；m 为房屋鉴定单元的楼层数；当计算的含有低一级构件的楼层为非整数时，可多取一层，但该层中允许出现低一级构件数，应按相应的比例折减（即以该非整数的小数部分作为折减系数）。

（2）结构整体性

结构的整体性安全性等级先按表 2.5-24 的规定，进行每一个检查项目的评级，然后按下列原则评定：若四个检查项目均不低于 B_u 级，可按占多数的等级确定；若仅一个检查项目低于 B_u 级，可根据实际情况定为 B_u 级或 C_u 级；若不止一个检查项目低于 B_u 级，可根据实际情况定为 C_u 级或 D_u 级。

结构整体性检查项目等级的评定　　表 2.5-24

检查项目	A_u 级或 B_u	C_u 级或 D_u
结构布置、支承系统（或其他抗侧力系统）布置	布置合理，形成完整系统，且结构选型及传力路线设计正确，符合现行设计规范要求	布置不合理，存在薄弱环节，或结构选型、传力路线设计不当，不符合现行设计规范要求
支撑系统（或其他抗侧力系统）的构造	构件长细比及连接构造符合现行设计规范要求，无明显残损或施工缺陷，能传递各种侧向作用	构件长细比或连接构造不符合现行设计规范要求，或构件连接已失效或有严重缺陷，不能传递各种侧向作用
圈梁构造	截面尺寸、配筋及材料强度等符合现行设计规范要求，无裂缝或其他残损，能起封闭系统作用	截面尺寸、配筋或材料强度不符合现行设计规范要求，或已开裂，或有其他残损，或不能起封闭系统作用
结构间的连系	设计合理，无疏漏；锚固、连接方式正确，无松动变形或其他残损	设计不合理，多处疏漏；或锚固、连接不当，或已松动变形，或已残损

(3) 结构侧向位移

侧向位移项目的鉴定检查两个内容，层间位移和顶点位移，根据其检测结果按下列规定评级：当检测已超过表 2.5-25 的界限，且有部分构件（含连接）出现裂缝、变形或其他局部损坏迹象时，根据实际严重程度定为 C_u 级或 D_u 级；当检测值虽已超过表 5.5-25 的界限，但尚未发现部分构件（含连接）出现裂缝、变形或其他局部损坏迹象时，应作进一步计入该位移影响的结构内力计算分析，验算各构件的承载能力，若验算结果均不低于 b_u 级，仍可定为 B_u，但宜附加观察使用一段时间的限制；若构件承载能力的验算结果有低于 b_u 级的，应定为 C_u 级。

各类结构不适于继续承载的侧向位移评定　　　　**表 2.5-25**

<table>
<tr><th>检查项目</th><th colspan="4">结构类别</th><th>顶点位移</th><th>层间位移</th></tr>
<tr><td rowspan="12">结构平面内的侧向位移（mm）</td><td rowspan="4">混凝土结构或钢结构</td><td colspan="3">单层建筑</td><td>$>H/400$</td><td>—</td></tr>
<tr><td colspan="3">多层建筑</td><td>$>H/450$</td><td>$>H_i/350$</td></tr>
<tr><td rowspan="2">高层建筑</td><td colspan="2">框　架</td><td>$>H/550$</td><td>$>H_i/450$</td></tr>
<tr><td colspan="2">框架-剪力墙</td><td>$>H/700$</td><td>$>H_i/600$</td></tr>
<tr><td rowspan="8">砌体结构</td><td rowspan="4">单层建筑</td><td rowspan="2">墙</td><td>$H\leqslant7m$</td><td>>25</td><td>—</td></tr>
<tr><td>$H>7m$</td><td>$>H/280$ 或 >50</td><td>—</td></tr>
<tr><td rowspan="2">柱</td><td>$H\leqslant7m$</td><td>>20</td><td>—</td></tr>
<tr><td>$H>7m$</td><td>$>H/350$ 或 >40</td><td>—</td></tr>
<tr><td rowspan="4">多层建筑</td><td rowspan="2">墙</td><td>$H\leqslant10m$</td><td>>40</td><td rowspan="2">$>H_i/100$ 或 >20</td></tr>
<tr><td>$H>10m$</td><td>$>H/250$ 或 >90</td></tr>
<tr><td rowspan="2">柱</td><td>$H\leqslant10m$</td><td>>30</td><td rowspan="2">$>H_i/150$ 或 >15</td></tr>
<tr><td>$H>10m$</td><td>$>H/330$ 或 >70</td></tr>
<tr><td colspan="5">单层排架平面外侧倾</td><td>$>H/750$ 或 >30</td><td>—</td></tr>
</table>

注：表中 H 为结构顶点高度，H_i 为第 i 层层间高度；对木结构房屋的侧向位移（或倾斜）和平面外侧移可根据当地经验进行评定。

(4) 上部承重结构安全性等级的评定

上部承重结构的安全性等级根据上述评定结果按下列规定确定：

1）一般情况下，按各种主要构件和结构侧向位移（或倾斜）的评级结果，取其中的最低一级作为上部承重结构的安全性等级。

2）当按（1）的规定评为 B_u 级，但发现其主要构件所含的各种 c_u 级构件（或其连接）处于下列情况之一时，宜将所评等级降为 C_u 级；c_u 级沿建筑物某方位呈规律性分布，或过于集中在结构的某部位；出现 c_u 级构件交汇的节点连接；c_u 级存在于人群密集场所或其他破坏后果严重的部位。

3）当按（1）的规定评为 C_u 级，但若发现其主要构件（不分种类）或连接有下列情况之一时，宜将所评等级降为 D_u 级；任何种类房屋中，有 50% 以上的构件为 c_u 级；多层或高层房屋中，其底层均为 d_u 级；多层或高层房屋的底层，或任一空旷层，或框支剪力墙结构的框架层中，出现 d_u 级，或任何两相邻层同时出现 d_u 级，或脆性材料结构中出现

d_u 级；在人群密集场所或其他破坏后果严重部位，出现 d_u 级。

4）当按（1）的规定评为 A_u 级或 B_u 级，而结构整体性等级为 C_u 级，应将上部承重结构的等级降为 C_u 级。

5）当按（1）的规定评为 A_u 级或 B_u 级，而结构整体性等级为 B_u 级，而各种一般构件中，其最低的一种为 C_u 级或 D_u 级时，应按下列规定调整级别；若设计中考虑该种一般构件参与支撑系统（或其他抗侧力系统）工作，或在抗震加固中，已加强了该种构件与主要构件锚固，应将所评的上部承重结构安全性等级降为 C_u 级；当仅有一种一般构件为 C_u 级或 D_u 级，且不属于前面的情况时，可将上部承重结构的安全性定为 B_u 级；当不止一种构件为 C_u 级或 D_u 级，可将上部承重结构的安全性等级降为 C_u 级。

3. 围护系统的承重部分

围护系统承重部分（子单元）的安全性根据该系统专设的和参与该系统工作的各种构件的安全性等级，以及该部分结构整体性安全性等级工作评级。其中每一种构件的安全性等级根据每一受检构件的评定结果及其构件类别按表 2.5-22、表 2.5-23 的规定评级；围护系统整体安全性等级按表 2.5-24 的规定评定。

围护系统承重部分的安全性等级，根据上述评定结果，按下列原则确定：

（1）当仅有 A_u 级或 B_u 级时，按占多数级别确定；

（2）当含有 C_u 级或 D_u 级时，按以下规定评级：若 C_u 级或 D_u 级属于主要构件时，按最低等级确定；若 C_u 级或 D_u 级属于一般构件时，可根据实际情况，定为 B_u 级或 C_u 级。

（3）围护系统承重结构的安全性等级不得高于上部承重结构等级。

（六）子单元的正常使用性鉴定

民用建筑正常使用性的第二个层次鉴定，包括地基基础、上部承重结构和围护系统等三个子单元。

1. 地基基础

地基基础的正常使用性根据其上部承重结构或围护系统的工作状态进行评估。若安全性鉴定中已开挖基础（或桩）或鉴定人员有必要开挖时，也可按开挖检查结果评定单个基础（或单桩、基桩）及每种基础（或桩）的使用性。

（1）当上部结构和围护系统的使用性未发现问题，或所发现的问题与地基基础无关时，可根据实际情况定为 A_u 级或 B_u 级。

（2）当上部结构或围护系统所发现的问题与地基基础有关时，可根据上部承重结构和围护系统所评的等级，取其中较低一级作为地基基础的使用性等级。

（3）当一种基础（或桩）按开挖检查所评的等级为 C_s 级时，应将地基基础使用性的等级定为 C_s 级。

2. 上部承重结构

上部承重结构子单元的安全性鉴定等级根据各种构件的安全性等级、结构整体性等级，以及结构侧向位移等级进行评定。当建筑物的使用要求对振动有限制时，还应评估振动（颤动）的影响。

（1）同类构件

各种同类构件的安全性等级根据单个受检构件（第一层次）的评定结果，分主要构件和一般构件，分别按表 2.5-26、表 2.5-27 的规定评定。

每种构件使用性等级的评定 **表 2.5-26**

等 级	多层及高层房屋	单层房屋
A_s	在该类构件中，不含 c_s 级，一个子单元含 b_s 的楼层数不多于 $(\sqrt{m}/m)\%$，且一个楼层的含量不多于35%（40%）	在该类构件中，不含 c_s 级，一个子单元 b_s 级含量不多于40%（45%）
B_s	在该类构件中，一个子单元含 c_s 级的楼层不多于 $(\sqrt{m}/m)\%$，且每一楼层的含量不多于25%（30%）	在该类构件中，一个子单元 c_s 级含量不多于30%（35%）
C_s	在该类构件中，c_s 级含量或楼层数多于 B_s 级的规定	在该类构件中，c_s 级含量多于 B_s 级的规定

注：表中括号内的数字对应一般构件，不加括号的数字对应主要构件，m 为房屋鉴定单元的层次；当计算的含有低一级构件的楼层为非整数时，可多取一层，但该层中允许出现低一级构件数，应按相应的比例折减（即以该非整数的小数部分作为折减系数）。

结构侧向（水平）位移等级的评定 **表 2.5-27**

检查项目	结构类别		位移限值		
			A_s 级	B_s 级	C_s 级
钢筋混凝土结构或钢结构的侧向位移	多层框架	层间	$\leq H_i/600$	$\leq H_i/450$	$>H_i/450$
		顶点	$\leq H/750$	$\leq H/550$	$>H/550$
	高层框架	层间	$\leq H_i/650$	$\leq H_i/500$	$>H_i/500$
		顶点	$\leq H/850$	$\leq H/650$	$>H/650$
	框架-剪力墙 框架-筒体	层间	$\leq H_i/900$	$\leq H_i/750$	$>H_i/750$
		顶点	$\leq H/1000$	$\leq H/800$	$>H/800$
	筒中筒	层间	$\leq H_i/950$	$\leq H_i/800$	$>H_i/800$
		顶点	$\leq H/1100$	$\leq H/900$	$>H/900$
	剪力墙	层间	$\leq H_i/1050$	$\leq H_i/900$	$>H_i/900$
		顶点	$\leq H/1200$	$\leq H/1000$	$>H/1000$
砌体结构侧向位移	多层房屋（柱承重）	层间	$\leq H_i/650$	$\leq H_i/500$	$>H_i/500$
		顶点	$\leq H/750$	$\leq H/550$	$>H/550$
	多层房屋（墙承重）	层间	$\leq H_i/600$	$\leq H_i/450$	$>H_i/450$
		顶点	$\leq H/700$	$\leq H/500$	$>H/500$

注：表中值系对一般装修标准而言，若为高级装修应事先协商确定；H 为结构顶点高度，H_i 为第 i 层的层间高度；木结构建筑的侧向位移对建筑功能的影响问题可根据当地使用经验进行评定。

(2) 侧向位移

对检测取得的主要由风荷载（可含有其他作用，但不含地震作用）引起的侧向位移值，应按表2.5-27的规定评定每一个测点的等级，并按下列原则分别确定结构顶点位移和层间位移等级：对顶点位移，按各测点中占多数的等级确定；对层间位移，按各测点中最低的等级确定。根据以上两项评定结果，取其中较低等级作为上部承重结构侧向位移使用性等级。

当检测有困难时，允许在现场取得与结构有关参数的基础上，采用计算分析方法进行鉴定。若计算侧移不超过表2.5-27中B_s级界限，可根据该上部承重结构的完好程度评为A_s级或B_s级；若计算的侧向位移值超过表2.5-27中B_s级界限，应定为C_s级。

（3）上部承重结构的使用性等级

一般情况下，应按各种主要构件及结构侧移所评的等级，取其中最低一级作为上部承重结构的安全性等级。若按此标准评为A_s级或B_s级，而一般构件所评等级为C_s级时，应按下列规定作调整：

1）当仅发现一种一般构件为C_s级且其影响仅限于自身时，可不作调整；若其影响波及非结构构件、高级装修或围护系统的使用功能时，则可根据影响范围的大小，将上部承重结构所评等级调整为B_s级或C_s级。

2）当发现多于一种一般构件为C_s级时，可将上部承重结构所评等级调整为C_s级。

当需评定振动对某种构件或整个结构正常使用性的影响时，可根据专门标准的规定，对该种构件或整个结构进行检测和必要的验算，若其结果不合格，应按下列原则对前面的评级进行调整：当振动仅涉及一种构件时，可仅将该种构件所评等级降为C_s级；当振动的影响涉及整个结构或多于一种构件时，应将上部承重结构以及所涉及的各种构件均降为C_s级。

遇到下列情况之一时，可直接将上部承重结构的使用性等级直接定为C_s级：

①在楼层中，其楼面振动（颤动）已使室内精密仪器不能正常工作，或已明显引起人体不适感。

②在高层建筑的顶部几层，其风振效应已使用户感到不安。

③振动引起的非结构构件开裂或其他损伤，已可通过目测判定。

3. 围护系统

围护系统的正常使用性鉴定等级，取系统的使用功能等级及其承重部分的使用性等级的较低等级。

围护系统使用功能的评级根据表2.5-28的规定进行逐项评级，并按下列原则评定：一般情况下，可取其中最低等级作为围护系统的使用功能等级；当鉴定的房屋对表中各检查项目的要求有主次之分时，也可取主要项目中的最低等级作为围护系统使用功能等级；当按主要项目所评等级为A_s级或B_s级，但有多于一个次要项目为C_s级时，应将所评等级降为C_s级。

围护系统使用功能等级的评定 **表2.5-28**

检查项目	A_s	B_s	C_s
屋面防水	防水构造及排水设施完好，无老化、渗漏及排水不畅的迹象	构造设施基本完好，或略有老化迹象，但尚未渗漏或积水	构造设施不当或已损伤，或有渗漏，或积水
吊顶（顶棚）	构造合理，外观完好，建筑功能符合设计要求	构造稍有缺陷，或有轻微变形或裂纹，或建筑功能略低于设计要求	构造不当或已损坏，或建筑功能不符合设计要求，或出现有碍外观的下垂
非承重内墙（和隔墙）	构造合理，与主体结构有可靠联系，无可见位移，面层完好，建筑功能符合设计要求	略低于A_s级要求，但尚不显著影响其使用功能	已开裂、变形，或已破损，或使用功能不符合设计要求

续表

检查项目	A_s	B_s	C_s
外墙（自承重墙或填充墙）	墙体及其面层外观完好，墙脚无潮湿迹象，墙厚符合节能要求	略低于 A_s 级要求，但尚不显著影响其使用功能	不符合 A_s 级要求，且已显著影响其使用功能
门　窗	外观完好，密封性符合设计要求，无剪切变形迹象，开闭或推动自如	略低于 A_s 级要求，但尚不显著影响其使用功能	门窗构件或其连接已损坏，或密封性差，或有剪切变形，已显著影响使用功能
地下防水	完好，且防水功能符合设计要求	基本完好，局部可能有潮湿迹象，但尚不渗漏	有不同程度损坏或有渗漏
其他防护设施	完好，且防护功能符合设计要求	有轻微缺陷，但尚不显著影响其防护功能	有损坏，或防护功能不符合设计要求

注：其他防护设施是指隔热、保温、防尘、隔声、防潮、防腐、防火等各种设施。

围护系统承重部分使用性等级的评定，先按表 2.5-26 中的一般构件和表 2.5-27 的标准评定其每种构件的等级，然后取其中最低等级，作为该系统承重部分使用性等级。

对围护系统使用功能有特殊要求的建筑物，尚应另行按现行专门标准进行评定。当评定结果合格，可维持原评等级；若不合格，应将评定等级降为 C_s 级。

（七）鉴定单元安全性评级

民用建筑鉴定单元（整幢建筑或其中某区段）的安全性鉴定应由地基基础、上部承重结构、围护承重部分三个方面各个子单元的安全性进行，以及与整幢建筑有关的其他安全问题。

鉴定单元的安全性等级，是根据子单元评定的结果，按地基基础和上部承重结构两个子单元中较低的等级确定。当此原则确定鉴定单元安全性等级为 A_{su} 级或 B_{su} 级，但围护系统承重部分构件等级为 c_u 或 d_u 级时，可酌情将鉴定单元所评等级降低一级或二级，但最后所定的等级不得低于 C_{su} 级。

对下列任一情况者，应直接将该幢建筑定为 D_{su} 级：

（1）有征兆或警报表明，该建筑物已受到山体崩塌或泥石流威胁。

（2）建筑物处于有危房的建筑群中，且直接受到其威胁。

（3）建筑物朝一方向倾斜，且速度开始变快。

（八）鉴定单元正常使用性评级

民用建筑鉴定单元（整幢建筑或其中某区段）的正常使用性鉴定，是由地基基础、上部承重结构和围护系统的使用性，以及与整幢建筑有关的其他使用功能而进行，按三个子单元中最低的等级确定。当鉴定单元的使用性等级评定 A_{ss} 级或 B_{ss} 级时，但若遇下列情况之一时，宜将所评等级降低一级：

（1）房屋内外装修已大部分老化或残损。

（2）房屋管道、设备已需全面更新。

（3）房屋使用环境已不符合现行设计规范要求。

（九）鉴定单元可靠性评级

民用建筑的可靠性由安全性和正常使用性组成，当不要求给出可靠性等级时，民用建筑各层次的可靠性，可直接以其安全性和使用性的等级共同表达。当需要给出可靠性等级时，民用建筑各层次的可靠性，可根据其安全性和正常使用性的评定结果，按下列原则综合确定：

（1）当该层次安全性等级低于 b_u 级、B_u 级、B_{su} 级时，应按安全性确定。

（2）除上述外，可按安全性和正常使用性等级中较低的一个等级确定。

（3）当需要鉴定对象的重要性，耐久性或特殊性时，允许对上述评定结果作不大于一级的调整。

（十）鉴定单元的适修性评级

在民用建筑可靠性鉴定中，当评定结构、构件需要加固时，若委托方要求对此处理提出相应建议，宜对其适修性进行评定。适修性评定按适修性评级要求进行，并按下列处理原则提出具体建议：

（1）评为 A_r（A'_r、a_r）或 B_r（B'_r、b_r）的鉴定单元（子单元、构件），应予以修复使用。

（2）评为 C_r（C'_r、c_r）的鉴定单元（子单元、构件）应分别作出修复与拆换两种方案，经技术、经济评估后再作选择。

（3）对于评为 C_{su}—D_r、D_{su}—D_r 和 C_u—D'_r、D_u—D'_r 的鉴定单元和子单元（或构件），宜考虑拆换或重建。

（4）对于有纪念意义或有历史、艺术价值的建筑物，不进行适修性评估，而应予以修复和保存。

第六节　结构检测鉴定实例

[实例一]　某厂房质量事故原因分析

一、工程概况

某厂房为单层钢筋混凝土-钢结构厂房，建筑面积为 8304m^2（结构平面图见图 2.6-1）。采用 ϕ300 预制管桩，桩截面壁厚 70mm，桩身混凝土设计强度等级为 C70，平均桩长约 35m，单桩承载力为 850kN，选用静压机压桩。纵向柱轴线间距为 12m，横向柱轴线间距为 19m，基础梁、柱及地面板混凝土设计强度等级为 C25，天沟梁混凝土设计强度等级为 C35。层高 3.8m，女儿墙高 3.55m。厂房外墙及内墙用烧结普通砖砌筑，墙厚为 180mm。

在施工过程中发现外墙、梁（包括基础梁和天沟梁）、地面板和柱存在多处裂缝；后对桩基作加固处理，在加固桩基的施工中，发现预制桩桩头普遍存在压疏、压裂、偏移等现象，针对这一质量事故，需进一步对该工程进行检测鉴定，以分析事故的原因。

二、施工质量检测

1. 混凝土强度检测

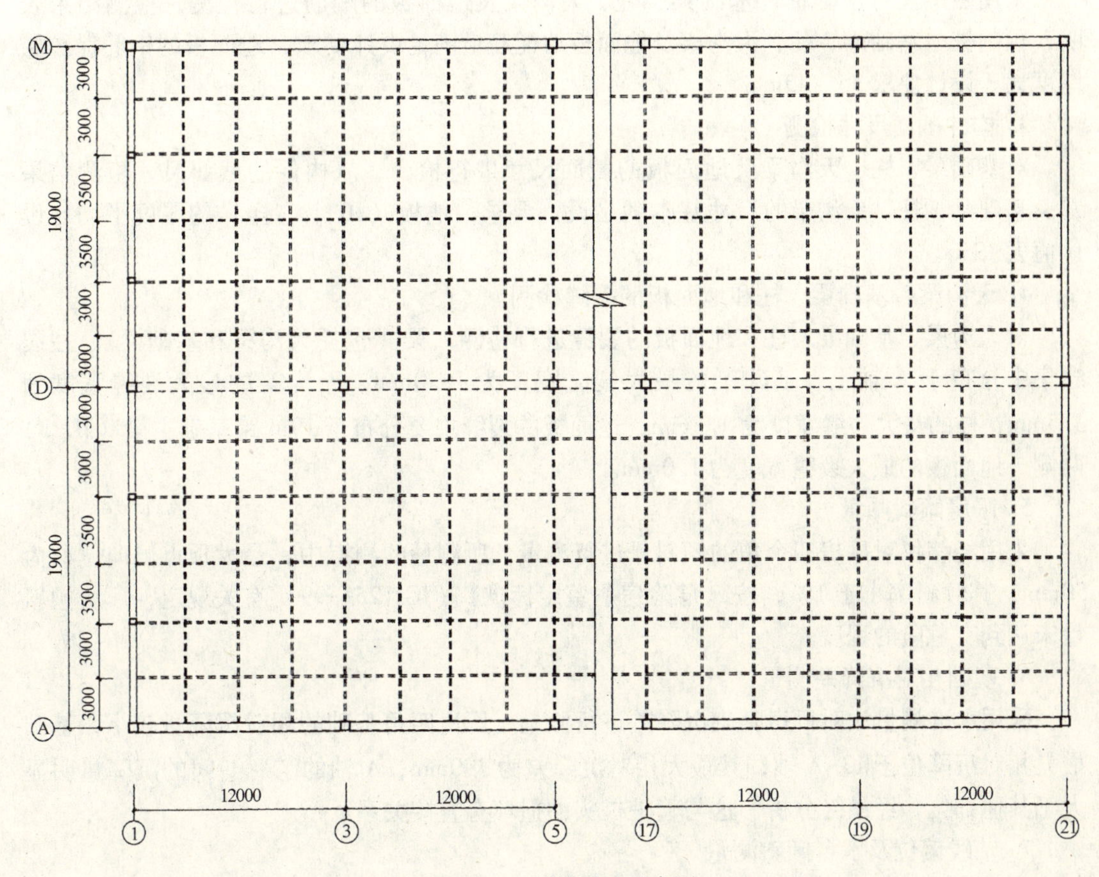

图2.6-1 结构平面示意图

参照《钻芯法检测混凝土强度技术规程》（CECS 03:88）和《基桩和地下连续墙钻芯检验技术规程》（DBJ 15-28-2001）的有关规定，对预制桩的混凝土强度采用钻芯法检测。由于预制桩的壁厚为70mm，外径为300mm，只能钻取小芯样进行抗压试验，评定时将其强度换算成标准芯样的抗压强度。所测桩混凝土抗压强度换算值为66.6～89.0MPa，达到设计强度等级C70的95%～127%。

按照《钻芯法检测混凝土强度技术规程》（CECS 03:88）的要求，用钻芯法检测地板的混凝土强度，所抽检的地板混凝土强度为30.4～53.4MPa，满足设计强度等级C25要求。

按照《回弹法检测混凝土抗压强度技术规程》（JGJ/T23—2001）的规定，对基础梁、柱和天沟梁的混凝土强度进行检验，并在部分构件上钻取芯样对回弹检测结果进行修正。基础梁混凝土强度平均值为34.1MPa，标准差为5.85MPa，大于5.5MPa，混凝土强度不能按批评定，单个构件混凝土强度在25.4～40.5MPa之间，单个构件满足混凝土设计强度等级C25的要求。柱混凝土强度的平均值为33.7MPa，标准差为4.72MPa，小于5.5MPa，混凝土强度的推定值为25.9MPa，满足混凝土设计强度等级C25的要求。天沟梁混凝土强度的平均值为 41.5MPa，标准差为 2.81MPa，小于 5.5MPa，混凝土强度的推定值为 36.9MPa，满足混凝土设计强度等级 C35 的要求。

2. 构件配筋检测

采用磁感仪对预制桩、基础梁、柱、天沟梁及地面板的配筋进行检测，检测结果表明，预制桩、基础梁、柱、天沟梁及地面板的配筋量满足设计要求，地面板的钢筋保护层厚度大于设计要求 35～45mm。

3. 构件截面尺寸检测

对基础梁、柱、天沟梁及地面板的截面尺寸进行检测，从构件的截面尺寸检测结果看，基础梁、柱、天沟梁的尺寸基本满足设计要求，地板（10 个芯样）的厚度平均比设计值大 19%。

4. 天沟梁、基础梁、柱和地面板的裂缝检测

对天沟梁、基础梁、柱和地面板的裂缝进行检测。梁（包括天沟梁和基础梁）、柱裂缝集中分布于 A 轴上，基础梁的最大裂缝宽度为 16.0mm，天沟梁的最大裂缝宽度为 3.5mm，柱的最大裂缝宽度为 1.5mm；地面板的裂缝主要分布于 19m 跨基础主梁（JL-3）两侧，地面板的最大裂缝宽度为 1.0mm。

5. 厂房倾斜测量

采用经纬仪对厂房四个角的倾斜量进行测量，所测量的测点中，最大顶点侧向位移为 50mm，其倾斜率小于 1%，按《危险房屋鉴定标准》（JGJ125—99）有关规定，厂房倾斜量未达到有危险的程度。

6. 基础相对沉降差测量

采用水准测量法对厂房基础沉降差进行测量，厂房四角基础的相对沉降量较小，基础最大相对沉降位于 13-A 轴，其最大相对沉降差为 390mm；A 轴的⑦～⑲间的沉降量明显大于其他部位，经最终分析，这与管桩桩头的损坏有直接关系。

7. 轴线偏位及承台倾斜测量

对柱的轴线间距进行抽样检测，柱轴线间距符合设计要求；对已开挖且有明显倾斜的承台进行倾斜测量，其测量结果见表 2.6-1。

承台倾斜量测量结果 **表 2.6-1**

承台位置	测量结果（mm）	倾斜率
3-A	向西倾斜 16	1.6%
5-A	向东倾斜 22	2.2%
13-A	向东倾斜 48	4.8%
19-A	向西倾斜 36	3.6%
21-A	向西倾斜 30	3.0%
5-M	向东倾斜 26	2.6%
13-M	向西倾斜 25，向南倾斜 38	2.5%，3.8%
17-M	向西倾斜 15	1.5%

8. 预制管桩的破损情况

对已开挖的预制管桩的破损情况进行检查，发现南侧 A 轴预制管桩的桩头长度 420mm 区域内普遍存在压碎的现象，见表 2.6-2 和图 2.6-2。

预制管桩的破损情况 **表 2.6-2**

预制管桩位置	破 损 情 况
5-A	桩头有裂缝
11-A	外侧桩头压裂，内侧桩头长度 420mm 的区域已压碎
13-A	2 桩桩头长度 400mm 的区域已压碎
15-A	外侧桩头长度 300mm 的区域已压碎，内侧桩头已劈裂
17-A	2 桩桩头长度 320mm 的区域已压碎
19-A	2 桩桩头长度 400mm 的区域已压碎
21-A	3 桩完好

注：7-A、9-A 轴 2 处的桩和承台已做加固处理，北侧 M 轴部分管桩桩头有裂缝。

三、上部结构及桩基础的承载力与变形验算

1. 厂房现有状况（无地面活荷载）下结构的承载力与变形验算结果

为分析厂房基础、地面板及上部结构损伤的原因，需验算厂房现有状况（无地面活荷载）下结构的承载力与变形情况。不考虑地面活荷载的情况下，对存在裂缝的柱、基础梁、地面板进行承载力验算，验算结果见表 2.6-3。结果表明，厂房现有状况（无地面活荷载）下，柱、基础梁、地面板的裂缝不是结构承载力不足引起的。

图 2.6-2 桩头混凝土已压碎

不考虑地面活荷载的情况下，对大跨度基础梁的变形进行验算，验算结果见表 2.6-4。基础次梁的最大计算挠度 26.5mm，仅为跨度的 0.22%。

不考虑地面活荷载的情况下，选取沉降变形较大的部位，即 1 轴、A 轴、M 轴中间位置的管桩，对管桩的承载力进行验算（未考虑土压力和土的负摩擦），验算结果见表 2.6-5。

恒载作用下柱、基础梁、地面板的验算结果 **表 2.6-3**

构件名称 / 配筋（mm^2）	A 轴边柱（Z-2）		A 轴基础梁（JL-1）		地面板（板厚 175/148mm）	
	M_x	M_y	跨中	支座	跨中	支座
计算所需配筋	1500	500	920	920	193/160	240/213
实际配筋	1884	1884	3041	2281	252	252

注：柱的最大轴压比为 0.17，地面板负筋保护层厚按 55mm 考虑。

恒载作用下大跨度基础梁的变形验算结果　　表 2.6-4

构件名称 挠度	12m 跨基础梁		19m 跨基础梁	
	主　梁	变形最大的次梁	主　梁	变形最大的次梁
计算值（mm）	2.0	26.5	13.3	25.4
相对挠度	0.02%	0.22%	0.07%	0.13%

恒载作用下管桩的承载力验算结果（未考虑土压力和土的负摩擦）　　表 2.6-5

管桩位置	1-1/D（2 个桩）	13-A（2 个桩）	9-M（2 个桩）
总计算轴力（kN）	1033	1496	1532
总偏心弯矩（kN·m）	186	550	471
内侧桩计算轴力（kN）	723	1359 > 1.1 × 850	1289 > 1.1 × 850
外侧桩计算轴力（kN）	310	137	243
单桩承载力（kN）（设计给定）	850		
桩身竖向承载力（kN）$R_p = 0.3(f_{ce} - \sigma_{PC})$	986		

注：①2 个桩间的中心距为 900mm；

②厂房南、北二侧由于地面板的平均厚度不同（分别为 175mm、148mm），导致 A 轴与 M 轴桩的内力不同。

验算结果表明，A 轴、M 轴内侧桩的轴力大于桩的设计承载力，也大于桩身竖向承载力；A 轴、M 轴内侧桩的轴力分别为设计承载力（850kN）的 160% 和 152%，引起内侧桩的承载力不足而破坏。当内侧桩破坏后，其能承担的轴力降低，使作用于外侧桩的轴力增加，而后引起外侧桩的承载力不足而破坏。

2. 原设计结构承载力验算

为判断厂房基础及上部结构的危险程度，需对原设计的结构承载力验算。由于柱的安全储备较大，地面增加活载后不会对柱的承载力产生明显影响，因此，只需对基础梁、地面板进行承载力验算，验算结果见表 2.6-6。

设计荷载作用下基础梁、地面板的验算结果　　表 2.6-6

构件名称 配筋（mm^2）	基础梁（JL-3）		地面板（板厚 150/120mm）	
	支　座		跨　中	支　座
	主　筋	箍　筋		
计算所需配筋	11000 > 4910	280 > 101	195/169	241/254
实际配筋	4910	101	252	252

注：基础梁（JL-3）截面过小，抗剪不满足受剪截面的限值要求。

验算结果表明，19m 跨的基础主梁（JL-3）承载力严重不足。

在设计荷载作用下，部分管桩的承载力验算结果见表 2.6-7。结果表明，除 1-A、1-M、21-A、21-C 轴线的 4 处桩基外，其余部位桩基的承载力不满足设计要求。即该厂房有 93.5% 的桩基属于危险构件。

设计荷载作用下管桩的承载力验算结果（未考虑土压力和土的负摩擦） **表 2.6-7**

<table>
<tr><th rowspan="2">管桩位置</th><th colspan="3">边柱（2 个桩）</th><th>中柱（3 个桩）</th></tr>
<tr><th>1-1/D</th><th>13-A</th><th>9-M</th><th>11-1/D</th></tr>
<tr><td>总计算轴力（kN）</td><td>1204</td><td>2360</td><td>2258</td><td>3934</td></tr>
<tr><td>总偏心弯矩（kN·m）</td><td>324</td><td>1002</td><td>900</td><td>0</td></tr>
<tr><td>内侧桩计算轴力（kN）</td><td>$962>1.1\times850$</td><td>$2293>1.1\times850$</td><td>$2129>1.1\times850$</td><td rowspan="2">$1311>850$</td></tr>
<tr><td>外侧桩计算轴力（kN）</td><td>242</td><td>67</td><td>129</td></tr>
<tr><td>单桩承载力（kN）（设计给定）</td><td colspan="4">850</td></tr>
<tr><td>桩身竖向承载力（kN）
$R_p=0.3\ (f_{ce}-\sigma_{pc})$</td><td colspan="4">986</td></tr>
</table>

注：表中仅列出有代表性的桩位的验算结果。

四、桩、柱、基础梁、地板损伤的原因分析

通过对现有状况（无地面活荷载）下结构的承载力验算，发现柱、JL-1 基础梁、地面板的承载力满足相应的荷载作用要求，而 A 轴、M 轴桩的承载力不足，引起桩的损伤。另外，A-1/D 轴间地板的厚度大于 1/D-M 轴间地板的厚度，致使 A 轴桩基所承担的内力较大，破坏状况较 M 轴严重。

A 轴桩基桩头压碎后引起的变形直接导致基础梁、柱、天沟梁、地面板产生沉降裂缝。设计时桩的承载力严重不足，是导致该厂房出现质量问题的根本原因。

恒载作用下，将管桩的承载力计算结果与基础的实测沉降作一比较（见表 2.6-8），就可发现：单桩最大轴力超过设计承载力愈多，其相应桩位处的相对沉降量也愈大；当单桩最大轴力小于设计承载力时，其相应桩位处的相对沉降量为 0；桩承载力的严重不足，导致基础产生过大的沉降差。另外，原设计还存在的问题有：大部分桩为超长桩；2 个桩组成的桩基的承台，在其短向未设置连系梁；19m 跨基础主梁（JL-3）的截面过小，梁的配筋量严重不足；厂房纵向轴线长度为 120m，超过钢筋混凝土结构伸缩缝最大间距的要求。

恒载作用下管桩的承载力与基础沉降间的比较 **表 2.6-8**

管桩位置	1-A	11-A	21-A	1-1/D	11-1/D	1-M	11-M
单桩最大轴力/设计承载力	47%	160%	33%	85%	91%	31%	152%
沉降量（mm）	0	335	0	154	88	0	141

综上所述，设计存在缺陷是该厂房发生质量事故的主要原因，其中设计时桩的承载力严重不足是导致质量事故发生的根本原因。

［实例二］　某框架结构的裂缝原因分析

一、工程概况

洛阳市某教学楼为6层（局部5层）的全现浇框架结构（结构平面示意见图2.6-3），建筑面积为4400m^2，基础采用人工挖孔灌注桩。桩径800～1100mm，桩长约11m，桩身混凝土强度等级C20。主体结构施工时间为1998年7月～1999年5月。一、二层梁混凝土设计强度等级为C25，三～六层梁混凝土设计强度等级为C20，后发现一层楼梯平台处E-13-14梁有竖向裂缝，为了解其楼梯梁的开裂原因，洛阳市中级人民法院委托我中心对层楼梯平台处E-13-14梁的裂缝作出鉴定分析。

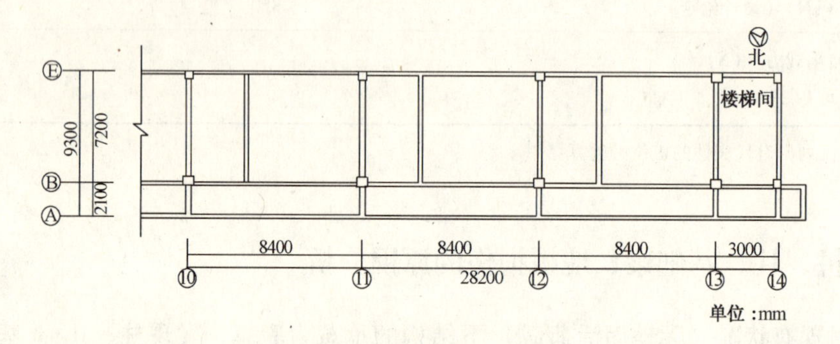

图2.6-3　结构平面布置示意图

二、场地地质状况

在勘察深度范围内该场地揭露的土层，除表层杂填土外，其余均为第四纪全新世、晚更新世冲洪积形成的粉土、粉质黏土。根据岩性特征，表层为杂填土，主要由建筑垃圾组成，结构松散，土质杂乱，此处不参与分层。其余土层自上而下，共分6层，分述如下：

第1层粉土：黄色、灰黄色，稍湿—湿，稍密—中密状。该层土为新近堆积土，厚2.3m～4.3m。属中等压缩性，具湿陷性。

第2层粉质黏土：褐黄色，可塑状，局部软塑，土质均一。该层土为新近堆积土，在1号、2号孔缺失，厚1.9m～2.1m。属中等压缩性，不具湿陷性。

第3层粉质黏土：黄褐色、褐色，可塑状，局部软塑。该层土为新近堆积土，厚2.5～3.0m。属中等压缩性，不具湿陷性。

第4层粉质黏土：褐黄色、黄褐色，可塑—硬塑状，该层土厚1.7～2.8m。属中等压缩性，不具湿陷性。

第5层粉质黏土：黄棕、浅棕红色，硬塑—坚硬状，该层土厚1.4～2.0m。属中等压缩性，不具湿陷性。

第6层粉土与粉质黏土：褐黄色、浅棕黄色。粉质黏土，可塑—硬塑状，局部软塑状。粉土，湿，中密状，局部振动析水。该层未揭穿，最大揭露厚度5.0m。该层土可塑状，中密，属中等压缩性，不具湿陷性。

第5层粉质黏土与第6层粉土与粉质黏土的区别在于：第5层粉质黏土，浅棕红色、黄棕色，天然含水量21.2%，孔隙比0.637，液性指数0.06，静力触探锥头阻力3.06MPa；第6层粉土与粉质黏土，褐黄色、浅棕黄色，天然含水量24.3%，孔隙比0.748，液性指数0.38，静力触探锥头阻力2.13MPa。该两层土无论从颜色、塑性状态还是力学指标来看，均差异明显。

第6层粉土与粉质黏土在场地北部、东部（3号、5号孔地段）以粉质黏土为主，一般呈硬塑—坚硬状，静探锥头阻力（J1、J2、J7、J8、J4）2.21～4.52MPa；在场地南部及西部（1号、2号、4号、6号孔一带）夹有多层粉土，粉质黏土一般呈可塑状，局部软塑状，粉土，湿，中密，局部振动析水。静探锥头阻力0.50～1.96MPa。由此可见，该层土的物理力学性质由东向西，自北向南逐渐变差，并以水泵房附近为最软弱地带。因此，该层土均匀性差，为不均匀地基。在场地东部及北部，该层土的极限端阻力标准值q_{pk}为1200kPa，在场地南部，该层土的极限端阻力标准值q_{pk}为750～900kPa。

三、梁混凝土强度、配筋及裂缝分布的检验

通过对梁的混凝土钻芯检测，混凝土强度达到设计要求（C25）；用磁感仪对一层楼梯平台处E-13-14梁裂缝处的钢筋配置情况进行检测，检测结果见表2.6-9和图2.6-4。

梁裂缝处的钢筋配置检测结果　　表2.6-9

构件编号	设计配筋		实测配筋	
	主筋	箍筋	主筋	箍筋
一层楼梯平台处E-13-14梁	2⌀16	ϕ8@100	2⌀16	ϕ8@95～110

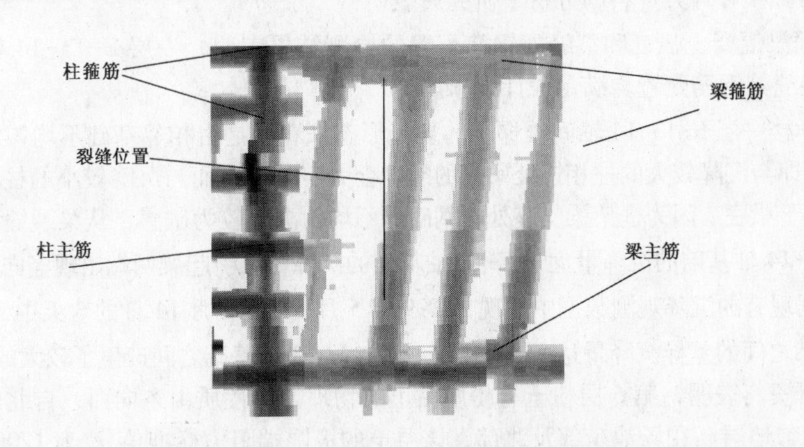

图2.6-4　一层E-13-14楼梯梁裂缝处的配筋

对E-13-14轴一层平台楼梯梁裂缝进行了检测，结果为梁有2条竖向裂缝。在E-13轴端头处的裂缝上宽下窄，最大裂缝宽度为0.8mm；E-14轴端头处的裂缝下宽上窄，最大裂缝宽度为0.4mm（图2.6-5）。并在E-13-14轴二～四层平台楼梯梁上，也发现有类似形态的细微裂缝。

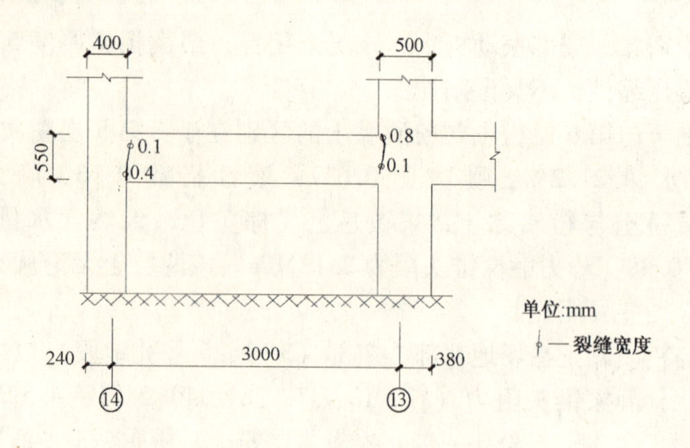

图 2.6-5　一层 E-13-14 楼梯梁裂缝分布

四、关于场地地质条件及沉降观测资料

教学楼工程的地质勘察报告表明，场地内埋深在 10.2～11.3m 以下的土层划分为两层，即第 5 层粉质黏土，第 6 层粉土与粉质黏土。并指出，第 6 层粉土和粉质黏土，均匀性差，为不均匀地基。在场地东部及北部，该层土的极限端阻力标准值 q_{pk} 为 1200kPa，在场地南部，该层土的极限端阻力标准值 q_{pk} 为 750～900kPa。

沉降观测发现，1999 年 5 月 8 日～5 月 14 日的 6 天中，E-14 轴上的测点沉降了 2mm，而 E-13 轴上测点无沉降量，而此时正及砌筑墙体之后。

五、分析与评价

通过调研和对有关资料的分析、研究后表明：

1. 根据梁混凝土强度和裂缝处钢筋配置的检测结果表明，一层 E-13-14 轴间楼梯梁的强度和裂缝处钢筋配置均满足设计要求。

2. 教学楼一层 E-13-14 轴间楼梯梁的裂缝形态来看，是由相邻基础不均匀沉降产生的典型形态：即与沉降较大的柱相连处梁底的裂缝会大于梁顶；而与沉降较小的柱相连处梁顶的裂缝会大于梁底。因为框架梁支座处对基础的不均匀沉降较为敏感，从梁裂缝走向看，裂缝是由于 E-14 轴基础的沉降量大于 E-13 轴基础的沉降量，引起梁两端出现竖向裂缝。

3. 根据现有的沉降观测数据中发现，1999 年 5 月 8 日～5 月 14 日的 6 天中，E-14 轴与 E-13 轴基础之间的差异沉降量达 2mm。E-14 轴与 E-13 轴基础之间产生了较大的差异沉降。

4. 调研资料表明，第 6 层粉土与粉质黏土的物理力学性质由东向西，自北向南逐渐变差，为不均匀地层。在场地东部及北部，该层土的极限端阻力标准值 q_{pk} 为 1200kPa；在场地南部，该层土的极限端阻力标准值 q_{pk} 为 750～900kPa。

教学楼工程为“一般的工业与民用建筑物”，按照《建筑桩基技术规范》（JGJ 94—94）中表 3.3.3 规定，属二级建筑桩基。该规范第 5.2.4.2 条规定：“二级建筑桩基应根据静力触探、标准贯入、经验参数等估算，并参照土质条件相同的试桩资料，综合确定。当缺乏可参照的试桩资料或土质条件复杂时，应由现场静载荷试验确定。”

由于我国地域广大，各地区地质条件复杂、多变，工程勘察中应用地区经验尤其重要。《教学楼岩土工程勘察报告》中，建议的桩的极限端阻力、侧阻力标准值，偏离了本地区经验，不适当的应用桩基规范，提出桩的极限端阻力标准值为1500kPa。可见，基桩持力层的不均匀性，承载力经验参数取值偏高，是可能造成基础不均匀沉降的原因。

六、鉴定结论

1. 该教学楼一层楼梯平台处13-14-E梁的混凝土强度与钢筋配置符合设计要求；

2. 一层楼梯平台处13-14-E梁，13轴端头最大裂缝宽度为0.8mm，14轴端头最大裂缝宽度为0.4mm。裂缝是由于两轴间基础的不均匀沉降引起的；

3. 建议对该梁上的裂缝贴上石膏饼，并设置沉降观察点，继续对该楼进行沉降观测，以确保建筑物的安全。

4. 在基础沉降稳定后，这部分裂缝可用环氧进行灌浆处理。

[实例三] 某框架-剪力墙结构商住楼的检测鉴定

一、工程概况

某商住楼为11层（局部12层）现浇钢筋混凝土框架-剪力墙结构，建筑面积为4400m^2。该楼于1993年开始施工，1994年4月结构封顶，后来由于多种原因该楼一直未投入使用。1997年建设单位发现菱镁砖外墙局部破损严重，部分梁、柱构件钢筋锈蚀严重，建设单位曾分别委托某咨询服务公司和某工程质量检测站对该楼进行过检测鉴定。由于两个单位的结论不一致，建设单位委托国家建筑工程质量监督检验中心，对该楼进行全面检测鉴定。该楼外观立面图见图2.6-6。

图2.6-6 商住楼立面

根据工程质量的实际情况，提出以下检测内容：

a）检测梁、柱、墙的混凝土强度；

b）检测梁、板、柱的钢筋配置情况；

c）从构件中抽取钢筋试样进行力学性能试验；

d）检测钢筋混凝土梁、柱的几何尺寸及楼板的厚度；

e）采集菱镁砖和混凝土样，对拌合物Cl^-含量进行检测；

f）检测钢筋锈蚀；

二、检测结果

1. 混凝土强度检验结果

采用回弹法同时结合钻芯法，对梁、

柱、墙的混凝土强度进行检测；通过从工程中钻取的不同直径芯样间强度比较，发现 ϕ75 芯样其强度偏底，标准差较大（见表 2. 6-10）。因此，采用 ϕ100mm 标准芯样的抗压强度对混凝土回弹强度的进行修正，如果用 ϕ75mm 芯样的抗压强度进行修正，会使混凝土强度推定值偏低。各层梁、柱混凝土批推定强度见表 2. 6-11 和表 2. 6-12。

混凝土芯样直径不同的强度比较 **表 2. 6-10**

混凝土强度等级	C30		C20	
芯 样 直 径	ϕ75	ϕ100	ϕ75	ϕ100
芯 样 数 量	15 个	15 个	18 个	18 个
强度范围（MPa）	13. 8 ~ 46. 0	19. 4 ~ 36. 7	10. 0 ~ 37. 9	11. 7 ~ 29. 7
强度平均值（MPa）	24. 6	28. 5	19. 4	22. 3
强度标准差（MPa）	9. 2	5. 5	7. 3	4. 9

柱混凝土强度检测结果 **表 2. 6-11**

楼 层	设计强度等级	批推定强度（MPa）	达到设计强度等级的百分比	备 注
1	C30	23. 3	78%	带 * 者为不能按批推定
2		26. 3	88%	
3		27. 0	90%	
4		25. 9	86%	
5		20. 2	67%	
6	C20	24. 4	122%	
7		17. 8	89%	
8		（15. 9 ~ 17. 8） *	80% ~ 89%	
9		19. 7	99%	
10		19. 0	95%	
11		18. 3	92%	

梁混凝土强度检测结果 **表 2. 6-12**

楼 层	设计强度等级	批推定强度（MPa）	达到设计强度等级的百分比	备 注
1	C25	22. 8	91%	
2		25. 1	100%	
3		27. 0	108%	
4		26. 3	105%	
5		22. 8	91%	
6		26. 9	108%	
7		18. 6	74%	
8		18. 8	75%	
9		25. 3	101%	
10		21. 2	85%	
11		17. 8	71%	

2. 混凝土构件配筋的检测

采用FS10系统钢筋探测仪检测梁、板、柱的钢筋配置情况。FS10系统钢筋探测仪是目前较为先进的钢筋测定仪，整个系统由RV10监测器、RS扫描仪、RC10连接线、RB10充电电池、RG10坐标纸等组成。使用前将电池插入电池槽内，用RC10连接线连接RV10监测器和RS扫描仪。

该仪器最大特点是能将钢筋检测结果成像，可贮存42幅图像，每一图像可通过屏幕上的序号和扫描日期/时间分辨，这样在检测现场就可以不对检测结果作记录，而只需将检测构件编上图号，回室内再对检测结果分析即可。钢筋保护层较小，钢筋间距足够大时，该系统还能测读出钢筋直径。利用随机所带的Ferroscan 3.0软件，可将图像传送到计算机，通过打印机输出图像。

通过对梁、板、柱构件的钢筋配置情况检测，结果表明，梁、柱主筋数量满足设计要求，但大部分梁、柱箍筋间距及楼板的钢筋间距达不到《混凝土结构工程施工质量验收规范》（GB 50204）中规定的允许偏差-20～+20mm和-10～+10mm的要求。

3. 钢筋力学性能试验

现场钢筋取样是对房屋结构有损伤性的检测方法，现场钢筋取样要考虑到试样的代表性，同时要尽可能使取样对房屋结构的损伤最小。因些，选择在剪力墙中抽取HRB335级钢、在楼板抽取HPB235级来进行钢筋力学性能试验，力学性能检验结果见表2.6-13。

钢筋力学性能检验结果　　　　表2.6-13

样品编号	直径（mm）	屈服点（N/mm²）	抗拉强度（N/mm²）	伸长率（%）	冷弯试验180°
十层楼板	8.00	430	495	25	合格
	8.00	405	485	27	合格
水池下方剪力墙暗柱	20.00	365	545	31	合格
	20.00	340	545	25	合格

钢筋力学性能抽检结果表明，两种钢筋力学性能分别满足《钢筋混凝土用热轧光圆钢筋》（GB13013）和《钢筋混凝土用热轧带肋钢筋》（GB1499）的要求。

4. 混凝土构件截面尺寸的检测

对现浇混凝土梁、板、柱构件的截面尺寸进行检测，结果表明，半数以上的构件截面尺寸达不到《混凝土结构工程施工质量验收规范》（GB 50204）中规定的允许偏差在-5～+8mm的要求，其中大部分构件的截面尺寸偏大。

5. 对拌合物 Cl^- 含量进行检测

在现场每层取3个混凝土块，去除混凝土中粗骨料，对拌合物中 Cl^- 含量进行分析；同时，在内、外墙中各抽取菱镁砖试样进行 Cl^- 含量分析，检测结果见表2.6-14。

拌合物 Cl⁻含量进行检测结果　　表 2.6-14

楼　层	拌合物中 Cl⁻含量	Cl⁻含量占水泥重量的百分比
1 层	0.044%	0.138%
2 层	0.029%	0.091%
3 层	0.036%	0.113%
4 层	0.024%	0.076%
5 层	0.016%	0.050%
6 层	0.034%	0.118%
7 层	0.033%	0.115%
8 层	0.044%	0.153%
9 层	0.019%	0.068%
10 层	0.008%	0.028%
11 层	0.004%	0.013%
外墙菱镁砖	6.340%	—
内墙菱镁砖	8.660%	—

混凝土拌合物 Cl⁻含量检验结果表明，所抽检各层混凝土拌合物的 Cl⁻含量符合《混凝土质量控制标准》（GB50164）的要求。菱镁砖中 Cl⁻含量过多。

6. 钢筋锈蚀检测及锈蚀原因

钢筋锈蚀检验结果表明，钢筋锈蚀后的截面损失率范围为 5% ~56%。钢筋锈蚀严重的构件主要集中在图 2.6-7 的阴影部位。

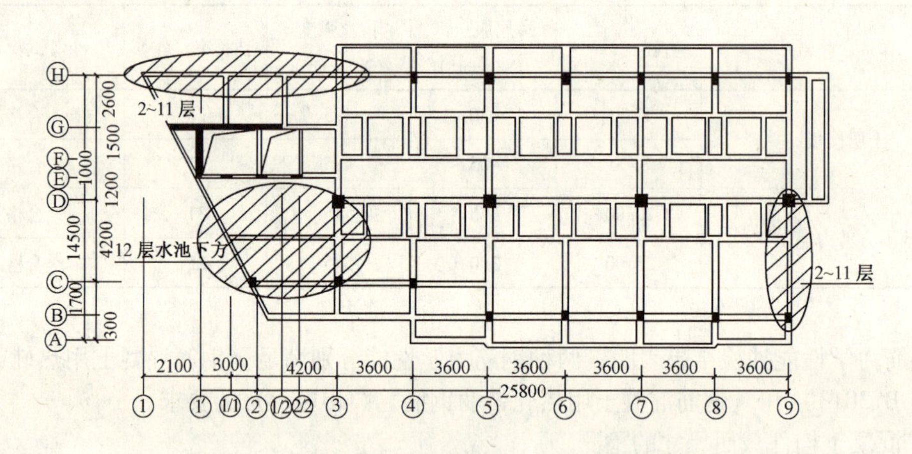

图 2.6-7　钢筋锈蚀严重的部位（图中带斜线部位）

菱镁砖较易吸水，含有镁盐（$MgCl_2$、$MgSO_4$），且菱镁砖内 Cl⁻含量较高（见表 2.6-14）。外墙菱镁砖由于受雨水浸泡后，其部分 Cl⁻渗入到附近的混凝土构件中，Cl⁻加速构件中钢筋的锈蚀，而内墙由于不受雨水的侵入，与菱镁砖相连的构件其钢筋基本无锈蚀。从钢筋锈蚀部位看，主要集中在与菱镁砖相连的边柱、边梁，当构件上方无挑出阳台或挑出楼梯时，其钢筋锈蚀较为严重。

三、结构承载力计算

根据混凝土强度检测结果，用中国建筑科学研究院编制的高层建筑结构空间分析设计软件 TAT 对结构进行承载力验算。验算结果表明，结构的层间位移和顶点位移满足《高层建筑混凝土结构技术规程》（JGJ 3）的要求；有 7 根柱轴压比超过《建筑抗震设计规范》（GB 50011）规定的限值；23 根梁的配筋不足，经过 2000 年所做加固处理后，原结构能基本满足安全使用的要求。

四、处理建议

1. 尽快拆除原有菱镁砖，以免菱镁砖中氯离子进一步渗入到结构混凝土；

2. 对钢筋锈蚀后已引起开裂的混凝土构件进行修复处理（包括凿去混凝土剥落层，对钢筋做除锈、防锈处理，增补钢筋等工序）；

3. 2000 年所做加固处理方案中存在着后加梁的主筋与柱连接不良的缺陷，建议按《混凝土结构加固技术规范》（CECS 25）的要求，作进一步的加固处理。

五、体会

1. 从该工程检测看，混凝土小芯样（ϕ75mm）抗压强度偏底，标准差较大，用小芯样对回弹结果进行修正，会引起检测结果偏低。

2. 在对混凝土拌合物 Cl^- 含量的检验时，其所得含量为拌合物 Cl^- 的含量；为便于比较，需根据混凝土的配合比，将含量拌合物中 Cl^- 换算成占水泥重量的百分比。

［实例四］ 某体育馆主框架梁裂缝原因分析

一、工程概况

华东地区某体育馆系钢筋混凝土框架结构，主体部分为 5 层，体育馆外围为 1 层室外平台（外围直径为 110m），于 2000 年上半年开始兴建。整个体育馆的主体结构由 32 榀框架组成，主框架外围直径为 95. 6m，1 层、4 层径向框架梁和 5 层 C 轴环向梁（直径为 80m）施加预应力，2 层、3 层径向框架梁未施加预应力。屋盖采用空间网架结构，整个网架通过 32 个支撑点与直径 70m 的环形钢梁相连，钢梁与 32 个柱顶间有橡胶垫相连。

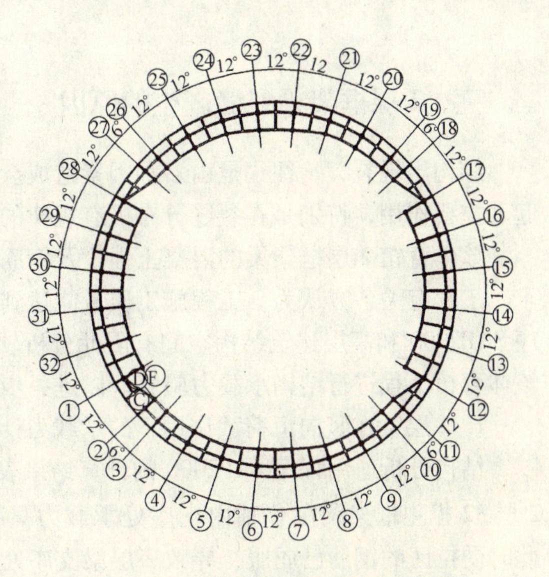

图 2. 6-8 体育馆 2 层结构平面图

当完成主体结构后，发现 2 层顶主框架梁普遍存在不同程度的竖向裂缝，为弄清裂缝原因，以便对其进行处理，体育馆筹建办委托国家建筑工程质量监督检验中心对该体育馆2层顶框架梁的裂缝进行鉴定。体育馆2层结构平面和框架立面见图2.6-8和图2.6-9。

二、2层框架梁裂缝分布情况

2层框架梁的截面尺寸为350mm×700mm，梁的跨度为3.0~5.0m。2001年9月发现2层框架梁有裂缝，当时最大裂缝宽度约为0.3mm；2002年1月中旬再次观测裂缝时，发现2层32榀框架梁普遍发现有裂缝，裂缝集中分布于C轴支座附近的区域内（C轴直径为80m），裂缝的数量不等，多者有6条，最大裂缝宽度约为0.55mm，且裂缝处的石膏饼已裂开，说明裂缝尚未趋于稳定；同一榀框架梁上，裂缝条数愈多，其相应的裂缝宽度就愈小。裂缝的走向主要呈竖向，部分裂缝略呈斜向，从梁底逐渐往板底延伸。

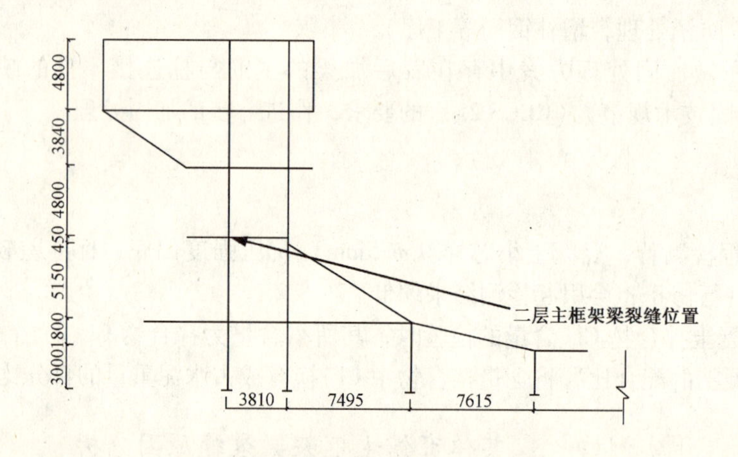

图2.6-9　体育馆框架立面图（南北向）

三、2层框架梁裂缝产生的原因

结构出现裂缝，往往是由多种因素造成。但在这些因素中，一般来说有一项或某几项起着主要作用，特别是在裂缝分布极有规律的情况下更是如此。

该体育馆2层框架梁的混凝土强度及钢筋配置，经当地检测部门检测，均满足设计要求。工程有关各方认为，工程施工质量能达到合格要求。因此，我们采用结构分析通用程序SAP2000和高层建筑结构空间有限元分析软件SATWE（考虑楼板的弹性变形影响），对该体育馆工程进行结构承载力验算，以进一步分析2层框架梁裂缝产生的原因。

1. 2层梁在竖向恒荷载作用下的承载力计算

结构分析通用程序SAP2000的计算结果表明，在竖向恒荷载作用下（不考虑活荷载）2层32榀主框架梁在C轴内支座处承载力只有作用效应的48%~77%（见表2.6-15），此时受拉区的钢筋已屈服，导致2层梁支座处开裂。用高层建筑结构空间有限元分析软件SATWE计算也表明2层32榀主框架梁不能满足构件承载力的要求。

2. 2层框架梁裂缝产生的原因

从2层框架梁裂缝的部位和走向看，裂缝集中在C轴支座附近，裂缝走向主要呈竖向，部分裂缝略呈斜向，从梁底逐渐往板底延伸。这些裂缝具有因支座处的正截面受弯承载力不足引起的受力裂缝的特性（梁底为受拉区）。

2层梁在竖向恒荷载作用下的承载力验算，进一步证实了梁裂缝是支座处的正截面受弯承载力不足引起的受力裂缝。2层梁在竖向恒荷载作用下C轴内支座处为正弯矩（即梁底为受拉区）；而2层梁C轴内支座处梁底所配钢筋为4Φ14或4Φ16，梁顶通长所配钢筋为4Φ22或4Φ25，原设计配筋所考虑的是C轴内支座处为负弯矩（即梁顶为受拉区），引起2层梁的承载力严重不足，导致2层32榀主框架梁普遍开裂。

由于体育馆主体结构中央部分无楼板，属于空间框架的空旷结构，不符合一般多层及高层建筑结构空间分析软件中所规定的要求独立楼层的楼板为刚性楼板的假设；该体育馆5层挑出长度有7.8m，在竖向恒荷载作用下2层梁（楼板）的径向位移为3~5mm，即在竖向恒荷载作用下体育馆存在侧向往外掰开的趋势。设计单位在对工程进行结构内力分析时未考虑楼板的弹性变形影响，使计算的力学模型与工程的实际情况不符，导致2层梁支座处的正截面受弯承载力不足，是2层梁产生裂缝的根本原因。

2层梁在竖向恒荷载作用下的承载力计算结果　　表2.6-15

轴线编号	支座位置	梁能承担的弯矩（kN·m）	SAP2000计算出的弯矩（kN·m）
1	C支座	124.4	176.0
2	C支座	161.6	210.0
3	C支座	124.4	201.4
4	C支座	124.4	260.7
5	C支座	161.4	271.3
6	C支座	124.4	217.8
7	C支座	124.4	217.8
8	C支座	161.6	271.3

注：由于该体育馆主体结构呈双向对称，因此仅列出1/4轴线的计算结构。

四、处理建议

将5层原空心砖内隔墙改为轻钢龙骨隔墙或泰柏板，以进一步减轻5层挑出部分的荷载；对2层32榀主框架梁采用加大截面法进行加固处理；对宽度大于0.2mm的裂缝进行灌浆处理。由于构件截面改变后，会引起结构内力重分布，因此，原设计单位在对结构进行加固设计时，需考虑构件截面改变后对结构进行进一步整体计算，并在结构内力分析时考虑楼板的弹性变形影响，使计算的力学模型符合工程的实际情况。

五、从中汲取的教训

1. 在进行结构分析时，所选用的结构计算软件其力学计算模型应符合结构的实际受力状况。

不同的结构计算软件其基本假定不尽相同，所能适用的结构形式也不尽相同。例如由中国建筑科学研究院开发的TBSA和TAT是三维空间分析程序，柱梁采用空间杆系，剪力墙采用薄壁柱。假定楼板在平面内是无限刚性的，平面外刚度为零。适用于每层均有楼板，或楼板开洞不大的多、高层结构。

SATWE是以壳元理论为基础，构造了一种通用墙元来模拟剪力墙。墙元不仅具有平面内刚度，也具有平面外刚度。需要注意的是：SATWE分多层版和高层版。多层版限8层以下且不具有考虑楼板弹性变形功能。因此，对体育馆、影剧院等空旷结构则不宜用TBSA和TAT软件进行结构计算，而应选用SATWE（高层版）和TBSA技术开发部新开发的TB-SAP软件。

2. 对不规则的结构或较新型的结构应选两个以上的计算软件来相互校核，经分析判断，确认其合理、有效后方可用于工程设计。

该体育馆5层挑出长度有7.8m，结构竖向刚度变化大，采用不同的力学模型进行计算，其计算结果相差甚大。工程设计时，所选用软件的力学模型与工程的实际情况不符，是产生本工程质量事故的根本原因。

[实例五]　某砖混结构住宅楼墙体开裂原因分析

一、工程概况

北京某住宅楼为6层砖混结构。内、外承重墙为240mm烧结普通砖，一~三层混合砂浆的设计强度等级为M10，四、五层混合砂浆的设计强度等级为M7.5，六层（跃层）混合砂浆的设计强度等级为M5。主体结构于1998年竣工，竣工验收时被评为优良工程。2000年10月，开发商在准备安排住户入住时发现该楼的墙体都存在不同程度的裂缝。为了解墙体开裂的原因，受施工单位委托对该楼的墙体裂缝作出鉴定。

二、墙体裂缝鉴定及其成因分析

1. 墙体裂缝的分布情况

该楼在一层房屋西头纵墙上的最大斜向裂缝宽度为0.40mm（见图2.6-10），在六层房屋东头纵、横墙上也有裂缝出现；对墙体裂缝的检查，发现墙体裂缝多数出现在一~三层，裂缝位置主要集中在房屋西头的纵墙上，横墙上较少见。从裂缝的形态特征看，较多的是斜向裂缝，通过门窗洞口处的裂缝较宽；其次在窗台下有部分竖向裂缝，其形态一般是上宽下窄。

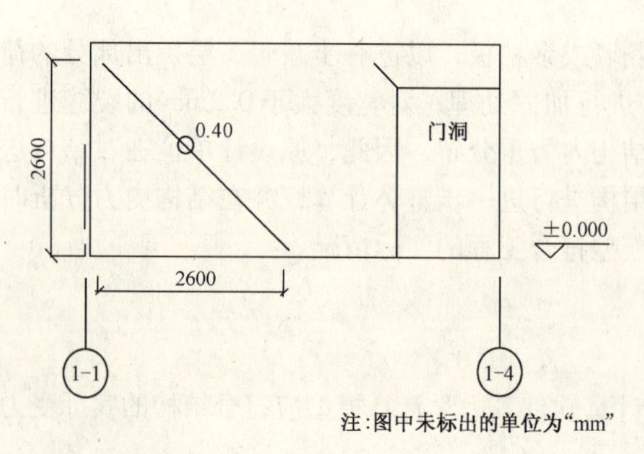

图2.6-10　一层西头C轴纵墙裂缝

2. 墙体裂缝的成因分析

该楼墙体裂缝主要分布在房屋西头一~三层的纵墙上，根据裂缝的形态特征和分布情况可以看出，引起墙体开裂的主要原因是地基不均匀沉降，其次是砖砌体的温度与收缩变形，现分述如下：

1）从地质勘察部门所提供的沉降观测资料看，该楼西侧的2个观察点1999年4、5月间的两次观测沉降差均超过4mm，可见该楼尽管采用了人工挖孔桩，但其地基变形还是较大；

2）从工程地质勘察报告和人工挖孔桩施工资料看，该楼西头（左边）桩长偏短（见表2.6-16），可见，桩端深入持力层（卵石层）的深度是不一样的；另外，A轴西头桩的间距为4.8m，大于其他部位桩的间距3.5m，这两方面都有可能引起西头桩的沉降大于其他部位桩的沉降。

部分桩的长度及其填土层厚度 **表2.6-16**

轴　线	桩长（m）			填土层厚度（m）		
	左	中	右	左	中	右
A	7.5	7.5	6.0	7.2	6.0	5.9

3）砖砌体的温度与收缩变形是引起墙体开裂的另一原因。钢筋混凝土的线膨胀系数为$1.0\times10^{-5}/℃$，砖砌体的线膨胀系数为$5.0\times10^{-6}/℃$，即在相同的条件下，钢筋混凝土构件的温度变形较墙体的约大一倍。砖砌体在浸水时体积膨胀，在失水时体积收缩，它的干缩变形幅度约为$(2\sim-1)\times10^{-4}$。在砖混结构中，钢筋混凝土构件和墙体相互连接成一整体，在上述变形差的作用下，墙体中产生的拉应力很容易超过砌体的抗拉强度而引起裂缝，而洞口处又是墙体中薄弱部位，因此，洞口处往往首先出现裂缝。

从结构的平面布置看（见图2.6-11），该楼分别呈为长方形，长63m，且平面呈凹变化。这种结构型式使外墙暴露面积较大，易受外界温度影响而产生温度裂缝。该楼其东西向长度63m，已超过《砌体结构设计规范》（GB50003）中对砌体房屋温度伸缩缝最大间距限值50m的要求。

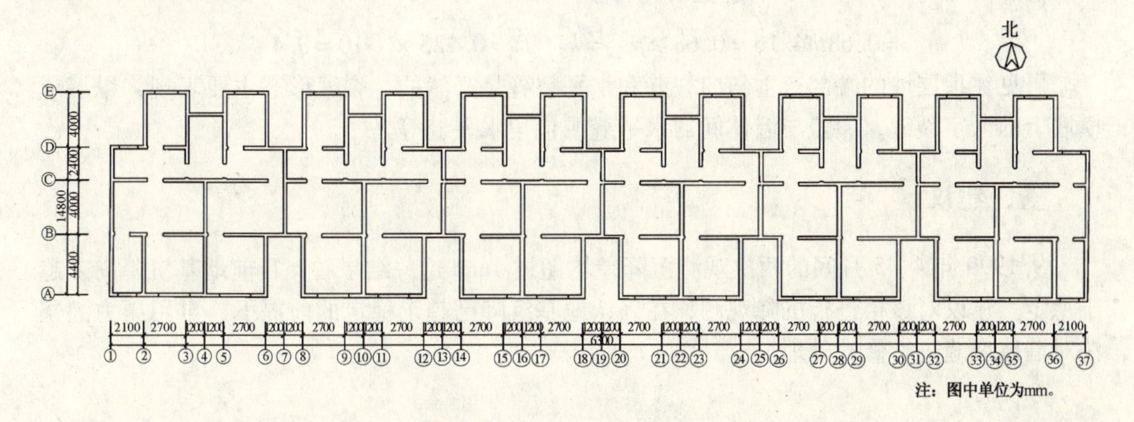

注：图中单位为mm。

图2.6-11 结构平面布置图

4）六层房屋东头纵墙上的裂缝是由于钢筋混凝土屋面的温度变化引起的墙体裂缝。屋面为平屋顶，温差（如日温差）大，钢筋混凝土屋面板与墙体的温度变化差大，且它们的刚度又不相同。当屋面板产生膨胀时，墙体约束屋面板的变形，房屋顶层端部墙体内的主拉应力较大，根据王铁梦著《工程结构裂缝控制》中砖混结构温度应力的近似计算方法，在建筑物的端部，垂直压应力很小，则此区域的主拉应力等于最大剪应力：

$$\sigma_1=\tau_{max}=\frac{C_x\ (\alpha_2 T_2-\alpha_1 T_1)}{\beta}th\beta\frac{L}{2}$$

$$\beta=\sqrt{\frac{C_x t}{bhE_s}}$$

式中 C_x——水平阻力系数，混凝土板与砖墙 $C_x=0.3\sim0.6\mathrm{N/mm^3}$；

t——墙厚；

b——一面墙负担的楼板宽度；

h——顶板厚度；

E_s——混凝土的弹性模量；

α_1——墙的线膨胀系数，砖砌体 $5\times10^{-6}/℃$；

T_1——墙的温差；

α_2——顶板的线膨胀系数，混凝土 $10\times10^{-6}/℃$；

T_2——顶板的温差。

假设顶板的最高平均温度为50℃，砖砌体外墙的最高平均温度为30℃，初始温度为10℃；两纵墙的间距为4.0m，顶板厚度为80mm，砖墙厚为240mm，建筑物全长为63m，则其最大剪应力（主拉应力）的计算如下：

$$\beta=\sqrt{\frac{C_x t}{bhE_s}}=\sqrt{\frac{0.3\times240}{2000\times80\times2.6\times10^4}}=1.32\times10^{-4}$$

$$\sigma_1=\tau_{max}=\frac{C_x(\alpha_2 T_2-\alpha_1 T_1)}{\beta}th\beta\frac{L}{2}$$

$$=\frac{0.3(10\times10^{-6}\times40-5\times10^{-6}\times20)}{1.32\times10^{-4}}th(1.32\times10^{-4}\times31500)$$

$$=0.68th4.16=0.68\geqslant f_{v,m}=k_5\sqrt{f_2}=0.125\times\sqrt{10}=0.4$$

可见在顶层墙的端部产生斜向裂缝和水平裂缝是必然的。裂缝形态主要表现为纵墙或横墙上的八字裂缝，屋盖与墙体间的水平缝或包角水平缝等。

三、建议

从1999年4、5月间的两次观测沉降差均超过4mm这一结果看，目前地基沉降尚未趋于稳定。建议对该楼进行沉降观测，在确认地基沉降已趋于稳定的前提下，再用压力灌浆法对墙体裂缝进行修补处理。

第三章　移位工程设计与施工

本章内容提示：本章全面介绍了移位工程的发展现状、设计原理及规定、施工要求及技术要点等。包括有综述、移位工程的设计、移位工程的施工，此外还附有12项移位工程的具体工程实例等。

第一节　概　述

移位工程是通过一定的工程技术手段，在保持建筑物整体性的条件下，改变建（构）筑物的空间位置，包括平移、爬升、升降、旋转、转向等单项移位或组合移位。广义的移位工程还包括树木、超大型设备或构件等移位，但它所采取的手段必须是工程技术手段，而非其他手段。

建筑物移位技术的起步始于20世纪初的欧美国家，世界上第一例建筑物移位工程是位于新西兰新普利茅斯市的一所一层农宅，此后，欧美、前苏联等国家相继发展了这项技术，其中比较有代表性的工程实例有1901年美国依阿华大学科学馆整体平移工程、1982年英国伯明翰的一所会计事务所平移、1983年英国兰开夏郡Warrington市一座学校建筑整体平移、1998年美国的一所豪华别墅从波卡罗顿移至161km外的皮斯城、1999年6月美国卡罗莱纳州Hatteras角海岸的一座灯塔移动883.9m、1999年丹麦哥本哈根飞机场候机厅移动2500m。2004年之前，移位最重的建筑物吉尼斯世界纪录是哥伦比亚的库特考姆大厦，该建筑物高8层，重7700t，移动距离29m。据统计，目前国外完成的移位工程总数约30余项。

我国建筑物移位技术始于20世纪80年代，落后于欧美、前苏联等国家近半个世纪，但是这项技术在我国发展的速度非常迅猛，势头良好，其理论与技术处于世界领先地位。到目前为止，我国已累计完成各类建筑物移位100余幢。

一、移位工程分类

移位工程的分类有许多种，根据不同条件它可以划分为以下几类：

（一）根据移位装置分类

1. 滚动式：其移位装置是采用辊轴，依靠辊轴的转动来实现建筑物移位的。目前大多数移位工程都是采用滚动式，这是因为它具有承载能力较大、方向可控性较好、移位阻力较小的原因。对于高层或荷载较大的建筑物，这种方式通常不是首选的移动方式，而大多采用稳定性更好的滑动式。

2. 滑动式：所谓滑动式是指移位装置的滑移面是滑动摩擦，通常下轨道为钢轨或钢板，上轨道为钢板或槽钢，这是一种新型的移位装置，由于它不同于滚动式或其他移位方式，其滚移面之间是点接触或线接触，而它是面接触。因此，具有稳定性好的特点。通常适用于荷载较大或高层建筑物移位，但是这种移位方式也有缺点，由于滑移面是面接触，因此滑动阻力较大，所需移位动力较大，工程造价也较高，在一般性的建筑物移位中通常不予采用。

3. 轮动式：在托盘梁体系下布置一系列的转轮（通常为橡胶轮胎），底盘结构体系为能满足移位要求的轨道梁系或道路，这也是近年兴起的一种新的移位方式。众所周知，建筑物移位无论是采用滚动式还是滑动式，对于底盘结构体系或者说移动轨道的要求都是相当高的，其中资金投入也占整个移位工程总投入较大的比例，而轮动移位方式类似于一个特大型的载重汽车，由于它的数百个转轮分担荷载以及自动化控制的轮轴自动补位，因此它对移位轨道的要求不高，而且它的轮动系统，可多次重复利用，这样就可以降低工程造价。这种移位方式特别适用于中小型建筑物的长距离移位，它的缺点是稳定性及承载性较差。对于大型、荷载较大的建筑物以及稳定性要求较高的建筑物，如高耸建筑物或构筑物、结构较差的古建筑移位则不太适用。

4. 组合式：在同一建筑物移位工程中采用两种或两种以上的移位方式，进行组合式移位。由于建筑物的形态各式各样，其结构形式、基础类型和荷载分布在建筑物的不同的部位是不尽相同的，因此，有时为了优化移位方案，在同一建筑物移位中采用组合式可进一步降低工程造价、缩短工期。譬如，对于形态复杂的高层建筑，其主体结构可能采用滑动式移位，裙房则可能采用滚动式或其他形式。

采用组合式移位要特别注意两种移位方式相交部位结构的安全性问题。由于移位方式的不同，其移位阻力、移位速度是不尽相同的，因此，如果托盘结构体系没有足够的刚度，则很容易在两种移位方式相交部位的结构上产生裂损。

（二）根据基础处置方式分类

1. 切断式：所谓切断式是指在基础的某一水平位置将基础切断，上部移走，在新的就位位置施作新基础，然后再将上部结构与新基础连接起来。

2. 连同式：所谓连同式是指将建筑物结构主体与基础一同移走。这种情况通常基础埋深浅，对于深基础（如桩基等）则不适用。

不论是采用切断式还是连同式，主要考虑的还是工程造价与施工方便的问题。

（三）根据结构处理方式分类

1. 整体式移位：所谓整体式移位是指在移位过程中建筑物结构整体性保持不变的移位。

2. 分体式移位：根据建筑物的结构特点以及移位要求，将建筑物的主体结构分成两部分或三部分分别移位，在新址基础上再连接起来或永久的分开的移位工程。

有时，由于建筑物重新布局的要求，场地的要求或使用功能及整体结构差异较大等方面的要求，往往不能进行整体移位，而通过分体移位来实现上述要求。

（四）根据移位方式分类

1. 水平式移位：所谓水平式移位（简称平移）是指整个移位过程是在同一水平面内完成的，移位过程中建筑物的标高不发生任何变化。它主要包括直线移位、折线移位（转向移位）、曲线移位和旋转移位。

2. 升降式移位：是指在移位过程中建筑物的标高发生变化的移位。它又包括两种类型：一种是原地升降移位，即建筑物保持原地不动，进行竖向抬升或下降；一种是爬式升降移位，这种移位方式是指在建筑物的水平移位过程中同时完成升降移位。它通常适用于水平移位过程中不需要对建筑物进行小幅度的升降移位。但是，它不同于水平与升降的组合移位。组合移位是水平与升降移位是分阶段完成的，两者之间不交插。而爬式升降移位是水平移位与升降移位同时发生，这是两者之间的根本区别。

3. 组合式移位：两种或两种以上移位方式的组合。例如直线位移 + 旋转移位或旋转移位 + 抬升移位等。

（五）根据施工方式分类

1. 顶推式：沿着移位方向在建筑物的一侧采用千斤顶或其他动力设备顶推建筑物来实现建筑物移位的方式。

2. 牵拉式：沿着移位方向，采用千斤顶及钢绞线等对移位建筑物进行牵拉。

3. 组合式：即在同一建筑物移位工程中，既有顶推又有牵拉。

顶推式移位是一种常用的施力方式，它具有移位稳定、受力直接的优点。但是，如果移位距离较长，它也有易于跑偏、重复移动反力装置的缺点。

由于牵拉式施力方向与前进路线完全一致，因此从理论上讲，在移位过程中是不存在跑偏的问题；同时，由于其反力装置通常设置在移位的终点。因此，不存在重复移动反装置的繁琐工作。但是由于它比顶推式多了一个中间环节，而且如果不转换对移位建筑的受力方式，即对移位建筑的受力形式由受拉转换为受压，则移位建筑的结构强度或刚度也是个突出问题。因此，牵拉式通常适用于荷载较小、移位距离较长的移位工程。

组合式移位吸取了上述两者的长处、规避了两者的缺点，适用大型建筑物的移位，但是工程造价较高。

（六）按托盘结构形式分类

1. 十字交叉梁结构体系

2. 拱形结构体系

3. 梁板结合结构体系

（七）按施力设备的控制方式分类

1. 手动控制千斤顶施力方式

2. 数字控制千斤顶施力方式

（八）按偏移控制方式分类

1. 有侧限控制方式

2. 无侧限控制方式

二、国内移位工程技术的发展与现状

我国的建筑物移位技术始于20世纪80年代，但这项技术在我国发展的速度非常迅猛。近20年，我国相继完成了一大批有重大影响及突破性的移位工程项目。从移位建筑物的体量上、高度上、移位距离上，以及技术与理论上都获得重大突破。截止目前为止，我国已成功完成100多项移位工程，在数量上已远远超过国外移位工程数量的总和。

1. 直线移位移动距离最长的代表工程——河南慈源寺平移工程（2006年）

位于河南省安阳市林州横水镇马店村内的慈源寺，始建于1300年前的唐代贞观年间。由于安林高速公路的建设将从寺院中部通过，故对上述三座文物建筑实施整体平移。其他九座建筑实施“解体组合”的方式搬迁，也就是说，拆了之后按原样、用原材料重建。慈源寺新址位于现址西南方向，海拔约310m，寺院的“新家”距离老家大约400m左右。

参见图 3. 1-1、图 3. 1-2。

图 3. 1-1　慈源寺平移中

图 3. 1-2　准备平移

2. 曾获移位最重吉尼斯纪录的工程——广西梧州人事局综合楼（2004 年）

由大连久鼎特种建筑工程有限公司设计并施工的广西梧州人事局大楼平移工程获得 2004 年《世界最重移位工程》吉尼斯世界纪录证书：楼房为 10 层，高度 36m，建筑总面积 8836m^2，总重量为 13000t。此大楼位于梧州市奥奇丽路东侧，西堤二路北侧，因西堤路拓宽改造占用该楼位置，整体向北侧平移 30. 276m；该楼基础形式为桩基础，框架结构。参见图 3. 1-3。

GUINNESS WORLD RECORDS

CERTIFICATE

The 10-storey, 13,254 tonne (29.2 million lb) Talent Exchange Centre in Wuzhou, Guangxi, China, was moved a distance of 30.2 m (99 ft) on a specially constructed roller system from 25 May to 3 June 2004. The project was undertaken by Dalian Jiuding Special Construction Engineering

Keeper of the Records
GUINNESS WORLD RECORDS LTD

图 3. 1-3　广西梧州人事局大楼平移工程

3. 滑动移位的的代表工程——宁夏吴忠宾馆（2005 年）

吴忠宾馆移位工程位于宁夏吴忠市裕民街，是一幢在建中的星级宾馆，由主楼和裙楼两部分组成，为框架结构；主楼长 43. 04m，宽 17. 64m，高 12 层，局部 13 层，最高点标高 53. 7m；裙房 3 层，长 50. 84m，宽 17. 7m，整座建筑占地面积 1927m^2，建筑总面积约 12700m^2。根据规划要求，拟将该建筑向西平移 82m，平移总重量约 20000t。此项工程由上海天演公司设计并施工，参见图 3. 1-4。

图 3. 1-4　滑动移位

4. 折线移位的代表工程——辽宁盘锦兴隆台采油厂原办公楼（2001 年）

由大连久鼎特种建筑工程有限公司设计并施工的该项移位工程当时创下全国五项第一，参见图 3.1-5。

(a) 办公楼现状

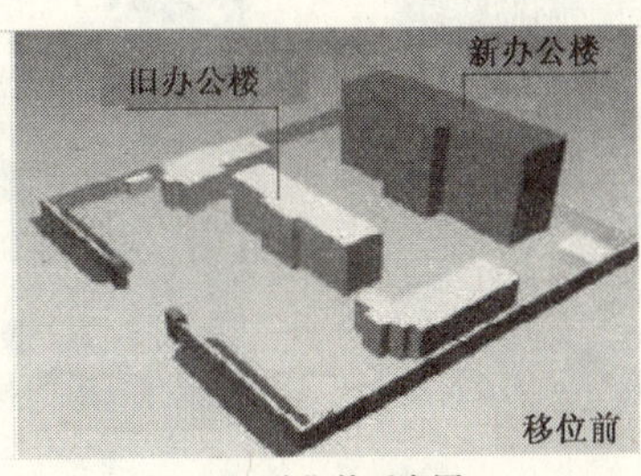

(b) 移位前示意图

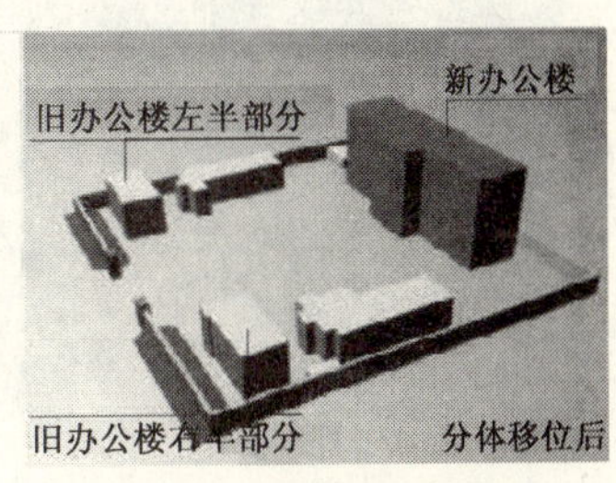

(c) 移位后示意图

图 3.1-5　折线移位工程

（1）国内首例分体、转向（90°）平移工程；

（2）平移总距离 130m，为国内之最；

（3）单日最长移位距离 24m，为国内之最；

（4）首次采用了活动式支顶系统；

（5）平移就位精度高，误差在 3mm 之内。

5. 旋转移位的代表工程——山东东营永安商场旋转工程（华夏第一旋）（2005 年）

世界首例以固定端为轴心进行旋转的建筑物移位工程：成功解决了结构荷载托换、新老基础不均匀沉降、移动弧形轨迹难控制三大技术难题，开创了国内外建筑物以固定端为轴心进行旋转移位的先河，被誉为“华夏第一旋”；4 层钢筋混凝土框架结构，基础形式为桩基础，楼高 18.3m，建筑面积 4811.49m^2，总重量 5773.8t；以西北角为圆心顺时针旋转 20°，旋转半径最大达 74.6m，旋转最长距离为 26.043m。此项工程由大连久鼎特种建筑工程有限公司设计并施工。参见图 3.1-6。

图 3.1-6　旋转的建筑物移位工程

6. 组合移位的代表工程是——上海音乐厅（2003 年）

由上海联圣公司完成的上海音乐厅，占地面积 1254m^2，建筑面积约 3000m^2。结构总体上为框架-排架混合结构。音乐厅整体平移 66.46m 并整体顶升 3.38m。音乐厅总体迁移方案为：先在原址顶升1.7m，然后平移66.46m到达新址，最后顶升1.68m。

图3.1-7　平移中

图3.1-8　平移竣工后

7. 目前世界刚刚完成的最高、最重移位工程——山东莱芜高新技术产业15层办公楼平移工程

工程地点：山东莱芜

工程类型：平移

设计单位：山东建筑工程学院工程鉴定加固研究所

施工单位：山东建固特种工程有限公司

完成时间：2006.12

莱芜高新管委会综合楼位于莱芜市高新区凤凰路，为框架-剪力墙结构，由主楼和裙楼两部分组成，主楼地下1层，地上15层，裙楼地下1层，地上3层，基础采用筏形基础。该建筑物长72.8m，宽41.3m，占地面积2700 m^2，总建筑面积24000m^2，总高度67.6m。需沿纵向向西平移72m。建筑物上恒荷载重31980t，活荷载3008t。单柱下最大荷载1177t（恒荷载1090t，活荷载87t），最大柱截面为1200m×1200m。基础埋深7.05m，筏板厚度650mm，基础梁高度2000mm。该建筑物新址处的场地土自上而下分为6层。

8. 临沂国家安全局的平移工程。参见图3.1-9。

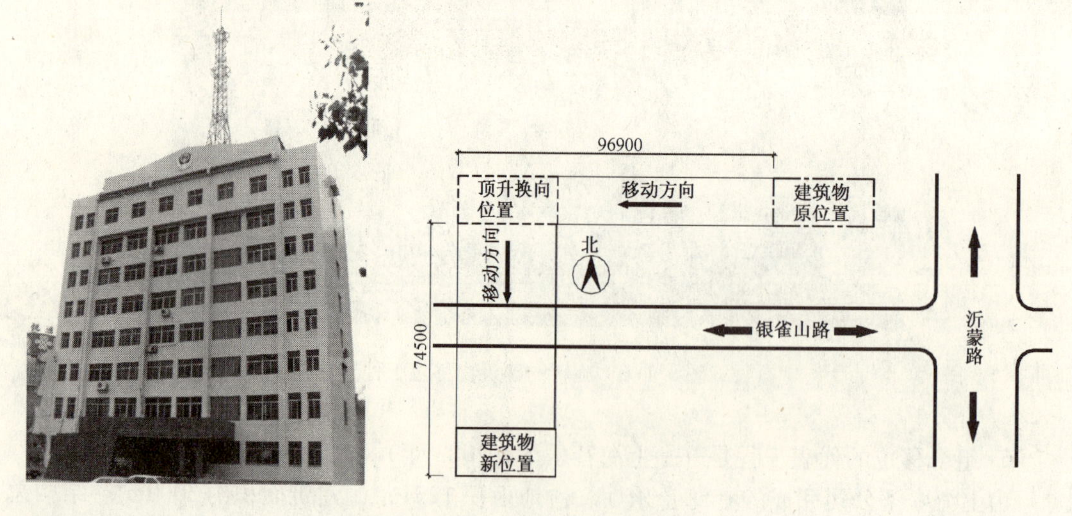

图3.1-9　临沂国家安全局的平移工程

临沂市国家安全局办公楼为8层框架结构建筑，钢筋混凝土独立基础，建筑面积约3500m²，总重52243kN，总高34.5m，楼顶有一35.5m高的通信铁塔，1999年4月建成并投入使用。该建筑东临沂蒙路，南临银雀山路，位于临沂市新规划的“临沂市人民广场”内。为不影响广场的建设，同时也为了节约投资、减少污染，经多方论证决定采用楼房整体平移技术将该办公楼平移至银雀山路以南（广场场地以外）。由于周围场地所限，必须先将该建筑向西平移96.9m，再向南平移74.5m，总移动距离为171.4m。由于此前没有高层框架结构楼房平移的先例与经验可供借鉴，我们根据以往多层楼房平移的经验，充分考虑高层建筑的特点，在对该建筑现场鉴定的基础上，进行了全面计算分析，并在九层楼房模型平移、顶升试验的基础上，提出了设计方案。

三、国外移位工程技术的发展与现状

1. 世界上第一座建筑物整体迁移工程是位于新西兰新普利茅斯市的一所一层农宅，使用蒸汽机车作为牵引装置。现代整体平移技术应始于20世纪初。1901年美国依阿华大学由于校园扩建，将重约60000kN三层高的科学馆进行了整体平移，而且在移动的过程中，为了绕过另一栋楼，采用了转向技术，将其旋转了45°。该建筑物平面为26.2m×35m，建筑面积约3000m²，此项移位工程采用的是圆木滚轴滚动装置，用了675个直径15.2mm圆木滚轴，用800个螺旋千斤顶将建筑物顶起，采用木梁托换，用30个螺旋千斤顶提供水平牵引力。这一技术在当时的土木工程界引起了相当大的兴趣和广泛的评论。这座楼至今仍在使用，历经了百年考验。

2. 美国明尼苏达州 Minneapolis 市的 Shubert 剧院平移工程。

工程地点：美国

工程类型：平移

工程完成时间：1999.1

工程概况和特点：

1999年1月25日，美国明尼苏达州 Minneapolis 市 Shubert 剧院进行了平移，平移采用的平板拖车自身具有动力装置，在平移现场外观看不到牵引设备，令人惊叹不已，参观者络绎不绝，引起了新闻媒体注意，广泛进行报道，平移工程取得圆满成功。为了增加其整体性，将剧院内斜地面开挖6.1m深，在墙下浇筑混凝土墙对建筑物进行了加固，然后填砂至地面下1.52m处，在此空间内设置主次钢梁托换系统（重2270kN），托换时用138个千斤顶19个液压泵站，分3个区顶起2.44m，置入移动平板拖车，移至指定位置后，将托换钢梁取出，建筑物落至新基础上。整个工程用了70台移动平板拖车，其中20台为自带动力的。该剧院位于市中心，交通压力很大，因此平移前制定了详细的行走路线，在经过第6大街前，先转90°，使建筑物主立面面向 Hennepin 路，途

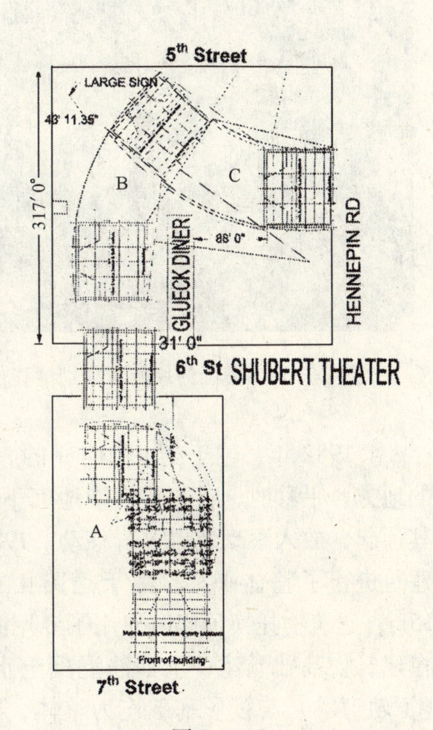

图3.1-10

经的 Glueck 餐厅建造在一个非常深的地下室上，结构上要求此剧院在移动的过程中必须与其保持一定的距离，这就必须要调整图 3. 1 - 10 Shubert 剧院行走路线。

拖车的方向，使其行走轨迹成一曲线形状以便绕过此餐厅，图 3. 1 - 10 描述了此剧院的移动路线。在建筑物转向时，所有拖车的轮子均计算出了转动角度，图 3. 1 - 12 为此剧院在穿过第六大街时的情景。

图 3. 1 - 11　平移现场

图 3. 1 - 12　经过第六大街场景

3. （美）别墅渡轮移位

图 3. 1 - 13　美国的一所豪华别墅移位工程图

1998 年，美国的一所豪华别墅，如图 3. 1 - 13，建筑面积约 1100m^2，从波卡罗顿长途跋涉 161km 到皮斯城，建筑物进行顶升托换时用了 64 个 150kN 千斤顶，这座移位工程的特殊之处在于这座别墅行进中必须要经过一条运河，在这一段路程上采用一艘特殊的船体作为运输工具，通过调节船中的水量（846m^3）来保证该建筑物从陆地到船上和从船上到陆地的平稳性。该建筑物基础为混凝土桩基，桩基切断时钢筋留有足够的连接长度，以便移至新位置时的连接。

4. 1982 年，位于英国伯明翰的一所会计事务所，由于超市扩建，需将其移至 8km 外的地方。平移时，首先在房屋地面下建一个 225mm 厚的钢筋混凝土板，然后用千斤顶将其顶起，放入滚动装置进行移动。1983 年英国兰开夏郡 Warrington 市一座历史悠久的学校建筑进行了整体平移，由于道路拓宽，不得不将该具有历史纪念意义的建筑纵向平移 15m，建筑物托换顶起时使用了专用的托换装置，并用环氧树脂技术对建筑物进行了加固。在建筑物基础下建一个钢筋混凝土水平框架（上轨道梁），在该框架下建造另一个框架（下轨道梁）与筏形基础连为整体，并延伸至新位置，两个框架之间留有间隙放入滚轴，并涂抹润滑油，用卷扬机和钢丝绳做牵引装置，其采用的牵引装置和平移方法与目前我们国内的许多整体平移工程相似。

5. 美国卡罗莱纳州海岸灯塔移位工程

1999 年 6 月，位于美国卡罗莱纳州 Hatteras 角海岸的一座灯塔为了免于不断的海岸侵蚀，当局决定将其移至 488m 外的地方，如图 3.1-14。由于地形的原因，移动的轨迹达 884m。这座灯塔高 61m，重达 44000kN。和以往的移位工程相比，这项工程无论从设计上还是从施工上都达到了很高的水平。为了确定建筑的自重，采用了世界上最先进的液压顶升系统，由 100 个千斤顶将其顶高 1.52m，为了保证此高耸结构的稳定性和承载力系统的可靠性，采用扩大钢梁作为底盘，用钢梁铺成 7 条行走的下轨道，设置 14 根跨越 7 条下轨道的长滚轴，液压千斤顶提供水平牵引力，每分钟行走 0.76m，同时采取了许多措施来避免所经路途可能遭受的暴风雪侵袭和地基的破坏。

(*a*) 灯塔状况

(*b*) 托换结构

图 3.1-14　卡罗莱纳州海岸灯塔平移

6. 1901 年美国依阿华大学的重约 60000kN、三层高的科学馆（见图 3.1-15）的整体平移，用 30 个螺旋千斤顶提供水平移动动力。这一技术在当时的土木工程界引起了相当大的兴趣和广泛的评论。

图 3.1-15　依阿华大学科学馆平移

7. 美国纽约国家大剧院平移工程

这座具有 90 年历史的大剧院，于 2000 年采用平移法，移动 160 英尺，共用 8 条平移轨道，用 4 小时就完成了平移工程。但准备工作就用了 3 个月，平移后在原址建一座可同时能放映 25 部影片的多功能放映厅，工程耗资 1 亿美元。

8. 丹麦哥本哈根飞机场

1999 年 9 月 16～19 日，丹麦哥本哈根飞机场由于扩建，将候机厅从机场一端移至另一端，经过 4 个月的准备工作，在 4 天之内移动 2500m。该建筑物建于1939年，长110m，宽34m，2层局部3层，如图3.1-16，钢筋混凝土框架结构。移动时，将一层内外墙体全部拆除，在一层中间高度处用水平和斜向钢结构支撑进行加固，并通过这些支撑将建筑物的荷载均匀地落在60台自推动多轮平板拖车上，用金刚石链条锯将框架柱在地面处切断。为了保证移动的速度，采用了多种规格的自推动多轮平板拖车，在车上安装了自动化模块和电脑设备，借此来自动调节 x 或 y 方向的同步移动以及补偿 z 方向不同路面之间的沉降差，而且能够自动确定旋转中心。由于平移时不能影响到飞机起降，整个工程在时间上进行了详细的计划，基本上都是在晚上进行的。由于各拖车荷载分配与计算不一致，平移时建筑物内部出现了一些细小裂缝。

图3.1-16 丹麦哥本哈根飞机场移位工程

图3.1-17 兰开夏郡 Warrington 市教学楼平移

9. 世界上有记载的第一座建筑物整体迁移工程，是1873年位于新西兰新普利茅斯市的一所一层农宅的平移，当时使用蒸汽机车作为牵引动力装置。

10. 20世纪80年代初，位于英国兰开夏郡 Warrington 市的一所具有历史纪念意义的教学楼的整体平移，该楼为砖石结构，重约8000kN，用专用卷扬机和钢丝绳做牵引装置，将该具有历史纪念意义的建筑纵向平移了15m（图3.1-17）。

四、移位工程技术发展趋势与现实意义

（一）发展趋势

国外建筑物移位技术虽然起步较早，但完成的工程实例并不多。这可能与其城市规划，城市建设理论比较先进、比较成熟有关，同时与其文化背景亦有关。而我国的移位技术虽然起步较晚，但发展迅猛，这与我国的特殊国情有关。

国内外建筑物移位技术的发展趋势有以下几个方面：

1. 建筑物移位由多层建筑向高层发展：最初的建筑物移位通常是5~6层以下，现在已达到10~15层。

2. 结构形式由简单向复杂发展。

3. 小体量向大体量发展。

4. 移动轨迹由简单的直线移位向折线（转向）、曲线、组合移位发展。

5. 移位控制由人工向半自动化、全自动化发展。

6. 移位轨道由一次性的向可拆解组装式发展。

7. 服务领域由城市建设向多领域发展：如矿山工程、桥梁工程、隧道工程等。

（二）现实意义

该项技术之所以在我国得到迅猛发展，主要原因是它适合我国的基本国情，概括说来它有以下五个方面的积极意义。

1. 良好的社会效益：可避免因拆迁而产生的社会矛盾，保持社会安全，不扰乱人们正常的生活、工作秩序。

2. 显著的经济效益：通常一幢6层下以的建筑物移位，其移位费用大约占拆除重建费用的1/3～1/2，如果是较大体量的高层建筑，其经济效益更为显著。

3. 保护环境：避免因拆除而产生的建筑垃圾。

4. 节约资源：因为避免了拆除重建，所以节约了大量建材资源和能源，符合我国可持续发展和科学发展观的基本国策。

5. 保护古建筑、文物：通过移位技术，既解决了古建筑或文物与现代城市规划的矛盾，又保护了建筑、文物，包括古树名木等。

第二节 移位工程设计

一、概述

建筑物移位的基本原理就是在建筑物基础的顶部或底部设置托换结构，在地基上设置行走轨道，利用托换结构来承担建筑物的上部荷载。然后在托换结构下将建筑物的上部结构与原基础分离，在水平牵引力或顶升力的作用下，使建筑物通过设置在托换结构上的托换梁沿底盘梁相对移动。见图3.2-1。因此建筑物平移工程的设计，包括托换结构的设计、基础与下轨道的设计、牵引系统的设计及建筑物到位后的连接设计等四方面的内容。

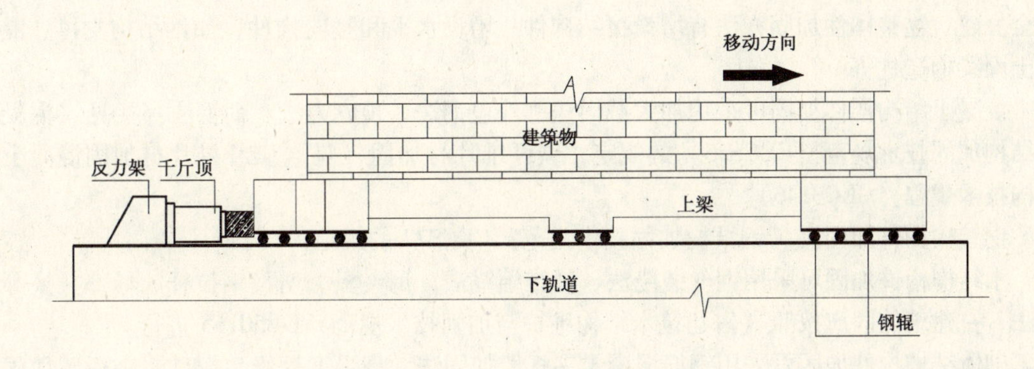

图3.2-1 建筑物移位示意图

对于建筑物的平移设计，为确保建筑物平移时结构的安全性，在进行设计前，必须首先对建筑物进行检测鉴定和复核验算，确保原建筑物能满足结构的各项功能要求；若不能满足，需采取措施进行修补加固后再进行平移。

二、移位建筑物的鉴定与复核

建筑物检测前应先对现场进行调查，收集勘察报告、设计图、竣工图、施工资料、使用情况与环境条件等相关资料。根据建筑物的实际情况，制定检测方案，确定检测内容。检测项目应包括建筑物的整体性、承重结构构件的承载力与变形，地基补充勘察和基础承载力和变形，尤其对建筑物的裂缝应进行详细记录，在平移过程中不断观察其变化。

对结构构件应按材料强度、构造与连接、变形和裂缝等方面进行调查和检测，建筑物的整体变形检测包括沉降、沉降差、倾斜等变形特征。

结构承载力复核验算时，计算模型应符合结构受力与构造情况，结构上的作用荷载应经调查或检测核实，相应的荷载效应组合与分项系数应符合国家现行有关标准的规定，应计算出上部结构的重力中心，以便在设计水平牵引力时，使牵引力合力中心与重力中心尽量重合，保证建筑物平移时的同步要求。

结构或构件的材料强度、几何参数可采用原设计值，当检测表明不符合原设计要求时，应按实际结果取值。

根据原地质勘察资料，并结合工程现状和实测资料确定当前的地基承载力。对平移路线和就位新址，应做补充地质勘察。

综合考虑上述成果，按照现行有关规范、标准，给出建筑物现状的鉴定结论，提出是否需要补强加固的建议。

三、移位建筑物的加固与修补

1. 结构加固

根据建筑物平移的要求，结合检测鉴定和计算复核的结果，确定对建筑物进行必要的加固与修补。对建筑物进行平移前的加固，应考虑在平移过程中和平移就位后的安全要求，分为建筑物整体性加固、结构构件的加固补强、既有建筑物裂缝的修补。应重视建筑物整体性加固，特别对古建筑和整体性较差的建筑物，应采取可靠加固措施保证建筑物的安全。建筑物整体性加固方法有增设拉结构件、增设水平和竖向构件，如钢结构支撑、混凝土圈梁构造柱等。

混凝土结构构件加固可采用加大截面法、外包钢法、预应力法、粘钢法等（见《混凝土结构加固技术规范》CECS25）的规定，碳纤维片材加固（见《碳纤维片材加固混凝土结构技术规程》CECS146）。

钢结构构件加固见《钢结构加固技术规范》CECS77 的规定。

木结构构件加固可采用钢丝缠绕法、纤维缠绕法、钢夹板、增设钢拉杆、局部托换等方法，古建筑加固应按照《古建筑木结构维护与加固技术规范》GB50165 进行。

砌体结构构件加固可采用钢筋混凝土夹板墙加固法、高强度等级水泥砂浆夹板墙加固法、满墙压力灌浆法、外包钢法等。

2. 裂缝修补

混凝土结构裂缝修补时，根据裂缝的宽度、深度、分布及特征，裂缝修补方法可分为表面封闭法、压力灌浆法、填充密封法三种。

（1）表面封闭法是针对混凝土结构微细裂缝，在其表面涂抹封闭材料。

（2）压力灌浆法是将裂缝表面封闭后，进行压力灌浆。工艺可按图 3.2-2 所示进行。

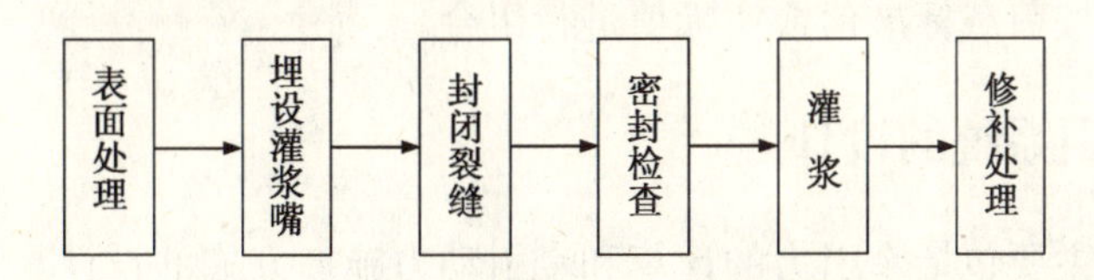

图 3.2-2　裂缝灌浆工艺流程图

（3）填充密封法是针对混凝土结构表面较大的裂缝，将裂缝表面凿成凹槽，填入填充材料进行的修补。

对结构安全性影响较大的裂缝按上述方法进行处理外，尚应采取骑缝粘钢板、粘贴纤维片材等加固措施。

砌体结构的裂缝一般采用压力灌浆法进行修补，并根据需要在裂缝修补后进行补强加固。

四、荷载及荷载组合

建筑物移位设计中需考虑的荷载包括恒荷载、楼面（屋面）活荷载、风荷载、地震作用及建筑物移动过程中的牵引荷载。由于在建筑物平移工程中，很多构件属于施工过程中需要的中间构件，因此这些构件相对于永久的受力构件其可靠度可适当降低。设计可根据施工中建筑物的现场情况和实际可能出现的各种作用，采用不同的荷载值和荷载组合进行设计计算。

1. 荷载取值

恒荷载、楼面（屋面）活荷载其取值应按现行国家标准《建筑结构荷载规范》（GB50009）的有关规定采用。对于活荷载在进行施工中中间构件的设计时，可根据建筑物的实际使用情况取其准永久值或乘以一个适当的降低系数。

风荷载在设计建筑物的永久构件时应按新建建筑物取值；而在设计建筑物移动施工过程中的中间构件时，可按十年一遇取值。最好是根据当地的气象资料和施工时间，确定是否考虑风荷载及风荷载取值的大小。一般情况下，砖混结构和 4 层以下框架结构可不考虑风荷载的作用。

地震作用在设计建筑物的永久构件时应按新建建筑物取值；而在设计建筑物移动施工过程中的中间构件时，可不考虑。对于平移牵引力所引起的建筑物的振动，由于平移的速度通常很慢，只有 0.8～1.6m/s，多个工程的实测结果表明，其引起的建筑物的加速度远小于 6 度地震时的加速度。如广西梧州人事局大楼，10 层框架，由牵引力引起的加速度最大值为 0.0006m/s^2，仅为 6 度地震时的加速度 $0.05g$ 的 1/816。因此，平移牵引力所引起的建筑物的振动，在设计中可忽略不计。

牵引荷载可按建筑物的重量及移动系统的摩擦系数确定。对于不同的平移方式和不同的界面材料，摩擦系数差别较大。对于钢滚轴-钢板式移动系统，建筑物平稳移动时的摩擦系数约为1/20～1/10。

2. 荷载组合

在设计建筑物的永久构件时应按新建建筑物进行组合；在设计建筑物移动施工过程中的中间构件时，可按荷载标准值或实际值进行组合。

五、平移牵引系统的设计

牵引系统设计主要包括牵引力的计算和牵引动力施加方式的设计。目前，许多平移工程中牵引力的确定大多依靠实验和经验，缺少简单实用的计算公式；而牵引动力的施加方法也在不断地改进完善中。

1. 平移位方式

目前国内外平移移位主要有三种方式：滚动式、滑动式和轮动式。

滚动式即是在建筑物的上下轨道间安放滚轴，施加动力使建筑物在滚轴上滚动，来实现建筑物移位的目的，目前国内建筑物平移多采用此种方法。其优点是阻力小，移动速度较快，平移过程震动相对较小，施工简单且方向可控性好。缺点是如果建筑物自重较大，其滚轴承受的荷载也加大，因此导致托换构件和下轨道的截面尺寸加大。滚动式移位，其滚轴的布置方法有两种（满布和局部布置），见图3.2-3。对于受力较大的墙承重结构，可选满布式，其滚轴受力较小，在托换梁内引起的内力较小；如采用局部布置，局部铺设长度宜大于0.5m，间距可控制在1.2～2.5m，上部荷载小时可大些，最好不要超过3m。对于柱承重结构，优选局部布置的方式。滚轴间距应满足上下轨道局部抗压和滚轴本身受压承载力的要求；直径应保证上部结构和原基础切割分离的操作空间，工程中常用的滚轴直径为50～100mm；滚轴应有一定的变形能力，目前工程中常用的有实心钢滚轴、无缝钢管内注高强膨胀混凝土滚轴、无缝钢管内注聚合物滚轴和工程塑料合金滚轴等几大类。

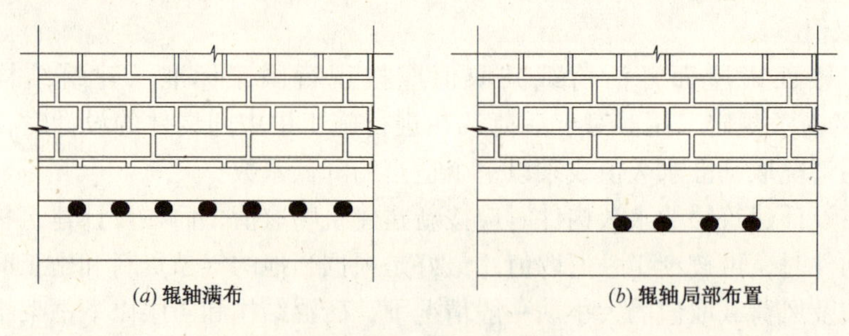

图3.2-3　滚轴布置图

滑动式是建筑物的上下轨道间安放滑块，施加动力使建筑物通过滑块与下轨道产生相对滑动，来达到建筑物移位的目的。其优点是平移平稳、抗震动、抗风荷。传统滑动式的缺点是移位阻力较大，一旦部分滑脚发生破坏就造成托换梁跨度和内力的突然增大，致使上部结构发生局部变形，甚至出现严重开裂。近几年在传统滑动式的基础上发展了一种内力可控的滑动支座，即用液压千斤顶代替普通滑块，千斤顶下垫滑动材料，通过实时调整千斤顶的反力，能有效地避免轨道的不平整和滑脚破坏对上部结构的影响。但其造价和对计算机控制系统的要求较高，适用于荷载较大的高层建筑物。

轮动式是建筑物托在一种特殊的平板拖车上，用拖车带动建筑物移位。此方法适用于长距离荷载较小的建筑物，国外应用较多，我国还没有工程实践。

2. 牵引力计算公式

建筑物平移牵引力大小的确定是平移工程的关键所在，影响牵引力大小的因素很多，如建筑物的重量、轨道的平整度、辊轴直径等。

为了确定牵引力的设计公式，笔者曾进行了 9 层建筑物的模型试验。

（1）试验研究

该试验是在一缩尺比例为 1:4 的 9 层建筑物的模型上进行的，模型层高 750mm，标准层平面、底层平面见图 3. 2-4。

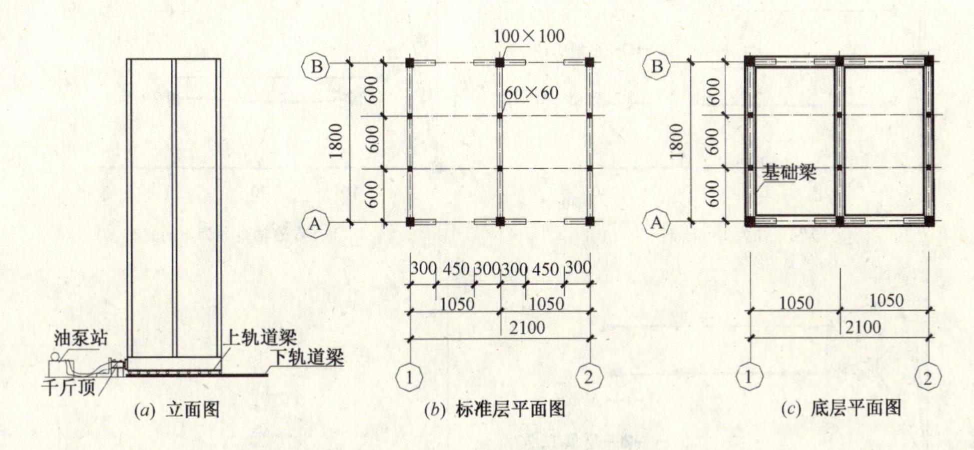

(a) 立面图　(b) 标准层平面图　(c) 底层平面图

图 3. 2-4　建筑物平面图

滚动支座的选择，建筑物的移动是通过滚动支座的滚动来实现的，滚动支座既是受力构件又是传力构件，因而需要较高的强度，工程中一般采用钢辊或钢管混凝土，本试验采用实心钢辊子，间距采用 200mm，为了得出滚轴直径对牵引力的影响，本试验采用三种滚轴直径为 mm：18、40、60 分别记为 $\phi18$、$\phi40$、$\phi60$。

图 3. 2-5　试验现场

上下轨道制作时，首先在下轨道梁上放置钢板，钢板上面平行放置间距 200mm 钢辊，后在钢辊上面放置四块厚 12mm、长 525mm、宽 215mm 钢板，然后在钢板上浇筑 1:2 水泥砂浆，最后将试验模型放下，并测出建筑物的总重 G 为 111kN，通过在楼层上加配重改变建筑物的重量，分别为 1. 19G 和 1. 39G。移动装置采用电动油压千斤顶。

测出建筑物重量与滚轴直径的九种组合中，牵引力与移动位移的关系曲线见图3.2-6。从图中可以看出，建筑物平移时启动牵引力 F_1 要大于平移过程中的牵引力 F_2，F_1 约为 $1.2F_2$，因此设计时，应以启动时的牵引力作为控制值。

牵引力与建筑物重量的关系曲线见图3.2-6（d），平移牵引力与建筑物重量的比值是变化的，辊轴直径越大，平移牵引力与建筑物重量的比值越小，但滚轴直径也不能无限的大。目前，平移工程中多选用40～100mm 直径的滚轴。建筑物重量越大，其比值越大，这主要是因为建筑物重量大时，会造成轨道变形，试验中得出的结果为：

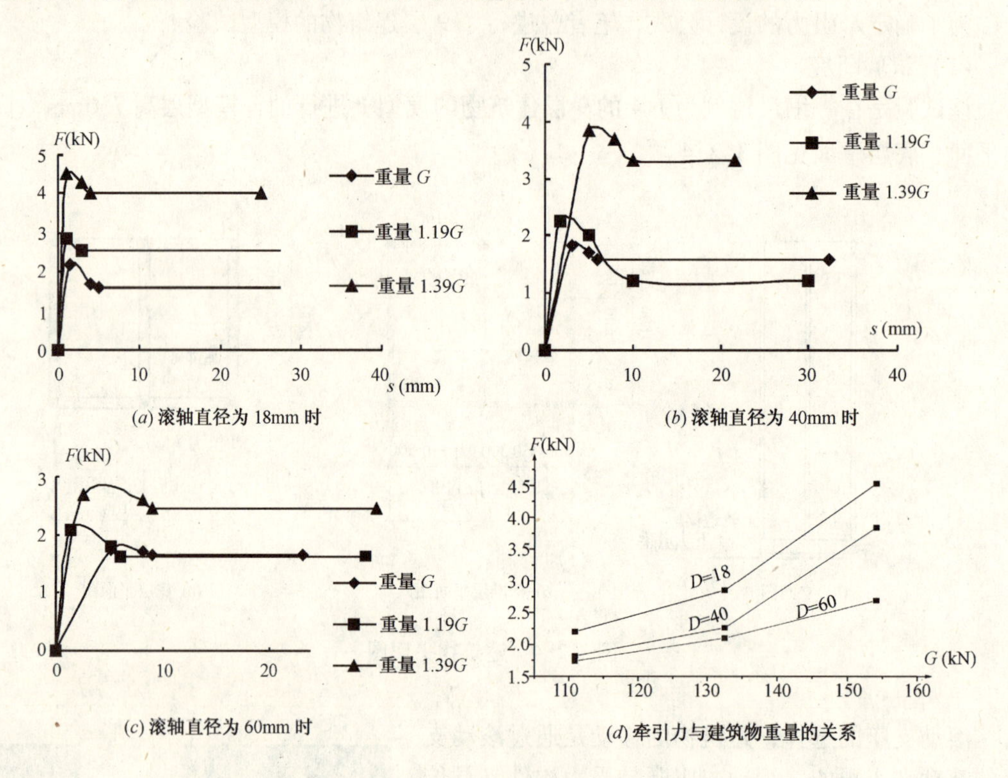

图3.2-6　牵引与移动位移关系曲线图

当滚轴直径为 $\phi60$ 时：

建筑物自重为 G 时：　$F \approx G/64$

建筑物自重为 $1.19G$ 时：　$F \approx G/63$

建筑物自重为 $1.39G$ 时：　$F \approx G/57$

当滚轴直径为 $\phi40$ 时：

建筑物自重为 G 时：　$F \approx G/61$

建筑物自重为 $1.19G$ 时：　$F \approx G/58.6$

建筑物自重为 $1.39G$ 时：　$F \approx G/40$

当滚轴直径为 $\phi18$ 时：

建筑物自重为 G 时：　$F \approx G/50.4$

建筑物自重为 $1.19G$ 时：　$F \approx G/46.5$

建筑物自重为1.39G时：　　　　$F \approx G/34$

从以上试验结果可得出结论：在采用钢-钢摩擦时，建筑物平移的摩擦系数，随建筑物的重量（滚轴压力）和滚轴直径的变化而变化。建筑物重量（滚轴压力）越大，滚轴直径越小，摩擦系数则越大。

（2）工程实践

自1998年以来，作者共完成了十余栋建筑物的平移设计和施工，在已完成的工程中，建筑物的上轨道预埋［25或［32的槽钢，下轨道表面平铺10mm或12mm厚的钢板，滚轴采用直径60mm实心钢滚轴。表3.2-1为6个典型实际工程的实测启动牵引力与摩擦系数。

实际工程的启动牵引力与摩擦系数　　　　**表3.2-1**

工程名称 / 参数	临沂国家安全局办公楼（八层框架）	沾化农发行住宅楼（四层砖混）	济南种子公司办公楼（四层砖混）	济南王舍人供电所（三层砖混）	莒南岭泉信用社（三层砖混）	东营桩西采油厂礼堂（单层排架）
建筑物重量（kN）	59600	33800	28300	19300	17400	11600
单个滚轴的平均受力(kN)	170.3	82.8	79.2	67.5	64.3	49.2
启动牵引力（kN）	4227	1830	1459	923	811	452
启动摩擦系数	1/14.1	1/18.46	1/19.1	1/20.9	1/21.4	1/24.7

根据上表可得出建筑物重量与启动牵引力的关系，见图3.2-7。可以看出，工程应用的范围内，建筑物重量与启动牵引力之间基本属于线性关系。

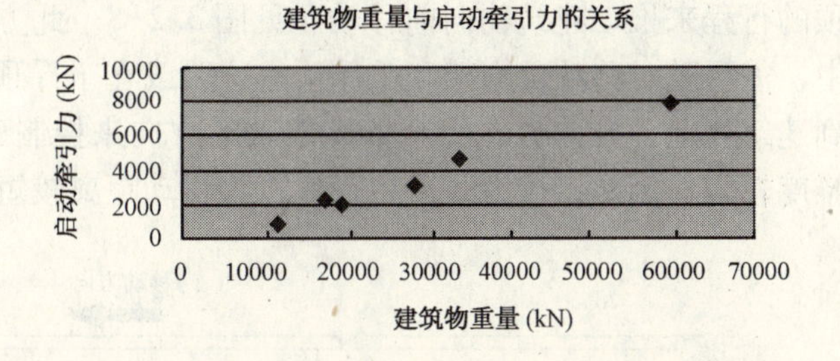

图3.2-7　建筑物重量与启动牵引力的关系

由于实际工程的建筑物重量比实验室模型大得多，使滚轴压力较大，致使滚轴及与滚轴相接触的轨道变形较大，以及实验室环境与实际工程环境的差别，主要是实际工程的轨道平整度与滚轴受力的均匀性比试验环境要差。所以，实测摩擦系数比试验结果大。

东南大学在江南大酒店平移施工中采用$\phi60\times5$的钢管填充C60膨胀混凝土作为滚轴，先后在实验室和现场进行了摩擦系数的测试，在试验中的结果为0.003~0.005，而现场实测则增大十几倍，初始牵引力摩擦系数为0.07，移动过程中为0.04，与作者的试验研究和工程实测数据是吻合的。

（3）滚动式平移牵引力计算公式的提出

从上面工程实测的数据可看出，工程应用的范围内，建筑物重量与启动牵引力之间基本属于线性关系，但不理想，摩擦系数不是一个常数，因为滚轴压力不同，滚轴压力越大，摩擦系数也越大，这与试验结果相吻合，而在以上的典型工程，摩擦系数的最大值和最小值与其平均值的差均未超过40%。

同时，试验研究还表明，摩擦系数还与滚轴直径也有关系，滚轴直径越小，摩擦系数越大。而在实际工程中，由于受切割空间和单个滚轴受力的影响，多采用直径为40～60mm的滚轴，滚轴直径变化范围较小。

基于以上分析，滚动式平移的牵引力与建筑物重量可用一个线性关系来描述，而滚轴压力和滚轴直径等的影响可用一个综合调整系数k反映，其取值范围可在1.0～2.0之间。滚轴压力大，直径偏小时，k取偏大值。在轨道平整度满足一定施工要求的前提下，滚动式平移的牵引力可用下式计算。

$$F=k\cdot f\cdot G \tag{3.2-1}$$

式中 F——建筑物的牵引力；

k——综合调整系数，取1.5～2.0，受滚轴压力、直径和轨道平整度的影响，由试验或施工经验确定。滚轴压力大，直径偏小，轨道平整度差时，k取偏大值；

f——摩擦系数，取1/15；

G——建筑物的重量。

上式中未考虑滚轴直径和轨道涂抹润滑油等的影响，现场实测表明，轨道涂抹润滑油可降低牵引力25%。

3. 动力施加方式的设计

常用的动力施加方法有推力式、拉力式和推拉结合式三种方式。

（1）推力式　推力式即是在建筑物移动方向后侧的基础设置反力架，在反力架上固定千斤顶，通过千斤顶的行程来推动建筑物向前移动，见图3.2-8。此方法施工简单，但在建筑物移动的过程中，需要随时移动反力架和千斤顶的位置或在千斤顶前加设垫木，保证千斤顶将推力施加到建筑物上；且此方式完全依靠滚轴的方向来控制建筑物的移动方向，用于长距离平移中难度较大。因此，推力式适用于建筑物移动距离较短时。

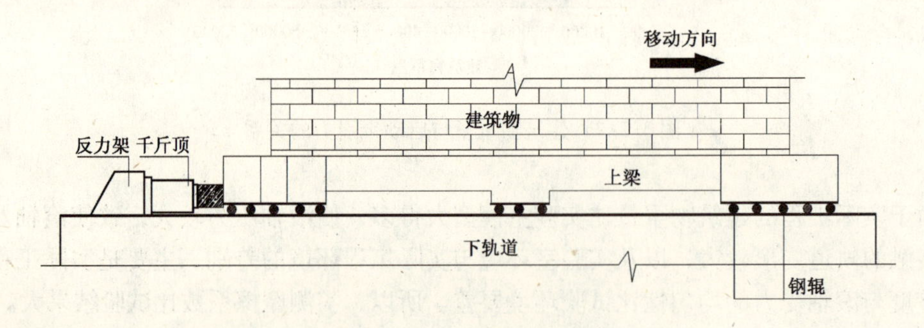

图3.2-8　推力式移动示意图

（2）拉力式　拉力式即是在建筑物移动方向前侧的基础设置反力架，在反力架上固定千斤顶，然后将高强钢筋或钢绞线一端固定在建筑物的后端，一端固定在千斤顶上，通过千斤顶的行程来拉动建筑物向前移动，见图3.2-9。此方法省略了反力架和千斤顶移动的工作量，张紧的钢筋或钢绞线可协助控制建筑物的移动方向，但千斤顶的每个行程都需要先将钢筋或钢绞线张紧，所以千斤顶的行程不能被有效利用，平移速度受影响。

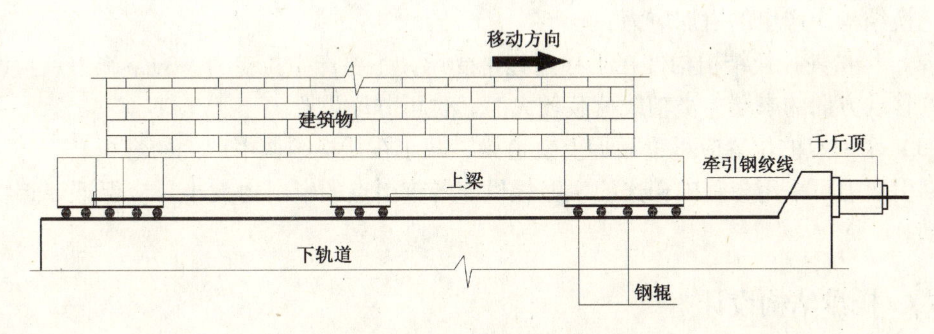

图 3.2-9　拉力式移动示意图

(3) 推拉结合式　推拉结合式即是在建筑物移动方向前后侧的基础都设置反力架和千斤顶，通过前后千斤顶同时施力来带动建筑物前进。此方法适用于建筑物重量较大，需要的牵引力较大时。

结合普通推力式和拉力式的特点，部分工程采用了一种新型的推力式动力施加方法。即利用预应力张拉技术，在建筑物移动方向的前后方都设置反力架。安装移动系统时，将高强钢筋或钢绞线的两端分别固定在前后两个反力架上，并施加约等于建筑物正常移动时摩擦力的预拉力，将钢筋或钢绞线张紧。预先穿在钢筋或钢绞线上的千斤顶固定在建筑物的后侧，千斤顶后端内设锚具，此锚具在千斤顶施力时，阻止千斤顶与钢筋的相对位移，通过千斤顶的行程来推动建筑物向前移动。而在千斤顶回油时，此锚具松开，千斤顶向前移动一个行程。如此往复，推动建筑物前进。见图 3.2-10。

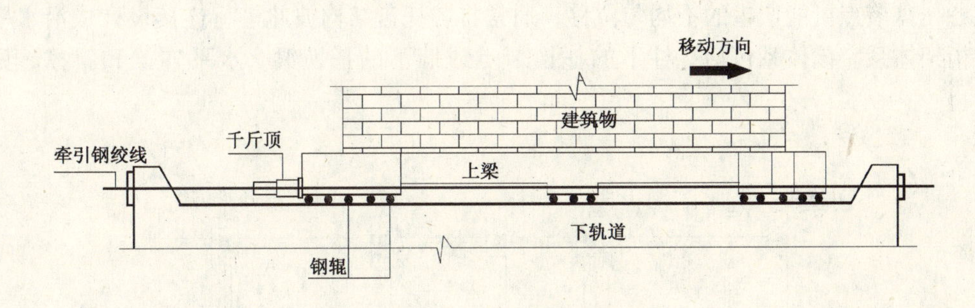

图 3.2-10　新型推力式移动示意图

此方法中，反力架的位置是固定的，千斤顶随建筑物一起移动。而且钢筋或钢绞线已预先张拉，千斤顶施力时，钢筋或钢绞线不再产生变形。千斤顶一施力，建筑物即可移动，不浪费千斤顶的有效行程，移动效率较高；同时，由于张紧的钢筋和千斤顶内锚具的限制，减小了建筑物启动时，由于摩擦力的突然减小而造成的建筑物的振动。另外，张紧的钢筋或钢绞线还可协助控制建筑物的移动方向。

4. 牵引点的设计

牵引点的设计首先根据动力设备的动力性能和建筑物的结构特点，设计施力点数量，然后进行施力点布置。布置原则为：

（1）对于平移工程，应尽量使每个轴线上的阻力和动力平衡，减小对结构的扭转效应和在托换结构中产生的附加应力。

（2）尽量使托换结构构件在平移过程中受压，不要产生拉应力。通常施力点均设置在建筑物移动方向的末端。当轴线荷载较大时，也可分段设置。

（3）牵引点的位置应尽量靠近上轨道梁，减小在托换结构中产生的弯矩。

牵引反力可采用与基础相连的牛腿提供。各牵引点的牵引力大小，应保证建筑物的同步移动。

六、托盘结构设计

1. 托盘结构的设计原则

托盘结构是建筑物在移位过程中的基础，它应能可靠地对上部结构进行托换和传递牵引力，因此它必须满足：

（1）与原结构的竖向受力构件有可靠的连接，保证原结构的荷载能有效的传递到托盘结构上；

（2）在平移工程中，能明确而有效的传递水平力，不对上部结构产生影响。

（3）具有足够的承载力，保证在上部结构荷载和牵引荷载的作用下不发生破坏。

（4）具有足够的刚度，不能因其变形过大而在上部结构中产生附加应力，造成上部结构的破坏；或增大移动阻力。

（5）具有足够的稳定性。

2. 托盘结构的形式

为保证托盘结构具有足够的整体性和稳定性，既能有效地传递牵引或顶升荷载，又能适应各托盘节点可能产生的不均匀位移，通常将各托盘结构彼此进行连接设计成沿水平方向的桁架体系。该体系包括：柱下的托换节点或墙下的托换梁，水平连梁和斜撑。见图3.2-11。

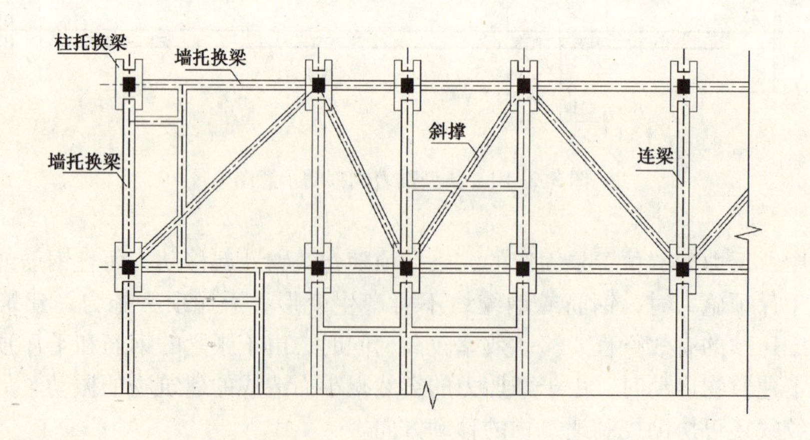

图3.2-11　托盘结构图

对于墙、柱等不同的受力构件，采用的托换形式也不同。承重墙下一般设托换梁，沿建筑物平移方向的托换梁可兼做上轨道梁，墙柱下托换梁的有单梁式（又包括内式和外式上梁）和双梁式两种，见图3.2-12、图3.2-16 、图3.2-17。单梁式传力途径明确，计算简单，但其施工难度大，墙体不能一次性掏空，需分段分批地进行，施工周期长。双梁式施工速度较快，但其托换梁的受力比较复杂。框架柱一般采用包裹式托换，沿建筑物平移方向可将外包梁适当延长，以将建筑物的上部荷载均匀地传递到下轨道和基础上，见图3.2-14。当柱下荷载较大时，可考虑采用带竖向斜撑的托换方式，以便更均匀地传递荷载，减小较大的局部压力和作用在下轨道上的弯矩。见图3.2-15。对于柱下荷载较小而建筑物又有特殊要求的情况下，也可采用在柱下直接托换的单梁式托换方式，但其托换梁和建筑物上下分离时的施工难度较大。见图3.2-13。

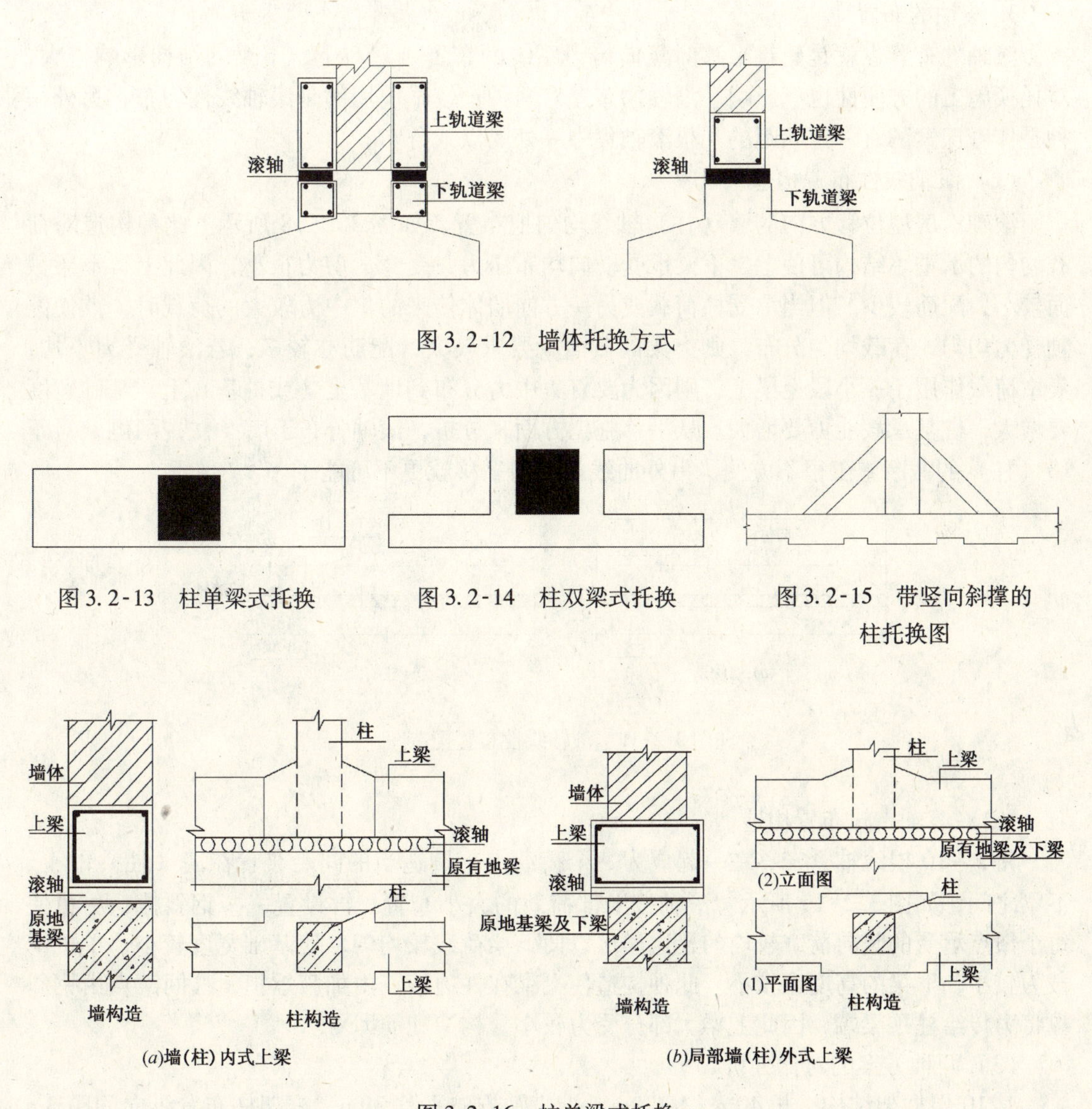

图3.2-12 墙体托换方式

图3.2-13 柱单梁式托换

图3.2-14 柱双梁式托换

图3.2-15 带竖向斜撑的柱托换图

图3.2-16 柱单梁式托换

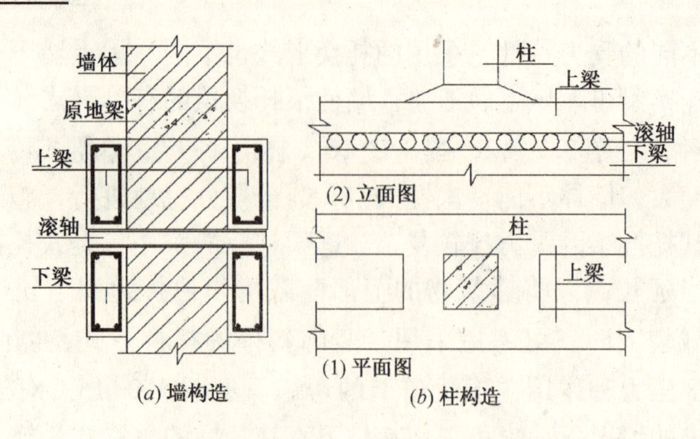

图 3.2-17　墙（柱）外式上梁

3. 滚轴的布置

滚轴的布置也就是建筑平移时竖向传力系统的布置，它对上、下梁的结构影响很大，对托换施工的方便性也有影响。滚轴的布置有两种：较早应用的是滚轴线性均布；另外一种是作者探索的有一定间距的几根滚轴集中一处的点式分布。

（1）滚轴线性布置构造

滚轴沿房屋位移方向的墙（柱）轴线均匀地布置，如图 3.2-18 所示。此种构造对荷载均匀的承重墙结构可使上、下梁承受横向均布压力，受弯、剪力很小，因此上、下梁截面较小，配筋较少。但当承受柱荷载或另一方向墙体传来的集中力较大的荷载时，欲使滚轴受力均匀，荷载均匀分布，则上梁的截面就要求较大，配筋亦较多；若滚轴受力不均，集中荷载作用于一小段上梁上，则因为要将集中力分布到地基土（或桩基）上，基础宽度要增大，桩基承载能力要增大。从平移施工方面来分析，滚轴分布于墙（柱）两侧，对于墙（柱）的截断施工很不方便，另外曲线与转向平移就更不可能了。

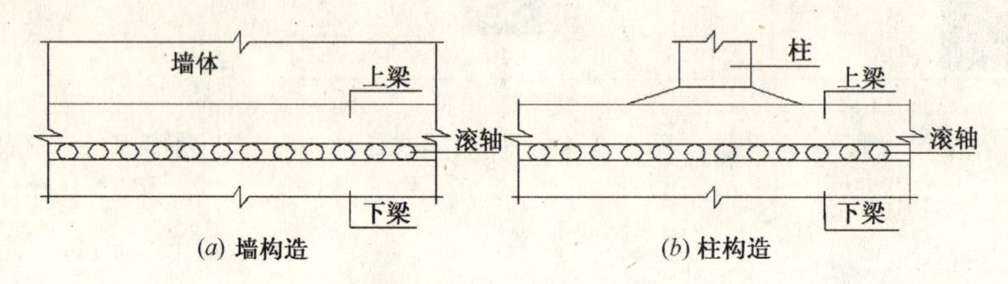

图 3.2-18　滚轴线性布置构造图

（2）滚轴点式布置构造

将 5～10 根滚轴紧密靠在一起成为一个荷载点，按适当的间距布置在墙（柱）的上、下梁之间，如图 3.2-19 所示。滚轴按上部荷载的大小布置，再设置一些钢斜撑，尽量使每个滚点承受的竖向荷载较均匀，这样可以使下梁荷载较均匀，使基础宽度较小，单桩承载力较小，下梁的高度也较小。此种构造使上梁在柱边滚点由加腋承担，柱间滚点由钢斜撑将力传给柱顶梁端，因此上梁大部分受力较小，构造配筋即可。

（3）两种方案的对比分析

某 10 层框架结构，长 40m，宽 22m，沿横轴方向平移 30m。框架柱布置纵向间距 3m 左右，横向跨度 8.9m + 4m + 8.9m，单柱荷载标准值 1400～3930kN。

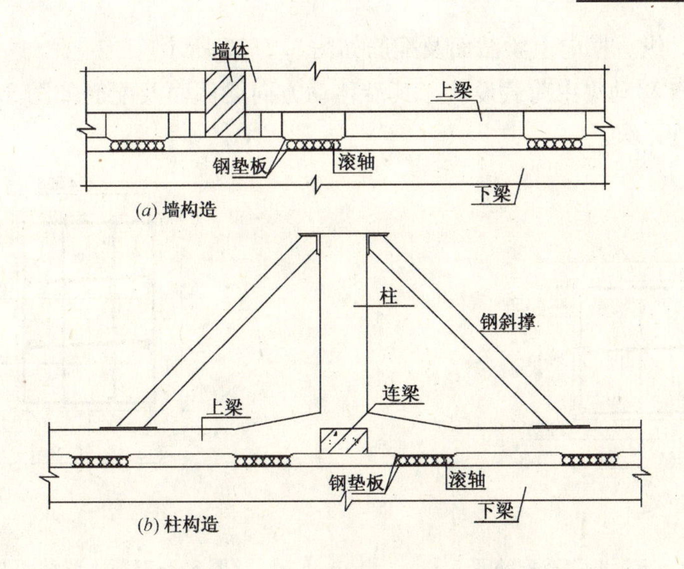

图 3.2-19　滚轴点式布置构造图

（a）滚轴线性布置方案

上梁围绕柱子呈井字形布置，沿移动方向双梁截面如图 3.2-20（*a*）所示，沿纵轴方向起连系作用的双梁如图 3.2-20（*b*）所示。

下梁在房屋原址亦呈井字形布置，在移动段及新址段呈卄字形布置。下梁卄字形布置的截面及配筋如图 3.2-21 所示。

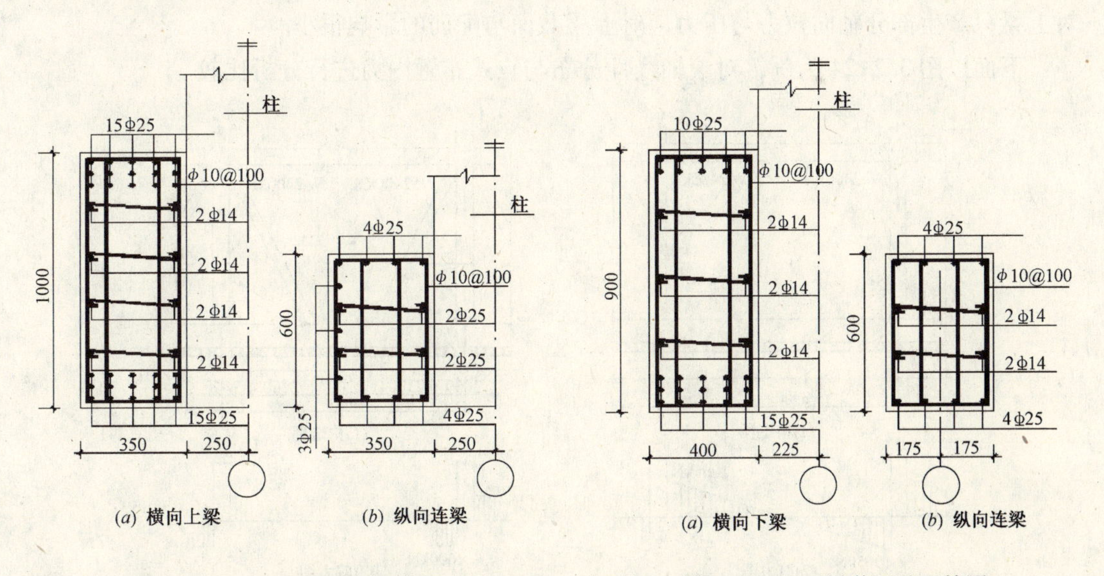

图 3.2-20　上梁截面及配筋图　　图 3.2-21　下梁截面及配筋图

（b）滚轴点式布置方案

每柱用牛腿及型钢分荷斜撑使荷载传至 2 ~ 5 个滚点，平均每个滚点荷载为 625kN，滚点最大荷载为 800kN。上梁仅在柱子附近一小段牛腿按剪力选择的截面较大，大部分区段仅为构造配筋，纵、横向上梁截面及配筋如图 3.2-22 所示。

下梁按 800kN 移动集中荷载设计，其沿移动方向梁截面及配筋如图 3.2-23 所示。另一方向不需设置连系梁。

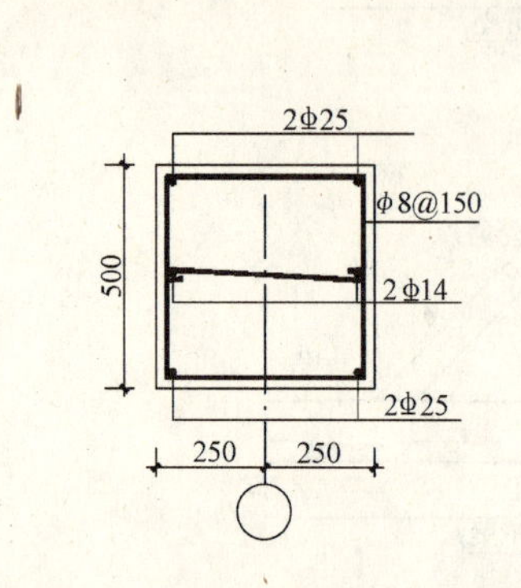

图 3.2-22　上梁截面及配筋图

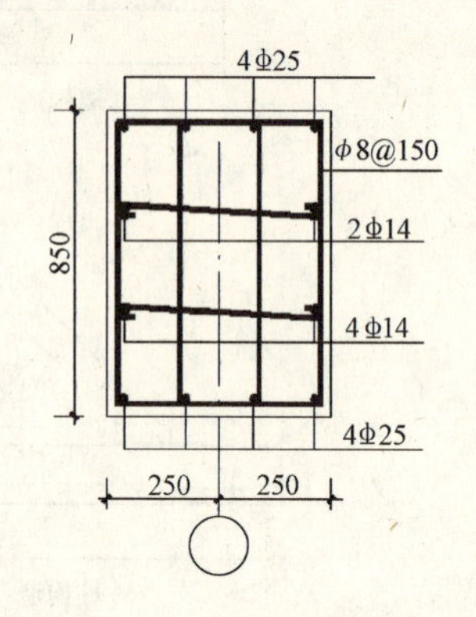

图 3.2-23　下梁截面及配筋图

（c）两种方案的对比分析

滚轴线性分布作用于上梁的反力为均布荷载，对于承重墙体的均布荷载，上梁在墙下时本身无弯矩、剪力作用；对于柱的集中荷载，则上梁要转变为滚轴的线性均布荷载，上梁变为均布反力作用下的连续梁，这样梁、柱连接处就要承受较大的剪力与弯矩。

滚轴点式布置作用于柱边上梁的滚点荷载产生剪力与弯矩，但由于滚点距柱边距离一般在 0.5～1.0m 之间，因此剪力与弯矩不是很大。由型钢斜撑通过上梁传给滚点的荷载，对上梁只产生部分轴向拉力与压力，对上梁截面与配筋的影响很小。

下面以图 3.2-24 为例，对滚轴线性分布与点式布置内力进行分析比较。

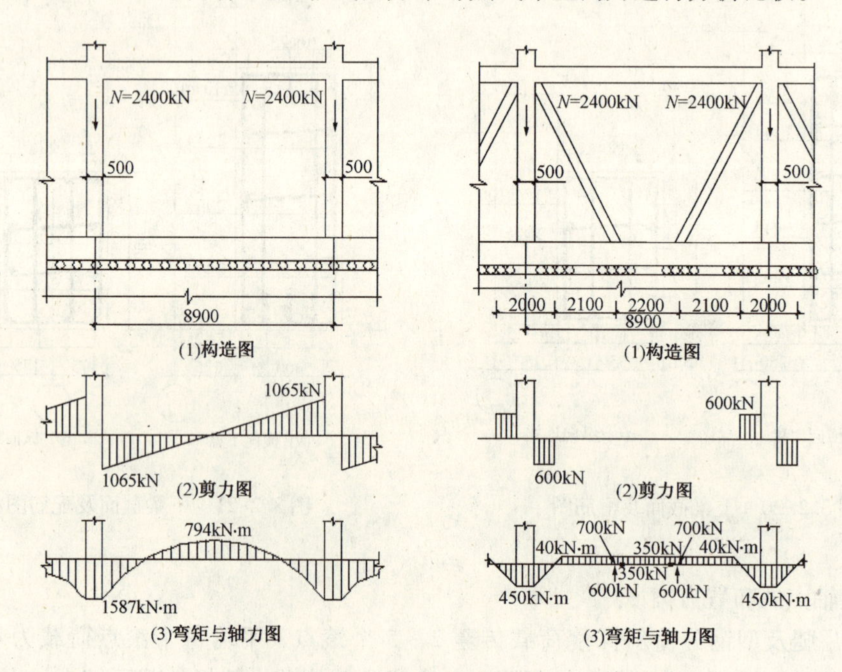

图 3.2-24　两种构造的剪力与弯矩图

滚轴两种构造方案从图3.2-20、图3.2-21、图3.2-22及图3.2-23实例对比的结果表明，点式构造与线性构造混凝土用量比为1:2.21；钢筋用量比为1:3.85。点式构造中未计入型钢斜撑用钢量，型钢斜撑在平移就位后可拆卸回收。

滚轴两种构造方案从图3.2-22理论对比中表明，点式构造与线性构造最大剪力比为1:1.78；最大弯矩比为1:3.52。由于点式构造方案的剪力与弯矩仅发生在柱边很小一段牛腿部分，因此点式构造方案实际混凝土用量与配筋比理论比值还要小，也就是更接近上面实例对比分析中的数据。

4. 托盘结构设计

托盘结构主要承受建筑物上部结构的荷载，以及平移过程中水平牵引力或竖向顶升力。但由于水平牵引力或竖向顶升力仅在建筑物的平移过程中出现，因此必须保证托盘结构在仅有上部荷载作用时和上部荷载与水平牵引力或竖向顶升力同时作用时两种情况下的可靠性。

在托盘结构设计前，首先应确定建筑物的切断位置。建筑物切断位置的确定非常灵活，应综合考虑对上部结构的影响、对建筑物使用功能的影响、基础形式以及施工的难度和工程量。确定切断位置，原则上应保证建筑物到位后不对建筑物的使用功能造成影响；对上部结构的影响最小；切断面在自然地平面以下。对于砖混结构，托盘结构最好选择在地圈梁以下，这样建筑物分离时对上部结构的影响较小。对于框架结构最好在原基础顶面以上，这样可充分利用原基础或基础梁做下轨道。当然，也可根据工程的实际情况确定，比如选择在地下室顶板上。

（1）墙下托换梁

墙下托换梁受力模型与其托换形式（是单梁还是双梁）、是否兼做上轨道以及墙下的滚轴或顶升点的布置方案有关系，下面把兼做上轨道的托换梁称为纵向托换梁，另一方的称为横向托换梁。

单梁式纵向托换梁的计算，当建筑物平移工程中滚轴采用满布方案时，见图3.2-25，托换梁仅受到上部墙体和下部滚轴的压力作用。理论上说，该梁只要满足滚轴部位的局部受压即可。但实际上，由于轨道不可能绝对平整，致使每个滚轴所受的压力不同，因此会在托换梁内引起拉弯等附加应力；同时，考虑到施工的方便，当采用混凝土梁时，该托梁的截面宽度不宜小于（墙宽+50）mm，高度最好不要小于300mm。当采用钢梁时，应确保梁底截面连接焊缝的平整性，否则应充分估计到焊缝的不平整对托换梁造成的不利影响。当平移工程中墙下滚轴局部布置或建筑物顶升时，见图3.2-26，可按普通连续梁或连续墙梁（满足墙梁条件时）进行计算。建筑物平移时，中间连系墙段的截面高度宜比托换梁段低至少50mm。

单梁式纵向托换梁的计算，可按普通连续梁或连续墙梁（满足墙梁条件时）进行计算。

双梁式托换梁即在原结构墙体的两侧设置托换梁，每隔一段距离，在两个托梁之间设置抬梁。托换梁的截面宽度不宜小于200mm，抬梁的间距取1.2~2.0m为宜。见图3.2-12，墙体的重量通过抬梁以及托换梁与墙体的摩擦传递到托换梁上。对于纵向托换梁，通常要在抬梁的位置布置滚轴或顶升点，因此，纵向托换梁与横向托换梁的受力方式和力学模型也有所不同。

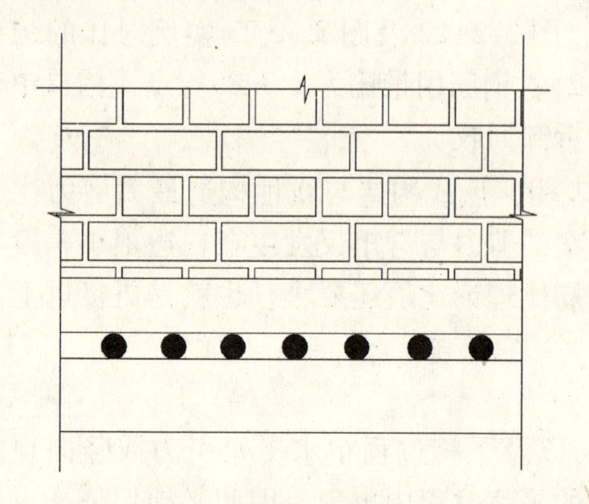

图 3.2-25　墙下滚轴满布布置图

图 3.2-26　墙下滚轴局部布置图

双梁式纵向托换梁，托换梁下部受到滚轴或顶升点的支撑力，可近似地看作集中力，内侧受到墙体的摩擦力，可看作均匀分布，计算简图见图 3.2-27。因此，其托换梁可按均布荷载和扭矩共同作用下的倒置连续梁进行计算。

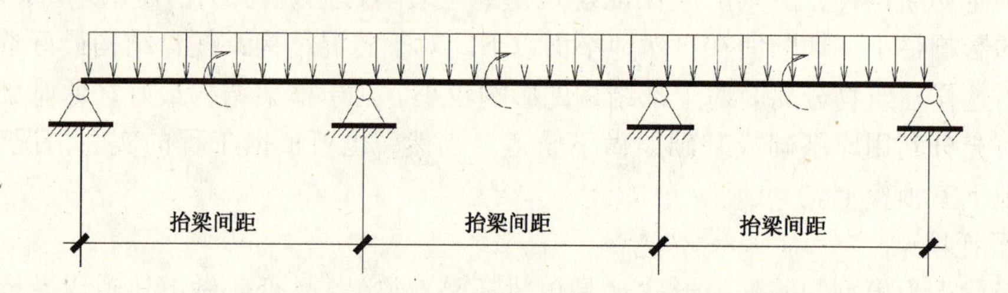

图 3.2-27　墙体双梁式纵向托换梁计算简图

双梁式横向托换梁，内侧受到墙体摩擦力和抬梁传来的集中力的作用，因此，其托换梁可按在抬梁集中力作用下，墙体摩擦力产生的均布荷载和扭矩共同作用下的墙梁进行计算。计算简图见图 3.2-28。

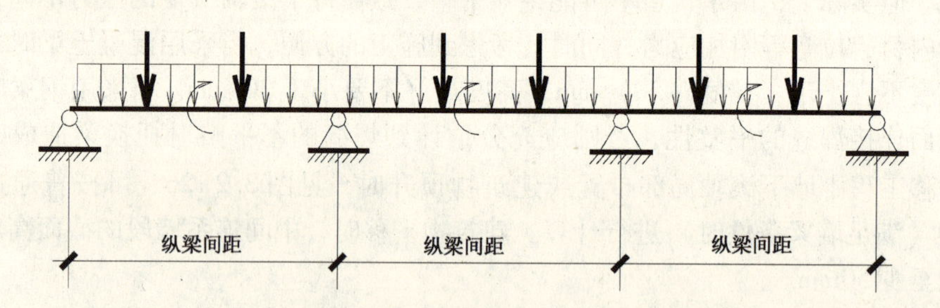

图 3.2-28　墙体双梁式横向托换梁计算简图

关于通过抬梁和托换梁与墙体的摩擦传递的竖向荷载分配，根据大量的文献资料，并结合有限元分析及现场试验的结果，可认为上部墙体的荷载传递到托换梁上和抬梁上的比例为 0.5:0.5。

根据实际工程中抬梁的受力状况和截面特征，抬梁可近似地按均均布荷载作用下的简支深梁进行计算，深梁的跨度取墙体两侧托换加固梁中心的距离。

（2）柱下托换梁

柱下的托换方式有包裹式托换和单梁式托换两种，其滚轴和顶升点的布置方式也分托换梁柱下部分布和不布两种。托换梁柱下部不布滚轴或顶升点时，柱与基础的分离切割比较容易，但托换梁的柱外部分受力较大，其截面尺寸也就较大。托换梁柱下部布滚轴或的的顶升点时，其情况与上种方式相反，柱与基础的分离切割比较困难，但托换梁的柱外部分受力较小，其截面尺寸也就较小。

柱下托换梁伸出柱外的外延长度，在确保上托换梁和底盘梁在滚轴或顶升点的作用下局部抗压能够满足的前提下，不宜外伸太长；否则，托换梁的内力会增大，刚度会降低。托换梁的截面尺寸应根据受力的大小来确定，为了保证上轨道的刚度，托换梁的截面高度与外伸长度的比值不要超过1:3，且应同时保证柱内纵向受力钢筋有足够的锚固长度。

单梁式托换即直接在柱下设置托换梁（兼做上轨道），荷载传递明确，但其施工难度和对上部结构破坏较大，应用较少，只有在有特殊要求和上部荷载较小时采用。采用单梁式时梁宽宜大于柱宽，梁内钢筋不能截断。单梁式托换梁主要受到下部滚轴或顶升点向上的支撑力，以及建筑物移动时与滚轴之间的摩擦力。根据托换梁外伸长度与高度的比值，可按固定在柱上的倒置牛腿和倒悬臂梁进行内力和配筋计算。

包裹式托换即在柱的四边均设置托换梁，将建筑物平移方向外包梁适当延长，通过托换梁与柱表面的摩擦将柱上荷载传递到托换梁上。因这种托换方式主要通过托换梁与柱侧面的摩擦传递荷载，为确保荷载的有效传递，不发生冲切破坏，柱表面应彻底凿毛，并用插筋连接上轨道梁与框架柱。柱荷载较大时，应做成契口连接，见图3.2-29。托换梁外伸长度主要受到下部滚轴或顶升点向上的支撑力，以及建筑物移动时与滚轴之间的摩擦力，根据其外伸长度与高度的比值，托换梁外伸部分可按固定在柱上的倒置牛腿和倒悬臂梁进行内力和配筋计算。包柱部分主要受到内侧摩擦力的作用，根据实际工程中的受力状况和截面特征，可近似地按均布荷载作用下的简支深梁进行计算，深梁的跨度取柱两侧托换梁中心的距离。

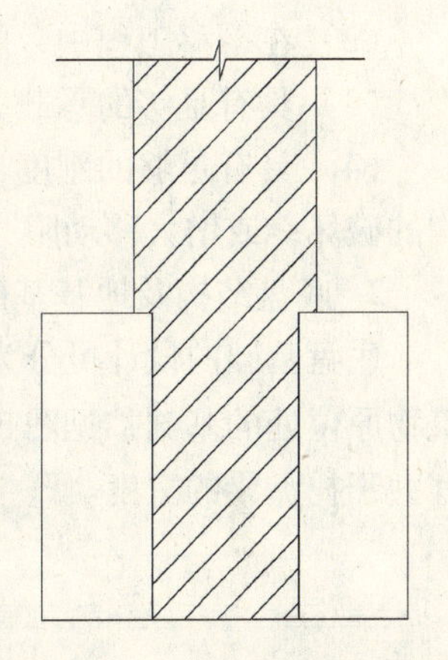
图3.2-29　托换梁与柱的连接

考虑到移动过程中根据轨道的平整度，进行柱下托换结构设计时，柱下荷载宜乘1.5～2的放大系数。

对于滚动式、滑动式平移和顶升移位，托换梁的混凝土还应满足局部抗压要求。通常在托换梁与滚轴或滑块设置钢板或槽钢，来提高托换梁的局部抗压能力，并可防止建筑物移动过程中托换梁的碾压破坏。

（3）顶升点的设计

砌体结构可根据线荷载分布布置顶升点，顶升点间距不宜大于1.5m，应避开门、窗、洞及薄弱承重构件位置。

框架结构应根据柱荷载大小布置顶升点。顶升点数量可按下式进行估算：

$$n = k\frac{Q}{N_a} \tag{3.2-2}$$

式中　n——千斤顶数量（个）；

Q——顶升时建筑物总荷载标准值（kN）；

N_a——单个千斤顶额定荷载值（kN）；

k——安全系数，可取1.5~2.0。

（4）其他构件的设计

托盘结构中的其他构件主要是将托盘结构联成一个整体的连梁和斜撑，其所起的作用一方面是传递水平力，另一方面就是在托盘节点受力不平衡，起协调和调整作用。其内力计算在平移工程中主要是按水平力作用下的桁架进行。设计时，还应充分考虑到托盘节点受力不平衡可能产生的附加内力。其截面形式应选用两轴抗弯刚度接近的方形或长宽比较小的矩形。对于混凝土结构，构件的长细比不宜超过30。

七、底盘结构及地基基础设计

1. 设计原则

底盘结构的作用就是为上部结构提供移动的道路，同时把上部结构的荷载传递到地基，因此它的设计必须满足：

（1）和建筑物的移动方向一致，顶面尽量地平整光滑，以减小建筑物移动的摩擦力；

（2）在平移工程中，能提供水平反力。

（3）具有足够的承载力，保证在上部结构荷载和牵引荷载的作用下不发生破坏。

（4）具有足够的刚度，不能因其变形过大而在上部结构中产生附加应力，造成上部结构的破坏；或增大移动阻力。

2. 底盘结构及地基基础的设计

底盘基础的设计可分为三部分，即建筑物新址处的基础，移动过程中的中间基础和建筑物原位处的基础，见图3.2-30。底盘梁应对应托盘梁采用单梁或双梁，底盘梁的宽度宜大于托盘梁的宽度。

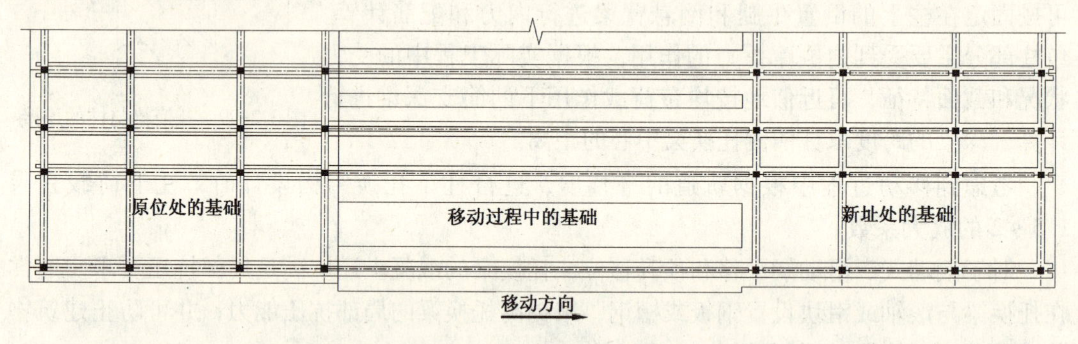

图3.2-30　建筑物平移基础示意图

对与建筑物新址处和移动过程中的基础，如是新建建筑物，基础的形式只需要根据上部荷载与地基承载力的关系确定，采用独立基础、条基、筏基或桩基、箱基。而移位建筑物必须要考虑到底盘梁的形式，与底盘梁协调一致，因此基础应优先考虑与建筑物移动方向一致的条形基础。条基不满足时，可采用筏基或桩基。

在建筑物新址处，底盘梁（地基梁）及地基基础应满足现行国家标准《建筑地基基础设计规范》（GB50007）的要求。其底盘梁（地基梁）按上部荷载作用在各个不利位置时的内力包络图设计，地基基础的承载力和沉降应要保证上部荷载作用移到最不利位置时仍能满足要求。若建筑物到达新址后，部分仍落在旧基础上，设计时应严格控制地基的地基不均匀沉降，充分考虑可能出现的地基不均匀沉降对上部结构的影响。一般情况下可将新加部分的基础扩大，必要时可设置防沉桩或锚杆来减小地基的沉降量。

建筑物移动过程中的基础，其设计方法和新基础一样。不过由于建筑物在平移施工时其可变荷载并没有达到最不利的数值，且建筑物在此段基础上作用的时间比较短。因此，此段基础的设计可按建筑物移位时的实际荷载状况设计。

建筑物原位处的基础，其设计原则就是要尽量利用原基础来承载，不足的部分进行加固处理。由于原基础的形式不同，其加固处理方法也不同。当建筑物原基础为条基时，由于建筑物原来可能是纵横双向承重，而现在变成了沿建筑物移动方向一个方向承重，因此基础的承载力可能不足，需做加宽处理或在大房间的中间增加下轨道，见图 3.2-31。如建筑物的原基础为柱下独立基础时，一般的处理方法为在两基础之间增加钢筋混凝土条基或桩基，见图 3.2-32。如建筑物原基础为桩基，通常是将地基承载力不足的地方进行补桩处理，见图 3.2-33。

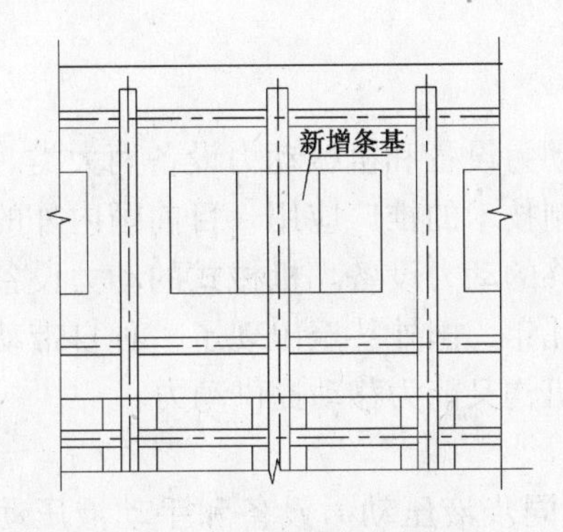

图 3.2-31　原基础为条基时

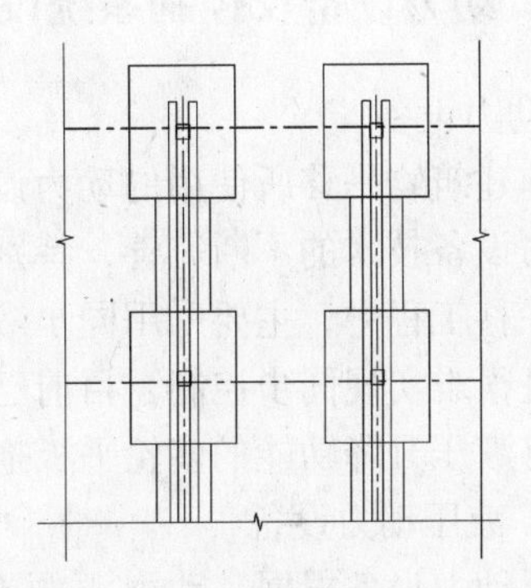
图 3.2-32　原基础为柱下独立基础时

建筑物的底盘梁可按倒连续梁或弹性地基梁计算，必须保证上部荷载作用在各个不利位置时其承载力都能满足要求。为了保证其顶面的平整性和局部抗压性能，底盘梁顶面一般做 20 ~ 50mm 厚细石混凝土找平层。建筑物重量较大时，找平层内应铺设钢筋网。

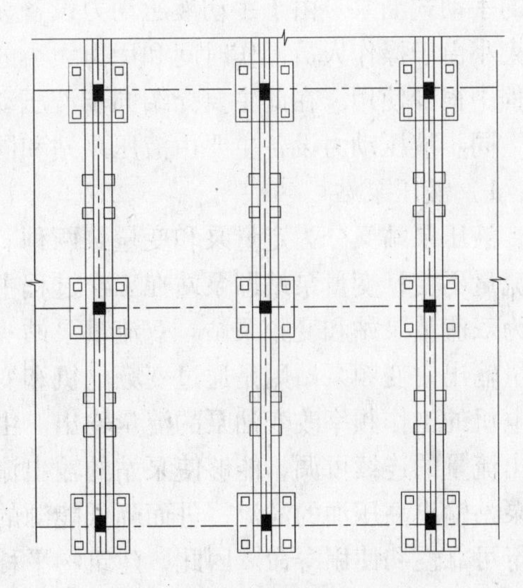
图 3.2-33　原基础为桩基时

八、连接设计

建筑物就位后的连接，应满足稳定性和抗震的要求。

对于多层砖混结构（高宽比不大于 2，层数小于 6 层）的墙体和基础的空隙应用不低于 C20 细石混凝土填密实确保建筑物的安全；层数超过6层（高宽比大于2）的砖混结构、框架结构等，需经计算分析确定其连接形式。

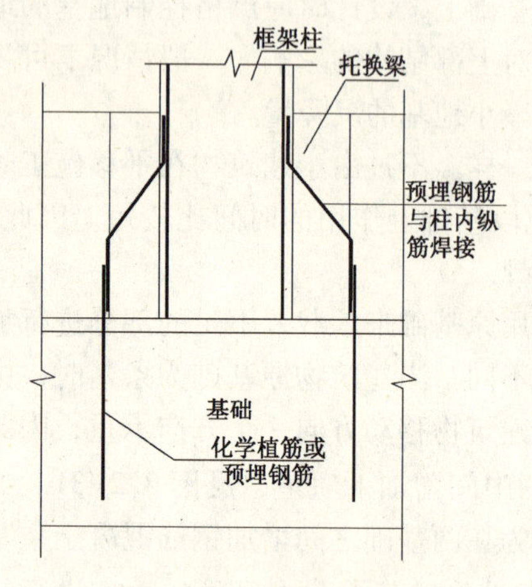

图3.2-34　框架柱连接图

计算时，应根据基础对建筑物上部结构的实际支承情况，对建筑物进行整体分析，确定承重墙或柱与基础的连接方式与配筋。目前，框架柱固结连接常采用的连接方式为在托盘梁和底盘梁上分别预埋钢筋或设置预埋件，等建筑物到达新址时，用钢板或短钢筋将托盘梁和底盘梁的预埋钢筋或预埋件进行连接。见图3.2-34。

建筑物就位后，托盘结构体系需拆除时，砌体结构的构造柱和框架结构柱的纵向钢筋应与基础中的预设锚固筋连接或采取其他可靠连接措施。

地震烈度较高（大于7度）的地区，宜考虑托盘结构体系和基础间设置减震装置。

九、动力设备及控制系统设计

1. 动力设备

目前建筑物平移所使用的动力设备主要有液压动力设备和机械动力设备两大类。随着液压动力设备技术的不断完善，特别是液压自动控制技术的推广应用，目前国内外的建筑物整体平移工程中，主要采用同步液压系统作为平移的动力设备。机械式的动力设备由于动力小且很难实现同步控制，目前已很少采用。近几年，国外甚至出现了一种自带动力设备且具有液压升降功能的多轮平板拖车，既是行走机构又能为移动提供动力。

（1）液压动力设备

液压动力设备根据其动力源的不同又可以分为同步液压动力设备和手动液压动力设备。同步液压动力设备的动力源为液压泵站，施力设备为同步液压千斤顶，液压泵站通过油管、控制阀与千斤顶相连；手动液压动力设备即手动液压千斤顶，其动力源为千斤顶自带的手动式油泵。由于手动液压动力设备无法保证各施力点的移动动力同步施加，且施力的大小由于操作人员操作时间和用力大小的差异很难控制，所以手动液压动力设备在平移工程中很少使用。在此主要介绍同步液压动力设备。

同步液压动力设备主要由液压泵站和同步液压千斤顶组成。

1）液压泵站

液压泵站又分为定量泵和变量泵两种。定量泵站即泵站在整个工作过程中高压油的输出流量不变；变量泵站即泵站在工作过程中高压油的输出流量是改变的，变量泵站又可以分为双流量泵站和变频泵站。双流量泵站一般是在低压时为大流量输出，而在高压时为小流量输出；变频泵站则是通过变频电机和变频泵实现泵站输出流量的改变，即通过改变动力电机的工作频率改变油泵的流量输出。由于变频泵站一般可以在一定的流量范围内实现输出流量的连续可调，能够使泵站的输出流量与千斤顶工作所需的流量尽可能地一致，减少泵站输出高压油的溢流，进而降低能源的消耗和因高压油溢流产生的热量，提高设备的运行可靠性和使用寿命。因此，建筑物平移中应优先采用变频泵站作为同步液压千斤顶的动力源。

液压泵站是同步液压千斤顶的动力源，液压泵站通过油管、控制阀与多台同步液压千斤顶连接，液压泵站可以是单油路输出，也可以是多油路输出。单油路输出油泵即一台油泵只有一种压力输出，其所连接千斤顶的供油压力是相同的；多油路输出油泵即一台油泵可以有两种以上的压力输出，不同的供油油路可以提供不同压力的液压油，每一个油路连接的千斤顶的供油压力是相同的。一台泵站连接的千斤顶数量应根据泵站的流量、油箱的容量以及所需的平移速度综合确定。

当需要多台千斤顶的动力不同时，如所用的液压泵站是单油路输出时，可以采用多台泵站也可以采用不同型号的千斤顶实现；如所用的液压泵站是多油路输出时，只要泵站的供油流量和供油压力满足设计要求，可以用一台泵站提供不同压力的高压油实现多台千斤顶的不同动力输出。目前，国外发达国家的建筑物平移一般多采用一台多油路泵站，其输出油路可以多达几十个，操控方便且自动化程度很高。

根据最高供油压力的不同，用于建筑物整体移位的液压泵站一般有高压泵站和超高压泵站。国内高压泵站的最高供油压力一般为31.5MPa；超高压泵站的最高供油压力可达60～80MPa。实际使用时，应根据同步液压千斤顶的额定工作压力合理选用液压泵站。一般来说，高压泵站系统比较容易实现同步、压力和流量的自动控制，而超高压泵站系统实施自动控制的难度相对较大。但采用超高压泵站系统时，千斤顶的体积和重量较小，方便现场的使用和移动。

2）同步液压千斤顶

根据千斤顶工作方式的不同，液压千斤顶主要有两种：同步顶推液压千斤顶和同步张拉液压千斤顶。顶推千斤顶用于采用顶推法的平移工程中，张拉千斤顶主要用于采用牵引法的平移工程中。采用张拉千斤顶时，一般还要有合适的锚具（或夹具）、牵引钢绞线（或钢索）与之配套使用。

如1999年6月，位于美国卡罗莱纳州海岸的一座高61m、重达48000kN的灯塔为了免于不断的海岸侵蚀，直线移动距离487.69m，由于地形的原因，实际移动轨迹达883.93m。其移动动力设备为同步液压顶推千斤顶，动力施加均衡、平稳，移动速度达到0.76m/min。

再如1999年12月，位于山东省临沂市的一座高34m、重达60000kN的8层办公楼，为了临沂市人民广场建设的需要，先向西移动了99.6m，又向南跨过一条马路移动了74.5m，移动时采用了12台同步张拉千斤顶，移动平稳，平移速度约2m/h，是当时国内平移建筑物最高、移动速度最快、高层建筑物移动距离最远的平移工程，在国内外引起了极大的轰动。

（2）机械动力设备

能够用于建筑物整体平移的机械式动力设备一般有螺旋千斤顶、专用的卷扬机和机械牵引车。螺旋千斤顶在国内外早期的楼房平移工程中应用比较普遍，采用螺旋千斤顶虽然不能保证各施力点动力的同步，但可以基本做到位移的同步，保证建筑物的同步移位。国外早期的平移工程中，有的曾采用卷扬机或牵引车作为建筑物移动的动力设备。

2. 控制系统

目前，国内外的平移工程多采用PLC液压控制系统进行控制。PLC液压控制系统的原理如下：

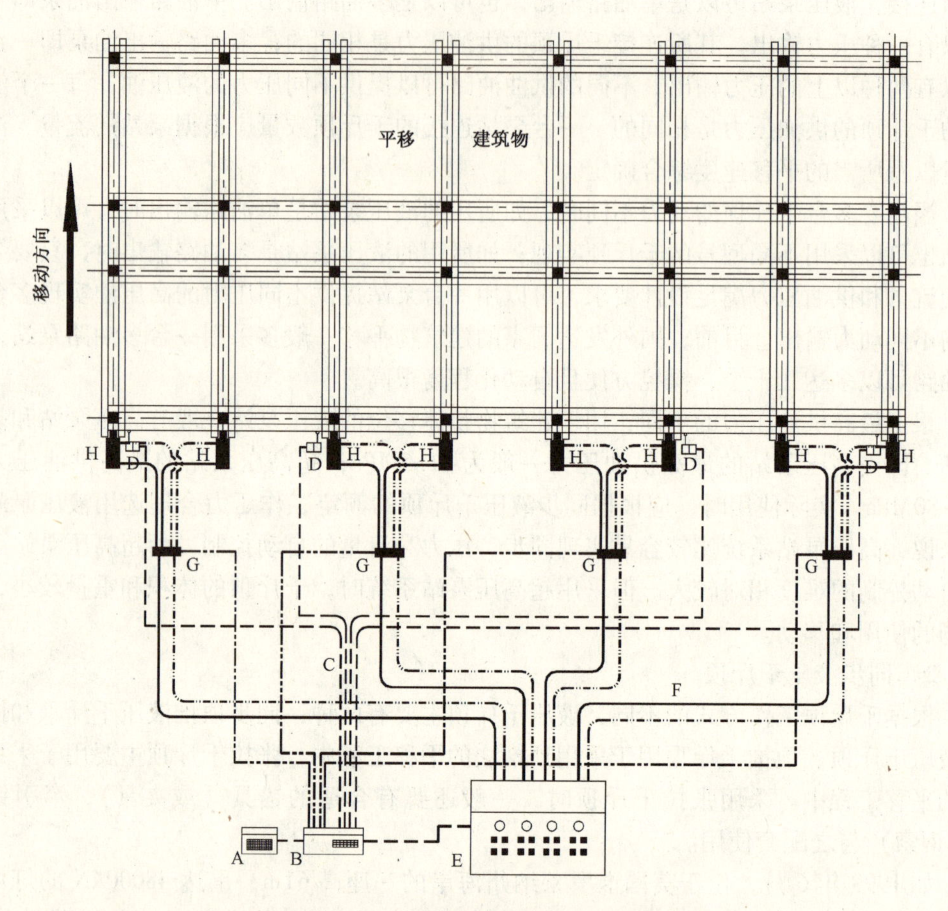

图 3.2-35　同步液压顶推控制示意图

A—控制器；B—电器盒；C—信号电缆；D—位移传感器；
E—液压泵站；F—高压油管；G—控制阀组；H—顶推千斤顶

同步液压顶推控制系统工作原理（图 3.2-35）：通过控制器 A 设置每个同步液压顶推千斤顶 H 的工作油压和高压油的流量，工作时，液压泵站 E 通过高压油管 F、控制阀组 G 向千斤顶 H 供油，控制阀组上的液压传感器实时检测供向千斤顶的油压并通过电器盒 B 反馈给控制器 A，在高压油的作用下千斤顶的活塞伸出并推动建筑向前移动，此时位移传感器 D 实时检测各位移监控点的实际位移量并通过电器盒 B 反馈给控制器 A。若移动速度过慢，可通过控制器 A 调整液压泵站增加向千斤顶的供油量；若移动速度过快，可通过控制器 A 调整液压泵站减小向千斤顶的供油量；若某个位移监控点的移动速度过慢，则控制器 A 可相应调增该处千斤顶的供油量，加快该处的移动速度；若某个位移监控点的移动速度过快，则控制器 A 可相应调减该处千斤顶的供油量，减慢该处的移动速度。整个移动过程中控制器 A 实时监测、显示千斤顶的供油压力及各位移监测点的移动距离及移动速度，并可以保证建筑物的同步移动。

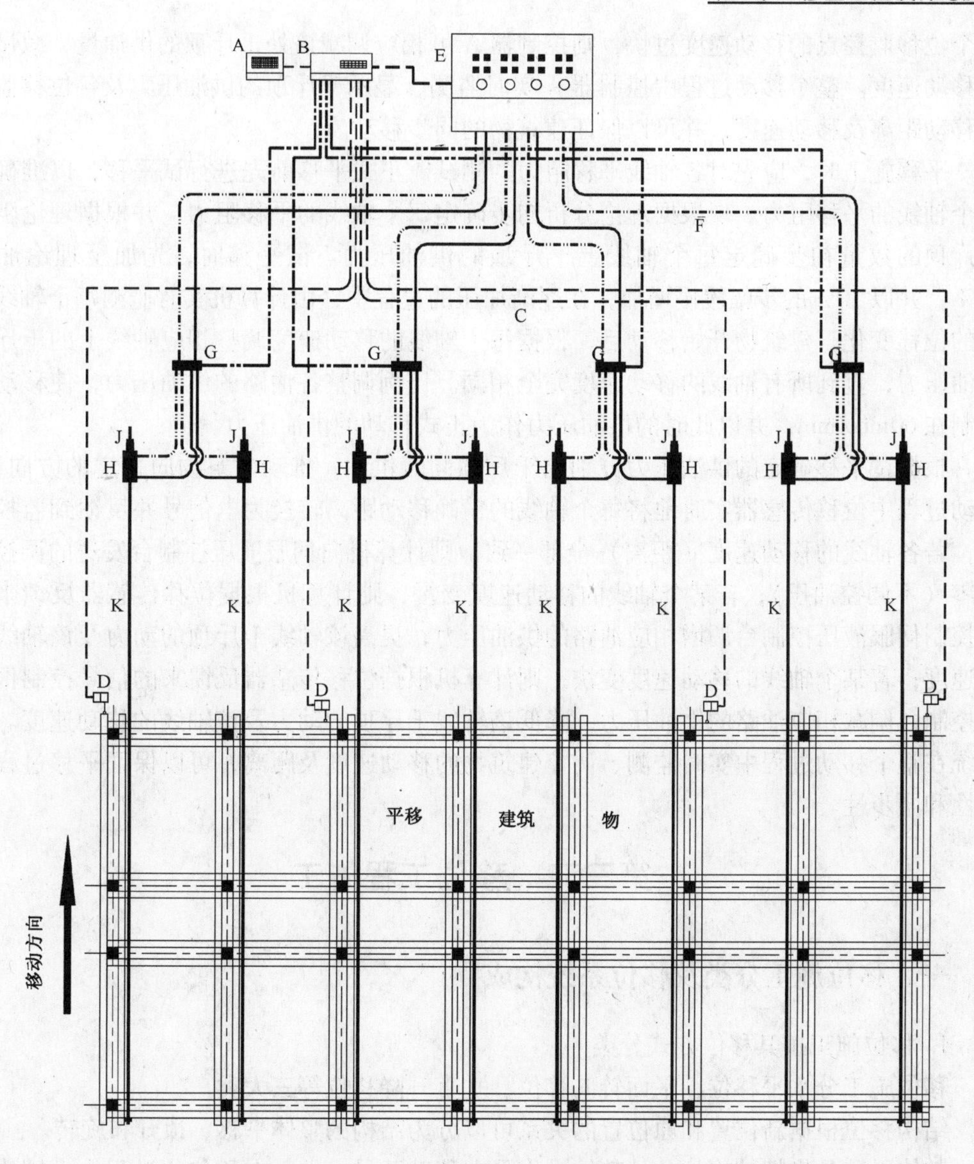

图 3.2-36 同步液压牵引控制示意图

A—控制器；B—电器盒；C—信号电缆；D—位移传感器；E—液压泵站；
F—高压油管；G—控制阀组；H—牵引千斤顶；J—夹具；K—牵引钢绞线

同步液压牵引控制系统工作原理（图 3.2-36）：通过控制器 A 设置每个同步液压顶推千斤顶 H 的工作油压和高压油的流量，工作时液压泵站 E 通过高压油管 F、控制阀组 G 向千斤顶 H 供油，控制阀组上的液压传感器实时检测供向千斤顶的油压并通过电器盒 B 反馈给控制器 A，在高压油的作用下千斤顶的活塞伸出并通过夹具 J 牵引钢绞线 K 牵引建筑物向前移动，此时位移传感器 D 实时检测各位移监控点的实际位移量并通过电器盒 B 反馈给控制器 A。若移动速度过慢，可通过控制器 A 调整液压泵站增加向千斤顶的供油量；若移动速度过快，可通过控制器 A 调整液压泵站减小向千斤顶的供油量；若某个位移监控点的移动速度过慢，则控制器 A 可相应调增该处千斤顶的供油量，加快该处的移动速度；若某个位移监控点的移动速度过快，则控制器A可相应调减该处千斤顶的供油量，减慢该处的移动速度。整个移动过程中控制器A实时监测、显示千斤顶的供油压力及各位移监测点的移动距离及移动速度，并可以保证建筑物的同步移动。

平移施工时，应先对各轴线平移阻力的测试。正式平移前先进行试平移，以准确测定每个轴线的平移阻力。现根据理论分析初步确定每个轴线的平移阻力，并根据理论阻力及千斤顶的数量初步确定每个轴线上千斤顶的供油压力。试平移时，先加至理论油压的50%，并以10%的步幅缓慢增加，在逐渐加压的过程中，由计算机实时监测每个轴线前后端的位移变化，建筑物开始移动后，根据每个轴线的移动速度调整相应轴线上的千斤顶的供油压力，直到所有轴线的移动速度完全相同。比例调整各油路的供油压力，使移动速度控制在60mm/min，并以此时的供油压力作为正式移动的供油压力。

根据试平移确定的供油压力分别向千斤顶同时供油，推动建筑物向预定的方向移动。移动过程中位移传感器实时地将每个轴线的精确移动距离转换为电信号并反馈到监控计算机，若各轴线的移动速度（距离）全部一致，则计算机向伺服液压控制台发送的调控信号为零（不调控油压）；若某个轴线的移动速度变慢，则计算机根据位移传感器反馈来的信号控制伺服液压控制台调增相应油路的供油压力，提高该轴线千斤顶的动力及该轴线的移动速度；若某个轴线的移动速度变快，则计算机根据位移传感器反馈来的信号控制伺服液压控制台调减相应油路的供油压力，降低该轴线千斤顶的动力及该轴线的移动速度。测控系统在整个移动过程中实时监测、调控建筑物的移动速度及距离，可以保证平移过程中平稳性和同步性。

第三节　移位工程施工

一、移位施工分类及移位系统构成

1. 移位施工按其移位方式分类

移位施工分水平移位、平面转向移位、垂直升降移位等三大类。

结构移位根据新位置和原位置的关系可以分为结构的整体平移、顶升和旋转。

整体平移是指把结构从一处整体沿水平向移动至另一处，在移位的过程中，结构的任何一点始终在某一水平面内运动。通常采用的方式为：将建筑物托换到托盘系统上，并设置上轨道系统，在新址处建造永久基础，从原址到新址位置设置下轨道系统。在上下轨道梁系间安放移动装置，如滚动式的滚轴或滑动式的钢板、滑脚等，将托盘系统下建筑物墙、柱切断后支承在下轨道梁上，在移位方向上设置动力系统，如千斤顶或卷扬机，克服摩擦阻力从原址移动到新址。整个过程中没有竖向力做功，然后在新址对建筑物和基础进行连接。当结构平移路线由于某些客观原因在平移过程中需要变向时（如采用L形路线）时，应考虑平移方向的先后顺序，以保证结构在平移过程中的安全可靠，如尽量使结构在平移过程中各部分位于相同的地基状况和基础类型上，以防止发生不均匀沉降等。目前在国外，对于一些小型、轻型结构，使用最多的移动设备是多轮平板拖车（如图3.3-1），一般由汽车或挖掘机等做牵引，最新又出现了一种自身可提供动力的多轮平板拖车，并在多个工程中应用取得了理想的效果。在河道和海上使用船舶的工程也有若干例。

整体顶升是指把结构从一处整体沿竖向移动至另一处，在移位的过程中，结构的任何一点始终在某一铅垂线上运动。多数是由于建筑物经过多年沉降，或周围新建筑地坪较高，建筑物使用受到地下水或降雨积水的影响，故将建筑物抬高后继续使用。通常采用的方式是：在建筑物下部设置托盘系统对建筑物进行托换，对原有基础进行检测加固后作为建筑物移位后的永久基础，在永久基础和托盘系统间用千斤顶和垫块顶紧后切断建筑物托盘系统下的墙、柱，以千斤顶提供动力将建筑物抬高，到达指定高度后重新连接墙、柱，待达到强度撤去千斤顶或垫块。或者当房屋改造中，需要增加层高或提高屋架时，均可采用整体顶升的施工工艺。

整体转动是指把结构以某一根轴为中心整体转动一个角度，又分水平转动和垂直转动。水平转动通常用于结构转向，垂直转动通常用于建筑物纠偏。水平转动方法和结构的整体平移相似，只是需要根据新旧址位置通过几何方法确定旋转中心（如图 3.3-2），旋转中心可以在原结构内部也可以在结构外部，然后以该点为圆心设置同心圆形的圆弧轨道。为了安全，轨道宽度往往达到平移轨道的两倍，且在移位的过程中，动力方向在不断改变，需要设置更多的反力装置，各点的位移量也因其到旋转中心的距离不同而不同。当建筑物由于不均匀沉降等原因需要垂直转动时，往往通过基础开挖将结构较高的一面放低或采用物理方法（用千斤顶将建筑物柱或基础顶起，然后再与基础进行连接或采用高压注浆技术在地基中注入可凝固浆液，利用液压将建筑物连地基顶起，达到预定位置后把液压系统封闭）或化学方法（在地基中埋入化工材料，当需要顶升时在化工材料中注入反应剂，材料在化学反应时产生较大的膨胀力将建筑物基础顶起）将较低的一面抬起，以恢复建筑物的安全性和使用功能。

图 3.3-1　使用多轮平板拖车移位

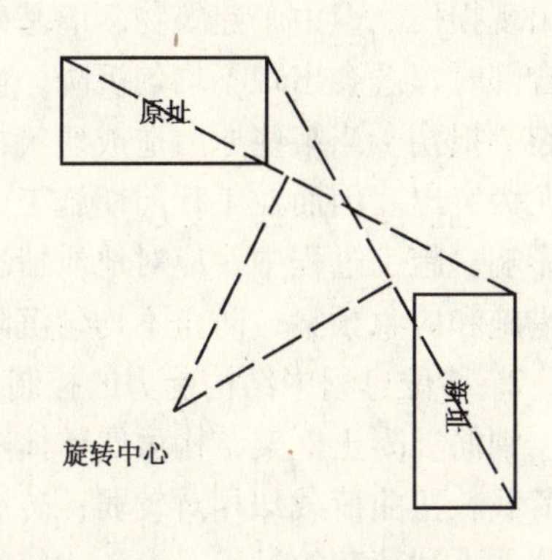

图 3.3-2　旋转中心确定方法

水平移位方式有：滚动、滑动等；滚动方式分滚轴滚动、滚动轮滚动等。

滚动式移位：在建筑物移位过程中，上下轨道系统间在移动方向的摩擦力主要为滚动摩擦的移位方法。

滑动方式分：钢轨式滑动、移动悬浮式滑动支座、铁滑脚与新型滑动材料组成的滑动方式。

滑动式移位：在建筑物移位过程中，上下轨道系统间在移动方向的摩擦力主要为滑动摩擦的移位方法。

2. 移位系统组成

托盘系统：对上部结构进行托换，在结构墙、柱切断后作为临时基础对结构进行承托，由托换梁系和连系梁组成平面框架或形成筏板。又可称为托换梁、托换体系、托盘等。

上轨道系统：移动面与托盘系统的连系部分，可以为托盘系统的部分，也可以在托盘系统间或托盘系统下制作，通常由上轨道梁、滑脚与连系梁组成。又称为上轨道或上滑道。

下轨道系统：移动面与地基基础的连系部分，承受移动中的竖向荷载和水平力，可以为筏板也可以由下轨道梁与其间的连系梁和支撑组成。又可称为下轨道或下滑道。

移位装置：为便于施工在上轨道梁下与下轨道系统间制作的并与之相接触的装置，可为钢结构也可为与上轨道梁一起浇筑的混凝土结构，可以固定在上轨道梁上也可楔于上下轨道梁间，作为上轨道梁的支座。通常称为临时支墩、靴子等。

二、移位施工要求

建筑物移位前应根据设计方案编制移位施工技术方案和实施性施工组织设计；并结合移位工程特点，对移位施工过程中可能出现的各种不利情况制定应急措施和应急预案。主要可归纳为以下几方面：

1. 地基基础处理及施工质量控制

在移位工程中造成建筑物损伤的原因很多，其中地基不均匀沉降是一项重要因素。在上部结构形心与重心基本重合、地基基础比较均匀的情况下，建筑物在移位过程中一般不会出现损伤。但由于建筑物新旧基础往往存在沉降差异，因而当建筑物平移到达新旧基础结合部时，总会出现不均匀沉降，使轨道系统产生负弯矩和较大的挠度，导致建筑物出现开裂等损伤。当某些原因造成建筑物移位中不得不在新旧基础结合部较长时间停滞时，问题尤为突出。因而在工程前期施工中，对基础加固时，应充分考虑到地基处理对上部结构的影响。施工过程中，应对地质情况进行验证，严格控制基础施工质量，并制定相应的应急措施和应急预案，防止不均匀沉降对建筑物结构造成的危害。

2. 移位过程中结构受力的控制

钢筋混凝土框架结构虽然整体刚性较好，承受竖向荷载能力较强，但是在抵抗水平动力荷载、扭曲荷载却相对较弱；砖混结构和砌体结构这方面的能力则更弱，而平移正是产生这些不利荷载的过程。由于建筑物结构在平移过程中是非匀速直线运动，会使结构产生剪力，导致房屋前后倾斜摇摆。当其超过建筑物抗剪能力时，将导致建筑物结构出现水平裂缝，危及建筑物自身的安全。

目前所采用顶推式平移方式其行程有限，调整设备过于繁杂，某些人为因素可能造成平移不同步，施工过程中很难实现各点完全协同且连续的顶推；而当采用牵引式移位时，钢丝绳和钢绞线张紧过程中变形较大，这些均会造成各受力点实际所受水平力产生偏差。如果建筑物的托盘系统及对结构加固施工时未能严格控制其施工质量，致使建筑物结构产生的相对变形超过其承受范围，就会导致托盘系统和建筑物结构的开裂，因而在托盘系统施工及对建筑物结构加固时，应制定相应的措施以确保其施工质量。

在顶升托盘系统施工时，由于千斤顶故障或其他原因往往会造成某柱下顶力小于或大于原轴力，因而托换系统施工时，应严格按照设计要求制定施工方案，确保托盘结构施工质量，防止可能造成竖向力传递的变化，并由此产生结构构件的损伤或破坏。

3. 轨道梁（或下滑梁）施工

轨道梁（或称下滑梁）在一般可视为布置在地基上的行车梁，施工过程中，应在充分考虑轨道梁承受建筑物结构的竖向荷载的同时，对其在平移过程中承受的水平力、摩擦力、振动以及轨道不平整度所产生的附加力等采取必要的控制措施，确保其结构质量和平整度，防止因轨道梁的局部破坏或失稳而危及建筑物结构的安全。

4. 轨道梁（下滑梁）表面平整度的控制

轨道系统表面的平整是结构顺利平移的必要条件，但由于施工中由于控制不严，往往出现轨道系统表面平整度达不到要求。若轨道系统表面局部不平整时，滚轴无法均匀受力，上轨道系统受力支座跨度增大，上部结构局部变形过大、开裂。由于滚轴与轨道的接触面较小，还可能造成轨道的局压破坏或滚轴被压坏；若轨道系统向上倾斜，则平移建筑物如同上坡，千斤顶推力可能无法满足要求；若轨道系统向下倾斜，则建筑物如同下坡，平移的可控性差。轨道系统表面不平还会造成瞬时的加速度增大，对结构非常不利；因而在施工过程中应采取有效措施，严格控制其表面平整度，为其自身进而为建筑物结构的安全提供保障。

5. 应控制的其他几个问题

除了上述几种涉及结构安全的问题应制定相应的措施外，移位中的细节控制也相当重要。如在平移施工时，托换系统未施工完成、混凝土强度未达到设计强度绝不能切断框架柱。不能为了赶工期，而忽视了大楼在移位过程中成为无固定点的可移体，抗风能力极差的特点。以及托换时柱内纵筋在上轨道系统中的锚固预留长度等问题均引起注意，以防止就位后的接柱发生困难等。

6. 应采取的预防措施

由上述情况可以看出，许多涉及移位建筑物的结构发生破坏的现象通过严格的施工质量控制是可以避免的。只要掌握涉及结构安全的主要因素，采取必要措施，并在设计、施工过程中认真对待每一个环节，即可保证建筑结构在移位过程中的安全。

为此，可采取以下几个方面的措施来提高建筑物移位施工的安全度：

（1）房屋质量鉴定

在建筑物平移方案阶段，即可对建筑物进行安全综合评估（位于地震区应按抗震鉴定标准进行鉴定）；对结构是否能够安全平移提出评价；对达不到移位所需强度、刚度要求的结构要进行加固，做到墙夹住、柱箍住、梁托住；对平移过程中需要采取的临时加固措施提出建议；对建筑物就位后拆除临时支撑的条件，以及如何采取永久加固措施提出建议。

查明工程场地范围内是否存在孔洞、暗沟、古墓等，提出处理意见。

在建筑物移位就位后，对整体结构进行复检，确认原先的鉴定结论，必要时进行调整和完善。

（2）移位前准备

根据房屋质量鉴定成果，充分预计在工程中可能遇到的紧急情况，并制定各项应急措施。对原建筑进行准确测量，找出与设计图纸差异之处；随着准备工作的深入，可能发现有许多与房屋质量鉴定报告不符的情况，应进行评价并制定相应的对策。事实上，这种现象往往贯穿整个移位过程。

设置必要的防侧移装置、防倾倒装置，以及指挥控制中心。

平移前还需将水电管线及附属结构等与移动体分离妥当，避免粘连。

（3）地基基础处理

要求新基础能够承受建筑物长期荷载，新旧基础处置妥当，不致产生超出规范要求的不均匀沉降；基础能承受建筑物整体移动荷载，要求上部荷载位于任何位置时，地基基础均能够承受而不发生影响移动的变形。考虑到新旧基础不均匀沉降，新基础可增大基础底面积或提高混凝土强度等级，兼作轨道的原地梁可按轨道要求作局部加固处理，如采取局部加锚杆静压桩补强等措施。新旧基础结合面加设抗剪构造筋、加密箍筋等，新浇筑混凝土振捣密实，加强养护。

根据地质情况和荷载设计轨道系统基础，避免发生超出允许的不均匀下沉。注意基础施工时超挖对原结构的影响。必须制定周密的施工方案，减少平移前施工对上部结构及基础造成的不利影响。

（4）托换

原材料的质量控制是控制工程质量的前提。托换工程中，对材料必须严格把关。托换形式要求施工工艺简单、操作方便。托盘系统宜在平面内组成框架体系，梁段节点要有足够的刚度和强度，保证托盘系统的整体性；对凸出部分宜设置斜向系梁，在允许的情况下应尽量提高托盘系统截面高度，确保托盘系统的水平和竖向刚度，保证即使动力系统行程不同步的情况出现时也不会使结构产生较大的相对变形。在采用常规托换方法时应充分考虑打孔穿钢筋对原结构的损伤，在施工时会使结构截面减小，降低了安全度。近期很多柱托换工程采用了“钢筋混凝土包柱式梁托换结构”，该方法是通过托换梁与结构柱之间的混凝土界面咬合，使新老结构牢固地连接在一起并共同工作，一般不需要在结构柱上打孔造成伤害。其要点简述如下：

1）足够的剪切面高度，合理的配筋方式；

2）要将施工界面处混凝土表面凿毛，并严格把握凿毛的标准；

3）清除界面杂物、松动石子和砂粒等，用水冲洗干净，浇水湿润；

4）用高强度等级水泥砂浆引浆；

5）超灌适当高度的混凝土，并添加少量微膨胀剂。

断柱一般采用人工开凿为主，机械钻孔为辅的方式，以减小振动对结构的损伤。最新的“金刚石线切割锯切割断柱技术”，对结构产生的振动很小，施工速度快，操作空间也很小，是值得推荐的断柱方法。考虑到断柱后，由于应力滞后，柱子经过一定变形后各构件间才能可靠地传递荷载，可采用先外后里，先断钢筋后断混凝土核心区的断柱方法。随着核心区混凝土逐渐被压碎，实现建筑物的“软着陆”。总之，断柱的顺序、方法、程序都应该以尽量减小对原结构损伤为前提。

砌体墙托换时，在支模前要将所夹墙体表面剔深 5 ~ 10mm，且各单位梁段间隔施工。在墙长度方向上每隔 1.5m 左右设置一条小系梁，以增强托梁与墙体之间的连接。

（5）轨道系统设计施工

轨道梁一般与建筑物纵横向主轴线平行，其布置不仅要保证建筑物在移动过程中的整体稳定，而且要保证建筑物的变形在允许的范围之内。

利用旧基础地梁面时，要根据轨道要求进行局部加固找平，移动时再垫以钢板，上轨道系统底面的钢板不仅保证了接触面的光滑，而且使梁底混凝土的拉应力非常均匀。托盘系统和轨道系统必须安全可靠，有足够刚度，满足瞬时加荷的要求。下轨道系统表面钢板采用分段铺设，两段间采用燕尾形接缝。为了保证轨道梁的稳定，可在轨道梁之间加支撑和系梁。如果建筑物需要旋转，则应加大轨道宽度，为普通平移一倍以上。施工完成后，要进行上下轨道梁钢筋混凝土强度检验、轨道表面平整度检验等。

（6）摩擦面设计

根据工程特点选取施工方案，滚动式比滑动式摩擦小，但滚动也有诸多不利因素，平移过程中滚轴被压碎或者产生较大的变形，会给工程安全构成很大的威胁。滚轴的刚度和强度是影响平移的关键。滚轴通常有钢管混凝土滚轴和实心钢滚轴两种，设计滚轴时不能简单地根据其静力试验数据、上部荷载、轨道板下混凝土的局部抗压强度确定滚轴的数量，必须同时考虑动载作用的影响。由于钢管混凝土滚轴和轨道接触面很小，且在滚动中受到高循环荷载作用，内水泥砂浆很容易压酥，产生很大的塑性变形。实心钢滚轴虽然变形小，但在平移中不隔振。塑料合金滚轴弹塑性性能好，力学性能也较钢管混凝土有很大的提高。

对于刚度较差的结构，建议采用稳定性较高的滑动式。滑动式在平移过程中相对平稳，对结构产生的振动较小，且可控性好，适用于转向移位。当移位产生偏差时，滑动式也比滚动式更容易纠正。但由于滑动摩擦大于滚动摩擦，在使用滑动式平移时对动力系统的要求有适当提高。

（7）平移控制

牵引式由于牵引绳变形不一致，容易使建筑物偏离轨迹。所以在使用牵引式时，牵引杆尽量采用高强低松弛材料，如大直径的精轧螺旋钢筋，因为它有随时控制建筑物移动位置，避免建筑物在迁移过程中惯性滑移的优点，以提高平移可控性。

采用顶推式时，反力设备简单明确，施加在房屋各个轴线上的推力须与房屋上部结构传给上基础梁的重力成比例，总的水平合力位置与上部结构的水平中心重合，水平推力宜有较大的富余，应大于阻力的3~5倍，若条件允许可多台千斤顶不同时工作。通过合理组织和轮流工作，可以缩短调整千斤顶的时间，减少瞬时加速次数，加快平移速度，外加动力计算见有关施工参考文献。

严格控制平移速度，防止房屋发生晃动，尤其是启动阶段，开始推移时应逐级增加推力。对于强度和刚度较差的结构应设计缓冲制动装置，在房屋顶部设置防倾斜的拉杆。

（8）顶升支垫

支垫系统可由预制钢筋混凝土垫块和压杆稳定装置组成。垫块就位时采用吊坠进行垂直度校正。千斤顶顶升时垫块也同步顶紧，既控制千斤顶的压力上限，又控制千斤顶每次顶升的行程。千斤顶具体排布应根据建筑物平面形状、重量及千斤顶吨位，保证建筑物平面刚度等具体要求而定，千斤顶的间距由计算确定。千斤顶与垫块、垫块与垫块、垫块与基础之间，要有连系装置，使“小柱群”处于稳定状态。反力设备尽量简单。为了防止顶升点的局压破坏，可以在千斤顶上下垫钢板垫块。

（9）顶升后处理

检查就位建筑物垂直度，有安排地一台台倒程，防止同时倒程造成框梁受力过于集中而发生危险。构造主筋与新基础的预埋筋焊在一起（搭接长度不小于35d），箍筋加密，在外围增加主筋，保证上部结构与基础的连接稳固安全。尽快浇筑混凝土并用早凝早强砂浆砌筑墙体，待连接体能够传力以后卸去千斤顶或临时支撑。全面检查建筑物健康情况，进行修复工作，上部结构连接应满足原抗震要求。

（10）移位监测

控制监测精度，认真做好测量工作，是确保平移工程成功的关键一环。监测时要重点注意结构的薄弱环节或敏感环节，如柱截断时的沉降，轨道梁的沉降，柱边、墙角、托架和轨道梁内钢筋的应力等。设定报警值为结构出现危险提供预警，正常情况下当构件受拉钢筋的应变超过500$\mu\varepsilon$时，受拉区混凝土会出现第一批微裂缝，但构件远未破坏，把托梁应变超过500$\mu\varepsilon$作为警戒线一般是比较安全的。观察建筑物的整体状况，如顶部与底部相对位移变形，记录楼体各点的前移距离、前移方向、楼体倾斜状况及裂缝情况。这些都属于静态监测；动态监测主要是振动加速度的测试，了解结构在动力作用下的响应。

此外，还应注意移位工程对场地周围的建筑物和市政设施的影响。

（11）施工组织措施

顶升和平移尽量在良好的气候条件下进行，保证机械操作人员能够独立熟练操作，施工时保证所有人员就位。严格控制各点顶升量，正式顶升前要进行一次试顶升。监理工程师现场跟踪和巡视，统一操作程序和规定动作口令。每条前进路线设专人进行行程统计和方向统计。建筑物在过渡段的任意位置停留最多2～3d，超过时应考虑其造成的影响并采取相应措施。在平移工程的施工期间和完成以后，都必须保证被迁移房屋和人员的安全。

三、移位应满足的标准及移位方式选择

1. 托换结构及移位基础施工质量应保证满足移位规范及设计要求；

2. 建筑物移位时，应引入液压同步控制技术实施建筑物的移位，以确保建筑物结构的安全，使各移位控制点同步。

（一）PLC液压同步控制技术

这是一种力和位移综合控制的移位方法，这种力和位移综合控制方法，建立在力和位移双闭环的控制基础上。由高压液压千斤顶，精确地按照建筑物的实际荷载，平稳地使移位过程中建筑物受到的附加内应力下降至最低，同时液压千斤顶根据分布位置分成组，与建筑物各控制点的位移传感器组成位置闭环，以便控制建筑物的位移和姿态，同步精度为±2.0mm，这样就可以很好地保证移位过程的同步性，保证结构的安全性。

PLC液压同步控制系统由液压系统（油泵、油缸等）、检测传感器、计算机控制系统等几个部分组成。

液压系统由计算机控制，可以全自动完成同步位移，实现力和位移控制、操作闭锁、过程显示、故障报警等多种功能。

（二）系统特点

该系统具有以下优点和特点：

（1）具有友好Windows用户界面的计算机控制系统；

整个操纵控制都通过操纵台实现，操纵台全部采用计算机控制，通过工业总线，施工过程中的位移、载荷等信息，被实时直观地显示在控制室的彩色大屏幕上，使人一目了

然，施工的各种信息被实时记录在计算机中，长期保存。由于实现了实时监控，工程的安全性和可靠性得到保证，施工的条件也大大改善；

（2）整体安全可靠，功能齐全；

软件功能：位移误差的控制；行程控制；负载压力控制；紧急停止功能；误操作自动保护等；

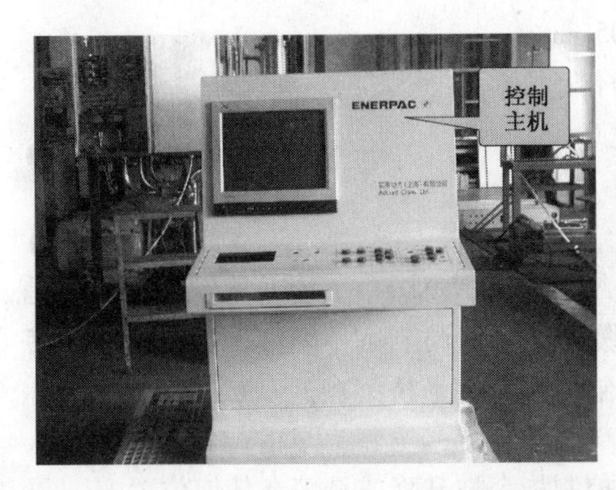

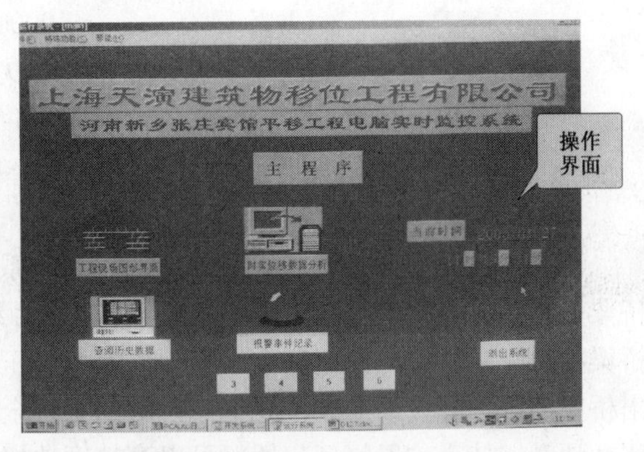

图 3.3-3　PLC 液压同步控制

硬件功能：油缸液控单向阀可防止任何形式的系统及管路失压，从而保证负载有效支撑；

（3）所有油缸既可同时操作，也可单独操作；

（4）同步控制点数量可根据需要设置，适用于大体积建筑物或构件的同步位移。

（三）主要技术指标

（1）一般要求

液压系统工作压力：	31.5 MPa
尖峰压力：	35.0 MPa
工作介质：	ISOVG46#抗磨液压油
介质清洁度：	NAS9 级
供电电源电压：	380VAG；50Hz；三相四线制
功率：	65kW（MAX）
运转率：	24 小时连续工作制

（2）顶升装置

顶升缸推力：	200 t
顶升缸行程：	140 mm
偏载能力：	5°
顶升缸最小高度：	395 mm
最大顶升速度：	10 mm/min
组内顶升缸控制形式：	压力闭环控制 压力控制精度≤5%

组与组间控制形式：　　　　　　　位置闭环控制

同步精度 ±2.0 mm

（3）操纵与检测

常用操纵：　　　　　　　　　　　按钮方式

人机界面：　　　　　　　　　　　触摸屏

位移检测：　　　　　　　　　　　光栅尺

分辨率：　　　　　　　　　　　　0.005 mm

压力检测：　　　　　　　　　　　压力传感器

精度0.5%

压力位移参数自动记录。

（四）液压同步控制系统

图3.3-4是顶升系统的组成示意图。顶升系统的组成示意图中，顶升施工的第一步是桥梁的称重，通过调节减压阀的出口油压 P_{out}，缓慢地分别调节每一个液压缸的推力，使桥梁抬升。当桥梁与原立柱刚发生分离时，液压缸的推力就是桥梁在这一点的重量值，称出桥梁的各顶升点的荷载，并把减压阀的手轮全部固定在 $P_D = P_{out} - P_{co}$ 的位置，便可转入闭环顶升。依靠位置闭环，桥梁可以高精度地按控制指令被升降或悬停在任何位置。

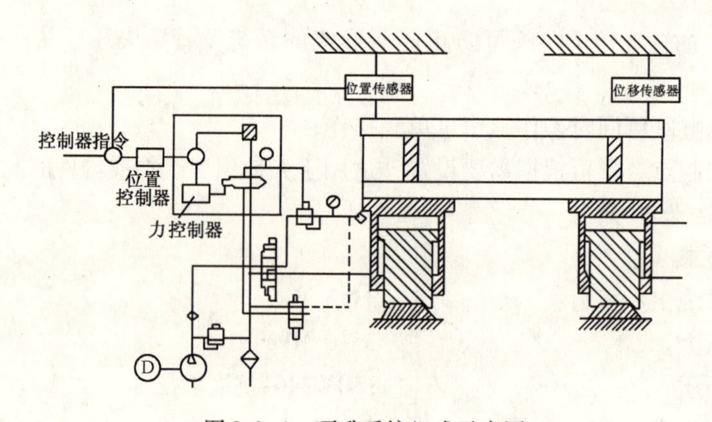

图3.3-4　顶升系统组成示意图

（五）移位系统控制原理

图3.3-5为移位系统控制原理。

比例阀、压力传感器和电子放大器组成压力闭环，根据每个顶升缸承载的不同，调定减压阀的压力，3个千斤顶组成一个顶推组。但是如果仅有力平衡，则建筑物的移位位置是不同步的。为了稳定位置，在每组安装光栅尺作精密位置测量，进行位置反馈，组成位置闭环。一旦测量位置与指令位置存在偏差，便会产生误差信号，该信号经放大后叠加到指令信号上，使该组总的举升力增加或减小，于是各油缸的位置发生变化，直至位置误差消除为止。由于组间顶升系统的位置信号由同一个数字积分器给出，因此可保持顶升组同步顶升，只要改变数字积分器的时间常数，便可方便地改变移位、顶升或回落的速度。

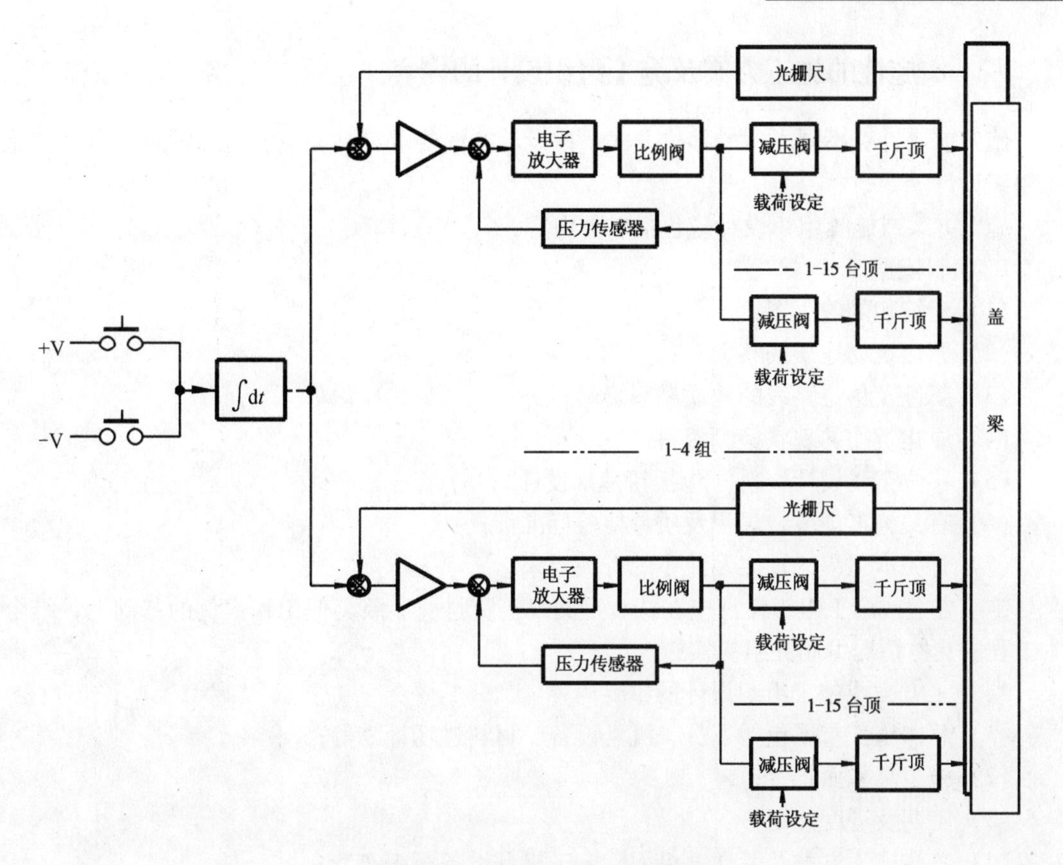

图 3.3-5　移位系统控制原理图

（六）电控系统

图 3.3-6 为整个电控系统的组态图。

核心控制装置是西门子 S7-200 系列的 CPUS7-224，触摸屏可以显示各个顶升油缸的受力参数，并可连接打印机，记录移位过程数据。系统安装了 UPS 电源，即使意外断电，也可确保数据和工程的安全。

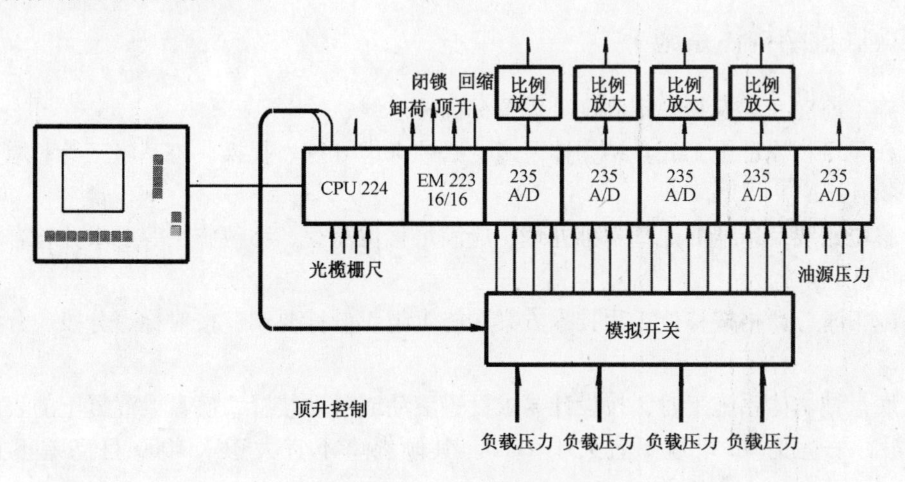

图 3.3-6　顶升控制

四、实施性的施工方案及施工组织设计的内容

施工前应针对不同类型的移位方式，按设计方案要求编制相应实施性的施工方案或施工组织设计。

施工方案或施工组织设计应包括以下内容：

1. 编制依据

（1）建筑物的竣工图；

（2）原建筑物地质勘察资料；

（3）新址及移位路线的地质勘察资料；

（4）原建筑物的现状检测资料；

（5）移位工程设计资料（包括新基础设计）；

（6）有关施工规范、规程及质量检验标准等；

（7）有关本工程的批文及业主的有关要求。

施工方案或施工组织设计应在认真审阅以上资料、参照类似工程案例的基础上，结合本工程的具体情况编制并组织实施。

2. 施工方案或施工组织设计的主要内容

（1）总体施工布署包括人员、机具设备、材料进场计划等；

（2）施工总平面布置；

（3）工期及进度计划；

（4）总体施工方案及劳动力组织、施工机具设备组织布置；

（5）主要的分项、分部、工序施工方案或方法及工艺流程；

（6）原材料、成品、半成品质量检验试验计划，工序质量检验、控制计划等；

（7）工程质量保证及控制措施，建筑物结构安全保证及控制措施；

（8）移位过程中的检测、监控措施；

（9）应急措施及应急预案等；

（10）竣工验收。

五、底盘结构体系施工

1. 施工前应在建筑物一定高度处设置标高标志线；

2. 在建筑物原址施工底盘结构体系时，必须考虑开挖、托换、桩基施工等对原建筑物的不利影响；

3. 移位路线及新址的地基基础处理，应满足移位荷载、移位施工等要求并符合相关施工规范的规定；

4. 施工时应严格按移位工程技术方案和施工组织设计要求，按对称、分段、分批组织施工；

5. 底盘结构体系施工时，按设计要求设置滚动或滑动装置；底盘梁混凝土的表面应平整、光滑，平整度2m尺量不宜大于2mm。其倾斜率不宜大于1/1000且高差不宜大于5mm。

六、托盘梁结构体系施工

1. 托盘梁结构体系宜对称进行，不得使建筑结构受力不匀；每条梁宜一次性浇筑完成；如需分段，接头处应按施工缝处理，施工缝宜避开剪力最大处；

2. 托盘梁结构体系与原建梁、柱接触部位处，应对原结构梁、柱表面进行凿毛，凿毛面清洁干净后，涂刷界面处理剂；

3. 托盘梁结构主筋接头不宜采用绑扎连接，连接构造应满足现行规范要求；

4. 移位建筑结构柱荷载较大、托盘抱柱梁不能满足受力要求时，应采取卸荷处理；卸荷支撑宜设置测力装置，并在移位过程进行监测控制；如出现监测力超限时，应停止移位，采取措施处理完成后再行移位；

5. 对施工时凿开的墙洞应及时进行修复处理。

七、截断施工

1. 托盘结构体系的混凝土强度达到设计强度，方可开始对移位建筑墙、柱进行截断施工；

2. 截断施工前应检查托换结构体系的可靠性；卸荷装置应在截断施工前安装完毕，必要时可施加预应力，以减少支撑结构变形对卸荷的影响。

3. 截断施工的顺序必须按设计要求及施工技术方案或施工组织设计要求进行；

4. 截断施工过程中，应对墙、柱、托盘及底盘结构体系的受力状态及变化进行严密监测；

5. 截断时宜采用对相邻部位结构损伤最少的施工机具及工艺方法；

6. 施工时需妥善处理原建筑的水、暖、电等管线，以便恢复。

八、水平移位施工

1. 移位前应对托盘及底盘结构进行阶段性验收；移动摩擦面应平整、直顺、光洁，不应有凹凸、翘曲、空鼓等；

2. 移位前，对移位装置、反力装置、卸载装置、施力系统、控制系统、应急措施等各个方面进行检查，并清除移位障碍物；

3. 正式移位前，应先进行试验性移位，检测施力系统、检测控制系统的工作状态及可靠性，验证移位相关参数与移位方案的可靠性；

4. 移位时，应遵循均匀、缓慢、同步的原则，移位速率不宜大于60mm/min，并及时纠正移位中产生的偏、斜；

5. 施力系统应包含测力装置，宜采用液压同步控制技术，确保移位同步精度；

6. 摩擦界面宜选用摩擦系数较小的材料，并适当辅以润滑剂；

7. 平移到位后，应及时对建筑物的位置和倾斜度等进行检测和阶段性验收。

九、升降移位施工

1. 应根据建筑物结构及荷载情况合理设置顶升点位置，并在顶升点的上、下部位设置托架及荷载分配结构，避免对原结构造成损伤；

2. 应按设计要求配备、布置顶升设备，顶升设备安装完成后，应检查其是否安装牢固，垂直度必须符合设计要求；

3. 应采用液压同步控制技术实施建筑物的顶升，确保顶升的同步精度，避免因托盘结构体系的损伤、变形造成建筑物结构损伤、变形；

4. 顶升施工时，应采取有效措施确保临时支撑的稳定；

5. 应采取对原结构或托盘结构的限位装置，有效限制建筑物的平面位移；

6. 顶升或下降时，应均匀、同步，平稳、缓慢地施力，确保建筑物结构的稳定、安全；

7. 应设置顶升或下降的标高控制点和检测装置，并应标志明确，确保精确控制顶升或下降高度。

十、连接与恢复施工

1. 应按设计要求进行就位后的结构连接；

2. 结构及墙体恢复时，应按设计要求预留水、暖、电等管线的孔洞；

3. 就位后，应对移位产生的原结构裂损进行修复或加固。

第四节　移位工程的检测与验收

一、施工监测

1. 移位过程中应对沉降及裂缝进行监测，对重要的建筑物，宜对移位造成的结构振动和构件内力变化进行监测；

2. 测点应布置在建筑物结构对移位较为敏感、结构主要受力部位或结构薄弱的部位，测点的数量及监测频率应根据设计要求确定；

3. 对建筑物各轴线移位的均匀性、同步性、移位方向等进行监测，当出现偏移或倾斜时应及时调整处理；

4. 移位过程中，应对托盘结构体系进行监测，发现安全隐患及时处理；

5. 移位前，应根据具体情况设置监测数据的预警值、报警值，并及时根据检测反馈信息调整、处理消除安全隐患。

二、检测与验收

1. 建筑物移位后的轴线位置与设计轴线位置的偏差应小于40mm；建筑物的标高与设计标高的偏差应小于30mm；

2. 就位后的建筑物不应存在影响结构安全的裂缝，对危及结构安全的裂缝应及时采取加固措施，对不影响结构安全的裂缝进行修复。

第五节　移位工程实例

［实例一］　广西梧州人事局综合楼移位工程

工程地点：广西梧州市西堤路

工程类型：直线平移

工程设计单位：大连久鼎特种建筑工程有限公司

工程施工单位：大连久鼎特种建筑工程有限公司

完成时间：2004 年 6 月

一、工程简介

梧州市人才交流中心综合楼位于西江梧州段北岸，西堤一路与奥奇丽路交汇处，楼体高度 10 层，共高 36m，总建筑面积为 8860m^2，总重量 13250t。应城市规划改造拓宽西堤一路的需要，大楼需要向北平移 30.276m，大连久鼎特种建筑工程有限公司于 2003 年承接人才交流中心大楼平移的工程任务，并于 2004 年 6 月 3 日顺利完成了该项任务。

二、平移施工的特点

1. 施工便捷

由于本工程平移轨道采用双轨道，这就拓宽了平移工程中基础分离与基础连接工作的工作面。在旧式的单轨道平移技术中基础分离截断柱子与连接柱子的工作面仅限于上下轨道之间的空隙，约为 100mm，施工难度大；新式的双轨道平移技术设计中考虑了如何降低施工难度，两条轨道之间留出 400～600mm 的距离，施工人员可以在此空间内开展施工。在大楼平移施工的过程中所有的施工人员包括到场指导参观的领导及群众都为设计的精妙赞叹不绝。

2. 化学植筋

在本次施工核心工序柱子托换的施工过程中我公司打破常规，应用了国际先进的化学植筋技术。在精确计算出每根基础柱所承担荷载的前提下，确定每根柱子的植筋数量，确定植筋位置图，在柱子上按位置图钻孔，达到深度后植筋，植入钢筋长 30mm，一半植入柱子内，一半锚固在外包柱子内，依靠钢筋的抗剪与柱子与外包柱子的摩阻力将楼体的重量托换到上轨道梁上。以往在此部位施工时将采用螺栓锚固的方法，直接用螺栓将柱子穿透再锚固到外包柱子里，此方法对柱子的破坏严重，当建筑物重量超过一定限度后，螺栓的密度将影响结构的安全性；另外，这种施工方法还受到柱子截面尺寸的限制，不太适用于大截面的柱子托换施工，也就是说它不适用与大重量的建筑物托换施工，所以化学植筋方法的运用不仅仅是一种思维方式的转变，此技术在本次大楼平移施工中应用成功标志着在大重量建筑物平移核心技术的一项重大突破。

3. 解决了西北角临空问题

在新基础桩基施工过程中，西北角有一棵永久桩由于受排水泵站的限制无法在指定位置施工，也就是说楼房就位后西北角的一棵柱子下面没有与之连接的永久桩基。为解决这个技术难题，我公司技术人员采用了大安全系数的悬挑技术，在计算中采取了比整体安全系数高一倍的安全系数，利用两条大梁交叉的办法悬挑西北角的那一棵柱子，从平移后的观测结果看，此位置没有异常的沉降变化，楼体内部也没有发现新增加的裂缝。此技术问题的解决显示了我公司设计人员在面临突发技术难题时的应变能力与丰厚的专业知识积累。

4. 采用钢支架为活动反力支座

本次平移过程中除在楼体启动时采用了固定的钢筋混凝土支座提供反力外，其余在楼体前进过程中均采用了钢支架作为活动反力支座来提供反力。钢支架活动反力支座与固定钢筋混凝土支座相比的优点在于：

（1）钢支架活动反力支座比固定的混凝土支座可以节约成本，更重要的是它可以反复利用，避免资源浪费，保护环境。

（2）钢支架活动反力支座可以方便的进行更换修理，更换后不影响施工效果，固定的混凝土支座如果损坏将造成不可估计的工期损失，并且施工困难需要重新浇筑混凝土，等待混凝土强度。

（3）钢支架活动反力支座应用灵活，在施工过程中可以根据实际情况调整支座的位置，这是固定的混凝土支座所无法比拟的。

5. 滚动式平移

滚动式平移技术是目前国内外应用较为普遍的平移技术，本次平移采用滚动式是我公司经验积累的结果，同时在本次平移过程中我公司设计、施工人员也将这一技术应用到极致。在移动过程中，我们承受了一次启动、楼体姿态调整、就位精度控制等多项技术难题的挑战。

建筑物平移施工从大的方面可以分解为托换施工、移位施工、逆向拖换施工三个步骤，下面针对每一步骤的每一个施工工序进行分解。

三、托换施工工序分解

工 序：拆除旧基础 → 测量放线 → 桩基础施工 → 桩基承台施工 → 下轨道梁施工 → 铺设钢板与滚轴 → 上轨道梁施工 → 包柱子施工 → 等待强度 → 截断柱子

1. 拆除原建筑物地下室墙体

平移工程进场施工的第一步在经历过全过程以后会得出经验，必须是拆除原建筑地下室的墙体，其原因如下：

确定建筑物地下室内柱子与甲方提供的竣工图纸之间的差异，避免产生原建筑物施工误差与新永久桩基施工误差的累加；

拆除地下室墙体时要记得将柱子外侧的坯灰层凿掉，反复拉钢尺，结合竣工图纸的尺寸，假设情况如图 3.5-1，两条轴线的图上距离是 2100，而实际测量则是 2200，对于这种情况，在平移工程中是这样处理的：

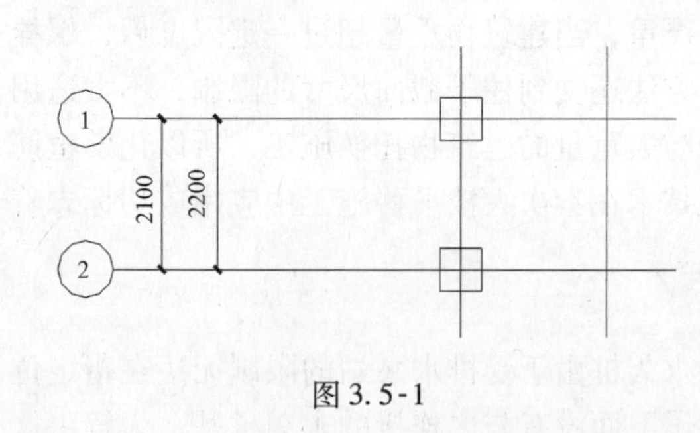

图 3.5-1

先根据图纸上柱子与轴线的关系在柱子上用铅笔标出轴线的位置。

拉钢尺测量准确两条轴线的实际距离，并用实际距离减掉图上距离得出差值：2200 − 2100 = 100；

如果差值是正值，就将标记相互靠拢差值的一半；如果差值为负值，就将标记相互分离差值的一半；两条轴线之间的轴线就可以根据图纸上的标注进行测放；轴线测放以后，将轴线用墨线弹到柱子上。值得注意的是，墨线应该从柱子根部直接弹到柱子顶棚底面，以备将来施工包柱子后仍然可以找到轴线。

2. 测量放线

（1）将楼体的纵横轴线用上述方法用墨线弹到楼体外边的柱子上，下一步是如何准确定位楼体移动以后的具体位置。

（2）由于柱子所在位置不能架设仪器，所以，第一步是要将本工程中 1 轴和 17 轴的轴线在楼体前后各向东西两侧引出 800mm，首先在楼体南侧沿东西方向贴着柱子外面拉出一条直线 L，在直线上以 17 轴轴线为起点向东方向量取 800mm，钉立圆木桩，在木桩上垂直于该直线用红铅笔画一条直线 J。

（3）现在 17 轴向东方向延伸 800mm 所在的点 B 就在这一条用红色铅笔所画的直线上，如何确定这一点的具体位置就要依靠弹在柱子上的 A 轴轴线。在甲方提供的竣工图纸上注明 A 轴线和柱子边缘距离为 300mm，我们就可以拉直上面提到的直线 L，在直线 J 上进行微动调整；另一方面，用尺子测量直线 L 和 A 轴线之间的距离，当这个距离达到 300mm 时标记好直线 L 和直线 J 的交点，这个点经校核后就是我们要求得的 17 轴外延 800mm 的点 B。

（4）重复 3 步骤，这样我们可以获得 A、B 、C、D 四个定位点，下一步进行校核。

（5）由于此四个点的定向直线 L，是通过拉线贴柱的方式获得的，不是很精确。我们在 A、B 两点上钉上钉子，然后在钉子上挂白线，用尺子测量 A 轴与白线之间的距离是否是 300mm；如果不是则进行微调，微调方法是用锤子沿 J 线方向敲打钉子，直到定位准确，在钉子上标出十字符号，准确定出 A、B 点的位置。应用同样的方法，我们可以定出 C、D 的位置。

（6）再测量一下 AB、BC、CD、DA 之间的距离，看是否与预定的距离相等；如果不相等，再进行相关的调整或者重新测放此四个点。

（7）有了上面的四个点以后。我们就可以在 A 点架设仪器，以 D 点为定向点测放出 A'点和 D'点。以同样的方法可以得到 B'点和 C'点。

（8）按 6 步骤对 A'、B'、C'、D'的位置进行校核。

（9）现在我们有了 A'、B'、C'、D'四个定位点，对定位点进行保护。

（10）在 D'点架设仪器以 A 点作为定向点，然后按设计图纸上的标注测放出 A' ~ G'轴轴线与直线 AD'的交点。在 D'点架设仪器以 C'点为定向点，然后按设计图纸上的标注测放出 1 ~ 17 轴轴线与直线 $C'D'$的交点。

（11）在 C'点架设仪器以 B 点作为定向点，然后按设计图纸上的标注测放出 A' ~ G'轴轴线与直线 BC'交点。在 B'点架设仪器以 A'点为定向点，然后按设计图纸上的标注测放出 1 ~ 17 轴轴线与直线 $B'A'$的交点。

（12）所有的点都以圆木桩 + 铁钉的方式进行定位，

（13）所有的周线固定以后要对轴线进行校核，校核的重点是南北方向 1 ~ 17 轴的轴线位置要求不能偏差大于 1cm，否则在以后的施工中难以控制。校核的方法是用尺子量测 AB、CD、$A'B'$、$C'D'$的距离是否是 42200mm，量测 A 轴到 A'轴的距离是否为 30276mm 等。为进一步确定放线的可靠性，可以进一步量测两个轴线之间的距离，量测 $D'C'$与$A'D'$

之间的夹角。如果遇到量测结果与图纸相差超过1mm，那么就应该找出错误的所在。如果找不到原因，或者处理起来很麻烦，那么就应该重新进行放线工作，直到误差控制在1cm之内。

（14）放线工作结束以后，将所有的定位点用砖砌的围挡保护起来，根部浇筑混凝土，务必使之安全、稳固。如果此定位点在施工过程中被损坏，就意味着1cm的精度损失无法弥补，影响整个工程的质量。

3. 桩基础施工

本工程采用的是人工挖孔桩基础。与以往人工挖孔桩不同的是，本工程的挖孔桩不但桩的直径有多种，而且桩还分为永久桩、过程桩和临时桩三个种类。下面我们一一介绍。

（1）永久桩

永久桩在施工过程中承担下轨道梁传递下来的楼梯荷载，与过程桩、临时桩一起组成一个点阵式的载体，共同承担着楼梯移动过程中由下轨道梁传递下来的楼梯荷重；在平移施工完成以后，通过逆托换过程，永久桩要独立承担全部的楼体荷重，所以永久桩的施工质量尤为重要：①永久桩的定位：在测量放线的基础上，拉纵轴线和横轴线用吊坠确定纵横轴线的交点，然后根据图纸的标注得出桩心与此交点的具体位置，再用吊坠以两点确定轴线的方向，用直角尺截取图上的长度，确定桩心。②确定桩心以后，可以让工人先按次桩心进行施工第一节护壁。第一节护壁施工完毕后必须进行一次全面的验线，验线后在护壁上钉四个钉子，其中两个钉子确定一条偏离轴线相应距离并且平行于该轴线的直线，这样两条线的交点就是桩心。工人可以随时拉两条交叉直线，在交点位置用吊坠确定桩心位置，这样可以避免桩的挖偏和跑位，同时又方便可行。③永久桩持力层深度较大，挖出的全风化花岗石和它上面的一层残积土用肉眼难于区分，但可以靠手感进行区分，残积土握在手中感觉软弱和滑腻，而全风化花岗石则稍硬，也没有滑腻的感觉；残积土中的长石成分已经完全风化，在手中捻碎后非常光滑，而全风化花岗石则有涩的感觉，其中有细颗粒的硬物那是没有完全风化的长石。④检查桩径时可以用绳子系住与桩径等长的木棍的中点，使木棍呈水平平衡状态由孔口垂下，如果木棍不碰壁则桩径达到要求。⑤桩孔挖完以后就要进行检验，检验应从以下几点着重出发：桩底扩大头的尺寸是否达到设计要求，如果比设计大，那么达到要求；如果不够，不予验收。⑥桩底要清理干净，不能有软泥和浮土；不能有水；桩底要进入持力层2m以上，持力层判定要准确。⑦浇筑混凝土过程中要对混凝土的质量进行跟踪监测，同等条件下养护试块要求每根永久桩一组。浇筑时最好将导管下入距桩底2m以内进行浇筑。如果桩孔内没有水，可以将导管口露出混凝土表面，但是如果桩孔内有水，混凝土的浇筑就要遵守有关水下灌注混凝土的相关要求了。⑧混凝土灌注到一定高度后下入钢筋笼，钢筋笼顶部留出800mm作为锚固承台用，所以此800mm主筋不用焊接箍筋。⑨挖孔桩的桩孔标高的控制，在未进行灌注以前先要确定整个工程的相对高程0的所在位置，可以先测量几个原有承台顶面高程，然后找出一个平均值作为0高程点，设立几个永久点，并记录好它们与0高程点的相对关系。如本工程桩基承台顶标高为0，承台高800mm，桩顶嵌入承台100mm，则永久桩桩顶标高为－700mm。

（2）过程桩与临时桩

此两者都是为了减小下轨道梁的跨度而设计的不同的只是他们所处的位置不同，此两者的施工要求和施工方法跟永久桩大体相同，这里就不再详细叙述了。不过为了节约成本起见，我们可以给工人每人配备一把卷尺，防止由于超挖而导致的资金浪费。

4. 制作桩基承台

桩基承台的制作需要注意以下两点：

（1）桩基承台要求足够大，够刚度，两个翼端可以满足两条下轨道的尺寸要求，也就是说两条下轨道梁的外缘尺寸不能大于该轨道梁所经过的承台在相同方向上的尺寸，这就要求我们必须认真核对下轨道梁之间的距离，判断承台的大小是否符合要求；如果不符合要求，及时与设计联系，以便更改。

（2）永久桩的桩基承台里面要求有连接柱子的钢筋预埋件，此预埋件与楼房原有柱子的位置是相对应的，楼体在平移以后原有柱子的钢筋保留部分要与次预埋件完全对接，所以对此预埋件的要求是：①施工图纸要求准确，首先用仪器测量一遍所有柱子与轴线的偏差关系，然后对应看甲方提供的竣工图纸，对测量资料与图纸不符的地方进行二次测量以便确定，确定后对竣工图纸进行修改，这一步工作其实在放桩位时就应该做到。②施工精度要求准确，做法是先支好模板，下入钢筋笼，将轴线落到模板上，用两颗钉子确定一条轴线，然后再根据修改后的轴线与柱子关系图，用木板在模板顶钉一个井字架。如图3.5-2，这样井字架框内的部分就和原柱子的外观尺寸一样了。再扣除23～30mm钢筋保护层厚度，就可以按照原柱子的配筋形式进行配筋了。配筋时注意，将所有的主筋提高一个级别，钢筋的绑扎要牢靠，上下都要绑到；否则，在浇筑承台混凝土时可能会产生钢筋的跑位，为将来的连接工作带来麻烦。

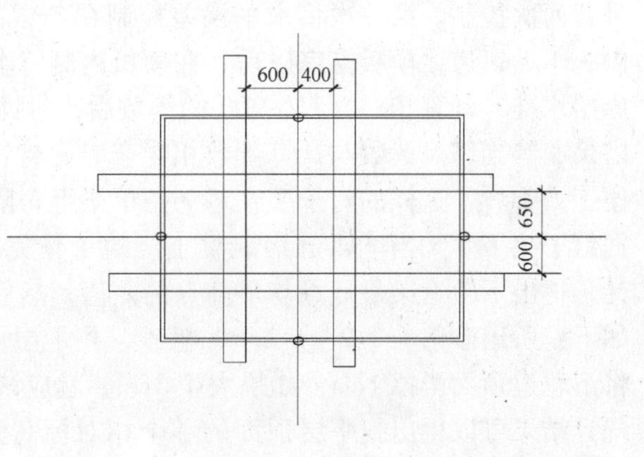

图3.5-2　井字法预埋

5. 制作下轨道梁

下轨道梁除了一般要求的刚度以外，对施工的要求有三点：平行，直进，平整。

（1）平行

下轨道梁的平行性是确保楼体在移位过程中楼体不局部出轨的重要指标，具体的控制方法如下：我们在放线阶段已经将楼体南侧的轴线用墨线弹到了柱子上，同时也把楼体移位以后的楼体的北侧轴线固定在木桩上；另外，我们有轨道与轴线关系图，将下轨道梁的外边线用墨线弹到承台上，工人按墨线位置绑扎钢筋、支模板，每一条下轨道梁都要进行验线，验线时在 AB 和 $C'D'$ 上分别标出该轨道梁外边缘的位置，拉一条白线，以吊坠验线；同时，重点看这条线和其他轴线的关系是否和图纸相符，偏差大于1cm需要进行改正；浇筑前要检查模板是否牢固。浇筑时，如果模板跑位应及时纠正。

（2）直进

下轨道梁的直进性也是楼体平移施工过程中的一项重要指标，其控制方法和轨道梁的平行性控制大体相似。所不同的是，平行性看重的是轨道梁与轨道梁之间的关系是否平行，而针对每一条梁来说，除了平行以外还应该是没有扭曲的。这就要求我们在验线以后，还要检查模板内边缘是否和线是重合的；如果偏差超过1cm就要进行改正。模板支完后、混凝土浇筑以前检查模板侧向稳定性，避免浇筑混凝土过程中模板跑偏。本工程下轨道梁高900mm，施工时采用两道斜支撑的方法，结果仍然有部分下轨道梁出现跑偏的情况，如果再有类似工程建议采用三道斜支撑。

（3）平整

下轨道梁的平整度直接影响着整个平移的施工质量。如果下轨道梁不平整，就会使楼体在平移过程中产生应力的局部集中，轻者是楼体内部墙或者梁柱产生裂缝；重者会使整个楼体结构损坏，整个工程失败。平整度的控制就是水平的控制，为确保精度我们进行两次控制。第一次将水平误差控制在2cm之内，第二次将水平误差控制在3mm之内：①下轨道梁模板支完以后，在模板内侧钉水平钉，从施工承台时引测的永久点引测原始水准，计算相对高程+900的读数后，将铁钉附于塔尺底部并在模板内侧上下移动塔尺，等到塔尺读数与计算读数相吻合时，将钉子钉到模板上，钉子露出2~3cm以方便工人查看，这样的钉子要在每一条单梁上每隔1.5m钉一个，浇筑混凝土时让工人根据钉子找平。②当下轨道梁混凝土浇筑工作完成以后，先对下轨道梁顶面进行测量统计，得出下轨道梁最低点与最高点的差值，然后进行找平层的施工，找平层的施工要求如下：所用砂浆为1:2~1:2.5，粗砂，找平层厚度在1~3cm之间；如果小于1cm，就将下轨道顶面凿掉1cm；如果大于3cm，就应该使用细石混凝土进行找平。根据上面的统计结果可以得出找平层顶面的一个相对标高为+922。具体做法如下：先确定一个永久点为找平层施工的基准点，然后计算出+922的塔尺读数，在轨道梁上先按每1.5m一个布置好水泥砂浆的堆，然后用塔尺的底部去压水泥砂浆堆。当读数正好为计算读数时，拿开塔尺，塔尺底就在水泥砂浆堆上留下一个印记，稍干后清理其余部分留下印记，按照印记支模板，模板上表面正好与印记卡平、抹平，在最后一道抹平工序时，用水准仪进行每隔0.5m一点的检测。

（4）预埋件

在下轨道梁施工过程中有两种预埋件：①活动钢支架的插销孔，插销孔要求是两条梁的插销孔同心，标高有精度要求；当钢筋笼绑扎调整完毕后，首先用角钢贯穿两个预埋件钢管，角钢以正好可以固定预埋件钢管为宜，这样可以作到两段预埋件钢管的同心要求；用水准仪控制预埋件顶标高，拉横轴线控制预埋件方向。②下轨道梁顶钢板固定预埋钢筋，上轨道梁混凝土浇筑完毕，待混凝土还没有初凝时在轨道梁上两个角上对称以45°角插入20cm长ϕ10的钢筋，钢筋尽量靠近轨道梁的两个侧面，避免插在轨道梁的顶面上，钢筋留出2~3cm作为焊接用。

6. 植筋

植筋工程不需另外再计算独立的工期，在施工承台和下轨道梁时可以同步进行，平移工程对植筋的要求是：

（1）植筋孔数量够，在柱子的植筋有效高度内用水钻钻取植筋孔，植筋孔的布置每隔特定的距离错开布置，如图3.5-3所示。

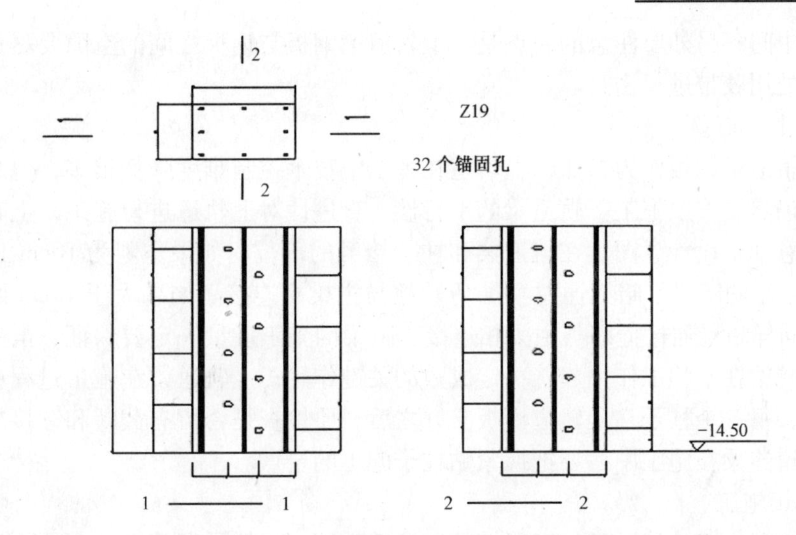

图 3.5-3

（2）植筋孔大小合适，深度不能小于设计要求，本工程使用 ϕ25 钢筋植入 15cm，所以植筋孔需要钻取 30mm，钻孔深度大于 15cm。

（3）柱子四面都有钻孔，但布孔时应尽量错开布置，防止钻孔贯穿。

（4）由于钻孔在施工过程中是对柱子的一种伤害，虽然此伤害在设计考虑范围之内，但是施工中还是要尽量减少这一破坏，具体做法是在楼体内部分散植筋孔的钻取位置，孔钻完以后立即进行植筋处理。

（5）植筋时先用清水洗净钻孔，再用吹风机吹干钻孔，然后进行植筋处理。

$2^{\#}$胶水用于粘结，充满孔内，重量比为白胶：黑胶 =4:1。

$3^{\#}$胶水用于封住孔口，黑胶 1kg + 80g593 + 适量白加黑。

7. 铺设钢板滚轴

（1）弹线

下轨道梁找平层完成以后，在找平层上用墨线弹出下轨道梁边线，弹边线时应该重新验一下线，主要控制是下轨道梁边线和所对应的轴线是否平行，如果有偏差及时进行调整。

（2）铺钢板

钢板的边缘线和刚才所弹的墨线相重合，由于钢板的宽度和下轨道梁的宽度是相同的，所以在钢板施工以后，以后的施工步骤可以按照钢板的边缘线作为施工的基准。所以在铺设下轨道梁钢板时要格外地仔细，也是技术人员对轨道梁质量的最后一次控制，钢板沿线铺设钢板与钢板之间要留取 2 ~ 3mm 的伸缩缝。当遇到翘起的钢板时，可以将弧形的腹部朝上，将伸缩缝适当加大。

（3）铺设滚轴

首先确认好每个滚点位置滚轴的数量，然后将滚轴垂直于轨道梁的边缘线均匀摆放，滚轴与滚轴之间的空间以苯板充填密实。

（4）铺设上轨道梁钢板

在本工程中上轨道比下轨道小 5cm，这样在上轨道钢板铺设的过程中要看是否在下轨道梁钢板的中间；另外要注意的一点是，上轨道梁钢板与钢板之间的空隙要尽量小，最后还要在接缝处用胶带进行密封。

8. 制作上轨道梁

有了下轨道梁钢板作为参照，上轨道在施工中技术控制难度降低很多，但是此时不能掉以轻心，仍然要按照施工下轨道梁的平行性、直进性对上轨道进行施工，上轨道在进行施工时要注意理解设计意图。在轨道梁和柱子接触的部位，如果空隙为10cm以内加一根ϕ25钢筋为主筋的暗梁，暗梁通过箍筋巧妙地与主梁相连接。如果大于10cm要注意增加ϕ25钢筋，同样暗梁通过箍筋与主梁相连接。暗梁的施工质量一定要保证，虽然其工作量不多，但是暗梁在平移工作中起着决定成败的关键作用；上轨道梁在施工过程中要注意设计联系施工，每一个柱子在上轨道模板支好之后，要检查是否留有截断和续接柱子的工作空间；上轨道连梁在施工中，要把握紧贴柱子施工的要点。

9. 包柱子施工

包柱子施工之前，柱子已经完成植筋和凿毛处理，包柱子钢筋绑扎要严格按照设计进行，混凝土浇筑要振捣充分，在包柱子和上轨道梁接触面处首先用砂浆将模板的缝隙抹死，防止露浆产生蜂窝。

10. 截断结构柱

（1）截断位置　为了在移位施工中避免阻挡情况的发生，最佳的截断位置是在上下轨道梁之间。柱子的上断面应该在上轨道梁钢板之上。

（2）截断高度　为了便于移位施工以后柱子的续接工作，截断高度最少应该在20cm之上。割断钢筋时应该贴着下端面割断，钢筋保留长度不小于10d。

（3）截断时间　当上轨道及包柱子混凝土强度都100%达到设计要求时进行截断。

（4）截断柱子前的准备工作　有一项准备工作和三项原始资料的采取是必须在柱子截断以前完成的，一项准备工作是在每一个包柱子和柱子的接触面上贴石膏饼，以备日后观测，包柱子和柱子之间是否产生了相对的移动；楼体的四角倾斜观测原始记录必须做好并请甲方和监理签字；楼体在外围布置8～10个沉降观测点，做好原始记录并交甲方与监理签字；楼体内部墙体裂缝观测原始记录并签字。

（5）截断方法　用风镐作为截断工具，由边缘向柱心截断。为减轻对上轨道的损坏，可以在截断时分两步施工。先将周边的混凝土凿掉留取柱心混凝土，再利用楼体的自重对柱心混凝土进行缓慢压溃，达到楼体的软着陆。

四、移位施工

在此次平移过程中从开始到结束共花费7d时间，这7d时间完全是前期托换工程的检验。

1. 阶段性检查测量资料

在整个截断柱子过程中每隔24h，对柱子上的石膏饼进行一次全面检查。如果发现石膏饼开裂严重，说明柱子与包柱子之间产生了相对的错动，立即用临时托换的方法进行解决。

每隔24h对楼体的沉降做一次观测，将观测资料记录在案。

截断柱子后对楼体四角的倾斜做一次观测，将观测结果记录在案。

2. 清理滚轴

在施工上轨道梁的过程中有部分水泥浆流进滚轴与滚轴之间的空隙，在移位施工以前，必须将其清理干净。由于在铺设滚轴的过程中，滚轴与滚轴之间的空隙用苯板进行了充填，所以清理滚轴的工作量就减少很多。这时只须将滚轴之间的苯板和其他杂物清理干净；如果滚轴上粘有水泥浆，可以用铁锤敲击滚轴，振落水泥浆。

3. 对楼体与基础的连接件进行处理

电线及通信线路更换更长的软线连接，下水用软管连接至临时化粪池内，上水用足够长度的高压软管进行连接；检查所有地线和柱子钢筋是否截断，柱子是否完全托换到上轨道梁上。

4. 贴标尺

贴标尺的位置是楼体的两侧平行于平移方向的两条轴线，在上轨道梁前端打膨胀螺栓焊接两个指针，指针指向下轨道梁钢板的中线，即该轴的轴线。沿此轴线在楼体平移方向上贴两条卷尺，卷尺应位于下轨道钢板中间，且卷尺的零点正好对应着指针。在此两条上轨道梁尾部也应该制作两个指针，指针指向所对应的下轨道梁钢板的中间，方便在施工过程中观察，及时作出调整方案。

5. 试推

无论滚轴清理程度如何、润滑油涂抹是否彻底，从微观上看，滚轴与钢板之间的楔形体尖端的微小空间是无法清理干净的。所以，第一次试推的启动力是要远远大于移位施工过程中的普通启动力的，大致情况是钢板与滚轴之间的净摩擦系数是0.03左右，但是当楼体第一次启动时的净摩擦系数是0.1左右。试推是考验顶推设备的顶推力是否足够，同时还考验上轨道梁体的传力机制是否合理，所以在试推时应该由有足够经验的人士主持。在试推以前要检查好每一台设备，顶推过程中应该所有设备同压顶进，加压建议分三次加压，加压到一个高度稳定后卸压归零，然后再加压达到一个更高的高度稳定后卸压归零，如此直至楼体开始移动，试推成功。

6. 正常推进

正常推进所用的启动力比第一次启动时的推力要小得多，所以就不存在推理不足的问题，但是这不意味着正常推进是没有要点的，有如下几点必须注意：①同步顶进，在每一行程的启动到行进中要始终尽量控制所有千斤顶的油压大致相同；②检查钢板与滚轴，每一个行程完成以后，由技术人员在调整千斤顶垫块的时间里迅速检查钢板与滚轴是否有异常情况，以便及时处理。常见的情况有钢板向上翘曲，用千斤顶压平焊好；滚轴不垂直于轨道梁，用锤子矫正；下轨道梁找平层被局部压溃，可以将压溃残留物清理干净，用砂子将其铺平，高度比下轨道梁找平层高出2~3mm；③检查柱子是否有障碍，每一次都要检查是否有前进的阻碍，发现及时清除；④钢支架的调整，在一个行程完成以后，千斤顶与支顶钢支架之间要充填钢垫块，钢垫块连接要与千斤顶同心，不过当钢垫块累加超过3m时，就很难再达到施工要求了，这时候就需要更换钢支架的位置，通过下轨道梁预埋插销孔和钢支架相互配合，提供反力；⑤就位精度的控制，最后一个行程由专人观察就位点的就位情况，互相配合，观察者——总指挥——油泵控制员互相配合完成楼体就位，也可以运用复位开关进行行程控制，完成就位施工。

五、恢复施工

恢复施工是托换的逆过程，其工序是原柱子钢筋与预留接柱子钢筋的焊接——一次浇筑混凝土——二次捻浆混凝土——拆除上轨道梁——恢复地下室墙体地面。

1. 钢筋焊接

无论焊接工作多么到位，但是有一点是无法达到规范要求的，这就是焊接头的位置在同一平面内，这使得柱子在此位置的水平向抗剪能力下降。为弥补这一损失，本工程在施工中采用了以下的补救措施：①用高一级别的钢筋去替代原有钢筋，这一步在承台预埋件的施工中已经提到。替代方式不变。②焊接长度加大，按规范要求 HRB335 级钢筋的双面焊接长度应大于 $5d$，施工过程中我们严格控制，双面焊接长度达到 $10d$。③增加箍筋，除了采用箍筋加密的办法外，施工中采用柱子中间配备 S 筋，加强约束。④焊接 C 型钢筋，在连接空间内部绑扎 C 型钢筋，增加主筋的配筋量（图 3.5-4）。⑤采用斜拉筋，保证主筋质量。

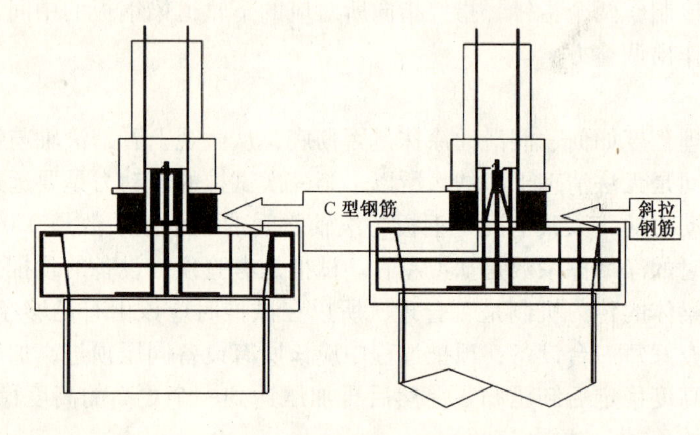

图 3.5-4

2. 一次浇筑混凝土

在下轨道梁之间支 Y 形模板后，从两侧浇筑混凝土，混凝土强度比原柱子混凝土高一个等级，边浇筑边振捣。当混凝土顶面与原有柱子的截断面之间有 5cm 空隙时，停止浇筑混凝土。用铲子将混凝土表面整平，大块的石子清掉，方便下一步施工。

3. 二次捻浆混凝土

混凝土在调制时手握成团，落地即散，方为加水适当。工人先用手将团状的混凝土送到第一步施工留下的 5cm 空隙边缘，然后用腊木杆将其送到柱子中间，两个工人同时配合，从两边往中间送料。当混凝土成为 5cm 宽的一个条带位于柱子中间时，两边的工人用腊木杆相对冲击混凝土，直到干硬性的混凝土出浆。这一条混凝土的上表面与待接的柱子下表面密实充填后，再向两个方向各加一个混凝土条带，同样相对冲击，直到整个柱子底面全部为捻浆混凝土充填。

4. 拆除上轨道梁

当浇筑和捻浆混凝土达到设计强度时，开始拆除上轨道梁，拆除时注意不能振动过大，更不能伤害柱子。

5. 恢复

按照原图纸结合甲方要求进行恢复施工。

六、竣工验收

由于平移施工的特殊性，平移验收的资料如下（按先后顺序）：

1. 桩基的验收资料

（1）测绘单位出具的红线图

（2）设计单位出具的桩基施工图纸

（3）人工挖孔桩检验批质量验收记录

（4）人工挖孔桩钢筋笼检验批质量验收记录

（5）每一根永久桩的混凝土强度报告

（6）每种钢筋的出厂合格证与质检报告

（7）水泥、石子、砂的检验报告

（8）混凝土配合比报告

（9）桩基检测报告

（10）设计出具的桩基质量评价

（11）设计变更资料

2. 承台验收资料

（1）承台与轴线关系图纸

（2）承台用钢筋出产合格证与质检报告

（3）承台检验批钢筋笼、模板、混凝土、模板拆除检验记录

（4）承台混凝土抗压强度报告

（5）水泥、石子、砂的检验报告

（6）混凝土配合比报告

（7）设计变更资料

3. 下轨道梁验收资料

（1）轨道与轴线关系图

（2）轨道用钢筋出厂合格证与质检报告

（3）轨道用混凝土抗压强度报告

（4）轨道检验批钢筋笼、模板、混凝土、模板拆除检验记录

（5）混凝土抗压强度报告

（6）水泥、石子、砂的检验报告

（7）混凝土配合比报告

（8）设计变更资料

4. 上轨道梁与包柱子验收资料

（1）轨道与轴线关系图

（2）轨道用钢筋出厂合格证与质检报告

（3）轨道用混凝土抗压强度报告

（4）轨道检验批钢筋笼、模板、混凝土、模板拆除检验记录

（5）水泥、石子、砂子的检验报告
（6）土配合比报告
（7）变更资料
5. 移位
（1）截断柱子以前室内裂缝的观测资料
（2）截断柱子以前定点的水平观测资料
（3）截断柱子以前定点的倾斜观测资料
（4）移位以前定点的水平观测资料
（5）移位以前定点的倾斜观测资料
（6）平移观测方案
（7）下轨道平整度观测资料
（8）滚轴、钢板出厂合格证件
（9）紧急处理预案
6. 柱子连接
（1）钢筋出厂合格证与质检报告
（2）混凝土抗压强度报告
（3）检验批钢筋笼、模板、混凝土、模板拆除检验记录
（4）水泥、石子、砂子的检验报告
（5）混凝土配合比报告
（6）设计变更资料
（7）每根柱子的详细资料汇总
（8）焊接强度报告（焊工证件）
7. 拆除
（1）平移后一个月内的水平观测资料
（2）平移后一个月内的倾斜观测资料
（3）楼体内裂缝观测

［实例二］　山东胜利油田孤岛社区永安商场旋转移位工程

工程地点：山东省东营市孤岛社区永安商场
工程类型：旋转移位
工程设计单位：大连久鼎特种建筑工程有限公司
工程施工单位：大连久鼎特种建筑工程有限公司
完成时间：2005 年 6 月

一、工程简介

孤岛社区永安商场位于山东省东营市孤岛社区胜大超市和迎香街建筑群落的夹隔地带，永安商场与其他建筑均不平行，由于前后道路和自身扩建的需要，经测算该建筑需要以其西北角柱子中心为圆心整体旋转 20°。

永安商场长74m，宽22m（轴线测算），具有结构柱76根，在本次旋转工程中有64根结构柱下具有滑点。始建于2000年，主体结构为3层框架结构，总占地面积1628m^2，总体重量2600t。

二、移位工程的特点

与以往的建筑物移位工程相比，永安商场旋转施工拥有如下特点：

变以往的直线移位为曲线移位，采用X梁设计，下轨道采用筏形基础，弧形找平层，每个滑点的与轨道呈不同的角度，断柱采用绳锯。

1. 变以往的直线移位为曲线移位

本次移位的难点为移位的轨迹精度控制要求严格，具体要求为：以其西北角柱子中心为圆心整体旋转20°，在移位过程中64根结构柱下128个滑点每个滑点上轨道中心与下轨道中心之间偏差不能超过5cm。这一技术要求在建筑物平移过程中已经得到充分的体现，但是在建筑物的旋转领域还是第一次进行实践，其中重要的难点在于放线施工的精度，要保持128个滑点的同步准确，要求在放线施工中的累积误差不能超过5cm。这就要求放线施工的每一步都要进行控制与自检，建筑物移位放线的施工步骤大体为轴线测放、轴线引出、下轨道边线测放、下轨道中线测放、上轨道边线测放、上轨道中线测放，需要将5cm的误差分配到这六个施工步骤上。

2. 采用X梁设计

本次旋转移动设计中采用了上轨道梁X梁设计的方法，这种设计方法增加了整体刚度，利用变形控制使旋转上轨道梁体系形成破坏保护。具体的保护方法是：首先刚度最大的一道X梁进行破坏，然后刚度次一级的X梁进行破坏，最后破坏整个体系。这种设计方法是我公司在总结以往经验总结出的有效建筑物移位安全保护措施。在整个旋转过程中，上轨道梁的整体性对建筑物的安全保护有着最重要的作用。X梁破坏保护措施可以在上轨道整体破坏到达之前进行多次预警，接到预警信号以后，施工人员可以有充足的时间对情况进行分析和抢救，作到建筑物旋转安全、可靠。

3. 下轨道采用筏形基础，弧形找平层

本次建筑物旋转施工不同于其他建筑物的平移施工，下轨道作成弧形，并且在旋转过程中下轨道改变以往单纯受拉、受压，变为还要受一定的剪切力。对下轨道的设计和施工要求有进一步的提高，采用筏形基础增加了基础的整体性，采用筏形基础上的弧形找平层有效地降低了下轨道的施工难度。

4. 每个滑点的与轨道呈不同的角度

以往的平移施工中上轨道滑点与上轨道成0°角，施工时可以单纯地增加滑点部位的配筋，将滑点梁和上轨道梁作成一体，施工比较简单。但由于旋转施工，每个滑点所要走过的弧线段的半径不同、滑点的具体位置也不同，所以要保证每个滑点在旋转移位过程中始终保持下面有足够面积和滚轴相接触。滑点的方向必须与该滑点所要运行的弧形轨迹相切，这样每个滑点与上轨道梁的角度不同，增加了上轨道的施工难度。

5. 断柱采用绳锯

在以往的平移施工过程中，由于上下轨道均采用凸出的设计断柱施工的空间很大，所以可以采用手持风镐进行断柱。本次旋转施工由于采用筏板和找平层作为下轨道梁，上轨道滑点又与上轨道成一定的角度，所以截断柱子的空间就只有滚轴和上下轨道钢板加找平层构建的10cm左右的空间，采用一种新方法断柱就非常必要。绳锯断柱的优点在于：对结构的破坏大大降低；速度比风镐快，其缺点在于一次性投入成本过高；操作较复杂，断口太窄，如果不经过检查在旋转过程中有可能出现断口的上下表面相互接触碰撞，直接威胁到上轨道梁的整体性。

三、托换施工的工序

山东东营孤岛社区永安商场旋转施工过程分解为如下12步：

1. 拆除墙体
2. 平整场地
3. 施工放线
4. 桩基处施工
5. 垫层施工
6. 承台及筏板施工
7. 下轨道找平层施工
8. 铺设钢板及滚轴
9. 上轨道及包柱子施工
10. 断柱施工
11. 旋转施工
12. 接柱子施工

下面对各施工步骤进行分解：

1. 拆除墙体

本次施工选定的施工部位为该建筑物的一层，但建筑物一楼原为封闭的商场，内部还有部分墙体和楼梯等影响施工的设施，这些都需要进行拆除，问题是拆除的位置和程度，这些需要经过仔细的研究；首先确定上轨道梁顶面标高及包柱子顶面标高，满足测量通视要求，明确旋转对象结构情况，拆除时还要对建筑的主体结构进行保护，大部分建筑移位施工的工作层拆除标准是：①墙体全部拆除；②柱子保留，柱子外皮拆除到包柱子顶面标高；③楼梯拆除到上轨道顶面标高。

2. 平整场地

本次旋转施工采用的基础形式为桩基础和筏板基础相互结合的基础形式，更加有效地保证建筑物在旋转过程中的稳定性、安全性，平整场地的过程中要明确平整后场地的定坪标高是否能最有利于后期的施工，但是对于筏形基础还要满足的一个条件是不能破坏筏形基础底面标高以下的原状土层，平整场地后地坪标高应比筏形基础底面标高高出500mm。

3. 施工放线

旋转施工的桩位要求是：4根桩或9根桩为一组，每桩组的中心是旋转后对应柱子的中心，桩位中心允许偏差在桩基规范允许范围之内。但是本次桩基施工的难点在于：桩基中心位于一条曲线上，并不能或困难于直接放线施工。施工过程中所采用的放线方法是，先将整个楼体的纵横轴线施放于场地平面上，再将楼梯旋转就位以后的纵横轴线施放于建筑场地的平面上，CAD电子版平面图上反映桩位，用标注命令将每一个桩位于其临近轴线的关系标明在图纸上，根据图纸在现场找到对应的轴线，量出对应关系，标明桩位。

4. 桩基处施工

本工程采用CFG桩，施工中应注意桩头标高、灌注连续等问题，由于该地区处于地下水富集地段，灌桩用混凝土需要搅拌均匀，否则容易出现桩身空洞、断桩。

5. 垫层施工

凿除桩头，用无齿锯在桩头顶面标高处锯一周，然后用钎子人工凿除。人工清除至垫层底面标高，并在此基础上挖出承台，注意承台要比设计尺寸大出200mm施工面，在此施工面支护承台模板，模板底面与承台底面相接，顶面与筏板顶面高出100cm，在桩头钢筋上标明垫层顶面标高。基础开挖验槽后，开始垫层混凝土施工，在带有标记的钢筋之间拉线，整个场地范围内大约找平，在浇筑1.5h后瓦工再精细找平一遍并压光，这样既使垫层美观又不易干裂。筏板垫层凝固后，拆除承台模板，浇筑承台垫层。

6. 承台及筏板施工

首先将桩头和预留桩头钢筋处理干净，绑扎承台钢筋，绑扎筏板钢筋，测量钢筋顶面标高，技术处理钢筋笼标高，设立筏板顶面标记，浇筑筏板和承台混凝土，注意水准仪跟踪测量，防止筏板顶面高出设计标高。灌注后的筏板在初凝后覆盖以塑料薄膜，保持水分，防止开裂。

7. 下轨道找平层施工

找平层放线施工步骤：先用CAD画出轨道曲线，并标明曲线与相临近轴线的尺寸关系；

在施工场地筏板上弹出纵横轴线，并画出曲线上的有关对应点，利用三点确定一个圆的定理，利用弹性材料画出曲线段；

利用1:1.5的水泥砂浆找平曲线内部部分，找平层允许高差3mm。

找平层完成后，经过全部复检合格后，方可进行下一步施工。

8. 铺设钢板及滚轴

在下轨道找平层上按下轨道中心线铺设下轨道钢板，注意轨道开始的两块钢板之间尽量不要留有孔隙，防止以后施工的杂物掉入形成阻碍。开始两块钢板的铺设要经过CAD制图，确定其与柱子轴线之间的关系，然后在现场画出上下轨道起始线段，铺设下轨道梁钢板，在下轨道钢板上摆放滚轴，滚轴要远离柱子2~3cm，滚轴上铺设塑料薄膜。

9. 上轨道及包柱子施工

上轨道梁下钢板与下轨道钢板内边对齐，角度相同，对好上轨道梁钢板角度后，用电焊将上轨道梁钢板与柱子植筋焊接到一起，支下轨道底模，柱子根部的底模注意填缝与对接，绑扎上轨道钢筋与包柱子钢筋，支侧模板，注意滑点梁与上轨道梁和上轨道连梁之间模板的角度处理，浇筑上轨道梁，上轨道梁顶面标高不作控制，但是必须保证梁截面尺寸。浇筑的施工缝要尽量少，留取部位在梁的1/3处，施工缝处理要阻挡严密，清理干净，振捣密实。上轨道梁施工完毕后，可以进行包柱子施工。

10. 断柱施工

断柱施工前在包柱子上设立标高观测点，并留有观测数据作为楼体沉降的原始资料。

在上轨道梁强度达到设计强度后要进行断柱施工，养护强度期间进行梁底杂物和下轨道的清理工作。由于本次平移采用筏板作为下轨道梁基础，上下轨道之间构成的断柱间隙仅仅有10cm左右，这使得普通的风镐断柱方法不能工作，我们采用了先进的绳锯进行断柱施工工作，工作中要细心检查柱子是否有连接、柱子的断面是否平直、不平直的是否对建筑物的旋转施工形成阻碍，对分析得出的阻碍提前清除，严禁在绳锯施工过程中为了施工方便而将柱子下的滚轴全部或过多地抽出。

11. 旋转施工

（1）千斤顶的布设：远离轴心由于顶进速度快，采用一台泵站带动两台千斤顶的方法；中间采用一台泵站带动三台千斤顶的方法；离旋转中心最近的一台泵站带动4台千斤顶。

（2）千斤顶安放：千斤顶的安放要求是与反力支座同心对正，并且在出顶以前就用楔形铁夹紧。

（3）千斤顶的压力：在启动时的最大压力是正常行走压力的2倍左右，在正常行走过程中要注意压力的变化，如果压力突然变大或某一泵站压力突然变大，都是遇到阻碍的表现，要立刻停机，进行检查。

（4）楼体姿态的动态检测：在旋转施工以前，在楼体前进方向易于观察位置设立3个轨道指针，并在筏板上精确画出该指针的运行轨迹和就位点，并标明刻度。每一个千斤顶行程结束后，对指针的偏离情况和刻度情况记录下来，并用CAD对楼体的旋转进行理想情况下的演示工作，从平面上分析楼体偏离的状态和原因，测量楼体上设立的标高观测点的沉降情况，从立体上分析楼梯的运行情况。对发现的情况及时汇总，得出结论，确定下一步的施工方案。

（5）就位：在即将就位的前2~3行程，对楼体的姿态通过调整滚轴的方向和调整千斤顶的压力进行调整，使楼体向就位点尽可能地靠拢，直到最后一个行程的施工完成为止。

12. 接柱子施工

将柱子底面对应部位的筏板凿毛，清理干净，用捻浆混凝土对柱子底与筏板间的孔隙进行处理，捻浆混凝土按C30混凝土配置干料，加水过程中边加边拌，直到握手成团、落地即散的状态。滚轴内靠近柱子部位各衬一条模板，阻挡混凝土向外散开。两个工人先用手将团状的混凝土送到空隙边缘，然后用腊木杆将其送到柱子中间。两个工人同时配合，从两边往中间送料。当混凝土成为5cm宽的一个条带位于柱子中间时，两边的工人用腊木杆相对冲击混凝土，直到干硬性的混凝土出浆。这一条混凝土的上表面与待接的柱子下表面密实充填后，再向两个方向各加一个混凝土条带，同样相对冲击，直到整个柱子底面全部为捻浆混凝土充填。

［实例三］　辽河油田兴隆台采油厂办公楼移位工程

工程地点：辽宁省盘锦市兴隆台采油厂办公楼

工程类型：分体转向（90°）移位工程

工程设计单位：大连久鼎特种建筑工程有限公司

工程施工单位：大连久鼎特种建筑工程有限公司

完成时间：2001年11月

一、工程概况

拟移位建筑物位于盘锦市兴隆台采油厂院内，系采油厂的原办公楼，始建于1980年，为4层砖混结构建筑，每层设有圈梁。基础型式：中央厅房为独立基础；其他处为毛石条形基础。基础埋深1.8m，建筑总面积约3278m^2，总荷重约4900t。

拟移位建筑物位于整个厂院的中心部位，距新建的采油厂机关大楼49m，机关大楼共7层，装修美观，原办公楼遮挡了机关大楼的视线和外观，影响了厂院的整体对称布局和规划，经研究决定对其进行移位施工（见图3.5-5）。

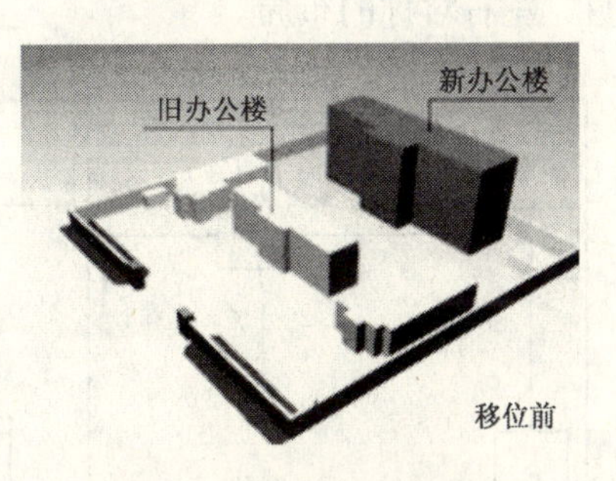

图3.5-5 平移前示意图

二、工程地质条件

在进行移位工程设计之前，对建筑物移位的路线及就位的场地进行了岩土工程勘察，该场地地质条件如下。

场地在地貌上属于辽河河口三角洲，海陆交互相沉积。地下水埋深较小，稳定水位埋深1.10m，属第四系孔隙潜水，具微承压性，地层分布为：

①杂填土：杂色，主要由沥青路面、混凝土矿渣、碎石及砾砂构成。分布普遍，钻孔揭露厚度0.4~0.7m；

②粉质黏土：灰褐色~黄褐色，呈软塑~硬塑状态，局部分布有黏土及粉土薄层，含褐红色斑点，属中压缩性土。层底板埋深为1.5~2.5m，厚度为0.8~2.1m。承载力标准值f_k=130kPa；

③黏土：灰黑色，呈软塑~流塑状态，含少量有机质和腐植质成分。该层分布普遍、均匀，属中高压缩性土。层底板埋深为4.0m，厚度为1.5m。承载力标准值f_k=90kPa；

③-1粉土与粉质黏土互层：具层理，以粉土为主，灰色，很湿，呈稍密状态，属低压缩性土。局部分布有粉质黏土，呈可塑状态。该夹层仅分布在场地局部，垂直向上分布于③黏土层上部，最大揭露厚度为1.0m。承载力标准值f_k=150kPa；

④细砂夹黏土：灰色，饱和，细砂呈松散~中密状态，夹可塑状态的黏土薄层。层底板埋深6.5~8.5m，厚度为2.5~4.5m。承载力标准值f_k=135kPa；

⑤细砂：灰~深灰色，饱和，呈稍密~中密状态，矿物成分主要以石英为主，含有其他暗色矿物。该层厚度大，钻孔未揭穿，揭露最大厚度为7.5m。承载力标准值f_k=195kPa；

⑤-1黏土混细砂：灰色，呈软塑状态，混有细砂成分。该夹层仅在一个钻孔内有所揭露，揭露厚度为1.0m，垂直向上分布于⑤细砂层上部。承载力标准值f_k=90kPa。

三、比选后的平移方案

根据多个方案的比较，建设单位选择了如下平移方案。

首先，将被移建筑物分解为两部分，舍弃中间的厅房（楼梯在厅房内），将分解的两侧楼体均向南平移35.3m，至厂院门口的位置。然后，将东侧楼体向东平移29.48m，将西侧楼体向西平移30.15m，使楼体靠近东西围墙的位置。最后定位，并在东、西两侧楼体内各建造一组楼梯。建筑物平移前后平面位置见图3.5-6。平移后整个院落呈现主次分明、左右对称的布局。

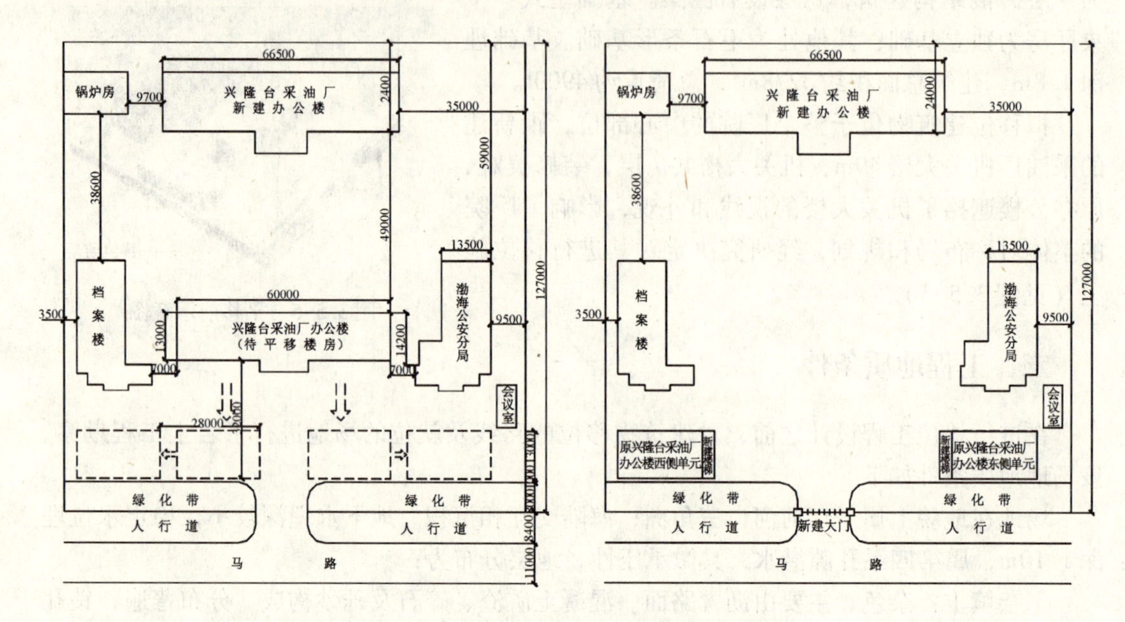

图3.5-6　建筑物平移前、后平面布置图

四、平移设计

根据建筑物的结构及基础型式，该平移工程采用滚动式平移方法。具体做法是将建筑物沿基础面水平切开，将整体建筑分为基础部分和上部建筑部分。在墙底设置托换梁作为上轨道，原基础作为下轨道，上、下轨道之间铺设滚轴，并在建筑物平移的路线上做好前移下轨道，在建筑物就位的位置处施作永久基础，利用动力设备使上部建筑在滚轴上沿着前移下轨道方向向前移动，直至建筑物到达设计位置。

因为建筑物平移工程属特种专业工程，它涉及多个学科的不同专业，无现成的理论可依，许多工作是探索性工作，因此具有较大的风险。一旦某个环节出了问题，其后果往往是严重的，因此需要设计务必仔细、认真、谨慎，并且需要掌握所涉及的不同领域的专业知识。本工程我们提出了以下设计原则，较全面地考虑了各方面的问题，因此工程取得了圆满成功。

1. 设计原则

（1）建筑物分体后，其结构强度和刚度不应降低；如有变化，应采取措施使其大于原结构强度和刚度。

（2）托换梁应能满足上部荷载和推力的要求。

（3）前移轨道应满足瞬间加荷的要求。

（4）永久基础应满足总荷载的要求。

（5）转向时必须安全、可靠。

（6）动力设计应大于阻力的3~5倍。

（7）新基础与上部结构的连接应满足原抗震要求。

（8）水、电、供暖等管线应满足原设计及有关规范要求。

2. 具体设计

（1）下轨道

由于建筑物首先向南平移，然后向东、西方向平移，故下轨道由4个部分组成。①原基础改造的下轨道；②新布置的南北向下轨道；③新布置的东西向下轨道；④楼体就位处的永久基础作为下轨道。分解后的东、西两侧楼体各有南北向横墙8道，间距3.3m。故南北向下轨道各布设8根，其位置与横墙位置对应。东、西两侧楼体各有东西向纵墙4道，经验算东西向4道上轨道不能满足楼体东西向移位要求，在每个开间内又增设1道东西向上轨道，故与上轨道对应的东西向下轨道各布设6根。东侧楼体下轨道及支顶支架平面位置见图3.5-7。

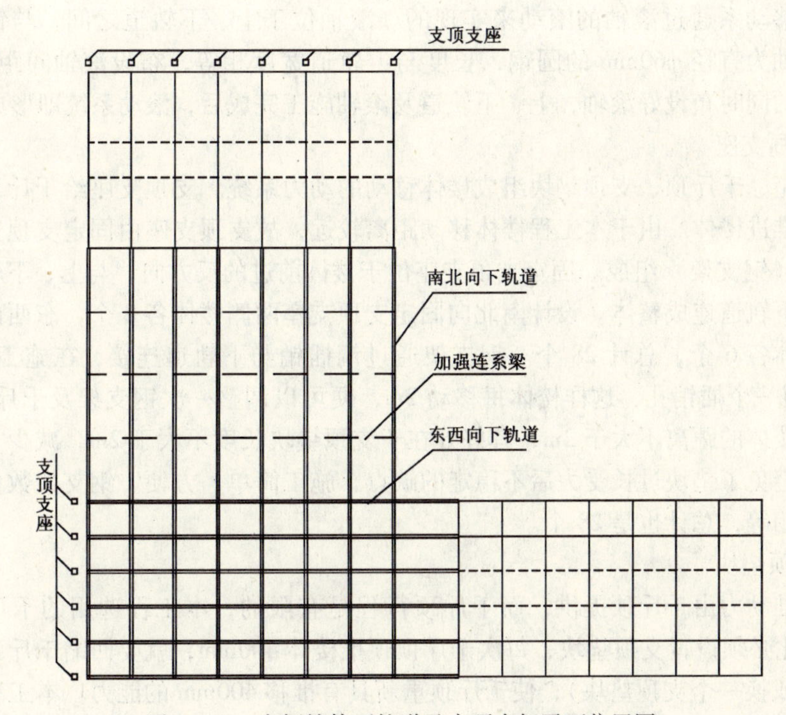

图3.5-7　东侧楼体下轨道及支顶支架平面位置图

1）原基础改造的下轨道：原基础为毛石条形基础，经验算能够满足楼体南北向平移要求，不需加固，可直接作为下轨道使用；

2）新布置的南北向下轨道：应能承受建筑物整体平移时的短期荷载，即滚轴到达任何位置时，基础梁板系统及其下的地基土均能承受移动荷载而不发生影响平移的变形。设计基础埋深1.8m，基础宽度2.2m。并在轨道间增设3道加强连系梁，以增加下轨道的空间刚度和整体性；

3）新布置的东西向下轨道：同②新布置的南北向下轨道；

4）永久基础作为下轨道：除承担建筑物平移的短期荷载外，并应能承担建筑物的长期荷载，同时考虑上部荷载是一次性到位的。设计永久基础为筏形基础，基础埋深 1.4m，底板厚 300mm。

下轨道梁高 400mm，宽同上轨道梁，其上固定 5mm 厚钢板。

（2）上轨道

在墙底所做的托换梁为上轨道，上轨道应能承受建筑物移动时的水平荷载，应能承受建筑物的自重及楼面荷载，应能承受滚轴的反作用力。本工程布设南北向上轨道两侧楼体各 8 根，东西向上轨道两侧楼体各 6 根，其中东西向上轨道有两道是在开间中间位置增设的。其上部无墙体，目的是增大楼体整体刚度及增大上轨道与滚轴的接触面积，确保楼体在平移过程中不受破损。上轨道的位置与下轨道的位置是相互对应的。上部有墙体的上轨道梁高 400mm，宽同上部墙厚，主筋为 $6\phi22$。上部无墙体、增设的上轨道，其高 600mm，宽 500mm，主筋 $10\phi22$。上轨道底面固定 5mm 厚钢板。

（3）滚轴

楼体的移动系通过滚轴的滚动来实现的。滚轴位于上、下轨道之间，与钢板直接接触，设计滚轴为直径 $\phi60$mm 的圆钢，长度与上轨道宽度相等，布设滚轴间距为 300mm。施工上轨道的同时布设好滚轴，上、下轨道及滚轴施工完成后，滚动系统即形成。

（4）支顶支座

支顶支座、千斤顶、支顶垫块组成楼体移动的动力系统。支顶支座给千斤顶提供足够的反力才能推进楼体。由于本工程楼体移动距离较远，故支顶支座由固定支顶支座和可移动支顶支座（钢支架）组成。固定支顶支座位于楼体前进的反方向，与上、下轨道在同一轴线上，同下轨道连成整体。设计南北向固定支顶支座两侧楼体各 8 个，东西向固定支顶支座两侧楼体各 6 个，总计 28 个。钢支架通过钢插销与下轨道连接，在施工下轨道时，每隔 2m 预留一个插销孔，这样楼体每移动 2m，便可以调整一次钢支架及千斤顶的位置，使千斤顶距楼体的距离不大于 2m，其好处在于支顶垫块长度不大于 2m，减少了垫块总用量，同时也避免了垫块过长受力后不稳定的缺点，施工简单、方便。钢支架数量与固定支顶支座数量相等，总计也是 28 个。

（5）支顶垫块

巨大的推动力由千斤顶提供，而千斤顶行程是有限的，本工程选用的千斤顶行程为 400mm，因此必须设置支顶垫块，每次千斤顶顶推楼体 400mm，就要回缩千斤顶增加一个支顶垫块（或换一个支顶垫块），使千斤顶重新具有推移 400mm 的能力。本工程支顶垫块由直径 $\phi146$ 壁厚 5mm 的钢管制作而成，钢管两侧焊有厚度 10mm 钢板。其优点是重量小，便于移动，长度为 400mm，800mm，1200mm，可组合成以 400mm 为进级的各种尺寸，共制作支顶垫块 16 组。

（6）动力设备

使楼体移动可采用滑轮系统移动法或液压缸移动法，所需要的设备可采用卷扬机或千斤顶。

本工程采用液压千斤顶作为动力设备，其优点是移动量直观，容易控制。共使用 16 台 100t 卧式千斤顶和 4 台液压泵站。

五、平移施工

平移工程是一项风险较大的特种专业工程，因此，施工中各个环节必须按设计要求严格执行，尤其是正式移位前，要仔细检查各个环节是否存在问题，制定详细的施工组织设计。

1. 分体

平移前将建筑物中央厅房拆除，使建筑物成为东、西分离的两个单体建筑，拆除过程中不得损伤建筑物结构。

2. 切断

（1）施工上轨道（托换梁）、下轨道（原基础梁）。将墙体与地梁连接处分段断开。将原基础梁改造成下轨道，其表面必须水平且平整，并铺设钢板。其上布置圆钢滚轴，滚轴上铺设上轨道钢板并浇筑上轨道，每段施工完毕后待其强度达到设计要求时再施工相邻的下一段，直至全部完成。

（2）切断与楼体连接的上、下水管线、供电管线等。

3. 前移轨道及永久基础

施工前移轨道、加强连系梁、支顶支座及永久基础。

4. 监测

（1）平移前对建筑物竖直、水平状况进行测量，做好移前调位工作，确保平移工程安全。

（2）检查楼体裂缝，对已有裂缝进行预先加固，增加房屋的整体刚度，防止移位时继续裂损。

5. 移位

完成各种准备工作检查无误后，安放千斤顶及应力扩散垫板，用千斤顶向前推移楼体。开始推移时应逐级增加推力，并保持各千斤顶同时受力，且受力大小相等，直至楼体开始移动。楼体移动速率不大于50mm/min，移位过程中对楼体进行全面监测（包括楼体各点的前移距离、前移方向、楼体倾斜状况及楼体裂缝情况），根据监测结果及时调整施工工艺，使楼体沿着前移轨道安全、平稳、准确无误地移至设计位置。

6. 转向

将滚轴换至东西向轨道下面。

7. 连接

楼体就位后，对楼体倾斜状况和位置进行量测，达到设计要求后立即进行结构连接，分段浇筑混凝土。施工楼梯间，恢复各种管线及室内外地坪等，使建筑物尽快恢复使用功能。

六、平移效果

本工程自开工至楼体移动就位共用时85d，其中平移实施19d，完成两幢楼的转向平移，平移总距离130.23m。楼体到达新址后，经测量就位误差小于3mm。平移后其楼体的原有裂缝没有任何变化，更没有出现新增裂缝。楼体到达设计位置后，辽宁省建设科学院对该楼进行了鉴定，其鉴定意见为：

1. 现场宏观检查现两部分结构无明显的结构性裂缝，结构现状良好。

2. 经计算该两部分结构满足静力及7度抗震设防要求。

3. 现两部分构造设置满足现行规范要求。

七、结论

1. 对于形体较大建筑物是可以分体或转向平移的。

2. 平移工作是风险较大的特种专业工程，在正式设计前应确定各个环节的设计原则，然后制定详细的施工设计和施工组织设计。

3. 移位前及移位过程中必须对建筑物的倾斜、裂缝进行监测；如出现异常，应立即停止，分析原因，并采取相应的措施。

4. 新基础与主体连接应满足原抗震设计要求。

[实例四]　新疆库尔勒科技综合楼移位工程

工程地点：新疆库尔勒市孔雀河北侧

工程类型：直线平移

工程设计单位：大连久鼎特种建筑工程有限公司

工程施工单位：大连久鼎特种建筑工程有限公司

完成时间：2003年10月

一、工程概况

新疆库尔勒市巴州科委科技综合服务楼位于库尔勒市孔雀河北侧，建于1993年，为地上6层、地下1层建筑物，框架结构，独立基础。地下室四周设有重力式挡土墙。建筑物长27.0m，宽16.8m，高25.4m，总建筑面积2527m^2。因孔雀河风景旅游带的建成使得这一带的车流量和人流量骤然增加，造成交通格外拥挤。为解决这一问题，巴州建设局决定拓宽孔雀河北侧的道路，将巴州科委科技综合服务楼向北整体平移16.8m。该平移工程的设计及施工由大连久鼎特种建筑工程有限公司完成。

二、地质条件

根据业主提供的地勘报告，场地宏观地貌为孔雀河冲积三角洲，微观地貌为河漫滩，场地地形基本平坦，地层结构如下：

1. 表层土：由素填土和杂填土组成，上部为杂填土，富含生活和建筑垃圾；下部为素填土，成分以粉土为主，富含植物根，含有小砾石，结构性差。厚度0.6~2.3m。

2. 卵石：骨架颗粒排列基本连续，具中等程度风化，磨圆度不良，井壁基本直立，有掉块现象，易挖掘，密实度为稍密，该层中局部夹有粉砂和砾砂薄层或透镜体。厚度0.7~2.0m，$f_k=300$kPa。

3. 卵石混漂石：井壁直立，骨架颗粒磨圆度好，具微风化，密实度为稍密~中密，局部夹有砾砂层。钻孔揭露厚度2.0~4.6m，$f_k=500$kPa。

勘察深度范围内未见地下水，据了解地下水水位在10m以下。

三、平移设计

根据建筑物结构类型和基础形式，该平移工程轨道梁采用滑点式双梁结构；动力系统采用千斤顶进行顶推；移动方式采用滚轴进行滚动平移；托换结构采用化学植筋进行框架柱托换；柱子连接采用混凝土捻浆方法进行连接。

1. 永久基础

永久基础即建筑物平移到达设计位置处长期承担建筑荷载的基础。由于建筑物平移就位后其上增加2层，且平移后建筑物一部分坐落在新基础上，另一部分坐落在原基础上，故重新设计的永久基础既要满足建筑物增层的要求，又要解决建筑物不均匀沉降问题。其形式采用独立基础。

2. 临时基础

临时基础即建筑物平移过程中短期承担建筑荷载的基础。建筑物的原基础和平移后的永久基础均为独立基础，沿建筑物移动方向，在独立基础之间设有毛石混凝土条形临时基础，其底面标高同独立基础底面标高，临时基础宽度根据框架柱荷载和地基承载力计算求得。本工程临时基础宽度设计为1.5m和2.5m。

3. 下轨道梁

下轨道梁承担建筑物平移过程中上部结构通过滚轴传递下来的荷载，是滚轴的支撑面。设计的下轨道梁必需具有足够的强度和良好的平整度。本工程沿建筑物平移方向，在柱子两侧布设下轨道梁，共设计下轨道梁8条。由于框架柱的荷载不同，下轨道梁的截面和配筋也不同。截面尺寸有两个，分别为500mm×350mm和800mm×350mm，但其顶面标高在同一标高上，其上铺设10mm厚钢板。

4. 滚轴

楼体的移动系通过滚轴的滚动实现的。本工程为滑点式双梁结构，即每根柱子位置处布设两道滑点梁，滑点梁与下轨道梁之间设有滚轴，滚轴设计为直径60mm圆钢，长度350mm。根据柱子荷载不同，按每根滚轴承担10t荷载设计滚轴数量，且滚轴间距不大于300mm，故每根柱下的滚轴数量是不同的。本工程设计滚轴数量为808根。

5. 上轨道梁

上轨道梁的作用为在滚轴的支撑下能承受上部结构的全部荷载，同时应具有足够的刚度，在建筑物平移过程中能保持框架柱之间的相对稳定。本工程共设计上轨道梁8条，其中滑点梁处梁的截面为1200mm×300mm，滑点梁之间及横向连梁的截面为600mm×300mm。为能承受柱子传递下来的荷载，上轨道梁与柱子之间采用化学植筋方法进行连接，化学植筋采用直径25mm螺纹钢，长度500mm。根据柱子荷载不同，按每根化学植筋承担6.7t荷载抗剪力计算植筋数量。本工程共布设框架柱植筋数量848根。为保证上轨道梁在水平面上具有足够的刚度，沿建筑物移动方向，在上轨道梁前、后各设计三组剪刀撑，剪刀撑的截面为700mm×400mm。

6. 支顶支座

在建筑物平移过程中由支顶支座提供支顶反力，即千斤顶一侧顶在支顶支座上，另一侧顶在上轨道梁上，在千斤顶顶推力作用下建筑物缓缓前移。本工程支顶支座由固定支顶

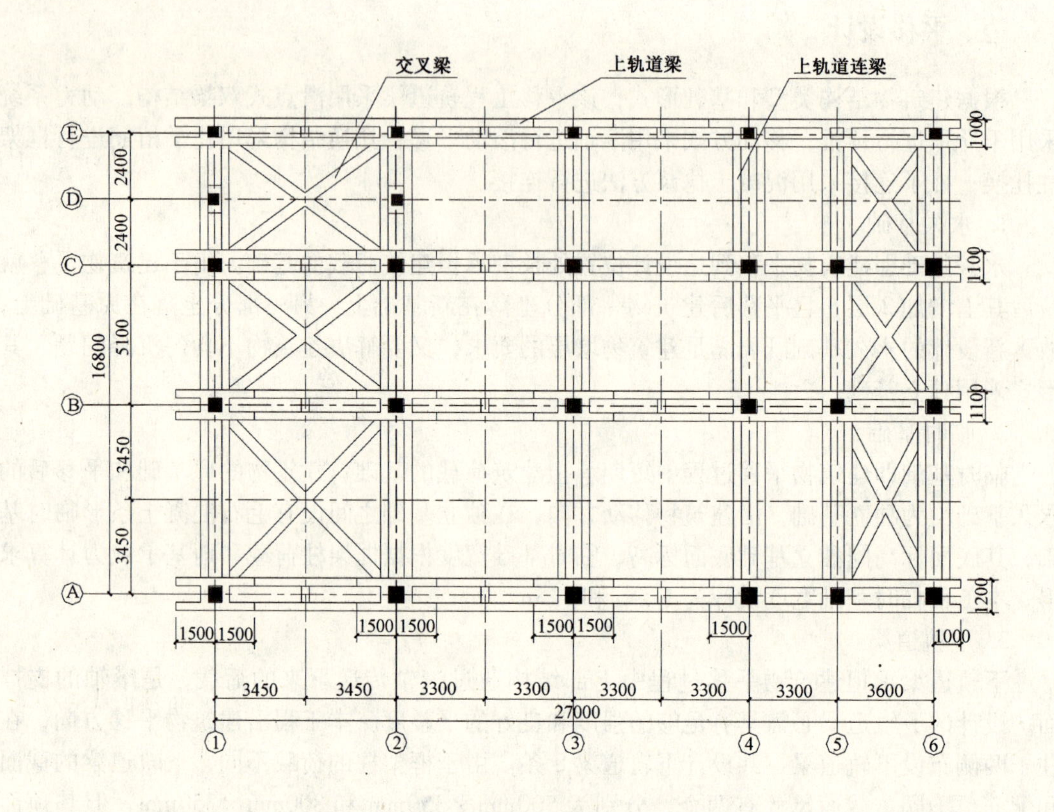

图 3.5-8　上轨道梁系平面布置图

支座和活动支顶支座（钢支架）组成，固定支顶支座由钢筋混凝土浇筑而成，其下为混凝土基础，其前面与下轨道梁相连，共设计固定支顶支座 4 个。活动支顶支座由钢板焊接而成，通过钢插销与下轨道梁相连，下轨道梁上每隔 2m 预埋一个插销孔，共设计活动支顶支座 7 个。

7. 支顶垫块

建筑物平移的动力由千斤顶提供，千斤顶的行程是有限的。为保证建筑物的顺利平移，在千斤顶的后侧设有支顶垫块，即千斤顶在支顶支座提供支顶反力的作用下，将建筑物每推动一个行程，其后应加入一个行程的支顶垫块。本工程的支顶垫块由直径 146mm、壁厚 10mm 的钢管制作而成，钢管两侧焊有 10mm 厚钢板。共制作支顶垫块 7 组，每组垫块由长度为 350mm、700mm、1100mm 的垫块各一块和数块 10mm 和 20mm 厚的钢板组成。

8. 动力设备

本工程动力设备采用顶推力为 100t 的液压千斤顶，千斤顶的最大行程为 400mm，根据建筑物荷载及滚轴的滚动摩擦系数计算建筑物平移所需的最大顶推力，求得所需千斤顶数量。本工程共布设 7 台千斤顶，由两台电动液压泵站控制。

四、平移施工

施工前办理开工的相关手续，制定详细的施工组织设计，并对工人进行技术交底。

1. 前期准备工作

全面检查建筑物结构，统计并详细记录建筑物墙体及柱子上的裂缝，在有代表性的裂缝处粘贴石膏饼，供以后观测使用。设定建筑物沉降观测点并记录。开挖建筑物四周工作面，拆除地下室挡土墙，开挖室内地面及永久基础处基坑，开挖深度为基础底面埋深。土方开挖完毕后，组织勘察单位进行验槽。拆除或通过软连接方法处理与建筑物相连的各种管线。由于地下室挡土墙为重力式毛石混凝土挡土墙，其墙体较厚，拆除时又不能损坏框架柱，故该道工序施工时间较长，工程于2005年7月7日开工，于8月18日完成上述工作。

2. 基础施工

按设计图纸进行永久基础、临时基础及支顶支座基础施工。由于建筑物长度为27.0m，建筑物移动距离为16.8m，这样永久基础中有三个独立基础与原建筑独立基础部分重叠，该处采用在原独立基础上进行化学植筋及在基础表面进行人工凿毛的方法处理，以确保混凝土浇筑后新、旧基础成为整体，基础施工于8月24日全部完成。

3. 下轨道梁及支顶支座

下轨道梁及支顶支座坐落在基础上，按设计绑扎钢筋、支模板、浇筑混凝土，然后进行下轨道梁砂浆找平施工。下轨道梁的平整度直接影响建筑物平移过程中的顶推力及建筑物墙体裂缝的变化，是平移工程质量控制的重要内容。本工程下轨道梁的平整度控制标准为梁的顶面标高误差在±2mm以内。为保证砂浆找平层能与下轨道梁混凝土牢固连接，砂浆找平层厚度不小于15mm；同时，砂浆强度相对较低，施工时其厚度不大于25mm。砂浆找平层经验收合格后安装下轨道梁钢板。建筑物平移时，上部荷载通过滚轴传递到钢板上，在滚轴滚动过程中导致钢板发生延展。为解决平移过程中由于钢板延展发生隆起变形问题，钢板安装时在钢板之间均留有2~3mm缝隙。下轨道梁施工于9月3日完成。

4. 上轨道梁

按设计在柱子上进行化学植筋，柱子凿毛。为防止植筋钻孔将柱子主筋钻断，施工前查找出柱子主筋的准确位置。在滑点梁位置处按设计铺设滚轴，滚轴上方铺设带有锚固筋的上轨道梁钢板，且钢板之间留有2~3mm缝隙，然后绑扎钢筋、支模板、浇筑混凝土，其中滑点梁处轨道梁底模板由下轨道梁钢板取代。9月18日完成上轨道梁混凝土浇筑工作，进行混凝土养护，等待混凝土强度。

5. 柱子截断

上轨道梁混凝土强度达到设计强度后，截断框架柱，为保证建筑物平移过程中截断后的柱根不影响滚轴的正常滚动，柱根的标高要高于上轨道梁底面的标高，并在柱根处留有足够长度的钢筋，以备建筑物平移就位后柱子与基础连接使用。柱子截断工作于9月25日开始，于10月7日完成。

6. 平移

检查已完成的各项工作，平移设备安装、调试，铺设移动距离的指示标尺，对工人进行技术交底。进行沉降观测并记录，检查墙体裂缝。上述工作均完成且无问题后开始建筑物平移。用千斤顶向前顶推建筑物，开始时逐级增加千斤顶的顶推力，并保持两台液压泵站提供的顶推力相等，直至楼体开始移动。当建筑物被顶推一个千斤顶行程后，收回千斤顶并在其后侧加上支顶垫块，重复上述步骤，直至建筑物被顶推2m。安装活动钢支架，利用活动钢支架提供的反力顶推建筑物，直至被顶推到达设计位置。在建筑物平移过程中要对楼体进行全面观测（包括楼体各点的前移距离、前移方向、楼体倾斜状况及楼体裂缝变化情况），根据监测结果及时调整施工工艺，使建筑物沿着前移轨道安全、平稳、准确无误地移动至设计位置。10月9日开始进行平移施工，于10月12日建筑物平移就位，平移距离16.8m，平移时间4d。

7. 连接

建筑物平移就位后，对建筑物就位位置及倾斜状况进行测量，达到设计要求后进行结构连接。将柱子钢筋与基础上的预埋件进行等强度焊接，用捻浆方法将柱子与基础连接起来，于10月28日完成柱子及各种管线连接工作，然后业主进行建筑物增层施工。

五、结语

经过114d的施工，建筑物安全、顺利地平移了16.8m，到达设计位置。经测量建筑物就位误差小于5mm，且未发生不均匀沉降，墙体原有裂缝未发展，未见新增裂缝，工程圆满完成，并得到当地建设局及业主的肯定。

该平移工程与建筑物拆除重建相比，节约资金约180万元，节约工期约一年，同时为国家节省了大量的建筑材料，减少了由于拆除而产生的大量建筑垃圾。由此可以看出，平移工程具有较好的社会效益和经济效益。

[实例五]　山东临沂国家安全局平移工程

工程名称：临沂国家安全局

工程地点：山东临沂

工程类型：平移

设计单位：山东建筑工程学院工程鉴定加固研究所

施工单位：山东建工集团六公司

完成时间：2000.12

一、工程概况

临沂市国家安全局办公楼为8层框架结构建筑，钢筋混凝土独立基础，建筑面积约3500m^2，总重52243kN，总高34.5m，楼顶有一35.5m高的通信铁塔（图3.5-9），1999年4月建成并投入使用。该建筑东临沂蒙路，南临银雀山路，位于临沂市新规划的“临沂市人民广场”内。为不影响广场的建设，同时也为了节约投资、减少污染，经多方论证决定采用楼房整体平移技术将该办公楼平移至银雀山路以南（广场场地以外），如图3.5-10所示。由于周围场地所限，必须先将该建筑向西平移96.9m，再向南平移74.5m，总移动距离为171.4m。由于此前没有高层框架结构楼房平移的先例与经验可供借鉴，我们根据以往多层楼房平移的经验，充分考虑高层建筑的特点，在对该建筑现场鉴定的基础上，进行了全面计算分析，并在九层楼房模型平移、顶升试验的基础上，提出了设计方案。

图 3.5-9　建筑物全貌图

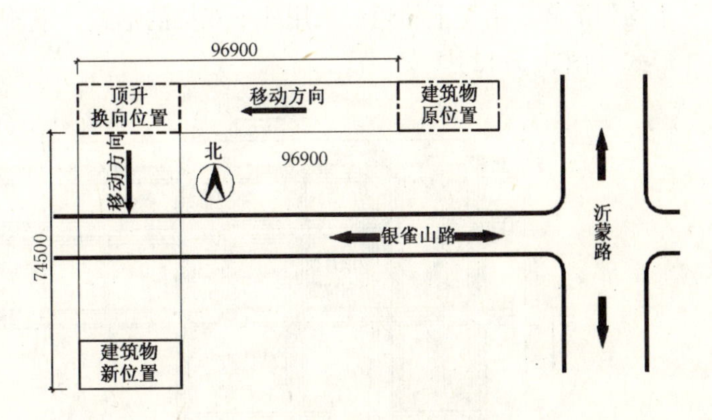

图 3.5-10　总平面图

二、结构内力分析

在进行上、下轨道梁和基础设计前，必须全面了解建筑物的内力状况，特别是底层框架柱的内力值。然后，根据每个柱子的内力值，对相应的上、下轨道梁和基础做出合理的设计。本工程中，我们利用建筑结构空间受力分析软件 TAT 对建筑物的总体重量、平面重心、自振频率（周期）、底层每个柱子的内力进行了详细的分析。分析结果表明，轴向力最大的柱子 $N=5300\text{kN}$，$M=87\text{kN}\cdot\text{m}$，建筑物的总重 $W=52243\text{kN}$，平面重心位置如图 3.5-11 所示。

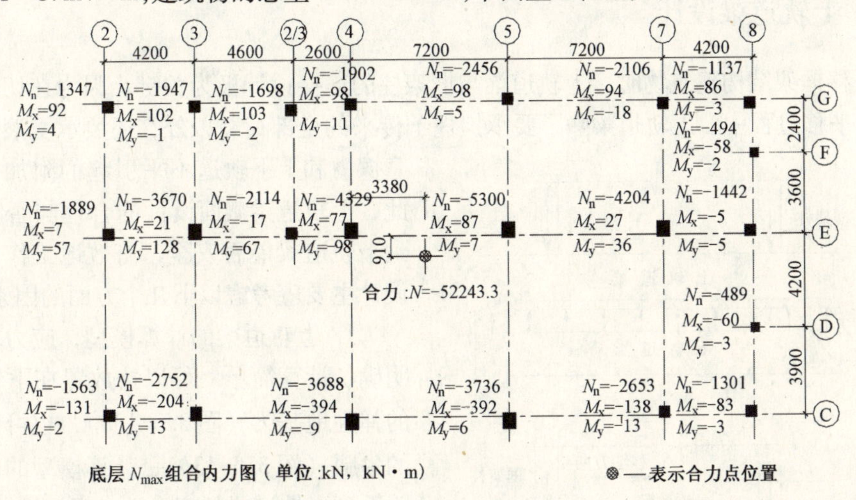

图 3.5-11　底层组合内力图

三、地基基础及下轨道梁的设计

建筑物原基础均以中等风化的岩石为持力层，地基承载力均在 2200kN/m^2 以上，由于平移场地范围内岩石的埋深在 -3.5m ~ -5.2m 之间，因此设计时直接将岩石层作为下轨道基础及新基础的持力层，下轨道基础及新基础均采用条形基础，最大基础宽度为2200mm，底板厚度为300mm。针对岩石的不同埋深，则通过调整下轨道梁高度来满足设计标高的要求，这样虽然增加了一部分土方量，但可以避免楼房在平移过程中产生过大的不均匀沉降。由于上轨道梁采用柱下双梁的形式，下轨道梁亦对应采用条形基础上的双梁形式（图3.5-12）。

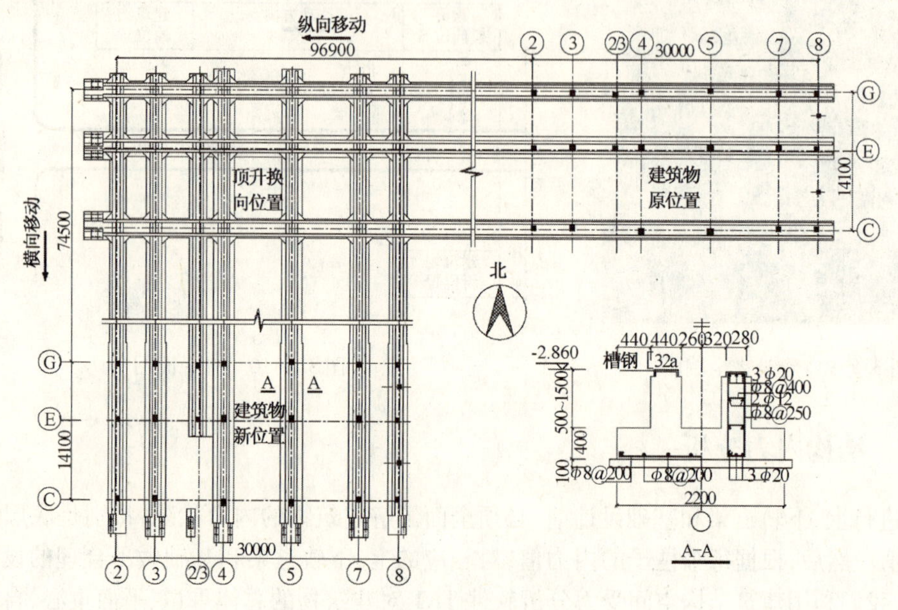

图3.5-12　下轨道布置图

四、上轨道梁设计

在平移框架结构建筑物时，上轨道梁与框架柱的连接设计极为关键。因为在切断框架柱进行楼房平移过程中，上轨道梁除了要承担柱子传来的全部荷载以外，还要承受滚轴传来的摩樮力和上下轨道不平引起的附加内力，因此，上轨道梁截面设计的合理与否直接关系到上轨道梁能否安全、有效地工作，其截面设计主要应考虑以下几个方面的因素：

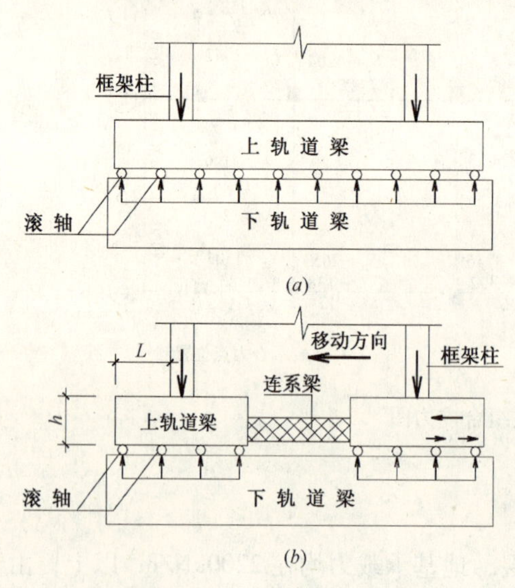

图3.5-13　上轨道梁计算模型

1. 上轨道梁的计算模型，应力求其受力明确、计算简单。可以按放置在下轨道梁上的弹性地基梁（图3.5-13a），也可以按倒置的牛腿（图3.5-13b），计算模型的确定直接关系到上轨道梁的安全性、经济性与合理性。本工程最大柱网尺寸为8.1m×7.2m，柱子的最大轴力$N=5300$kN。若按弹性地基梁来设计上轨道梁，其截面高度至少要1800mm以上，且梁的配筋率很高。上轨道梁的竖向挠曲变形不仅会导致其下部的滚轴受力极不均匀，还会在框架柱（尤其是边柱）内产生较大的附加应力，这样不仅对框架柱的受力不利而且也不经济。经过分析对比，我们认为按倒置的牛腿设计上轨道梁既合理又经济，此时上轨道梁的受力比较明确。当设计中使得 $L \leqslant h$ 或 L 略大于 h 时，倒置牛腿的变形要远远小于相同情况下的弹性地基梁，而其配筋量却远远小于相同情况下的弹性地基梁，相应地上轨道梁下滚轴的受力相对比较均匀，相邻柱子之间的上轨道梁（牛腿）通过一个截面相对较小的连梁连接，连梁可以承担一定的水平力、保证每个柱子位移的同步，又可起到增加上轨道梁稳定性的作用；采用变截面的上轨道梁，人为地在变截面处设置了一个薄弱环节（类似人为设置的塑性铰）。当相邻柱产生竖向不均匀位移（如局部顶升、不均匀沉降、轨道不平）时，变截面处将首先产生变形，而与柱直接连接的上轨道梁（倒置牛腿部分）的变形可以相对减轻，进而减轻竖向不均匀位移对底层框架柱内力的影响。

2. 根据框架柱内力的大小不同，分别对上轨道梁进行抗剪强度和抗弯强度计算。

3. 柱内纵筋在上轨道梁中的锚固长度。这一点在有些移楼工程中没有引起重视，我们认为这一点应引起设计者足够的重视。因为楼房在平移过程中，上轨道梁就是上部结构的基础，它至少应起到与原楼房基础相同的作用。因为在平移过程中，上轨道梁除了承担楼房正常的荷载以外，还要承担楼房平移过程中的水平牵引力、摩擦力和因轨道不平而产生的附加力等。要保证上部结构的安全（这是楼房平移必须满足的），必须保证柱内纵筋在上轨道梁中有足够的锚固长度，而不能简单地认为平移过程中满足不满足柱内纵筋的锚固长度无所谓，只要平移到位后柱子与新基础有可靠的连接就行了。

4. 牵引力或平移过程中的磨擦力对上轨道梁受力的不利影响（图 3.5-13*b*）。

上轨道梁与柱子的连接，由于上轨道梁与柱子之间存在新旧混凝土的结合问题，为了保证上轨道梁能够安全、有效地承担柱子的荷载，结合面处新旧混凝土能否成为一个整体，也是一个很关键的因素。设计中，我们除了要求对柱子的结合面进行必要的凿毛，还须采用化学植筋的方法在柱子的每个结合面上植 2ϕ12 连接钢筋，间距为 200，以加强新旧混凝土的结合。

由于要沿两个方向平移，所以设置纵横双向的上轨道梁，在原址处一次施工完毕，在上轨道梁之间还加设了斜梁，使上轨道梁与斜梁形成一个水平放置的桁架（图3.5-14），

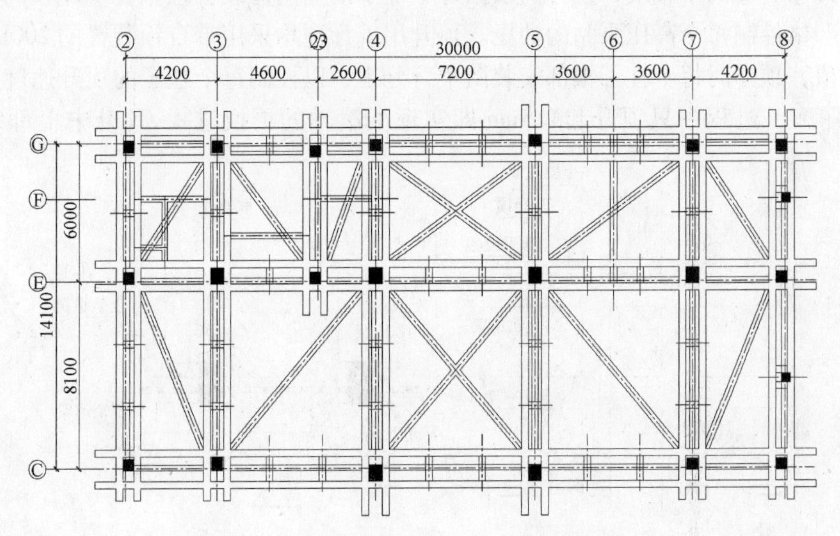

图 3.5-14　上轨道梁与斜梁形成桁架

桁架本身具有非常大的水平刚度，平移过程中一旦出现位移不同步、牵引力不均匀的现象，作用于上轨道梁的不均匀水平牵引力就会消耗在水平桁架内，而不会对上部结构产生不利影响。

五、顶升方案及顶升点的设计

由于本工程楼房平移方向有一个90°的转角，即首先向西平移96.9m，再向南平移74.5m，转角处需要转换行走机构（滚轴）的方向，因此必须在转角处将楼房顶升，将向西行走的滚轴抽出，并在横向上轨道梁下放入向南（横向）行走的滚轴。在楼房顶升问题上，我们考虑了两个方案：

1. 第一个方案是将整座楼房一次顶起，其优点是：每个框架柱同时起升，可以避免过大的竖向变形差（相当于不均匀沉降差）。但其缺点有：楼房总体重量大、顶升点多，需要50~60个千斤顶。由于每个柱子的轴力大小不同，使得千斤顶和油压的配置方案极其复杂，若每个柱子下千斤顶的顶升力与其轴向力不协调，就不能保证每个柱子的同步起升，而一旦起升不同步，必然引起底层各柱间轴力的重分布。另外，整体顶升后，由于整个楼房均由千斤顶支撑，使楼房处于一个相对不稳定的状态，一旦出现倾斜可能导致不可想像的严重后果。

2. 第二个方案是一次顶起2~3个轴线，其优点是：一次的顶升点少，需要的千斤顶数量少（20~26个），容易控制。顶升过程中楼房的一部分支撑在千斤顶上，一部分通过滚轴支撑在下轨道梁上，顶升时楼房的稳定性较好。其缺点是：由于不是一次顶升，顶升柱与相邻的非顶升柱间必然存在一个竖向位移差，相应地必然在上部结构中产生附加内力。根据《建筑地基基础设计规范》，对于框架结构相邻柱基的允许沉降差为0.0021。当柱距为7200mm时，相应的允许沉降差为14.4mm，本工程只需顶升3~4mm，即可更换滚轴的方向。经计算分析，当局部顶升量为4mm时，由于相邻框架柱的竖向位移差（相当于不均匀沉降）而在上部结构中引起的附加内力不会对结构产生任何损害。本工程采用了分批局部顶升的方案，第一次顶升②、③两个轴线，第二次顶升2/3、④、⑤三个轴线，第三次顶升⑦、⑧两个轴线，顶升前根据每个柱子的竖向荷载合理布置千斤顶的数量，并根据计算严格控制每个高压泵站的油压。顶升用千斤顶均采用带自锁装置的200t、100t的油压千斤顶，顶升时每个柱子根部安装两个百分表，以控制每个柱子的顶升速度和最大顶升量。实际施工过程中只顶升起3.5mm即实现了滚轴的更换过程，顶升中上部结构未发

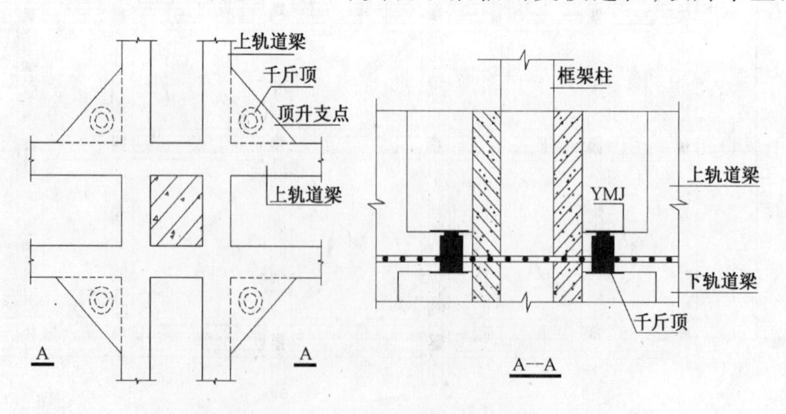

图3.5-15 上下轨道梁的顶升点

现异常，证明这种局部顶升方案是安全可行的。

为实现顶升转向，需专门在上、下轨道梁设置顶升点（图3.5-15），顶升点及千斤顶的布置必须保证柱底平衡受力，不能因受力不均在柱内产生附加内力。

六、牵引装置及行走机构的设计

牵引力的确定，根据楼房平移实验和以往的工程经验，牵引力与楼房的总重量、轨道板的平整度、滚轴的直径、轨道是否涂润滑油、单个滚轴承担的压力等因素有关。正常施工条件下，平移时牵引力一般是楼房总重量的1/14～1/25之间，第一次的启动力约是正常牵引力的1.5～2倍。本工程楼房与上轨道梁的总重约6000t，启动牵引力按总重的1/10计算约600t，向西平移时设计12个100t千斤顶，向南平移时设计11个100t千斤顶，牵引能力完全满足牵引楼房的需要。

本工程移动距离远，总移动距离达171.4m，且中间有一顶升换向的过程，若按以往一天平移4～5m的移动速度，正常情况下仅平移施工就需要36～44d的时间。加上顶升换向的时间，楼房从原位置平移至新位置需要50多天。为了缩短施工工期，经反复论证，设计时采用了穿心式张拉千斤顶，将预应力张拉技术巧妙地应用于楼房的平移牵引，为此专门设计定做了千斤顶与配套的锚具系统。在平移过程中，千斤顶处于相对不动的状态，牵引钢绞线穿过千斤顶后通过锚具固定于平移楼房的上轨道梁上（图3.5-16）。在千斤顶的张拉过程中，千斤顶前端的一套锚具带动钢绞线牵引着楼房一起向前移动，而在千斤顶回油时，另有一套锚具起着限制钢绞线松弛的作用，使得钢绞线始终处于张紧状态。千斤顶二次供油时前端的锚具再次带动钢绞线牵引着楼房一起向前移动，这样千斤顶的每一个循环过程都是自动完成的。采用1000kN、200mm行程的千斤顶，每完成一个行程，楼房可以前进约190mm，千斤顶每完成一个循环过程需要5～6min的时间，因此正常情况下，采用这种牵引方案，每小时楼房可以平移2m左右。和以往的牵引（或顶推）方案相比，这种牵引方案的优点是：①千斤顶可以相对连续地工作，不需要人的干预，工作效率高，操作人员的劳动强度低；②千斤顶行程的有效利用率高；③平移速度快。本工程移动距离175.4m用了20d的时间，加上中间的顶升换向，总的移动施工工期共26d。施工期间楼内工作人员一直在正常上班，基本感觉不到楼房的移动。

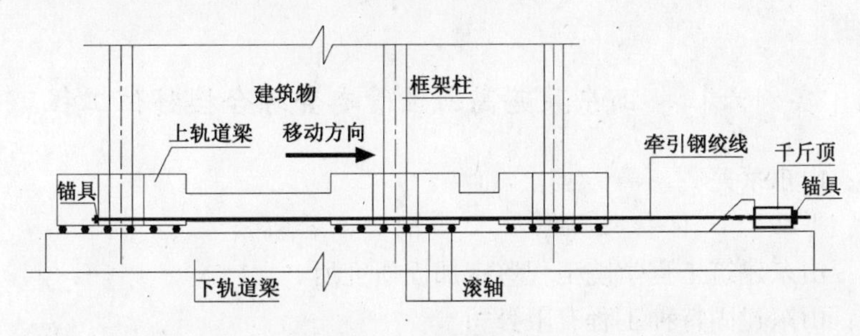

图3.5-16 牵引示意图

在行走机构（上、下轨道板、滚轴）方面，考虑到楼房层数多、高度大，柱底竖向荷载较大，且平移距离远。若行走机构在楼房平移过程中出现异常甚至破坏，轻者会引起上部结构的局部损坏，重者则会导致整个平移工程的失败。行走机构在楼房平移过程中要承受非常复杂的动态变化的荷载，而不是简单的静荷载。因此，在设计滚轴时不能简单地根据其静力试验数据、上部荷载、轨道板下混凝土的局部抗压强度确定滚轴的数量，必须考虑动载作用的影响。本工程上下轨道板均采用［32 槽钢，其中上轨道板作为上轨道梁的底模并可代替梁内部分纵筋；下轨道板则采用分段铺设，两段间采用燕尾形接缝，可以减轻下轨道板接缝不齐对滚轴的影响，下轨道板可重复使用。

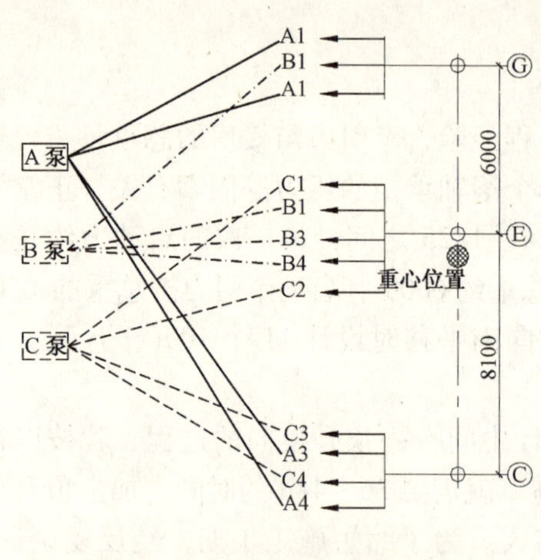

图 3.5-17　千斤顶布置示意图

在牵引力的布置上，充分考虑每个轴线上平移摩阻力的大小与整栋楼房的水平重心的位置，纵向向西平移时布置 12 个千斤顶（图 3.5-17），由 3 个高压泵站交叉供油，通过调整每个泵站的供油压力，使得每个轴线上牵引力的合力与该轴线的平移摩阻力成正比，总的牵引力的合力位置与上部结构的水平重心重合。横向平移时用 11 个千斤顶，采用相同的布置方法。由于采用了千斤顶的交错布置，可以保证楼房平移过程中每个轴线位移的同步。

七、框架柱与新基础的连接

本工程设计的上轨道梁高度在 1400～1800mm 之间，这一高度已满足柱内纵筋在基础中的锚固长度，其实上轨道梁已经相当于上部结构的基础，只不过此时的基础通过滚轴放置在钢筋混凝土下轨道梁（相当于地基）上，为了保证整座楼房在新基础上的稳定性和增加其抗震性能，设计中采用了如下的连接方式：

1. 在柱四侧的上轨道梁上设计有预埋件，楼房平移至新位置后，通过钢板与下轨道梁上的预埋件焊接连接；

2. 上、下轨道梁间的滚轴保留在内部，滚轴之间的孔隙用细石混凝土浇灌密实。这样既能保证上部结构与新基础连接在一起，也能在遇到地震作用时连接钢板的变形、滚轴与填充混凝土之间的挤压变形可以吸收一部分地震能量，从而减轻地震对上部结构的作用，达到减震的目的。

［实例六］　山东莱芜高新区管委会综合楼移位工程

工程地点：山东莱芜
工程类型：平移
设计单位：山东建筑工程学院工程鉴定加固研究所
施工单位：山东建固特种工程有限公司
完成时间：2006.12

一、工程概况

莱芜高新管委会综合楼位于莱芜市高新区凤凰路，为框架-剪力墙结构，由主楼和裙楼两部分组成，主楼地下 1 层，地上 15 层；裙楼地下 1 层，地上 3 层。基础采用筏形基础。该建筑物长 72.8m，宽 41.3m，占地面积 2700 m^2，总建筑面积 24000m^2，总高度 67.6m。该建筑物需沿纵向向西平移 72m。建筑物上恒荷载重 31980t，活荷载 3008t。单柱下最大荷载 1177t（恒荷载 1090t，活荷载 87t），最大柱截面为 1200m × 1200 m。基础埋深 7.05m，筏板厚度 650mm，基础梁高度 2000mm，如图 3.5-18。该建筑物新址处的场地土自上而下分为 6 层，见表 3.5-1。

各层的力学性能指标　　表 3.5-1

土　层	层厚（m）	承载力（kPa）	c（kPa）	ϕ（°）	Es_{1-2}（MPa）	q_{sik}（kPa）	q_{pk}（kPa）
杂填土	1.0 ~ 7.2	—	—	—	—		
粉质黏土	1.0 ~ 3.5	150	37	23.6	6.13	60	
中细砂	1.1 ~ 2.8	160	—	—	20	70	
粗　砂	2.4 ~ 5.9	180	—	—	20	80	
强风化泥岩	1.4 ~ 2.8	260	—	—	30	90	1000
中风化泥岩		700	—	—	200	95	2500

场地地下水埋深 5.4m 左右，对混凝土无腐蚀性。场地土类型为Ⅱ类。

图 3.5-18　建筑物全貌图

二、基础及下轨道梁设计

1. 原基础处理

由于建筑物的原基础是筏形基础，设计时利用原有的基础，仅将纵向基础梁两侧各加宽 550mm，既是对原基础进行加固，使其满足上部结构移动到最不利位置时的承载力要求，又可形成建筑物移动过程中的下轨道，如图 3.5-19 所示。基础梁的承载力设计时仅考虑了建筑物的恒荷载和活荷载的准永久值，其断面设计见图 3.5-20。

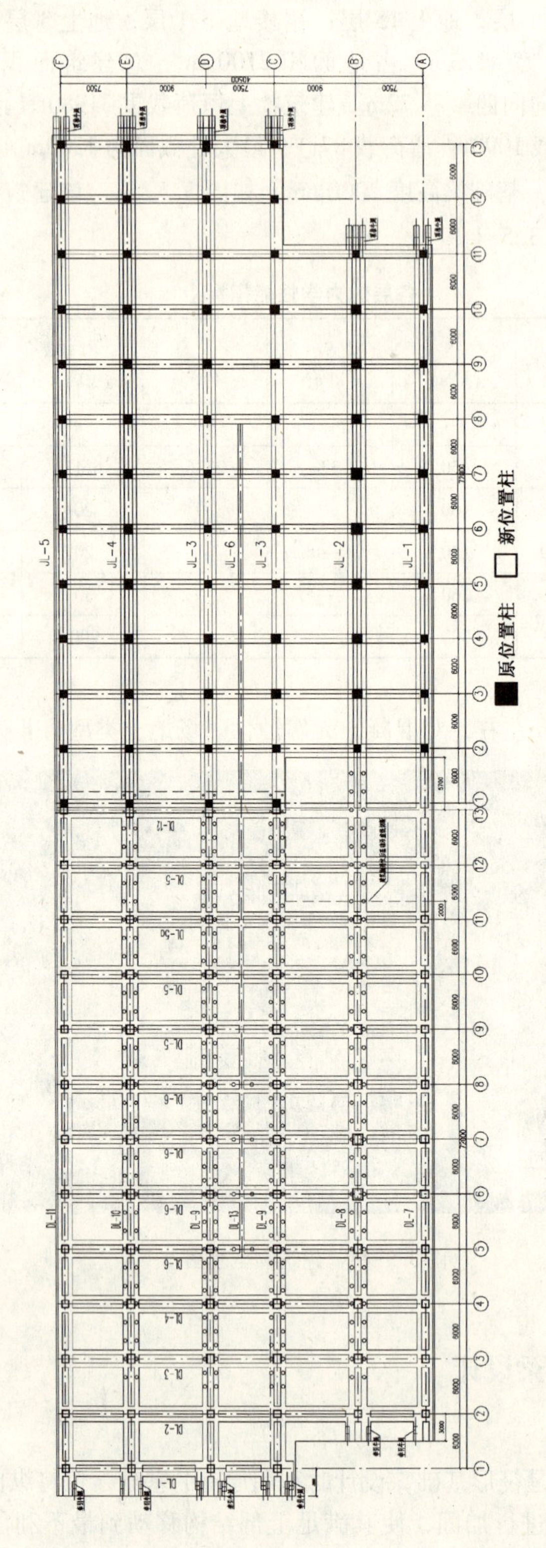

图 3.5-19 基础及下轨道平面布置图

2. 新基础设计

根据地基承载力进行验算，新基础采用筏形基础即可满足要求，但其沉降量较大。建筑物移动过程中，新旧基础的沉降差会使上部结构内产生较大的附加内力，甚至导致上部结构破坏。所以为控制新旧基础的沉降差，新基础采用了桩筏基础，在主楼部分的下轨道梁即纵向基础梁下部增加了防沉桩。桩距C、D轴1.5m，B、E轴2m，桩径450mm。下轨道梁（即纵向基础梁）必须满足建筑物到位以后及移动过程中的承载力要求，其断面设计见图3.5-21。

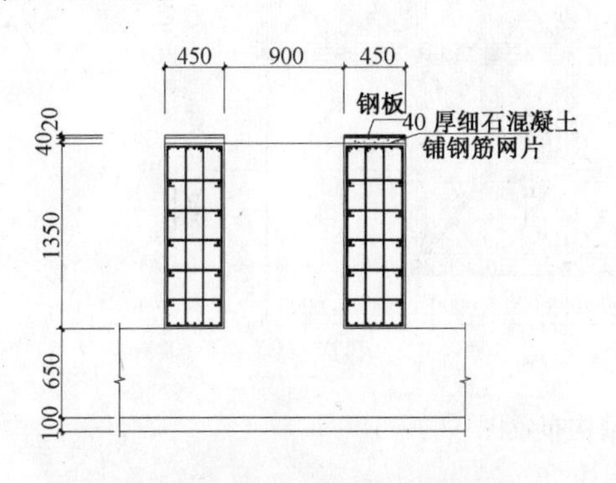

图3.5-20　原基础下轨道剖面图

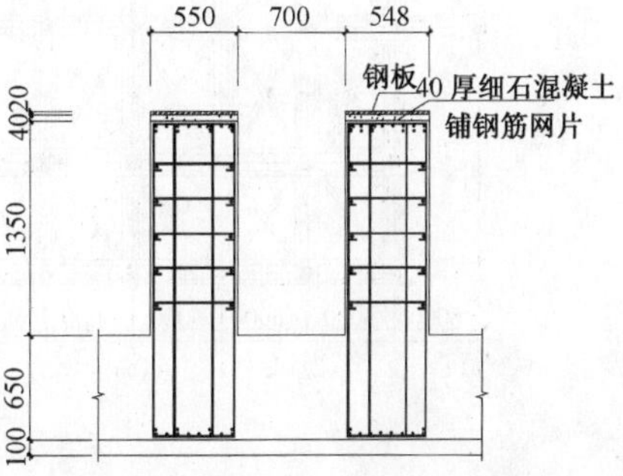

图3.5-21　新基础下轨道剖面图

3. 新旧基础连接处的设计

由于建筑物未能移出原基础，13轴的四根柱部分落在原基础上，部分落在新基础上。而且建筑物的移动过程中新旧基础的结合处也是一薄弱环节，必须保证荷载最大的柱通过时，该部位不能发生破坏。设计时对其进行了特殊处理：①将原横向基础加宽1150mm；②纵向基础梁即下轨道梁的上部钢筋贯穿；③新基础边缘增加防沉桩。见图3.5-22。实践证明这些措施是有效的，在建筑物平移工程中未发现过大的沉降和结构破坏。

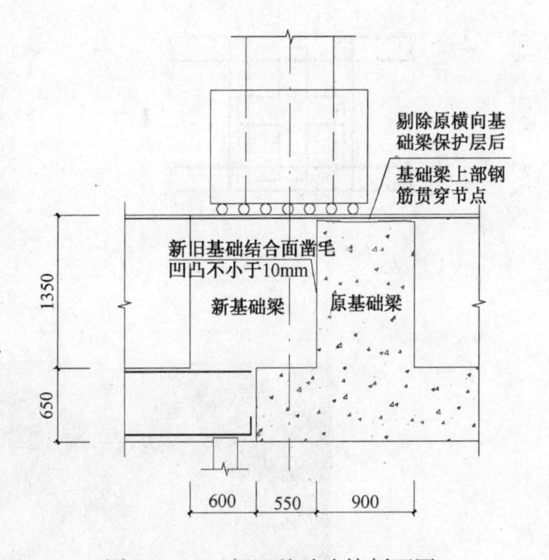

图3.5-22　新旧基础连接剖面图

三、托换结构及上轨道梁设计

托换结构体系设计包括柱下托换节点、水平连梁和斜撑设计，该建筑物的托换结构布置图见图3.5-23。

1. 柱下托换节点设计

柱下托换节点主要承受和传递框架柱上的上部荷载，以及平移过程中水平牵引力。本工程采用四边包裹式的托换方式，见图3.5-24。

（1）轨道梁外伸长度的确定：轨道梁的外伸长度主要由上下轨道的局部受压及滚轴的承载力确定。在满足上下轨道局部受压及滚轴承载力要求下，轨道梁外伸不宜过长。一是外伸段的刚度不宜满足要求，二是轨道梁外伸越大，在外伸段引起的内力就越大。本工程根据单个滚轴的平均压力不超过300kN的原则，确定轨道梁从柱边的外伸长度为900mm。

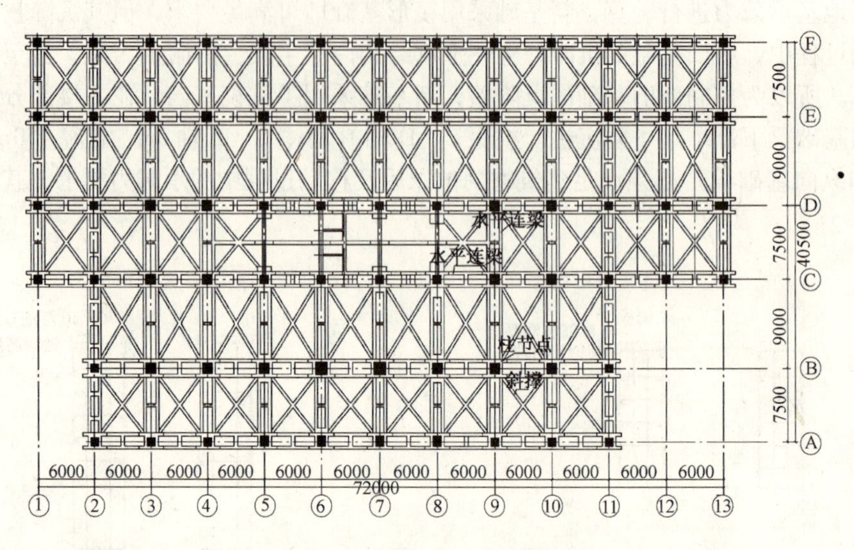

图3.5-23　托换结构布置图

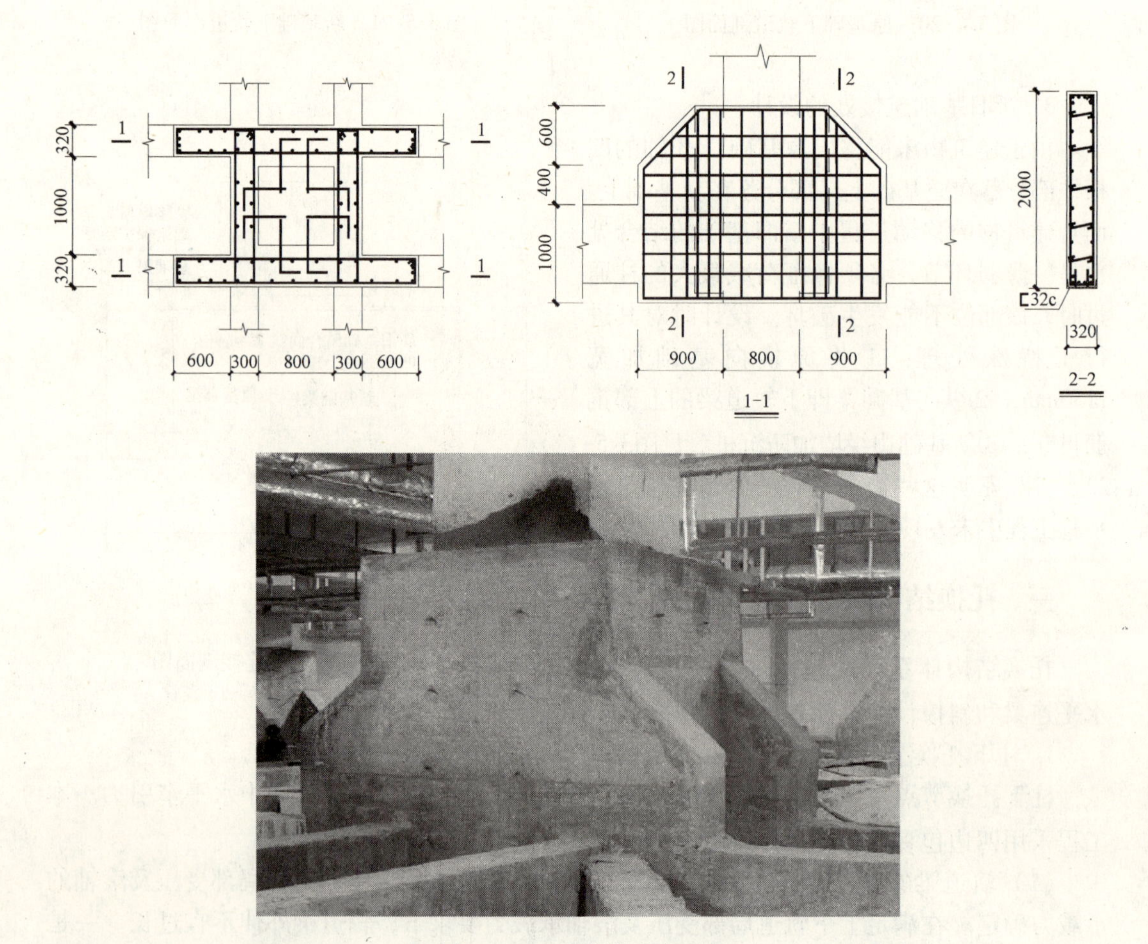

图3.5-24　柱托换节点图

（2）托换梁截面尺寸的确定：托换梁主要受到柱侧面传来的摩擦力、柱下滚轴的支撑力及建筑物移动过程中水平牵引力的作用。本工程单柱最大荷载 11770kN，设计时考虑由于轨道的不平整及其他因素，可能造成的滚轴受力不均匀，在设计托换梁时乘了 1.5 的放大系数。根据上部荷载进行按倒置牛腿计算，托换梁外伸部分根部的截面尺寸需要做到 320mm×2000mm，包柱部分根据广州鲁班建筑防水补强公司和华南理工大学合作试验得到的计算公式：$V=0.24f_cA$（式中 V 为通过框架柱一面所传递的剪力值，f_c 为新旧混凝土轴心抗压强度的较小值，A 为新旧混凝土的接触面积）进行计算，其截面高度只要不小于 1200mm 即可。所以，该工程荷载最大的柱节点托换梁的截面尺寸确定为 320mm×2000mm。

（3）托换梁的内力及配筋计算：托换梁外伸部分主要受到下部滚轴向上的支撑力，以及建筑物移动时与滚轴之间的摩擦力，按固定在柱上的倒置牛腿进行内力和配筋计算；包柱部分主要受到内侧摩擦力的作用，根据实际工程中的受力状况和截面特征，近似地按均布荷载作用下的简支深梁进行计算，深梁的跨度取柱两侧托换梁中心的距离。

2. 水平连梁和斜撑设计

水平连梁和斜撑，其所起的作用一方面是传递水平力，另一方面就是在托换节点受力不平衡，起协调和调整作用。其内力计算主要是按水平力作用下的桁架进行。考虑整个托换结构体系的刚度，本工程连梁的截面尺寸为 320mm×800mm，斜撑的截面尺寸为300mm×600mm。

四、平移系统设计

1. 建筑物移动水平推力的确定

根据作者提出的滚动式平移的牵引力计算公式：$F=kfG$（式中 F 为建筑物的牵引力；k 为综合调整系数，取值 1.5～2.0，受滚轴压力、直径和轨道平整度的影响，由试验或施工经验确定。滚轴压力大，直径偏小，轨道平整度差时，k 取偏大值；f 为摩擦系数，取 1/15；G 为建筑物的重量）。本工程建筑物的总重约 350000kN，综合调整系数取 1.5，所以该建筑物所需的总的水平推力约为 35000kN，共设置了 28 个 100t 千斤顶、12 个 200t 千斤顶，各轴线的分布见表 3.5-2。

各轴线水平推力分布表　　表 3.5-2

轴线号	A	B	C	D	E	F
水平推力	1720	5710	8740	9610	6880	2250
千斤顶个数	4（100t）	3（200 t） 4（100t）	3（200t） 6（100t）	3（200t） 6（100t）	3（200 t） 4（100t）	4（100t）

2. 反力支座和牵引点的设计

由于该建筑物的重量较大，本工程采用了推拉结合的反力施加方式。在建筑物前后端分别设置了钢筋混凝土的反力支座，反力支座布置见图 3.5-24。各个轴线上的牵引点按以下原则进行布置：①每个轴线上的阻力和动力平衡；②使托换结构构件在平移过程中受压，不产生拉应力；③牵引点的位置应尽量靠近上轨道梁，减小在托换结构中产生的弯矩。布置图见图3.5-24。

反力支座和牵引点均按牛腿进行设计。

［实例七］　山东省工商行政学校综合楼平移工程

工程地点：山东济南

工程类型：平移加层

设计及施工单位：山东建筑工程学院工程鉴定加固研究所

完成时间：2002.11

一、工程概况

山东省工商行政学校综合楼，为3层框架结构，总建筑面积2300m^2，位于济南市经十路东端。该综合楼原设计5层，一期建了3层，1994年完工。由于经十路的拓宽，该综合楼需要拆除或平移。而拆除后重建一完全相同的建筑物约需250万元，且会影响学校的正常教学秩序。而平移约需150万元（含一层地下室），且二层以上可继续使用，经济效益明显。所以确定将该综合楼向北移动36m（见图3.5-25）。由于建筑物新址处为一下陷式篮球场，其地面标高与该综合楼的地面标高差3m左右。为有效利用空间和提高经济效益，决定在建筑物新址处增加1层地下室。同时，为了满足学校发展的需要，建筑物移位完成

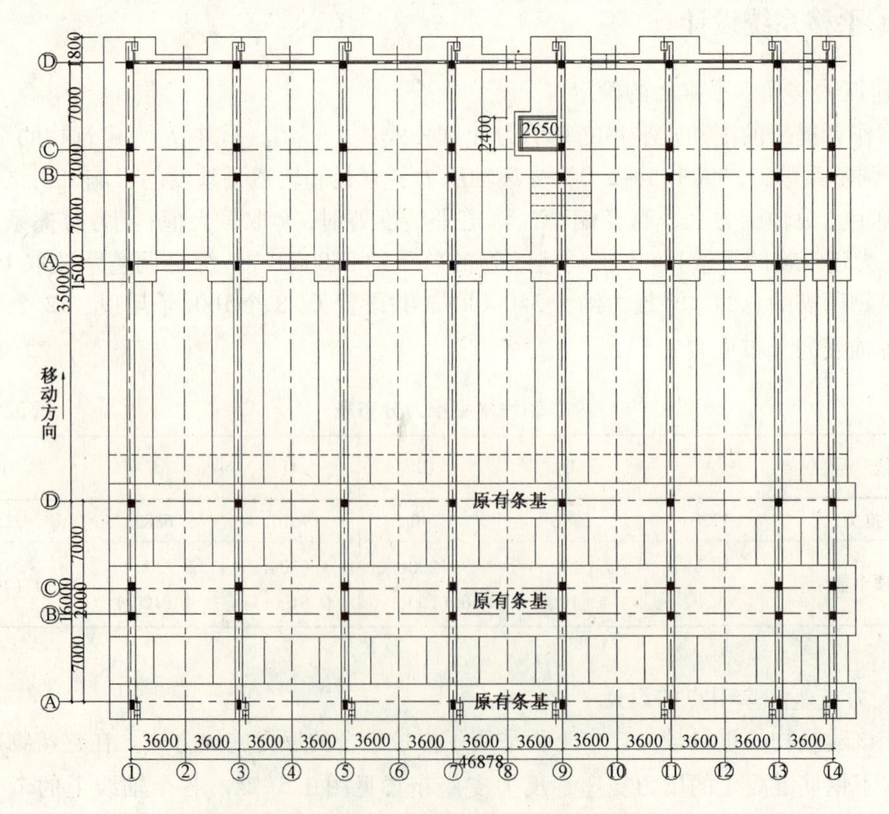

图3.5-25　建筑物基础及下轨道布置图

后，再增加三层，这样该综合楼即变成了地下 1 层、地上 6 层的结构。

平移设计前，首先用 PKPM 系列软件对原结构及加层后的结构进行了受力分析和复核验算，并对结构进行了检测鉴定，原结构符合设计要求，且无影响结构安全的裂缝等破坏现象存在。

二、基础及下轨道的设计

对于钢筋混凝土框架结构多采用包柱式梁托换结构，相对应地其上下轨道梁多为双梁式。而本工程需在建筑物新址处增加 1 层地下室，如采用双梁式轨道，建筑物到位后需切除；否则，将影响地下室的使用空间，而且会造成投资加大，工期延长。所以，本工程采用了单梁式上下轨道，即直接在框架柱下设置上下轨道。

1. 建筑物原址处的基础处理

本工程的原基础为钢筋混凝土柱下条形基础，但条基的方向与移动方向垂直，见图 3.5-25。由于原建筑物基础按 5 层设计，原有条基承载力没有问题。只需在原条基的间隙里增设新基础，用下轨道梁将原条基和新增设的基础连起即可，新基础及基础梁按承担 3 层结构荷载的柱下条基设计。

由于该建筑物原有条基的方向与移动方向垂直，且一层层高较低，仅 3.6m。因此下轨道梁顶面标高不能过高，否则影响一层的使用要求。在下轨道梁满足设计高度的情况下，必然与原有基础梁交叉。设计时充分利用原基础的承载能力。在交叉部位，下轨道梁的上部钢筋连通（由于本工程柱下荷载较小，柱截面尺寸较大，通过在框架柱上开孔实现），下部钢筋则采用化学植筋植入原基础梁内。见图 3.5-26。施工时，需将新旧混凝土结合面凿毛，形成叠合面。

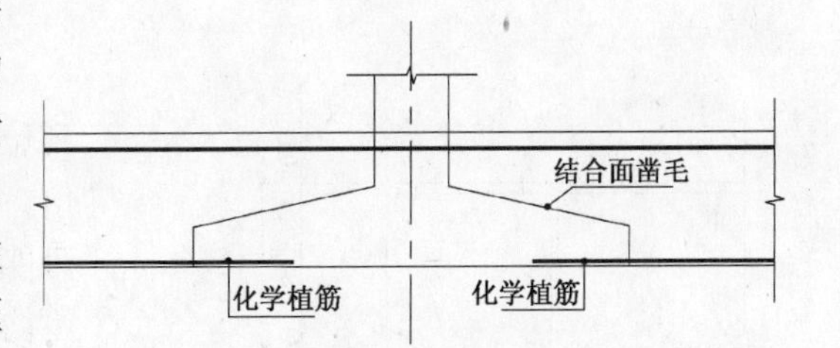

图 3.5-26 节点处理构造图

2. 过渡段基础设计

在建筑物新址处和原址处的基础间有 16m 的过渡段，在该过渡段内需完成基底标高的变化。基底标高改变按 1:2 放台，分六步下降 2.7m。标高下降前，基础和基础梁按承担移动荷载的柱下条基设计。标高下降后，按剪力墙和墙下条基设计。考虑到建筑物在过渡段基础上仅为临时荷载，按移动速度 10m/d 估算，过渡段基础的承荷时间不超过 2d，在设计过渡段基础时，建筑物荷载适当地降低，按 3 层结构的荷载标准值计算。

3. 建筑物新址处的基础设计

考虑到后期加层，本工程新址处的基础按地下 1 层、地上 6 层进行设计。建筑物基底标高下降后，下轨道处理为一道 300mm 厚的剪力墙，基础按墙下条基设计。剪力墙在建筑物到位后的框架柱位置处，设置了端柱和暗柱，并预埋了预埋件与上部结构连接，见图 3.5-27。根据建筑设计的要求，剪力墙上需开设洞口作为地下室的走廊，该走廊与上部结构的走廊宽度相同。洞口上连梁按建筑物到位后的荷载设计值及建筑物移动过程中的最不利荷载进行设计。建筑物移动过程中的荷载可适当降低，按标准值取用。

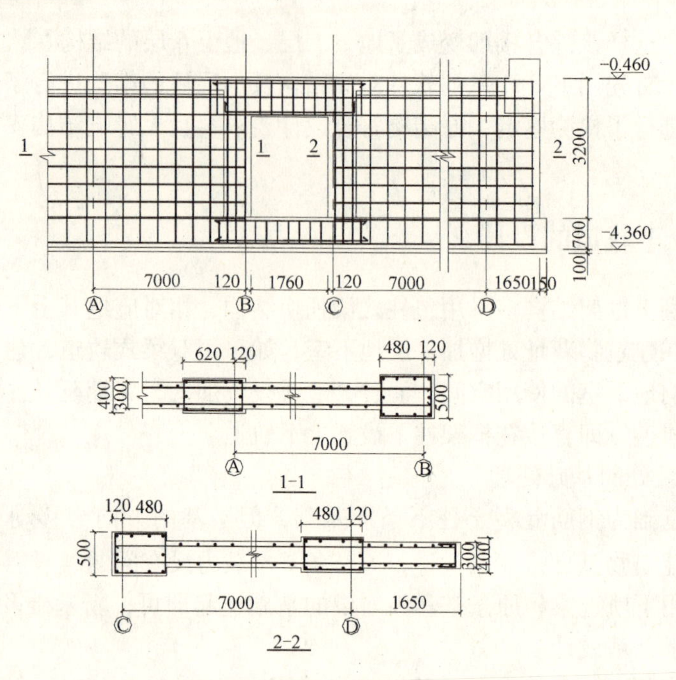

图 3.5-27　建筑物新址处的下轨道

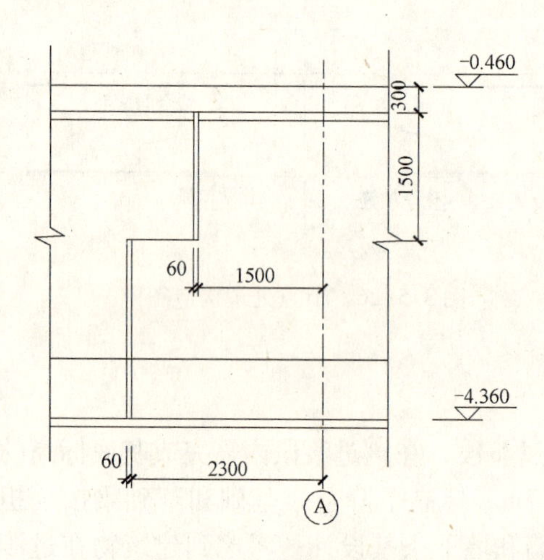

图 3.5-28　沉降缝示意图

由于建筑物在平移时仅有 3 层，而建筑物到位后，上部结构变成了 6 层，荷载将增加一倍。建筑物新址处的基础与过渡段的基础间很可能会出现不均匀沉降，而下轨道的刚度很大，不均匀沉降将会造成建筑物的倾斜。为避免此种情况的发生，在建筑物新址处的基础与过渡段的基础间需设置沉降缝，而一般的通缝式沉降缝，若在建筑平移过程过渡段基础产生沉降，则必然会在过渡段基础和新址处基础间产生高差，给平移造成困难。因此，在建筑物新址处的基础与过渡段的基础间需设置了 Z 字形沉降缝，见图 3.5-28。这样，既可保证平移过程中两部分不产生高差，又可保证平移到位后新址基础的自由沉降，可有效地避免不均匀沉降对结构的影响。

三、上轨道体系设计

上轨道体系的作用一是有效地实现对上部结构的托换，将上部结构的竖向荷载传递到上轨道梁上；二是有效地传递牵引设备提供水平推力，使建筑物平稳移动。

为了满足建筑物地下室的使用要求，本工程采用了单梁式的上轨道体系，见图 3.5-29。即在框架柱下直接设置托换梁，将柱上的荷载传递到托换梁上。托换梁的宽度与框架柱相同，见图 3.5-30。

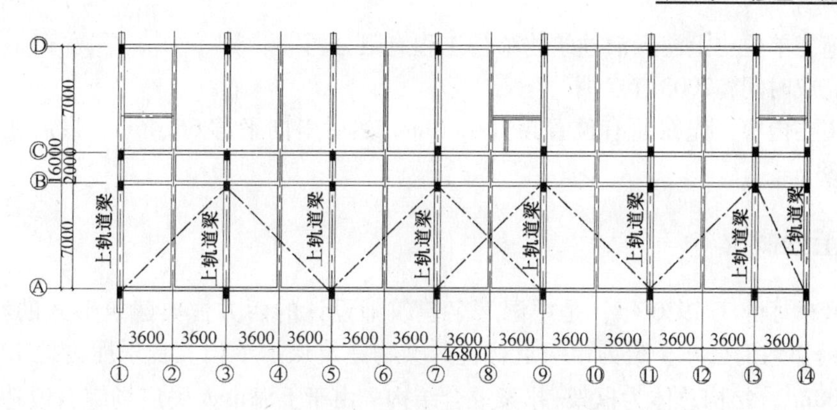

图 3.5-29　建筑物上轨道布置图

托换梁的配筋按倒置的牛腿或深悬臂梁计算，然后将相邻两个柱子间的托换梁用一个截面相对较小的连梁连接，此连梁可传递平移牵引力，保证每个柱子的位移同步，又可起到增加托换梁稳定性及承担建筑物到位后一层楼面荷载的作用。为保证托换梁与框架柱的有效连接和托换梁钢筋的有效受力，施工时首先在框架柱的设计标高处钻孔，采用化学植筋的方法将托换梁内的下部受力钢筋贯通或有效锚固在框架柱内。并且，为保证新旧混凝土的结合，在框架柱的前后两个侧面各植了 2ϕ12 的连接钢筋。同时，在上轨道梁内设置了预埋件，以便与下轨道连接。

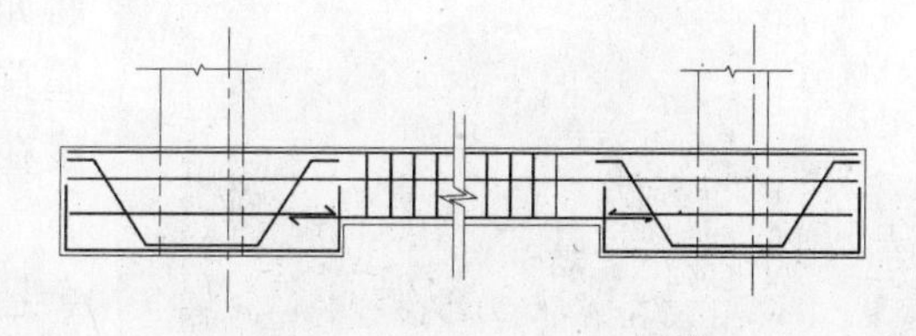

图 3.5-30　框架柱托换图

四、连接设计

本工程设计的托换梁高度为 900mm，这一高度已满足柱内纵筋在基础内的锚固长度，此时托换梁已相当于上部结构的基础。只不过此时的基础是通过滚轴放置在下轨道梁上的，为了保证建筑物上部结构的稳定性，将柱侧面的钢筋以及上轨道梁内预设的预埋件与下轨道梁内的预埋件通过钢筋焊接连接，滚轴之间的空隙用微膨胀的细石混凝土浇筑密实。

五、地上结构加层设计

由于本工程原设计为 5 层，但 1994 年完工时仅建了 3 层，现在需要再增加 3 层。在设计上尽量采用了轻型建筑材料。经复核验算，原结构的框架柱能满足增层后的承载力要求，不需要进行加固处理。因此，地上加层只需将柱顶的预留钢筋调直接建即可。

［实例八］　上海音乐厅平移与顶升工程

工程地点：上海延安东路 523 号
工程类型：（平移、转向、旋转、升降）平移与升降
工程设计单位：上海天演建筑物移位工程有限公司

工程施工单位：上海天演建筑物移位工程有限公司

工程完成时间：2003 年 7 月

施工主要内容：先在原有位置顶升 1. 70m，然后斜向平移 66. 46m，最后在新址位置再顶升 1. 68m。

一、工程概况

上海音乐厅建于 1930 年，是中国著名建筑师设计的西方古典建筑形式的实例之一。1989 年上海市政府公布，定为市级近代优秀文物建筑保护单位。音乐厅占地 1254m^2，建筑面积 3000m^2，结构总体为框架-排架混合结构。由于上海市人民广场综合改造及音乐厅本身功能改善的需要，需将音乐厅整体平移 66. 46m，顶升 3. 38m，并在新址增建 2 层地下室，建筑面积扩大 4 倍。总体移位方案是：先在原址顶升 1. 7m，然后平移 66. 46m 到达新址，最后顶升 1. 68m。迁移总重量为 5850t。

图 3. 5-31　平移前

音乐厅结构空旷，刚度差，且结构强度低。将如此风格和结构类型建筑整体移位，在国内尚属首例。其综合施工难度堪称国内之最，顶升高度在世界上也属罕见。

音乐厅移位采用了结构限位、PLC 液压控制全悬浮滑移、全姿态实时监控等多项新技术。PLC 液压同步控制技术是首次应用于建筑物移位领域，代表了目前国内的最高水平。

该工程于 2002 年 12 月开工，2003 年 7 月平移顶升就位。目前已完成修缮及改造扩建，于 2004 年 10 月恢复演出。

平移前的上海音乐厅如图 3. 5-31 所示。

二、技术特点

1. 移位施工方案

施工总流程图如图 3. 5-32 所示。

2. 总体设计方案

（1）移位路线

上海音乐堂属近代优秀保护建筑。为保护其原有的建筑风貌不受任何损坏，经反复论证最后确定如下移位路线：先在原地顶升，以争取下滑梁施工的空间。平移 66. 46m，到达新址后再顶升。

（2）地基加固

经过方案比较，确定室外采用静压桩，室内采用筏形基础。静压桩按群柱布置，根据滑道荷载大小，每墩布置 3 桩或 4 桩。施工时合理安排压桩顺序，以避免压桩时的挤土效应对该建筑基础的不利影响。筏形基础施工前，要对不良地质进行换填处理。遇原基础时要对新旧混凝土界面认真处理，保证新老基础共同受力。

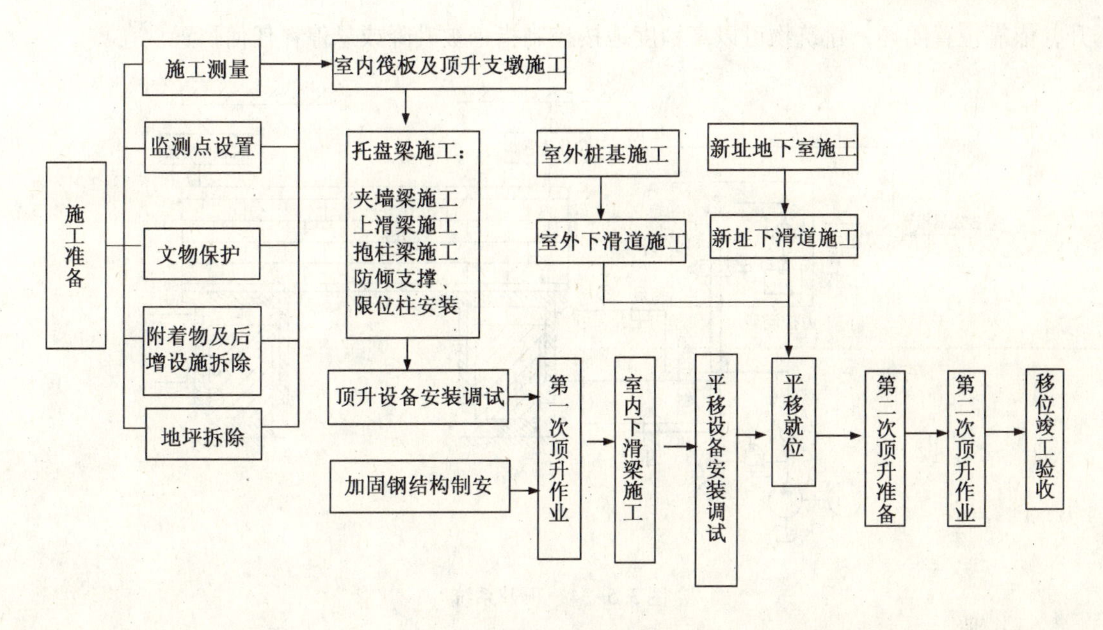

图 3.5-32　总流程图

（3）托盘梁施工

托盘梁由上滑梁、夹墙梁、抱柱梁、卸荷梁、支撑梁、抬梯梁、限位梁等组成，用于承受移位过程中建筑物的全部动静荷载。它应具有足够的承载力、刚度和稳定性。托盘梁宽因部位和受力不同而有所差异，已施工的托盘梁如图 3.5-33 所示。

图 3.5-33　托盘梁施工

（4）空间刚度加固

建筑物的大厅、舞台及东西立面空间刚度较差，墙柱之间缺少拉结，抗震性较差。为保证移位过程中的绝对安全，采用轻型空间钢桁架对上述部位进行重点加固，形成撑位结合的结构体系，并通过加固加强柱间的连接降低柱的自由度，从而提高结构的整体性及抗震性。

（5）液压控制系统

上海音乐厅属混合结构，占地面积较大，结构及荷载分布极不对称且荷载差异较大，整体刚度差。因此，其各顶升点的顶升荷载差异也比较大。经过反复计算和论证，最终确定采用 59 个顶升点，共布置 59 台千斤顶。

图 3.5-34 是顶升系统的组成示意图。顶升施工的第一步是建筑物的称重，通过调节减压阀的出口油压 $p_D = p_{out} - p_{co}$，缓慢地分别调节每一个液压缸的推力，使建筑抬升。当建筑物与原地基刚发生分离时，液压缸的推力就是建筑物在这一点的重量，称出建筑物的各顶升点的荷载，并把减压阀的手轮全部固定在 $P_D = P_{OUT} - P_{CO}$ 的位置，便可转入闭环顶

升，依靠位置闭环，建筑物可以高精度地按控制指令被升降或悬停在任何位置。

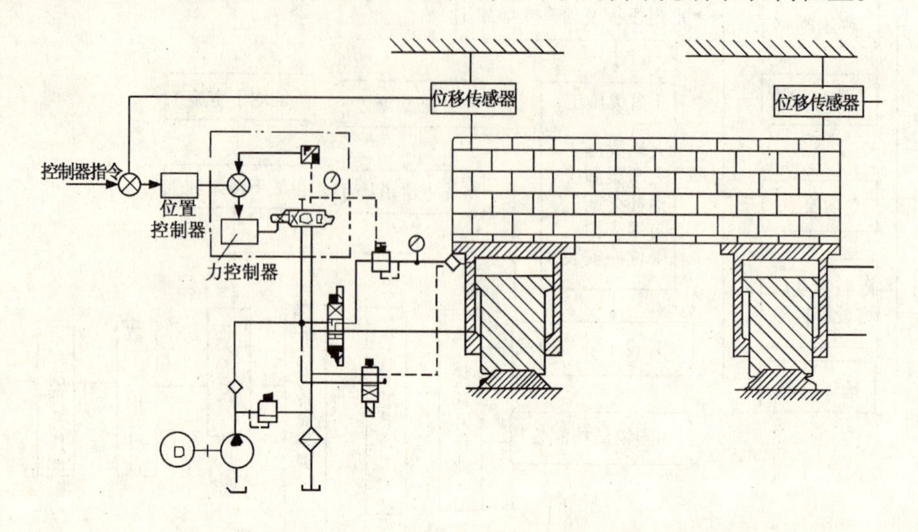

图 3.5-34　顶升系统

（6）计算机控制系统

无论是顶升过程还是顶推过程，整个操纵控制都通过操纵台实现，操纵台全部采用计算机控制，通过工业总线，施工过程中的位移、载荷等信息，被实时、直观地显示在控制室的彩色大屏幕上，使人一目了然。施工的各种信息被实时记录在计算机中，长期保存。由于实现了实时监控，工程的安全性和可靠性得到保证，施工的条件也大大改善。图 3.5-35 为顶升系统的计算机控制框图。顶推控制系统为传统的位置闭环系统。

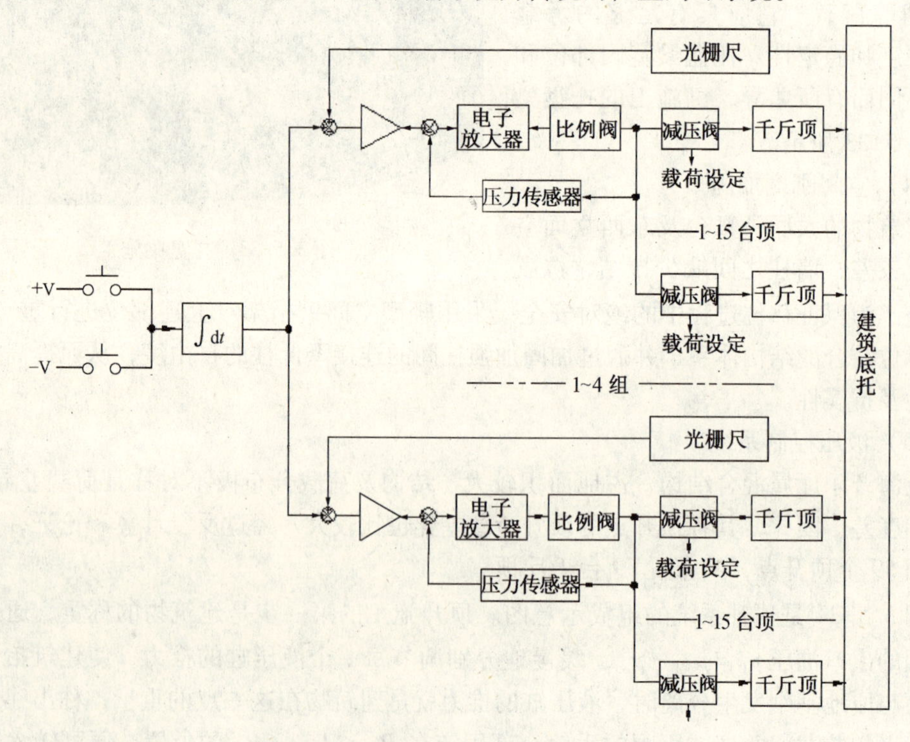

图 3.5-35　顶升系统的计算机控制框图

由于本系统设备分布分散，控制、检测点多，采用了工控网络，检测和操纵等信号通过总线传至控制室，4个顶升子站和一个顶推子站各由西门子控制器S7-214CPU组成，主控制器由西门子S7-315D构成，主站与子站之间使用PROFIBUS工控总线连接。在PLC控制系统上另挂接有工控机，以便记录和监视顶升、顶推全过程的数据变化。

（7）第一次顶升

共设置59台200t的千斤顶进行顶升，千斤顶行程为140mm。在顶升过程中为便于控制，根据结构特点和荷载分布情况，将59台千斤顶分成四组，每组14~16台千斤顶。为保证顶升过程中各组间的位移同步，每组设一台位移监测光栅尺；另外，为了避免顶升过程中该建筑产生水平位移或偏转，在室内设置了两处限位柱。在正式顶升前对建筑物进行了称重，以便每个千斤顶的调定顶力与其上部荷载大致平衡，从而减少上滑梁的协调变形，确保顶升的同步性和上部结构的安全。

（8）下滑梁施工

下滑梁为建筑物走行的基础，沿平移方向共设置10条下滑道。根据其具体位置可以分为原址段、新址段和过渡段下滑道。原址段下滑道施工于顶升筏形基础之上，梁按叠合梁设计，与筏形基础共同受力，第一次顶升结束后方可施工。过渡段下滑梁支承于静压桩基础之上，梁高及梁宽同原址段。新址段下滑梁支承于设在地下室底板之上的临时支撑柱、永久柱或地下室边墙、围护之上。

为满足平移及第二次顶升的需要，沿下滑梁设置了一定数量的导向墩及活动后背，新址顶升支墩与下滑梁一起浇筑。为了减少平移摩擦系数，下滑梁顶面找平后铺一层10mm厚的钢板，钢板上再覆一层不锈钢板作为滑动面。下滑梁布置如图3.5-36所示。

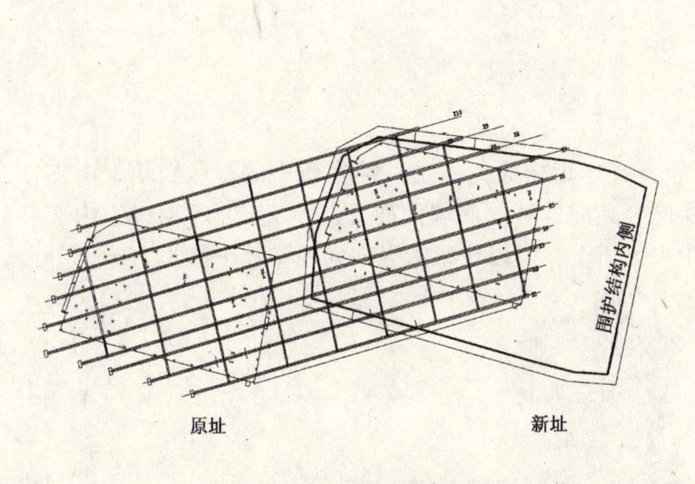

图3.5-36　下滑梁布置

图3.5-37　平移中

（9）平移

自原址至新址间斜向直线平移。采用了PLC液压控制全悬浮滑移技术，即在平移过程中，房屋的荷载全部作用在由电脑控制的59台液压千斤顶上。顶升液压系统仍处于工作状态并可根据监测数据随时对建筑物姿态进行调整，顶升千斤顶即为平移时的滑动支点，千斤顶下安装钢制滑脚，滑脚底面覆一层四氟乙烯板与不锈钢板形成摩擦副。试平移阶段，采用10台千斤顶作为顶推动力，包括4台320t和6台100t的千斤顶。为了保证位移的同步进行，将10台千斤顶分成4组，每组设一台位移光栅尺。

根据试平移结果，四氟板对不锈钢板的摩擦系数远小于预想值，平移所需的实际推力也远小于预先设定的值，于是在正式平移时将千斤顶减为6台100t的，其总推力不超过200t。平移全景如图3.5-37所示。

(10) 第二次顶升

与第一次施工程序基本相同，只是第二次顶升是在新址地下室上进行的，顶升基础形式和垫块支撑高度不同。

(11) 施工监测

为了保证平移及顶升过程建筑物的安全，在施工中对以下项目进行监测：基础沉降、房屋姿态、结构裂缝变化、结构应力应变、自振频率、平移起始加速度、千斤顶承受荷载、压力、移位速度、距离、偏移量及精度等。在称重阶段及柱切割阶段，对顶点位移和抱柱效果分别进行监测。施工结果表明，这些监测措施保证了整个移位过程结构的安全。

[实例九]　宁夏吴忠宾馆整体平移工程

工程地点：宁夏吴忠市裕民西街5号

工程类型：(平移、转向、旋转、升降) 平移

工程设计单位：上海天演建筑物移位工程有限公司

工程施工单位：上海天演建筑物移位工程有限公司

工程完成时间：2006年8月

施工主要内容：整体向西平移82.5m

一、工程概述

1. 地理位置及周边环境

吴忠宾馆（图3.5-38）位于宁夏吴忠市裕民街，是一幢在建中的星级宾馆，由主楼和裙楼两部分组成，目前主体结构已经完成，外立面墙面砖已基本完成，5层以上内部装修已完成。由于此楼位于在建的中央大道上，所以房屋沿纵向向西整体平移82.5m。

图3.5-38　吴忠宾馆正立面图

2. 建筑及结构概况

主楼长43.04m，宽17.64m，13层，最高点标高53.7m。裙房3层，长50.84m，宽17.7m。整座建筑占地面积1927m²，建筑总面积约13850m²，移位总重量估算约200000kN。主楼为框架-剪力墙结构，6行8列共计42根柱，最大柱断面为1050mm×1050mm，平移时最大柱荷载约9200kN，见图3.5-39。

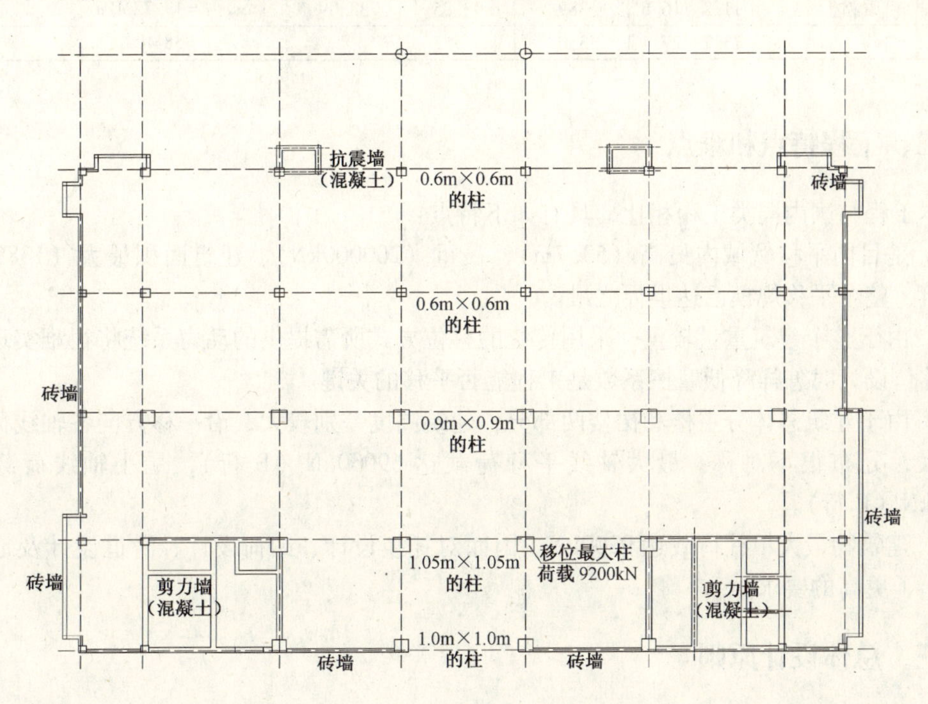

图3.5-39　吴忠宾馆结构图

3. 原基础概况

柱下为钢筋混凝土承台，承台顶面标高为-2.35m～-2.25m，底面标高-3.35m～-4.35m。电梯井深1.5m，承台下为冲孔灌注群桩，桩径为ϕ800、ϕ600两种，桩长约为4.8m。承台基础埋深3.35～4.35m，桩基埋深8.2～10m。

4. 平移场地工程地质条件

地质情况自上而下分为6个土层，工程力学指标见表3.5-3。

场地内地下水为孔隙潜水，本次勘察期间水位埋深6.2m左右。地下水对混凝土结构具有弱腐蚀性。

土层、工程力学指标　　表3.5-3

序号	土层名称	土层埋深（m）	承载力（kPa）	内聚力（kPa）	内摩擦角（°）	备　注
①	杂填土	0.8～4				桩侧阻力 q_{sik} =18kPa
②	粉质黏土	0.8～4	110	26.0	17.14	Es_{1-2} =4.86MPa，q_{sik} =64kPa
③	细砂	2.5～5.7	160			Es_{1-2} =13.4MPa，q_{sik} =22kPa

续表

序号	土层名称	土层埋深（m）	承载力（kPa）	内聚力（kPa）	内摩擦角（°）	备　注
④	卵石	4.9～6.4	400			桩端摩阻力 q_{pk} =2500kPa Es_{1-2} =34MPa
⑤	粉质黏土	11.2～16.6	389	93.85	33.09	Es_{1-2} =19.72MPa
⑥	细砂	13.7～27.4	350			Es_{1-2} =38MPa

二、工程特点和难点

本工程与国内同类工程相比，具有如下特点：

1. 是目前平移领域内最高（53.7m）、最重（200000kN）、建筑面积最大（13850m^2）的建筑，整个平移规模已达世界之最。

2. 由于整个建筑重量较重，采用传统的移位方式所需提供的动力系统将很难实现，因而在移位设计时怎样降低摩擦系数是工程能否平移的关键。

3. 由于建筑总体分主楼和裙楼两部分，建筑高度差别较大，沿平移方向各轴线荷载差别较大，分布很不对称：最大轴线平移荷载达69000kN（B行），最小轴线荷载仅为16000kN（E行）。

4. 建筑物最大单柱荷载达9200kN，因而对托换设计、卸荷设计、滑道设计及地基处理提出了更高的要求。

三、总体设计原则

1. 符合既有建筑、结构规范；
2. 按照现场实际情况进行计算，托换时不考虑活荷载；
3. 在楼房施工期间和移位完成期间，确保房屋、附属设施及人员的绝对安全；
4. 不改变房屋的结构和使用功能，保持原有的室内净高；
5. 通过在移位后保留托盘梁，提高房屋的抗震安全性；
6. 托换体系和下滑道要安全可靠，有足够强度、刚度；
7. 推移的方向、距离和速度完全可控，可以随时调整，保证就位后误差不超过2cm；
8. 降低平移费用。

四、移位方式择选

这里的移动方式指的是上下轨道体系之间的接触方式，也可以简单看作上下轨道体系间连接装置的性质。

1. 方案一：滚动平移

即在上下滑道之间摆放滚轴，下滑梁上设置钢板，上滑梁设置槽钢或钢板，滚轴采用实心铸钢材料或钢管混凝土。

滚动的优点是：

①摩擦系数较小，摩擦系数为0.04～0.1，需提供的移动动力较小；

②造价低。

其不足之处是：

①易产生平移偏位，移动过程中经常需人工调整钢管位置，从而增加了辅助工作时间，也不易达到要求精度；

②钢管由于滑道不平及上下滑梁不平行引起受力不均，个别钢管可能变形或压坏；当压坏时不易置换，从而引起荷载分布变化较大，甚至引起上部结构开裂或损坏；

③由于钢管受力较小，当房屋荷载大时，需要布置很多钢管或加大钢管直径及管壁厚度来承受上部荷载；

④平整度要求较高。

2. 方案二：支座式滑动平移

即在上下滑道之间摆放支座，支座采用钢构件，下滑梁上设置钢板，平移时在滑动面上涂抹黄油等润滑介质。

其优点是：

①平移时比较平稳；

②偏位时易于调整，便于纠偏，适用于高精度同步控制系统；

③平移过程中辅助工作少，平移速度快。

其不足之处是：

①摩擦系数较大，摩擦系数为0.1～0.15，平移需提供很大的推动力；

②对施工时下滑道的标高、平整度要求非常高。

3. 方案三：低阻力液压悬浮式滑动平移

即在上下滑道之间摆放支座，支座采用液压千斤顶，千斤顶下垫德国进口的聚分子材料，下梁道上设置镜面不锈钢板。

其优点是：

①平移时比较平稳；

②偏位时易于调整，适用于高精度同步控制系统；

③平移过程中辅助工作少，平移速度快，可以缩短总体工期；

④摩擦系数很小，摩擦系数在0.02～0.06之间，需提供的移动动力很小；

⑤液压千斤顶在行走时能够自动调整滑脚高度及额定反力，对下滑道的平整度要求相对较低。

其不足之处是：

平移时对计算机控制系统要求较高，平移造价非常高。移位方式比较见图3.5-40。

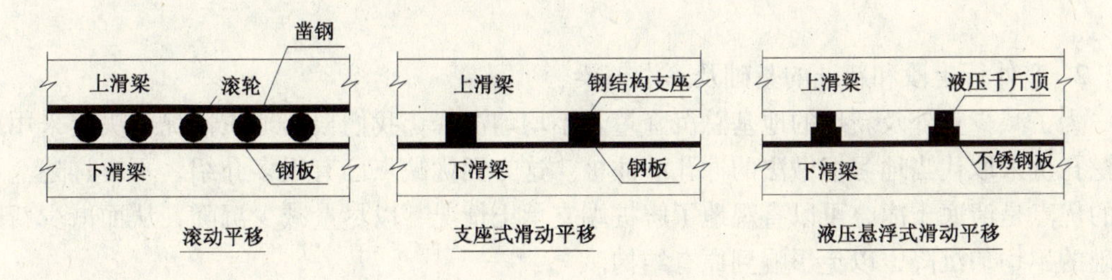

图3.5-40　移动方式比较图

通过以上比较，液压悬浮式滑动平移最安全、可靠，但造价非常高。考虑到吴忠宾馆整体移位时的重量及特点、难点，我们采用低阻力液压悬浮式滑动平移。

五、下滑梁、基础及反力系统设计

下滑梁的设计分为三个部分：房屋现址基础范围内的、室外行走段的和新址基础的下滑道梁。下滑梁平面位置见图 3.5-41，沿 A、B、C、D、E 轴柱两侧边分别设置下滑梁，从现址至新址基础位置。

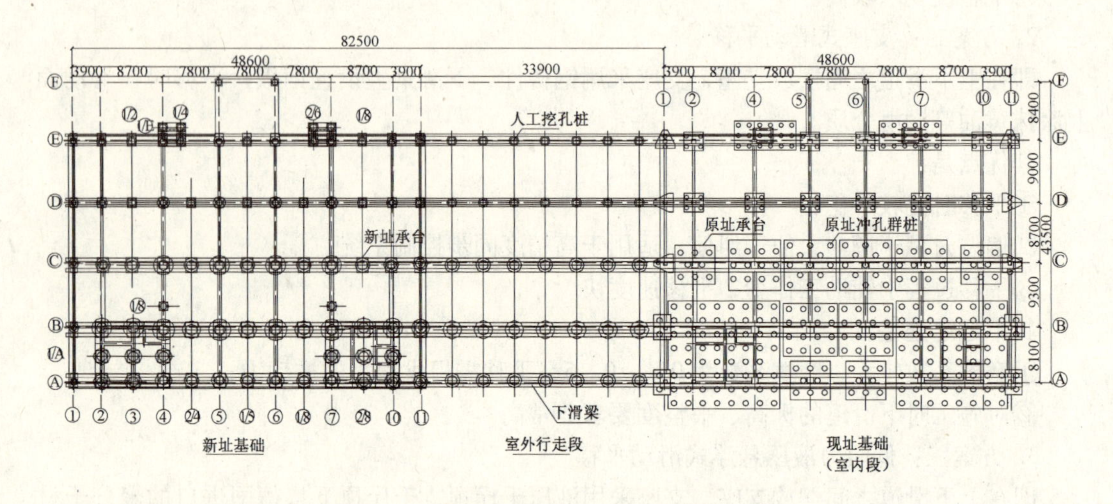

图 3.5-41　吴忠宾馆平移工程整体平面布置图

1. 房屋现址基础及下滑梁

原室内柱基础为锥形独立基础，仅承受柱下竖向荷载及弯矩，均作用在基础中心。平移时为移动荷载，作用于平移路线上的任意一点，显然原基础不能满足；若增加新基础，基础下需设原形式的钻孔灌注桩，而室内净空限制是不可能实现的，同时新旧桩因沉降不同，受力也不可能达到理想效果，因此我们采取两种方法：①在上托盘加卸荷柱使柱的集中荷载分散，在较长范围内分为数个较小的集中荷载（几近均布荷载）；②在原基础间做梁，其钢筋与原基础下部钢筋焊接，底部与原有承台凿毛后连接，上部加负弯矩钢筋，兼作顶推时受拉钢筋，形成带形基础，支承在原有桩基承台上。这样可以不需要补充新桩，同时也可减少上下滑梁中的弯矩、剪力及变形，以及行走段的桩基承载力。

2. 室外行走段和新址的基础及下滑道梁

为了减少室外及新址的地基总沉降量及不均匀沉降，我们根据地质情况，决定采用人工挖孔桩来取代当地习惯做法的冲孔灌注桩。这方面优缺点已有很多介绍，不再详述。主要的优点是清底干净，可以直观地了解桩端支承土情况，以尽量减少沉降，从而减少新旧基础的不均匀沉降，以免影响到原有结构。

现址、室外及新址的下滑梁断面见下滑梁断面图 3.5-42。

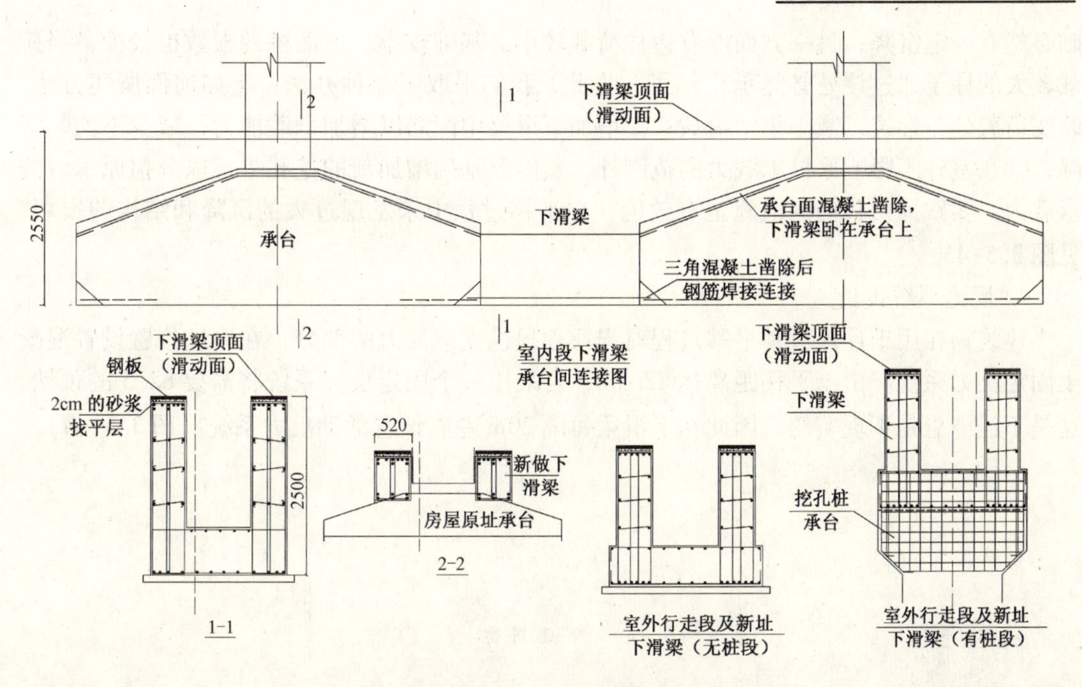

图 3.5-42　下滑梁断面图

3. 新旧址交接处的处理

这里最不好解决的问题是新旧基础交接处的处理，一方面旧基础已沉降完毕，而新基

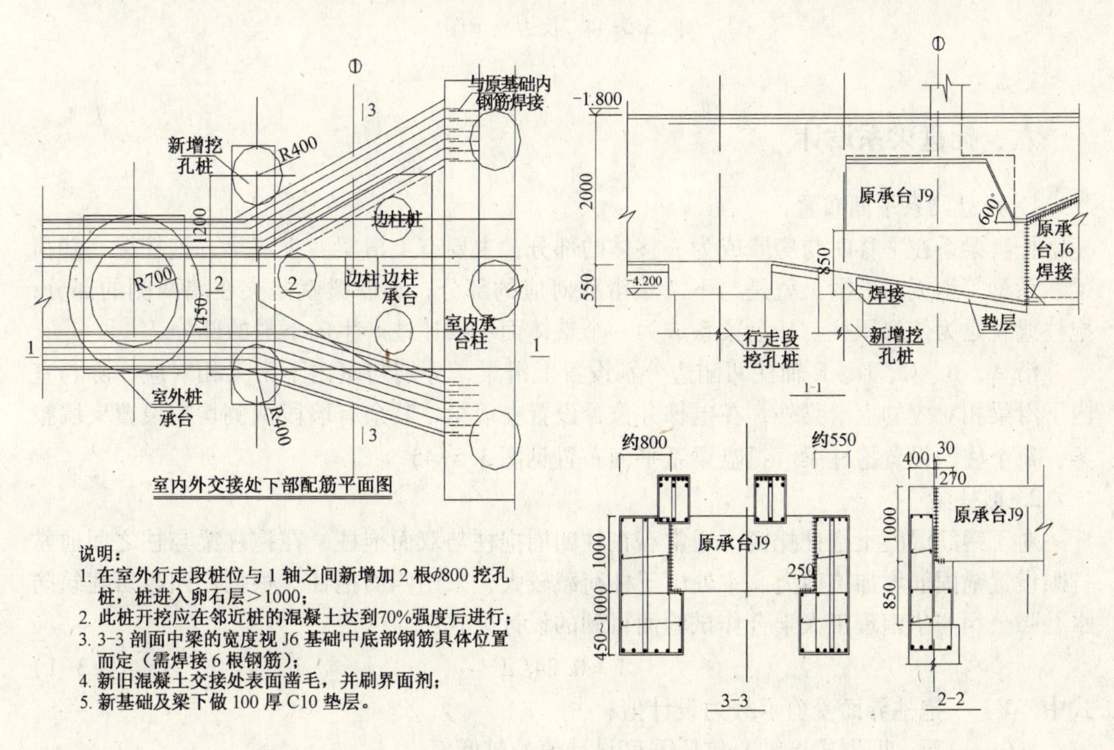

说明：
1. 在室外行走段桩位与 1 轴之间新增加 2 根ϕ800 挖孔桩，桩进入卵石层＞1000；
2. 此桩开挖应在邻近桩的混凝土达到70%强度后进行；
3. 3-3 剖面中梁的宽度视 J6 基础中底部钢筋具体位置而定（需焊接 6 根钢筋）；
4. 新旧混凝土交接处表面凿毛，并刷界面剂；
5. 新基础及梁下做 100 厚 C10 垫层。

图 3.5-43　室内外基础处理图

础必然有一定沉降；另一方面原有边柱荷载较小，基础较小，下面桩的根数也较少，当荷载较大的柱子通过该处必然承受不了。为此，我们采取了三种办法：①如前面所述方法，改变荷载分布形式以减小集中荷载；②增加下滑梁中配筋以增加承载能力，减少不均匀沉降；③在室外不影响原桩承载力的范围外，紧靠原基础增加新的挖孔桩，以分担原承台的承载力。实践证明我们的措施是有效的，在平移过程中未发现过大的沉降和结构的损坏，见图3.5-43。

4. 反力系统设计

建筑物在用千斤顶对其平移过程对千斤顶提供支承反力的部分，在原址位置设置混凝土固定反力系统。由于平移距离达82.5m，若采用一个固定反力系统将需要82.5的顶铁，这是不经济也是不现实的，因此在下滑梁每隔20m左右设置活动反力系统（图3.5-44）。

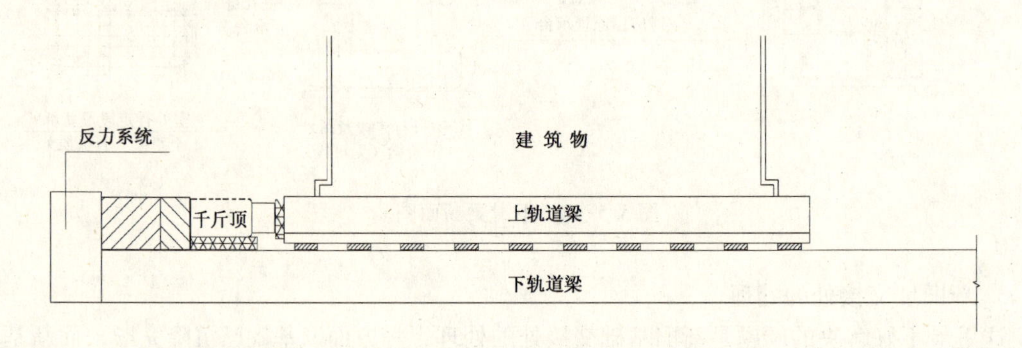

图3.5-44　反力支承图

六、托盘梁系设计

1. 托盘梁系平面布置

托盘梁系在平移时与房屋成为一整体的部分，主要有上滑梁、夹墙梁、抱柱梁、卸荷梁、系梁等组成。上滑梁就是与下滑梁滑移对应的部分；夹墙梁就是夹在墙两侧的部分；抱柱梁就是为使房屋柱与托盘梁系成为一个整体而不致让柱产生向下滑的部分。

沿A、B、C、D、E轴柱两侧边分别设置上滑梁，分别与室内下滑梁相对应，除与室内下滑梁相对应的上滑梁外，在电梯井位置设置夹墙梁，其余有墙段两侧均需设置夹墙抬梁，每个柱均设置抱柱梁。托盘梁系平面布置见图3.5-45。

2. 抱柱梁

对于钢筋混凝土抱柱托换，通常有在柱四周抱柱与双面抱柱，在抱柱梁与柱之间通常打眼设置锚固筋增加抗剪力。本处由于柱荷载较大，采用四面抱柱。根据广州鲁班建筑防水补强公司与华南理工大学合作试验而得到的设计公式：

$$V=0.24f_cA \quad (2.3\text{-}1)$$

式中　V——抱柱界面受剪承载力设计值；

f_c——新、旧混凝土轴心抗压强度设计值的较低值；

A——界面面积，$A=bh$。

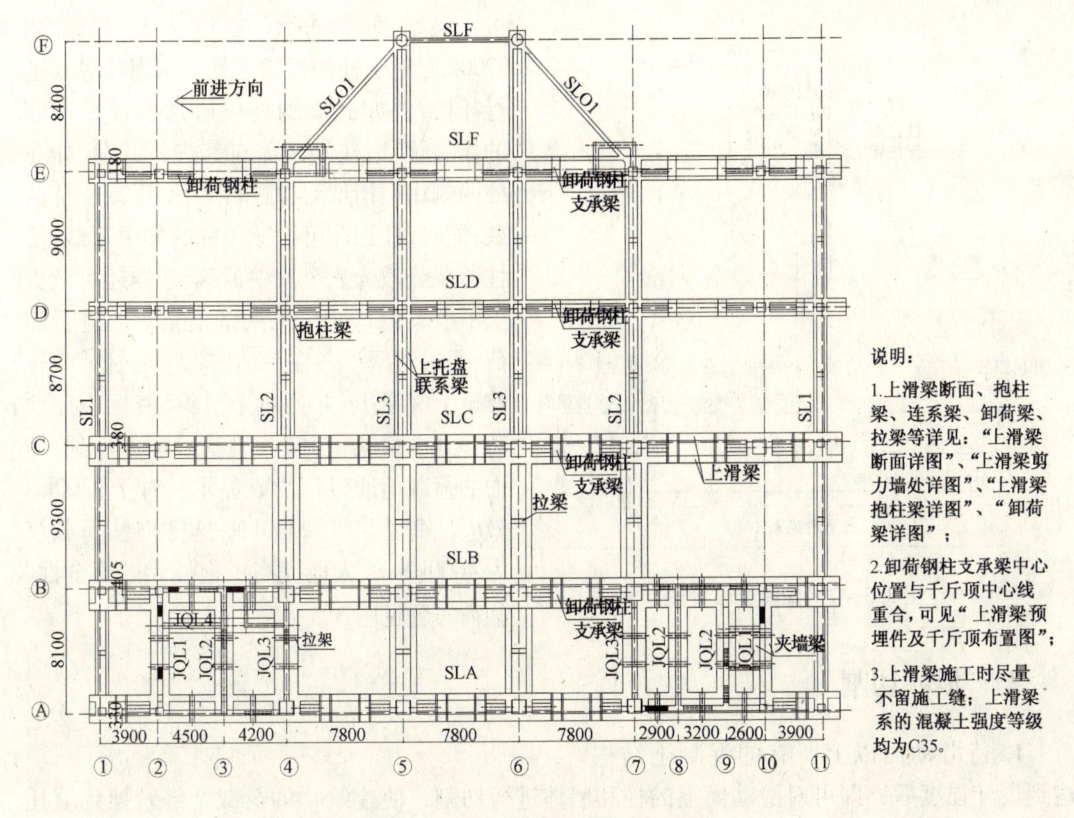

图 3.5-45　托盘梁系平面布置图

按最大柱荷载9200kN 考虑，柱四周抱柱，每面 P 取 9200 /4 = 2300kN，混凝土最低强度为 C35，f_c 取 16.7MPa，柱宽为 1050mm，抱柱在未加锚固筋的抱柱梁最低高度 $h \geqslant$ 550mm。考虑现场施工等不确定因素，实际选择抱柱梁高 1200mm，总体安全系数为 2.2。

抱柱梁见图 3.5-46。

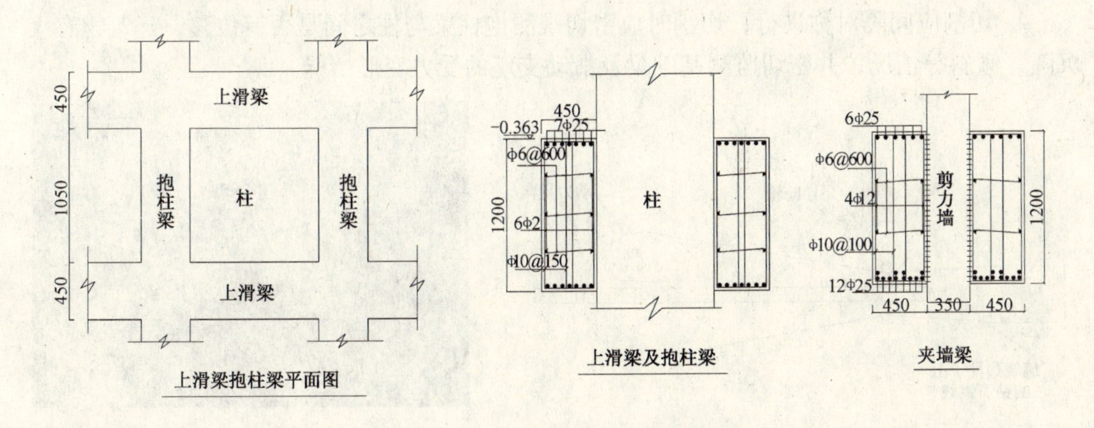

图 3.5-46　上滑梁、夹墙梁、抱柱梁

3. 卸荷梁

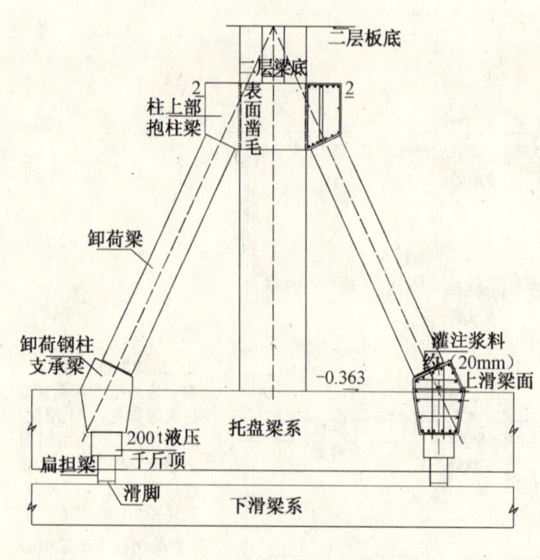

图 3.5-47　卸荷梁布置图

吴忠宾馆平移时最大柱荷载达9200kN，对于柱托换通常是采用抱柱对其进行托换，但如此重的柱仅通过抱柱是不够的，除托换抱柱外还需对其进行卸荷，即在柱两侧用钢桁架对柱进行卸荷，以减少柱荷载；同时，柱卸荷可以减少柱的集中荷载，使柱荷载分散为三个集中荷载，这样还可减少上下滑梁的弯矩。采用钢桁架对柱进行卸荷，通过液压设备在平移前将部分柱荷载转移至上滑梁上，并通过上滑梁、液压千斤顶转移到下滑梁上，卸荷设备采用千斤顶，卸去的荷载值通过压力表显示。对于9200kN最大柱每边卸去2300kN，这样抱柱荷载仅为4600kN，极大地提高了抱柱梁的安全性。卸荷布置见图 3.5-47。

七、墙柱切割

1. 待滑动面以上所有的混凝土结构达到设计强度后，即可对滑动面上的柱和墙体进行切割，使建筑物的荷载全部转换到上托盘上。切割在平移前进行。

2. 砖墙切割采用风镐，混凝土墙、柱子切割采用瑞士设备——金钢链线切割机，该设备的特点是切割速度快、无振动、噪声低。切割见图 3.5-48。切割面在上下滑梁之间的部位，考虑到接柱的需要（上下滑梁的间距为 21.7cm，接柱时，原有柱钢筋保留至少 $5d$ 以上）和施工的可操作性，切割面高出下滑梁 5cm 为最终切割面。

3. 图中的钻石钢线条锯柔性很好，只需要很小的空间就可以绕到柱子上，然后通过接头连成闭合环，缠绕在动力导向环上。通过动力导向轮的高速旋转，柱子即可很快切断。

4. 切割应间隔对称进行，切割时应密切观测抱柱梁与柱之间是否有位移，建筑物有无沉降、倾斜等情况，并密切监测基础梁及滑动支座的受力变形情况。

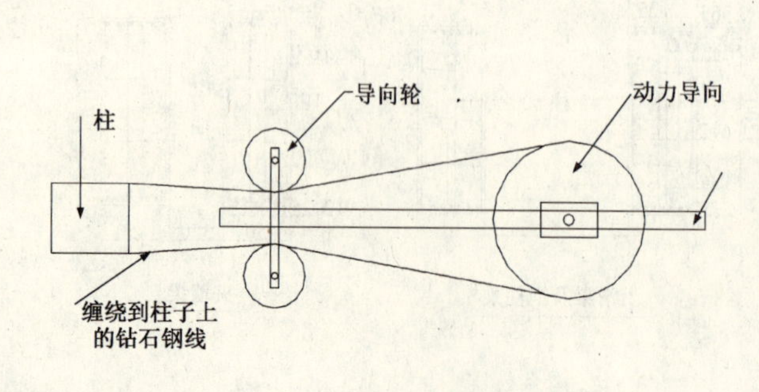

图 3.5-48　柱切割原理示意图

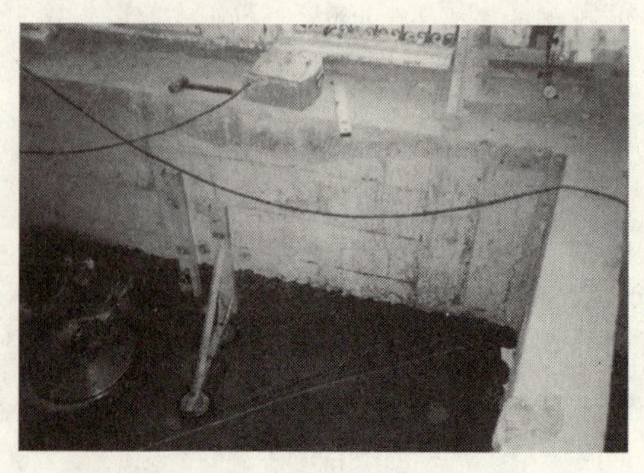

图 3.5-49　切割现场操作图

八、平移工程

推力计算及千斤顶选用：根据初步计算，房屋移位总重量约200000kN，取启动时滑动摩擦系数为0.045，所需总推力仅为9000 kN。

根据上述计算结果，横向平移时拟选用6台1000 kN和4台3200 kN的千斤顶，可提供12200 kN的总推力，以上配置能够克服启动阻力。

滑道推力及千斤顶布置表　　表3.5-4

滑道编号	A	B	C	D	E	合　计
滑道荷载（kN）	45000	69000	50000	20000	16000	200000
所需推力（kN）	2025	3105	2250	900	720	9000
千斤顶规格（kN）	1台3200 1台1000	2台3200	1台3200 1台1000	2台1000	2台1000	4台3200 6台1000
可提供推力（kN）	2660	3760	2660	1560	1560	12200

九、工程监测

1. 监测工作的目的是监测房屋移位施工全过程的有关参数，合理评价结构受外力（基坑开挖、墙柱切割、平移等）作用的影响，及时、主动地采取措施降低或消除不利因素的影响，以确保结构的安全。

2. 监测的主要内容包括：

（1）变形监测：即平移过程中对结构整体姿态的监测，包括结构的平动、转动和倾斜。

（2）沉降监测：在基础、上下滑梁施工阶段，平移阶段，对基础、上下滑梁进行沉降监测。

（3）应力监测：在托换及平移进程中，针对结构、抱柱梁、卸荷柱、上下滑梁及一些关键部位进行应力监测，预设报警值，保证房屋结构的绝对安全。见图3.5-50。

十、PLC液压同步控制技术

PLC液压同步控制技术具有以下优点：

1. 该控制系统具有友好的Windows用户界面的计算机控制系统，这种控制系统通过计算机指令来控制液压千斤顶，系统再通过传感器把信号反馈给计算机，有较好的人机界面，对平移抬升过程中力、位移等各种数据能够作出直观的反应。见图3.5-51。

2. 系统通过力的平衡自动调整各台千斤顶的压力，这样在平移过程中保持力的平衡性，各平移点的理论值与实际提供值能够相符，保证结构的绝对安全，对结构不会造成破坏。

3. 这种控制系统通过位移指令来控制液压千斤顶，这样保证了各台液压千斤顶平移的同步性，由于平移抬升过程中支点较多，若保证了各点的同步性，也即保证了平移的安全与精度。

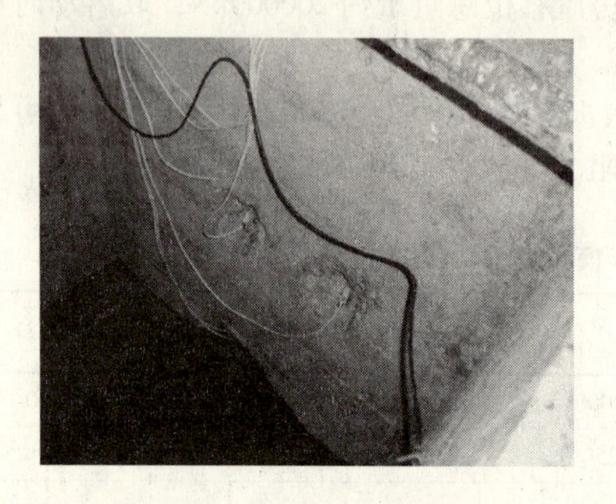

图 3.5-50　监测应变片布置图

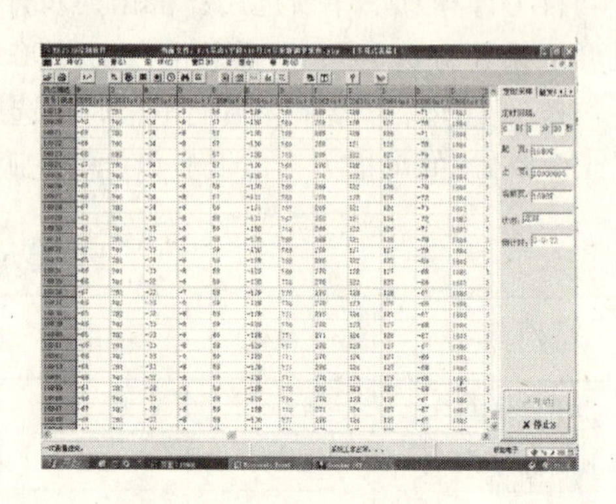

图 3.5-51　应力数据反馈图

以上优点成功地解决了由于吴忠宾馆平移方向各轴线荷载差别较大，分布很不对称的难点。见图 3.5-52。

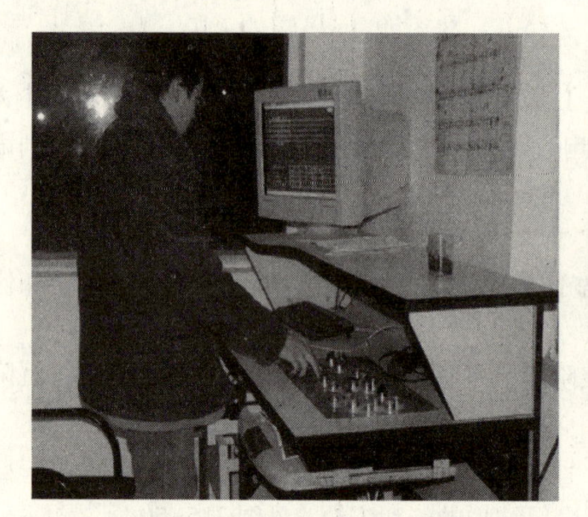

(*a*) PLC 液压同步控制控制系统人机界面

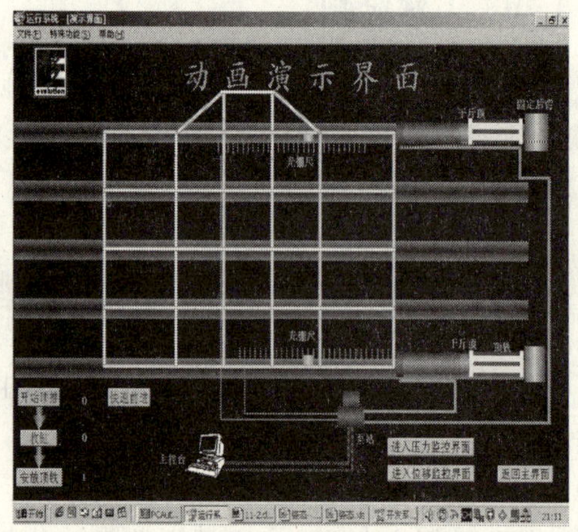

(*b*) PLC 液压同步控制控制系统原理图

图 3.5-52

十一、到位连接

房屋平移到位的最终基础由承台、支承梁、托盘梁系共同组成。在平移未到位前，新址基础由承台、支承梁共同组成下部结构，托盘梁系与房屋上部结构连为一体成为上部结构。平移到位后，托盘梁系与支承梁、承台连为一体，共同组成一个最终基础。上部结构与下部结构通过以下方式进行连接：

①柱子钢筋与基础相连；②抱柱梁（杯口）增加锚筋；③上部结构与下部结构通过杯口基础相连。连接设计详见图 3.5-53。

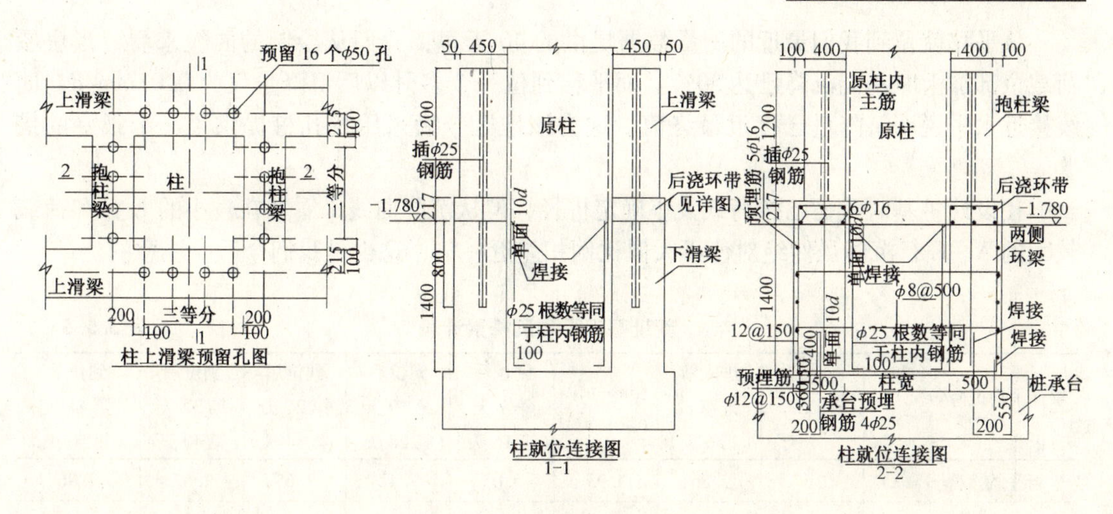

图 3.5-53　柱就位连接图

十二、工程实施情况

1. 实际使用中的摩擦系数情况

平移启动时的瞬间顶推力达 8740kN，计算摩擦系数约为 0.0435；启动后的最低顶推力约为 8160kN，计算摩擦系数约为 0.041；但在此阶段整体顶推速度太慢，仅为 10mm/min，与我们的设计速度相差较大。为此把顶推力加大到 10450kN，计算摩擦系数约为 0.0523，此时顶推速度达到 30mm/min，与理论设计速度基本相符。根据以上实际情况，为保证顶推力足够大，理论摩擦系数设计有所偏低，在以后类似工程理论摩擦系数需提高。

2. 液压悬浮使用情况

液压千斤顶在使用过程中，基本实现了液压悬浮功能，液压千斤顶能够根据下轨道的高低不平自动调整。但对于荷载较重的 B 轴，由于荷载较重，设计荷载时考虑的液压千斤顶数量不足，部分液压千斤顶在使用时已经超过了设定压力，聚分子材料压缩变形过大。所以液压千斤顶就变成了一种铁滑脚，失去了液压悬浮的功能。

总体来说，低阻力液压悬浮式滑动技术，在吴忠宾馆平移工程中的应用是成功的。吴忠宾馆能够顺利平移的关键技术，为移位技术提供了一个新的参考，也为以后类似工程提供了一个成功的案例。同时，在以后的移位工程应用中需对使用中的情况进行进一步的改进。

十三、沉降问题

为了取得新基础的沉降情况，我们平移前在新基础的 A、C、E 行滑道上各设置了 5 个测点（5 个测点距离较均匀地布置在滑道上），用精度为 0.01mm 的水平仪进行观测。我们采用了平均值以代表整个建筑物的状态，根据沉降数据表绘制出 A、C、E 行基础沉降与房屋状态的曲线图。

从平移就位到我们最近的测量数据提供的40天里，我们从绘制的曲线来看，当房屋荷载全部加上时基础沉降已达50%。而平移到位一个多月以后沉降量仅为0.01mm/d。曲线接近水平说明沉降量已接近最终值，这为该地区今后采用挖孔桩提供了一个很好的借鉴。

在设计桩基时我们已按荷载大小确定桩径，但从沉降曲线来看和在较小的E行和荷载较大的A、C行沉降虽然绝对值不大但比例相差近一倍，这也是我们今后应注意的。

新址基础平均沉降累计表　　表3.5-5

状 累计平均沉降量 轴线	进入新址2m（第1天）	进入新址40m（第6天）	平移到位（第9天）	到位后第7天（第16天）	到位后第19天（第28天）	到位后第25天（第34天）	到位后第31天（第40天）	到位后第41天（第50天）
A行平均沉降（mm）	0.67	2.86	3.93	5.03	7.42	7.65	7.87	7.96
C行平均沉降（mm）	1.88	3.27	4.35	5.64	6.61	6.74	6.93	7.08
E行平均沉降（mm）	0.77	1.44	2.15	2.47	3.53	3.67	3.86	3.95

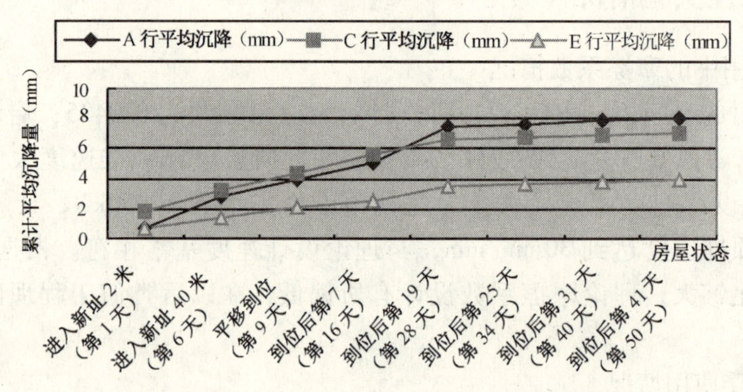

图3.5-54

十四、平移总经济效益及社会效益情况

经济效益：吴忠宾馆在移位之前除土地成本外，土建、装修等直接投资约4500万元人民币。若拆除重建并建至移位前的状况，除土地成本外需如下直接费用：拆除及垃圾外运费用约200万元；重建费用约4500万元；拆除重建比移位时间约多2年，按每年营业利润约200万元，2年约400万元；这样总投资约5100万元。平移投资费用750万元，直接节约资金5100-750=4350万元。

社会效益：吴忠宾馆平移工程避免了资源浪费和环境污染，为地方政府树立了一个良好的形象，同时也为建设社会主义资源节约型社会树立了一个典型。吴忠宾馆平移工程为城市规划、改造提供了新的思路，避免了城市规划产生的遗憾和缺陷。吴忠宾馆平移工程促进了移位技术尤其是高层重型移位技术的发展，移位技术的发展反过来继续为城市规划、改造、文物保护发挥作用。

十五、结语

吴忠宾馆整体平移工程于2004年11月开工，于2005年10月1日开始平移，平移时基本正常，于2005年11月4日晚平移到位，2006年7月完成所有恢复工作。我们总结有以下几点经验：

1. 从平移过程来看，上下滑梁施工的平正度影响甚为重要，它不仅关系到构件的设计的正确与否，而且也可能造成构件损坏，甚至危及安全，同时也影响我们平移是否顺利。

2. 抱柱结构的设计一定要留有强度富余。因为关系到我们整个托换工作的成功与否，万一失败后果不堪设想，其中尤以上滑梁的抱柱段受力复杂，应特别注意。

3. 利用液压千斤顶定量卸荷是一种化集中荷载为分散荷载，同时可以防止滑道不平，并简化计算的办法。

4. 对高大建筑，可以利用房屋本身刚度来减少新旧基础交接处房屋的不均匀沉降。

5. 滑动平移时应留有防侧向滑移装置，一方面可作为平移导向装置使平移能正确就位，同时亦可作为防地震的构造措施。

[实例十] 北京英国使馆旧址整体平移工程

工程地点：北京东长安街14号中华人民共和国公安部6号楼

工程类型：（平移、转向、旋转、升降）平移转向

工程设计单位：上海天演建筑物移位工程有限公司

工程施工单位：上海天演建筑物移位工程有限公司

工程完成时间：2005年10月

施工主要内容：房屋第一步先整体向西平移5.162m，第二步向南平移21.5m，第三步向东平移15.486m，第四步向南平移40m。共转向三次。

一、工程概况

1. 地理位置及周边环境

英国领使馆旧址现位于公安部院内，编号为公安部6号楼，1903年修建，属国家一级文物。因公安部办公楼建设需要，拟将该建筑整体向东南方向平移。平移过程中，要避让东南角一颗古树。

2. 建筑及结构概况

该建筑属欧式风格，两层，建筑物长74.6m，宽约17.4m，高15.95m，建筑总面积约1800m^2，移位总重量估算约3300t。

该建筑为砖木结构，砖墙，木屋架。木屋架仅简支在外墙上，与外墙无有效连接；正立面饰墙均为砖砌拱形窗洞，拱脚间无拉结。外立面饰墙与主体连接较差，与走廊墙通过砖柱、木梁连接并无有效拉结，且多数拱中部已有裂缝，未发现抗震加固构件和加固措施。正立面中三处三角形墙段墙体较厚但高度很高，最高点近16m，高出檐口达8m，高出屋面最高达2.6m。建筑物正立面图见图3.5-55。建筑物平面纵向墙共5行，横向包括

厨房墙在内共26列，建筑物平面布置图可参见图3.5-59。原墙基均为条形砖基础。

图3.5-55 建筑正立面图

3. 平移场地地质条件

工程的地下水位较深，对混凝土无腐蚀性；地质情况自上而下分别为：①0～1.5m为粉质黏土，1.7～4.0m为房渣土；②2.6～5.7m为粉质黏土；③5.4～11.1m为中砂；④10.9～14.2m为卵石；⑤14.2m以下为圆砂层。

4. 工程特点和难点

（1）是国内目前历史最久、规模最大、文物级别最高的砖木结构建筑物平移工程；

（2）行走路线下有人防、地下通道及地下室；

（3）长度较长，纵向刚度较差，平移过程中需避免不均匀沉降；且对平移设备的同步控制精度要求较高；

（4）正立面是重点保护部位，但该部分整体性较差，平移前需进行重点加固，如何解决好加固与保护形成一对突出矛盾；

（5）移位路线复杂，平移过程中需多次转向。

二、总体设计方案

1. 移位路线

根据工程规划，房屋先放置在离现房屋东侧10.324m，南侧21.5m的中间址位置。由于房屋在平移时需避开东南角的一棵古树，故平移路线为先向西平移5.162m，然后向南平移21.5m，最后再向东平移15.486m，共转向两次。到达中间址移位路线见图3.5-56。

2. 移位方式设计

建筑物移位方式通常有滑动与滚动两种方式，下面是对这两种移位方式的介绍与比选。

（1）滚动平移

即在上下滑道之间摆放滚轴，滚动的优点是摩擦系数小，需提供的迁移动力小。其主要不足之处是：

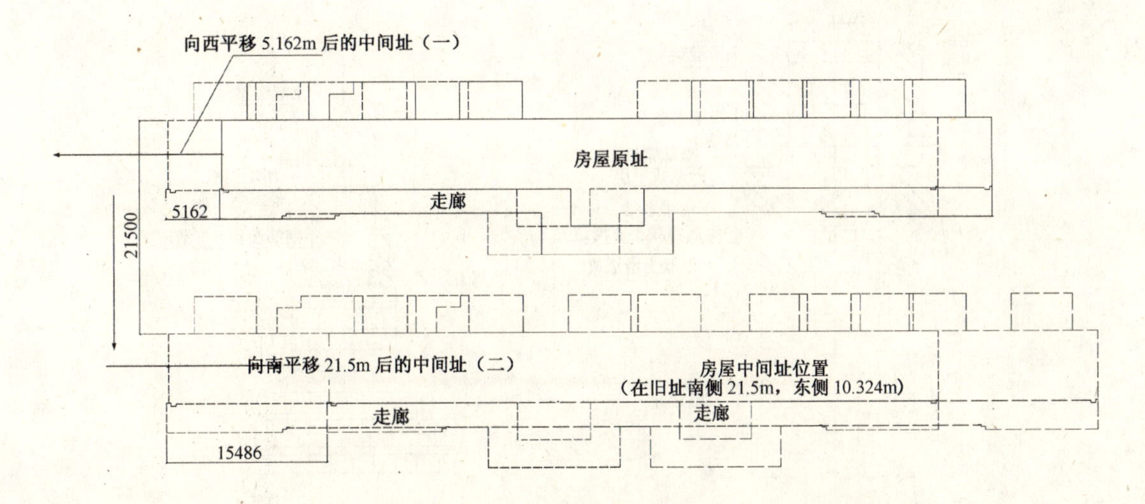

图 3.5-56　房屋移位路线

1）滚动产生竖向振动，对建筑物安全不利；

2）易产生平移偏位，平移进度较慢，且不利于建筑物的转向。

（2）滑动支座平移

即在上下滑道面之间设置滑动钢结构支座，在滑动面上涂抹润滑介质。见图 3.5-57。其主要优点是：

1）滑动摩擦的优点是平移时比较平稳，偏位时易于调整，安全性高；

2）平移过程中易于转向，便于纠偏，适用于高精度同步控制系统；平移速度快，可以缩短总体工期。

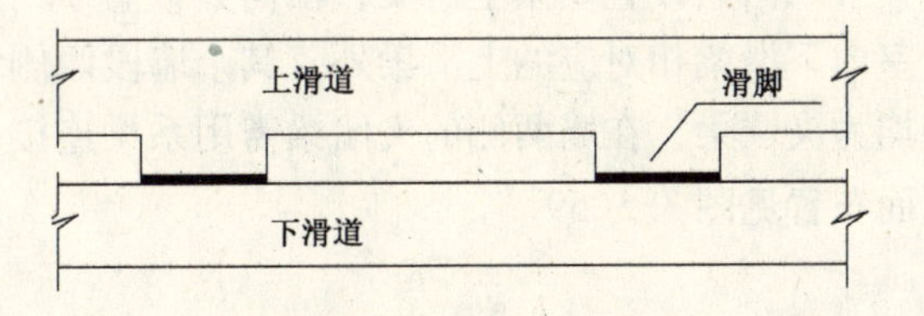

图 3.5-57　滑动平移

在上海四明公所、上海刘长胜故居、上海音乐厅等保护文物平移工程中均采用滑动支座平移法。实践证明，滑动支座平移特别适应于文物保护建筑这类要求更高的平移工程，结合本建筑的自身特点及多次转向控制需要，决定采用滑动支座平移。

3. 下滑梁系设计

（1）下滑梁平面布置

纵向共设置 6 条下滑道，横向共设置 17 条下滑道。下滑道基本沿墙轴线两侧布置，纵向沿 A、1/A-B、C、D、E 墙两侧布置，在 C-D 轴的壁炉中间处设一条纵向下滑梁；横向沿 1、1/2、4、1/5、8、1/10、2/11－12、1/12、1/14、1/15－15、1/16、19、1/21、23、1/24、26 轴线墙两侧布置，在 1/12、1/14 轴之间增设一条横向下滑道。

（2）下滑梁断面设计

根据与墙体的平面位置关系，下滑道又可分为沿墙线段下滑道和非墙线段下滑道，如图 3.5-58 所示。下滑梁顶面标高－1.104m，底部与三合土混合物面持平。下滑梁钢筋混凝土断面为 250mm×450mm，其余为素混凝土。为保证下滑梁的平整度，混凝土梁施工完毕后，在其上方抹 2cm 的砂浆找平层。见图 3.5-58。

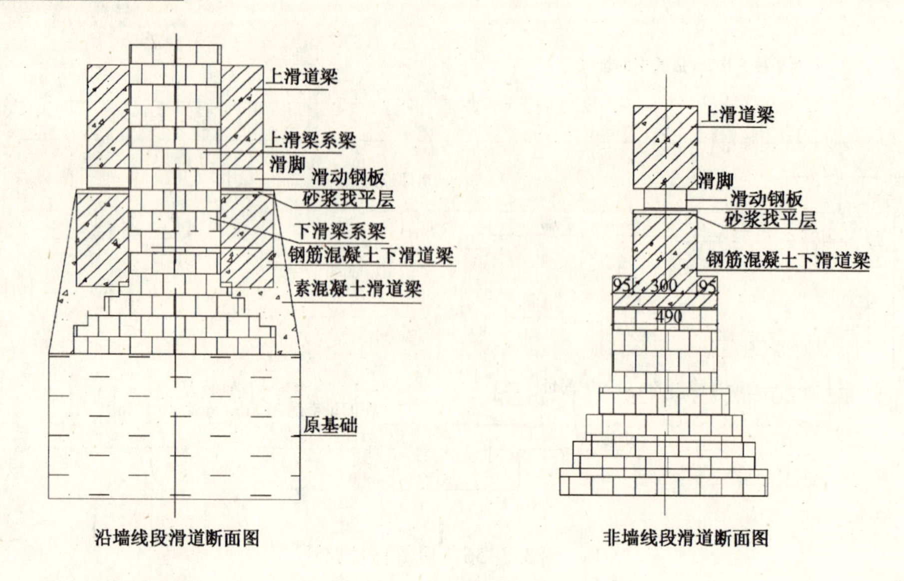

图 3.5-58 滑道断面图

4. 上滑梁系设计

（1）上滑梁系平面布置

纵向共设置 6 条上滑梁，横向共设置 17 条上滑梁，分别与室内下滑梁相对应。除与室内下滑梁相对应的上滑梁外，其余墙段两侧均需设置夹墙梁。本设计中的上滑梁大部分均为夹墙梁，在墙两侧的夹墙梁需用系梁连接，在木楼梯处需设置楼梯抬梁，上滑梁系平面布置见图 3.5-59。

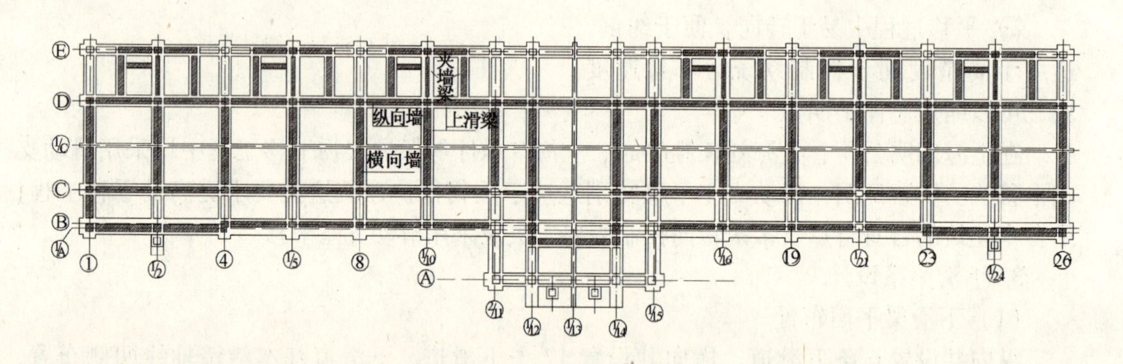

图 3.5-59 上滑梁布置图

（2）上滑梁系断面设计

上滑梁断面设计：所有上滑梁的底面标高均为 -1.00m，滑脚安装在上滑梁底部，滑脚底部标高为 -1.104m；上滑梁在墙两侧的钢筋混凝土断面为 200mm ×（400 ~ 550）mm，在非墙两侧的钢筋混凝土断面为 300mm ×400mm。

夹墙梁断面设计：夹墙梁底面标高均为 -1.00m，上滑梁以外的夹墙梁底部均无滑脚，夹墙梁在墙两侧的钢筋混凝土断面为 200mm ×（350 ~ 500）mm。

连系梁断面设计：在墙两侧的夹墙梁及上滑梁之间需用连系梁连接，系梁的钢筋混凝土断面为200mm×200mm。上滑梁断面见图3.5-59。

5. 房屋加固设计

如前所述，由于该建筑物在结构上存在许多薄弱之处，为保证平移过程中结构的安全，平移前必须对房屋进行加固，加固措施如下：

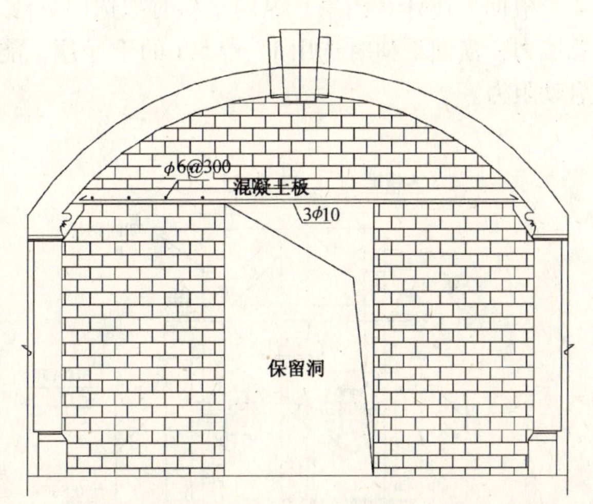

图3.5-60 拱洞填堵

（1）一、二楼的1轴及26轴、B行1－4轴、23－26轴、A行13－14轴之间拱洞用240mm砖墙封堵。A行进门处拱跨较大，拱圈已出现数处裂缝，因此用砖封堵并留门，便于施工进出。见图3.5-60。

（2）A行＋3200、＋7200处12－15轴间，12、15轴＋7200处A-C行间，13、14轴顶层顶棚下面处A行－走道间，8、19轴顶层顶棚下面处B-C行间，1、26轴＋7000处1/A-C行间，6、10、17、21轴顶层顶棚下面处B-C行间，1/A行顶棚下面处1－4、23－26轴间，B行顶棚下面处12－15轴间，D行厨房处1/1－1/3、1/4－1/7、1/9－1/11、2/15－1/18、1/19－1/22、1/23－1/25轴间，C行顶棚下面处12－15轴间，用钢筋进行拉结，并用方木支承。见图3.5-61。

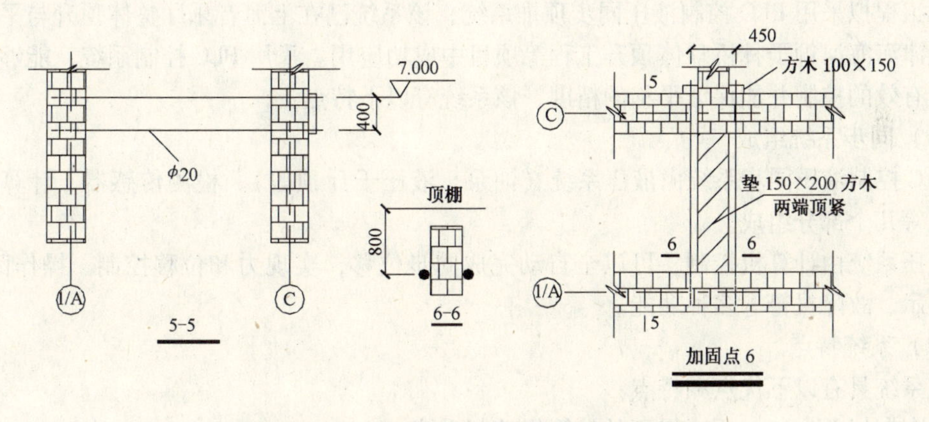

图3.5-61 钢筋拉结、方木支承加固局部图

（3）正立面（1/A、B行）墙三处三角形封檐墙既高又重，在外侧加型钢柱将砖墙支撑，防止外倾。见图3.5-62。

（4）屋架正立面简支在1/A、B行墙上，木屋架与1/A、B行墙用钢筋进行拉结，使其与墙连为一个整体。见图3.5-62。

6. 平移动力

（1）推力计算

根据初步计算，房屋移位总重量约3300t，取启动时滑动摩擦系数为0.2，所需总推力为660t。

（2）千斤顶选用

根据上述计算结果，纵向平移时拟选用7台100t和1台50t的千斤顶，可提供750t的总推力；横向平移时选用17台50t的千斤顶，能提供850t的总推力。以上配置能够克服启动阻力。

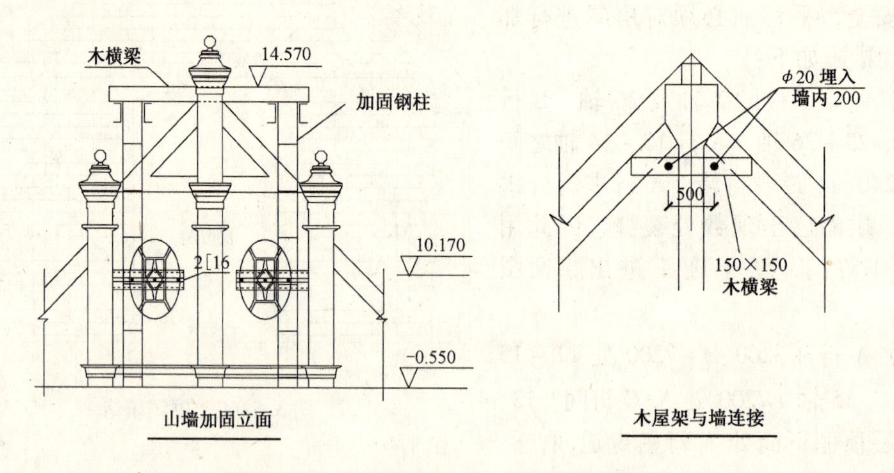

图3.5-62　山墙加固立面，木屋架与墙连接

7. 平移控制系统设计

国内建筑物平移中大多采用人工控制液压泵站及千斤顶，采用计算机控制的较少。

本工程拟采用PLC控制液压同步顶推系统，该系统已在上海音乐厅整体顶升与平移工程、天津海海河狮子林桥整体顶升工程等项目中成功应用。采用PLC控制系统，能够对平移进行有效的控制并能保证平移的精度，该系统有以下特点：

（1）同步系统组成

PLC控制液压同步系统由液压系统（油泵、液压千斤顶等）、检测传感器、计算机控制系统等几个部分组成。

液压系统由计算机控制，可以全自动完成同步位移，实现力和位移控制、操作闭锁、过程显示、故障报警等多种功能。

（2）系统特点

该系统具有以下优点和特点：

具有友好Windows用户界面的计算机控制系统；

整体安全可靠，功能齐全；

软件功能：位移误差的控制；行程控制；紧急停止功能；误操作自动保护等；

硬件功能：油缸液控单向阀可防止任何形式的系统及管路失压，从而保证负载的有效支撑；

所有液压千斤顶既可同时操作，又可单独操作；

同步控制点数量可根据需要设置，适用于大体积建筑物或构件的同步位移。

（3）主要技术指标

1）一般要求

液压系统工作压力：31.5MPa；尖峰压力：35.0MPa；工作介质：40号液压油；清洁度：NAS 9级。

2）顶推系统

顶推缸推力：100t/50t；顶推缸行程：1200mm；顶推控制速度：0~60mm/min。

组内各顶推缸：压力连通；组与组之间：位置同步控制；同步精度：±1mm。

3）操纵和检测

常用操纵：按钮方式，人机界面；位移检测：光栅尺，压力、位移参数自动记录。

8. 监测系统设计

姿态监测：即平移过程中对结构整体姿态的监测，包括结构的平动、转动和倾斜。

沉降监测：即房屋在整个平移施工与平移中房屋的沉降状态。

位移监测：即房屋在整个平移过程中所行走距离的监测。

荷载监测：即在房屋的静态与动态过程中，对房屋的局部薄弱部位进行应力监测；在平移过程中，对上、下滑梁的关键部位进行应力监测。

三、结语

英国使馆旧址整体平移工程于2003年12月底开工，于2004年4月14日顺利平移至中间址，平移到位后房屋原有裂缝没有扩大，也没有发现新的裂缝；平移到位后房屋位置偏差在10mm以内。如此年代久远的建筑能够完善地平移到位说明方案的设计是成功的、有针对性的；尤其是对文物有针对性的加固、采用PLC同步控制系统、系统的监测是确保文物安全平移的关键；在房屋多次转向的情况下，房屋平移到位的位置偏差仍在10mm以内与采用滑动平移、PLC同步控制系统、系统的监测是密不可分的。英国使馆的顺利平移为文物建筑保护提供了一个新的选择，同时也为建筑物移位提供了一个新的参考！

[实例十一] 浙江三门岭口古樟树移位

工程地点：浙江三门

工程类型：（平移、转向、旋转、升降）移位

工程设计单位：上海天演建筑物移位工程有限公司

工程施工单位：上海天演建筑物移位工程有限公司

工程完成时间：2001年5月

一、工程概况

1. 古樟位置

岭口古樟位于三门县珠岙岭口村山脚下，正好处于施工中的甬台温高速公路三门段岭口互通区1#立交桥下、桥梁设计中线宁波——台州方向左侧2.82m1#~2#墩之间，里程桩k3+818.5附近。

2. 古樟状态

古樟胸径约1.8m，树高约17m，树冠约240m^2，树龄约800年。目前的长势为中下期，按四期划分时，已进入三期。古樟主干1/3的范围没有树枝，内已腐朽，空洞多处与

表皮相通，主干树洞一部分已用混凝土填充。古樟历史上曾有4个中央领导枝，目前只有东北、西北两枝，东南、西南向出杈处已形成腐洞与根径处树洞相通，现场用混凝土填充。古樟根径处为树洞，已用混凝土封填，且根颈处无树皮处约占此处周长的一半。古樟的这些生长状况对下面的整枝、养护、移动加固及防台风抗倾覆是很重要的依据条件。

3. 移动位置

（1）根据现场条件及11月2日临海会议精神，决定西移约35m，具体位置由甲方给定的控制点决定。这样新位置需拆除两排以上的民房（此项工作由业主完成）。

（2）地面标高：原古樟位置地面标高为38.8m，因上覆盖有近段内填杂土约0.6m，原址标高实为38.2m。新址地面标高稍低约1.2m，为37.6m，移动时决定上行移动，上移高度根据地下水观测情况决定标高，暂定为0.5m。待移动完成，土台外砌挡墙。

（3）根坨尺寸：根据现场情况及《岭口古樟迁移工程可行性研究》，初定尺寸为（以古樟中心为基点）：北侧面10m处为山体，岩石可见，初定为5m，南侧定为5m；东西两侧各为12m，平面尺寸为10m×24m；深度上部为3.8m，下部作业面为1.8m，合计定为5.6m。

（4）水文地质情况：岭口村头南北走向的河流宽20~50m，坝高1~3m，水深0.5~3m，距古樟约130m，可作为施工用水。古樟周围还有两条季节性溪、渠，水源不可靠。地下水较为丰富，含水砂卵石层为4~6m，水位一般在地面以下1~2m，单井涌水量600 m^3/d（按降深至含水层厚度1/2计时）水质类型为HCO_3CaNa型，可作为施工用水。古樟在迁移开挖时应充分考虑地下水的影响。

地质情况，场内主要是卵石（GW），含黏土性卵石（GWC）和含黏土性碎石（GAC），局部夹含黏性土圆砾（GC）和含碎石亚黏土（CLCA），中密为主。

气象条件，当地平均气温17℃，平均最高气温21.2℃，平均最低气温13.8℃；极端气温可达40℃，最低气温可达-9.3℃。最热为8月份，最冷为2月份，全年无霜期为242.1d。该地受台风影响，每年约1~2次，最多可达3~4次，台风季节7~9月份，最早5月份，最迟11月份，台风最大风速为25 m/s。

该地海洋性气候，雨量充沛，平均年降雨量1600~1700 mm，梅雨季节5~6月份，占全年降雨量的50%，全年降雨天数155~257d，相对湿度80%，潮湿系数1.3~1.5。

（5）施工条件：施工用水，可用130m外的溪流水或自抽井水。施工用电可接通工地变压器，由甲方协调解决。道路紧临甬临公路，可通行。混凝土采用现场浇灌，施工机械及运输能力也能满足施工需要（见施工机械需用量表）。

（6）主要工程量（见表3.5-6）：

主要工程量　　表3.5-6

序号	分项工程名称	单位	数量	序号	分项工程名称	单位	数量
1	挖填土石方	m^3	7040	7	遮阳篷布	m^2	2000
2	其中：挖石方	m^3	1350	8	井点降水	m	120
3	钢管脚手架	t	20	9	砖砌体	m^3	100
4	托盘安拆	t	110	10	（略）	t	100
5	混凝土	m^3	800	11	树木修剪	m^2	240
6	木材	m^3		12			

（7）主要节点工期控制：

1）11月21日，进场。主要工作：围场、进料、挖探、制定具体施工方案，养护树木、开挖土石方，滑道梁施工。

2）1月20日，节点控制，土方开挖完成，滑道梁完成，北侧根坨石方开挖完成，后背部分完成。

3）2月20日，根坨加固，后背混凝土施工，开始托换。

4）4月10日，托换完成，预备顶进。

5）4月20日，移动就位。

6）4月30日，回填，整理现场，验收。

7）5月1日，以后进入养护期，时间2年。其他撤场。

根据上述情况及分析，从古樟移植技术分析，施工期已进入冬期，古樟又不耐寒，工期又紧，对整体迁移是很不利的。为了适应当地的气候特点，以古樟保活为中心，以土方开挖为关键，还要适时采用保温、抢工期的措施，保证4月30日前能够顺利地完成移植过程，为以后的养护工程创造条件。

树木工程部分由园林工程师主持实施。其主要工作是移动前的樟树枝叶加固、根系处理、土壤处理，配合移动过程，保证不失水，保证古樟成活，并在以后的养护过程中正确组织实施。土木工程部分由土木工程师主持实施。其主要工作是配合园林工程师，保证古樟根系的完整性，并在规定的时间内将古樟移动到位，做好后期场地处理工作。

4. 移动中应考虑的问题

由于该工程是用土木工程的施工办法进行大树移植的一种新尝试，考虑到该古樟在社会上各方面的影响及轰动效应，一定要以保证古樟成活作为我们的工作的立足点。必须着重解决好如下的几个关键问题：

（1）土石方量较大，且场地狭小。基础挖深不等，还可能有基岩及漂石。

（2）冬期施工，工期又短，应采取合适的保温抗寒措施，如草袋、塑料布等。

（3）托换阶段工期要短，设备材料劳力准备充足，各种报批收续齐全。

（4）控制移动速度，防止倒坡。

（5）充分考虑到场内地下水排水问题。

（6）新址改良土壤，保证古樟复壮措施得力。

（7）园林与土木各部门密切协调工作。

二、施工方案与施工方法

1. 施工方案的选择

由于工期很紧，且移植有很强的季节性，决定打破常规的大树移植方法，采用同时施工法，即园林部分与土木工程同时进行施工。有必要采取一些技术保证措施，如加大根坨，不伤或少伤主根，保温防寒等。在施工程序上，分为春节（元月24日）前与春节后两个阶段。节前的主要任务是：钻探地质，探根、整枝、改良土壤、开挖滑道土石方、浇筑混凝土等；节后的主要任务是：固定根坨、安装后背、移动及平台围护、后期养护等。

2. 主要分项的施工方法

（1）土石方工程

1）开挖方案根据本工程的具体情况，首先开挖Ⅰ区（滑道部分），其中西端深2.9m，东端深约5.8m，考虑边坡1:1，总宽度上口平均宽为(23.6+25.6)/2=24.6m，下口宽为14.6m，总长度约为40m，总体积为$V=40\times(24.6+14.6)/2\times(2.9+5.8)/2=3410.4m^3$。开挖尺寸要准确。在开挖过程中根据地下水位的情况，首先考虑采用井点降水法进行排水干作业，主管道采用ϕ100钢管，支管采用ϕ50钢管，长8m，下端采用过虑管长约1.5~2m，间距每2m一根，采用空压机配机械桩下沉，套管采用ϕ100，滤石采用15~20细石子，用两台真空泵抽水。

2）人工刷坡按总土方量的10%计，为了保护护坡的稳定，必要时民房处可用浆砌片石加强，根坨处可用横肋板给予加强。预留三组上下人台阶。

3）沟低两侧水沟30cm×30cm。

4）为防止山洪袭击灌坑，开挖前在靠山侧应先挖出排洪水沟通道，水沟尺寸100cm×60cm。

5）在新址区，因为有建筑垃圾，且含有碱性土壤，宜先用推土机清除，范围在直径25m以外，深度清到原房屋基础以下。

6）Ⅱ区（根坨范围及后背部分）挖土不宜用大型机械开挖，对古樟周围的根系按照园林方面的要求，要探根缩坨。采用托换技术时，人工挖土石方约1500m^3，并有大量石头需要开采切除，这时需要做好有关机具、设备、劳力、材料等，以备使用。

7）开挖形状断面根据土质条件，采用1:1坡比放坡（开挖后可据实调整）。

8）开挖路线及卸土考虑到施工场地狭小，就地回填、及时外运和作业效率等因素，采取从西边开始，逐步退行，堆土场由甲方指定，暂考虑到甬临线东侧新桥下面500m以内。

9）机械选择机械土方约占3500m^3，用0.6m^{3}反铲挖装，班产量350m^3，约需10d左右，配合75kW推土机一台。土方全部运出场地以外，配用4台自卸汽车，单车产量约100m^3，计划10d完成。

（2）滑道混凝土工程

根据设计图要求尺寸滑道采用4道，每道断面尺寸100cm×125cm，每隔2m在中部预留孔洞ϕ10，下部靠底面留水沟通道。混凝土C20，上铺ϕ10~200网片筋。每段长度2.5m，上用木枕隔开，以固定导轨。木枕采用100cm×10cm×10cm方木，导轨采用P43型轨钢，模板采用钢模，并用双面胶带防止漏浆。

因为标高的控制是以导轨顶滑动面为准的，所以混凝土顶面要采用坡面标高。现暂定为混凝土顶面下移3.8+0.8=4.6m，即，标高为38.8-4.6=34.2m。混凝土要保湿养护。对于新址下面的12m×24m范围的滑道，考虑到此部分要拆除混凝土的方便，采用混凝土预制块和木板组合，以利后期的拆除及灌浆。

（3）根坨挡墙混凝土工程

根据探根后确定的根坨尺寸放线，此处暂按12m×24m大小准备。如概况所述的中线位置及控制标高，其最后数值均由甲方最后确定。混凝土挡墙基本厚度为40cm，底板为100cm，L梁高度为50cm，布筋主筋采用ϕ10@200，分布筋采用ϕ6@200。C20混凝土，采用钢模作外模，内模加垫彩塑布衬，以防漏浆，污染根坨土石方。根据开挖高度4.6m，又要保证根坨土石方的完整性，应尽量减少其挠动，且不宜长时间暴露，以防塌方失水，影响古樟的生长条件，可以采用横肋板，开挖成1.5m长的马口，边挖边衬砌。对局部不易直立的边坡，应考虑采用板桩锚杆拉结，在混凝土中加入2％早强剂，使其7天强度达70％以上，以争取早日脱模。挡墙内预留泄水孔和吊装环，上部每个1.5m预埋ϕ16螺栓。

（4）后背工程

后背工程结合托梁顶进及抽出的需要，并考虑设计的原因，需二组后背。第一组用于主方向顶进，共四根，其尺寸为6m，埋深1m，宽1m，厚1m。配筋8ϕ25，混凝土C20。净距为5m。此时，内摩擦角按35°计算，土层变化时应予调整。其主要作用：前期顶进导轨，后期移动根坨。第二组位于2区南侧，共三根，顶进托梁时用长4m，宽0.5m，厚0.5m，C20混凝土，配筋5ϕ22，净距为5m。临时支撑采用顶铁块。

（5）托盘顶进与下部开挖

本工程与一般的房屋移动是不同的。房屋工程中一般有一定的整体性。该例没有这样的完整性，且有四个难点：一是松散性，即砂、卵石多；二是较大的山体岩石和漂石；三是施工作业面是非地面开放式的；四是移植时间与季节紧迫。这样就给实施托换技术带来了很大的困难。施工中采用的办法是：从东西两侧作为作业开始面，每个滑道的间距内作为一个小工作面。从两侧向中间人工挖进，高度为1.8m，棚架支护，下部为混凝土滑道支座。然后从正方向向中心顶进导轨，导轨位于托梁之下，木垫块之上。当顶进至30~40cm时，即从侧面顶进托梁。考虑到场地局限，托梁可采取接续顶进，中间按装连接板，并在两端安装拉环，以备到位后抽出。根据标高尺寸及顶进的长度及上下位置，可用手动千斤顶支撑，填塞木楔块、钢垫板。东侧采用4×200t电动液压千斤顶。西侧采用4×100t电动液压千斤顶，这样，如此反复，开挖——托梁——导轨——顶进，直到全部完成托换工作。此外，还需注意以下几点：

①防止上部砂、卵石坠落，可备用木条、草袋等材料；

②托梁之间缝隙较大时，应加垫支撑块。

③石块处理，小型石块予以凿除，较大的采用切割或控制爆破。

④为防止失水过多过快，上部可适量浇水。

（6）顶进

顶进过程采用四个顶镐，采用一个200L控制器，高压油管应一致整齐，压力均匀，各配件现场组装后应予试顶。仔细检查各部合格后，开始顶进。速度不宜过快，约0.01~0.02m/min。

导向设施，采用ϕ120钢管桩配合前导控制。

施工监控：①开工前做好古樟原始状态的记录，包括拍照、标注等工作，设置好足够的监控点。开挖加固施工时，应不断观测有关控制标高有无变化。移动时，应时刻监控各滑道前进速度，各点位移大小，底板变化值，古樟垂直度及相对位移的变化，并做好记录。若发现异常情况，应立即采取有效措施进行调整，必须作到万无一失。现场配备经纬仪和精密水准仪一台。②移动施工时，应全面检查安全系统，无关人员撤离现场，严格按操作规程施工。

新址就位后：①检测标高，新标高按批准后的标高检查。②轴向不变。③请甲方有关单位及部门检查新址位置，予以确认。④拆除影响根系、枝叶生长的临时加固措施，包括混凝土、托盘、导轨等。⑤回填配置土。⑥砌挡墙，安装防护、避雷设施等。

（7）现场调查

古樟土壤、叶片、地下水取样分析进场后，应对现场情况进行调查，主要项目有：①古樟叶片取样，分析；②古樟现址土壤、新址土壤、新填土土壤取样，分析；③古樟现址、新址地下水取样，分析。

（8）古樟冬前养护

1）清除古樟周围表层的垃圾土。

2）古樟周围10m×10m内深翻0.6～0.8m松土，注意保护根系，不伤粗根，根系密集区浅翻。

3）施肥据土壤、叶片分析定。可施有机饼肥，1000g/m^3 松土；施多元复合肥，350g/m^3 松土。浇透水，防止霜冻。

4）用1号生根剂，按说明配制、稀释、灌根。

（9）古樟根系探测

其目的是：明确古樟根系分布；准确确定古樟迁移根柁的尺寸、体积和重量，这对古樟迁移工程是极其重要的。古樟根系探测的步骤和方法如下：

1）利用根系挖掘法和剖面法。有一对掘沟的方向必须与古樟迁移的方向相同，依次从14m、10m、8m、6m挖起，可根据根系的多少决定挖掘的长短和深浅，绘出根系剖面图和平面图。

2）将根系平面分布轮廓图与根系挖掘剖平面图结合，可了解古樟根系立体分布情况，据此决定根柁的几何形状与尺寸。利用追根法、拖根法、断根法，最后决定断根的数量和位置。大根锯端，细根剪断，处理伤口，用生根剂处理坨外根系，绘图，掩埋，浇透水。

3）注意事项：为提高挖掘速度可多开工作面。根系保持湿润，防风干、暴晒。冬期开挖要防冻害、霜害现象。

（10）古樟加固

1）在古樟主干分叉处设置四边固定工字钢支架，支撑于周边挡墙上。上部设三角形原木支架，且有稳定基础。再上部分层设置 $\phi8$ 钢绞线。支架为永久性支撑，以预防古樟迁移过程中的外力影响和养护期间的台风影响引起的树体倾斜、摇晃，避免根土分离而死亡。钢支架与古樟树皮接触处垫橡胶板，夹紧但竖向能滑动，防止损伤树皮，又要考虑迁移后树体沉降。

2）围绕古樟主干，在树冠范围内设置 $\phi50$mm 钢管脚手架，1.5m×1.5m间距，高度超出树顶1m，总高度约20m。脚手架可作为树冠剪修、病害整治、安设避雷针等作业的平台，并支撑悬挂遮阳布和喷淋设施；同时，对古樟枝干起支撑作用。

（11）冬前整枝

古樟冬前对3个中央领导干枝截干，对徒长枝整形，处理伤口。枝叶大部分保留，内膛枝叶不动。截干整形后古樟高度约12～14 m，古樟冠幅约12m，形成一个以古樟根颈为圆心、半径为12～14 m的圆球形。截干要立即认真处理伤口，以防樟油挥发。

（12）架设喷淋设施和遮阳布

在脚手架上架设喷淋设施，围绕树冠均匀分布。在脚手架上蒙遮阳布，竖向位置每3m留一道通风层，顶部预留一通气层。

（13）古樟喷淋、养护

整个工程期间和养护期间，喷淋设备根据天气和施工情况，定时、定期进行喷淋，保持叶面水分，营造小气候，供给叶面肥料。

（14）早春与移动前的剪枝

根柁开挖前，枝芽未萌生时按整枝图彻底整枝，一次完成。原则上枝叶疏剪掉1/2。树冠外围重剪，内膛轻剪，枝条伤口一律处理。经过实验，可以慎重考虑使用落叶抑制剂。下部开挖及移行过程中要注意观察其枝叶情况，随时准备采用特殊保活措施。

（15）根坨保护措施

1）在根系挖探的基础上，按确定的根坨尺寸开挖。水平尺寸要放大0.15m，以保留冬季新生的根系。

2）坨外根系进行追挖，保留其完整性，并迅速处理伤口，涂抹生根剂。用麻布、草绳缠裹，喷水，遮阳。

3）进行基坑围护和井点降水工作。

4）严禁机械开挖，人工开挖并小心保护根系。根坨剖面用生根剂喷洒，覆盖麻布、草袋，定时喷水。

5）开挖完成，古樟根坨尺寸至少10m×24m×3.8m，并拖带一定量的坨外根系。

坨外根系保护：根坨迁移时，设专人负责坨外根系，防暴晒、风干、损伤，保持鲜活。

（16）新址的土壤处理及养护工作

1）新址到位后，用古樟新址的地表土回填，不足填新土。根据土壤分析结果决定回填土、新填土施肥的品种、数量。回填土内埋设特种材料，增强土层的孔隙率和透气性。坨外根系的安放，尽量保持原空间位置，并处理好根柁新旧界面，浇透定根水。

2）古樟保护

①为防止雷击，古樟主干上设置尖顶式避雷针，并超出树枝5m以上，通过直径12mm的圆钢引入地下。

②在古樟周围设置10m×10m石护栏，高1.2m。围栏范围内禁止人员及动物进入。

③古樟周围地面种植互生植物。

3）古樟病害治理

对树洞进行防腐防水处理，对无皮树干进行保护，随喷淋浇水进行一次洒药除虫。

4）古樟后期养护

因养护时间较长，决定派人常住，定期定时观察养护，时间两年。主要工作是：

①看管、保护。②喷淋，浇水。③观察地下水位。④定期施肥。⑤做好各种记录。⑥9月拆除脚手架。

［实例十二］　浙江湖州岂风大桥顶升工程

工程地点：浙江省湖州

工程类型：（平移、转向、旋转、升降）顶升

工程设计单位：上海天演建筑物移位工程有限公司

工程施工单位：上海天演建筑物移位工程有限公司

工程完成时间：2006年6月

施工主要内容：对岂风大桥整体平均顶升2.5m

一、主要工序施工

1. 托架体系

(1) 主桥托架体系

主桥托架体系（图3.5-63）由扁担梁、抱柱箍、支撑杆以及连系杆等组成。每个盖梁顶升支撑的主体采用16根精加工 $\phi500\times12$mm 钢管作为支撑杆。钢管上下两端焊接厚为12mm的法兰，侧面焊有连接用构件。每根钢管支撑下部通过植入M18锚栓与原承台连接。上下两节钢管支撑间通过螺栓连接，整个钢支撑体系通过角钢作为水平连系杆及剪刀撑连成一个格构柱，形成水平稳定体系。

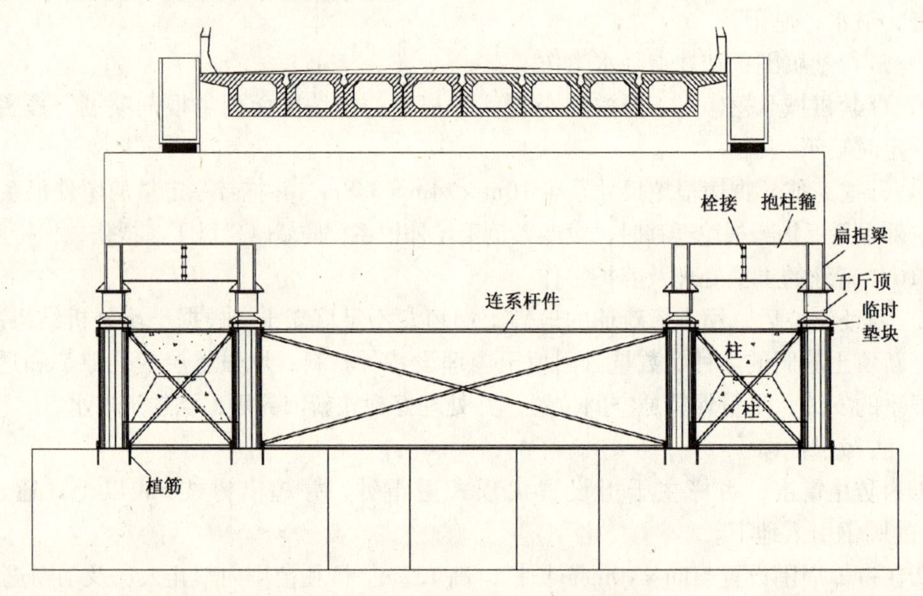

图3.5-63 主桥顶升托架体系示意图

分配梁设置在盖梁底部，安装分配梁前要先将盖梁底混凝土修成水平。扁担梁通过抱柱箍的相互栓接而紧紧地固定在立柱顶端，紧贴盖梁底面。千斤顶通过螺栓悬吊于扁担梁上，在顶升过程中随着盖梁的上升而上升。抱柱箍可以使千斤顶顶升体系紧紧的贴在盖梁底部，在顶升过程中顶升体系随着盖梁的升高而升高，而且可以抵抗可能发生的千斤顶水平位移。抱柱结构在上海音乐厅整体顶升与平移工程等多项顶升工程中成功应用，具有较强的可操作性、安全性和经济性。

(2) 引桥托架体系

引桥托架体系由上抱柱梁、下抱柱梁、连系梁、支撑杆等组成。下抱柱梁作为反力基础，上抱柱梁作为顶升托架，在上抱柱梁底部预埋钢板。千斤顶通过螺栓悬吊于上抱柱梁底部的预埋钢板上。上部抱柱梁纵横向通过现浇混凝土系梁进行连接，组成顶升托盘体系，使每侧引桥的6个盖梁在顶升过程中连接成一个整体。在上部抱柱梁与下部抱柱梁间设置顶升系统及支撑系统，通过顶升上部抱柱梁组成的托盘体系，实现引桥的整体抬升。抱柱梁可以在顶升到位后进行切除，但也可以综合考虑加以利用，而不必对其凿除。

抱柱梁设计时考虑正截面的的受弯承载力、局部抗压强度及周边的抗剪切强度。经过大量实践及实验证明，采用钢筋混凝土抱柱梁是进行柱托换的一种较为可靠、安全的形式。

2. 限位施工

由于千斤顶安装的垂直误差及顶升过程中其他不利因素的影响，在顶升过程中可能会出现微小的水平位移。为避免出现此类情况，需在主桥、引桥设置平面限位装置，限制纵横向可能发生的位移。

限位支架应有足够的强度，并应在限位方向有足够的刚度。

主桥限位支架为三角形悬臂桁架形式。安装时先安立杆，然后安装水平杆，最后安装斜杆。当顶升高度增加时，可以增加斜杆来增强限位的刚度。立杆与承台通过植筋进行连接。立杆安装要保证垂直度，限位杆件与扁担梁的间隙控制在5mm。

引桥限位为“人”形式，用钢构杆件环绕在墩柱周围，保证限位杆与墩柱表面的间隙控制在5mm。

3. 控制系统

在采用传统的顶升工艺时，往往由于荷载的差异和设备的局限，无法根本消除油缸不同步对顶升构件造成的附加应力，从而引起构件失效，具有极大的安全隐患。本工程所采用的PLC液压同步顶升技术，从根本上解决了这一长期困扰移位工程界的技术难题，填补了我国在该领域的一项空白，且已达到国际先进水平。PLC控制液压同步顶升是一种力和位移综合控制的顶升方法。这种力和位移综合控制方法，建立在力和位移双闭环的控制基础上。由液压千斤顶精确地按照桥梁的实际荷载，平稳地顶举桥梁，使顶升过程中桥梁受到的附加应力下降至最低；同时，液压千斤顶根据分布位置分组，与相应的位移传感器（光栅尺）组成位置闭环，以便控制桥梁顶升的位移和姿态。同步精度为±2.0mm，这样就可以很好地保证顶升过程的同步性，确保顶升时盖梁、板梁结构安全。

4. 液压系统

（1）千斤顶布置

通过荷载计算，主桥总重为1600t，每个盖梁的顶升重量约为800t，考虑到一定的安全储备，每根立柱按对称形布置4台200t千斤顶，即每个盖梁处布置8台千斤顶。整个主跨共布置16台千斤顶，可以提供3200t的顶力。引桥每个盖梁下布置4台千斤顶。

千斤顶位置应考虑将来立柱连接时模板安装所需的施工空间，同时考虑顶升时千斤顶的受力状况，避免承台发生剪切破坏。

根据液压控制系统的性能，为便于顶升精度的控制，把每个墩柱的千斤顶分为一组，每组配备一台光栅尺。光栅尺安装在墩柱位置，以便更好地监测顶升姿态。根据力及位移信号，由主控室的PLC控制整个顶升过程。

顶升液压缸由泵站控制，通过安装在盖梁东西两侧的光栅尺监测顶升姿态。根据力及位移信号，由主控室的PLC控制整个顶升过程。

（2）千斤顶安装

为便于顶升操作，所有千斤顶均按向下方向安装，即千斤顶底座固定在盖梁下方的扁担梁上，扁担梁通过抱柱构件的相互栓接而紧紧地固定在立柱顶端，紧贴盖梁底面。

千斤顶安装时应保证千斤顶的轴线垂直，以免因千斤顶安装倾斜在顶升过程中产生水平分力。

在每个加力点位置，千斤顶或垫块与梁体及承台的接触面面积必须经过计算确定，以不超出原结构物混凝土强度范围，保证结构不受损坏。

5. 专用垫块

顶升专用临时钢垫块分别用在千斤顶下和临时支撑下。临时钢垫块与顶升托架体系的钢管相对应，也采用 $\phi500\times12$mm 钢管，两端焊接厚为12mm 的法兰。钢垫块共有Ⅰ、Ⅱ、Ⅲ、Ⅳ四种类型。为适应千斤顶的顶升行程，钢垫块的高度分别为100mm、200mm。每个临时支撑顶部均配置一对楔块和薄厚不一的钢板，以满足不同顶升高度的要求。为避免顶升过程中支撑失稳，钢垫块间通过法兰连接（如图3.5-64）。

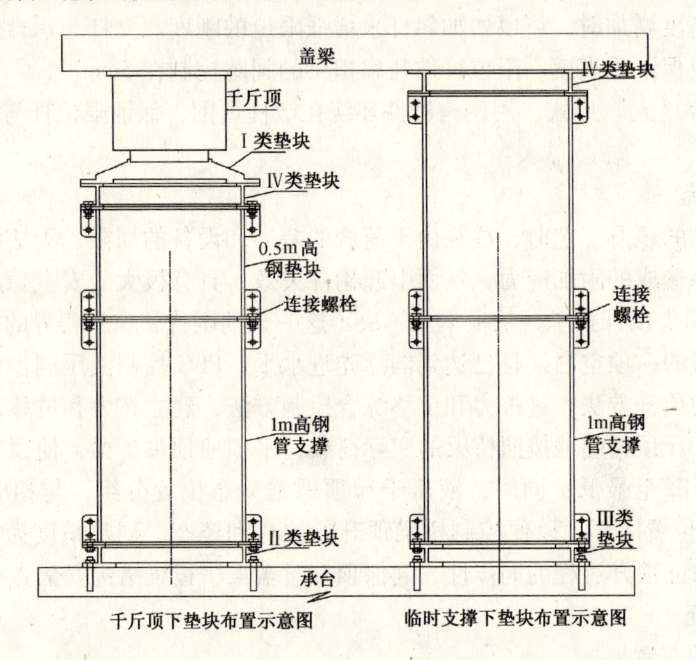

图3.5-64　垫块安装示意图

当垫块高度到达1.0m时，增加一节钢管支撑用以替换临时垫块，以增强支撑稳定性。支撑结构之间连结牢固，即临时垫块之间栓接、钢管支撑与承台栓接、钢管支撑间及临时垫块间均用螺栓进行连接。通过以上措施保证支撑结构有良好的整体性，防止因盖梁顶升可能发生的滑移造成支撑体系的失稳破坏。

6. 柱切割

采用新型无振动直线切割设备对立柱进行切割。柱切割位置一般在承台以上1.5m处，应具备下列条件时方可进行立柱切割：

（1）托架体系安装完毕；

（2）将千斤顶加压至计算荷载的80%，并关闭液控单向阀；

（3）百分表、传感器、水准测量监测设备安装完毕；

（4）为保证切割时桥梁的绝对安全，避免因千斤顶失压造成桥梁姿态改变，千斤顶安装时活塞允许伸出的长度不得大于5mm；

（5）按切割位置及顺序对立柱进行切割。

7. 顶升准备

（1）顶升系统可靠性检验

略。

（2）成立顶升工程现场领导组

图 3.5-65

现场指挥组设总指挥 1 名，全面负责现场指挥作业。指挥组下设 4 个职能小组：分别是监测组、控制组、液压组和作业组，负责相关的工作。各职能小组设组长 1 名，与总指挥、副总指挥共同组成现场指挥组。

各职能小组的功能分别是：

1）监测组：负责监测桥梁的整个运动轨迹、整体姿态等，定期将监测结果汇总后报现场总指挥。当出现异常情况或监测结果超出报警值时，则应及时向总指挥汇报，并提出建议。

2）控制组：根据总指挥的命令对液压系统发出启动、顶升或停止等操作指令。对于启动、顶升或停止指令，只听从总指挥的指令。当出现异常情况需紧急停止时，应在得到信息的第一时间对系统发出停止指令，而不管这一信息是否自总指挥发出。

3）液压组：负责整个液压系统的安装与形成、维护与保养、检查与维修等。根据总指挥的要求调整液压元件的设置。

4）作业组：负责顶升期间的劳力配置，在顶升的整个过程中提供劳务作业。其工作内容包括施工准备时的场地清理、顶升时的垫铁安装等。

各职能小组受总指挥统一指挥，向总指挥汇报工作。总指挥汇总领导组其他成员的意见后做出决策，并由总指挥向各职能小组发出指令，进入下一道工序工作。

（3）人员培训

所有参与顶升的施工人员都进行工作的严格分工，在进入现场前进行充分的培训。

（4）顶升控制区域划分及液压系统布置

如图 3.5-66 所示，控制区域划分为 12 个区域。控制点的划分原则为顶升过程安全可靠，特别着重同步性和桥体的姿态控制。

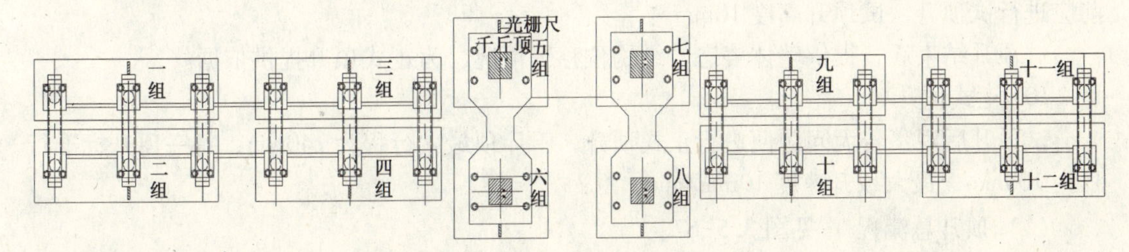

图 3.5-66　控制区域划分

控制区域设置光栅尺控制位移的同步性，根据桥梁的结构，位移同步精度控制在 2mm。位移传感器与中央控制器相连，形成位移的闭环控制，从而实现顶升过程中位移的精确控制。

光栅尺尺体固定于立柱侧面立柱截断面上端，读数头固定于立柱截断面下端。光栅尺量程为1200mm。

（5）泵站安装

顶升泵站4台，尽量使千斤顶油管长度经济、合理。

（6）顶升系统结构部分检查

1）千斤顶安装是否垂直牢固；

2）顶升支架安装是否牢固；

3）限位结构安装是否牢固，限位值设值大小是否符合要求；

4）影响顶升的设施是否已全部拆除；

5）主体结构与其他结构的连接是否已全部去除。

（7）顶升系统调试

调试的主要内容包括：

1）液压系统检查

2）控制系统检查

3）监测系统检查

4）初值的设定与读取

（8）交验点的确定

在每个桥墩处的桥面上取3个监测点，两点在桥面两侧，一点在中线上，分别用于监测顶升过程中桥梁的标高及中线位置变化，并作为顶升结束后的交验点。顶升前应测得标高点初始值，以便顶升完成后进行复核。

8. 称重

（1）保压试验

1）油缸、油管、泵站操纵台、监测仪等安装完毕检查无误；

2）按计算荷载的70%～90%加压，进行油缸的保压试验5h；

3）检查整个系统的工作情况、油路情况。

（2）称重（内容略）。

9. 试顶升

为了观察和考核整个顶升施工系统的工作状态以及对称重结果的校核，在正式顶升之前应进行试顶升，试顶升高度10mm。

试顶升结束后，提供整体姿态、结构位移等情况，为正式顶升提供依据。

10. 正式顶升

试顶升后观察若无问题便进行正式顶升，千斤顶最大行程为140mm，每一顶升标准行程为100mm，最大顶升速度10mm/min。

（1）顶升总流程：见图3.5-67。

（2）正式顶升须按下列程序进行，并做好记录：

操作：按预设荷载进行加载和顶升；

观察：各个观察点应及时反映测量情况；

测量：各个测量点应认真做好测量工作，及时反映测量数据；

校核：数据报送至现场领导组，比较实测数据与理论数据的差异；

分析：若有数据偏差，有关各方应认真分析并及时进行调整。

决策：认可当前工作状态，并决策下一步操作。

（3）顶升注意事项

1）每次顶升的高度应稍高于垫块厚度，能满足垫块安装的要求即可，不宜超出垫块厚度较多，以避免负载下降的风险；

2）顶升关系到主体结构的安全，各方要密切配合；

3）顶升过程中应加强巡视工作，应指定专人观察整个系统的工作情况；若有异常，直接通知指挥控制中心；

4）结构顶升空间内不得有障碍物；

5）顶升过程中未经许可，非作业人员不得擅自进入施工现场。

（4）顶升过程控制

整个顶升过程应保持光栅尺的位置同步误差小于2mm；一旦位置误差大于2mm或任何一缸的压力误差大于5%，控制系统立即关闭液控单向阀，以确保梁体安全。

每一轮顶升完成后，对计算机显示的各油缸的位移和千斤顶的压力情况，随时整理分析；如有异常，及时处理。主梁顶升并固定完成后，测量各标高观测点的标高值，计算各观测点的抬升高度，作为工程竣工验收资料。

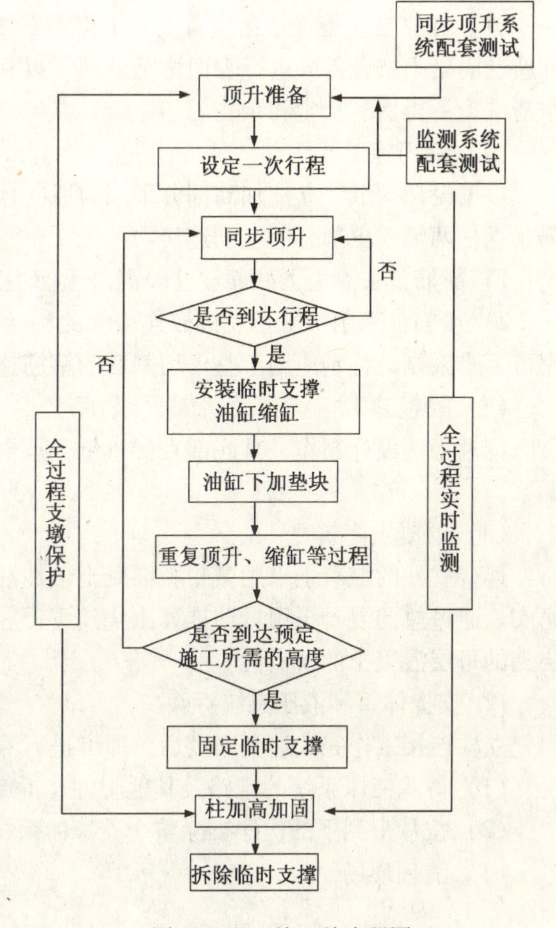

图 3.5-67　施工总流程图

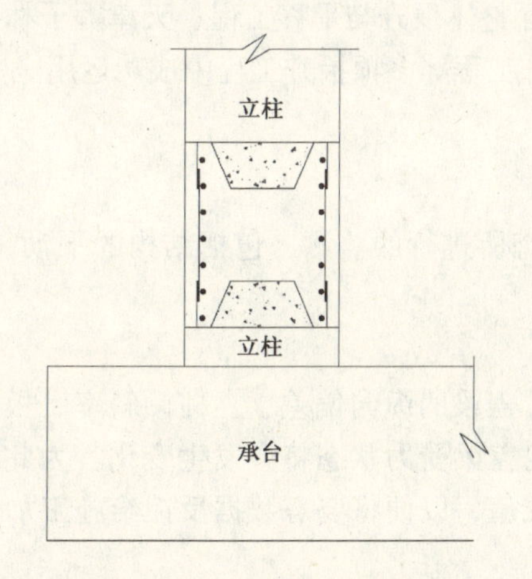

图 3.5-68　柱加高加固示意图

图 3.5-69

11. 立柱连接

顶升施工完成后，即可进行立柱连接工作。

（1）在立柱实施连接前应首先对上下截断面各凿除30cm左右高度的混凝土，并将立柱新老混凝土结合部分进行表面凿毛处理，以利于新老混凝土的连接。混凝土凿除后须用水清洗，不得留有灰尘和杂物。

（2）钢筋施工

根据设计图纸，立柱加高部分采用与原立柱同规格等数量的竖向主筋和箍筋。竖向主筋与立柱两端露出部分的主筋连接。

1）露筋：去除上下两面立柱段混凝土使主筋露出主筋6倍直径长度；

2）接筋：采用挤压套筒机械连接，此种接头形式属于Ⅰ级接头，同一截面接头百分率可不受限制，特别适用于整体切割后的钢筋连接。

（3）模板施工

钢模板按设计制作，其底部直接就位于承台顶面，与承台接触处应以砂浆填塞，以防漏浆。

（4）混凝土浇筑

连接立柱的混凝土采用微膨胀混凝土，在混凝土浇筑过程中应缓慢放料，并分层浇捣密实。通过总的混凝土用量，推算出浇筑混凝土的高度。每隔30cm左右为一层，确保所浇捣的每层混凝土的密实性。

12. 支撑体系和液压系统拆除

立柱连接工作完成达到强度后，即可进行液压系统和支撑体系的拆除。

（1）拆除液压系统的管路及其他附件，拆卸千斤顶并移走；

（2）按从上到下的次序拆除整个支撑体系，严格按照安全操作规程施工；

（3）清理现场。

二、PLC液压同步顶升系统

为保证顶升中桥梁结构的安全，就要严格要求顶升千斤顶的顶升同步性。本工程拟采用PLC控制液压同步顶升系统，该系统已在上海音乐厅整体顶升与平移工程、天津狮子林桥顶升工程、天津北安桥顶升工程、上海吴淞江桥顶升工程等多项抬升工程中成功运用。

三、监测方案

本方案的监测指顶升过程中为保证桥梁的整体姿态所进行的监测，包括结构的平动、转动和倾斜。监测贯穿于顶升全过程中。

1. 监测目的

桥梁顶升过程是一个动态过程。随着盖梁的提升，盖梁的纵向偏差、立柱倾斜率、板梁间隙等会发生较大变化，盖梁的支承点的相对变化对盖梁受力状态将会发生变化。为此要设置一整套监测系统，并要设定必要的预警值和极限值，以便将姿态数据反馈给施工加载过程。

2. 监测部位及监测内容

（1）承台沉降观测：设置承台沉降观测体系来反映承台沉降状况，及时做出相应的措施。

（2）桥面标高观测：桥面高程观测点用来推算每个桥墩的实际顶升高度。设置桥面标高观测点可以精确地知道每个桥墩的实际顶升高度，使顶升到位后桥面标高得到有效控制。

（3）盖梁底面标高测量：它是桥面标高控制和测量的补充，提供辅助的顶升作业依据。

（4）盖梁纵向位移观测：为了对顶升过程中盖梁纵向位移及立柱垂直度的观测，在外立柱外侧面用墨线弹出垂直投影线，墨线须弹过切割面以下，在垂直墨线的顶端悬挂一个铅球。通过垂球线与墨线的比较，来判断盖梁的纵向位移及盖梁是否倾斜。

（5）支撑体系的观测

通过观测能及时掌握支撑体系的受力和变形情况，及时采取措施控制支撑体系的变形量，使施工在安全可控的环境下进行。

3. 监测准备

主要是布置测点。

4. 监测方案实施

（1）施工前监测

主要是对各监测点取得各项监测参数的初值。如观测点坐标情况、标高等。

（2）整体顶升监测

包括顶升、支撑、落梁等过程的监测。监测内容主要包括位移监测、桥梁的整体姿态监测等。

5. 监测组织安排

监测计划应与顶升的施工计划相协调，并可在实施过程中改进，其监测结果应及时反馈给现场总指挥。

监测时按以下原则安排：

①预先制定的监测计划；

②关键的施工环节进行必要的监测；

③特殊工况发生时，补充监测；

④监测结果出现异常时，补充。

第四章　纠倾工程设计与施工

本章内容提示：本章详细介绍了倾斜建筑物纠倾扶正工程的设计与施工，包括概述、纠倾工程设计、水平成孔迫降纠倾地基附加应力场的计算、水平成孔迫降纠倾地基附加沉降变形计算、纠倾工程施工、古建筑物加固纠倾、22项纠倾加固工程实例分析及纠倾实例简表。

第一节　概　　述

我国的建筑物纠倾扶正技术经过20多年的应用和发展，具有一定特色和创新，涌现出许多新工艺、新方法和新技术，在全国各地进行了大量的建筑物纠倾加固工程实践，挽救了大批危险建筑物，为国家避免了严重的经济损失。

一、纠倾工程现状

20世纪90年代之前，我国的建筑物纠倾技术主要处于起步与探索阶段，进行了一些小规模的建筑物纠倾加固工程实践，也进行了一些理论研究与探讨。这个时期的建筑物纠倾加固工程中，成功者有之，失败者也为数不少。

20世纪90年代之后，我国各地相继成立了一些建筑物改造与病害整治机构和专业性学术团体（如1991年成立了中国老教授协会房屋增层改造技术研究委员会等），积极开展学术研究和工程实践，推动了我国建筑物纠倾与加固技术的发展。在此期间，建筑物纠倾与加固的工程实践集中在多层建筑物与一般构筑物，其基础形式多为浅基础，信息化施工也仅限于一般的监测技术（如水准仪、经纬仪、吊线观测等）。

在总结工程经验和科研成果的基础上，1997年我国颁布了《铁路房屋增层和纠倾技术规范》（TB 10114—97），2000年颁布了行业标准《既有建筑地基基础加固技术规范》（JGJ 123—2000）。在相关行业规范的指导下，我国的建筑物纠倾与加固工作进入了一个新的阶段，技术水平与施工组织都上了一个新台阶。建筑物纠倾与加固的工程实践向高层建筑物和高耸构筑物进军，基础形式除浅基础外，经常出现桩基础和深基础，信息化施工技术中也引入了计算机技术。例如，1997年成功纠倾加固的哈尔滨齐鲁大厦（框架-剪力墙结构，钢筋混凝土箱形基础，建筑高度96.6m，倾斜量524.7mm）；成功纠倾加固的海口某综合大楼（框架结构，钢筋混凝土灌注桩群桩基础，布桩116根，建筑高度23.6m，倾斜量283mm）；成功纠倾加固的乐清某住宅楼（7层砖混结构，建筑平面呈“蝴蝶形”，建筑高度19.4m，基础采用ϕ377振动沉管灌注桩和ϕ500钻孔灌注桩两种形式，桩长28.5m，倾斜量480mm）等。在此期间，一些专家学者对建筑物纠倾与加固工程在理论上也进行了总结与探讨，使建筑物纠倾与加固工程这门学科逐步由实践上升到理论，再由理论指导实践。例如，系统研究多排水平孔洞条件下地基土附加应力场规律，探讨基底水平成孔迫降纠倾条件下的地基土附加沉降变形规律；总结千斤顶顶升法纠倾规律，探讨顶升点数量计算与顶升梁设计；将地基土塑性变形理论（Tresca 准则、或 Mohr-Coulomb 准则）应用到建筑物掏土法纠倾中，设计计算掏土孔间距；对生石灰桩抬升纠倾法进行试验研究与理论探讨，计算膨胀材料用量等。

但是，由于专业特点、经济问题以及一些其他方面的原因，建筑物纠倾与加固工程这门学科的理论研究一直落后于工程实践，使其学术地位受到一定的影响。所以，加强理论研究、科学试验以及计算机数值分析等方面的工作，完善建筑物纠倾与加固的设计理论和计算方法，是十分必要和现实的。

二、新规范纠倾工程特点

中国工程建设标准化协会标准《建筑物移位纠倾增层改造技术规范》于 2008 年颁布与实施，使得建筑物纠倾工程的设计和施工进一步走向规范化。

《建筑物移位纠倾增层改造技术规范》中的纠倾工程适用于倾斜值超过相关标准、影响使用功能的建筑物（包括古建筑物），其主要特点为以下几个方面：

1. 对相关的名词术语进行界定

目前，我国新旧建筑物的界定尚未有统一的规定，存在地域差别和专业差别。《建筑物移位纠倾增层改造技术规范》规定，竣工、验收后 2 年及 2 年以内的建筑物为新建建筑物，其纠倾合格标准应满足有关新建工程标准要求；竣工、验收后超过 2 年的建筑物为旧建筑物，其纠倾合格标准见表 4.1-3。

《建筑物移位纠倾增层改造技术规范》综合考虑了各种建筑物的建筑质量验收标准、实际工程的各方面因素，如建筑物立面的砌筑质量、建筑物各方向的刚度等。此规范认为，确定建筑物倾斜值的标准不宜按两个方向倾斜值进行矢量合成，规定建筑物的倾斜值主要按其结构角点棱线单向最大水平偏移值确定。对于锥形、圆台形、曲线形等奇特造型的建筑物，以及由于各层平面相异造成立面不垂直的建筑物，其倾斜值宜按中轴线顶点水平偏移值确定。

2. 根据纠倾工程实践对纠倾合格标准进行修正

《建筑物移位纠倾增层改造技术规范》规定的倾斜建筑物纠倾合格标准（表 4.1-3）较《铁路房屋增层和纠倾技术规范》（TB10114—97）中的“房屋的允许倾斜值 S_H”略有放宽，主要考虑了以下各种因素：一些体形复杂、立面砌筑质量较差，以及复杂地基上的建筑物纠倾达标存在一定的困难；建成时间较长、上部结构已出现破损和弯曲等病害的建筑物，过大的回倾量会对建筑物结构、基础产生不利影响。通过大量的纠倾实践进行验证，本纠倾合格标准满足建筑物的正常使用要求。

《建筑物移位纠倾增层改造技术规范》规定的倾斜构筑物纠倾合格标准（表 4.1-3）较《铁路房屋增层和纠倾技术规范》（TB 10114—97）中的高耸构筑物允许倾斜值 S_H 略加严格，主要原因是考虑了构筑物在正常使用状态下的观感效果，以及一些特殊构筑物的使用要求。

3. 对纠倾工程设计进行详细规范

《建筑物移位纠倾增层改造技术规范》从纠倾工程设计原则、纠倾工程设计总规定、纠倾工程设计计算、迫降法纠倾设计、抬升法纠倾设计、纠倾工程监测系统设计等方面进行了比较详细的规定，特别是对纠倾需要调整的沉降量（或抬升量）给出了严格的理论计算公式。另外，此规范对纠倾设计的步骤与方法作了详细的介绍。

4. 增加古建筑物纠倾工程

古建筑是人类文明的财富，是历史的见证和劳动人民的智慧性创造。古建筑物保护是整个社会的责任，更是每个建筑技术工作者义不容辞的义务。此规范增设古建筑物纠倾加固工程，意在将古建筑物保护提高到一个新层次和新水平。

《建筑物移位纠倾增层改造技术规范》对古建筑物纠倾加固工程的准备工作、设计原则和施工要点进行规范，并对古塔迫降顶升组合协调纠倾法进行了详细介绍。

5. 对纠倾施工方法进行补充

《建筑物移位纠倾增层改造技术规范》对纠倾施工进行了总体规范，对施工方法进行了一定取舍与补充，特别是对一些常用的纠倾方法进行了完善，使其更富有可操作性。

6. 整体要求

《建筑物移位纠倾增层改造技术规范》确定了纠倾工程设计和施工原则为协调、平稳、缓慢、安全；明确了纠倾工程必须进行信息化施工，应根据现场监测资料及时修改纠倾设计方案，调整施工程序；强调纠倾工程竣工后，应继续进行倾斜观测，一般建筑物的观测时间不宜少于3个月，重要建筑物的观测时间不宜少于半年，并符合相关规定。

三、纠倾合格标准

目前，常用规范中涉及建筑物纠倾合格标准的有《建筑地基基础设计规范》、《铁路房屋增层和纠倾技术规范》、《危险房屋鉴定标准》、《建筑物移位纠倾增层改造技术规范》以及各种结构（如木结构、砌体、钢结构、混凝土结构）工程施工质量验收规范等。这些规范与标准通过不同层面对建筑物纠倾标准提出了相关要求，有助于对建筑物纠倾进行全面把握。

（一）《建筑地基基础设计规范》关于倾斜的规定

中华人民共和国国家标准《建筑地基基础设计规范》（GB 50007—2002）规定，建筑物的地基变形允许值，按表4.1-1规定采用。对表中未包括的建筑物，其地基变形允许值应根据上部结构对地基变形的适应能力和使用上的要求确定。

建筑物地基变形允许值 表4.1-1

变形特征	地基土类别	
	中、低压缩性土	高压缩性土
砌体承重结构基础的局部倾斜	0.002	0.003
工业与民用建筑相邻柱基的沉降差 （1）框架结构 （2）砌体墙填充的边排柱 （3）当基础不均匀沉降时不产生附加应力的结构	 0.002L 0.0007L 0.005L	 0.003L 0.001L 0.005L
单层排架结构（柱距为6m）柱基的沉降量（mm）	（120）	200

续表

变形特征	地基土类别	
	中、低压缩性土	高压缩性土
桥式吊车轨面的倾斜（按不调整轨道考虑）		
纵向	0.004	
横向	0.003	
多层和高层建筑的整体倾斜		
$H_g \leqslant 24$	0.004	
$24 < H_g \leqslant 60$	0.003	
$60 < H_g \leqslant 100$	0.0025	
$H_g > 100$	0.002	
体形简单的高层建筑基础的平均沉降量（mm）	200	
高耸结构基础的倾斜		
$H_g \leqslant 20$	0.008	
$20 < H_g \leqslant 50$	0.006	
$50 < H_g \leqslant 100$	0.005	
$100 < H_g \leqslant 150$	0.004	
$150 < H_g \leqslant 200$	0.003	
$200 < H_g \leqslant 250$	0.002	
高耸结构基础的沉降量（mm）		
$H_g \leqslant 100$	400	
$100 < H_g \leqslant 200$	300	
$200 < H_g \leqslant 250$	200	

注：1. 本表数值为建筑物地基实际最终变形允许值；
2. 有括号者仅适用于中压缩性土；
3. L 为相邻柱基的中心距离（mm）；H_g 为自室外地面起算的建筑物高度（m）；
4. 倾斜指基础倾斜方向两端点的沉降差与其距离的比值；
5. 局部倾斜指砌体承重结构沿纵向 6～10m 内基础两点的沉降差与其距离的比值。

（二）《铁路房屋增层和纠倾技术规范》关于倾斜的规定

中华人民共和国行业标准《铁路房屋增层和纠倾技术规范》（TB 10114—97）给出了建（构）筑物倾斜量的允许值（见表4.1-2）。当建（构）筑物产生的倾斜超过了该表的规定，影响正常使用及特殊要求时，则需要进行纠倾与加固。同时，该房屋允许倾斜值也可作为倾斜建筑物纠倾加固时的回倾标准。

房屋的允许倾斜值 S_H　　表 4.1-2

结 构 类 型	建筑高度（m）	允许倾斜值
钢筋混凝土承重结构	$H_g \leqslant 18$	$S_H \leqslant 0.005H_g$
	$18 < H_g \leqslant 24$	$S_H \leqslant 0.004H_g$
砌体承重结构	$H_g \leqslant 21$	$S_H \leqslant 0.004H_g$
高层建筑	$24 < H_g \leqslant 60$	$S_H \leqslant 0.003H_g$
	$60 < H_g \leqslant 100$	$S_H \leqslant 0.002H_g$
	$H_g > 100$	$S_H \leqslant 0.0015H_g$
高耸构筑物	$H_g \leqslant 20$	$S_H \leqslant 0.008H_g$
	$20 < H_g \leqslant 50$	$S_H \leqslant 0.006H_g$
	$50 < H_g \leqslant 100$	$S_H \leqslant 0.005H_g$
	$100 < H_g \leqslant 150$	$S_H \leqslant 0.004H_g$
	$150 < H_g \leqslant 200$	$S_H \leqslant 0.003H_g$
	$200 < H_g \leqslant 250$	$S_H \leqslant 0.002H_g$

注：H_g 为自室外地面起算的建筑物高度（m）。

（三）《危险房屋鉴定标准》关于倾斜的规定

中华人民共和国行业标准《危险房屋鉴定标准》（JGJ 125—99）对构件倾斜的危险性作出如下鉴定：

1. 地基产生不均匀沉降，其沉降量大于现行国家标准《建筑地基基础设计规范》规定的允许值，上部墙体产生沉降裂缝宽度大于10mm，且房屋局部倾斜率大于1%，该现象应评为危险状态；

2. 砌体结构的墙、柱产生倾斜，其倾斜率大于0.7%，或相邻墙体连接处断裂成通缝，该现象应评为危险点；

3. 混凝土结构的柱、墙产生倾斜、位移，其倾斜率超过高度的1%，其侧向位移量大于 $h/500$，该现象应评为危险点；

混凝土结构的屋架支撑系统失效导致倾斜，其倾斜率大于屋架高度的2%，该现象应评为危险点；

4. 钢结构的钢柱顶位移，平面内大于 $h/150$，平面外大于 $h/500$，或大于40mm，该现象应评为危险点；

钢结构的屋架支撑系统松动失稳，导致屋架倾斜，倾斜率超过 $h/150$，该现象应评为危险点；

5. 木结构的屋架产生大于 $L_0/120$ 的挠度，且顶部或端部节点产生腐朽或劈裂，或出平面倾斜量超过屋架高度的 $h/120$，该现象应评为危险点。

（四）《建筑物移位纠倾增层改造技术规范》关于纠倾标准的规定

中国工程建设标准化协会标准《建筑物移位纠倾增层改造技术规范》给出了建筑物纠倾工程的合格标准（见表4.1-3），为倾斜建筑物的纠倾扶正提供了依据。

纠倾合格标准 表4.1-3

建 筑 类 型	建筑高度（m）	纠倾合格标准
建筑物	$H_g \leqslant 24$	$S_H \leqslant 0.0045H_g$
	$24 < H_g \leqslant 60$	$S_H \leqslant 0.0035H_g$
	$60 < H_g \leqslant 100$	$S_H \leqslant 0.0025H_g$
	$100 < H_g \leqslant 150$	$S_H \leqslant 0.002H_g$
构筑物	$H_g \leqslant 20$	$S_H \leqslant 0.0055H_g$
	$20 < H_g \leqslant 50$	$S_H \leqslant 0.004H_g$
	$50 < H_g \leqslant 100$	$S_H \leqslant 0.003H_g$
	$100 < H_g \leqslant 150$	$S_H \leqslant 0.0025H_g$

注：1. H_g 为自室外地面起算的建筑物高度，S_H 为建筑物纠倾水平变位设计控制值；

2. 对建成时间较长、上部结构已出现破损（或弯曲）等病害、或较大回倾量对上部结构产生不利影响时，纠倾合格标准可在表4.1-3的基础上增加 $0.001H_g$；

3. 对纠倾合格标准有专门要求的工程，尚应满足相关规定。

倾斜建筑物（构筑物）的类型很多，规范中的纠倾合格标准难以包罗万象，所以，《建筑物移位纠倾增层改造技术规范》的条文说明中对于一些特殊情况还作了灵活处理的规定，如：

1. 对于严重弯曲的高耸构筑物（或建筑物），其中轴线顶点回倾量过大时，重心偏离基础形心，此类情况宜采用构筑物（建筑物）重心与基础形心逼近作为纠倾合格标准；

2. 对于厂房、简易建筑物等，严重倾斜可能造成局部破坏或整体分离，此类情况宜将建筑物纠倾与局部改造结合进行；

3. 对于结构施工中发生倾斜的建筑物，过大的回倾量会造成室内装修物（如地板、吊顶等）反向倾斜；还有一些业主，基于其他方面的考虑，要求对自己倾斜建筑物（构筑物）的纠倾适当放宽标准；这些特殊情况宜参考"纠倾合格标准（表4.1-3）"，进行灵活处理。

四、纠倾方法

目前，建筑物纠倾方法共有30余种，根据其处理方式可归纳为迫降法、抬升法、预留法、横向加载法和综合法等五大类，详细分类如表4.1-4所示。

建筑物纠倾方法分类 **表4.1-4**

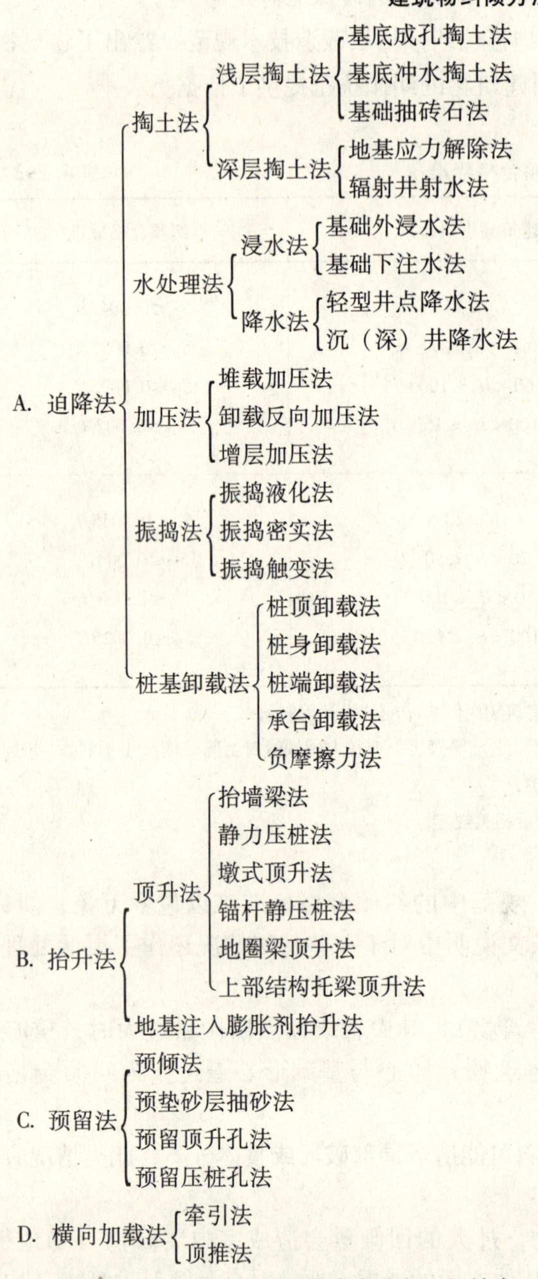

- A. 迫降法
  - 掏土法
    - 浅层掏土法
      - 基底成孔掏土法
      - 基底冲水掏土法
      - 基础抽砖石法
    - 深层掏土法
      - 地基应力解除法
      - 辐射井射水法
  - 水处理法
    - 浸水法
      - 基础外浸水法
      - 基础下注水法
    - 降水法
      - 轻型井点降水法
      - 沉（深）井降水法
  - 加压法
    - 堆载加压法
    - 卸载反向加压法
    - 增层加压法
  - 振捣法
    - 振捣液化法
    - 振捣密实法
    - 振捣触变法
  - 桩基卸载法
    - 桩顶卸载法
    - 桩身卸载法
    - 桩端卸载法
    - 承台卸载法
    - 负摩擦力法
- B. 抬升法
  - 顶升法
    - 抬墙梁法
    - 静力压桩法
    - 墩式顶升法
    - 锚杆静压桩法
    - 地圈梁顶升法
    - 上部结构托梁顶升法
  - 地基注入膨胀剂抬升法
- C. 预留法
  - 预倾法
  - 预垫砂层抽砂法
  - 预留顶升孔法
  - 预留压桩孔法
- D. 横向加载法
  - 牵引法
  - 顶推法

E. 综合法：以上方法中的两种或多种方法相结合。

第二节　纠倾工程设计

纠倾工程设计是纠倾工程的关键环节，它不仅需要理论计算，还需要根据实际情况进行调整。从纠倾设计前的准备工作到纠倾设计计算、结构加固设计、防复倾加固设计计算、监测系统设计等，建筑物纠倾工程设计是一个完整的系统设计。

一、建筑物纠倾工程设计前的准备工作

纠倾工程设计前，应充分掌握相关资料和信息。对于没有进行岩土工程勘察或岩土工程勘察资料不能满足纠倾工程设计要求的建筑物，应进行补充勘察，补充勘察应符合相关规范的要求。需要指出的是，掌握翔实的岩土工程勘察资料，就掌握了建筑物纠倾工程的主动权。经常会有一些业主为节省时间与费用，希望不要进行补充勘察，这是一个非常危险的建议。设计人员应慎重考虑，坚持原则，不可轻易接受；否则，可能会在接下来的纠倾施工过程中造成更多的时间浪费与经济浪费。

纠倾工程设计文件包括：倾斜建筑物现状、工程地质条件、倾斜原因分析、纠倾方案比选、纠倾设计、施工方法、观测点的布置及监测要求、结构改造及加固设计、防复倾加固设计、施工安全及防护技术措施、环境及相邻建筑物的保护措施等。

二、建筑物纠倾设计原则

建筑物纠倾设计，应在全面考虑各种因素的基础上进行综合分析，找到建筑物病害原因，做到“对症下药”；同时，重视纠倾方法的灵活运用和纠倾方案的优化，有效地进行防复倾加固。对特殊性岩土地区、地震区的建筑物以及复杂建筑物，尚应针对其复杂性采取有效措施。

安全防护措施可根据实际情况因地制宜地进行设计，同时也可作为建筑物纠倾工程的辅助设施，为建筑物均匀回倾起到一定的积极作用，如在软土地区设置护桩、加设临时支撑等。

在《建筑物移位纠倾增层改造技术规范》中，建筑物纠倾设计原则归纳为如下5条：

(1) 全面分析建筑物倾斜原因。

(2) 纠倾方法的选择应根据建筑物的倾斜原因、倾斜量、裂损状况、结构及基础形式、整体刚度、工程地质条件、环境条件和施工技术条件等，结合各种纠倾方法的适用范围、工作原理、施工程序等因素综合确定。

(3) 常用的纠倾方法可分为迫降法、抬升法、预留法、横向加载法、综合法等。

建筑物纠倾方法的选择应该根据建筑物基础情况、地基土性质以及建筑物结构类型等进行确定，作到对症下药。纠倾工程常用方法的选择参见表4.2-1和表4.2-2。复杂建筑物纠倾，宜根据实际情况采用综合纠倾法。

建筑物纠倾常用方法选择参考表（一）　　表4.2-1

纠倾方法	无筋扩展基础				扩展基础、柱下条形基础			
	黏性土粉土	砂土	淤泥	湿陷性土	黏性土粉土	砂土	淤泥	湿陷性土
浅层掏土法	√	√	√	√	√	√	√	√
辐射井射水法	√	√	√	√	√	√	√	√
地基应力解除法	×	×	√	×	×	×	√	×
浸水法	×	×	×	√	×	×	×	√

续表

纠倾方法	无筋扩展基础				扩展基础、柱下条形基础			
	黏性土粉土	砂土	淤泥	湿陷性土	黏性土粉土	砂土	淤泥	湿陷性土
轻型井点降水法	△	√	△	×	△	√	△	×
沉（深）井降水法	△	√	△	×	△	√	△	×
堆载加压法	√	√	√	√	√	√	√	√
卸载反向加压法	√	√	√	√	√	√	√	√
增层加压法	√	√	√	√	√	√	√	√
振捣液化法	△	√	√	×	△	√	√	×
振捣密实法	×	√	×	×	×	√	×	×
振捣触变法	×	×	√	×	×	×	√	×
抬墙梁法	√	√	√	√	√	√	√	√
静力压桩法	√	√	√	√	√	√	√	√
锚杆静压桩法	√	√	√	√	√	√	√	√
地圈梁顶升法	√	√	√	√	√	√	√	√
上部结构托梁顶升法	√	√	√	√	√	√	√	√
注入膨胀剂抬升法	√	√	△	√	√	√	△	√
预留法	√	√	√	√	√	√	√	√
横向加载法	√	√	√	√	√	√	√	√

注：表中符号√表示比较适合；△表示有可能采用；×表示不宜采用。

建筑物纠倾常用方法选择参考表（二） **表 4.2-2**

纠倾方法	桩基础				纠倾方法	桩基础			
	黏性土粉土	砂土	淤泥	湿陷性土		黏性土粉土	砂土	淤泥	湿陷性土
辐射井射水法	√	√	√	√	振捣法	×	√	√	×
浸水法	×	×	×	√	桩顶卸载法	√	√	√	√
轻型井点降水法	△	√	△	×	桩身卸载法	√	√	√	√
沉（深）井降水法	△	√	△	×	桩端卸载法	√	√	√	√
堆载加压法	△	△	△	△	承台卸载法	△	△	△	△
卸载反向加压法	△	△	△	△	负摩擦力法	√	√	√	√
增层加压法	√	√	√	√	上部结构托梁顶升法	√	√	√	√

注：表中符号√表示比较适合；△表示有可能采用；×表示不宜采用。

（4）纠倾方案的比选应本着安全可靠、技术先进、经济合理、保护环境等原则，对纠倾程序、参数（如沉降速度、回倾量、回倾速度等）以及安全防护措施进行优化，确定最佳方案。

（5）纠倾工程设计时，应对受影响或已破损的结构构件和关键部位进行强度、稳定、变形验算，并结合防复倾加固措施在纠倾前（后）进行相应的结构改造与加固补强。

三、建筑物纠倾设计要点

关于建筑物纠倾设计的要点，《建筑物移位纠倾增层改造技术规范》中共有6个方面的要求，分别是：

（1）确定建筑物倾斜率和倾斜方向。

（2）确定建筑物纠倾需要调整的沉降量（或抬升量），见图4.2-1和图4.2-2。

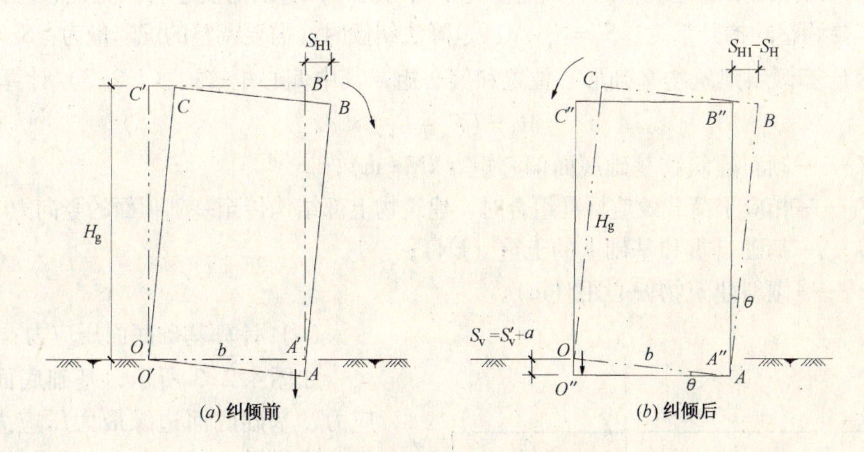

图4.2-1　迫降法纠倾计算示意图

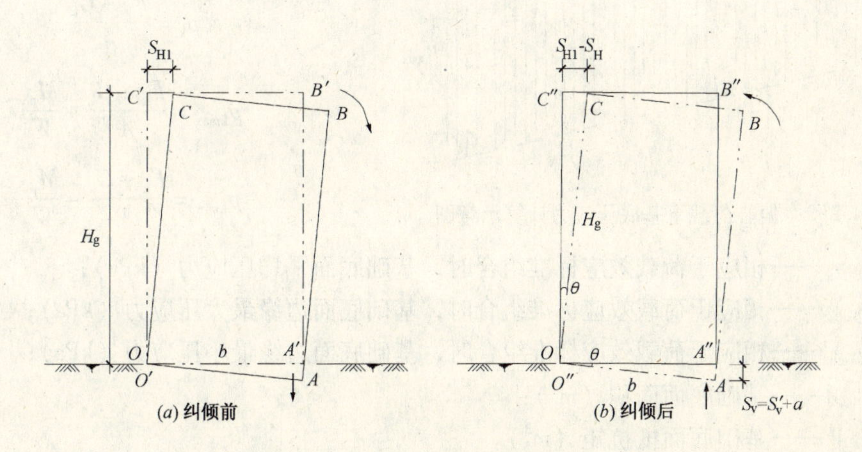

图4.2-2　抬升法纠倾计算示意图

$$S_v = \frac{(S_{H1} - S_H)b}{H_g} \quad (4.2\text{-}1)$$

$$S_v' = S_v \pm a \tag{4.2-2}$$

式中 S_v——建筑物设计沉降量、抬升量（mm）；

S_v'——建筑物纠倾需要调整的沉降量、抬升量（mm）；

S_{H1}——建筑物水平偏移值（mm）；

S_H——建筑物纠倾水平变位设计控制值（mm）；

b——纠倾方向建筑物宽度（mm）；

a——预留沉降值（mm）。

建筑物纠倾设计沉降量、抬升量（S_v）的计算公式（4.2-1）为理论计算式，其中H_g为自室外地面起算的建筑物原始高度（即建筑物倾斜前自室外地面起算的高度），b为建筑物的原始宽度。因为倾斜后自室外地面起算的建筑物高度为一变量，倾斜后建筑物宽度的水平投影也随着不均匀沉降的发展而变化，均不便直接测量，也不宜作为公式中的常量参与计算。考虑到纠倾结束后建筑物尚有一定量的不均匀沉降，所以需要进行微量调整。抬升法纠倾时，需要调整的抬升量为：$S_v' = S_v + a$；迫降法纠倾时，需要调整的沉降量为：$S_v' = S_v - a$。

（3）计算倾斜建筑物基础形心位置和偏心矩，其中偏心矩按式（4.2-3）计算：

$$M_p = (F_k + G_k) \times e' \tag{4.2-3}$$

式中 M_p——倾斜建筑物基础底面偏心矩（kN·m）；

F_k——相应于荷载效应标准组合时，建筑物上部结构传至基础顶面的竖向力（kN）；

G_k——基础自重和基础上的土重（kN）；

e'——倾斜建筑物偏心距（m）。

（4）计算基础底面压应力：

如图4.2-3所示，基础底面平均压应力、基础底面边缘最大压应力、基础底面边缘最小压应力按下式计算。

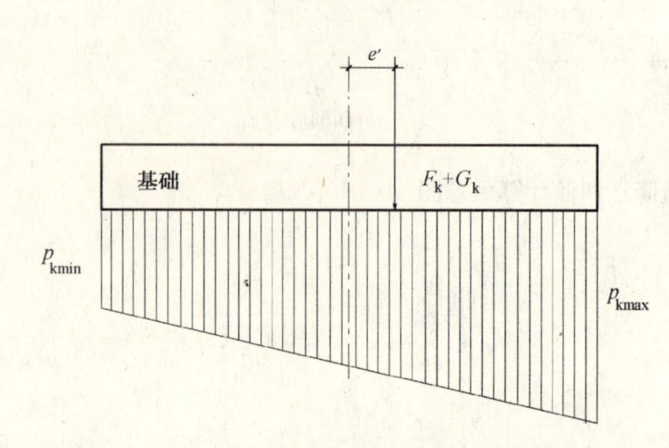

图4.2-3　偏心荷载下基底压应力计算示意图

$$p_k = \frac{F_k + G_k}{A} \tag{4.2-4}$$

$$p_{kmax} = \frac{F_k + G_k}{A} + \frac{M_p}{W} \tag{4.2-5}$$

$$p_{kmin} = \frac{F_k + G_k}{A} - \frac{M_p}{W} \tag{4.2-6}$$

式中 p_k——相应于荷载效应标准组合时，基础底面平均压应力（kPa）；

p_{kmax}——相应于荷载效应标准组合时，基础底面边缘最大压应力（kPa）；

p_{kmin}——相应于荷载效应标准组合时，基础底面边缘最小压应力（kPa）；

A——基础底面面积（m^2）；

W——基础底面抵抗矩（m^3）。

建筑物纠倾设计时，结构荷载、地基承载力等均应按纠倾时的实际情况进行计算。

在纠倾过程中，基础底面边缘最大压应力（p_{kmax}）和基础底面边缘最小压应力（p_{kmin}）发生变化。建筑物纠倾扶正后，基底应力分布趋于均匀。

（5）根据基底压应力图验算地基承载力，确定纠倾相关参数；

（6）根据工程地质条件、基础类型及上部结构形式等进行防复倾加固设计。

四、迫降纠倾法

迫降法纠倾设计首先应设计迫降顺序、位置和范围，计算迫降基础沉降量，确定预留沉降值，确保建筑物整体回倾变位协调。

（一）回倾速度

迫降法纠倾时，回倾速度应根据建筑物的结构类型、整体刚度以及工程地质条件确定。《建筑物移位纠倾增层改造技术规范》规定，回倾速度宜控制在10～50mm/d范围内，条件较好时，尚可适当加大。回倾速度在纠倾开始与结束阶段取小值，中间阶段取大值。

迫降法纠倾时，建筑物的回倾速度大小是一个比较敏感的问题，也是一个关键问题。长期以来，对建筑物回倾速度的控制有着不同的意见。在早期，人们普遍认为回倾速度不宜过大，避免建筑物在快速回倾过程中结构产生应力集中而开裂，或者由于惯性作用影响其稳定。《铁路房屋增层和纠倾技术规范》（TB10114—97）规定，建筑物回倾速度宜控制在3～15mm/d范围内。《既有建筑地基基础加固技术规范》（JGJ 123—2000）规定，一般情况下沉降速率宜控制在5～10mm/d范围内。《湿陷性黄土地区建筑规范》（GB 50025—2004）条文说明中规定，在湿陷性黄土地区采用浸水法纠倾时，地基下沉的速率以5～10mm/d为宜。

近年来，在更多的建筑物纠倾实践中人们发现，较小的回倾速度严重影响着工程进度，甚至带来一些不必要的麻烦。随着纠倾技术的发展，大回倾速度在不同的项目中进行了有效的尝试，并取得了一些经验。回倾速度应根据建筑物的结构类型、整体刚度、工程地质条件以及纠倾方法进行确定，及时终止高速迫降所产生的惯性是稳定回倾建筑物的关键。相关资料显示，国内某建筑物利用掏土法进行建筑物纠倾时，在严格控制排土量、加固回倾侧基础、及时密封排土井孔等措施下，该建筑物回倾速度达到了360mm/d。

（二）浅层掏土法设计

浅层掏土纠倾法是在建筑物基础底面以下掏挖土体，削弱基础下土体的承载面积，使附加应力产生集中效应，地基土产生附加沉降变形。浅层掏土纠倾法是纠倾工程中最早和最常应用的纠倾方法之一。

浅层掏土纠倾法的掏土范围、沟槽位置、沟槽宽度、沟槽深度应根据建筑物迫降量、地基土性质和基础类型综合确定，目前的纠倾工程实践主要依据经验法、附加应力控制法、附加沉降变形控制法和地基土塑性变形控制法等进行设计。但是，一般还应根据地基土情况，通过现场试验具体确定浅层掏土纠倾法的各个参数。

1. 经验法

在基底成孔掏土纠倾法中，人工掏土沟槽的间距应根据建筑物的基础形式选择，一般取1.0～1.5m，沟槽宽度应根据不同的迫降量及地基土情况确定，一般取0.3～0.5m，槽深可取0.1～0.2m。

在基底冲水掏土纠倾法中，冲水工作槽的间距一般取2.0～2.5m，槽宽一般取0.2～0.4m，槽深可取0.15～0.3m，槽底应形成坡度。水冲压力宜控制在1～2MPa，流量宜控制在40L/min左右。

掏土时应先从沉降量小的一侧开始，逐渐过渡，依序进行，同时做好检测和防护措施。

2. 附加应力控制法与附加沉降变形控制法

附加应力控制法是对人工掏土后地基土附加应力（或基础底面处的平均压力值）进行控制，使地基土与建筑物基础逐渐下沉，但同时不使地基失稳。根据不同的掏土方式，附加应力控制有着不同的形式。

本章的第三节和第四节对基底多排水平孔掏土条件下的土体附加应力场计算、地基附加沉降计算以及各种因素的影响作了比较详细的介绍，该研究成果可供相关建筑物纠倾工程进行参考。

3. 地基土塑性变形控制法

在一些建筑物纠倾工程中，利用地基土塑性变形理论进行建筑物纠倾设计计算也取得了一些经验。利用 Tresca 准则、或 Mohr-Coulomb 准则进行掏土孔间距设计和沉降变形分析具有相当的理论指导意义和工程价值。

（1）对于 Tresca 材料，根据其屈服时的塑性体积应变为零（即认为塑性区总体积不变），孔的体积变化等于弹性区的体积变化，如果已知成孔半径 R_i 和成孔处地基压力 p（包括自重应力和建筑物引起的附加应力），便可计算出成孔周围的最大塑性区半径 R_p，从而确定掏土孔间距 D。

$$R_p = \sqrt{\frac{E}{2(1+\nu)k}}R_i \tag{4.2-7}$$

$$D \geqslant 2R_p \tag{4.2-8}$$

式中 E——地基土压缩模量；

ν——消耗泊松比；

k——地基土抗剪强度；

R_i——成孔半径；

R_p——最大塑性区半径。

一般地，对于饱和黏性土及粉土，$R_p = (2 \sim 4)R_i$；对于湿陷性黄土，$R_p = (5 \sim 7)R_i$。

（2）对于 Mohr-Coulomb 材料，根据其塑性流动时，孔的体积变化等于弹性区的体积变化与塑性区的体积变化之和，孔周围的最大塑性区半径 R_p 可简化为：

$$R_p = \sqrt{\frac{I_r \sec\varphi}{1 + I_r \Delta \sec\varphi}}R_i \tag{4.2-9}$$

$$I_r = \frac{E}{2(1+\nu)k} = \frac{G}{k} \tag{4.2-10}$$

$$D \geqslant 2R_p \tag{4.2-11}$$

式中 Δ——塑性区平均体积应变，为塑性区应力状态的函数。

一般地，对于湿陷性黄土，R_p = （7 ~ 9） R_i。

（三）浸水法设计

浸水法适用于含水量 $w < 20\%$、湿陷系数 $\delta_s > 0.05$ 的湿陷性黄土或填土地基上的建筑物纠倾工程。浸水纠倾可选用注水坑、注水孔或注水槽等不同方式进行注水，并在注水纠倾前进行现场注水试验，通过试验确定注水量、渗透半径以及渗透速度之间的关系，也可参考以下的浸水法经验。

1. 沉降量

倾斜建筑物在回倾过程中，基础各个部位应按一定的几何比例协调下沉，其数值可按式（4.2-1）和式（4.2-2）进行计算。

纠倾建筑物基础各个部位在浸水过程中实际可能达到的湿陷量必须大于所需的回倾沉降量，基础各个部位的浸水湿陷量取决于其下面湿陷土层的厚度及其物理力学性质，可按下式进行计算：

$$S = \sum_{i=1}^{n} \beta \delta_{si} h_i \tag{4.2-12}$$

式中 S——浸水湿陷量（mm）；

δ_{si}——第 i 层地基土的湿陷系数；

h_i——第 i 层浸水湿陷土层厚度（mm）；

β——考虑基底下地基土侧向挤出等因素的修正系数，对于基底下 0～5m 深度内，取 $\beta=1.0\sim1.5$；对于基底下 5～10m 深度内，取 $\beta=1.0$。

2. 注水量

建筑物浸水纠倾时，总的注水量可参考以下经验公式：

$$Q = (0.8 \sim 0.9) \sum_{i=1}^{n} \gamma_i V_i (w_{ai} - w_i) \tag{4.2-13}$$

式中 Q——总注水量（m^3）；

γ_i——第 i 层地基土的天然重度（kN/m^3）；

V_i——第 i 层注水湿陷的土体体积（m^3）；

w_{ai}——第 i 层地基土注水后的含水量；

w_i——第 i 层地基土天然含水量。

3. 注水时间

建筑物浸水纠倾的注水时间取决于湿陷土层的渗透厚度及其渗透系数，可参考以下经验公式：

$$T = \sum_{i=1}^{n} \frac{S_i}{K_i} \tag{4.2-14}$$

式中 S_i——第 i 层地基土的湿陷渗透厚度（m）；

K_i——第 i 层地基土的渗透系数（m/d）。

五、抬升纠倾法

抬升纠倾法包括顶升法和地基注入膨胀剂抬升法。

顶升纠倾设计与建筑物移位设计存在诸多相似之处，《建筑物移位纠倾增层改造技术规范》仅对砌体结构建筑物顶升纠倾和框架结构建筑物顶升纠倾作了补充规定。

（一）砌体结构托梁顶升法设计

砌体结构建筑物的荷载是通过砌体传递的，顶升时砌体结构的受力特点相当于由墙体和托梁组成的墙梁作用体系，或将托换梁上的墙体视为无限弹性地基，其上部荷载主要通过墙梁下的支座传递。

1. 顶升梁设计

砌体结构托梁顶升时必须建立上部钢筋混凝土顶升梁与下部基础梁组成的一对上、下受力梁系，且受力梁系在平面上应连续闭合。顶升梁应通过托换形成，顶升托换梁一般设置在地面以上约500mm的地方。当基础梁埋深较大时，可在基础梁上增设钢筋混凝土底座（千斤顶底座），并与基础连接成整体。顶升梁、千斤顶以及底座应组成稳固的整体，参见图4.2-4。

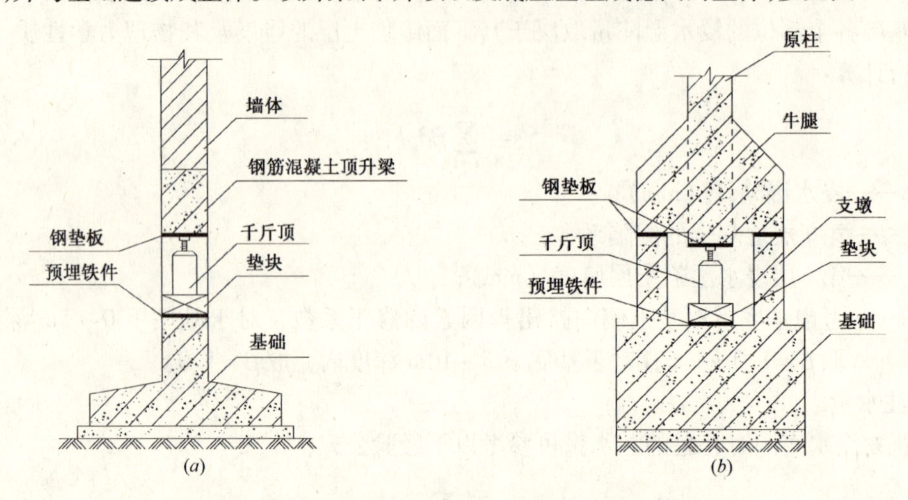

图4.2-4　建筑物托梁顶升示意图

（a）砌体结构托梁顶升剖面；（b）框架结构托梁顶升剖面

砌体结构建筑物的顶升梁可按倒置弹性地基墙梁设计，其计算跨度为相临三个支承点的两边缘支点距离。当建筑物的墙体承载力验算不能满足要求时，应调整支承点的跨度或对墙体进行加固补强处理。

2. 顶升点设置

砌体结构顶升点的设置应根据建筑物结构形式、线荷载分布以及千斤顶器具等确定，同时考虑对结构顶升的受力点进行调整，并避开门窗洞口等受力薄弱位置，顶升点的间距一般不宜大于1.5m。顶升点数量可按下式进行估算：

$$n \geqslant \frac{Q}{N_a} k \tag{4.2-15}$$

式中　n——顶升点数量（个）；

Q——建筑物总荷载设计值（kN）；

N_a——顶升支承点的荷载设计值（kN），可取0.8倍的千斤顶额定工作荷载；

K——安全系数，一般取1.5。

3. 顶升量

建筑物顶升量一般可表达为：

$$S'_{iv} = S_{iv1} + S_{iv2} + a \tag{4.2-16}$$

$$S_{iv1} = \beta_E \cdot L_{Ei} + \beta_N \cdot L_{Ni} \tag{4.2-17}$$

式中　S'_{iv}——建筑物某部位顶升量；

S_{iv1}——建筑物不均匀沉降调整值；

S_{iv2}——根据使用功能需要的整体顶升值；

a——预留沉降值；

β_E、β_N——建筑物两个垂直方向（如东西方向与南北方向）上的倾斜率；

L_{Ei}、L_{Ni}——计算点在两个垂直方向（如东西方向与南北方向）上到建筑物基点的距离。

建筑物顶升量计算中，根据使用功能需要的整体顶升值可根据实际情况确定，但是考虑到顶升的安全性，确保顶升的稳定性，建筑物总顶升量一般不宜超过800mm。

根据有关资料报道，我国建筑物顶升纠倾实例中，目前最高建筑物达到7层，最大顶升量达到2400mm，并获得成功。但是，建筑物顶升纠倾失败实例也多次出现，其中顶升量过大是主要影响因素之一。另外，对于地震多发区、强风区的建筑物顶升纠倾工程，应该限制建筑物的高度和顶升量。

4. 千斤顶设置

千斤顶通常采用机械式螺旋千斤顶或液压千斤顶，千斤顶额定工作荷载一般可选择300kN或500kN。另外，智能型全液压千斤顶调平系统将计算机技术和自动化控制技术引入顶升法中，摆脱了人工手动操作，保证了各个千斤顶的协调同步工作，提高了顶升质量，在复杂的建筑物顶升纠倾工程中应优先采用。

（二）框架结构托梁顶升法设计

框架结构建筑物顶升梁（柱）体系的设置，必须是能支撑框架柱的结构荷载体系。顶升梁（柱）体系应按后设置牛腿设计，同时增加连系梁约束框架柱之间的变形、调整差异顶升量，并对断柱前、后相邻框架结构柱端内力进行验算，对牛腿受弯、受剪和局部承压进行验算。

框架结构建筑物顶升纠倾时顶升点的数量、顶升量等可参考砌体结构建筑物纠倾设计。

六、综合纠倾法

高层建筑、沉降量较大的建筑物以及复杂建筑物的纠倾工程多采用综合法。综合法设计宜将建筑物纠倾与防复倾加固结合进行，取得一举两得的效果。通常采用的综合法见表4.2-3。

建筑物纠倾常用综合法　　表4.2-3

序号	纠倾方法顺序			防复倾加固方法	
	第一方法	第二方法	第三方法	第一方法	第二方法
1	浅层掏土法	堆载加压法	降水法	注浆加固	石灰桩加固
		振捣密实法		锚杆静压桩加固	注浆加固
2	浸水法	掏土法	堆载加压法	双灰桩加固	
		抬升法			
3	辐射井射水法	堆载加压法	振捣密实法	锚杆静压桩加固	粉喷桩加固
		浅层掏土法		微型桩加固	锚杆静压桩加固
		抬升法		注浆加固	
4	地基应力解除法	浅层掏土法		锚杆静压桩加固	
		堆载加压法		注浆加固	微型桩加固
5	降水法	掏土法	堆载加压法	旋喷桩加固	注浆加固
6	桩身卸载法	桩顶卸载法	堆载加压法	锚杆静压桩加固	抬墙梁加固

综合法设计时应根据纠倾工程的特征条件、环境因素等确定施工顺序。

七、纠倾工程现场监测系统

建筑物纠倾是一项技术难度大、影响因素多的复杂性工作，而且在目前技术水平下进行精确的力学计算存在一定的困难。建筑物纠倾过程是建筑物位移不断调整的过程，施工计划也需要随之调整。现场监测成果不仅可以对上一阶段纠倾成果进行对比分析与验证，同时可为下一阶段纠倾工作提供依据，所以纠倾工程的现场监测具有非常重要的意义。

（一）监测系统设计的相关要求

纠倾工程监测内容包括：纠倾建筑物及相邻建筑物的倾斜、沉降与裂缝、地面沉降与隆起、地下水位、地下管线等。

为保证现场监测系统的可靠性，监测点应设计在建筑物主要受力部位，使监测数据能真实、客观地反映建筑物的受力状态和回倾变形情况，同时应强调监测点的隐蔽性，以利于有效保护。沉降观测点的布置沿建筑物纵向每边不宜少于 4 点，横向每边不宜少于 3 点；对于框架结构，宜适当增加观测点数量。

纠倾过程中宜每天监测一次，或每次实施纠倾措施后监测一次；对重要工程或危险性较大的纠倾工程，宜采用计算机智能控制系统跟踪监测。

现场监测系统应采用多种方法，宜设置预警装置。监测数据应及时绘制成曲线图，几种数据应能相互对照检查。现场监测系统的各种数据应彼此联系，避免个别数据失效造成全部监测数据退出工作，而需要重新建立一套新的监测体系。

现场监测系统的客观性，要求监测数据能客观、全面、准确地描述建筑物在回倾过程中各部位的变化情况。监测技术要先进，观测位置要正确，避免产生偶然误差。

对于重要工程或危险性较大的纠倾工程，宜采用计算机自动采集数据与可视化跟踪监控于一体的计算机智能控制系统，使建筑物纠倾过程处于可控制状态之下。

（二）监测成果分析

建筑物纠倾工程监测成果应给予及时的分析与评价，准确判断建筑物的位移情况和受力状态，指导下一阶段的纠倾工作。

第三节　水平成孔迫降纠倾时地基附加应力场计算

一、地基中水平孔洞的形成

土体中无孔洞存在时，地基中的附加应力计算根据弹性理论求解得到，该理论的假设条件是：土为半无限空间各向同性连续弹性介质。而在水平钻孔迫降纠倾工程中，因水平钻孔使得土体出现孔洞而成为不连续状态；土体中的附加应力因为存在孔洞而发生应力重分布，产生应力集中效应，使得地基土在新增大的附加应力作用下再次发生竖向压缩沉降变形。

工程中采用的水平钻孔方式如图 4.3-1、图 4.3-2 所示。其工作原理：在建筑物沉降较小一侧的基础下通过人工或机械方法设置若干排水平孔洞，在上部建筑荷载作用下地基因受荷面积减小而发生附加应力重分布，土中附加应力产生应力集中效应，孔洞与周围土体发生一系列较大的弹塑性变形，使得地基下沉而迫使建筑物达到回倾目的。

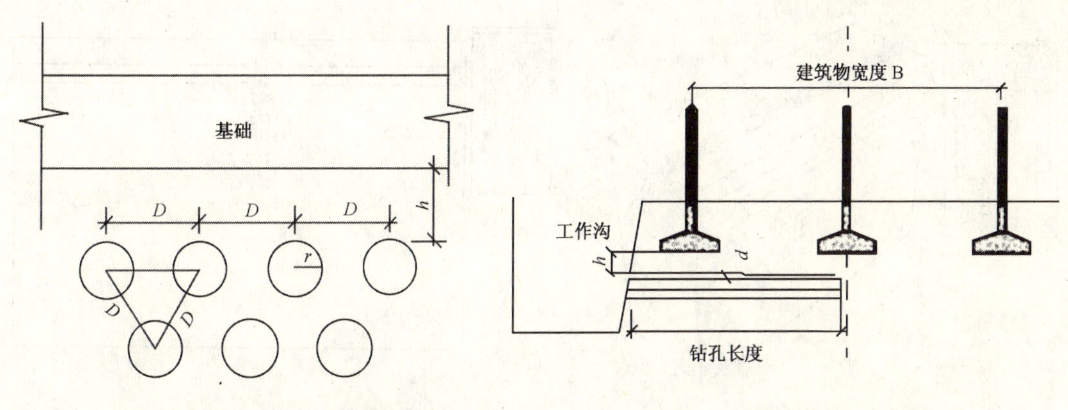

图 4.3-1　水平钻孔迫降纠倾示意图　　　　图 4.3-2　孔洞排列示意图

水平钻孔迫降纠倾技术，在实际工程中可控性较好。施工过程中通过控制孔洞直径、间距、排数和钻孔长度确定每次纠倾回倾量；当地基迫降量达不到预期的沉降量时，可通过往孔洞内射水，控制灌水次数、顺序，使土体发生软化再次产生沉降来增加回倾速度。施工现场如图 4.3-3 所示。

图 4.3-3　钻孔施工现场图

该技术还具有施工工艺简单、处理费用较低、对周围环境无污染、受自然气候影响小等技术特点，在工程中应用较广。

二、存在水平孔洞条件下的土中附加应力计算

本节通过 ABAQUS 有限元软件模拟分析土体水平钻孔后的附加应力重分布状态，根据附加应力分布特点划分计算区域，借鉴 Bousinessq 表格化方法编制不同排数孔洞情况下各计算区域中点位置处的附加应力 σ_z 增大系数表，给出土体存在多排水平孔洞条件下的各区域附加应力 σ_z 增量的计算方法。

（一）土体水平成孔后附加应力及附加沉降变形分析

1. 附加应力分析

钻孔前，土体在基底附加压力作用下的附加应力 σ_z 分布状况见图 4.3-4，附加应力 σ_z 等值线图见图 4.3-5。

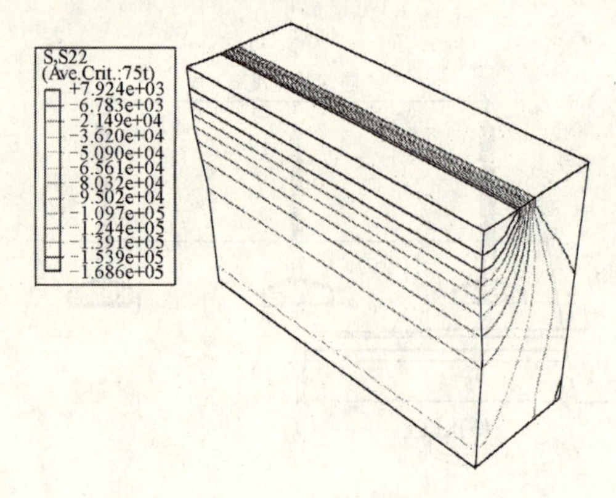

图 4.3-4 钻孔前土体中附加应力 σ_z 分布状况图

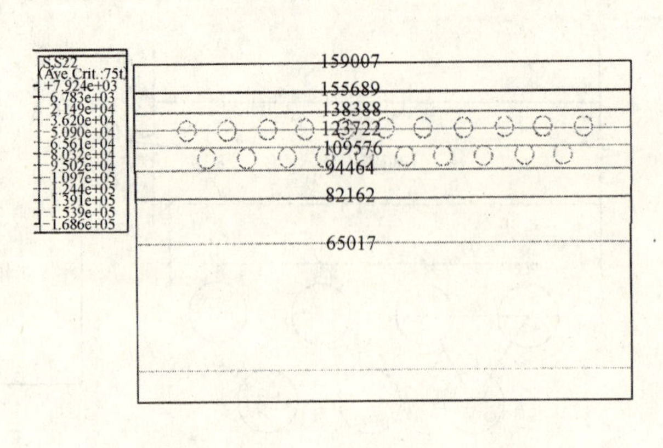

图 4.3-5 钻孔前土体中附加应力 σ_z 等值线图（虚圆表示钻孔位置）

由图 4.3-4 和图 4.3-5 可得到土体中附加应力 σ_z 的分布规律：①σ_z 分布在基础宽度范围外，出现应力扩散；②不同深度 z 处的各个水平面上，基础中心点下轴线处 σ_z 最大，随着距离中轴线愈远愈小；③荷载分布范围内任意点沿垂线的 σ_z 大小随深度增加而减小。

土体水平钻孔后，附加应力状态重新分布。为说明多孔情况下孔周的附加应力分布、附加沉降变形特点以及本书对钻孔后土中附加应力 σ_z 的计算方法，现以一排和二排水平孔洞情况下土中的附加应力 σ_z 进行分析。

图 4.3-6（*a*）、（*b*）是水平钻孔后经基础宽度中点沿长度方向作的附加应力 σ_z 分布状态剖面图。从图中可看出附加应力重新分布，并产生应力集中效应。

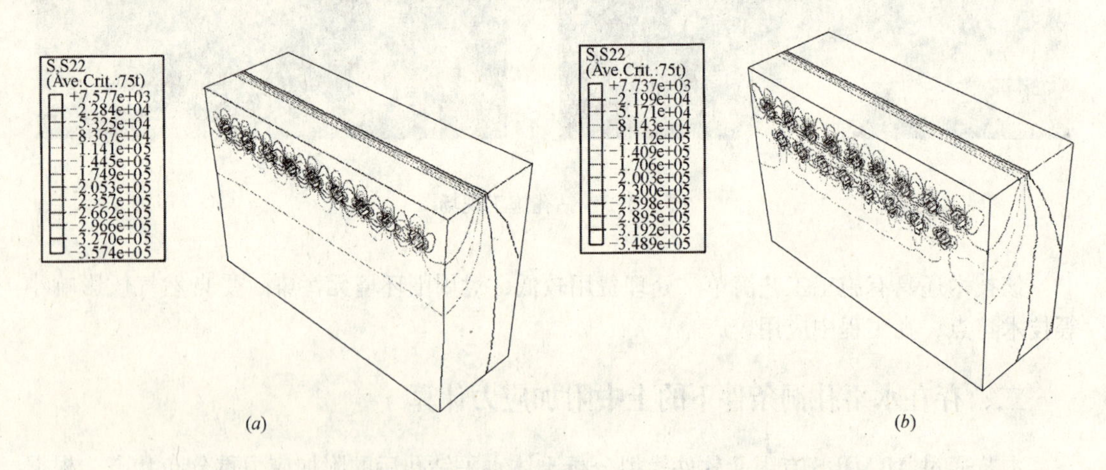

图 4.3-6 钻不同排水平孔洞后的附加应力 σ_z 分布三维示意图

（*a*）钻一排水平孔洞后的附加应力 σ_z 分布三维示意图；（*b*）钻二排水平孔洞后的附加应力 σ_z 分布三维示意图

图 4.3-7（*a*）为图 4.3-6（*a*）左侧三个孔洞的正面图，可看出水平钻一排孔后附加应力 σ_z 发生重分布。由等值线数值可得到 σ_z 的分布规律：

（1）从基底到第一排水平孔洞顶点范围之间的土层，附加应力变化有两个趋势：所钻孔洞直径范围内的土柱，从基底向下到孔洞顶点，附加应力大致呈线性递减趋势；相邻两孔洞范围内的土柱，从基底向下到该土层下界面，附加应力大致呈线性递增趋势；

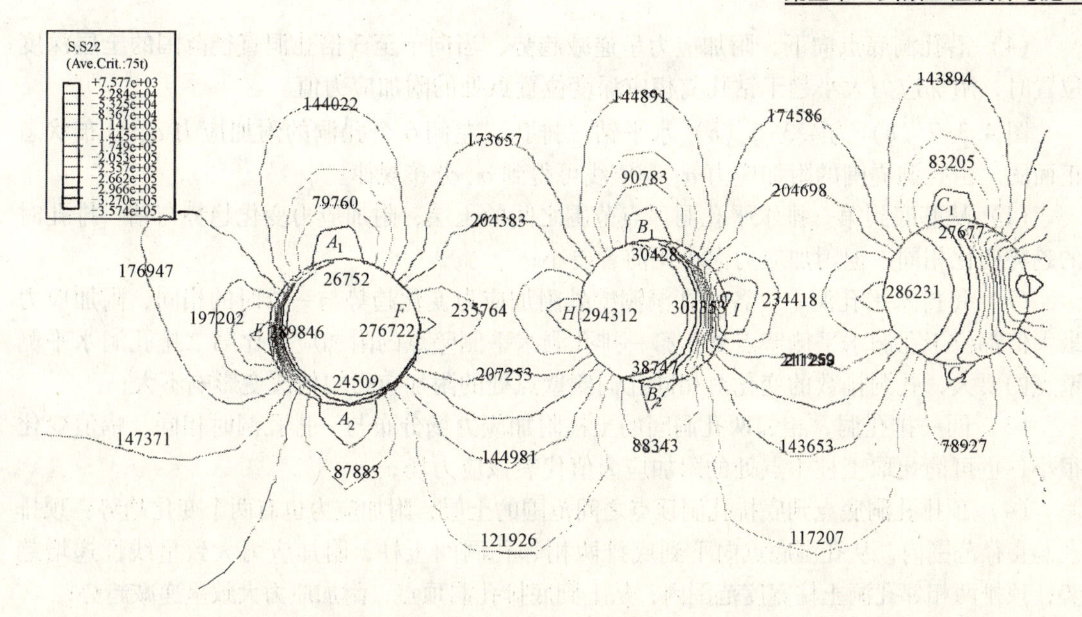

(*a*) 一排水平孔洞时的附加应力σ_z等值线图

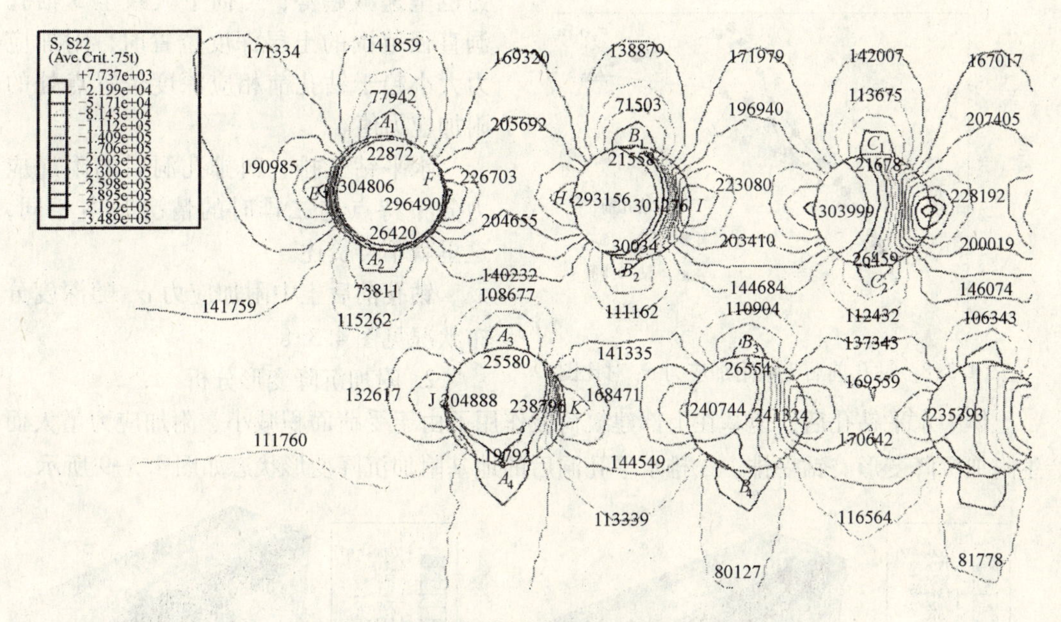

(*b*) 二排水平孔洞时的附加应力σ_z等值线图

图 4.3-7 土体中存在不同排水平孔洞时的附加应力等值线图

（2）沿孔洞顶点至水平侧壁点再到孔洞底点，附加应力先增大后减小，相比于钻孔前，孔洞顶点和底点附加应力减小，左右水平侧壁点附加应力明显增大，大小约为钻孔前该点位置处附加应力的 2.24 倍，产生应力集中效应；

（3）相邻两孔洞之间的土柱，在孔洞直径厚度范围土层内，附加应力除在左右水平侧壁点位置处很小范围内变化较大外，在该土层其他区域变化较小，因此为简化计算，可将该区域附加应力场视为均匀应力场，大小以该土层中点的附加应力为准；

(4) 沿孔洞底点向下，附加应力呈递减趋势，当向下至3倍孔洞直径范围的土层深度位置时，附加应力大小趋于钻孔前相应深度位置点处的附加应力值。

图4.3-7（*b*）为4.3-6（*b*）水平钻二排孔、左侧6个孔洞的附加应力 σ_z 分布状态正面图。由孔洞周围的附加应力 σ_z 等值线可得到 σ_z 分布规律：

(1) 从基底到第一排水平孔洞顶点范围之间的土层，附加应力变化趋势与钻一排孔时的趋势变化相同，但附加应力大小比前者要小；

(2) 每排水平孔洞中，各个孔洞洞壁处附加应力变化趋势与一排时的相同，附加应力最大值都位于孔洞水平侧壁点处，第一排孔洞水平侧壁点的附加应力比第二排孔洞水平侧壁点的要大，孔洞排数的变化对相同孔洞侧壁点处的附加应力幅值改变影响不大；

(3) 同一排孔洞，相邻两孔洞间的土柱附加应力场分布与一排孔洞时相同，幅值变化很小，也可简化取土柱中点处的附加应力值代表该应力场；

(4) 顶排孔洞底点到底排孔洞顶点之间范围的土层，附加应力也有两个变化趋势：顶排孔洞直径范围内，从孔洞底点向下到底排两相邻孔洞间土柱，附加应力大致呈线性递增趋势；顶排两相邻孔洞土柱宽度范围内，从上到底排孔洞顶点，附加应力大致呈递减趋势；

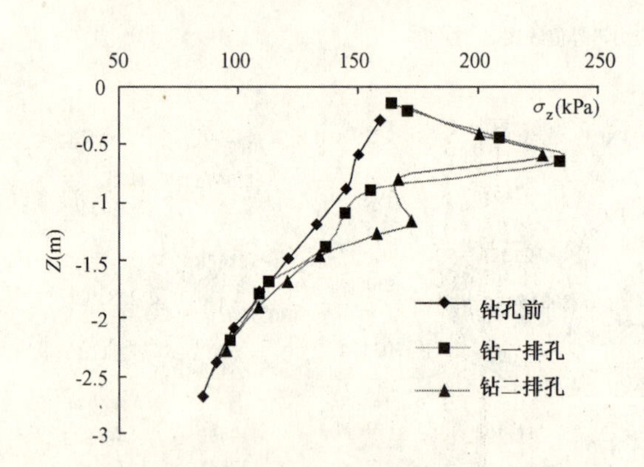

图4.3-8　钻孔前后土中附加应力 σ_z 对比图

(5) 从底排孔洞底点向下，附加应力也呈递减趋势；当向下大致至3倍孔洞直径范围的土层深度位置时，附加应力大小趋于钻孔前相应深度位置点处的附加应力值。

水平钻三排、四排孔洞后的附加应力分布特点与二排时的情况基本相同，这里就不再赘述。

钻孔前后土中附加应力 σ_z 随深度分布状况见图4.3-8。

2. 附加沉降变形分析

土体中水平钻孔后，地基在上部建筑荷载作用下由于受荷面积减小、附加应力增大而产生附加沉降变形。钻一排、二排水平孔洞后的地基附加沉降变形状态如图4.3-9所示。

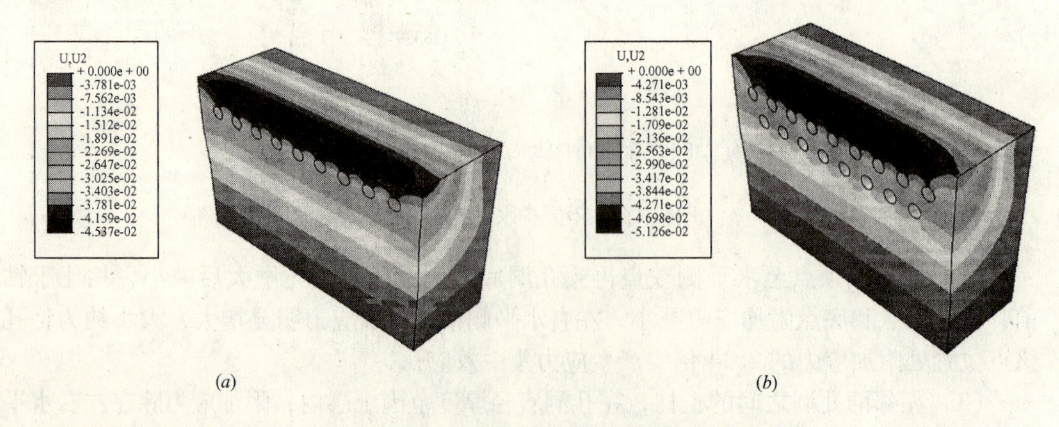

图4.3-9　土体中存在不同排水平孔洞时的附加沉降变形图

（*a*）一排水平孔洞时的附加沉降变形状态图；（*b*）二排水平孔洞时的附加沉降变形状态图

由图4.3-9（a）、（b）的横截面可看出，地基附加沉降变形具有以下特点：

（1）基础宽度范围内，同一水平层的土附加沉降变形都相同，具有成层性特点；

（2）由于钻孔引起土体附加应力增大而产生附加沉降变形的范围有限，影响深度为底排孔洞向下3倍直径深度处；

（3）钻孔后的地基附加沉降变形比钻孔前的要大，孔洞排数愈多，地基附加沉降变形相应就愈大；

（4）沿基础底面向下，地基附加沉降变形逐渐减小，孔洞间土柱的附加沉降变形也具有成层特点。

图4.3-10（a）钻一排水平孔洞时，A_1、A_2、E、F点构成的圆孔直径为0.3m，由于附加应力重分布受压变形为椭圆，短轴A_1A_2为0.28227m，长轴EF为0.29619m。图4.3-10（b）钻二排水平孔洞时，相同位置A_1、A_2、E、F点构成的直径为0.3m的圆孔，也是受压变成椭圆状，短轴A_1A_2为0.28223m，长轴EF为0.29654m。孔洞排数愈多，同一位置处的圆孔受压成椭圆状愈扁，也即受力变形愈大，圆孔洞壁各点都是弹性变形状态。

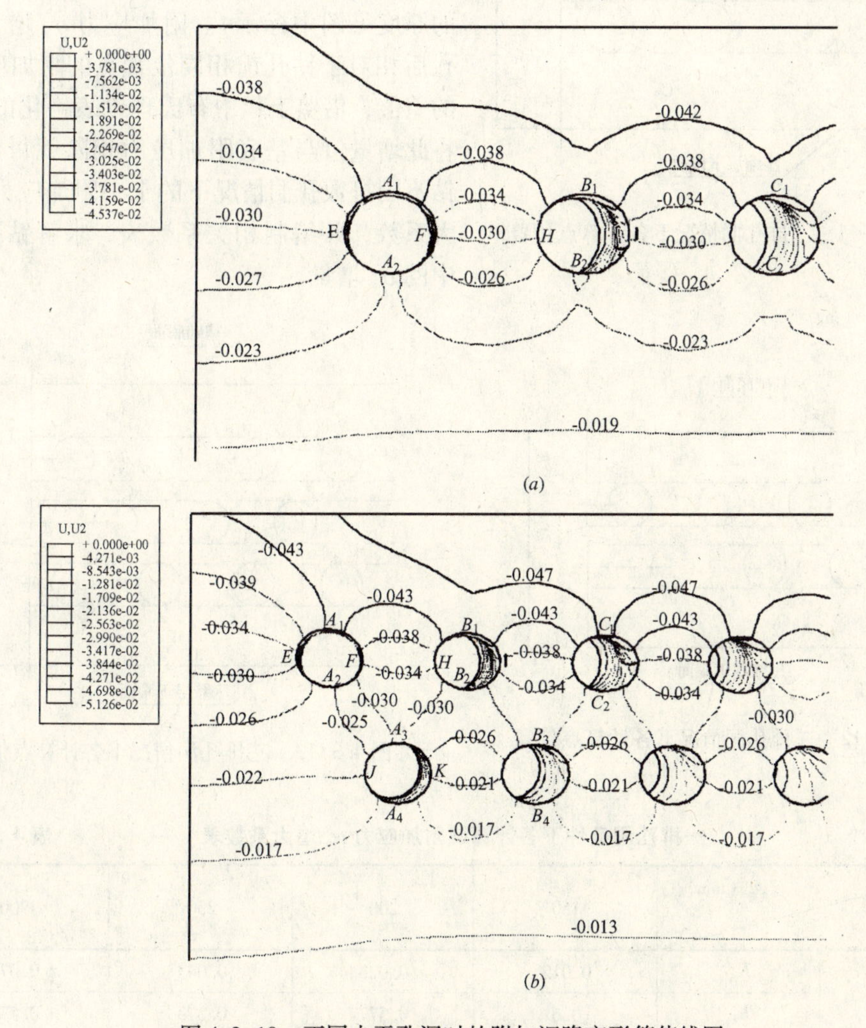

图4.3-10　不同水平孔洞时的附加沉降变形等值线图

（a）一排水平孔洞时的附加沉降变形等值线图；（b）二排水平孔洞时的附加沉降变形等值线图

（二）计算区域的划分方法

根据钻孔后土中的附加应力分布特点，可将土层划分为四个区域来计算地基的附加沉降变形：

第一区域：基底与第一排水平孔洞顶点之间范围的土层；

第二区域：同处一排水平孔洞，孔洞直径范围深度，相邻两个孔洞之间范围的土柱；

第三区域：上排孔洞底点与相邻下排孔洞顶点之间范围的土层；

第四区域：底排孔洞底点向下至3倍直径范围深度以内的土层。

（三）水平或孔土体中各计算域附加应力增大系数计算

根据土的附加应力增量 σ_z 分布和附加沉降变形特点，可将各划分区域的平均附加应力 σ_z 增量简化为该区域厚度中点位置处的附加应力 σ_z 增量，其位置如图4.3-11、图4.3-12、图4.3-13所示（其中：A 在第一区域，B 在第二区域，依次类推，相应各区域的厚度见图中标示）。附加应力 σ_z 增量是钻孔后相对于钻孔前相同位置点的附加应力 σ_z 的差值，借鉴工程中布氏理论表格化的思路，将此增量值与基底附加压力相除就得到水平钻不同排数孔洞情况下的土中附加应力 σ_z 增大系数，并编制相关系数表，求解钻孔后土中的 σ_z 增量。

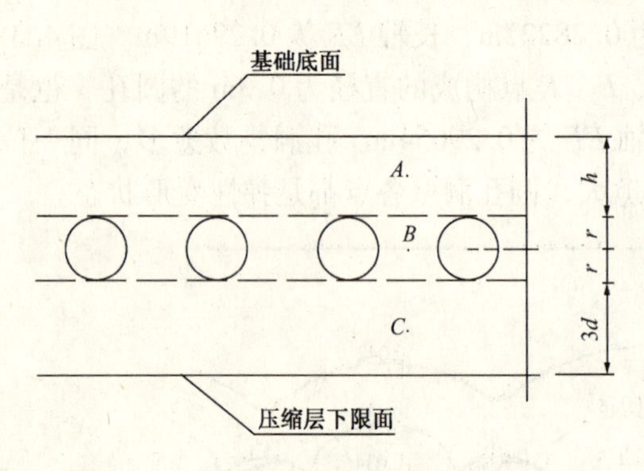

图4.3-11　一排孔洞情况下各计算点位置

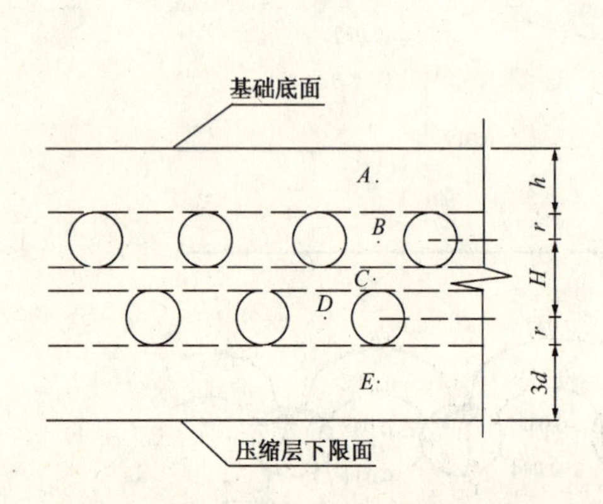

图4.3-12　二排孔洞情况下各计算点位置

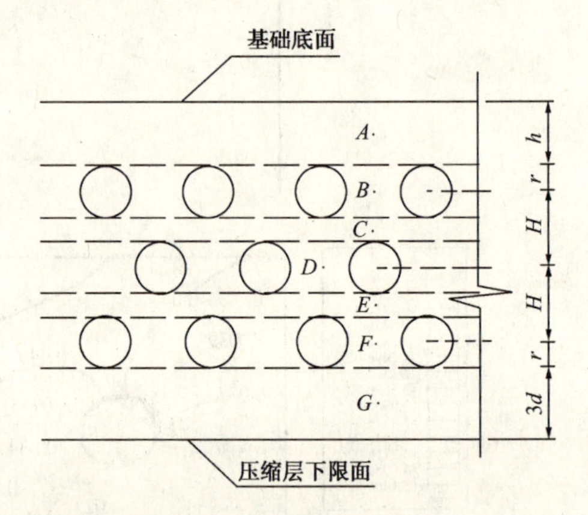

图4.3-13　三排孔洞情况下各计算点位置

一排孔洞条件下各计算域附加应力 σ_z 增大系数表　　　　**表4.3-1**

D/d ＼ d（mm）		150	200	250	300
2	K_A	0.012	0.026	0.043	0.078
	K_B	0.6	0.577	0.573	0.571
	K_C	0.014	0.027	0.038	0.038

续表

D/d \ d (mm)		150	200	250	300
2.5	K_A	0.02	0.052	0.059	0.098
	K_B	0.343	0.339	0.332	0.327
	K_C	0.008	0.026	0.058	0.036
3	K_A	0.028	0.058	0.073	0.063
	K_B	0.215	0.214	0.2	0.172
	K_C	0.005	0.016	0.032	0.036
3.5	K_A	0.042	0.06	0.078	0.081
	K_B	0.165	0.152	0.15	0.142
	K_C	0.003	0.04	0.056	0.055
4	K_A	0.05	0.06	0.068	0.056
	K_B	0.115	0.113	0.111	0.108
	K_C	0.002	0.024	0.054	0.057

二排孔洞条件下各计算域附加应力 σ_z 增大系数表　　表 4.3-2

D/d \ d (mm)		150	200	250	300
2	K_A	0.004	0.019	0.045	0.082
	K_B	0.537	0.529	0.526	0.521
	K_C	0.143	0.128	0.139	0.119
	K_D	0.491	0.473	0.455	0.448
	K_E	0.019	0.07	0.039	0.062
2.5	K_A	0.024	0.051	0.08	0.095
	K_B	0.355	0.278	0.266	0.258
	K_C	0.074	0.084	0.074	0.061
	K_D	0.274	0.259	0.247	0.24
	K_E	0.036	0.046	0.063	0.074
3	K_A	0.031	0.063	0.08	0.087
	K_B	0.217	0.191	0.188	0.179
	K_C	0.068	0.048	0.054	0.025
	K_D	0.178	0.166	0.154	0.151
	K_E	0.054	0.062	0.054	0.087
3.5	K_A	0.041	0.057	0.072	0.075
	K_B	0.142	0.131	0.129	0.127
	K_C	0.043	0.032	0.026	0.014
	K_D	0.127	0.116	0.114	0.128
	K_E	0.05	0.074	0.069	0.123

续表

D/d	d (mm)	150	200	250	300
4	K_A	0.047	0.06	0.059	0.056
	K_B	0.106	0.097	0.094	0.091
	K_C	0.011	0.016	0.024	0.008
	K_D	0.085	0.087	0.095	0.099
	K_E	0.057	0.071	0.088	0.109

三排孔洞条件下各计算域附加应力 σ_z 增大系数表　　表 4.3-3

D/d	d (mm)	150	200	250	300
2	K_A	0.003	0.023	0.03	0.09
	K_B	0.7	0.552	0.497	0.486
	K_C	0.066	0.096	0.053	0.049
	K_D	0.462	0.411	0.408	0.398
	K_E	0.147	0.134	0.128	0.077
	K_F	0.456	0.473	0.385	0.378
	K_G	0.036	0.05	0.062	0.09
2.5	K_A	0.017	0.041	0.048	0.097
	K_B	0.291	0.275	0.272	0.269
	K_C	0.073	0.035	0.051	0.038
	K_D	0.28	0.223	0.242	0.203
	K_E	0.049	0.044	0.055	0.056
	K_F	0.258	0.243	0.224	0.212
	K_G	0.048	0.06	0.093	0.114
3	K_A	0.026	0.053	0.079	0.094
	K_B	0.226	0.186	0.182	0.179
	K_C	0.021	0.023	0.036	0.03
	K_D	0.146	0.151	0.135	0.146
	K_E	0.033	0.043	0.036	0.057
	K_F	0.171	0.148	0.171	0.176
	K_G	0.061	0.09	0.108	0.139
3.5	K_A	0.035	0.06	0.064	0.073
	K_B	0.135	0.128	0.13	0.129
	K_C	0.014	0.015	0.018	0.023
	K_D	0.112	0.096	0.11	0.108
	K_E	0.036	0.041	0.068	0.058
	K_F	0.168	0.138	0.126	0.17
	K_G	0.074	0.098	0.136	0.158

续表

D/d \ d (mm)		150	200	250	300
4	K_A	0.042	0.055	0.067	0.055
	K_B	0.101	0.093	0.099	0.104
	K_C	0.008	0.015	0.011	0.013
	K_D	0.076	0.08	0.088	0.094
	K_E	0.033	0.038	0.057	0.078
	K_F	0.104	0.132	0.14	0.169
	K_G	0.086	0.071	0.147	0.183

根据上面各表，可得到不同排数水平孔洞情况下各划分区域中心位置处的附加应力 σ_z 增量计算公式：

$$\Delta\sigma_{zi}=K_i\cdot P_0 \tag{4.3-1}$$

式中 $\Delta\sigma_{zi}$——第 i 划分区域中点位置处的附加应力增量（kPa）；

K_i——第 i 划分区域中点位置处的附加应力 σ_z 增大系数；

P_0——基底附加压力（kPa）；

i——区域的划分号。第一区域对应 A，第二区域对应 B，依次类推。

三、基底附加压力对附加应力增大系数的影响

为分析基底附加压力 P_0 不同对附加应力 σ_z 增大系数表的影响，将相同条件（$h=500$mm、$d=300$mm、$D=600$mm），基底附加压力不同（P_0 分别为100kPa、200kPa）情况下的各划分区域中点位置处的附加应力 σ_z 增大系数进行比较，见表4.3-4。

基底附加压力不同情况下的各计算域附加应力 σ_z 增大系数　　表4.3-4

	P_0（kPa）	100	200
一排孔洞	K_A	0.074	0.078
	K_B	0.568	0.571
	K_C	0.036	0.038
二排孔洞	K_A	0.078	0.082
	K_B	0.519	0.521
	K_C	0.117	0.119
	K_D	0.445	0.448
	K_E	0.058	0.062

由表4.3-4可知，基底附加压力不同时，附加压力 σ_z 增大系数最大相差为6.9%，影响较小，为简化计算可忽略不计。因此，可得出基底附加压力不影响附加压力 σ_z 增大系数的结论。

第四节　水平成孔迫降纠倾时地基附加沉降变形计算

一、工程中地基沉降计算的实用方法

在实际工程中，计算建筑地基沉降的方法主要是水平成层介质模型下的分层总和法和规范法。现将这两种方法的特点和适用范围简介如下。

（一）分层总和法

分层总和法主要应用弹性理论计算荷载作用下各土层中的附加应力，通过室内单向固结压缩试验得到土的压缩性指标，分层计算各土层的压缩量，然后求和得到土的沉降变形。其计算步骤如下：

1. 将基础底面以下土层划分为若干水平土层，每层厚度不得超过 $0.4b$；当有不同性质土层的界面和地下水面时，必须作为分界面；

2. 计算基础中心轴线处各水平土层界面上的自重应力和附加应力，并按同一比例绘出自重应力和附加应力分布图；

3. 由 $\sigma_z = 0.2\sigma_{cz}$ 确定压缩层厚度；

4. 根据 $\Delta s_i = \left(\frac{\alpha}{1+e_1}\right)_i \cdot \sigma_{zi} \cdot h_i = \frac{\sigma_{zi} \cdot h_i}{E_{si}}$ 计算压缩层厚度内每一水平土层的沉降变形；

5. 地基总沉降变形量：$s = \sum_{i=1}^{n} \Delta s_i$。　　(4.4-1)

这种计算方法的特点是：土体是侧限条件，压缩指标易通过单向固结压缩试验确定，适用于各种成层土和各种荷载的沉降变形计算。但土层划分层数较多使得计算工作量大，计算结果对坚硬地基，结果偏大；软弱地基，结果偏小。

（二）规范法

《建筑地基基础设计规范》（GB50007—2002）计算地基沉降变形时，对于地基内的应力分布采用各向同性均质变形体理论，其最终沉降变形按下式计算：

$$s = \psi_s \cdot s' = \psi_s \sum_{i=1}^{n} \frac{p_0}{E_{si}} (z_i \bar{\alpha}_i - z_{i-1} \bar{\alpha}_{i-1}) \tag{4.4-2}$$

式中　s——地基最终沉降变形（mm）；

s'——按分层总和法计算出的地基沉降变形；

ψ_s——沉降计算经验系数，根据地区沉降观测资料及经验确定，无地区经验时可由《建筑地基基础设计规范》中的表 5.3-5 查得；

n——地基变形计算深度范围内所划分的土层数；

p_0——对应于荷载效应准永久组合时的基础底面处的附加压力（kPa）；

E_{si}——基础底面下第层土的压缩模量（MPa），应取土的自重压力至土的自重压力与附加压力之和的压力段计算；

z_i，z_{i-1}——基础底面至第 i 层土、第 $i-1$ 层土底面的距离（m）；

$\bar{\alpha}$，$\bar{\alpha}_{i-1}$——基础底面计算点至第 i 层土、第 $i-1$ 层土底面范围内平均附加应力系数，按《建筑地基基础设计规范》中的附录 K 采用。

规范法在分层总和法的基础上作了一些修正：引入平均附加应力系数 α，减少了土层的划分层数；用相对沉降变形 $\Delta s_{n}' \leqslant 0.025\sum_{i=1}^{n}\Delta S_{i}'$ 来控制土的压缩层深度，这样不仅考虑了附加应力随深度的变化，还考虑了土层的压缩性对压缩层深度的影响，较前种方法更为合理；对同一层土的压缩性指标采用 100～200kPa 的压力范围（低压缩性土为 100～300kPa）求得的加权压缩模量来进行计算，使计算大为简便；引进经验系数 ψ_{s}，使理论计算结果更符合实际观测结果。

该方法计算得到的沉降变形是土的最终沉降变形，由于其对分层总和法的完善而作为《建筑地基基础设计规范》中地基沉降计算的推荐方法，在工程中得到广泛的应用。

（三）筏形、箱形基础的沉降计算

当采用土的压缩模量计算箱形和筏形基础的最终沉降量 s 时，可按下式计算

$$s = \sum_{i=1}^{n}\left(\psi'\frac{p_{c}}{E_{si}'} + \psi_{s}\frac{p_{0}}{E_{si}}\right)(z_{i}\overline{\alpha}_{i} - z_{i-1}\overline{\alpha}_{i-1}) \tag{4.4-3}$$

式中　s——最终沉降量；

ψ'——考虑回弹影响的沉降计算经验系数，无经验时取 $\psi'=1$；

ψ_{s}——沉降计算经验系数，按地区经验采用；当缺乏地区经验时，可按现行国家标准《建筑地基基础设计规范》（GB50007）的有关规定采用；

p_{c}——基础地面处地基土的自重压力标准值；

p_{0}——长期效应组合下的基础地面处的附加压力标准值；

E_{si}'、E_{si}——基础地面下第 i 层土的回弹再压缩模量和压缩模量，按《高层建筑箱形与筏形基础技术规范》（JGJ 6—99）第 3.3.1 条试验要求取值；

n——沉降计算深度范围内所划分的地基土层数；

z_{i}、z_{i-1}——基础底面至第 i 层、第 $i-1$ 层底面的距离；

$\overline{\alpha}_{i}$、$\overline{\alpha}_{i-1}$——基础底面计算点至第 i 层、第 $i-1$ 层底面范围内平均附加应力系数，按《高层建筑箱形与筏形基础技术规范》（JGJ 6—99）附录 A 采用。

沉降计算深度可按现行国家标准《建筑地基基础设计规范》（GB50007）确定。

当采用土的变形模量计算箱形和筏形基础的最终沉降量 s 时，可按下式计算：

$$s = p_{k}b\eta\sum_{i=1}^{n}\frac{\delta_{i}-\delta_{i-1}}{E_{0i}} \tag{4.4-4}$$

式中　p_{k}——长期效应组合下的基础底面处的平均压力标准值；

b——基础底面宽度；

δ_{i}、δ_{i-1}——与基础长宽比 L/b 及基础底面至第 i 层、第 $i-1$ 层底面的距离深度 z 有关的无因次系数，可按《高层建筑箱形与筏形基础技术规范》（JGJ 6—99）附录 B 中的表 B 确定；

E_{0i}——基础底面下第 i 层土变形模量，通过试验或按地区经验确定；

η——修正系数，可按表 4.4-1 确定。

按式（4.4-4）进行沉降计算时，沉降计算深度 z_{n} 应按下式计算：

$$z_{n} = (z_{m} + \xi b)\beta \tag{4.4-5}$$

修正系数 η **表 4.4-1**

$m=\frac{2z_n}{b}$	$0<m\leqslant 0.5$	$0.5<m\leqslant 1$	$1<m\leqslant 2$	$2<m\leqslant 3$	$3<m\leqslant 5$	$5<m\leqslant\infty$
η	1.00	0.95	0.90	0.80	0.75	0.70

式中　z_m——与基础长度比有关的经验值，按表 4.4-2 确定；

ξ——折减系数，按表 4.4-2 确定；

β——调整系数，按表 4.4-3 确定。

z_m 值和折减系数 ξ **表 4.4-2**

L/b	≤1	2	3	4	≥5
z_m	11.6	12.4	12.5	12.7	13.2
ξ	0.42	0.49	0.53	0.60	1.00

调 整 系 数 β **表 4.4-3**

土　类	碎石	砂土	粉土	黏性土	软土
β	0.30	0.50	0.60	0.75	1.00

箱形和筏形基础的整体倾斜值，可根据荷载偏心、地基的不均匀性、相邻荷载的影响和地区经验进行计算。

二、水平成孔迫降纠倾时地基附加沉降变形计算方法

土体中水平钻孔后，地基中附加应力分布和附加沉降变形都发生变化。第三章已对钻孔后地基中的附加应力计算方法作了详细的介绍，相对于工程中计算地基沉降变形的实用方法，水平钻孔后的地基附加沉降变形在计算区域划分、土层压缩层深度的确定方面与其存在区别，现介绍如下。

（一）计算区域的划分

工程中计算地基沉降变形时，分层总和法根据不同性质土层的界面、地下水位以及 $0.4b$ 基础宽度的限制来确定土层的划分；《建筑地基基础设计规范》推荐的计算方法则根据不同性质土层的界面和地下水位来确定土层的划分。相比于这两种方法，地基钻孔后的附加沉降变形计算对计算区域的划分则是根据附加应力的分布特点来确定。

由第三章对钻孔后的孔周附加应力分析可知：基底与顶排孔洞顶点之间范围的土层，从基底向下到顶排孔洞顶点，附加应力呈线性分布规律；位处同一排孔洞，相邻两个孔洞中间范围的土柱附加应力数值相差不大，可简化为均匀应力场；上排孔洞底点至相邻下排孔洞顶点之间范围的土层，附加应力数值从上向下也基本呈线性分布规律；从底排孔洞底

点向下，附加应力逐渐减小，到3倍孔洞直径范围深度位置，附加应力基本趋于钻孔前相同位置点的附加应力值。因此，根据该特点可将土层划分为四个计算区域来计算地基的附加沉降变形：

第一区域：基底与第一排水平孔洞顶点之间范围的土层；

第二区域：同处一排水平孔洞，相邻两个孔洞之间范围的土柱；

第三区域：上排孔洞底点与相邻下排孔洞顶点之间范围的土层；

第四区域：底排孔洞底点向下3倍直径位置点范围以内的土层。

（二）压缩层的确定

水平钻孔后地基产生附加沉降变形是由于土中的附加应力发生变化所引起，因此土的压缩层应根据土中附加应力变化的深度范围来确定。由第3章钻孔后土中的附加应力分布状态分析已得到：底排孔洞所引起的附加应力变化影响范围一般在3倍的孔洞直径深度之内。

由图4.4-1可确定土的压缩层计算深度：

$$Z = h + 2r + m \cdot H + 3d = h + 4d + \frac{\sqrt{3}}{2}m \cdot D \tag{4.4-6}$$

式中　Z——土的压缩层厚度（m）；

h——基底离第一排孔洞顶点的距离（m）；

r——孔洞的半径（m）；

d——孔洞的直径（m）；

D——相邻两孔洞中心的间距（m）；

m——水平孔洞的排数（$m \geqslant 2$）；

H——上下相邻两排孔洞中心点间的垂直距离（m）。

以上公式中，h、d、D、m均为已知设计参数。

（三）地基附加沉降变形的组成

土体中水平钻孔后，地基由于附加应力重新分布出现应力集中效应而产生附加沉降变形。根据产生变形的机理不同，附加沉降变形由两部分组成：因土中压密所产生的附加沉降变形Δs_1以及孔洞侧壁各点的土因错动滑移而产生的附加沉降变形Δs_2。在Δs_1沉降变形中，地基由于所受附加应力σ_z增大而继续向下压缩不饱和土体，土体因孔隙减小而产生压缩附加沉降变形，这部分附加沉降发生在孔洞间的土柱以及孔洞周围的土体中；Δs_2是由于土体受切向力作用，土颗粒间因相互错动滑移而产生位移，这部分附加沉降发生在以圆孔的圆心为中心，厚度为t的薄壁圆筒区域，如图4.4-2所示。

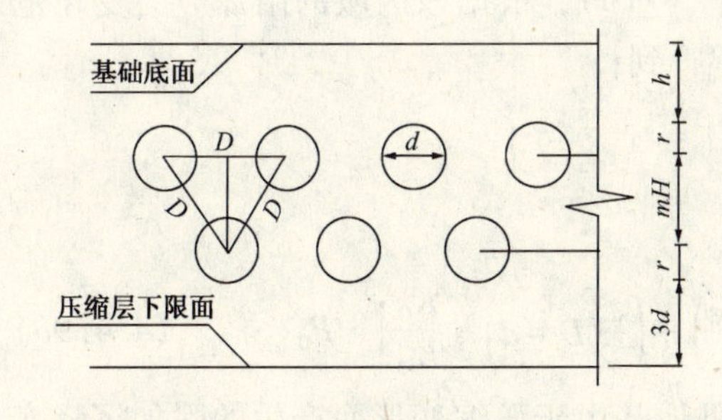

图4.4-1　压缩层深度计算示意图

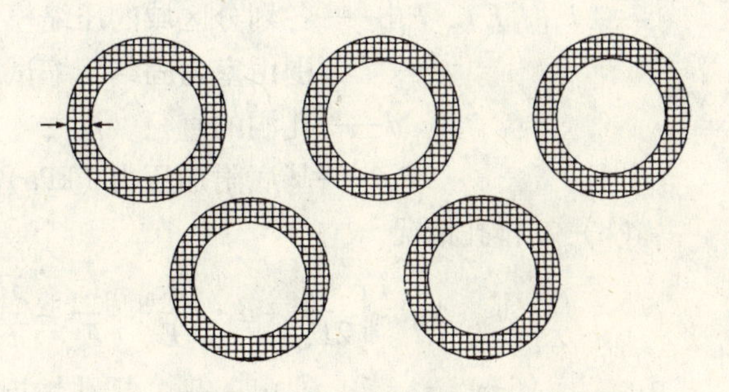

图4.4-2　Δs_2沉降变形影响区域示意图

（四）不同作业法条件下地基附加沉降变形计算

1. 水平钻孔抽土法条件下地基附加沉降变形计算

本书采用水平成层介质模型和三铰拱模型，计算压缩层厚度范围内土层的总附加沉降变形。由于不同排数水平孔洞情况下所划分的区域并不相同，因此地基附加沉降计算公式也有区别。

它由附加沉降变形组成：

$$\Delta s = \Delta s_1 + \Delta_2 \tag{4.4-7}$$

式中 Δs——土层的总附加沉降变形（m）；

Δs_1——由于压缩变形产生的附加沉降变形（m）；

Δs_2——由于错动滑移产生的附加沉降变形（m）。

下面分别给出 Δs_1、Δs_2 的计算方法：

（1）Δs_1 的计算方法

由分层总和法，得：

$$\Delta s_1 = \sum_{i=1}^{n} \Delta s_i = \sum_{i=1}^{n} \frac{\Delta \sigma_{zi}}{E_{si}} \cdot h_i \tag{4.4-8}$$

式中 Δs_1——由于压缩变形产生的附加沉降变形（m）；

Δs_i——第 i 区域的附加沉降变形（m）；

$\Delta \sigma_{zi}$——第 i 区域中点位置处的竖向附加应力增量（kPa）；

h_i——第 i 区域的厚度（m）；

E_{si}——第 i 区域中，当附加应力由 p_i 增大至 $p_i + \Delta p_i$ 时，根据室内固结压缩试验 e—p曲线得到该附加应力改变范围内的土压缩模量（kPa）；

n——区域的划分数。

不同排数孔洞情况下，$\Delta \sigma_{zi} = K_i \cdot p_0$ 和 h_i 都存在区别，因此各排孔洞情况下的地基附加沉降变形公式分别如下：

（a）一排孔情况

$$\Delta s_1 = \left[\frac{K_A}{2E_{s1}} + d \cdot \left(\frac{K_B}{E_{s2}} + \frac{3K_C}{E_{s2}} \right) \right] \cdot P_0 \tag{4.4-9a}$$

式中 Δs_1——一排孔情况下地基由于压缩变形而产生的附加沉降变形（m）；

K_A，K_B，K_C——各划分区域中点位置处的竖向附加应力增大系数，由 d 和 D 查表 4.3.1 求得；

E_{s1}，E_{s2}，E_{s3}——各划分区域的压缩模量（kPa），根据该区域的附加应力变化范围由室内固结压缩试验得到；

d——孔洞的直径（m）；

P_0——基底附加压力（kPa）。

（b）二排孔情况

$$\Delta s_1 = \left[\frac{K_A}{2E_{s1}} + d \cdot \left(\frac{K_B}{E_{s2}} + \frac{K_D}{E_{s4}} + \frac{3K_E}{E_{s5}} \right) + \left(\frac{\sqrt{3}}{2}D - d \right) \cdot \frac{K_C}{E_{s3}} \right] \cdot P_0 \tag{4.4-9b}$$

式中 Δs_1——二排孔情况下地基由于压缩变形而产生的附加沉降变形（m）；

K_A，K_B，K_C，K_D，K_E——各划分区域中点位置处的竖向附加应力增大系数，由 d 和 D 查表 4.3.2 求得；

E_{s1}，E_{s2}，E_{s3}，E_{s4}，E_{s5}——各划分区域的压缩模量（kPa），根据该区域的附加应力变化范围由室内固结压缩试验得到；

D——孔洞的间距（m）；

d——孔洞的直径（m）；

P_0——基底附加压力（kPa）。

（c）三排孔情况

$$\Delta s_1 = \left[\frac{K_A}{2E_{s1}} + d \cdot \left(\frac{K_B}{E_{s2}} + \frac{K_D}{E_{s4}} + \frac{K_F}{E_{s6}} + \frac{3K_G}{E_{s7}}\right) + \left(\frac{\sqrt{3}}{2}D - d\right)\left(\frac{K_C}{E_{s3}} + \frac{K_E}{E_{s5}}\right)\right] \cdot P_0 \quad (4.4\text{-}9c)$$

式中　Δs_1——三排孔情况下地基由于压缩变形而产生的附加沉降变形（m）；

K_A，K_B，K_C，K_D，K_E，K_F，K_G——各划分区域中点位置处的竖向附加应力增大系数，由 d 和 D 查表 4.3-3 求得；

E_{s1}，E_{s2}，E_{s3}，E_{s4}，E_{s5}，E_{s6}，E_{s7}——各划分区域的压缩模量（kPa），根据该区域的附加应力变化范围由室内固结压缩试验得到；

D——孔洞的间距（m）；

d——孔洞的直径（m）；

P_0——基底附加压力（kPa）。

（2）Δs_2 的计算方法

Δs_2 是由于孔洞周壁的土体受切向力作用产生错动滑移，圆孔左右侧壁处推压孔洞间土柱、水平处直径变为长轴、竖直处直径变为短轴形成椭圆状而发生的附加沉降变形。

Δs_2 存在的前提是所钻水平孔洞不发生塌孔。当孔洞周壁土体受力状态达到破坏条件而发生塌孔时，Δs_2 就不存在。在本纠倾工程中，考虑到要保证上部建筑物内居民生命安全的特殊要求，地基附加沉降变形必须严格控制，土体不能产生塑性变形。因此，计算 Δs_2 的前提条件是孔洞不能因塑性破坏而坍塌。

1）控制塌孔的条件

图 4.4-3（a）为圆孔受力简化图，可视为三铰拱。由荷载和几何对称性取其一半进行分析，见图 4.4-3（b）所示。

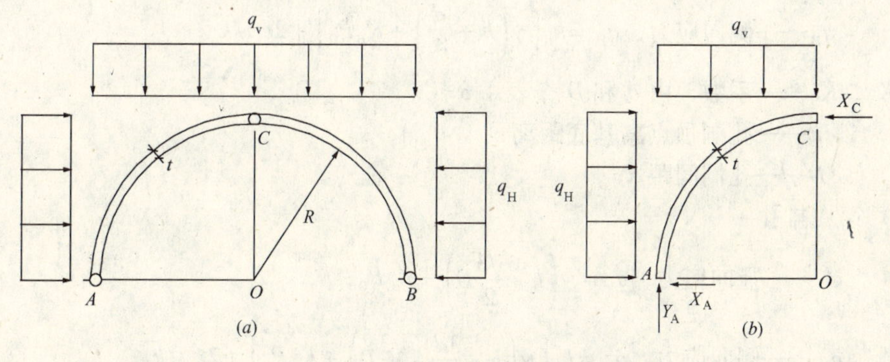

图 4.4-3　三铰拱受力示意图

体系为静定结构，由力和力矩平衡方程解得：

$$X_A = \frac{(q_H - q_V)R}{2}, \ Y_A = q_V R \tag{4.4-10}$$

根据土体的极限平衡条件（Mohr-Coulomb 破坏准则），建立拱厚 t 与其他参数的关系：

$$\sigma_1 = \sigma_3 \tan^2\left(45° + \frac{\varphi}{2}\right) + 2c\tan\left(45° + \frac{\varphi}{2}\right) \tag{4.4-11}$$

拱脚 A 处，根据厚壁圆筒双向受压理论解，$\tau_{r,\theta} = 0$，因此，在该点的竖向和侧向应力是主应力。沿钻孔长度方向取单位长土拱，所以最大、最小主应力 σ_{1f} 和 σ_{3f} 分别为：

$$\sigma_{1f} = \frac{X_A}{A} = \frac{(q_H - q_V)R}{2t \times 1} \tag{4.4-12a}$$

$$\sigma_{3f} = \frac{Y_A}{A} = \frac{q_V R}{t \times 1} \tag{4.4-12b}$$

联立式（4.4-10）～（4.4-12b），可求出 t：

$$t = \frac{\left[(q_H - q_V) - 2q_V \tan^2\left(45° + \frac{\varphi}{2}\right)\right]R}{4c\tan\left(45° + \frac{\varphi}{2}\right)} \tag{4.4-13}$$

将式（4.4.13）进行整理得：

$$t = \frac{[q_H - (1 + 2k_p)q_V] \cdot d}{8c\sqrt{k_p}} \tag{4.4-14}$$

式中　t——拱厚（m）；

k_p——被动土压力系数，$k_p = \tan^2\left(45° + \frac{\varphi}{2}\right)$；

d——孔洞直径（m）；

c——土的黏聚力（kPa）；

φ——土的内摩擦角（°）。

当孔洞所处的排数位置不同时，作用于其上的 q_V 和 q_H 也不相同，因此厚度 t 也存在差异。土拱在各排孔洞下公式（4.4-14）中相应的 q_V 和 q_H 分别为：

（a）第一排孔

式中　q_V——竖向应力，$q_V = \gamma h + K_A P_0$；

q_H——侧向应力，$q_H = k_p\left[\gamma\left(h + \frac{d}{4}\right) + K_B P_0\right] + 2c\sqrt{k_p}$；

K_A，K_B——系数，由 d 和 D 查表 4.3-1；

h——孔洞顶点离基底距离；

D——孔洞间距。

（b）第二排孔

式中　q_V——竖向应力，$q_V = \gamma\left(h + \frac{\sqrt{3}}{2}D\right) + K_C P_0$；

q_H——侧向应力，$q_H = k_p\left[\gamma\left(h - \frac{3d}{4} + \frac{\sqrt{3}}{2}D\right) + K_D P_0\right] + 2c\sqrt{k_p}$；

K_C，K_D——系数，由 d 和 D 查表4.3-2。

（c）第三排孔

式中　q_V——竖向应力，$q_V=\gamma(h-d+\sqrt{3}D)+K_EP_0$；

q_H——侧向应力，$q_H=k_p\left[\gamma\left(h-\frac{3d}{4}+\sqrt{3}D\right)+K_FP_0\right]+2c\sqrt{k_p}$；

K_E，K_F——系数，由 d 和 D 查表4.3-3。

根据式（4.4-14）求出孔洞位于不同排数情况下相应的拱厚 t，因此可建立孔洞不坍塌的控制条件：

$$D-d\geqslant t \tag{4.4-15}$$

式中各符号的意义同前。

2）Δs_2 的计算

取半个圆拱分析，其受力情况见图4.4-4。三铰圆拱在 A、B、C 点铰接，沿钻孔长度方向单位长土拱受侧向应力 q_H 和竖向应力力 q_V 作用，顶点 C 的竖向位移就是所要求的 Δs_2。根据结构和荷载的对称性，可对结构进行简化，如图4.4-6所示。

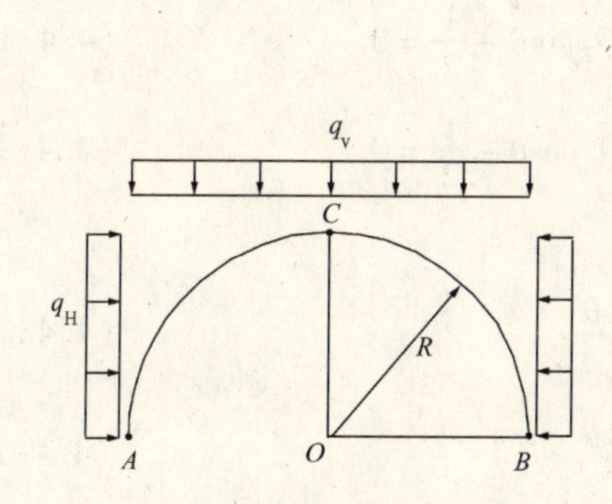

图4.4-4　圆拱受力示意图

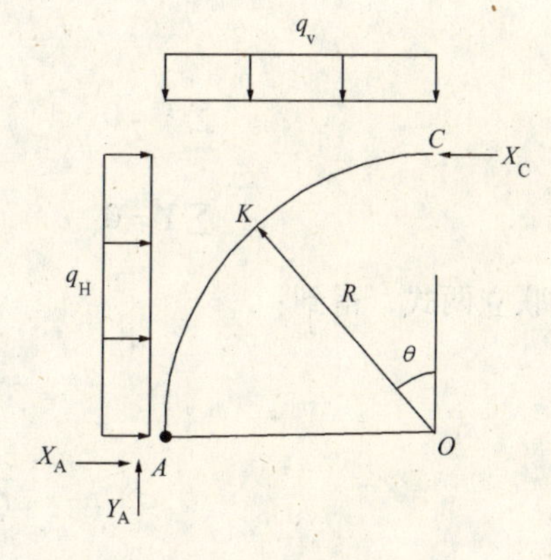

图4.4-5　简化结构示意图

结构为静定体系。由于土体不能抗拉，因此土拱中不存在弯矩，只受剪力 Q 和轴力 N 作用。如图4.4-6，任意截面 K 处的剪力 Q_K 和轴力 N_K 根据力的平衡方程可求出。

$$\sum X=0\quad N_K\cos\theta+q_HR(1-\cos\theta)-Q_K\sin\theta-\frac{(q_V+q_H)}{2}R=0 \tag{4.4-16a}$$

$$\sum Y=0\quad N_K\sin\theta+Q_K\cos\theta-q_VR\sin\theta=0 \tag{4.4-16b}$$

联立两式，得到：

$$Q_K=\frac{(q_H-q_V)R}{2}(\sin\theta-\sin 2\theta) \tag{4.4-17a}$$

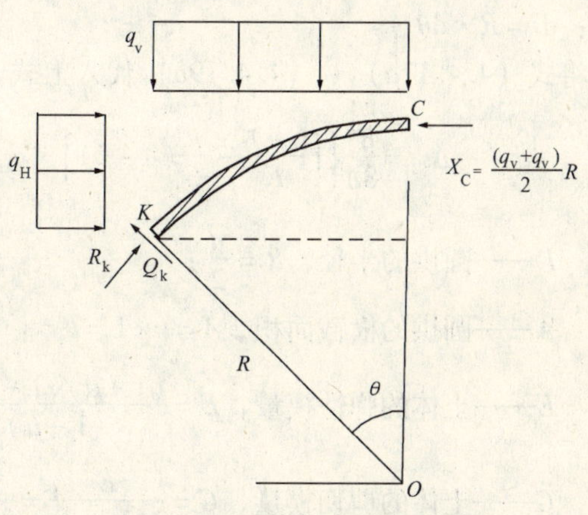

图4.4-6　结构受力分析图

$$N_K = R\left[q_H - \frac{(q_H - q_V)}{2}(2\sin^2\theta + \cos\theta)\right] \quad (4.4\text{-}17b)$$

同理，当在拱顶 C 处作用单位竖向力 $\overline{P}=1$ 时［分析过程见图 4.4-7（a）、（b）］，根据力的平衡方程可求出任意截面 K 处的剪力 $\overline{Q}_K$ 和轴力 $\overline{N}_K$。

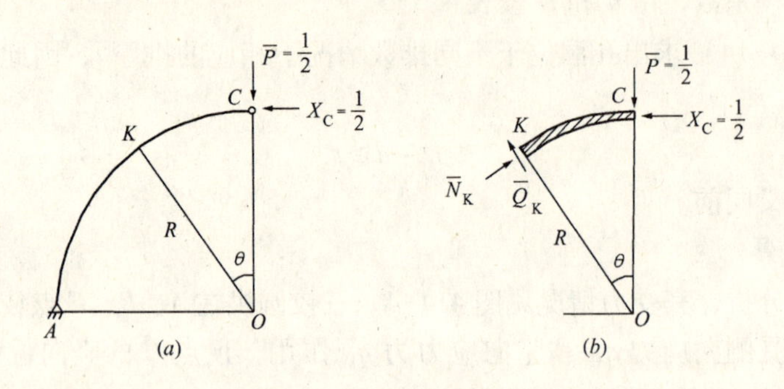

图 4.4-7 结构受力分析图

$$\sum X = 0 \qquad \overline{N}_K\cos\theta - \overline{Q}_K\sin\theta - \frac{1}{2} = 0 \quad (4.4\text{-}18a)$$

$$\sum Y = 0 \qquad \overline{N}_K\sin\theta + \overline{Q}_K\cos\theta - \frac{1}{2} = 0 \quad (4.4\text{-}18b)$$

联立两式，得到：

$$\overline{N}_K = \frac{\sin\theta + \cos\theta}{2} \quad (4.4\text{-}19a)$$

$$\overline{Q}_K = \frac{\cos\theta - \sin\theta}{2} \quad (4.4\text{-}19b)$$

最后得到图 4.4-4 拱顶 C 处的位移（即 Δs_2）：

$$\Delta s_2 = 2\left[\int \frac{N_K \cdot \overline{N}_K}{EA}ds + \int \frac{kQ_K \cdot \overline{Q}_K}{GA}ds\right] \quad (4.4\text{-}20)$$

其中：$ds = R \cdot d\theta$

将式（4.4.17a）~（4.4.19b）代入上式，整理得：

$$\Delta s_2 = \frac{R^2}{8A}\left\{\left[\frac{6-\pi}{E} - \frac{k}{G}(\pi-2)\right]\cdot q_H + \left[\frac{10+\pi}{E} + \frac{k}{G}(\pi-2)\right]\cdot q_V\right\} \quad (4.4\text{-}21)$$

式中 R——圆拱的半径，$R = \frac{d}{2}$；

A——圆拱的横截面积，$A = t \times 1 = t$；

E——土体的弹性模量，$E = \frac{(1+\mu)(1-2\mu)}{(1-\mu)}E_s$；

G——土体的剪切模量，$G = \frac{E}{2(1+\mu)} = \frac{1-2\mu}{2(1-\mu)}E_s$；

μ——土的泊松比，根据资料取0.3~0.35；

k——系数，对于矩形截面，$k=1.2$。

由式（4.4-21）确定 q_V、q_H，就可求解得到 Δs_2。

水平钻孔迫降法中，附加沉降变形 Δs_2 可根据式（4.4-21）求解，各参数确定方法如下：

(a) 竖向应力 q_V

孔洞排数不同时，作用在各排孔洞上的竖向附加应力也不相同。为简化计算，本书取每划分区域中点位置处的竖向附加应力增量和拱顶深度处土的自重应力的总和作为作用在相应各排水平孔洞上部的 q_V。其计算方法如下：

一排孔
$$q_V=\gamma h+K_A P_0 \tag{4.4-22}$$

式中 γ——土的重度（kN/m^3）；

h——孔洞离基底的距离，$h=0.5m$，以下都相同；

K_A——系数，由 d 和 D 查表4.3-1；

P_0——基底附加压力。

二排孔
$$q_{V1}=\gamma h+K_A P_0 \tag{4.4-23a}$$

$$q_{V2}=\gamma\left(h+\frac{\sqrt{3}}{2}D\right)+K_C P_0 \tag{4.4-23b}$$

式中 K_A，K_C——系数，由 d 和 D 查表4.3-2；

D——孔洞间距。

三排孔
$$q_{V1}=\gamma h+K_A P_0 \tag{4.4-24a}$$

$$q_{V2}=\gamma\left(h+\frac{\sqrt{3}}{2}D\right)+K_C P_0 \tag{4.4-24b}$$

$$q_{V3}=\gamma(h-d+\sqrt{3}D)+K_E P_0 \tag{4.4-24c}$$

式中 K_A、K_C、K_E——系数，由 d 和 D 查表4.3-3。

(b) 侧向应力 q_H

当圆拱受力由圆变成椭圆过程中，拱侧土体处于受压状态，因此土体按被动土压力状态来考虑，q_H 可根据 q_V' 来确定：

$$q_H=k_p\cdot q_V'+2c\sqrt{k_p} \tag{4.4-25}$$

式中 k_p——被动土压力系数，$k_p=\tan^2\left(45°+\frac{\varphi}{2}\right)$；

φ——土的内摩擦角；

c——土的黏聚力。

因此，孔洞排数不同时，各排孔洞所受的 q_H 计算方法如下：

一排孔
$$q_H=k_P\left[\gamma\left(h+\frac{d}{4}\right)+K_B P_0\right]+2c\sqrt{k_p} \tag{4.4-26}$$

式中 K_B——系数，由 d 和 D 查表4.3-1；

d——孔洞直径。

二排孔
$$q_{H1}=k_p\left[\gamma\left(h+\frac{d}{4}\right)+K_BP_0\right]+2c\sqrt{k_p} \quad (4.4\text{-}27a)$$

$$q_{H2}=k_p\left[\gamma\left(h-\frac{3d}{4}+\frac{\sqrt{3}}{2}D\right)+K_DP_0\right]+2c\sqrt{k_p} \quad (4.4\text{-}27b)$$

式中　K_B，K_D——系数，由 d 和 D 查表4.3-2；

　　　D——孔洞间距。

三排孔
$$q_{H1}=k_p\left[\gamma\left(h+\frac{d}{4}\right)+K_BP_0\right]+2c\sqrt{k_p} \quad (4.4\text{-}28a)$$

$$q_{H2}=k_p\left[\gamma\left(h-\frac{3d}{4}+\frac{\sqrt{3}}{2}D\right)+K_DP_0\right]+2c\sqrt{k_p} \quad (4.4\text{-}28b)$$

$$q_{H3}=k_p\left[\gamma\left(h-\frac{3d}{4}+\sqrt{3}D\right)+K_FP_0\right]+2c\sqrt{k_p} \quad (4.4\text{-}28c)$$

式中　K_B、K_D、K_F——系数，由 d 和 D 查表4.3-3。

3）至此各个参数都已求出，代入式（4.4-21）可得到不同排数孔洞情况下的 Δs_2 计算方法：

（a）一排孔情况

$$\Delta s_2=\frac{\xi d^2}{tE_s}(\psi_1q_V+\psi_2q_H) \quad (4.4\text{-}29a)$$

式中　ξ——系数，$\xi=\frac{1-\mu}{16(1-2\mu)}$；

ψ_1——系数，$\psi_1=\frac{6.57}{1+\mu}+1.368$；

ψ_2——系数，$\psi_2=\frac{1.43}{1+\mu}-1.368$；

q_V——竖向应力，$q_V=\gamma h+K_AP_0$；

q_H——侧向应力，$q_H=k_p\left[\gamma\left(h+\frac{d}{4}\right)+K_BP_0\right]+2c\sqrt{k_p}$；

K_A，K_B——系数，由 d 和 D 查表4.3-1；

t——土拱厚度，由公式（4.4-14）求出。

其余符号意义同前。

（b）二排孔情况

$$\Delta s_2=\frac{\xi d^2}{E_s}\left(\frac{\psi_1q_{V1}+\psi_2q_{H1}}{t_1}+\frac{\psi_1q_{V2}+\psi_2q_{H2}}{t_2}\right) \quad (4.4\text{-}29b)$$

式中　q_{V1}——竖向应力，$q_{V1}=\gamma h+K_AP_0$；

q_{V2}——竖向应力，$q_{V2}=\gamma\left(h+\frac{\sqrt{3}}{2}D\right)+K_CP_0$；

q_{H1}——侧向应力，$q_{H1}=k_p\left[\gamma\left(h+\frac{d}{4}\right)+K_BP_0\right]+2c\sqrt{k_p}$；

q_{H2}——侧向应力，$q_{H2}=k_p\left[\gamma\left(h-\frac{3d}{4}+\frac{\sqrt{3}}{2}D\right)+K_DP_0\right]+2c\sqrt{k_p}$；

K_A、K_B、K_C、K_D——系数，由 d 和 D 查表4.3-2；

t_1，t_2——土拱厚度，由式（4.4-14）求出。

其余符号意义同前。

（c）三排孔情况

$$\Delta s_2=\frac{\xi d^2}{E_s}\left(\frac{\psi_1 q_{V1}+\psi_2 q_{H1}}{t_1}+\frac{\psi_1 q_{V2}+\psi_2 q_{H2}}{t_2}+\frac{\psi_1 q_{V3}+\psi_2 q_{H3}}{t_3}\right) \tag{4.4-29c}$$

式中　q_{V1}——竖向应力，$q_{V1}=\gamma h+K_A P_0$；

q_{V2}——竖向应力，$q_{V2}=\gamma\left(h+\frac{\sqrt{3}}{2}D\right)+K_C P_0$；

q_{V3}——竖向应力，$q_{V3}=\gamma(h-d+\sqrt{3}D)+K_E P_0$；

q_{H1}——侧向应力，$q_{H1}=k_p\left[\gamma\left(h+\frac{d}{4}\right)+K_B P_0\right]+2c\sqrt{k_p}$；

q_{H2}——侧向应力，$q_{H2}=k_p\left[\gamma\left(h-\frac{3d}{4}+\frac{\sqrt{3}}{2}D\right)+K_D P_0\right]+2c\sqrt{k_p}$；

q_{H3}——侧向应力，$q_{H3}=k_p\left[\gamma\left(h-\frac{3d}{4}+\sqrt{3}D\right)+K_F P_0\right]+2c\sqrt{k_p}$；

K_A、K_B、K_C、K_D、K_E、K_F——系数，由 d 和 D 查表4.3-3；

t_1、t_2、t_3——土拱厚度，由式（4.4-14）求出。

其余符号意义同前。

根据土体中钻孔后孔洞周围的附加应力 σ_z 等值线分布特点，为计算简化，各划分区域的 E_{si} 可采用同一个 E_s，根据室内固结压缩试验确定。

4）由此 Δs_1、Δs_2 的计算方法都已求出，可得到在不塌孔条件，各排孔洞情况下地基的总附加沉降变形 Δs：

（a）一排孔情况

$$\Delta s=\frac{1}{E_s}\left\{P_0\left[\frac{K_A}{2}+d(K_B+3K_C)\right]+\frac{\xi d^2}{t}(\psi_1 q_V+\psi_2 q_H)\right\} \tag{4.4-30a}$$

式中　K_A、K_B、K_C 由 d 和 D 查表4.3-1，其他符号意义同前。

（b）二排孔情况

$$\Delta s=\frac{1}{E_s}\left\{P_0\left[\frac{K_A}{2}+d(K_B+K_D+3K_E)+\left(\frac{\sqrt{3}}{2}D-d\right)K_C\right]+\xi d^2\left(\frac{\psi_1 q_{V1}+\psi_2 q_{H1}}{t_1}+\frac{\psi_1 q_{V2}+\psi_2 q_{H2}}{t_2}\right)\right\} \tag{4.4-30b}$$

式中　K_A、K_B、K_C、K_D、K_E 由 d 和 D 查表4.3-2，其他符号意义同前。

（c）三排孔情况

$$\Delta s=\frac{1}{E_s}\left\{P_0\left[\frac{K_A}{2}+d(K_B+K_D+K_F+3K_G)+\left(\frac{\sqrt{3}}{2}D-d\right)(K_C+K_E)\right]+\xi d^2\left(\frac{\psi_1 q_{V1}+\psi_2 q_{H1}}{t_1}+\frac{\psi_1 q_{V2}+\psi_2 q_{H2}}{t_2}+\frac{\psi_1 q_{V3}+\psi_2 q_{H3}}{t_3}\right)\right\} \tag{4.4-30c}$$

式中　K_A、K_B、K_C、K_D、K_E、K_F、K_G 由 d 和 D 查表4.3-3，其他符号意义同前。

2. 射水取土法条件下地基附加沉降变形计算

当采用水平钻孔抽土方法没有使地基达到预期的附加沉降变形而继续向下开挖多排孔

洞明显不经济时，可采用在既有孔洞基础上向孔洞内射水，使孔洞周围土体因含水量发生变化而软化，继续产生附加沉降变形以达到预期的回倾量。

根据回归方法曲线拟合由实际纠倾工程现场原状土的单向固结压缩试验得到土的含水量与压缩模量的函数关系式为 $E_s = 353763w^{-3.438}$，因此可将该函数关系式代替 E_{si}，从而建立射水取土方法下的地基附加沉降变形计算公式：

（1）一排孔情况

$$\Delta s = \frac{1}{3.53763w^{-3.438} \times 10^8}\left\{P_0\left[\frac{K_A}{2} + d(K_B + 3K_C)\right] + \frac{\xi d^2}{t}(\psi_1 q_V + \psi_2 q_H)\right\} \tag{4.4-31a}$$

（2）二排孔情况

$$\Delta s = \frac{1}{3.53763w^{-3.438} \times 10^8}\left\{P_0\left[\frac{K_A}{2} + d(K_B + K_D + 3K_E) + \left(\frac{\sqrt{3}}{2}D - d\right)K_C\right] + \xi d^2\left(\frac{\psi_1 q_{V1} + \psi_2 q_{H1}}{t_1} + \frac{\psi_1 q_{V2} + \psi_2 q_{H2}}{t_2}\right)\right\} \tag{4.4-31b}$$

（3）三排孔情况

$$\Delta s = \frac{1}{3.53763w^{-3.438} \times 10^8}\left\{P_0\left[\frac{K_A}{2} + d(K_B + K_D + K_F + 3K_G) + \left(\frac{\sqrt{3}}{2}D - d\right)(K_C + K_E)\right] + \xi d^2\left(\frac{\psi_1 q_{V1} + \psi_2 q_{H1}}{t_1} + \frac{\psi_1 q_{V2} + \psi_2 q_{H2}}{t_2} + \frac{\psi_1 q_{V3} + \psi_2 q_{H3}}{t_3}\right)\right\} \tag{4.4-31c}$$

上面各式中的符号及单位与前面公式中的相同，不再赘述。另外，含水量与压缩模量的函数关系式，应根据具体工程的地质报告，参照本文的方法进行拟合。

三、实际纠倾工程的模拟计算

（一）工程简介

1. 工程概况

黑龙江省某6层住宅楼，砖混结构，呈L形，高度18m，建于1982年，位于珠江路与六珠胡同交叉口。该楼建筑面积3600m²，设A、B、C、D、E、F六个单元。纵墙承重体系，2、4、6层隔层圈梁。其中A、B、C、D单元基础为毛石条形基础，埋深2.9m。E、F单元为钢筋混凝土条形基础，设一层地下室，基础埋深4.3m。在D、E单元间设有温度伸缩缝，基础沉降缝。

1998年，该建筑物A、B、C、D单元发生倾斜。2001年经哈尔滨市房屋安全鉴定办公室2001-139号鉴定，纵墙整体向南倾斜100mm，超过国家规范3‰规定的允许值，横墙局部倾斜甚至达10‰，该倾斜造成建筑物整体重心产生很大偏移，基底压力不均匀分布加剧。又由于局部浸水，地基土压缩模量差异增大，致使楼房倾斜继续发展，为确保住宅楼中居民生命安全，必须进行纠倾加固工程。

该工程自2002年6月开始，9月末完工，一层居民回迁入住。至今2年的时间没有发生任何开裂，回倾数值居民十分满意。

2. 地质条件

2002年4月，对该建筑物进行地质勘查（见图4.4-8），由地质报告（D0204）表明，基础底面处由3#孔中心逐渐向左、右水平过渡一层软塑粉质黏土（$I_L=0.95$，$e=0.863$，$w=29\%$），该土层至2#、7#孔（$I_L=0.58$，$e=0.781$，$w=24.3\%$），接近该建筑物新建时地质报告指标，证明局部浸水后土体软化，引起倾斜。

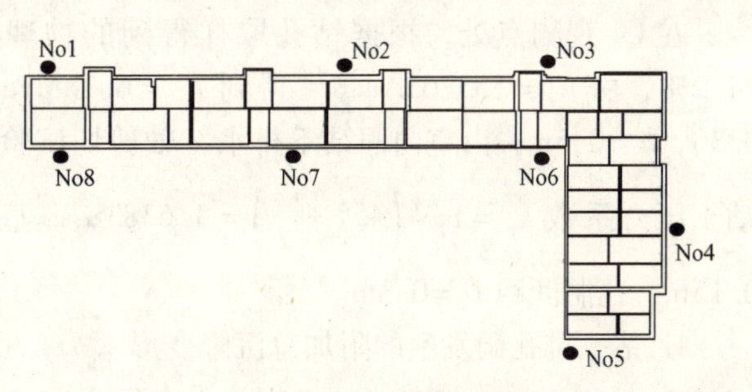

图4.4-8　勘察钻孔布置图

3. 现场观测记录

在施工全过程中对房屋的沉降值、倾斜值进行跟踪监测。观测点布置见图4.4-9（共9点），各观测点的沉降记录见图4.4-10。

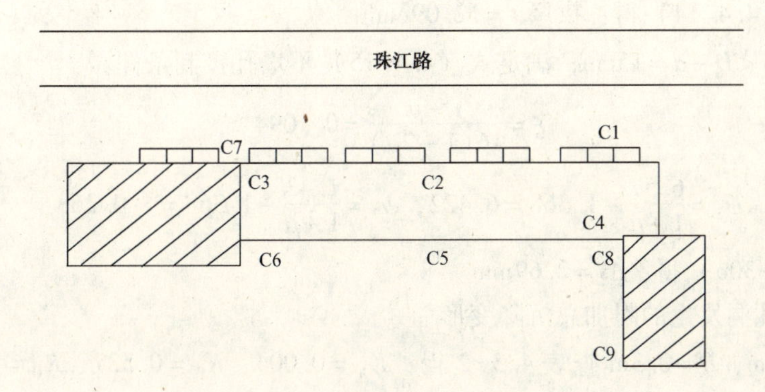

图4.4-9　沉降观测点布置示意图

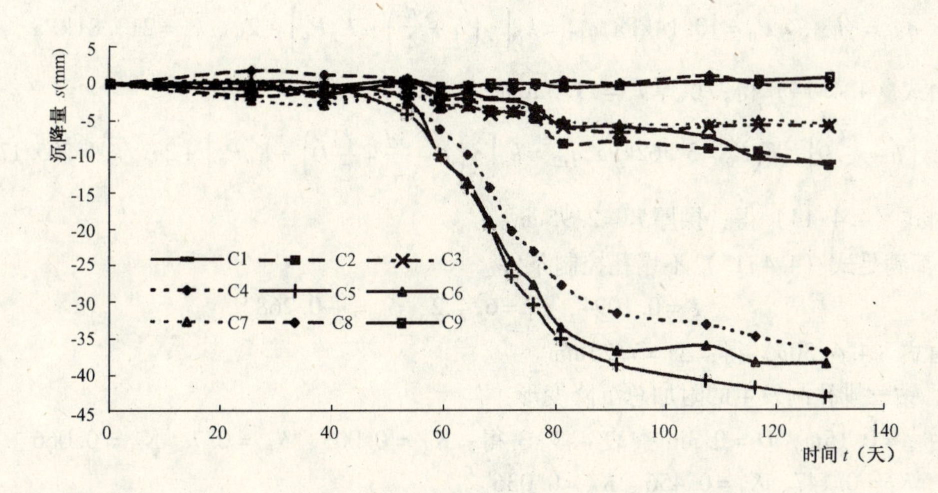

图4.4-10　各观测点的沉降记录

（二）工程计算模拟

由图4.4-10可看出，观测点C4、C5、C6的附加沉降比较显著，综合采用了水平钻孔抽土和射水取土方法。本节结合实际纠倾施工工艺和设计参数，用所提的地基附加沉降变形计算公式将C4的附加沉降计算变化过程详细列出，C5、C6的就不详列，仅提供其主要参数和附加沉降变形。

在C4观测点处，根据钻孔取样得到的物理力学指标统计表推荐的天然含水量为24.2%，由 $E_s=353763.w^{-3.438}$ 得到 $E_s=6.18\text{MPa}$；土的重度 $\gamma=19\text{kN/m}^3$，泊松比 $\mu=0.30$，$h=0.5\text{m}$；由室内固结不排水三轴剪切试验得到：$\varphi=14°$，$c=22\text{kPa}$，因此得到被动土压力系数 $k_p=\tan^2\left(45°+\dfrac{\varphi}{2}\right)=1.6383$；基底附加压力 $P_0=160\text{kPa}$；孔洞直径 $d=0.15\text{m}$、孔洞间距 $D=0.3\text{m}$。

1. 钻一排孔洞发生的附加总沉降变形

由 $d=0.15\text{m}$，$D=0.3\text{m}$ 查表4.3-1得：$K_A=0.012$、$K_B=0.6$、$K_C=0.014$。

$$q_V=\gamma h+K_AP_0=11.42\text{kPa},\ q_H=k_p\left[\gamma\left(h+\frac{d}{4}\right)+K_BP_0\right]+2c\sqrt{k_p}=230.33\text{kPa}$$

所以由式（4.4-14）得：拱厚 $t=12.09\text{cm}$。

$t=12.09\text{cm}<D-d=15\text{cm}$，满足式（4.4-15）不塌孔控制条件。

$$\xi=\frac{1-\mu}{16(1-2\mu)}=0.1094$$

$$\psi_1=\frac{6.57}{1+\mu}+1.368=6.422,\ \psi_2=\frac{1.43}{1+\mu}-1.368=-0.268$$

所以由式（4.4-30a）得：$\Delta s=2.69\text{mm}$。

2. 钻二排孔洞发生的附加总沉降变形

由 $d=0.15\text{m}$，$D=0.3\text{m}$ 查表4.3-2得：$K_A=0.004$、$K_B=0.537$、$K_C=0.143$、$K_D=0.491$、$K_E=0.019$。

$$q_{V1}=\gamma h+K_AP_0=10.14\text{kPa},q_{H1}=k_p\left[\gamma\left(h+\frac{d}{4}\right)+K_BP_0\right]+2c\sqrt{k_p}=213.81\text{kPa}$$

所以由式（4.4-14）得：拱厚 $t_1=11.35\text{cm}$。

$$q_{V2}=\gamma\left(h+\frac{\sqrt{3}}{2}D\right)+K_CP_0=37.62\text{kPa},q_{H2}=k_p\left[\gamma\left(h-\frac{3d}{4}+\frac{\sqrt{3}}{2}D\right)+K_DP_0\right]+2c\sqrt{k_p}=205.17\text{kPa}$$

所以由式（4.4-14）得：拱厚 $t_2=2.95\text{cm}$。

t_1，t_2 都满足式（4.4-15）不塌孔控制条件。

$$\xi=0.1094,\ \psi_1=6.422,\ \psi_2=-0.268$$

所以由式（4.4-30b）得：$\Delta s=7.23\text{mm}$。

3. 钻三排孔洞发生的附加总沉降变形

由 $d=0.15\text{m}$，$D=0.3\text{m}$ 查表4.3-3得：$K_A=0.003$、$K_B=0.7$、$K_C=0.066$、$K_D=0.462$、$K_E=0.147$、$K_F=0.456$、$K_G=0.036$。

$$q_{V1}=\gamma h+K_AP_0=9.98\text{kPa},q_{H1}=k_p\left[\gamma\left(h+\frac{d}{4}\right)+K_BP_0\right]+2c\sqrt{k_p}=256.54\text{kPa}$$

所以由式（4.4-14）得：拱厚 $t=14.24\text{cm}$。

$$q_{V2}=\gamma\left(h+\frac{\sqrt{3}}{2}D\right)+K_CP_0=25.0\text{kPa},q_{H2}=k_p\left[\gamma\left(h-\frac{3d}{4}+\frac{\sqrt{3}}{2}D\right)+K_DP_0\right]+2c\sqrt{k_p}=197.57\text{kPa}$$

所以由式（4.4-14）得：拱厚 $t_2=6.04\text{cm}$。

$$q_{V3}=\gamma(h-d+\sqrt{3}D)+K_EP_0=40.04\text{kPa}$$

$$q_{H3}=k_p\left[\gamma\left(h-\frac{3d}{4}+\sqrt{3}D\right)+K_FP_0\right]+2c\sqrt{k_p}=204.09\text{kPa}$$

所以由式（4.4-14）得：拱厚 $t_3=2.19$cm。

t_1，t_2，t_3 都满足式（4.4-15）不塌孔控制条件。

$$\xi=0.1094,\ \psi_1=6.422,\ \psi_2=-0.268$$

所以由式（4.4-30c）得：$\Delta s=11.73$mm。

C4 测试点处，楼宽 9.53m，横墙局部倾斜为 7.1‰，超过《建筑地基基础设计规范》允许的 3.0‰的局部倾斜要求。为使建筑回倾达到规范规定要求，地基迫降的最小沉降变形 $\Delta s=(7.1‰-3.0‰)\times9.53\times10^3=39.07$mm。而根据钻孔抽土方法下的地基附加沉降计算公式得到的结果，钻三排孔情况下的地基附加沉降变形为 $\Delta s=11.73$mm，达不到最小沉降变形的要求。继续向下钻孔显然不经济，因此采用向既成孔洞内射水的方法，使地基继续产生附加沉降变形，以达到回倾目的。

射水法使孔洞周围的土体含水量发生变化。当初始含水量由 24.2% 增大至 30.28% 时，由式（4.4-31c）得到地基附加沉降变形为 $\Delta s=25.38$mm；含水量变化至 33.04% 时，地基附加沉降变形为 $\Delta s=34.14$mm；当含水量变化至 34.65% 时，地基附加沉降变形为 $\Delta s=40.26$mm，此时已满足最小沉降变形的要求，应该停止向孔洞内射水。C4 观测点处的地基沉降变形测试值与计算值记录曲线见图 4.4-11。

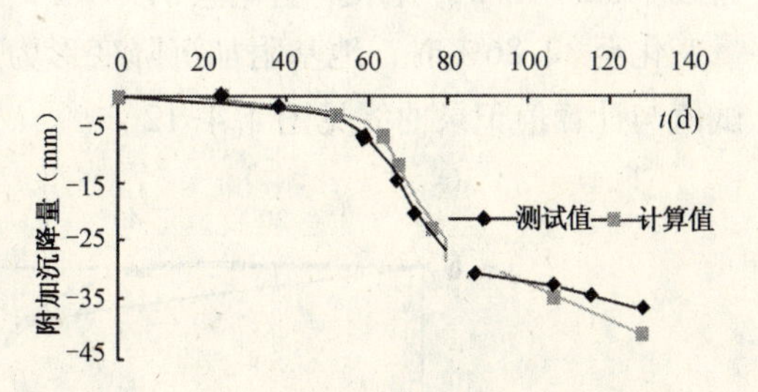

图 4.4-11　C4 观测点的沉降变形测试值与计算值对比图

同理，在 C5 观测点处：$w=25.2\%$，$E_s=5.38$MPa；土的重度 $\gamma=19\text{kN/m}^3$，泊松比 $\mu=0.30$，$h=0.5$m；$\varphi=14°$，$c=22$kPa，$k_p=\tan^2\left(45°+\frac{\varphi}{2}\right)=1.6383$；基底附加压力 $P_0=160$kPa；孔洞直径 $d=0.2$m、孔洞间距 $D=0.4$m。

1. 钻一排孔洞发生的附加总沉降变形

由 $d=0.2$m，$D=0.4$m 查表 4.3-1 得：$K_A=0.026$、$K_B=0.577$、$K_C=0.027$。

$q_V=13.66$kPa，$q_H=224.69$kPa，由式（4.4-14）得：$t=14.76$cm。

$t=14.76\text{cm}<D-d=20$cm，满足式（4.4-15）不塌孔控制条件。

$\xi=0.1094$，$\psi_1=6.422$，$\psi_2=-0.268$，由式（4.4-30a）得：$\Delta s=4.45$mm。

2. 钻二排孔洞发生的附加总沉降变形

由 $d=0.2$m，$D=0.4$m 查表 4.3-2 得：$K_A=0.019$、$K_B=0.529$、$K_C=0.128$、$K_D=0.473$、$K_E=0.07$。

$q_{V1}=12.5$kPa，$q_{H1}=212.11$kPa，由式（4.4-14）得：$t_1=14.07$cm。

$q_{V2}=36.56$kPa，$q_{H2}=201.98$kPa，由式（4.4-14）得：$t_2=4.05$cm。

t_1，t_2 都满足式（4.4-15）不塌孔控制条件。

$\xi=0.1094$，$\psi_1=6.422$，$\psi_2=-0.268$，由式（4.4-30b）得：$\Delta s=11.81$mm。

3. 钻三排孔洞产生的附加总沉降变形

由 $d=0.2\text{m}$，$D=0.4\text{m}$ 查表 4.3-3 得：$K_A=0.023$、$K_B=0.552$、$K_C=0.096$、$K_D=0.411$、$K_E=0.134$、$K_F=0.473$、$K_G=0.05$。

$q_{V1}=13.18\text{kPa}$，$q_{H1}=218.14\text{kPa}$，由式（4.4-14）得：$t_1=14.36\text{cm}$。

$q_{V2}=31.44\text{kPa}$，$q_{H2}=185.73\text{kPa}$，由式（4.4-14）得：$t_2=4.55\text{cm}$。

$q_{V3}=40.3\text{kPa}$，$q_{H3}=212.77\text{kPa}$，由式（4.4-14）得：$t_3=3.59\text{cm}$。

t_1，t_2，t_3 都满足式（4.4-15）不塌孔控制条件。

$\xi=0.1094$，$\psi_1=6.422$，$\psi_2=-0.268$，由式（4.4-30c）得：$\Delta s=18.22\text{mm}$。

C5 测试点处的横墙局部倾斜为 7.4‰，地基迫降的最小沉降变形 $\Delta s=(7.4‰-3.0‰)\times9.53\times10^3=41.93\text{mm}$。采用钻孔抽土方法钻三排孔时的地基附加沉降变形为$\Delta s=18.22\text{mm}$，达不到最小沉降变形的要求，也需要采用射水法继续加大地基附加沉降变形。

当初始含水量由 25.2% 增大至 29.84% 时，由式（4.4-29c）得到地基附加沉降变形为 $\Delta s=32.61\text{mm}$；含水量变化至 31.49% 时，地基附加沉降变形为 $\Delta s=39.24\text{mm}$；当含水量变化至 32.86% 时，地基附加沉降变形为 $\Delta s=45.43\text{mm}$。C5 观测点处的地基沉降变形测试值与计算值记录曲线见图 4.4-12。

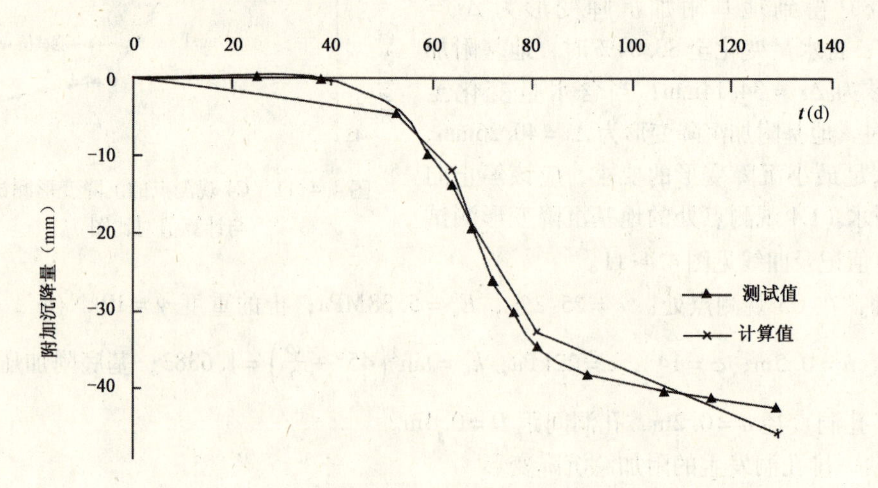

图 4.4-12　C5 观测点的沉降变形测试值与计算值对比图

C6 观测点处：$w=24.9\%$，$E_s=5.6\text{MPa}$；土的重度 $\gamma=19\text{kN/m}^3$，泊松比 $\mu=0.30$，$h=0.5\text{m}$；$\varphi=14°$，$c=22\text{kPa}$；$k_p=\tan^2\left(45°+\dfrac{\varphi}{2}\right)=1.6383$；基底附加压力 $P_0=160\text{kPa}$；孔洞直径 $d=0.15\text{m}$、孔洞间距 $D=0.375\text{m}$。

1. 钻一排孔洞发生的附加总沉降变形

由 $d=0.15\text{m}$，$D=0.375\text{m}$ 查表 4.3-1：$K_A=0.02$、$K_B=0.343$、$K_C=0.008$。

$q_V=12.7\text{kPa}$，$q_H=162.96\text{kPa}$，由式（4.4-14）得：$t=7.24\text{cm}$。

$t=7.24\text{cm}<D-d=22.5\text{cm}$，满足式（4.4-15）不塌孔控制条件。

$\xi=0.1094$，$\psi_1=6.422$，$\psi_2=-0.268$，由式（4.4-30a）得：$\Delta s=2.09\text{mm}$。

2. 钻二排孔洞发生的附加总沉降变形

由 $d=0.15\text{m}$，$D=0.375\text{m}$ 查表4.3-2得：$K_A=0.024$、$K_B=0.355$、$K_C=0.074$、$K_D=0.274$、$K_E=0.036$。

$q_{V1}=13.34\text{kPa}$，$q_{H1}=166.11\text{kPa}$，由式（4.4-14）得：$t_1=7.26\text{cm}$。

$q_{V2}=27.51\text{kPa}$，$q_{H2}=150.31\text{kPa}$，由式（4.4-14）得：$t_2=2.18\text{cm}$。

t_1，t_2 都满足式（4.4-15）不塌孔控制条件。

$\xi=0.1094$，$\psi_1=6.422$，$\psi_2=-0.268$，由式（4.4-30b）得：$\Delta s=6.86\text{mm}$。

3. 钻三排孔洞发生的附加总沉降变形

由 $d=0.15\text{m}$，$D=0.375\text{m}$ 查表4.3-3得：$K_A=0.017$、$K_B=0.291$、$K_C=0.073$、$K_D=0.28$、$K_E=0.049$、$K_F=0.258$、$K_G=0.048$。

$q_{V1}=12.22\text{kPa}$，$q_{H1}=149.33\text{kPa}$，由式（4.4-14）得：$t_1=6.46\text{cm}$。

$q_{V2}=27.35\text{kPa}$，$q_{H2}=151.89\text{kPa}$，由式（4.4-14）得：$t_2=2.33\text{cm}$。

$q_{V3}=26.83\text{kPa}$，$q_{H3}=156.23\text{kPa}$，由式（4.4-14）得：$t_3=2.76\text{cm}$。

t_1，t_2，t_3 都满足式（4.4-15）不塌孔控制条件。

$\xi=0.1094$，$\psi_1=6.422$，$\psi_2=-0.268$，由式（4.4-30c）得：$\Delta s=9.89\text{mm}$。

C6测试点处的横墙局部倾斜为7.3‰，地基迫降的最小沉降 $\Delta s=(7.3‰-3.0‰)\times 9.53\times 10^3=40.98\text{mm}$。采用钻孔抽土方法钻三排孔时的地基附加沉降变形为 $\Delta s=9.89\text{mm}$，达不到最小沉降变形的要求，也需要采用射水法继续加大地基附加沉降变形。

当初始含水量由24.9%增大至33.95%时，由式（4.4-31c）得到地基附加沉降变形为 $\Delta s=28.76\text{mm}$；含水量变化至36.33%时，地基附加沉降变形为 $\Delta s=36.21\text{mm}$；当含水量变化至37.92%时，地基附加沉降变形为 $\Delta s=43.19\text{mm}$。C6观测点处的地基沉降变形测试值与计算值记录曲线见图4.4-13。

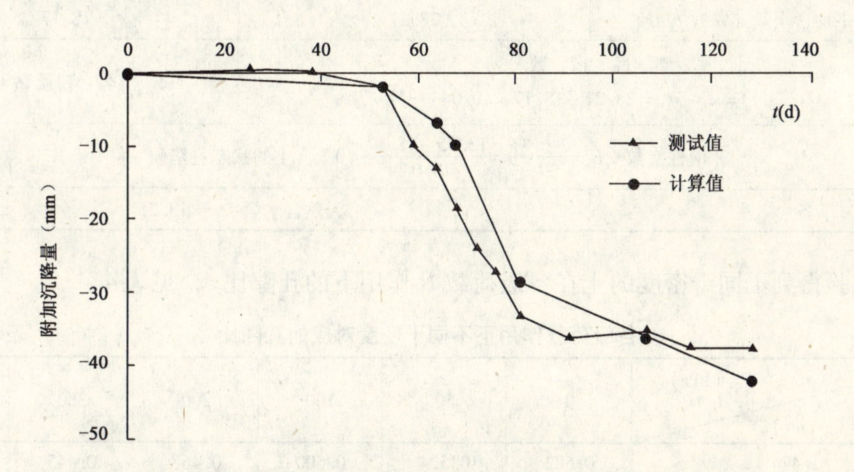

图4.4-13 C6观测点的沉降变形测试值与计算值对比图

从各观测点的沉降变形测试值与计算值对比图中可看出：测试值与计算值记录曲线在钻孔抽土阶段吻合较好，在射水阶段的附加沉降变形存在的差异较小。从总体趋势来看，根据所给公式计算得到的结果比测试值要大，误差最大为12.33%，满足工程上的允许误差范围要求，因此所给公式得到的计算结果比较合理。

四、影响地基附加沉降变形的因素

（一）土的物理性质对地基附加沉降变形的影响

在地基沉降变形计算中，目前工程上常用的有分层总和法与规范法。这两种方法中，都使用土的压缩模量 E_s 这个压缩性指标。本文要提出的钻孔后地基附加沉降变形计算方法中，也采用土的压缩模量 E_s。该值与地基附加沉降变形的数值息息相关，研究对其的影响因素，对纠倾工程的顺利迫降十分必要。

压缩模量 E_s 是指土在侧限条件下，轴向压力增量与轴向应变增量的比值。该值与土的物理性质之间的相互关系通过试验给予研究。

1. 干密度对地基附加沉降变形的影响

本书通过单向固结压缩试验来研究干密度对压缩模量的影响。试验在哈尔滨工业大学土木工程学院土工试验室进行。试验所用仪器为 WG-1C 型三联固结仪，试验土样指标见表 4.4-4，试验操作程序按土工实验规程操作。

液限、塑限试验成果表　　表 4.4-4

试验名称	液限		塑限	
试验次数	1	2	1	2
盒号	D85	H142	H4	H83
盒重（g）	9.348	9.070	9.151	8.832
盒和湿土总重（g）	11.700	11.085	10.772	10.236
盒和干土总重（g）	11.182	10.642	10.523	10.020
含水量（%）	28.24	28.18	18.15	18.18
平均含水量（%）	28.21		18.17	
塑性指数 $I_p = w_L - w_P = 28.21 - 18.17 = 10.04$			土名：粉质黏土	
液性指数 $I_L = \frac{w - w_P}{I_P} = \frac{13.25 - 18.17}{10.04} < 0$　土的状态：坚硬				
备注	天然含水量 $w = 13.25$			

由试验得到不同干密度的土在各级荷载 P 作用下的孔隙比 e，见表 4.4-5。

各级荷载作用下不同干密度对应的孔隙比　　表 4.4-5

干密度（g/cm³） \ P_0（kPa）	0	50	100	200	300	550
1.474	0.582	0.524	0.500	0.468	0.445	0.403
1.505	0.550	0.481	0.449	0.407	0.384	0.343
1.606	0.453	0.406	0.380	0.343	0.318	0.275

由图 4.4-14，在荷载 100～550kPa 作用范围内，不同干密度所对应的压缩曲线斜率近似平行，即压缩系数 $\alpha = \frac{e_1 - e_2}{p_2 - p_1}$ 近似相等。根据压缩模量 $E_s = \frac{1 + e_0}{a}$，可得到在初始孔隙比

e_0 相同情况下，不同干密度的土的压缩模量基本相同，也即干密度的变化对土的压缩模量影响甚小，可忽略其影响。

绘制成 $e—p$ 压缩曲线如下：

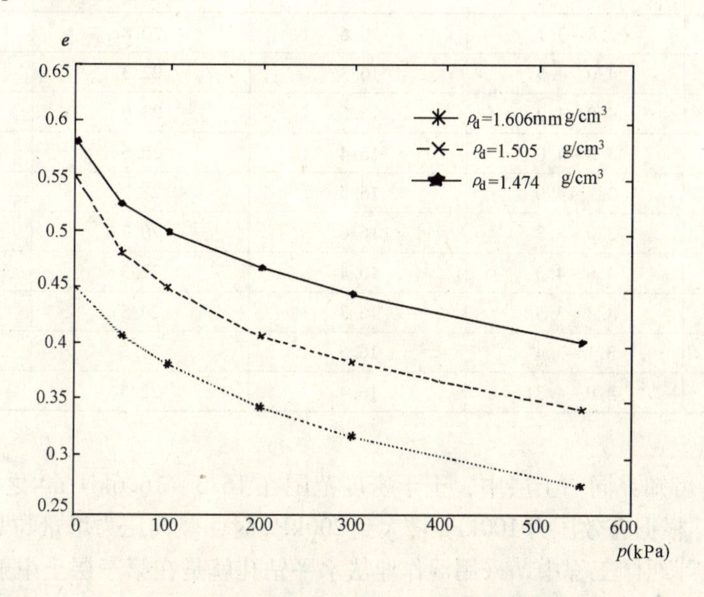

图 4.4-14 不同 ρ_d 下的 $e—p$ 压缩曲线

2. 含水量对地基附加沉降变形的影响

在实际纠倾工程中，常采用湿作业法钻孔取土方式使地基在钻孔抽土法引起土中附加应力重分布的基础上由于土体软化而再次发生沉降而达到回倾目的。为了解土含水量的变化在纠倾工程中的影响，通过回归方法分析实际纠倾工程场地原状土的室内单向固结压缩试验资料，研究含水量与压缩模量之间的关系。

图 4.4-15 为实际纠倾工程场地勘查钻孔布置图。在水平钻孔抽土法迫降纠倾工艺中，钻孔位置均处于第三层粉质黏土层中，深度在 3.0 ~4.5m，本书根据工程地质报告得到该土层不同钻孔处原状土的单向固结压缩试验土工试验成果，见表 4.4-6。

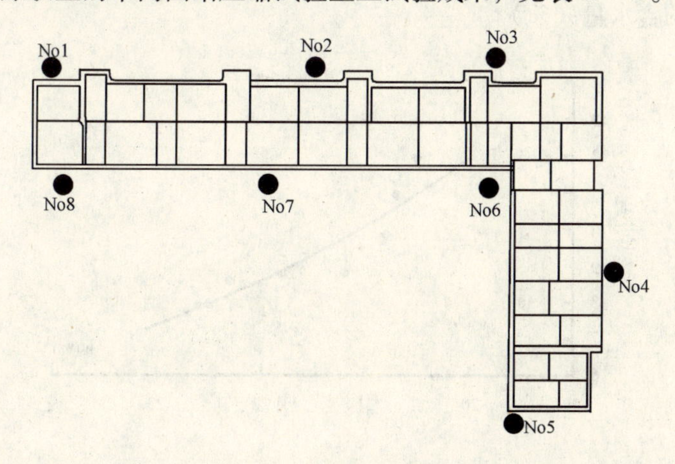

图 4.4-15 勘查钻孔布置图

实际工程场地的土工试验成果　　表 4.4-6

土样编号	取样深度（m）	干密度（kN/m³）	含水量（%）	压缩模量（MPa）
1-2	2.8~3.1	16.6	20.8	9.84
1-3	4.0~4.5	16.3	22.3	8.58
2-2	4.0~4.2	15.5	23.0	7.09
3-2	3.8~4.0	16.4	22.6	7.90
5-1	3.7~4.0	16.5	21.2	8.80
6-2	3.0~3.3	16.6	20.7	10.93
6-3	4.0~4.3	16.4	22.3	8.16
7-2	3.3~3.5	16.3	20.5	11.9
8-2	3.1~3.4	16.5	21.8	8.72
8-3	4.0~4.3	16.4	22.5	7.94

由表 4.4-6 可知：同一土层中，土干密度范围在 16.3~16.6kN/m³ 之间，变化较小。土的压缩模量 E_s 根据有效压力 100kPa 增大到 200kPa 时，竖向压力增量与竖向应变增量的比值而得到。实际纠倾工程中，采用湿作业法水平钻孔就是在第三层土中射水取土，使孔洞周围的土含水量发生变化，引起土体软化而再次发生沉降。表 4.4-7 为同属第三层粉质黏土、干密度近似为 16.5kN/m³ 条件下土在不同含水量下所对应的压缩模量。

土不同含水量下的压缩模量　　表 4.4-7

含水率 w（%）	20.5	20.7	20.8	21.2	21.8	22.3	22.5	22.6
压缩模量 E_s（MPa）	11.9	10.93	9.84	8.80	8.72	8.58	7.94	7.90

图 4.4-16 中含水量与压缩模量的函数关系式为：

$$E_s = 353763.\,w^{-3.438} \tag{4.4-32}$$

式中　E_s——土的压缩模量（MPa）；

　　　w——土的含水量（%）。

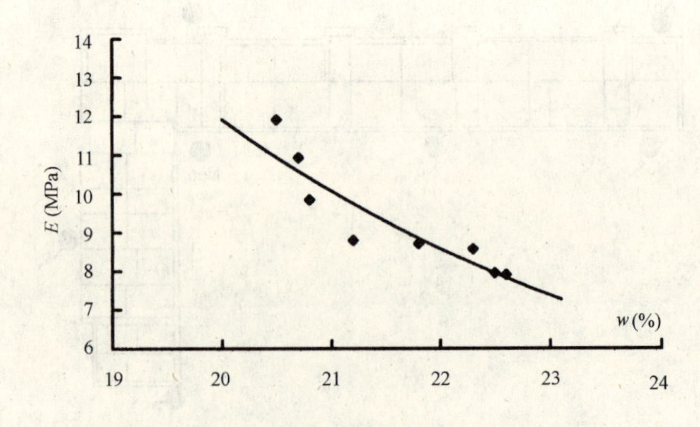

图 4.4-16　含水量与压缩模量的关系曲线

由公式可知：含水量对土压缩模量的影响较大。随着含水量的提高，土的压缩模量降低，土的压缩性增大，土体愈来愈软，承载能力降低。在上部荷载作用下，土体由于压缩性增大而产生沉降。因此，当采用水平钻孔抽土法迫降纠倾工艺没有达到预期回倾值时，可向孔内射水，使孔洞周围土体因压缩模量降低而再次产生沉降，达到预期回倾值，这种方法效果较为明显，适宜采纳推广。

根据工程地质勘察资料，拟合具体工程的地基土的压缩模量 E_s 与含水量 w 的关系曲线，方法简便可行。

（二）上部结构刚度差异对地基附加沉降变形的影响

通常在建筑设计中由于某些功能需要（例：多功能厅、车库）而要求在主建筑旁再设置附属建筑，两者的墙下条形基础都连通在一起。这时，由于基础上部主、附属建筑的结构刚度存在差异，对其基础下的地基附加沉降变形也必定产生影响。

图 4.4-17 为已倾斜的砌体结构建筑示意图，当由于各种原因而使主、附属建筑的两端 A、B 点产生相对沉降变形差 Δ，超过《建筑地基基础设计规范》的局部沉降倾斜允许值时，必须进行纠倾。

在纠倾过程中，B'点进行地基加固基础托换后沉降变形稳定形成支点，通过在 A'点端部钻孔取土使建筑物回倾达到允许的局部倾斜值。由于主、附属建筑在结构刚度上存在差异，因此在 A'处取土迫降的地基沉降量较大时将在高、低层界面处引起砌体开裂。

图 4.4-17 中，在沉降较小的 A 端水平钻孔抽土使建筑物回倾时，有两个控制条件：①主、附属建筑的交接面 EF 处砌体结构不能开裂；②回倾后的 A'、B'的局部倾斜值要在相应规范允许的范围内。在满足两个控制条件时，研究上部结构刚度差异对地基附加沉降变形的影响。

1. 强度条件：

$$\sigma_c \leqslant [f_c] \tag{4.4-33}$$

式中　σ_c——变截面 EF 处的最大弯曲应力；

f_c——砌体材料的弯曲抗拉强度。

2. 变形条件：

$$\Delta - u \leqslant [\Delta s] \tag{4.4-34}$$

式中　Δ——建筑物 A、B 端点处的相对沉降差，见图 4.4-17；

u——端部 A 点需迫降的位移，见图 4.4-18；

Δs——《建筑地基基础设计规范》允许的局部沉降差。

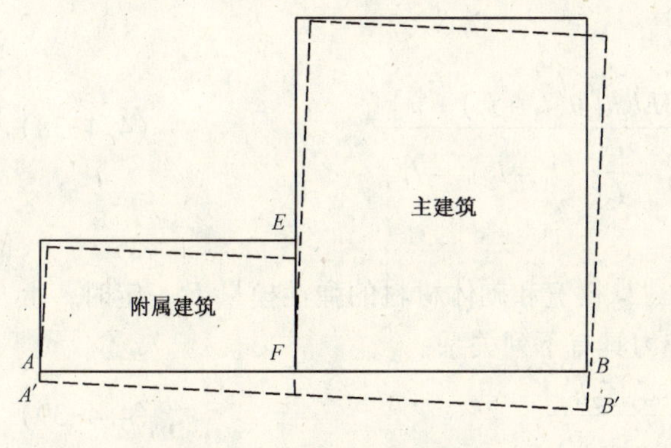

图 4.4-17　建筑倾斜示意图

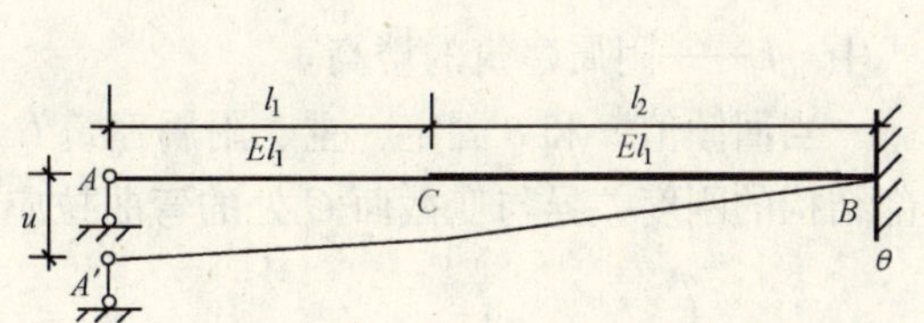

图 4.4-18　结构示意图

根据纠倾的特点和控制条件，可将主、附属建筑物视为一阶梯状变截面梁 AB，变截面处为 C 点（不考虑纵墙对横墙的侧向支撑空间作用效应）。设左端 A 为链杆支承，右端 B 为固定端。右端支座转动角度为 θ，左端支座下沉距离为 u（见图4.4-18），这样就将纠倾过程的强度控制条件转化为求解因支座移动在梁中产生的内力问题。

梁为一次超静定，分析求解过程见图4.4-19（a）、（b）所示。

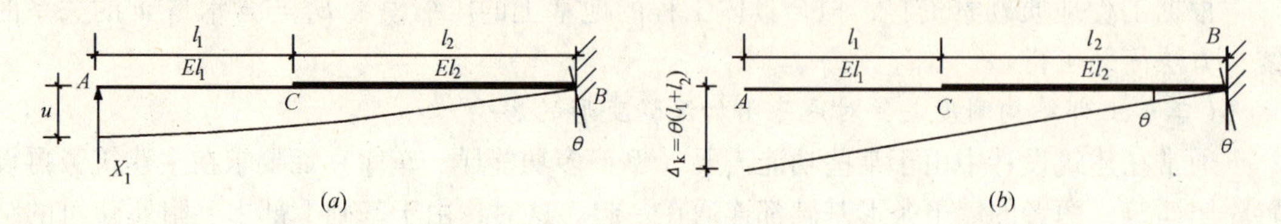

图4.4-19　求解分析过程图

取支座 A 的竖向反力为未知力 X_1，基本体系为悬臂梁（图4.4-19（a）所示），单位力 $\overline{P}=1$ 作用在 A 端产生的位移为 $\delta_{11}=\dfrac{l_1^3}{3EI_1}+\dfrac{(l_1+l_2)^3-l_1^3}{3EI_2}$。支座 B 转动 θ 角时在 A 端产生的位移为 $\Delta_{1c}=\theta\ (l_1+l_2)$，则根据位移条件：

$$\Delta_{1c}-\delta_{11}X_1=u \tag{4.4-35}$$

求得：

$$X_1=\frac{3E\ [\theta\ (l_1+l_2)\ -u]}{\dfrac{l_1^3}{I_1}+\dfrac{(l_1+l_2)^3-l_1^3}{I_2}} \tag{4.4-36}$$

式中　u——A 端需要的迫降量；

l_1，l_2——分别为附属和主建筑的楼宽；

θ——B 端回倾量所对应的倾斜角；

E——砌体材料的弹性模量；

I_1，I_2——分别为附属和主建筑单元的刚度。

因此，在变截面 C 处因 X_1 而产生的弯矩为：

$$M_C=X_1l_1=\frac{3EI_1\ [\theta\ (l_1+l_2)\ -u]}{\dfrac{l_1^3}{I_1}+\dfrac{(l_1+l_2)^3-l_1^3}{I_2}} \tag{4.4-37}$$

变截面 C 处的弯曲拉应力为：

$$\sigma_c=\frac{M_C}{W}=\frac{M_Ch}{2I_1}=\frac{3El_1h[\theta(l_1+l_2)-u]}{l_1^3+\dfrac{I_1}{I_2}[(l_1+l_2)^3-l_1^3]} \tag{4.4-38}$$

式中　h——附属建筑的楼高。

当回倾值 u 和 θ 固定，主、附属建筑 l_1、l_2 楼宽和砌体材料的弹性模量 E 一定时，上部结构的刚度差异与变截面 C 处的弯曲拉应力具有下列关系：

$$\sigma_c=\frac{\varsigma_1\varsigma_2h}{\varsigma_3+\varsigma_4\dfrac{I_1}{I_2}} \tag{4.4-39}$$

式中 ζ_1——系数，$\zeta_1=1.5El_1$；

ζ_2——系数，$\zeta_2=\theta\ (l_1+l_2)\ -u$；

ζ_3——系数，$\zeta_3=l_1^3$；

ζ_4——系数，$\zeta_4=\ (l_1+l_2)^3-l_1^3$。

由式（4.4-38）可知，系数ζ_1、ζ_2、ζ_3、ζ_4为常量，上部结构刚度差异比I_1/I_2对变截面C处的σ_c影响如下：

附属建筑楼高h一定时，上部结构刚度I_1/I_2相差愈大，引起的σ_c也愈大，在满足砌体不开裂条件下的地基迫降量相应要减小；上部结构刚度I_1/I_2一定时，h愈小，引起的σ_c也愈小，在满足砌体不开裂条件下的地基迫降量相应可以增大。

（三）设计参数对地基附加沉降变形的影响

采用水平钻孔迫降技术进行纠倾时，设孔洞直径、间距、个数、排数以及孔洞离基底的距离等参数影响地基的附加沉降变形。

如图4.4-20所示，为便于对比各设计参数对地基附加沉降变形的影响，在四个孔洞洞壁处选取$A\sim O$共15个点。因为孔洞侧壁F、H、I、K、L、N点，侧壁E点和O点、孔洞上壁A点与D点、B点与C点、孔洞间的中点G点和M点处的应力和应变情况相同，根据对称原理来抽取A、B、E、F、G、J共6个典型的参照点来反映各参数的影响。

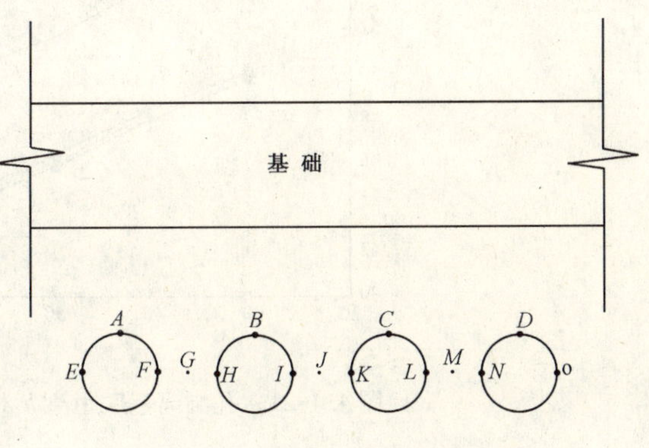

图4.4-20 各参照点位置示意图

1. 孔洞离基底距离对地基附加沉降变形的影响

实际工程中，钻孔位置距基底的距离控制在一定范围内。这是因为：距离过远，造成开挖深度增大；另外，基底下土体在上部荷载作用下可能向外坍塌，尤其在遭水浸泡后基底下土体向外塌落，可能引起不可控制的沉降。距离过近，基底下地基土变薄，基底反力变化过大，基础内力不均匀，导致基础对地基土的沉降调整能力下降。

表4.4-8为一排孔、孔洞直径$d=200$mm、孔洞间距$D=600$mm、孔洞个数$n=4$条件下，各参照点在孔洞离基底距离h分别为30～80cm情况下的附加沉降变形值。

各参照点在不同h情况下的附加沉降变形值（mm） **表4.4-8**

参照点 / h（cm）	A	B	E	F	G	J
30	55.308	56.292	49.745	50.055	50.200	50.103
40	53.981	54.426	48.055	48.112	48.680	48.451
50	51.673	52.452	45.843	46.017	46.198	46.351
60	50.028	50.570	44.009	44.127	44.294	44.418
70	47.867	48.446	42.212	42.236	42.582	42.934
80	45.811	46.353	40.384	40.472	40.399	40.551

由表4.4-8可看出，随着h的增大，各参照点的附加沉降变形值逐渐减小，其影响趋势如图4.4-21。

图4.4-21曲线所示，当h为30cm时，各参照点的附加沉降变形值最大；随着h的增大，附加沉降变形值逐渐减小。当h从30cm变化至80cm时，G点附加沉降变形值从50.2mm减小到40.399mm，变化幅度最大，达到19.5%；A点附加沉降变形值从55.308mm减小到45.811mm，变化幅度最小，为17.2%。h的改变引起各参照点附加沉降变形值变化的效果比较明显，因此，h是控制地基附加沉降变形的一个重要参数，取$h=500$mm比较适宜施工机械的操作。

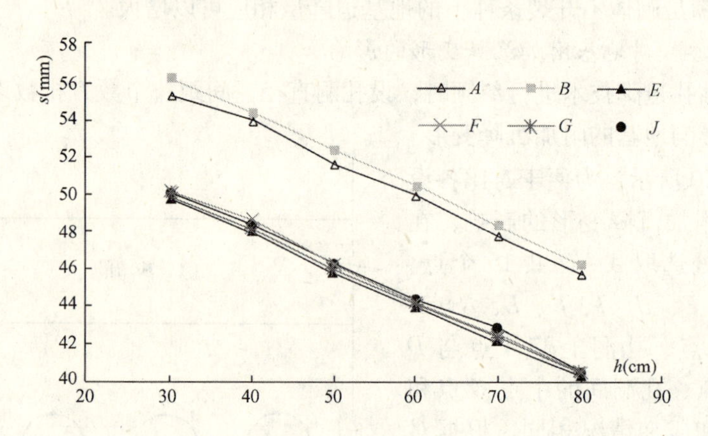

图4.4-21　孔洞离基底距离h对附加沉降变形影响曲线图

2. 孔洞直径对地基附加沉降变形的影响

实际工程中，孔洞直径的大小由钻孔机械所决定，其范围在100～300mm，因此，本文对d的大小变化范围依据实际机械情况而定。表4.4-9为一排孔、孔洞离基底距离$h=500$mm、孔洞间距$D=600$mm、孔洞个数$n=4$条件下，各参照点在孔洞直径d分别为100～300mm情况下的附加沉降变形值。

各参照点在不同d情况下的附加沉降变形值（mm）　　表4.4-9

参照点 / d（mm）	A	B	E	F	G	J
100	48.182	48.363	45.957	46.081	45.816	45.963
120	48.590	48.817	45.631	45.858	46.105	45.998
150	48.694	49.416	45.638	45.830	45.903	46.262
200	51.673	52.452	45.843	46.017	46.198	46.351
250	53.518	54.626	46.110	46.482	46.935	47.224
300	56.146	57.873	46.015	47.266	47.756	48.323

由图4.4-22曲线可知，d从100mm增至300mm时，各参照点的附加沉降变形增大幅度差异较大：A点为14.2%、B点为16.4%、E点为0.13%、F点为2.5%、G点为4.1%、J点为4.9%，造成这种差异的原因是：洞壁顶点A、B点处，所受的附加应力σ_z改变较大，引起的附加沉降值就相应变大；洞壁侧壁处的E、F点，虽然附加应力σ_z最大，但它的相对改变量很小，因此，所引起的附加沉降变形变化的幅度就最小；孔洞之间土柱中点处的G、J点，附加应力σ_z改变幅度在前两者之间，因此附加沉降变形值的改变幅度也在它们之间。综合分析，孔径d的改变所引起参照点的附加沉降变形值增大幅度也较大，因此，可认为它也是一个控制地基附加沉降变形的重要参数。

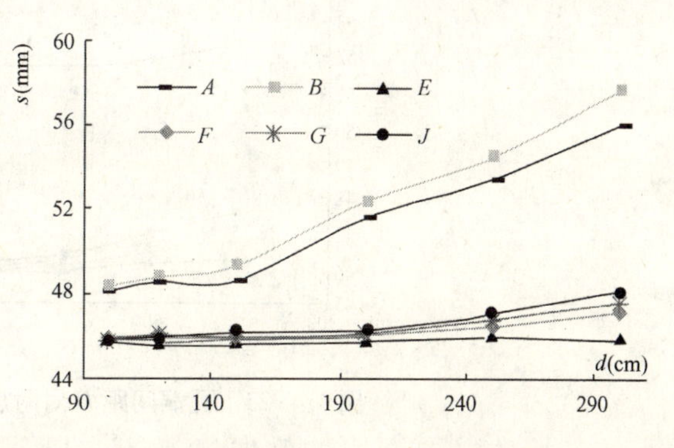

图4.4-22　孔洞直径d对附加沉降变形影响曲线图

3. 孔洞间距对地基附加沉降变形的影响

孔洞间距影响应力集中效应的改变，因此选用不同的孔洞间距分析对附加沉降变形的影响。表4.4-10为一排孔、孔洞离基底距离$h=500$mm、孔洞直径$d=200$mm、孔洞个数$n=4$条件下，各参照点在孔洞间距D分别为400～900mm情况下的附加沉降变形值。

各参照点在不同D情况下的附加沉降变形值（mm）　　**表4.4-10**

参照点 / D（mm）	A	B	E	F	G	J
400	52.377	53.711	46.195	46.749	47.200	47.560
500	51.881	52.861	46.141	46.400	46.697	46.942
600	51.673	52.452	45.843	46.017	46.198	46.351
700	51.658	52.036	45.825	45.885	45.921	46.088
800	51.637	51.916	45.615	45.787	45.457	45.588
900	51.086	51.512	45.770	45.730	45.587	45.429

由图4.4-23曲线趋势可看出，在D从400mm增大至900mm时，各参照点的地基附加沉降变形减小幅度存在差异：A点为2.5%、B点为4.1%、E点为0.9%、F点为2.2%、G点为3.4%、J点为4.4%。孔洞顶点A、B的附加沉降变形值相比其他点的要大，主要是因为附加应力σ_z改变较大，相应引起的变形也愈大。从各参照点的附加沉降变形值变化幅度来看，D对地基附加沉降变形的影响效果没有h和d两个参数的明显。

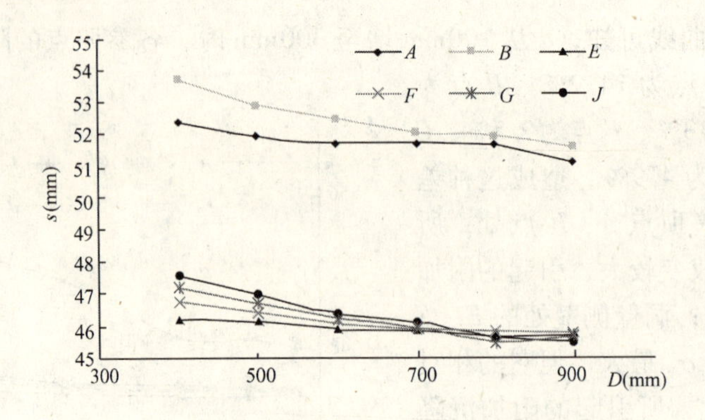

图 4.4-23　孔洞间距 D 对附加沉降变形影响曲线图

4. 孔洞个数对地基附加沉降变形的影响

在孔洞排数相同情况下，孔洞个数 n 不同，只是引起地基附加沉降平面范围的大小变化，而不会导致地基附加沉降变形发生较大的变化，这可通过表 4.4-11 中各参照点的附加沉降变形值随孔洞个数 n 的变化幅度可看出。该表为一排孔、孔洞离基底距离 $h=500\text{mm}$、孔洞直径 $d=200\text{mm}$、孔洞间距 $D=600\text{mm}$、孔洞个数为 4～9 个变化条件下的地基附加沉降变形值。

各参照点在不同 n 情况下的附加沉降变形值（mm）　　表 4.4-11

参照点 / n（个）	A	B	E	F	G	J
4	51.673	52.452	45.843	46.017	46.198	46.351
5	51.650	52.265	46.123	46.062	46.286	46.436
6	51.975	52.506	46.134	46.310	46.458	46.440
7	51.991	52.510	46.000	46.222	46.526	46.572
8	51.905	52.395	46.302	46.461	46.457	46.454
9	51.678	52.253	45.965	46.504	46.388	46.422

由表 4.4-11 可知，孔洞个数 n 对各参照点的附加沉降变形值影响很小，附加沉降变形改变幅度最大的 F 点才 1.05%，因此可认为设计参数 n 在改变地基附加沉降大小时影响甚小，工程中可不予考虑。n 的个数取决于建筑物沿基础长度要迫降的范围，迫降范围愈大，孔洞个数 n 也相应增多。

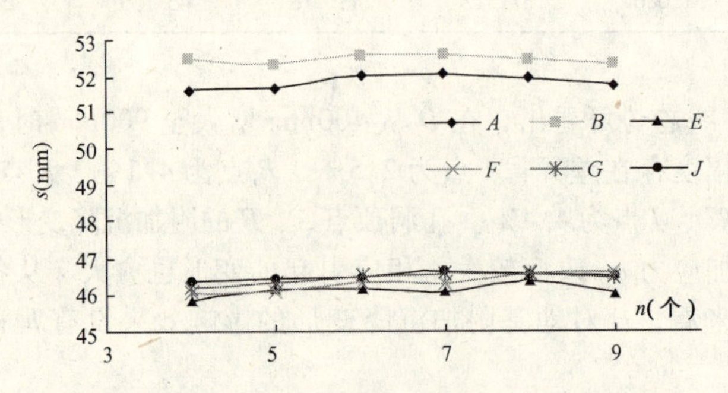

图 4.4-24　孔洞个数 n 对附加沉降变形影响曲线图

图4.4-24中，各参照点的附加沉降变形值曲线变化非常平缓，从中也可反映孔洞个数 n 对地基附加沉降变形的影响甚小。

5. 孔洞排数对地基附加沉降变形的影响

在工程中，采用水平钻孔法挖一排孔洞一般达不到所需的附加沉降变形量，往往都要继续向下挖多排孔，才能达到预期的回倾值。在本文要模拟的实际纠倾工程中，水平钻孔排数为三排，在同一土层。另外，为便于分析和计算，同一排孔洞中，孔洞直径、间距和孔深都相同；每排孔洞相互间成等边三角形。表4.4-12为一排孔、孔洞离基底距离 $h=500$mm、孔洞直径 $d=200$mm、孔洞间距 $D=600$mm、孔洞个数 $n=5$ 条件下，各参照点在孔洞排数 m 为1~4排情况下的附加沉降变形值。

各参照点在不同 m 情况下的附加沉降变形值（mm）　　**表4.4-12**

参照点 / m（排）	A	B	E	F	G	J
1	51.650	52.265	46.123	46.062	46.286	46.436
2	52.630	54.161	46.744	47.985	48.344	49.143
3	54.952	56.745	49.359	50.573	50.811	51.981
4	56.447	58.636	50.883	52.238	52.340	53.983

由图4.4-25，孔洞排数 m 的改变对各参照点的地基附加沉降变形值的变化影响也较为明显。随着 m 的增加，引起的地基附加沉降变形值也相应增大。当孔洞从一排向下挖到四排时，各参照点的地基附加沉降变形变化幅度：A 点为9.3%、B 点为12.2%、E 点为10.3%、F 点为13.4%、G 点为13.1%、J 点为16.3%，地基附加沉降变形改变效果比较明显。因此，孔洞排数 m 也是控制地基附加沉降变形的一个重要设计参数。

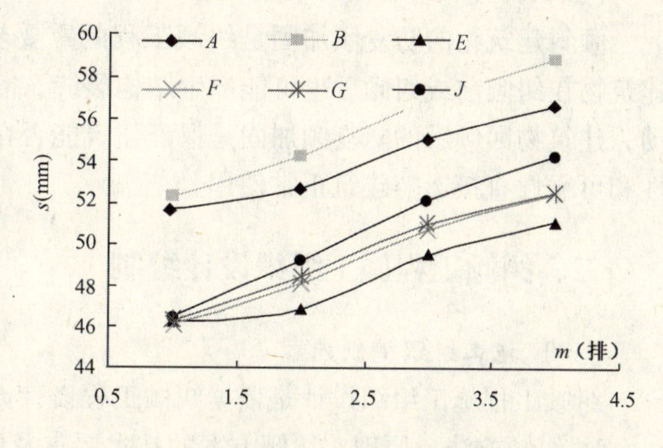

图4.4-25　孔洞排数 m 对附加沉降变形影响曲线图

第五节　纠倾工程施工

一、纠倾工程施工的特殊性

纠倾工程是一项复杂、高风险、高技术含量的特种工程，国家对特种工程有专门的资质要求。在以往的工程中也发生不少纠倾工程事故，造成了较大的工程损失。由此可见，纠倾工程是有其特殊性的，概括起来如下：

（一）建筑物倾斜原因的复杂性

建（构）筑物倾斜原因是多方面的，大多数倾斜建筑物是多个因素所导致的，唐业清教授在《建筑物改造与病害处理》一书中有详尽的分析。正确分析出建筑物倾斜的主要原因是成功纠倾的关键，也是纠倾方案设计的充分条件。但其中有些原因是十分隐蔽的、复杂的，需在纠倾施工过程中来确定。

（二）纠倾设计施工方案的多选样

根据建筑物倾斜原因的复杂性，必然会有纠倾设计施工方案的多选性。针对倾斜的主要原因，结合建筑物性质、地质条件及环境原因，可选择几种纠倾方案对比，优化出一种安全可靠的设计方案，并且要考虑预备设计方案。

（三）纠倾工程的施工的针对性

纠倾工程的施工是对纠倾方案的具体实施。根据纠倾设计方案的技术要求，在施工方面从施工先后顺序、步骤及安全措施等方面上要有针对性，也要有意外事情发生的安全保护措施方案，这有利于验证设计方案的可行性；同时，对设计方案进行必要补充和完善，确保平稳纠倾。

（四）纠倾施工现场监测分析可控性

纠倾施工不同于其他工程施工，信息化施工监测是纠倾工程的可靠保障。因为倾斜原因的多样复杂性和隐蔽性，在设计方案和施工过程，建筑物倾斜原因分析是否准确、施工方法是否合理，都需要信息化监测的数据来验证。通过监测数据结果分析论证，确定设计方案调整补充和施工方法步骤调整，使建筑物在安全可控状态下回倾。

（五）防复倾加固的可靠性

倾斜建筑物的防复倾加固是纠倾工程的重要步骤。它包括上部结构加固和地基加固，建筑物在纠倾前或纠倾后也可能产生结构裂缝，需进行补强加固。地基在纠倾后会产生扰动，建筑物回倾后的防复倾加固是保证建筑能否在后来安全使用过程中的关键，它的安全性和可靠性直接影响建筑正常使用。

二、纠倾工程施工组织设计编制

（一）施工组织编制内容

纠倾工程施工组织设计是依据纠倾工程设计方案进行编制的。具体应包括以下内容：

1. 纠倾方法、原理、纠倾方案的技术要求及所执行的相应规程、规范；
2. 倾斜建筑物自身及相邻建筑物情况；
3. 倾斜建筑物及相邻建筑地下隐蔽和各种管线情况；
4. 试验性施工位置、机械人员组织及参数的确定；
5. 监测点的布置及监测方式的确定；
6. 纠倾施工工序；
7. 纠倾施工各工序施工要求、作业指导书；
8. 制定安全保护措施，确定预备施工方案；
9. 制定质量安全检查程序及检查要点；
10. 确定人员组织管理机构；
11. 制定机械、材料和施工工期；
12. 制定现场施工人员教育培训计划。

（二）编制纠倾施工组织设计注意的问题

1. 纠倾施工前，应对倾斜建筑物上部结构、地基基础的裂缝进行综合评估，对整体结构刚度较差的建筑物必须进行局部或整体补强加固，防止建筑物裂缝扩展或倒塌。

2. 要充分考虑建筑物地基在纠倾过程中可能产生的附加沉降，估计纠倾后建筑物地基可能产生的变形（即滞后回倾），要采取有效的处理措施；加强施工期间和施工后期监测。

3. 对倾斜建筑物有相邻建筑物及地下设施的检查或测量，要与对方协商或协议，采取必要的保护措施。

4. 对于可能产生复倾的建筑物，应根据复倾加固方案，确定在纠倾施工前或纠倾施工后进行加固。

5. 纠倾前的试验性施工要反映现场实际情况，选定施工参数，验证纠倾设计方案的可行性，进行必要的方案调整和补充。

6. 在制定纠倾监测方案时，应包括监测方式、监测总布置、监测内容和监测手段。要采用测量仪器和简单直接人工测量相结合方式，以便相互验证。设置回倾率的控制装置，通过监测控制回倾率，调整施工进度与施工方法，掌握纠倾复位的结束的时机，预留好滞后回倾量；同时，要密切观测建筑物的裂缝变化情况，根据裂缝变化规律，调整纠倾速率或采取相应的辅助措施。

7. 纠倾施工组织计划中应有安全防护设施和报警装置，特别是有人居住的建筑物必须确保纠倾施工中人员和居民的安全。

8. 在施工组织计划中和施工过程中，要考虑可能出现的隐蔽的原方案没有预想到的新问题，要做好其他纠倾预备方案，修改原纠倾方案，根据现场实际情况调整施工方法、施工参数或施工工序等，以确保纠倾工程成功。

9. 纠倾施工期间严密监视相邻建筑设施的变化情况，检查安全保护措施的状况。

10. 纠倾施工过程中应按顺序及时恢复纠倾时产生的孔、沟槽、结构裂缝等，并做好回填夯实加固措施，保证建筑物整体刚度，增强抗倾覆抗裂损的能力。

11. 做好纠倾施工竣工文件，包括纠倾设计方案、变更设计文件、试验方法、监测记录、相邻设施监测记录、防复倾加固措施等验收记录。

三、纠倾工程施工程序

纠倾工程施工程序见图4.5-1。

四、纠倾方法

广大土木工程工作者在大量工程实践中不断总结，采用几十种的纠倾方法，目前按这些纠倾方法的处理方式分为迫降法、抬升法、预留法、横向加载法和综合法五类，参见本章第一节。

在大量的纠倾工程实践中，根据建筑物倾斜原因，场地地基基础条件，建筑物结构构造，还有很多纠倾方法，《建筑物移位纠倾增层改造技术规范》列了常用的纠倾方法十几种。

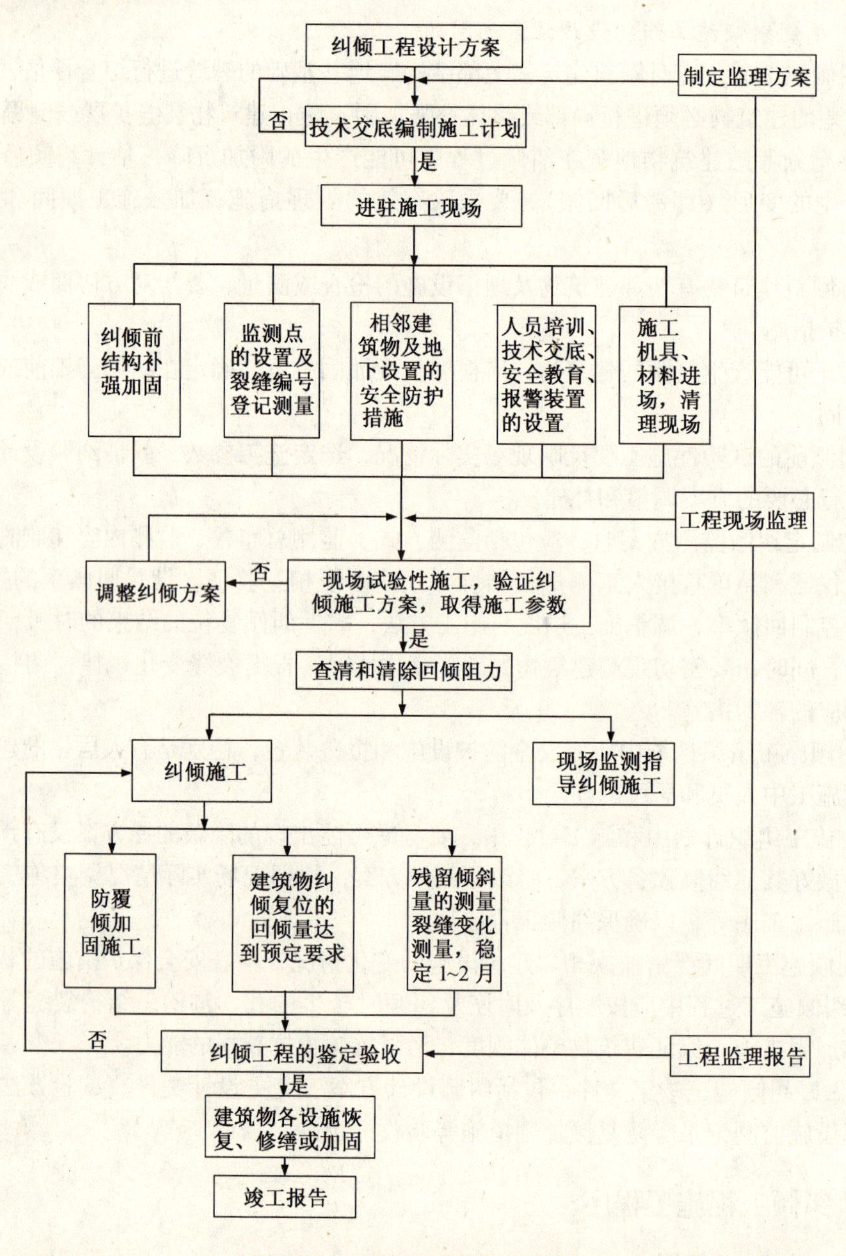

图 4.5-1　纠倾工程施工程序图

五、常用纠倾方法的技术特点及施工要点

（一）掏土纠倾法

掏土纠倾法根据取土部位，可分浅层掏土法和深层掏土法，它属于迫降法的一种。该法适用于黏性土、粉土、填土、淤泥质土和砂性土地基上的浅埋基础形式。其方法应用范围广、安全，经济效果明显。

掏土法基本原理是在建筑物沉降较小一侧的基础内侧或基础外侧向基底下的地基土体

掏出适量的土，使土体在基础压力下产生一定变形沉降，从而达到纠倾目的。

1. 浅层水平掏土法

浅层掏土是在倾斜建筑物的基础内侧或外侧基底下，采用人工或机械水平取土，使基底支承面积减少。在上部荷载自重压力作用下，产生新的沉降差，以达到纠倾目的（见图4.5-2）。浅层水平掏土法是最基本的方法，施工简便，经济适用，应用比较广泛。

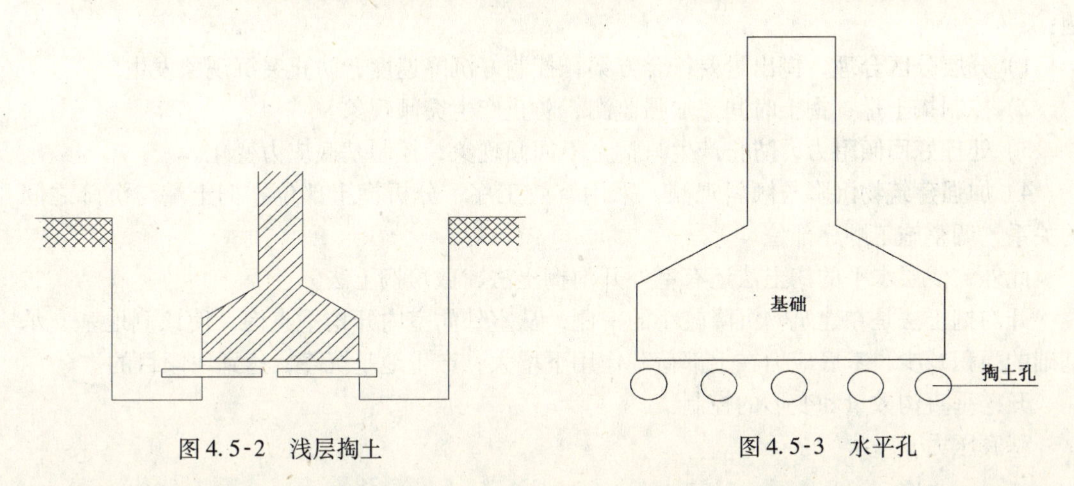

图4.5-2　浅层掏土　　图4.5-3　水平孔

浅层水平掏土法主要应于倾斜建筑物体形简单、上部结构刚度整体性较好的多层建筑。

建筑物平面呈矩形，基础为条形、独立形、筏形基础为优。建筑平面复杂、有局部突出或“L”、“U”形的倾斜建筑物采用掏土法施工，所产生的不均匀沉降会导致建筑物产生新的裂缝。

倾斜建筑物整体刚度较差，在纠倾时容易产生结构变形和新的更大破坏。

针对于倾斜建筑物倾斜沉降量、上部结构类型和基础形式，可采用分层、分区进行掏土。砌体承重结构的建筑物，为保证整体结构安全、不产生局部倾斜裂缝，应进行分层分段掏土（见图4.5-4）。分层掏土所产生的沉降差Δs应小于该段基础距离（L）的3‰，使房屋的受力构件的变形满足现行地基基础规范要求。

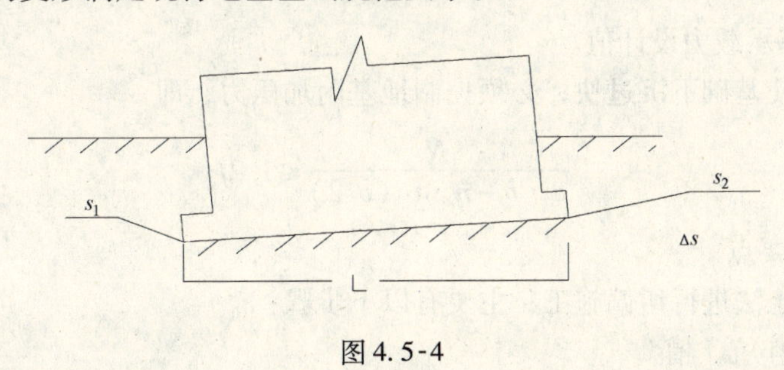

图4.5-4

$$\Delta s/L < 3‰$$

式中　Δs——每层掏土产生的沉降差；

L——对应于沉降差基础墙距离。

通过多次掏土所产生的Δs_1、Δs_2、$\cdots \Delta s_n$，累计之和为（$s_1 - s_2$）总沉降值。

对于框架结构独立基础的建筑物，则取相邻柱基的沉降差与相邻柱基中心距离的值应小于3‰，进行分层、分区掏土。在分层掏土的同时应进行掏土平面分区（主区与副区）。

主区掏土控制建筑物的回倾方向；副区掏土应配合主区进行，控制建筑物平缓沉降，保证建筑物平稳回倾。

浅层掏土法是用掏土量和变形量控制建筑物的纠倾，在施工中特别注意以下几个问题：

1）分层分区合理，掏出量要符合方案，控制好沉降速度，防止突沉现象发生。

2）控制掏土量、掏土时间，加强监测，防止产生突倾现象。

3）处理好回倾阻力，防止产生只掏土不回倾现象，控制基底应力变化。

4）加强建筑物沉降与倾斜观测，采用有效工序，分析掏土部位、掏土量与沉降之间的关系，调整施工顺序部位。

此外，浅层水平的掏土法还有室外开沟掏土法、截角掏土法。

开沟掏土法是在建筑物沉降较小的一侧，从室外向室内开挖垂直沟，使该侧地基支承基础的面积减少，基底应力在上部荷载作用下增大，产生地基沉降，达到纠倾目的。

开挖垂直沟数量和变形的控制：

基底压力 p

$$p=\frac{N}{a\cdot b} \tag{4.5-1}$$

式中 N——上部荷载；

a、b——建筑物长度和宽度。

设开挖沟宽度为 c，条数为 N，长度为 $b/2$（开挖沟长度不超过中心线），地基的承载面积减至 $a\cdot b-n\cdot c\cdot(b/2)$，此时基底压力为$\dfrac{N}{a\cdot b-n\cdot\left(\dfrac{b}{2}\right)}$，为使地基增加变形，则

$$\frac{N}{a\cdot b-n\cdot c\ (b/2)}>f \tag{4.5-2}$$

式中 f——地基承载力设计值。

同时，为不使基础下沉过快，必须控制地基附加压力，即

$$\frac{N}{a\cdot b-n\cdot c\ (b/2)}\leqslant 1.2f \qquad 4.5\text{-}3$$

2. 施工步骤要点

采用浅层掏土法进行纠偏施工，主要有以下步骤：

（1）开挖工作坑、槽

宽度满足人工或机械施工要求。人工掏土时深度应以比基础底面低15~20cm，采用机械掏土时其深度应满足机械设备要求深度，并做基坑的防护措施。注意在地下水存在时采取降水措施。

（2）设置观测点

除了对整个倾斜建筑物进行沉降倾斜监测外，还应设置室内的一些简易观测点。尤其对结构受力薄弱部位，应多种观测相结合。

（3）掏土施工

掏土施工必须按设计方案技术要求进行。注意观测房屋的复位变化情况，加强房屋各受力点的观测，检查是否出现较大的位移、损坏、裂缝，便于及时调整掏挖方式、进度以及对房屋进行必要的加固和支撑。

（4）防复倾地基加固

当房屋纠偏工作完后，因基础下地基掏土产生地基承载力下降或基础底面积过小产生沉降，对基础加固可采用扩大基底面积、增设新的基础或采用桩基托换等形式；对于增加地基承载力，可采用注浆、高压旋喷等进行地基加固。

（二）辐射井纠倾法

辐射井纠倾法属于迫降法，它适用于各类地层条件地基，基础埋藏深或浅都可用此法。

辐射井射水取土法原理是在建筑物沉降少的一侧设置辐射井，在井壁上有射水孔，利用射水取土，造成建筑物沉降少的一侧下沉，达到纠倾目的。见图4.5-5。

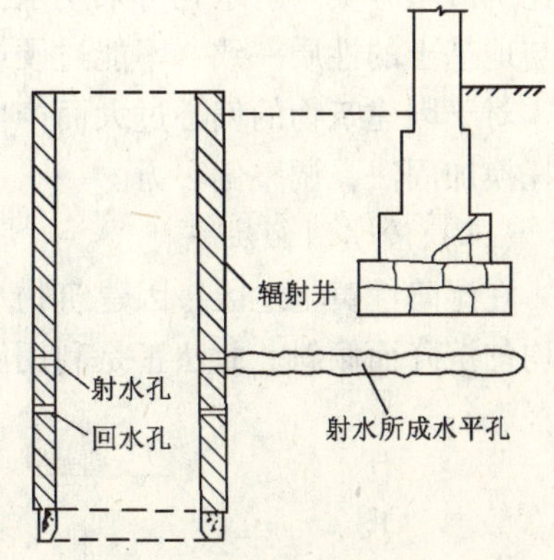

图4.5-5　辐射井射水法

1. 辐射井射水法的特点

1）可控性高。该法射水取土孔是在基础底板下0.5m处进行水平取土，在基础压力作用下使射水孔产生塑性变形而导致基础沉降，这个沉降是缓慢的，通过射水的次数，长度等控制取土量，从而控制基础沉降。

2）具有成孔速度快、取土面广、不会发生变形过于集中，使建筑物发生开裂现象。

3）适用性强。对于不同施工环境和各类地层条件，辐射井法都可用，建筑物基础埋藏深时，更加突出此法优点。

4）安全性高。此法对于建筑物纠倾安全和施工安全都有可控性。

2. 辐射井射水法施工要点

1）辐射井一般采用圆形的混凝土式砖砌沉井，井壁0.1～0.2m厚，井径1.0～1.5m，采用人工沉井施工工艺成井。成井前，要根据技术方案确定井的位置、深度。

2）辐射井距建筑物基础外边线0.3～0.6m，射水孔距建筑物底板0.5m。射水孔与基础底板边应有护孔管。

3）射水孔长度一般不超过15m。

4）射水孔距射水平台1.5m左右，平台下井底进行封底，可采用水泥砂浆；对于地下水埋深的黄土、黏性土、粉土地层，井底要做好防渗措施。平台距井底0.5～0.8m。

5）回水孔应设在射水孔下方0.2m处，并采取有效的防护措施，以免地基土流入井中。

6）射水纠倾前应进行试验性射水，用于确定和调整射水压力、流量、射水时间等参数。

7）每轮射水前，应做好循环池土的测量工作，确定每轮射水的取土量，用于指导下一轮射水的次数与时间。

8）射水纠倾施工期间，要加强建筑物沉降、倾斜的监测频率。根据监测结果指导纠倾，调整射水参数。

9）射水纠倾时，要注意建筑物的受力点的变化，加强裂缝观测。防止过量射水取土，产生突倾现象。

10）在地下水位高的地段采用该法纠倾要采取降水措施，并对相邻建筑物进行保护。

3. 防复倾加固

建筑物纠倾达到设计要求时，要及时进行防复倾加固。辐射井可采用三合土，按一定的比例回填夯实。射水孔可采用水泥、粉煤灰、白灰按比例进行注浆回填，注意回填材料要与地基土的性质一致，不能过硬或过软。

对于因建筑物的偏心过大而产生的倾斜，可进行基础扩大面积加固或采用锚杆静压桩等托换加固法，调整偏心力。

（三）浸水纠倾法

在湿陷性黄土地区，因建筑物局部渗漏水而造成地基局部浸水产生湿陷，使基础产生不均匀沉降而倾斜。此法正是利用湿陷性黄土的特性进行纠倾。

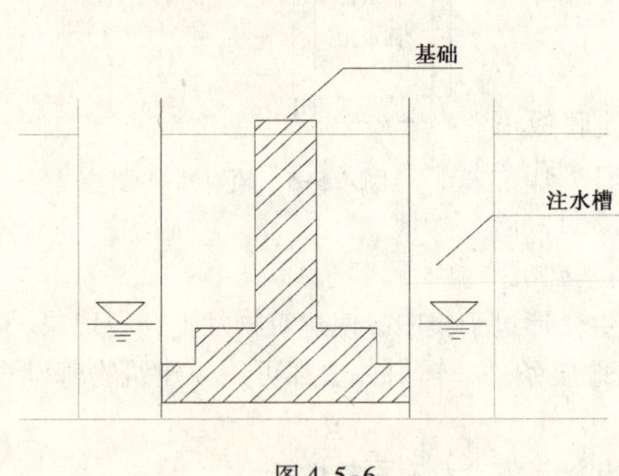

图4.5-6

浸水纠倾法就是在湿陷性黄土地区，利用它的湿陷性，在建筑物沉降小的一侧开挖注水槽、坑，进行注水，引起地基土湿陷，产生沉降而达到纠倾的目的。该法也属于迫降法，见图4.5-6。

浸水纠倾法适用于含水量少于20%、湿陷系数大于0.05的湿陷性黄土或填土地基。该法是西北地区常用的纠倾方法。其特点是利用土的特性，方便、快捷、环保、经济，可采用槽、坑、孔等方式浸水、注水。

施工要点：

1）注水纠倾前，必须进行现场注水试验，试验点距建筑物不小于5m，且不少于三处。试验的坑、槽、孔的底部低于建筑物基础底面0.5m。

2）试验所确定的参数：注水量、渗（注）水时间、渗透半径、渗透速度及它们之间的关系，并用图表形式表述。

3）根据试验数据估算沉降量、注水量、注水时间，估算停止注水后滞后的建筑物水平回倾量，一般停止注水后3~6d后沉降才能趋于稳定，一般为纠倾控制量1‰~5‰。

4）注水施工前要根据地质条件，检查基础下是否有下卧的砂层，并采取抗渗漏措施。

5）流水施工应采用分段分区注水，并记录每次注水量、水位下降速度。

6）每次注水不过量，要根据建筑物的沉降、倾斜监测，及时调整流水参数，确保建筑物安全。

7）在建筑物回倾过程中，根据回倾速率，要注意滞后回倾量，应提早控制。

8）在流水纠倾施工中，可根据实际情况，采用掏土法与浸水法并用。

9）对有相邻的建筑物必须采取隔水措施，防止注水过量导致相邻建筑物产生倾斜。

纠倾达到设计要求后，对注水槽、坑、孔进行回填，回填材料采用3:7灰土并夯实。

（四）降水纠倾法

降水纠倾法就是在建筑物沉降小的一侧利用降水井抽水降低地下水位，使地基土孔隙水压力降低，土体产生固结、沉降，达到纠倾目的。降水纠倾法较适用于筏形基础、箱形基础等浅基础的建筑物纠倾。对于桩基础，降水使得降水影响深度范围内的桩侧摩阻力转变为负摩阻力，造成桩的承载力减小，引起基础的沉降，但纠倾的效果受降水深度的影响，降水影响深度越大，则桩侧的摩阻力转化为负摩阻力的范围也越大，纠倾效果越明显。见图4.5-7和图4.5-8。

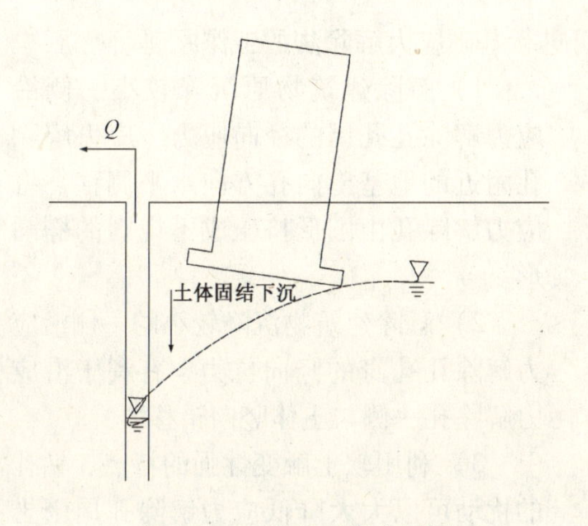

图4.5-7　浅基础降水纠倾

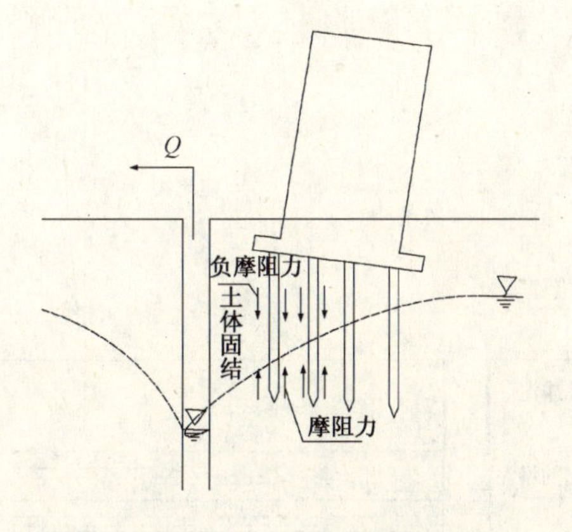

图4.5-8　桩基础降水纠倾

1. 注意事项

1）井壁下沉过程中为减少井内进水量，改善挖土条件，必须用石灰砂浆将井壁的进水孔封住，待沉井下沉到设计深度时再启封。

2）为改善施工条件，一般先挖1m左右，再浇钢筋混凝土刃脚。

3）沉井下沉过程中要注意井内排水量及软土上沿高度，以防突沉或井壁倾斜。

4）在软土地基控沉井，为防沉井突沉，刃脚一般做成平底形比较好。

5）在软弱地基纠倾时，要高度重视沉降问题，稍有忽视将给建筑物带来严重后果，每天沉降量一般不应大于3mm。

6）沉井底部深度必须在软土层以下1m左右，沉井的刃腿必须在建筑物基底刚性角以内，两井的井距亦一样；若井距增大，则井相应加深。

7）纠倾时应及时清除上涌的软土，以避免其影响沉降量，并注意地壳表面的开裂和裂缝方向，以免井身倾斜和突沉。

2. 施工要点

1）在建筑物沉降较小的一侧设置降水井，沉井宜采用圆形砖砌结构，内径不小于1000mm，井壁交叉布置渗水孔，根据水位、水量等情况确定孔数。

2）沉井的数量、深度、井距应根据建筑物倾斜情况、荷载特性、基础类型、场地环境、地基土性质以及地下水位等综合确定。

3）及时做好沉降记录和分析工作，用正确的方法来指导纠倾，并须观察周围地坪及建筑的开裂情况，以防意外事件发生。特别在软土地基纠倾，要高度重视沉降问题，每天的沉降量不应过大。

4）降水纠倾施工时应采取相应措施，防止对相邻建筑物产生不良影响。

（五）地基应力解除法

地基应力解除法，亦称钻孔排泥纠倾法，是在倾斜建筑物沉降较小的一侧钻孔，按计划有次序地清理孔内淤泥，造成地基侧向应力解除，使基底淤泥向外挤出，从而引起该侧地基下沉，最终达到纠倾目的。地基应力解除法适用于建造在厚度较大的淤泥地基上的（尤其是筏形基础）建筑物的纠倾。

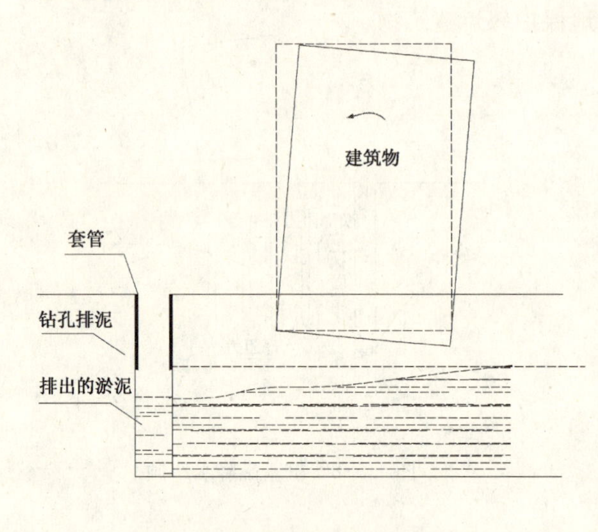

图 4.5-9　应力解除法纠倾

1. 应力解除法的工作原理

1）解除建筑物原沉降较小一侧沿应力解除孔孔周的径向应力，应力解除孔附近的地基土向孔方向水平侧移，将应力解除孔由圆形挤压成不规则的椭圆形。

2）解除建筑物沉降较小的一侧沿应力解除孔孔身的竖向抗力，有利于沿应力解除孔一侧与土体竖向错移。

3）利用软土触变性强的特点，钻孔的扰动可以大大降低应力解除孔周围土体的抗剪强度。

4）通过一定规律的清孔（辅之以孔内降水，临时降低孔壁水压力）有利于软土向其中移动、填充。

5）应力解除孔一侧的基底压力得以局部解除，使该处地基土处于卸载回弹状态。

6）基本不动原沉降量大一侧的地基土。

7）地基土变形模量与基底压力均匀化。应力解除法纠倾过程，使原沉降小一侧的硬土产生一定的剪切变形，其切线变形模量均匀化；另外，基底压力不断进行调整趋于均匀，促使纠倾呈良性循环。

2. 应力解除法纠倾特点

（1）应力解除法有良好的限沉效果。

工程实践表明，用应力解除法进行建筑物纠倾，一旦封孔，建筑物沉降速率衰减比纠倾前快得多，达到稳定沉降的时间将大大缩短。

（2）采用地基应力解除法纠倾的建筑物一般不必进行加固。

由于用应力解除法进行建筑物纠倾的过程，也是该建筑物按预定的规律沉降、地基土被加固的过程。实践证明，不适当的加固方法会导致软侧的地基土大幅度附加沉降，并且该侧的沉降速率仍衰减得很慢；同时，加固施工过程也会引起较大的不均匀沉降，这两个附加沉降往往超出加固方法本身在日后所能达到的限沉作用。所以，对用应力解除法纠倾后的建筑物是否要进行加固要持谨慎态度，一定要最大限度地防止软侧产生过量的附加沉降。只有经过论证，认为非加固不可的情况下才增加加固工序。

（3）应力解除纠倾法有别于一般掏土法。

地基应力解除法表面上似乎属于一种软纠倾掏土法，但在本质上有重大的区别。如：掏深不掏浅，掏软不掏硬，掏（基底）外不掏（基底）内。能产生有效应力解除时，清孔才单一使用，否则必须辅之以多种辅助应力解除措施。同时，将清孔任务分散到尽可能大的工作面上完成，而不应过分集中。这样就能严格保护基底下的土体不受扰动，并且保护基底面下的一定厚度的垫层，使它们构成调整底面压力的保护层。

（4）应力解除法纠倾能有效地减小对邻近建筑物影响。

应力解除有效地隔离硬侧纠倾沉降时对孔外基土的牵带作用，使纠倾沉降不会太多地带动孔外地基土一起向下移动，从而有效地保护邻近建筑物。

（5）应力解除法纠倾对环境影响小（无振动、无噪声、无污染），能最大限度地保护地下设施，对施工场地要求较宽松（若用人工方法可在宽3m的狭窄空间内施工），工期短，效率高，费用低，节省财力和人力，劳动强度也比较低。

3. 施工要点

1）在建筑物沉降较小一侧基础下或边缘成孔排土，应根据建筑物回倾量、基础开工、附加应力分布范围和土层性质等确定钻孔直径、孔距、取土深度及顺序，有次序地解除地基部分应力进行纠倾。布孔应最大限度地达到应力解除的效果，既要纠倾均匀，又要便于纠倾过程中的局部调整，且尽量不扰动地基持力层及沉降较少一侧的基础外缘。

2）钻孔取土深度应大于基底下3m，直径宜为150～300mm。

3）钻孔顶部应设置套管或护筒，其长度应大于3m，保护基底土体不受扰动。基底有砂层时，应用套管全部隔离。

4）清孔应力求均匀、分批、间隔进行；同时，必须根据监测资料反馈的信息，调整清孔次数，协调建筑物均匀沉降。

5）对纠倾达到要求的部位要及时拔管封孔。

6）应力解除法纠倾的整个施工必须在严密的监控之下进行，监测内容包括沉降监测、倾斜监测、裂缝及敏感部位监测等。对孔内回淤情况、地面变形、建筑物形状、对相邻建筑物的影响等也要加强观察。

（六）桩基卸载法

桩基卸载法适用于桩基础纠倾工程。桩基卸载常用方法有：桩顶卸载法、桩身卸载法、桩尖卸载法及承台卸载法。图4.5-10为桩基卸载纠倾示意图。

1. 桩顶卸载法

对于支承在岩层或砂卵石层上的端承桩、桩长很大的摩擦桩或端承摩擦桩，可将承台下的基桩桩顶切断（承台与地基土间用千斤顶预支承保护），使承台下沉，达到建筑物纠倾的目的。对于原设计承载力不足的桩基，桩顶卸载法还可以在纠倾的同时进行补桩，使其沉降很快收敛。对于原桩基施工时桩顶质量有严重缺陷的桩基础，桩顶卸载法在纠倾的同时对原桩顶部分进行有效的修复，达到纠倾、加固的双重目的。桩顶卸载法具有适用性广、费用低、分级下沉量容易控制等优点。

桩项卸载法的施工主要有以下几个步骤：

1）在纠倾前选择沉降观测和倾斜观测点，对纠倾建筑物及相邻建筑物做原始记录。

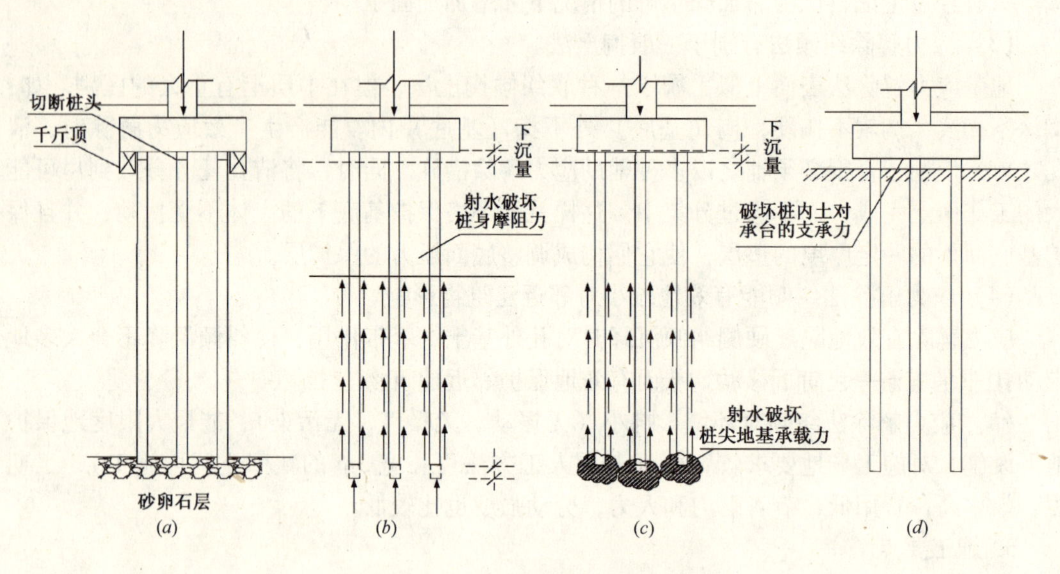

图 4.5-10　桩基卸载纠倾示意图

2）按设计完成补桩施工（桩的布置一般要靠近原基础承台，便于连接）。

3）在承台周边开挖工作坑，露出需断的桩颈，在桩颈下部加钢箍，以防桩体破坏过量，造成难以控制的局面。

4）在各桩边准备好足够的钢垫板。

5）依照设计沉降量顺次凿去桩颈周边混凝土，减少桩截面积，并随凿随垫钢板。

6）纠倾完成后，在桩顶破坏处设加强钢箍，与承台一起浇捣混凝土，形成扩大桩头。

7）将新补桩用承台或承台梁形式与原基础连接起来，使之能共同工作，如此对基础加固后，建筑物不会再发生沉降变形。

2. 桩身卸载法

是采用高压水，喷射建筑物沉降较小一侧的桩身的全部或部分；或冲松桩底土层，暂时破坏部分桩的承载力，促使桩基础产生下沉。达到纠倾要求以后，还可根据土质条件，采用合适的加固方法，恢复桩基承载能力。采用桩身卸载法纠倾时，应验算卸载一侧桩承台的支承能力，防止建筑物产生不可控制的下沉。卸载的桩数可通过试算，结合现场施工和观测资料调整。建筑物纠倾量较大时，就采取分阶段卸载、分阶段沉降法，防止次应力对上部结构产生较大的影响。

3. 桩尖卸载法

对于支承在密实土层上的摩擦端承桩，则可通过在其桩端处高压射水，冲松桩底土层，破坏地基支承力，迫使桩基础下沉。

桩尖卸载法施工时较难控制，尤其是在黏性土地基上，需要引起重视。在砂土地基上情况稍好些，但是高压水的压力也不能过大。

4. 施工要点

1）纠倾前应验算单桩和桩基础承载力，根据桩的类型、桩身质量、工程地质条件及倾斜状况等确定卸载部位及卸载方法。同时，选择设置沉降观测和倾斜观测点，对纠倾建筑物及相邻建筑物的倾斜和沉降量做一原始记录。

2）对端承桩、摩擦端承桩卸载法或桩端卸载法，纠倾完成后应进行加固处理，恢复桩基础原承载力。

3）对于摩擦桩宜采用桩身卸载，建筑物纠倾量较大时宜分批、分阶段卸载。

4）对计入承台效应的桩基础，可采用承台卸载法，通过对承台底部取土达到纠倾目的，承台卸载宜与其他方法组合使用。

5）负摩擦力适用于含有砂层的饱和黏性土、软土、湿陷性土地基，并以摩擦桩或端承摩擦桩为基础的建筑物纠倾工程。

6）负摩擦力法纠倾设计时应验算单桩承载力及桩顶作用力，并计算单桩负摩擦力以及可引起的下沉量；同时，应采用相应保护措施，保证相邻建筑物安全。

（七）振捣法

振捣法可分为振捣液化法、振捣密实法及振捣触变法。

（1）振捣液化法适用于饱和粉砂、细砂地基土的建筑物纠倾工程。根据土力学原理，含水量较高的土体在受到扰动的情况下会发生触变现象，土粒重新排列，土体孔隙水压力升高，孔隙率降低。其有效应力和内摩擦角大大降低，抗剪强度降低，变形增大，呈软塑状态。此时土体趋于密实，承载力显著减小，沉降明显加大。运用此原理，对于一般黏性土和粉土地基，在倾斜的一侧地基土中注水，并将振捣棒插入进行反复振动，使土体液化从而加速沉降，以达到矫正倾斜的效果。

对于饱和粉土和饱和粉细砂，可直接在建筑物沉降较小的一侧的地基中插入振捣棒或振冲器进行振动，使地基土呈现局液化状态而进行纠倾。

振捣注意事项：

1）振点的选择必须做到均匀，兼顾到整个地基土的均匀下沉，不会发生局部突变。

2）振捣时间的掌握必须严格控制。

3）振捣棒的插入深度应随沉降量要求而定，要求沉降大的部分应插深一点，沉降少的部分浅一点，以保证沉降数量得到控制。

（2）振捣触变法适用于淤泥、淤泥质土和饱和软土地基上的建筑物纠倾。触变施工孔位的数量和距离应根据建筑物回倾值及工程地质条件确定。在倾斜相反的一侧地基土，采用旋喷、定喷或摆喷等高压射水方法或者采用振冲器进行振动引起淤泥触变，使其瞬间丧失强度。在上部荷载的作用下，地基土产生沉降，造成回倾。

触变喷射孔位应选择在建筑沉降小的一侧，或直接设置在基底下。孔位的数量和距离，视建筑物纠倾量和地质情况而定。

（3）振捣密实法适用于砂性土地基建筑物纠倾，其振捣范围、次数、深度应根据建筑物物倾斜情况、工程地质条件及回倾速率综合确定。对于松散的干砂土地基，采用振冲密实器进行振动，使地基原来的平衡状态遭到破坏，细颗粒砂填充到粗颗粒形成的孔隙中、地基土的孔隙中，地基土的孔隙率减小，密实度增加，呈现新的沉降，从而达到纠倾的目的。

（八）抬升法

适用于软土、粉土、黏性土、填土地基，且基础类型为混凝土的独立基础、条形基础及筏形基础的建筑物纠倾工程。

抬升纠倾法是将千斤顶置于基础梁的顶部或圈梁底下，再用千斤顶将建筑物抬升而达到纠倾的目的。常见的抬升法包括顶升法和地基注入膨胀剂抬升法，顶升法又包括抬墙梁法、静力压入桩法、墩式顶升法、锚杆静压桩法、地圈梁顶升法以及上部结构托梁顶升法等。

1. 锚杆静压桩法

锚杆静压桩法是利用建筑物自重，在原建筑物沉降较大一侧基础上埋设锚杆，借助锚杆反力，通过反力架用千斤顶将预制桩逐节压入基础中开凿好的桩孔内。当压桩力达到1.5倍桩的设计荷载，将桩与基础用膨胀混凝土填封，达到设计强度后，该桩便能立刻承受上部荷载，并能及时阻止建筑物的不均匀沉降，迅速起到纠倾加固的作用。

一般情况下，封桩是在不卸载的条件下进行的，这样以来可对桩和基础下一定范围内的土体施加一定的预应力。施加预应力后，基础不会产生沉降，甚至有一定量的回弹，这样可减少上部土层的压力，有利于将上部荷载通过桩传到下部较好的持力层，调整差异沉降。对于荷载较小的建筑物，锚杆静压桩纠倾效果更显著。

锚杆静压桩纠倾法用于建筑物的抬升纠倾，具体做法是：按照设计方案，先逐个将所有的锚杆静压桩压入各自预定的深度后，不封桩顶，而是采用三角铁将各桩临时锁定，然后用若干台千斤顶分组对称地进行二次再压桩，用以调整各桩的均匀受力，并进行抬升纠倾。每次抬升量要小，反复多次进行。千斤顶的数量、吨位、各自位置，均需计算确定，力求用少量的千斤顶进行整体抬升，但要避免发生明显的应力差，避免基础破损。纠倾扶正，再封好桩头，即完成纠倾与加固工作。

2. 静力压力桩纠倾法

静力压入纠倾法，是利用建筑物自重作反力，用千斤顶直接在原建筑物基础下，以基础底面为反力支托将桩压入地基土中，借土体反力来支撑桩。在压桩的同时，给基础一向上顶起的反作用力，起到纠倾加固作用，如图4.5-12。

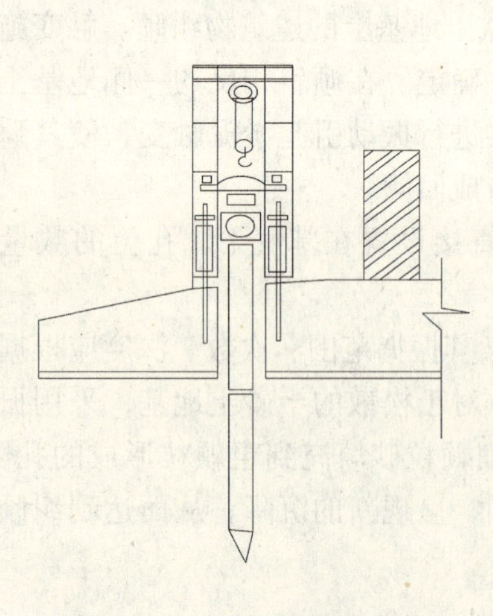

图4.5-11　锚杆静压桩示意图

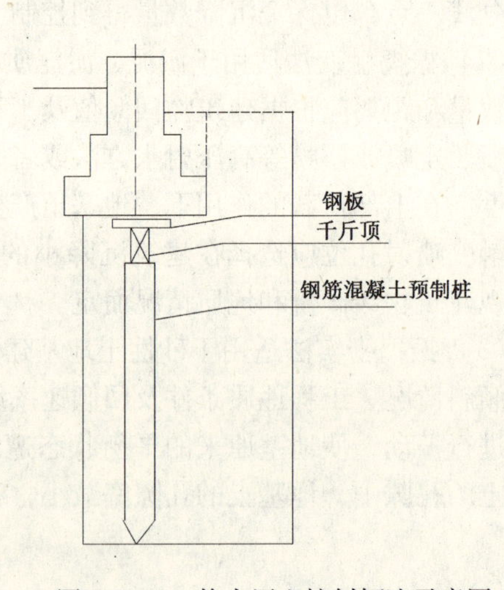

图4.5-12　静力压入桩纠倾法示意图

该方法适用于建在局部土坑、暗滨和古井等形成的松软土、填土、淤泥土、含有透晶体地质条件地基上的条形与独立基础建筑物的纠倾工程。

压入桩数量根据纠倾建筑物基础类型、上部结构刚度、荷载特性、地基状态等确定。由于压入桩布置在原建筑物沉降较大的一侧基础下，所以当计算得出压入桩数量较多时，应分段、分批开挖土体与压入预制桩。特别注意，不能因过大开挖而引起原建筑物新的沉降。

压入桩可选用150mm×150mm的钢筋混凝土方桩、圆桩以及钢管混凝土桩，桩长可根据开挖坑底标高的净空确定，一般取1～1.5m，采用分段接长的办法接桩。预制混凝土桩的连接方法有焊接、法兰连接和硫磺胶泥锚接三种。其中前两种可用于各类土层，硫磺胶泥锚接适用于软土层。钢管混凝土桩的连接方法通常是用特制套管接头进行连接。当桩身进入土后，每隔一定时间及时从中取土。当桩达到要求深度后清孔到管底，并灌注混凝土。

静力压入桩纠倾法用于建筑物的抬升纠倾，即在各个压入桩达到预定的深度后，以压入桩为支点，用若干台千斤顶同时进行再压桩，并进行抬升纠倾。每次抬升量要小，反复多次进行。抬升达到设计要求后，逐个放进楔形工字钢，撤出千斤顶，用混凝土封好桩头。

压入桩设计应包括桩径、桩长、桩尖持力层选择、桩的布置、单桩承载力的确定、压桩力的大小等，一般压桩力为单桩承载力的1.5倍。

静力压入桩纠倾法在建筑物基础下的竖坑时要慎重，对于坑壁不能直立的砂土和软弱土等地基，要进行坑壁支护。对于地下水位较高的地基，应在不扰动地基土的条件下进行降水施工。

3. 抬墙梁纠倾法

抬墙梁纠倾法适用于条形毛石基础或钢筋混凝土基础的建筑物的纠倾工程。该方法是在倾斜建筑物原沉降较大的基础两侧设置混凝土墩或桩，再将预制的钢筋混凝土梁横穿基础，分别在梁底与墩或桩之间设置千斤顶，进行加压、抬升，使建筑物回倾。采用抬墙梁法，要求建筑物上部结构有较好的刚度，墙体不能有严重开裂现象。

用抬墙梁法纠倾时，对于上部荷载较小、地基承载力较高的建筑物，可在原沉降较大的基础两侧做墩。对于上部荷载较大、地基承载能力较低的建筑物，可在原沉降较大的基础两侧做混凝土钻孔灌注桩、混凝土大直径挖孔灌注桩、旋喷桩等。墩、桩及钢筋混凝土梁的设计，应根据上部结构荷载确定。置于原倾斜建筑物的基础下，再用千斤顶在桩（墩）之间进行控制加压，使倾斜建筑物徐徐扶正，用楔块将桩（墩）与梁之间的空隙塞紧，撤走千斤顶；或者在原基础下分段做新基础，并逐个撤出千斤顶，桩（墩）与梁之间用混凝土封好。

4. 注入膨胀剂抬升纠倾法

这是通过注浆使地基加固，从而把倾斜一侧建筑物顶升起来的纠倾方法。如在软土地层根据设计布置若干注浆管，有计划地注入规定的化学浆液，使其在地基中迅速地发生膨胀反应，起抬升作用而达到纠倾的目的；或者高压注入水泥浆也可与化学浆同时使用，对土体进行挤压、加固，拱抬地基，起到纠倾的作用。

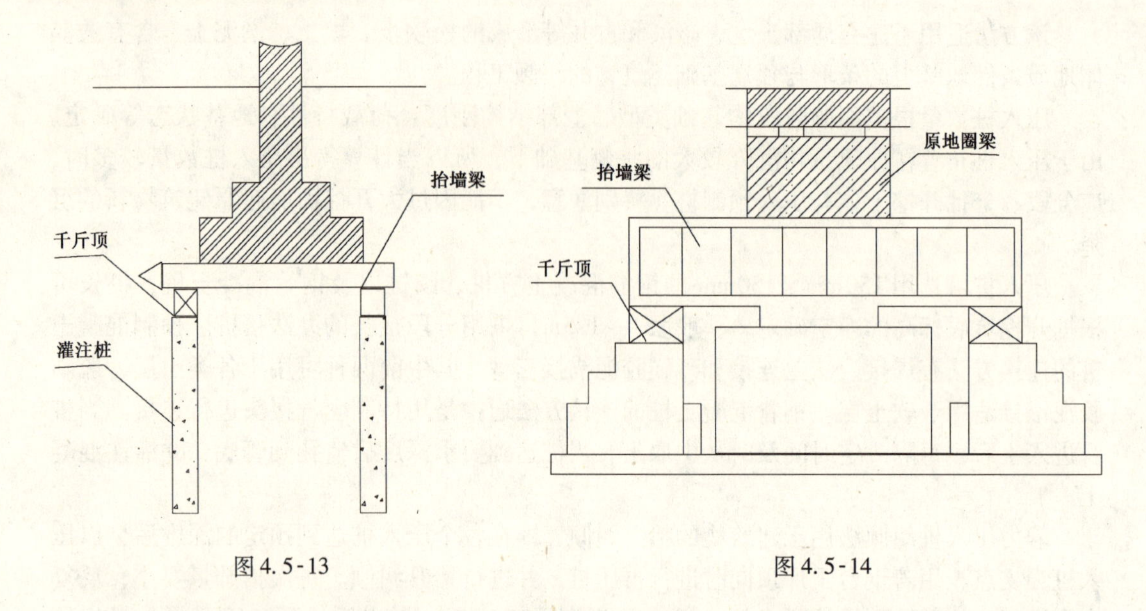

图 4.5-13　　　　图 4.5-14

注入膨胀剂抬升纠倾技术具有不开挖土方、对周围环境影响较小的特点，此法不需改变原设计的地坪标高，能在地面施工，操作简便，不受地下水位高低的影响。在基底下持力层中注浆，不受基础材料和形式的约束，不需因纠倾而重新调整室内外管道高差，这是一项应用广泛、简便、经济、有效的新技术。

（九）综合纠倾法

综合纠倾法是同时采用两种或两种以的方法以对建筑物实施纠倾，适用于建筑物体形、基础和工程地质条件较复杂或纠倾难度较大的纠倾工程。

综合纠倾法应根据建筑类型，倾斜情况，工程地质条件，纠倾方法、特点及适用性等综合选择。综合纠倾法一般有以下几种形式：

1. 加压纠倾法 + 其他纠倾法

对于倾斜量大，特别是倾斜量还在继续发展的建筑物，首选应考虑在原沉降量小的建筑物一侧进行堆载加压，在原沉降较大的建筑物一侧进行卸载来阻止或减缓建筑物的继续倾斜；同时，采用其他有效手段进行综合纠倾。

2. 桩顶卸载法 + 桩身卸载法

对于自身强度有较大富裕量的长桩基础，纠倾时可将桩顶卸载法与桩身卸载法结合起来使用。不必将建筑物原沉降较小的一侧桩头全部切断，而是通过计算，将建筑物原沉降较小的一侧的部分桩头切断，剩余基桩的荷载增大；另一方面，由于剩余基桩的荷载增大，所以桩身卸载量也大大减少。

3. 辐射井射水取土纠倾法 + 双灰桩法

对于建筑平面较小的建（构）筑物，可在建（构）筑物原沉降较大的一侧布置双灰桩，双灰桩吸水、膨胀、固结，挤密地基土，给建（构）筑物基础一个向上的作用力，使其回倾；同时，在建（构）筑物沉降较小的一侧布置辐射井，通过辐射井取土，使基础产生新的沉降，达到纠倾目的。

4. 桩尖卸法 + 桩身卸载法

桩基建筑物中，较多使用的是端承摩擦桩和摩擦端承桩，即在极限承载力状态下，桩顶荷载是由桩侧阻力和桩端阻力共同承受的。所以，对于端承摩擦桩和摩擦端承桩基础建筑物的纠倾，应综合使用桩身卸载法和桩尖卸载法，同时削减桩侧阻力和桩端阻力，使倾斜建筑物原沉降较小一侧基础产生沉降，达到纠倾的目的。

5. 锚杆静压桩纠倾法 + 掏土纠倾法

对于倾斜较大的独立、条形钢筋混凝土基础及筏形基础建（构）筑物，在原沉降量较大的一侧设置锚杆静压桩，制止该建（构）筑物的继续倾斜；同时，在原沉降量较小的一侧基础下配合掏土，使其缓慢、均匀回倾。

6. 锚杆静压桩纠倾法 + 降水纠倾法

对于地下水较高场地上的钢筋混凝土基础建（构）筑物，纠倾前先在原沉降量较大的一侧设置锚杆静压桩，迅速制止其继续下沉，在原沉降量较小一侧设置无砂混凝土滤水井、沉井、大口径降水井等进行降水，使基础下主要持力层的土体排水固结，基础产生沉降，达到纠倾与加固的目的。

第六节 古建筑物加固与纠倾

随着国民经济的发展和科技进步，建筑物加固纠倾扶正技术，已逐渐成为一门专业性很强的综合实用技术，对恢复缺陷建筑物的使用功能，拯救危险建筑物，特别是保护那些具有历史意义的特殊建筑物和文物古迹起着极为重要的作用。

古建筑物是指具有一定历史年代和保护价值的各类建筑物，特别是作为省、市级及其以上文物保护单位予以保护的各类建筑物，如古塔、庙宇、楼阁、民居、碉楼、古堡、石窟等。中国传统建筑艺术是世界上延续历史悠久、分布广阔、风格鲜明的一个独特艺术体系，这是一笔宝贵的中华建筑文化遗产。

古建筑物加固纠倾，系指古建筑物由于地基、基础或建筑物本身因某种原因（如地震、水害、加载、卸载、侧向应力松弛或建筑物自身的差异风化、人为破坏等）造成建筑物倾斜超过规定限度，严重影响其正常使用功能时所采取的纠倾扶正措施。在所有古建筑物中，以古塔倾斜最为严重，这是由古塔的特殊性决定的。因此，在古建筑物的加固纠倾中，古塔是重中之重，其他古建筑物的纠倾加固除应满足古建筑物的特殊要求之外，与一般建筑物纠倾加固基本相同。

一、加固纠倾前的工作

与现代钢筋混凝土建筑物不同，古建筑物作为珍贵文物，除具有建筑物属性外，还具有文物属性，不能有丝毫的损坏。由于年代久远，古建筑物结构大都为砖、木、石、土等材料组成，砌体间胶结强度差，风化破碎严重，所以加固纠倾前要特别详细做好如下准备工作：

（1）详细调查和测绘古建筑物的变形迹象、裂缝性质、结构特点、倾斜方向与倾斜度，并对其强度、刚度和完整性进行评价。

（2）对地基基础状况详细勘探，查明基础形式、基础质量、结构特点、变形迹象、裂缝性质、基础顶面标高、地基土地层结构、岩性、含水情况、地下水位、承载力等，特别应查明是否存在不均匀沉降的条件，以及建筑物所在场地斜坡土体的整体稳定性。

(3) 对古建筑物所在地区的环境条件，如地震、洪水、风速、战争状况、降雨量等进行调查。

(4) 根据调查情况综合分析，判断古建筑物破坏及倾斜原因。在进行原因分析时，应分清直接原因和间接原因。存在多因素原因时，一定要分清主要原因和次要原因。

二、古建筑物破坏和倾斜的类型

通过对以上资料的分析，找出造成其倾斜的直接原因和间接原因，根据病因制定纠倾加固方案。根据研究和实践，古建筑物破坏和倾斜的主要原因大体可归纳为以下几种类型：

(一) 斜坡不稳定型

当建筑物处于斜坡之上时，由斜坡本身不稳定而使古建筑物特别是古塔及塔式建筑物倾斜，就属于此种类型。斜坡不稳定的原因很多，如滑坡、边坡坍塌、切坡使应力松弛等都可以使斜坡失稳。古塔及古建筑物随着斜坡的变形而倾斜，其倾斜方向一般与斜坡变形的方向相一致。兰州白塔山白塔倾斜的主要原因就是因为白塔处在斜坡上，塔院存在两个滑坡，以后殿南侧东西一线为界，以北为北滑坡，以南为南滑坡，白塔就坐落在南滑坡的斜坡上，并随着南滑坡向南向下蠕动而倾斜，倾斜方向 SW67°，差异增湿及地震影响加剧了白塔的倾斜。延安宝塔、九江楼锁江塔均属于此种类型。见图 4.6-1。

(二) 地基不均匀沉降型

这种倾斜原因是由于地基土的不均匀性造成的，如岩性不一样，一侧硬，一侧软；或是软弱层厚度差异较大；或是一侧含水量大，一侧含水量小；或不均匀加载等造成不均匀沉降；特别是湿陷性黄土地区，含水量的影响特别敏感。多数古塔及古建筑物倾斜就属于此类。如兰州烈士陵园纪念塔塔平台坐落于一“斗箕状”沟槽洼地上，建塔时回填沟槽，由于植树浇水使水文地质条件发生了变化，地下水极易在此汇集，回填土较原状土含水量高，使平台产生蠕动变形。加之塔基土系Ⅳ级自重湿陷性和高压缩性黄土，由于含水量差异产生不均匀压缩变形，导致纪念塔倾斜。著名的意大利比萨斜塔及苏州虎丘塔倾斜也是由于地基不均匀沉降所致。如图 4.6-2。

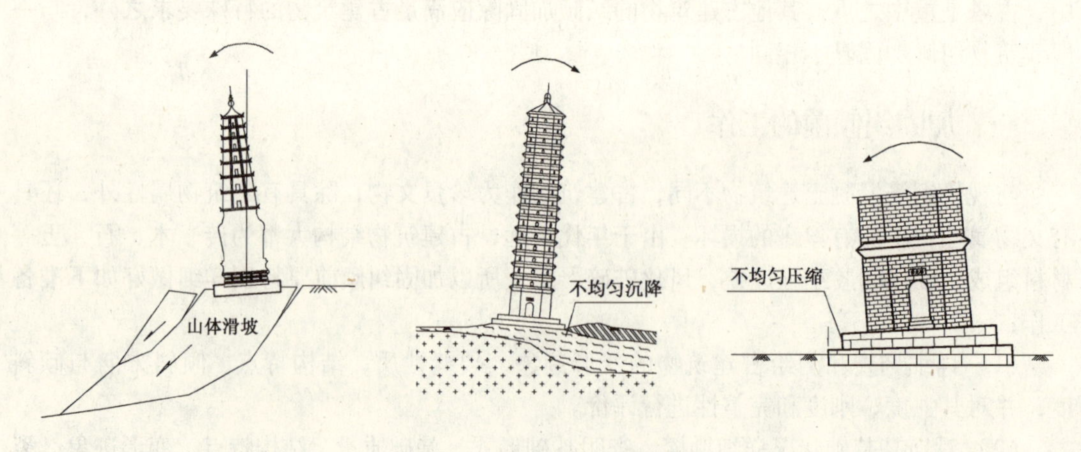

图 4.6-1 斜坡不稳定型　　图 4.6-2 地基不均匀沉降型　　图 4.6-3 基础不均匀压缩型

（三）基础不均匀压缩型

主要由于基础工程不规范、强度不够，建筑物在外力作用下，如地震、洪水等，使基础产生不均匀压缩，致使建筑物倾斜。这种变形一般只发生在古塔中，见图 4.6-3。

（四）建筑物本体不均匀破坏型

建筑物本体在外力（如地震、洪水、雷击、炮击等）作用下或差异风化条件下产生建筑物自身的不均匀破坏，造成建筑物倾斜。这种类型一般产生在年代久远的古建筑物中，如都江堰奎光塔就是典型的实例。通过调查研究分析，奎光塔地基基础未发现不均匀沉降的迹象，也不存在不均匀沉降的条件，地基承载力也是够的，造成奎光塔倾斜的主要原因是地震力作用下，东部塔体被压裂（酥）、西部拉开造成不均匀破坏而向东倾斜，以后的继续发展除地震力的影响以外还与风荷载产生的附加力、砖体本身的强度衰减、偏心荷载的逐渐加剧等有关。见图 4.6-4。

（五）组合型

不只是单因素原因，而是两种或以上因素共同作用的结果。在这种情况下，应该在众多原因中分清主次，见图4.6-5。如山西应县木塔倾斜和扭曲变形，既有地震影响，也有木结构日久风化强度衰减；战争年代炮击等多方面的影响因素。其中，地震影响是主因，其他是次因。

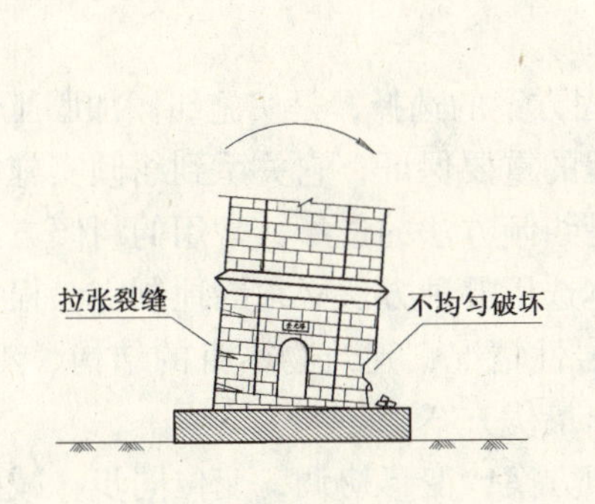

图 4.6-4　建筑物本体不均匀破坏型

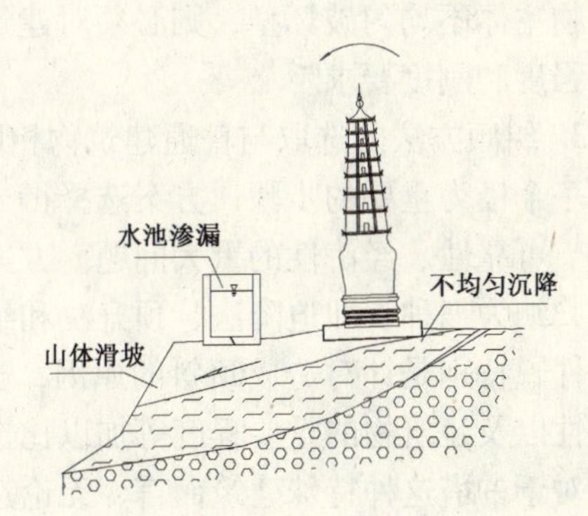

图 4.6-5　组合型

在这些直接原因之中，还应该找出其中的间接原因。如斜坡不稳定是因为滑坡，还是侧向侵蚀造成应力松弛；地基不均匀沉降是两侧的岩性不同，还是由于含水情况不同（特别是湿陷性黄土地区），还是其他什么原因；建筑物自身不均匀破坏，是差异风化造成的，还是其他外力作用造成的，如地震、水害、风力、战争破坏等。只有把直接原因和间接原因都搞清楚了，纠倾加固方案的选择才能做到对症施治，并且可行、可靠。

纠倾只是将已倾斜的建筑物通过各种有效途径将其扶正，使其恢复使用功能。但要保证这种扶正具有长效性，就需针对不同的倾斜原因采取相应的加固措施，消除造成倾斜的原因。所以，加固工程是纠倾工程中的一个重要组成部分，决不可等闲视之。

三、加固纠倾设计

（一）设计原则

古建筑物的纠倾加固设计应遵循文物“修旧如旧”的原则，不改变古建筑物的原貌，纠倾加固完成之后，应做好复旧处理。所有纠倾加固工程必须隐蔽，尽量不留痕迹或少留痕迹，应符合文物修缮有关规范要求。文物不能再生，纠倾加固方案必须保证绝对安全。

（二）加固纠倾设计

1. 应根据古建筑物倾斜原因、所处的环境条件、建筑物主体的破坏情况等，综合考虑选择加固纠倾方案。其方案必须满足安全、可靠、可控及相关规范，并应通过专家评审。

2. 古建筑物纠倾工程与加固工程的设计应统一考虑，使加固工程成为纠倾工程的必备条件。纠倾工程待纠倾完成以后成为加固工程的一部分，即永久工程。

纠偏工程是指将已经倾斜的建筑物通过各种技术手段将其扶正，但要保证它不再倾斜和长期稳定，或者保证在纠偏过程中建筑物的绝对安全，这就要靠加固工程来予以实现，如消除倾斜的原因、增加建筑物的强度和刚度、保持其完整性等等，因此可以说加固工程是纠偏工程的前提条件，也是纠偏工程的重要保证。

加固工程根据不同的情况（倾斜原因、建筑物自身的条件以及考虑到纠偏工程的特殊需要），可能包括斜坡加固、地基加固、基础加固、建筑物自身的加固和修缮等。如斜坡不稳定型，则首先必须加固斜坡，其防治措施有抗滑桩、锚索抗滑桩、锚索框架、挡土墙、扶臂式挡墙、疏排水措施等；地基不均匀沉降型，基础不均匀压缩型则可参照《既有建筑地基基础加固技术规范》（JGJ123—2000）选择不同的加固方法进行地基基础加固；建筑物主体不均匀破坏型，则必须对建筑物本身进行加固，使满足纠倾过程中和地震条件下的强度和刚度要求。

3. 纠倾方法的选取与普通建筑物相同。纠倾加固方案的选择，是实施纠倾加固工程之前的一个极为重要的步骤，方案选择得当是纠倾工程的重要保证，它关系到纠倾实施的可行性、可靠性、经济性的重大问题。方案比选实质是纠倾方法的选择，常用的纠倾方法大体可归纳为三种，即迫降法、顶升法和组合法。具体选用哪种方法必须因地制宜，根据现场条件，特别是针对造成倾斜的原因，当地的地质岩性情况，建筑物本身的结构、刚度、稳定性以及建筑物的重要程度等加以比选论证，找出最优方案。

对于古塔这种特殊建筑而言，无论选择何种纠倾方案，变形协调，变位同步，减少塔体因附加应力造成进一步的破坏；纠倾方向和速度人为可控，保证纠倾过程的绝对安全是非常重要的。

古建筑物特别是古塔纠倾，最常用的方法有排泥法、注水法、降水法和抬升法等。各种纠倾方案都存在优点、缺点和各种不同的适用条件。实践经验证明，组合方法因可以取长补短，优于单一方法。如果能做到科学协调组合，实施力的合理转换则会显示出更大的优越性，这是值得我们认真考虑的一个问题。

不论选用哪一种方案，均应保证在纠倾过程中古建筑物变位协调，不产生附加应力，避免古建筑物的进一步破坏。在纠倾过程中应做到变位速度、方向人为可控，不应产生突然下沉，影响建筑物的安全；同时，应满足古建筑物的纠倾精度要求，并保持其长期稳定。

4. 在纠倾加固工程设计的同时，应进行监测系统的设计，监测系统设计包括结构应力测试、变位监测、沉降观测等，其精度应能满足相应的规范要求。

5. 古建筑物纠倾设计不得缺少安全防护措施设计，如千斤顶防护、定位墩防护、塔式建筑物的缆拉防护等等。

6. 根据地基基础条件和古建筑物结构状况，因地制宜选择纠倾部位。古建筑物纠倾部位的选择，一定要因地制宜，对症施治。一般情况下，可参照普通建筑物的纠倾方法，选择在地基土中着手。若地基土为砂卵石层或不适宜在地基土中实施纠倾时，也可选择在建筑物自身。对古砖塔纠倾，只要条件具备，可考虑塔身掏砖纠倾方法。

四、加固纠倾施工

古建筑物的加固纠倾是一项特殊的工程，具有高难度、高风险和高技术含量的特点，因此，古建筑物纠倾加固施工必须挑选有相应资质的单位和有经验的专业技术人员来承担。

1. 在古建筑物的纠倾加固施工前，必须根据施工图设计要求，详细编制施工组织设计。由于古建筑物加固纠倾施工的特殊性，施工方法、施工顺序和施工工艺允许根据具体情况进行调整，动态设计，信息化施工。

2. 古建筑物的纠倾加固施工，一般情况下遵循先加固后纠倾的施工顺序。但对软弱地基进行地基加固有可能加剧建筑物倾斜时，应适当考虑先纠倾后加固地基，以保证古建筑物在加固过程中的安全和纠倾成果。

3. 在古建筑物的纠倾加固施工过程中，必须进行动态监测，及时反馈信息，并做好安全防患应急预案。

4. 古建筑物的纠倾加固施工应精益求精，避免造成新的破坏，因施工需要临时拆除的古建筑物部件，拆除前应进行拍照或录像，并编号、贴好标签妥善保存，等工程完成以后，恢复原状。

除上述以外，古建筑物的纠倾施工可按照一般建筑物的加固纠倾方法进行。

五、古塔加固纠倾

塔起源于印度，随着佛教传入中国已有几千年的历史。塔不仅对研究中国佛教文化和古建筑艺术有着极深的文化艺术价值，也是中华灿烂文明史上一颗璀璨明珠。古塔是中国五千年文明史的载体之一，古塔为祖国城市山川增光添彩，塔被佛教界人士尊为佛塔。矗立在大江南北的古塔，被誉为中国古代杰出的高层建筑。

我国是一个多塔的国家。据统计，国内现有古塔一万多座，遍布全国，它是我国悠久文化遗产的组成部分，也是古代劳动人民勤劳智慧和伟大创造的结晶。然而，由于年代久远，加之受各种自然条件和人为因素的影响，古塔倾斜失稳现象时有发生，文物界素有“十塔九斜”之说。部分古塔不仅发生不同程度的倾斜变形，甚至倒塌破坏，造成千古遗憾。如陕西扶风县法门寺塔，曾在大雨中倒塌。

古塔有一个共同的特点，就是底面积小而高度大，宽高比一般在1∶5以上，重心高、稳定性差，稍有倾斜就会产生较大的偏心荷载，使倾斜不断地发展，严重者可导致建筑物倒塌。古塔一般建于天然地基之上，对地基基本不作任何处理，基础工程也不规范，有的甚至没有基础，对周围的地质环境、地基土的地层岩性、含水情况均不甚了解，再加上年代久远，多属砖混、砖石、砖木结构，风化破坏严重，整体性及刚度均较差，对其实施纠偏比一般建筑物更具风险性。因古建筑物中尤以古塔倾斜为最，其方法有一定的特殊性。一般古建筑物纠倾方法与普通建筑物大体相同，在此不再赘述，仅就最近研发的古塔迫降、顶升组合协调纠倾方法加以介绍。

（一）古塔纠倾部位和方法的选择

古塔纠倾部位和方法的选择，应根据倾斜原因、塔身结构和地基基础状况综合考虑。

基于古塔的特殊性，纠倾部位除一般选用地基、基础部位外，也可根据具体情况在塔身底部隐蔽部位通过掏取塔身砖体实施，这种方法可不扰动原地基基础，而且在地面施工，简单易行。通过实际工程的应用，效果显著。

古塔属于珍贵文物，文物不能再生，安全是第一位的问题。在纠倾方法的选择时，一定要做到可控、协调、安全。近期开发出来的迫降、顶升组合协调纠倾法，最大的优点就是可控，变形协调，精确度高，不会给古塔造成再破坏，能保证古塔的绝对安全。故在条件具备时，可优先选用该法。

（二）迫降、顶升组合协调纠倾法

1. 迫降、顶升组合协调纠倾法是集迫降法与顶升法之所长，弃两者之短，将两者有机组合起来的一种复式纠倾方法。其技术核心是，采用钢筏承托、千斤顶控制、钢丝绳内拉技术，保证塔体各部位变形协调，免受破坏；采用无外荷加载、掏砖（土）不变形机制，确保纠偏可控，提高了纠偏精度；采用千斤顶及定位墩保护措施，保证了纠偏的绝对安全。

纠倾原理是：在沉降少的一侧以掏砖迫降为主，沉降多的一侧以顶升为辅。掏砖迫降又以掏砖为主，无外荷加载为辅；顶升以保证钢筏的线性变位为主，适当增加上顶力，促进塔身回复，扩大张拉区域。迫降、顶升组合协调，实施力的合理转换。这种纠偏方法可加快纠偏速度，减少掏砖量，提高纠偏精度，使整个纠偏过程在严密的人为控制之下，确保塔身的安全。见图4.6-6。

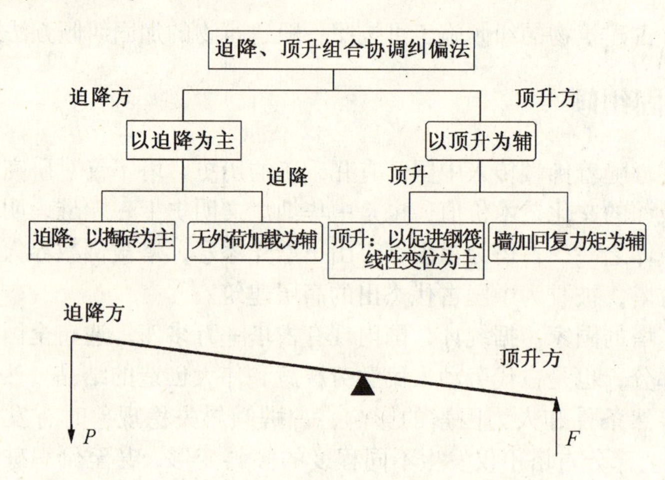

图4.6-6　迫降、顶升组合协调纠偏法原理图示

2. 纠倾施工前的准备

安装调试各种量测设备；设计并制定各种测试数据的采集、汇总、整理、分析方法、程序和图表；制定安全防护系统的操作程序；进行钢筏刚度试验，并确定相关参数；设计掏砖、土的程序，并制定稳定标准；建立数据采集分析中心。

3. 钢筏施工，将型钢或钢轨按古塔倾斜的角度和方向，整齐排列插入基础之下或塔身护台部位，并在钻孔内注浆，形成一定厚度的钢筋混凝土托盘，并与塔身杯口连接；钢筏刚度应满足在塔身自重作用下，实施千斤顶顶升或储力要求，其刚度可通过实测确定。纠倾完成以后，钢筏成为扩大基础或复合基础的一部分。

4. 钢筏下设置千斤顶支座，其承载能力应满足千斤顶的持力要求。千斤顶支座可结合地基基础加固设置。

5. 在钢筏四角部位设计定位墩，定位墩顶面标高根据纠倾量计算，定位墩在纠倾过程中垫钢板作为防护设施，纠倾完成后作为钢筏的定位，防止复倾。

6. 纠倾前应进行掏砖（土）孔的设计，其孔径、孔数、位置及所造就的应力图形应满足纠倾中钢筏的变位呈线性。

7. 掏砖（土）施工

根据掏砖、土设计放置的孔位进行钻孔，钻孔采用干钻冲击方式钻进，避免循环水渗入地基。由于砖砌体的强度与试验值有一定的差异，因此，掏砖钻孔采用分期分批、逐渐加密的方法进行。在掏砖、土过程中要严密监视塔体的变形，特别是千斤顶的受力变化。当千斤顶的受力状态开始有规律性的增加时，则证明迫降方边缘部位的应力已超过砖砌体的抗压强度（此时迫降方的边缘应力即等于砖、土体的抗压强度），仍可继续掏砖土。当千斤顶储力达到设计值时，停止掏砖土，开始纠倾。

8. 纠倾施工

纠倾是将迫降区储存在千斤顶上的力，逐级卸荷加到钢筏上去，促进砖砌体或土体的渐进破坏，此时应特别注意钢筏的线性变位问题。当顶升区开始张开时，应在该区施加一定的上顶力，以保持钢筏变位的线性，并增加回复力矩，促进塔体的回复。如此往复进行，直至千斤顶储力完全消除为止，开始进行第二轮掏土、砖。在纠倾过程中要及时进行数据处理，绘制实时应力图形，新一轮掏砖、土设计、电算程序计算及绘制塔身位移轨迹图，如图4.6-7所示。根据这些数据的反馈信息，重新调整各种纠倾参数，特别要注意调整纠倾方向，方向的调整可通过掏砖、土和千斤顶卸荷来进行。纠倾工作一直达到预定目的为止。

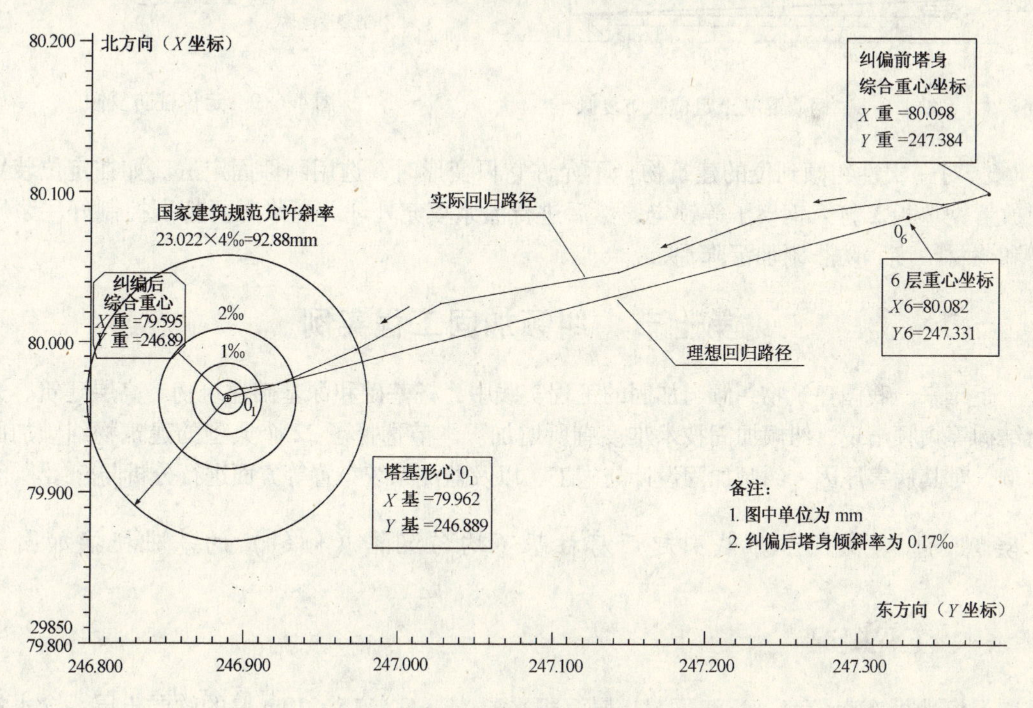

图4.6-7 都江堰奎光塔重心回归轨迹线

9. 锁定

当纠倾达到目标后必须锁定，以保证纠倾成果，其方法是在定位墩上调整钢板，打入钢楔，向掏孔区四周填塞干硬性混凝土，塔底进行压力灌浆。等达到一定强度后，抽掉千斤顶，浇筑混凝土。

六、防复倾加固

1. 古建筑物加固纠倾后，如果缺乏有效的防复倾措施，还会再次倾斜。为保证纠倾精度及建筑物长期稳定，在纠倾设计时应结合加固工程进行防复倾设计。

2. 防复倾加固方法一般有定位墩、定位桩、定位梁、锚杆静压桩、双灰桩等方法，设置在基础下面或地基里，选用时最好与建筑物纠倾加固设计配套进行。如图 4.6-8 及图 4.6-9 所示。

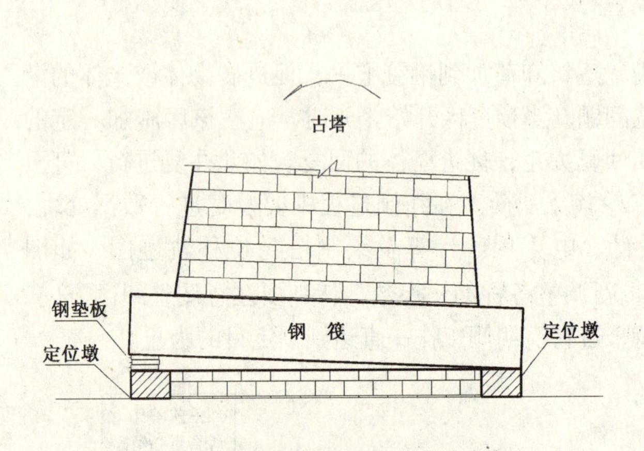

图 4.6-8　钢筋混凝土定位墩防复倾

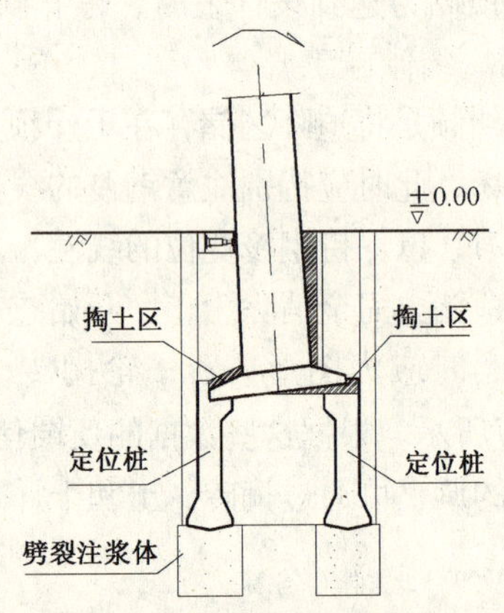

图 4.6-9　定位桩防复倾

3. 对一次性纠倾到位的建筑物，不允许它再变形时，选用刚性固定法。如在定位装置上放置钢垫板、打入钢楔子等锁定，然后进行灌浆填充处理。灌浆时要特别控制好注浆压力和浆材浓度，防止附加沉降。

第七节　纠倾加固工程实例

近年来，我国建筑物纠倾与加固的工程实践中，桩基础和深基础建筑物、高层建筑、大跨结构等频频出现，纠倾加固技术难度有所增加。本节选择了 22 个典型的建筑物纠倾加固实例，对其病害原因、纠倾加固设计与施工、以及监测系统布置等方面进行分析与介绍。

［实例一］　大面积堆载引起厂房柱基不均匀沉降（倾斜）的基础托换加固*

一、工程概况

上海地处东南沿海，长江下游，属沉积平原。一般有 15～20m 厚的软弱土层，含水量

*本实例由周志道、周寅编著

高，孔隙比大，呈流塑状，地基土强度低。目前上海规定建造五层以上的住宅楼地基都要进行加固处理，如采用小截面混凝土方桩、离心管桩、混凝土灌注桩、搅拌桩等方法进行地基加固处理。

我公司近几年来相继承接了多座建于天然地基上栈桥或库房的基础托换加固工程，在厂房内都堆放有较大的荷载，如钢卷和厚板、坯料等地面堆载达4~12t/m²，从而引起中柱和边柱的大量沉降，造成柱子倾斜、小柱开裂、吊车运行出现滑轨和卡轨现象等事故发生，直接影响正常生产和结构的安全使用。

以往承接基础托换加固工程如：上钢三厂板坯库露天栈桥，上钢三厂炼钢车间露天栈桥，上钢五厂落锤车间露天栈桥，宝钢运输公司的3#库堆料场工程，下面重点介绍宝钢运输公司3#库基础托换加固情况：

二、宝钢运输公司3#库基础托换加固

1. 概况

宝钢运输公司3#库（简称3#库）由一期车间、二期扩建车间和冷作车间组成，车间是单层双跨门式钢架轻钢结构；长90m，宽2×21m，高11.3m，柱距6m，吊车荷载为10t和20t两种，独立基础，面积为3.1m×3.8m和3.0m×3.4m，天然地基。厂房由当地乡政府建造，建于2000年，建成后租给宝钢运输公司使用，至今已有五年之久。3#库房内除堆放宝钢生产的各种不同规格的钢卷外（钢卷重由4~23t不等，并叠成两层堆放），单位面积投影荷载约为4~13t/m²，从而超过了地基的承载力。3#库区内尚有钢材半成品的加工设备，如开卷机、切割机和打包机等，对各柱沉降观测结果表明，3#库区内，堆有荷载区柱基沉降较大，设备区柱基沉降较小，沉降差达60多厘米，造成吊车滑轨、卡轨、柱子内倾、局部剪刀撑弯曲，直接影响车间的正常运行。为此建设方急于要求进行加固处理，制止不均匀沉降的继续发展，确保厂房结构的安全使用。

2. 地基土特征

地层分布情况如下：

②粉质黏土：层厚2.0m，呈可塑~软塑，中等压缩性。

③淤泥质粉质黏土：层厚4.7m，饱和状，呈流塑，高压缩性。

③夹黏质粉土：层厚1.6m，饱和状，松散~稍密，中等压缩性。

④淤泥质黏土：层厚8.20m，饱和状，软塑~流塑，中等压缩性。

⑤粉质黏土：层厚1.26m，饱和状，软塑~流塑，中等压缩性。

⑥粉质黏土：未钻穿，可塑~硬塑，中等压缩性。

由上可见3#库区地质较差，软弱土层较厚，建于天然地基上且车间内又有大面积堆载情况下的工业厂房，沉降必然很大。

3. 柱基不均匀沉降情况

根据宝钢集团房屋质量检测站提交的检测结果（轴线平面位置详见图4.7-1），各柱基相对沉降差值最大达到646mm，其中相对沉降较大值主要在Ⓓ、Ⓖ列，这与现场ⒹⒼ跨堆放有大量的钢卷情况相符，Ⓓ列柱的相对沉降最大差值为344mm（⑤线和①线），Ⓐ列柱的相对沉降最大差值为153mm（⑤线和⑯线），Ⓖ列柱的相对沉降最大偏差值为158mm（①线和⑤线），由上可见厂房柱基存在明显的不均匀沉降。由此引起的轨道顶面的高差：

如Ⓐ轴最大高差为52mm（④线和⑭线），北Ⓓ列最大高差为117mm（⑥线和⑮线），南Ⓓ列最大高差为121mm（⑤线和⑮线），Ⓖ列最大高差为46mm（⑤线和⑮线）。

中心柱与边柱沉降差在堆载区比较明显，如ⒶⒹ跨跨距21m，在⑯线处两点偏差最大值为186mm，ⒹⒼ跨跨距21m，在⑭线处两点偏差最大值为199mm。

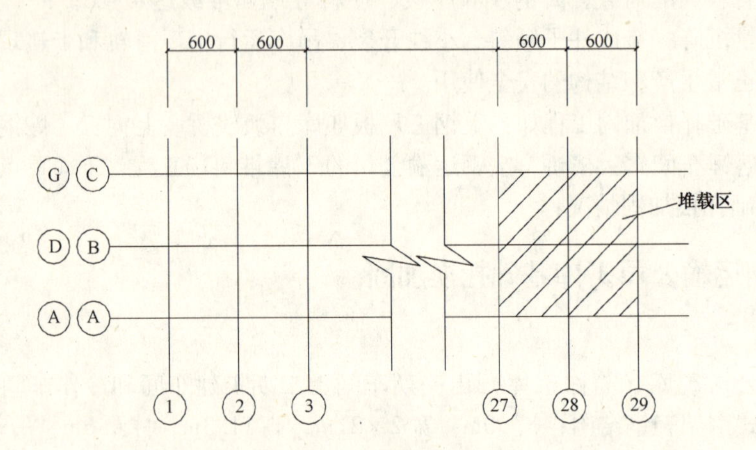

图4.7-1　轴线平面示意图

4. 造成柱基大量沉降的原因

众所周知，冶金生产厂的板坯或钢卷等钢材需要有较大的存放场地。根据钢材要求，有的堆放在露天栈桥，有的则要堆放在带屋盖的库房内；存放的钢材或钢卷堆载荷载较大，每平方米少则几吨，多则几十吨。因此，对地坪承载要求较高，常规的地坪地基都需作加固处理。然而本厂区内的库房为天然地基，土质较差，有较厚较软弱土层。虽然地表有一层②土层粉质黏土，地基承载力设计值为125kPa，然而③土层淤泥质粉质黏土和④淤泥质黏土，均属软塑～流塑状的软土，软土层厚达20m左右，地基承载力设计值仅为70kPa左右，所以，当20t钢卷大面积均匀堆放在天然地基上的混凝土板上。在如此大的荷载作用下，下卧层土体必将引起压缩变形和软土的侧向变形，由于二跨库房宽度达42m和48m，单跨为21m和24m，压缩层厚度至少深达21～24m，主要受力变形区在③、④层土内。大面积堆载引起的沉降呈两边小、中间大的锅底形变形，从而导致柱基础产生大量沉降和柱基转动。

由于宝钢3#库厂房为带屋盖的钢架结构，从而约束了柱顶的转动，所以柱子倾斜受到制约，但柱子仍有一定量侧向变形，柱基沉降仍然是比较大的。测量结果表明，堆载引起的沉降达400～650mm，如果柱基按此沉降下去，将对上部结构带来极大的危害。不规则堆载，经调查发现钢卷直接堆在柱子边缘，经柱基开挖后发现，中间柱柱基础沿柱子边缘断裂。由于上述原因，造成柱基大量沉降是必然的结果。

5. 中间柱受堆载影响的沉降计算

我们参照TJT7-74规范中推荐的计算公式进行计算：

受地面堆载的影响，一般以中间柱基为最大。假设堆载为均布荷载，如图4.7-2所示。

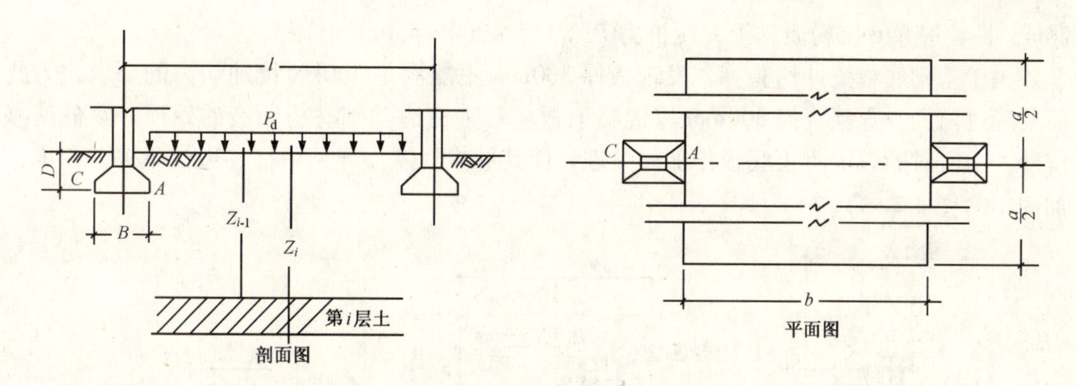

图 4.7-2 大面积地面堆载示意图

中间柱基内外两侧边缘中点的附加沉降量分别如式（4.7-1）和式（4.7-2）所示。

$$s_A = \sum_{i=1}^{n} \frac{p_d}{E_{si}}(Z_i C_{Ai} - Z_{i-1} C_{Ai-1}) - \frac{p_d}{E_{sD}} DC_{AD} \tag{4.7-1}$$

$$s_C = \sum_{i=1}^{n} \frac{p_d}{E_{si}}(Z_i C_{Ci} - Z_{i-1} C_{Ci-1}) - \frac{p_d}{E_{sD}} DC_{CD} \tag{4.7-2}$$

式中 p_d——均布地面堆载（t/m^2）；

n——地基压缩层范围内所划分的土层数；

E_{si}——室内地坪下第 i 层土的压缩模量（t/m^2）；

Z_i、Z_{i-1}——室内地坪至第 i 层和第 $i-1$ 层底面的距离（m）；

C_{Ai}、C_{Ci}；C_{Ai-1}、C_{Ci-1}——柱基内外侧中点自室内地坪面起算至第 i 层和第 $i-1$ 层底面范围内平均附加压力系数，可按 TJT7-74 规范附录五采用；

C_{AD}、C_{CD}——柱基内外侧中点自室内地坪面起算至基础底面处的平均附加压力系数；

E_{SD}——室内地坪面至基础底面土的压缩模量（t/m^2）；

D——基础埋深（m）。

通过计算 3#库大面积堆载区影响中柱最大计算沉降量为 320mm，但实际测值为 400～600mm，说明土体进入塑性变形后引起的侧向变形增大是柱基大量沉降的主要原因。

6. 柱基托换加固设计

宝钢 3#库属带屋盖的轻钢结构，对边柱和中柱发生转动，起到强有力的制约作用。由测试结果表明，大面积堆载区中柱沉降较大，但柱子偏斜不大，一般保持在小于 4‰范围内，少数柱子倾斜率约为 7‰～8‰，为此本工程重点解决今后继续堆载情况下如何有效控制柱基的下沉。从以往工程经验表明，中、边柱采用桩基后，沉降与倾斜可以得到有效控制，效果是明显的；但由于厂房已建成，车间不能停顿加固，经多方案比较，推荐采用由本公司研究成功的锚杆静压桩地基加固新技术，可以在不停产情况下进行补桩加固，通过锚杆静压桩桩基将上部荷载传递到深层土中去，能克服大面积堆载引起的附加沉降的影响。桩数设计主要考虑吊车荷载、混凝土基础和基础混凝土上面的填土荷载，以及大面积的负摩阻力影响。经计算中柱为 6 根桩，边柱为 4 根，桩截面为 250mm×250mm，桩长

20m，桩尖进入⑥层粉质黏土，压桩力 $P_p>1.5\times300=450\text{kN}$。

关于基础底板抗冲切验算，发现板厚300mm不能满足400kN抗冲切力的要求，为此需要通过植筋，重新浇捣300mm厚混凝土板。对于柱边基础底板断裂的处理，除桩基移位外，尚需对断裂混凝土底板作加固处理，使其形成整体，详见中柱、边柱布桩图和承台加固图（图4.7-3）。

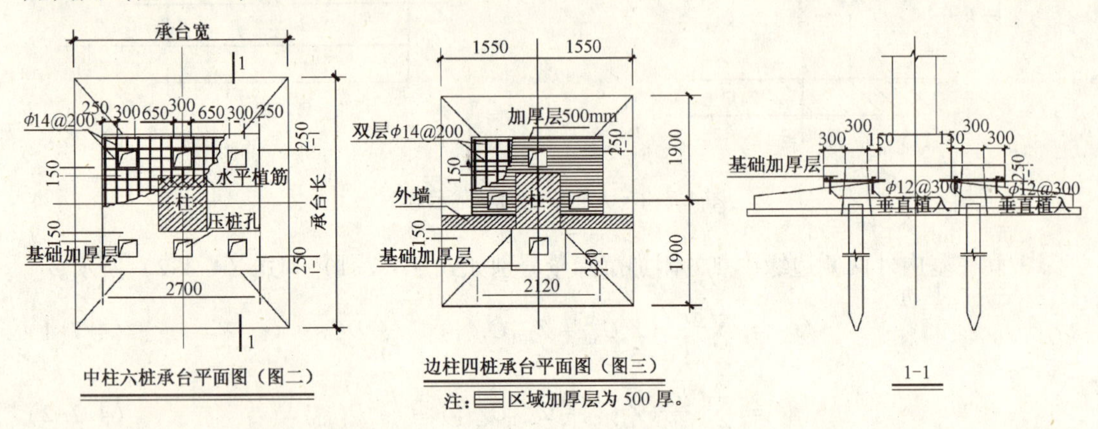

注：▤区域加厚层为500厚。

图4.7-3　布桩图

图4.7-4　受大面积堆载影响的厂房柱基加固

7. 基础托换加固后效果

3#库加固自2006.2.10～2006.5.30历时108天，压桩数761根，桩长20m，压桩力>450kN，柱子基础植筋加固计177只，植筋数16300根。

2006年6月30日测量结果，柱子倾斜率均在4‰以内，沉降速率：设备区为0.08mm/d，堆载区为0.12mm/d。由此可见，3#库基础经锚杆静压桩托换加固后，取得了明显的加固效果，有效控制了库房的沉降，确保了仓库的安全使用。

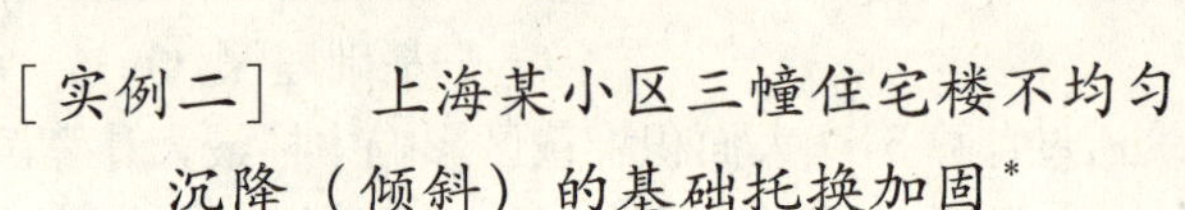

［实例二］　上海某小区三幢住宅楼不均匀沉降（倾斜）的基础托换加固*

一、工程概况

上海西南地区××房地产公司开发了15幢住宅楼，楼高分别为6～11层，建成后其中3幢楼沉降量较大，接近规范允许沉降值150mm；同时，发现在沉降缝处有明显瞌头现象，而沉降速率亦较大，尚无收敛趋势；而这批住宅楼于2004年年底交付给业主使用，离交房日期仅有3个月，时间十分紧迫，开发商十分焦急；为此委托上海华冶建筑危难工程技术开发公司提出加固处理方案及承担加固施工，该工程还委托上海市建委科技委进行技术论证，分析原因和提出对加固处理的评审意见。

*本实例由周志道、周寅编著

该住宅楼编号分别为8#、11#、12#楼，基本情况如下：

8#楼和12#楼的建筑情况：8#楼和12#楼分三单元组成，单元之间都有沉降缝隔开，①~⑰轴，长23.8m，高为9层：⑱~㊱轴，长27.2m，高为9层；㊲~�的轴，长27.52m，高为11层，宽均为11.8m，基础埋深-2m。

基础设计方案为轴线桩布桩基础：楼高9层，桩截面为250mm×250mm，桩长18m，单桩设计承载力为600kN。楼高11层，桩截面为预应力混凝土离心管桩（PHC）直径为ϕ400mm，桩长22m，桩尖进入⑤2-2层粉质黏土夹粉砂，单桩设计承载力为900kN。

8#楼沉降情况：

①~⑰单元沉降趋势由西向东递增；⑱~㊱单元沉降趋势由西向东递增；㊲~㊺东单元沉降趋势由东向西递增，沉降缝两侧建筑物都向沉降缝方向倾斜。17#沉降点最大沉降值为180.5mm，17#点沉降速率为0.938mm/d；15#测点最大沉降值为153mm>150mm（规范允许值），15#点沉降速率为0.458mm/d。

12#楼沉降情况：

①~⑰单元沉降由西向东递增；⑱~㊱单元沉降由东向西递增，18#测点沉降量已达184mm，沉降速率为0.77mm/d；19#测点沉降量为176mm，沉降速率为0.8mm/d，沉降量都>150mm（规范允许值）。

11#楼建筑情况：

分三单元组成，并由沉降缝隔离：

①~⑮轴单元长25.4m，高9层，宽14m；

⑮~㉛轴单元长26.62m，高9层，宽14m：

㉛~㊻轴单元长26.3m，高9层，宽14m。

基础设计方案：轴线布桩，桩截面为250mm×250mm，桩长18m，桩尖进入⑤2~1层砂质粉土，单桩设计承载力为600kN。

11#楼沉降情况：①~㉛轴沉降由西向东递增，㉛~㊻轴沉降由东向西递增；沉降缝两侧沉降情况：东侧5#测点沉降值达179mm，沉降速率为0.75mm/d；西侧20#测点为174mm，沉降速率为0.55mm/d，沉降缝两侧单元都向沉降缝方向倾斜。

由上可见，8#、12#、11#三幢楼的沉降速率仍较大，沉降尚未达到稳定。

图4.7-5 用于9层住宅楼的基础托换加固

二、地基土构成与特性

第②层褐黄色粉质黏土土质较好，可作为1~2层轻型建筑物的天然地基持力层：本场地第⑤1层以上土层以饱和黏性土为主，其含水量高，空隙比大，土质软弱，承载力低，故不宜作为本工程的桩基持力层。

第⑤2-1层砂质粉土存在于拟建场地中间地区，即第⑥层暗绿硬土层缺失区，厚度约为4.0~5.0m，其下为第⑤2-2层粉质黏土夹薄层粉砂。第⑤2-1层土层的静力触探比贯入阻力P_s值为3.71MPa。作为5~7层住宅复合桩基持力层，亦可考虑作为8~9层小高层的桩基持力层。当该土层不能满足建筑物的强度和沉降量要求时，则可考虑第⑤2－2层作为桩基持力层。

第⑥层暗绿色粉质黏土，埋深适中，但仅分布于都市路东侧，详见平面布置图上的第⑥层界线。静力触探比贯入阻力 P_s 值为2.27MPa，土质相对较好，但分布区域较小，该土层一般适宜作为14层以下建筑物的桩基持力层。

第⑤2－3层草黄色—青灰色粉砂夹粉质黏土，该层土的静力触探比贯入阻力 P_s 平均值分别为4.80MPa。土质较密实，可作为11～14层小高层的桩基持力层。

第⑦2层粉细砂，土质密实，但由于埋藏较深（一般在自然地面以下40m），因此，本报告不建议作为拟建小高层的桩基持力层。

本场区地层赋存变化较大，因此设计应根据建筑物性质，所在房号的具体地层分布规律（即工程地质条件）及建筑施工等因素综合考虑，以确定合理方案。

由地基土构成情况来看，⑤－1层以上和⑤1层土都是比较软弱的，关于⑤2－1层土，从静力触探提供的资料来看其厚度有4～5m，其 P_s 值变化是比较大的，P_s 值为2～6MPa变化，说明该层土不稳定，作为桩基持力层需谨慎对待。

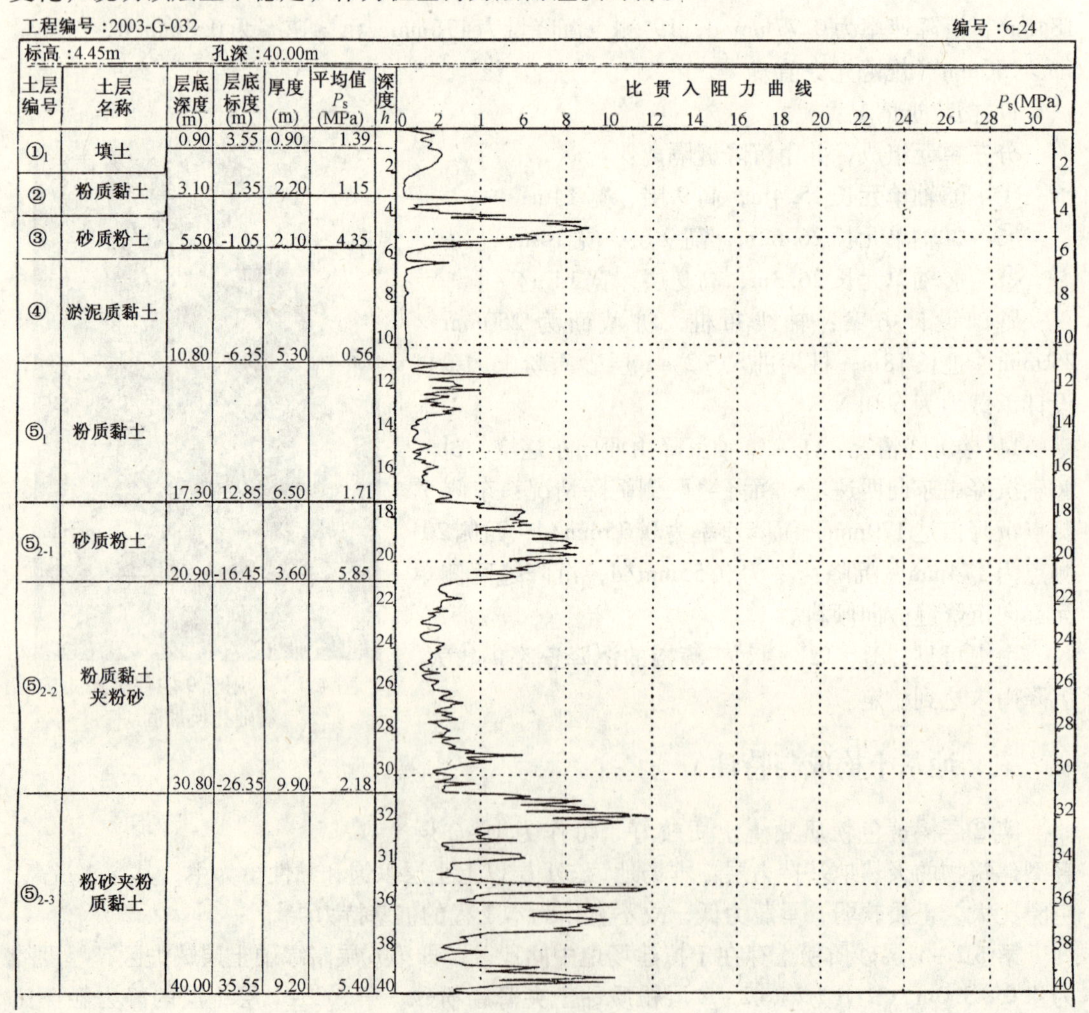

土层编号	土层名称	层底深度(m)	层底标度(m)	厚度(m)	平均值 P_s (MPa)
①1	填土	0.90	3.55	0.90	1.39
②	粉质黏土	3.10	1.35	2.20	1.15
③	砂质粉土	5.50	-1.05	2.10	4.35
④	淤泥质黏土	10.80	-6.35	5.30	0.56
⑤1	粉质黏土	17.30	12.85	6.50	1.71
⑤2-1	砂质粉土	20.90	-16.45	3.60	5.85
⑤2-2	粉质黏土夹粉砂	30.80	-26.35	9.90	2.18
⑤2-3	粉砂夹粉质黏土	40.00	35.55	9.20	5.40

图4.7-6　C24孔静力触探测试成果图

三、产生不均匀沉降原因

1. 从××小区提交的工程勘察报告中 P_s 曲线不难看出，桩尖处于⑤2－1粉质砂土，厚度不均，P_s 值变化较大，其下尚有较厚的⑤2－2层粉质黏土夹粉砂，P_s 值不高(2.2MPa)，属中等压缩性，所以说明拟建场地土并非最好，另外下卧层土层变化复杂，有古河道切割等，由此引起该建筑物较大沉降量是必然的。

2. 设计上的不合理

(1) 局部布桩不合理，如在沉降缝两侧有两道山墙，造成沉降缝两侧的地基土应力叠加，但布桩数量不足，由此导致沉降缝两侧建筑物的瞌头现象发生。

(2) 桩基设计方案与勘察报告提供的方案不同，勘察报告建议9层建筑物桩截面为300mm×300mm，桩长28m，桩尖进入⑤2－2层粉质黏土夹粉砂，单桩竖向承载力为660kN，而目前本工程桩基设计，桩截面为250mm×250mm，桩长18m。由荷载试验结果提供，单桩设汁承载力为600kN，但从实际情况来看单桩承载力取值偏高。

(3) 当桩长为18m时，桩尖进入⑤2－1层桩尖持力层达2/3层厚，桩尖下仅有1.5m左右厚持力层。当桩基应力水平较高时，桩尖就会发生刺入变形，从而加大建筑物的沉降量。

四、布桩加固设计

1. 桩型的选择：根据现场实际情况，经过多种加固方案的比较，由于其他地基加固方法无法实施，最终决定选用由我公司开发成功的锚杆静压桩地基加固新技术，才能达到补桩加固的效果。

2. 托换荷载的确定：托换荷载由以下两部分组成：首先竣工后的住宅楼尚有20%的装修荷载和活荷载尚未施加，其次为降低原桩基的应力水平值，转换给新加桩基的身上，从而减少沉降量。原单桩承载力为600kN，我们认为明显偏高，建议调整到450kN左右。为此本工程托换荷载比例应为35%～40%，较为理想。

3. 压桩承台设计：本工程原设计采用轴线布桩，桩顶上为地基梁，地基梁两侧无外挑基础，由此给补桩加固带来极大困难。为满足补桩需要，在地基梁的两侧根据设计要求，重新制作压桩承台。

原地基梁高为700mm，根据两种压桩力，即一种为600～800kN，另一种为800～1000kN。为此必须设计两种压桩承台，压桩承台有效高度为700mm，但配筋要求是不一致的，压桩承台的抗弯、抗剪、抗拔钢筋均采用植筋技术，确保受力需要，详见图4.7-7。

4. 长短桩设计

考虑到该场地下卧层土质的复杂性，有古河道切割区，⑤2－1层虽然可以作为桩尖持力层，比贯入阻力一般在2～6MPa之间，而其下⑤2－2层为粉质黏土，P_s 值仅为2MPa，属中等压缩性，为有效制止建筑物沉降，新补桩基桩长选择为28m，桩尖进入⑤2－2～⑤2－3层。根据压桩施工纪录，穿透⑤2－1层时，250mm×250mm方桩压桩力为700～800kN，ϕ400PHC桩压桩力为900～1000kN，为有效穿透⑤2－1层，降低压桩力，设计选用钢管桩，作为下节桩，桩长10m，上节桩仍取钢筋混凝土桩，简称为组合桩，钢管桩与混凝土桩采用焊接连接，钢管直径：250mm×250mm混凝土方桩下的钢管桩直径为ϕ219×

8，300mm×300mm 混凝土方桩下的钢管直径为 $\phi 273\times 9$，钢管桩桩长均为 10m，桩尖进入⑤2－2 层底部或⑤2－3 层顶面粉砂夹粉质黏土。

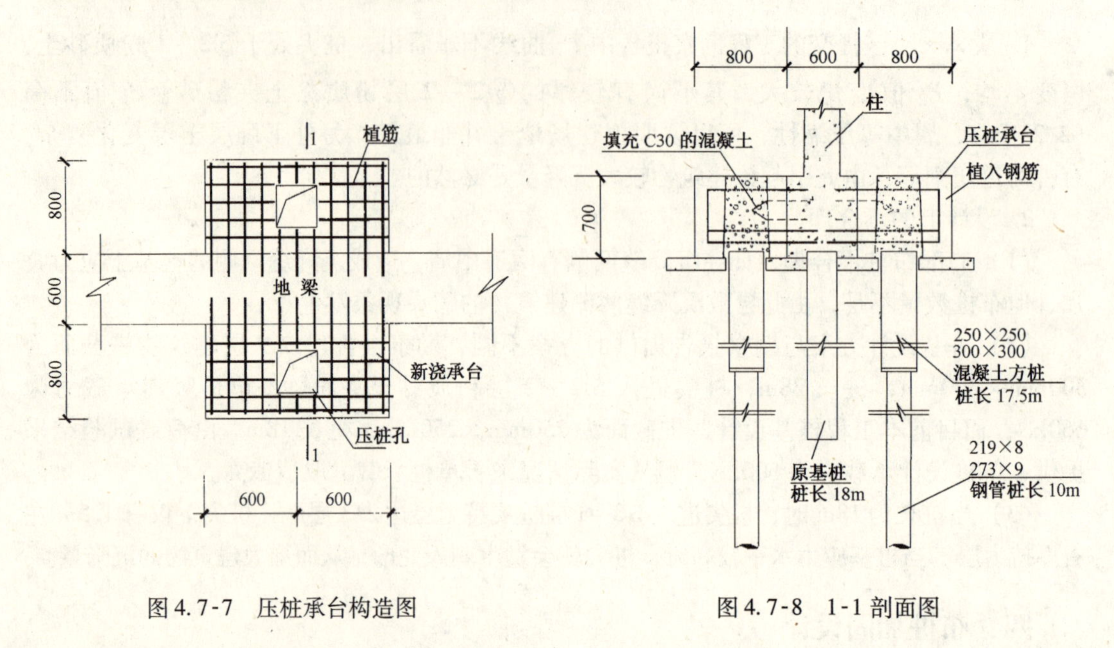

图 4.7-7　压桩承台构造图　　　　图 4.7-8　1-1 剖面图

5. 沉降缝两侧补桩加固

由于沉降缝两侧山墙较重，在沉降缝基础底面两侧造成应力叠加，从而加大沉降缝基础的沉降，导致磕头现象的发生。为此根据山墙荷载，适当增加沉降缝两侧锚杆静压桩的桩数，制止瞌头现象的进一步发生。

6. 补桩加固设计参数的设定

（1）三幢楼补桩数：8#楼补桩数为 112 根，11#楼补桩数为 114 根，12#楼补桩数 113 根，三幢宅楼共补桩 339 根，其中 250mm×250mm 截面桩 216 根，300mm×300mm 截面桩为 130 根。

（2）封桩采用 C30 微膨胀早强混凝土。

五、补桩加固施工

施工工序：开凿地坪—开挖土方—施工降水—植筋钻孔—植筋—支模—预留压桩孔—绑扎钢筋—浇捣 C30 混凝土—拆除压桩孔木模—埋设螺栓—组装压桩架—吊桩入孔—压桩—接桩—当压桩力或桩长达到设计要求后方可停止压桩—焊接交叉钢筋—验收—浇捣 C30 微膨胀混凝土—回填土方。

由于交房日期临近，为此加固工期仅有 60 天，自 2004 年 9 月 17 日开工到 2004 年 11 月 16 日胜利结束，历时 59 天。

上海华冶建筑危难工程技术开发公司，调集 12 套压桩设备和 50 多名施工人员，集中兵力打歼灭战，在短短 59 天就完成了 339 根桩的压桩施工任务。

本补桩工程时间紧，施工工序多，组合桩施工难度大，我公司加强现场施工管理，在保质保量前提下胜利完成任务。

六、加固效果

锚杆静压桩地基加固新技术的最大特点就是加固后能立竿见影。通过新加的桩基能将上部荷载有效传递到深层土中去，能有效减少基底压力，分担原桩基承载力，起到补桩加固的作用，8#、11#、12#楼经补桩加固后2004年12月1日沉降速率由原来沉降速率0.458mm/d、0.55mm/d和0.8mm/d减小到0.42mm/d、0.42mm/d和0.48mm/d。三个月后沉降速率降到0.2mm/d、0.19mm/d和0.2mm/d，2005年5月16日沉降结束。8#楼平均沉降速率为0.14mm/d，11#楼平均沉降速率为0.13mm/d，12#楼平均沉降速率为0.15mm/d，各幢住宅楼的沉降速率正处于收敛之中，建筑物倾斜率为1‰~2‰，沉降缝磕头已趋缓解，沉降缝缝隙已扩大到5cm，由此可见加固效果是明显的，得到上海市建委科技委专家和建设方的一致好评。

［实例三］　上海吴中路住宅小区5#、6#楼纠偏加固工程*

一、工程概况

吴中路虹桥住宅5#、6#楼为联体建筑，长67.78m，其中5#楼长43.2m，6#楼长23.8m，宽17m，其中外挑一层的房宽4.5m，六层的楼房宽为12.5m，高6层。底层为框架结构，全是商业用房，二~六层为砖混结构，是住宅用房，天然地基，十字条形基础，埋深1.35m，宽2.8~3.2m，底板厚350mm，南北向均有地基梁加强。

工程于1994年竣工，1997年8月下旬发现建筑物倾斜。经测量，西北角向北倾斜38cm，相当于倾斜率20‰，东北角偏斜31.5cm，倾斜率为16.6‰。远远超过规范规定的允许值。纠偏加固前于1997年11月中旬再次测量，西北角向北偏斜44.64cm，倾斜率达23.4‰；东北角偏斜34.2cm，倾斜率达18‰，说明北侧沉降、向北倾斜尚在进一步发展中，给居民带来相当的不安全感。为此，对该建筑物必须进行纠偏加固。

二、工程地基条件

据勘察报告揭示，以5#钻孔为例，土层分布由上至下为：①层填土，厚1.35m；②层褐黄色粉质黏土，厚3.2m，地基承载力为110kPa；④层灰色淤泥质黏土，厚14.6m，地基承载力为65kPa；⑤层灰色淤泥质粉质黏土（未钻穿），厚15.7m，地基承载力为70kPa。

三、建筑物倾斜的原因简析

从工程地质条件可知，地基土质较差，上海某勘察设计研究院提供的5#、6#房南北二侧地基沉降计算结果为南侧平均沉降为25.1cm，最大点的沉降为36.61cm；北侧平均沉降为37.8cm，最大点的沉降为54.91cm。由此可见，无论是计算或是实测，其建筑物的沉降与倾斜都较大，分析其原因为：

---

*本实例由周志道、周寅编著

1. 建筑物重心与形心不一致，在南侧4.5m宽处是一层建筑物，北侧是6层建筑物，使南侧基底压力明显减小，而北侧基底压力明显增大，南北二侧基底压力差异，导致建筑物向北倾斜。

2. 设计天然地基时，虽然想充分利用②层土的所谓硬壳层，但由于荷载大偏心，建筑物北侧的基底压力达140kPa，大于该层土的地基承载力110kPa，这必然在该部位的土体会产生塑性变形，甚至侧向变形，从而加剧了北侧的沉降与向北侧倾斜。

3. 据勘察报告，建筑区内存在明浜与暗浜。在基坑开挖时，发现西北角遇到暗浜边缘，当时施工填毛石处理，厚度约2m，但由于西北角边缘外侧是暗浜区，抛下的毛石受角点荷载影响，必然向暗浜区侧向挤出而造成西北角较大的沉降。

四、建筑物纠偏加固设计

由于建筑物不仅沉降极大而且呈明显倾斜，建筑物北侧地基应力较高，为此，必须采取综合治理方案。为降低基础北侧边缘应力，设计采用锚杆静压桩基础托换方案；为使建筑物回倾到规范允许值，设计采用沉井射水纠偏法进行纠偏。

1. 锚杆静压桩托换加固设计

（1）结合工程用三维弹性有限元计算理论进行地基应力场分析，得到基础边缘应力高的结论。为此，锚杆静压桩桩位布于基础北侧全长的边缘以及东西两侧半长的边缘。

（2）本工程布桩56根，桩截面250mm×250mm，桩长25m左右，桩节长2.5m，上部四节为焊接桩，下部为胶泥接桩。

（3）压桩力大于320kN，以压桩力作为压桩控制标准，压桩后即刻采用C30微膨胀早强混凝土封桩。

2. 沉井射水纠偏设计

（1）设置钢筋混凝土沉井圈梁。

（2）在建筑物南侧紧挨建筑物边缘设置八只砖砌沉井，沉井位置详见图4.7-9，沉井深6m，直径为2m。

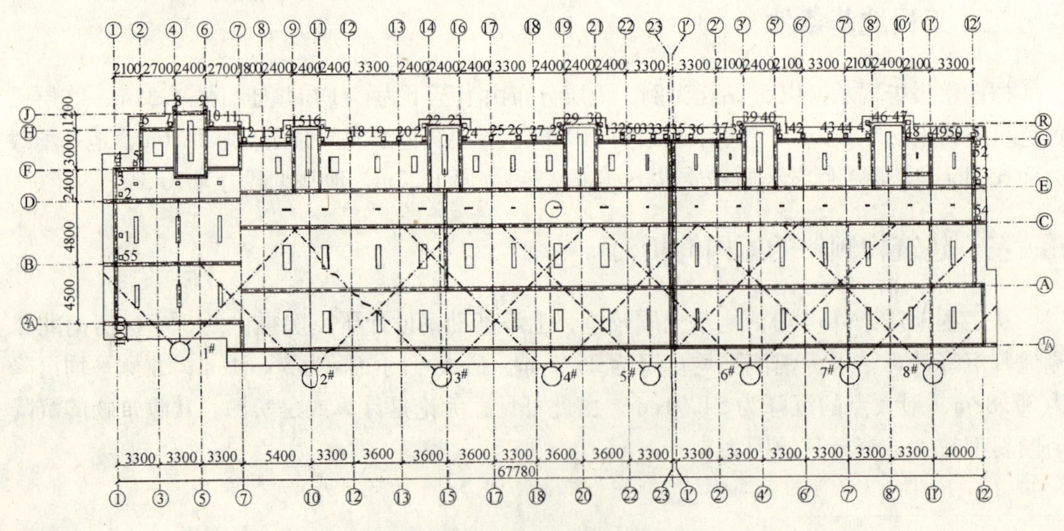

图4.7-9 建筑物纠倾加固设计图

（3）在沉井底板面以上一定高度处预留八个射水孔。

（4）沉井端部设计成封闭式，浇捣沉井钢筋混凝土底板。

（5）射水根据沉降观测资料来定，射水纠偏应贯彻缓慢射水取土和缓慢回倾的原则，沉降量控制在2～4mm/d范围内，最大不得超过10mm/d。

五、建筑物纠偏加固施工

纠偏与压桩止倾加固可以分阶段进行：

1. 先在建筑物北侧进行止倾压桩加固施工：

（1）锚杆静压桩施工按上海市标准《地基处理技术规范》DBJ08—40—94进行。

（2）压桩施工工序为：清理压桩区现场—破除排水沟—开挖土方—施工降水—开凿压桩孔—开凿锚杆孔—埋设锚杆—桩段运输—安装压桩架—吊桩入孔—压桩施工—接桩—压桩力达到设计要求—做好施工记录—移动压桩架—清孔—焊接交叉钢筋—C30微膨胀早强混凝土封桩—回填土方。

（3）由于建筑物西北角下有2m左右的毛石垫层，为此，在压1#、2#、3#、4#、5#桩时采用了引孔技术。

2. 施工与射水纠偏施工，沉井施工可与锚杆静压桩施工同步进行：

（1）沉井施工流程：挖除地表覆土0.5m并平整—井圈扎筋—井圈支模—浇捣C15混凝土—砌筑井壁240mm砖体并抹防水砂浆—砌筑2m高，按设计预留射水孔—开始在沉井内挖土下沉—边砌筑边挖土使之均匀下沉—沉到6m深的设计标高—封底。

（2）射水纠偏施工流程：射水掏土—将泥浆排到沉井内—沉降观测—排除沉井内泥浆—射水掏土—掏土后平均倾斜率达到规范要求纠偏结束—沉井内回填黏土。

（3）射水点先安排在建筑物沉降少的部位，射水孔应遵守先疏后密的射水原则。

（4）射水掏土施工期间，每天进行沉降观测，纠偏施工人员根据观测资料，指导射水纠偏施工，以便控制沉降量2～4mm/d范围内以及选定合理的射水点位置。

（5）每半月对建筑物裂缝进行一次全面检查，并做出标记，以便掌握建筑物裂缝变化情况。

六、建筑物纠偏加固的质检

锚杆静压桩加固施工以桩长或压桩力为主要质量控制标准，以便确保锚杆静压桩能按设计意图传递荷载而起到加固作用。

纠偏是纠偏加固的重要组成部分，其质量检验及竣工验收重点应放在效果上，由回倾率指标反映。因此，倾斜观测或计算回倾率所必须的沉降观测不仅是纠偏施工过程中的重要质检手段，也是最后竣工验收的重要技术资料。

此外，裂缝观测也是纠偏加固工程质检与竣工验收的必要内容，本纠偏工程东西向房形较长，中间设伸缩缝，南北向住宅区为二～六层，商业区为底层一层，并南侧外挑宽4.5m，由此加大了纠偏的难度。一层与六层交界处是上部结构刚度与下部基底压力变化处，纠偏前该处未见裂缝，在纠偏过程中该处最易出现裂缝，需加强裂缝观测。

七、建筑物纠偏加固的效果

纠偏加固的压桩日期为1997年11月25日～1997年12月4日，1997年12月6日开始挖纠偏沉井，直至1998年5月30日纠偏结束。

纠偏加固效果从纠偏加固前后的沉降观测、倾斜观测及裂缝观测可得到充分反映。

1. 沉降观测于1997年11月21日开始监测至1998年9月3日止，历时287天，南侧各测点的沉降累计值在228.2～257.7mm范围内，北侧在40.4～63.8mm范围内，南北两侧沉降值较均匀，其南北两侧的平均沉降值与时间关系曲线见图4.7-12。从图4.7-12中可知：

（1）北侧N线（指沉降与时间关系曲线以$s-t$表示）反映压桩期间发生2cm左右的附加沉降，压完桩并封好桩后，沉降很快趋于平缓，沉降得到了有效控制。

（2）北侧目前沉降速率仅为0.005～0.01mm/d，已趋稳定。

（3）纠偏期间南侧s线沉降明显增大，反映出了明显的纠偏效果。

（4）纠偏结束后s线趋于平缓，目前沉降速率为0.057mm/d，今后还会有少量自然回倾，对纠偏有利。

2. 建设方委托上海房屋质量监测站进行倾斜检测，用经纬仪对该楼主要棱线进行实测，纠偏后其结果为房屋整体向北倾斜，其倾斜率为2.3‰～6.3‰范围内；对东西倾斜状况也进行了检测，房屋向西倾斜，多数倾斜率很小甚至为零，其倾斜率在0～2.5‰范围内。由于纠偏采用平移原则，故纠偏后仍保持纠偏前的倾斜差异，不能通过纠偏将建筑物调整到同一个倾斜率。

3. 加强裂缝观测的部位，在纠偏过程未见异常情况。

由此得到结论是：5#、6#建筑物经过纠偏加固后，又经过287天跟踪监测，沉降已趋稳定，倾斜率也已达到国家规范规定值（4‰）范围内。纠偏难度是很大的，但纠偏加固是非常成功的，这充分显示锚杆静压桩配以沉井射水进行纠偏加固的技术成熟、完善。

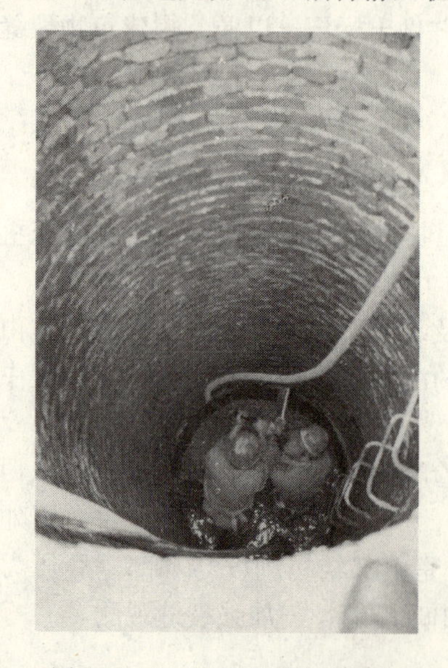

图4.7-10 沉井水平掏土纠偏

图4.7-11 钻孔取土纠偏

时间（t）	累计沉降量（s）	
	S	N
1997-11-21	0	0
1997-11-28	1.14	−5.1
1997-12-12	−2.53	−28.2
1997-12-26	−8.4	−33.3
1998-01-12	−25.5	−35.1
1998-01-23	−44.93	−37.6
1998-02-10	−54.1	−39
1998-02-25	−82.1	−40.35
1998-03-10	−110.5	−42.1
1998-03-24	−141.7	−42.44
1998-04-07	−182.1	−43
1998-04-21	−200.3	−43.5
1998-05-06	−223.8	−43.9
1998-05-19	−233	−45.2
1998-06-02	−235	−45.6
1998-06-24	−237.9	−46.41
1998-07-08	−239	−46.56
1998-07-29	−241.8	−48.2
1998-08-19	−242.9	−48.4
1998-09-03	−244.7	−49

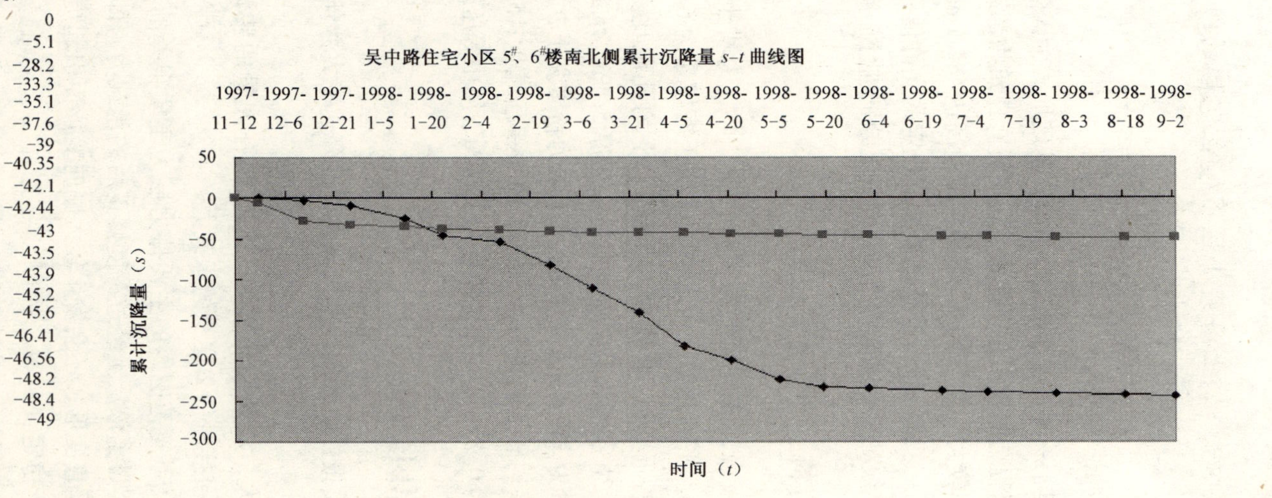

图4.7-12　沉降与时间关系曲线

[实例四]　上海某小区多幢住宅楼的纠倾加固*

一、工程概况

某住宅小区，已建十一幢6层加跃层公寓楼，基础形式为天然地基上设筏形基础，上部结构为砖混结构。该工程结构封顶七个月后，发现所有建筑物都有程度不一的较大沉降和不均匀沉降，且沉降速率较大，最严重的一幢楼沉降量高达484.1mm，沉降速率曾达2.64mm/d，倾斜率竟达18.8‰。这些值都远远超过了规范规定的允许值，而且沉降、倾斜都尚在进一步发展中。为此，必须对所有建筑物针对不同情况分别进行托换加固及纠偏加固处理。

二、工程地质资料

据工程地质详勘报告，该地区的地层特征为：1层为耕土；2层为粉质黏土，层厚2.5m，承载力为90kPa，平均孔隙比为1.01，平均压缩模量为6.5MPa，属中等压缩性；3a层为淤泥质黏土，层厚7.3m，承载力为50kPa，平均孔隙比为1.41，平均压缩模量为1.8MPa，属高压缩性；3b层为淤泥质粉质黏土，层厚5.4m，承载力为60kPa，平均孔隙比为1.28，平均压缩模量为3MPa，属高压缩性；4层为粉质黏土，层厚4m，承载力为80kPa，平均孔隙比为0.98，平均压缩模量为4.5MPa，属中等压缩性；5层为砂质粉土，承载力为150 kPa，平均孔隙比为0.95，平均压缩模量为10MPa，属中等压缩性。该层未钻穿。

三、工程事故原因分析

据工程实况及地质报告，天然地基沉降大、沉降速率大并伴随严重倾斜的原因有以下三方面：

1. 建筑物自重较大，加跃层局部为7层，并有大量的装饰荷载，其基底压力已达98kPa，超过了基底直接接触的2层土的承载力。

2. 筏形基础下一倍基宽范围内的主要持力层为土质很差的3a及3b土层，作用于3a层表面处附加应力已超过了该层土经过深度修正后的承载力，即下卧层强度不足。这意味着不仅会发生较大的垂直变形，还会发生较大侧向变形而引起更大的垂直变形，沉降速率也自然会大并不易趋于稳定。

3. 由于建筑物局部有跃层，使建筑物有较大的偏心，导致沉降不均匀而发生倾斜。

四、住宅楼地基加固方案确定

事故出现后，甲方曾邀请各方专家对多种加固、纠偏方案进行了比较，有的方案甚至已付诸于实施。如某楼有××单位进行过搅拌桩封闭，再作注浆加固。后因未获理想效果而被迫放弃。经分析比较后，最终确定对六幢楼号采用锚杆静压桩托换加固，对五幢楼号采用锚杆静压桩可控纠偏加固。

---

* 本实例由周志道、周寅编著

五、三种工况计算分析

加固方案确定以后，为了预估建筑物沉降及基础底板内力，对天然地基及锚杆静压桩加固的三种工况进行了三维弹性有限元计算分析：

1. 计算模型

本计算为三维弹性有限元计算，即假定土体的变形均在弹性范围内。

土体用三维块体模拟，并按土层分层考虑。计算范围为 $3a\times3b\times3h$（其中 a、b、h 分别为底板的长、宽和静压桩的长度）。锚杆静压桩的桩体用三维梁单元模拟，桩土之间的相对移动忽略不计，房屋筏基底板用板单元模拟。

原状土的计算参数取勘测资料提供的数据，锚杆静压桩的尺寸及桩体混凝土强度等级均按实际来取。

上部结构根据层数分为不同的区域，按实际的荷载折算成均布力加在底板上，活荷载的作用不予考虑，地面超载及周围结构物的影响均忽略不计。

计算程序采用 SAP91 三维有限元通用计算程序。

2. 计算内容

计算分为以下三种工况（针对 × 号楼）：

工况一：天然地基上直接建造结构物；

工况二：南、北两侧均布桩后建造结构物；

工况三：南、北两侧外加中间一排布桩后建造结构物。

3. 计算结果与分析

计算结果得到了三种工况基底处沉降等值线分布；三种工况底板东西向及南北向的应力等值线分布；工况一第 2 层土及第 3 层土的最大主应力及最大剪应力呈等值线分布；工况二第 2 层土及第 3 层土的最大剪应力呈等值线分布等。其具体数值是三种工况的结构物最终沉降为：

工况一的平均沉降为 694mm；

工况二的平均沉降为 192mm；

工况三的平均沉降为 180. 5mm。

最大沉降都位于南侧居中。

三种工况的底板最大应力 **表 4. 7-1**

	东-西向（kPa）	南-北向（kPa）	M^c_{max}/M^t_{max}（东-西向）	M^c_{max}/M^t_{max}（南-北向）
工况一	4880	2340	0. 60	0. 32
工况二	4170	2230	0. 59	0. 50
工况三	3680	1520	0. 52	0. 32

表 4. 7-1 中应力均为底板下表面拉应力，M^c_{max} 为计算所得底板最大弯矩，M^t_{max} 为底板所能承受的最大弯矩。

计算结果表明：

（1）工况一的天然地基条件下，第 2 层和第 3_1 层土体都已进入塑性状态，其中底板角点和底板南侧下方土体塑性破坏尤为严重，这说明了天然地基土体的塑性破坏和土体的侧向变形是导致结构物过大的沉降与不均匀沉降的主要原因。

（2）工况二的在南、北两侧进行锚杆静压桩加固地基后，上层土体应力明显减少且都在弹性范围内工作，而桩底下卧层土体应力增加，但由于该土层的物理力学指标较高，土体未破坏。这说明采用锚杆静压桩加固地基后能减小土体侧向变形，减小上部土层的压力，从而能有效地控制地基沉降，同时也改善了房屋底板的受力状态。

（3）工况三相对于工况二只是减少了底板应力，但沉降减少不多。这主要是因为工况二与工况三的土体都在弹性范围内。根据土壤应力-应变曲线，弹性区间内应变变化不大，但到了塑性区域应变就剧增。所以工况二相对工况一能有效减小沉降，而工况二与工况三沉降相差不大。由于工况三相当于在底板增加了一排刚度较大的弹性支座，所以工况三能减少南北向底板应力。

从计算结果可看出，加中间一排桩后结构物的沉降量变化不明显，而工况二的底板应力也已在允许范围内，因此中间一排桩可不布设。

六、锚杆静压桩的机理及布桩加固设计

锚杆静压桩地基加固是一种新方法，是锚杆和压桩两项技术的有机结合。

锚杆静压桩的工作原理就是利用建（构）筑物自重，先在已建的基础上开凿出压桩孔和锚杆孔，然后埋设锚杆，籍锚杆反力，通过反力架用千斤顶将桩逐段（预制桩段）压入基础中的压桩孔内。当压桩力和压入桩长满足设计要求时，便可将桩与基础迅速连接在一起。该桩就能立即承受上部荷载，从而减小地基土的压力，阻止建（构）筑物继续发生过大的沉降及不均匀沉降，从而达到地基加固的目的。这是锚杆静压桩托换加固的机理。

当锚杆静压桩用于可控纠偏时，其工序为先在沉降大的一侧压桩并封桩，使之制止进一步继续倾斜；然后，在沉降小的一侧采用沉井射水或射水掏土进行纠偏，待纠偏到预期倾斜值时，在沉降小的一侧进行保护桩施工。由于保护桩的作用，使其能够达到可控的目的。

据三维弹性有限元计算结果，决定锚杆静压桩均布于建筑物片形底板的外侧四周悬挑部分，并且单桩大都布置在挑梁与基础梁的交叉附近，这样便于力的传递。桩截面为250mm×250mm，桩段长2.5m，C30混凝土，桩长20m，桩压至五层土，单桩设计承载力为250kN，控制压桩力为大于320kN，实际压桩力为320~500kN。

为确保桩能正常传递荷载的功能，除了必须确保封桩的质量外，尚需对底板进行抗剪、抗冲切的验算。由于本工程原筏形基础底板厚度仅30cm，故必须设置桩帽梁。按常规桩帽梁高度定为15cm，经底板抗剪及抗冲切验算合格，故最终在每根桩上都设置了15cm厚的桩帽梁。

七、工程加固效果

加固效果见表4.7-2，从表中可看出加固效果是十分明显的：

1. 所有纠偏楼号经过加固纠偏后，其倾斜率都小于4‰，满足了规范要求，达到了预期的效果；

2. 经过托换加固后的所有楼号其平均沉降都小于20cm，达到了预定目标；

3. 所有楼号经过加固后的平均沉降速率都很小，并逐渐已趋向稳定。现举一个比较有

代表性的2#楼纠偏工程为例。

加固效果对照表　　表4.7-2

楼号	纠偏加固内容	南侧桩数（根）	北侧桩数（根）	设计桩长（m）	纠偏前倾斜率（‰）	纠偏前倾斜率（‰）	加固前沉降速率（mm/d）		加固后沉降速率（mm/d）		平均沉降速率（mm/d）	
							S	N	S	N	S	N
1	托换加固	36	32	20			1.7	1.2	0.032	0.064	117.6	92.76
2	沉井纠偏加固	36	32	20	18.8	2.75	2.64	0.52	0.030	0.045	58.90	243.6
3	沉井纠偏加固	36	32	20	6	0.95	0.83	0.58	0.034	0.041	61.98	119.8
4	沉井纠偏加固	32	28	20	13.9	2.8	0.67	0.43	0.029	0.033	50.40	156.1
5	沉井纠偏加固	34	30	20	9.1	3.15	0.61	0.68	0.029	0.027	44.83	92.68

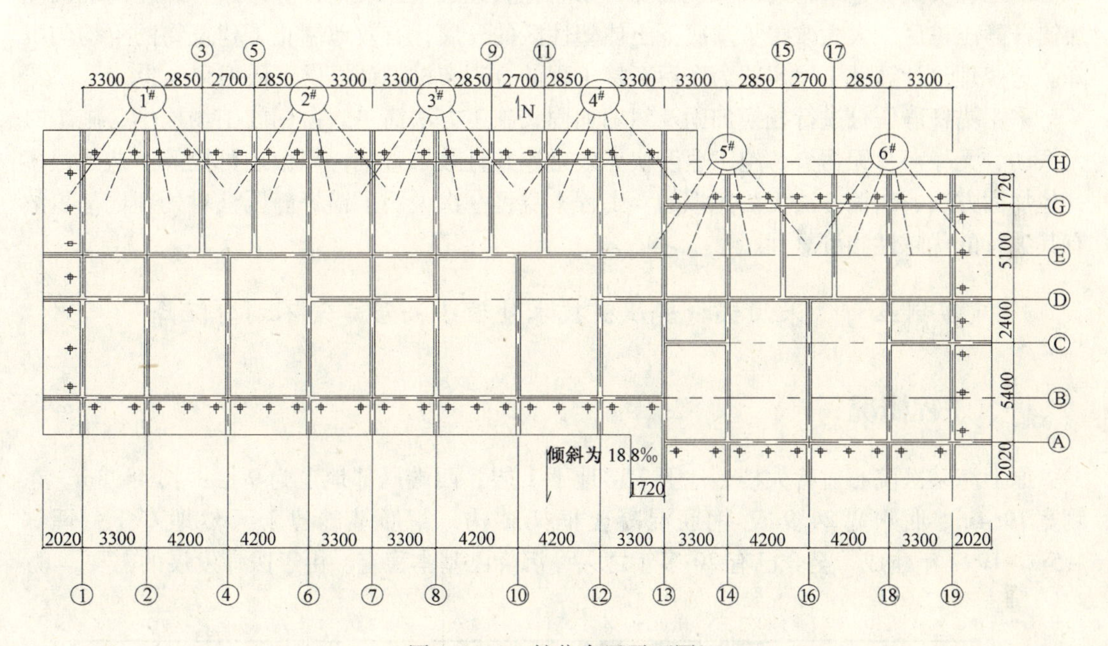

图4.7-13　桩位布置平面图

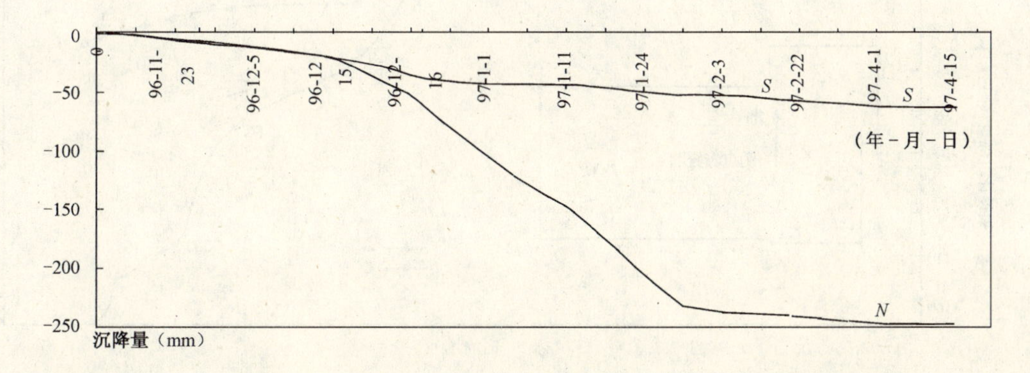

图4.7-14　s-t曲线图

图中S线为南侧测点的平均沉降与时间的关系曲线，N线为北侧测点的平均沉降与时间的关系曲线，图中绘出初始沉降值为1996.11.25日测得的纠偏前平均倾斜率为18.8‰。

1996.11.25～1996.12.20 日压完并封桩，其后在 1996.12.12 日开始在砌筑好沉井中冲水掏土进行纠偏，于 1997.1.26 日冲水结束并于 1997.2.5 日压完并封好北侧桩，期间北侧发生大量沉降，以使经纠偏后的平均倾斜率为 2.75‰，达到了理想的纠偏效果。此外，在图中还可看出不管 S 线还是 N 线，其末端线都已趋于水平，这说明了沉降已逐步趋于稳定，纠偏的加固效果也就稳定了。

八、结束语

从理论上采用三维有限元计算，得出：建筑物在用锚杆静压桩加固以后，能有效地消除筏形基础底部的土层塑性区域，并在理论上论证了取消中间一排桩的可行性。

从工程实践和建筑物的沉降观测资料来看也验证了上述理论计算结果，即在南北两侧加锚杆静压桩后，大大改善了基底下土体塑性区的开展，有效地制止了建筑物的不均匀沉降。这些理论计算及工程实践为今后新建工程的合理布桩设计提供了依据和经验。

采用锚杆静压桩进行托换加固及纠偏加固，施工方法简单，占用施工场地小，施工时无振动、无噪声、无污染，施工速度快见效也快并且效果直接，纠偏还可控等，这是很多其他加固方法、纠偏方法无法比拟的。工程本身再一次说明了锚杆静压桩对处理地基事故有其独特的优越性和可靠性。

［实例五］ 采用锚杆静压桩技术处理小高层建筑不均匀沉降*

一、工程概况

原上海某医院心血管大楼，地上 7 层地下 1 层，西端局部地上为 9 层：长 44.8m，东侧宽 19.4m、西侧宽 24.9m，钢筋混凝土框架结构，箱形基础建于天然地基上，埋深 -5m。1997 年建成，至今已有 20 多年之久，沉降已基本稳定。由于医疗发展的需要，现

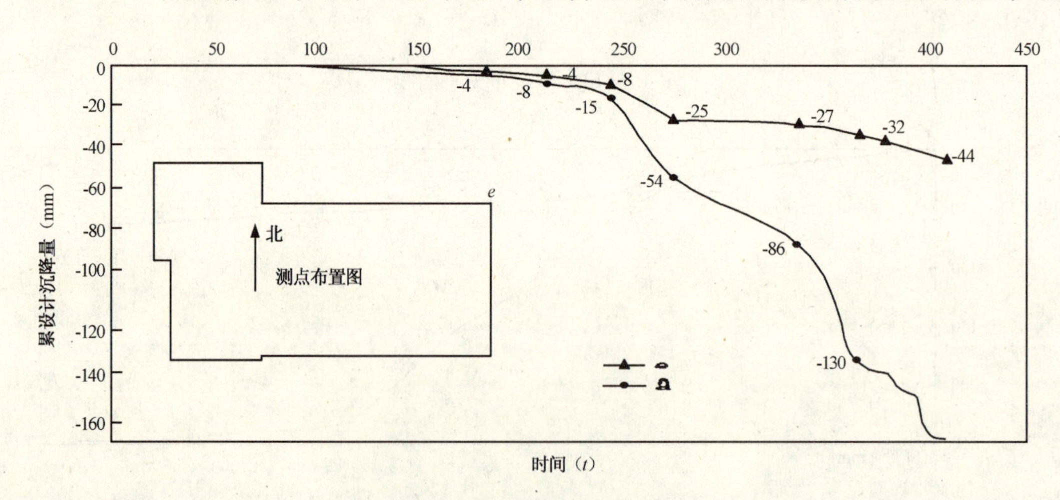

图 4.7-15　沉降与时间关系曲线图

* 本实例由周志道、周寅编著

拟在本大楼上加3层。加层施工于1997年5月开始，至1998年元月完成结构封顶，以后进入砌筑填充墙及室内外装修阶段。但沉降观测发现，结构封顶后大楼发生明显下沉及由北向南倾斜，此时使用荷载、电梯荷载、水箱及水荷载尚未施加。可以预料，施加了这些荷载必然会加大其沉降、沉降速率及相应的倾斜，其后果将不堪设想。为此，必须采取有效措施，尽快制止沉降及不均匀沉降。

二、工程地质勘察资料

根据本工程地质勘察报告，该地区的底层特征为：

第①层为杂填土，层厚3.8～4.5m；第③层为灰色淤泥质粉质黏土夹砂质粉土，层厚2.5～3.7m，呈饱和流塑状，孔隙比1.2，高压缩性土，地基承载力f为125kPa（D = 5m），平均压缩模量E_s为3.1MPa；第④层为灰色淤泥质黏土，层厚7.9～8.7m，呈饱和流塑状，孔隙比为1.428，属高压缩性土，地基承载力f为60kPa，平均压缩模量E_s为1.96MPa；第⑤-1层为灰色黏土，层厚为6.5～7.3m，呈软塑～流塑状，孔隙比1.09，属高压缩性土，地基承载力f为70kPa，平均压缩模量E_s为2.99MPa；第⑥-2层为灰色粉质黏土，层厚17.7～19.5m，呈软塑～流塑状态，孔隙比为1.023，属高偏中～高压缩性土，地基承载力f为80kPa，平均压缩模量E_s为4.37MPa；第⑤-3层灰绿色粉质黏土，厚1.5～3.5m，呈硬塑～可塑状，属中等压缩模量土，地基承载力f为180kPa，平均压缩模量E_s为8.39MPa；第⑦层为灰绿色砂质粉土，未钻穿。

在有关加层的补充勘察资料中是这样认定的：

“由于该心血管大楼采用箱形基础，并已建造使用多年，因此其地基沉降已基本完成，估计加层后对其地基土影响不大，故对该大楼可不进行基础处理”。

三、产生沉降与不均匀沉降原因简析

造成目前较大的沉降及较严重的不均匀沉降的现状与趋势，其原因主要有以下几个方面：

1. 加层的补充勘察资料中提出的地基土承载力修正计算及地基设计方案的建议缺乏根据，是不合理的。从工程地质资料来看，加层后的大楼，其压缩层厚度范围内都为土质差的高压缩性土，按目前荷载实况，基底下第④层土的应力水平已经超过其允许承载力，局部区域可能已发展成塑性区，故其沉降及沉降速率都较大，沉降不易收敛是必然的，而加层设计时又缺乏必要的地基计算分析，勘察单位的误导，盲目地采用了天然地基，这是造成事故工程的的最主要原因。

事后，经重新核算地基强度及地基变形，其计算结果得最终沉降量为1122.4mm。由此，充分说明了天然地基不可采用，而应在加层前进行地基加固处理。

2. 建筑靠西一侧为12层，其余为10层，建筑荷载重心偏向西侧，与基础形心有较大的偏位，而设计又未采取相应的措施，造成西侧沉降大于东侧。

3. 南侧新增宽1400mm的基础，且埋深比原箱形基础深0.6m，开挖基坑施工势必破坏箱基南侧边缘土体应力状态，同时在排除地下水过程中还增加了南侧地基土附加应力，由此加剧建筑总体向南倾斜。

四、纠偏加固设计方案的选定

根据沉降观测资料，西南侧角点的沉降速率在1998年3月份为2mm/d、4月份为1.46mm/d、5月份为1.4mm/d，沉降速率无明显降低趋势，说明大楼沉降形势十分严峻。虽然大楼倾斜率于6月13日测得结果尚未超过规范限位，但根据地质资料、荷载状况及沉降趋势，应立即着手进行地基加固工作。

当时，有两个纠偏加固单位相继提交了两个纠偏加固方案：

方案一：由华冶公司提交采用锚杆静压桩托换加固方案，该方案是在沉降多的南、西两侧布置较多数量的锚杆静压桩，以迅速制止南、西两侧继续沉降及相应的倾斜，其他部位均布一定数量的锚杆静压桩，使之共同负担外荷，锚杆静压桩的数量由其总承载力适当大于加层增加的总荷载来决定：用施工程序、施工时间差异来造成大楼向北自然回倾的条件，以达到既加固制止其沉降与倾斜又可适当纠偏的目的。

方案二：由××单位提交采用锚杆静压桩加固，配以沉井深层水平冲孔纠偏。该方案中考虑加层新增荷载的63.8%由桩承受，36.2%由原地基土承担，三个冲水沉井设在地下室内，沉井直径1.5m，深度5m左右，在④层土中进行辐射形水平冲孔取土。

两个方案提交有关部门审查，经过反复分析比较后认为：由于本工程地基土层应力水平已相当高，故不适宜采用深层水平冲孔方式进行纠偏。况且目前大楼倾斜率还不大，止倾是关键，用锚杆静压桩加强止倾托换并利用应力调整使其适量自然回倾的方案一是可行的。

五、锚杆静压桩托换加固设计

针对本工程的实际情况，锚杆静压桩托换加固设计总的构想是用桩基托换大楼上部荷载，增加边缘桩数，消除基础边缘土体的侧向变形，从而控制建筑物不均匀沉降，与此同时，充分利用压桩工艺的特性进行自然缓慢地回倾纠偏，确保工程的绝对安全。

1. 原建筑物层高7层和9层，已使用20年之久，沉降已稳定。现在新增加3层楼荷载，桩基设计承载力总和应以大于增加3层的总荷载为设计依据。

2. 依据设计院提供的荷载分布及箱基基底接触应力分布规律，同时考虑加强止倾托换控制建筑物的沉降量原则来进行桩位布置设计，共布桩136根，桩位布置见图4.7-16。

3. 沉降大的区域采用桩断面300mm×300mm，桩长30m，桩尖进入⑤-2层土，单桩设计承载力450kN；其余桩断面为250mm×250mm，桩长25m，桩尖进入⑤-2土层，单桩设计承载力为350kN。上部四节桩为焊接，其余为胶泥接桩，C35微膨胀早强混凝土封桩。

4. 充分利用压桩工艺特性进行适度纠偏，为此先压沉降大的南、西两侧区域桩，每压完一根桩，立即在预加反力条件下进行封桩，使桩可立即受力。待沉降大的区域桩全部施工完毕再施工沉降小的区域桩，在沉降小的区域采用先压桩，封桩时间推迟，让其充分利用拖带沉降及应力调整法所产生的沉降，以达到纠偏的目的。

5. 原设计底板厚为350mm，承受桩抗冲切能力较低，为提高抗冲切力，在压桩孔顶面设计长800mm、宽500mm、厚200mm的混凝土桩帽梁。

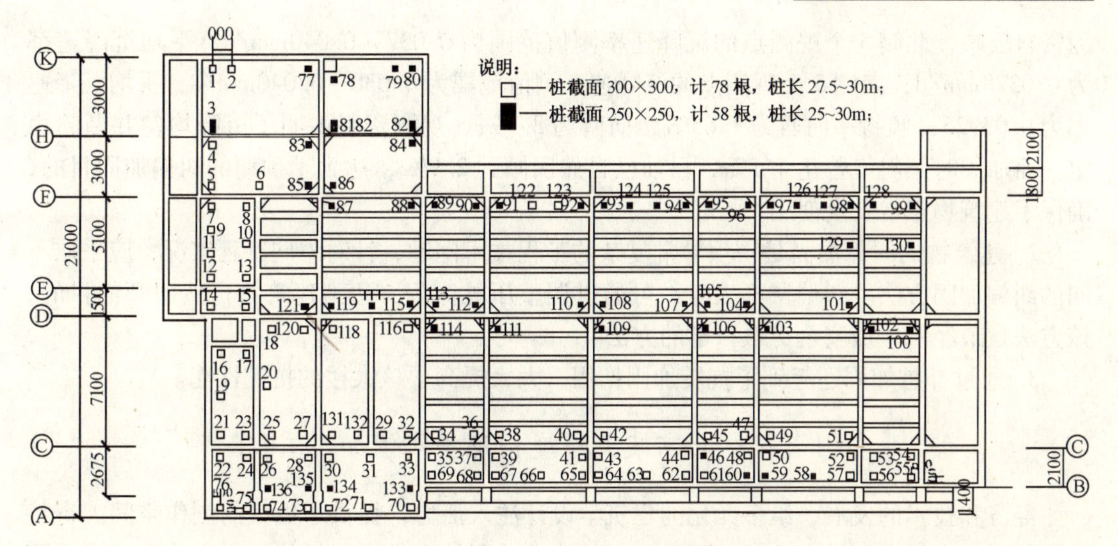

图 4.7-16　锚杆静压桩布置图

六、锚杆静压桩托换加固施工

1. 根据设计意图，编制施工组织设计。

2. 严格按照安排顺序进行压桩施工及封桩施工。

3. 严格按照《锚杆静压桩施工规程》进行施工，确保桩接头质量及封桩质量。

4. 为验证单桩承载力，曾做过两根最终压桩力偏低的单桩复压试验，92#桩最终压桩力 363kN，休止一天后，复压力为 800kN；121#桩最终压桩力为 363kN，休止 41 天后，复压力为 823kN 但两根桩桩身和地基土均未达到破坏，说明两根桩承载力尚有潜力。由上可见，两根单桩的复压力均满足了单桩设计承载力 350kN 的要求，平均安全度达到 2.3，均超过 2 的设计安全系数，为此以 27.5m 的桩长作为施工控制标准，单桩承载力是有保证的，能够满足设计要求。

5. 建立监测制度，每 3 天测量沉降和倾斜率，以便做到信息化施工。

6. 在施工过程中接受监理检查，并做好施工记录，发现异常情况及时上报。

在施工中采取了两项技术措施：

其一对南侧的桩采取预加反力的封桩技术措施，以减少拖带沉降及回弹再受力的沉降；

其二在北侧桩封桩时，于桩顶上预留一定反回倾余量，可起到自行调整倾斜的作用。

本工程的施工条件非常苛刻，在南侧补桩加固过程中，箱基净高仅 2m，通道出入口高仅为 1.5m，空间很小。在苛刻的施工条件下完成托换加固任务并获得理想效果，充分体现了锚杆静压桩的优越性。

七、结语

1. 某医院 9#心血管大楼自 1998 年 6 月 7 日进场进行基础托换加固，历时 57 天，于 8 月 4 日加固结束，加固后有效地控制了建筑物的沉降和倾斜。据 1999 年 8 月 26 日沉降观测资料反映，北侧 5 个观测点的沉降速率测值范围为 0.037 ~ 0.040mm/d，平均沉降速率为 0.0378mm/d；南侧 5 个观测点的沉降速率测值范围为 0.038 ~ 0.040mm/d，平均沉降速率为 0.03925；倾斜率向西为 1.65‰，向南为 3.0‰，观测资料说明了沉降均匀并渐趋稳定。而加固时倾斜率曾达 4.1‰，目前已自然回倾到 2.9‰，达到了预期的纠偏加固目的，确保了建筑物正常安全使用。

2. 建筑物的纠偏加固是一项异常复杂的工程技术问题，针对不同工程实况，应采取不同的纠偏加固方法。纠偏量不大时，可通过调整压桩流程，达到建筑物自然回倾的目的，该方法是最经济、最安全、最科学的方法。

3. 通过补桩加固还起到了抗震加固作用，大大提高了该大楼的抗震性能。

[实例六]　北京某大跨度构筑物纠倾加固工程*

经济和技术的发展，给多元化的建筑学设计注入活力，提供了更大的创作空间。奇特的建筑造型在给人们带来美感的同时，也给建筑工程技术带来了挑战，如大跨度、大悬臂的建（构）筑物增加了设计与施工难度。另外，建筑密度越来越大，场地条件也越来越差，使得建（构）筑物容易产生诸如倾斜、破损等病害。

一、工程概况

1. 构筑物概况

北京南郊区某中学进行新校址建设，教学楼等主要工程竣工后，于 2005 年 6 月进行新大门建设。

该中学大门采用钢筋混凝土双片流线形大跨度拱结构（图 4.7-17 为大门施工照片），

图 4.7-17　拱门现场照片

* 本实例由李启民、王树理编著

大小拱脚净距为25.78m，拱高9m，单片拱厚度为300mm，大拱脚宽度为4.8m，小拱脚宽度为1.19m。流线形大跨拱门中间由中空钢筋混凝土剪力墙结构塔筒擎起，塔筒高度为12m，剪力墙厚度200mm。大拱与塔筒中间以大悬挑钢筋混凝土平板相连接，形成凌空的气势。拱、塔筒以及凌空平板的混凝土强度等级均为C30。

大跨拱脚基础设计为钢筋混凝土平板式筏形基础，以天然地基土作为持力层，地基承载力特征值采用120kPa，基础设计埋深为1.0m，基础混凝土强度等级为C30。大跨度拱门基础平面示意图见图4.7-18。

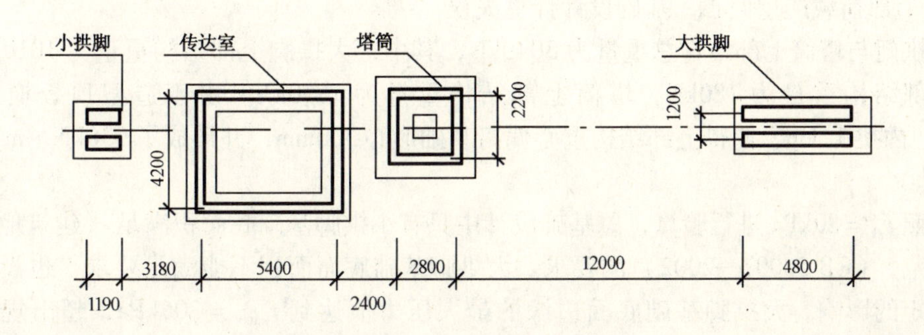

图4.7-18 拱门基础平面图

该大门于2005年7月10日结构工程完工时，发现向街道方向倾斜300mm，并且倾斜还在继续发展，于是装修施工立即停止。该大门的倾斜率达到25‰，属于严重危险构筑物。

2. 工程地质

该项目的工程地质主要为第四纪沉积层，根据事故处理阶段所进行的岩土工程补充勘察报告，该场地的地下水位标高为－3.5m，地层岩性及地基土的物理力学性质详见表4.7-3。

地层岩性及地基土性质统计表 **表4.7-3**

成因年代	土层编号	岩　性	厚　度 (m)	状　态	承载力特征值 f_{ak}（kPa）
人工堆积层	①	杂填土	0.6	稍湿、较软	（略）
新近沉积层	②	粉质黏土	1.3	湿、较软	80
新近沉积层	③	粉　土	0.4	湿、较软	110
新近沉积层	④	粉质黏土	1.2	湿、较软	150
第四纪沉积层	⑤	粉质黏土	0.8	饱和、中软	180
第四纪沉积层	⑥	粉　土	4.6	饱和、中软	200

二、事故分析

造成该构筑物严重倾斜的主要原因有以下几个方面：

1. 缺乏岩土工程勘察资料

该拱门距离教学楼建筑物约50m，设计阶段没有进行岩土工程勘察，导致地基土性质、承载力等缺乏翔实的描述和客观的数据，给地基基础设计带来风险，埋下隐患。

2. 地基持力层选择失误，地基承载力估算过高

由于没有进行岩土工程勘察，拱门地基基础设计时参考了教学楼的勘察资料，客观上存在一定误差。但是，原设计又犯了冒进的错误，选择新近沉积层作为持力层，基础埋深过浅（1.0m），地基土强度低，压缩性大；同时，又错误地高估地基承载力特征值$f_{ak}=120kPa$，是实际承载力（$f_{ak}=80kPa$）的1.5倍，导致地基承载力严重不足。

3. 上部荷载严重偏心，基础设计计算失误

该拱门与塔筒上部结构总重量为3040kN，其中，大拱脚上部结构重量为1010kN，小拱脚上部结构重量为180kN，塔筒上部结构重量为1850kN。由于造型顶板横向外挑3.14m、内挑1.1m，使得上部结构重心偏离基础形心300mm，并形成了936kN·m外倾偏心力矩。

按照$f_{ak}=80kPa$进行验算，原基础设计中只有小拱脚基础底面积满足《建筑地基基础设计规范》（GB 50007—2002）的要求。大拱脚基础底面面积不能满足要求，也没有考虑偏心力矩的影响。大拱脚基础底面边缘的最大压力值达到$f_{kmax}=305kPa$，超出规范要求（$f_{kmax}=3.3f_a>1.2f_a$）。塔筒基础底面面积也严重不足，偏心力矩影响考虑不足。

所以，大拱脚基础和塔筒基础在较大的荷载与偏心力矩共同作用下产生严重的不均匀沉降，拱门倾斜。从后来事故处理情况看，大拱脚基础与塔筒基础倾斜侧的混凝土垫层均已破损。

4. 施工单位擅自修改设计

施工单位安全意识淡漠，在拱门施工过程中存在多次失误。

基础设计埋深比较浅，但是施工单位擅自将其改为0.8m，使得修正后的地基承载力特征值减小约5%，再次导致承载力不足。

塔筒基础设计时考虑了偏心力矩的影响，校园一侧的基础宽度为900mm，街道方向一侧的宽度增加了200mm（即1100mm）。但是，施工单位实施时却错误地将校园一侧的基础宽度做成1100mm，街道方向一侧的宽度做成900mm，导致塔筒基础在街道方向一侧的底面最大压力值大大超出规范要求。

另外，拱门基础施工时正值雨期，施工单位安全意识淡漠，防护措施不力，使基坑泡水。

三、事故处理

事故发生后作为应急措施，紧急将造型顶板横向外挑的3.14m切割1.74m，保留0.9m的外挑造型。此举卸除荷载280kN，并使上部结构重心与基础形心基本重合，阻止倾斜进一步发生。

鉴于开学时间日益临近，拱门装修尚未进行，通过各方协商，决定该构筑物纠倾与装修相结合，采用结构挂网抹灰的形式，利用灰层的厚度变化调直拱和塔筒，同时进行岩土工程补充勘察，按照补勘资料进行基础加固。

四、基础加固

根据岩土工程补充勘察资料，同时考虑构筑物的倾斜状况，基础加固后，大拱脚基础底面面积由原来的10.45m^2增加到19.38m^2，塔筒基础底面面积由原来的15.94m^2增加到33.06 m^2，并进行基础形心调整。

1. 拱门结构稳定支撑与安全防护

对拱门进行稳定支撑与安全防护，搭设相应的外脚手架。根据大门的平面布置及立面状况，外架搭设部位及形式为：沿加固的基础外面搭设双排外脚手架，双排架纵距1200mm，排距1000mm，步距1800mm。脚手架钢管采用$\phi48\times3.5$焊管，长度分别为1.2m、1.5m、3m、4m、6m等规格。

双排架搭设顺序：放线→铺设垫板→摆放扫地杆→逐根树杆并与扫地杆扣紧→装扫地小横杆并与立杆和扫地杆扣紧→装第一步大横杆并与各立杆扣紧→安第一步小横杆→安第二步大横杆→安第二步小横杆→加设临时斜撑、上端与第二步大横杆扣紧→安装第三、四步大横杆和小横杆→接立杆→加设剪刀撑→挂立网防护→挂水平接网。

2. 土方工程

基槽挖方后及时钎探，钎探时使用N10标准钎杆按设计布置图进行布孔，并由专人负责记录。基槽钎探工作必须真实、准确、可靠。钎探记录由专人整理、审查后归档。地基钎探经验收合格后，再进行下一工序施工。

基槽回填土使用现场存土，过筛后分层铺摊，分层夯实。夯实后的填土及时做干密度试验。回填灰土要严格控制灰土含水率、虚铺厚度、夯实遍数、干密度，防止漏夯，不留隐患。

3. 原基础结构处理工艺与方法

查验原基础结构损伤状况，并对裂纹进行注胶封闭处理。

（1）工艺流程：基层处理→裂缝密封→安装注嘴→密封剂养护→注入浆材→硬化养护。

（2）处理方法：基层表面处理时，将裂缝内的灰尘清理干净。用蘸丙酮的棉纱将裂缝的两侧清理干净。封缝或灌注前应清理积水，烘干，保持缝内干燥。对于封闭的裂缝，以环氧树脂沿缝隙用刮刀刮平封死，要求尽可能将树脂挤入缝隙中。对于要求灌浆的裂缝，首先确定灌注孔的位置，用封缝胶按照间距300~500mm将灌浆嘴骑缝粘于裂缝上，尽量保证灌注孔的均匀分布。用封缝胶将裂缝及边缘部分进行封闭，胶层厚度约为1mm，宽度为20~30mm。从灌注嘴通入压缩空气试压，如有漏气则需修补，直至不漏为止。采用自动压力注浆器进行注浆，直到出浆口有浆液流出时表明裂缝内注浆饱满，结束注浆。在注浆过程中必须随时检测是否有漏浆部位，发现漏浆及时封堵，防止浆液浪费，污染环境。待浆液初凝而不外流时，可以拆下注浆嘴，用封缝胶把注浆嘴处抹平。

4. 基础加固工艺

（1）基础垫层：混凝土等级为C20。在浇筑地点用铁锹投料，基槽边坡搭设马道。根据垫层基准线浇筑混凝土，并用大横杠横竖刮平，木抹子搓平，铁抹子溜光压实。

（2）钢筋绑扎：新增基础内钢筋与原基础的连接采用植筋法。钢筋绑扎时，待基础植锚钢筋固化强度达到要求后进行钢筋焊接与绑扎。在混凝土垫层上按设计画好基础受力钢筋分档线，按分档线摆好受力钢筋。在受力钢筋上画出分档线，摆好分布筋，然后用火烧丝逐扣绑扎。

(3) 浇筑自密实混凝土：

1) 自密实混凝土为C40，现场搅拌。

2) 浇筑前，应先吸干原混凝土表面的浮水，将预先搅拌好的自密实混凝土从进料口灌入模内，利用流体压差自流特性自动充满全部空隙（无须使用振捣器振捣，必要时可使用长条器械引流）。浇筑时必须连续进行，不得中断，并尽可能缩短浇筑时间。浇筑中，如模板中出现跑浆现象，应及时进行处理。

3) 浇完自密实混凝土后，新浇基础表面应覆盖草袋等，在常温下养护一个星期以上。

(4) 植筋施工工艺：

工艺流程：植筋工艺流程详见图4.7-19。

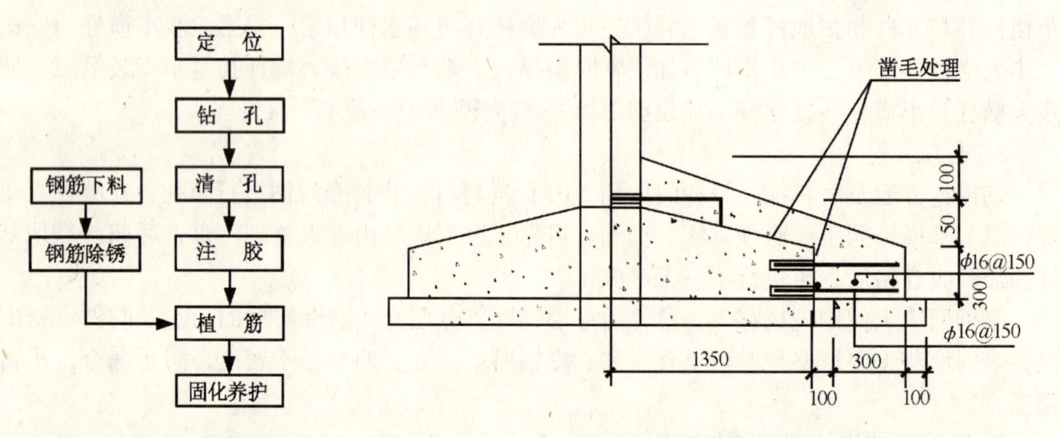

图4.7-19 工艺流程图　　图4.7-20 基础加固图

施工工艺：

1) 定位放线：根据设计图纸，在植筋部位进行定位放线，对于新增基础的定位必须结合原有基础的实际尺寸进行综合定位放线，首先确定新增基础的轮廓线，然后再确定植筋钻孔的位置。

2) 钻孔：使用钢筋探测仪测出钢筋的位置（或人工将原结构筋剔除）做好标记，使用电锤或水钻避开钢筋位置钻孔，遇到钢筋时可调整钻孔位置，孔深必须达到设计图纸或施工规范要求。

3) 清孔：钻孔完成后，将孔周围灰尘清理干净，用毛刷将孔内清理干净。再用棉丝蘸丙酮清刷孔洞内壁，使孔内达到清洁干燥；如果孔内较潮湿，必须用鼓风机对孔内进行干燥处理。清孔处理完毕后，用干净的棉纱将孔洞严密封堵，以防灰尘和异物落入。

4) 配胶与灌胶：根据结构胶的使用要求，按比例分别用容器称出（按一次应用量），将各组分放在一起搅拌，直到胶干稀均匀、色调一致为止。使用相应的注胶机将结构胶注入预先钻好的锚固孔内。搅拌好的结构胶一定要在固化前用完，已经固化的胶不得再应用到施工中。

5) 钢筋除锈：锚固用的钢筋必须严格按照设计要求的型号、规格选用，根据锚固长度及部位做好除锈处理，除锈长度大于埋设长度5cm左右。用钢丝刷将除锈清理长度范围内的钢筋表面打磨出金属光泽，要求除锈均匀干净，不得有漏刷部位。将所有处理完的钢筋分类码放整齐，并按类别标示清楚。

6）植筋：首先将管袋植筋胶注入孔内约2/3，边旋转钢筋边插入孔底，以少量胶溢出孔口为宜。

7）固化养护：在结构胶固化前，不要扰动植入的钢筋，待结构胶固化达到强度后可以加载施工。

拱门基础加固历时7天，整个构筑物很快稳定，装修后拱门达到相关规范要求。图4.7-20为塔筒靠近大拱脚一侧的基础加固剖面图。

五、结语

大跨拱门横向刚度小，整体稳定性差，地基基础设计应特别重视偏心荷载的不利影响以及环境变化对浅层地基土的干扰。

随着研究的深入，混凝土切割技术和植筋加固技术应用于建（构）筑物纠倾加固工程，既可实现结构迅速卸载，稳定倾斜建（构）筑物，也可实现新旧混凝土基础的可靠连接，达到加固的目的。

由于使用功能与建筑物不同，构筑物的纠倾加固可以采取较为灵活的方法。本工程项目采用了装修纠倾、基础加固处理方法，省时省工，经济实用，为按时开学创造了条件，具有很好的社会效益。

[实例七] 海口某住宅楼纠倾加固工程*

目前，建筑物（包括构筑物）的设计计算以刚体力学和线性小变形力学为基础，地基和结构通常只考虑弹性变形和一小部分塑性变形。比如，确定地基承载力时，主要考虑地基的弹性变形，将塑性区严格限制在一个较小的范围内。地基沉降设计计算，多采用分层总和法与规范法。前者将地基视为均质连续、半无限空间各向同性线性弹性体，按弹性理论计算土中附加应力。后者也是按弹性理论计算土中附加应力，采用一维压缩试验确定土的压缩模量，并采用经验系数加以修正。我国规范规定在风荷载和地震（小震）作用下，建筑物结构处于弹性状态，其内力及位移分析计算采用弹性方法。除少数情况下，构件的刚度一般采用弹性刚度。

但是，倾斜建筑物（包括构筑物）在纠倾过程中，地基土普遍进入塑性大变形阶段，部分结构也出现塑性变形。迫降法纠倾时，当地基土比较均匀、荷载很小时，地基土的应力-应变呈线性关系。但对分层地基或荷载较大的建筑物地基（大部分纠倾工程属于此类），应力与应变不遵守直线关系。在回倾速度较快或回倾过程中遇到较大的荷载（如地震、热带风暴）等一些情况下，建筑物（包括构筑物）一些结构构件也进入弹塑性状态，多表现为梁、板、柱、墙体开裂或产生较大变形等，应力与应变也不再遵守线性关系。

大量的纠倾实践证实，建筑物（包括构筑物）在纠倾工程的整个力学过程中，不服从力的叠加原理，力学平衡关系与各种荷载（包括原有的各种永久荷载和可变荷载，以及纠

---

* 本实例由李启民、唐业清编著

倾施工中所施加的各种荷载）特性、加载过程密切相关。纠倾作用力的施加顺序不同，结果有着较大的差别，对边界条件和初始条件也比较敏感。这些特点说明建筑物（包括构筑物）纠倾所表现出的力学效应是非线性的，遵循非线性力学规律。因此，建筑物（包括构筑物）纠倾设计不能简单地利用参数设计来代替，应建立在非线性力学理论的基础之上，采用非线性力学的设计理论和方法。

一、工程概况

1. 建筑物概况

该住宅楼位于海口市海甸岛，7 层框架结构，建筑高度 23.0m，建筑面积 770m^2，采用钢筋混凝土灌注桩基础，桩径 600mm，桩长 4.0m，桩尖标高为 -5.6m，基础梁断面尺寸为 600mm×700mm，基础梁标高为 -1.60m。住宅楼的基础平面图和二～七层平面图分别见图 4.7-21 和图 4.7-22，图 4.7-23 为该住宅楼纠倾前的倾斜状况。该住宅楼于 1994 年竣工并投入使用，但在施工过程中便发生倾斜，以后倾斜继续发展。1996 年 5 月的测量结果表明，住宅楼向北倾斜 237mm，向西倾斜 495mm，倾斜合成矢量为 549mm，方向为 NW19.4°，单面最大倾斜率为 21.5‰，超出了我国“危险房屋鉴定标准”中规定的 1% 的标准（23m×1% =230mm）。该建筑物属于严重危险建筑物，如不立刻进行纠倾扶正，则不能继续居住和使用，应予以报废。

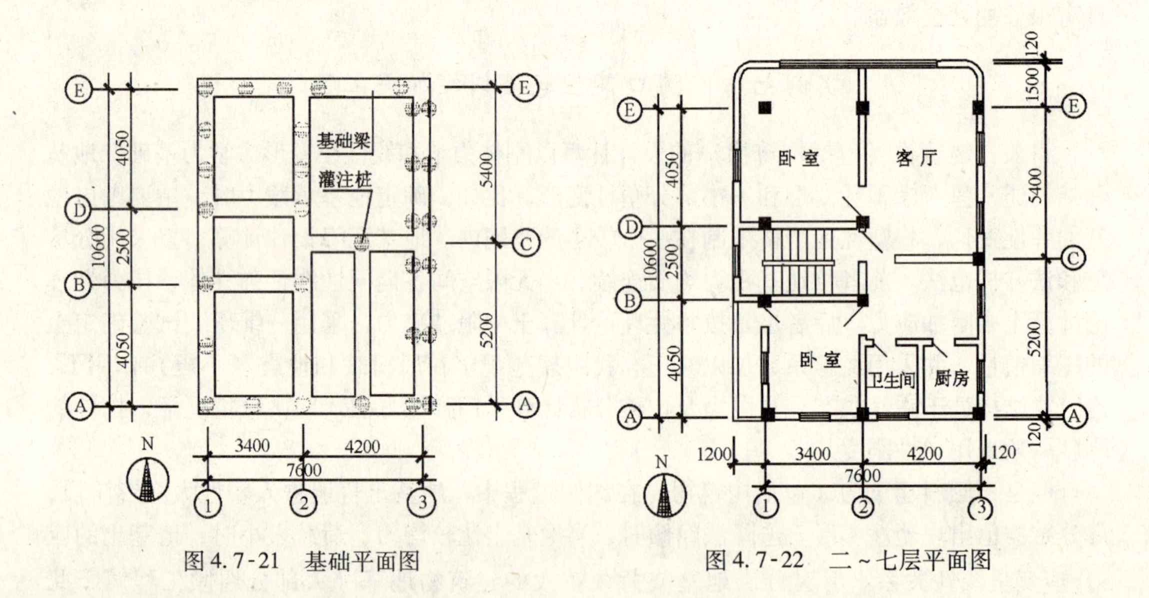

图 4.7-21　基础平面图　　图 4.7-22　二～七层平面图

2. 工程地质

该工程没有进行地质勘察工作，整个场地是围海造地形成的。从后来加固开挖的情况看，土层从上到下分布为：杂填土，淤泥（$f_k=40\text{kPa}$，$c=0.08\text{kg/cm}^2$，$\varphi=4.5°$），中细砂（厚度约 0.5m，砂层从东南方向到西北方向的标高由 -3.5m 降低至 -5.0m），亚黏土（$f_k=130\text{kPa}$，$c=0.1\text{kg/cm}^2$，$\varphi=15°$）。

该场地的地下水位标高为 -1.0m。

二、事故分析

造成该建筑物严重倾斜的主要原因有以下几个方面：

图 4.7-23 住宅楼倾斜状况

1. 基础桩的单桩承载力严重不足

由于有效范围内的地基土大部分为杂填土和淤泥土，仅有一薄砂层，基础桩的单桩承载力较小，其极限承载力仅为200kN，而建筑物作用于每根桩的竖向力却为240kN，超出承载力，不符合规范要求。所以，基础桩在上部较大荷载的作用下，必然产生较大的沉降。

2. 荷载严重偏心

住宅楼从二层到七层均向北悬挑 1.5m，向西悬挑 1.0m，并且在七层的楼梯间正上方建造一水箱间，蓄水 10t。由此而来，形成向北 3760kN · m 的倾覆力矩和向西 4100kN · m 的倾覆力矩，使建筑物向西北方向产生倾斜。

3. 基础桩平面布置失误

该建筑物东侧③轴线上的基础桩打完之后，邻居认定桩位超出建筑红线，侵占了他人地盘。不得已，业主只好紧邻东侧基础桩的西侧一边又打了一排基础桩，③轴线基础梁则置于两排桩的中间。这样一来，客观上就形成了东侧基础为双排桩，而其余基础均为单排桩，③轴线上基础桩的单桩受力仅为设计荷载的一半，其沉降量也较其他基础桩大为减少。

4. 地基土分布不均

该地基中承载力较大的砂层起伏较大，使得基础桩承载力由东南向西北方向递减，沉降量递增。

5. 负摩擦力影响

由于持力层部分的地基土大部分属于新近回填土，这些欠固结土的固结沉降对基础桩产生向下的负摩擦力，形成下拉荷载，进一步削弱了桩基的承载力。

三、非线性纠倾设计

1. 非线性纠倾原则

建筑物非线性纠倾设计应遵循的原则有：“对症下药”原则、过程原则和优化原则。

（1）“对症下药”原则：建筑物纠倾设计时，首先，应查明建筑物倾斜的原因；然后，通过“对症下药”的纠倾措施，达到“改斜归正”的纠倾目的。

（2）过程原则：建筑物纠倾是一个复杂过程，不能一蹴而就，必须依靠一系列的“对症下药”的纠倾措施逐步实现。

（3）优化原则：建筑物的优化纠倾包括纠倾方案比选、纠倾过程优化和纠倾参数优化等，并应满足三个条件：即缓慢启动，均匀回倾，平稳锁定。

2. 非线性纠倾设计程序

建筑物纠倾设计比较复杂，不能按照刚体力学或小变形力学理论，只进行参数设计；应充分考虑各种因素，按照非线性理论，采取工程对象分析、力学对策设计、过程优化设计和最优参数设计等设计程序。

（1）工程对象分析：首先要面向工程对象，对倾斜原因（包括规划、勘察、设计、施工、管理、使用和自然灾害等）进行全面、深刻分析，准确地找到其症结所在，并分清主次矛盾。如果没有找到建筑物倾斜的真正原因，或者是倾斜原因分析得不够全面，很可能导致纠倾工程的失败，甚至弄巧成拙。

（2）力学对策设计：根据建筑物的倾斜原因，分析作用在建筑物的各种荷载特征，综合考虑纠倾建筑物现状、工程性质、结构类型、基础形式、整体刚度、荷载特性、工程地质、水文条件、环境情况等因素，然后进行力学对策设计。

建筑物非线性纠倾工程设计时，要对各种纠倾方法的适用范围、工作原理、作用特性、施工程序等了如指掌，同时应根据实际情况灵活运用。如果纠倾措施不力，可能导致倾斜建筑物纠而不动，甚至越纠越偏；相反，如果因地制宜地采用恰当纠倾对策，会收到事半功倍的效果。纠倾扶正方案应从安全可靠、经济合理、施工方便等方面进行认真比选，挑选出最佳方案。

本纠倾工程的住宅楼为短桩基础，周围建筑物较密集，纠倾方法采用综合纠倾法，其中包括桩身卸载法、基础梁卸载法和加压法等。

（3）过程优化设计：对各种纠倾方法的施加方式和施加过程进行研究，尤其是要认真分析同时采用综合纠倾法和逐一采用单种纠倾法的力学效果，并分析各种纠倾方法的施加顺序。实践证明，相同的力学对策，不同的过程，其纠倾效果相差很大。

（4）最优参数设计：在力学对策设计和过程优化设计的基础上，对最佳纠倾过程再进行最优参数设计。需要指出的是，同一种纠倾方法，在不同的工程地质、水文条件和环境情况下，参数设计可能相差较大。

3. 非线性纠倾设计计算

（1）设计最终沉降量、倾斜量（包括水平变位值、倾斜角等）和倾斜方向。

（2）计算倾斜建筑物基础形心位置和偏心矩，其中偏心矩按下式计算：

$$M_{p}=(F_{k}+G_{k})\times e+M_{Hk}$$

式中，M_p 为倾斜建筑物基础底面偏心矩；F_k 为相应于荷载效应标准组合时，建筑物上部结构传至基础顶面的竖向力值；e 为倾斜建筑物偏心距；M_{Hk} 为相应于荷载效应标准组合时，水平荷载作用于基础底面的力矩值。

（3）计算基础底面压应力

$$p_{k}=\frac{F_{k}+G_{k}}{A}$$

$$p_{k\min}^{k\max}=\frac{F_{k}+G_{k}}{A}\pm\frac{M_{p}}{W}$$

式中　p_k 为相应于荷载效应标准组合时，基础底面平均压应力值；p_{kmax} 为相应于荷载效应标准组合时，基础底面边缘最大压应力值；p_{kmin} 为相应于荷载效应标准组合时，基础底面边缘最小压应力值；A 为基础底面面积；W 为基础底面抵抗矩；G_k 为基础自重和基础上的土重。

（4）确定回倾方向

回倾方向取住宅水平变位合成矢量的反方向。

（5）确定纠倾时建筑物基础转动轴

根据偏心荷载作用基底压力计算图，建筑物纠倾转动轴位置取距沉降大的一侧基础长度的1/4～1/3，并应根据纠倾进展情况适时调整。

（6）根据基底压力图设计迫降位置和数量（采用顶升法时，确定顶升位置和机具数量）。

四、非线性纠倾施工

按照非线性纠倾原则，纠倾施工过程分为迅速止倾、缓慢启动、均匀回倾、平稳锁定等四部分。

1. 准备工作与建筑物止倾并举

6月20日，首先开挖地面进行承台梁卸载，并为桩体卸载创造条件。承台梁卸载从两方面进行，一方面首先卸去压在住宅楼①轴线和Ⓔ轴线承台梁上的回填砂；同时，将这些回填砂搬运到室外，压在③轴线和Ⓐ轴线附近。另一方面，在③轴线和Ⓐ轴线的承台梁下隔段掏土，破坏承台下土体阻力。

承台梁卸载和压重的顺序、数量等应进行过程优化，使倾斜建筑物迅速止倾，并缓慢地进行回倾。承台梁卸载后该建筑物向东回倾了5mm，向南回倾了2mm。

2. 建筑物缓慢启动，均匀回倾

根据建筑物平面刚度和各方向的倾斜情况，进行过程优化设计和参数优化设计，确定倾斜建筑物的回倾程序，从而再确定卸载桩的数量、卸载桩的位置、单桩卸载量等。

7月1日建筑物纠倾正式开始，利用钢管射水对③轴线和Ⓐ轴线的基础桩，以及建筑物内部各轴线上基础桩分阶段进行“桩身卸载”，破坏土体对桩身的部分摩擦力以及桩尖部分端阻力，降低基桩的承载力，使其按照纠倾设计方案产生沉降。桩体卸载与建筑物回倾的关系详见表4.7-4（表4.7-4仅列举了具有代表性的部分数据）。

桩体卸载与建筑物回倾关系　　表4.7-4

射水次数（第几次）	射水深度（m）	向南回倾量（mm/次）	向东回倾量（mm/次）	射水次数（第几次）	射水深度（m）	向南回倾量（mm/次）	向东回倾量（mm/次）
5	3.5	0	2	11	4	1	3.5
6	3.5	0	3	12	4	0	3
7	3.5	0	2	13	4.5	1	6
8	3.5	0	2	14	4.5	1	6
9	4	1	2	15	4.5	1	7
10	4	0	4.5	16	4.5	1	6

采用桩基卸载法纠倾，摩擦端承桩基础的建筑物回倾规律可总结为：桩侧摩阻力减少50%时，建筑物开始回倾，其速度为1～3mm/次；桩侧摩阻力减少70%时，建筑物回倾速度为2～4mm/次；桩侧摩阻力减少90%时，建筑物回倾速度为4～7mm/次。每个回合的“桩身卸载”中，当完成预定1/2工作量时，建筑物开始回倾；当完成预定全部工作量时，建筑物回倾量达到本次总回倾量的1/2；在其后的4～5h以内，建筑物再回倾1/2，

以后的时间里建筑物基本不动。

3. 建筑物平稳锁定

当倾斜建筑物回倾到接近纠倾标准时，应不失时机地采取“滞动”措施。滞动措施最好也是加固措施，一举两得。本工程采用调整射水桩的数量、减少射水孔数量和“沉砂”等方法达到回倾滞动和基础加固相统一。

9 月 15 日，建筑物向北回倾至 75mm，向西回倾至 59mm，符合相关规定。考虑到紧邻该住宅楼的东、南侧为拟建住宅楼（其中南侧住宅楼基础已施工），相邻建筑物的建造对该住宅楼将要产生一定的影响，届时该住宅楼还要有少量的回倾，所以纠倾工作到此为止。在纠倾过程中，建筑物按规律平稳回倾，没有发生结构开裂、破损等严重的质量事故，纠倾工作圆满完成。该住宅楼的回倾曲线见图 4.7-24。

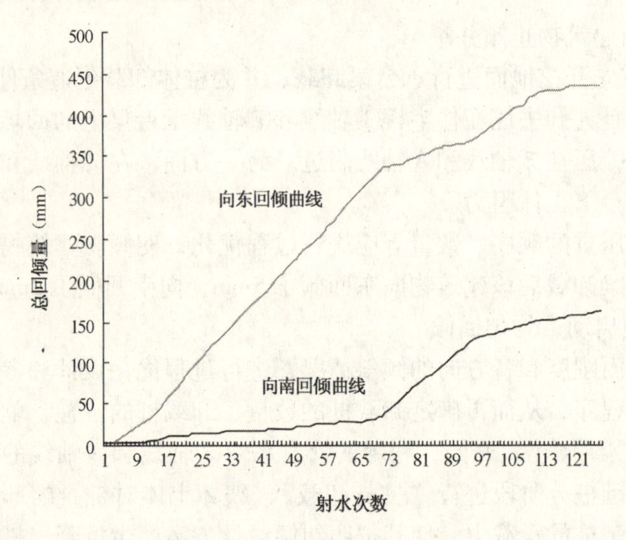

图 4.7-24　建筑物回倾图

五、防复倾加固

鉴于建筑物的底层已经开挖，所以采用“静力压入桩”进行防复倾加固。

压入桩为截面为 240mm × 240mm 和 200mm × 200mm 两种形式的钢筋混凝土方桩，桩尖段长为 1350mm，其余桩段长为 800mm，采用硫磺胶泥锚接进行分段接长。

静力压入桩布置在①轴线和Ⓔ轴线承台梁下，以基础底面为反力支托，用千斤顶将桩压入地基中，解决原基础桩单桩承载力不足的矛盾，并起到加固基础的作用。静力压入桩加固详见图 4.7-25。

在建筑物纠倾与加固的整个过程中，对周围环境采取了多种保护措施，并对原建筑物的布置进行了合理的调整，达到尽善尽美的效果。

六、结语

建筑物（包括构筑物）的设计计算是以刚体力学和线性小变形力学为基础。但是，建筑物（包括构筑物）纠倾过程所表现出的力学效应是非线性的，遵循非线性力学规律。这里将非线性理论引入建筑物纠倾设计，并结合某严重倾斜住宅，探讨非线性纠倾设计原理、非线性纠倾特点和非线性纠倾设计计算方法等，详细介绍了以桩基卸载法为主要手段的综合纠倾法实施非线性纠倾以及防复倾加固的成功实例，为非线性理论在纠倾工程中应用提供了一些成功的经验。

但是，建筑物（包括构筑物）纠倾工程是从实践中发展起来的一门科学，对实践的依赖性很大，完全按照非线性理论进行设计与施工，目前的条件尚未成熟。然而，作为一种理论指导和发展方向，非线性纠倾应大力倡导，并不断进行实践和总结，使纠倾工程更具有科学性和实用性，为国家挽回更多的损失。

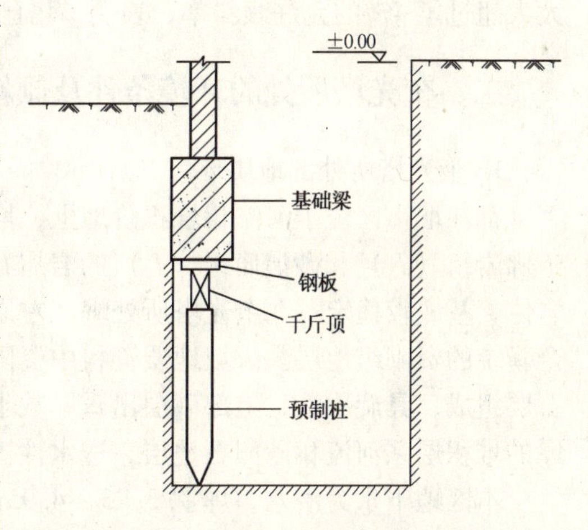

图 4.7-25　静力压入桩加固示意图

[实例八]　都江堰奎光塔纠倾加固工程*

一、工程概况

四川省都江堰奎光塔建于清道光十一年（公元 1831 年），塔高 52.67m，重心高度 23.22m，重量约 34600kN，为 17 层密檐式六面体砖塔，是我国现存古塔中层数最多的砖砌建筑。塔底为一正方形护台，护台边墙以条石干砌而成，边墙内以素土夯填。奎光塔外形古朴壮观，一～十层为双筒，内设螺旋形石梯，可供游人登高眺望，是一座具有较高文物价值、艺术价值、观赏价值和鲜明地方特色的川西古塔，现为四川省文物保护单位。

20 世纪 80 年代初，人们发现奎光塔明显倾斜。塔体下部，东侧塔体被压酥，西侧塔体严重拉裂，塔身也出现多道裂缝。基本上所有的窗洞顶头砖都已被压裂，外塔塔身内壁多处有压张的纵向裂缝，个别部位还有 45°斜裂缝。第四层东侧有四道贯通的纵向裂缝。

塔顶树木繁茂，杂草丛生，密檐风化破碎，遇到刮风下雨，不时有砖块坠落，给塔下的行人构成安全威胁。由测量数据计算出的塔尖对塔底形心倾斜量为1369mm，倾向NE72°15′03″。倾斜率26‰，

图 4.7-26　纠偏加固前的奎光塔

* 本实例由王祯编著

大大超过了4‰的允许倾斜率，表明该塔已处于危险状态。

二、奎光塔所处的环境条件及倾斜原因分析

1. 奎光塔所处的地质环境

都江堰市区位于河流相堆积阶地上，堆积层厚在100~200m之间，堆积层下为侏罗纪千佛岩组（J_q）和砂溪庙组（J_s）的岩屑石英砂岩和岩屑砂岩与粉砂岩及泥岩不等厚互层岩体，基底较稳定；在奎光塔所处岷江左岸Ⅰ级阶地的场地内主要出露第四系上更新统~全新统的资阳组地层。区域地质资料中资阳组分二段：一段缺失；二段下部为灰黄色中砾石层组成，具旋回性，上部砂层出露厚数十米，分布于蒲阳河以南。钻孔揭露场地内15m厚的堆积层系河流相砂卵石地层，透水性极好。

本区地下水为潜水，埋深3.75~4.95m，标高714.630m~714.680m，地下水的补给来源有两点：一是岷江水，二是地表水（降雨）。地下水水质较好，对混凝土没有侵蚀性。

2. 奎光塔地基基础形式

奎光塔的地基基础自下而上由卵石层地基、卵石土垫层、条石基础组成(见图4.7-27)。

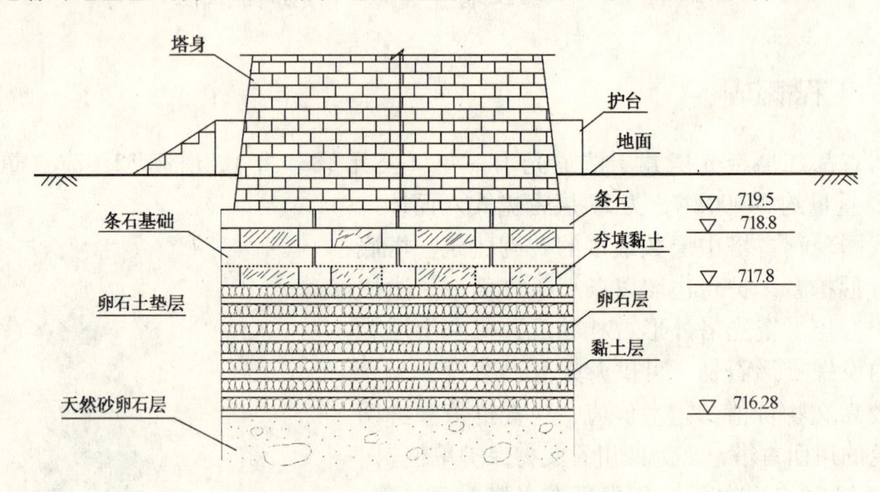

图4.7-27　奎光塔地基基础结构图

地基土未做任何处理，垫层以亚黏土与大卵石或小漂石交替分层铺成约11层，其中土6层，卵石5层，一般厚约5~7cm，最大20cm。垫层厚西侧1.46m（底标高716.38m），东侧1.52m（底标高716.28m）。

条石基础由5层条石搭砌而成，下面4层每层厚约33cm，顶层厚16cm，总厚1.48m，基底标高西侧717.84m，东侧717.80m，基顶标高西侧719.32m，东侧719.28m，即条石基础顶面标高，西侧比东侧高出0.04m，但东、西两侧条石基础厚度相等，为1.48m。

3. 地基土及塔体砖材的各项力学指标测试

塔身未承重的砖体强度：（由于塔体砖材不能取样，仅作了少量试验）抗压强度17.52MPa，抗拉强度0.62MPa，抗折强度2.3MPa。

4. 地震调查及抗震验算

自道光十一年建成奎光塔以来的171年间共发生于本地和附近的有感地震31次。其中6级以上地震就有10次之多（在本地有记载的地震烈度达6度以上的有7次）。经抗震

验算，奎光塔在纠偏前倾斜状态下1~6层遭遇7度烈度地震时，几乎没有安全储备（见表4.7-5）。

塔身倾斜条件下楼层载面弯曲正应力安全储备　　表4.7-5

层　数	1	2	3	4	5	6	7	8	9
安全储备 K	1.02	1.05	1.12	1.11	1.01	1.20	1.36	1.51	1.62
层　数	10	11	12	13	14	15	16	17	
安全储备 K	1.79	1.79	1.80	2.26	2.98	4.20	6.70	14.6	

5. 古塔倾斜原因分析

通过调查研究分析，奎光塔地基基础未发现不均匀沉陷的迹象，地基承载力也能满足受力要求，塔基不均匀下沉不是造成塔体倾斜的主要原因。造成奎光塔倾斜破坏的主要原因是地震所为，即塔体在地震的作用下，东部塔体被压裂（酥），西部拉开而造成倾斜。在以后的继续发展除地震作用影响以外，还与风力所产生的附加力、砖体本身的强度衰减、偏心荷载的逐渐加剧等有关。

6. 纠偏加固前奎光塔稳定状态的评价

纠偏加固前，由于塔体仍在继续变形（塔尖倾斜量已达1369.5mm，倾斜率为26‰），即使没有其他外力作用，由于塔体下部砖砌体遭受严重破坏，强度降低，在长期的偏心荷载作用下，亦将继续产生压缩变形，而且这种压缩变形随着偏心荷载的增大而增大。如果再一次遭到较大的地震作用，则更难保证塔体的稳定，甚至有倒塌的危险。经抗震验算，一~六层几乎没有安全储备。因此，为了保证奎光塔的长期稳定和安全，对塔体进行纠偏加固，改善其受力状态是完全必要的。

三、纠偏加固方案

1. 奎光塔纠偏部位的确定

根据《可行性研究报告》所提供的信息：①塔体倾斜原因主要是在地震作用下，塔身东侧压缩（酥），西侧拉开，造成塔身倾斜，而地基基础基本完好，地基承载力也是够的，基本排除了地基基础的不均匀沉陷。因此，我们在选择纠偏部位时，最好不挠动原有地基基础的既有平衡。②原基础为五层条石搭接铺砌，总厚度为1.48m，条石基础之下为卵石土人工铺砌垫层，垫层之下为天然砂卵石层，中密。在这样的地层中掏土迫降是非常困难的。③原塔下部有一土护台，土护台的位置正好可以做一承托钢筏，土护台下部与塔底之间尚有60cm的空间，可以实施掏砖。根据以上情况，只好选择塔身底部掏砖纠偏方案。尽管这种方案尚无先例可循，但经过分析认为砖体材料均一，成孔条件好，可在原地面以上施工且施工方便，从理论上讲应该是可行的。

2. 奎光塔纠偏方案——迫降、顶升组合协调纠偏法

鉴于奎光塔，塔高52.67m，塔体重量高达37600kN（包括钢筏重量），单纯实施顶升法，顶升力最少需18835kN，而且钢筏的刚度实难保证；单纯实施自重迫降法，最大下沉量达25cm之多，全面掏砖易出现“突沉”，而且东部在偏心荷载作用下有继续下沉倾斜

的危险。由于砖砌体的强度较大（经试验砖砌体的强度在 1～1.69MPa 之间），单纯自重纠偏，掏砖范围占塔体底面 2/3 以上；如果辅以加压纠偏，压力小了不起作用，压力大了反力装置难以实施。经过反复分析与论证，决定采取迫降、顶升组合协调纠偏方案。

3. 迫降、顶升组合协调纠偏法的作用原理

迫降、顶升组合协调纠偏法，是根据奎光塔的实际，集迫降、顶升两类纠偏法之长，弃两类纠偏方法之弊，将两种方法的优点组合为一体的复式纠偏方法。其作用原理如图 4.7-28 所示。

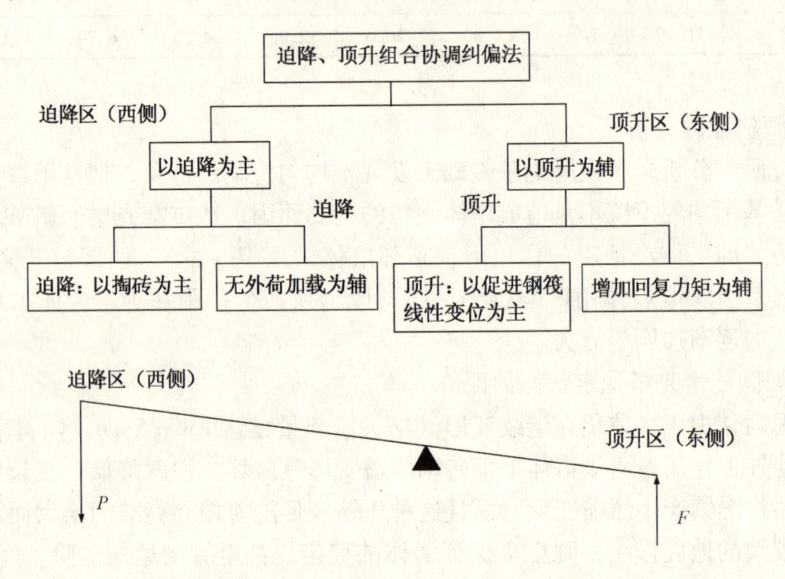

图 4.7-28　迫降、顶升组合协调纠偏法原理图示

四、奎光塔纠偏加固工程

总的纠偏方案确定以后，需根据纠偏要求进行配套设计，以保证纠偏方案的顺利实施；在进行配套设计时，必须强调纠偏与加固的统一性，即加固工程除满足自身的需要以外，还应该考虑纠偏过程中特殊要求；同样，纠偏工程除满足纠偏要求以外，应尽可能考虑纠偏完成以后成为加固工程的一部分，这样既可以节省投资，减少浪费，又可以缩短工期，做到纠偏加固的合理配置。另外，根据文物加固的特点，必须尽可能考虑“修旧如旧”的原则，不破坏原塔的外貌，不留痕迹或尽可能少留痕迹。因此，要求所有的纠偏加固工程为隐蔽工程。

1. 塔身加固

增强塔身砖砌体的抗压强度和抗弯能力，确保塔身在 7 度地震烈度条件下的长期稳定和纠偏过程中的塔身整体性。由于塔身在地震力作用下破坏严重，特别是一、二、三层，东侧砖体被压碎，西侧砖体被拉裂，裂缝满布，整体性遭到极大的破坏；通过地震验算，塔体一～六层在 7 度烈度地震条件下已无安全储备。为了保证塔体在 7 度烈度地震条件下的长期稳定和纠偏过程中塔身的整体性，在纠偏以前必须对塔身进行必要的加固。加固措施主要为一～六层塔身以钢带围箍，纵向钢筋连接，塔身裂隙灌注环氧树脂补强，以增加

塔身砖砌体的抗压强度和抗弯能力。纵向钢筋与钢筏连接在一起，在纠偏过程中，塔顶与钢筏之间实施钢缆绳内拉，以加强塔身的整体性和与钢筏变位的协调性。

2. 基础加固

扩大填充原基础，保证基础的长期稳定并改善其承重条件。由于原条石基础没有扩大，且部分为搭接，故在纠偏以前需将该基础（包括垫层）扩大至12m×12m的方形基础（与原土护台尺寸大体一致），条石基础以下用钢筋混凝土墩（支承墩）整体围箍，其上做一圈1m×1m的钢筋混凝土圈梁，限制基础侧向变位。垫层以上至塔底部位空间用混凝土充填，以保证基础的长期稳定并改善其承重条件（基础承重面积从原来的$64m^2$拓宽到$144m^2$）。在圈梁之上设置7个定位墩，定位墩之间的空隙，放置20个控制千斤顶，以满足纠偏的要求。

3. 钢筏承托

钢筏承托并与塔体实施杯口连接，确保纠偏过程中内外塔与钢筏变位协调；同时，钢筏又是实施加载、控制纠偏速度和纠偏方向的必备设施。纠偏完成以后，钢筏为复合基础的一部分，成为永久性工程。钢筏设置在原护台位置，12m×12m的方形，厚度为1.5m。

五、严密监控系统

严密监控系统是确保纠偏顺利进行的重要保证，纠偏参数的不断调整、安全性评判、判断纠偏回归路线和确定最终成果等，全靠监测数据的反馈。严密的监控系统包括：

1. 塔身定位观测与多点定时跟踪观测（用全站仪交会观测，并绘制塔体重心位移轨迹图）；

2. 钢筏基座的沉降观测：共布置10点，每点并行安设电子位移计和千分表各一台，以监测钢筏的变位和变形；

3. 千斤顶荷载监控：20台千斤顶均设有荷载传感器，用U-CAM数据采集仪，随时监控千斤顶上的受力状况；

4. 缆拉观测：包括内拉，外拉18根缆拉绳用测力计测读钢筋计的读数，以监控塔身变形；

5. 倾斜盘观测：塔体一～九层共设置倾斜盘8台，以监控塔身在纠偏过程中的变形；

6. 水准观测：在钢筏上建水准点，进行水准测量，监控钢筏的沉降量。

以上监测数据，既可单独使用又可互相核对，以求数据无误。

六、纠倾

根据奎光塔的实际，经过充分的研究论证，创造性地采用了钻掏塔体底部砖体进行迫降、顶升组合协调纠偏方法，因此，纠偏施工的关键是掏砖。

掏砖采用不同孔径$\phi 80\sim188mm$，从东到西孔间距、孔径逐渐减小，分次分批进行掏孔，并随时严密观察防护千斤顶的压力变化。待千斤顶所承受压力达到卸载指标时，进行卸载纠偏。

纠偏是采用无外荷加载方式进行，即把储存在千斤顶上的力，逐级加到钢筏上去，促进砖砌体的渐进破坏过程。此时，应特别注意钢筏的线性问题，特别是东部开始产生张开区时，东部应施加上顶力，保持钢筏的线性，促进塔体的回复。如此往复进行，直至千斤顶储力完全消除为止，开始进行第二轮掏砖。在纠偏过程中要及时进行数据处理，如绘制实时应力图形，新一轮掏砖设计，电算程序计算及绘图、塔身位移轨迹图。根据这些数据的反馈信息，重新调整各种纠偏参数，特别是要注意纠偏方向是否存在偏差等。

纠偏时，测量人员需不断反馈测量数据，依此绘制塔身重心位移轨迹线。现场指挥人员根据测量数据指挥千斤顶加载、卸载等，直至塔体重心和塔底形心重合。

纠偏中间隔地测量和计算塔体综合重心坐标，依据坐标的变化绘制其位移轨迹线，并与理想回归线进行矫正，计算分析偏差量。再将此信息反馈给纠偏指挥中心，以便及时调整加力系统，控制纠偏方向和速度。

图 4.7-29 给出了奎光塔综合重心回归迹线图，为了做到精益求精，我们不满足于合同要求和国家建筑规范规定 4‰的目标圆，最终将塔体综合重心锁定在 $X=79.595$、$Y=246.89$ 处，这样纠偏后塔身的倾斜率达到 0.17‰。

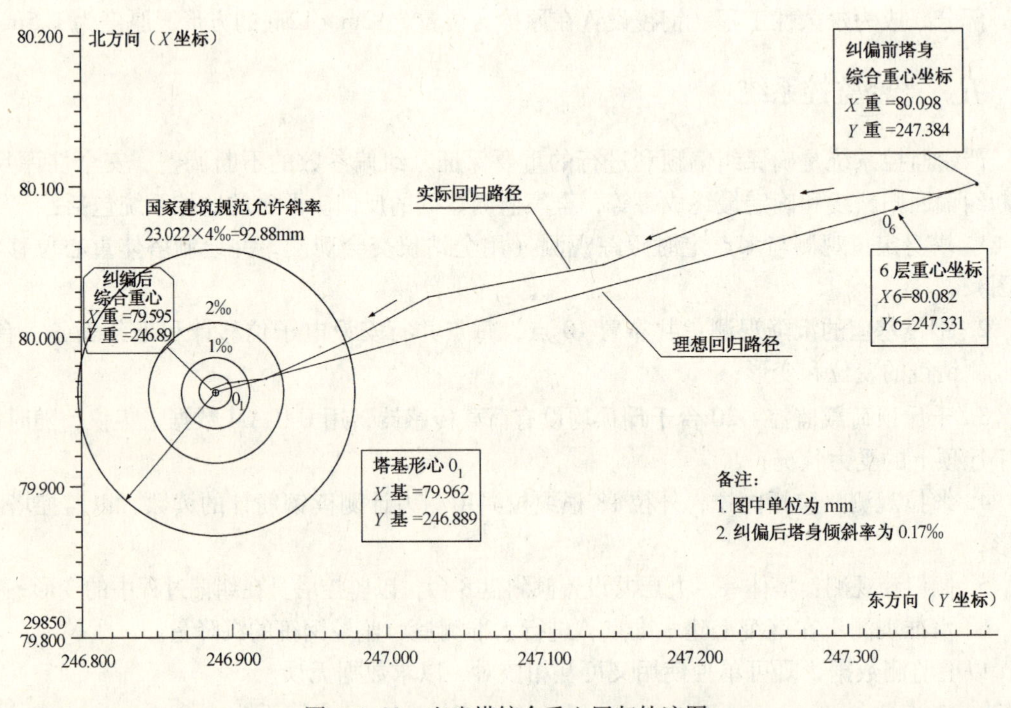

图 4.7-29　奎光塔综合重心回归轨迹图

纠偏完成以后，对塔身进行了一年的定期观测。测量数据表明，塔身重心稳定在这一坐标处。

七、纠倾最终效果

扶正后的奎光塔其外观更加雄伟壮丽，塔体结构强度、基底应力及抗震能力均得到大幅度加强，能满足长期稳定的需要。表 4.7-6 给出了奎光塔纠偏加固前后各种主要参数对比。

奎光塔纠偏前后有关参数对比表 表 4.7-6

项目	纠偏前	纠偏后	备注
偏心距	546.8mm	3mm	重心层
偏心率	25.9‰	0.17‰	
基础面积	65m^2	144m^2	扩大了基础
塔身重量	34600kN	37600kN	增加了钢筏
基础应力	$\sigma_{max}=0.78$MPa $\sigma_{min}=0.32$MPa	$\sigma=0.261$MPa	
安全性评价	不安全	安全	在7度地震烈度下

图 4.7-30、图 4.7-31 给出了纠偏前后奎光塔的形状对比的照片。

图 4.7-30 加固后纠偏前奎光塔

图 4.7-31 纠偏后奎光塔

[实例九] 昆明妙湛寺金刚塔纠倾加固工程*

一、工程概况

妙湛寺金刚塔又名“穿心塔”，坐落于云南省昆明市东郊的官渡镇，它是中国现存年

* 本实例由王祯编著

代最久的一处砂石构筑的典型喇嘛式佛塔。1996 年国务院公布金刚塔为全国重点文物保护单位。

妙湛寺金刚塔建于明天顺二年（公元 1458 年），清康熙三十五年（1696 年）和 1982 年曾进行过两次修葺。该塔由墩台、主塔和四小塔组成，整体用规则砂石砌筑。塔基呈方形，高 4.8m，边长 10.4m。基台下有东、西、南、北 4 道券门十字贯通，可供人通行。基台上建有 5 座佛塔，属于金刚宝座式塔。基台中部为主塔，通高 16.05m，塔座为方形折角须弥座，四角各雕有力士像 1 尊。四面石上均雕刻有反映佛教内容的狮、象、孔雀、迦楼罗等形象。须弥座上为 7 层石雕莲瓣的覆莲座，上承覆钵形塔身。塔身四面均开有壶门，内刻石佛像一尊。塔身之上有方形须弥式塔脖。塔刹上有十三天相轮、伞盖、垂八铃铎和四天王像。再上为石制圆光，四面有小铃铎。刹顶为宝瓶、宝珠。整座石塔典雅壮观，主塔与小塔之间布局协调，雕工细腻。

元明时期（公元 13 ~ 17 世纪）出现了一些为简化礼佛而兴建的过街塔和门塔，反映了佛塔逐渐世俗化的趋势。妙湛寺金刚塔就是其中的典范，对研究喇嘛式佛塔建筑的发展具有重要意义。

妙湛寺金刚塔是金刚宝座塔中现存最早实物（明天顺二年［1458 年］），为金刚宝座塔及喇嘛塔的传播、发展研究提供了实物遗存，具十分重要的历史价值。金刚塔造型别致，雕刻题材与众不同，不雕菩萨、不示法器，仅雕金刚界五部主佛的座骑，重点突出对五佛的表现和供养，体现了金刚塔宗教内容与艺术造型和谐统一的表现形式。金刚塔还是官渡古镇的标志性建筑，具有十分重要的景观价值。

图 4.7-32　妙湛寺金刚塔

二、病害现状及原因分析

1. 病害现状

墩台现地面低于周围地面 1.6m，在地下水位线 260mm 以下，造成塔基长期浸泡在水中；墩台墙壁 20 世纪 80 年代用水泥勾缝；“十”字券洞基本完好。墩台上栏杆基本完好，北侧为清代维修时更换。主塔覆钵有裂缝，塔尖向东南偏斜 240.5mm，其他完好。四角小塔除西北角小塔宝盖残 1/3 外，其他完好。塔体表面均有不同程度风化，主塔风化尤为严重。

2. 病害原因分析

造成现状的原因主要为：塔基为浅埋毛石（片筏）基础，未放脚，自现地面下埋深仅 140mm，地基土为三合土，土中夹杂螺壳，垫层厚度约为 1.50 ~ 2.00m，四周放脚 400mm。地下水位高，地下水类型为上层滞水 ~ 潜水型，年水位变幅主要受大气降水控制，丰水季节场地地下水位会上升；反之，枯水季节水位降低。地基垫层下有软弱下卧层，该土层为高压缩性、欠固结状，在地下水及上部荷载作用下长期变形，地基的沉降量较大；沉降过程中，由于存在不均匀性，致使塔尖产生偏斜。同时，长期以来，螺峰村建设发展，村中废土倾倒于塔四周，提高了自然地坪。风化主要为自然破坏。

三、纠倾加固工程设计

金刚塔重量13500kN，重心低，体积不大，塔尖偏离240.5mm，考虑采取整体顶升，尽最大程度减少对金刚塔塔体的干预，保存金刚塔的价值，彻底解决长期水浸、沉降问题，顶升过程中同时纠偏。其基本思路是：在保证塔不受任何损坏的前提下，将塔在原位置顶升2.6m，再在塔底重新换上地基。具体步骤为：现状加固→降水→基础托换→顶升→就位，核心是基础托换，并全程进行监测。

1. 现状加固。为确保顶升过程中塔体安全，需对金刚塔先进行整体加固。采用加槽钢“圈梁”、拱形钢架、斜向钢架支撑的方法，同时用钢板封护附属文物。

2. 降水。采用深层搅拌桩止水帷幕挡水，然后坑内分步降水，对塔身沉降进行观测，确认无安全隐患后进行下一步降水。

3. 基础托换：① 制做静压桩，以此作为本顶升工程的支撑结构。②制作托架，顶进混凝土空心箱梁，顶进过程中做好观测，发现偏差及时纠正；开挖中间券洞下基础，扎筋，将箱梁内部用钢筋混凝土灌实并现浇托梁混凝土。③浇筑钢筋混凝土承台及承台梁。

4. 顶升。托换完成后，在承台梁与托梁间安放千斤顶。金刚塔本身重量约13500kN（含基础），加上托换后托架的重量7000kN，顶升重量共约20500kN。沿塔基周围共布置两组千斤顶，每组各18台2000kN液压千斤顶，两组轮流工作，可满足顶升要求。

凡放置千斤顶处，托梁相应位置预埋钢板，千斤顶与承台梁（垫块）之间放置承托板，以防止混凝土局部受压破坏。

顶升时各千斤顶要保持同步，每顶升一个行程，在托板和底板间放置垫块。每个塔座下布置四个垫块，并在千斤顶下放置垫块，再进行下一行程的顶升。垫块用高强度等级混凝土垫块。

5. 监测。整体顶升移位时，应对外加动力各作用点实际施加力进行观测记录，根据外加动力变化判断顶升时的异常情况。同时，采用直尺、经纬仪，对顶升过程中的建筑物偏位进行监测，利用水准观测监控基础沉降。加强上部结构观测，及时发现安全隐患。

6. 就位。将塔体顶升至预定位置后，做金刚塔的新基础。拆除槽钢箍及封护钢板，十字券洞地面及塔四周5m范围内做石板地面硬化。

四、整体顶升可靠度分析

1. 本工程托板厚度为1000mm，为板跨的1/12，可充分满足顶升时的刚度要求，确保金刚塔在顶升时塔身结构不会因变形而损坏。

2. 本工程托换过程对原基础不造成削弱，不会影响塔身的结构安全。

3. 加大了顶升力，并增设侧向型钢支撑，共设两组18台200t千斤顶，使得在顶升过程中可轮流倒换千斤顶，防止千斤顶同时回油对上部结构产生振动，同时做好油泵与千斤顶的合理配置，保证各千斤顶顶升速度均匀、同步，确保结构安全。

4. 在实施过程中对塔体进行全程监测，及时发现安全隐患，及时采取措施予以解决。

5. 根据勘察报告，金刚塔基下有软弱下卧层，塔呈整体均匀沉降。实施整体顶升后，金刚塔重量靠底板及静压桩支撑，不会产生不均匀沉降及整体沉降。

五、纠倾加固工程实施

经过详尽周密的勘查、评估、设计之后，金刚塔顶升工程全面实施。金刚塔整体顶升工程由河北省建筑科学研究院承担，工程于2001年12月开始实施。

整体顶升的过程：先给塔上钢架，对塔体进行保护性加固，在塔的周围建立防水设施，打好工程基础；然后，将早已做好的混凝土厢梁顶入塔的底部，置换出泥土，浇筑成托梁，以承压桩为基础，逐步向上顶升。

实际操作非常复杂，惊险不断。比如开挖承抬桩的地基时，怕塔底下的土溢出，又临时加打了钢板桩。由于需要整体平稳抬升，18个千斤顶得同时发力，几十名工人需要高度配合。18个液压千斤顶旁又放上18个辅助性的螺纹千斤顶。每抬升10多厘米后，要重新浇筑支撑点，所以进展缓慢。

下沉过程中金刚塔已向东南角有些倾斜，顶升中逐步进行了纠偏。到今天为止，经严密测量，塔已完全处在了水平线上。记者仔细观察，塔身严丝合缝，没有丝毫受损的痕迹。

2002年7月顶升成功，原位顶升高度2.6m，达到了设计要求。顶升后解决了塔基长期浸泡问题，达到了设计预期目的，至今未见变形。维修后的金刚塔，向社会全面开放，对弘扬民族传统文化、增强民族凝聚力具有重要意义。

六、收获与启示

昆明妙湛寺金刚塔，借鉴现代建筑成功的顶升移位技术，采用整体顶升方法，依照现状加固、降水、基础托换、整体顶升、就位等步骤，实现了安全平稳顶升，解决了塔基长期浸泡、下沉问题，达到了对金刚塔保护的目的。

近年来，随着科学技术的发展，一些成熟的新技术在我国文物建筑保护陆续得到推广应用，如砂浆锚杆用于敦煌等石窟加固工程，环氧树脂等化学药品用于文物建筑构件加固。

而建筑物顶升移位技术能否用于文物建筑保护呢？回答是肯定的。妙湛寺金刚塔整体顶升保护正是应用成熟顶升技术的尝试，其成功实施也证明了顶升技术可以用于文物保护。

平移技术用于文物保护比顶升略早，1999年广西北海因道路调整贯通，广西自治区文物保护单位“英国领事馆”被迫平移让路，至今建筑未见新的变形，说明平移是成功的。这表明，顶升平移技术完全可以用于文物保护中。

文物保护中顶升移位技术与以往方法相比具有以下优越性。

1. 彻底解决水患问题

我国现存文物建筑多历经几百年甚至上千年的历史，随着时代的发展，四周建筑地面的升高，文物建筑处于低洼地势的现象普遍存在，这需要解决建筑四周排水问题；另外，地下水位升高，危及文物建筑基础安全，需要解决阻水或隔水问题。

以往文物建筑解决排水问题，主要是建筑四周做排水沟，接市排水管线或将水引至较远处渗井。这对于解决大气降水能起到一定作用，但不能从根本上解决水患，如遇暴雨，雨水不能及时排走，建筑仍可能遭水泡。

另一种方法是采用解体文物建筑，抬高地面，重做基础，再修复建筑。这种方法，能解决水患问题，这种方法类似文物建筑搬迁，以牺牲建筑的文化价值为代价，一般不主张采用。

近来，又有方案考虑采用旋喷桩或粉喷桩构筑地下挡水墙的方法解决地下水升高的影响，但构筑挡水墙后，文物建筑如同放在“花盆”中，大气降水不能排走，地下水渗透仍无法解决。

而采用顶升技术，建筑自基础处切断，上部结构不受损伤，可以最大限度保存文物建筑的历史信息及其文化价值。

2. 应用广泛，前景光明

随着现代化建设的高速发展，城市改造、道路拓宽项目增多，尤其一些老城的改造，文物建筑多，经常遇到文物建筑。按以往方案，文物建筑不得已要解体搬迁，文化价值要受到损失。采用平移技术，建筑整体“搬迁”，可保存其文化价值。

从以上分析可知，顶升移位技术在文物保护中应用范围很广。在文物建筑遭受水患、旧城区改造、道路拓宽中都可以应用。采用顶升平移技术“搬迁”这些文物建筑，可以尽最大限度地保存其历史信息、文化价值。

[实例十] 北京戒台寺抢险加固工程*

一、戒台寺及滑坡概况

1. 戒台寺概况

戒台寺为全国重点文物保护单位，位于北京市门头沟区马鞍山北麓，距京城35km。始建于隋开元年间，迄今有1400多年的历史。寺内建有全国最大的戒坛，可授佛门最高戒律“菩萨戒”，被誉为“天下第一坛”。寺内殿堂随山势高低而建，殿宇巍峨，错落有致。寺内古树名木甚多，仅国家级保护的古树达88棵，“潭柘因泉胜，戒台以松名”。早在明清时期，寺内十大奇松就已闻名天下。戒台寺不仅是佛教著名寺院，也是北京“人文奥运计划”指定的旅游景点。

2. 戒台寺滑坡概况

戒台寺既坐落在风景秀丽的马鞍山北麓，同时又位于一南北向山梁的后部，戒台寺滑坡是指该山梁产生滑动对寺院构成致命威胁的地质灾害。2004年7月，北京西部山区连降暴雨，山洪泛滥，地质灾害频繁发生。尤其是7月20日一场大雨之后，戒台寺寺院内、进寺路及108国道产生多个塌陷坑，雨水下灌。寺院由西向东产生一条贯通的张拉裂缝带，裂缝所经之处，建筑物均产生不同程度的变形破坏，千佛阁遗址处裂缝宽达40cm，深不见底，致使复建工程被迫暂停。大悲殿及罗汉堂部分建筑物因变形过量不得不拆除，落地保存。与此同时，秋坡村许多村民房屋也出现大量开裂沉陷，成为危房，108国道也

---

* 本实例由王祯编著

产生多处错断和下陷。至2004年底，寺院内建筑物变形有增无减并逐日加剧，特别是2005年春融时节，变形突然加速，最大位移量达6mm/d，千年古刹危在旦夕。

山梁南北向长约1200m，东西向平均宽约450m，滑坡后缘横跨寺院，寺内主要建筑均位于滑坡体上，滑坡前后缘高差约230m，滑面最深达47m，滑体约920万m^3。滑坡规模巨大，性质复杂，具多条、多级和多层滑带的特征，故戒台寺滑坡是一产生在地质构造发育、地层岩性软弱和地质环境恶劣条件下的大型破碎岩石滑坡群，寺院坐落在滑坡上，保寺必先稳坡。

3. 滑坡区地质情况

滑坡东、西两侧为自然冲沟及洼地，地貌上一面靠山，三面临空，滑坡所在的山梁与后部东西向马鞍山呈圈椅状接触。南北向山梁上陡下缓，其上发育有四级缓坡台地，由南向北依次降落，戒台寺位于最后一级台地上。横贯山梁的108国道基本处在第三级缓坡台地上；108国道以北100m处的大平台则为第四级台地。滑坡自上而下出现了8道横切山梁贯通的变形带，108国道以北至第四级台地间的裂缝变形以塌陷为主；进寺路口至戒台寺院间的变形带有的呈塌陷性质，有的呈牵引拉张性质。

组成戒台寺斜坡及其周围的主要地层有石炭系（C）、二迭系（P）及第四系（Q）地层。第四系（Q）残坡积层及人工杂填土，一般厚0.5~6m，主要分布于斜坡的表层和寺院平台。二迭系地层下部主要为微~中风化灰色、深灰色细砂岩、粉砂岩、含砾砂岩和砾岩，夹煤线；上部以灰色、灰绿色厚层状砂岩与薄层状粉砂岩互层，长石石英砂岩夹泥质粉砂岩。砾岩为灰色、灰白（风化呈黄色），一般厚3~10m，较稳定，其砾石成分主要为燧石和石英岩。该套地层一般厚130m，主要分布于108国道以北坡体。滑坡体主要由上石炭（C3）系岩层组成，上部为灰色、深灰色细砂岩、粉砂岩及页岩，夹二~三层黏土矿和煤层或煤线，下部为灰色、浅灰色含砾粗石英砂岩，风化重复，呈褐黄色。滑动带为褐黄色砂岩底下的一层黏土矿，饱水软弱，砂岩含水，黏土矿形成相对隔水层。滑床以下为中石炭（C2）砂岩、黑色，含黄铁矿及石英较多，致密坚硬。

滑坡区地质构造发育，马鞍山为东西向背斜，戒台寺位于马鞍山背斜之北翼，岩层倾向北，与山体自然斜坡倾向一致。东西向构造共有9条，南北向构造有3条，故将山梁切割得支离破碎。

二、滑坡变形对建筑物的危害

1. 地表位移及对建筑物的危害情况

2004年7月一场大雨之后，寺院内及进寺路上出现多处塌陷坑，地坪及部分殿堂原有裂缝开始明显增大，大悲殿及罗汉堂岌岌可危。与此同时，位于山梁西侧秋坡村大量民房产生开裂和沉陷，成为危房。同年9月复建千佛阁挖基时，发现了一道长大地裂缝从地基斜穿而过，宽约35cm，复建工程被迫暂停。此裂缝从西围墙进寺，分别穿过大悲殿→真武殿→牡丹院→千佛阁遗址→大雄宝殿→加蓝殿→鼓楼→山门殿，经停车场进入东侧自然沟，最宽处达350mm，最窄处仅有5mm。裂缝所经之处，建筑物出现局部下沉或拉裂。为拯救文物，管理处不得不将受损严重的殿堂落地保存，如大悲殿南配殿、加蓝殿和罗汉堂等，对有可能倒塌的建筑物（如牡丹院回廊、门厅等）进行支护。

2005年春天冰雪融化，滑坡区变形逐渐增大，山梁上由南向北新产生了8道贯通的裂缝，致使108国道多处被剪断并下陷，最大错台达70cm，寺内上水管道经常被拉断。为了掌握滑坡的位移情况，我们在戒台寺裂缝带上及寺外滑坡体上共建立了4个裂缝观测伸缩仪、17个地面位移简易观测桩。每天观测一次滑坡的位移，并利用地质钻孔在滑坡体上设立了7个深孔位移监测孔，定期观测。

结果表明：滑体位移速率差的4倍，寺院西部大，东部小，表明滑体由多块组成。位移曲线有明显的台坎，表明其运动形态具间歇性。从3月23日~5月7日之间，变化最快的真武殿处平均每天位移达2mm/d；且持续增大，不断加剧，严重时一天位移6.5mm。5月7日之后，位移速率有所减缓，表明抢险工程起到一定的遏制作用。

2. 滑坡深部位移观测情况

考虑到岩层软硬相间，滑动面呈多层出现，为了解究竟有几层在动、哪一层最活跃、埋深多少。我们利用地质钻孔在滑坡体上设置了7个深部位移观测孔，有的测孔揭示了1层滑带，有的揭示了2~3层滑带；各孔位移量、滑动面深度及滑动方向不尽相同，这表明滑坡具有多块、多级及多层滑面的特征。滑坡深孔监测为我们对滑动面的确定和分析提供了可靠、翔实的证据。图4.7-33给出了ZK2-4及ZK3-4号测孔位移曲线，曲线的不连续处正是滑动面位置所在。

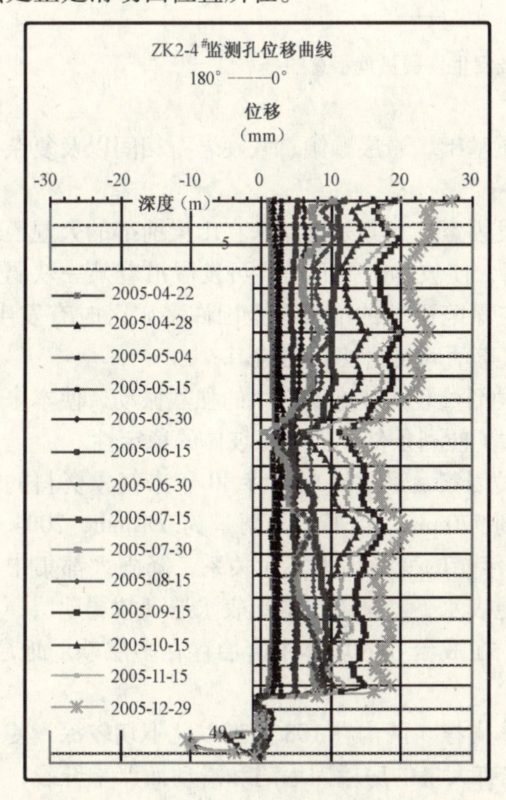

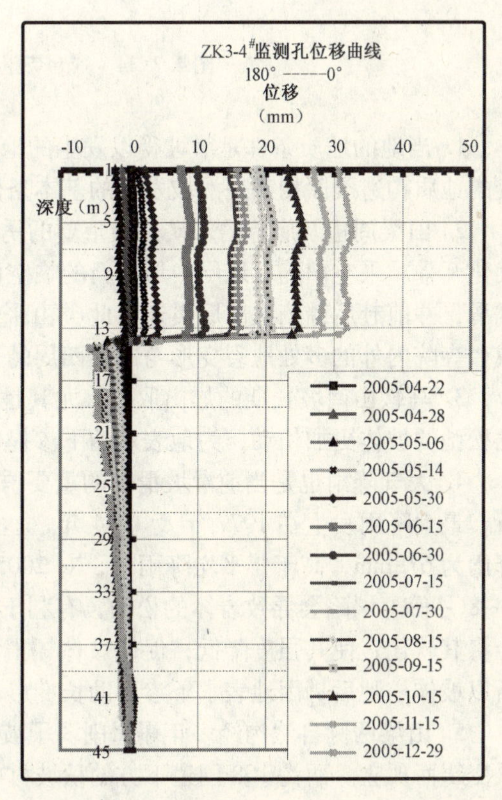

图4.7-33 2-4号及3-4号深孔位移 *S-T* 曲线

三、滑坡产生的原因及性质

戒台寺滑坡为一产生在地质构造发育、地层岩性差和地质环境恶劣条件下的大型破碎岩石滑坡群，具多条、多级和多层滑带特征。发生机理为：滑坡前部的大量采煤形成采空区，支撑减弱，导致采空塌陷，塌陷后岩体松动，引起第1块滑动；第1块滑动后，第2块失去支撑也产生滑动，继而引起第3块滑动，依此类推不断向后牵引，导致寺院开裂变形，如图4.7-34所示。产生滑坡的原因如下：

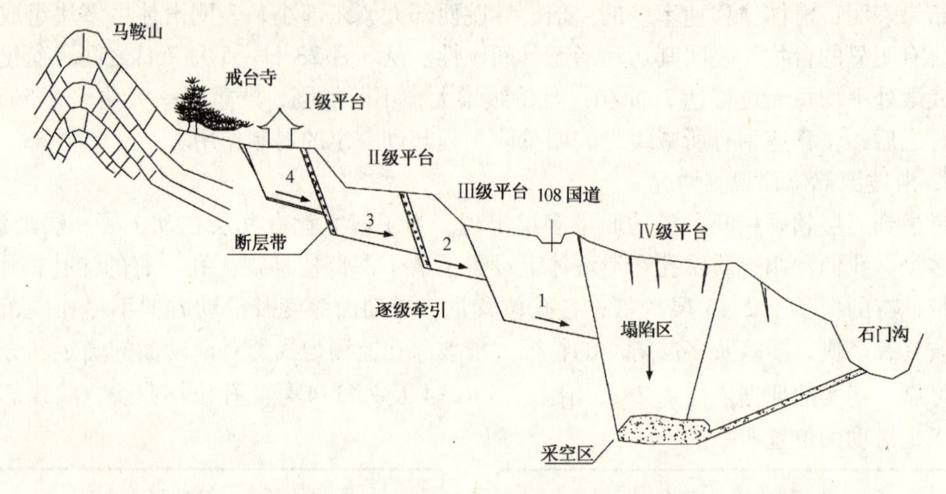

图4.7-34　戒台寺滑坡发生发展机理示意图

1. 当地的地质条件是滑坡得以发生的地质基础。岩层顺倾、软硬岩石相间以及复杂多变的地质构造裂面切割是滑坡发生的基本条件。

2. 山梁周边及底下的采矿是最重要的诱发因素。尤其是近年来在山梁前部的大规模现代化开采。采空塌陷在地层中形成新的临空面，使坡体松弛而最终可发展沿着某一软弱带蠕滑，并前赴后继依次向后贯通；此类由采空塌陷诱发的滑坡在全国许多矿区时有发生，戒台寺院内外的多处地裂变形与山梁四周的采矿活动是密切相关的。

3. 马鞍山南坡长期的炸山取石，尤其是大剂量装药放炮所产生的强烈振动，使本来就已松弛的坡体更加松动，为地表水的下渗提供了便利条件，削弱了坡体的稳定性。

4. 大气降雨也是当前滑坡滑动的重要诱发因素。通过对戒台寺30年来气象资料的分析，最大降雨发生在1977年及1994年，达到970mm，年平均降雨量为592mm，2004年降雨为678mm，高于年平均降雨量，对2005年初的变形增大不无关系，降雨大都集中在6~8月份。塌陷会导致岩体的松动，有利于地表水下渗，下渗的地表水遇到软弱地层，则会将其软化，使其强度降低，促使坡体蠕滑；在戒台寺的坡体中恰恰存在多层软弱地层，所以坡体松弛后易因地表水下渗而助长变形。

5. 山梁两侧自然沟经多年塌坍削弱了坡体支撑。两沟在108国道以北下切较深，使山梁变窄而孤立。西沟108国道下方的秋坡村中有大量的房屋因塌陷和滑动而严重开裂，导致山梁西侧的岩体松动，对山梁的稳定带来不利影响。东沟在进寺路口附近有两个东西向的支沟，对山梁形成横向切割亦不利于山梁的稳定。

6. 坡体松弛后，寺院内大量生活用水因地面开裂或下水管道断裂产生渗漏，也加速了坡体的软化和变形，形成恶性循环。

四、滑坡治理措施

根据以往国内外治理大型复杂滑坡的经验，对戒台寺这种大型破碎岩石滑坡群采用单一的支挡措施不易奏效，在采取支挡、锚固、灌浆与排水等综合治理措施下方能解决问题。

1. 应急抢险方案

在春融期间（2005 年 4 月初），滑坡活动剧烈，平均每天以 2mm 的速度发展，严重时一天位移达 7mm，且变形有加速趋势，随时都有产生大滑动的可能，对寺内管理人员、僧侣、游客及文物造成致命威胁。为防患于未然，北京市政府及文物部门当机立断，断定实施应急抢险工程，并制定紧急预案。

该工程是在戒台寺外围 4 个重点部位设置了预应力锚索地梁及锚索墩群，快速控制滑坡变形，共设计 109 孔锚索。锚索工程施工速度较快，对地层及滑坡扰动少，特别适合于抢险。该工程历时一个月，于 2005 年 5 月 8 日完成，从监测结果看，已发挥了很好的作用。需要说明的是，应急抢险工程并非根治工程，它只能算保寺工程的前期工程。

2. 保寺方案

保寺方案以保护戒台寺为宗旨。根据地质勘察结论，戒台寺所在的山梁已产生严重松弛，地层条件越往南越好，越往北越差，故支挡锚固工程均布置在戒台寺北围墙以外斜坡坡脚一线。对工程结构物以北的坡体暂不治理，故进寺路及 108 国道以北的坡体还会继续变形和滑移，在计算桩的受力时，未考虑桩前岩土的抗力。如图 4.7-35 所示。

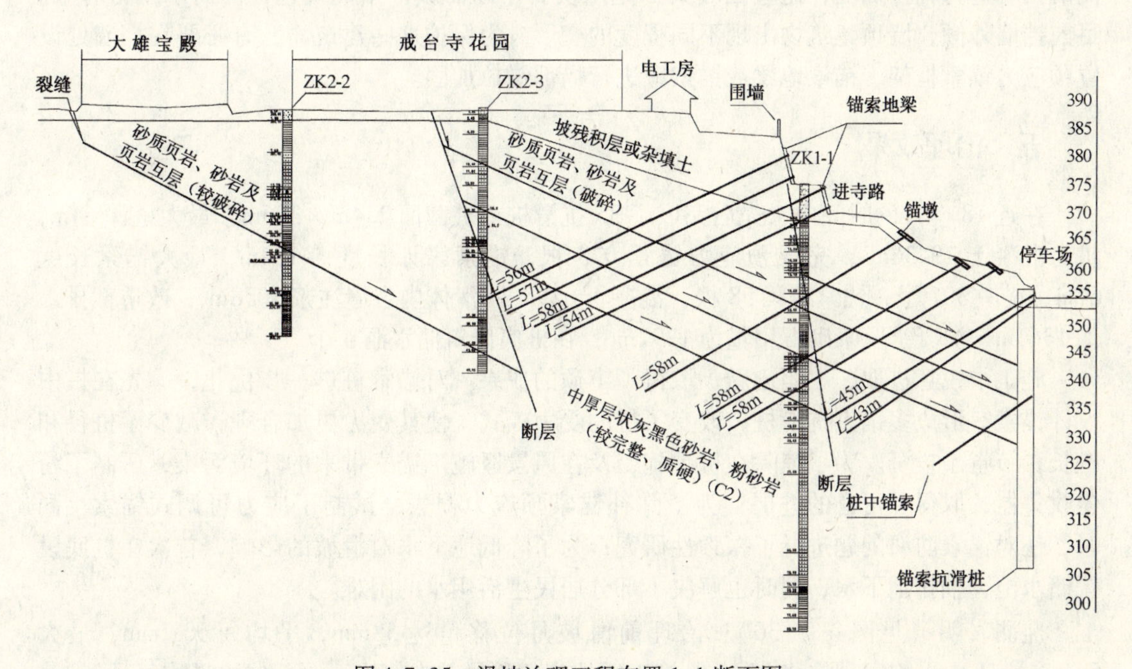

图 4.7-35 滑坡治理工程布置 1-1 断面图

（1）固脚。在寺院北围墙外的斜坡坡脚一线及大停车场南侧挡墙部位，布置一排预应力锚索抗滑桩，共计 36 根。根据三个断面推力及滑带深浅情况将抗滑桩分成三种类型：

设计时未计桩前抗力，换而言之即使桩前山体滑走，也能保证戒台寺稳定。

考虑滑动面的多层性，为防止桩顶浅层剪出，并为抗滑桩分担一部分滑坡推力，根据各断面产生的下滑力大小，在桩顶以上斜坡上布置3~5排预应力锚索墩群，力图稳住坡脚。在画家院西北侧边坡锚固区布置3排锚索墩，共36个，主要控制画家院滑块NW30°~35°方向的滑动，自上而下，锚索长度为：62m、60m、57m，倾角30°，间距4m。锚墩截面尺寸为1.5m×1.5m，厚0.6m，用C25钢筋混凝土浇筑而成。锚墩锚索均由8根ϕ^s15钢绞线组成，孔径ϕ130mm，内注M3.0水泥砂浆。

（2）治水。截排寺院西围墙以外山体洪水，防止山洪进入寺院内漫流；修复和完善寺内、外地表排水系统；修补和更换寺内上水、下水及供暖管道，修筑一道钢筋混凝土地下暗沟，将管道置在其中，即使将来下水管道破裂，还有暗沟可以排泄，防止生活用水渗入地下；在抗滑桩开挖中，对地下水发育的抗滑桩在桩底做蓄水池，桩中预留抽水管道，抽排地下水。

（3）裂缝注浆。对寺院内四道下陷裂缝带及建筑物局部变形过大的沉降带，进行注浆充填，防止其自然挤密过程中，建筑物产生过量变形而破坏。戒台寺滑坡不仅坡体严重松弛，而且还具有深层软岩的蠕动特征。支挡锚拉工程完成以后，如不采取充填措施，坡体间的空隙及裂缝带挤密还需一个相当长的历史过程，而建筑物的变形不会立刻终止，因此，为缩短这一过程、减少建筑物的变形，对裂缝进行反复注浆充填是必要的。注浆宜采取“先北后南，先东后西”的顺序，并注意对古树的保护。

（4）寺内挡墙局部加固。对电工房、关公殿、观音殿、真武殿及方丈院等建筑物临空侧的挡墙进行锚拉加固，这些挡墙大都是用块石干砌而成，年代久远，侧向承压力有限。目前挡墙外倾，墙顶建筑物出现不同程度的变形。为保护这些建筑物，有必要在挡墙处设置预应力锚索框架、锚索地梁或锚索墩进行局部锚拉加固。

五、治理效果

在近18个月的时间内，先后完成了35抗滑桩：桩截面2.4m×3.6m，最大桩深64m，桩身混凝土19436m^3；完成预应力锚索673根，锚索累计长度34184m，最大锚索长度67m；锚墩301个，锚索地梁58根，混凝土625m^3；滑体内裂缝注浆3058m^3；改造截排水沟1365m，混凝土及浆砌石用量为1797m^3；在桩底修筑储水洞4个。

施工中锐意进取，大胆创新，取得了丰硕的成果。对锚索桩进一步优化，率先在桩中设计锚索，形成多锚点抗滑桩，改变了桩的受力模式，使其受力更加合理，减少了桩径和桩长，节省了投资。为了消除在桩中施工及在风景区施工锚索带来的环境污染，研制了粉尘收集器，取得了可喜的进展；为了弥补锚索预应力损失，试制了应力可调式锚索；同时，还对锚索防腐问题进行了探索性研究；为了降低地下水对滑坡的影响，首次在桩底设置储水池，抽排地下水，同时也解决了部分居民生活用水的困难。

监测表明（见图4.7-36）：治理前滑坡月位移量达58mm，平均每天2mm，最大6mm；施工中平均每月位移10mm；施工后地表位移量基本停止，深部位移平均每月3mm，寺院内及桩排附近测孔变形趋于收敛稳定，工程设防以内的滑坡体变形得到了有效控制，经过2005年及2006年两个汛期的考验，工程结构物及寺内建筑物均安然无恙，抢险及保寺工程施工达到了预期的目的。

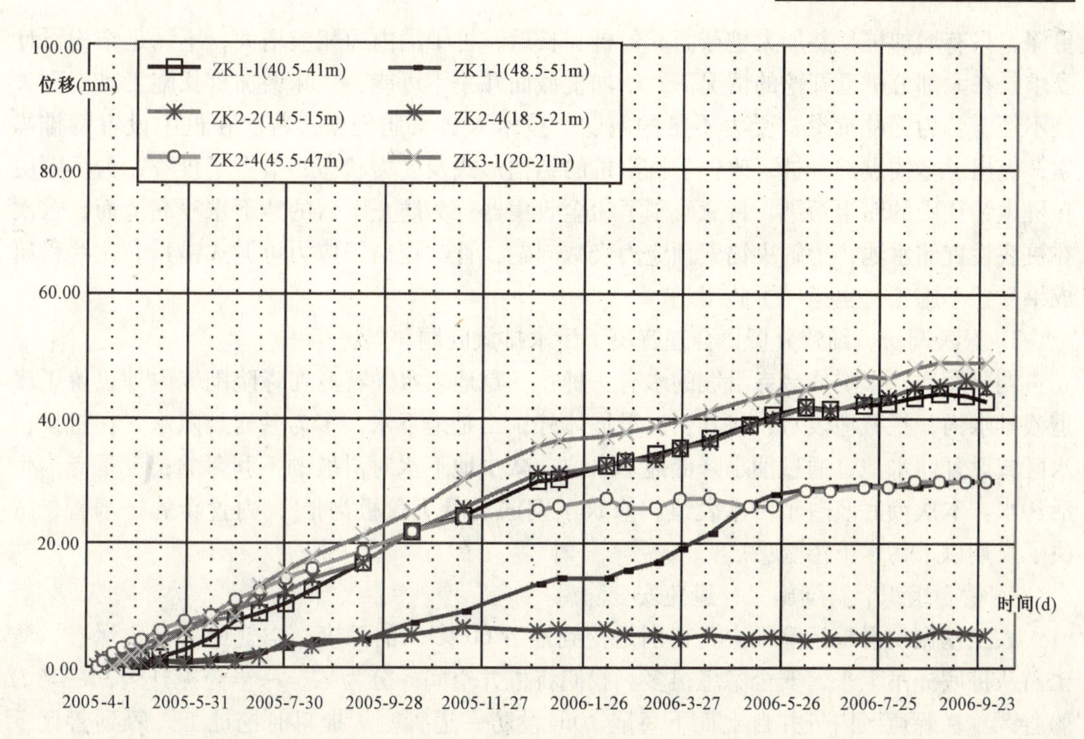

图 4.7-36　滑坡深孔位移监测曲线

六、体会与建议

滑坡治理主体工程 35 根抗滑桩，最深达 64m，抗滑桩全部采用人工开挖，仅开挖需用 4 个半月时间，开挖中需随时鼓风送氧，通过煤层时还要防止瓦斯气。锚索累计长度 35000m，最大单孔长度 67m。在岩层破碎、裂隙发育、岩性软弱相间的地层中钻孔困难很大，塌孔、漏风、卡钻司空见惯。有时遇到较大的裂隙带或采煤巷道，注浆量是常规注浆量的 5 ~17 倍。本工程抗滑桩深度及锚索长度在国内也不多见，通过本工程实践，得到以下经验和体会。

1. 动态设计、信息化施工，适合处理特殊地质灾害工程

滑坡治理是一项特殊的地质灾害工程，尤其保护的对象是不能有较大变形的千年古寺。由于地质环境的复杂多变性、隐蔽性和不可确定性，在有限的时间内，不可能将地下的情况了解得十分透彻。鉴于此，地质人员、设计人员和施工人员三者密切配合，自始至终参与治理全过程。在挖桩过程中，安排三个地质人员每天下桩井进行地质编录，取得了大量一手资料，绘制出了桩排地质横断面图。根据反馈的信息，设计人员及时调整桩长，确保了抗滑桩的有效嵌岩深度。在锚索钻孔中，要求钻工记录钻进情况，技术人员及时分析地质情况，确保了锚索锚固段进入完整基岩的深度。35 根抗滑桩开挖全部进行地质编录，一旦发现煤窑巷道或地下水，及时与设计人员沟通，快速进行处理。

2. 知难而进、大胆创新，解决施工难题

最初只在抗滑桩头设置锚索，然而在挖桩中发现实际滑动面比地勘及设计认识的滑面

更深，只有增加桩长并加大桩截面。但桩加长后，桩中的内力相应增大，不满足结构设计要求。在大部分桩已开挖的情况下，增加桩截面几乎不可能，一味增加桩长施工难度更大且不经济。为弥补抗滑桩受力不足的问题，技术人员大胆创新，首次在桩中设置两排锚索，提出了多锚点抗滑桩，改善了抗滑桩的结构形式及受力状态，节省了投资；为了解决在桩内钻孔中的粉尘污染，特意研制了粉尘收集器；为防止丰富的地下水浸润滑面，首次在桩底设置储水池；为解决锚索预应力衰减问题，首次提出了应力可调式锚索。这些科研成果受益于施工，也指导了施工。

3. 深入调研、细致分析，合理解决了污水排放问题

调研发现，影响戒台寺滑坡的水有三种：一是地表水，特意在寺院围墙内外设置了多道截排水沟，拦截地表水，将其引出滑坡体外；二是地下水，多为基岩裂隙水，在桩排富水区域设置储水池，通过抽水降低地下水位，减少地下水对滑坡的不利影响；三是寺内生活污水。本次彻底改造了污水管道，修筑了钢筋混凝土盖板沟槽，内置新的排水管，解决了长期以来污水下渗隐患。

4. 精心组织、科学施工，避免安全隐患

人工挖掘抗滑桩风险很大，特别是挖到地下60多米的深度，空气稀薄且要爆破，渣土需从桩底提吊上来，安全隐患很多。我们将桩井空间一分为二，一半为提升区，一半为躲避区。在躲避区内桩井自上而下每隔10m设防一道管棚。提料时挖桩工人躲到管棚下面，以防万一。

为了保证千年古寺的长期稳定，必须停止在其周边的采矿活动，恢复滑坡区植被，定期对设有储水池的桩进行抽水，定期检查和维护寺内外排水系统，建议对滑坡长期进行观测。

［实例十一］　广州市德政中路某8层大楼断柱顶升纠倾工程*

一、工程概况

某公司宿舍楼，位于广州市德政中路龙腾里，为钢筋混凝土框架结构，共8层，占地面积约400m^2，建筑面积3200m^2。由于该楼基础出现问题，楼房产生较大的不均匀沉降，造成楼房整体倾斜，最大倾斜量达45cm，倾斜度达1.8%，远远高于国家规范规定的框架混凝土结构柱倾斜安全允许值，楼房的安全及使用功能受到严重影响。为此，鲁班公司受业主委托，结合该楼实际情况对楼房进行倾斜纠偏，同时进行基础加固。

该工程一共采用树根桩46条，钢管桩21条的综合处理办法对基础进行加固；采用27个新浇托换承台，利用托换承台与原柱相连形成一个整体，通过千斤顶和临时支撑体系把楼房重量转移到托换承台上，从而转换到树根桩和钢管桩上；然后，把柱子断开，并采用千斤顶对楼房进行纠偏。本工程是由广州市鲁班建筑防水补强有限公司采用该公司的“多支点顶升纠偏”专利技术进行设计和施工完成的。

* 本实例由李国雄编著

二、方案的优化选择

针对本工程实际情况，鲁班公司提出先对楼房进行基础加固，待基础沉降稳定后，采用断柱顶升方案对该楼进行纠偏。

房屋纠偏方案的选用应针对房屋倾斜原因并结合房屋结构形式及使用情况、基础类型、地质条件等诸多因素综合确定。目前，纠偏方法主要有以下几类，即：迫降法、抬升法、横向加载法及综合法。该楼由于基础承载力不足，而楼梯、水池、阳台均在建筑平面布置中的 A—B 轴，因此整个建筑物重心明显地向 A 轴偏移，使 A 轴部分基础下沉较大，房屋基础发生较大不均匀沉降，致使楼房向东倾斜。再加上本楼的基础软弱层较厚，采用的是桩基础，因此，在该楼房下沉较少一侧进行断柱顶升纠偏是合理、安全可靠的。

三、方案的技术分析

断柱顶升纠偏系统，主要由新浇托换梁、托换柱、托换承台以及顶升装置千斤顶等所组成。典型的断柱顶升纠偏体系如图 4.7-37 所示。

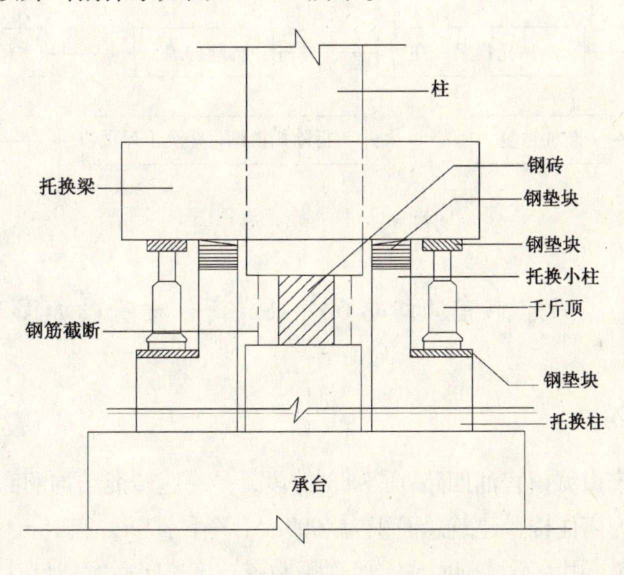

图 4.7-37　断柱顶升纠偏体系

结构的传力路径示意图如图 4.7-38 所示。

上部结构荷载 → 托换大梁 → 千斤顶 → 托换柱 → 托换承台 → 受力基础

图 4.7-38　结构传力路径示意图

从上面的传力路径图中可以看出，采用断柱顶升纠偏方案是安全可靠的。托换梁、托换柱作为断柱，顶升过程中将上部荷载传递到基础承台上的临时结构，同时也是托换成功与否的关键结构。因此，现场一定要严格照图施工，保证施工质量。托换梁与被托换柱之间采用界面处理，界面所能提供的界面力应大于被托换柱的轴力（图 4.7-39 及图 4.7-40 为该楼的外观）。

图4.7-39

图4.7-40

为进一步保证楼房纠偏的安全可靠性，必须有高标准的施工相配合。本工程也不例外，施工采用信息化动态施工，即根据纠偏过程的楼房信息反馈给设计，以进一步合理调整设计、顶升参数。主要施工流程如图4.7-41所示。

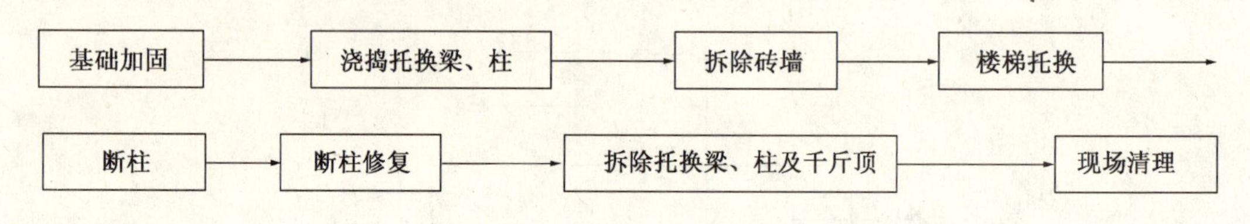

图4.7-41 施工流程图

[实例十二] 兴宁市官汕四路63# ~83#商住楼基础加固及纠倾工程*

一、工程概况

该工程位于兴宁市城镇官汕四路63# ~83#路段，是一座砖混结构的商住楼，一楼共有11个商铺，三~五层为商住楼，建筑总面积为4000m^2，全长47m，宽18m。楼层基础为毛石基础，埋深至2m左右，用毛石堆砌而成。经现场勘查，该楼向后倾斜已达到30cm，楼的墙体及地面多处发现大小不一的裂缝，最长达5m，最宽达5cm，上宽下窄，为张性裂缝。

由于该楼地质为砂砾土，中细石英砂，砾石层埋深在 -10 ~ -11.5m，该工程采用250mm×250mm钢筋混凝土预制桩做静压桩加固楼层基础，然后采用断墙顶升方法进行房屋纠偏。该工程已由广州市鲁班建筑防水补强有限公司采用该公司的“多支点顶升纠偏”专利技术顺利完成设计和施工。

二、方案选择及技术分析

由于本工程为砖混结构，根据砖混结构的特点，即整体稳定性较差，因此在纠偏过程

* 本实例由李国雄编著

中必须加强楼房的整体稳定性。首先采用250mm×250mm的预制桩做为静压桩加固基础，在基础加固和分离工作完成后，施工顶升墙夹梁，利用顶升夹梁将整个建筑连成整体。然后在地梁上、夹梁下每隔35~45cm根据千斤顶型号开凿出顶升孔，随后安装千斤顶。待千斤顶安装妥当后，随即断墙进行顶升。

对砖混结构进行纠偏最重要的就是加强原有结构的整体稳定性，因此纠偏时夹墙梁的作用尤为重要，夹墙梁要求纵横向形成格构式，夹梁之间采用对拉螺栓进行固定，如图4.7-42所示（图4.7-43为该楼的外观）。

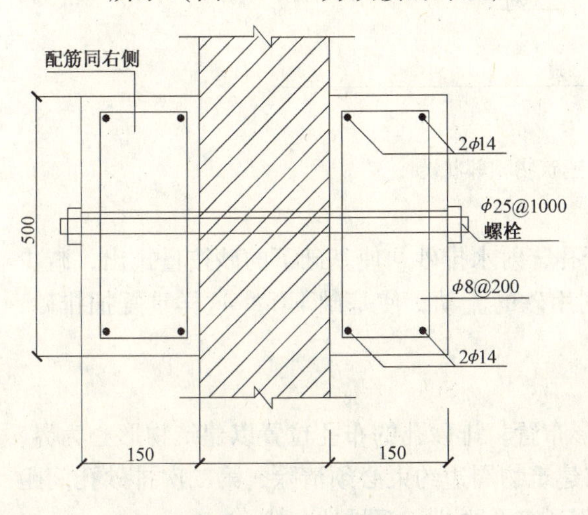

图4.7-42　夹墙梁

图4.7-43　建筑物外观

［实例十三］　射水排砂法在特殊地基建筑纠倾中的应用*

一、工程概况

珠海处于邻街闹市区的某4层倾斜住宅楼为筏形基础，基础埋深3.5m，基础筏板为350mm厚，筏板底下为约4~5m回填粗砂和部分块石，其块石占回填粗砂总额的10%~20%。倾斜建筑物东边及北边相邻建筑物与本建筑物相距1.5~2m，北边建筑物为毛石基础。基础埋深与倾斜建筑物基础埋深一致，东边建筑物基础不详。建筑物已建成使用近20年，于20世纪80年代以来发生向东倾斜，至2005止，其倾斜量达40cm。建筑物屋顶女儿墙已与东边四层建筑物相靠，并将东边建筑物顶层女儿墙压碎。必须对建筑物实施纠倾，恢复建筑物的正常安全使用。

二、建筑物纠倾

1. 射水排砂的实践

射水排砂是在建筑物的筏板上钻孔到回填砂层内，通过下管从管中压水，让砂从管口往上返，达到排砂的目的。

* 本实例由何茂、吴如军编著

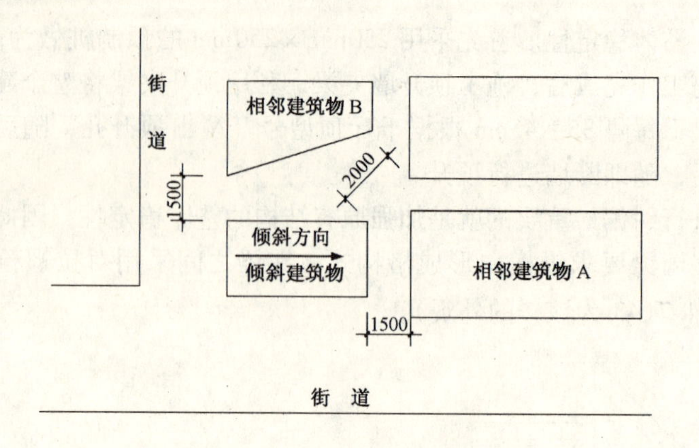

图4.7-44 建筑物相邻状况

当在建筑物纠倾的反方向一边有序地开孔，射水排砂，使基础下的砂按量排出，减少基础底的承载能力。在房屋重力作用下，利用砂的流动，使基础下沉。这样重复抽排砂，从而达到纠偏目的。

2. 排砂孔的布置

本工程第一次排砂孔间距为3m，梅花形布置，排砂孔的布孔位置以建筑物形心为界，在建筑物纠倾的反方向布置。排砂孔施工前建筑物周边约束必须清除，第二次排砂孔间距为3m，正好与第一次排砂孔错开布置。采用了多孔少排、深排的办法。

3. 排砂孔的深度

由于本工程砂垫层较厚，并且垫层中含有块石。考虑纠倾时块石对纠倾的影响，对排砂孔作适当加深。即第一次排砂孔为筏板底1m，第二次排砂孔为筏板底1.5~3m。即越靠近中合轴的位置，排砂孔越浅；越靠近建筑物倾斜反方向的边沿位置，排砂孔的深度越深。

4. 排砂量的估算

根据排砂孔的位置和建筑物倾斜量按相似三角形比例原则，计算出整排排砂孔需排出的排砂量，施工排砂时每排孔中每孔的排砂量要基本相等。

在排砂量的计算中，排砂量是作参考纠倾实施时，施工排砂量一般不得大于排砂计算量，并应分批排砂。第一批排砂为计算量的50%，第二批为剩余量的50%，以此类推，直到建筑物回倾满足回倾标准为止。

5. 建筑物回倾的稳定控制

为保证射水排砂过程中建筑物回倾过枉或继续倾斜，当建筑物回倾完成原倾斜量的80%时，暂时停止排砂，对建筑物基础采用桩式托换法进行加固处理。加固桩与建筑物暂不连接，在桩与建筑物之间采用锁桩预留空隙，形成锁桩保险装置；然后，通过进一步地排砂，建筑物回倾扶正后，锁桩装置正好锁住，建筑物纠倾工程完成。最后，将建筑物与桩连接处理好。

三、相邻建筑物的保护

由于倾斜建筑物与相邻建筑物距离较近，且相邻建筑物基础为浅基础。为防止排砂时对相邻建筑物造成下沉影响，需对相邻建筑物基础进行有效支护或采取加固处理措施。

本工程考虑到对相邻建筑物基础加固较为困难，为防止因排砂后砂的侧向流动造成相邻建筑物B的倾斜或破坏，采用隔离支护措施，即在两栋楼之间打钢板桩，形成隔离支护体系。隔离支护体系伸入在排砂孔底标高以下，以达到控制相邻建筑物基础中土体不能流动的目的，对相邻建筑物加以保护。

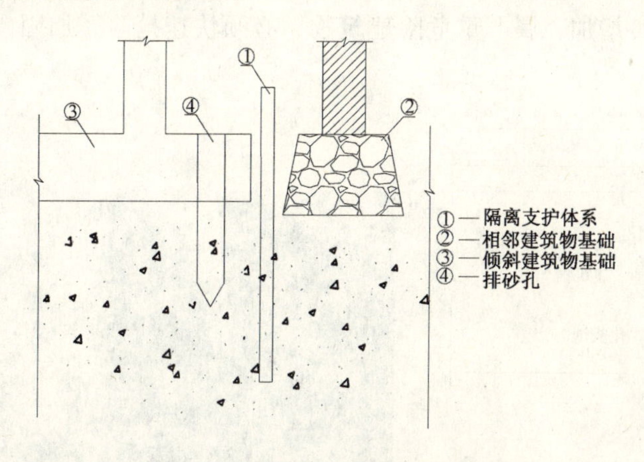

图4.7-45　相邻基础保护示意图

四、结束语

1. 射水排砂法对有较厚砂垫层浅基础的建筑物纠倾工作很有效，不需用成孔设备即可完成，是引力解除法纠倾中砂层成孔较为方便的一种方法。

2. 根据实验，射水排砂法排砂深度可达7m，其排砂量可按需要进行，排砂孔径一般可为ϕ100～200，排砂施工较为方便。

3. 由于排砂后利用在有水的作用下砂的塌方及流动，使建筑物基础底土应力降低。通过多孔少排的方法，建筑物纠倾能够很好地实践且施工安全度得到提高，该方法在同类工程中可借鉴使用。

［实例十四］　一幢特殊建筑物的抢险加固与纠倾*

一、工程概况

位于中堂镇中心马路边的东江旅店为7层框架结构建筑物，建筑总面积约800m^2，该建筑物建于20世纪80年代中期，采用独立柱基础，基础承台下外柱为4条ϕ480沉管灌注桩，中心柱为5条ϕ480沉管灌注桩，桩长约23m，建筑物首层基础平面尺寸为6.1m×12.7m。

建筑物一～七层②轴交Ⓓ～Ⓕ轴外飘约2.2m全封闭式用作房间，③轴交Ⓑ～Ⓓ轴飘约1.4m全封闭式用作房间，Ⓑ轴飘约1.45m为楼梯间，Ⓕ轴2～7层外飘约2.2m封闭式

*本实例由吴如军编著

阳台。

2004年业主将①轴边排水明渠改为暗道，近期由于工地道路长期重载车辆出入，门楼边框破裂引起业主警惕后，发现该旅店建筑物向①轴倾斜，①交Ⓕ轴倾斜略比①交Ⓑ轴大，通过业主邀请测量单位，对建筑物进行测量监测发现，①交Ⓓ轴处倾斜率量达6.1cm，①交Ⓑ轴处倾斜量达48cm，各观测点的倾斜率均远远大于有关标准，而且建筑物以5mm/d的倾斜速度增加，属严重危险建筑物，必须快速抢险、加固，纠倾后使危房转危为安。

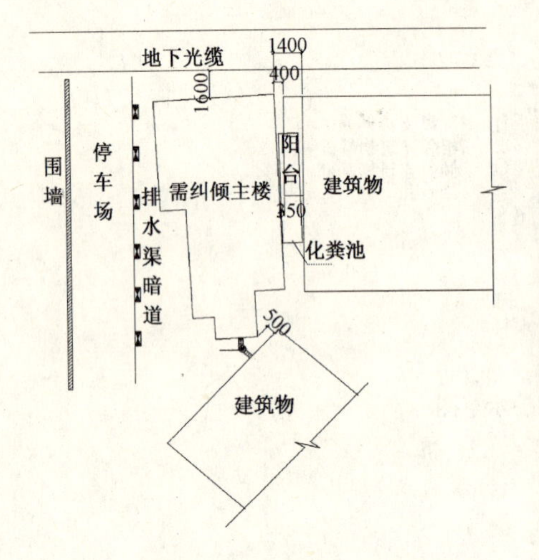

图4.7-46　总平面图

图4.7-47　建筑物实景

二、地质情况

1. 素填土：褐黄、灰褐色，主要由中细砂组成，松散，顶部0.10m为混凝土地板，厚度为1.60。

2. 黏土：灰褐色，很湿，软塑状，土质较均匀，厚度为1.90。

3. 淤泥：深灰色，饱和，流—软塑状，不均匀混较多粉细砂，厚度为13.60。

4. 细砂：灰色、灰白色，饱和，松散，厚度为6.30。

5. 中砂：灰黄，灰白色，矿物成分为石英，饱和，松散—稍密状，厚度为6.60。

6. 粗砂：灰白色，饱和，中密状为主，含较多中细砂，厚度为5.10。

7. 中风化泥岩：褐灰色，薄层状构造，岩芯呈片状、饼状为主，岩质较硬，厚度为3.40。

三、原因分析

1. 建筑物荷载偏心较大，①轴一～七层外挑封闭式阳台宽达2.2m，②轴交Ⓑ—Ⓓ轴一～七层外飘1.4m，②到⑤轴框架柱间距仅为6.1m，而且建筑物的高宽比严重失调，重心严重偏移，造成建筑物必然向①轴倾斜。

2. 近期①轴边排水渠的修建、开挖及排水等增加了②轴桩基负摩擦力，引起②轴下沉量增大。

3. 由于房屋侧面工地道路上大型重载运料车辆的出入对地面产生振动，使得地基土体产生触变，进一步加大桩的负摩擦力和桩的下沉，加快了建筑物的倾斜。

上述三个原因的综合反应，造成建筑物严重向①轴倾斜，并且以5mm/d的倾斜速率在发展。

四、处理措施

鉴于该建筑物结构外飘偏心大、倾斜量大，倾斜发展速率快，必须采取有效手段进行纠倾扶正。

1. 快速抢险

第一步：在首层⑤轴处沿⑤轴堆载，首先在首层⑤轴柱子上设置对称牛腿，牛腿用钢箍与柱箍紧连接，然后在牛腿上搁置型钢梁，最后在型钢梁上堆荷载。

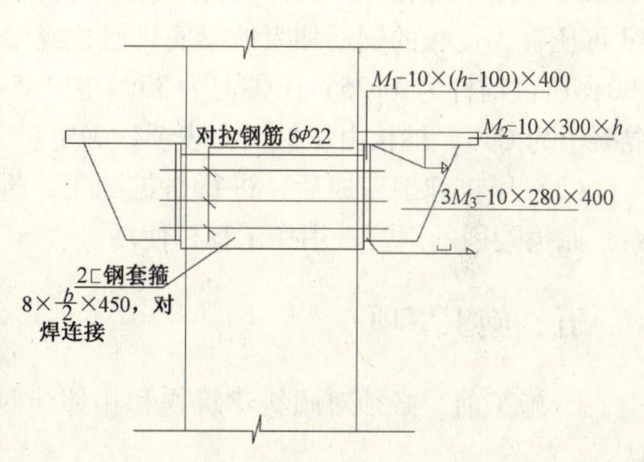

图4.7-48　牛腿设置示意图

第二步：在⑤轴承台上钻应力解除孔，孔直径为8～12cm，每个承台上布孔2～4个，孔深6～10m；同时，拆除原有临时支撑，在②轴和③轴上利用建筑物的荷载设置钢构压桩梁系，做静压钢管桩，以快速控制建筑物的进一步倾斜。为不挠动建筑物①轴基础土体，梁系的设置在±0.000上进行，梁系为型钢梁，待纠倾加固完成后拆除。

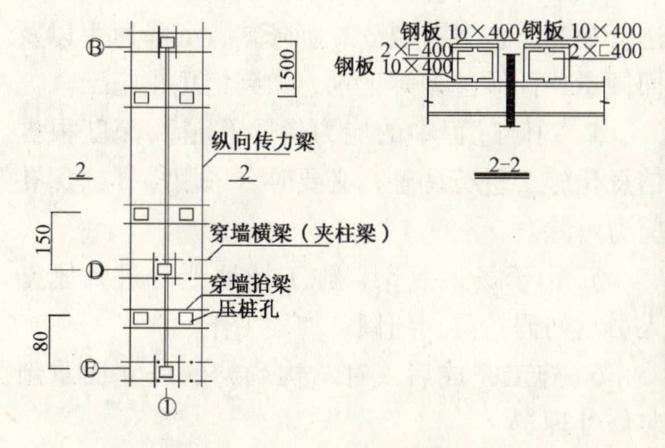

图4.7-49　压桩梁系示意图

图4.7-50　压桩梁系实图

第三步：将压好的钢管静压桩通过送桩垫块与梁进行承压铰接，以方便纠倾工程的实践。

2. 结构调整与纠倾施工

（1）将①轴四、五、六、七层封闭式阳台拆除，减少偏心荷载。

（2）在⑤轴承台附近，根据回倾情况增加设置应力解除孔实施纠倾，应力解除孔深15～23m不等，根据回倾量及回倾速度调整孔的深度，应力解除。

（3）清除回倾阻力，保护好各种管网线。

（4）采用上述措施后，建筑物得到缓慢回倾。当建筑物倾斜量小于或等于4‰，满足规范要求后，即进行下一步工作。

3. 防复倾加固

为防止建筑物纠倾后再度复倾，需对建筑物偏心进行调整。除采用结构调整外，通过提高地基基础的承载能力，采用筏板下锚杆静压桩加固措施进行调整偏心。

（1）做室内筏基，预留压桩孔洞，筏基向室外飘出，向②轴飘出150cm，向Ⓕ轴飘出150cm，局部外飘根据现场情况作调整，筏板厚为400mm，混凝土为C35，加速凝剂要求7d可压桩，筏板的钢筋伸入地梁底。遇柱或梁时采用植筋连接，筏板配筋双层双向ϕ16@180，压桩锚杆为4ϕ25，压桩力为30t，按1.5倍系数施压，其布桩20条，桩长暂定25m，混凝土为C30，桩长由压桩压力表读数确定。

（2）压桩施工完成后，进行封桩施工，拆除原抢险制安的首层型钢梁体系、配重体系，原抢险用的钢管桩用作工程桩使用。

五、施工事项

1. 施工前，必须对倾斜建筑物和相邻建筑物进行观测，并将观测结果与相关单位确认。

2. 抢险中首层配重应严格与柱子有效连接，并确保配重压在承台或柱上。经偏心验算，在首层柱⑤轴配重不少于70t。经柱子承载力验算，配重不得超过60t，做配重仍取80t，施工中在型钢梁牛腿处加钢支撑到基础承台上分担部分荷载。

图4.7-51　纠倾后的建筑物实景

3. 在处理期间，每天都必须对倾斜建筑物进行观测，包含：裂缝、沉降差、沉降速率以及回倾量、回倾速率等记录，做到信息化施工。

4. 纠倾过程中的应力解除孔量及深度根据信息化施工进行调整；必要时，采用多孔或深孔应力解除。

5. 由于场地复杂，施工场地严防进入闲杂人员，妨碍抢险、纠倾、加固工作。

6. 施工完成后，对结构调整的外立面重新装修处理。

六、结束语

1. 纠倾工程本身是一种高风险工程，特别是偏心较大其高宽比又严重失调的建筑物。建筑物一旦倾斜，其倾斜发展速度较快。纠倾方法若不当，建筑物必然倒塌破坏。

2. 对于这种特殊的建筑物，先抢险稳定是很必须的；同时，结构自身缺陷的调整也是纠倾能否实施的关键。

3. 本工程的抢险、结构调整、纠倾、加固的过程，采取了施工与计算相结合，以施工引导计算，以计算指导施工。特别对建筑物重心、形心的计算问题上，我们多次计算发现由于建筑物严重偏心，当建筑物倾斜量达 82cm 时，建筑物将倒塌。工程抢险完成时，建筑物已倾斜达 63cm，所以决定先调整上部结构减少荷载偏心，然后再纠倾加固，使本工程顺利得到实现。

［实例十五］　复杂体形建筑物分体整治纠倾工程*

一、工程概况

某综合楼位于浙江岱山岛，为一近似哑铃形布局。基础平面图示如下：

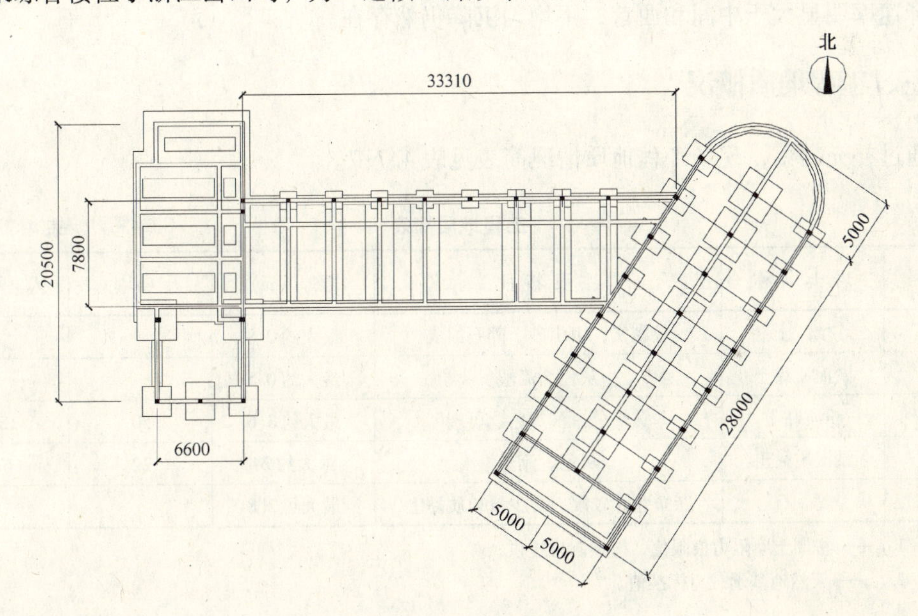

图 4.7-52　基础平面布置图

东首，近似南北走向，为 4 层混合结构（底层为框架结构，二～四层为砖混结构）；中部，东西走向，为 4 层砖混结构；西首，南北走向，为 5 层砖混结构。采用天然地基，条形基础（东首为独立基础）。各部分未设沉降缝，建成于 1987 年，建筑面积约 $3000m^2$。其中：东首建筑面积约 $1120m^2$，基底面积约 $210m^2$；中部建筑面积约 $920m^2$，基底面积约 $160m^2$；西首建筑面积约 $800m^2$，基底面积约 $170m^2$。综合楼因地基变形严重，需及时进行加固纠偏处理。

由于不均匀沉降对东西两翼建筑物的破坏不甚严重，主要不均匀沉降裂缝出现在中部

* 本实例由江伟、陈四明、曹继锋编著

建筑与东西两翼的连接部位。因此，东西两端的业主出于自身考虑，并不积极响应中部业主的整治提议。房屋整体向东倾斜，造成中部“单元”承重墙成为危险构件。

二、危房病况

综合楼外墙总体明显向东倾斜，中部最大倾斜率14.6‰，余部向东最大倾斜率均小于7‰；东首、中部略呈向北倾斜，西首五层部分略呈向南倾斜，最大倾斜率均小于7‰。室内抽测情况：中部一~四层承重横墙均向东倾斜，倾斜率10‰~15‰，呈上大下小；四层屋顶女儿墙压顶水准仪实测情况：东、西首差异沉降超过40cm，东首累计沉降明显大于中部和西首。

外墙主要裂缝分布情况：综合楼中部“单元”南北纵向外墙上存在多条单向（向东）斜裂缝，裂缝宽度下宽上窄最大有10mm；东首西纵墙存在明显的正八字形裂缝；东首同中间部分交结处廊道扶手有拉脱现象。

2002年5月的沉降观测资料显示：综合楼中间、西首沉降趋于稳定，东首沉降虽减缓但沉降速率明显大于中间和西首，不均匀沉降仍然存在。

三、工程地质概况

通过补充勘察，现场工程地质情况简表见表4.7-7。

工程地质简表　　表4.7-7

层　号	岩土名称	主要特征	层厚（m）	f_i（kPa）	f_k（kPa）
1	填　土	较密实，由山砂、碎石组成	最大约0.8		
2	淤泥质黏土	灰色、流塑	最大约0.5		
3	粉质黏土	黄褐色、浅黄色、可塑	最大约3.6	50	156
4	淤泥质黏土	灰色、流塑	最大约24	22	67
5	碎　石	灰黄色，较硬，含少量粉质黏土	最大约2.8		

注：1. f_i——桩周土摩阻力极限值，按预制桩提供；
2. f_k——天然地基承载力标准值。

四、病因分析

根据综合楼现状及相关资料综合分析，造成综合楼变形严重、倾斜开裂的因素主要有：

1. 未经勘察，对综合楼地基处理缺乏工程地质依据；

2. 地基承载力取值偏大，软弱下卧层厚度大，是房屋沉降历经十多年仍未稳定的主要因素；

3. 东首、中部地基承载力取值较西首大，产生差异沉降，是综合楼整体向东倾斜的主要因素；

4. 建筑物形体复杂，未设沉降缝分隔，使房屋转角处出现应力集中现象；东首、中部、西首以及三部分应力叠加区沉降不均，是综合楼严重变形、开裂的重要因素。

五、方案设计

根据综合楼病况及病因分析，考虑到病楼体形复杂，若采用传统的整体纠偏方案：

当采用整体顶升时，造价偏高（约50万），业主难以接受；

当采用整体迫降纠偏方案时，则存在以下几方面的问题：①技术难度大，建筑物本身基础及上部结构刚度差，且存在多条结构裂缝，另外由于体形复杂，根据我公司经验，部分监测数据需经过技术处理后才能同直接监测到的数据组成系统，进行协调性分析，指导迫降过程。由于全部监测数据不能确保基于一个系统，造成迫降纠偏的信息化过程难以科学控制；②增大了纠偏工程量；③难以统一三方业主的意见：东部业主“安于”现状，西部业主认为得不偿失（在倾斜不大的情况下却要让其房屋整体下沉30多厘米）。

统筹考虑上述因素，我们提出了两个方案供业主研究选择：

［**方案一**］将东首切开，使综合楼分割为两个结构单元（原有使用功能不变），消除目前沉降尚未稳定的东首对中部的影响，从而使房屋立即解危，余部体形得到简化，采用沉井冲淤迫降纠偏至倾斜率小于7‰。

为使此方案得到实现，需采取如下技术措施：

1. 在综合楼沿东首与中部相接处靠中间部分一边的设计位置托换一榀4层框架，框架柱采用桩基础，通过这一结构承担东首与中间相接处中间部分的上部结构荷载；

2. 托换框架承载能力满足要求后，将东首与中部相接处切开，设置沉降缝；

3. 余部纠偏：采用沉井冲淤迫降纠偏方案。

［**方案二**］采用托换技术将东首、西首同中部切开，使综合楼分割为三个独立结构单元（原有使用功能不变），从而使东首、西首房屋立即解危，中部加固纠偏至倾斜率小于7‰。

根据相关资料分析，西首房屋自成一结构单元后可不加固纠偏、东首因倾斜不大也可不纠偏、中间部分必须纠偏。

由于分割成三个独立结构单元后，中部这一结构单元东西两端为桩基、中间部分为天然地基，为避免产生新的不均匀沉降，对结构造成不良影响，中间单元需采用锚杆静压桩托换技术进行地基加固。

方案对比表 **表4.7-8**

方案类别	共同点	不同点	结构刚度	其他方面
方案一（二结构单元，建议东首地基加固、余部纠偏至最大倾斜率小于7‰）	1. 使东首自成一结构单元且形体简单，上部结构刚度得到改善，原有使用功能不变；	1. 综合楼分割成两结构单元，沉降缝处两结构单元楼面无明显高差； 2. 东首不纠偏（资料显示其最大倾斜率小于7‰），余部纠偏至其最大倾斜率小于7‰	有改善	工期75天； 可在第35个工作日开始装潢作业； 费用：东首单元加固时为24.3万；东首单元不加固时为16.3万

续表

方案类别	共同点	不同点	结构刚度	其他方面
方案二（三结构单元，建议东首单元地基加固、中间单元加固纠偏至最大倾斜率小于7‰、西首单元既不加固也不纠偏）	2. 一榀框架桩式托换，解除了中间部分同东首的应力叠加对结构造成的不利影响； 3. 简化了纠偏的复杂程度，减小了纠偏工作量，即避免了使房屋降得更低	1. 综合楼分割成三结构单元；西首沉降缝处结构单元楼面有明显高差； 2. 仅对中间单元纠偏至其最大倾斜率小于7‰），同时中间单元需进行地基加固； 3. 结构平面布局更为简化、处理更为彻底； 4. 进一步简化了纠偏的复杂程度，减小了纠偏工作量	彻底改善	工期75天； 可在第35个工作日开始装潢作业； 费用东首单元加固时为30.8万；东首单元不加固时为21.8万

最终业主选择了方案二，它同时满足了各方要求：①实现了产权独立；②东首权属单位因筹资困难，可观察使用；③西首权属单位不能接受因中部纠偏而使自己的房屋同步迫降；④中部权属单位在心理价位上实现立即整治。

六、主要施工过程简述

1. 托换框架施工

（1）托换框架地基梁施工

1）根据设计尺寸，用风镐凿除地面混凝土，再按设计标高开挖土石方等，同时进行预制桩施工。

2）按设计图纸及规范要求进行地基梁施工，预留桩位孔，预埋锚杆螺栓。

（2）托换框架的施工

切割墙缝，拆除框架柱部位的墙体。

在原楼面架空板上开凿灌注混凝土孔，多孔板开孔避免损坏预应力钢筋，每块楼板只开一个孔。

按图绑扎托换框架梁、柱的钢筋，先底层再二层，逐层进行，钢筋的制作安装按设计图和施工规范进行。

框架模板、框架柱及梁的模板需预留灌混凝土孔，混凝土先从下部预留孔进入模板，振捣密实后封闭下部预留孔，再从其上的预留孔灌混凝土，确保新浇混凝土密实，新旧混凝土接触紧密，粘结可靠。

混凝土强度达到1MPa时，拆除边模；混凝土强度达到25MPa时，拆除底模。

（3）沉降缝切割

托换框架施工结束后，在框架地基梁预留压桩孔按设计压入锚杆静压桩封固，最后进行沉降缝切割。

沉降缝切割应确保沉降缝位置的结构连接彻底断开。

2. 地基加固

采用锚杆静压桩法加固地基。

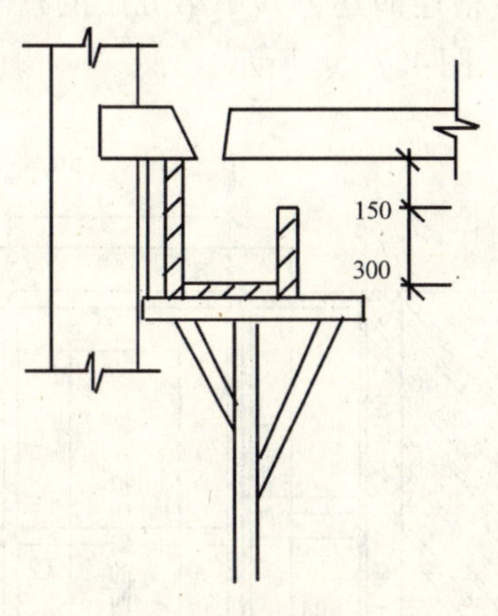

图 4.7-53　梁模示意图

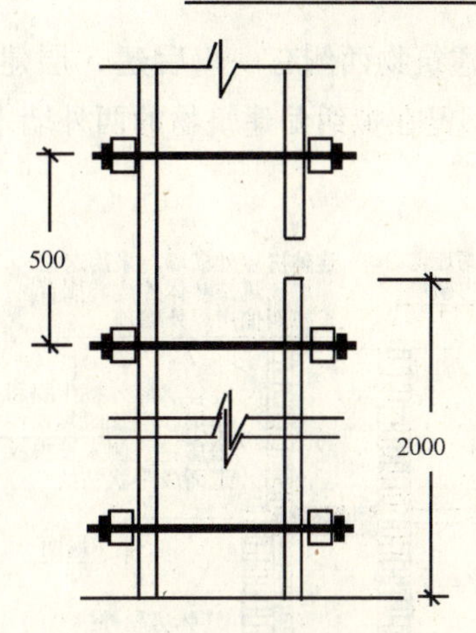

图 4.7-54　柱模示意图

3. 纠偏

（1）纠偏前根据倾斜测量结果，制订详细、周密的冲淤计划；

（2）每天进行 1 ~ 2 次的沉降观测，根据测量结果，对各轴线上每点的沉降量进行回归分析，要求同一轴线上各点的沉降量满足线性沉降的要求；

（3）沉井冲淤时，应严格按照制定的冲淤点、冲淤深度、冲淤方向进行冲淤施工，应严格控制出泥量；

（4）冲淤纠偏过程中，应定期观察建筑物原有裂缝的发展情况，观察有无新裂缝出现；

（5）回程速率控制在 5mm/d 以内，一般控制在 2 ~ 3mm/d 左右。

实施纠偏的危房仅限于独立的中部单元，其体形十分简单，解决了复杂体形危房纠偏的技术难题，起到了化繁为简的作用。但是实施分体后，如何防止纠偏过程中影响紧邻的西部单元，又成为一个难点。对此，我们采取了对西部单元“共”墙部分进行预防性桩式托换，并对其紧邻的托换框架进行了千斤顶迫降和冲淤迫降相结合的技术方案。由于方案科学，措施到位，所以纠偏加固工作十分顺利，很快达到了设计要求。

七、结论

通过技术回访和近年来的分体整治实践，我们认为对于复杂体形的倾斜病房，可以采用托换技术分割成若干个体形简单的独立结构单元，化繁为简，逐个施治。

［实例十六］　连体建筑物分离纠倾技术

一、工程概况

该建筑物为长方形 4 层混合结构。采用天然地基，条形基础。建筑物长 40.9m、进深 10.2m，建成于 1980 年，建筑面积约 1700m^2，基底面积约 370m^2。建筑物因整体向北严重倾斜（向北最大倾斜率达 26‰）且上部结构裂缝尚在继续发展，需及时进行加固纠偏处理。该建筑物西侧有一幢后建5层建筑物与其西外墙粘连而建，其中第五层的东外墙有60mm搁置在拟纠偏建筑物的西外墙上，如图4.7-55、图4.7-56所示。

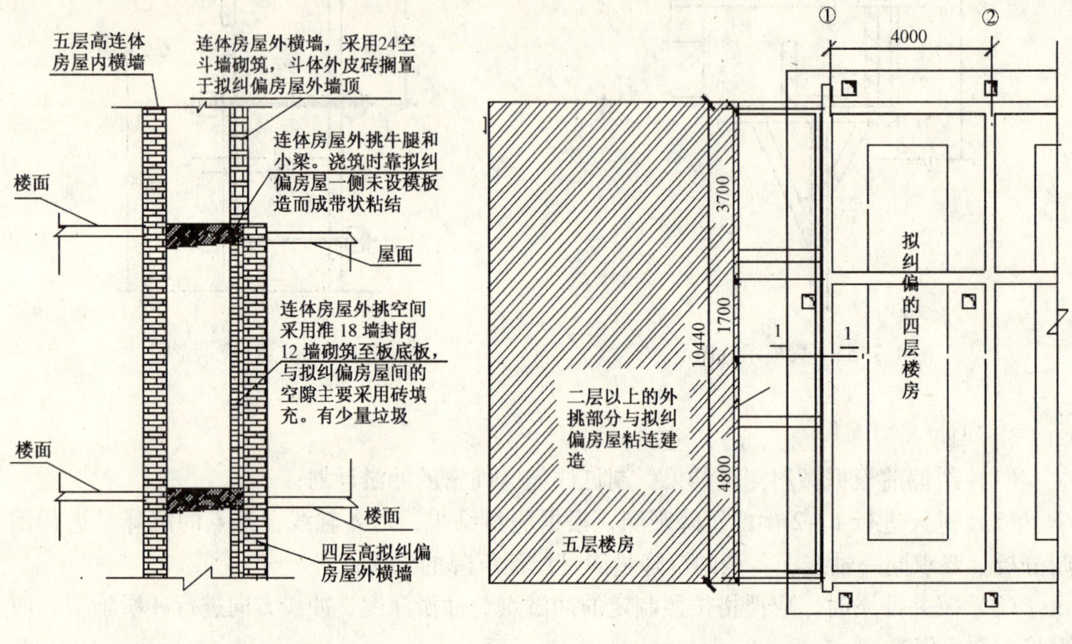

图4.7-55　房屋连体剖面图　　　　图4.7-56　房屋连体平面图

这一现状给拟纠偏建筑物的纠偏带来巨大困难，由于相邻住户担心其房屋受影响，对纠偏的抵制使纠偏进程一度中断。

二、方案制订

本分离纠偏方案是采用托换技术将拟纠偏房屋西外墙切割分离，将西外墙与邻房东外墙固定，使其与邻房成为一体。在托换位置设沉降缝，使拟纠偏房屋与邻房彻底分离。由此又带入新的难题：相邻房屋与拟纠偏房屋只有沉降缝分隔，如何确保迫降纠偏过程中邻房不受影响？带着这一问题，我们精心制定了托换方案和纠偏方案，对传统的沉井迫降纠偏进行了改良，成功解决了这一难题。

1. 基础分离

西外墙压入锚杆静压桩，分担墙体荷载；然后，对墙下基础进行切缝，使外墙基础与建筑物基础分离，如图4.7-57所示。

2. 上部结构分离

分离西外墙并使之与邻房东外墙固定，通过在①轴托换施工一榀框架分担楼（屋）面荷载，然后对上部结构与西外墙的连接进行切割分离，见图4.7-58所示。

三、方案实施

先对拟纠偏房屋西外墙压桩，桩可有效受力后，按墙基压桩图示（图4.7-57）切缝，使墙基与母体分离；然后，在设计位置施工地梁，并压入新增桩；最后，施工托换框架。

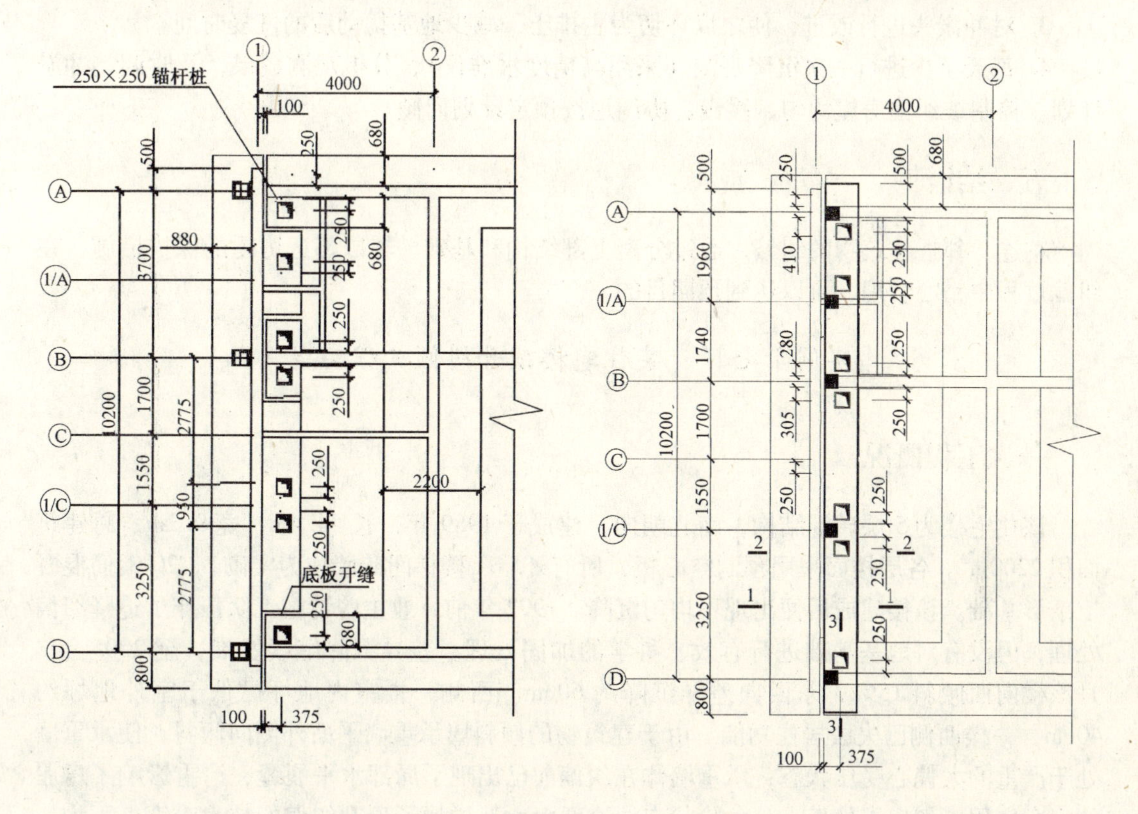

图 4.7-57 墙基压桩切缝图

图 4.7-58 框架地梁布置图

在切割沉降缝，使西山墙与纠偏体脱离前，为了使原西山墙不致失稳，托换框架施工完毕，即开始采用植筋工艺梅花分布钢筋穿透墙体，通过尾部端板将墙体与邻房牛腿、小梁拉结，使之与邻房东外墙叠合，与邻房成为一体，其自重由新加入的锚杆静压桩承担，避免切割分离板基，造成外墙产生附加沉降。托换框架可有效受力后，采用静力切割工艺分离西外墙与拟纠偏房屋的连接，使之与拟纠偏房屋彻底分离；然后，对分离的被纠偏房屋进行迫降纠偏。

四、纠偏保护措施

主要对分离后的西外墙进行重点保护，因为一旦纠偏过程中西外墙产生附加沉降，将会使邻房产生结构裂缝，危及外挑阳台的安全；而且一旦有丝微裂缝，纠偏将因受阻而无法进行，因此这一保护非常关键。其效果如何有关全局，基于此采用了综合措施加以保护。

1. 纠偏前对西外墙采用新增桩承担其荷载，桩压入后采用预应力封固。这一措施可以避免浅部土层的扰动，造成墙基下沉。

2. 托换框架地梁预留桩位处全部压入锚杆静压桩，然后在桩顶采用螺旋自锁千斤顶，使上部结构荷载转移到桩上。纠偏过程中，通过调整千斤顶行程，辅助协调框架开间的沉降，避免对邻房应力叠加区的近距离冲淤扰动。

3. 对冲淤头进行改进，使之以环切为主排土，减少地基扰动后的恢复时间。

4. 每天至少进行一次沉降观测（采用高精度水准仪），分析观测成果，及时调整冲淤计划。控制被纠偏房屋均匀、缓慢、协调地按预定计划回倾。

五、结语

粘连、邻近建筑物的纠偏，通过分离上部结构和基础，辅以邻近房屋的保护措施，在纠偏过程中精心管理，可以达到预期目的。

［实例十七］　某住宅楼顶升纠倾工程实践*

一、工程概况

该住宅楼为5层砖混结构，南北朝向，建成于1989年，长44.4m，宽9.2m，总建筑面积2200m^2。各层楼面采用预制空心板，所有外墙、楼梯间砖墙均为实砌，C20钢筋混凝土条形基础。该楼建成后便出现不均匀沉降。1992年前，业主曾请施工队伍作了迫降纠偏处理，但没有对地基基础进行有效、科学的加固处理。差异沉降继续发展，至2005年3月该楼向西倾斜15‰，东西向差异沉降约60cm。西侧一楼室内地坪已低于室外地坪约40cm，一楼西侧已失去居住功能。由于建筑物的倾斜属承重墙平面外侧向倾斜，使承重墙处于严重的大偏心受压状态，承重墙体在纠偏前已出现了局部水平裂缝，严重影响了房屋的安全使用，使房屋处于十分危险状态。这便大大地增加了顶升纠偏的技术难度，不均匀沉降引起纵向墙体斜裂缝也有多处。

纠偏前，我们对该楼进行了勘察，浅地基土可划分为4个工程地质层：①1－1层杂填土，由黏性土、碎石及生活垃圾组成，成分杂，结构松散，层厚约1m；②1－2层为粉质黏土，黄绿色，软可塑，黏塑性较好，物理力学性质尚可，层厚约1m；③2层淤泥质黏土，灰色，流塑，厚层状，高压缩性，物理力学性质极差，层厚8～15m，东西向厚度差7m；④3层粉质黏土，黄褐色，可塑，低压缩性，物理力学性质较好，层厚较大，钻孔未揭穿。

勘察资料表明，该住宅楼下卧层为两层高压缩性淤泥质黏土层，导致房屋沉降较大，且两层高压缩性土厚度严重不均匀，致使住宅楼东西向沉降差异大，这是该楼倾斜的主要原因。

二、基础加固与纠偏方案的确定

1. 基础加固

对该楼地基基础进行必要的加固处理，彻底消除不均匀沉降产生的原因，是对该建筑物病害治理的关键之一。

由于锚杆静压桩具有设计理论成熟，施工机具轻便、灵活，作业面小，对周围环境影

---

*本实例由江伟、蒋汉荣、邓俊军、曹继锋编著

响小，施工技术成熟可靠，质量可以充分保证，具有工期短、费用低等优点，我们决定采用锚杆静压桩加固地基基础。

2. 纠偏方案

由于该住宅一楼室内地坪已低于室外地坪40cm，若采用迫降纠偏，一楼将失去居住功能，由此给业主造成100多万元的损失，因此不宜采用。采用顶升法纠偏是该项目最合理的选择。

三、基础加固及顶升纠偏方案设计

1. 设计目标

（1）加固纠偏期间，确保结构安全。

（2）加固纠偏后，住宅楼差异沉降得到有效控制。

（3）最西侧①轴横墙顶升86cm，最东侧⑭轴横墙顶升27cm，顶升后房屋倾斜率控制在4‰以内，可以安全投入使用。

2. 基础加固设计技术参数

本工程共布置锚杆静压桩27根，详见图4.7-59。

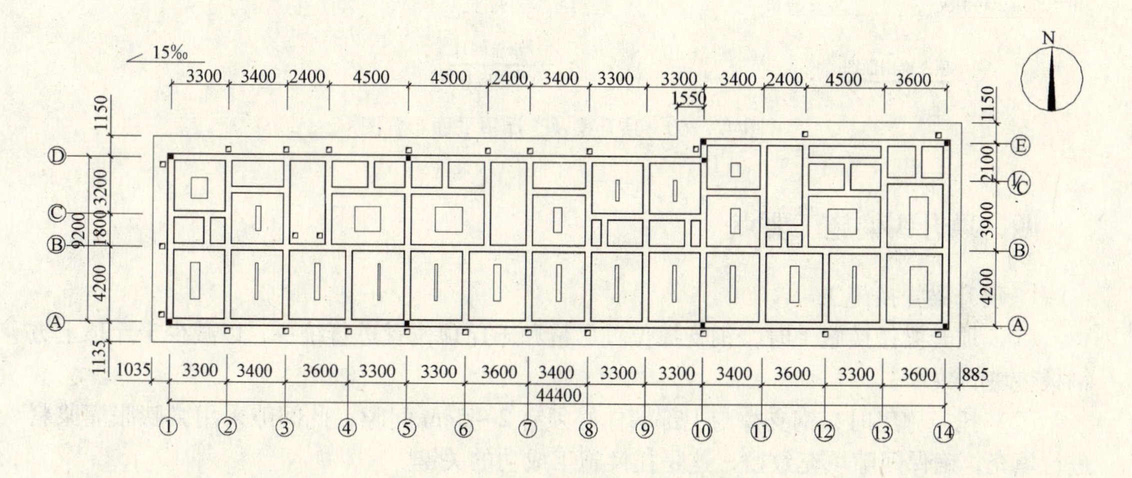

图4.7-59　锚杆静压桩平面布置图

桩径250mm×250mm，桩身混凝土强度为C30，采用角钢接桩，桩端持力层为③层粉质黏土，单桩设计承载力：①—⑤轴为300kN，⑥—⑭轴为250kN。压桩力取单桩承载力的1.5倍，桩长通过最终压桩力及地质变化情况进行双控调节。

3. 顶升纠偏设计参数

（1）在原地梁上部距梁顶0.4m处采用托换工艺浇筑顶升圈梁。

（2）地梁与顶升梁之间，设置269只额定顶升力为32t的螺旋式千斤顶，平均每只千斤顶承受荷载约141kN。

顶升梁及千斤顶平面布置图详见图4.7-60。

（3）对一楼的门窗及墙上壁洞，所有房屋装修过程中被破坏的墙体，通过砌墩加固处理，以提高墙体强度、刚度。

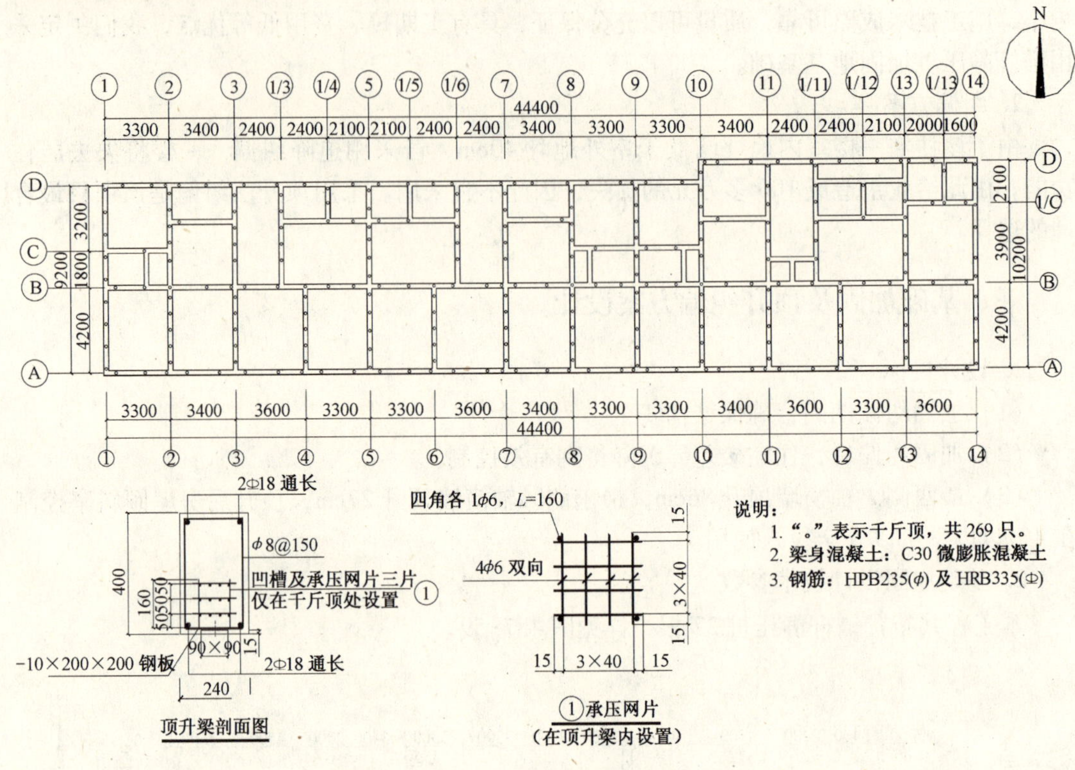

图 4.7-60　顶升梁及千斤顶平面布置图

四、顶升纠偏施工要点

1. 顶升梁托换施工

（1）顶升梁托换施工时，钢支撑位置尽量和千斤顶位置进行统一，以减少千斤顶上方钢板垫块的数量。

（2）托换施工时，钢支撑与上部墙体必须有 2～5cm 间隙，此间隙采用微膨胀灌浆料进行填充，确保间隙填充致密，这是托换施工成功的关键。

（3）按照先纵墙后横墙的施工顺序进行顶升梁施工。

（4）在托换横墙上的顶升梁时，采取间隔施工。凿墙洞时尽量减少振动，严禁狠敲猛打。

2. 顶升施工要点

本次顶升①轴顶升量为 86cm，⑭轴顶升量为 27cm。顶升时将整体抬升 27cm 与东西向纠偏 59cm 合二为一，经计算 269 只千斤顶共有 72 种行程。如何保证在同一时间每只千斤顶顶升量与千斤顶总顶升量的比值相等是顶升成功的关键，为此必须采取相应措施。

（1）确定每只千斤顶的顶升量：会同有关部门实测建筑物倾斜现状，设置测量标志。根据实测结果商定验收办法，建筑物顶升回倾量及整体抬升量，根据商定值计算每只千斤顶顶升量并列出详表。

（2）设计顶升标尺：根据顶升量计算出千斤顶掀动次数（本工程千斤顶共计掀动 1000 次），将每 5 次掀动千斤顶上升量作为一个刻度线。本工程共设刻度线 200 条，以此设计顶升标尺，并将顶升标尺贴于相应千斤顶的旁侧。每只千斤顶的掀动次数相同，但掀动幅度不同，不同的幅度产生不同的顶升量。

（3）建立指挥系统：总指挥→分指挥→组长→操作工。本工程总指挥由1人担任，目的为统一协调，统一号令；分指挥3人，各负责一个单元信息收集，问题处理；组长14人，由施工员担任，每人负责一个组，负责监督检查、指导操作工作业；核对实际与设计的偏差，并将情况及时上报分指挥，落实指挥下达的调整措施；操作工则按要求操作，发现异常情况上报组长，服从组长指挥。

（4）监测系统到位：由专人落实，负责跟踪观测顶升过程，做好回倾量与顶升量的分析记录；做好建筑物既有裂缝的观测记录，发现与设计不符时立即上报总指挥。

（5）确认气象适宜：同气象部门签订气象跟踪合同，确保顶升避开台风、暴雨等不良天气。

（6）实施顶升：向操作工进行详细的技术交底，让所有操作工明确所操作千斤顶的掀动幅度和顶升标尺刻度含义，服从指挥，在统一号令下全体操作人员一起动作。开始每顶升5~10个刻度，停下全面检查一次；有偏差时，在施工员的指导下适当调整掀动幅度。当操作工人熟练后可逐步减少检查次数，以加快顶升速度。刚开始顶升时，千斤顶中心布置在墙体中心以西6cm处，使顶升力作用点尽量靠近倾斜状态下的墙体重心位置，随着房屋倾斜值的逐步缩小。在更换垫块时，将千斤顶中心逐步移向墙体中心。

3. 结构连接

（1）千斤顶钢筋混凝土垫块浇筑时，必须在两个侧面留有凹槽，确保垫块两侧混凝土与垫块间有良好的咬合。

（2）截断的构造柱按规范进行连接。

（3）顶升产生的间隙全部采用C20混凝土进行填充连接。

（4）恢复底层楼梯原状及底层原有通道，回填开挖面。

五、效果

顶升完成后，所有千斤顶顶升量完全与设计吻合，住宅楼向西最大倾斜率为2‰，在顶升期间及顶升后建筑结构完好无损，实现了预定目标。

顶升施工期间，二层以上居民可以正常居住。顶升纠偏结束后重新修建了一楼室内地面及室外排污管线，现该楼一层也恢复了居住功能。

地基基础加固后，经半年沉降跟踪观测，房屋沉降已经稳定且比较均匀，实现了预想的地基基础加固目标。

纠偏前，基础上部一部分砖墙长年浸泡在地下水中，已经出现了不同程度的风化，给房屋安全留下了隐患。纠偏后地下水位以下部分全都是C20混凝土，原风化的砖块也已凿除，房屋安全性也由此得到了提高。

［实例十八］　掏土和锚杆静压桩相结合在纠偏工程中的应用*

一、工程概况

上海市某建筑物，为1986年建造的砖混结构6层住宅，建筑物长53m、宽9m，采用

*本实例由徐文华、陈卫东编著

天然地基，钢筋混凝土条形基础，基础埋深 1.5m。

2000 年 6 月苏州河综合治理合流污水工程的顶管从本住宅楼基础下 7m 深处由东南向西北施工穿过。6 月 10 日顶管进入基础平面投影范围，6 月 17 日顶管完全出基础平面投影范围，历时 8d。顶管直径 2.4m，顶管顶埋深 8m。建筑物基础及顶管平面位置关系见图 4.7-61。

顶管穿越建筑物前，对该建筑物进行了监测布点并测得沉降及倾斜初值。施工后进行沉降、倾斜监测。监测点布置见图 4.7-61，监测结果见表 4.7-9 及图 4.7-62。

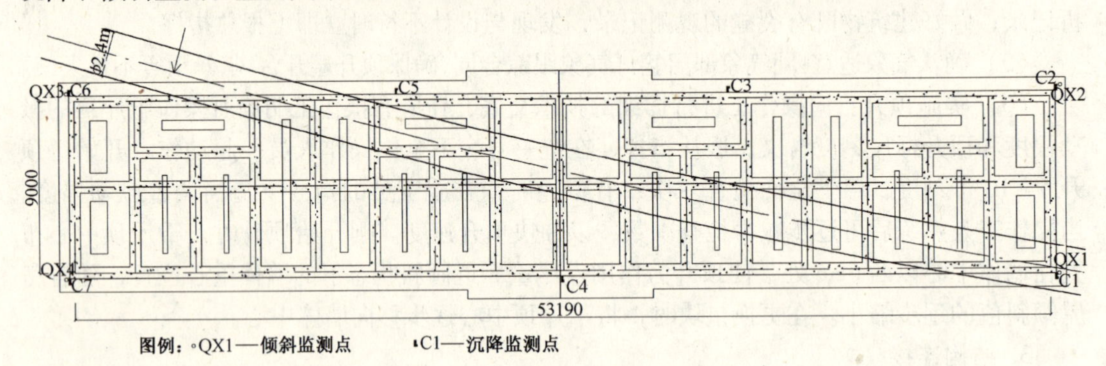

图 4.7-61　建筑物基础及顶管平面图

顶管施工前后，建筑物倾斜监测资料　　**表 4.7-9**

测斜点号	倾斜方向	6月1日	7月4日	7月20日
QX1	向北	12.09‰	12.67‰	12.21‰
QX2	向北	10.92‰	11.61‰	11.07‰
QX3	向北	12.31‰	13.23‰	14.21‰
QX4	向北	13.60‰	14.19‰	14.78‰

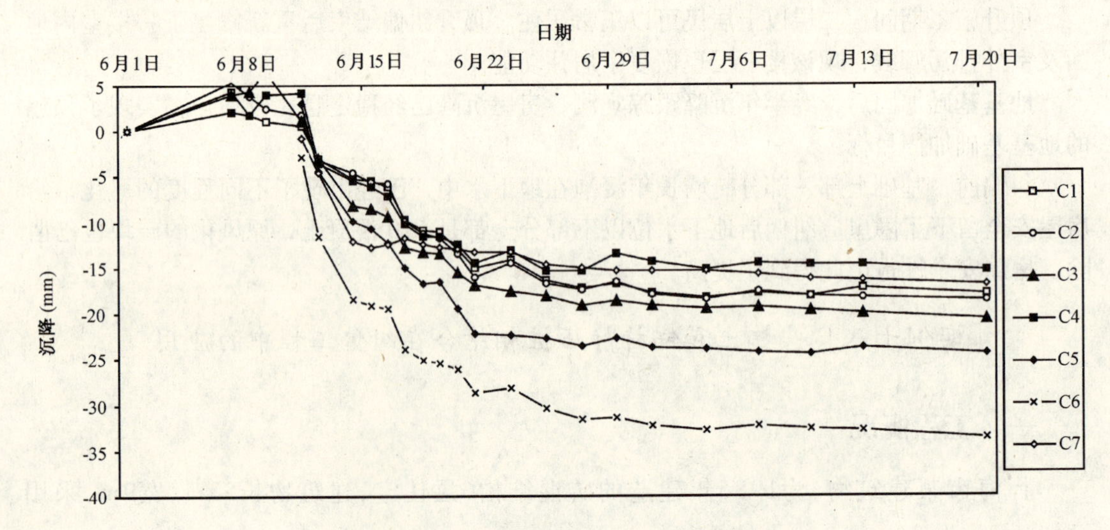

图 4.7-62　顶管施工前后，建筑物沉降曲线

二、倾斜原因分析

表4.7-9表明，该建筑物在顶管施工前（6月1日）就存在严重倾斜，倾斜率达10.92‰~13.6‰(向北)。根据地质报告，地层均匀，无不良地质现象。通过分析有关资料，认为建筑物荷载重心与基础形心不一致，存在偏心现象，是建筑物产生倾斜的主要原因。

图4.7-62表明，6月10日前，建筑物各点有一定上抬。顶管施工过程中，南侧各点(C1、C4、C7)沉降小于北侧各点(C2、C3、C5、C6)；对同一侧，顶管经过的点沉降比其余几点沉降大。这些现象说明，由南向北施工的施工过程不合理。当顶管从南侧接近建筑物时，顶管前端存在一定范围的挤压区，使建筑物南侧首先发生上抬，加大了倾斜程度。顶管施工扰动地基土，顶管从北侧出建筑物平面后，北侧地基土恢复时间短，附加沉降大，同样加大了倾斜程度。因此，顶管施工使倾斜率增大，达到11.07‰~14.78‰(向北)。

而顶管施工出建筑物平面一个月后（7月20日），各点沉降速率趋于一致，约0.1mm/d。

三、纠偏方案

1. 纠偏目标的确定：建筑物倾斜为11‰~15‰，纠偏目标定为7‰较为合理。因为：①建筑物为砖混结构，建造时间较长，结构整体性差，过大的附加沉降易产生危险的裂缝，影响使用安全；②顶管施工前建筑物有较大倾斜，但居民使用正常，说明居民装修时已采取一定措施找平楼面。如纠偏过大，可能使居民家中地坪反倾；③纠偏回倾要求过大，施工周期长；④7‰的倾斜率满足有关规范。

2. 纠偏方法：地基应力解除法和锚杆静压桩相结合。先在建筑物南侧掏土，使南侧发生较大沉降，建筑物回倾；再在两侧分别施工锚杆静压桩，其中北侧锚杆静压桩随压随封桩，南侧压桩后不封桩；继续在南侧掏土，直到达到纠偏目标后，南侧封桩。锚杆静压桩及掏土孔布置见图4.7-63和图4.7-64。

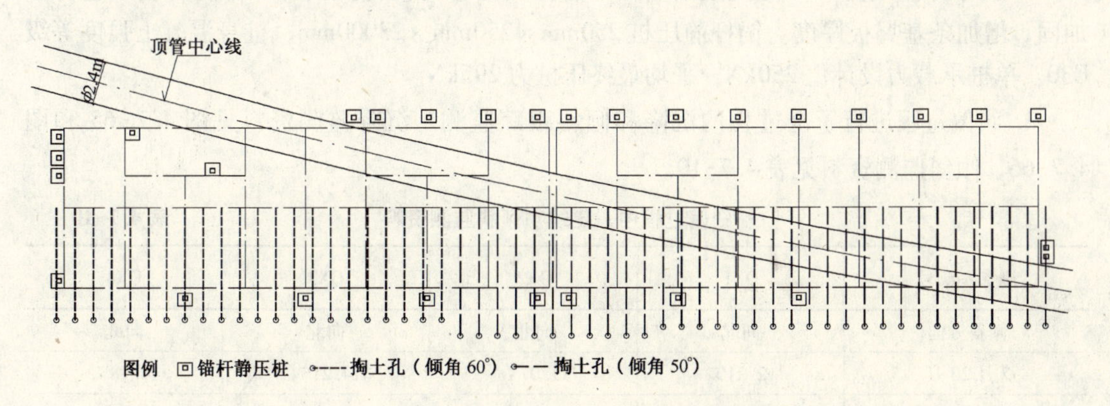

图4.7-63 锚杆静压桩及掏土孔平面图

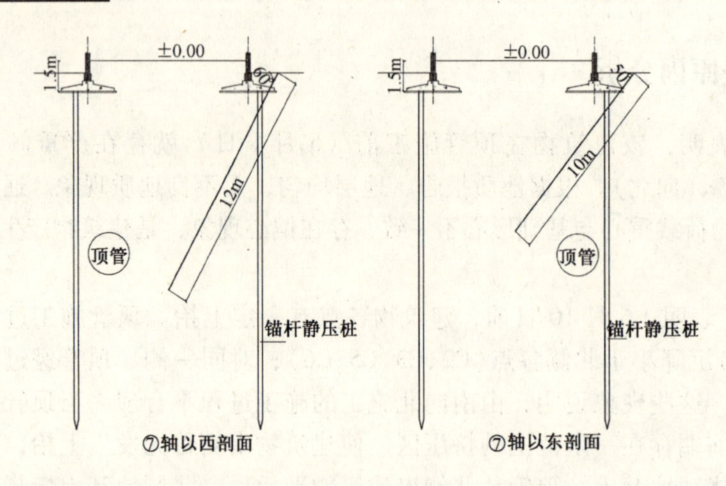

图 4.7-64　锚杆静压桩及掏土孔剖面图

3. 掏土孔布置原则：掏土是纠偏的主要手段。由于建筑物基本向北倾斜，各点倾斜程度基本接近，东西向各点要求同步回倾，因此，应在建筑物南侧均匀布置掏土孔。但由于顶管与建筑物斜向相交，东部顶管偏南，西部顶管偏北。因此，通过掏土孔的长度、角度调整，避让顶管。⑦轴以东，掏土孔深度 10m，倾角 50°；⑦轴以西，掏土孔深度 12m，倾角 60°。

4. 锚杆静压桩布置原则：由于建筑物本身竣工时间长，沉降已稳定，只是由于顶管扰动地基引起进一步沉降，因此，可采用较少数量的锚杆静压桩。本工程锚杆静压桩单桩承载力设计值 250kN，北侧以锚杆静压桩承担 15% 建筑物荷载的原则来确定桩数，南侧为控制掏土后期沉降而构造布桩。

四、纠偏施工及效果

1. 8 月 23 日开始掏土施工，为防止建筑物出现裂缝，控制掏土速度，使建筑物沉降速率小于 3mm/d。第一～三遍掏土按设计掏土孔深度进行。第四～八遍清孔深度减浅到4.5～6.5m。10 月 17 日南侧封桩后，掏土孔采用注浆封孔，防止后期土体蠕变，产生较大沉降。

2. 由于原基础为 C20 混凝土条基，不能提供足够的锚杆抗拔力，首先对基础进行了加固，增加条基翼板厚度。锚杆静压桩 250mm × 250mm × 23000mm，桩身混凝土强度等级 C30。单桩承载力设计值 250kN，平均最终压桩力 295kN。

3. 纠偏过程进行了全过程的沉降和倾斜跟踪监测。沉降监测资料见图 4.7-65 和图 4.7-66，倾斜监测资料见表 4.7-10。

纠偏过程中，建筑物倾斜监测资料　　表 4.7-10

测斜点号	QX1	QX2	QX3	QX4
倾斜方向	向北	向北	向北	向北
7 月 20 日	12.21‰	11.07‰	14.21‰	14.78‰
8 月 19 日	12.02‰	11.33‰	15.09‰	14.80‰
9 月 16 日	9.83‰	9.71‰	11.91‰	11.21‰

续表

测斜点号	QX1	QX2	QX3	QX4
9月26日	8.15‰	7.05‰	9.60‰	10.29‰
10月8日	6.47‰	5.55‰	7.28‰	7.86‰
10月16日	5.72‰	4.91‰	6.13‰	6.71‰
10月26日	5.72‰	4.91‰	6.01‰	6.65‰
回倾程度	6.30‰	6.42‰	9.08‰	8.15‰

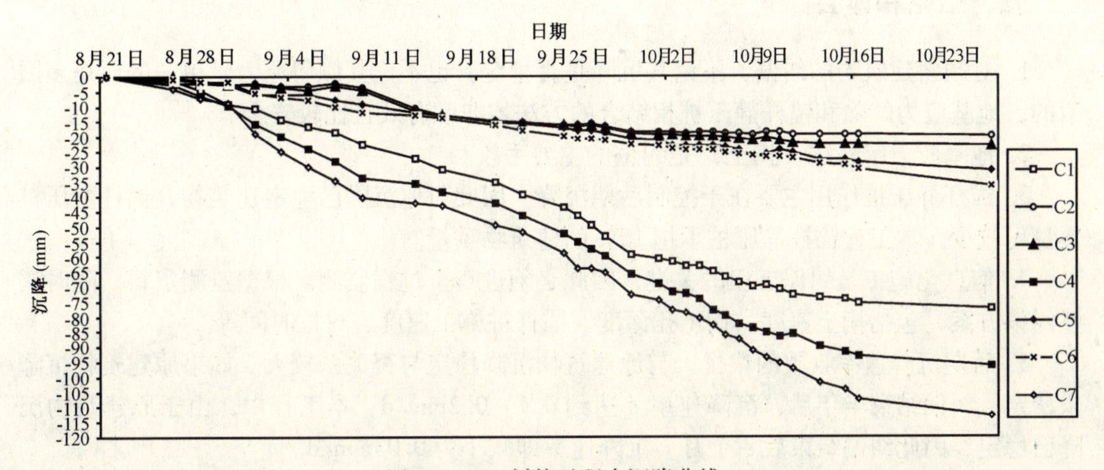

图 4.7-65 纠偏过程中沉降曲线

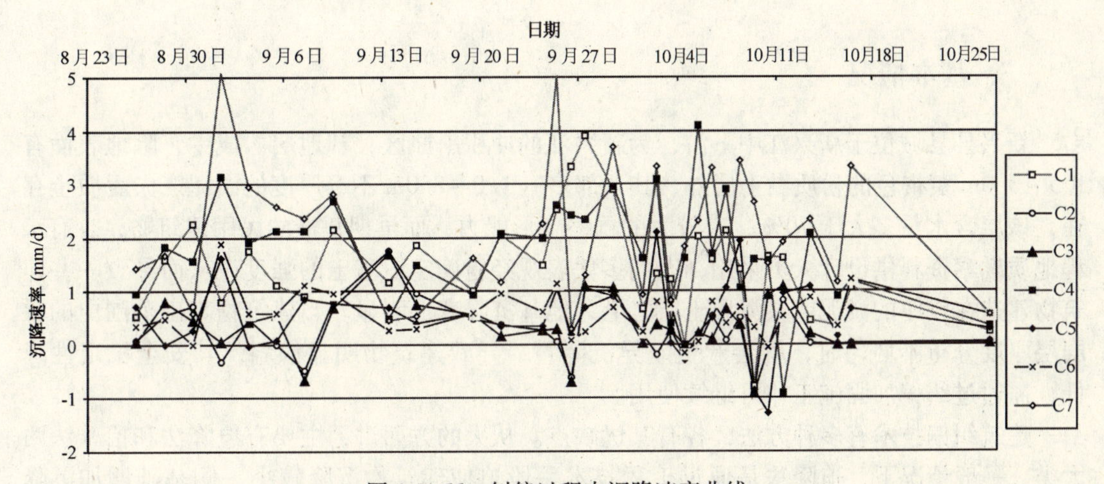

图 4.7-66 纠偏过程中沉降速率曲线

4. 施工过程中，坚持以监测数据指导施工，真正做到信息化施工。由图 4.7-66 可见，纠偏全过程只有 2 个点次沉降速率达到 5mm/d，9 个点次沉降速率大于 3mm/d，其余均小于 3mm/d。根据监测资料，调整掏土频率与深度、压桩速度，控制封桩时间，从而保证了纠偏效果；同时，防止建筑物产生裂缝，取得了理想的结果。

5. 纠偏结束后三个月（12 月 19 日），对建筑物进行了沉降观测，结果见表 4.7-11，沉降速率由刚竣工时的 0.5 ~ 0.6mm/d 迅速收敛为 0.03mm/d，说明持力层附近土体未受破坏，锚杆桩能迅速发挥作用，很好地控制了后期的沉降。

纠偏后建筑物沉降监测资料　　　　表 4.7-11

	南　侧			北　侧			
沉降点号	C1	C4	C7	C2	C3	C5	C6
沉降量（mm）	1.96	1.52	2.36	0.73	0.65	1.24	2.13
沉降速率（mm/d）	0.036	0.028	0.044	0.014	0.012	0.023	0.039

五、结论和体会

1. 对倾斜建筑物的纠偏，不论其沉降是否稳定，也不论其倾斜原因是单一的还是多因素的，地基应力解除和锚杆静压桩相结合的方法均非常有效且比较安全。

2. 地基应力解除法（掏土）是纠偏的主要手段。

3. 锚杆静压桩作用主要在于控制后期沉降。因此对原沉降已稳定建筑物，锚杆静压桩数量可较少。本工程锚杆静压桩承担15%的建筑物重量。

4. 信息化施工是纠偏工程的关键，因此必须进行全过程监测。根据监测资料，随时调整纠偏方案，包括掏土速度、掏土孔深度、锚杆桩施工速度、封桩时间等。

5. 后期沉降速率收敛的快慢，与原建筑物沉降稳定与否关系较大。如果原建筑物沉降未稳定，纠偏结束半年后，沉降速率才达到0.1～0.2mm/d；本工程中，由于原建筑物沉降已稳定，因此纠偏结束后3个月，沉降速率即减小为0.03mm/d。

[实例十九]　迫降法建筑物纠倾技术的工程实践*

一、基本情况

新兴县县城位于新兴江中下游，为新兴江的冲积平原区，其地层构成中，除地表面有1.5～3.0m黄褐色的粉质黏土层外，其下部多有1.0～8.0m不等厚度的淤泥或淤泥质土存在，该层含水量多大于70%，有较大的压缩变形能力，而早期建造的民用建筑物，少有工程地质勘察资料供设计人员采用，人们多凭表观经验确定地基土的强度，从而导致一些建筑物建造在较厚的淤泥或淤泥质土层之上，地基沉降变形明显。当建筑物基础范围内的软弱层厚度分布不均匀时，就会产生差异沉降量，导致建筑物明显倾斜，其安全稳定性降低，需通过纠偏加固施工才可继续使用。

建筑纠偏技术有多种方法，各有其优缺点。从大的方面讲，主要有迫降法和抬升法两大类。一般情况下，迫降法是通过工程技术手段迫使建筑物沉降较小一侧基础增加沉降量，达到与沉降较大一侧基础处于近似水平，从而使建筑物处于正常状态。该法具有施工工程量相对较小、平稳、工程费用低等优点，但它减少了建筑物的设计标高，对地面标高要求较严的工程不适用。抬升法施工则相反，它是通过工程技术措施想法将沉降较大一侧建筑物，抬升一定高度来达到纠偏的目标。由于该法首先要对地基进行加固，因此，一般施工工程量都相对较大、费用高，是纠偏施工中的“休克疗法”，其施工风险也相对较高，

*本实例由王士恩、吴木林编著

多用在大型建筑的纠偏工程中。结合新兴县地基土特性及建筑物的实际情况，我们选用迫降法进行纠偏施工的项目较多，取得了较好的施工效果，积累了一些有益的施工经验。

二、某住宅楼的纠偏施工

实施纠偏施工的某住宅楼由A、B栋构成，其中A栋为砖混结构，占地面积17.7m×9.3m，沿横向倾斜量达28.6cm，相对倾斜率14.3‰。B栋为混凝土框架结构，占地面积17.7m×10.5m，沿纵向倾斜量达46.8cm，相对倾斜率23.4‰。两栋楼相距仅有10.0m，平行分布。原设计两楼为5层，筏形基础，施工时临时决定在每柱基下方加设5根直径约10cm的木桩，木桩入土深度多为2.0m，建筑物也由原设计的5层改为6层，但在第六层尚未建完时，两楼均发生了不均匀沉降。位于北侧的A楼以向南倾斜为主，而位于南侧的B楼，则以向北倾斜为主。补充勘察表明，两楼之间的地基土为河湖淤泥，A栋位于北岸边缘，而B楼刚好位于南岸边缘，两楼均是因为地基土分布不均匀而引发差异沉降，造成建筑物的倾斜。

在制定纠偏施工方案时，我们了解到，在筏形基础下方填有厚约0.5m的砂层可供利用。考虑到柱基下方打有木桩，桩尖持力层为可塑状态亚黏土，有可压沉的地基条件，因此，对两栋住宅楼我们均采用了在沉降量较少的一面基础下方掏砂，向木桩转移上部荷载，迫使其下沉的办法来调整两栋住宅楼的倾斜量。

施工中发现，单用掏砂法纠偏，效果不十分理想。后来，我们采取在地板上堆压砂包、水压冲击减弱木桩摩阻力等辅助手段促使桩体在上部荷载作用下沉降，效果明显好转，最终达到了纠偏施工要求。两栋住宅楼经纠偏施工，均达到了倾斜率小于4‰的目标。

对沉降量较大、地基土强度较低的一侧选用钻孔灌注桩加传力平台的方法加固，纠偏成果得到有效维持。A、B两栋住宅楼均未发生进一步的倾斜。

三、某住院楼的纠偏施工

拟纠偏施工的住院楼建于1992年，底部总面积146.68m^2，高11.3m，3层框架结构。施工加墙时发现部分墙柱朝东南方向发生明显位移，并随时间的推移，倾斜量不断增加。1996年10月测得其楼顶已经向外倾斜移位16.2cm，倾斜率达14.34‰，另一方向倾斜位移6.9cm，倾斜率达6.11‰。双向倾斜量均大于其允许值，因此，需对其实施纠偏加固施工。

对地基补做勘察工作表明，该楼埋深1.5m的条形基础，正好放置在淤泥质亚黏土之上，而该淤泥质土呈流塑状态，厚约5.0m，其间夹厚薄不一的泥炭层，含水量高达126%，孔隙比2.54，标贯试验实测锤击数2.0～3.7击，承载力标准值仅35kPa左右。由于淤泥质土层中不同部位夹有厚度不一的泥炭层，泥炭层较厚的东南面，沉降量也相应较大，从而形成沉降差，导致房屋倾斜。

根据住院楼所在处地基土的情况，我们选用应力解除法对建筑物进行纠偏加固施工。为消除纠偏施工可能对附近建筑物的影响，首先，对西侧的连体建筑物进行了分离施工，截断相连结的地梁，并用基础加固桩替代地梁承载；其次，对位于住院楼北侧的办公楼，采用微型钢管桩进行隔离，避免由于住院楼的纠偏施工引起办公楼的人为倾斜；最后，再施打应力解除孔，并采取如射水、加压等辅助手段促使地基土的淤出，用监测数据指导施工的进行，使住院楼按照人为沉降速度回倾到正常状态。对纠偏扶正后的建筑物基础，在地基强度较差一侧，选用钻孔灌注桩，上加与原基础连结一体的承台进行加固，最终取得了较好的纠偏施工效果。纠偏施工各种工作量的布置情况参见图 4.7-67，整个楼房经纠偏施工，由原来 14.34‰的倾斜率纠偏扶正到小于 4‰，达到了安全使用的目标。

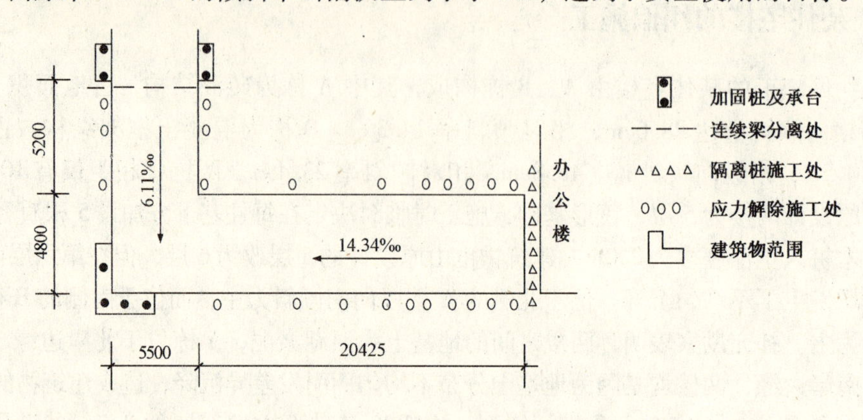

图 4.7-67　纠偏施工位置示意图

四、结束语

工程实践表明，建筑纠偏技术的选用，应结合工程所在地的地层情况及建筑物的结构特点选取，同是迫降法，其采取的施工工艺措施，也应根据地层、基础形式的不同而各异。方法得当，均可取得较好的纠偏加固施工效果。

［实例二十］　锚杆静压桩的基础纠倾工程实例分析*

一、前言

锚杆静压桩是 20 世纪 80 年代开发的一项地基加固新技术，是锚杆和压桩两项技术的有机结合。基于该技术的的特点：施工时，无振动、无噪声、无污染；便于场地狭窄施工；可与上部建筑施工同步进行；进行基础托换时，可实现车间不停产、居民不搬迁。该技术在近年来得到了广泛的应用。对于上海、天津这样的软土地区，该技术的应用更是取得了显著的技术经济效果。本例以基础咨询中所接触到的基础工程偏心事故处理来讨论锚杆静压的应用和设计，以期总结经验和提高认识。

二、工程概括

工程地质表　　表 4.7-12

土层层号	土层名称	厚度（m）	湿　度	状态	密实度	压缩性
①	填　土	1.5				
$②_1$	黏　土	0.9	湿	可塑		中等

*本实例由李晓勇、陈卫东编著

续表

土层层号	土层名称	厚度（m）	湿 度	状 态	密实度	压缩性
②$_2$	黏 土	1	很湿	可塑		高等
③	淤泥质粉质黏土	7.9	很湿	流塑		高等
④	淤泥质黏土	5.2	饱和	流塑		高等
⑤$_1$	粉质黏土	10.7	很湿	软塑	稍密-中密	高等
⑤$_2$	砂质粉土夹粉质黏土	8.2	很湿			中等
⑦$_1$	砂质黏土	5.9	很湿		中密	中等
⑦$_2$	粉 砂	未钻穿	饱和		密实	中等

上海某厂房地层特性见表 4.7-12，该工程基础采用柱下独立承台，承台下布有 PHC600 静压预应力管桩，桩长 30m，单桩承载力特征值为 1000kN，以⑤$_2$ 层砂质粉土为桩基持力层。在施工中，由于轴线定位不准确以及基坑的开挖对工程桩的挤压，致使厂房的 4 个承台下的管桩沉桩发生严重偏位（见图 4.7-68），使承台下群桩形心和承台上柱的形心无法重合。

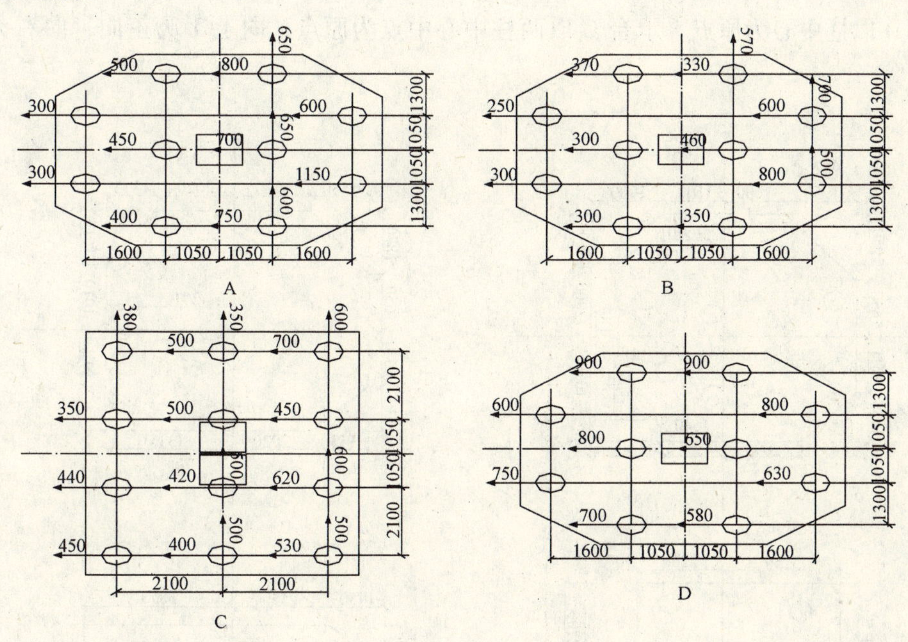

图 4.7-68

（图中所注单位为 mm，箭头所指方向为管桩偏移方向，数值为偏移量）

在原桩基设计中，群桩形心与承台上柱的中心重合，桩位偏移后，A、B、C、D 四承台下的群桩形心偏移量见表 4.7-13（承台 A、B、D 偏移量以柱中心为原点，承台 C 偏移

承台下的群桩形心偏移量 表 4.7-13

承台	X 向偏移量（mm）	Y 向偏移量（mm）	承台	X 向偏移量（mm）	Y 向偏移量（mm）
A	−595	190	C	−539	343
B	−406	177	D	−731	0

量以两柱中心中点为原点，向上 Y 为正向，向右为 X 正向）。从表 4.7-13 数据可知，承台下群桩形心偏心比较严重，需进行纠偏处理。

三、情况分析

由于承台上柱的集中荷载较大，当群桩形心偏位较大时，基础将产生倾斜变形，从而威胁厂房的正常使用。为了纠正形心偏位需采取补桩的方式，但本工程工期较紧，若补桩采用预制管桩及方桩其沉桩及养护时间较长，基于此原因本次纠偏采用锚杆静压桩，桩形为 250mm×250mm。为避免不均匀沉降，取与原 PHC 管桩同长 30m。根据勘察报告，锚杆静压桩为单桩承载力特征值为 500kN，以⑤$_2$ 层砂质粉土为桩基持力层。由于部分桩偏至原设计的承台外侧，因此承台应适当加大。

四、纠偏设计与施工

针对 A、B、C、D 承台下桩的不同偏位情况，进行补桩，补桩后的承台（已加大）下群桩见图 4.7-69，通过群桩形心验算，均满足规范要求。计算结果见表 4.7-14（承台 A、B、D 以柱中心为原点，承台 C 以两柱中心中点为原点，向上 Y 为正向，向右为 X 正向）。

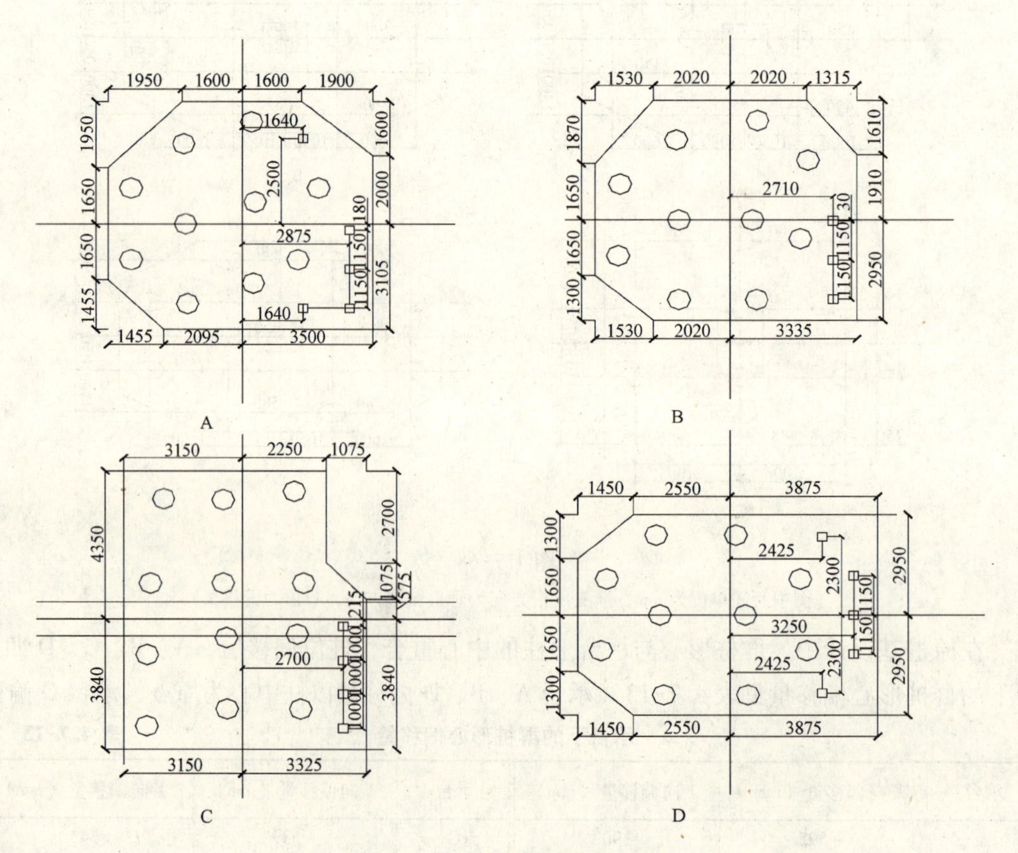

图 4.7-69　补桩后桩位示意图

补桩后承台下的群桩形心偏移量　　表 4.7-14

承　台	X 向偏移量（mm）	Y 向偏移量（mm）	承　台	X 向偏移量（mm）	Y 向偏移量（mm）
A	0.20	-6.8	C	0.83	0
B	0.43	0	D	-0.80	0

为了不影响工期，本工程采取先进行基础施工，预留压桩孔，压桩孔上口300mm×300mm，下口350mm×350mm，基础主筋在洞口边尽量绕行。如有截断钢筋，应在洞口补加强筋。

在锚杆静桩的设计中，需引起注意的是压桩反力的解决。经计算，在承台施工完毕后，可以采用 PHC 管桩提供抗拔力，在承台上为每根锚杆静压桩埋植 6 根锚杆（见图4.7-70）。为保证安全施工，压桩施工间隔进行，同一承台不连续施工。沉桩时，采取压桩力与桩尖标高双重控制。当连续 50cm 压桩力大于 700kN 时，可截桩；当桩尖达到指定标高，压桩力小于 550kN，桩应加长。

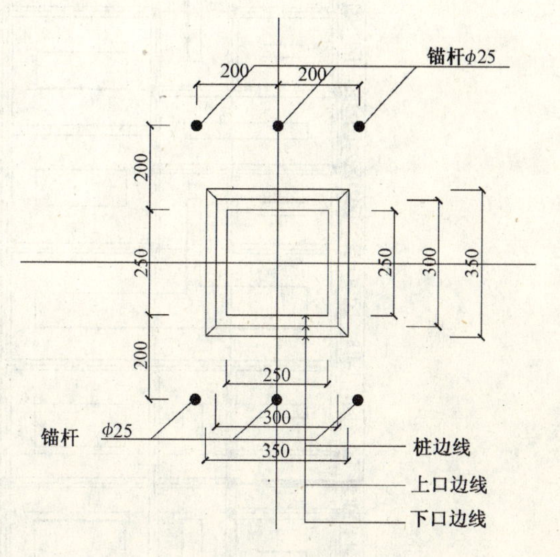

图 4.7-70　桩位孔结构

该工程在竣工投入使用后，据观测反映，倾斜沉降均小于设计要求，不均匀沉降亦在规范要求之内，这说明用锚杆静压桩进行纠偏的效果是比较令人满意的。

本文通过群桩偏心这一工程事故的处理，介绍了锚杆静压桩在基础纠偏中的应用，并取得了很好的效果，体现了其与上部建筑施工同步进行节约工期的特点。

［实例二十一］　上海春光家园住宅楼倾斜治理及地基加固工程*

一、工程概况

上海桃浦春光村春光家园第 80 幢房屋长 43.2m，宽 10.3m。为 4 层砖混结构。该房屋在结构竣工一年后，从屋顶的倾斜测量结果看，房屋向北倾斜达 11.5‰，远远超过国家规范规定的建筑物倾斜允许值 4‰的标准。考虑到建筑物的沉降仅完成一小部分，随着居民的搬入，恒载、活载均有一定的增加，结合建筑物沉降和倾斜现状，建设单位要求对地基进行纠偏加固处理，采用锚杆静压桩、掏土和降水结合的方法进行处理。设计桩身混凝土强度 C30，截面 250mm×250mm 的锚杆静压桩 63 个孔，每个孔桩长 15m，桩的接头形式为角铁焊接接桩。掏土孔为 ϕ300。桩位布置与掏土孔布置如图 4.7-71 所示。

* 本实例由李建新编著

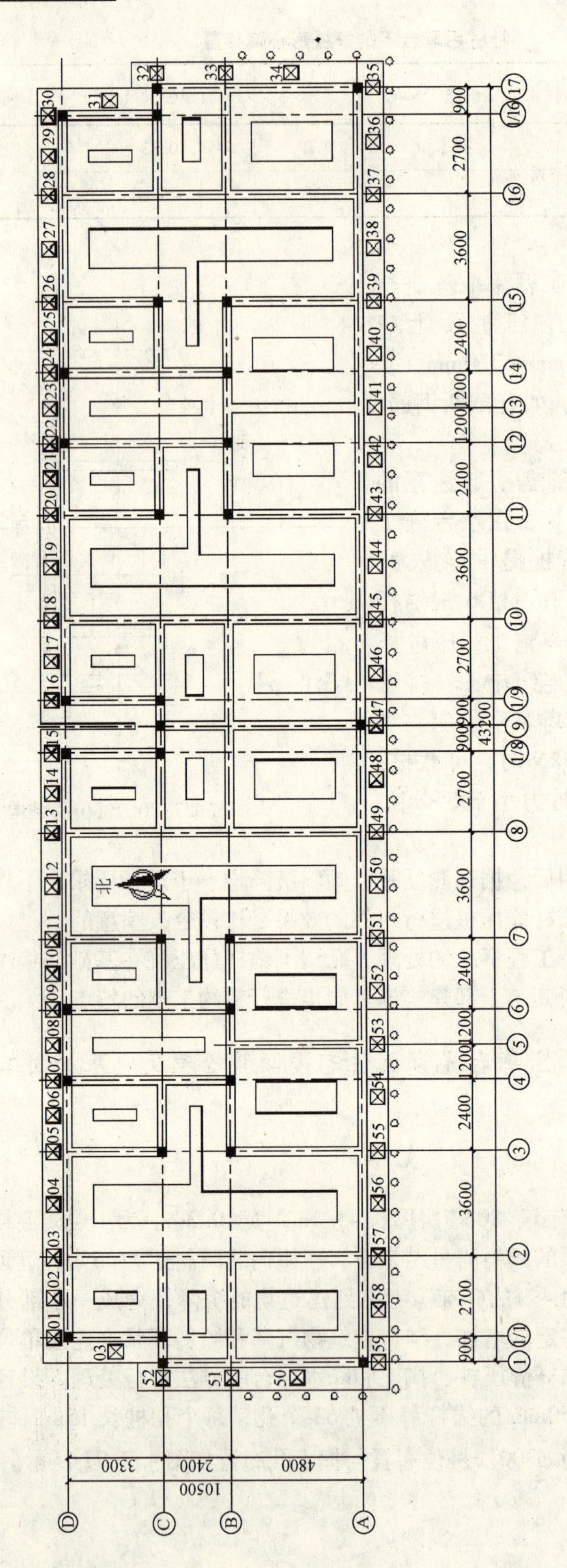

图 4.7-71　建筑物纠倾与加固施工布置图

（☒锚杆静压桩；○掏土孔）

二、施工工艺

锚杆静压桩是锚杆和静力压桩结合形成的一种桩基础施工工艺，它是通过在基础上埋设锚杆固定压桩架，以建筑物所能发挥的自重荷载作为压桩反力，用千斤顶将桩段从基础上凿出的压桩孔内逐段压入土中，桩体达到设计桩长或设计最终压桩力后，将桩与基础连接在一起，从而达到地基加固的目的。

锚杆静压桩具有施工机械轻便灵活、施工方便、作业面小、施工质量容易控制，可在室内施工，并且具有能耗低、无振动、无噪声、无污染等优点，广泛用于新老建筑物的地基处理。

锚杆静压桩施工首先开凿压桩孔和埋设锚杆，再安装压桩架，然后重复操作吊桩、压桩、接桩，直到压桩到设计长度或设计最终压桩力，最后进行封桩。

三、压桩及纠偏施工

1. 放样及挖土：根据设计桩位平面图，用钢卷尺进行放样，定出桩位，用红油漆做出标记，并编上孔号。

2. 在基础底板上成孔呈“八”字形，上口≥300mm×300mm，下口≥350mm×350mm。

3. 埋设锚杆及安装压桩架：锚杆底部要求墩粗，压桩架要安装牢固、垂直。

4. 压桩及接桩：压桩时桩体保持垂直，接桩时采用角铁焊接，用水平尺或垂线进行桩体垂直度的校正，接桩时角铁要进行除锈、满焊，压桩到设计长度或最终压桩力时，桩顶焊好插筋，就可送桩到设计标高。

5. 封桩施工：封桩是压桩技术中要求最高的一道工序，必须精心管理和施工。在封桩期间，首先要保证孔壁干净，排除地下水，再焊好交叉钢筋，经检查合格后浇捣混凝土。

工程现场的全面施工于2003年11月22号开始，到2004年1月8号全部结束。施工共分以下几个阶段：

（1）北侧压桩阶段：2003年11月22号开始在北侧压桩，到11月27号北侧桩全部压完，此阶段施工的主要目的是控制楼房北侧的沉降，为南侧的纠偏施工作必要的技术准备。

（2）南侧纠偏阶段：2003年11月28号，南侧从东南角开始掏土与降水，向西进行纠偏施工，2004年1月8号纠偏到建设单位要求的范围。

（3）本次施工共完成锚杆静压桩孔63个，合计压桩混凝土方量：59.0625m^3。

（4）跟踪监测：根据监测结果，楼房的纠偏加固效果十分明显。

四、技术要求

1. 按设计和规程要求对工程质量各项指标进行控制和检查，准确测量定位；凿孔为八字形；压桩垂直偏差小于1.5%的桩段长，千斤顶与桩身应在同一中心线上，防止偏压；接桩时角铁除锈、满焊；封桩是压桩技术中要求最高的一道关键工序，精心管理和施工，封桩孔内要求无积水，孔壁干净，经检查合格后再浇灌微膨胀超早强混凝土。

2. 为减少建筑物的附加沉降，封桩采用超早强水泥。

3. 做好每道工序的施工记录，取准、取全其他各种原始资料，对原始资料的收集做到及时、准确、完整，做到不漏记、不补记。确保准确实时控制。

4. 本工程在施工过程中同时对建筑物进行沉降监测与倾斜测量，并及时反馈，建立科学信息系统，使施工处于受控状态。监测采用闭合导线的水准测量，倾斜测量采用外观直接投影法；沉降监测采用苏光 DSZ2，倾斜测量采用北光的 J6 经纬仪；在施工过程中每天测量一次，使施工处于信息化控制中，确保施工工程质量。倾斜测量结果见表 4.7-15。

春光家园第 80 幢纠偏工程倾斜测量成果表 **表 4.7-15**

位置 \ 测量 \ 日期		2003.11.22		2003.12.14		2003.12.26		2004.1.5		2004.1.8	
		倾斜值（mm）	倾斜率（‰）	倾斜值（mm）	倾斜率（‰）	倾斜值（mm）	倾斜率（‰）	倾斜值（mm）	倾斜率（‰）	倾斜值（mm）	倾斜率（‰）
倾斜 1（东南角）	向北	111	9.9	93	8.3	59	5.3	40	3.6	36	3.2
倾斜 2（东北角）	向北	103	9.2	81	7.2	49	4.4	28	2.5	21	1.9
倾斜 3（西北角）	向北	129	11.5	114	10.2	79	7.1	59	5.3	52	4.6
倾斜 4（西南角）	向北	106	9.5	87	7.8	53	4.7	35	3.1	31	2.8

五、结语

通过锚杆静压桩对建筑物北侧进行加固处理，对南侧进行掏土、降水等措施进行迫降施工，并进行补强加固。对施工过程中监测资料进行整理，同时在施工完成后一个月进行跟踪测量。对其结果进行分析，南侧由于掏土迫降，最大沉降量 124mm，最小沉降量 117.5mm，沉降稳定沿东西向比较均匀；北侧沉降量在 35～39.5mm 之间。东西两侧沉降量在 44.5～122mm 之间。加固完成前，倾斜率在 9.2‰～11.5‰之间。经过加固及掏土降水迫降后，倾斜率降为 1.9‰～4.6‰，满足了设计及使用要求。

［实例二十二］ 深圳市百汇（沙井）塑胶五金厂工人宿舍 1 号楼纠偏与基础加固工程*

一、工程概况

百汇（沙井）塑胶五金厂工人宿舍 1 号楼位于深圳市宝安区沙井镇，为 7 层现浇框架结构，首层建筑面积约 860m²，采用天然柱下独立基础，基底埋深约 3.20m，地基承载力设计值为 170kPa。宿舍楼建成一年后即发现附近地面有裂痕。经实际测量可知，该楼房东

---

* 本实例由李国雄编著

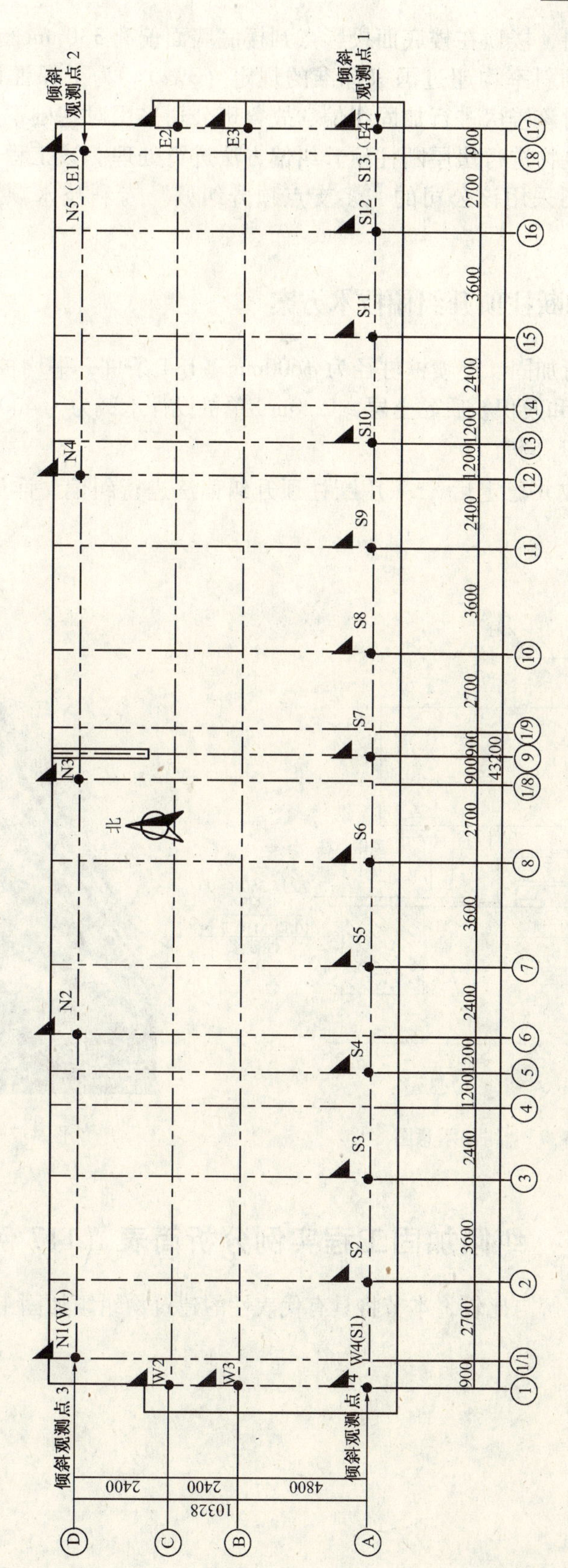

图 4.7-72　沉降与倾斜观测点布置图

北角向北发生较大倾斜，楼顶在楼底面投影点到楼底墙面偏离330mm，向东也有一定量的倾斜，两个方向的倾斜率均超过国家标准的规定（3‰）。为了保证该楼房的安全及正常使用，甲方决定对该楼房进行加固纠偏。故鲁班公司采用对基础下地基土进行旋喷桩加固，然后对该建筑物进行房屋断柱顶升纠偏方法进行处理。该工程已由广州市鲁班建筑防水补强有限公司采用该公司的“多支点顶升纠偏”专利技术顺利完成设计和施工。

二、地基加固和断柱顶升纠偏技术方案

1. 采用旋喷桩进行加固。旋喷桩桩径为 ϕ600mm（184 条桩，平均桩长为 12.0m，共 2208.00m），进入砂层和残积粉质黏土层≥12.0m，单桩设计承载力为 400kN，一条柱下对称布置两条桩，共计 92 条桩。

2. 在基础加固完成并稳定后，采用断柱顶升纠偏法进行纠偏，详见图 4.7-73（图 4.7-74 为该楼的外观）。

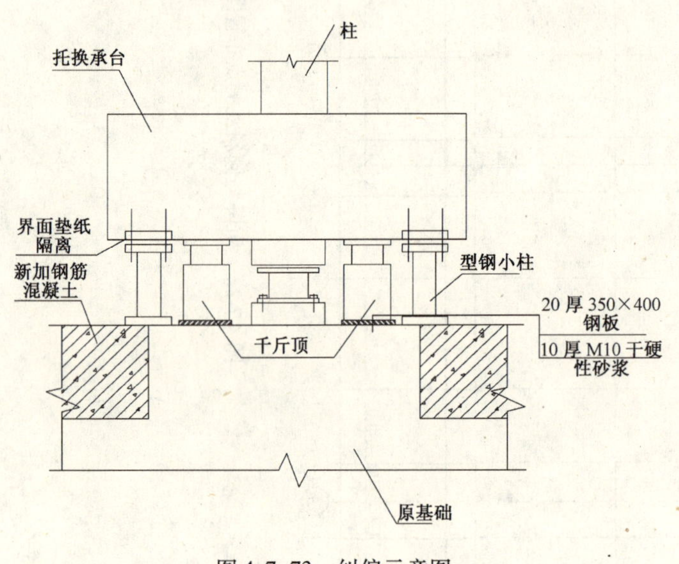

图 4.7-73　纠偏示意图

图 4.7-74　外观

第八节　纠倾加固工程实例分析简表（117 例）

为了便于系统地了解与比较，本节将具有代表性的建筑物纠倾加固工程的成功实例汇总于表 4.8-1。

纠倾加固工程实例分析简表　　表 4.8-1

序号	工程名称	工程概况	工程地质	工程事故原因分析	纠倾加固措施
一	哈尔滨齐鲁大厦	该大厦为写字楼，地上26层，地下2层，地面高度96.6m。主体采用框架-剪力墙结构，箱形基础，基底埋深9.9m。主塔建筑面积19000m^2，裙房建筑面积7400m^2，总建筑面积26400m^2。1995年末大厦竣工，1996年12月11日最大倾斜量达到524.7mm，最大倾斜速度达到0.89mm/d	地基持力层为粉质黏土，f_k = 210kPa	齐鲁大厦施工期间两次地基浸水，仅第一次消火栓跑水2600t，地基承载力f_k由210kPa下降到140～160kPa，加之上部荷载偏心等因素使大厦发生倾斜	齐鲁大厦纠倾工程采用"辐射井法"射水取土，并在倾斜一侧利用10个双灰井柱（每个面积2m^2）吸水挤密和16根钢管桩抗压，在相反方向布置了35根钢管压力注浆桩（桩长15m，桩径20mm）进行稳定。纠倾工作共用111个工作日，总回倾量达380mm
二	哈尔滨某住宅楼	该住宅楼地上8层，地下1层，纵墙承重砖混结构，钢筋混凝土基础，建筑面积4000m^2。1987年7月竣工，8月该住宅楼发生倾斜	地基土为Ⅱ级湿陷性黄土，厚度为8.6m，f_k = 190kPa	8月中旬东南角附近地下给水管漏水，引起地基土不均匀沉降，最大沉降量为116.4mm，纵墙中段严重开裂，住宅楼倾斜	采用浸水法纠倾，在沉降较小的基础一侧钻孔（孔至基底1～1.5m），孔底铺粗砂，采用ϕ100～150钢管进行护壁（至基底下500mm）。各孔注水量为3～4t，墙体裂缝合拢，倾斜量符合要求
三	黑龙江某基地烟囱	砖烟囱，高45m，钢筋混凝土独立基础，埋深2.8m。1995年7月，烟囱砌至22.5m时发生倾斜，到8月底倾斜发展到281mm	填土；黏土（f_k = 150kPa）	基础设计时参考锅炉房地质资料，取地基承载力f_k = 150kPa。由于没有彻底清除持力层上的填土，填土厚度严重不均匀，承载力不足，造成烟囱倾斜	在烟囱倾斜一侧设置6个井桩，以生石灰作膨胀剂，并用粉煤灰和碎石填充，注入水和水玻璃，将烟囱抬升扶正
四	某化工厂烟囱	砖烟囱，高45m，1988年交付使用，1991年倾斜发展到166mm		事故原因是多方面的，持力层过薄（900 mm）；松花江水位大幅度上升，降低了地基承载力；基础应力叠加等	采用毛石配重反向堆载逐级加压纠倾，用灌注桩切断与其他基础之间的影响，并对基础进行环形加大，烟囱筒体环向采用三瓣形箍加固

续表

序号	工程名称	工程概况	工程地质	工程事故原因分析	纠倾加固措施
五	吉林油田管理局某住宅楼	该住宅楼建成于1986年，4层砖混结构，平面尺寸50.68m×9.84m，建筑面积2141m^2，毛石基础	填土；亚黏土；轻亚黏土	设计承载力取值过大（勘察报告为100～120kPa，设计取值150kPa），素土垫层夯实质量较差，特别是室外污水检查井失效，使地基土浸水下沉，导致建筑物倾斜475mm	采用“辐射井射水法”纠倾，在室内共设置16个砖砌沉井，每个井壁上预留2层射水孔，由2套机具同时射水纠倾。采用双灰桩进行防复倾加固，桩径150～300mm，桩长4m
六	吉林某教学楼	该教学楼原为4层外廊式砖混结构，素混凝土基础，1.5m厚砂石垫层，建于1985年。1994年该教学楼增加为6层建筑，随后出现不均匀沉降，1999年倾斜发展到219mm，倾斜率达11‰		相邻深基坑施工影响	首先对建筑物沉降较大的一侧的地基土进行注浆加固（斜孔），再采用掏土法在沉降较小的一侧实施纠倾
七	大连锦绣小区37#、43#住宅楼	7层砖混结构，钢筋混凝土条形基础，建筑面积分别为4480m^{2}和4300m^2。两幢住宅均于1995年开工，同年竣工。1997年初，两住宅楼分别倾斜328mm和333mm	杂填土；可塑状粉质黏土（f_k = 136～280kPa）	该场地由于烧砖取土，地形起伏不平，人工回填强夯后厚薄不均（1～8m），成分复杂（素填土、建筑垃圾等），建筑物基础一部分坐落于陡坡上的天然土层，一部分坐落于陡坡下的回填土上。复勘表明，强夯施工后一些部位的地基承载力达不到设计要求	37#、43#住宅楼采用辐射井法纠倾。由于地基中存在大量的块石、碎石，故在室内增设辐射井，开挖室外辅助射水沟，内外射水，同时制作各种工具进行排石。纠倾工程结束后，采用双灰料对辐射井、射水沟以及射水孔进行夯填
八	北京某住宅楼	该住宅楼为6层砖混结构，钢筋混凝土条形基础，1994年11月竣工。西端2个单元建筑面积为2203m^2，以沉降缝与东侧3个单元分开	Ⅰ级非自重湿陷性黄土	暖气检查井中的阀门破损漏水，地基土受热水浸泡，持力层湿陷变形，至1995年2月，西端2个单元向北倾斜39～137mm	首先对沉降较大一侧的基础进行托底加固，然后在沉降较小一侧的基础两侧开挖注水沟，沟底位于基础底面以下500mm，基底掏挖圆形水平孔，采用基底成孔浸水法纠倾，最后利用砂、生石灰与黏土进行堵孔，用3:7灰土夯填沟槽

续表

序号	工程名称	工程概况	工程地质	工程事故原因分析	纠倾加固措施
九	朝阳某住宅楼	该住宅楼为6层砖混结构，钢筋混凝土条形基础	非自重湿陷性黄土	暖气阀门漏水，地基土受热水浸泡，持力层湿陷变形，南北地基沉降差大于40mm，建筑物倾斜89mm	该住宅楼纠倾采用基底成孔浸水法，在基础侧开挖水沟，沟底在基础底面以下500mm，并做50mm卵石垫层，再用ϕ100钢管在基底下400mm处的土层中水平成孔，浸水纠倾
十	抚顺石油一厂办公楼	主楼5层，西楼4层，北楼3层，建筑高度分别为20.3m、16.4m、14.5m，框架结构，钢筋混凝土条形基础，沉降缝将其分为3个独立单元	一级阶地，持力层为回填砂砾土	距离该办公楼120m处，是露天矿深采坑（约300m深），地下开采引起断层及次级构造，导致建筑物倾斜	采用混凝土护壁的“辐射井法”射水取土，特别在地基中遇到难以排出的块石时，采用振捣方法配合射水掏土。纠倾结束后，采用粗砂夯填
十一	天津河西区某住宅楼	7层砖混结构，建筑面积9153m^2，呈“L”形平面布置。该住宅楼设一道沉降缝，沉降缝东侧采用钢筋混凝土预制桩基础（桩长17.5m），西侧采用筏形基础，其下为1.19m厚的土石屑垫层。该住宅楼竣工交付使用后，西楼向东北方向倾斜，最大倾斜率达3.6‰	粉质黏土； 粉土； 淤泥质粉质黏土； 粉质黏土 地下水位－1m		采用掏土法（掏挖垫层）进行纠倾：在南侧基础外开挖工作沟，并用混凝土封底，靠近基础一侧用砖砌筑台阶，并预留孔进行射水掏土
十二	天津某住宅楼	6层砖混结构，高度16.65m，建筑面积3761m^2。该住宅楼为钢筋混凝土条形基础，基础下垫300mm厚土石屑，于1996年5月建成并投入使用	持力层为粉质黏土，f_k＝110kPa，软塑状；地下水位为－2.5m	由于地基土强度低，压缩量大，加之上部结构荷载偏心较大，引起基础不均匀沉降，最大倾斜量为194mm	采用地基应力解除法进行纠倾，孔深5m，孔径150mm。采用锚杆静压桩（200mm×200mm）进行抗复倾加固，单桩承载力为100kN
十三	天津某住宅楼	6层砖混结构，呈倒“L”形平面布置，钢筋混凝土筏形基础，粉喷桩复合地基（桩径500mm，有效桩长8.3m）。该住宅楼主体工程竣工后，最大倾斜率达到11.19‰	黏土； 淤泥质黏土； 粉土； 粉质黏土	地基土分布不均匀；粉喷桩施工质量差（抽芯检查发现桩体含灰量少，最低含灰量仅为5%）；水泥土强度没有达到要求时，上部结构便提前开始施工，造成较大的沉降量	先采用静压钢管桩（直径ϕ194，桩长19m）对沉降量较大一侧进行基础加固；其次在沉降量较小一侧采用辐射井射水纠倾；最后采用旋喷桩和粉喷桩进行加固

续表

序号	工程名称	工程概况	工程地质	工程事故原因分析	纠倾加固措施
十四	天津塘沽某办公楼	2层框架结构，高度7m，钢筋混凝土独立基础，基础下垫1000mm厚细砂。该办公楼于1988年竣工，1990年向西倾斜，最大倾斜率达10‰	软土	紧邻该办公楼西侧是另一3层办公楼，两楼以50mm的沉降缝相隔，基底应力叠加，两建筑物相向倾斜	采用掏土法（掏挖砂垫层）进行纠倾
十五	山东昌邑某综合楼	4层砖混结构，建筑主体长58m，底层为商店，2、3层为办公室，4层为单身宿舍，沿南北方向临街布置，建筑面积2500m^2。该综合楼于1980年建成，不久墙体便出现裂缝，南段整体下沉，甚至造成空心楼板从一侧抽出25～30mm	素填土（集中在南段，压缩模量3MPa）；轻亚黏土（压缩模量10MPa）；亚黏土（压缩模量14MPa）	地基土严重不均匀（素填土集中于南段），没有进行地基处理，也没有设置结构沉降缝是事故的主要原因。另外，结构荷载偏心（偏南段）和生活排水管道渗漏增大事故的严重性	首先采用窗间墙两侧增加钢筋混凝土墙、沿横梁设置钢筋拉结楼板、钢筋混凝土外包原基础等措施对建筑物进行加固，再采用增层加压法进行纠倾，即在建筑物的北段局部增加一层，使建筑物沉降趋于一致
十六	某热电厂烟囱	该烟囱建于2004年，钢筋混凝土结构，高120m，钢筋混凝土筏形基础，埋深4m，粉喷桩复合地基，桩长9m。建成不久该烟囱向西南倾斜538.5mm，倾斜率达4.5‰	粉土； 粉质黏土	相邻除尘设备基础施工时大面积降水（降水井距离烟囱2m），水位降幅达10m，使地基土自重应力增加，引起附加荷载；基础埋深不足，不能满足规范要求	该烟囱采用深井降水法（设置5口井，井深20m，孔径700mm，直径400mm的无砂水泥滤管）纠倾，结束后采用压力注浆封填降水井
十七	济南钢铁集团公司某住宅楼	8层砖混结构，墙下钢筋混凝土条形基础，建筑高度24.4m，长57.8m，宽12.6m。1994年底该住宅楼伸缩缝以东主体完工，1995年5月伸缩缝西侧主体完工。1996年住宅楼向北倾斜，最大倾斜量为298mm	黄土状粉质黏土	事故原因是一废弃的防空洞从建筑物北部基础下穿过（洞顶距基础5m），洞顶塌方所致	首先，采用压力注浆的方法将防空洞两端封死，将防空洞空隙部分充实，并在沉降较大的地方采用微型桩对原基础进行托换。然后，使用洛阳铲进行水平成孔掏土、孔内灌水纠倾

续表

序号	工程名称	工 程 概 况	工程地质	工程事故原因分析	纠倾加固措施
十八	济南某住宅楼	7层砖混结构，建筑面积7600m^2，钢筋混凝土筏形基础，3:7灰土垫层1.2m厚。2002年该住宅楼完工，建筑物在使用中向南发生倾斜，最大倾斜率达10.6‰	杂填土;粉质黏土;粉土;淤泥;粉质黏土;黏土;粉质黏土	住宅楼南侧为外阳台，北侧为内阳台，荷载偏心较大；南侧相邻平房的外挑基础压在住宅楼基础上，加剧了住宅楼的倾斜	首先，对住宅楼南侧进行基础卸载，同时对北侧楼层进行堆载；其次，在北侧筏板基础上钻孔，利用地基应力解除法进行纠倾；最后，对应力孔进行注浆加固
十九	山西某幼儿园主楼	该建筑物为3层砖混结构，砖基础，3:7灰土垫层，于1983年竣工	高压缩性、中等湿陷性黄土	竣工验收前发现电缆沟进水，使建筑物西墙基础沉降。以后地沟多次进水，建筑物最大倾斜量为185mm	在沉降量较小一侧横墙和纵墙的基础两边开挖注水槽，并利用钢钎在槽底成孔，采用浸水法纠倾。纠倾结束后，用3:7灰土夯填注水槽，恢复地面
二十	大同铁路分局某住宅楼	该住宅楼为6层砖混结构，高度18m，建筑面积3427m^2，预应力预制空心楼板，混凝土灌注桩基础(桩长7m)。该住宅楼于1987年底竣工验收，使用不久便向北发生倾斜，最大倾斜量为186mm，顶层横墙及一、二层纵墙多处出现裂缝，最大裂缝宽3mm	Ⅱ级湿陷性黄土(厚12m)	东单元与中单元之间的下水管道未接通，投入使用后污水外溢渗入地基，造成湿陷。基础桩未穿透全部黄土层，地基土湿陷造成桩基不均匀沉降	首先，清除南侧桩基承台下地基土，消除承台回倾阻力，再沿南侧基础两边开挖注水坑进行浸水纠倾。纠倾结束后，用2:8灰土夯填注水坑
二十一	临汾铁路某住宅楼	4层砖混结构，建筑高度12.4m，砖基础，灰土垫层，建筑面积2309m^2。该工程于1988年开工，1989年交付使用	Ⅰ级非自重湿陷性黄土，属高压缩性土，w=15.75%	由于中单元北侧室外给水管道漏水，致使该住宅楼在1992年发生不均匀沉降，部分墙体开裂，最大倾斜量为202mm	在沉降量较小一侧横墙和纵墙的基础两边开挖注水坑，采用基础外浸水纠倾，并在注水坑底成孔增加浸水效果。纠倾结束后，用3:7灰土夯填注水坑，并对墙体进行修补与加固

续表

序号	工程名称	工程概况	工程地质	工程事故原因分析	纠倾加固措施
二十二	太原某住宅楼	砌体承重结构，地上6层，地下1层，平面呈“L”形布置，建筑面积4642m^2，筏形基础，基底下铺0.9m厚的砂石垫层和0.3m厚的片石垫层。该建筑物于1998年开工建设，第4层主体完成后，产生不均匀沉降，随即进行的地基土注浆加固施工使该住宅楼进一步沉降，最大倾斜率（向北）达4.88‰，并影响到相邻（东侧）住宅楼	该场地位于汾河东岸一级阶地后缘，地基土由第四纪冲洪积粉质黏土和粉土组成，地下水位-2.1m	地基土分布不均匀和局部承载力（f_k = 60kPa，E_s = 1.98MPa，S_t =5.8～6.4）不足是建筑物不均匀沉降的基本原因，注浆加固工艺不当（水灰比过高，无控制固化时间的措施等）加剧了不均匀变形的发展。另外，没有进行岩土工程勘察，设计缺乏依据	第一阶段在东侧施工隔离桩（成孔后暂不成桩），隔离该建筑物与住宅楼的地基土联系；第二阶段采用地基应力解除法（掏土孔上部套管护壁）在建筑物东、南侧进行挤土纠倾，同时调整上部结构施工进行加压纠倾；第三阶段采用树根桩（桩径200mm，桩长10m，桩距1m）、并浇注掏土孔对建筑物周边基础进行围箍，约束地基土侧向变形
二十三	山西化肥厂烟囱	该烟囱建于1986年，钢筋混凝土结构，高100m，钢筋混凝土独立基础，埋深4m。原设计要求地基承载力为250kPa，地基土经625t·m能量级强夯处理后承载力为260kPa。1993年7月该烟囱向北倾斜1.53m	Ⅱ级自重湿陷性黄土，地下水位为-40m	烟囱基础位于强夯处理区的边沿，长期的地面积水沿强夯区边沿渗入未处理的深层地基土中，造成烟囱下的地基土局部软化（承载力降低为165kPa）	首先，采用钢缆拉结固定、南侧堆载、清除地面积水等应急措施；其次，在北侧由外向里采用二灰桩加固地基；然后，在南侧采用辐射井法纠倾扶正；最后，在南侧由里向外采用二灰桩加固
二十四	侯马火车站水塔	砖混结构，高度19.7m	湿陷性黄土	由于维护不当，塔基几次被水浸泡，产生倾斜	用双灰桩抬升纠倾，扩展基础进行加固
二十五	河南某住宅楼	6层砖混结构，建筑高度18m，条形基础，3:7灰土垫层1.3m厚，采用灰土挤密桩（桩径ϕ350mm，桩长6m，梅花形布点）处理地基。该住宅楼于1997年竣工并投入使用，3个月后发现不均匀沉降，最大倾斜率达17.8‰	该场地属洛河Ⅱ级阶地后缘，分别为Ⅲ级自重湿陷性黄土（f_k = 95kPa），黄土状粉土（f_k = 140kPa）	场地中的排水渠和上下水管道漏水，地基土浸水湿陷	该住宅楼首先采用注水法（孔径ϕ200mm，孔深12m，孔内以卵石回填）纠倾，再采用应力解除法纠倾（主要是掏挖灰土桩下的地基土），最后用白灰+砂+水泥回填孔洞，并施工2排灰土桩作为止水帷幕。该纠倾工程施工共持续了5个月

续表

序号	工程名称	工程概况	工程地质	工程事故原因分析	纠倾加固措施
二十六	新乡化纤厂两住宅楼	4号、5号住宅楼为6层砖混结构，墙下钢筋混凝土条形基础，预应力空心楼板，建筑高度18.8m，每幢建筑面积1814m²，1995年2月开工，同年12月竣工交付使用，入住时发现外墙出现八字形裂缝	粉质黏土（$f_k=160kPa$）	住宅楼中部位置原为一人防工程，住宅楼基础施工时，外纵墙两侧的人防工程没有被拆除，只是在人防工程的残留钢筋混凝土板上素土夯实。人防工程长期积水，并逐渐渗入住宅楼下，使中部素填土呈软塑状，沉降较大	在原人防工程处采用大直径双灰桩加固，并将条形基础改造为筏形基础，同时对上部结构裂缝进行加固处理
二十七	三门峡某综合楼	5层框架结构，高度18.9m，人工挖孔灌注桩基础，建筑面积2985m²。1995年开工，1997年竣工后建筑物产生倾斜，最大倾斜量为288mm	自重湿陷性黄土	持力层选择不当（具有湿陷性，且承载力悬殊较大），没有对湿陷性黄土进行处理，上部结构偏心较大，使用维护不当（污水渗漏，地基土浸水湿陷，造成楼内给水、排水管道断裂，使地基土进一步浸泡，引起桩侧负摩擦力，桩基沉降）	采用砂井注水与千斤顶抬升综合纠倾，双灰桩加固
二十八	武昌某住宅楼	7层底框结构，钢筋混凝土筏形基础，以杂填土作为持力层。1982年该住宅楼在施工过程中发生倾斜，6层施工结束时，最大倾斜量达461.8mm。与该住宅楼紧邻的另一3层住宅楼也产生不均匀沉降，墙体开裂，最大沉降量为430mm，差异沉降量为250mm	杂填土；淤泥；软黏土；亚黏土	新老两建筑物相距太近，而两建筑物均采用天然地基，地基土层厚薄不均，承载力低，压缩性大，基础下地基土应力叠加，产生不均匀沉降	该住宅楼施工完6层后，在基础两侧增设钻孔灌注桩和悬挂梁，形成复合基础，并利用7层施工荷载进行反向加压纠倾。相邻的3层住宅楼以危房拆除
二十九	湖北襄樊市某宿舍楼	6层砖混结构，钢筋混凝土条形基础，其下为4:6的砂混碎砖垫层（厚1m）。2001年该宿舍楼竣工交付使用，1年后最大倾斜率（向西南方向）达到8.5‰	杂填土；黏土	该宿舍楼倾斜的主要原因是其地基承载力不足	该宿舍楼采用基底成孔掏土法（掏挖垫层）进行纠倾，采用静压注浆形成树根状微型桩加固地基土

续表

序号	工程名称	工程概况	工程地质	工程事故原因分析	纠倾加固措施
三十	武汉某配电房	3层砖混结构，建筑高度11m，钢筋混凝土条形基础，于1987年建成并投入使用。1992年相邻某大楼开始建造，其基坑（深7m）距离配电房基础边缘3.5m，采用钢板桩支护，配电房向基坑方向倾斜，最大倾斜率为18.6‰	杂填土；黏土；粉土；粉细砂夹粉土	由于基坑钢板桩支护数量较少，且刚度不足，产生较大的侧向位移，引起配电房地基土向基坑方向运动	首先，对基坑设置钢锚桩和钢筋拉杆进行加固。在建筑物沉降较小一侧的基础边缘开槽，在基础下冲水掏土，并以堆载相配合进行纠倾，在建筑物沉降较大一侧对地基土进行注浆加固
三十一	武汉某教工宿舍楼	该宿舍楼为7层建筑物，层高3.2m，筏形基础，于1987年竣工，1989平均倾斜率达16‰	杂填土；黏土；淤泥质土；黏土	该建筑物倾斜的原因是地基中存在着两层厚度不均匀、分布不规则的淤泥质土层，在偏心荷载（单面阳台）作用下，浅层淤泥侧向挤出，产生较大不均匀沉降	该建筑物采用地基应力解除法进行纠倾：先在建筑物沉降较小一侧的基础边缘设置应力解除孔，孔径400mm，间距2.0～2.5m，孔上部设6.0m长的钢套管，然后分批、分阶段掏土，最后拔管回填
三十二	安徽某办公楼	5层砖混结构，建筑高度15m，建筑面积2200m^2，钢筋混凝土条形基础，3:7灰土垫层。该办公楼竣工5年后发现倾斜，最大倾斜量为166mm，最大倾斜率11‰	粉土（α_{1-2}=0.21～0.34MPa^{-1}）	地基土具有一定的湿陷性，长期浸水产生不均匀沉降	该办公楼综合采用基底成孔掏土法和基础下注水法进行纠倾
三十三	江苏无锡某银行营业楼	4层框架结构，建筑高度14.5m，建筑面积1344m^2，钢筋混凝土筏形基础。该营业楼建于1994年，2005年重新装修时发现倾斜，最大沉降差99mm，最大倾斜率（向北）6.83‰	地貌单元为长江三角洲冲积平原，土层分布为：杂填土；淤泥质土；粉质黏土；淤泥质土；粉质黏土；粉砂	312国道进行污水管道顶管施工，扰动了建筑物基础下的地基土。靠近顶管施工处的建筑物北侧地基土扰动大，沉降也大，远离顶管施工处的建筑物南侧地基土扰动小，沉降也小	首先，在建筑物北侧施工锚杆静压桩加固基础（立即封桩），阻止不均匀沉降的进一步发展；其次，在建筑物南侧开挖掏土沟（1.2m深），采用钻机斜向掏土，孔径200mm，孔深12～14m，共110个孔；最后，在建筑物南侧施工锚杆静压桩加固基础

续表

序号	工程名称	工程概况	工程地质	工程事故原因分析	纠倾加固措施
三十四	江苏连云港市某住宅楼	4层砖混结构，建筑面积2218m²，钢筋混凝土条形基础，0.5m厚土石垫层。该工程于1991年竣工，不久便发生不均匀沉降，到2001年，最大倾斜率（向南）达12.5‰	黏土；淤泥	（略）	该住宅楼采用基底成孔掏土法进行纠倾，纠倾结束后，利用圆木封堵掏土孔
三十五	江苏常熟市聚砂古塔	7层砖木结构，塔身为青砖扁砌实墙，用石灰黄泥浆砌筑。聚砂古塔始建于南宋绍兴年间（公元1131～1162年），至1992年倾斜1172mm，沉降量达1500mm。塔基础埋深1.97m，采用砖、青石分层砌筑，其下为1.0m厚的三合土垫层，再下为4.0m长木桩	杂填土；粉土；粉质黏土；粉土；粉细砂土；粉质黏土	地基土承载力不足、压缩量大是事故的主要原因，河流侵蚀加剧了古塔倾斜	首先，加固塔身；其次，加固基础与地基，扩大塔基（将原基础外围扩大1.0m），将新旧基础结合为一体，新基础下设置树根桩；最后，采用掏土法进行纠倾
三十六	江苏某住宅楼	6层砖混结构，半地下室，钢筋混凝土条形基础，0.5m厚碎石垫层。建筑物封顶后出现不均匀沉降，最大倾斜率（向北）达3.8‰	素填土；粉质黏土；粉质黏土；粉质黏土；黏土	地基承载力不足是该住宅楼沉降的根本原因。建筑物南北两侧地基土工程性质的差异导致不均匀沉降的发展	首先，在沉降量较大的北侧基础施工8根高压旋喷桩；然后，利用双液注浆法加固地基土（加固深度7～9m），充分利用地基加固时附加沉降的不利因素，调整注浆量和注浆次数，使纠倾与加固一次完成。纠倾结束后，再利用高压旋喷桩加固南侧基础
三十七	南京某建筑物	6层砖混结构，建筑高度18m，建筑面积3400m²，条形基础，粉喷桩复合地基，设计地基承载力为150kPa。该工程于1995年开工，建至4层时发生不均匀沉降，最大倾斜率（向南）达16.55‰	粉质黏土；淤泥质粉质黏土；淤泥质粉质黏土夹粉土；淤泥质粉质黏土与粉土互层	在50m深度范围内均为流塑状软弱土，压缩量大；粉喷桩施工长度不足，水泥掺合量不足；建筑物附近的取水井抽水影响	首先，挖除建筑物南侧基础上的回填土进行卸载，同时对北侧进行堆载加压；在南侧采用锚杆静压桩加固；在北侧采用地基应力解除法进行钻孔排淤纠倾；最后，对整个地基进行压密注浆加固

续表

序号	工程名称	工程概况	工程地质	工程事故原因分析	纠倾加固措施
三十八	南京某水塔	高度为 31m，蓄水量 $200m^3$，水塔基础距离铁路公寓楼基础 2.6m。该水塔于1989年建成开始使用，1994年发生倾斜，最大倾斜量为593mm	杂填土；粉质黏土；淤泥质土；粉质黏土	事故原因为：持力层厚度变化大；附近深基坑施工大面积降水；地面堆载及相邻基础应力叠加	首先，在沉降较大一侧的水塔基础外实施树根桩，其外进行高压注浆，稳定水塔；在沉降较小一侧采用钻孔掏土法进行纠倾扶正；最后，采用高压注浆和树根桩进行加固
三十九	南京某住宅	7层底框结构，钢筋混凝土条形基础，利用粉煤灰换填进行地基处理，室内装修时发生不均匀沉降，最大沉降差 198mm，最大倾斜率（向东）4.7‰	杂填土；淤泥；素填土；粉质黏土；淤泥质粉质黏土		首先，采用锚杆静压桩加固基础，再采用掏土法进行纠倾
四十	南京定林寺古塔	7级8面仿木结构楼阁式砖塔，塔底直径 3.46m，塔高 12.3m，始建于南宋乾道9年（公元1173年）。该塔向西北方向倾斜 7°31′53″，倾斜角超过意大利比萨斜塔（5°30′）	粉质黏土；基岩	地基土分布不均匀；场地中分布的2条大的环状滑移面移动；地下水渗透与侵蚀	首先，对塔基土体进行注浆加固（注浆孔进入基岩），阻止塔体继续倾斜；在塔基周围布置16个人工挖孔桩，并利用南侧桩孔进行掏土纠倾；最后，将人工挖孔桩与环形压顶梁浇筑成空间结构体系，阻止地基土体滑移
四十一	上海某商住楼	6层底框结构，筏形基础，于1998年竣工交付使用，至1999年向西北倾斜率达6.2‰	粉质黏土；淤泥质粉质黏土；黏土；粉质黏土；黏土	地基持力层承载力不足，下卧层厚度分布不均；施工中取消了一面阳台后，上部荷载产生偏心	首先，采用锚杆静压桩加固基础，再利用地基应力解除法进行纠倾
四十二	上海某烟囱	锅炉房钢筋混凝土烟囱，高 35m，基础直径 7.2m。工程尚未交付使用前，烟囱便有明显的倾斜，顶部偏移达 890mm	软弱土层厚20m	烟囱与锅炉房基础紧挨在一起，甚至锅炉房基础放在烟囱基础垫层之上，锅炉房在烟囱基础一侧软弱地基上产生的附加应力导致烟囱向锅炉房方向倾斜	联合采用锚杆静压桩法与掏土法进行纠倾处理，即首先在沉降量大的一侧压桩，再在沉降量小的一侧掏土，达到设计要求后，再在沉降量小的一侧压入加固桩

续表

序号	工程名称	工 程 概 况	工程地质	工程事故原因分析	纠倾加固措施
四十三	上海某仓库	单层排架结构，总长度108m，采用钢筋混凝土双肢柱，柱距6.0m，柱高7.75m，钢筋混凝土杯口基础，基础埋深2m。排架柱最大倾斜率24‰	粉质黏土	由于仓库不均匀堆载和超负荷堆载造成排架柱内倾	采用锚杆静压桩加固基础，再以锚杆静压桩作为支点，采用千斤顶顶升承台进行纠倾
四十四	上海某住宅楼	6层砖混结构，钢筋混凝土条形基础，于1986年竣工，使用中发生倾斜。2000年苏州河治理工程从该建筑物下穿管，使其向北倾斜率由13.6‰增加到14.8‰		原住宅楼上部荷载产生偏心；顶管施工不合理	采用地基应力解除法进行纠倾，利用锚杆静压桩加固基础
四十五	上海某住宅楼	6层砖混结构，采用注浆法加固暗浜。该住宅楼于1995年竣工，居民迁入后发现建筑物向北倾斜，最大倾斜率9.1‰	杂填土；素填土；浜土；粉质黏土；淤泥质粉质黏土；黏土；砂质粉土；粉质黏土	地基加固处理施工质量未达到设计要求	采用降水法纠倾：降水孔（分直孔和55°斜孔2种）深度11～12m，设置4m长的护套管（ϕ300mm），降水深度5～7m，降水保持时间为8～14d，影响范围为10m左右，沉降量为20～30mm
四十六	浙江临海市某住宅楼	两栋5层砖混结构建筑，条形基础，中间设120mm宽的沉降缝，建筑高度17m，每幢建筑面积2150m^2。两住宅楼于1991年竣工时便发现向西侧倾斜，最大倾斜值为270mm	耕植土（厚0.2m）；粉质黏土（厚4m）；淤泥质土（厚0.8m）；淤泥（厚7.2m）	事故原因是持力层及下卧层压缩性较大，在上部荷载作用下，产生较大沉降。同时，住宅楼西侧挑出大量阳台，东侧却为凹阳台，上部结构的重心向西偏移较大，所以在整体沉降的过程中产生不均匀沉降	鉴于基础埋深较浅，该建筑物纠倾采用基础外开挖工作沟、软管在基础下冲孔取土

续表

序号	工程名称	工程概况	工程地质	工程事故原因分析	纠倾加固措施
四十七	浙江某建筑物	5层砖混结构，建筑高度16.1m，钢筋混凝土条形基础，于1995年竣工，向西南倾斜率达16.1‰	杂填土；粉质黏土；粉土；淤泥质粉质黏土	地基土分布不均匀；建筑物重心与基础形心严重偏离；新建住宅与其相距过近，造成地基附加应力叠加	采用辐射井射水法进行纠倾扶正，再采用锚杆静压桩对沉降较大一侧的基础进行加固
四十八	浙江某住宅楼	6层砖混结构，位于西部山区，建筑高度18m，建筑面积2800m^2，筏形基础，用换填法处理地基。该住宅楼于1994年竣工，到1999年安全普查时发现扭曲变形，其倾斜率达9.53‰	杂填土；粉质粘土；淤泥；细砂；砂砾石；含碎石黏土；灰岩	地基土不均匀分布（仅东南角分布有淤泥层）是建筑物扭曲的主要原因	首先，采用锚杆静压桩加固基础，再采用辐射井射水法进行纠倾扶正
四十九	浙江某住宅楼	6层砖混结构，建筑面积2000m^2，灌注桩基础（桩长8～15m），于1994年竣工，到1996年最大倾斜值为152.9mm，倾斜率达8.9‰	杂填土；有机质粉质黏土；粉质黏土	软弱地基土分布不均匀，基桩承载力悬殊过大	首先，采用锚杆静压桩加固基础，再联合采用桩顶卸载法和桩身卸载法进行纠倾
五十	浙江舟山市某商住楼	7层建筑，建筑高度22.3m，建筑面积3044m^2，筏形基础，向西倾斜率达17.7‰	填土；粉质黏土；淤泥质土；软黏土；砾石		采用辐射井射水法进行纠倾扶正，再采用锚杆静压桩加固基础
五十一	杭州某公寓	4层砖混结构，屋脊高度12.1m，建筑面积1100m^2，条形基础。该别墅式公寓楼于1995年竣工，到1999年最大倾斜率（向北）达19.02‰	填土；淤泥质土；粉质黏土	填土作为地基持力层，沉降量较大；上部荷载偏心	首先，采用锚杆静压桩加固建筑物北侧（沉降量较大的一侧）基础，不卸载封桩；然后，采用辐射井射水法进行纠倾

续表

序号	工程名称	工程概况	工程地质	工程事故原因分析	纠倾加固措施
五十二	杭州某公寓	7层砖混结构，建筑高度20.7m，建筑面积3700m²，折板基础。该公寓楼于1996年竣工交付使用，到1998年最大倾斜率（向北）达11.17‰	粉质黏土；淤泥；淤泥质粉质黏土		采用远程式辐射井射水纠倾：在距离建筑物南墙18m处，设置6口砖混沉井（直径1600mm，井深8m），排土层距离基底3m，应用深层导管（ϕ200mm），冲孔纵深6~7m；最后，采用深层压密注浆加固排土层面
五十三	杭州某实验楼	5层砖混结构，长72m，无地梁条形基础，于1982年竣工，1998年倾斜200mm	第四系全新世海相沉积：素填土；粉质黏土；粉细砂；粉质黏土；淤泥质粉土；淤泥质粉质黏土	该建筑物倾斜的主要原因是由于第3层地基土（淤泥质粉土、淤泥质粉质黏土）压缩造成的，该层地基土分布不均匀	该倾斜建筑物采用“沉井射水法”进行纠倾：在建筑物沉降较小一侧的基础边缘设置11口沉井，对第3层地基土进行射水纠倾。鉴于该建筑物的地基承载力已比建造时提高了约20%，纠倾后的地基不需要作加固处理
五十四	杭州某建筑物	6层框架结构，于1978年竣工，1980年发生不均匀沉降，倾斜率达12‰	人工填土（含道渣）	地表高差大，地基土分布不均匀，下卧层含水量高，压缩性大，厚度悬殊较大，人工回填土（含道渣）碾压处理效果不显著	1980年首先采用钢锭加载（3000kN）纠倾，历时3年，使整体沉降速率基本达到均匀；1984年采用辐射井法（6口沉井，直径2m）纠倾，掏取基础下的淤泥，回倾量达242mm。加固措施为增设3道横墙，5道钢筋斜拉杆等
五十五	杭州某宿舍楼	6层砖混结构，建筑高度19.65m，建筑面积3825m²，水泥搅拌桩复合地基（桩长13m，桩径500mm，桩距1000mm×1100mm），筏形基础。该宿舍楼于1993年开始沉降，到1998年最大沉降达到1292.6mm，向北倾斜率达14‰	填土；黏土；淤泥质粉土；粉土；粉质黏土；中细砂	由于场地土中存在大量块石，迫使对3.5m深的地基土进行开挖后回填，严重影响了搅拌桩的加固效果；地基处理施工中减少了搅拌桩数量；荷载分布不均匀	首先，采用锚杆静压桩加固建筑物北侧（沉降量较大的一侧）基础；再采用振动压桩法加固南侧基础（同时纠倾），加固上部结构，利用扩建加压进行纠倾

续表

序号	工程名称	工程概况	工程地质	工程事故原因分析	纠倾加固措施
五十六	绍兴某综合楼	该建筑物由5层主楼（筏形基础）和3层副楼（条形基础）呈L形布置，其间沉降缝为150mm，主副楼均为框架结构。该建筑物于1991年破土动工，主体框架完成后不久，突发沉降，造成两幢建筑物相向倾斜	可塑状亚黏土； 淤泥质土； 流塑状亚黏土	事故原因是：两建筑基础持力层为同一高压缩性土层，主楼的地基承载力(51kPa)小于基底压力(58.5kPa)，产生较大沉降；同时，两建筑物之间地基中附加应力叠加，沉降增大，相向倾斜	该建筑物采用桩式托换进行纠倾加固。在建筑物沉降较小一侧的基桩附近，利用异径钻孔先进行射水抽土，通过井壁射水调整抽土量控制各点沉降量。当达到设计要求时，浇筑混凝土形成树根桩进行加固
五十七	绍兴某综合楼	7层混凝土空心小砌块混合结构，建筑高度18.8m，筏形基础。该宿舍楼于1993年竣工投入使用，到1997年最大沉降差146mm，倾斜率达13.14‰	素填土；粉质黏土；淤泥质粉质黏土；淤泥；黏土	事故的主要原因是持力层中淤泥层深厚，建筑物荷载偏心，地基土产生不均匀沉降	该住宅楼首先采用锚杆静压桩加固基础，再采用辐射井射水法进行纠倾扶正
五十八	绍兴某住宅楼	6层混凝土空心小砌体混合结构，由4个单元组成，筏形基础。该住宅楼于1993年底竣工投入使用，1997年底发现其不均匀沉降，沉降差达117mm，倾斜率（向北）7.22‰	素填土；粉质黏土；淤泥质土；粉质黏土；淤泥；黏土	事故的主要原因是地基中淤泥层深厚，引起不均匀沉降	首先，采用锚杆静压桩加固建筑物北侧基础；然后，采用地基应力解除法在建筑物南侧进行纠倾（钻孔孔径ϕ400mm，取土深度10m，套管长度4m），历时197d
五十九	绍兴某住宅楼	6层混凝土空心小砌体混合结构，由2个单元组成，筏形基础。该住宅楼于1993年底竣工投入使用，1997年底发现其不均匀沉降，沉降差达114mm，倾斜率（向北）7.04‰	素填土；粉质黏土；淤泥质土；粉质黏土；淤泥；黏土	事故的主要原因是地基中淤泥层深厚，引起不均匀沉降	首先，采用锚杆静压桩加固建筑物北侧（沉降量较大的一侧）基础；然后，采用辐射井射水掏土法在建筑物南侧进行纠倾（井径1.3m，井深7m），历时107d
六十	宁波市某住宅楼	8层砖混结构点式住宅，建筑高度22m，建筑面积1100m^2，底层为自行车库（层高2.2m），先施工水泥搅拌桩复合地基（桩长13m），后补水泥搅拌短桩（桩长5m）。该住宅楼于1994年竣工，不久出现不均匀沉降，差异沉降290mm，向南倾斜率20‰	淤泥质土	地基土含有机质较多，使水泥搅拌桩强度低；布桩不合理，南侧阳台较多，上部荷载严重偏离基础形心	该建筑物采用顶升法进行纠倾：以底层窗顶圈梁为顶升支座，成对布置螺旋千斤顶和油压千斤顶(32t)，千斤顶间距不大于1.5m；纠倾结束后，立即对住宅楼进行加固修复

续表

序号	工程名称	工程概况	工程地质	工程事故原因分析	纠倾加固措施
六十一	宁波市某休息楼	3层砖混结构，建筑高度9.0m，建筑面积677m²，于1988年竣工交付使用，至1991年最大沉降达365mm，差异沉降达80mm	杂填土；淤泥质土	事故原因主要是：地基土承载力不足，压缩性较大；荷载偏心，而基础宽度未作调整；建筑物基础一部分坐落在河道上，另一部分位于公路附近，地基土的不均匀造成建筑物倾斜	该建筑物采用沉井掏土法进行纠倾，并采用劈裂灌浆法（浆由水泥、粉煤灰、水玻璃组成）加固地基土
六十二	宁波市某建筑物	5层砖混结构，建筑高度14.46m，筏形基础，沿东西方向布置（东西方向建筑物轴线长38.8m），1993年建成后不久便发生不均匀沉降，1997年东西两端差异沉降达650mm	粉质黏土；淤泥质土；粉土	淤泥质土压缩性大，压缩模量仅为2MPa。淤泥质土下卧层沿东西方向逐渐变厚，最大厚度差达7.6m。软弱压缩层厚度的巨大变化是导致差异沉降的主要原因	首先，采用5根锚杆静压桩加固建筑物西侧（沉降量较大的一侧）基础；然后，在东侧布置13口辐射井进行冲淤纠倾；最后，对地基土进行注浆加固
六十三	永嘉某住宅楼	A幢为6层砖混结构，建筑高度为21.5m，毛石基础；B幢为5层砖混结构，建筑高度为18.0m，毛石基础。两住宅楼净距为800mm。两住宅楼建于1992年，施工过程中便发生倾斜，倾斜量分别为276mm和319mm	软塑～硬塑状黏土，承载力为60kPa	没有正规设计，由施工单位根据经验施工；地基承载力不足（住宅楼基底压力分别为108kPa和90kPa），压缩性大；建筑物荷载偏心；建筑物距离太近；基础选形失误，不适合实际情况	该住宅楼采用辐射井射水法进行纠倾扶正。纠倾结束后，在倾斜一侧加宽原条形基础，并将室内地梁之间进行双向拉筋，形成筏板
六十四	永嘉某住宅楼	两幢住宅楼一字并列，原为4层砖混结构，钢筋混凝土条形基础。4层主体结构完成后又增1层，建筑高度为15.5m。该住宅楼于1988年建成，不久便发生倾斜	素填土；可塑状黏土；淤泥；淤泥质土；亚黏土夹碎石；轻亚黏土夹砂	事故原因主要为：地基持力层（黏土）承载力（80kPa）不足；上部结构严重偏心	该住宅楼采用基底掏土法和辐射井射水法进行纠倾扶正
六十五	浙江乐清市某电信楼	4层框架结构，条形基础，建筑面积1723m²。该电信楼于1985年开始建设，施工过程中便发生较大的不均匀沉降	黏土；淤泥质土；淤泥	事故原因主要是设计过大估计了地基承载力（原设计取65kPa，而实际为40kPa）；建筑物荷载偏心过大	该建筑物采用辐射井射水掏土法进行纠倾

续表

序号	工程名称	工程概况	工程地质	工程事故原因分析	纠倾加固措施
六十六	浙江乐清市某住宅楼	7层砖混结构，建筑平面呈“蝴蝶形”，基础采用振动沉管灌注桩（ϕ377mm）和钻孔灌注桩（ϕ500mm）两种形式，桩长28.5m，建筑高度19.4m，建筑面积2336m²。该住宅楼于1996年底竣工，在施工过程中便发生倾斜。1997年5月，一次错误的加固，使建筑物的倾斜量由240mm增加到480mm	填土；黏土；淤泥（厚23.3m）；淤泥质土；含砂砾黏土（3~5m）	桩基方案失误，在深厚淤泥场地中采用振动沉管灌注桩，桩尖达不到持力层，桩体缩颈，桩顶接头质量差，造成承载力不足；在施工过程中又将其中一半数量的桩改为钻孔灌注桩，桩底残渣清理不彻底，且精简了桩数，承载力再次减少，造成不均匀沉降	该住宅楼采用桩身卸载法于1997年底纠倾成功，并采用抬墙梁进行加固
六十七	湖南君山某住宅楼	6层砖混结构，建筑高度19.1m，钢筋混凝土条形基础。该宿舍楼于2000年竣工，不久便产生不均匀沉降，到2001年底最大沉降差达到269mm，向北倾斜率达5.3‰	粉质黏土；粉土；淤泥质粉质黏土	地基土分布不均匀；软弱下卧层强度不足	在建筑物沉降量较大的一侧采用3排生石灰砂桩对地基土进行挤密和吸水固结，阻止建筑物继续沉降；在建筑物沉降量较小的一侧采用应力解除法进行纠倾
六十八	江西南昌某教工住宅楼	6层砖混结构，1个单元，钢筋混凝土筏形基础，于1989年底建成竣工。1990年，该住宅楼北侧建造一幢8层建筑物，采用人工挖孔灌注桩基础。随后，该教工住宅楼出现不均匀沉降，最大沉降差达到267mm，屋顶水平位移量达556mm	杂填土（厚4.2m）；淤泥质土（厚1.4m）；圆砾；地下水位-4.5m	该住宅楼基础位于杂填土上，下卧层为淤泥质软土。相邻工地上人工挖孔灌注桩施工降水，软弱地基土产生固结沉降和侧向流塑变形，导致基础不均匀沉降，建筑物倾斜	由于场地限制，首先在室内采用锚杆静压桩加固沉降较大一侧的基础，再在室内布置掏土孔进行基础下掏土纠倾
六十九	福建某住宅楼	8层框架结构，沉管灌注桩基础（桩径ϕ500mm）。该住宅楼施工封顶后不久，发现较大的不均匀沉降，最大倾斜率（向南）达到10‰	填土；淤泥质土；淤泥；黏土；卵石；地下水位-0.7m	原设计没有进行岩土工程勘察，原地基土承载力不足是建筑物倾斜的主要原因。另外，附近工地锤击沉管灌注桩施工，导致地基承载力进一步降低	首先对住宅楼南侧地基进行注浆加固（注浆管直径ϕ32mm，长度4.5m），然后在北侧采用地基应力解除法（钻孔直径ϕ300mm，钻孔长度10m，套管长度4m）进行纠倾。建筑物纠倾合格后，采用砂石料回填钻孔

续表

序号	工程名称	工程概况	工程地质	工程事故原因分析	纠倾加固措施
七十	重庆某住宅楼	4层砖混结构，钢筋混凝土条形基础，1997年施工过程中发生倾斜，最大倾斜率达到8.6‰	杂填土;碎石土;砂卵石;泥岩		该住宅楼采用基底成孔掏土法纠倾
七十一	重庆某住宅楼	7层小砌块混合结构，建筑高度18.8m，筏形基础，2003年底竣工交付使用，其倾斜率达到13.14‰	淤泥质土	深厚淤泥层分布不均	首先采用锚杆静压桩加固建筑物基础，再利用辐射井进行射水掏土纠倾
七十二	四川某住宅楼	8层砖混结构，钢筋混凝土条形基础，整体倾斜量达210mm，倾斜率8‰	杂填土;素填土;粉质黏土;泥岩	地基土分布不均匀，持力层承载力不足	该住宅纠倾以基底成孔掏土法为主，以降水法作为辅助方法联合纠倾；纠倾结束后，以钢管桩加固基础
七十三	陕西某学校饮中餐心	框架结构，建筑高度21.1m，建筑面积5816m^2。该建筑物为条形基础，埋深2.2m，基底附加应力为200kPa，大开挖换填处理地基，3:7灰土换填厚度4.2m。2004年主体结构竣工后不久发生不均匀沉降，差异沉降112mm，向北倾斜100mm	杂填土；湿陷性黄土；黄土；上层滞水埋深20m；潜水埋深30m	陡坡场地中，北侧凌空面的重力式挡土墙和钢筋混凝土支护桩侵占了地盘，使灰土垫层外放宽度严重不足；支护结构顶部变形，导致地基土侧向移动	由于建筑物沉降尚未结束，在建筑物北侧采用静压桩进行加固，同时起到纠倾与加固双重作用
七十四	陕西眉县净光寺塔	7层实心砖塔，塔高22.05m，建于唐代，最大(向东北)倾斜量1664mm			采用（成孔）浸水法进行纠倾
七十五	西安某住宅楼	原为3层砖混结构住宅楼，建于1992年，采用灰土井处理地基，井深5.7m。1997年该住宅楼采用外套框架结构增层法改造至7层，采用钢筋混凝土条形基础，其下为1.2m厚灰土垫层，增层后总面积为3700m^2。该增层工程在主体结构施工过程中便产生不均匀沉降，故采用不等厚抹灰进行装修。1999年初，该住宅楼向北倾斜402mm，倾斜率达18.6‰	Ⅱ级自重湿陷性黄土	地基处理深度不足，地基承载力小于地基附加应力；外套结构布置不合理，新旧两种结构部分脱离、部分结合；部分基础偏心受力，沉降量过大；地基沉降压断了楼内的自来水管道，地基土浸水湿陷	采用静力压桩法进行顶升纠倾与加固：在建筑物基础下开挖工作坑，利用千斤顶压入预制桩（总长14m）进行加固基础，以预制桩作为支点对新旧建筑物一起进行顶升

续表

序号	工程名称	工程概况	工程地质	工程事故原因分析	纠倾加固措施
七十六	甘肃某教学楼	总建筑面积4800m²，包括3部分：门厅部分为5层框架结构，教学楼为4层砖混结构，电教室为3层框架结构，各部分之间以沉降缝相隔。3部分均采用条形基础，大开挖后，以整片素土垫层强夯进行地基处理，厚度3m，3:7灰土垫层厚度0.5m。该教学楼建于1986年，最大倾斜率达8‰	Ⅲ级湿陷性黄土	人工处理后地基土仍存在一定的湿陷性，雨水井排水不畅，积水造成地基土不均匀沉降	采用生石灰桩抬升法进行纠倾：在建筑物沉降较大的一侧基础外开挖工作槽，利用机械斜向钻孔（斜向基础一侧，倾角15°），孔径150mm，孔深5m，孔距0.6m，并且进行配重封孔
七十七	兰州白塔	实心砖砌体，塔高16.4m，平均基底压力为114kPa，始建于550年前	填土； 马兰黄土； 粉土； 卵石层	1920年海原发生8.5级大地震，使白塔倾斜140mm。进入80年代，由于山体蠕动、频繁的地震以及周围大量灌溉，使填土和马兰黄土强度降低等，到1997年白塔倾斜555mm	对南滑坡采用抗滑桩，锚索架进行治理；对白塔采用结构加固、钢筏托换基础、掏土法、加压法和压力灌浆等措施联合进行扶正加固
七十八	兰州某纪念塔	正五边形钢筋混凝土薄壳结构，塔高28.23m，筏形基础，埋深7m。该纪念塔建于1958年，1997年倾斜381mm，倾斜率达12.9‰	黄土状砂黏土	纪念塔位于阶地斜坡，地基稳定性差；灌溉导致地基土湿陷	首先施工护坡桩，阻止斜坡平台继续蠕动挤压；注浆加固地基土；采用双向掏土（沉降较小一侧的基础下和相反侧基础上方）、侧顶、牵引等方法联合纠倾，并以定位桩进行加固
七十九	兰州某建筑物	6层砖混结构，条形基础，其下是600mm厚的毛石混凝土垫层，再下是400mm厚的3:7灰土垫层、600mm厚的素土垫层、4m厚的夯填土，1982年竣工交付使用，到2000年，其倾斜量达402mm，倾斜率20.5‰	Ⅲ级湿陷性黄土（厚28m）		该建筑物采用基底成孔掏土法进行纠倾（掏土孔直径200mm，孔间距0.5～0.8m）

续表

序号	工程名称	工 程 概 况	工程地质	工程事故原因分析	纠倾加固措施
八十	云南某公寓	2幢局部3层砖混结构，建筑高度8m，钢筋混凝土条形基础，深层搅拌桩（桩长12m）复合地基。建筑施工到2层时，2幢公寓均向北倾斜，其倾斜率分别为16.8‰和16.7‰	填土；耕土；泥炭；淤泥；粉土；淤泥质粉质黏土；粉土；黏土；泥炭；黏土；粉质黏土	2幢公寓北侧有一水沟，形成地基土侧向临空面，地基土侧向挤出；水泥土搅拌桩强度不足，复合地基局部剪切破坏；上部荷载严重偏心	首先回填水沟，采用锚杆静压桩对建筑物北侧基础进行加固，再采用掏土法进行纠倾
八十一	云南邱北某综合楼	满6层局部7层框架结构，钢筋混凝土条形基础，建筑面积1336.8m^2。该综合楼于2001年开始建设，施工过程中发生不均匀沉降，倾斜率3.91‰	可塑状次生红黏土；可塑状黏土；硬塑状粉质黏土；可塑状红黏土	地基持力层选择不当，且未作处理；上部荷载偏心（局部7层）；雨期地下水位上升，持力层（次生红黏土 f_{ak} = 125kPa，黏土 f_{ak} = 145kPa）浸水后承载力下降（f_{ak} = 70～80kPa），压缩性增大	采用掏土法和堆载加压法联合纠倾，采用锚杆静压桩加固基础
八十二	贵州某建筑物	7层砖混结构，建筑高度22m，建筑面积4500m^2，联合采用毛石混凝土条形基础与钢筋混凝土独立基础，采用砂石垫层换填（厚1.25～2m）进行地基处理。2002年主体工程完工后进行外装修时，整体倾斜量达110mm，倾斜率5‰	杂填土；软塑状粉质黏土；圆砾土；软塑状黏土；基岩（二叠系）	基底压力相差较大（100kPa）；软弱下卧层承载力取值偏高，不能满足实际要求；持力层厚度分布不均	采用掏土法进行纠倾：首先隔段设置千斤顶进行保护，再利用人工掏挖砂石垫层进行纠倾，达到设计要求后，浇筑早强混凝土，拆除千斤顶
八十三	贵州都匀某综合楼	10层综合楼，下部3层为框架结构，上部7层为砖混结构，建筑面积4919m^2，筏形基础，0.5m厚砂垫层。该综合楼始建于1996年，装修时发生倾斜，到1998年，最大倾斜量达348mm，倾斜率10.8‰	杂填土；可塑状粉质黏土；软塑状粉质黏土；泥炭；页岩	地基土不均匀；结构荷载偏心；挡土墙影响	首先采用锚杆静压桩加固建筑物基础，再利用掏土法（掏挖砂垫层）、堆载加压法、降水法等联合纠倾；纠倾结束后，利用压力灌浆加固垫层

续表

序号	工程名称	工程概况	工程地质	工程事故原因分析	纠倾加固措施
八十四	广西北海市某住宅楼	7层砖混结构，建筑高度23.8m，采用毛石混凝土条形基础。1994年该工程完工并交付使用，随后便整体向北倾斜，倾斜量达280mm，倾斜率10‰	粉质黏土；粗砂	没有岩土工程勘察，设计过高地估计了地基承载力；生活污水渗漏造成北侧地基土浸水软化，建筑物不均匀沉降，同时造成排水管断裂，加剧了事故的严重性；施工单位擅自取消承重墙，造成荷载偏心	首先对住宅楼北侧加宽基础、采用石灰桩进行地基加固，并恢复被取消了的承重墙体；联合采用掏土法和浸水法对建筑物南侧进行纠倾；对其他部位的基础进行加宽处理，部分开间增设筏形基础
八十五	新江某住宅楼	甲住宅楼为砖混结构，乙住宅楼为框架结构，筏形基础。施工过程中临时决定将每个柱下增设5根木桩（ϕ100mm），便将原来的5层改为6层。但在第6层尚未完工时，两住宅楼均发生了不均匀沉降，最大倾斜率分别达到14.3%和23.4%	软土	事故原因主要为：地基土分布不均匀，建筑物基础上不均匀堆载	两住宅楼采用综合法进行纠倾（堆载加压法与基底掏砂法相结合）。在沉降量较小的室内采用砂包加压（160t），同时在该侧外墙基础下掏砂，达到纠倾扶正的目的。最后，采用高压水送砂，将基底的空隙冲填密实
八十六	广东南海市某办公楼	3层框架结构，采用柱下独立基础。该办公楼在施工过程中产生不均匀沉降（最大沉降差150mm），倾斜率达16.5‰	软塑状淤泥；淤泥夹砂；黏土	建筑物基础直接置于深厚淤泥层上，地基变形较大；上部荷载偏心，建筑物产生不均匀沉降	采用旋喷机具在沉降量较小的基础下进行冲水掏土，并辅助以人工对基础连梁下进行掏土，联合纠倾。采用旋喷桩进行基础加固
八十七	广东湛江市某住宅楼	8层住宅，建筑面积2880m^2，桩基础，1995年竣工交付使用，2000年发现不均匀沉降，最大倾斜量为493mm，倾斜率达23.9‰，2000年利用旋喷桩对部分基础进行加固，效果不佳	吹填砂；细砂；淤泥质粉质黏土；泥岩；含砂粉质黏土；黏土；粗砂	场地淤泥层厚度变化较大（厚度差约6m），桩基础在填土和淤泥（固结90%）引起的负摩擦力、上部荷载作用下产生不均匀沉降	采用顶升法进行纠倾

续表

序号	工程名称	工程概况	工程地质	工程事故原因分析	纠倾加固措施
八十八	广东揭东县某办公楼	满4层局部5层框架结构，建筑高度14.3m，建筑面积1450m²，沉管灌注桩基础。该办公楼1999年竣工交付使用，不久产生不均匀沉降，最大倾斜量为132mm，倾斜率达9.24‰	黏土；淤泥 w = 83.8%；黏土；粉质黏土	桩基承载力不足；桩基础选择失误，在含水量 $w \geqslant 75\%$、灵敏度 $S_t > 8$ 的深厚软土层中，不应采用沉管灌注桩；并且桩距过小	首先采用 ϕ400的钻孔灌注桩（桩长35m）进行补桩；再采用桩身卸载法进行纠倾（利用15～20MPa的高压请水射流扰动桩周土体）；纠倾合格后，加固基础梁和上部结构
八十九	广东东莞市某水塔	倒锥壳形水塔，塔身高32m，容积200m³。该水塔于1994年建成，试水时发生倾斜，倾斜率达14‰	人工填砂；耕土；砂质黏土；淤泥；粉质黏土	地基持力层承载力不足	首先在沉降量较大的一侧采用静压桩加固水塔原基础，再在沉降量较小的一侧采用掏土法纠倾
九十	广州市某住宅楼	7层框架结构，筏形基础，建筑高度为22.5m。该住宅楼于1986年开工，施工过程中发现不均匀沉降，最大沉降差为287mm，最大倾斜率11.27‰	填土；淤泥质土	事故原因：上部结构由于在一侧挑出大量阳台，产生较大偏心；在偏心一侧的地基中，淤泥层较厚，产生较大的变形；软弱下卧层地基承载力不能满足要求	该住宅楼通过综合采用堆载加压法、钻孔排泥法和深层掏土法等进行成功纠倾，并采用长、短树根桩进行地基加固
九十一	广州市某住宅楼	3层砖混结构，条形基础，建筑面积450m²。该住宅楼建于20世纪50年代，竣工后不久产生不均匀沉降，到2002年最大倾斜量为230mm	淤泥；砂层	软弱地基土分布不均匀，上部荷载偏心	该住宅采用人工掏土法进行纠倾，采用树根桩进行加固
九十二	广州市塔影楼	5层砖混结构，建筑高度为20m，条形基础，建于1919年，整体发生倾斜，最大倾斜率20‰	填土；淤泥；细砂；粉质黏土；白垩纪泥质粉砂岩		首先采用锚杆静压桩加固基础；对上部结构进行补强加固；再采用上部结构托梁顶升法进行纠倾

续表

序号	工程名称	工程概况	工程地质	工程事故原因分析	纠倾加固措施
九十三	广州市某住宅楼	6层砖混结构，筏形基础，天然地基。该住宅楼建于1996年，竣工后不久产生不均匀沉降，最大倾斜率（向东）11‰	人工填土；耕土；淤泥质土；粉砂；粗砂；粉质黏土；粉砂岩	软弱地基土分布不均匀，上部荷载偏心	首先，采用锚杆静压桩加固东侧基础，阻止建筑物进一步倾斜；其次，在西侧采用基底冲水掏土法进行纠倾
九十四	广州市某住宅楼	4层框架结构，独立基础，建筑面积480m²。该住宅楼竣工投入使用4年后，最大沉降差为200mm，基础破坏严重	人工填土；粉质黏土；砾石；灰岩；地下水位-3m	（略）	首先对建筑物基础补强，再采用锚杆静压桩进行托换，采用顶升法进行纠倾
九十五	中山市某招待所	2层框架结构，锤击沉管灌注桩（ϕ380mm）基础，桩长20m。该招待所建于1984年，在6年的使用过程中，建筑物产生了严重不均匀下沉	填土（厚2.7m）；淤泥（厚16~18m）；亚黏土	事故原因主要是新近堆积的人工填土、淤泥均处于欠固结状态，在长期的固结过程中对基础桩产生负摩擦力，形成下拉荷载，建筑物产生沉降。加之桩体质量较差，存在断桩现象，建筑物倾斜在所难免	该建筑物利用旋喷机具进行桩尖卸载纠倾，并辅助以承台卸载纠倾，采用旋喷桩进行加固
九十六	珠海某商品楼	7层砖混结构，采用锤击沉管灌注桩基础，建筑高度21.4m，建筑面积1439.5m²。该工程于1996年建成，使用期间发现其基础持续不均匀沉降，最大沉降差为313.4mm，最大倾斜率达16.49‰	填土（厚2.8~4.0m）；淤泥质土（厚13.8~15.6m）；含砾黏土（厚0.7~2m）；岩石层	事故原因主要是施工速度快，形成较大的超孔隙水压力，使灌注桩缩径，一部分桩尖未进入持力层，承载力不足。另外，填土形成的负摩擦力进一步增大了桩的沉降	首先采用锚杆静压桩加固基础，阻止建筑物进一步沉降，再采用断墙顶升法进行纠倾

续表

序号	工程名称	工程概况	工程地质	工程事故原因分析	纠倾加固措施
九十七	番禺某住宅楼	8层框架结构，锤击沉管灌注桩（ϕ480mm）基础，桩长22m，于1992年建成，接着突发不均匀沉降，最初2d沉降143mm	淤泥； 砂层； 基岩	原沉管灌注桩持力层过薄，承载力不足，相邻工地（相距1.0m）进行锤击沉管灌注桩施工，产生较大的振动，诱发桩基础下沉	首先，采用旋喷桩（双液成桩工艺）加固沉降较大一侧的基础，控制建筑物沉降。再利用旋喷桩机具钻孔、喷射清水，对沉降较小一侧的桩基进行桩身卸载纠倾。最后，利用旋喷桩加固沉降较小一侧的桩基
九十八	番禺市某办公楼	6层框架结构，沉管灌注桩群桩基础（桩长24m），建筑高度为22m。建造第6层时，建筑物差异沉降达480mm，倾斜率26‰	淤泥质土； 基岩	由于设计是参考200m远处的某工程地质勘察资料进行的，实际该办公大楼的桩尖持力层软硬不均，各桩的承载力悬殊较大	该办公楼采用桩顶卸载法（断桩迫降）成功纠倾，并采用钻孔灌注桩新旧承台连接进行加固
九十九	深圳某商住楼	6层框架结构，底商，二层以上为公寓，沉管灌注桩基础（ϕ340mm），桩长15m，承台埋深0.8m。该建筑物外墙装修后产生大幅度不均匀沉降，倾斜率达15.14‰	填土；粉质黏土；淤泥；中砂；粉质黏土	由于部分桩长未达到持力层，桩体质量差，开挖后有明显断桩，使得桩基承载力严重不足	首先采用旋喷桩在各承台下进行加固，沉降稳定后再采用桩头卸载法进行纠倾
一〇〇	汕头某商住楼	8层框架结构，建筑面积4500m^2，采用ϕ800mm钻孔灌注桩基础，桩长41m，单桩（端承桩）极限承载力2400kN。该建筑物主体完工后向东南倾斜，最大倾斜量为200mm	填土；淤泥；淤泥质土；细砂；粉质黏土；粗砂；风化岩层	该建筑物东侧相邻的某深基坑降水，使桩端产生流砂，导致桩基承载力降低	该建筑物采用桩顶卸载法进行纠倾，并采用静压桩加固
一〇一	海口市某综合楼	7层框架结构，总高度23.6m，建筑面积3000m^2，采用ϕ480mm沉管灌注桩基础，桩长19m，共布桩116根，建成于1991年。受相邻的深基坑开挖影响，该综合楼于1994年整体向北倾斜，最大倾斜量为283mm	填土；淤泥；饱和中砂；亚黏土；淤泥软黏土；亚黏土；中砂含少量黏土；地下水位−3.5m	深基坑开挖时，在没有止水帷幕的情况下，长时间坑内大量降水，漏斗形的水力坡降造成综合楼不均匀沉降	该综合楼采用“深井降水法”，通过控制各个降水井水位，利用桩侧负摩擦力进行成功纠倾。由于综合楼降水纠倾过程也是长桩基础的加固过程，不需要实施另外的加固措施

续表

序号	工程名称	工 程 概 况	工程地质	工程事故原因分析	纠倾加固措施
一〇二	海口市某住宅楼	4层底框结构（一托三），采用锤击沉管灌注桩（ϕ380mm）基础，桩长19m，建筑面积750m²。该住宅楼于1994年竣工后发生倾斜，最大倾斜量为156mm	填土； 含砂淤泥； 中砂； 粉质黏土	基桩承载力不足（大多数桩没有按设计进入持力砂层，建筑物竣工后缓慢沉降）；荷载偏心，住宅楼在沉降中向北倾斜；基桩布置不均匀	该住宅楼采用“深井降水法”成功纠倾，并利用旋喷桩进行加固
一〇三	某花园住宅楼	该住宅楼为32层建筑物，筏形基础置于强风化基岩上。施工到一层时，在地下室与基坑之间灌水，检验地下室外墙的防水效果。试水60d后，地下室底板与地基土局部脱空，建筑物倾斜160mm	强风化基岩	强风化基岩遇水软化、沉陷	人工掏去基础底面以下的泥砂碎石，用千斤顶调平底板，在地下室底板上钻孔（ϕ50mm），间距3m，进行高压灌浆
一〇四	某住宅楼	2幢12层框架结构住宅楼，夯扩灌注桩基础（ϕ340mm），桩长18m。主体结构完工后，2幢楼向东倾斜，倾斜率分别为13.4‰和12.4‰	（略）	该建筑物倾斜的主要原因是夯扩灌注桩施工长度不足，未达到持力层，桩体施工质量差	2幢建筑物在东侧补桩46根，西侧采用桩顶卸载法进行纠倾
一〇五	某综合楼	6层砖混结构，钢筋混凝土筏形基础。主体工程完工1个月后，发现建筑物向北倾斜120mm，倾斜率达5‰	（略）	建筑物北侧外纵墙基础外伸2m，因地界矛盾，将该外伸基础减少1.5m，造成建筑物重心与基础形心严重偏离，建筑物倾斜	采用南侧堆载（5万块砖）、南侧基础下人工掏土（掏土深度0.5m，掏土厚度0.22m）纠倾。加固措施是在北侧基础附近压入54根杉木桩（桩长2.5m，小头直径0.12m），桩头浇沥青，并用混凝土封桩
一〇六	某住宅楼	6层砖混结构，钢筋混凝土条形基础，地基采用换土处理（4:6砂碎砖，厚1m），建成于1980年。该住宅楼竣工后整体向西倾斜，最大倾斜量为370mm	杂填土（深厚）	地基处理失误，换土垫层下4m范围内地基承载力不足；与相邻建筑物距离过小，造成建筑物基底应力叠加	该住宅楼采用基底人工水平掏土法（分层掏土、分区掏土）进行纠倾扶正。加固措施：人工夯入一排松木桩，将建筑物基础隔开；用砂石料填实掏土孔；在西侧增加4块钢筋混凝土基础板

续表

序号	工程名称	工程概况	工程地质	工程事故原因分析	纠倾加固措施
一〇七	某仓库	砖混结构，灰土条形基础，钢木屋架，该仓库建于20世纪50年代，1988年发现南纵墙基础下沉，建筑物倾斜40mm	填土；黄土	该建筑物倾斜的原因是南纵墙基础位于填土上，场内雨水浸泡造成填土下沉	先对屋面卸载，在檐口增设附壁圈梁，间隔设置剪刀撑和水平支撑，在南纵墙基础大放脚上间歇设置混凝土枕梁，在北纵墙利用基础外注水进行纠倾
一〇八	某住宅楼	4层3单元砖混结构，建筑高度12.6m，钢筋混凝土条形基础。该住宅楼于1992年建成并投入使用，1998年向北倾斜239mm	杂填土；黏土；淤泥；淤泥质土；黏土	（略）	首先采用锚杆静压桩加固北侧基础，阻止北侧继续沉降；在南侧布置辐射井实施冲淤纠倾；在南侧设置锚杆静压桩，并以泡沫塑料填充层预留沉降量
一〇九	某新华书店综合楼	5层底框结构，沉管灌注桩（ϕ325mm）基础，桩长20m，建筑面积1300m^2，建成于1993年。该综合楼在进行外装修时整体向南倾斜，到1999年，最大倾斜量达322mm	淤泥质土	（略）	采用综合法进行纠倾：对北侧17根桩采用桩顶卸载法进行截桩纠倾，利用高压水间歇扰动桩周土层，对北侧22根桩采用桩身卸载法纠倾，对北侧15根桩采用先桩身卸载后桩顶卸载纠倾
一一〇	某住宅楼	8层框架结构，建筑高度24.6m，建筑面积3500m^2。锤击沉管灌注桩（ϕ360mm）基础，桩长25m。该住宅楼在1996年封顶后，基础产生不均匀沉降，倾斜率17‰，并继续向北倾斜	素填土；淤泥质土；粉细砂；淤泥；粉砂；粗砾砂；残积土；强风化泥岩	事故原因主要是桩端进入持力层的深度不够，桩基实际承载力不足，桩身质量存在问题	首先采用旋喷桩对北侧地基进行加固，待沉降基本稳定后，对南侧地基进行高压射水纠倾，纠倾结束后，再采用旋喷桩对其余地基进行加固
一一一	某住宅楼	6层砖混结构，建筑高度17.4m，钢筋混凝土条形基础。1998年该住宅楼装修时发现不均匀沉降，最大倾斜率达6.6‰	杂填土（回填历史为10年），东西两端厚6.1m，中间厚10.9m	上部结构荷载产生的基底附加应力大于地基承载力设计值（100kPa）；上部结构荷载偏心；地基土浸水	首先对沉降较大的一侧增设承重墙体和基础，进行荷载分流，阻止沉降继续发生；综合采用浅层降水法和基底成孔掏土法进行纠倾；纠倾结束后，采用砂砾料回填

续表

序号	工程名称	工程概况	工程地质	工程事故原因分析	纠倾加固措施
一一二	某住宅楼	6层砖混结构，钢筋混凝土条形基础，3:7灰土垫层（厚1m），建筑面积5524m^2。该住宅楼于1988年初投入使用，住户迁入约一星期后，建筑物倾斜280mm	湿陷性黄土	化粪池底部混凝土施工质量较差，发生渗漏，造成约200m^3的污水浸泡地基土	在沉降量较小一侧的基础两边开挖注水坑，采用基础外浸水纠倾法进行处理。纠倾结束后，分层夯填注水坑
一一三	某宿舍楼	6层砖混结构，建筑高度19.5m，锤击沉管灌注桩基础（桩径ϕ400mm，桩长18m）。该建筑物封顶时发现有不均匀沉降，到2002年最大倾斜率达16.3‰	填土；耕土；淤泥；粉质黏土；结核黏土	该建筑物地基中有一条排水沟没有被清除，只做简单回填；桩尖进入持力层长度不足；桩基础施工质量差	首先采用旋喷桩加固基础，再采用桩身卸载法（高压射水）进行纠倾
一一四	某商住楼	3层砖混结构，建筑高度10.3m，钢筋混凝土条形基础，下设0.8m厚砂垫层，于1995年竣工，施工中出现不均匀沉降，最大沉降差250mm，倾斜率达23‰	填土；耕土；粉质黏土；淤泥；砂质黏土	上部荷载严重偏心；下卧层强度不足；条形基础板施工质量差，强度不足，局部剪切破坏	首先，采用锚杆静压桩加固局部基础；联合采用基底掏砂法和振捣密实法进行纠倾；最后，采用密实灌砂和低压注浆加固地基
一一五	某商住楼	7层底框结构，建筑高度25.9m，建筑面积4865m^2，钢筋混凝土条形基础，于1992年竣工交付使用，1997年向北倾斜率达11.5‰	粉质黏土；淤泥；细砂	软弱地基土厚度变化较大是建筑物不均匀沉降的主要原因	该建筑物采用人工掏土法进行纠倾
一一六	某建筑物	该6层框架结构建筑物建于1997年，封顶后便发生较大的不均匀沉降，向北倾斜率达5.84‰	填土；黏土；淤泥质土；黏土；粉质黏土		首先采用锚杆静压桩加固建筑物北侧地基，再在建筑物南侧进行冲水掏土纠倾
一一七	河北峰峰矿务局某住宅楼	6层框架-剪力墙结构住宅楼，独立基础，于1986年竣工。1993年西侧下水管道断裂漏水后，该住宅楼发生不均匀沉降，向西倾斜率达9.9‰	非自重湿陷性黄土状粉质黏土	管道漏水引起地基土浸水湿陷	在东侧和中部的柱基及墙基两侧对称钻孔（孔径127mm，孔深3.5m），孔内填入碎石，采用孔内注水纠倾，历时36d

第五章　增层工程设计与施工

本章内容提示：本章全面介绍了增层工程的重要性，发展概况，规范相关的规定，增层工程的方案选择、各类增层方法及地基基础等，同时还有26个工程实例。其内容包括：概述、方案选择、直接增层、外套增层、室内增层、地下增层、地基基础和工程实例等。

第一节　概　述

一、增层工程的重要性

对既有建筑进行增层改造，在20世纪五六十年代既已有之，而大规模的增层改造工程，则始于20世纪80年代。刚进入改革开放的我国，百废待兴，要开始进行大规模的建设，但资金严重短缺，各类生产、公用、居住房屋严重不足，北京市提出人均居住面积 $6m^2$ 为奋斗目标，上海工人住宅区有不少是三代同堂，一家人只能挤住在一间 $10m^2$ 的房间里，十分窘迫。在这种形势下，单靠新建工程来解决全国房屋严重不足的重大困难是不现实的，因此，各地首先从有条件的低层多层房屋开始，进行改扩建和增层改造工程，资金多为自筹，工程规模有限，但颇有效。有些大单位自力更生，先解决居住面积甚挤的住房，增加小客厅、厨房、卫生间等面积，缓解矛盾；有些机关、商场、学校，在原有的低层、多层房屋上进行增层改造，扩大房屋的使用面积；也有的城市房管部门，选择最困难的小区进行增层改造，以较少的资金投入，取得立竿见影的显著成效；在广州，沿街有许多居民楼，但商业店铺门面严重不足，他们有针对性地对其进行增层改造，改变底层房屋结构，使其适合于商业店铺的需要。这对推动商业的发展也是颇有贡献的。全国许多城市都进行了房屋的增层改造，同时也对旧房进行必要的加固补强。这不仅缓解了各类用房严重不足的燃眉之急，也延长了旧房的使用寿命，增加了房屋的安全性。

二、增层工程的发展概况

1. 全国典型的增层改造工程有：

哈尔滨秋林公司商业楼。该商业楼是俄罗斯风格建筑，原为2层砖混结构，墙上有许多俄罗斯风格的建筑雕塑，为文物保护建筑。为适应商业发展需要，进行了增层改造，由2层增为4层，建筑面积增加一倍。完全保留了原建筑风格，已成为哈尔滨市的景点建筑。

北京日报社办公楼。原为4层砖混结构，用外套框架增至8层局部9层。外套框架的柱为劲性混凝土柱，框架梁采用钢梁，由北京市建筑设计研究院设计。增层后面积增加一倍，外观漂亮，是北京市增层改造工程中一栋标志性建筑。

上海市鞍山新邨住宅小区住宅楼。原为2层灰砖楼，一户二至三室，每室住一家，老少三代同堂，几家合用一个厨房和厕所，拥挤不堪。上海市房管局对其进行增层改造，由二层增至五层。增层改造后，造型美观，宽敞实用，老住户搬进了有二三个卧室的单元房，是当时有代表性的解困式住宅改造工程。

北京黑色冶金设计研究总院办公楼和职工住宅楼的增层改造工程。为了解决办公用房紧张和改善职工住房条件，对院部办公楼（3+1）和家属宿舍进行改造（增加使用面积，改善使用功能）。他们采用自力更生的办法，自行设计、自己管理施工，增层改造工程取得了很好的效果。

沈阳市铝镁设计院办公楼（3+2）增层改造也是一个成功的典范。它不但改变了建筑物本身，也改变了周边地区的环境。

此后相继进行的有代表性的增层改造工程有：中石油天然气总公司地球物理勘探局涿州办公楼、武汉铁道部第四勘测设计院办公楼、四川绵阳市医药站办公楼、北京电力公司办公楼、北京地毯厂办公楼、公安大学办公楼、商务部办公楼、原纺织部办公楼等等，实际上这仅仅是全国万千个增层工程的一角而已……。

2. 正如唐业清教授在20世纪90年代初对《南方周末》报记者所述："向空中要住房，向旧房要面积，用新建与旧房增层改造两条腿走路的办法解决我国各类用房的严重不足"。在这"用两条腿走路"的办法下，我国旧房增层改造事业得到了迅猛的发展。然而，当我们从另外一个角度，来观察方兴未艾的增层改造工程形势时，可以说它真正顺应了可持续发展的建设节约型社会的方针，避免了一些本可以增层改造升值继续使用的既有建筑，变成有碍环境的"建筑垃圾"，是一件厉行节约、积累财富、利国利民的大事。

3. 二十余年来，我国对既有建筑的增层改造工程，由单栋房屋的小面积增层改造，发展到成片住宅区的增层或大面积建筑物的增层；由民用建筑的增层改造，发展到工业建筑的增层改造；由住宅房屋的增层改造，发展到大型商店和公共建筑的增层改造；由在砖混结构上直接增层，发展到采用外套框架增层及外扩结构增层；由对旧建筑进行增层改造，发展到对新建建筑的增层改造；总之，在大规模对既有建筑进行增层改造的高潮中，发展很快，数量众多，结构形式多样，工程繁简不一，增加的楼层高低各异，增层与改造紧密结合，出现了许多具有特色的增层改造工程。

4. 二十余年来，在中国老教授协会土木建筑（含病害处理）专业委员会的主持下，已经召开了七次全国性的房屋增层改造交流会，为提高我国建筑物增层改造技术水平做出了巨大的贡献。1996年中国工程建设标准化协会颁布了《砖混结构房屋加层技术规范》，1997年铁道部颁布了《铁路房屋纠偏技术规范》。最近，建设部又颁布了《建筑物移位纠倾增层改造技术规范》，这些技术标准是我国在这一学科领域技术进步的结晶，是新技术成果的集中体现，是指导既有建筑物增层改造的技术法规，是既有建筑物增层改造工程的质量保证。

三、增层工程的"规范"介绍

1. "规范"要求，建筑物增层前，应根据建设单位的增层目标和建筑物本身状况，在符合城市规划要求的前提下，进行综合技术分析及可行性论证。

2. 为了进行细致深入、技术和经济方面的分析和论证，首先要收集有关该既有建筑的原始资料，包括既有建筑各专业的图纸、结构设计计算书、地基勘察报告、竣工验收报告等方面的文件，还需对既有建筑的现状进行调查，并委托有资质的单位对结构安全性能进行检测和鉴定。有了这些资料后，才能根据建筑物的功能要求、原建筑物的现状和潜力、抗震设防烈度、场地地质条件、检测鉴定结果和规划要求等因素进行既有建筑物的增层改造设计。

3. “规范”要求，当建筑物需要加固时，应做加固设计。一般情况下应先加固后增层，也可根据工程的实际情况边加固边增层。

4. “规范”要求，增层工程的建筑设计、结构设计及增层后整体结构的安全性应满足现行国家设计规范的有关规定。这里强调的是，应满足现行国家设计规范的有关规定。

5. 既有房屋增层的建筑设计，不同于新建工程的建筑设计，它受到众多因素的制约，设计时既要顾及结构的安全，又要照顾立面造型的美观，并与原建筑及周围环境相互协调，最大限度地满足规划市容和环境的要求。

6. 在使用功能方面，每栋建筑都有明确的使用功能，并将这种要求体现在建筑的平面设计中。进行房屋增层改造建筑设计时，首先应考虑房屋增层后的用途，以其使用功能作为增层建筑设计的主要依据。

7. 此外，房屋增层后，尚应满足日照、防火、卫生、抗震等有关现行国家设计规范的要求。

一个经过艰苦努力精心设计精心施工的、创新的、达到环境友好资源节约的、满足适用经济美观而又安全的增层改造工程，是我们一直追求的目标。有人主张突出个性，强调自我，标新立异，这些本来也不该加以非议，但都应建立在科学的基础上。若为了达到“视觉冲击”的效果而将造型怪异作为时尚，将国外敢想而不敢为的某些方案视为“先进”，这种想法或做法与创新精神格格不入，是我们应该摒弃的。

以上建筑设计方面的要求是不言而喻的，困难在于增层后整体结构的安全性也应满足现行国家设计规范的有关规定。

8. 在正常使用情况下，要满足现行国家设计规范中的《建筑结构荷载规范》、《砌体结构设计规范》、《混凝土结构设计规范》，其困难程度稍好一些，大的困难在于地震区要满足现行国家抗震设计规范的有关规定，尤其是高烈度区，其计算和构造都必须通得过才行。

众所周知，我国在1978年颁发了第一本抗震设计规范，此后，1989年及2001年先后两次进行修订，重新出版。这两次修订，一次比一次严格而又完善，按修订后的规范设计房屋，其抗震性能也一次比一次提高。反之，建造年代越早的房屋，其抗震性能可能越差，同时房屋结构在经过多年使用后，其老化损坏的程度也可能越严重，增层后要达到现行国家抗震设计规范的要求，困难也越大，有的甚至不可能。

从已完成的增层改造工程来看，各单位的做法很不相同，大致有：

（1）让增层改造工程符合现行《建筑抗震鉴定标准》的要求；

（2）让增层改造工程符合“78抗震设计规范”的要求；

（3）让增层改造工程符合“89抗震设计规范”的要求；

（4）降低增层改造工程的设防烈度，如由8度设防降为7度设防。

由此可见，我们需要一个统一、符合我国实际情况、技术先进而又经济合理、安全实用的规范或规定。

四、房屋增层改造后的"设计使用年限"问题

设计使用年限是设计时选定的一个时期，在这一给定的时间内，房屋建筑只需进行正常的维护，而不需进行大修就能按预期的目的使用，完成预定的功能。结构在规定的设计使用年限内，应具有足够的可靠度，满足安全性、适用性和耐久性的要求。对大多数须增层的既有建筑来说，一般已使用多年，从"设计使用年限"方面来说，它不能与新建筑等同。也就是说，存在所谓"剩余设计使用年限"问题，因此增层后的建筑，其"设计使用年限"也不能与新建筑等同，且其"设计使用年限"一般是从增层工程完工后起算的。我们可将其称作"增层设计使用年限"。

根据目前的工程抗震理论，如以设计使用年限 50 年的地震作用为 1.0 时，不同设计使用年限对应的地震作用调整系数见表 5.1-1。

地震作用调整系数　　表 5.1-1

设计使用年限	10	20	30	40	50	60	70	80	90	100
调整系数	0.35	0.56	0.74	0.88	1.00	1.11	1.21	1.29	1.37	1.45

同理，相对应的抗震构造措施也可进行调整。抗震构造措施主要是根据抗震的概念设计原则，结合震害调查和构件试验结果制定的。抗震设计中采用一个定量的构造措施指标是非常困难的。但是，我们不妨将构造措施进行数值化，看看在不同设计使用年限时，其对应的构造措施调整系数的大小（如表 5.1-2 所示），以便得到一个抗震构造措施方面的概念，这样可以做到心中有"数"。

构造措施调整系数　　表 5.1-2

设计使用年限	20	30	40	50	60	70	80	90	100
调整系数	0.48	0.64	0.91	1.00	1.09	1.16	1.23	1.29	1.36

根据以上论述，为使增层工程达到安全、适度、可实施性强、经济合理的目标，规范认定：增层后新老结构成为一个整体的建筑，增层时应根据房屋的现状、使用要求、建造年代、检测鉴定结果等因素，与建设单位共同商定增层后房屋的设计使用年限，即"增层设计使用年限"。在设防烈度不变的前提下，增层改造后的新结构应满足相关规范的要求。

例如，某工程按"78 抗震设计规划"设计，已使用 25 年，在进行增层改造设计时，经与建设单位共同协商和专家论证认为，将增层后房屋的"设计使用年限"定为 25 年是合适的。同时决定在 25 年后，由建设单位负责组织再对该增层工程进行检测与鉴定。当"设计使用年限"为 25 年时，地震作用相当于 50 年时的 65%；另外，抗震构造措施也可适当降低。因而结构加固工作量大大减少，为增层改造付出的代价大大降低。而增层改造

后的结构，在“增层设计使用年限”内，其抗震设防安全的可靠性仍可达到新建工程要求的概率水准。最后，该增层工程顺利进行并达到了安全、适度、可实施性强、经济合理的目标。

在具体增层改造工程中，当增层设计使用年限确定后，风荷载和雪荷载可从《建筑结构荷载规范》（GB50009—2001）附录D中按重现期n查得（或按公式D.3.4进行计算）。建筑做法、结构自重、使用荷载宜按实际情况并参照《建筑结构荷载规范》（GB50009—2001）的规定取用。地震作用可按《建筑抗震设计规范》（GB50011—2001）的规定值乘以表5.1-1中的调整系数后得到。若增层设计使用年限为40年，即地震作用取重现期40年，地震作用调整系数为0.88，抗震构造应满足《建筑抗震设计规范》（GB50011—2001）的要求；若增层设计使用年限为30年，即地震作用取重现期30年，地震作用调整系数为0.74，抗震构造应满足《建筑抗震鉴定标准》（GB50023—95）的要求。应注意的是，在地震作用已按“增层设计使用年限”折减后，承载力抗震调整系数应按《建筑抗震设计规范》（GB50011—2001）表5.4-2取用，不应再次折减。

第二节 增层工程结构方案的选择

一个好的增层建筑，应同时具备“适用、经济、安全、美观”等基本要求，对于结构工程本身还应具备适当的安全度。因此，增层方案的选择是至关重要的。

为了更好地选择增层工程的结构方案，规范在总结多年来增层工程经验的基础上，列出了各种结构类型的增层方法，以供增层设计时选择。

总的来说，建筑物增层可分为向上增层、室内增层和地下增层三大类。细分如下：

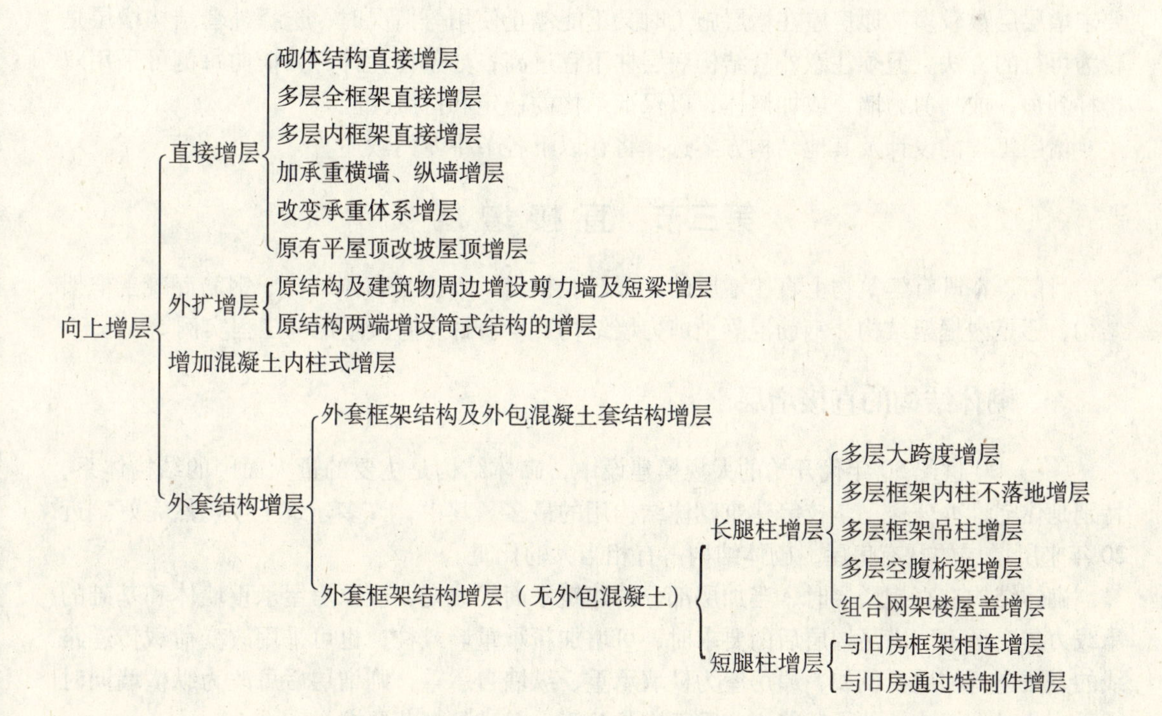

室内增层：
- 砖混结构增层
- 内框架增层
- 吊柱式增层
- 悬挑式增层
- 旧天井加柱增层

地下增层：
- 延伸式增层
- 水平扩展式扩建
- 混合式（水平与延伸的综合）
- 原地下结构空间内改建增层

直接增层时，增层后新增荷载全部通过原结构传至原基础、地基。有不改变承重体系和改变承重体系两种结构形式。

不改变承重体系指结构承重体系和平面布置均不改变，适用于原承重结构与地基基础的承载力和变形能满足增层的要求，或经加固处理后即可直接增层的既有建筑。

所谓改变承重体系，一般指改变荷载传递的形式或途径。如原房屋的基础及承重体系不能满足增层要求，或由于房屋使用功能要求须改变建筑平面布置，相应须改变结构布置及荷载传递途经，采用增设部分墙体、柱子或经局部加固处理，以满足既有房屋的增层要求。

当既有建筑直接增层有困难时，可采用外套结构增层。

外套结构增层是在既有建筑外增设外套结构，如框架、框架-剪力墙等，使增层的荷载通过外套结构传给基础的增层方法。当既有建筑的平面布置、使用功能有所改变，同时要求增层层数较多，原房屋在增层施工时又不能停止使用等情况时，选择外套结构增层是较为可行的方法。但须注意外套结构底层柱不宜过高；如条件允许，其横向每侧可采用双排柱到顶，或加剪力墙，或加筒体，以保证结构的稳定和抗震性能。

增层工程的设计及其他结构方案选择将在以下各节中专门叙述。

第三节　直 接 增 层

目前，在既有建筑物上直接增层的工程已经很多，不论是砌体结构、钢筋混凝土框架结构，还是内框架结构、钢筋混凝土剪力墙结构，均有许多直接增层的工程实例。

一、砌体结构的直接增层

（一）20 世纪 50 年代开始的大规模建设中，砌体结构是主要的量大面广的结构体系，特别是住宅、办公楼、学校等建筑砌体结构用的最多。其中，许多建筑至今仍然完好。近 20 年来所增层的既有房屋，砌体结构占有相当大的比重。

砌体结构在直接增层时，当加层部分的建筑平面须改变，或原房屋承重墙体和基础的承载力与变形不能满足增层后的要求时，可增加新承重墙或柱，也可采用改变荷载传递路线的方法进行加层。例如，原房屋为横墙承重、纵墙自承重，则增层后可改为纵横墙同时承重。此时，墙或柱的承载能力应重新进行验算，并满足规范要求。

当原房屋屋面板作为增层后的楼板使用时，应核算其承载能力，当跨度较大或板厚较小时，尚应核算板的挠度和裂缝宽度。

在砌体结构上直接增层时，原房屋的女儿墙应拆除。

在向上接楼梯时，原房屋顶层的楼梯梁配筋应重新核算。因为，原房屋在设计计算时，顶层楼梯梁可能只考虑一侧有楼梯踏步板支于其上。

（二）地震区砌体房屋在直接增层时须注意的问题

1. 增层后的多层砌体结构（包括底层框架-剪力墙上部砌体房屋和多层内框架房屋），其总高度和层数限值，必须满足抗震规范的要求。当原建筑的质量较差时，其总高度和层数限值宜适当降低。由于多层砌体结构属剪切型，一般可不作整体弯曲验算，为保证房屋的稳定性，其高宽比宜满足规范的要求。

抗震规范规定，普通砖、多孔砖砌体承重房屋的层高不应超过3.6m，底部框架-剪力墙房屋的底部和内框架房屋的层高，不应超过4.5m。因此，当层高超过规定时，不应直接增层。

2. 抗震横墙的间距应满足抗震规范的要求，否则应增设剪力墙。房屋中未落地的砌体墙，不能算作剪力墙。新加的抗震砌体墙应做基础。

多层砌体结构的抗震验算，按《建筑抗震设计规范》（GB50011—2001）的规定进行。当墙体抗震强度不足时，应进行加固。

目前，对原有砖房墙体因抗剪强度不足而进行加固时，多采用钢筋网水泥砂浆，俗称夹板墙。根据北京市建筑设计研究院的试验结果，夹板墙在原墙体的砌筑砂浆为M1.0～M2.5时，对墙体抗剪强度的提高非常有效，但夹板墙在竖向荷载作用下抗压强度的提高方面则几乎无效。采用喷射法或手工抹灰方式的施工方法，其砂浆强度不应低于M10，可为水泥砂浆、纤维砂浆或树脂砂浆等，每侧厚度35～40mm，钢筋网以细而密者加固效果较好。当直径为4mm时，网格尺寸可为125mm×125mm；当钢筋直径为6mm时，其网格尺寸也不宜大于250mm×250mm。有个别加固工程，其砂浆厚度达到60mm以上，并采用直径为12mm的钢筋，由于此时钢筋的作用已不能发挥出来，其实际加固效果不会好，不如采用强度稍高一点的喷射混凝土，墙体的抗剪强度会有较大幅度的提高。由于试件数量不是很多，且试验结果有较大的离散性，采用钢筋网水泥砂浆面层加固墙体的计算方法还不是很成熟，具体工程可参照《建筑抗震加固技术规程》（JGJ 116—98）进行。

当多层砖房的局部尺寸不符合抗震规范的要求时，可采用全部或局部堵实洞口、加设钢筋混凝土框套或夹板墙等措施进行加固。加设钢筋混凝土框套时，框套混凝土最小厚度宜取120mm，当墙厚为240mm时，其配筋不宜小于$4\phi10$；墙厚370mm时，配筋不应小于$6\phi10$。箍筋$\phi6$，间距不应大于200mm。

3. 多层砖房的圈梁设置不符合抗震要求时，应增设外加圈梁、钢拉杆等加固措施。当采用外加钢筋混凝土圈梁或钢拉杆时，应注意：

（1）圈梁顶面应与同层楼板顶面标高一致，并在同一标高处闭合。在非地震区及抗震设防6、7度区，其截面尺寸不宜小于180mm×180mm；8度区，其截面尺寸不宜小于240mm×240mm。

（2）外加圈梁与外墙连接宜采用压浆锚筋，锚筋直径不应小于12mm，间距不应大于

1.0m。

（3）内外纵、横墙宜采用钢拉杆加固，内墙钢拉杆宜采用双拉杆，钢拉杆直径不应小于16mm；在拉杆中应设花篮螺栓或其他拉紧装置，并处于拉紧状态。

（4）钢拉杆在外加圈梁内的锚固长度不宜小于$40d$，且端头应作弯钩。当与原有圈梁拉结时，钢拉杆应穿过圈梁固定。

4. 当多层砖房原有构造柱的设置不满足抗震要求时，应外加构造柱或采用其他有效加固措施。当采用外加钢筋混凝土构造柱时，应注意：

（1）外加构造柱与墙用压浆锚杆拉结，拉结间距不大于1.0m，无墙处的外加构造柱须与楼（屋）盖的进深梁或现浇楼（屋）盖拉结。

（2）外加构造柱在室外地坪下应设基础，并沿柱截面三个方向各加宽200mm以上；埋置深度宜与原基础相同，且不小于室外地面下500mm和当地的冻结深度；柱基础应与外墙基础用压浆锚杆与外墙基础拉结。

夹板墙、外加构造柱、外加圈梁、钢拉杆等构造做法，在许多房屋加固图集中可以找到。其中，中国建筑标准设计研究院编制的国家建筑标准设计图集《砖混结构加固与修复》（03SG611）系统而又实用，可在实际工程中选用。

5. 在多层砖房上直接加层时，经常遇到由于既有多层砖房本身结构构件强度的制约，有的房屋只能在顶部加一层轻体建筑。此时，常采用轻钢结构作骨架、轻质高效保温材料作围护结构。

多层砖房顶部增加一层轻型钢框架建筑物时，应注意：

（1）建筑的立面处理，应使新旧部位互相协调，避免增层的痕迹。

（2）原砖房顶层的屋顶板变成增层后的楼板，该楼板应有较好的整体性。当原砖房顶层屋盖采用预制板时，应设置厚度不小于50mm的现浇刚性面层。现浇层中应配置直径4~6mm、间距不大于200mm的钢筋网，并应在原屋顶圈梁上再增设截面尺寸不小于240mm×240mm的圈梁，上下圈梁间应有可靠连接使其成为整体。

（3）圈梁与框架柱之间应有可靠的连接，屋面应有可靠的支撑系统。当梁柱节点为铰接时，则必须设置横向支撑和纵向支撑，以抵挡水平风力和地震作用。当顶层为大房间，结构采用门式刚架，框架柱与圈梁之间做成刚接有困难时，则可做成铰接。但框架柱顶部与梁之间必须做成刚接，房屋的纵向须加支撑。柱脚处的水平推力也须注意，一般可在楼板的现浇混凝土层中设通长拉筋解决。

（4）抗震计算中，顶部轻钢结构可按突出屋面结构计算地震作用效应。当采用底部剪力法计算时，顶部的地震剪力应乘以不小于3的增大系数，此增大的部分不往下传递。需要说明的是，这种计算方法仅适用于砖房顶部加一层轻钢结构的情况，对于其他结构形式不适用。例如，对于在钢筋混凝土框架结构上的加层，则应采用振型分解反应谱法，并应取得足够的振型个数，使顶部不遗漏高振型的影响。见本章【实例一】。

二、钢筋混凝土框架结构的直接增层

多层钢筋混凝土框架结构的增层宜采用框架或框架-剪力墙结构。有的工程为了减轻结构自重，也可采用钢框架。当须增设新的剪力墙时，应采用钢筋混凝土墙，并与原框架的梁、柱或抗震墙有可靠连接。外扩结构与原结构连接形成新结构时，连接部分应满足传力要求。也就是说，外扩结构与原有结构之间若脱开时应彻底脱开，若连在一起时应连接得十分牢靠，切忌似连非连。似连非连不仅无效而且有害。因为当地震袭来时，外扩结构与原有结构的连接处往往是受力集中的地方，最容易遭到破坏。

框架结构增层时，常遇须加抗震墙才能通过抗震计算。当加抗震墙有困难时，可采用耗能支撑，以减小结构的地震反应。这类做法的工程已有很多，本章第八节的工程实例中已有编录。

框架结构增层时，在原有结构框架柱上接柱，常采用钻孔栽筋法。此时须注意，由于钻孔后所栽钢筋往往离柱边较远，使截面的有效高减小，节点会处于半刚半铰状态。如某工程，增层部分框架柱的截面尺寸与原结构柱相同，均为500mm×500mm。在原柱上钻孔时，为躲开原柱的纵向主筋，钻孔中心的实际位置离柱边为100mm左右。这样，实际力臂减少了约65mm。如仍按原柱的截面尺寸500mm×500mm进行计算时，构件的承载能力和刚度将均显不足。见图5.3-1。见本章【实例四】。

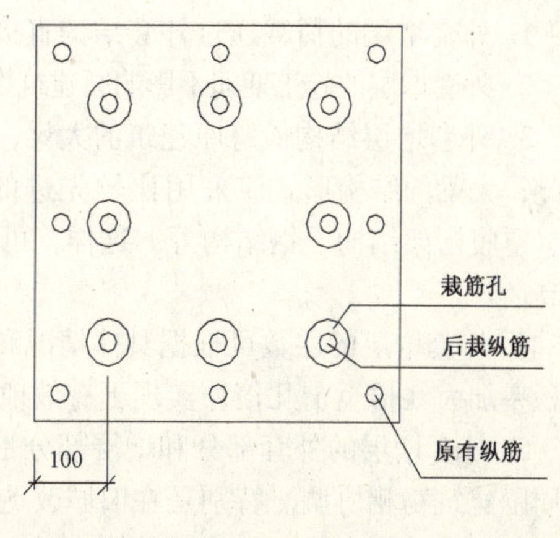

图5.3-1

三、其他结构形式的直接增层

底部全框架上部砌体的结构形式和多层单排柱内框架的结构形式，仅适用于非地震区，地震区可采用底部框架-剪力墙上部砖房或多层多排柱内框架的结构形式。

底层或底部两层框架-剪力墙结构，其底层或底部两层具有一定的抗侧力刚度和一定的承载能力、变形能力及耗能能力；上部多层砖房具有较大的抗侧力刚度和一定的承载能力，但变形和耗能能力相对较差。这类结构的整体抗震能力既决定于底部和上部各自的抗震能力，又决定于底部和上部各自的抗侧力刚度和抗震能力的相互匹配程度，亦即不能存在特别薄弱的楼层。震害调查和试验研究表明，当底层无剪力墙或剪力墙数量较少时，底部框架-剪力墙的震害集中在底部框架部分，且墙比柱重，柱比梁重。原因在于结构上刚下柔且底层地震作用相对较大，使底部框架-剪力墙变形过分集中而丧失承载能力。当底层设置的剪力墙太多时，一般为第二层墙体（即过渡层）破坏严重。因此，规范规定了层刚度比的控制值。

内框架结构由内部梁板柱框架结构和砌体外墙组成。这两种不同材料组成的混合结构，其抗震性能较差。砖墙弹性极限变形很小，在水平力作用下，随着墙面裂缝的发展，抗侧移刚度迅速降低，而框架则具有相当大的变形能力。震害表明砖墙破坏较重，且“上重下轻”，说明其上部动力反应较大。《建筑抗震设计规范》（GB50011－2001）取消了单排柱内框架结构，保留多排柱内框架结构。原因在于单排柱内框架结构的抗震性能更差些。因此，对内框架结构的增层更应慎重。

第四节 外套增层

外套增层即是在原建筑外设外套结构进行增层，增层荷载通过外套的结构构件直接传到基础和地基。

一、外套增层的特点

1. 外套增层的荷载通过外套结构直接传至新设置的基础，再转至地基。

2. 外套增层的施工期间不影响原建筑物的正常使用，即原建筑物内可不停产、不搬迁。

3. 外套增层结构横跨原建筑的大梁，一般跨度均较大，有的可达十几米，甚至更大。因此，大梁的结构形式应采用比较先进的技术，如预应力结构、钢混组合结构、桁架结构、空腹桁架结构、钢结构等。这样，可减小大梁的断面，相应减小新外套增层的层高和总高。

4. 外套增层的层数可根据具体情况和需要，几层至十几层，甚至更多。使建筑场地的容积率加大几倍至十几倍，实现更有效地利用国土资源。

5. 外套增层的外套部分和增层部分是完全新建的建筑，其建筑立面、装修风格等等可与周围建筑物相协调。特别是在旧城改造进行新的规划时，采用外套增层可满足城市规划的外观要求，提高城市现代化整体水平。

6. 外套增层不受原建筑的限制和影响，因此，可选用各种新的建筑材料和采用新的、先进的结构形式。

7. 外套增层与原建筑完全分开时，两者的使用年限的差别得到解决。原建筑达到使用年限需拆除时，不影响外套增层建筑的继续使用。

8. 外套增层结构与原建筑结构协同工作时，抗震计算较为复杂。目前，对这种结构形式的抗震性能的试验、研究还不够。

9. 外套增层结构的刚度沿竖向的分布是不均匀的。特别是首层较高时，形成了“高鸡腿”结构，首层与二层刚度突变，对抗震非常不利。选择增层方案、进行设计、确定节点构造时，应高度重视。

二、外套增层工程的结构体系

根据外套增层结构与原建筑结构的受力状况，可分为分离式结构体系和协同式受力体系。

1. 分离式结构体系

此种结构体系是原建筑结构与新外套增层结构完全脱开，各自独立承担各自的竖向荷载和水平荷载。如《规范》所述“增层部分为外套混凝土结构，新老结构完全脱开”。对某些原建筑物层数不多、结构较薄弱（如砌体结构）的情况，采用此种结构体系。此时，外套结构“鸡腿”较短，结构竖向刚度均匀性较好，增加的层数可多些，原建筑物结构与新外套增层结构的使用年限不同的问题可以得到解决。见图 5.4-1 和图 5.4-2。外套增层框架柱“鸡腿”计算长度，应按《规范》的有关规定执行。

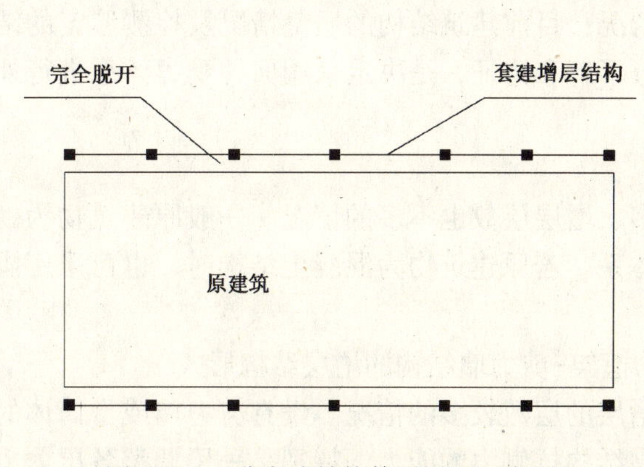

图 5.4-1　分离式结构体系平面示意图

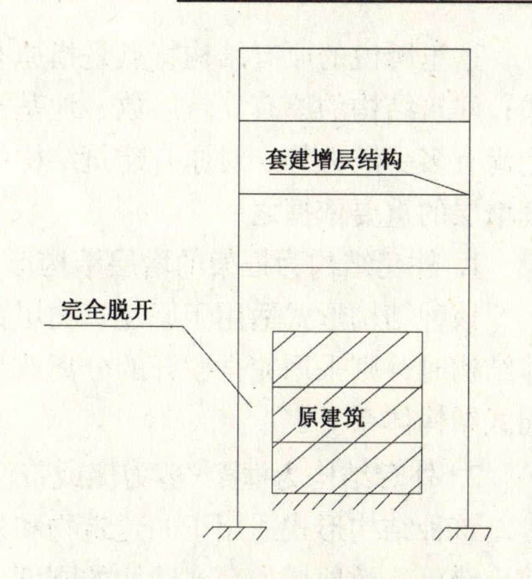

图 5.4-2　分离式结构体系剖面示意图

2. 协同式受力体系

此种体系是原建筑结构与新外套增层结构相互链接。根据链接节点的构造，可形成铰接链接和刚接链接。

原建筑结构与新外套增层结构均为混凝土结构时，链接节点只传递水平力，不传递竖向力。即原建筑结构、新外套增层结构各自承担各自的竖向荷载。在水平荷载作用下，两者协同工作，此链接为铰接。如《规范》所述，"新老结构均为混凝土结构，新结构的竖向承重体系与老结构的竖向承重体系互相独立，新结构利用老结构的水平抗侧力刚度抵抗水平力"。

原建筑结构与新外套增层结构均为混凝土结构，链接节点传递水平力，也传递竖向力。原建筑结构与新外套增层结构共同承担竖向荷载和水平荷载，组成了新的结构体系，此链接为刚接。见图 5.4-3。

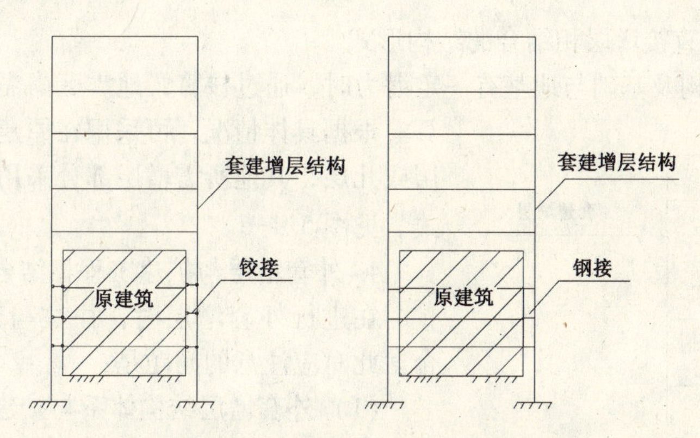

图 5.4-3　协同式受力体系剖面示意图

三、外套增层的结构形式

《规范》指出"应根据原有结构的特点、新增层数、抗震要求等因素，采用框架结构、框架—剪力墙结构或带筒体的框架-剪力墙结构等形式。"

这里所说的原有结构特点是指原有结构体系是砌体结构、框架结构，还是其他结构形式；建筑结构的原有建筑层数、地基基础状况；目前建筑结构的质量情况及检测鉴定的结论尚有多少潜力等。对原有建筑结构的充分了解和论证，是决定采用何种受力体系进行外套增层的重要依据之一。

1. 外套结构为框架的增层结构形式

该种结构形式适用于原建筑物层数不多、增层层数也不多的情况。一般原建筑物为砌体结构时，则采用完全脱开的分离式结构体系。若原建筑物为混凝土结构时，也可采用协同式结构体系。

2. 外套结构为框架-剪力墙或带筒体的框架-剪力墙结构的增层结构形式

该种结构形式适用于原建筑物和外套增层的层数较多的情况。设有剪力墙或带筒体的剪力墙可有效地增加套建结构的刚度，提高结构抗侧力的能力。特别是采用调整各层剪力墙的数量或改变其尺寸的办法，使外套首层与其上各层的刚度不产生突变。见图5.4-4及图5.4-5。

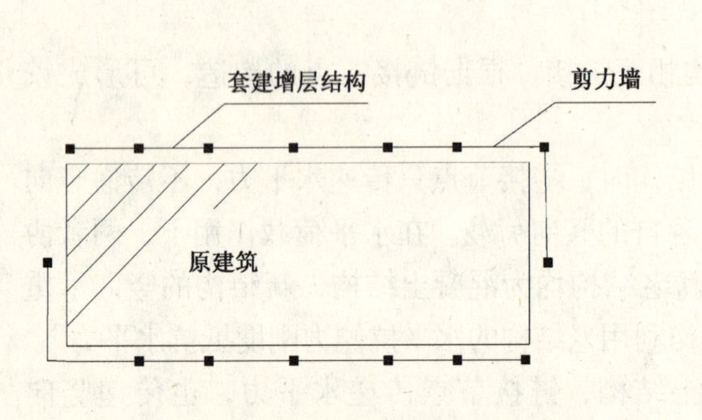

图5.4-4　套建框架-剪力墙结构

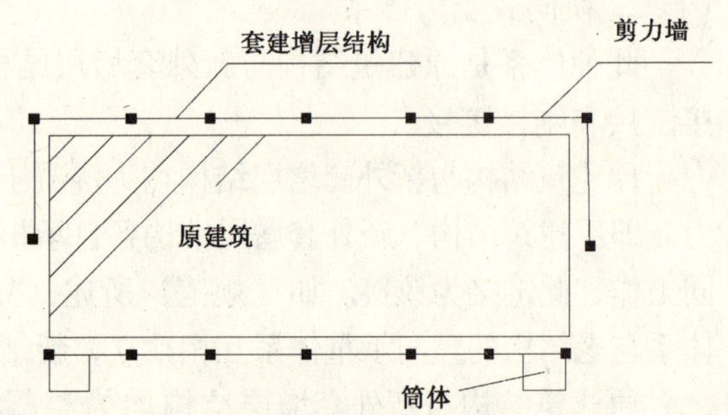

图5.4-5　套建框架-带筒体剪力墙结构

3. 外套增层与直接增层相结合的结构形式

当原建筑物结构及基础与地基有一定潜力时，通过核算，地震区尚需通过抗震整体计算。根据具体情况，可采用在原建筑上直接增加一层或几层，其他所需增层部分采用外套增层结构形式。见图5.4-6。

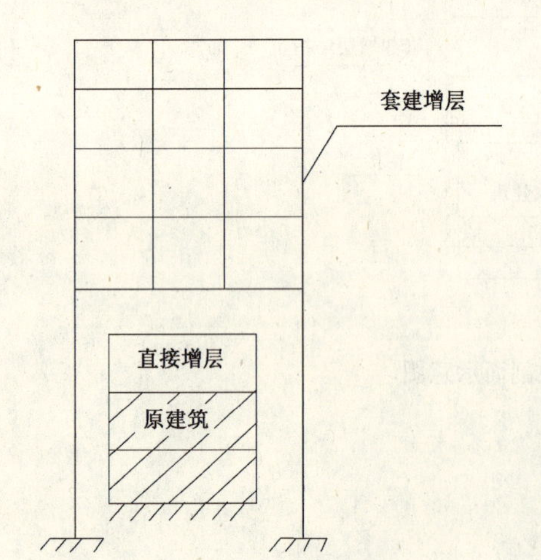

图5.4-6　外套与直接增层相结合

4. 外套增层与扩建工程相结合的结构形式

在进行外套增层时，往往与建筑物扩建相结合。此时应注意的问题是：

（1）外套增层结构体系与扩建工程结构体系应协调，平面布置应保持对称性，不可造成较大的偏心，防止整个结构在水平力的作用下扭转。此种形式的外套框架底层是结构体系的薄弱部位，应采取措施，加强此薄弱部位与两端扩建部分的连接。见图5.4-7。

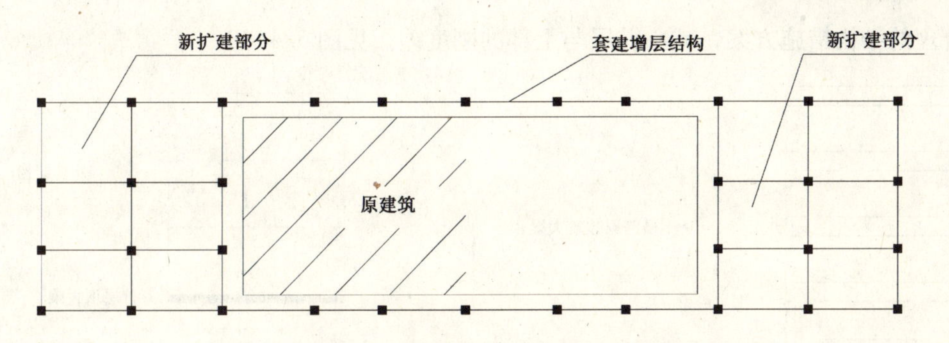

图5.4-7 外套增层与扩建工程相结合形式

(2) 外套工程与扩建工程由于受到条件限制，不能使结构布置较为对称时，应该在外套工程与扩建工程间设缝分开。根据具体情况，此缝可为沉降缝或防震缝。见图5.4-8。

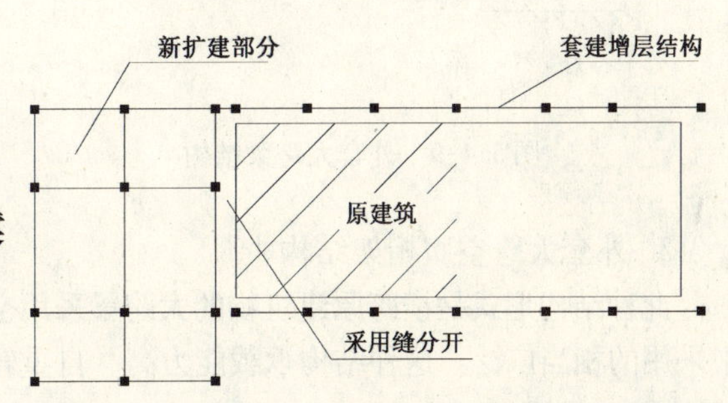

图5.4-8 设缝将外套增层工程与扩建工程分开

四、工程中各种外套增层结构方案

随着国家建筑业的发展，建筑材料、施工技术、计算软件、抗震的理论研究等各方面都有了长足的进步和发展，为建筑物外套增层提供了极好的技术环境。外套增层工程的设计理念、抗震计算、结构形式、节点构造等都有了较成熟的经验。近些年又有了较多的工程实践，使外套增层的结构方案得到了发展和进步。

1. 外套大跨梁结构方案

外套大跨梁结构形式见图5.4-9。

此种结构形式是外套结构的每一层均设大跨梁。大跨梁横跨原建筑物，设有纵向框架梁。因为梁的跨度大，一般均超过10m，所以必须采用先进的技术，如预应力技术、组合结构技术等，以加大梁的承载能力，减小梁的断面和变形。因这些技术都是比较成熟的，因此，目前此种结构形式采用的比较多。

如原中南建筑设计院的两栋三层住宅采用此种结构形式，外套增至7层，取得了增加使用面积1.3倍的良好效果。

此种结构形式的缺点是各层横向梁断面相对较大。为满足使用要求，必须加大层高和总高，投资较高；同时，此种外套结构的首层较弱，极易造成强梁弱柱现象，对抗震不利。

2. 外套框架内柱不落地结构

此种结构形式的外套框架柱落地，首层顶为大跨梁，其以上各层根据需要设单排、双排或多排内柱。内柱不落地，落在首层大跨梁上。即内柱荷载通过大跨梁传至外套框架柱，再传至基础、地基。此种结构的优点是首层以上各层框架梁的跨度减小了，梁断面减小了，可降低增层的层高和总高。但首层大跨梁的荷载大，处理难度加大；同时，上部结构的刚度大了，加大了首层与上部的刚度差，对抗震不利。

采取此结构形式时，首层大梁可采用先进的钢混组合结构、空腹桁架结构等；同时，采取合理的结构措施方案，减小首层与上部的刚度差。见图 5.4-10。

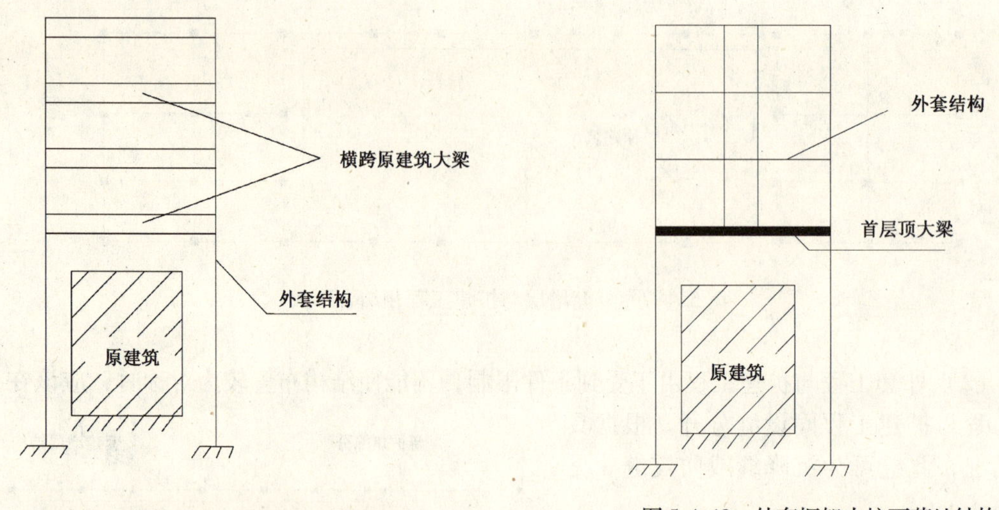

图 5.4-9　外套大跨梁结构　　　图 5.4-10　外套框架内柱不落地结构

3. 外套大跨空腹桁架结构

此种结构形式是横跨原建筑物的大跨梁采用空腹桁架。空腹桁架技术成熟，在工业建筑中采用的相当广泛。这种结构承载能力高、自重轻，其高度可设计为一个层高。空腹桁架梁可填充轻质材料做隔断墙。这种外套增层结构总体自重轻，节省建筑材料。见图 5.4-11。

4. “吊”内柱式外套增层结构

此种结构形式是外套框架结构的内柱不落地，将内柱“吊”在外套增层框架顶层梁上，所以，顶层梁承受较大的荷载。这种结构形式的优点是减小了外套首层大梁的荷载，使该梁的断面尺寸减小，防止了强梁弱柱现象出现。但因顶层梁的荷载加大，梁需加强，使外套框架中心提高，不利于抗震。所以，这种形式应用在非地震区较好；也可与其他结构形式结合优化，用在地震区。见图 5.4-12。

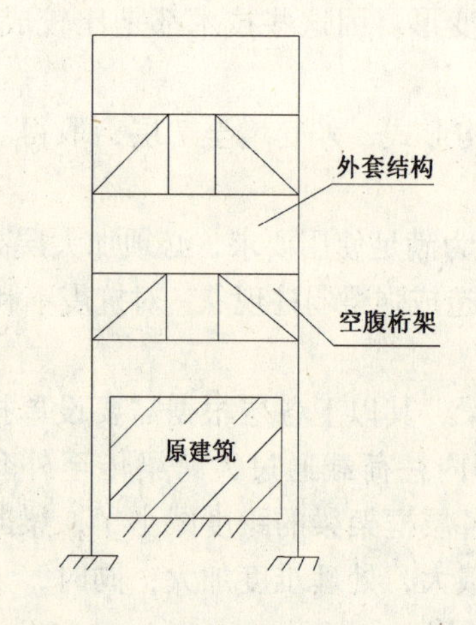

图 5.4-11　外套大跨空腹桁架结构

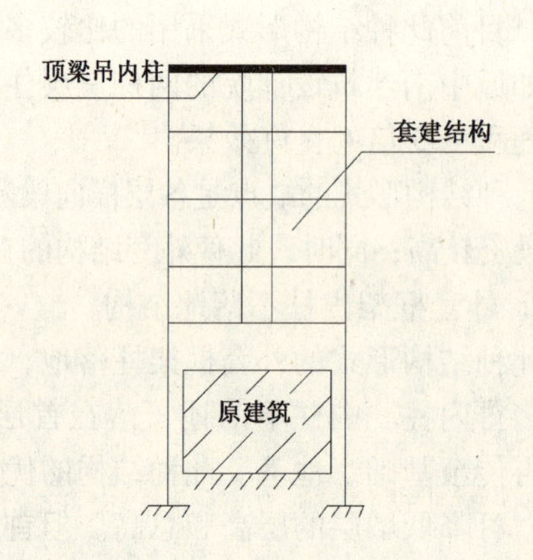

图 5.4-12　顶层梁“吊”内柱

5. 外套钢结构增层结构

钢结构抗震性能好，构件轻巧，施工速度快，总体重量轻，是外套增层的比较好的结构形式，能取得较好的增层效果。但是用钢量大，造价较高。北京日报社较早地采用了钢结构外套增层结构，实施效果很好。北京日报社原为4层砌体结构，外套增至8层、局部9层 。采用钢混组合结构柱，22m跨钢结构大梁，采用主次梁结构，钢板底模现浇混凝土楼板，大直径一柱一桩基础。

6. 底层扩建式外套增层结构

此种结构形式是首层横向向两侧各扩建一跨带剪力墙的框架结构。根据使用需要和结构受力需要确定设置的层数。由于这种结构首层外套柱的数量增多，计算的高度减小，又有剪力墙，所以外套首层结构的刚度加大，避免了“长鸡腿”。当然，这种结构的实施必须是在原建筑物横向有适宜场地。见图5.4-13和图5.4-14。如果有可能，可采用外套与扩建相结合的方式，更为合理，更为经济。

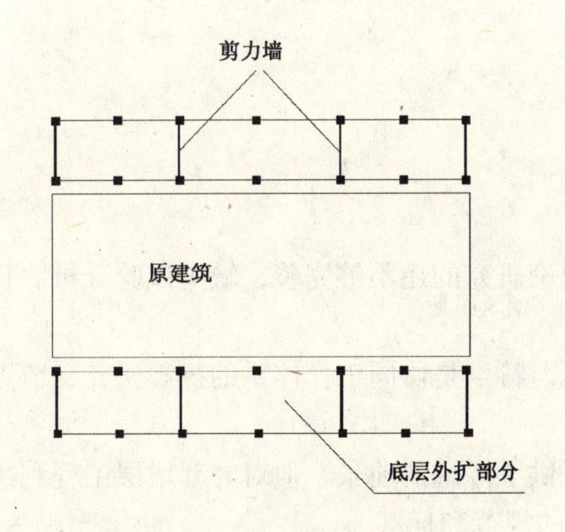

图5.4-13　底层扩建外套增层平面示意图

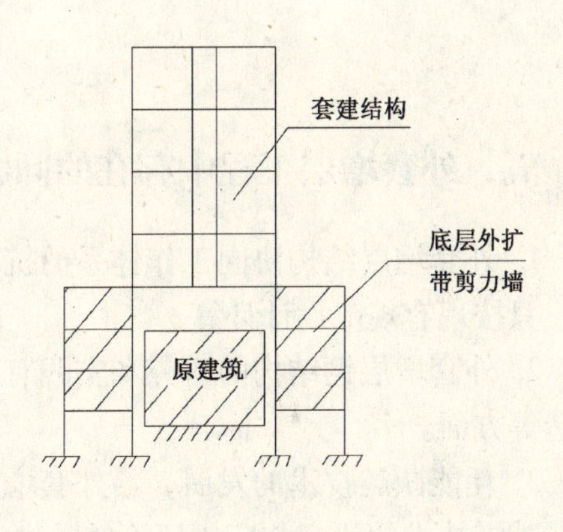

图5.4-14　底层扩建外套增层剖口示意图

7. 外套框架内增设筒体增层结构

此种结构形式适用于原建筑物较高，要求增加层数又较多的情况。做法是原建筑结构外周外套框架增层。为满足结构抗震的需要，减小首层结构刚度与上部结构刚度相差悬殊的情况，在原建筑物内部增设筒形剪力墙。外套采用钢结构，水平力由抗侧力构件——混凝土筒体承担。至于筒体的大小、结构尺寸由功能及抗震计算确定。此种结构形式必然由于筒体的施工影响建筑物的正常使用。筒体基础和地基的处理，与原建筑物的相互影响，以及与原建筑物的连接应慎重处理。见图5.4-15。

美国的Julsa Oklahoma的中州大楼就是采用原大楼内增设内筒的形式，在大楼16层以上，又增加21层，成为世界增层层数最多的工程。不过，该工程不是采用外套结构，而是由新增的内筒悬挑做增层结构。

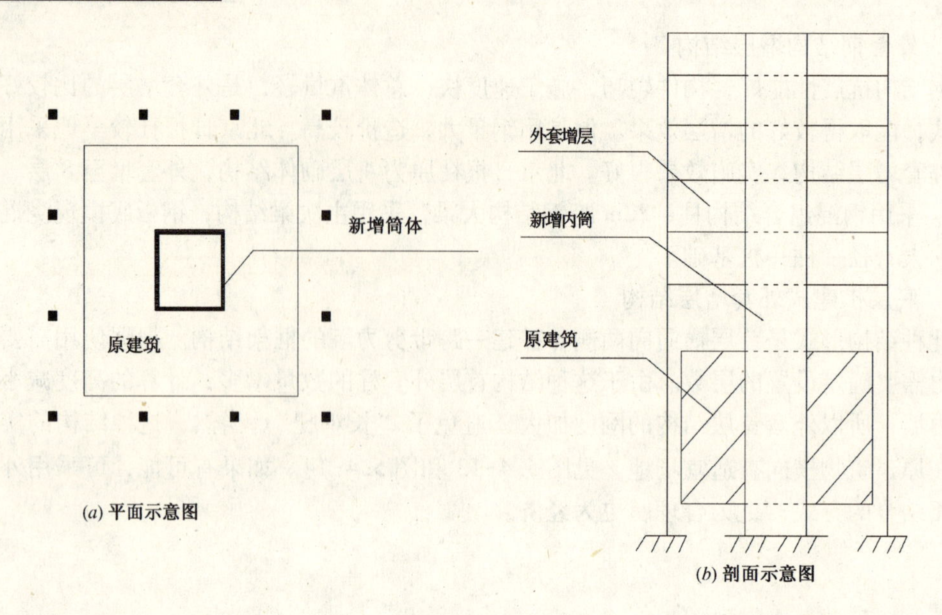

图 5.4-15

五、外套增层工程中存在的问题

1. 外套增层结构协同工作体系的抗震设计理论研究的还不够完善，缺少试验分析。目前，只按现有规范设计计算。

2. 外套增层钢结构的研究和实践有待于加强，特别是协同工作体系的抗震研究、节点构造等方面。

3. 耗能减震技术的发展，给外套增层工程提供了广阔的前景。但对外套增层工程利用耗能减震技术的研究与应用还不够，也没有相关的规范和标准。

外套增层工程实例　　表 5.4-1

序	工程名称	工程概况	面　积	备　注
1	新乡百货大楼外套增层	采用35m跨组合钢桁架梁外套框架增层，由2层增至6层	面积由 $2000m^2$ 增至 $11000\ m^2$ 面积增加4.5倍	增层时间为1989年
2	北京日报社业务楼外套增层	原为4层砌体结构，外套增至8层局部9层。采用钢混组合结构柱，22米跨钢结构大梁，楼采用主次梁结构，钢板底模现浇混凝土楼板，大直径一柱一桩基础	面积增加1倍多	
3	兰州铁一局招待所外套增层	采用完全分离式套建增层，新增部分采用大直径灌注桩基础，由2层增至7层	面积增加2.5倍	
4	上海交通银行大楼外套增层	增层结构采用框架，由5层增至15层	面积增加2倍	

续表

序	工程名称	工程概况	面　积	备　注
5	哈尔滨医科大学临床医学院实验楼外套增层	原为四层砌体结构，采用全分离式外套增至15层。外套框架大梁采用预应力混凝土梁	面积由7200 m^2 增至32000 m^2，增加3.4倍	
6	哈尔滨工业大学动力楼外套增层	原为两层砌体结构，外套增层4层。外套框架采用预应力混凝土大梁、普通混凝土柱。边柱采用了变截面做法。原建筑物顶增设一层预应力混凝土平板，承担施工荷载和3层的使用荷载	原面积3900 m^2，面积增加2倍。	
7	中石油天然气总公司地球物理勘探局涿州办公大楼外套增层	原为4层砌体结构，外套增层7层，成共11层的建筑	面积增加约0.7倍	
8	武汉铁道四院勘测设计院外套增层	原建筑为20世纪50年代的4层砌体结构，外套框架增至10层	面积增加1.5倍	增层时间为20世纪90年代
9	四川绵阳市药店办公楼外套增层	原为砌体结构，外套框架增层至11层	面积增加0.7倍	增层时间为20世纪90年代
10	远东商务楼外套增层	厚9层框架结构，外套增层6层共15层。采用协同受力体系。套建部分增加剪力墙作为抗侧力构件。横跨原建筑的大梁采用预应力混凝土结构，新外套框架柱采用桩基础	面积增加0.7倍	

第五节　室内增层

目前，在既有建筑中的增层，其形式多种多样，有在既有建筑的外部增层，也有在既有建筑的内部增层，即室内增层。室内增层中，既有在室内地面以上增层，也有在室内地面向下增层，即地下增层。济南客站原候车室的增层改造，是室内增层的好例子（详本章第8节的工程实例），本节仅以其他三个工程实例来说明室内增层的采用情况。

［实例一］　某工程原为烧煤锅炉房，为某单位办公区和住宅区冬季供暖。由于改成由热力网供暖，该锅炉房已弃之不用。为物尽其用，缓解到该单位出差人员的住宿难问题，同时也为增加本单位的经济收入，决定将其改造为已有招待所的一部分。

既有锅炉房为一层砖混结构，跨度10.2m，净高6m，开间6m。设计时未考虑抗震问题。因此，加层设计时，结合抗震加固，在房屋内部的纵向和横向均加抗震砖墙。加层后，两层的层高均为3m。

本工程的关键问题，在于处理好新旧墙体之间的连接和原有外墙与新加楼板之间的连接构造。

新旧墙体之间的连接，采用在原有外墙上打孔栽钢筋，通过新旧墙体之间的后加构造柱，与新加墙体连接成整体。新加楼板与墙体之间，也采用在原有外墙上打孔栽钢筋的办法，使两者连接成整体。

［**实例二**］　该工程原为某工厂建厂时的临时性仓库，工厂建成后，其使命亦即结束。为解决在该厂上班的单身职工的住宿问题，决定将其改建为单身宿舍。

该单层单跨仓库长近50m，跨度14m，净高9m，砖墙砖柱到顶，屋顶为由角钢焊接而成的三角形屋架，钢檩条上铺石棉瓦。

工程改造后，成为3层宿舍楼，中间走道，两边房间，并增设楼梯间、男女厕所、盥洗室。房间均采暖。原来的外墙及屋顶均保留，新增楼板、墙体及其基础，屋顶加保温层及防水层，预防上部石棉瓦漏水。

本工程比较麻烦的问题在于外墙和外窗。原外墙厚240mm，支承屋架的砖柱为490mm×490mm。改造后，外窗沿竖向的位置均须符合3层宿舍的要求，外墙厚度也应达到370mm。因此，施工中不可避免地要凿去一部分墙体、填砌和贴砌一部分墙体，对施工的要求比较严格。

［**实例三**］　某单层钢筋混凝土工业厂房，跨度15m，开间6m，屋顶为双坡屋面梁大型屋面板，至梁下的净高5.6m。要求在房屋内部增加1层，改变为2层办公用房。

由于原有厂房柱为工字形截面柱，室内加一层后，新加梁与原有柱相交处，如做成刚性节点，则原柱的纵筋和箍筋均不足，加固亦较困难。如做成铰接节点，则在原柱上打孔栽钢筋也较困难。最后决定：新加结构与原结构脱开，自成体系，新加结构为一层现浇钢筋混凝土框架结构，其上的二层部分，所有墙体包括吊顶，均采用轻钢龙骨石膏板。建成后经使用效果不错。

第六节　地 下 增 层

一、地下增层工程的重要性

1. 我国城市交通与人口现状

改革开放以来，我国城市道路建设和公交发展较快，从1978年至1993年，城市道路面积和长度分别增加3.7倍和2.9倍，人均道路面积从3.4m^2 增至6.5m^2，公交车辆和线路长度分别增加2.4倍和2.8倍，而城市汽车却增长了5～7倍，近几年汽车增长速度普遍在15%～20%，个别城市高达30%以上。

2006年，北京市上半年销售机动车32.8万辆，比2005年同期增长19.1%，2006年上海机动车上牌数达6.1万张，比上年同期增长30.81%；在南京新增机动车2.9万辆，私家车和公车分别比2005年同期增长了53%和38%；深圳为8.9万辆，增长率达20%；在广州1990年市区机动车保有量为25.1万辆，2000年69.2万辆，10年增加了31.8倍，

2000 年小客车增长到 17.4 万辆，比 1995 年增长 35.6 倍，随着外围城市的发展，2000 年外围境界线出入口全日交通量约为 40 万辆，比 1990 年年均增长 14.3%。其中外地车辆占 62%，市区主要路口白天 12h 交通量超过 10 万辆。

中国城市化在 20 世纪 90 年代飞快发展，到 1999 年底，全国城市数量达到 667 个，城市市区非农业人口达到 26018.5 万人，还有相当大一部分农业人口务工人员，他们与城市人口相比，有的城市已达到甚至超过 1:2 的比例。

据统计，1949 ~ 2000 年 11 月第五次人口普查时，中国城市人口从 5765 万人发展到 45844 万人。增长了 6.95 倍，城市人口占全国人口比重 36.22%，增长了 2.4 倍，在北京、上海、深圳等城市 1990 年以来的增长率均在 25% 以上。

由于城市人口增多，城市道路建设无法满足车辆增长的需要，各大中城市堵车现象越来越突出，在上海，1985 年市区平均车速为 19.1km/h，1990 年为 17.5km/h，1993 年为 14km/h，城市中心区高峰小时平均车速 11km/h，与年轻人骑自行车的速度相当，2000 年后，北京、广州、深圳等城市上下班高峰期堵车已属正常，严重时每小时车速达不到 5km，其他大中小城市也有不同程度的堵车现象，据调查表明，2001 年城市乘公共公交通的出行速度平均为 8km/h，低于自行车。

2. 我国城市人均用地形势严峻

有关部门统计，我国 664 个城市，城镇居民人均用地已达到 $133m^2$，超过国家关于城市规划建设用地的最高额 $100m^2$ 的 33%，而世界上发达国家人均城市用地是 $82.4m^2$，大大低于我国的平均水平，我国城市的平均容积率为 0.33，而国外一些城市的容积率一般都在 2.0 以上，我国香港的容积率是 2.0。

我国是土地资源严重紧缺的国家，但我国大中小城市马路可称得上世界上最宽的国家，有些县城的街道宽达几十米，我国人均汽车拥有量却远远低于发达国家，根据 1995 年城市建设统计年报，全国 640 个城市建设区 $19264.2km^2$，空闲土地按 10% ~15% 计划，这些城市用地潜力达 1926 ~ 2890 平方公里，若按国家颁布的城市规划地指标城市人均用地 $10m^2$ 计算，可安排城市人口 1926 ~ 2980 万人。

我国未来二十年是重要发展战略机遇期，在相当长的时期内将维持较快的发展势头，至 2020 年，城镇人口增长 3.26 亿，城市化水平将在 55% ~60% 之间，到时我国将成为以城镇人口占多数的城市型社会。到 21 世纪中期，我国城市化率可望达到 70% 以上，相当于美国 20 世纪 70 年水平，城镇总人口将超过 10 亿，成为一个高度城市化的国家。

人多地少是中国的基本国情，1990 ~ 2004 年全国城镇建设用地面积由近 $1.3km^2$ 扩展到近 3.4 万平方公里，同期全国 41 个特大城市主城区用地规模平均增长超过 50%，人均耕地面积已经由 1996 年的 1.59 亩下降到 2003 年的 1.43 亩，仅为世界平均水平的 1/3。按城市化建设发展速率推算，到 2020 年，人均耕地将下降到 1.2 亩以下；到 2050 年，我国城市人口将达到 10 亿左右，将新增耕地 1 亿多亩，到时我国耕地资源将无法承受耕地资源继续减少的严峻现实，已成为需要认真关注的最大问题。

3. 开发地下空间的必然性

城市人口的急剧增长，车辆的快速增加，交通拥护问题越来越严峻，城市发展与可为城市发展提供的用地之间存在着巨大的矛盾，为了能够适应日益加快的城市发展速度，用有限的土地取得合理的最高城市容量，同时又能保持开敞的空间、充足的阳光、新鲜的空气、优美的城市景观及大面积的绿地和水面，同时又能为城市居民提供良好的居住和工作场所，必须合理地开发和利用地下空间。由于地下空间的开发利用，为解决城镇化与城市发展过程中起到积极作用，地下空间的利用为建设资源节约型和环境友好型社会提供科技支持。城市地下空间是城市里一个十分巨大而丰富的空间资源，地下空间的合理开发对于缓解城市中心区密度过高起到明显的作用。世界各国地下空间开发利用的实践证明，交通设施、商业设施、文化娱乐、体育设施、市政基础设施、防灾设施、储存设施以及生产设施、电源设施、研究实验设施、会议展览及图书馆设施等均可转入地下空间。世界上较发达国家，如瑞典、加拿大、挪威、芬兰、日本、美国和俄罗斯等国，在城市地下空间利用领域已达到较高的规模和水平。各个国家的城市工业地下空间开发利用在其发展中形成了各自独有的特色。伦敦、巴黎、纽约等城市地铁的建设支撑了大城市地面高强度城市开发的交通要求，而东京、香港的地铁以及地铁相联系的地下步行通道、建筑地下室商业开发已经构成了一个巨大的地下交通和商业网络。

地下空间开发利用是提高城市土地利用效率、缓解城市中心密度、人车立体分流、扩充基础设施容量、减少环境污染、改善城市生态最为有效的途径。只有地下空间开发利用，才能真正地解决我国城市交通拥挤、停车难的问题，还可提高城市人均土地率，保护我国土地耕地量，将地下空间作为城市的战略性空间资源，把地下空间的开发作为城市建设的一个整体化来实施，使其得到充分的开发与利用，这是一件利国利民的大好事。

城市发展由地面向地下空间利用延伸，部分城市功能转入地下，这将是城市发展的必然趋势，也是衡量一个城市现代化的标志。城市地下空间开发利用，始于20世纪50年代，目前一些发达国家在地下空间开发利用上已有较大的规模，有的发达国家已开始尝试发展利用100m的深层地下空间，不少发展中国家也逐渐将城市发展的目光投向了地下空间开发利用。

地下空间开发充分利用城市土地资源，对城市社会经济的可持续发展具有重要意义。调查显示，北京市区地下空间开发利用20749处，面积1865万平方米，几乎相当于20世纪50年代初北京全城的建筑面积。据专家推算，北京市按10m深开发利用地下空间，其空间资源为19.3亿立方米，可供6.4亿平方米的建筑面积，发展潜力非常大。但是，地下空间的开发必须考虑建筑经费、地质安全以及经济效益等综合因素，应逐步形成以地铁、车道以及人行道等交通骨架，以中心区为主体的城市地下空间体系，将商场、文娱等带入地下，腾出地面加以美化、绿化，扩大城市的开放空间。

4. 地下增层是地下空间开发不可缺少的环节

开发地下空间建造城市地下道路，地铁、停车场、商场、文娱设施等，无论是人防工程还是普通地下工程，如果彼此不连通，将会产生救灾不便、效益单薄等，实现相互连通极为重要和必要，既能发挥规模效益、功能互补，也可方便转移。但是要连通地下空间，要增加小区配套停车场、增加商业中心配套停车场等，这些都必须要进行既有建筑物的地下增层。建筑物通过地下增层与地下设施有机连接起来，对城市人群分流、交通畅通、停车场问题的解决将起到良好的作用。

地下增层是在旧房改造方面拓展思维，在不拆除建筑物、不破坏原有环境以及保护文物的情况下，将既有建筑物无地下室或地下室不足进行地下空间开挖，达到建造新的地下空间以及地下遂道等，能合理解决新老建筑结合和功能拓展，解决与新建地下空间连通，符合现代城市建设以及人文关怀等新的理念。

地下增层是发展地下工程技术和采用各种托换加固技术，提高建设、规范和管理的科技含量，提高城市地下空间开发利用的现代水平，加强地下增层与地下工程技术的研究，创造各种技术条件，提高地下空间开发质量，是一项充分发挥旧楼余热、改善旧楼使用环境、实现以人为本的城市化地下空间建设的有力保障，是地下空间开发利用不可缺少的重要环节。

二、地下增层技术的应用

1. 我国地下空间开发与利用

我国地下空间的利用始于西北的窖洞，20 世纪 30 年代大规模建设了一批抗日战争中城市的人防工程，还有一批 1960～1970 年代紧急战备期间建造的低标准人防设施，但其使用价值不高。近年来，因城市建设或质量被拆除或报废的人防工程近 800 万 m^2，其中建设需要拆除的约 600 万 m^2。

目前全国建成人防工程近 3500 万 m^2，如大连市火车站前的不夜城是我国目前最大的地下商场，建筑面积达到 147000m^2，广州火车站前广场的地中海地下商场以及近年来广州地铁建设将沿线人防工程建设成商业街。英雄广场地下的流行前线、世纪大道地下的康王路地下商业街、人民公园南的地铁换乘站的地下商业开发。北京、上海、天津、深圳、沈阳、南京、青岛、佛山等城市地铁的建设与筹划，无疑是城市中心区大规模改建加快了新一代地下空间开发利用的速度，如北京西单文化广场、东直门和西直门交通枢纽、上海静安寺广场等。

我国大中城市地下空间开发起步较晚，各地修建了一定规模的地下建筑和设施，包括人防、地铁、地下停车场、地下仓库、市政公用设施等，对地下空间的开发，受旧开发观点以及地下工程技术的制约，虽具有一定的开发规模，但缺少统一规划，缺少整体性、系统性，互不连通等缺点，影响了城市建设与地下空间的综合利用与发展，造成了地下资源的极大浪费，大量的建筑物无地下空间开发利用，或者仅浅层开发为一层地下室，无法满足因人口增长、车辆增多而引起的交通拥挤、停车难。

2. 地下室逆作法技术应用

逆作法是建造多层地下室，多层地下结构的有效施工办法，在国内外施工中已广泛得到运用，如日本读卖新闻社大楼 6 层地下室，美国芝加哥水塔广场大厦 4 层地下室，法国巴黎弗埃特百货大楼 6 层地下室等都是逆作法施工的。20 世纪 80 年代我国开始在多层地下室的施工中采用逆作法，如上海电信大楼 3 层地下室，上海明天广场的 3 层地下室，海口国际金融大厦 2 层地下室，广州名盛广场 5 层地下室，广州琶洲跨国采购中心 4 层地下室等的施工，据不完全统计，我国已完成地下逆作法施工达 60 余项。

随着逆作法的技术进步与推广应用，我国国家标准已将逆作法施工的条文编入《建筑地基基础设计规范》（GB5007—2002）和冶金部行业标准《建筑基坑工程技术规范》（YB9258—97）中，虽然规范中相关条文较少，但可以说明该技术已日益受到关注。

地下室逆作法施工是充分利用地下室的梁、板、柱和外墙结构作为基坑围护结构的水平支撑体系和围护体系。逆作法施工时，按逆作法基准层以下各层地下室自上而下施工，基坑土方开挖借助于地下结构自身的水平支撑能力对基坑产生支护作用来保证，充分利用各层楼板的水平刚度强度，使各层楼板成为基坑围护体系的水平支撑点，利用基坑不同方向压力的自相平衡来抵消对基坑壁的不利影响，所以在施工时先施工楼板再挖楼板下面的土体。由于楼盖的巨大水平刚度，对围护结构的支撑是基坑支护中最为可靠的结构体系，施工时先施工周边地下连续墙体结构，同时在建筑物内部的有关位置浇筑或打下中间支承桩和柱作为施工期间的底板，封底之前承受上部结构，然后施工地面一层的梁板结构作为地下基坑围护体的水平支撑，逐层向下开挖土方和浇筑各层地下结构直到底板浇筑完毕。

随着地下空间的开发与利用，地下室逆作法技术，将不断地得到完善和发展。地下逆作法技术提高与创新，是解决地下增层技术的关键。广州琶洲跨国采购中心由地下三层增加一层就是有力的实例。在广州琶洲跨国采购中心逆作法的施工中，原设计为地下室3层，因业主要求增加一层地下室，故在已完成3层地下室施工后再增加1层地下室形成二次逆作施工，后来采用向下加固桩体作为地下4层的支柱，解决了二次逆作法施工的技术问题，这些行之有效的经验为开拓地下室向下增层拓展了思路。

3. 地下增层的技术现状

随着地下逆作法施工技术的发展，地下增层技术有了很大的提高，但有关地下增层的技术问题尚处在初步阶段，关于地下增层的施工，仍方兴未艾。在北京、上海、广州等地有较多小型别墅增一层或半层地下室，但采用直接增层的工程技术难度小，普遍的增层工程原结构条件较好，土质较好无需要托换技术处理，直接完成了地下增层。

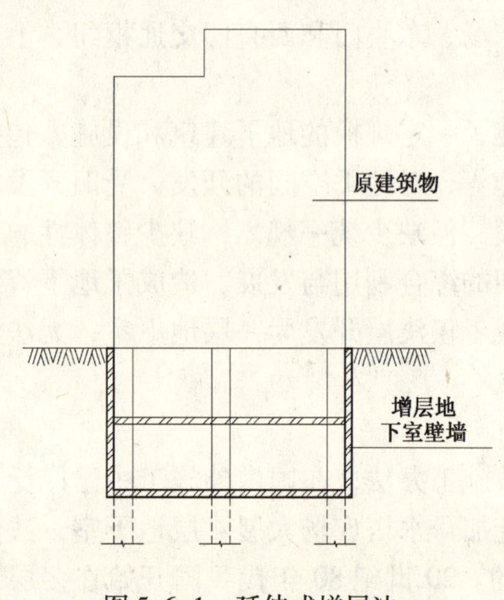

图5.6-1　延伸式增层法

地下增层是一项复杂的技术过程，它包含了对原建筑物的基础托换、置换、开挖以及室内新构件制作与旧构件连接等一系列的技术问题，这些技术问题单独运用较为成熟，但综合运用完成的地下增层由于受经济价值的因素影响，使很多建筑物需要地下增层而望闻止步；同时，由于安全因素的考虑、规划等行政因素，真正通过综合技术应用而实现地下增层的工程实例不多。但随着土地价格和房价上涨，地下增层将不再受经济上的制约，行政管理将作为地下增层开发地下空间的有力手段，地下增层技术将会得到更大发展，并将在建筑物的改造中得到广泛应用，通过地下增层，大量改善和美化人类的住行环境。

三、地下增层技术

1. 地下增层工程分类

地下增层工程可分为延伸式增层法、水平扩展式改建法、混合式增层法、原地下结构空间改建加层等。

（1）延伸式增层法也叫直接增层法，是将建筑物地下室通过地下增层直接在建筑物底下向下延伸。这种增层方式不占用建筑物周边地下空间，但由于这种增层方式受建筑物本身原结构条件的制约，增层空间受到建筑物的限制，较小占地面积的建筑物增层后使用功能将可能不太完美，而且造价会较高。

（2）水平扩展式改建法是在建筑物的周边充分利用建筑物周边空地，将空地增加地下室，这种增层方法需占用建筑物周边地下空间，很少受建筑物本身原结构条件的制约，增层空间根据周边环境情况设计，相对延伸式增层法来讲增层造价要低一些。该方式通常将地下增层和地上增层有机结合，可形成建筑物的外扩式建筑结构。

（3）混合式增层法又叫综合增层法，是将水平扩展改建法和延伸式增层法综合运用，既利用建筑物下面空间，又利用建筑周边地下空间进行地下增层。这种增层方式可将建筑物增层后的地下层变得宽敞，充分利用有效的地下空间资源，是较好的地下增层方式。

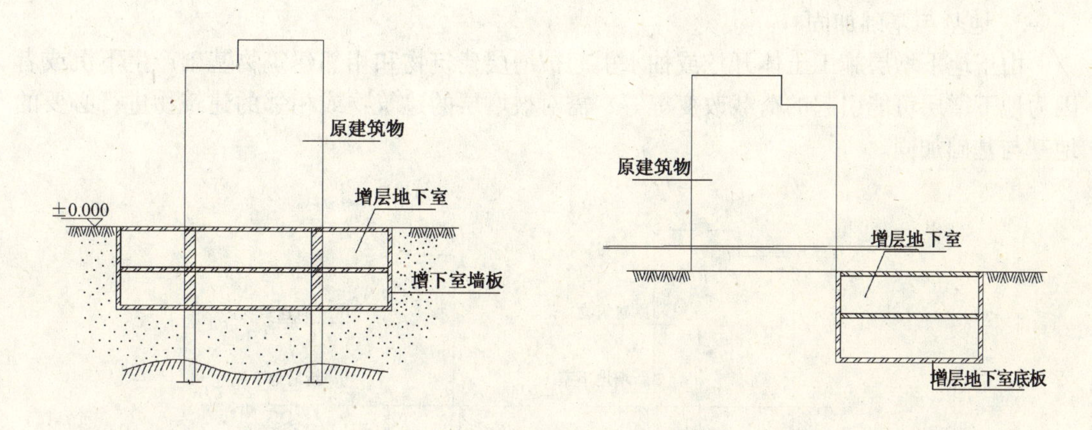

图 5.6-2　混合式增层法　　　　图 5.6-3　水平扩展式改建法

原地下结构空间改建加层是在原有地下室结构内加层，向外扩建或增层或向下延伸或增层等增层方式，该方式是增加原地下室的面积而采取的有效增层措施。

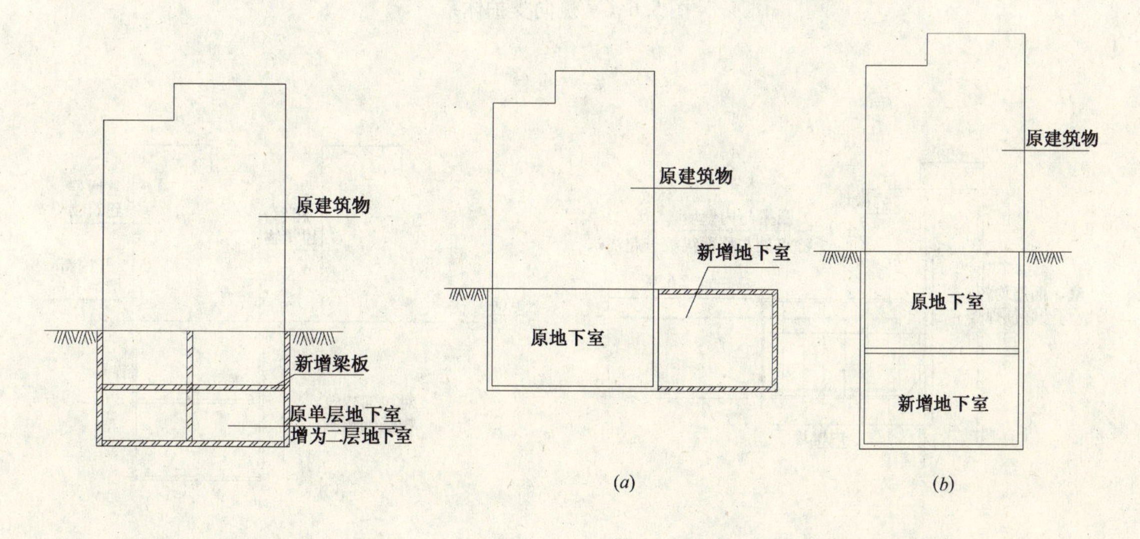

图 5.6-4　地下室室内增加一层

图 5.6-5

（*a*）向外扩建式增层；（*b*）向下延伸式增层

2. 地下增层结构的托换与加固

为确保现有建筑物的安全，地下增层应充分考虑地下增层对既有建筑物的影响程度，一般情况下，增层前对既有建筑物的托换与加固是地下增层不可缺少的工作内容，这些工作包含：侧向支护、地基与基础加固、结构加固、基础托换等。

侧向支护：为了避免或减少因地下增层施工时、土体位移与变形造成对建筑物的影响，从而在既有建筑物基坑开挖周边或柱间进行支护，形成支撑或支护墙体承受施工引起的侧向土压力和地基差异变形。对于基坑周边支护问题，可通过局部成桩相切或其他方式形成地下连续墙体，将挡土、挡水及承重三合一的作用及整体刚度大的特点成为配合地下室施工最合适的支护形式，也可用喷锚结构或喷锚结构加肋梁和水平支撑等体系来完成。

3. 地基与基础加固

由于地下增层施工土体开挖或抽水引起被增层建筑物和相邻建筑物基础产生下沉或者因为地下增层可能引起的荷载改变等等，需对被增层的建筑物或相邻的建筑物进行必要的地基与基础加固。

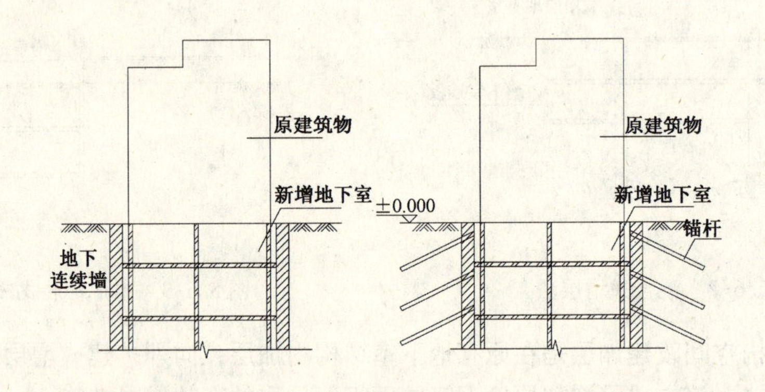

图 5.6-6　侧向支护体系

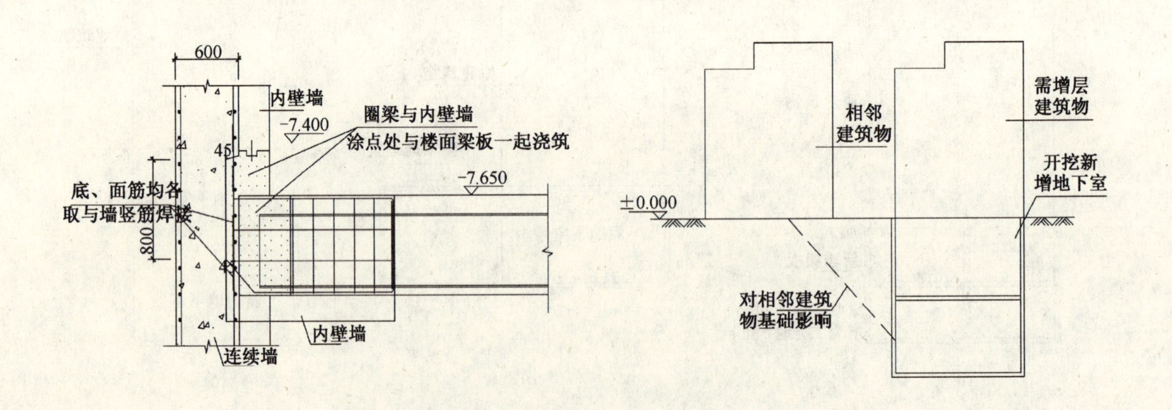

图 5.6-7　框架梁与支护侧墙连接大样

图 5.6-8　对相邻建筑物的影响

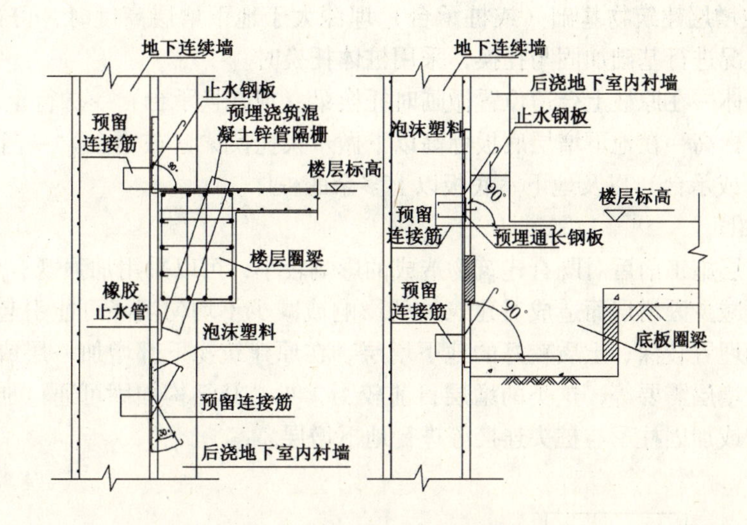

图 5.6-9 支护侧墙与楼盖连接构造

其加固方法有复合地基法即灌浆法、施喷桩法等，桩式托换法有锚杆静压桩、钻孔桩、嵌岩钢管桩等。具体的方法根据土质情况、开挖影响情况以及建筑物的原基础状况等综合决定。当采用桩式托换进行地下增层时，其托换与增层应符合下列施工顺序：

（1）当被增层建筑物基础（或桩承台）埋深小于地下增层高度时。

做托换桩体→在原柱基础（或桩承台）以上做临时托换梁（或托换承台）→将托换结构与上部结构进行临时托换连接→进行土方开挖到地下室增层的所需标高→在地下室增层底板标高以下做永久换梁（或承台）→将原托换桩和旧桩体相连形成新的托换体系→将新的托换体系和被增层建筑物的柱子之间做永久托换柱→把永久托换柱与原柱相连→凿除(或切除)临时托换梁(或托找承台)和地下室底板以上多余的桩体以及旧承台或旧基础的宽大部分。

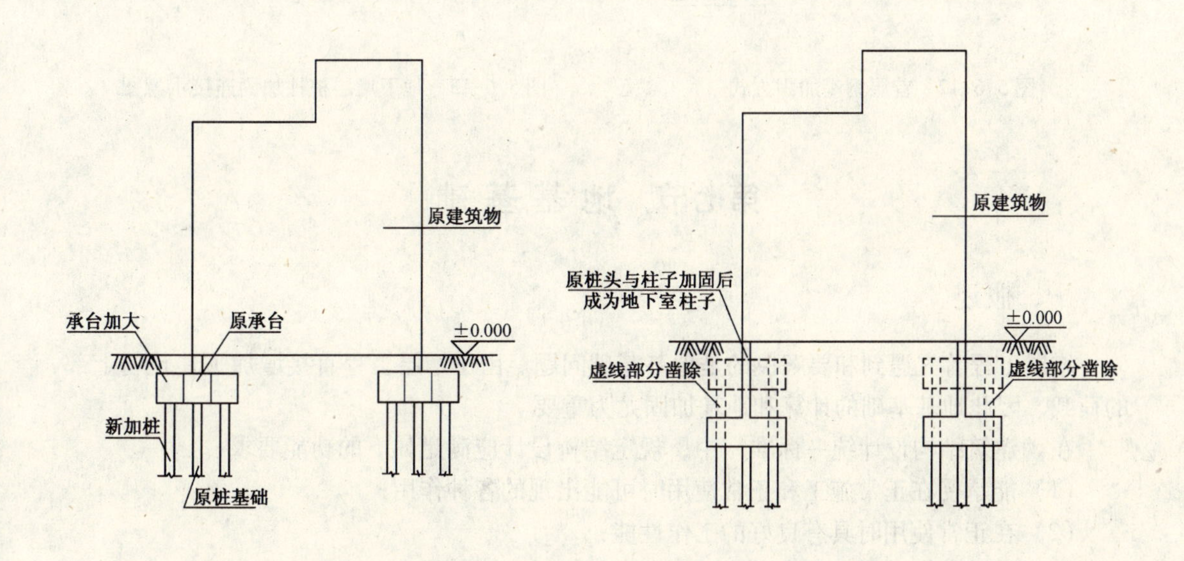

图 5.6-10 地下增层前桩基托换　　图 5.6-11 桩基托换降低承台开挖地下室

（2）当被增层建筑物基础（或桩承台）埋深大于地下增层高度时，可视地下增层后的荷载变化情况进行基础加固与托换，采用桩体托换时。

做托换桩体→在原柱上合适位置做临时托换梁（或托换承台）→进行土体开挖到地下室增层所需的标高→在地下增层底板标高以下做永久托换梁（或承台）→凿除（或切除）临时托换梁（或承台）以及地下室底板以上多余的桩体。

4. 构结加固

当地下增层施工前后对既有建筑物造成的影响较小，可以采用加强既有建筑物的刚度和局部强度，减少因增层而造成对建筑物的影响或减少不均匀沉降可能引起的结构裂损、破坏等。基础埋置较深、土质较好的地下增层、在原建筑物下部增加一层或半层地下室、原基础能满足增层需要等，这类的增层目前较为常见，其结构加固可通过加固首层构件、增设斜向支撑或加固柱子与桩头连接等进行地下增层。

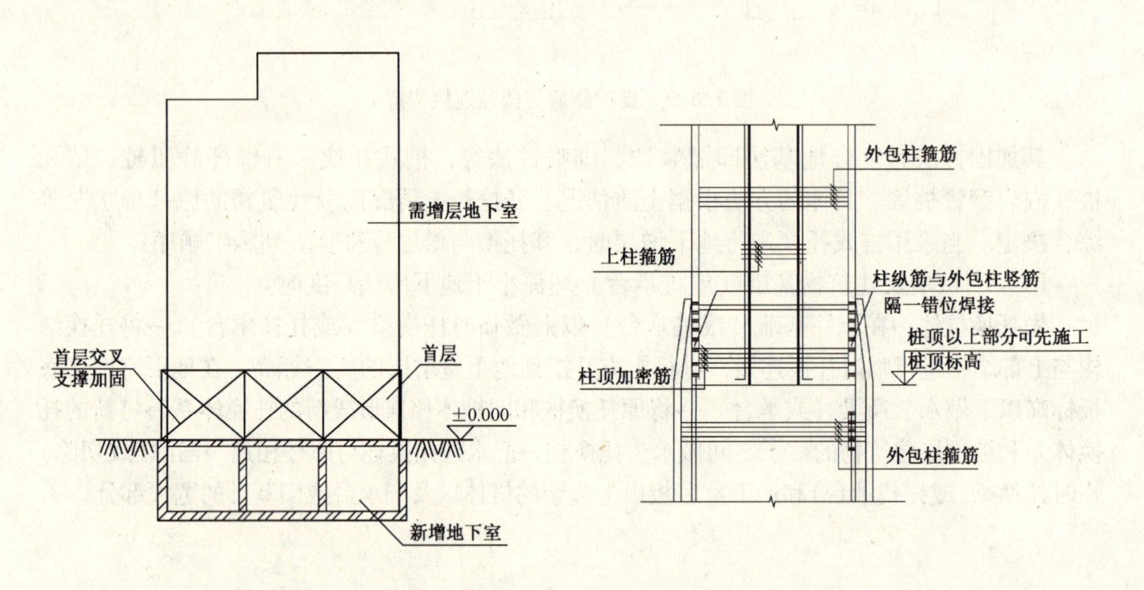

图 5.6-12　首层钢座加固方式　　　　图 5.6-13　地下增层桩柱加固连接示意图

第七节　地基基础

一、概述

增层工程首先遇到和要解决的是地基基础问题。由于增层工程直接增加了建筑物上部的荷载，因此地基基础的计算和地基加固尤为重要。

在《建筑结构设计统一标准》中，规定结构设计应满足如下的功能要求：

（1）能承受在正常施工和正常使用时可能出现的各种作用；

（2）在正常使用时具有良好的工作性能；

（3）在正常维护下具有足够的耐久性能；

（4）在偶然事件发生时及发生后，仍能保持必须的整体稳定。

基础作为建筑物的下部结构，显然必须满足上述要求，概括地说即设计基础应保证有足够的强度、刚度和耐久性。

地基作为承重地层与基础、上部结构共同工作，因此上述四种要求，实质上可用下列两种功能表示；

（1）在长期荷载作用下，地基变形不致造成承重结构的损坏。

这里包含着地基设计的两个原则；即强度和变形原则。

在地基设计中，要保证承重结构物不致损坏，首先应保证地基有足够的强度，即有足够的承载力；同时，还应考虑地基中不出现过大的变形和差异变形。由于地基土的变形还具有长期的时间效应，与钢材、混凝土、砖石等材料相比，属大变形材料。有时尽管承载力已满足要求，但长时间的变形也将导致建筑物的损坏，这已从大量的地基事故分析中得到证实，因此，地基的变形值应当满足正常使用极限状态的容许变形值，确保建筑物的安全。

（2）在最不利荷载作用下，地基不出现失稳现象。

对某些建筑物，除了强度、变形要求外，还有整体稳定的要求，应保证建筑物地基不发生滑动和倾覆。

二、既有建筑物地基基础的评价

对于地基，增加了上部荷载地基承载力和可能产生的沉降变形值是关键问题。不同土质情况各异，多数的黏性土和砂性土地基，承载力有一定的储备，但也有的地基（如湿陷性黄土浸水）使用期间的承载力可能比原修建时降低。因此，采用科学手段，认真检查、评价地基土的质量与状态，为增层工程提供可靠依据十分必要。

如果由于地基土的承载力不足，可能产生的变形大，不适合增层时，应在进行充分分析比较的基础上,提出地基加固处理措施,进行必要可行的加固处理,以适应增层工程的需要。

对于基础，由于修建年限已久，采用的材料及施工质量不同，加上浸水、地震、荷载作用等诸多因素的影响。有的已遭损坏，再加上增层改造增加了荷载，原有的基础已不适用，需要改变基础尺寸、调整基础埋深或者采用桩基础等手段，增大基础面积，加强基础刚度，进行基础加固与托换的设计与施工。特别是已产生明显裂缝和不均匀沉降的建筑物，妥善加固和处理好地基是十分重要的。

当既有建筑物地基不能满足增层要求时，就应进行加固处理。适用于新建工程的地基处理方法，不一定适合既有建筑物的地基处理，应当慎重选择安全、简便、经济、可靠的加固处理方法。有时可选择一种，有时可选择两种以上，构成复合地基处理方法。

当建筑物基础由于种种原因造成开裂或破坏时，应对基础进行加固处理。

三、地基基础设计

1. 一般规定

建筑物是通过基础将荷载传递到地基中去，因此，地基基础的设计在增层工程设计中占有举足轻重的地位。为保证建筑物的安全和正常使用，基础应保证有足够的强度、刚度和耐久性。

直接增层时可按本章的规定确定原基础下地基承载力，外套结构增层和所需单独新设基础的室内增层应按新建工程要求确定地基承载力。

对建造在斜坡上的增层建筑物，尚应验算地基的稳定性。

建筑物增层后的地基变形应满足增层的要求且符合下列规定：

直接增层结构的地基变形计算范围可根据原有建筑的使用年限、新增层数、建筑物的重要性和地基土的类型等因素确定。外套结构增层的地基变形按新建工程计算。新旧结构通过构造措施相连接，新基础单独设置时，除满足地基承载力条件外，尚应分别对新旧结构进行地基变形计算，按变形均等原则进行设计。增层建筑物的地基变形允许值可按《建筑地基基础设计规范》确定。

2. 承载力确定方法

建筑物增层时地基承载力特征值应采用原位测试结果，按《既有建筑地基基础加固技术规程》（JGJ 123—2000）附录 A 或《建筑物移位纠倾增层改造技术规范》综合确定。

（1）外套结构增层和需单独新设基础的室内增层，其地基承载力特征值应按新建工程的要求确定。

（2）沉降稳定的建筑物直接增层时，其地基承载力特征值可适当提高，按式（5.7-1）估算：

$$f_{ak}=\mu[f_k] \quad (5.7\text{-}1)$$

式中 f_{ak}——建筑物增层设计时地基承载力特征值，kPa；

$[f_k]$——原建筑物设计时采用的地基承载力特征值，kPa；

μ——地基承载力提高系数，按表 5.7-1 采用。

地基承载力提高系数 μ 表 5.7-1

建造时间（年）	5 ~ 10	10 ~ 20	20 ~ 30	30 ~ 50
μ	1.05 ~ 1.15	1.15 ~ 1.25	1.25 ~ 1.35	1.35 ~ 1.45

当湿陷性黄土地基、因地下水位上升引起承载力下降的地基、原地基承载力特征值低于 80kPa 地基，表 5.7-1 不适用。

当有成熟经验时，可采用其他方法确定 μ 值。

当原建筑物为桩基础且使用 10 年以上，原桩基础的承载力可提高 10% ~20%。使用 20 年以上，原桩基础的承载力可提高 20% ~40%。

（3）直接增层或增层荷载直接作用于原基础上的室内增层时，f_{ak} 为原建筑物基础下修正后的地基承载力特征值；外套结构或增层荷载作用于新设基础上的室内增层时，f_{ak} 为新基础地基修正后的承载力特征值。

（4）建筑物直接增层地基承载力特征值，可按现行有关标准确定，但不考虑宽度修正。

表 5.7-1 中的数据是唐业清教授等根据国内 100 多栋增层房屋地基承载力的实测结果，经综合分析后提出的，同时还考虑了原苏联既有建筑物增层改造时，地基承载力提高值的经验数值。表 5.7-1 在《铁路房屋增层纠倾技术规范》TB10114—97 中已采用多年，使用中没有发现问题。规范在《铁路房屋增层纠倾技术规范》TB10114—97 的基础上有适当降低，以确保增层工程的安全。当为桩基础时，应对桩身强度进行必要的检算。

3. 地基变形计算

（1）增层后的地基变形包括原建筑物荷载下的剩余变形和增层荷载引起的地基变形，其最终沉降量可按下式计算：

$$s=\Delta s'+s' \tag{5.7-2}$$

$$\Delta s'=\psi_s\sum\frac{p_{zi}-Up_{zi}}{E_{si}}H_i' \tag{5.7-3}$$

$$s'=\psi_s\sum\frac{\Delta p_{zi}}{E_{si}'}H_i' \tag{5.7-4}$$

其中　s——增层后地基的最终沉降量（mm）

$\Delta s'$——原荷载产生的残余变形（mm）；

s'——增层后新增荷载引起的地基变形（mm）；

p_{zi}——第 i 层土在原建筑物荷载作用下产生的附加应力（kPa）；

$U\cdot p_{zi}$——第 i 层土的有效附加应力，其中 U 为增层时地基土的固结度；

H_i、H_i'——分别为第 i 层土在原建筑物修建前和增层时的土层厚度（m）；

Δp_{zi}——增层荷载在地基中产生新的附加应力（kPa）；

ψ_s——沉降经验系数，根据地区沉降观测资料及经验确定，也可按现行有关标准确定。

（2）当原建筑物地基土固结度达 85% 以上时，可认为原地基已经稳定，原荷载下的残余变形可忽略。

4. 地基计算

建筑物增层时，地基承载力特征值，应符合下列要求：

（1）轴心荷载作用时基础

$$p\leqslant f_{ak} \tag{5.7-5}$$

式中　p——增层后基础底面处的平均压力值，kPa；

f_{ak}——修正后的地基承载力特征值，kPa。

（2）偏心荷载作用时基础

除应满足式（5.7-5）式外，尚应满足

$$p_{max}\leqslant 1.2f_{ak} \tag{5.7-6}$$

式中　p_{max}——增层后基础底面边缘的最大压力值，kPa。

其中：轴心荷载作用时

$$p=\frac{F+G}{A} \tag{5.7-7}$$

式中　p——相应于荷载效应标准组合时，上部结构传至基础顶面的竖向力值，kN；

G——基础自重和基础上的土重（kN），可近似取平均重度 20kN/m^3 计算；

A——基础底面面积，m^2。

偏心荷载作用时

$$p_{max}=\frac{F+G}{A}+\frac{M}{W} \tag{5.7-8}$$

式中　M——相应于荷载效应标准组合时，作用于基础底面的力矩值，kN·m；

W——基础底面的抵抗矩，m^3。

当上述验算不能满足要求时，应通过地基处理、基础加宽、加深或改变基础形式等方法解决，当基础有裂缝时应进行加固处理。

四、基础加固

建筑物增层时，首先按本节对地基承载力进行挖潜，当挖潜后地基承载力仍不足时可采用基础加固处理、扩大基础断面等方法。同时应根据原基础的现状、荷载大小，通过方案比较，选择经济合理、施工方便、效果可靠的基础结构方法。

1. 当基础由于冻胀或不均匀沉降开裂时，可采用水泥浆或环氧树脂等浆液对基础进行加固。

2. 当基础裂缝或底面积不足时，可采用基础外包素混凝土套或钢筋混凝土套。采用素混凝土包外套时，基础可加宽 200 ~ 300mm；采用钢筋混凝土外包套时，可加宽 300mm 以上。如图 5.7-1 和图 5.7-2 所示。

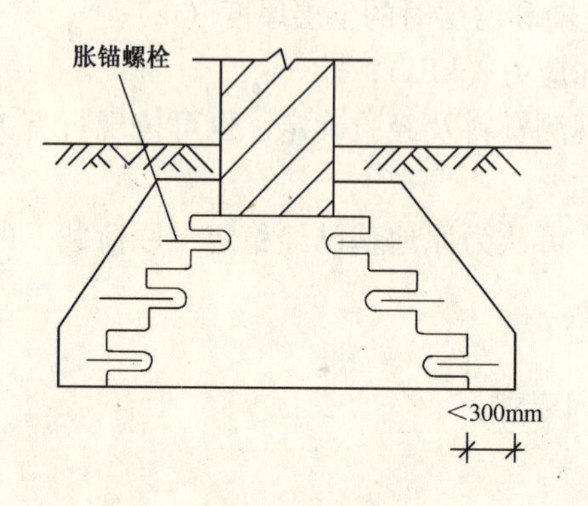

图 5.7-1　素混凝土加固套

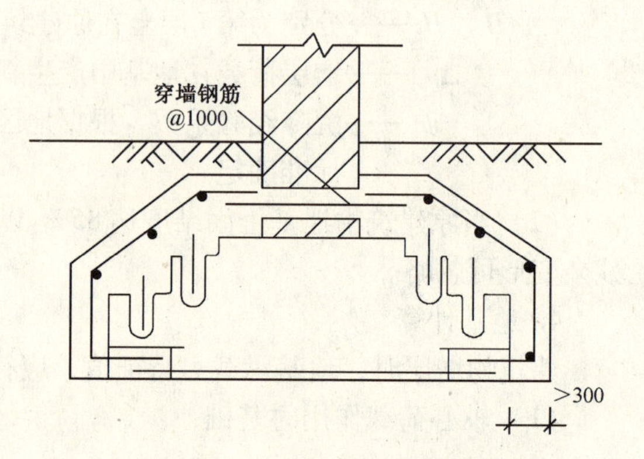

图 5.7-2　钢筋混凝土加固套

3. 当原有基础底面积不足时，可采用基础加宽法。对条形基础可采用一侧加宽或两侧加宽，对独立基础可采用四边加宽。如图 5.7-3 和图 5.7-4 所示。

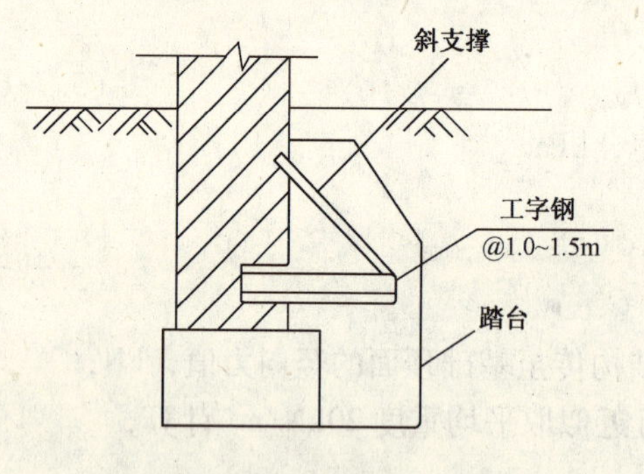

图 5.7-3　单边加宽基础

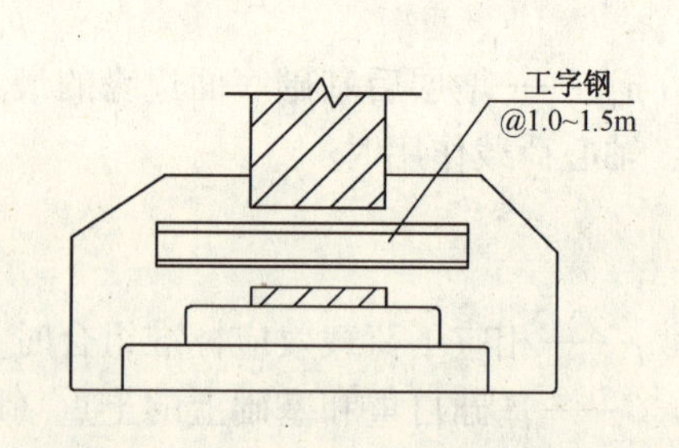

图 5.7-4　双边加宽基础

(1) 刚性基础加宽法

旧基础凿毛法如图 5.7-5 所示，施工时应注意两点：

1) 当墙厚 B 为 240mm 时，应按分段错开时间施工；

2) 基础加大后应满足混凝土刚性角 α 的要求。

（2）双面加宽时，应优先采用图 5.7-6 的形式，因其与图 5.7-7 相比有如下优点，后加的基础挑梁挑出长度小、变形小、安全可靠 。只有当浅基础加宽后基础埋深不能满足如图 5.7-6 刚性角 α 要求时，再采用如图 5.7-7 的形式。不论采用何种形式，均应注意以下各点：

1）后加基础挑梁的平面位置应避开一层门窗洞口。不能避开时，应对挑梁上的口窗洞口采取加强措施。

2）在基础挑梁的根部必须用钢板楔塞紧。

3）如果只计算后加基础挑梁和基础连续梁的强度，不计算其挠度，造成有的梁不能保证使用安全。因此，必须计算基础挑梁、连续梁的挠度。

4）应验算基础挑梁、连续梁根部支承处砖墙的局部承压强度。

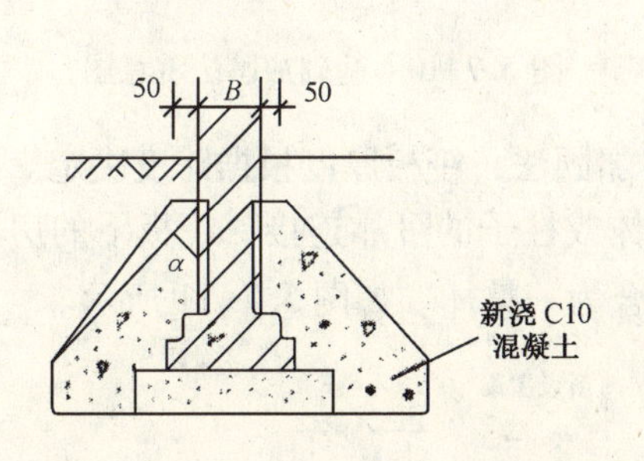

图 5.7-5　旧基础凿毛示意图

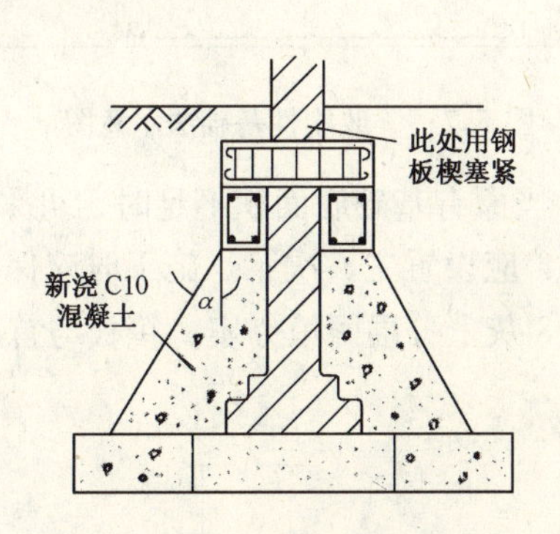

图 5.7-6　双边加宽基础示意图（一）

下列情况可采用单面加宽：

如旧基础承受的是偏心荷载，受相邻建筑基础条件限制，沉降缝处的基础，为不影响室内正常使用，只在室外单面加宽基础。做法如图 5.7-8 所示。基础单面加宽不够安全可靠，因为挑梁长度大，变形大，建议采用双面加宽为宜。

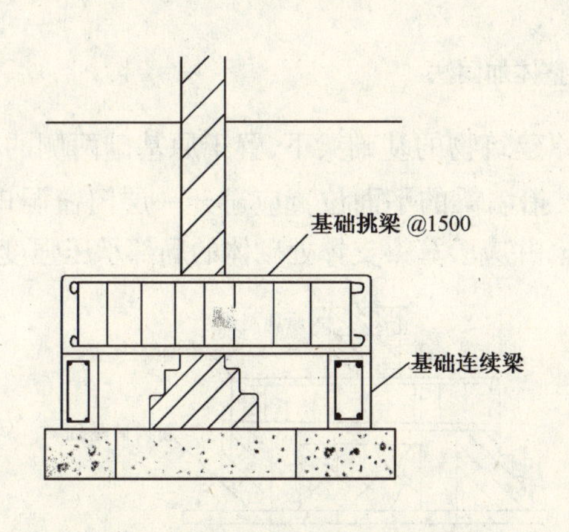

图 5.7-7　双边加宽基础示意图（二）

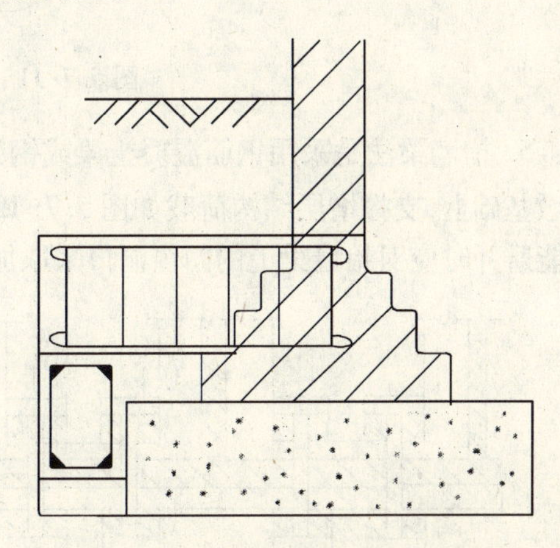

图 5.7-8　单边加宽基础示意图

（3）为柔性基础加宽法

当柔性基础改刚性基础，如图 5.7-9 所示。

（4）基础加厚法

如图 5.7-10 所示。

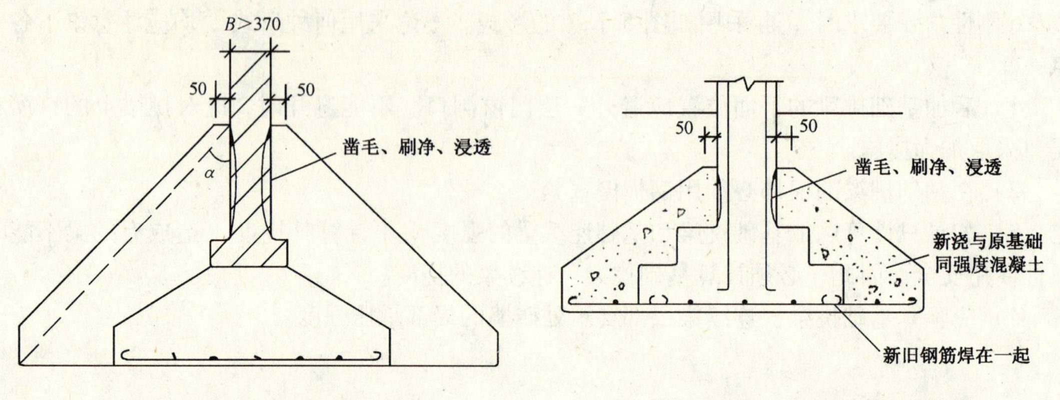

图 5.7-9　改刚性基础法示意图　　　　图 5.7-10　基础加厚法示意图

4. 当原有基础底面积不足时，可采用筏板整体加固法，筏板厚度根据跨度决定。跨度较大时，应设置主、次梁。施工时应保证筏板与墙体或柱子的可靠连接。筏板下的房心土宜用 2∶8 灰土分层回填夯实，筏板与首层地坪宜结合为一整体。如图 5.7-11 所示。

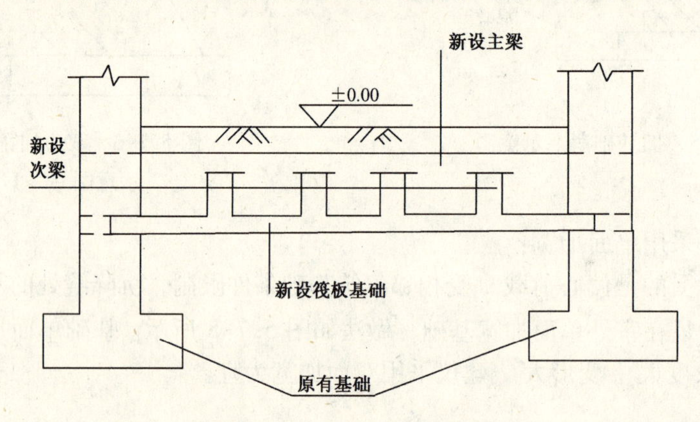

图 5.7-11　基础板整体加固法

5. 抬墙梁法是采用钢筋混凝土梁或钢梁穿过原建筑物的基础梁下，置于原基础两侧的桩或墩基础上，支撑增层结构荷载如图 5.7-12 所示。抬墙梁的平面位置应避开一层门窗洞口，不能避开时应对抬墙梁上的门窗洞口采取加强措施，并应验算梁支撑处砌体的局部承压强度。

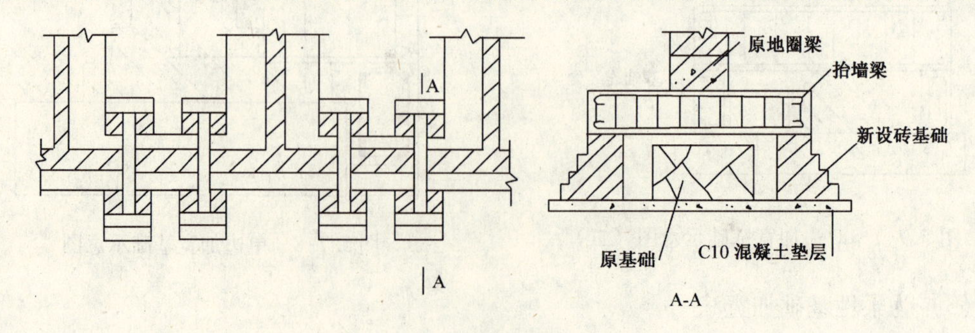

图 5.7-12　抬墙梁法加固法

6. 墩式加固法是直接在基础下分段挖空至持力层浇筑墩式混凝土基础，最后使分段基础联成一整体，承受增层的结构荷载，如图 5.7-13 所示。

7. 改变基础形式，如将独立基础改为条形基础，以增大基础面积，承担增层结构荷载。

8. 改变基础承重方式，如当原建筑物为横墙承重时，通过上部增层将原横墙承重改为纵墙承重。

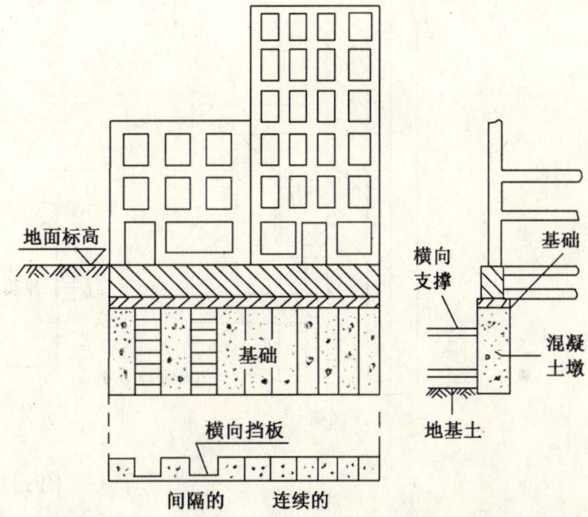

图 5.7-13　间断与连续的混凝土墩式托换

五、地基加固

建筑物增层时，通过计算承载力满足增层荷载要求或地基承载力不足采取基础加固后可满足增层荷载要求时，按本章方法。一旦建筑物增层地基承载力不能满足要求时，应对地基进行加固，地基加固方法详见第七章地基基础加固。

六、工程实例

［**实例一**］　某办公楼建房迄今已达 10 年以上，原墙厚 240mm，因增层改建，上部荷载增加，承载能力不足，在每 3.2m 长计算单元，增设 240mm（厚）×370mm（宽）的扶壁砖柱进行补强。墙下原刚性块石砌体条形基础，宽 70cm，厚 40cm，埋深 1m。增层改建后，每计算单元墙身传于基础顶面的总荷载 $N=260\text{kN}$，原地基土容许承载力为 100 kPa。要求对原有基础承载能力进行鉴定并作加固补强设计。

［**解**］根据表 5.7-1 及式（5.7-1），$\mu=1.1$

$$f_{ak}=\mu[f_k]=1.1\times100=120\text{kPa}$$

原 3.2m 长基础底面积：$A_0=3.2\times0.7=2.24\text{m}^2$

上部结构传来总荷载：$N=260\text{kN}$

基底平均压力：

$$P=\frac{N+\gamma A_0 D}{A_0}=\frac{260+20\times2.24\times1}{2.24}=136\text{kPa}>120\text{kPa}$$

原基础承载能力不足，须扩大加固。

基底需要新增面积：

$$A=\frac{N}{f_{ak}-\gamma D}-A_0=\frac{260}{120-20\times1}-2.24=2.60-2.24=0.36\text{m}^2$$

在扶壁柱处，原有基础一侧扩大 0.5m（宽）×1.2m（长），下用块石砌体，与原有基础顶面齐平，在上设置 C20 钢筋混凝土连接基座，厚 24cm。构造及各部尺寸见图 5.7-14。在新扩大基础施工前，在基底标高处填入一层碎石，以压密地基，减少新基础与原有基础的差异沉降。

冲切强度验算和配筋计算按混凝土规范执行。

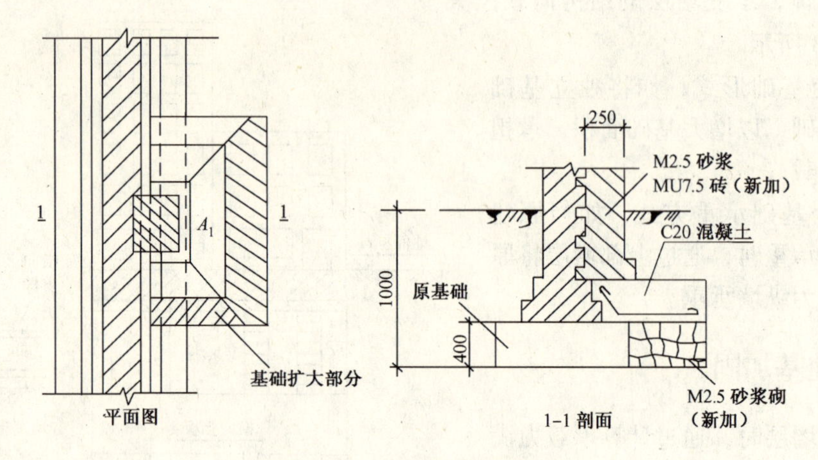

图 5.7-14　补强后的基础图

［实例二］　断面为 30cm × 30cm 的轴心受压钢筋混凝土柱，主筋 4ϕ16。经勘察查明柱下为正方形独立基础，边长 1.8m，厚 35cm，埋深 1.4m，混凝土为 C15。基底配有 ϕ10@200mm 的双向受拉钢筋，HPB235 级钢筋。由于楼层进行改造，通过对上部结构的验算，柱承受的轴心荷载需从原 270kN 提高到 460kN（含自重）。原柱的承载能力验算足够。现需作柱基加固补强设计。柱基下原有地基土容许承载力鉴定为［R］=130 kPa。

［解］原有基础底面积 $A_0=1.8\times1.8=3.24\text{m}^2$ 上部结构传来总荷载 $N=460\text{kN}$

基底压力

$$P=\frac{N+\gamma A_0 D}{A_0}=\frac{460+20\times3.24\times1.4}{3.24}=170\text{kPa}>130\text{kPa}$$

因此基础须扩大加固，需要新增加面积

$$A_{\text{n}}=\frac{N}{f_{\text{ak}}-\gamma D}-A_0=\frac{460}{130-20\times1.4}-3.24=1.27\text{m}^2$$

扩大后的基底总面积

$$A=A_0+A_{\text{n}}=3.24+1.27=4.51\text{m}^2$$

正方形基底每边须加宽取 0.25m，基础加宽后为 2.3m×2.3m，扩大后的实际底面积 $A=2.3\times2.3=5.29\text{m}^2$

基础扩大后，基底压应力

$$P=\frac{N+\gamma A_0 D}{A_0}=\frac{460+20\times5.29\times1.4}{5.29}=115\text{kPa}<130\text{kPa}$$

计算基础扩大后需要的总厚度，冲切强度验算和配筋计算按混凝土规范执行。

顶部按构造配置 ϕ12 架立筋。自地面以下 100mm 至基顶的柱段，每边加宽为 40cm，附加 4ϕ16 焊于柱内主筋上。各部构造见图 5.7-15。

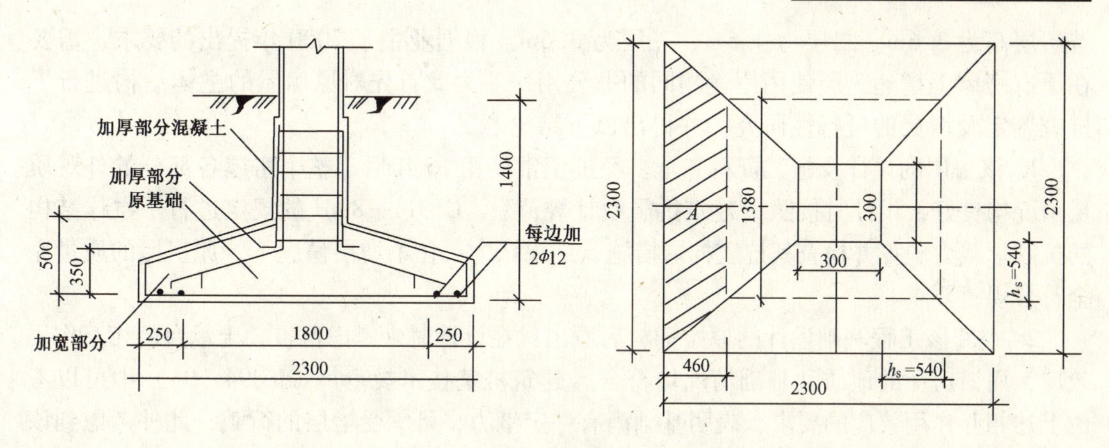

图 5.7-15

第八节　工 程 实 例

[实例一]　3 层混凝土框架房屋上增建 3 层钢框架的结构设计

一、工程概况

修建于抗震设防烈度为 8 度地区的某 3 层办公楼（基本地震加速度为 $0.2g$，地震设计分组为第一组），设计于 1983 年，竣工并使用于 1984 年。该办公楼为装配整体式钢筋混凝土框架结构。预制框架柱截面尺寸为 450mm×450mm，预制框架横梁为 T 形截面，其上翼缘宽度 450mm，梁腹宽 250mm，梁高 600mm；预制框架内外纵梁截面为矩形，梁腹宽 250mm 或 360mm，高 550mm；楼板及屋面板均为宽 1200mm、高 120mm 的预制短向预应力混凝土圆孔空心板（轴线跨度为 3.2m 及 3.8m）。板沿房屋纵向布置并支承于框架横梁上，板在端部与框架横梁采用整浇方法相连，整浇后使框架横梁成为花篮梁，因而梁受力高度变为 750mm。预制框架梁、柱的节点采用全国重复使用图集（CG329 中）的整浇式节点连接构造方法。基础采用柱下现浇混凝土独立承台及混凝土灌注桩。围护结构为厚 360mm 烧结普通砖砌体填充墙，内隔墙为厚 240mm 或 120mm 烧结普通砖砌体填充墙。该办公楼的平面尺寸为 13.35m×30.25m（图 5.8-1），

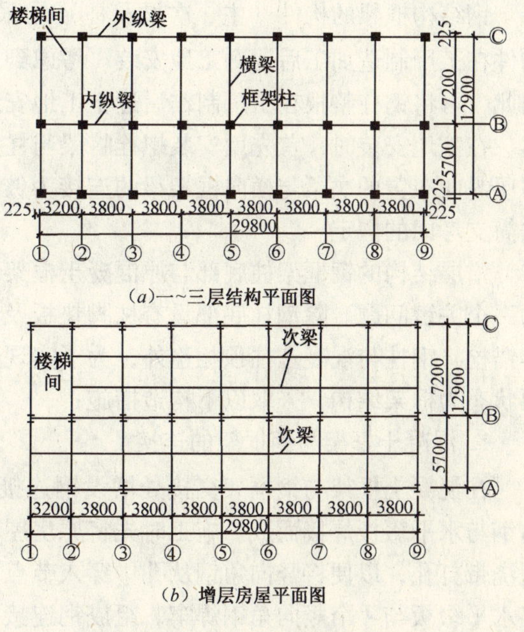

图 5.8-1　结构平面图

首层层高为3.6m，二层为4.5m，三层为3.6m。根据业主于2000年提出的要求，需要在原有房屋上增建3层使用用途相同的办公用房。为此首先对原房屋的主体结构进行了抗震鉴定及增层的可行性研究，并得出以下结论意见：

1. 该房屋的设计及施工资料齐全。经过正常使用15年后，整个房屋各部分的外观质量情况均良好，设计时按照《建筑抗震设计规范》（GBJ11—89）的规定进行了主体结构的抗震承载力验算并检查其抗震构造措施，结果认为：在不增层情况下，原房屋的质量完全符合规范要求。

2. 查阅该工程基础设计的原始资料后看出：在设计时未考虑群桩、土承台的相互作用效应，而该房屋的地质和基础情况均符合《建筑桩基技术规范》（JGJ94—94）中可以考虑上述相互作用效应的要求，表明基础尚有一定潜力，可承受增层的荷载，此外考虑到该房屋使用15年后沉降均匀的实际情况，因此，经估算若控制增层后荷载的增加不超过原房屋总质量的30%，则基础可不必进行加固处理。

3. 为实现增加3层的目的，必须尽可能地减轻增层的荷载，因而建筑和结构的构配件均应采用轻质高强的材料制作。

二、增层设计

按照以上结论，在进行增层设计时对承重结构采用钢结构框架体系，楼盖采用钢与混凝土组合结构（压型钢板上现浇混凝土叠合面层），并与建筑专业配合采用荷载较轻的楼面面层（在结构面层上坐浆后铺设薄型通体砖）做法；屋盖采用金属绝热材料夹芯板（复合压型彩色钢板），支承于C形薄壁型钢檩条上；外墙采用钢丝网架水泥聚苯乙烯夹心板（泰柏板）；隔墙采用轻钢龙骨双面石膏板隔声墙（在双面石膏板间填岩棉隔声材料），从而达到了减轻结构自重的目的。增层钢结构框架剖面见图5.8-2。

钢结构框架的构件（主、次梁及柱）均采用Q235钢板焊接而成的工字形截面构件。构件在工厂制造加工后运到工地安装。考虑到增层房屋的总高度仅为10.2m（图5.8-2），因此，可将钢柱整根在工厂制作后运至工地安装。钢框架梁与钢柱的连接采用刚性节点方案。在工地安装时，首先用安装螺栓将梁与柱定位，然后再进行梁柱连接节点的焊接。沿房屋纵向布置的次梁与横向框架梁的连接为铰接（采用螺栓连接），以符合在计算时次梁按简支考虑的假定。

增层结构的钢框架柱底部与原混凝土框架顶层柱顶部连接处的构造设计是增层设计中的一个关键问题。除钢柱底部设有柱脚垫板及加劲肋，并用慧鱼公司的专利产品4M25化学锚栓将钢柱与混凝土柱顶相连外，为了实现连接处为刚接，以保证增层后的房屋实际受力状态为框架结构，采取以下构造措施：

1. 混凝土框架与钢框架的连接

在混凝土框架与钢框架交接处增设钢连接构件（图5.8-3）。钢连接构件由4个竖向角钢与水平缀板焊接而成。施工时先将原房屋顶部混凝土框架件截面四个角部处的屋面板现浇带打孔，以便将竖向角钢从孔中穿入节点下部，并与原顶层柱截面的四角密粘。然后将水平缀板与4个竖向角钢焊牢，组成钢连接构件。

2. 钢连接构件的下端与混凝土框架柱牢固相连

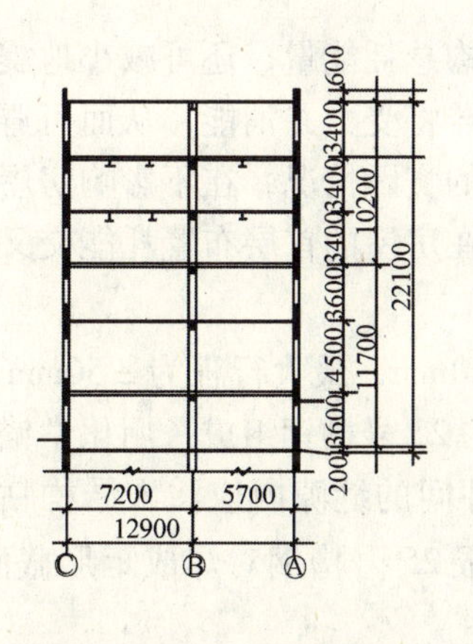

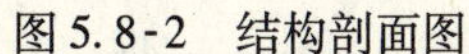

图 5.8-2　结构剖面图

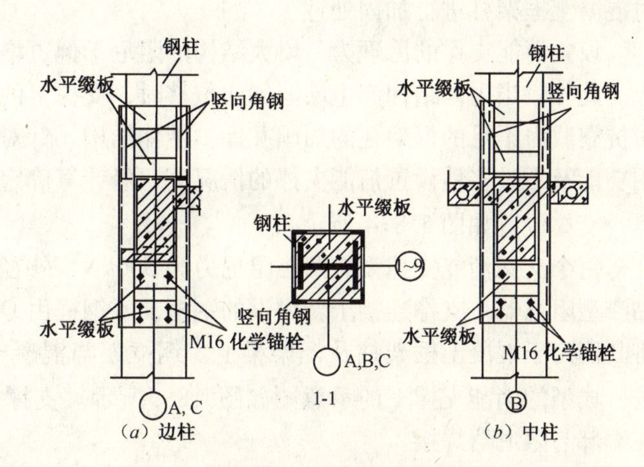

图 5.8-3　钢连接件构造

钢连接构件安装并焊接后在其下端除采用结构粘结胶将其与混凝土柱粘牢外，还采用生根于混凝土内的慧鱼公司 M16 化学锚栓将钢缀板与原顶层柱相连接，以便将钢柱底部内力更好地传递至原房屋混凝土框架柱。

3. 钢连接构件的上端与钢框架底部牢固相连

为解决钢框架柱底部与原混凝土框架柱刚性连接的问题，在钢连接构件与钢柱底部之间的范围内浇筑 C30 混凝土，使钢柱插入并锚固在钢连接件及现浇混凝土形成的“围套”内。此外，在钢连接件上端高度范围内的钢框架柱，沿柱截面周边加焊一些 ϕ16 抗剪销钉，以增加钢柱在混凝土中的锚固力。

三、增层后的房屋的抗震承载力和弹性层间位移设计

设计的难点在于原混凝土框架与新增钢结构框架的阻尼比不相同，两种结构的地震影响系数曲线也不相同，因而对同一房屋中存在两种不同结构的阻尼比如何取值和应如何确定其地震作用效应的问题均需要妥善解决。这一问题的解决方法在规范 GBJ11—89 中缺少规定，所幸工程设计时恰逢《建筑抗震设计规范》（GB50011—2001）的征求意见稿已经完成，其中列出有不同阻尼比情况下的地震影响系数曲线可以利用。根据该征求意见稿的地震影响系数曲线，由中国建筑科学院工程抗震研究所协助采用 SAP2000 程序进行了不同阻尼比情况下的抗震分析。考虑到设计增层房屋的实际阻尼比很难确定，因此对该房屋按阻尼比为 0.05（主要适用于混凝土结构）和 0.02（主要适用于钢结构）两种情况分别整体计算其地震作用效应及弹性层间位移，以便验算最不利情况下混凝土框架及钢框架各构件的截面抗震承载力和弹性层间位移，并使其符合 GBJ11—89 设计规范要求。

按上述方法的计算结果表明，由于增层已使原混凝土框架的内力发生较大变化，部分混凝土框架柱的承载力已不能满足规范要求。因而必须采取措施加以解决，这也是设计需要解决的重要问题之一。通常有以下两种解决方案：①采用加大截面法加固抗震承载力不足的混凝土框架柱；②在房屋的纵横两个方向适当增设剪力墙，减小框架柱的地震作用效应，达到不对柱进行加固的目的。但是这两种方案施工难度均较大，且会造成使用上的不方便。因而与中国建筑科学院工程抗震研究所合作，改用设置消能支撑减震方法，以避免

对混凝土框架柱进行加固处理。

设置消能支撑的原理为：增大结构的阻尼不但可增加结构总耗能量，还可减小地震反应。此外，当主体结构产生层间侧向位移时，支撑上的阻尼器将受力并消能，从而可避免对抗震载力不足的框架柱的加固并保护主体结构。针对工程的实际情况，在不影响房屋使用功能及不过多地设置消能支撑的情况下，经计算确定可仅在房屋的首层布置耗能交叉支撑，支撑位置如图5.8-4所示。

每个交叉消能支撑设有两个阻尼力为500kN，外径为220mm，最大行程为±50mm的黏滞型阻尼器。支撑连接于新增设的钢框上，钢框由Q235的25号槽钢组成，用化学锚栓将其固定于混凝土框架柱及框架梁上。钢框架与混凝土构件间的缝隙内应注入结构粘结胶。典型的消能支撑1的示意图如图5.8-5所示。支撑由2根25号槽钢对焊成矩形截面，在端部与阻尼器焊接。

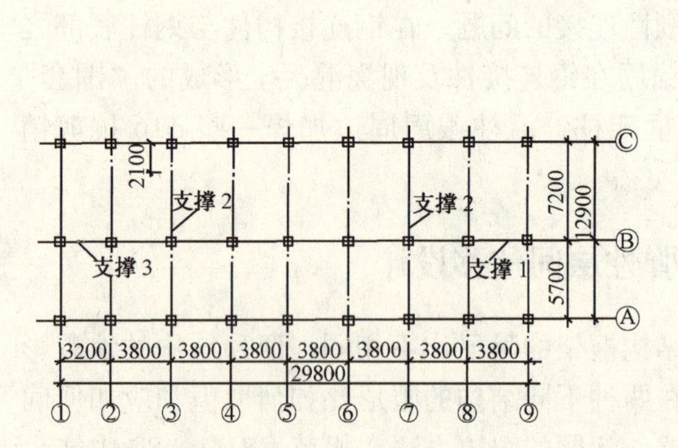

图5.8-4　首层消能支撑位置图

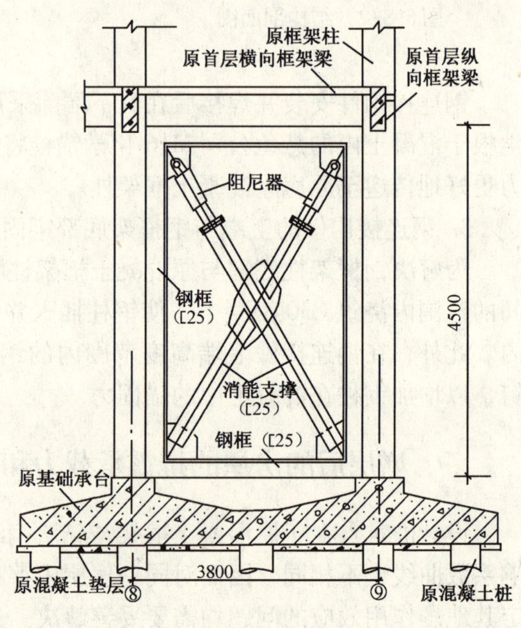

图5.8-5　消能支撑结构示意图

（沙志国　北京筑都方圆建筑设计有限公司）

[实例二]　浅谈既有建筑物增层改扩建工程的设计
（三项增层工程设计实例介绍）

一、前言

改革开放以来，我国城市面貌日新月异。建国以后修建的许多建筑物，从内外装修、立面造型和功能利用等方面都已不能适应城市发展和人民生活水平提高的需要。就我国目前国力而言，将这些旧有建筑物全部拆除重建是不可能的。因此，在城市建设中，不仅要兴建现代化的高楼大厦，而且也需要对旧有建筑物进行增层、加固和改造。

我院在近十几年来设计了一些旧有建筑物增层、加固及改扩建工程。可分为以下几种类型：

1. 砖混结构或框架结构的直接加层

经验算，地基基础裕度较大时（包括根据建筑的使用年限，地基强度的提高），可维持原结构形式直接加一至二层。但前提是抗震计算要满足要求。

2. 砖混结构、框架结构上的加层为钢结构

地基基础验算结果裕度不大且使用方要求加层层数较多时，则设计加层方案为钢结构。

3. 卸载方法来创造加层条件

若地基基础验算结果裕度很小或不足时，考虑将原结构的围护墙体（如砖砌体）拆除，换为轻质板墙。若建筑物层数较多时，卸载效果良好，加层可采用轻钢结构。

4. 旧建筑新增电梯井

新增电梯井一般都设计为框架结构，设于原建筑内侧或外侧都可以。结构柱可单独设基础或生根于原结构基础上（采用植筋技术），上部结构也采用在原结构梁上植筋加柱的方法。井筒框架施作完毕后，切割原楼板构成电梯井。

5. 砖混结构的加固

砖混结构建筑物有些是不满足抗震规范要求；有些是使用方提出加层。按规范要求，加层前必须进行抗震鉴定及可靠性鉴定，若结构不符合要求需采用加固措施。一般加固措施为：增加构造柱、圈梁；预制板上加钢筋网混凝土叠浇层；墙体采用喷射混凝土，钢筋同面层等。

6. 混凝土结构的加固

有些建筑物建成几年后，使用方要求增减楼梯或增加使用荷载的现象较多。设计时应对结构梁、板、柱进行局部验算。若结构受力不满足要求，可采用粘钢、贴碳纤维布等补强方法进行加固。个别结构梁由于跨度大，增加的荷载大，可采用体外张拉预应力的方法加固。

下面介绍三个改扩建、增层加固工程的实例。

二、合肥某高层办公楼增层和局部扩建工程

1. 原建筑物工程概况

（1）主体结构

该工程地上 17 层（包括水箱间、电梯间两个突出层），地下 2 层。地下一层为设备层，地下二层为五级人防地下室兼自行车库。原结构平面见图 5.8-6。

该工程结构形式为框架-剪力墙结构，箱形基础。结构抗震设防烈度为 7 度，框架抗震等级为三级，剪力墙为二级。基础持力层为亚黏土，地基承载力标准值为 250kPa。

（2）裙房结构（图 5.8-6（*a*）有阴影部分）

裙房结构与主体结构是连在一起的，仅为一层，但在裙房第一跨的下方由于有一个自行车坡道，它是与主体结构断开的。因此，裙房第一跨落于基础悬挑梁上，见图 5.8-6（*h*）。

该工程始建于 1988 年，到改建时已经历 12 年，使用情况良好。

2. 用户要求增层和扩建情况（图 5.8-7）

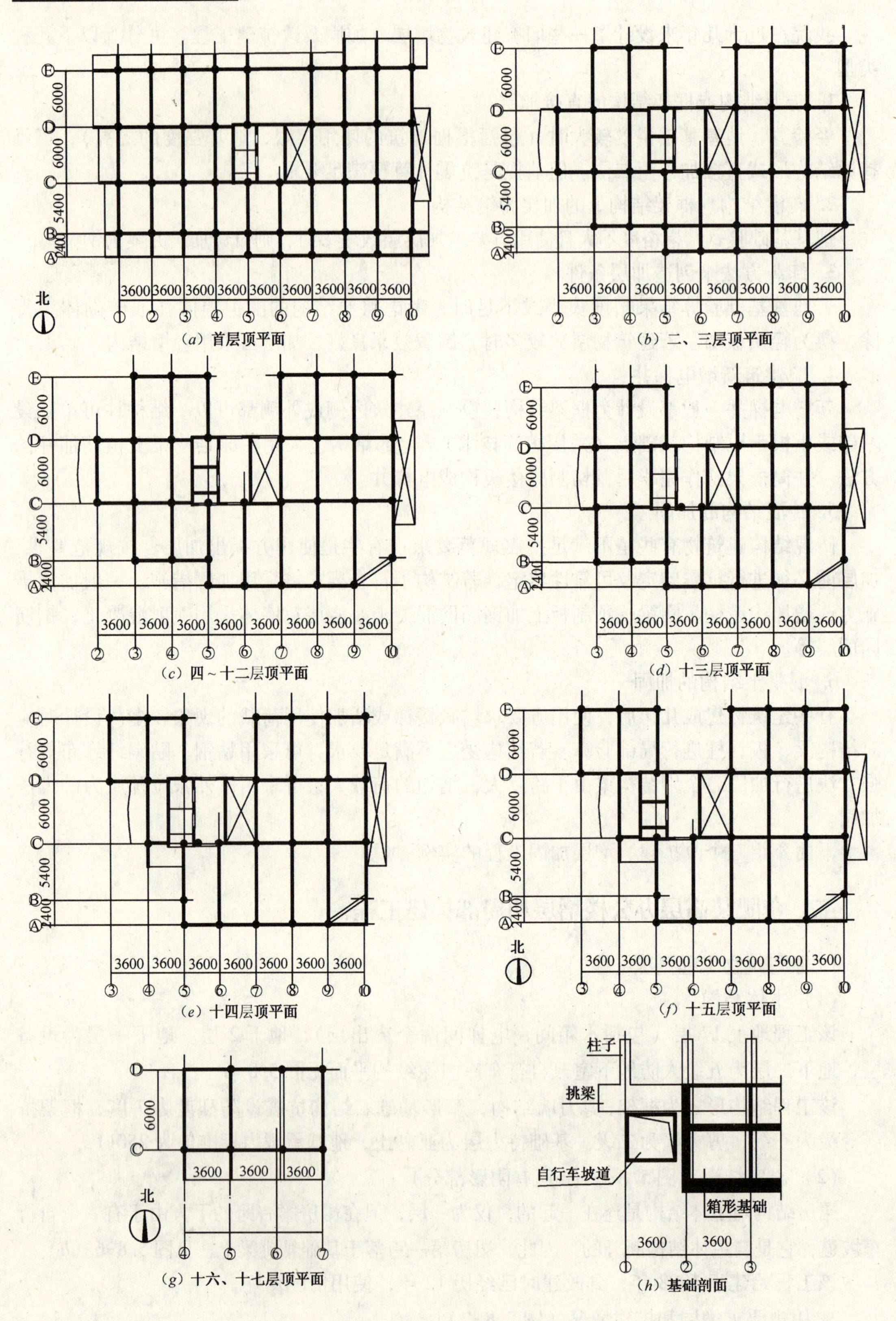
(a) 首层顶平面
(b) 二、三层顶平面
(c) 四～十二层顶平面
(d) 十三层顶平面
(e) 十四层顶平面
(f) 十五层顶平面
(g) 十六、十七层顶平面
(h) 基础剖面
柱子
挑梁
自行车坡道
箱形基础
北
6000
5400
2400
3600

图 5.8-6　原结构平面图

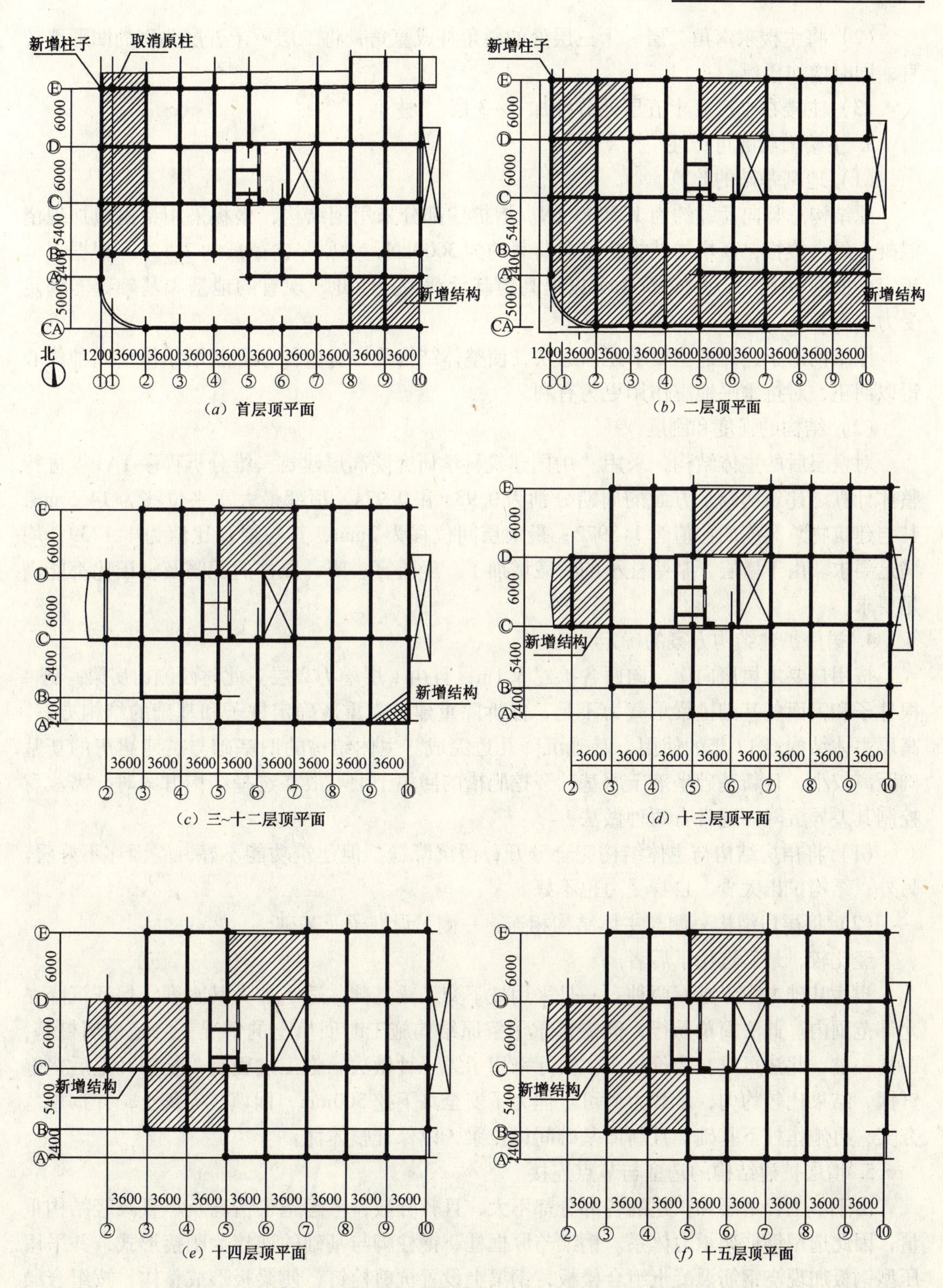

图5.8-7　增层及扩建结构平面图

（1）裙房向南、向西扩建，增加一层。

（2）将主楼东南角二层～十三层处的斜角补成直角，将二层～十五层北面的凹形墙拉直，同时增加楼板。

（3）主楼在十三～十五层处分别加1～3层。

3. 主楼增层的可行性

（1）地基基础的验算

原结构总竖向荷载约为145000 kN。增扩建部分采用钢结构，楼板采用型钢板加现浇混凝土组合楼板，新增加结构的竖向荷载约为3000kN，为原竖向荷载的2.1%。根据规范规定，使用10年以上的建筑物可以提高地基承载力。因此，现有的地基和基础都能满足受力要求。

原结构由于建筑造型要求逐渐退层，使整体结构重心有些偏移。新增结构使此种偏心得以纠正，对抗水平地震作用更为有利。

（2）结构的强度和刚度

对增层后的主体结构，采用“中国建筑科学研究院高层建筑三维分析程序TAT”进行整体计算。建筑物两个方面的周期分别为0.93s和0.97s，顶部最大水平位移为14.5mm，其与建筑物总高度的比值为1∶3972；最大层间位移为2mm，其与层高比值为1∶1739，均满足要求。由于增层，某些柱子的荷载增加了。经验算表明，原柱的配筋及轴压比都能满足要求。

4. 裙房扩建结构方案的确定

按用户要求裙房向南、向西各扩建5.1m，且由1层增为2层。此时西侧裙房第一跨4根柱子和下面的基础挑梁承载力不足，需拆除重建。需重新确定柱子和基础的结构方案。高层主体结构经12年的使用，基础沉降几近完成。主体结构的旧基础与扩建裙房的新基础距离较小，且新基础坐落于原基础开挖肥槽的回填土上。故在选择结构方案时，需注意控制其差异沉降。通常有两种做法：

（1）将裙房结构与主体结构完全分开，留沉降缝。但建筑功能不好，立面亦不好看。另外，结构扩出太少，自身受力也不好。

（2）将裙房结构一侧与主体结构相连，一侧另设柱子及基础。

经比较，最后选用了后者。

裙房基础方案考虑有两种：一是采用柱下交叉梁基础，适当加大其刚度，保证沉降在允许范围内。此法简单易行，但需慎重了解原结构施工时回填土的情况；二是采用桩基，一柱一桩，此法可靠，造价稍高。实际采用了第一种做法。施工过程是：基槽开挖后普遍钎探，结果比较均匀，承载力尚可。但为了安全又下挖300mm，回填3∶7灰土，并按规范夯实，再施作柱下基础，且新旧基础间设拉梁，以保证整体性。

5. 增层扩建结构的选型与节点连接

由于本工程增层和扩建的各部分都不大，且较分散，考虑施工情况及尽量减轻结构重量，因此选用钢框架承力体系。钢梁与原框柱、钢柱脚与基础的连接为刚接形式，并采用压型钢板加现浇钢筋混凝土组合楼板，钢梁上设置抗剪栓钉，使梁板形成整体，按组合梁设计。

增层及扩建结构与原结构的连接均采用在原结构上钻孔植筋（或螺栓），并用结构胶粘固的方法。连接节点见图5.8-8。为确保植筋和螺栓锚固的安全可靠，需注意钻孔成形、净洁钻孔、慎选结构胶，并按其产品技术要求进行施工。在施工前还应进行抗拔试验。钢结构现场连接焊缝必须设置在距植筋（螺栓）点500mm以外，避免损坏结构胶的粘结力。

该工程已于2001年完成扩建、增层和加固的施工。

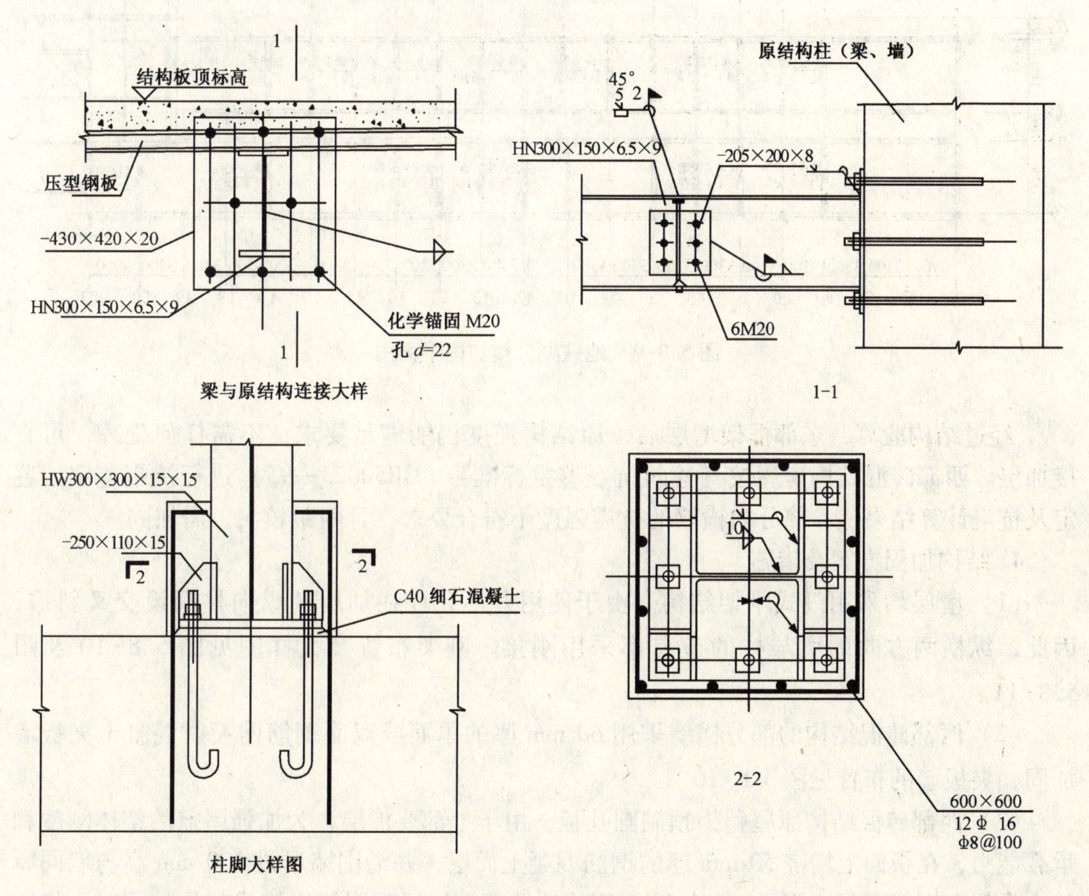

图 5.8-8 连接节点图

三、北京地铁公司某办公楼增层

1. 原建筑物工程概况

原建筑物由东西两部分组成，相邻处设有防震缝。西部为砖混结构，地上4层，地下1层。东部为框架结构，地上4层，局部5层，地下局部1层，均为桩基础。此工程始建于1988年，抗震设防烈度为8度。在此之前已使用12年，情况良好。

西部砖混结构平面见图5.8-9。

2. 用户要求

所有四层部分均增加一层，即均增至五层。

3. 抗震鉴定和结构验算

增层结构均采用轻型结构。屋顶采用100 mm厚彩色夹芯板。屋面静载（含轻质吊顶）0.5 kN/m²，活载 0.3 kN/m²。外墙及内隔墙采用舒乐板及轻质隔墙板。

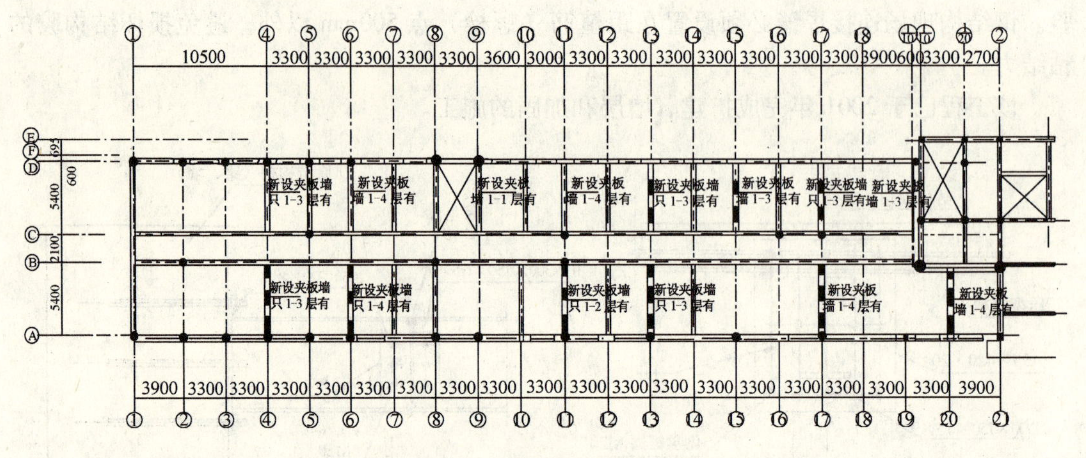

图 5.8-9　地铁办公楼加固平面图

经过结构验算，东部框架增层后，原结构强度仍能满足要求，不需任何处理，可直接加层。西部砖混结构房屋按《建筑抗震鉴定标准》（GB50023—95）进行抗震鉴定。鉴定及抗震计算结果是；部分内横墙的抗震强度不符合要求，且间距较大，需加固。

4. 结构加固方案及措施

（1）增层均采用门式刚架结构。由于使用方不允许在加层的纵向柱间设交叉斜撑，因此，纵横两方向的梁与柱的节点都采用刚接。刚架布置及大样图见图 5.8-10 及图 5.8-11。

（2）西部砖混结构的部分横墙采用 60 mm 厚的单面或双面钢筋网喷射混凝土夹板墙加固，夹板墙的布置见图 5.8-10。

（3）西部砖混结构原屋盖为预制圆孔板，由于上部要加层，为加强屋盖的整体刚度和承载能力，在板面上增浇 50 mm 厚的钢筋混凝土面层，并沿围墙增设 300 mm 高与墙同厚的水平闭合钢筋混凝土圈梁，新增圈梁用构造植筋和原屋顶圈梁连接成整体。同时，将原女儿墙构造柱筋锚固于此圈梁内，从而增加新圈梁与原结构连接的整体性，加强了原屋盖的水平抗震性能，方便了刚架柱与原结构的连接。

该工程已于 2001 年完成。

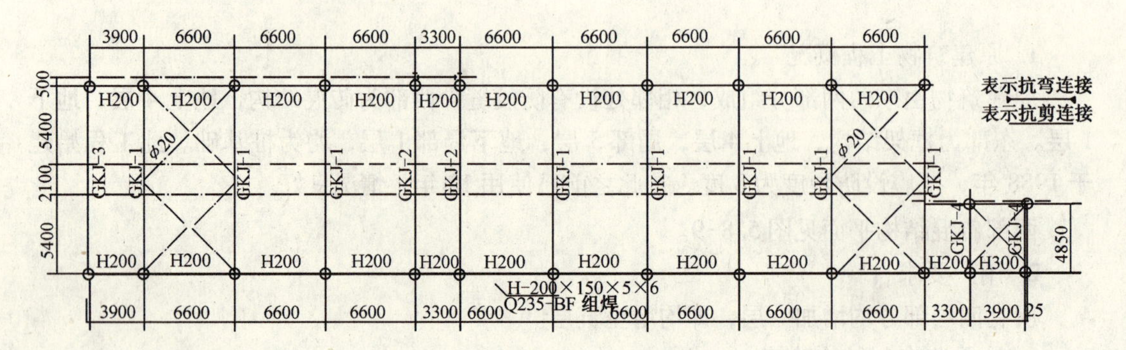

图 5.8-10　钢构件布置图

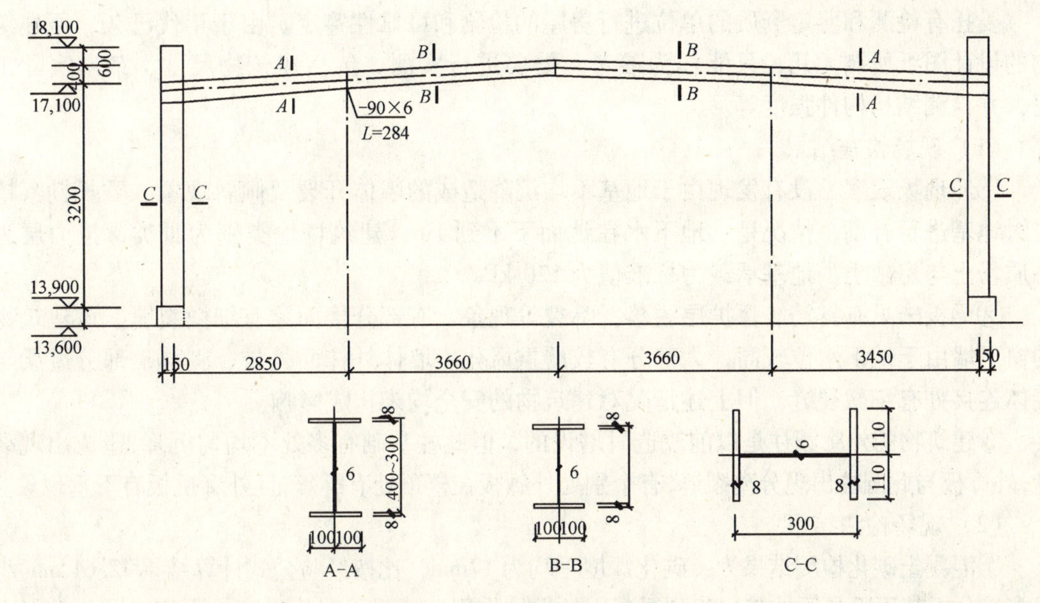

图 5. 8-11　加层刚架大样图

四、北京小汤山医院四区南楼的加固改造

1. 原建筑物工程概况

北京小汤山医院四区病房楼始建于 1953 年，总层数为 2 层，为砖混结构房屋。此建筑中间设两道变形缝，将建筑物分成三部分，层高为 3. 6 m 和 3. 8 m，外墙厚 370 mm，内墙厚 240 mm，纵横墙混合承重。楼、屋面板及楼梯均为现浇钢筋混凝土结构。原建筑平面见图 5. 8-12，中间为走廊，两侧为标准病房间。

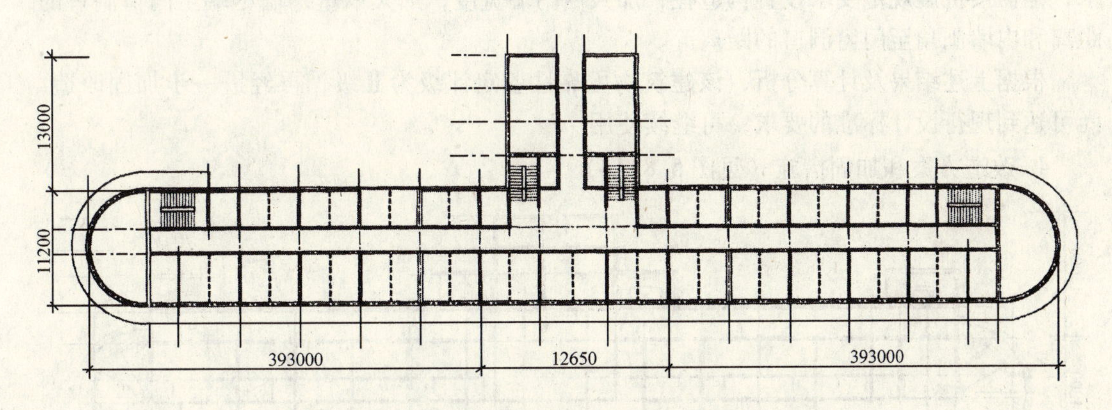

图 5. 8-12　北京小汤山医院四区南楼平面图（改造前）

2. 用户要求

考虑该建筑物已使用近 50 年，将达到建筑使用寿命，且局部已破损，功能上也不适应现在使用的要求。用户要求进行可靠性评估、加固、局部改造和重新装修。

3. 可靠性评估

委托有检测和鉴定资质的单位进行房屋的检测和可靠性鉴定。由于年代已久，原建筑物的设计图纸所剩无几，只能作为参考。需要进行实测，包括建筑物尺寸、踏勘实际工程，并检测结构构件强度等。

（1）现场检查结果

①经现场观察，没有发现由于地基不均沉降造成的墙体开裂及倾斜现象。委托勘察单位对地基进行补勘，情况是：地下水在地面下不到1m，建筑场地类别为Ⅲ类，持力层为黏质粉土与房碴土，地基承载力标准值为120 kPa。

②梁板未见有露筋、保护层脱落、酥裂等现象，有部分楼面梁有细微裂缝。该建筑物的窗下墙由于地下水位较高，大部分有较严重风化。墙体外抹面外鼓、剥落，部分过梁与墙体连接处有细微裂缝。但上述情况对建筑物的安全均未构成影响。

③建筑物的外廊圆柱是以前改造时增设的，但此柱基础有多处不均匀沉降，造成出现裂缝，外廊板与此圆柱出现分离裂缝，有个别处外廊板在楼顶处有酥碎，且外廊挑板有下垂现象。

（2）现场检测结果

①混凝土碳化检测结果为：碳化深度平均为17mm，比按经验公式计算结果72.61 mm小很多。分析其原因是原抹灰层起到混凝土的保护作用，减缓了碳化速度。原施工质量较好也是重要因素。

②用回弹法和钻芯法测得梁板混凝土相当于C15，砖的强度等级相当于MU10，砂浆强度等级略低于M2.5。

（3）结构承载力验算

经计算承重纵墙安全裕度为0.99，差值在5 %以内。承重横墙安全裕度为1.19；梁板安全裕度为1.13，均满足安全度要求。

（4）抗震鉴定

按抗震设防烈度8度进行抗震鉴定：该建筑物综合抗震能力基本满足第一级鉴定要求，但需按抗震规范要求设置构造柱，加大窗门墙宽度，加大承重外墙尽端至门窗洞口的距离和内墙阳角至门窗洞口的距离等。

根据上述结果及计算分析，该建筑物可靠性鉴定评级为Ⅱ级，再经进一步加固改造，尚可达到现行设计标准的要求，可继续使用。

4. 改造方案和加固措施（见图5.8-13）

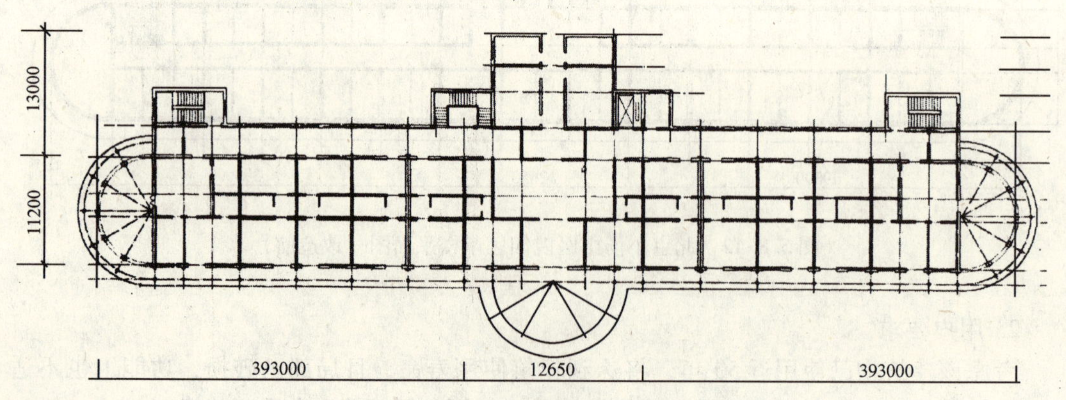

图5.8-13　北京小汤山医院四区南楼平面图（改造后）

（1）在内外墙交接处设置构造柱，此柱另设基础，并与墙体和现浇梁板做可靠连接。

（2）由于此病房楼改为高级公寓式病房楼，将原建筑物的中间走廊取消，设隔墙。在楼后紧邻外墙增设内走廊及楼梯、电梯间。这些墙体都与原结构有可靠连接，并增加新基础。楼、屋盖做现浇混凝土板与原结构板连成整体。

（3）将原南墙处的外廊及部分外廊板拆除，重新施作钢筋混凝土圆柱及其基础、边梁和混凝土板。将原外廊板的钢筋凿出与新板连成整体。

（4）增设楼前半圆形门厅，作现浇钢筋混凝土框架结构与外廊结构相连。此门厅在圆直径处梁的跨度为12.6m，设计梁截面300mm×700mm，为型钢混凝土梁。

（5）将原结构屋面做法全部凿除，选轻质屋面材料作保温，并重新施作屋面防水层。改造加固后的结构，用PKPM程序进行整体抗震计算，满足要求。

五、结语

旧有建筑物改造设计方案的选择很重要，而改造前的准备工作也要充分。

1. 现场踏勘获得第一手资料；
2. 详细查阅原建筑物的设计图纸，获得技术资料；
3. 必须进行可靠性鉴定及抗震鉴定；
4. 进行必要的补勘，以确定可靠的地基承载力；
5. 进行地基承载力和基础强度的检算，以及结构承载力和抗震检算。

（喻晓　北京市城建建筑设计研究院）

[实例三]　北京日报社综合业务楼增层

一、概况

建于20世纪50年代。砖混结构。地下1层，地上4层，面积6150m²。全长90m。分为三段。两翼进深16m，中间段进深18m。现浇楼屋盖。1976年唐山地震时，房屋有轻微损坏，随后对房屋进行了抗震加固。

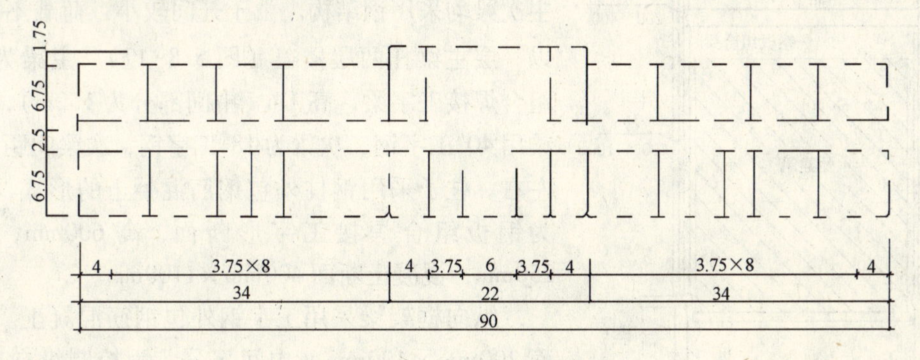

图5.8-14　原建筑结构平面

要求在原建筑上加建四层（局部五层）。

结构采用外套框架形式，新老结构完全脱开。

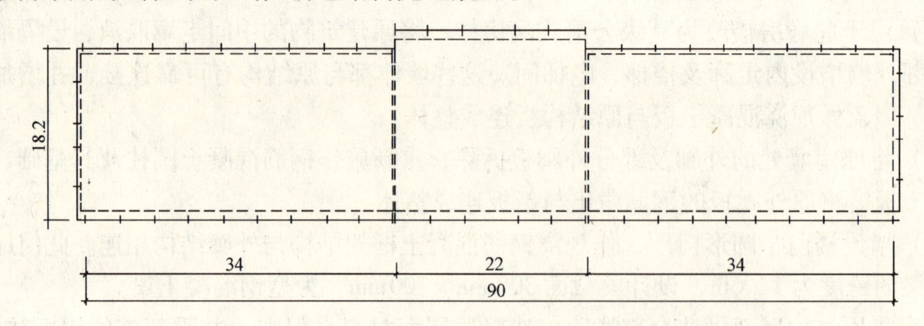

图 5.8-15　一至四层结构平面（虚线表示原建筑物）

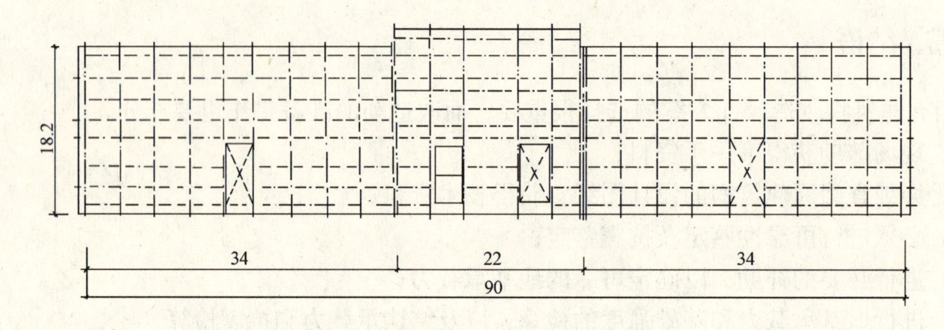

图 5.8-16　五至八层结构平面

二、结构布置

结构平面分为三部分，两翼为 8 层，跨度 18.2m，中间部分 9 层，跨度 20.2m，开间 3.75m（个别为 4m 及 6m），柱总高 33.1m（中间部分 35.5m）。因利用原屋面作为第五层楼面，柱下部高 20.6m。柱纵向每层均设梁连结。

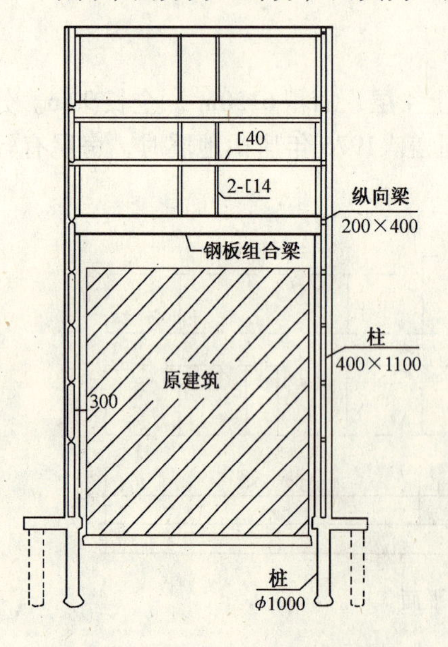

图 5.8-17　结构剖面示意图

为减轻自重，争取房间净高及加快施工进度，主次梁均采用钢结构。由于开间较小，荷载不很大，以一层主梁托两层楼盖（图 5.8-17）。主梁为钢板组合焊接工字梁，高 1m（中间部分为 1.2m），托层梁用 40# 工字钢，次梁为 18# 工字钢，次梁间距 2.4m 左右。柱子采用钢柱外包钢筋混凝土的形式，钢柱为钢板组合焊接工字形断面，高 600mm，翼宽 250mm，混凝土断面 400mm × 1100mm。

纵向框架梁采用工字钢外包钢筋混凝土。梁断面 200mm × 400mm（中间部分，为控制纵向变形，梁断面改为 250mm × 650mm），起拉结、稳定作用。

三、结构设计与内力分析

1. 基础

基础采用大直径灌注桩，每柱一桩，桩深平均10m左右。为加强刚度，每两根桩加一根辅桩，三根桩组成一个三角形的承台。纵向设拉梁。

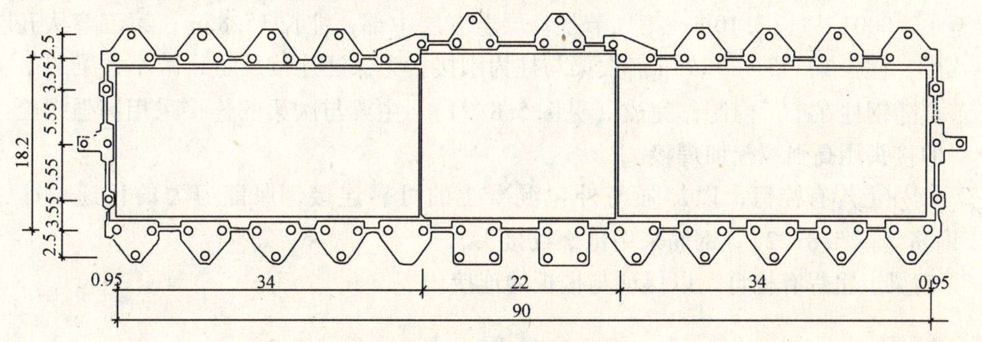

图5.8-18　桩位布置图

2. 框架设计

框架内力分析采用我院平面杆系计算程序。由于两翼比较规则，开间较均匀，故取一榀框架进行分析。框架主梁与柱刚接，托层梁与柱铰接，为减少托层梁跨度，在中间走道处设置小柱。计算简图与主要计算结果见图5.8-19。

中间部分框架各榀差异较大，故按对称取三榀框架协同计算，仍使用平面杆系计算程序，各榀之间虚设铰接刚性杆连接，以模拟协同工作。计算简图及主要计算结果见图5.8-20。

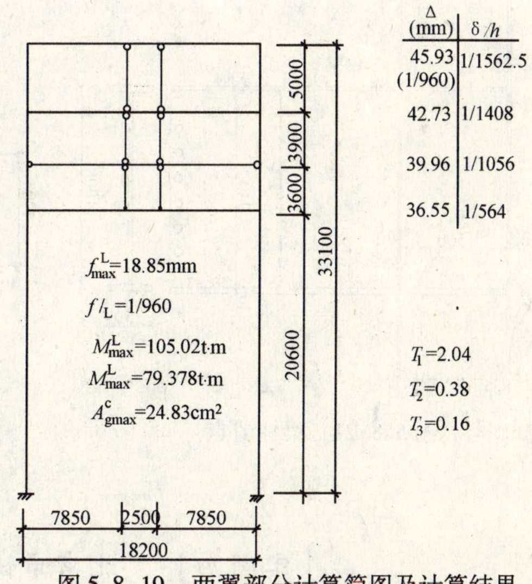

图5.8-19　两翼部分计算简图及计算结果

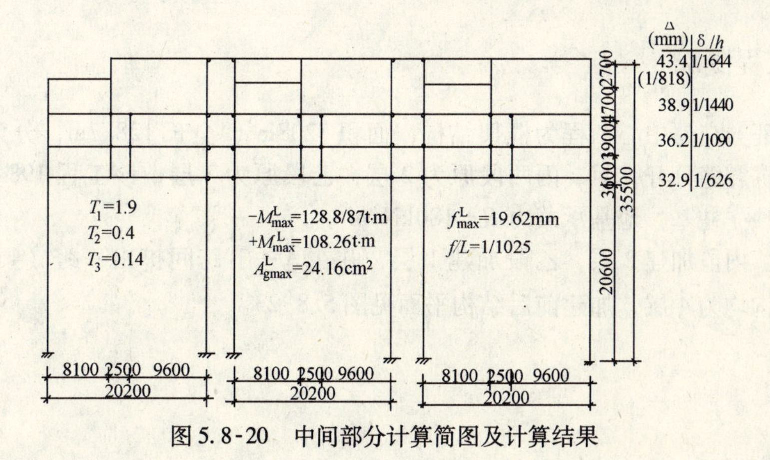

图5.8-20　中间部分计算简图及计算结果

纵向按中间及两翼分别计算。两翼按八层框架计算，其顶点位移为3.56cm、$\Delta/H=1/930$，中间部分按九层计算，其顶点位移为3.18cm，$\Delta/H=1/1116$。

四、主要构造做法

1. 所有钢梁与钢柱的连接均按钢结构的设计要求。钢柱分三节加工、吊装。第一节从桩顶至±0.000，柱长3.10m；第二节从一层至五层中部，柱长15.85m；第三节从五层中部至八层，柱长14.45～17.45m。大梁与柱为刚接。为保证连接质量，减小大梁的吊装长度，节点随钢柱在工厂内制作完成（见图5.8-21）。主梁与次梁的连接采用高强螺栓，主梁本身的接头用高强螺栓加焊接。

2. 钢柱上焊有栓钉，以加强与外包混凝土的可靠连接，保证剪力的传递。每柱配8ϕ32钢筋（图5.8-22）。钢筋采用锥螺纹接头。

3. 钢梁上也焊有栓钉，以保证与楼板的连接。

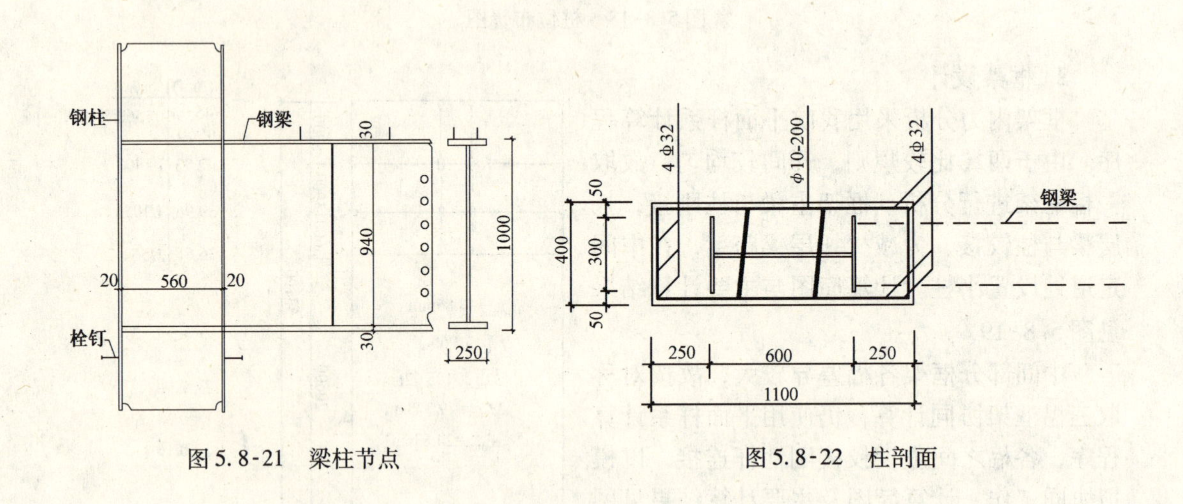

图5.8-21　梁柱节点　　　　图5.8-22　柱剖面

［实例四］　北京市证券交易中心增层工程

一、工程概况

北京市证券交易中心工程为框架结构，面积7208m^2，全长128.7m，分为甲、乙、丙三段，中间抗震缝分开，甲、丙两段原为2层，乙段原为3层，该工程1984年设计并施工，基础为独立柱基，地基承载力$R=180kN/m^2$。

要求甲、丙段加建2层，乙段加建1层，并在Ⓐ—Ⓑ跨间扩出一跨（4层），因此建完后整个结构均为4层，加建前后结构平面见图5.8-23。

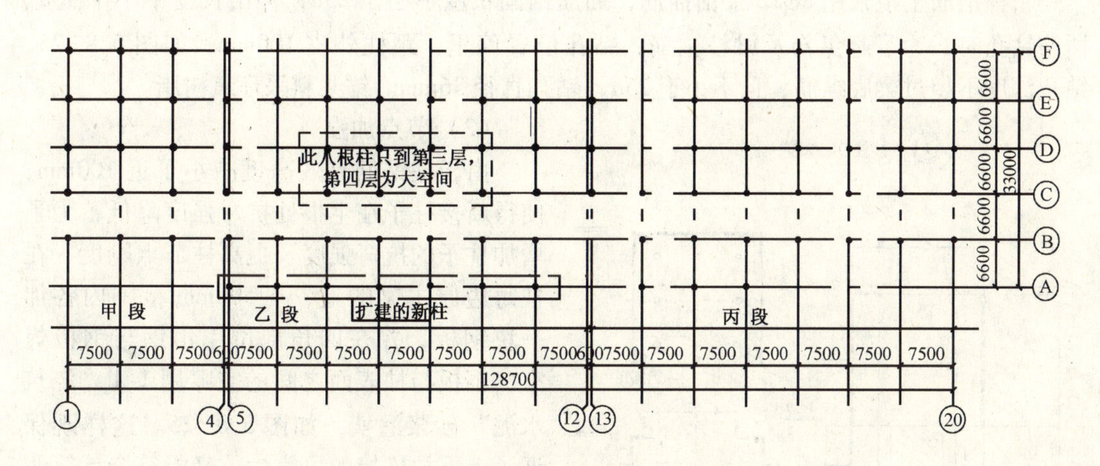

图 5.8-23　加层前后结构平面图

二、加层方案的确定

在确定加层方案时，主要考虑以下几个问题：

1. 地基强度

为了避免对地基、基础进行加固，经过计算分析，加层的内外墙采用轻质材料，原地基、基础满足设计要求。

2. 原结构抗震性能

北京地区抗震烈度为 8 度，我们采用中国建科院的 TBSA 程序对该建筑进行了分析，其结果：加层后，该建筑只能满足 7.5 度的设防要求，经有关部门批准，其抗震设防可按 7 度考虑。这样，决定采用“直接加层法”，对原建筑不进行加固处理。

3. 加层方案

目前，根据新、旧建筑物关系区分建筑物加层主要有两种方法：一种是在原结构上直接加层；另一种是采用鸡腿式外套框架的方法将新、旧建筑物完全脱开。经过计算，原结构上直接加层，地基、基础及结构抗震均能满足要求，采用此方案后，既节约了投资又提前了工期，所以，不失为一个安全可靠、经济合理的加层方案。

三、结构特点

由于本工程是在原有框架上直接加层，而且同时又向外扩建出一跨（四层），因此，在结构构造上出现了：1—原有柱上接柱，2—原有梁向外接梁；3—原有梁柱既向外接梁又向上接柱三种情况，下面分别介绍其具体构造作法及要求。

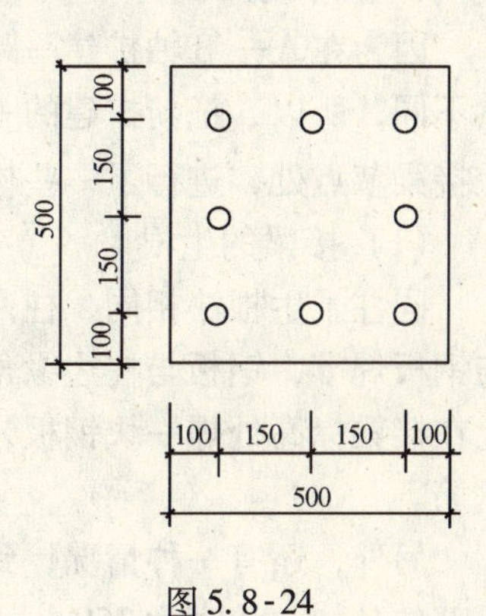

图 5.8-24

1. 柱上接柱

（1）钢筋生根

新柱钢筋生根采用8ϕ22浆锚插筋，插筋锚固长度不小于25d，伸出长度不小于40d。插筋钻孔时，为了避免伤及梁柱主筋，钻孔位置偏里，距柱外皮100mm，如图5.8-25，钻孔深度不超过梁底纵筋，且不小于25d，钻孔直径36mm。锚浆料采环氧树脂。

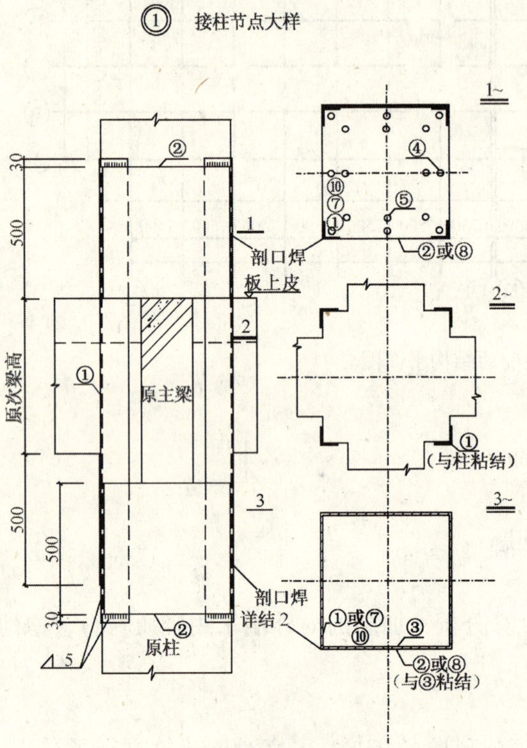

图5.8-25

（2）节点加强

由于柱钢筋有效高度减小了近100mm，使得新接柱子在生根处抗弯强度降低，为了增加柱子的抗弯强度及提高柱节点刚度、在柱每边原主梁的上、下500mm范围内各加一块钢板，并在四角部位用角钢与钢板焊牢，钢板与柱表面之间的空隙用1:1“浇筑水泥”砂浆灌实，如图5.8-25。这样既保证了上下柱连接的可靠性，又能符合计算假定。

（3）为了保证施工及质量，具体要求如下：

1）剔凿原柱顶混凝土前，先将主梁支撑稳妥，每跨在1/3净跨处支顶两处。

2）剔凿柱顶垫层及混凝土保护层，露出柱顶范围内的钢筋，以便检查梁筋及柱筋位置。

3）凿开保护层后，通知设计人员到现场共同确定钻孔位置及深度，原则是不得伤及梁柱主筋，钻孔深度不小于25d，但不超过梁底纵筋，钻孔直径36mm。

4）插筋前，必须将孔内灰渣冲洗干净，用电热棒烘干后再灌环氧插钢筋。

5）用1:1浇筑水泥修补好凿去的保护层及垫层，养护两天后，再拆除主梁支撑。

6）最后进行钢板及角钢加固。

2. 梁外接梁

因为在Ⓐ—Ⓑ轴扩建一跨4层结构，其他部分是在原结构上加层，这样两者的沉降必然不同，所以，把新扩建的一跨的梁作成简支梁，以防止差异沉降造成梁的开裂。为此，在接梁节点处，进行了一些构造处理（图5.8-26）。

（1）接梁的生根

同柱子生根法相同，柱四周梁上下部位各加一块宽为250mm的钢板，柱四角用角钢与钢板焊牢，钢板与柱边缘角钢之间的空隙用1:1水泥砂浆灌实，在准备接梁的一侧角钢上在接梁标高处焊一块钢板，在其上焊出竖向横向钢板，形成钢牛腿，用以固定梁的受力钢筋。

另外，还有一种情况，到顶层柱顶总位接梁时，为了能固定柱四角的角钢，柱四周梁下部位各加一块宽为250mm的钢板，而在柱顶上用结构胶粘贴一块平放的钢板，并与柱四角的角钢焊牢，从而使角钢在梁上下部位均有固定点，加强了角钢与柱的连接强度，见图5.8-26、图5.8-27。

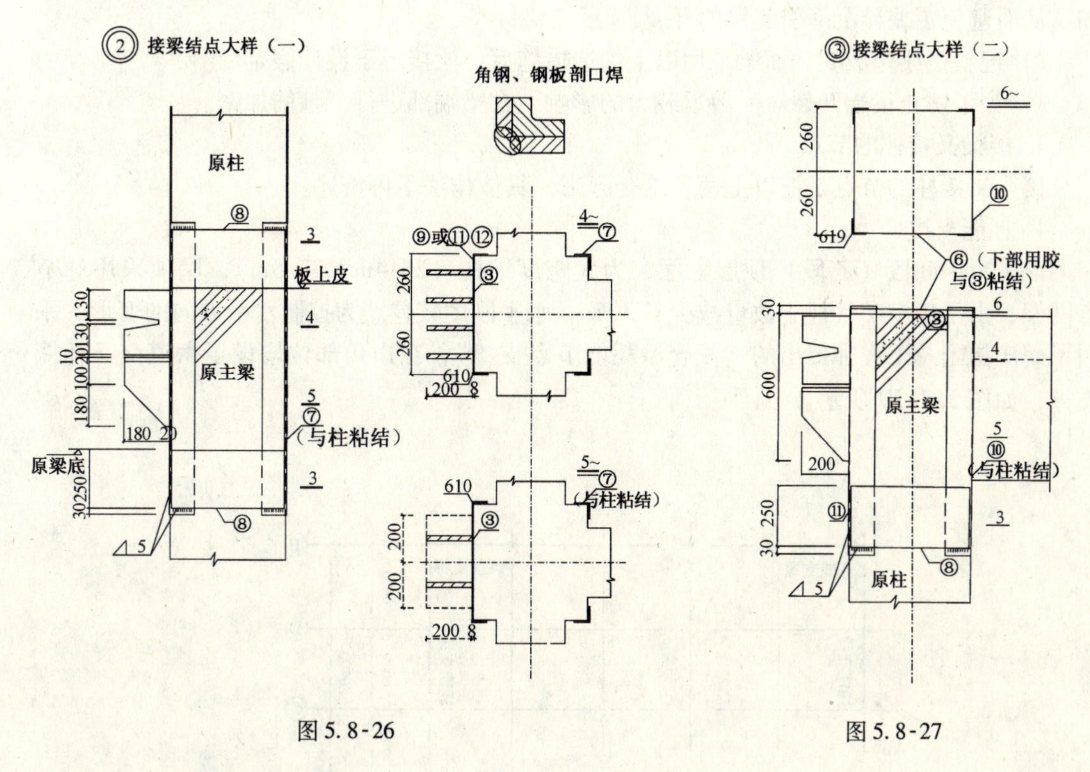

图5.8-26　　图5.8-27

（2）简支梁的构造处理

为了防止新、旧建筑物的差异沉降引起梁的开裂，新接的梁作成简支梁，具体采取如下措施（如图5.8-28）。

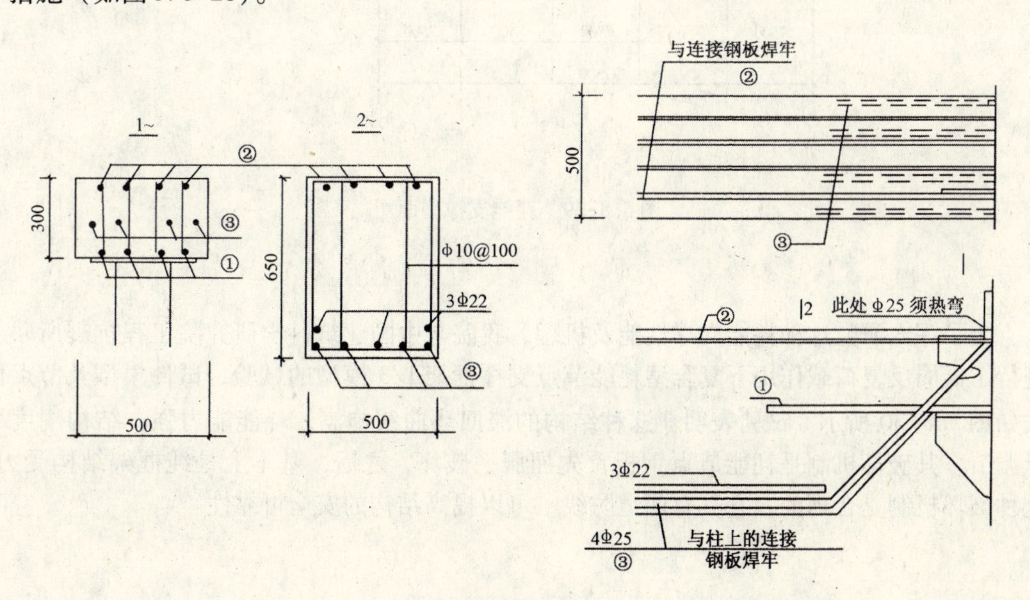

图5.8-28

1）把固定梁纵向受力钢筋的纵向钢板剪出一个缺口，目的是为了使钢牛腿只承受梁传来的剪力，而不承受弯矩，竖向钢板剪一个口后，梁端抗弯刚度降低，梁端转动性能增加，从而避免了差异沉降引起梁的开裂。

2）把新接梁作成变截面梁采用以上构造措施后，梁接近于设计假定。

3）为了防止梁端开裂对受剪承载力的影响，在梁端部进行了箍筋加密。

3. 接梁又接柱的节点

接梁又接柱的节点是把以上两者结合起来，具体作法不再赘述。

4. 耗能支撑

该工程中间段（乙段）顶层大厅，为大跨度结构（26.4m×37.5m），屋项采用球节点网架，由于较空旷且柱子数量减少了30%，水平刚度较差。为控制水平方向的变形，采用了胡庆昌副总工程师提出的“复合型耗能节点支撑”，在边角部位增设了六道交叉耗能支撑，如图5.8-29所示。

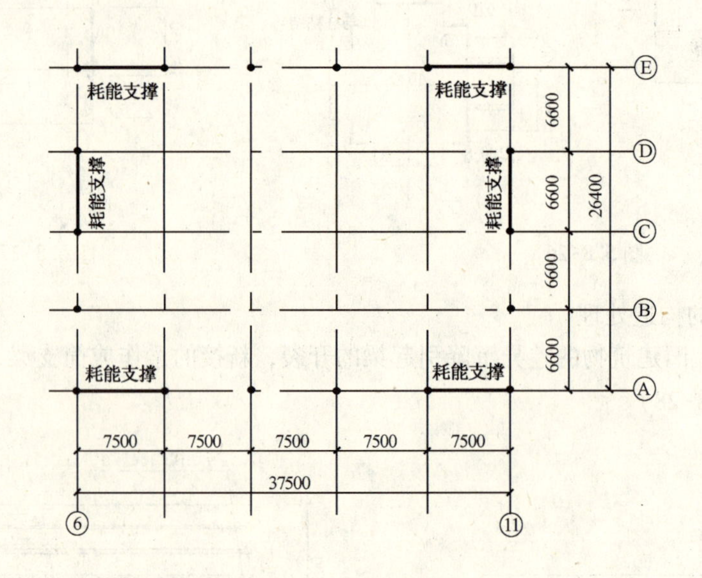

图5.8-29　耗能支撑平面图

为了深入研究这种耗能支撑性能及机理，我院与中国建筑科学研究院工程抗震所联合进行了低周反复荷载作用下复合型耗能节点支撑框架1/3模型的试验，试件模型及节点作法如图5.8-30所示。试验表明：这种结构的滞回环曲线饱满，耗能能力强，结构刚度可以调节。其破坏机制是耗能节点钢板首先屈服、破坏，之后，基本上是纯框架结构受力。这种破坏机制是合理的，它具有两道防线，可以提高结构的安全可靠性。

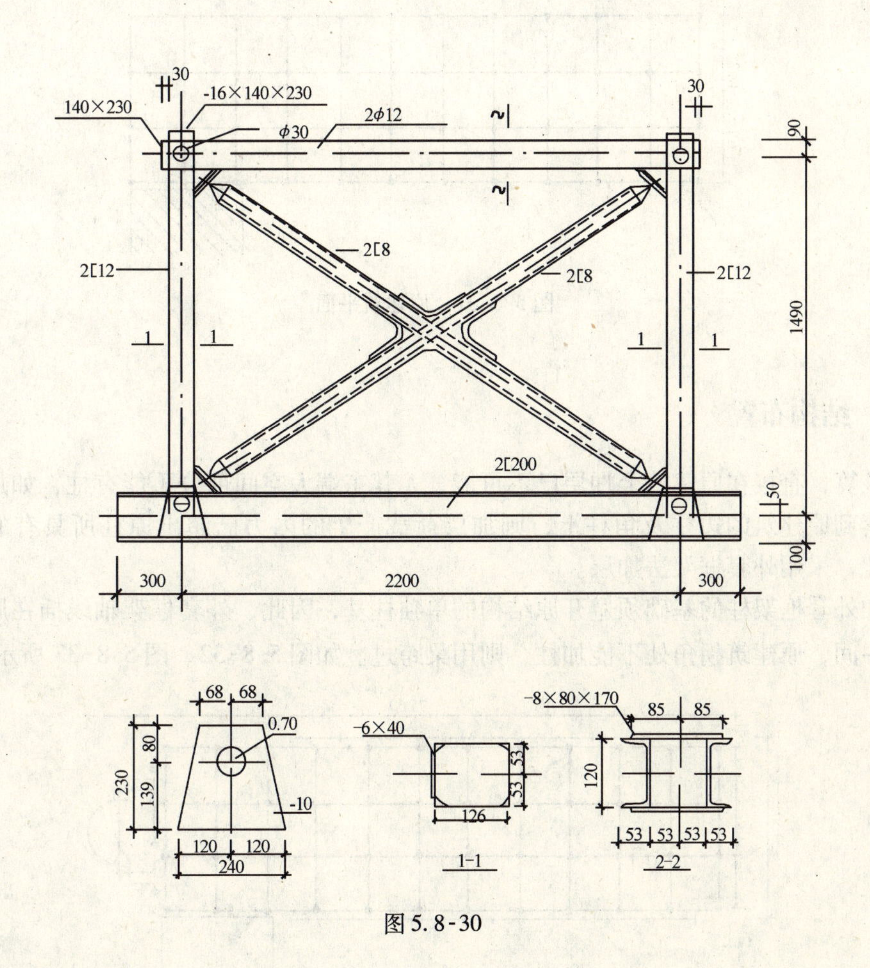

图 5.8-30

四、结语

该加层工程运用了先进、合理的设计计算方法，在构造上也有其独到之处。如接梁、接柱及耗能支撑等作法，既加强了节点强度又便于施工，可以说在加层设计上是一个成功的例证。

［实例五］ 北京国际邮局交换站增层工程

一、概况

建于20世纪70年代。2层钢筋混凝土框架结构，柱网5.9m×6.1m，单独柱基，面积2380m^2，平面如图5.8-31所示。

要求在原建筑上加建2层，其中东端第三层为大空间，无柱无四层楼板。

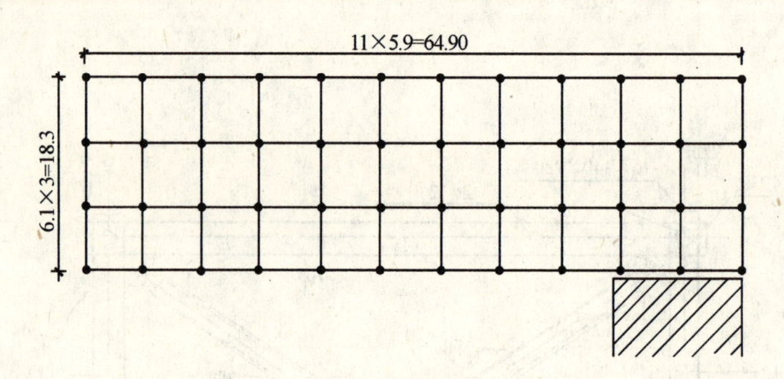

图 5.8-31　原建筑平面

二、结构布置

经核算，直接在原建筑上加层已不可能，尤其东端大空间部分不能有柱，如加层屋顶的荷载落到原建筑的边柱及角柱上，则加层荷载产生的内力已超出原柱所具有的强度很多，因此，采用外套框架法加层。

新加外套框架柱的基础须避开原结构的单独柱基，因此，外套框架轴线插在原建筑柱轴线的中间，原建筑拐角处不能加柱，则用梁跨过。如图 5.8-32、图 5.8-33 所示。

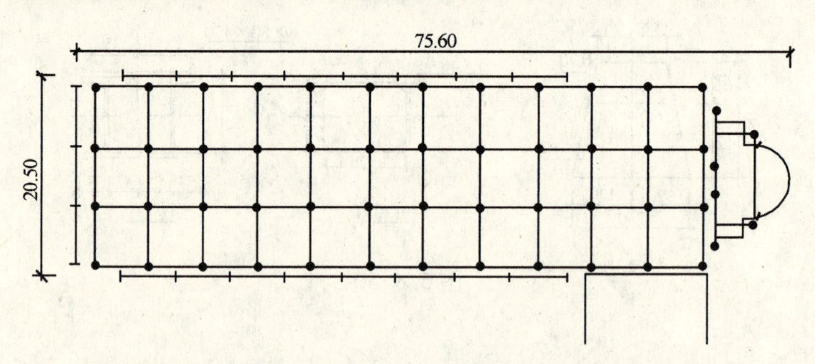

图 5.8-32　首层结构平面

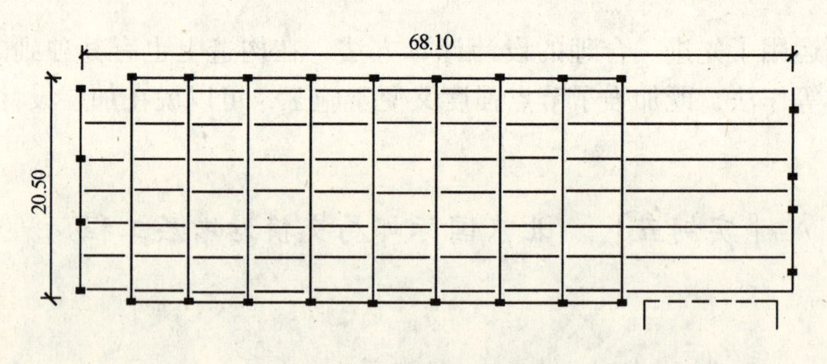

图 5.8-33　屋顶结构平面

采用外套框架后，框架横梁达 20.5m。根据其他专业的要求，为了减小三层顶板结构的梁高，以获得较大的房间净高，便于在吊顶部分走设备管线，三层顶板结构采用悬吊做法，即：将三层顶板的荷载通过吊柱传至屋顶大梁。如图 5.8-34 所示。

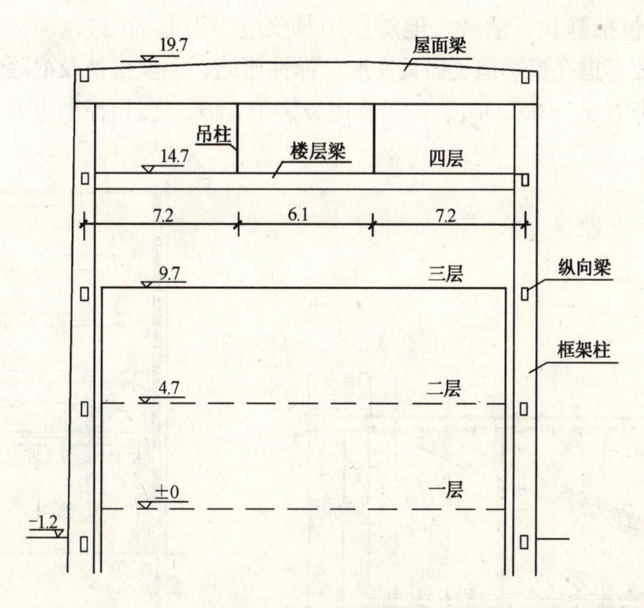

图 5.8-34 横剖面

楼层面板为现制钢筋混凝土，主次梁为钢梁，柱为劲性钢筋混凝土柱。门头部分为现制钢筋混凝土板柱。

三、结构设计与内力分析

1. 基础

由于场地的地下水位很高，采用井点排水等方法施工时，不但费用高，且原建筑拐角处施工尚有相当大的困难。最后，采纳北京市勘察院建议，基础采用旋喷桩。

2. 框架设计

框架内力分析采用建研院的 TBSA 程序。钢筋混凝土部分，直接采用其计算结果。钢梁及劲性钢筋混凝土柱则根据程序计算的内力，手工组合后再进行构件设计。

[实例六] 重庆某 18m 单层厂房加层

原车间长 48m，柱距 6m，跨度 18m，结构由钢筋混凝土柱、屋架及大型屋面板组成。

该车间生产的产品是该厂的拳头产品，生产不能停产，不能改动，更不能拆除。因此，只有做外套框架才能满足要求。平、剖面如图 5.8-35、图 5.8-36 所示。

原车间地处中等风化的砂岩地基上，外套框架的柱下做成岩石杯口基础。横向跨度 20.2m（柱中至柱中），纵向柱距 6m。柱的位置设于原建筑物两柱的中间，以免新老柱子的基础相碰撞。

外套框架首层高 16.2m，其他各层层高 4.8m，总高 30.6m 首层柱截面 500mm × 1200mm，以上各层为 500mm × 900mm。框架梁截面 400mm × 1300mm，采用部分预应力后张法施工。楼面活载 $8kN/m^2$，预应力多孔板 6m 跨长楼面结构。为加强首层柱的稳定，纵向布置两道连系梁，其截面为 250mm × 500mm。

框架内力计算包括静载、活载、地震作用及预应力引起的内力。

预应力损失主要考虑孔道磨擦、锚具变形、弹性压缩、钢丝松弛及混凝土的收缩徐变，预应力总损失，对于跨中 $\sigma_{ss}=0.263\sigma_k$，对于支座 $\sigma_{ss}=0.27\sigma_k$。张拉控制应力 $\sigma_k=0.75\sigma_{ptk}$。

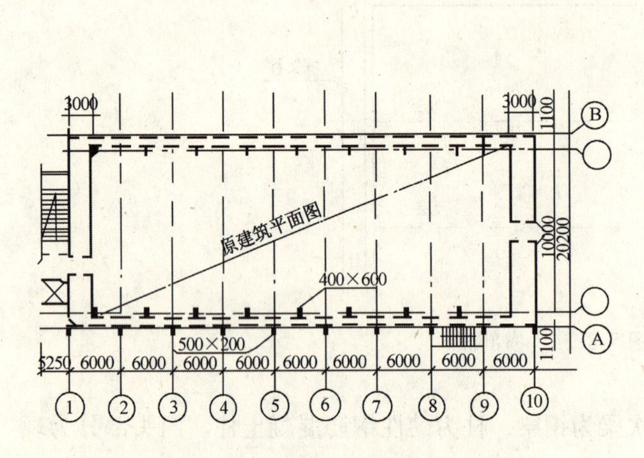

图 5.8-35　加层建筑及原建筑平面图

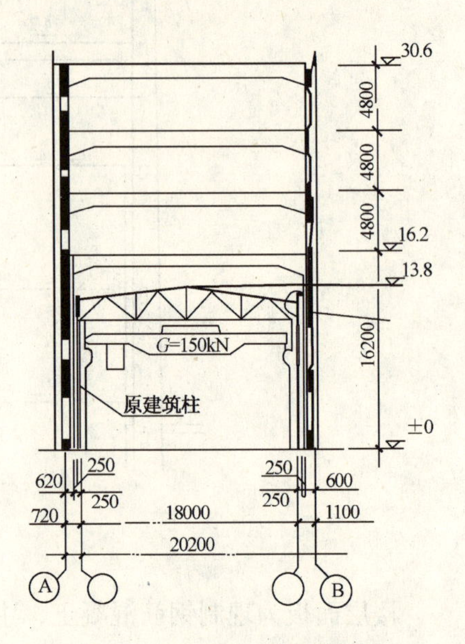

图 5.8-36　加层建筑及原建筑剖面图

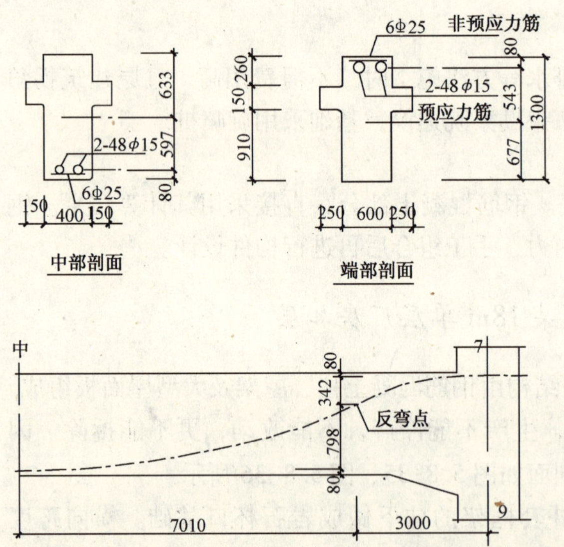

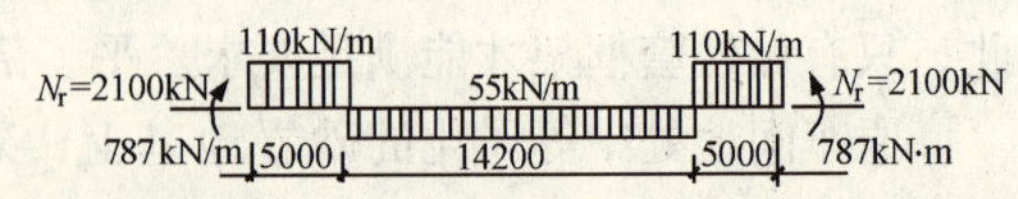

图 5.8-37　框架梁预应力筋曲线形状图

图 5.8-38　预应力引起等效荷载简图

（雷遂德　国家医药管理局重庆医药设计院）

[实例七] 东南大学校医院大楼轻钢结构增层设计

一、工程概况

东南大学位于南京市中心，其校医院主楼是一幢集门诊、医治、办公于一体的大楼，该楼建于1984年，建筑面积为3360m²，房屋结构形式为砖混结构，主体4层，局部3层，基础为钢筋混凝土条基，每层外墙和隔开间内墙均设置有圈梁、纵横梁相交处设置了构造柱。近年来，由于学校发展迅速，原医院主楼已不能满足现有使用功能的需要，而四周又没有可供利用的土地，因而增层扩建成为建设单位的首选方式，本文仅介绍增层扩建的一部分，我们拟在三层部位处增加一层，新加层平面轴线尺寸为20000mm×8400mm，屋顶结构平面布置图见图5.8-39，西侧Ⓙ-Ⓛ部分与主体相连。

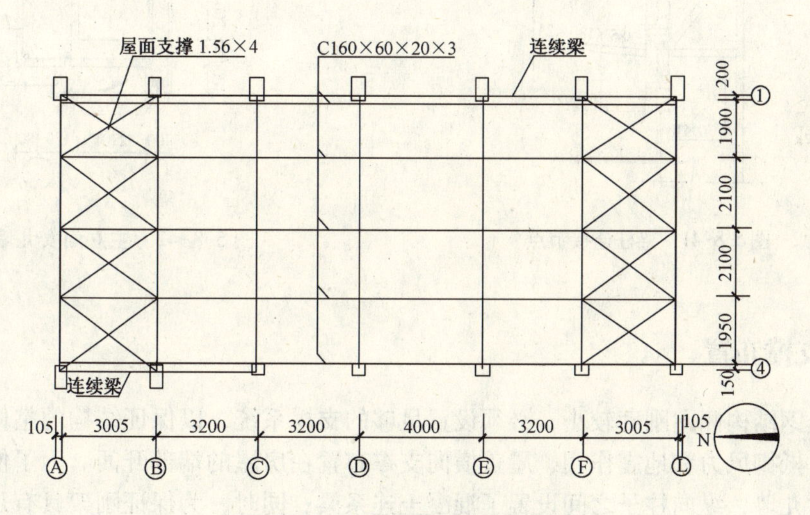

图5.8-39 屋顶结构平面布置图

二、结构方案

由于大楼地基承载力仅为80kPa，为减轻建筑物重量，保证大楼的结构安全，经多种方案比较后，确定采用轻钢结构加层，为保证传力可靠，方便施工，采用了柱下铰接方案（图5.8-40），屋面由于跨度不大，所以采用单面排水方式，刚架跨度为8400mm，与柱子刚接（图5.8-41）。屋面采用带保温层的压型钢板，墙体采用ALC板竖向布置，在端部采用ALC板伸出屋面做女儿墙，主立面则采用混凝土板出挑（图5.8-42），以保持与原有房屋的建筑风格相一致。

为保证新增层部分与下部形成整体，将原有3层顶圈梁顶面凿毛后，加浇240mm×390mm的圈梁；同时，对下部墙体采用钢筋网水泥浆法进行了加固。

梁柱均采用H型钢，梁体刷防火涂料防火，柱子考虑到须设置装饰柱与原有壁柱相协调，保持原有建筑风格，采用了外包混凝土的方法进行防火处理。

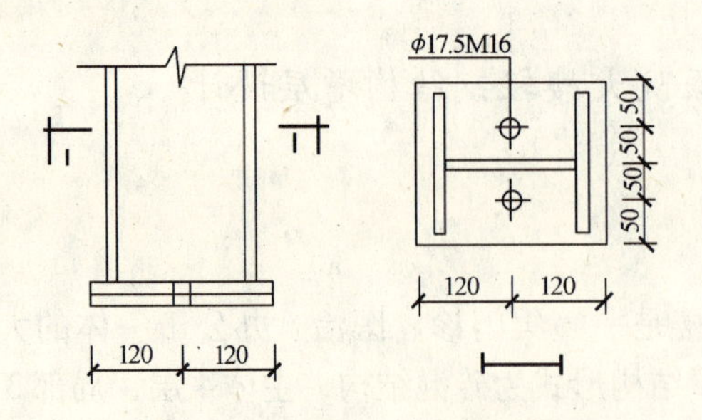

图 5.8-40　柱与基础的连接节点

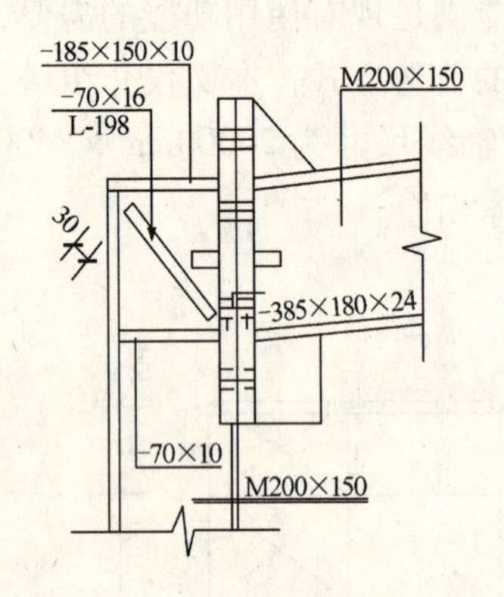

图5.8-41　梁柱连接节点

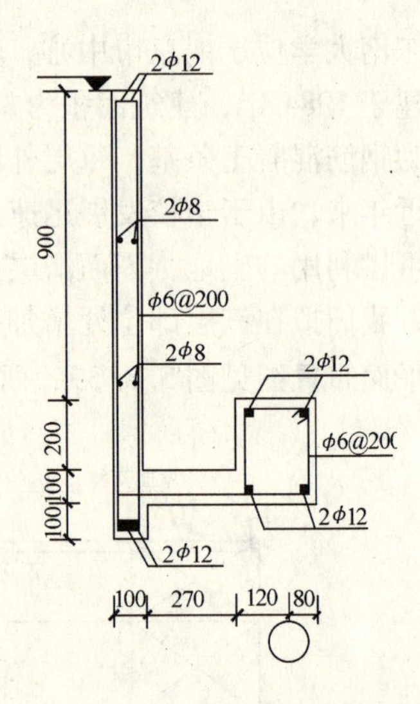

图 5.8-42　主立面女儿墙做法

三、支撑布置

由于轻钢结构侧向刚度较小，必须设置足够的支撑系统，以保证结构的整体稳定性和空间刚度，抵御风力和地震作用，屋盖横向支撑布置在房屋的端部开间。为了便于外挑檐沟，设置女儿墙，纵向柱子之间设置了混凝土连系梁；同时，为保证刚架具有足够的侧向刚度，防止柱子的侧向位移，连系梁与柱之间设置了加腋支撑，也有利于建筑采光和室内美观。从图 5.8-45 可以看出，柱两端均设加腋支撑，且与柱成45°布置。

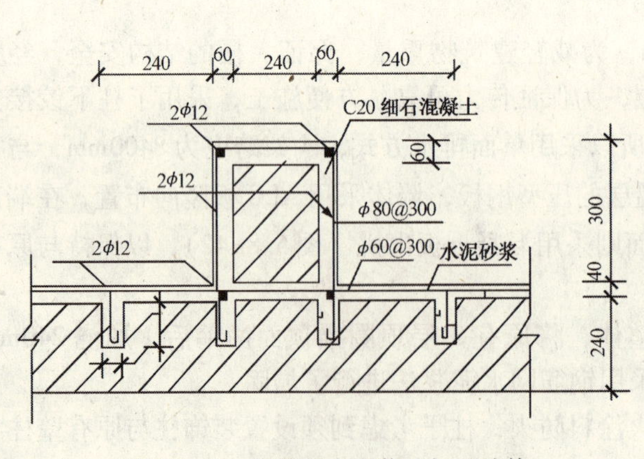

图 5.8-43　钢筋网水泥浆法加固墙体

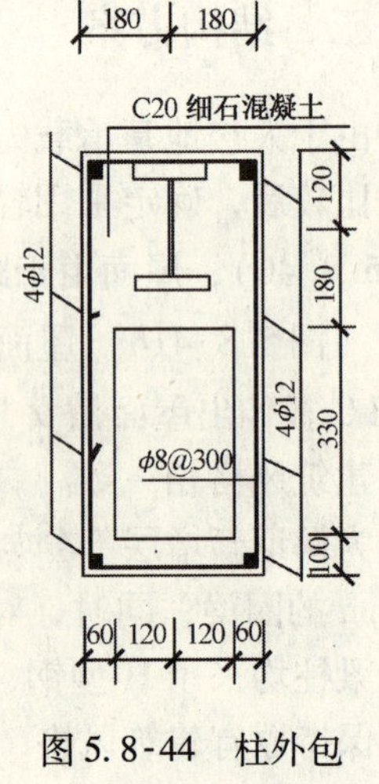

图 5.8-44　柱外包混凝土防火

四、结构设计

结构设计主要进行了竖向力与风荷载作用下的构件选用以及结构的抗震验算。

构件选用时，通过对梁柱刚度的反复调整、验算，最后确定梁柱采用同一截面，全部采用H型钢HM200×150，屋面檩条设计类同轻钢结构厂房的计算，采用C160×60×20×3。

抗震验算采用底部剪力法，对结构进行离散化，将加层部分质量集中到楼盖处。考虑到增层结构的刚度远小于下部已有结构，存在明显的鞭鞘效应，计算出的地震力乘以放大系数。

五、结语

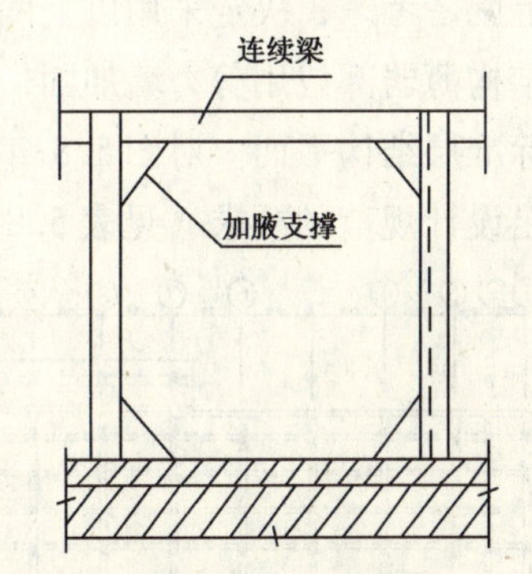

图5.8-45　柱间加腋支撑布置

1. 轻钢结构增层设计有利于降低建筑物的总重量，对下部结构的影响相对较小，在设计中要注意选用轻体材料。

2. 轻钢结构增层扩建部分与下部结构须形成整体，确保传力可靠。当下部为砖混结构时，加浇屋顶混凝土圈梁是确保增层扩建后的建筑物整体性的方法之一，且施工方便。

3. 保证加固后形成的上柔下刚结构在地震作用下的安全，是关键问题之一。本设计中采用的底部剪力法还略显粗糙，如何进行更精确的抗震验算，尚需进一步深入研究。

4. 在轻钢结构增层中，要注意与原有建筑物的风格相一致。

（俞光东，王恒华，施红军　徐州建筑职业技术学院、东南大学）

［实例八］　杭州近江大厦增层改扩建设计与施工

一、工程概况

杭州近江大厦是利用原近江第三工业楼改建而成的三星级水准的宾馆。其原结构为8层全现浇混凝土框架结构，夯扩桩基础，设计活荷载为4.0～10kN/m²；改建要求将上部结构从8层增至10层，由于功能需要，建筑内部设置了较多的内分隔墙，但楼面活荷载降至1.50～3.50kN/m²，减幅较大，具备加层的初步条件。根据加层改建要求，需对原有结构进行全面验算并采取相应的加固措施，其内容涉及结构整体刚度的增强，结构构件的补强，新增分隔墙体对原结构影响的评价，在原有的楼板和混凝土墙上开洞以及标准层面积扩大带来的新老结构连接方法等一系列问题。

二、结构整体安全性验算

加固前应正确评价目前结构的实际情况，这是十分重要的和必要的。原工程在1996年3月主体结构封顶，随即业主改变了该工程的使用功能。经施工现场实地察看，各混凝土结构构件的施工质量良好，未发生过工程质量事故，在施工过程中也未遭受过损伤。有关资料显示该工程混凝土等级达到了设计标准，但为慎重起见，还是采取了钻芯取样的方法对混凝土强度等级进行了实测，其结果与施工单位提供的资料基本一致。

改扩建工程主要考虑了两种加固方案：第一种为根据结构需要添置部分剪力墙，将框架结构改为框架-剪力墙结构，这对增加建筑物的整体侧向刚度极为有利。但加固工程量较大，施工过程中有一定的难度，且对建筑空间的灵活使用有一定的负面影响；第二种为仍保持原有的框架结构体系，通过增大柱截面的方式来承担加层带来的附加荷载，这样可使加固施工简便易行，工期较短，建筑空间运用灵活，但结构整体侧向刚度略差。综合以上两者考虑，决定采用以上两者相结合的方式，在建筑物中间部位采用第二种方式，而在结构薄弱部位用剪力墙加固，图 5.8-46 和图 5.8-47 分别为原标准层结构平面和修改后的标准层结构平面。对图 5.8-47 所示平面经验算表明，该结构层间及顶点最大位移均能满足设计规范的要求（见表 5.8-1）。

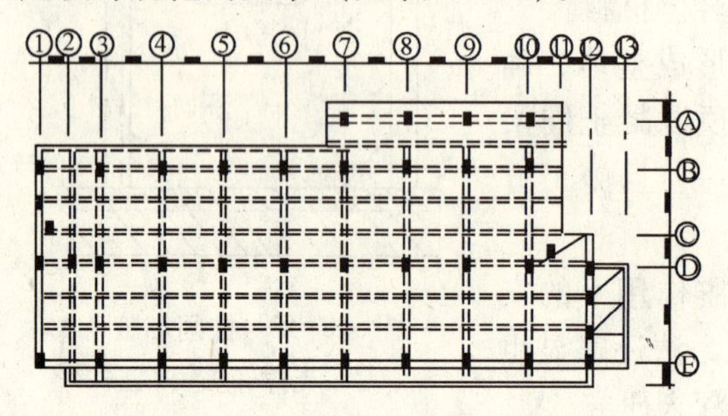

图 5.8-46　原标准层结构平面图

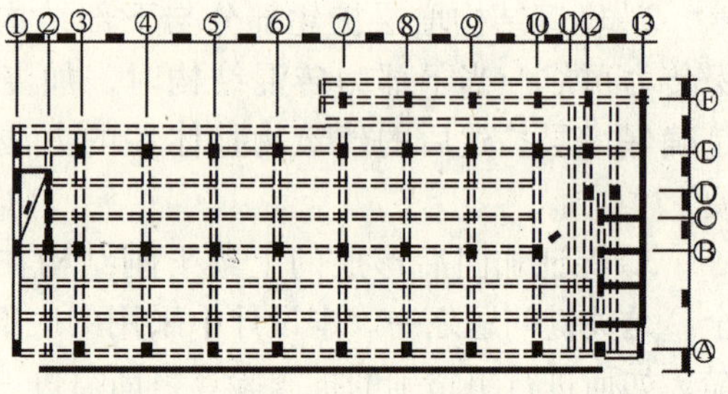

图 5.8-47　修改后的标准层结构平面图

结构层间和顶点最大位移表（mm）　　表 5.8-1

荷载类型	层间位移			顶点位移		
	X 向	Y 向	规范允许值	X 向	Y 向	规范允许值
风荷载作用下	2.69 (1/1672)	3.50 (1/1285)	≤1/900	18.60 (1/2253)	25.59 (1/1619)	≤1/950
地震荷载作用下	1.87 (1/2404)	2.30 (1/1937)	≤1/800	11.87 (1/3531)	16.64 (1/2518)	≤1/850

计算结果还表明，由于增加部分剪力墙后，原有框架结构的控制截面从下部楼层转移到中、上部，原有框架梁的承载力就显得不足，需进行加固处理。

三、加固措施

根据计算结果，基础部分包括桩基和承台能够满足新荷载作用的要求，只需对其上部结构和部分梁板进行加固处理。

1. 柱加固

结构加层后，作为承担主要竖向荷载的柱子，其中有相当一部分承载力已不能满足要求，应对其进行加固设计，方式采用设置钢筋混凝土围套方式，如图 5.8-48 所示。新增柱筋在通过楼板时采用穿孔连接，尽可能减少对原结构的损害。图 5.8-49 所示为与新增剪力墙相连接的柱的处理方式。在加层开始之前，应着重处理好加层柱筋与原有下层柱筋的连接构造，这关系到加层部分的结构安全问题，需十分慎重。对那些增设钢筋混凝土围套的柱来说，只需同楼面同样处理即可，面对那些截面未作更动的柱来说就显得比较麻烦。经多方比较，最终决定将该类型的柱端混凝土凿除，露出主筋，采用立式对焊的方式加以解决，施工时应注意事先设置临时支撑，并确保其牢固、可靠。

2. 剪力墙

（1）新增剪力墙：新增剪力墙与柱的连接参见图 5.8-49，图 5.8-50 则是原结构梁与新增剪力墙的连接构造示意图，剪力墙的水平筋与竖向筋均设置在梁的外侧，原混凝土上面均应凿毛处理，并清理干净。

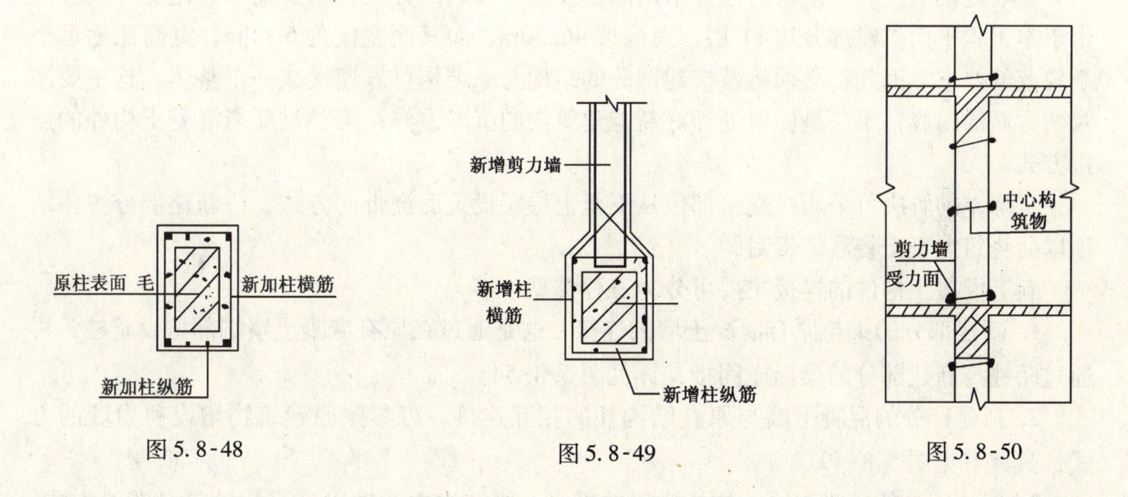

图 5.8-48　　图 5.8-49　　图 5.8-50

（2）墙体开洞：管道井从原电梯井道中分隔一部分而成，在每层的混凝土墙体上均需开设检修门洞，为使开洞后的墙体仍具有较好的强度与整体性，采用了以下方法：先凿开洞口，露出钢筋，将其在洞口边弯折 90°后相互焊接，在布置完毕洞口加强筋后浇筑混凝土，形成加强后的洞口。

3. 楼面梁板加固

由于该建筑物原为工业厂房，设计活荷载取值较大，因此原有的水平构件基本上能满足要求。但由于局部增加了剪力墙，而且内分隔墙布置较多，使得个别梁的承载力不足，对此采用了梁端加腋加固方法进行处理。首先将梁端下部及部分侧面混凝土保护层凿除，新增加腋钢筋和 U 形箍与原钢筋焊接，将混凝土面清洗干净后浇筑新的混凝土，具体见图 5.8-52。

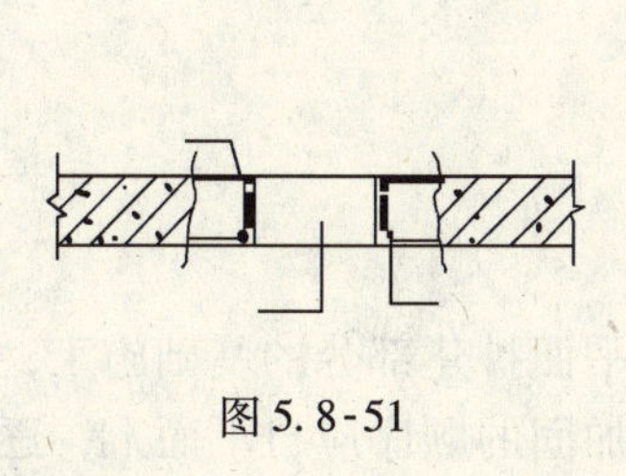

图 5.8-51

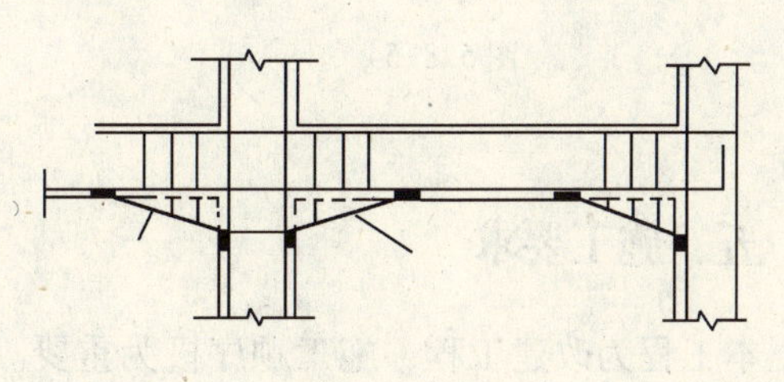

图 5.8-52

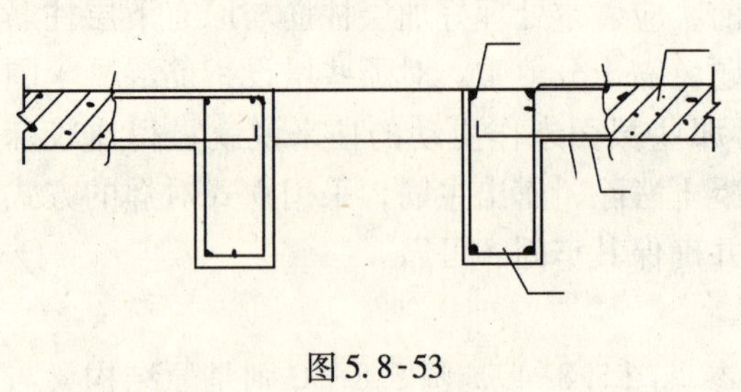

图 5.8-53

改建后，由于功能的变化，有的需在板上砌分隔墙，有的需开设较大孔洞。对于前者，采用规范中的等效均布荷载法进行验算。若不能满足要求，采用在墙体底部架设预制小梁方式，使荷载直接传递到梁上。对于板上开洞，采用洞口边缘加设肋梁方式，参见图 5.8-53。

四、新老建筑物连接构造

一般地说，新老建筑物的连接采用的是设置变形缝的方式，构造简单，施工方便。但由于本工程平面扩建部分达 11 层，总高度 46.30m，而其面宽仅为 6.60m，宽高比远远小于规范的要求。因此，必须将新扩建部分的结构与原结构可靠连接成一个整体，这主要涉及两方面的内容：第一是如何处理好新老建筑物的沉降差异；第二是新老混凝土构件的连接方式。

沉降差的解决可采用在交接部位从下至上层层设置后浇带的方式，待新建部分主体结顶以后浇筑混凝土将后浇带封闭。

新老混凝土构件的连接主要可分为三种类型：

1. 新建部分的梁与原有混凝土墙的连接。这是通过在原有混凝土墙端部增设暗柱，再通过暗柱与新建部分的梁形成固接，详见图 5.8-54。

2. 新建部分的混凝土墙与原有结构柱的相互连接。可参照原建筑物增设剪力墙的方式，具体参见图 5.8-49。

3. 新建部分的横梁与原结构悬挑梁的连接，原结构中⑩轴以外采用的是悬臂梁方式，悬挑长度 3000mm，详见图 5.8-46。而根据新老结构必须连成一个整体的要求，柱与柱之间应改为框架梁形式进行连接。本工程采用了在原有位置设置新梁并将原有悬臂梁包容在内的方法，具体参见图 5.8-55。

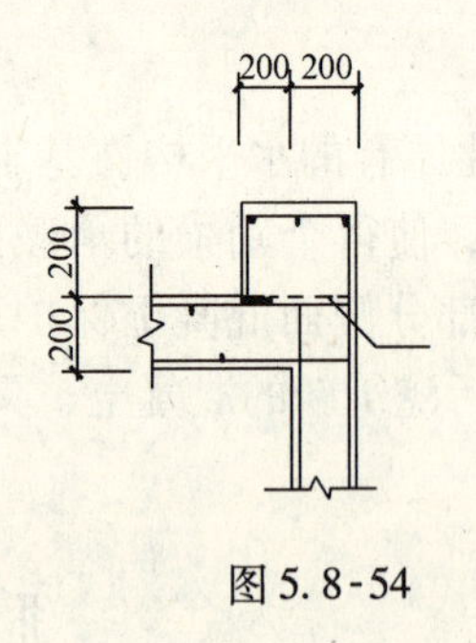

图 5.8-54

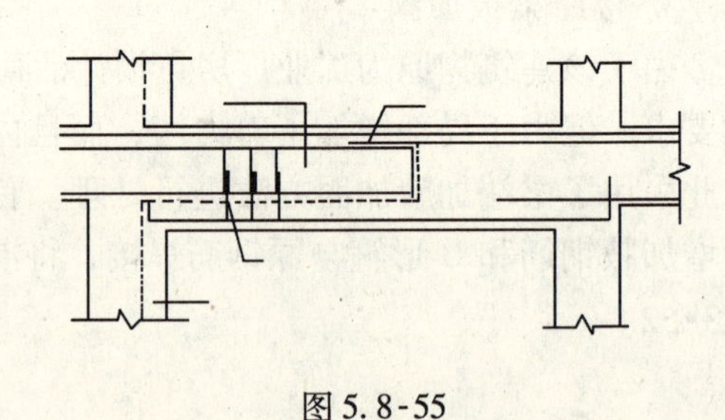

图 5.8-55

五、施工要求

本工程为改建工程，施工顺序极为重要。首先应进行平面扩建部分的基础施工，然后平面扩建部分的上部结构与原建筑物的加固可同步进行，加固的顺序应自下而上，逐层加固，先加固柱子，增设剪力墙，再进行加层，待平面扩建部分结顶后将两部分通过后浇带联成整体。

本工程混凝土凿除工作量较大，施工时应十分小心，避免结构出现大的损伤，浇筑混凝土前应将敲凿面处理干净后方可浇筑新混凝土，同时敲凿将造成构件的削弱，因此事先应十分注意支撑的布置。

六、体会

目前，该项目已投入运营两年有余，情况良好。通过对本改扩建工程的设计与施工的具体实践，深深地感到建筑物的改建与扩建是一项十分复杂而繁琐的工作，事先必须全面细致地考虑，认真妥善地处理好每一个中间环节。同时，如何最大程度地利用原结构体系，在确保安全的前提下，尽可能降低改建成本是一个值得进一步研究和探讨的课题。

（胡贤斌，骆康美　浙江省水利水电勘测设计院建筑分院　310002）

［实例九］　西柏坡汽车站站房增层方案

一、工程概况

该工程建于20世纪70年代，一字形平面。建筑物南侧部分为2层砖混结构，做辅助用房。北侧部分为单层钢筋混凝土内框架结构，开间5m，层高6.60m，原作售票厅；单层候车室开间4m，进深12m，层高6.60m，无分隔墙，为纵墙承重的空旷房屋。370mm厚外纵墙外侧每开间设砖壁柱，支承12m跨现浇钢筋混凝土大梁。全部屋盖为预制钢筋混凝土空心板、炉渣保温、卷材防水。基础坐于基岩上。房屋总高为7.05m。由于已建有新车站，该车站已停用。

随着改革开放的深入发展，国内外参观者和瞻仰群众越来越多。为更好地接待客人，决定将停用的旧车站改为招待所。具体要求是：尽可能节省改造投资；设床位100位以上，高中低档客房齐全，其中高客间须设厕浴；设小会议室1间，使用面积不小于40m^2；设厨房和就餐间，其中“雅间”不少于6间，并设小卖部1间；配备给排水、暖卫、电气和通信等设施。

经检验该建筑物的完损状况，查阅原设计图和实地观察、检测，了解原施工和使用情况。最后认为该建筑物除钢筋混凝土大梁开裂严重需要修补加固外，其余结构尚处于正常工作状态，具有增层改造价值。

二、增层方案

为满足建设单位新的使用要求，经分析研究，决定在原候车室和售票厅室内加1层和屋顶上接高1层的“内外增导方案”进行改造，改造后成为一座3层房屋，总高为10.05m。

1. 建筑设计方案

原建筑物北侧候车室和售票厅部分，利用其较大层高在室内加1层，首层层高3.60m，2层层高3m，屋顶增加层层高亦为3m。南侧2层砖混结构部分原设计屋顶标高与北侧售票厅和候车室相同，故在其上直接加1层，层高为3m。这样，加层后的房屋各部分屋顶标高均为9.60m。增层后的首层平面布置如图5.8-56所示。增层后的二、三层平面布置如图5.8-57所示。建筑立面处理，内外装修及水、暖、电等设施。

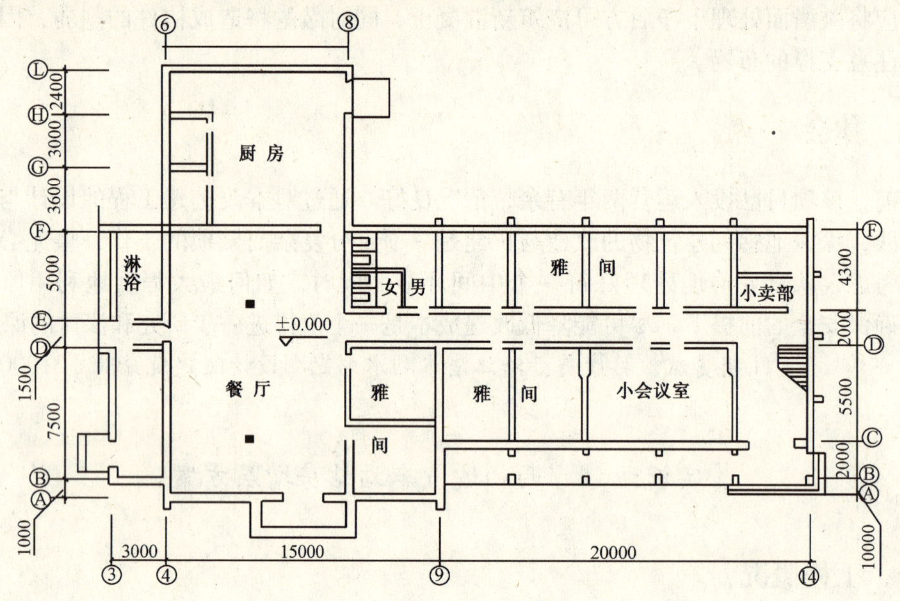

图5.8-56 增层后的首层平面图

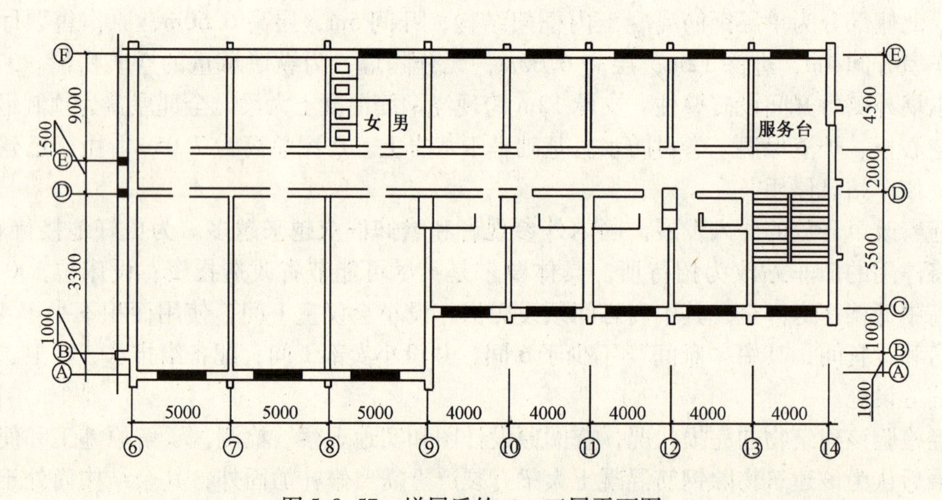

图5.8-57 增层后的二、三层平面图

2. 结构设计方案

（1）原候车室12m跨现浇钢筋混凝土大梁有2根因施工拆模过早，出现严重裂缝，但经历20多年后已不再发展，拟凿去破碎层清洗干净后用环氧树脂砂浆修补加固。同时，在钢筋混凝土大梁下均设240mm厚砖承重横墙（也是增层后的房间分隔墙），墙顶与大梁底面间钢楔塞紧，钢楔间距500mm，钢楔之间浇灌C20细石混凝土捣实。承重墙下按增层荷载计算新做砖基础。因地处山区地表土很薄，新基础可坐于基岩上，与相连的旧基础之间无沉降。

（2）室内增层平面结构采用预应力混凝土空心板，支承在新设的承重横墙上。穿心板下设一道钢筋混凝土圈梁。新设的承重横墙一直砌至原有钢筋混凝土大梁下。该承重横墙与原外纵墙通过内设构造柱采用整体式连接。由于外纵墙原设有240mm×370mm外墙垛（外壁柱），故将构造柱设在外纵墙的内侧，用拉结钢筋将纵横墙连成一体。构造柱从新基础起直到二层顶，与该层圈梁连接。室内增加层预制空心板铺设时，靠外纵墙留钢筋混凝土现浇带将各构造柱连系圈梁。这种做法，可以形成“室内构造骨架”。

（3）屋顶增层结构形式为直接增层。北侧部分施工前，先将原屋顶4m跨空心板拆除，换安3.9m跨新空心板，置于宽度为300mm的原大梁上。其板头缝隙（宽120mm）做成小圈梁并与构造柱整体浇筑，如图5.8-58所示。屋顶增加层按本地区7度抗震设防要求设置圈梁和构造柱，顶板采用原屋顶拆下来的预应力混凝土空心板，板顶标高9.60m。

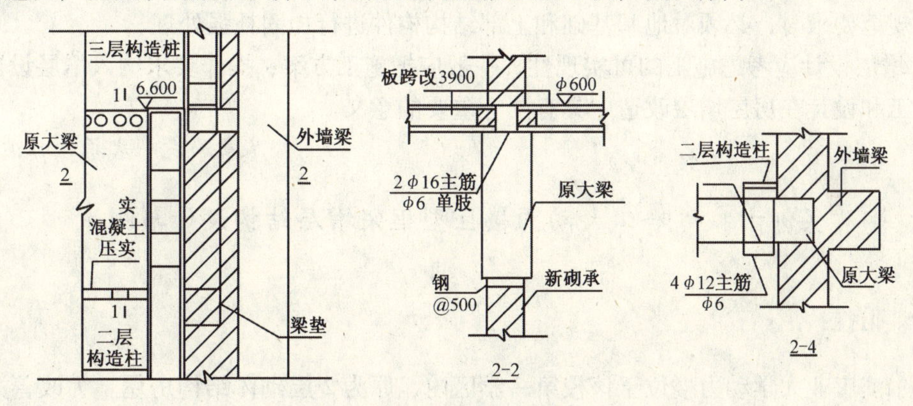

图5.8-58 构造柱连接示意图

（4）原售票厅在⑦轴上增设一根钢筋混凝土承重柱（见图5.8-56），并做钢筋混凝土单独基础坐于基岩上。同时，对该厅原有内框架按增层荷载需要进行增大截面有配筋加固，新设室内加层钢筋混凝土梁与其刚性连接，如图5.8-59所示。

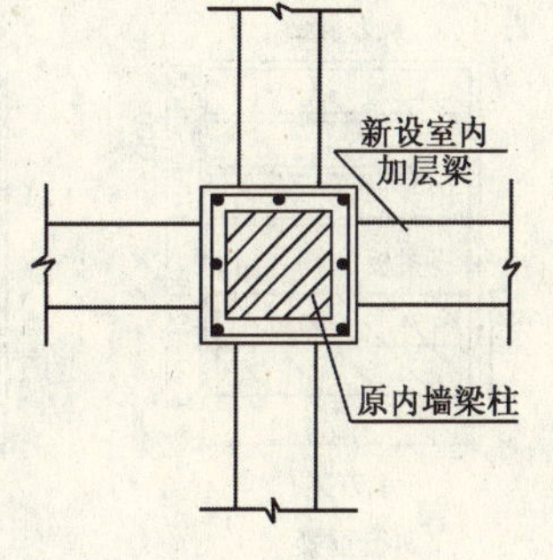

图5.8-59 梁柱节点

（5）对原候车室部分窗口处理如下：①在Ⓕ轴墙上按建筑设计要求开设1800mm×1500mm窗洞口；②对⑭轴墙上一贯原由窗口进行堵砌；③对Ⓒ轴墙上原有宽度为2400mm的全部窗洞口加设钢筋混凝土内框，将洞宽改为150mm，用拉结钢筋将新设钢筋混凝土框与原砖墙连成整体。

（6）该站房实施内外增层和一系列改造后，对整栋房屋采用底部剪力法计算水平地震作用，进行抗震验算，符合现行规范要求。

三、结语

西柏坡汽车站站房原建筑面积790.58m²，通过内外增层和改造后，新增面积968.71m²，扩建面积94.32m²，成为建筑面积1853.61m²的新型招待所。

既有房屋增层改造具有重要的现实意义，从本例以及其他相关工程研究来看，房屋增层改造应注意以下几个问题：

1. 必须对原房屋进行详细的调查研究，作出原有地基基础和上部结构的检验、鉴定和评价。

2. 应根据城市规划和业主的需要以及技术的可行性确定合适的结构形式，同时在此基础上做多个方案并进行技术经济比较，选用其最优者。

3. 应处理好新旧结构的关系，建立明确的承重体系和计算模型。直接增层时必须处理好新旧结构的连接，保证其整体协调工作。室内增层结构与原结构可采取整体连接式和脱开式两种传力途径。当采用整体式时，必须考虑两者基础的沉降差。另外，在抗震设防区，还应进行增层后的抗震验算。

4. 直接增层时，应对地基承载力和上部结构构件承载力进行挖潜，当挖潜不能满足国家现行规范要求时，必须对地基基础和上部结构构件进行加固补强处理。

5. 增层设计应考虑施工的可实现性，一般应把施工方案、操作要求纳入增层设计的范围，施工和设计在房屋增层改造中具有同等重要的意义。

（章泽民　武勇　章波）

［实例十］　哈工大动力楼巨型框架增层结构设计与测试

一、前言

哈尔滨工业大学动力楼位于该校第一学区内，原为2层砌体结构房屋。为改善办学条件，决定在原建筑上续建4层。由于该校的风洞实验室、液压试验室、流体机械实验室均设在原动力楼内，原建筑须在增层施工过程中正常使用，因此，宜采用外套增层方案。为使外套增层结构的抗侧刚度沿房屋高度分布合理，采用了外套预应力混凝土巨型框架增层方案。增层后动力楼的总建筑面积由原来的3900m² 增至13000m²，该建筑结构安全等级为二级。考虑到国内外应用外套预应力混凝土巨型框架增层的工程实践较少，对外套增层结构进行了张拉测试与分析。

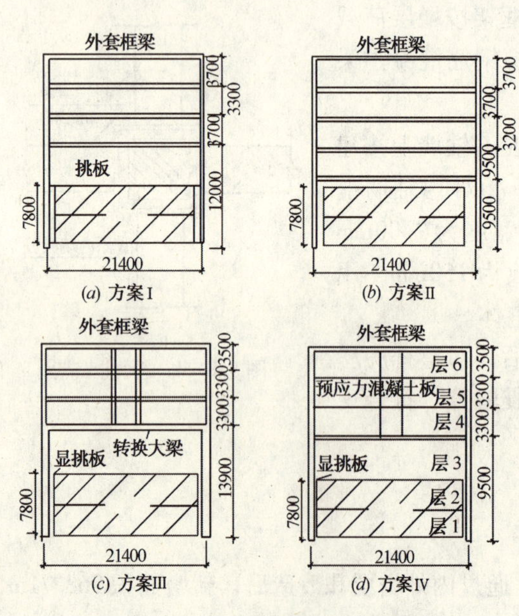

图5.8-60　四种外套预应力混凝土框架结构方案

二、增层结构方案的选择

增层设计之初，考虑了四种在原建筑上套建分离式结构增层方案，如图5.8-60所示。套建增层后楼层的编号如图5.8-60（d）所示。

方案Ⅰ及方案Ⅱ套建增层结构荷载传递路径明确，计算简图清晰，但套建增层结构上刚下柔、头重脚轻，不利于抗震；方案Ⅲ的层4～6房屋使用性能较好，但转换大梁截面较大，造价偏高，施工较困难；方案Ⅳ的套建增层结构抗侧刚度大，抗震性能好，工程造价适中，房屋使用性能较好。最终决定采用方案Ⅳ。

外套巨型框架柱与原建筑的平面布置如图5.8-61所示。层3顶结构平面布置如图5.8-62所示。

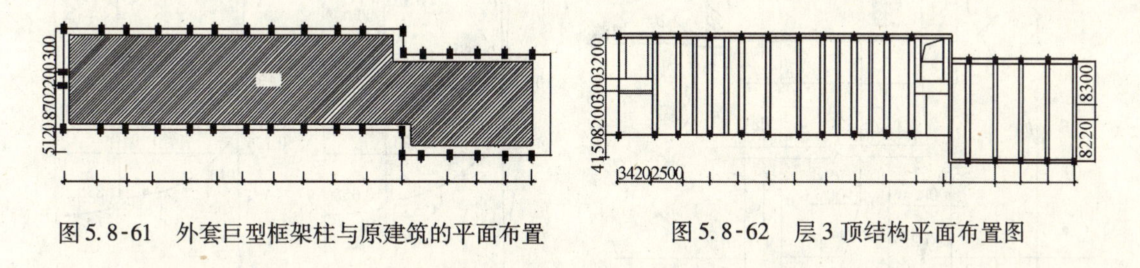

图5.8-61　外套巨型框架柱与原建筑的平面布置　　　图5.8-62　层3顶结构平面布置图

经核算，原建筑的屋盖不能承受新建楼层的自重和施工荷载，为保证套建增层施工的顺利进行和满足层3楼面的使用要求，在原建筑屋盖结构层上增设厚度为200mm、混凝土设计强度等级为C40的预应力混凝土平板，平板向原建筑纵墙外侧悬挑500mm。新增设的预应力混凝土平板实为两端外挑均为500mm的三跨连续板，其支座为两外纵墙和两内纵墙，两边跨跨度为6500mm，内跨为3000mm。因为浇筑层3顶巨型梁时，其正下方梁宽范围内层3楼面所受到的荷载要比其他区域明显偏大。为确保施工阶段和使用阶段的安全，经有限元分析，在层3顶巨型梁中心线两侧各2000mm区域内的层3楼而新增预应力平板内预应力筋用量为Uϕ^{j}815@150，其他区域内预应力筋用量为Uϕ^{j}15@250（U为Unbonded的简写，表示无粘结）。板顶非预应力纵筋为ϕ14@200，板底非预应力纵筋为ϕ12@200，同时垂直于板跨方向的钢筋配置应满足相关标准要求。

三、基础设计

外套框架柱基础采用大直径人工挖孔灌注桩，桩基础与原房屋外纵承重墙条形基础的相对位置关系如图5.8-63所示。基顶所受轴力设计值为6048kN，弯矩设计值为3128kN·m，弯矩方向为柱底内侧受拉。柱下桩基础由ϕ1300mm的主桩、ϕ900mm的副桩及1600mm×1200mm（宽×厚）的承台三部分组成，各相邻桩基础之间用600mm×800mm的现浇混凝土梁连接。桩基承台及纵向水平连梁的混凝土设计强度等级为C40，主桩及副桩的混凝土设计强度等级均为C20。设置副桩的目的是保证柱的基顶固接的假定能够实现。

室外地面以下0.2～9.1m为粉质黏土层，9.1m以下为中密的细砂层，桩基持力层为细砂层，桩深10m左右，主桩桩端伸入持力层1700mm，副桩伸入持力层900mm。主桩单桩承载力设计值为6400kN，副桩单桩承载力设计值为1350kN，基础所能提供的抵抗弯矩设计值为3983kN·m，均大于基顶的内力设计值。经计算，主桩桩身通长配置了18ϕ20的纵筋，ϕ10@200的螺旋箍，桩顶螺旋箍加密一倍；副桩桩身均匀配置了13ϕ18纵筋，ϕ8@200的螺旋箍，桩顶螺旋箍加密一倍；承台上下均设置双向ϕ20@150的钢筋网，保护层厚度为70mm。

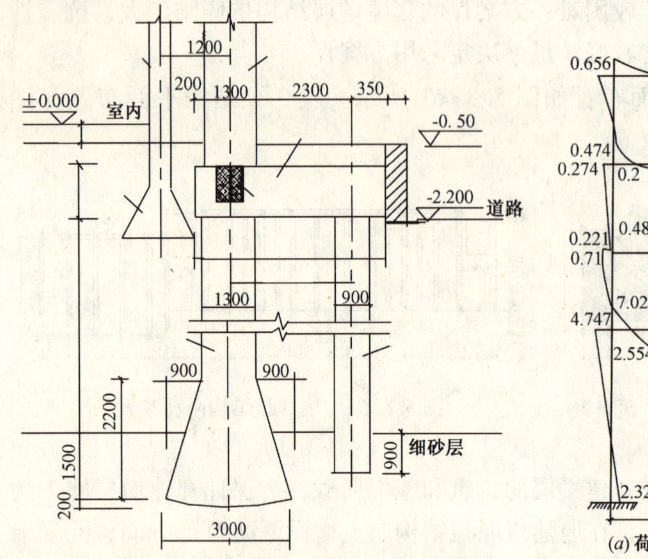

图 5.8-63　桩基与原房屋条形基础相对位置关系

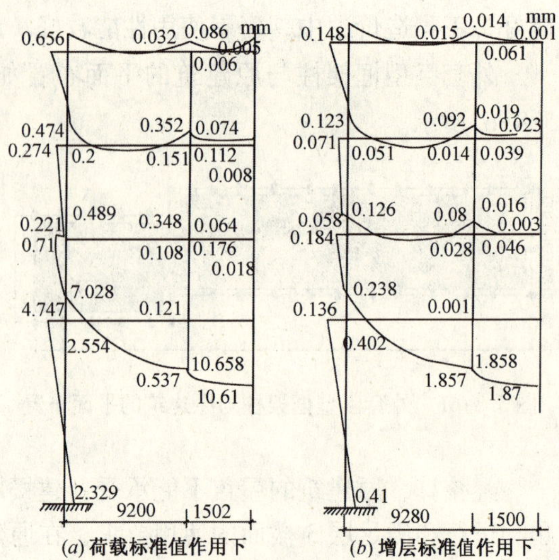

图 5.8-64　竖向荷载标准值作用下增层结构弯矩分布

四、上部结构设计

1. 总体设计思路

水平荷载全部由外套巨型框架承担，层 4 与层 5 子结构的楼盖只承担其自身的竖向荷载，子结构不承担水平荷载，但加大其周边围梁的截面及配筋，以便有效地将地震作用传给巨型框架。考虑到巨型框架抗侧刚度及其质量沿高度分布并不均匀，故在进行套建增层结构地震作用计算时采用了振型分解反应谱法。

为减轻上部结构重量，新增楼层的墙体均采用陶粒砌块。

针对外套框架柱截面尺寸较大，探讨了柱侧向约束对巨型梁预应力建立及设计计算结果的影响。

2. 截面选择与材料选择

为缓解外套框架结构通常出现的上刚下柔、头重脚轻等问题，框架边柱采用了变截面柱：层 1 ~ 3 柱截面尺寸偏于安全地取 $b \times h = 1000\text{mm} \times 1300\text{mm}$，层 4 ~ 6 柱截面减小为 600mm × 900mm。层 4 ~ 6 设置了内柱，截面取 400mm × 400mm。层 3 顶巨型梁截面取 900mm × 1800mm，层 6 顶巨型梁截面取 500mm × 900mm；层 3 顶与层 6 顶的钢筋混凝土板厚均取 180mm；层 4、5 顶板采用了预应力混凝土平板，厚为 230mm。

层 1 ~ 3 结构混凝土设计强度等级为 C50，层 3 顶以上结构混凝土设计强度等级均为 C40。层 3、6 顶预应力混凝土巨型梁采用有粘结预应力工艺，层 4、5 顶预应力混凝土平板采用无粘结预应力工艺，预应力筋采用抗拉强度标准值为 $f_{ptk} = 1860\text{N/mm}^2$ 的 $\phi^j 15$ 低松弛钢绞线，锚具采用 XM 单孔及多孔夹片锚。

3. 竖向荷载下套建增层结构内力计算

恒载与活载标准值作用下增层结构的弯矩分布如图 5.8-64 所示，图中单位为 $10^9\text{N} \cdot \text{mm}$。

4. 预应力框架梁的设计

综合考虑耐久性、防火等级及构造要求后．套建增层结构预应力筋合力作用线如图 5. 8-65 所示。

（1）张拉单位面积预应力筋引起结构的内力经核算，层3～层6 顶梁板中的预应力筋在各控制截面的有效预应力可分别取 $\sigma_{pe3}=1013\text{N/mm}^2$，$\sigma_{pe4}=\sigma_{pe5}=985\ \text{N/mm}^2$，$\sigma_{pe6}=1042\ \text{N/mm}^2$。结合图 5. 8-64，可计算出张拉各层单位面积（$\bar{A}=1\text{mm}^2$）预应力筋引起的等效荷载如图 5. 8-66 所示。在图 5. 8-66 所示等效荷载作用下，套建增层结构弯矩分布如图 5. 8-67 所示。

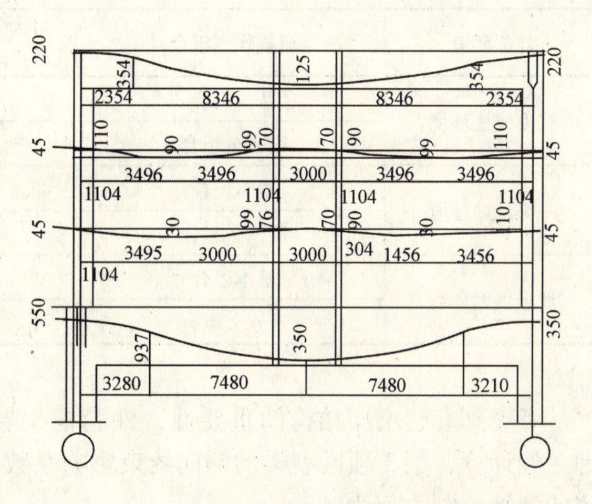

图 5. 8-65　套建增层结构各层预应力筋合力作用线

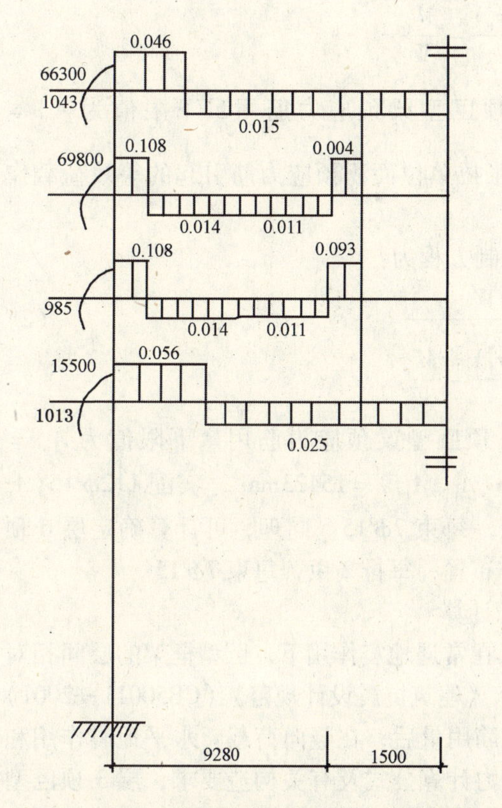

图 5. 8-66　张拉单位面积预应力剪引起的等效荷载

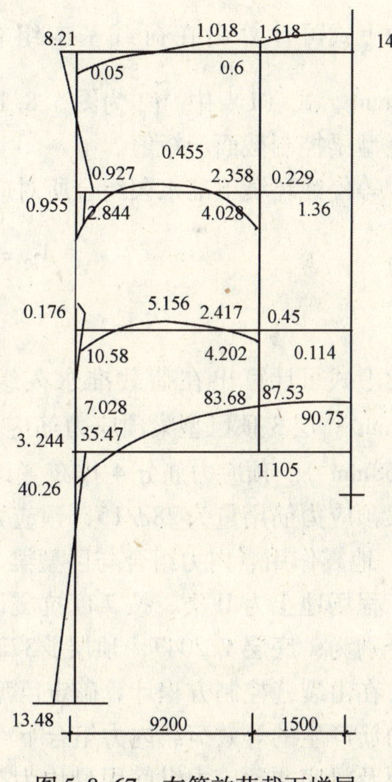

图 5. 8-67　在等效荷载下增层结构弯矩分布

（2）预应力筋用量的确定

表 5. 8-2 所示为预应力混凝土结构裂缝控制及验算建议。

预应力混凝土结构构件裂缝控制及验算建议　　表 5.8-2

外部环境	荷载作用组合	裂缝控制建议	裂缝验算建议
轻度侵蚀环境	基本组合	$\omega_{cr} \leqslant 0.20\text{mm}$	$\sigma_{se}-\sigma_{pe} \leqslant 2.5f_{tk}$
	准永久组合	$\omega_{cr} \leqslant 0.05\text{mm}$	$\sigma_{te}-\sigma_{pe} \leqslant 0.8\gamma f_{tk}$
中等侵蚀环境	基本组合	$\omega \leqslant 0.10\text{mm}$	$\sigma_{se}-\sigma_{pe} \leqslant 2.0f_{tk}$
	准永久组合	减压状态	$\sigma_{te}-\sigma_{pe} \leqslant 0$
严重侵蚀环境	基本组合	减压状态	$\sigma_{se}-\sigma_{pe} \leqslant 0$
	准永久组合	减压状态	$\sigma_{te}-\sigma_{pe} \leqslant 0$

考虑到套建增层结构的重要性，外套框架层 3 顶及层 6 顶巨型梁按中等侵蚀环境考虑。经计算，层 3 顶巨型梁的侧向约束影响系数为 $\eta=0.895$。中等侵蚀环境下基本组合对应的裂缝控制方程为：

$$A_{p1}=\frac{M_k/W-2.0f_{tk}}{\dfrac{\eta(\sigma_{con}-\sigma_t)}{A}-\dfrac{\widetilde{M}_p}{W}} \tag{1}$$

由上式可计算出在荷载基本组合下层 3 顶巨型梁预应力筋用量下限值为 $A_{p1}=11854\text{mm}^2$。式（1）中 $\widetilde{M}_p$ 为图 5.8.10-8 所示张拉单位面积预应力筋引起的等效荷载作用下巨型梁控制截面弯矩值。

中等侵蚀环境下准永久组合所对应的裂缝控制方程为：

$$A_{p2}=\frac{M_q/W}{\dfrac{\eta(\sigma_{con}-\sigma_t)}{A}-\dfrac{\widetilde{M}_p}{W}} \tag{2}$$

由上式可计算出在荷载准永久组合下层 3 顶巨型梁预应力筋用量下限值为 $A_{p2}=15423\text{mm}^2$。层 3 顶巨型梁预应力筋应为 $A_p=\max(A_{p1},A_{p2})=15423\text{mm}^2$，实配 $112\phi^j15$（$A_p=15568\text{mm}^2$）。预应力筋分 4 排布置，每排 4 束，每束 $7\phi^j15$。同理，可计算确定层 6 顶巨型梁预应力筋用量为 $28\phi^j15$，预应力筋分 2 排布置，每排 2 束，每束 $7\phi^j15$。

5. 地震作用、内力组合与巨型梁非预应力筋计算

工程场地土为Ⅱ类，按 7 度抗震设防考虑。在常遇地震作用下，巨型框架的层间相对侧移分别为：底层 1/2047，顶层 l/3724，均符合《建筑抗震设计规范》（CB50011—2001）要求。在由裂缝控制方程计算确定巨型梁预应力筋用量后，在竖向荷载、水平地震作用和预应力筋产生的等效荷载内力组合下，根据承载力计算公式及有关构造要求，层 3 顶巨型梁梁顶及梁底非预应力纵筋用量均为 10 Φ28，层 6 顶巨型梁梁顶及梁底非预应力纵筋用量均为 6 Φ22。

6. 框架柱设计

所有柱均为普通钢筋混凝土柱。设外载引起的柱端控制截面弯矩设计值为 M_{Load}^c，柱剪力设计值为 V_{Load}^c，张拉梁、板中预应力筋引起的柱端控制截面弯矩设计值为 $M_{p,d}^c$，柱剪力

设计值为 $V_{p,d}^{c}$，用（$M_{Load}^{c}+M_{p,d}^{c}$）代替 M_{Load}^{c}，由普通钢筋混凝上柱正截而承载力计算公式及有关构造要求即可得到柱中纵筋用量 A_{se} 和 A'_{se}，层 1～3 框架柱单侧 A_{se} 为 21 Φ32，层 4～6框架柱单侧 A_{se} 为 11 Φ32，纵筋按双向对称配置；用（$V_{Load}^{c}+V_{p,d}^{c}$）代替 V_{Load}^{c}，由柱斜截面受剪承载力计算公式及有关构造要求即可得到柱中箍筋用量，层 1～3 框架柱配置 $\phi8$@100（6 肢）箍筋。层 4～6 框架柱配置 $\phi8$@100（4 肢）箍筋。

7. 层 4、5 顶预应力平板设计

层 4、5 顶预应力混凝土板按等代框架法计算内力，由柱支承预应力混凝土双向板在轻度侵蚀环境下的裂缝控制方程及有关构造要求，可计算确定板中沿房屋横向布置的预应力筋用量为 Uϕ^{j}15@200，沿房屋纵向布置的预应力筋用量为 Uϕ^{j}15@350。由柱支承板承载力计算公式及有关构造要求可计算确定板中非预应力筋用量。板柱节点抗冲切承载力通过增设型钢剪力架来满足。

五、套建结构施工方案

施工过程中，层 3 顶巨型梁承担的最大荷载为 4 层楼的楼盖自重加一层施工荷载，必须进行相应的施工阶段验算。层 3 顶巨型梁预应力筋经核算分三批张拉，即混凝土实测立方体抗压强度达到其设计强度等级后张拉第一批预应力筋 $10\times7\phi^{j}15$；层 4 顶及层 5 顶混凝土浇筑后张拉第二批预应力筋 $4\times7\phi^{j}15$；层 6 混凝上浇筑后张拉第三批预应力筋 $2\times7\phi^{j}15$。由一于各层预应力筋均为对称布置，预应力为自平衡力系，层 3 顶以上各层张拉与否对层 3 顶巨型梁所受上部楼层传来的荷载基本无影响。除层 3 顶外，其余各层梁（板）中预应力筋应在相应楼层混凝土实测立方体抗压强度达到其设计强度后一次性完成张拉。

六、现场测试与测试结果分析

对图 5.8-62 中左起第六榀外套框架进行了现场测试与分析，具体情况如下。

1. 测点布置与测试内容

为了考察巨型框架柱对预应力传递的影响，在层 3 顶两侧梁端对称布置了位移计，同时在框架柱的控制截面布置了钢筋计。为了考察层 3 顶预应力巨型梁中预应力筋应力水平及张拉预应力筋所产生的等效荷载是否与设计相符，在层 3 顶巨型梁的支座及跨中分别布置了位移计，同时在距支座内边缘 1800mm 处和跨中分别布置了若干应变片。位移计、钢筋计及应变片布置见图 5.8-68。

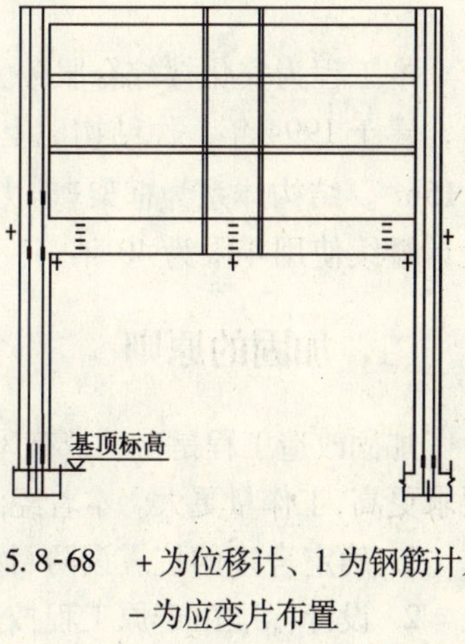

基顶标高

图 5.8-68　+为位移计、Ⅰ为钢筋计及－为应变片布置

2. 测试结果与分析

与层 3 顶巨型梁预应力筋分批张拉相协调，测试与张拉同步进行。由层 3 顶巨型梁卜侧所布位移计可测得张拉巨型梁中各批预应力筋所产生的新增反拱实测值，由巨型梁支座附近及跨中截面沿梁高所布应变片读数，可推得张拉巨型梁中各批预应力筋所引起的控制截面的综合弯矩实测值。层 3 顶巨型梁在张拉各批预应力筋时的跨中新增综合弯矩 $\Delta M_{p}^{中}$ 及新增

反拱 Δ 的实测值与计算值如表 5.8-3 所示。

预应力筋张拉时 $\Delta M_p^{中}$ 与 Δ 的实测与计算值　　　表 5.8-3

测试过程	结果分类	跨中综合弯矩增量 $\Delta M_p^{中}$（10^9N·mm）	反拱增量 Δ（mm）	测试过程	结果分类	跨中综合弯矩增量 $\Delta M_p^{中}$（10^9N·mm）	反拱增量 Δ（mm）
1	实测值	7.939	11.530	3	实测值	0.991	4.580
	计算值	6.108	11.790		计算值	0.952	4.510
2	实测值	3.136	4.612				
	计算值	2.153	4.545				

由表 5.8-3 可知，实测值与计算值吻合较好，说明所考察层 3 顶巨型梁中预应力筋应力水平及张拉引起的等效荷载符合设计要求。

由外套框架柱内钢筋计读数和柱顶梁端位移计读数可推得柱侧向约束影响系数实测值为 $\eta_t=0.88$，理论分析值为 $\eta_c=0.898$，侧向约束影响系数的实测值与计算值吻合较好，说明设计对一侧向约束影响的考虑是合理的。

七、结论

1. 预应力混凝图巨型框架抗侧刚度大，抗震性能良好，工程造价适中，房屋使用性能较好，适合于本工程的套建增层建设。

2. 现场测试结果及使用效果表明，应用预应力混凝土。

（郑文忠，周威，田石柱，李平　哈尔滨工业大学　150090）

［实例十一］　北京安化楼综合服务大厦增层加固设计

一、概况

本工程为安化楼综合服务大厦改扩建工程，位于北京广渠门内大街南侧，为一改造项目，建于 1994 年，原结构地上 16 层，局部 17 层，地下 2 层。建成于 1996 年，建筑面积 9115m²。结构体系为框架-剪力墙结构。应甲方要求，在十七层局部加建 560m²。本工程设计继续使用年限为 40 年。

二、加固的原则

加固改造工程是一项带有风险、技术难度较大的工作，在相当程度上要比新建的工程技术要求更高，工作量更大。本着经济、安全、合理的性能设计要求，制定了以下的加固原则：

1. 确定合理的抗震设防目标，根据实际结构的现状，确定设计继续使用年限为 40 年。

2. 设计标准由于原工程按照 89 系列规范设计，现加固改造时，加层部分按照 2001 规范设计，原结构部分地震力按照 2001 规范计算，构造措施按照 89 规范采用。

3. 根据本工程以加固为主、适当改造的加固要求，对于不同的结构构件，并根据不同的受力状况，采用合理的加固方法。

4. 选用方便施工、安全可靠的连接方式。保证新老结构之间的连接及协调工作。

三、加固方案

本改扩建工程的设计涉及部分楼板、框架柱、框架梁、剪力墙及基础地梁的加固。根据结构受力及现有工程状况对梁板柱等结构构件分别采用了不同的加固方法。

1 对楼板的加固

由于局部房间的使用用途发生改变，楼面的活荷载增加，致使原有楼板的受弯承载力不足。加固工作主要是在板的受拉表面，采用碳纤维加固。在板底粘碳纤维，并在两端设置压条进行附加锚固。见图 5.8-70。

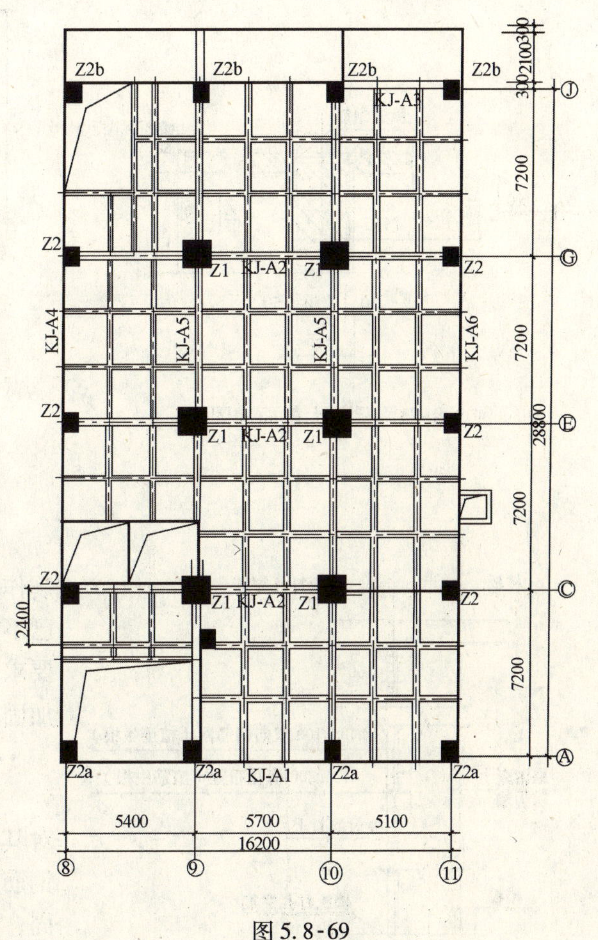

图 5.8-69

2. 对梁的加固

由于房间用途的改变，并且进行了加层。下部楼层的某些框架梁截面不能满足规范的要求，对这些梁根据工程的实际情况进行了加大截面法（图 5.8-71）及下部垫钢梁法（图 5.8-72）进行加固。对于某些配筋不足的框架梁进行了粘钢外包法进行了加固，以满足规范的要求。

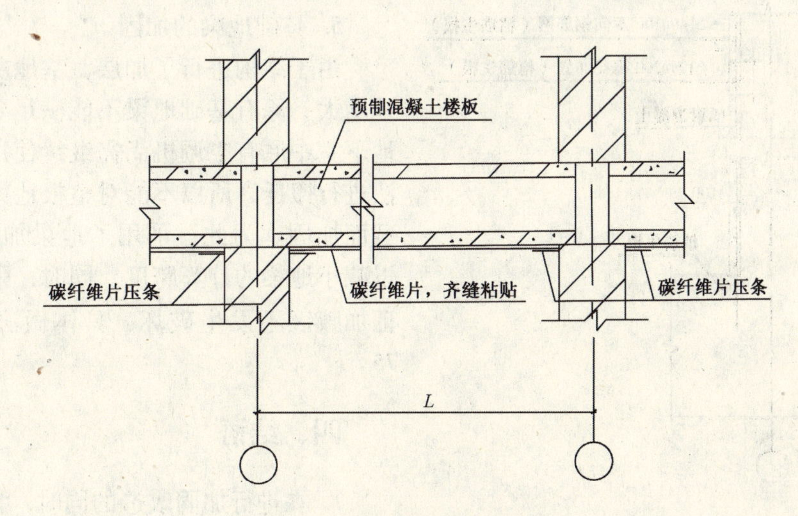

图 5.8-70　楼板加固示意图

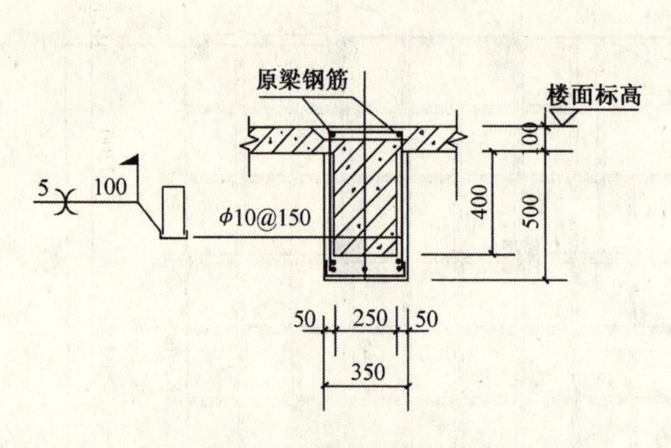

图 5.8-71　梁加大截面加固法

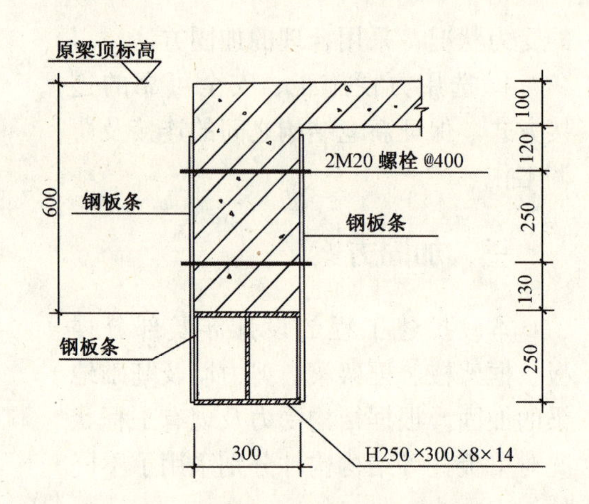

图 5.8-72　梁下加钢梁加固法

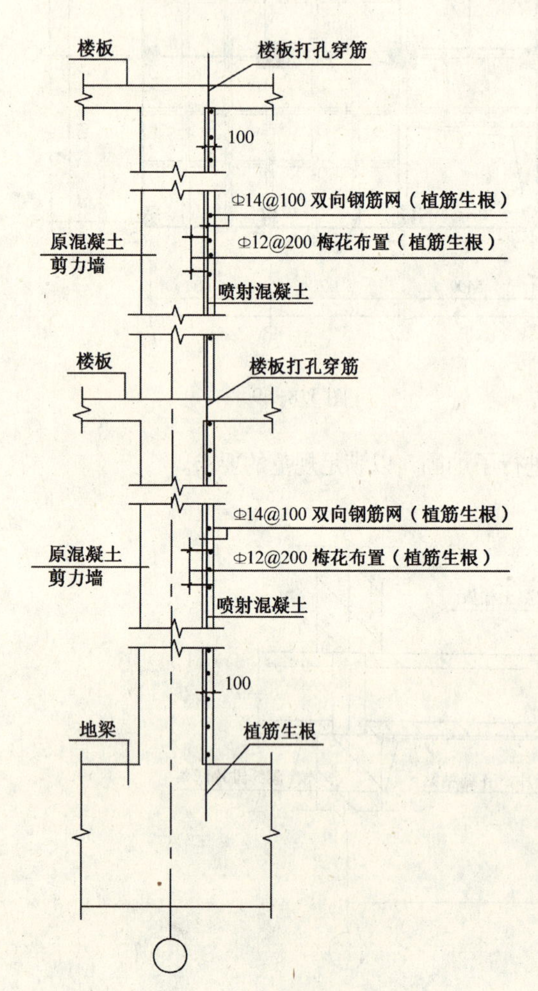

图 5.8-73　剪力墙喷射混凝土加固

3. 对剪力墙进行加固

由于结构进行了加层，剪力墙所受的地震作用大大加大，原有剪力墙的配筋及截面已不能满足规范的要求，本工程对不能满足要求的剪力墙进行了植筋并喷射混凝土进行加固。见图 5.8-73。

4. 对柱子进行加固

对于局部轴压比超过规范要求的，我们对其进行了加大截面法进行加固；对于纵向钢筋配筋不足的采用了粘钢外包法进行加固；对于纵向钢筋满足要求，只有箍筋不能满足要求的柱子采用了粘碳纤维布法进行加固（见图 5.8-74）。

5. 基础地梁的加固

由于结构进行了加层，基地反力也相应地增大，原有基础地梁不能满足要求，然而地下室中原有空调机尚需继续使用，而且无法进行搬迁，所以不能对整根地梁进行加大截面加固。为此，采用了地梁加腋的办法，以减小地梁的计算跨度。同时，采取措施保证加腋区不发生破坏，具体做法见图 5.8-75。

四、结语

1. 在进行加固改造的同时，我们要根据工程所对应的继续使用年限确定地震作用修正系数，从而确定结构抗震设计中地震作用的取值及抗震构造措施的等级，以保证结构的设防水准与规范规定的设防概率水准相同。

2. 抗震设计中，体系及刚度布置是否合理直接影响结构的安全，同时也影响到工程的经济性。所以，确定合理的加固方案尤其重要。

3. 现今出现了越来越多的加固新技术，设计人应该综合加以应用，方能达到较好的加固改造效果。本工程综合采用了多种加固方法，经继续施工和观测表明，加固后建筑使用影响较小，使总包和分包都十分满意，不仅完全满足了工程安全的要求，而且加固的费用也比较经济。

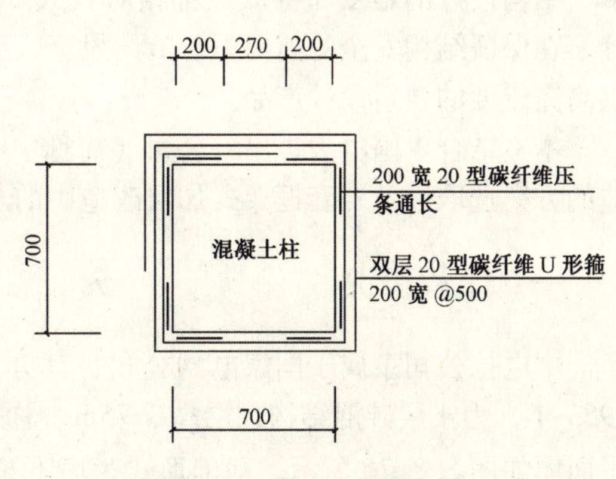

图 5.8-74　柱粘碳纤维加固

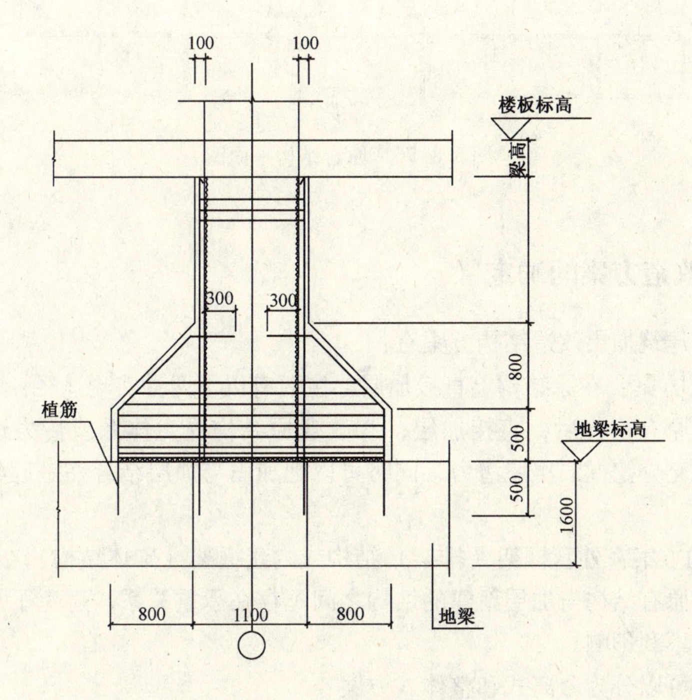

图 5.8-75　地梁加腋示意图

（张胜　北京市建筑设计研究院）

［实例十二］　中电技公司办公楼加层改造及相关问题的研究

随着经济的发展和各方面要求的增长，许多早期建造的房屋都面临着加层的要求。而加层与重建相比，在项目报批、建设费用、建设周期、不影响正常使用等很多方面都有明显的优势。

同时，与新建结构设计相比，由于原有结构的存在，加层改造结构设计的限制条件更多，结构设计的难度和特殊性都相对较大。结构设计人员应选择合理的加层方法精心设计，在保证结构安全的前提下，节约投资，努力达到新旧结构的和谐统一，力争为业主提供高完成度的建筑设计产品。

本文结合中国电力进出口公司（简称中电技）办公楼的改造设计，探讨了结构加层改造的方案选取以及外套框架式加层改造中的若干问题。

一、工程概况

中电技公司隶属于国家电网公司，其办公楼位于北京市海淀区六铺炕。原结构建于1953年，为4层砖混结构，层高3.75m，总高15.6m，两条伸缩缝将主体分为三段，结构平面图如图5.8-76所示，基础形式为墙下条形基础。为满足公司业务需要，改善办公条件，决定在原有结构上续建4层。

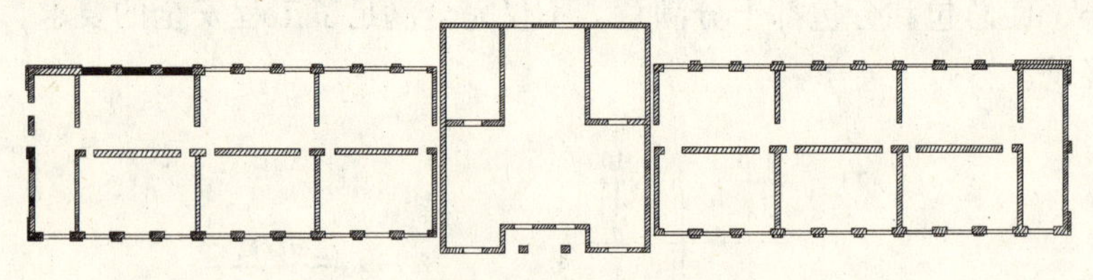

图5.8-76　原有结构平面图

二、加层改造方案的确定

目前常用的建筑加层改造结构方案有：

1. 直接加层方案：在原结构上直接加层。主要有以下两种实现途径：①加固承载力不满足加层要求的原有构件后，直接加层；②改变原结构受力体系或传力途径后，直接加层。该方案可以充分挖掘旧房屋潜力，同时可以把加固与加层结合在一起处理，加固后房屋的整体性较好。

2. 外套结构方案：外套框架（排架）结构或内建框架（砌体结构），从而实现间接加层。这种方案使原有结构与加层新建的结构之间不存在承重关系，避免了加层部分的荷载传到原有结构的不利影响。

外套结构又可以分为分离式和整体式方案：

（1）分离式外套结构方案：新增外套结构与原有结构彻底分开，互不联系。

（2）整体式外套结构方案：在基于变形协调、位移控制的思路下，外套结构与原结构可靠连接为整体，共同作用、互为补充。

本结构建成于1952年，至今已使用50余年，已超过结构设计使用年限。而且检测结果显示，目前老结构的现状堪忧，没有潜力可挖。若采用直接加层法，势必增加老结构的负担。因此，决定采用分离式外套钢框架的加层方法，原结构与新增结构彻底分开，各自独立工作。

根据建筑专业的要求，需设置全新的竖向交通系统和接待空间，因此拆除原有中段结构，中段新建八层钢框架，东西两段采用分离式外套钢框架加建四层。中段和东西段新建结构连为整体。在东西段，第五层为桁架转换层，承托上部荷载。新增结构如图 5.8-77 所示。

中段和东西段连为整体带来的好处是，中段新建结构落地柱较多且层层有楼面结构，抗侧刚度较强，东西段外套框架的“鸡腿”结构抗侧刚度较弱，抗震超静定次数低，两者连为整体可以为东西段“鸡腿”结构增加一道抗震防线，增加其抗震安全冗余度，提高整个结构整体性的鲁棒性。

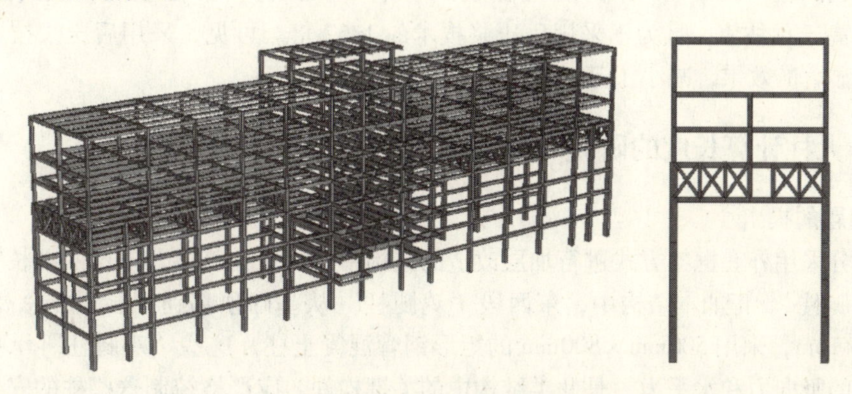

图 5.8-77 新增结构模型图及典型剖面图

三、基础的设计

外套框架柱采用柱下多桩承台基础。为了保证柱在基础顶部实现完全固接的假定，大柱下布置四根桩，承台及桩平面布置如图 5.8-78。靠长边的三根桩主要承担大柱传来的竖向力以及沿着柱长边的弯矩，远离长边的桩主要用来形成力偶，抵抗垂直于承台长边的弯矩。

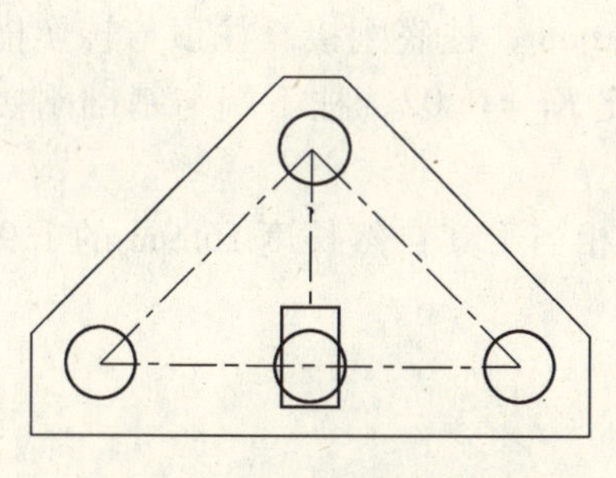

图 5.8-78 典型柱下承台及桩平面布置图

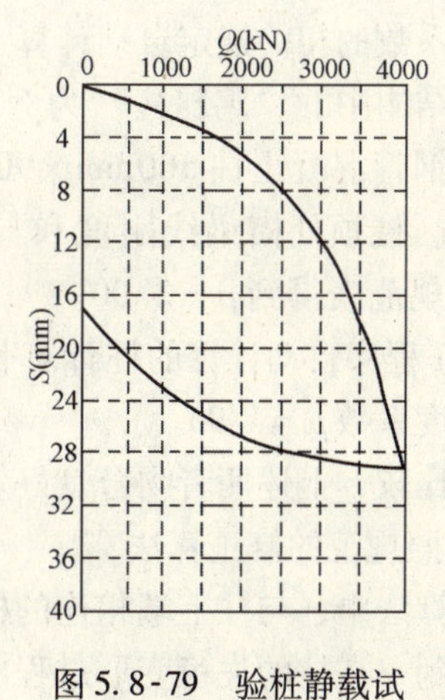

图 5.8-79 验桩静载试验 Q—S 曲线

由于新建结构与原结构距离很近，需尽量减小基础的尺寸，因此采用了中国建筑科学研究院地基所灌注桩桩底桩侧后压浆专利技术进行处理。桩径 600mm，桩长 18～19m，桩身大部分位于黏质粉土和粉质黏土层，桩端位于细中砂层。在粗估单桩竖向承载力时，根据中国建筑科学研究院企业标准《灌注桩后压浆技术规程》的建议，对于黏性土和粉质土，桩侧阻力增强系数可取为$\zeta_{si}=1.3\sim1.5$；对于细中砂，桩端阻力增强系数可取为$\zeta_{p}=1.7\sim2.1$，按上述建议取值的中间值进行计算，得到单桩竖向承载力设计值为1812kN，相对于不采用后压浆技术的设计值1234kN，提高了1.47倍；根据工地现场进行的单桩竖向抗压静载试验（图5.8-79为验桩静载试验Q—S曲线），单桩竖向承载力设计值为2000kN，高于预估值，且为不采用后压浆技术的1.62倍。可见，采用后压浆技术灌注桩取得了很显著的效果，减小了基础尺寸，节约了造价。

四、大柱计算长度的研究

1. 问题的提出

大部分采用外套框架方式进行加层改造的结构中，都存在跨越若干层的细长大柱，即所谓“鸡腿柱”。正如本结构中，东西段“鸡腿柱”从基础顶部到四层顶板总高16.9m，柱距8m×16m，采用500mm×800mm的矩形钢管混凝土柱。这些“鸡腿柱”承担着结构绝大部分的竖向力和水平力，是此类结构中的关键构件，应严格控制这些柱的安全性。但矛盾的是，建筑等专业往往希望这些柱的尺寸能足够小。因此，作为负责任的结构设计师，应精心计算这些“鸡腿柱”的刚度、强度以及稳定性，在确保安全的前提下尽量满足其他专业的要求。

在计算这些柱的时候，柱的计算长度如何计取是一个比较关键的问题。本文就这个问题进行了一些探讨。

2. 一般结构计算程序中的算法

在利用PKPM或者MIDAS等有限元程序进行这类结构设计的时候，我们指定结构为有侧移的钢结构，程序会按照《钢结构设计规范》（GB50017—2003）中有侧移钢框架柱计算长度系数的相关规定自动计算“鸡腿柱”的计算长度系数。

以本结构中的“鸡腿柱”为例：

矩形钢管混凝土柱500mm×900mm×20mm×40mm，柱底刚接，柱顶与转换桁架的下弦刚接。柱顶处横梁线刚度和与柱线刚度和的比$K_1=0.02$，柱下端与基础刚接，$K_2=10$，查规范表得到$\mu=2.00$。

PKPM程序自动计算的柱计算长度为33.00m，相当于其自然长度16.9m的1.95倍，即计算长度系数$\mu=1.95$。

通过比较，上述两者吻合良好。

3. 按照规范的修正算法

前述算法中，与柱上端相连的横梁的线刚度是取的转换桁架下弦的线刚度。实际上我们可以看到，在柱的失稳变形过程中，对柱顶产生约束作用的是整个第五层转换桁架，而不是转换桁架的下弦，转换桁架对柱顶的约束明显强于单根桁架下弦对柱顶的约束。计算柱计算长度时，应视转换桁架为一个整体，与柱顶相连的横梁的线刚度应取转换桁架的线刚度。

按此思路，柱的计算长度修正计算如下：

转换桁架的刚度按 $I = A \times a^2$（A 为桁架弦杆截面积，a 为上下弦杆距离的一半）。柱顶处横梁线刚度和与柱线刚度和的比 $K_1 = 2.42$，柱下端与基础刚接，$K_2 = 10$，查规范表得到 $\mu = 1.08$。

4. 按稳定计算反推的算法

根据欧拉公式，受压杆的临界受压承载力为 $P_{cr} = \pi^2 EI/(\mu L)^2$

式中，μ 即为计算长度系数，根据上面的公式可得：

$$\mu = \sqrt{\frac{\pi^2 EI}{P_{cr}}} \Big/ L \qquad (1)$$

GB50017—2003 中表 D-2 就是根据这个方法计算得到的。

我们先针对单榀典型结构进行了研究。按单榀结构进行计算得到的屈曲模态如图 5.8-80 所示：

计算得到第一阶屈曲模态即为鸡腿柱的平面内失稳，屈曲轴力 $P_{cr} = 51850$kN，根据式（1）反算得到 $\mu = 1.09$，与按桁架整体根据规范的计算结果 $\mu = 1.08$ 吻合很好。

在实际的失稳工程中，不会发生单榀结构单独失稳的情况，而是整个结构整体失稳，这时就存在一个群柱失稳的整体效应，即稳定性高的柱会对稳定性低的柱有帮助作用。GB50017—2003 中第 5.3.6 款第 2 条中对这个问题有这样的表述：当与计算柱同层的其他柱或与计算柱连续的上下层柱的稳定承载力有潜力时，可利用这些柱的支持作用，对计算柱的计算长度系数进行折减，提供支持作用的柱的计算长度则应相应增大。鉴于此，我们试图通过对整体结构进行屈曲分析来研究鸡腿柱的计算长度系数。

按整体结构进行计算得到的屈曲模态如图 5.8-81 所示。

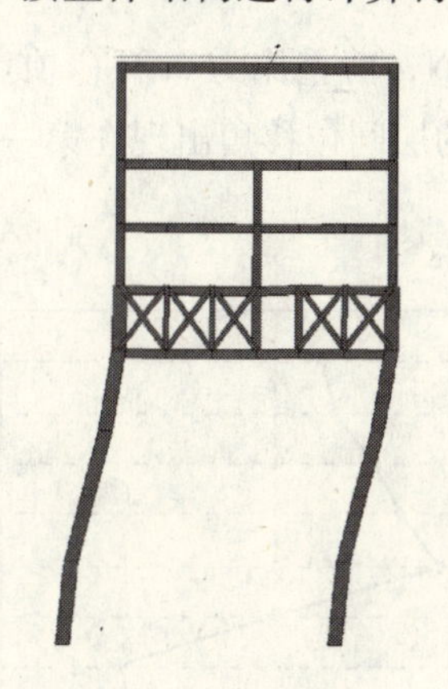

图 5.8-80 单榀结构线性屈曲模态

图 5.8-81 整体结构线性屈曲模态（沿结构弱向失稳）

在这个屈曲模态下，典型鸡腿柱的屈曲轴力为 $P_{cr} = 78329$kN，根据式（1）反算得到 $\mu = 0.89$，可以看到，由于群柱失稳的整体效应，结构中段的柱对东西段鸡腿柱的稳定起到了帮助作用，鸡腿柱的计算长度系数能进行折减。

5. 结论

通过以上分析我们发现，当采用桁架转换层的外套框架进行加层改造时，程序自动计算的鸡腿柱计算长度系数是不正确的，应将转换层桁架视为整体按规范计算，或通过线性屈曲分析得到计算长度系数。我们建议，若通过屈曲分析反推的方法，宜采用典型单榀结构的结果来控制设计，而将群柱失稳的整体效应的有利作用作为安全储备。

五、抗震性能研究

按照一般的结构抗震设计思想，采用外套框架进行加层的结构属于抗震不利结构，其在地震作用下的工作性能往往令人担忧。这是由于：首先，采用外套框架进行加层的结构，由于“鸡腿柱”的存在，往往出现下柔上刚的结构布置状态，而且下部若干层通常出现的是抗震比较忌讳的单跨框架；此外，此类结构通常情况存在转换层，由于转换层刚度很大，转换层下一层的抗侧刚度与转换层的抗侧刚度比通常不能满足抗震规范 GB50011—2001 中对于结构竖向规则性的要求。为了探讨此类结构的抗震性能，此处针对本结构进行了罕遇地震作用下的静力弹塑性分析。

静力弹塑性分析方法（也称 pushover 方法）由于其计算方法和模型的简化，其计算结果存在一定误差。但通过该分析，能够达到如下的几个目的：第一，能基本从细观上（构件内力与变形）和宏观上（结构承载力和变形）了解结构在强烈地震作用下的弹塑性性能；第二，能够大致暴露结构在地震作用下的屈服部位或者说薄弱部位（如强度、刚度突变，可能发生脆性破坏的单元等）；第三，能够大致找到结构在地震作用下的各部位的屈服顺序，寻求结构的屈服机制。

图 5.8-82 为结构 pushover 分析结果曲线，图中从原点出发的曲线为能力谱曲线，另外一条曲线为 8 度Ⅲ类场地罕遇地震对应的需求谱曲线，两者相交的点即为罕遇地震性能控制点。

罕遇地震性能控制点对应状态下，结构基底剪力为 23250kN，剪重比为 0.21；顶点控制位移为 324mm；各层的层间位移角如图 5.8-83 所示，最大的层间位移角出现在第一层，为 1/58，满足抗震规范多高层钢结构 1/50 的限值。

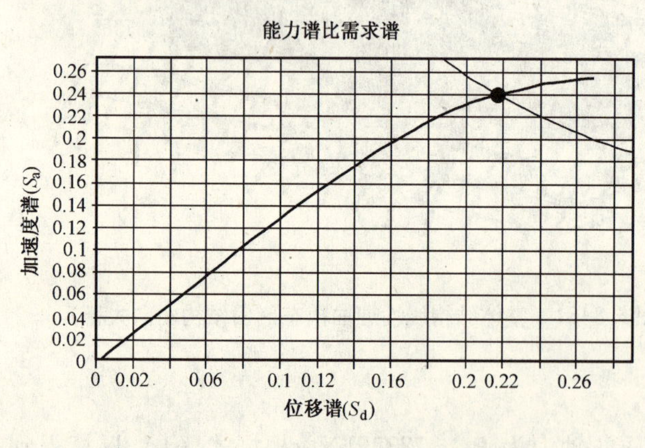

图 5.8-82 pushover 分析结果曲线

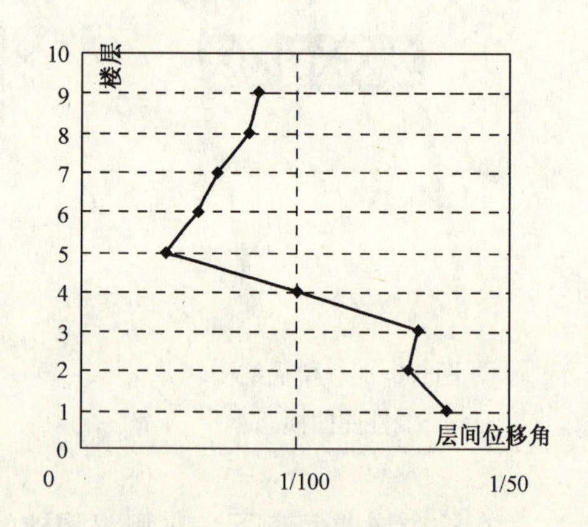

图 5.8-83 罕遇地震性能控制点对应结构层间位移角

考察结构出铰的部位和顺序：在相应于设防烈度地震输入下，结构仅仅在中段柱底出现塑性铰，其余部位均保持弹性；随着地震输入的加强，东西段柱底和一些梁端开始陆续出现塑性铰；在相应于罕遇地震输入下，大部分鸡腿柱和中段柱底已出现塑性铰，但屈服深度都处于强化上升的阶段之内，梁铰大多集中于下部五层，在少数转换桁架以上的柱的柱底出现了塑性铰。图 5. 8-84 所示为罕遇地震对应状态下结构整体和典型剖面的出铰图。

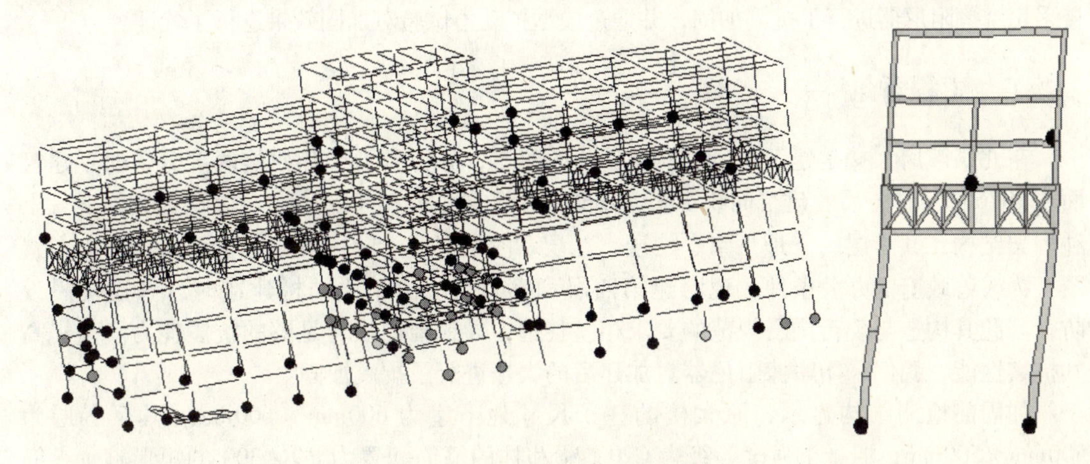

图 5. 8-84　结构塑性铰分布图

从上述计算结果可以看到，结构在罕遇地震作用下，能保持较好的工作状态。这从一定程度上说明，此类外套框架结构只要经过精心的设计和调试，能达到较好的抗震效果。但同时我们也注意到，此类结构一般偏柔。因此，设计中应尤其重视提高结构构件的延性。对于本结构，我们加强了节点处的构造，并采取了梁塑性铰内移等手段。

六、结语

通过本文的一些初步探讨，我们认为：

1. 结构加层所涉及的影响因素方方面面，工程实践中应针对工程的具体情况，制定合理的结构方案；

2. 对于外套框架加层结构，应注意正确计算跨层“鸡腿柱”的计算长度系数；

3. 通过精心设计，保证结构构件的延性，外套框架结构能达到较好的抗震效果。

（黄嘉　北京市建筑设计研究院）

［实例十三］　东北某政府大楼采用摩擦阻尼器进行抗震加固的研究

一、前言

摩擦阻尼器对结构进行振动控制的机理是将结构振动的部分能量通过阻尼器的摩擦耗能耗散掉，从而达到减小结构反应的目的。摩擦阻尼器的滞回曲线基本是矩形的，因此具有较强的耗能能力，同时其耗能特征还较少受荷载幅值、频率和反复次数的影响，故深受人们青睐。

摩擦阻尼器的发展始于 20 世纪 70 年代后期，到目前为止，国内外学者陆续研制开发了多种形式的摩擦阻尼器，其中 Pall 摩擦器是最常用的形式之一。在应用方面，国外（如加拿大、日本等）对摩擦阻尼器的应用已有十年左右的时间。它既被用于新建结构，也被用于震损结构的加固，既用于中、低层建筑，也用于高层建筑，取得较好的经济效益。与国外相比，国内在这方面尚属空白。为改变这一现状，我们根据工程的实际情况，对东北某政府大楼采用摩擦阻尼器进行了抗震加固，并通过模型拟动力试验对加固效果进行了验证。

二、工程背景

东北某政府大楼是建于20世纪30年代的建筑，分为L形楼和西楼两部分，前者建筑面积10765.54m²，后者建筑面积4639.80m²，总建筑面积15405.34m²。大楼为钢筋混凝土纯框架结构，共4层（半地下室、一层、二层和三层）。图5.8-85所示为该楼的平面布置图。为改善政府的办公条件，现增建第四层和第五层。由于原结构建造时未考虑抗震设防，因此其构造与现行抗震规范的要求相差甚远，导致结构缺乏足够的抗震能力。为提高其抗震性能，我们采用摩擦阻尼器对加建后的大楼进行了抗震加固。

加固前检测结构显示，原大楼的柱子尺寸地下室为600mm×600mm，其余各层为500mm×500mm，混凝土强度等级为C20，梁和柱的箍筋配置为ϕ9@300的矩形箍，纵筋为HPB235级钢，西楼地下室层高为3.3m，其余各层为4.3m，L形楼地下室层高为4.0m，其余各层为4.3m。该楼所在地区的设防烈度为7度，场地土类别为Ⅱ类。新接第四层和第五层的层高为4.0m，混凝土强度等级C30，纵筋为HRB335级钢，柱子尺寸500mm×500mm，设计按现行规范要求进行。

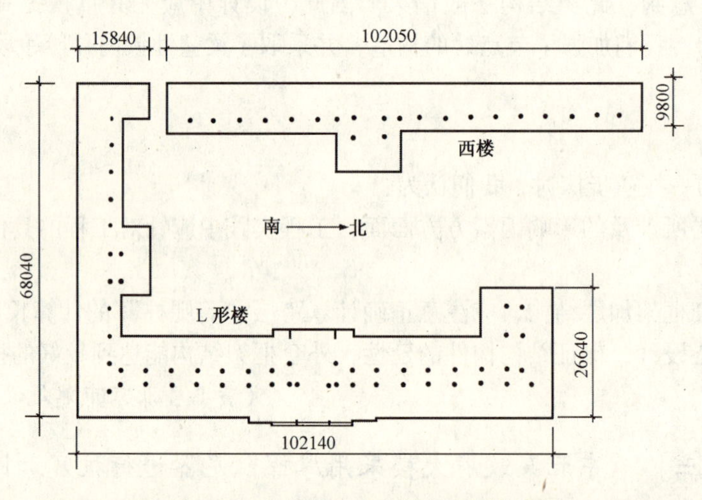

图5.8-85　东北某政府大楼的平面布置图

三、加固前结构的地震反应分析

为了对加固前结构的地震反应有一个比较清楚的了解，我们对结构不同方向遭受不同地震波作用时的反应进行了计算和分析。计算过程中结构模型分别采用剪切型和杆系型两种。输入地震波分别为E1 Centro波、Taft波和San Fernando波。小震（6度）、中震（7度）和大震（8度）对应的地面加速度峰值分别为55gal、110gal和220gal。

1. 剪切型模型

结构的层间恢复力采用带负刚度段的三线型模型。考虑到地下室和一~三层柱子的体积的配箍率很小，为保守起见，令其延性系数等于1.0。表5.8-4所示为L形楼和西楼不同方向的层间破坏位移，骨架曲线上破坏位移对应点的强度为极限强度的80%。

层间破坏位移（单位：cm）　　　　表5.8-4

楼　号	方　向	地下室	一层	二层	三层	四层	五层
L形楼	东西方向	1.23	3.53	3.42	3.49	7.70	10.51
	南北方向	1.53	2.77	2.69	2.89	6.50	8.97
西　楼	东西方向	0.92	3.00	3.31	3.52	7.25	11.72
	南北方向	0.90	2.48	2.76	3.08	5.48	8.47

图5.8-86和图5.8-87所示分别为加固前L形楼和西楼在大震作用下东西方向的层间位移反应。

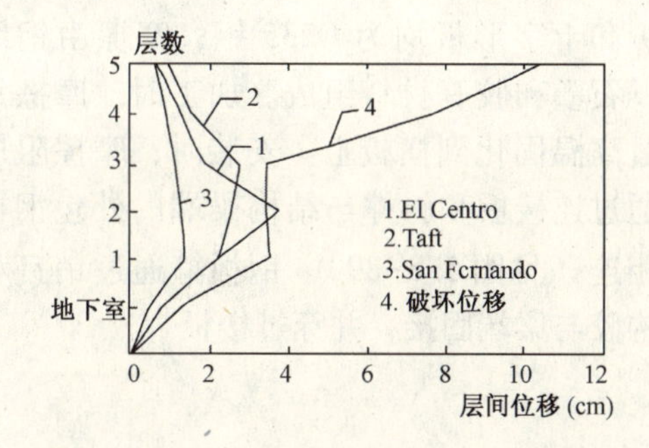

图5.8-86　加固前L形楼在大震作用下东西方向的层间位移反应

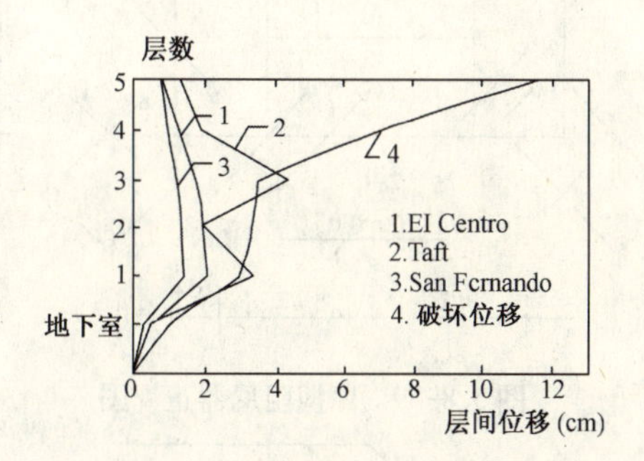

图5.8-87　加固前西楼在大震作用下东西方向的层间位移反应

通过对计算结果的分析发现，加固前L形楼在小震作用下各层的层间位移反应小于相应的层间屈服位移，结构尚处于弹性工作状态；但大震作用时，该楼第二层在东西方向的层间位移，以及第二层和第三层在南北方向的层间位移超过了相应的层间破坏位移，必须对其进行抗震加固。西楼的情况与L形楼类似：在小震作用下结构处于弹性工作状态；而大震作用时，西楼第一层和第三层在东西方向的层间位移，以及第一层在南北方向的层间位移也都超过了相应的层间破坏位移，必须进行抗震加固。

2. 杆系模型

计算采用通用程序DRAIN—2D进行。L形楼东西方向和南北方向，以及西楼东西方向各自选取一榀具有代表性的典型框架进行分析。图5.8-88所示为西楼在E1 Centro波大震作用东西方向上的塑性铰位置及其出现顺序。

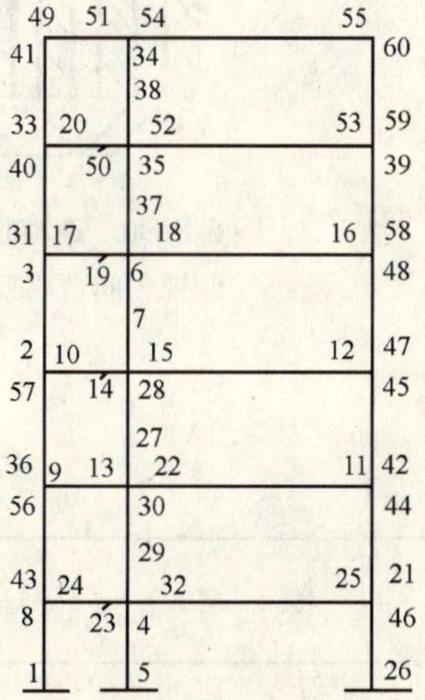

图5.8-88　塑性铰位置及其出现顺序

通过对计算结果的分析发现，采用杆系模型时加固前L形楼和西楼在小震作用下各无层间位移反应均小于相应的层间屈服位移。大震作用下L形楼两方向的层间位移也小于相应的破坏位移，即计算结果与采用剪切型模型时相比位移较小，但西楼在东西方向上地下第一层和第二层的层间位移均超过了相应的破坏位移。此外，从图 5.8-88 可以看出，加固前结构子中塑性铰出现较早且数量较多，显然这对防止结构倒塌是不利的。

四、摩擦阻尼器的设计

由于建筑物使用功能的要求，摩擦阻尼器的数量和在结构上的安装位置受到了很大限制，经过与甲方多次研究协商后确定 L 形楼和西楼中阻尼器的数量分别如表 5.8-5 所示。

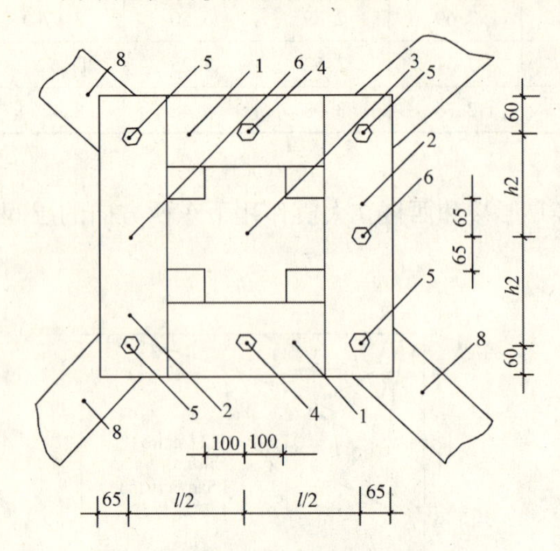

图 5.8-89　摩擦阻尼器正视图

每套摩擦阻尼器主要由横板、竖板、十字形板、摩擦片、高强螺栓和普通螺栓等组成，其正视图、侧视图和俯视图分别如图 5.8-89、图 5.8-90、图 5.8-91 所示。横板、竖板和十字形板均为 Q235 钢；摩擦由钢纤维、石墨和胶等材料组成。加工时，摩擦片通过高温固化到横板上。安装时，摩擦阻尼器通过连接板和斜撑与结构梁端的外包钢板箍相连（见图 5.8-89）。钢板箍通过销钉和结构胶与梁端固接，并穿过楼板。

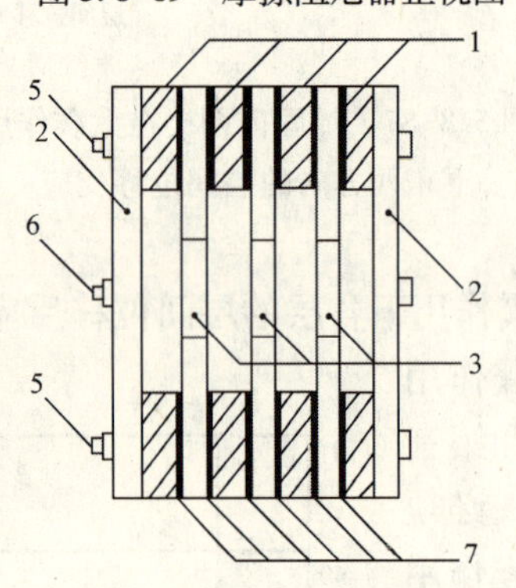

图 5.8-90　摩擦阻尼器侧视图间位移反应

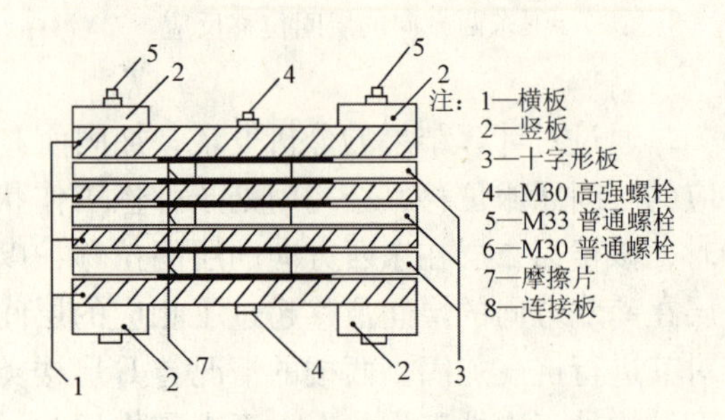

图 5.8-91　摩擦阻尼器俯视图

摩擦阻尼器的数量（单位：套）　　　　表 5.8-5

楼　层	L 形 楼		西　楼	
	东西方向	南北方向	东西方向	南北方向
一　层	16	16	8	7
二　层	17	15	8	7
三　层	12	14	7	7

图中 l 和 h 的数值（单位：mm）　　　　5.8-6

层　高	跨　度	l	H	层　高	跨　度	l	H
4300	7400	530	280	4300	5500	490	353
4300	6900	530	298	4300	5300	490	367.5
4300	6600	530	315	4300	4900	490	410
4300	6400	490	300	4300	4400	490	460
4300	6100	490	320	4200	7400	545	280
4300	5650	490	341				

国内外研究结果表明，斜撑刚度与所在层层间刚度之比等于 2～5 时，摩擦阻尼器对结构的控制效果较好。据此，并考虑到表 5.8-5 所示摩擦阻尼器的实际安装数量，选择两根型号 20 的槽钢（背对背，中间间隔 20mm）作为实际斜撑。通过计算可得结构某层某一方向所有斜撑的水平刚度与该层该方向层间刚度之比，如表 5.8-7 所示。

水平刚度与层间刚度比　　　　**表 5.8-7**

楼　层	L 形楼		西　楼	
	东西方向	南北方向	东西方向	南北方向
一　层	3.83	3.43	4.41	3.43
二　层	4.06	3.21	4.41	3.43
三　层	2.74	2.95	3.87	3.43

摩擦阻尼器中高强螺栓上施加的扭矩 M 与该阻尼器对结构的控制力 F 之间存在如下关系：

$$M=\varphi\cdot D\cdot\frac{F}{n\mu}=\frac{\varphi}{\mu}\cdot D\cdot\frac{F}{n}\tag{1}$$

式中 φ 为扭矩系数；D 为螺栓直径；μ 是摩擦片与钢板之间的摩擦系数；n 是每套阻尼器中摩擦面的个数。为了确定式（1）中参数 φ/μ 的取值，我们对所用摩擦阻尼器进行了性能试验。试验时摩擦面个数 $n=2$，高强螺栓直径 $D=12$mm。通过对试验结果的整理得 $\varphi/\mu=1.33$。

L 形楼和西楼不同方向上摩擦阻尼器中所施加的扭矩的实际大小如表 5.8-8 所示，据此利用式（1）可求得每套阻尼器所提供的实际控制力，详见表 5.8-8。

每套摩擦阻尼器中施加的扭矩及其所提供的控制力　　　　**表 5.8-8**

楼　层	L 形楼				西　楼			
	东西方向		南北方向		东西方向		南北方向	
一　层	1071.8	161.2	916.5	137.8	1253.5	188.5	1432.5	215.4
二　层	1301.2	195.7	1122.7	168.8	1504.8	226.3	1433.2	215.5
三　层	1142.3	171.8	992.0	149.2	1257.2	189.1	1357.9	204.2

五、加固后结构的地震反应分析

为了检验摩擦阻尼器对结构的抗震加固效果，我们对加固后结构不同方向在不同地震波作用下的反应进行了计算和分析。计算过程中结构模型仍分别采用剪切型和杆系型两种。

1. 剪切型模型

在结构第一、二、三层安装摩擦阻尼器后，上述三层的层间恢复力等于原结构层间恢复力与摩擦阻尼器所提供的恢复力之和。

图 5.8-92 和图 5.8-93 所示分别为加固后 L 形楼和西楼在大震作用下东西方向的层间位移反应。

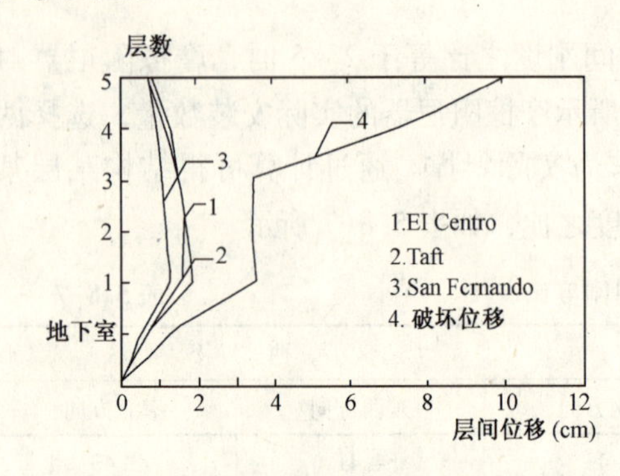

图 5.8-92 加固后 L 形楼在大震作用下东西方向的层间位移反应

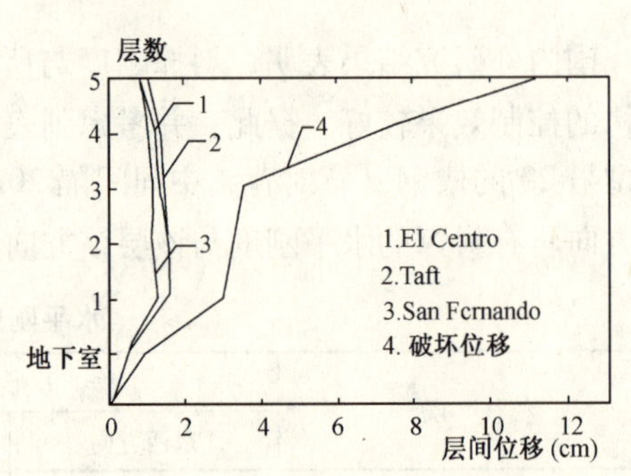

图 5.8-93 加固后西楼在大震作用下东西方向的层间位移反应

通过对计算结果的分析发现，加固后 L 形楼和西楼在大震作用时两个方向上各层的层间位移均小于相应的层间破坏位移，这表明前面所提的加固方案是可行的和合理的，达到了抗震加固的目的。

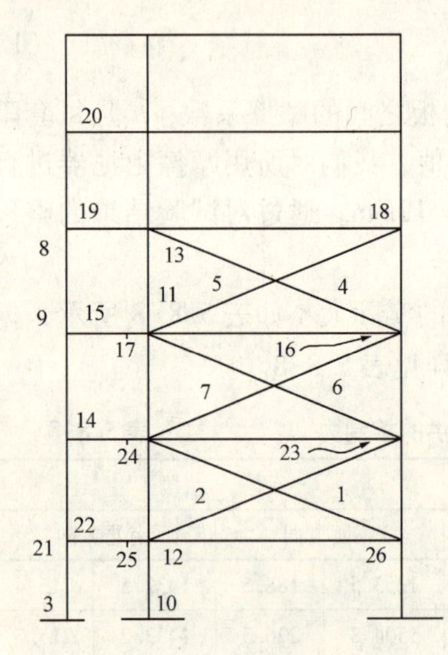

图 5.8-94 塑性铰位置及其出现顺序

2. 杆系模型

与加固前类似，L 形楼东西方向和南北方向，以及西楼东西方向各自选取一榀具有代表性的典型框架进行分析，摩擦阻尼器对该榀框架第 i 层（$i=1$、2、3）所提供的控制力的大小等于结构第 i 层同一方向上所有阻尼器所提供的总控制力除以该方向平面框架的数量。图 5.8-94 所示为西楼在 E1 Centro 波大震作用下东西方向上的塑性铰位置及其出现顺序。

通过对计算结果的分析发现，采用杆系模型时，加固后 L 形楼和西楼在大震作用下各层的层间位移也均小于相应的层间破坏位移，从而具有足够的抗倒塌能力，这一结论与前面采用剪切型模型时相同。

对照图 5.8-94 和图 5.8-88 可以看出，采用摩擦阻尼器对结构进行加固后，大震作用下塑性铰位置首先出现在阻尼器中，从而对主体结构起到了保护作用；

同时，加固后结构柱子中产生的塑性铰的数量大大低于加固前，这对于防止结构倒塌是极其重要的。

3. 加固效果的敏感性分析

由于在摩擦阻尼器的制造和安装过程中难免出现一定误差，加之摩擦片与钢板之间的摩擦系数也有一定变化范围，因此摩擦阻尼器施加给结构的实际控制力有可能在设计值附近上下波动。为检验控制效果对控制力变化的敏感程度，我们就 φ/μ 分别等于 1.73（比 1.33 增大 30%）和 0.93（比 1.33 减小 30%）的情况对加固后的结构进行了大震下的地震反应分析。计算结果显示，无论是采用剪切型模型还是杆系模型，阻尼器参数取不同值时，L 形楼和西楼在大震作用下的层间位移反应仍小于相应的层间破坏位移，这表明本文所提的加固方案在抗震加固效果方面具有较好的稳定性。

六、模型拟动力试验

1. 试验模型

试验模型选取西楼东西振动方向上两榀相邻平面框架之间的部分按相似比 1:3 制作而成。由于施加水平力的作动器数量有限，同时我们在前面计算过程中发现加固后西楼在大震作用下东西方向第四层和第五层的层间位移均小于相应的屈服位移，即基本处于弹性阶段，故根据子结构的概念，试验模型只制作了地下室和一～三层。为有效地模拟实际结构中第三层柱子在柱顶所受的弯矩，模型在第三层之上又增加了具有一定高度的弯矩模拟层。模型的具体尺寸详见图 5.8-95。

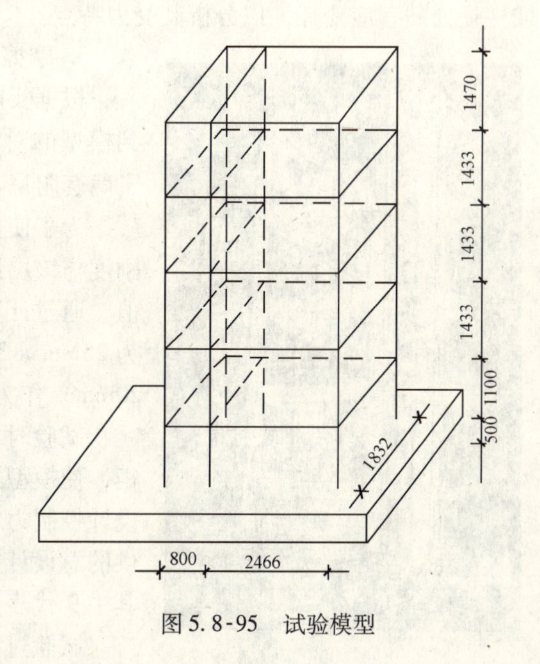

图 5.8-95　试验模型

模型中混凝土和钢筋的力学性能如表 5.8-9 和表 5.8-10 所示。

混凝土力学性能　表 5.8-9

	地下室	一层	二层	三层	弯矩模拟层
10cm×10cm×10cm 抗压强度（MPa）	20.1	29.9	26.6	25.7	39.8

钢筋力学性能　表 5.8-10

	8 号钢丝	ϕ6	ϕ8	ϕ12
屈服强度（MPa）	290.6	306.9	328.4	314.0
极限强度（MPa）	402.1	483.8	477.7	438.1

从表5.8-9可以看出，模型中混凝土的力学性能与原结构混凝土C20的强度等级相比，基本一致。模型中梁柱配筋与原结构相似。

2. 加载装置和测点布置

竖向荷载通过弯矩模拟层顶面的6台千斤顶（分别与6个柱子对应）施加，每台千斤顶所加荷载的大小按“模型中地下室各柱的轴压比与实际结构相符”的原则确定。千斤顶的反力架通过竖向钢拉杆锚固在底座钢筋混凝土大梁上。为尽量减少水平荷载作用时的摩擦力，每个千斤顶下安装有两个滚轴。

水平荷载由电液伺服作动器施加，作动器分别与模型地下室、一层、二层以及弯矩模拟层楼板标高处的预埋钢板连接。

在模型各层楼板处设置位移计以测量各层的位移反应。在地下室和一~三层柱的柱根或柱顶处贴有应变片，以分析其受力特点。

图5.8-96 摩擦阻尼器的布置情况

3. 摩擦阻尼器的设计

根据实际结构中摩擦阻尼器的安装位置，同时考虑到模型的对称性，试验时在模型第一~三层上分别布置了两套阻尼器，详见图5.8-96。

为了使模型第i层（$i=1$，2，3）所有斜撑的水平刚度与该层层间刚度之比等于实际结构中第i层的对应值，通过计算同时参考有关型钢表，最后选用两根型号为25mm×3mm的等边角钢（反对称布置，中间间隔20mm）作为模型斜撑。

试验时，我们通过调节摩擦阻尼器高强螺栓上的扭矩，使模型第i层（$i=1$，2，3）单个阻尼器所提供的设计控制力等于原结构第i层东西方向所有阻尼器所提供的总设计控制力除以（该方向平面框架的总数×9），其中9代表力相似比。

试验过程中，在第一层和第二层的斜撑上粘贴了应变片，以测量摩擦阻尼器为模型提供的实际控制力；同时，还在一层和二层的阻尼器上分别布置了位移传感器，以考查试验时阻尼器的滑动情况。

4. 试验结果与分析

选取常用的E1 Centro波作为地震输入进行试验。根据相似比要求，试验时将地震波时间间隔进行了压缩。输入E1 Centro波的峰值加速度取为200gal。

试验采用位移控制方法进行，其中计算部分采用的是中央差方法。

根据柱中钢筋上粘贴的应变片的测量的结果可知，在模型反应较大时，某些柱子中的钢筋进入了屈服阶段，但直至试验全部结束，混凝土未见压碎现象。这表明在8度E1 Centro波作用下，模型虽然发生了破坏，但柱子尚未达到其极限承载力状态，从而具有足够的抗倒塌能力。

本次试验中，节点区产生了较严重的开裂，裂缝数量较多，宽度较大。这是由于模型的节点区（与原结构的节点区具有相似的构造）箍筋数量很少、抗剪能力较差所致。

由安装在模型各层的位移传感器测得各层反应的最大峰值如表5.8-11所示。

模型在E1 Centro波作用下的反应（单位：mm）　　**表5.8-11**

楼层	试验结果		计算结果			
	相对位移峰值	层间位移峰值	安装阻尼器		未安装阻尼器	
			相对位移峰值	层间位移峰值	相对位移峰值	层间位移峰值
地下室	2.00	2.00	1.31	1.31	1.25	1.25
一层	6.14	5.32	5.78	4.61	14.49	13.90
二层	6.87	4.34	9.49	3.94	17.03	5.91
三层	9.03	6.01	13.50	5.07	18.81	5.14

从表5.8-11可以看出，模型层间位移的较大值分别发生在第一～三层，而地下室层间位移较小，因此在地下室不安装阻尼器是可行的。此外，我们还采用层剪切模型对安装摩擦阻尼器前后模型在E1 Centro波作用下的地震反应进行了计算，有关结果见表5.8-11。表中结果显示，未安装阻尼器的模型在8度E1 Centro波作用下，其位移反应明显偏大。

通过在摩擦阻尼器斜撑上粘贴的应变片，测出试验中配套阻尼器为模型提供的实际控制力分别为：第一层 $F_1=10.81$kN，第二层 $F_2=13.19$kN。同时，通过在摩擦阻尼器上布置的位移计，测得各层阻尼器的最大滑动位移：第一层为4.43mm，第二层为4.38mm。

七、小结

本文对东北某政府大楼采用摩擦阻尼器进行了抗震加固。计算和试验结果显示，虽然在大震作用下结果将产生较严重破坏，但结构整体性较好，不会发生倒塌。这表明采用摩擦阻尼器替代常规措施对旧有建筑物进行抗震加固是合理可行的，完全能够满足加固要求。

（吴波，李惠　哈尔滨建筑大学）（林立岩，单明　辽宁省建筑设计研究院）

［实例十四］　北京工人体育馆加固改造

一、工程概述

北京工人体育馆位于朝阳区东二环外，始建于1959年，为迎接1961年世乒赛而修建。建筑面积4万平方米，采用钢筋混凝土框架结构，地下1层，地上4层。建筑平面为圆形，底层直径为117m，上层直径为110m，檐高27m，最高点为36m（见图5.8-97）。

工人体育馆屋盖采用轮辐式双层悬索结构，主要由双层悬索、内环和外环三部分组成，如图5.8-98所示。内环直径16m，高11m，为圆柱形钢结构；外环为受压钢筋混凝土环，截面2000mm×2000 mm，内径为97m，支撑于外环48根框架柱上。悬索连接于内环和外环之间，分上下两层，各144根。上层索为稳定索，下层索为承重索，分别由40根 $\phi5$ 和72根 $\phi5$ 的钢丝束组成。

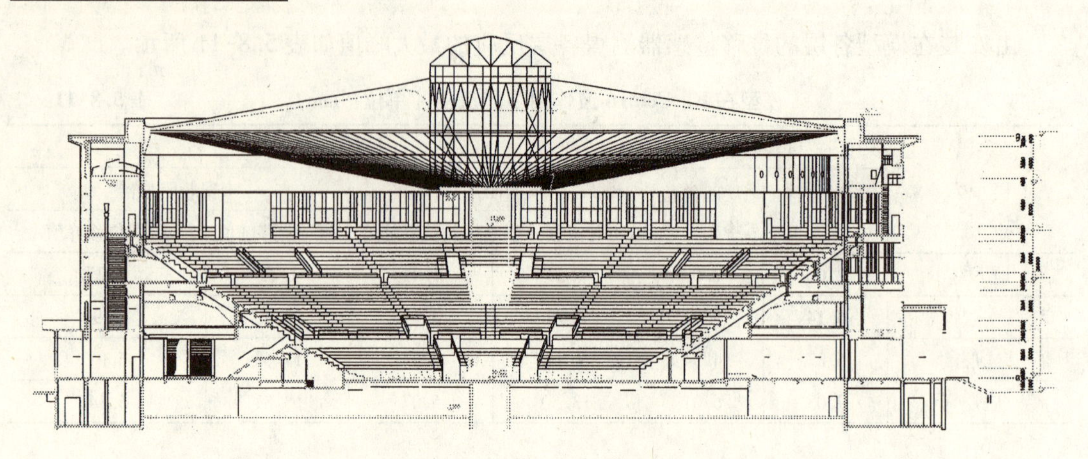

图 5.8-97　北京工人体育馆剖面图

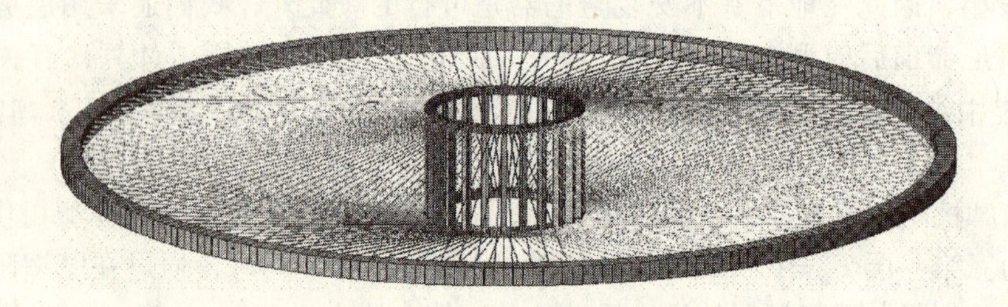

图 5.8-98　悬索屋盖结构示意图

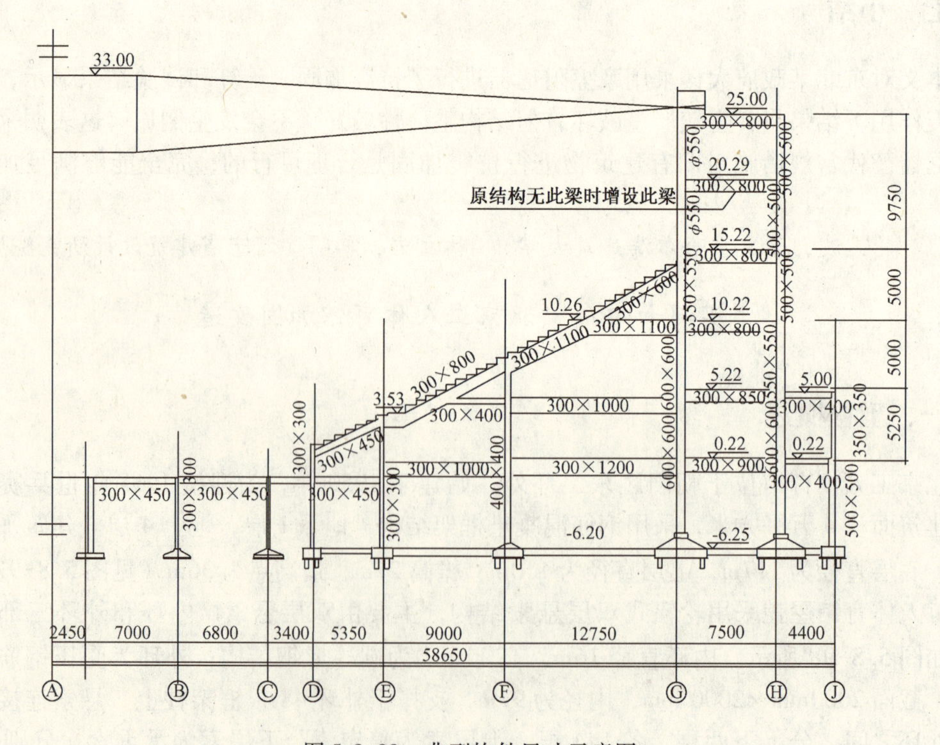

图 5.8-99　典型构件尺寸示意图

工程依据原苏联规范 HnTy123-55 和 Cn8-57 设计，设计时未考虑抗震计算，也未采取抗震措施。梁截面尺寸相对较大，柱网尺寸 7.5m 处，梁截面为 300mm × 800 mm ~ 300mm × 900 mm；柱网尺寸 12.75m 处，梁截面为 300mm × 1000 mm ~ 300mm × 1200 mm，见图 5.8.14-3。主筋配置量一般满足要求，箍筋配置量为 ϕ8@200、ϕ8@300、ϕ6@300，部分梁的箍筋只有 ϕ6@500，配箍量很低。框架柱截面较小，配筋不大，配筋率很低，轴Ⓐ-Ⓕ间柱截面为 300mm × 300 mm、400mm × 400 mm，主筋为 8ϕ16，箍筋为 ϕ6@200，柱箍筋加密区体积配箍率只为 0.16%；轴线Ⓖ-Ⓗ间柱截面为 500mm × 500mm、600mm × 600 mm，主筋为 12Φ22，配筋率 1.27% ~1.82%，箍筋为 ϕ6@300（井字复合箍），加密区为 ϕ6@250，体积配筋率在 0.08% ~0.10% 之间。

二、加固依据及鉴定结果

根据北京市人民政府 2005 年 10 月 27 日第 122 期会议纪要精神，工人体育馆按 89 规范 7 度设防标准进行结构抗震加固，并以此为依据进行工程结构鉴定。

抗震加固所依据的主要规范包括：《建筑抗震鉴定标准》（GB 50023—95）、《建筑抗震加固技术规范》（JGJ116—98 ）和《建筑抗震设计规范》（GBJ11—89）等。

工程鉴定由北京市建设工程质量检测中心第二检测所完成，其鉴定主要结果及现场状况如下：

a. 按《建筑抗震规范》（GBJ11—89）等系列规范进行验算，节点核心区构造、构件箍筋配置严重不足，部分梁、柱主筋不足。

b. 框架梁与支承柱相比，刚度较大，未能形成强柱弱梁体系。

c. 屋顶悬索结构按 89 规范 7 度设防标准验算符合规范要求，在不增加荷载的情况下可继续使用。

d. 部分构件混凝土碳化深度已经达到钢筋表面，构件钢筋处于无保护状态。

e. 部分构件钢筋锈蚀严重，混凝土开裂，钢筋甚至被锈断，图 5.8-100 为钢筋混凝土柱典型锈蚀情况。

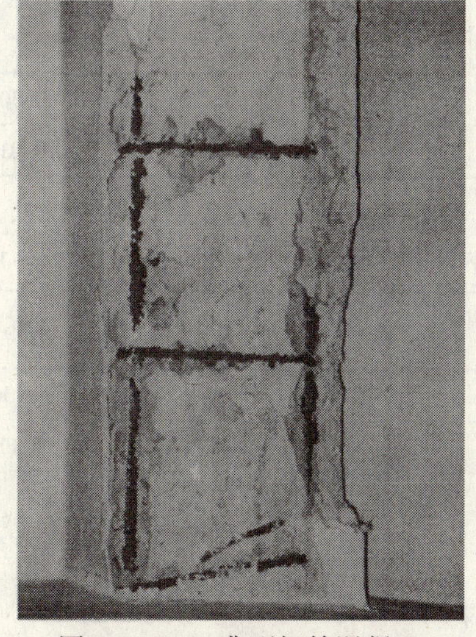

图 5.8-100　典型钢筋混凝土柱锈蚀情况

图 5.8-101　典型梁柱节点破坏情况

f. 个别梁柱节点已处于破坏的状态，见图5.8-101。

g. 构件材料强度：梁C20；板C20；柱C30；主筋240MPa；箍筋190MPa。

三、结构体系抗震加固

工人体育馆作为20世纪50年代的大型建筑，在人们的心目中留有深刻的印象，尤其大跨双层轮辐式悬索结构的应用在我国大跨钢结构建设中有着特殊的历史地位。因此，对工体的加固既要满足有关规范和规定的要求，又要保持历史原貌、满足使用要求。工人体育馆加固的重点和难点主要是：改善强梁弱柱体系；减小四层的刚度突变；在悬索屋盖上增加荷载。

1. 基本条件

采用PKPM程序，按GBJ11—89抗震规范7度设防标准进行验算。

(1) 荷载条件：(以下数值均为荷载标准值)

看　台	恒荷3.5kN/m^2	活荷3.0kN/m^2
赛　场	恒荷5.0kN/m^2	活荷4.0kN/m^2
练习场	恒荷5.0kN/m^2	活荷4.0kN/m^2
夹层（四层）	恒荷4.5kN/m^2	活荷2.0kN/m^2
屋面悬索部分	恒荷1.0kN/m^2	活荷0.5kN/m^2
屋面周边部分	恒荷6.0kN/m^2	活荷0.5kN/m^2

隔墙荷载按0.5kN/m^{2}恒荷考虑；外墙荷载10.0kN/m；

基本风压W_0=0.35kN/m^2 (30年)。

(2) 地震作用信息：抗震设防7度，II类场地，框架抗震等级一级，特征周期0.30s。

2. 原结构计算结果

对原结构进行建模计算，一层基底剪力为17777 kN，剪重比为6.21%，周期、位移、刚度比等主要计算结果如下：

结构前6个周期　　表5.8-12

振　型	1	2	3	4	5	6
周期(s)	1.00	1.00	0.87	0.45	0.33	0.30
扭转系数	0.00	0.00	1.00	1.00	0.01	0.01

各层层间位移角及本层与下层刚度比　　表5.8-13

层　数	-1	1	2	3	4	5
层间位移角	1/9999	1/3222	1/6480	1/9999	1/952	1/930
层间刚度比	1	0.011	2.53	1.43	0.01	1.17

通过计算，发现原结构主要有如下几个问题：

(1) 原结构位移满足规范要求，但四层剪切刚度仅为三层 的1%，突变过大；

(2) 由于看台梁的斜撑作用，在水平荷载作用下，赛场周边的一圈短柱（Ⓓ轴线柱，见图5.8-99）弯矩剪力都很大，截面和配筋都严重不足，部分柱轴压超出规范限值；

（3）由于四层以上无看台梁斜撑，结构的抗侧刚度在四、五层明显减小，造成结构沿竖向的刚度分布不均匀，在地震作用下，四、五层的层间位移角明显大于一至三层；

（4）部分看台梁和楼层梁的跨度较大、截面较高，相比之下很多柱子截面较小，整个结构体系基本为强梁弱柱体系，看台处单根梁与柱的刚度比一般为2.62～13.2，不利于抗震。

3. 加固方案比较

（1）加固方案1

针对原结构计算结果及工程实际状况，拟采取下述加固方案：

a. 为改善强梁弱柱的结构体系，对柱采取加大截面的加固方法，柱截面尺寸每边均增加100mm，此时看台处单根梁与柱的刚度比一般为0.83～2.62，明显得到改善；

b. 将原有四个混凝土风道墙体加厚至300mm（见图5.8-99），并延伸至顶层；

c. 在四层顶Ⓖ－Ⓗ轴间增加24根径向钢筋混凝土梁，使柱的高度由原来的9750 mm变为5000mm和4750mm两段（见图5.8-99）；

d. 在Ⓓ轴增加1500mm×1500mm的大环梁，并在Ⓓ、Ⓔ轴之间靠Ⓓ轴侧沿环向设置16道短墙肢（从基础到看台底板）。

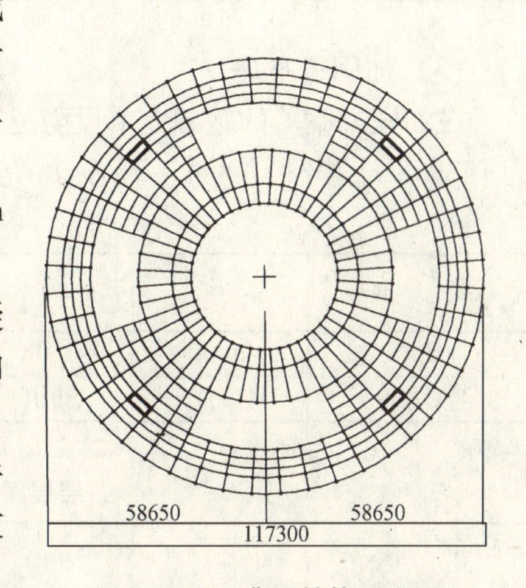

图5.8-99　典型结构平面图

一层基底剪力为18004 kN，剪重比为5.61%，其他主要计算结果如下：

结构前6个周期　表5.8-14

振　型	1	2	3	4	5	6
周期（s）	0.48	0.44	0.43	0.18	0.18	0.17
扭转系数	1.00	0.01	0.01	0.02	0.02	1.00

各层层间位移角及本层与下层刚度比　表5.8-15

层　数	-1	1	2	3	4	5
层间位移角	1/9999	1/6573	1/8228	1/8214	1/2090	1/3058
层间刚度比	1	0.020	1.31	0.84	0.13	1.03

（2）加固方案2

在加固方案1的基础上再对称地增设四个混凝土筒，墙厚300mm，同样延伸至顶层。一层基底剪力为20091 kN，剪重比为6.04%，其他主要结果如下：

结构前6个周期　　表5.8-16

振　型	1	2	3	4	5	6
周期（s）	0.41	0.38	0.38	0.16	0.16	0.15
扭转系数	1.00	0.01	0.01	1.00	1.00	0.02

各层层间位移角及本层与下层刚度比　　表5.8-17

层　数	-1	1	2	3	4	5
层间位移角	1/9999	1/6292	1/7758	1/7094	1/2975	1/3491
层间刚度比	1	0.021	1.19	0.85	0.21	0.93

（3）加固方案3

在加固方案1的基础上增设阻尼器，阻尼比取为10%。主要计算结果：一层基底剪力为14390kN，剪重比为4.48%，其余结果如下：

结构前6个周期　　表5.8-18

振　型	1	2	3	4	5	6
周期（s）	0.48	0.44	0.43	0.18	0.185	0.17
扭转系数	1.00	0.01	0.01	0.02	0.02	1.00

各层层间位移角及本层与下层刚度比　　表5.8-19

层　数	-1	1	2	3	4	5
层间位移角	1/9999	1/8733	1/9999	1/9999	1/2650	1/3888
层间刚度比	1	0.020	1.31	0.84	0.13	1.03

4. 最终实施加固方案

经过方案比选，决定在加固方案1的基础上进行抗震加固，具体措施如下：

（1）为改善强梁弱柱的结构体系，对柱采取加大截面的方法进行加固，柱截面尺寸每边均增加100mm；

（2）原四个混凝土风道墙体厚度为150 mm，由于此钢筋混凝土风道主要为设备管道服务，墙体洞口和楼板洞口尺寸较大，对结构的抗侧刚度贡献不大，因此将风道墙体加固至250mm，并且此钢筋混凝土墙只至三层顶板；

（3）Ⓓ轴柱的承载力不足，除进行截面加大外不再进行其他加固，主要考虑此部分内力重分布已完成且未发现此柱出现裂缝等其他不利的状况。

主要计算结果：一层基底剪力为18251kN，剪重比为5.86%，其余结果如下。

结构前6个周期　　表5.8-20

振　型	1	2	3	4	5	6
周期（s）	0.64	0.64	0.64	0.28	0.22	0.22
扭转系数	0.90	0.11	0.00	1.00	0.02	0.03

各层层间位移角及本层与下层刚度比　　表 5.8-21

层　数	-1	1	2	3	4	5
层间位移角	1/9999	1/6496	1/9382	1/9999	1/1674	1/1818
层间刚度比	1	0.022	1.66	0.91	0.04	1.06

按此方法进行加固，最大弹性位移角为 1/1674，约为原结构的 1/2，四层与三层剪切刚度比由原来的 0.01 增至 0.04，看台处单根梁与柱的刚度比由原来的 2.62～13.2 降至 0.83～2.62，使结构抗震性能得到了改善。对于框架梁，虽然原箍筋配置不满足规范的要求，但节点区梁的刚度还是远大于柱的刚度，塑性区不会发生在梁端，因此不对梁进行抗震加固；设置阻尼器虽然可增加结构的抗震性能，但阻尼器的设置对使用功能影响较大，尤其对疏散通道和设备管道的影响更大，综合考虑取消了阻尼器方案。

四、结构构件加固

1. 构件承载力不足的加固

对于梁、板的承载力不足，采用钢丝绳网片－聚合物砂浆外加层方法进行加固，此方法的主要优点是：强度高、不占空间、耐火和耐久性能优越、施工方便、与原混凝土粘结性能好等。

2. 节点核心区斜裂缝的加固

在拆除隔墙过程中，发现部分框架节点核心区出现斜裂缝且已贯通，裂缝宽度达 10mm 左右，情况很危险。对此类节点加固分两阶段进行，首先进行临时加固，采用格构式钢结构对节点区域加固，裂缝处灌结构胶，见图 5.8-103。然后，在正式施工时对此柱从底至上采用截面加大方法加固，每边增加 200mm。

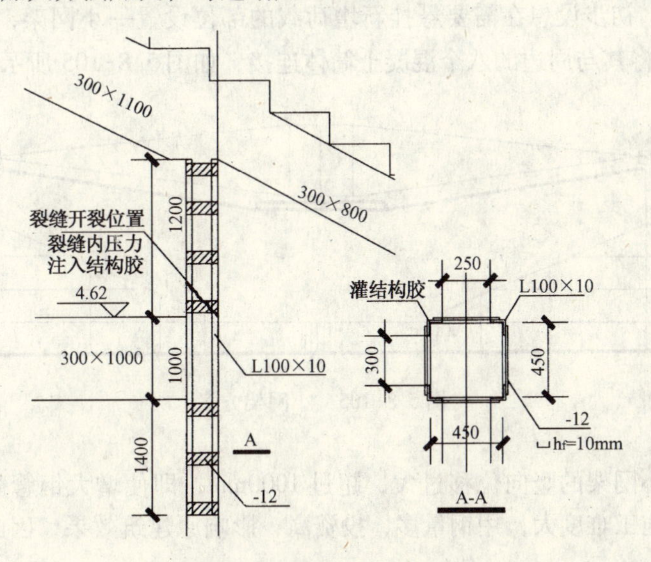

图 5.8-103　格构式钢结构临时加固

五、屋顶悬索

1. 悬索屋盖结构复核

采用 MIDAS/Gen 和 Ansys 软件对屋盖结构进行了分析计算。屋顶初始静荷载为 1.0 kN/m^2，活荷载为 0.5 kN/m^2，内环梁吊重折算线荷载为 60 kN/m，稳定索施加了 35t 的预应力。计算得到上索最大应力为 459MPa，下索最大应力为 441MPa，均已接近拉索的设计应力 570MPa。结构的变形图如图 5.8-104 所示。

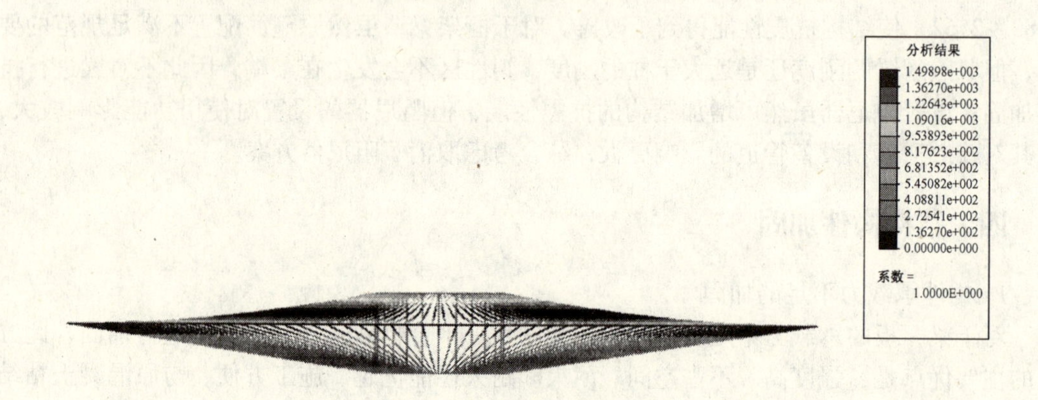

图 5.8-104　屋盖结构变形

2. 吊重荷载

根据工人体育馆改造要求，屋面要增加总计 4t 左右的悬吊荷载，吊挂位置距内环梁约 13m。为了不影响已稳定工作 40 余年的原有屋面结构，拟另新增悬吊承载体系来承担该新增悬吊荷载。初步设想在需要悬挂新增荷载的部位设置一小网架，然后通过 16 根钢管（$\phi219\times10$）将其与周边的八个混凝土筒体连接，如图 5.8-105 所示。

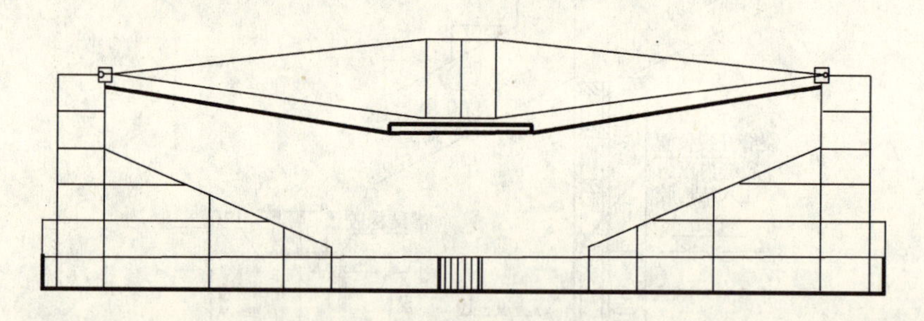

图 5.8-105　小网架方案

经计算发现小网架的竖向位移过大，超过 1000mm，即使增大钢管截面改善效果也较小。并且此方案施工难度大，用钢量多，投资高，影响原建筑效果，因此不得不放弃了此种方案。

另外，设想了一种方案是在内环梁上挑出三角形桁架（四周均加）作为支点来悬吊荷载，如图 5.8-106 所示。经计算此种方案的用钢量较大，且会破坏屋顶的装修面（图中虚线所示），空间结构复杂，与原结构连接困难，所以也不是最佳方案。

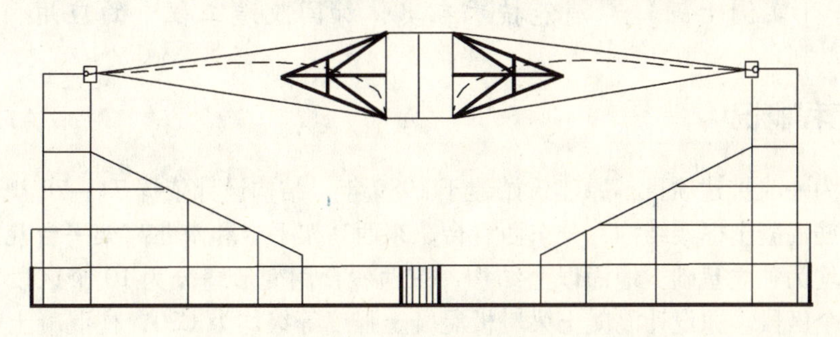

图5.8-106 三角桁架方案

由于其他方案均不可行，所以决定在屋顶稳定索上直接吊重。计算时在相邻的10根上索各施加5kN的荷载，每根索上分两点施加，每点2.5kN，内施加点距内环约13m，施加点间隔2m。通过几何大变形分析，计算得到施加荷载的上索与相邻未施加荷载的上索的变形图如图5.8-107所示。稳定索的最大附加竖向位移为60mm。上索最大应力为478MPa，增加了约20MPa，小于拉索应力设计值。可见，悬吊荷载对屋顶结构的影响较小，屋顶的变形和应力水平均控制在可靠范围内。所以，最终决定采用在屋顶稳定索上直接悬挂荷载的方案。为了确保结构安全，对屋顶吊重进行现场试验，目前试验正在进行中。

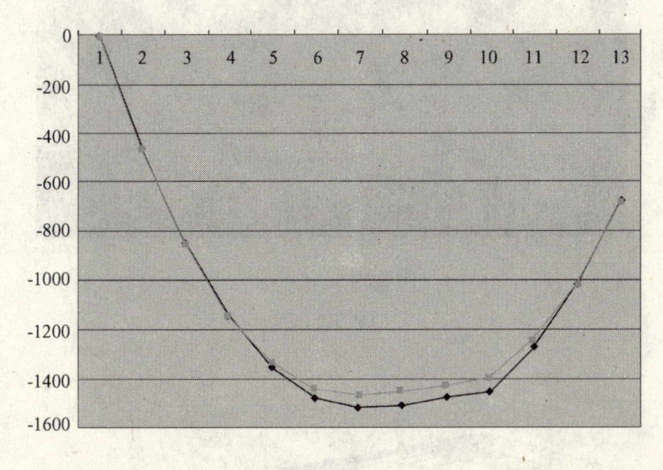

图5.8-107 稳定索变形

六、结论

1. 对北京工人体育馆进行了抗震加固，使其抗震性能得到了改善；

2. 对钢筋混凝土柱采用加大截面方法加固，改善了强梁弱柱体系；

3. 对梁、板等构件采用了钢丝绳网片-聚合物砂浆外加层方法加固，具有强度高、不占空间、施工方便等优点。

4. 在稳定索上直接吊重，施加附加悬挂荷载，方案简单、安全、可靠。

（盛平，柯长华，徐福江，苗启松，黄嘉，朱忠义 北京市建筑设计研究院）

[实例十五] 消能技术在奥体加固改造工程中的应用

一、工程概况

本工程为一改扩建项目，原建筑始建于1989年，结构设计依据74～78规范。原结构体系采用钢筋混凝土框架结构，分东西看台、东西高架平台和南北高架平台几部分。原建筑基础形式均为独立基础。地面以上结构，东西看台用变形缝分为10个区段，南北高架平台分为5个区段。原设计混凝土梁、板混凝土强度等级均为C20，柱混凝土强度等级为C30。

为满足奥运会新的功能使用要求，进行改扩建工程（图5.8-108），功能内容主要包括：东西看台，拆除原结构东西看台及屋面钢罩棚；增加三、四两层用房；新增楼座看台和钢罩棚（图5.8-109）。东西高架平台和南北高架平台也进行了改扩建。

图5.8-108 国家奥林匹克体育中心体育场改扩建工程

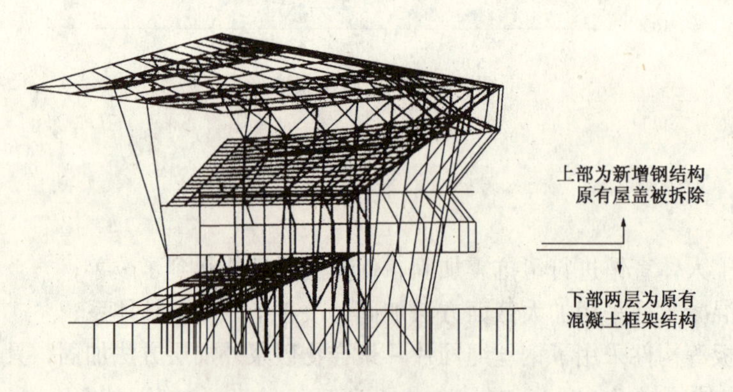

图5.8-109 体育场改扩建示意图

二、结构设计指标及依据

本结构设计使用年限为50年，结构设计安全等级为二级。体育场及圆形坡道抗震设防类别为乙类，附属用房为丙类建筑。抗震设防烈度为8度，设计地震分组为第一组。建筑物场地类别为Ⅲ类。依据现行国家规范进行加固改造。

自建成使用至今已16年，体育场结构出现了较多的耐久性问题。经检测，环形高架平台病害程度比看台严重，大部分平台板出现渗漏；部分平台柱等构件碳化深度已达主筋，个别严重的钢筋锈蚀已造成保护层脱落；环形高架平台梁及看台梁存在较多收缩裂缝。体育场看台梁板混凝土强度满足原设计要求，部分看台柱混凝土强度等级低于原设计值。

三、结构加固方案

新增上部结构采用钢结构，该结构下部两层为混凝土框架，由于有看台斜梁的作用，层间侧移较小。上部为钢结构，层间侧移较大。保留的一、二层混凝土框架结构构件普遍不满足受力要求和构造要求，框架抗震等级为特一级，要求较高，采取加大梁柱截面的方式。

经计算，下部两层采用混凝土框架结构时，加固量较大，钢筋摆放困难。为提高抗震性能并减小梁柱的加固量，考虑了设置抗侧力构件或消能支撑。

设置剪力墙对建筑功能的影响较大，设置钢支撑时对支撑相连构件的加固量也较大；这是因为下部两层刚度较大，设置抗侧力构件后，框架梁柱地震下内力变化不明显。采用消能支撑时，支撑布置更为灵活，框架梁柱地震下内力也较为明显地减小。不设置消能支撑时，框架柱截面配筋较为困难。

因建筑功能的要求，将消能支撑布置在一、二层，如图5.8-110所示。为显示清晰，仅显示首层的消能支撑布置，二层布置与首层相同。共在24支撑位置处布置48个阻尼器。

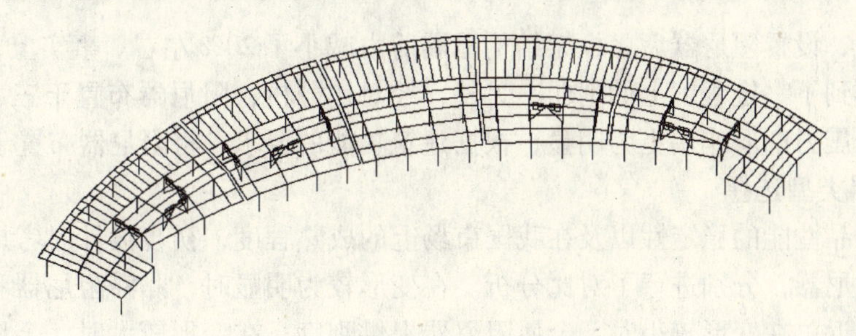

图5.8-110　消能支撑布置位置示意图

四、消能减震分析和设计

1. 分析方法

首先进行振型分析，然后采用基于振型分析得到的模态，进行振型叠加的非线性时程分析。振型分析得到主振型如下图所示。采用SAP2000V9中文版进行阻尼器性能的分析。

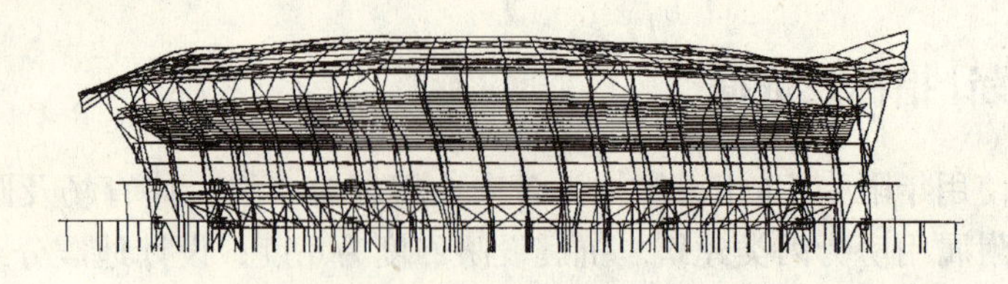

图5.8-111 X方向平动第一主振型（周期1.59s）

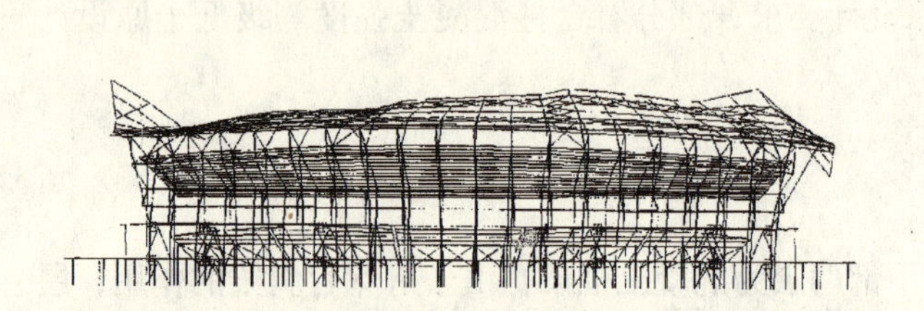

图5.8-112 扭转第一主振型（周期1.04s）

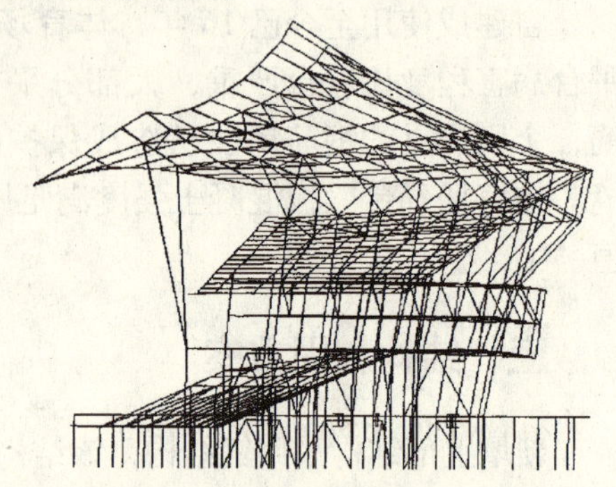

图5.8-113 Y方向平动第一主振型（周期1.02s）

根据三条波的非线性时程分析结果，对比了原框架结构和耗能结构中框架部分承担的地震下层间剪力。表5.8-22中的减震比率即为结构混凝土部分在时程波作用下，耗能结构框架部分承担的层间剪力与原框架结构层间剪力之比的平均值。

表5.8-22

楼　层	减震比率		楼　层	减震比率	
	X	Y		X	Y
1	80%	87%	2	74%	82%

可以看出，设置阻尼器后，框架结构地震剪力减小了20%左右。事实上，上部钢结构的地震力也得到了一定程度上的削弱。另外，经对比分析，阻尼器布置于三、四层时，对一、二层的地震力削弱作用更为明显；根据建筑功能的要求，将阻尼器布置于一、二层。

2. 阻尼器类型选择

考虑到产品性能的稳定性以及在我国市场上的成熟程度，初步设计时考虑采用黏滞阻尼器或金属阻尼器，分别进行了对比分析。在变形较为明显时，黏滞阻尼器和金属阻尼器的消能比较接近。在变形较小时，金属阻尼器提供刚度；在变形较大时，金属阻尼器主要提供阻尼。本工程中，阻尼器只能安装在一、二层，这两层的侧向刚度较大，地震作用下层间侧移较小，在小震下金属阻尼器提供的消能效果不明显，因此采用黏滞阻尼器。

3. 消能装置组数和参数确定的思路

抗震加固中阻尼器个数与很多因素相关，如结构刚度、质量、场地类型、抗震设防标准、阻尼器位置、阻尼器参数等。一般采用直接方法进行消能设计，即采用多种布置下非线性时程分析进行消能结构的分析，查看各种阻尼器布置方式和各种阻尼器参数下的结构响应，从而确定最优的阻尼器位置、组数和参数。

4. 阻尼器位置

阻尼器利用建筑物内部或建筑物与外部结构之间的相对变形实现消能。从原理上而言，阻尼器宜布置在地震作用下建筑物变形较大的位置。同时，设置消能装置之后，该结构下部变为双重抗侧力体系，各消能支撑之间间距不能过大。根据建筑功能的要求，对称地在一、二层每层的12个位置布置了消能装置。由于该结构为环形，每个阻尼器在X、Y向均能发挥作用。

5. 阻尼器参数

本工程采用速度相关型粘滞阻尼器，需满足阻尼方程：

$$F = Cv^{\alpha}$$

式中 F——阻尼力（kN）；

C——阻尼系数；

v——阻尼器活塞相对于阻尼器外壳的运动速度（m/s）；

α——阻尼指数。

对各种布置和阻尼器参数进行了大量试算和对比，确定了本工程的阻尼器布置方式和参数。阻尼指数选择液体黏滞阻尼器常用的数值0.35；阻尼器的组数和出力对阻尼器消能的发挥有着直接影响，阻尼器出力随着阻尼系数的增大而增大。在抗震加固工程中，为了保证阻尼器与原结构的可靠连接，同时为了避免设置阻尼器给原构件带来过大的附加内力，阻尼系数不宜过大。根据现有阻尼器周边构件的加固方式，阻尼系数和阻尼器出力不宜再增大时，就需要考虑增加阻尼器个数。根据分析结果，确定阻尼系数为850（kN/m）$^{0.35}$。最大阻尼力为85t。最大速度0.3m/s，最大行程为±100mm。阻尼器在两个楼层发挥的作用接近，因此采用统一的一种参数，以减小阻尼器生产、检测的成本。

五、消能结构构件设计

一般地，需要采用时程分析方法求得设置消能减震装置的结构在地震力效应。由于目前时程分析方法缺乏统一标准、离散性较大，规范中仍规定时程分析方法只是一种补充验算，对于消能减震结构也是如此。因此,目前的消能减震结构设计的一般过程是先进行时程分析,再求出耗能装置的等效阻尼比,然后根据该等效阻尼比进行反应谱分析求解地震力效应。并以反应谱分析的结果为准进行构件设计和构造处理,同时宜采用时程分析的结果进行校核。

根据时程分析结果和抗震规范公式，得到耗能部件在小震下的提供的X方向附加有效阻尼比为6.2%，在Y方向提供的附加有效阻尼比为2.8%。计算下部混凝土结构配筋时，原结构阻尼比取为4.5%。不考虑结构扭转和双向地震时，振型阻尼比可安全地取为4.5%+2.8%=7.3%。考虑结构扭转或双向地震时，振型阻尼比可近似取为4.5%+(2.8%+6.2%)/2=9.0%。基于该阻尼比，采用反应谱分析进行多遇地震下的结构抗震计算和构件设计。

六、阻尼器产品的检测试验要求

黏滞阻尼器在出厂前均必须进行严格的静力和动力检测试验，使之满足设计要求，该工程中检验内容如下：

1. 外观检验（普查）

每个阻尼器必须进行外形尺寸和外观检查，确保无漏油、油漆剥落、外壳损坏等。

2. 阻尼器性能规律性试验（抽查三个）

随机抽出三个阻尼器进行试验，选用八种加载频率（0.5、0.7、0.9、1、1.2、1.5、1.8、2），改变加载位移，采用正弦波激励，检查各加载情况下最大阻尼力与对应速度的关系曲线，与计算得出的理论曲线之间的偏差，求证阻尼系数与阻尼指数，实测值与理论值的偏差应小于±10%。

3. 阻尼器基本性能试验（普查）

每个阻尼器必须在振动试验机上采用正弦波激励进行基本性能试验。记录阻尼力和位移的滞回曲线，锁定装置受力不大于设计最大阻尼力的10%，同时不出现漏油现象。

4. 阻尼器的性能时变性检验（抽查三个）

随机抽出三个阻尼器进行试验，按照建筑结构的基本自振频率为试验加载频率，大震下结构层间最大的可能位移，即阻尼器可能达到的最大行程，进行正弦波激励下的试验。加载循环次数大于60周。此过程中，最大阻尼力的衰减幅度不应超过理论值的±10%且不应有明显的低周疲劳现象。

5. 最大行程检验（普查）

每个阻尼器必须在振动试验机上检查阻尼器的最大行程，满足设计值要求。

6. 阻尼器的过载试验（抽查三个）

以速度为0.5m/s的最大加载速度进行正弦波激励试验，试验后阻尼器能正常工作。

7. 静力液压试验（普查）

对每个阻尼器加载至最大计算内部压力3min，不得有任何泄漏，静力液压下降不大于5%。

七、阻尼器安装方式

阻尼器与框架结构的连接如图5.8-114所示。连接构件设计时，确保承载力大于阻尼器最大出力。

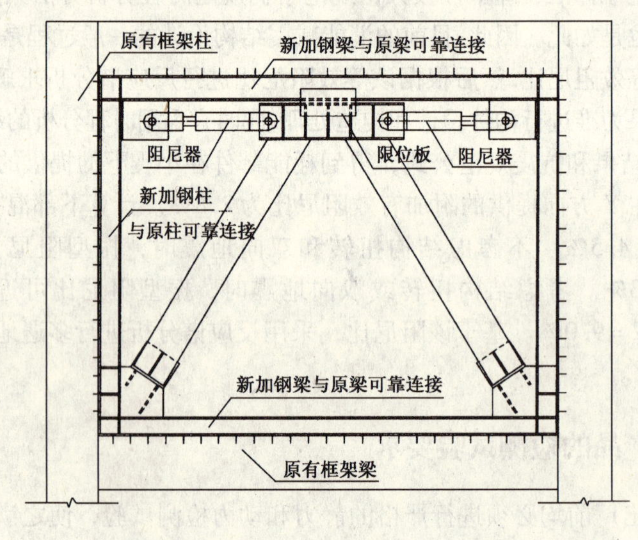

图5.8-114　阻尼器及连接构件示意图

（李文峰，苗启松，覃杨　北京市建筑设计研究院）

[实例十六] 首都体育馆比赛馆结构抗震加固研究与设计

一、工程概述

首都体育馆比赛馆竣工于1968年，使用年限达到近40年，计划用于2008年奥运会排球比赛场地之一。如图5.8-115和图5.8-116所示。

图5.8-115 体育馆外景

图5.8-116 体育馆内景

原结构为混凝土框架结构，基本平面如图5.8-117所示，东西看台剖面如图5.8-118所示，南北看台剖面如图5.8-119所示。

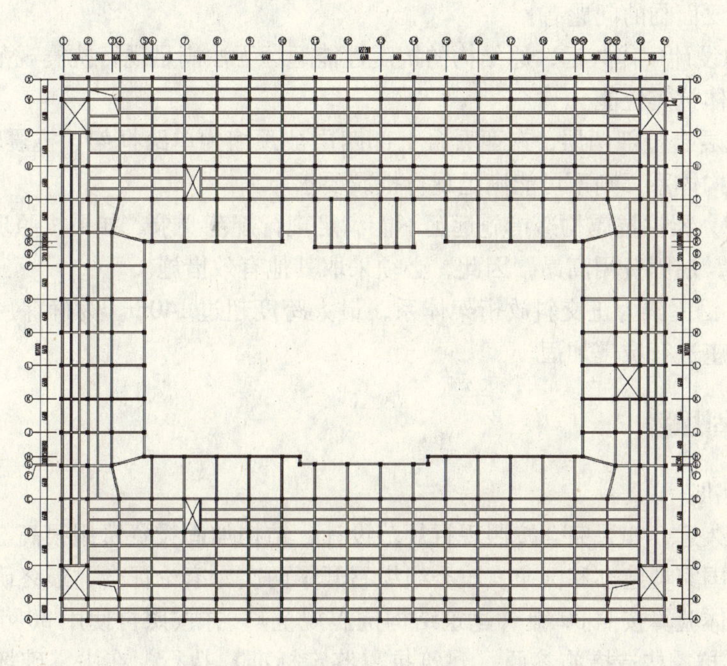

图5.8-117 基本平面

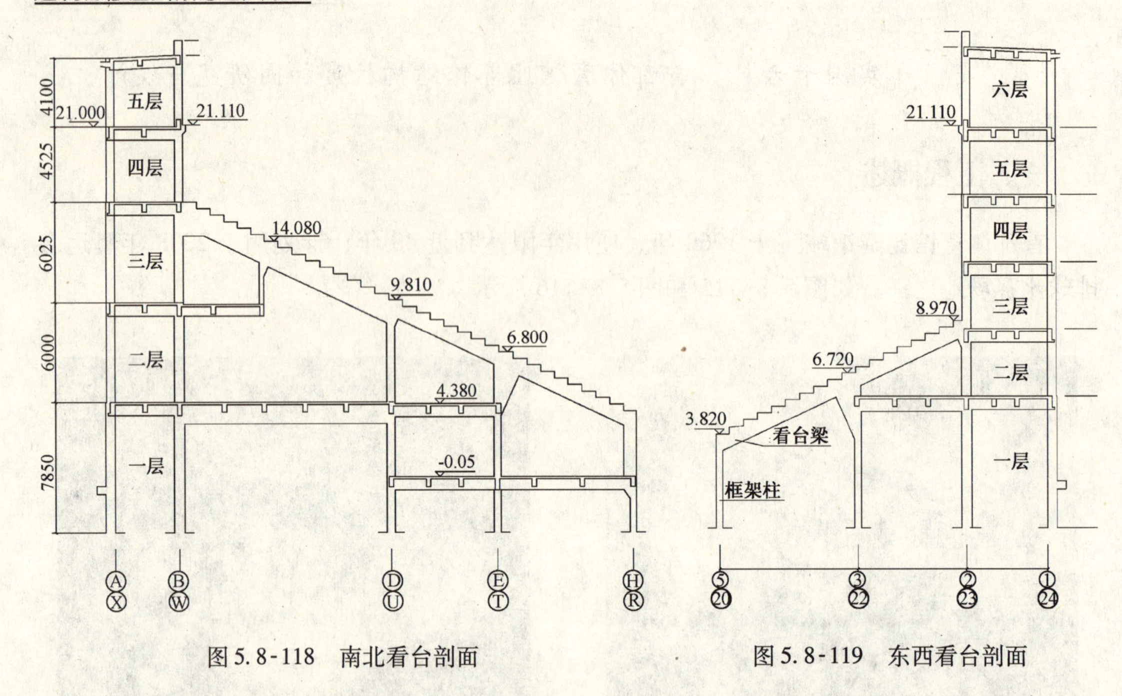

图 5.8-118　南北看台剖面　　　　图 5.8-119　东西看台剖面

可以看到，结构在看台层以上部分颈缩为单跨框架，刚度发生突变。看台板为预制板，其他楼板为现浇楼板，厚度为 80mm。原结构混凝土强度等级如下：梁板 C18，柱 C28。根据检测单位检测结果显示，混凝土部分存在不同程度的碳化，碳化深度平均值 10mm，钢筋基本无锈蚀。

根据业主要求，首都体育馆加固改造后拟再使用 30 年。

改造加固中主要面临的问题有：

1. 由于原结构设计年代久远，原结构的抗震性能远远无法满足现行抗震规范要求，必须改善结构水平整体抗震性能。

2. 原结构南北看台上部两层、东西看台上部四层被颈缩为单跨框架，抗震性能极差。如不改变其框架结构体系，则不可能满足现行抗震要求。

3. 原有设计中，梁柱抗震构造措施远远不能满足现行规范要求。如果按照现行规范逐一加固梁柱加密区，加固费用高昂，因此，必须采取其他有效措施。

4. 原设计中，钢屋架为正交斜放桁架体系，最大跨度超过 140m。为确保屋架抗震安全性，有必要对支座进行抗震加固。

二、抗震加固思路

1. 抗震设防标准

由于结构年代久远，如果完全按照现行规范设计，结构加固投资费用很高。因此，针对抗震设防标准，国家奥建办和国家发改委组织召开了两次专家论证会，最终确定抗震设防标准为：抗震整体验算按照 89 版《建筑结构抗震规范》，并按照再使用 30 年的要求将地震力折减 20%；抗震构造措施参照《建筑抗震鉴定标准》执行，在中震破坏程度可能较大但大震不倒的原则下，构造措施可以适当放松。

2. 整体抗震加固方案选择

框架结构整体抗震加固方法大致分为两类：一类为提高抗震能力方法，如增大柱梁截面、增加钢支撑、增加外部桁架、增加剪力墙等；另一类为减震消能方法，如在原结构基础上增加一定数量阻尼器（或防屈曲支撑），相当于提高了整个结构的阻尼比，从而达到减小地震力的目的，且阻尼器或者防屈曲支撑具有一定耗能能力，可以吸收部分地震能。选择何种加固方案需要综合考虑功能、经济、美观、工期、安全性等多方面因素。

就本工程而言，首先对单一加固方案进行了分析：

（1）不改变原有框架结构体系，仅增大柱梁截面。此方案对建筑功能影响最小，但加固量巨大，几乎所有框架梁柱都需要加固，对原建筑物外墙造成破坏，改造费用很高；且由于上部四层结构被颈缩为单跨框架，增大柱梁截面无法保证良好的抗震性能。

（2）增设外部桁架提高结构水平整体抗震性能。此方案可以比较彻底改善原结构整体抗震性能，原有框架将退居为第二道防线，因而可以降低其抗震措施，改造费用较低。但是此方案会破坏原有建筑立面，扩大场馆平面，这是建筑师所无法接受的。

（3）增设柱间钢支撑改变原有结构体系。此方案的优点基本与增设外部桁架方案相同，但由于柱间钢支撑形式为单一的斜杆形式，严重制约了门洞的设置方式和大小，难以解决内部交通疏散问题。

（4）增设剪力墙彻底改变原有结构体系。此方案的优点基本与增设外部桁架方案相同，且由于剪力墙上门洞的设置比较方正，基本可以解决内部交通疏散问题，改造费用也较低。但局部仍然存在问题，如顶层土建风道通风要求风阻面积不得超过20%，这是剪力墙结构无法实现的。

（5）增设阻尼器。此方案是目前比较先进的整体抗震加固方法，增加阻尼器后可以有效减小地震力，同时实现耗能目的，整体抗震性能得以改善。但是经过试算，如全部采用阻尼器方案，阻尼器的数量过大，从而导致改造费用很高，并且难以解决内部交通疏散问题。

将以上方案列表（表5.8-23）比较分析可以看出，如果采用相对单一的加固方案，那么基本上都无法兼顾抗震性能、功能、经济、美观这四个基本要素。因此，只有开阔思路，通过组合使用不同的加固方案，彼此取长补短，方能得到比较满意的解决方案。

加固方案比较　　　　**表5.8-23**

	方案(1)	方案(2)	方案(3)	方案(4)	方案(5)		方案(1)	方案(2)	方案(3)	方案(4)	方案(5)
抗震性能	差	较好	较好	较好	好	经济	差	好	好	好	较差
功能	好	好	差	较好	较差	美观	较差	差	好	好	好

3. 最终实施方案

经过试算和比较，最后综合了方案（3）、（4）、（5）的优点，选择了抗震剪力墙、钢支撑、软钢阻尼器结合使用的加固方案。由于体育馆看台层及以下楼层人流密集，疏散要求高，因此下部楼层设置剪力墙，并利用剪力墙门洞可以有效解决整体抗震性能和内部交通疏散；而看台层以上楼层由于疏散要求降低，同时为了满足土建风道风阻最小化要求，柱间钢支撑不致影响疏散，还可以满足土建风道通风需要，配合使用软钢阻尼器，可以充分发挥阻尼器在中大震作用下的减震耗能作用，有效提高结构在中大震作用下的抗震性能。

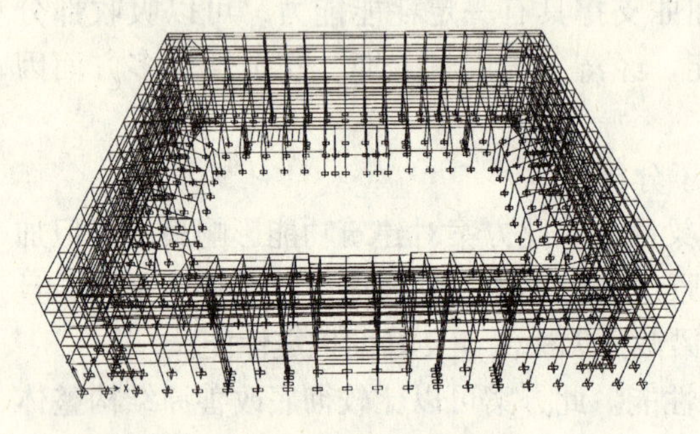

图 5.8-120　整体模型

三、整体抗震性能分析结果

1. 小震计算结果

结构分析主要采用 ETABS V9 软件，整体模型如图 5.8-120 所示。

水平地震力作用层间位移计算结果如表 5.8-24 所示。水平地震力作用下楼层位移比如表 5.8-25 所示。

层间位移　　表 5.8-24

方向	楼层	层间位移
X	5	1/1239
	4	1/1306
	3	1/2169
	2	1/3307
	1	1/7315
Y	5	1/971
	4	1/1132
	3	1/4761
	2	1/5028
	1	1/6597

楼层位移比　　表 5.8-25

方向	楼层	层间位移比
X	5	1.006
	4	1.007
	3	1.006
	2	1.006
	1	1.007
Y	5	1.001
	4	1.001
	3	1.003
	2	1.004
	1	1.003

振型及周期如表 5.8-26 所示，前三阶振型如图 5.8-121 ~ 图 5.8-123 所示，第二振型有一些扭转，但整体表现为平动。

振型周期　　表 5.8-26

振型	周期（s）	振型	周期（s）	振型	周期（s）
1	0.728006	5	0.57241	9	0.347791
2	0.636576	6	0.43409	10	0.342415
3	0.609812	7	0.37258	11	0.317048
4	0.594431	8	0.35323	12	0.306326

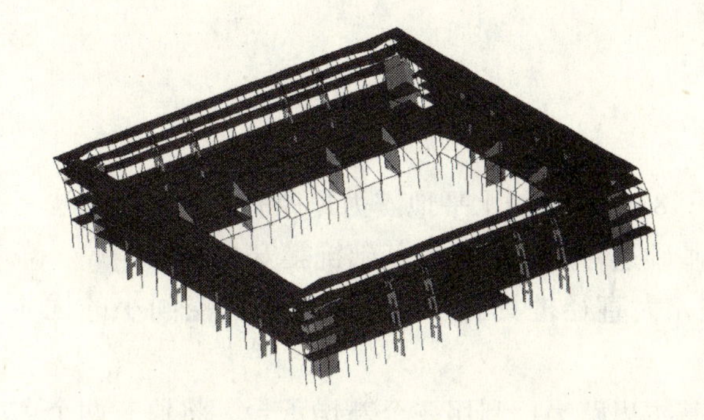

图 5.8-121　第 1 阶自振振型（周期 0.728s）

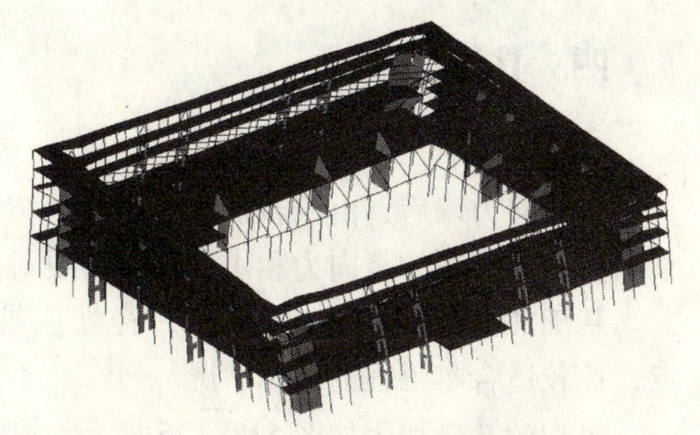

图 5.8-122　第 2 阶自振振型（周期 0. 637s）

2. 大震计算结果

采用 SAP2000 V9 进行弹塑性动力时程分析。分别采用了 ELCENTRO 波、TAFT 波和兰州波。剪力墙部分采用柱元进行简化计算，在罕遇地震作用下层间位移计算结果如表 5.8-27 所示。

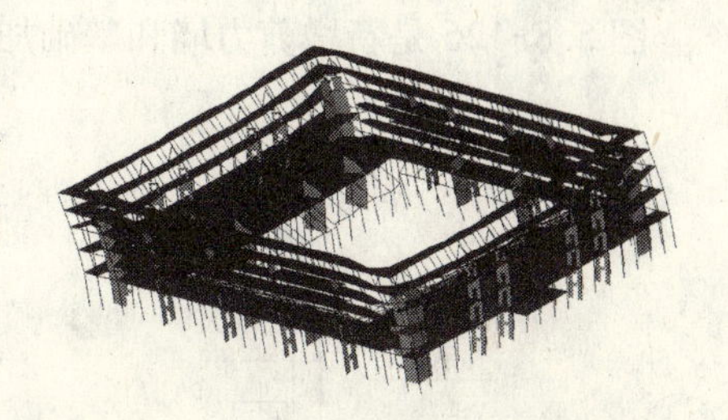

图 5.8-123　第 3 阶自振振型（周期 0.610s）

罕遇地震作用下层间位移　　　　**表 5.8-27**

方　向	楼　层	层间位移	方　向	楼　层	层间位移
X	5	1/123	Y	5	1/110
	4	1/109		4	1/104
	3	1/129		3	1/214
	2	1/317		2	1/386
	1	1/645		1	1/545

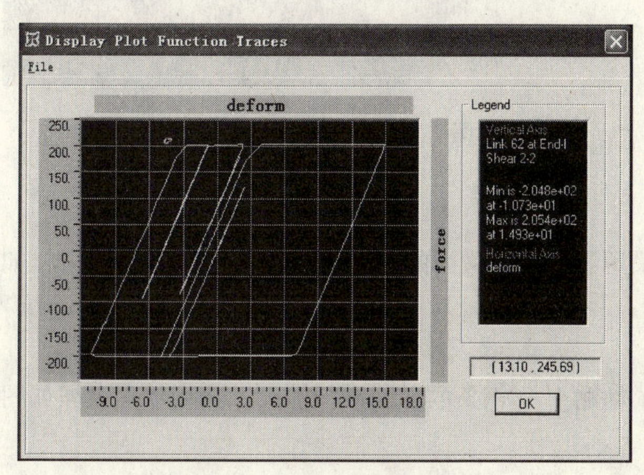

图 5.8-124　阻尼器滞回曲线

3. 阻尼器耗能效果分析

在小震作用下，位移型软钢阻尼器不会进入屈服状态，其作用相当于柱间支撑；在中震作用下，阻尼器将屈服，开始耗能；在大震作用下，将充分发挥阻尼器的耗能作用。阻尼器最大位移可以达到 45mm。

图 5.8-124 是第五层 11 轴阻尼器在 El Centro 波作用下的滞回曲线，最大变形约为 15mm。

四、具体加固

1. 基础加固

增加剪力墙后，由于新加的剪力墙承担了80%左右的水平地震力，原有基础已经无法承担剪力墙带来的竖向力和水平力，需要对基础进行加固，确保基础抗震安全。

基础加固采用了人工挖孔大直径灌注桩，大直径桩具有承载力大、操作空间小的优点，比较适合本工程的实际状况。

典型的基础加固如图5.8-125所示。其基本思路为：利用一个新增承台，将原有两个框架柱下桩基础和新增加的人工挖孔大直径桩合并为一体，考虑到增加承台上部钢筋比较容易，因此，大直径桩尽可能增加于原有承台之间。

图5.8-126是新增剪力墙和基础加固后的完工现场。

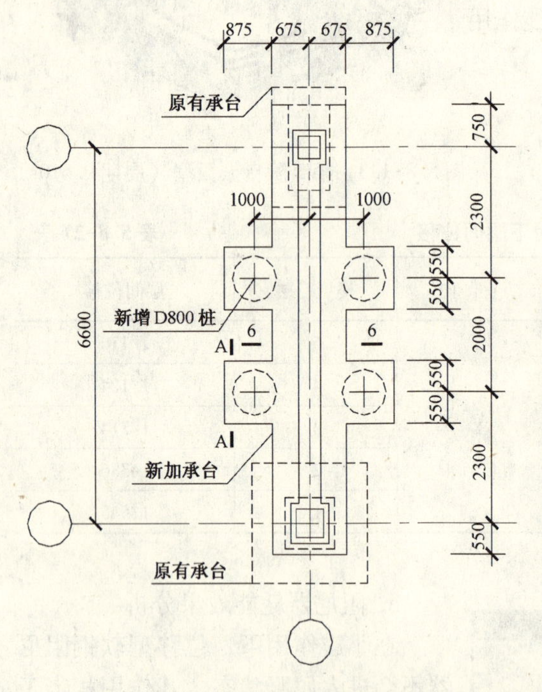

图5.8-125　基础加固平面

图5.8-126　新增剪力墙及加固后基础

2. 框架柱

对部分纵筋仍然不足的框架柱，采用了增加柱截面的方法进行加固。典型加固大样如图5.8-127所示。

3. 框架梁

对部分抗剪不足的框架梁，采用了粘贴U形钢条的方法进行加固，典型加固大样如图5.8-127所示。

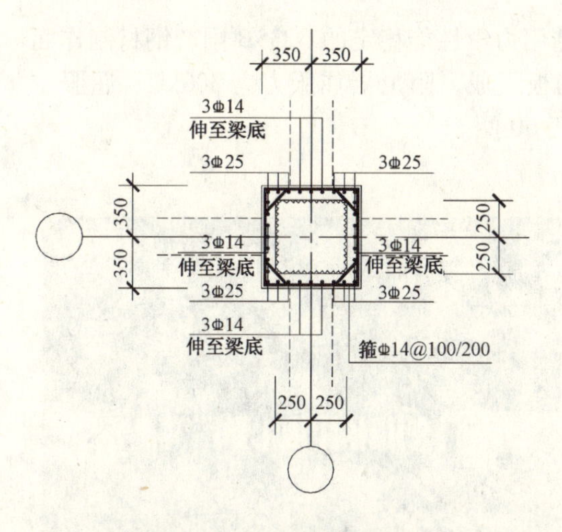

图 5.8-127　框架柱加固大样

图 5.8-128　框架梁加固

4. 新增剪力墙

为了最大限度减小对原结构的破坏，新增剪力墙尽可能不破坏原有框架柱和框架梁，剪力墙厚度取为500mm，竖向钢筋配两排，从框架梁两侧穿越楼板。图 5.8-129、图 5.8-130 分别为施工中和施工完毕后的新增剪力墙。

图 5.8-129　施工中的剪力墙

图 5.8-130　完工后的剪力墙

5. 阻尼器

选择阻尼器的类型时，主要考虑看台下部楼层增设了部分剪力墙，而看台上部楼层框架结构刚度较弱，如果选择速度型黏滞阻尼器，由于其仅对速度敏感，在风荷载、小震作用下不易发挥阻尼器作用，那么看台上部抗侧刚度将无法满足要求；如果选择位移型软钢阻尼器，由于其对位移非常敏感，那么在小震作用下就可以发挥作用，可以为上部楼层提供较大的抗侧刚度，从而可能满足小震下层间变形要求。且在中大震阶段，位移型软钢阻尼器和速度型黏滞阻尼器一样，可以充分发挥耗能减震作用，有效提高结构抗震安全性。因此，本工程最终选择了位移型软钢阻尼器。

图5.8-131是本工程软钢阻尼器的全貌，选用力学性能稳定的Q235B国产钢材制作而成，每个阻尼器由20片厚度为20mm的X型钢板组成，阻尼器屈服力为300kN，屈服位移为3mm，极限位移为45 mm，疲劳寿命不小于60圈。

图5.8-132是阻尼器安装完成后的结果。

图5.8-131　阻尼器

图5.8-132　安装后的结果

6. 屋架支座加固

比赛馆屋架为正交斜放的钢网架体系，斜放最大跨度达到140m，支座采用了弧形板弹簧支座。虽然整个屋架下部的结构体系已改变为框架-剪力墙结构，结构抗侧刚度相对增加较多。但是为了防止地震作用时下部结构发生变形从而引起屋架的塌落，本次还是对支座采取了限位加固措施，在支座上加设了支座裙套，加固方式如图5.8-133、图5.8-134所示。施工完成的情况如图5.8-135所示。

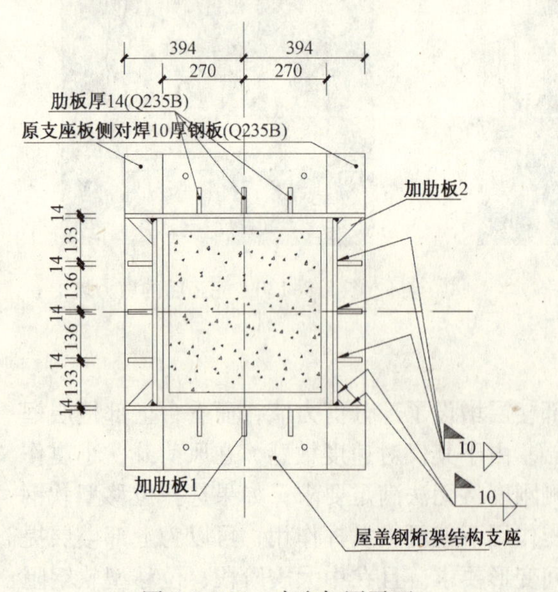

图5.8-133　支座加固平面

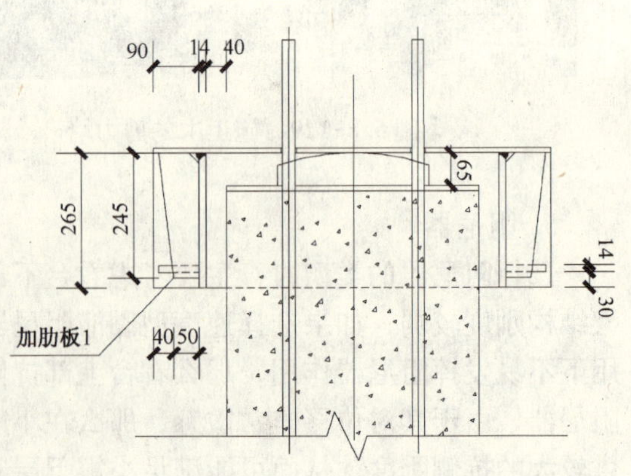

图5.8-134　支座加固剖面

五、总结

由于建设年代久远的体育馆建筑当时没有考虑抗震或者抗震标准很低，按照现行标准进行改造加固时应从以下各方面进行综合考虑，方能取得较好的加固效果和经济效益。这些方面包括：

图 5.8-135　加固完成后的支座

1. 如果年代过于久远，按照现行规范加固工程量过大导致经济性很差，那么应考虑通过论证降低抗震设防标准，如本工程执行 89 版抗震规范和抗震鉴定标准。

2. 旧体育馆建筑大部分为框架结构，往往有大跨度屋架且常常带有错层，而以当今的抗震眼光看，框架结构由于地震作用下变形较大，不利于此类结构的抗震，因此，在加固旧体育场馆时，改变结构体系提高抗侧刚度应该为首选方案。这样，一方面可以增加结构刚度，减小地震作用下的变形；另一方面可以增加一道强大的抗震防线，可以使原有框架结构退居第二道防线，从而也就可以降低原有框架结构的抗震构造措施。

3. 随着消能减震技术进入实用阶段，消能减震技术为旧场馆改造提供了另外一种思路，本工程应用的软钢型阻尼器作为一种位移型阻尼器，在小、中、大震三个阶段均可发挥作用，有效提高了地震作用下的结构安全性。

4. 旧场馆的大跨屋架支座抗震措施往往不足，地震作用下下部结构发生较大变形时屋架将有掉落的危险，因此，对屋架进行限位处理，可以有效防止屋架的掉落。

（杨勇，陈彬磊，李文峰，苗启松　北京市建筑设计研究院）

［实例十七］　济南客站原候车室鉴定加固与增层改造设计

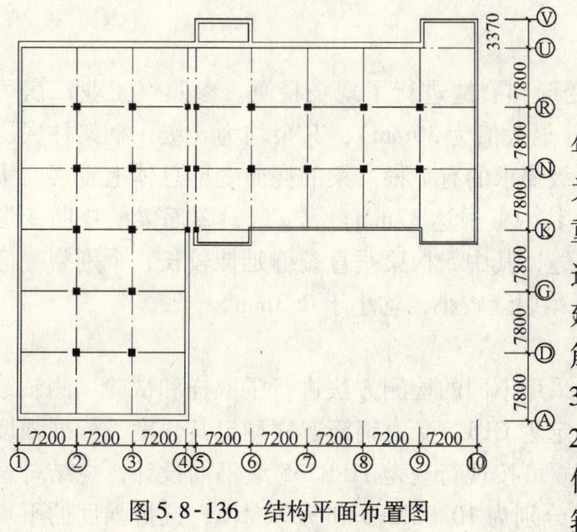

图 5.8-136　结构平面布置图

一、工程概况

济南客站原候车室建于 1958 年，1992 年因新客站改扩建而停止使用。该建筑物为两层钢筋混凝土内框结构，外纵墙承重，平面为 L 形，转角处沿南北方向设一道 20mm 宽伸缩缝，如图 5.8-136 所示。建筑面积为 4502m^2，层高均为 6.6m。钢筋混凝土柱除伸缩缝外均为 360mm × 360mm，内配 4ϕ14 钢筋，箍筋为 ϕ6@200，外砌 120 厚烧结普通砖成八边形，伸缩缝处柱为六边形，内配 7ϕ12 钢筋，箍筋为 ϕ6@180。外承重墙为带壁柱 T 形断面，翼缘厚度490mm，宽1700mm，壁柱厚120mm，宽900mm，砂浆原设计等级为M2.5，楼、屋盖为钢筋混凝土单向板肋梁结构，主、次梁跨度分别为7.8m和7.2m，板的跨度为2.4m，主梁断面尺寸为300mm×600mm，次梁断面尺寸为220mm×450mm，楼面板厚80mm，屋面板厚70mm。梁、板、柱混凝土等级为C13，钢筋为CT5。柱下采用MU10块石素混凝土刚性基础，埋深为3.2m，砖墙基础为毛石条基，埋深2.7m，地基持力层为粉质黏土，原设计中地基承载力为：柱基195kPa，墙基155kPa。根据新客站改扩建要求，将原候车室改建为融售票、办公、会议、食堂等一体的多功能建筑，建筑面积增加至6000m^{2}左右。通过分析对比，决定通过室内增层进行改造，改建前后剖面见图5.8-137。各层主要使用功能为：一层——售票厅、中转签字、小件寄存、男浴室及变电室；二层——票据库、票据办公；三层——会议室、办公、厨房、职工食堂、浴室；四层——会议室、办公、托幼、哺乳。

二、检测鉴定结果综述

为给改扩建工程提供可靠的设计依据，我们对原候车室进行了检测、鉴定，简介如下。

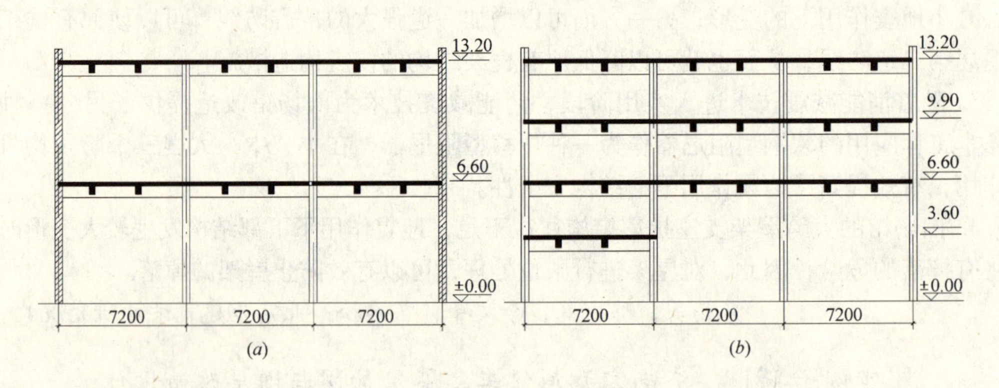

图5.8-137　改建前后剖面图

1. 结构构件的变形和裂缝

对外墙、框架柱及楼（屋）面梁的变形和裂缝进行了现场量测。参照《工业厂房可靠性鉴定规范》，外墙3个点倾斜为*b*级（最大值为30mm），其余均为*a*级；框架柱底层不符合*a*级要求的有2根，二层不符合*a*级要求的有7根。梁的挠曲变形总体上看楼面梁比屋面梁大，楼面梁超过*a*级的有3根，其中1根达37mm，属*c*级，屋面梁的挠曲变形均在*a*级范围之内。屋面梁大部分存在裂缝，其中5根梁垂直裂缝延伸较长，个别裂缝已接近板底，最大裂缝宽度达0.6mm，楼面梁裂缝较小，均小于0.3mm。

2. 材料强度

对混凝土、钢筋、砖及砖砌体等材料采用不同的检测方法进行了取样和试验，测试结果如下。混凝土强度采用取芯法确定，评定为C15，受力钢筋取样测定其强度，标准强度为273.86MPa，设计强度为238.14MPa，故可按现行规范HPB235级钢筋设计，烧结普通砖取样测定其抗压强度的平均值和最小值分别为10.88MPa和7.97MPa，抗折强度的平均值和标准值分别为3.2MPa和1.97MPa，故砖墙度等级评定为MU10。自底层墙体中取出一个240mm×480mm×650mm砖砌体试件，实测砌体强度为1.72MPa，据此和砖的强度反推砂浆强度为M0.4，观察发现为白灰砂浆。

3. 抗震性能检测

原设计中未考虑抗震设防，该建筑物不能满足现行抗震设防要求，如：未设抗震横墙，柱轴压比偏高，柱及梁端箍筋未加密，相应部位未设构造柱等。结合抗震鉴定，采用脉动试验法检测了伸缩缝东西两部分的动力特性。动测表明，房屋的振型介于弯曲型和剪切型之间，伸缩缝以东部分横向基本周期为0.226s，以西部分为0.305s。

4. 工程地质勘探

为了进一步探明场区的地层分布和地基土的物理力学性能及地基承载力，进行了工程地质补充勘探。共布置9个钻孔，同时取土样标贯，3个静探点和2个探坑，其中6个钻孔、2个探坑和2个静探点布置在墙基和柱基附近，以查明基底持力层在既有建筑物荷重分布范围之外，以期对长期受荷的土层与未受荷的土层的承载力加以对比。由钻探资料可知，该场地地层自上而下共分四层：

（1）杂填土，以黏性土为主，含大量碎石、砖块、炉渣等，厚度为1.1~3.3m；

（2）粉质黏土，孔隙比e为0.659~0.76，压缩系数$\alpha_{1-2}=0.19\sim0.36\text{MPa}^{-1}$，属中等压缩性土，厚度为2.0~4.2m，为原建筑物的基础持力层；

（3）粉质黏土，含大量姜石，空隙比e为0.685~0.744，压缩系数$\alpha_{1-2}=0.24\sim0.35\text{MPa}^{-1}$，属中等压缩性土，厚度为1.9~4.1m；

（4）闪长岩，风化剧烈，岩芯呈砂状聚合物，标准贯入击数平均值为12.2击，该层未揭穿。地质钻探还表明，既有建筑物地基持力层为粉质黏土，承载力标准值为170kPa，与远离建筑物的自然地坪下同层土的承载力标准值155kPa相比，提高了11%。

三、增层设计中上部结构几个主要问题的处理

1. 抗震加固技术措施

原候车室为钢筋混凝土内框架结构，而且比较空旷，故刚度的整体性较差，按照《建筑抗震设计规范》，对内框架结构必须加设间距不超过30m的抗震横墙，这显然不能满足设计要求。此外，为了约束砖墙，提高多层内框架房屋的整体抗震能力，在外墙四角和楼、电梯间四角应设置钢筋混凝土构造柱，七度区房屋层数不低于四层时，抗震横墙两端和无组合柱的外纵墙及外纵墙对应与中间柱列轴线的部位，都要设置钢筋混凝土构造柱。综合考虑上述因素，改建设计时将原结构形式改为框架结构，即在对应于柱列轴线位置处纵墙内侧设置钢筋混凝土构造柱，且沿纵向设置钢筋混凝土连系梁，这不但使建筑物的抗震性能大为提高，也满足了改建使用要求。原候车室平面转角处沿南北向设置了一道20mm宽的伸缩缝，不能满足抗震缝要求。加固改建设计中将伸缩缝两侧的柱加固成一个整体柱，取消伸缩缝，这样建筑物总长度为58.1m，满足框架结构伸缩缝最大间距要求。

2. 柱、板、梁加固

原结构中柱、板、梁已不能满足承载力和使用要求，必须进行加固处理。根据新的使用要求和部分构件的受力特点，采用了如下加固措施：

（1）板：改建后的食堂部分，由于荷载增加较大，采用后浇钢筋混凝土面层加固法，

其他部分板均能满足新的使用要求，不必加固。

（2）柱：原结构中柱的断面尺寸为360mm×360mm，内配4ϕ14钢筋，已不能满足新的承载力要求。由于原断面较小，故采用外包混凝土的加大断面加固法，如图5.8-138所示。

（3）梁：区别不同情况采用了三种不同加固方法，一是板上增设后浇层的梁，该部分层高较大，采用四面加大截面法；二是次梁采用短筋焊接连纵筋加固法，这样节点处纵筋穿透主梁进行锚固，简单易行；三是主梁采用外包角钢加固法，即梁底包角钢、梁顶设扁钢带，并以U形箍相连，见图5.8-139。

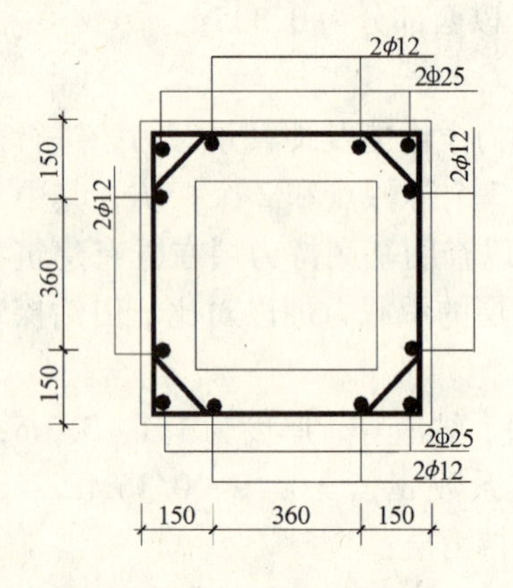

图5.8-138　柱加固断面

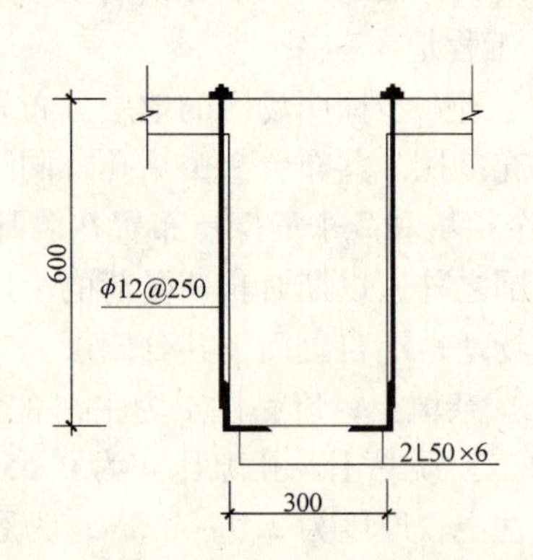

图5.8-139　梁加固断面

3. 框架梁与柱的连接

由于已有柱和主梁均须加固，已有主梁加固中的扁钢带和角钢与柱的连接见图5.8-140，即在节点处梁顶面和梁底面分别设置了用扁钢及角钢焊接而成的连接围套，梁顶加固扁钢带及梁底加固角钢分别焊接于两个围套上，而该围套埋置于柱的外包混凝土中。增层时新设的两层楼盖仍采用主次梁结构，新设主梁与旧柱的连接是关键所在。一是连接处要有足够的抗剪能力，以便有效地传递梁端剪力；二是梁中纵向受力钢筋在柱中要有可靠的锚固，以防梁在荷载作用下因纵筋锚固失效而破坏。由于柱采用了外包钢筋混凝土加固法，“新梁旧柱”连接结合面的抗剪问题自然解决，那么主要问题是梁中纵筋在柱中的锚固了，经过分析比较，将新增主梁截面由常规的矩形改造为π形，π形截面的两个肋宽为150mm，与柱增大截面尺寸相吻合，这样梁柱节点同新框架无两样，梁中纵筋锚固问题迎刃而解（图5.8-141）。

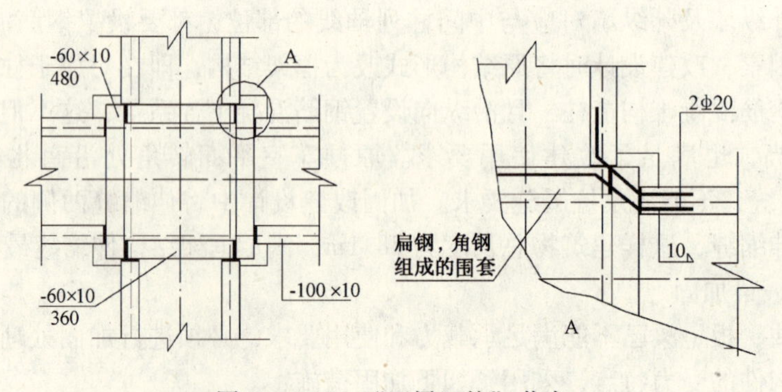

图5.8-140　“旧梁旧柱”节点

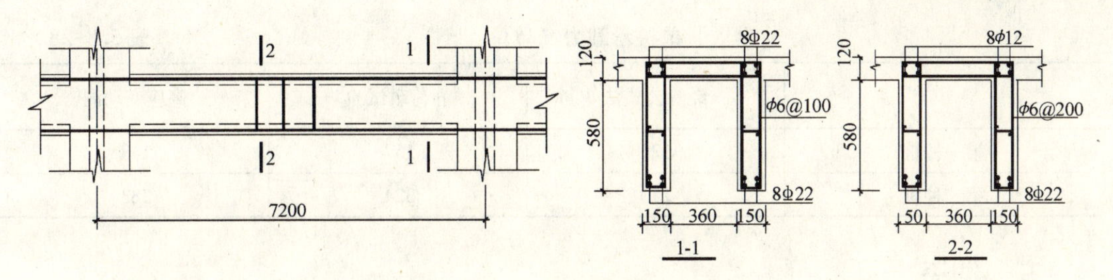

图 5.8-141　“新梁旧柱”配筋图

四、基础托换

由于上部荷载增加较大，基础必须进行加固或托换，本工程采用微型桩进行托换。根据柱子所增荷载不同，采用两种长度的微型桩。第一种桩长 7m，桩端作用在含大量姜石的粉质黏土上；第二种桩长 11m，桩端作用在全风化闪长岩上，每根柱下一般为 4 个桩（图 5.8-142），少数为 3 个或 6 个。根据地质勘探资料，第一种桩的设计单桩承载力为 125kN，第二种桩的设计单桩承载力为 250kN。微型桩承载力的计算方法尚无成熟的资料，本工程参照《建筑地基基础设计规范》（GBJ7—89）中的经验公式，并在施工前进行了单桩静载荷试验，施工后进行了高应变动测试验，两种桩的静载荷试验结果见图 5.8-143。测试得到的单桩承载力见表 5.8-28。由表 5.8-28 可见，静载荷试验和高应变试验结果均比规范中经验公式估算的要大，因此，用规范的经验公式法初估微型桩的单桩承载力是偏于安全的。

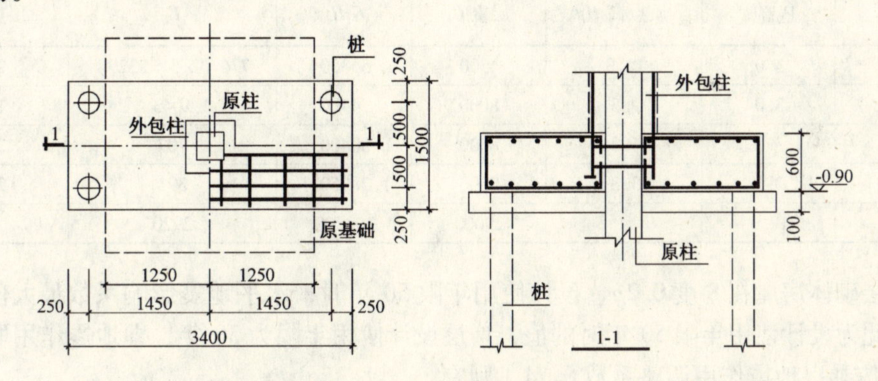

图 5.8-142　微型桩加固图

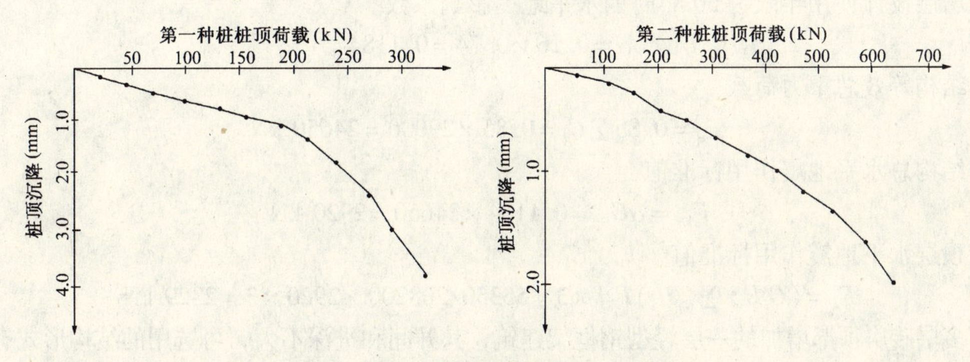

图 5.8-143　单桩静载荷试验 p—s 曲线

单桩承载力（单位：kN）　　表 5.8-28

	经验公式法	静荷载试验	高应变动测
第一种桩	125	157	143
第二种桩	250	324	283

五、结语

本工程通过改变结构形式、改造新增主梁截面形式和基础托换等措施，对原候车室进行了全面加固改造，建筑面积由 4502m² 增加至 6001m²，满足了新的使用要求和安全要求。与重建相比，工期缩短6个月，工程造价节约445万元。该工程于1995年6月投入使用至今，一切正常。

（张鑫，赵考重，盛光复　山东建筑大学工程鉴定加固研究所）

［实例十八］　某三层砖混结构直接增层

某工程原为三层砖混结构，已使用20年，今欲在其上再加一层，并采用轻钢结构，增层设计使用年限确定为30年，按8度0.2g抗震设防。部分内容摘录于后。

地震作用计算如例表5.8-29。

地震作用计算例表　（高度：m　力：kN）表 5.8-29

层 i	层高 h	质点高 H_i	层重 G_i	G_iH_i	F_i	层剪力 V_i
4	3.0	12.3	4500	55350	776（×3＝2329）	2329
3	3.0	9.3	8000	74400	1043	1819
2	3.0	6.3	8000	50400	707	2526
1	3.3	3.3	8500	28050	393	2920
Σ	12.3		29000	208200	2920	

多层砌体房屋在8度0.2g，设计使用年限50年时，水平地震影响系数最大值 $\alpha_{max}=0.16$，此为设计使用年限50年时的值，增层设计使用年限为30年，即地震作用取重现期30年，应乘以地震作用调整系数0.74。则有：

增层设计使用年限为30年时的水平地震影响系数

$$\alpha=0.16\times0.74=0.1184$$

结构等效总重力荷载

$$G_{eq}=0.85\sum G_i=0.85\times29000=24650\text{ kN}$$

结构总水平地震作用标准值

$$F_{Ek}=\alpha G_{eq}=0.1184\times24650=2920\text{ kN}$$

顶层水平地震作用标准值

$$F_4=(G_iH_i/\sum{}_{G_i}H_i)F_{Ek}\times3=55350/208200\times2920\times3=2329\text{ kN}$$

多层砖房顶部增加的一层轻型钢框架建筑，其开间和进深不大，可选用的结构形式有：

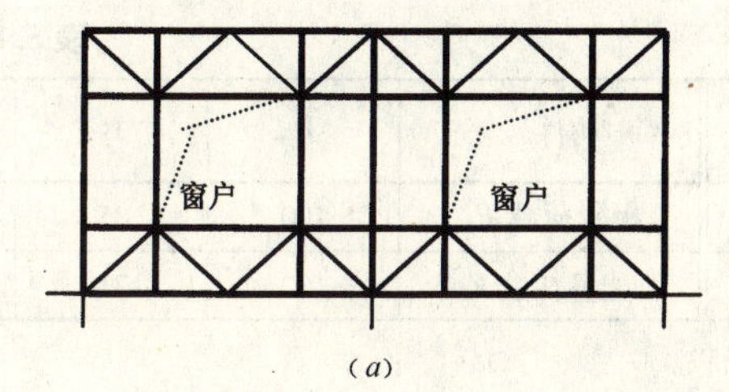

(*a*)

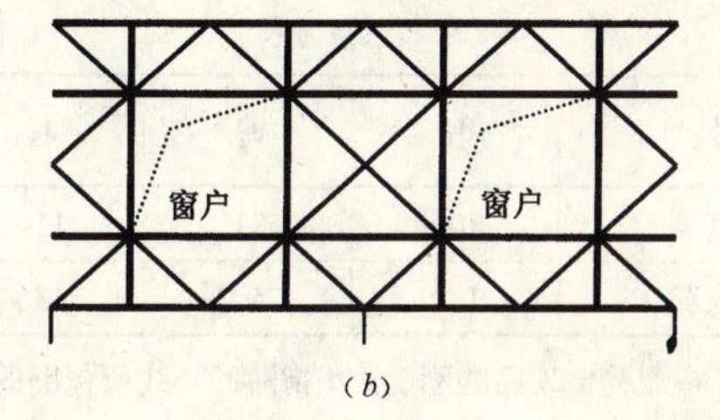

(*b*)

图 5.8-144

以上两种形式多为小规格角钢焊接而成，可用于外墙。下面三种形式可用于内墙。

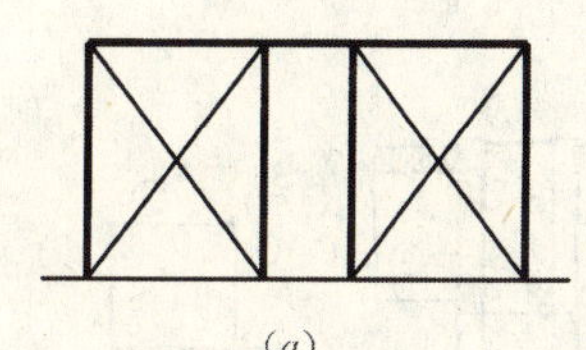
(*a*)

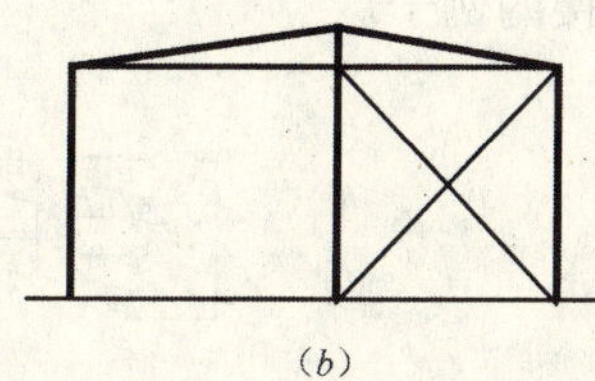
(*b*)

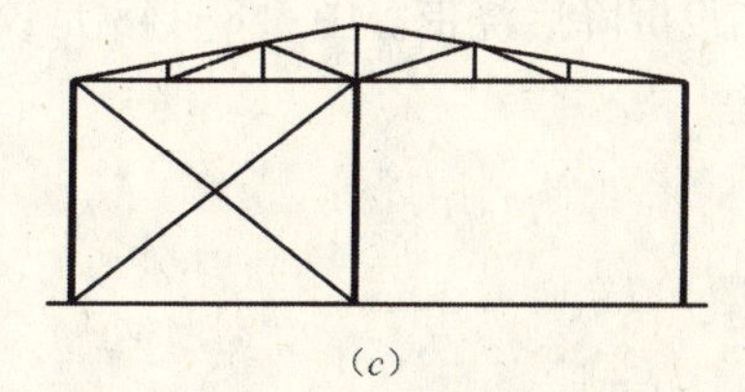
(*c*)

图 5.8-145

本工程采用图 5.8-144（*a*）和图 5.8-145（*b*），钢柱锚入新增加的圈梁中。横向交叉支撑隔间一道。

［实例十九］ 某三层钢筋混凝土框架结构直接增层

该建筑增层时为了使梁柱节点达到受力较好的刚性连接，采用上下柱的四角包角钢，并用钢板将四个角钢焊接成钢框的办法，以形成刚接节点。如图 5.8-146。

为了检验该节点的受力性能，北京市建筑设计研究院曾经做过对比试验。试件 J_3 按上下柱的四角包角钢，并用钢板将四个角钢焊接成钢框，形式如图 5.8-146；试件 J_2 不加角钢和钢板；试件 J_1 的纵向主筋由下柱直通上柱，与普通现浇钢筋混凝土框架的做法一样。以 J_1 的试验结果为 100 计，J_2 和 J_3 的比率如表 5.8-30。

从试验结果看，图 5.8-146 这种节点做法，用于钢筋混凝土框架结构的增层工程中是可行的。但是，这是在试验室内得到的结果，它与工地的实际情况会有出入；另外，构件的截面尺寸不同，材料及其规格等的不同，也会影响试验结果。因此，上述试验数据只能参考，不可直接应用。

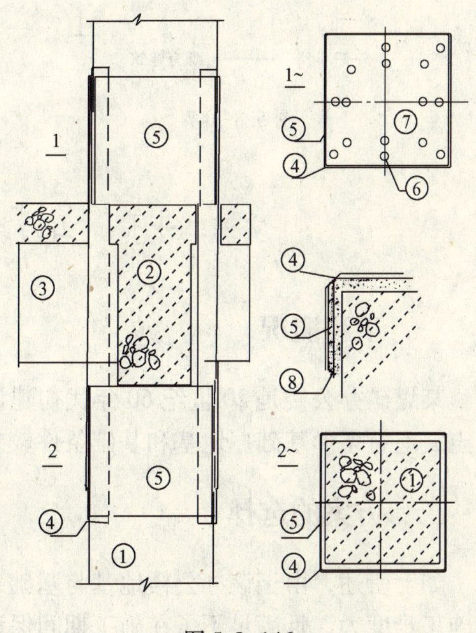

图 5.8-146

表 5.8-30

构件号	J_1	J_2	J_3	构件号	J_1	J_2	J_3
刚度 K	100	81	114	极限荷载 P_u	100	85	124
屈服荷载 P	100	75.3	136	能量耗散 E	100	71	263

注：K 指裂缝出现后的刚度；E 指滞回环线所包围的面积。

有的既有钢筋混凝土框架房屋，增层时既外扩又向上增层，为减小新老结构基础沉降差的影响，外扩处的梁柱节点宜尽量做成铰接（计算简图如图 5.8-147），或在新老结构间加设沉降后浇带。图 5.8-148 是铰接的例子。

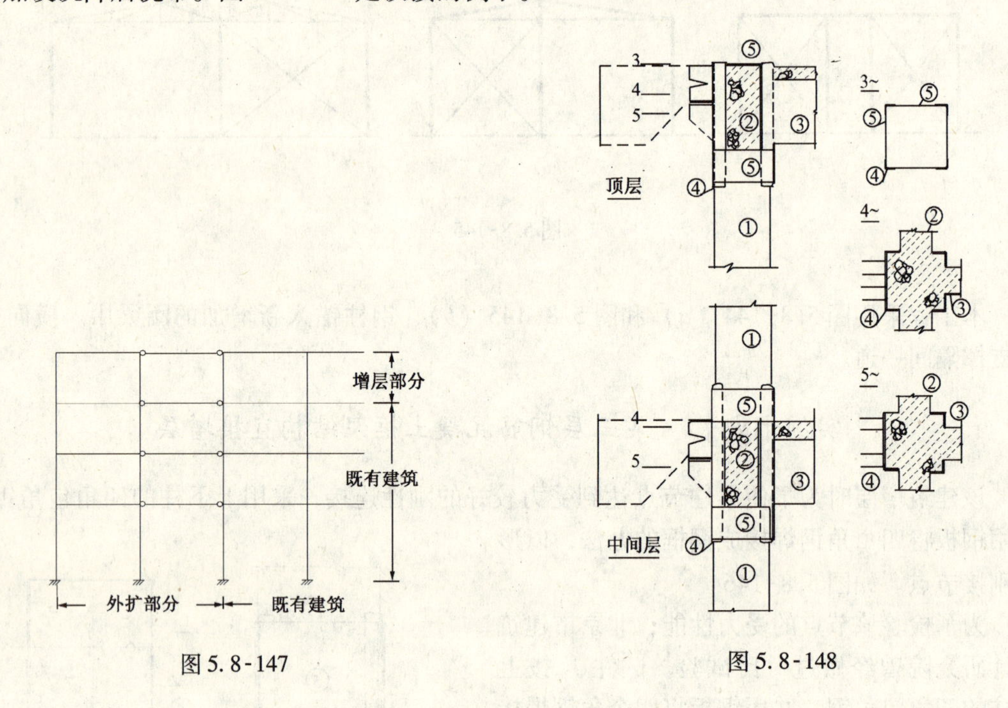

图 5.8-147　　图 5.8-148

［实例二十］　山西某煤矿办公楼外套增层工程

一、工程概况

某煤矿办公楼是 20 世纪 60 年代初建设的 3 层砌体结构，横纵墙承重。其地基条件为填土，毛石条形基础。地基和基础条件较差，没有条件采用直接增层。

二、方案的选择

如上所述，由于该办公楼地基与基础条件较差，采用直接增层固然造价较低，但设计和施工难度大，且满足不了在施工期间保证办公用房正常使用的要求。最后决定采用外套增层。由原来 3 层增至 9 层，即增建 6 层。见图 5.8-149。

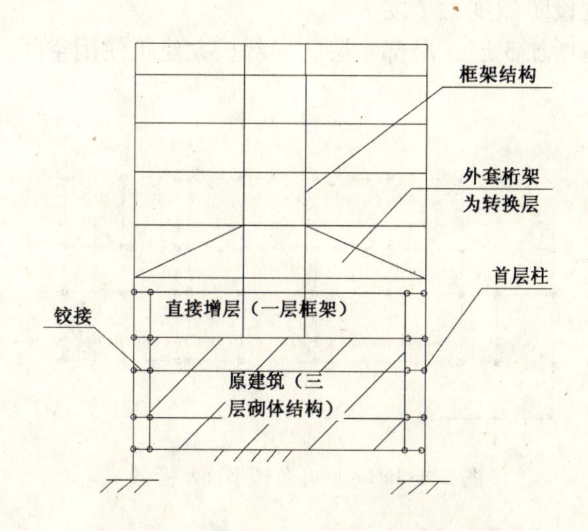

图 5.8-149　外套增层结构形式示意图

三、外套增层结构特点

1. 为降低造价，挖掘原办公楼的承载潜力，在原 3 层结构上直接增 1 层，即第四层荷载由原办公楼结构承担。该层选用轻质材料作填充墙。

2. 套建增层第五层采用现浇桁架梁结构，梁高为一个层高（4m），梁跨 21（24）m。此桁架梁结构自重小，且竖向刚度较大，作为转换层是较为合理的方案。

3. 六～九层顶梁采用三跨框架。其荷载通过混凝土柱传至转换层，再传至首层柱、基础、地基。

4. 外套框架柱选用较大的刚度，即断面较大，增加了整个外套框架结构的刚度，减小框架梁的跨中弯矩和挠度。

5. 新外套结构与原办公楼结构采用铰接连接。

6. 外套框架承担了较大荷载，框架柱距原办公楼较近。为减少对原办公楼基础和地基的影响，采用了灌注桩基础。柱直径 600mm，柱长 18m。

（《山西建筑》1996 年 11 期）

［实例二十一］　山东新汶矿业集团总部办公楼外套增层工程

一、工程概况

山东新汶矿业集团总部位于山东省新泰市，其总部办公楼建于 1988 年。主体为 6 层、局部 7 层的框架-剪力墙结构，总面积 $9800m^2$。建筑物横向为三跨结构，宽 14.1m，纵向柱间距 7.2m，局部 3.6m、6.5m。基础柱下十字交叉梁基础，结构平面见图 5.8-150。2004 年始，为工作需要，对办公楼进行了增层扩建。此增层扩建工程包括增层和加固改造、扩建。该地区抗震设防烈度为7度。

增层改造要求主体增加3层，局部4层。局部扩大建筑使用空间。

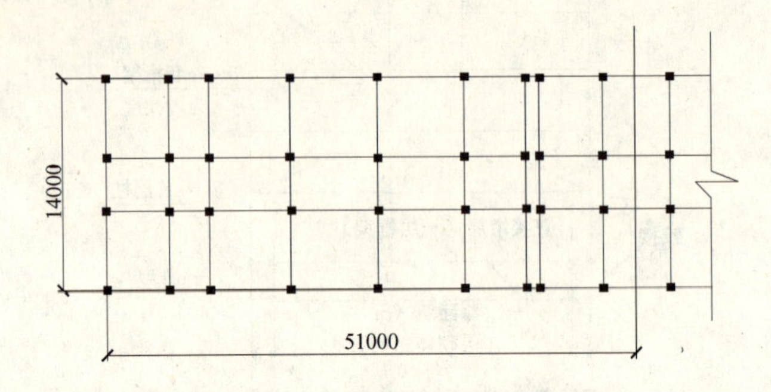

图5.8-150　原办公楼平面示意图

二、结构方案的选择

该办公楼的增层改造包括全面建筑装修、扩大空间、设备更新等，实际增加了荷载，经过鉴定和核算，如果在原办公楼上直接增加3层，底层和基础不满足设计承载力要求，经方案比选确定：

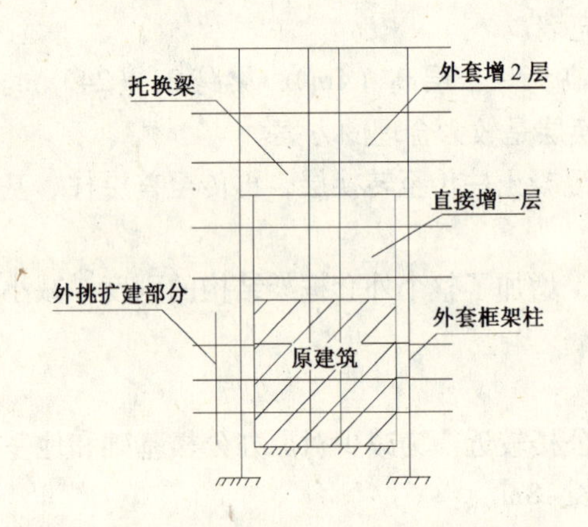

图5.8-151　增层扩建后的结构剖面示意图

1. 在原办公楼上直接增加1层，即第七层。其荷载直接通过原办公楼框架柱、剪力墙结构传至基础。经核算，原结构基础、地基满足直接增层设计要求。

2. 外套增加3层，即外套增加第八、九、十层，八层楼板处设托换梁。八层以上的框架体系在托换梁上生根，其荷载由外套框架柱传至新基础。

3. 原办公楼结构各层框架梁端与新外套框架柱连成整体，形成原办公楼结构与新外套结构共同受力的协同工作体系。

增层扩建后的结构剖面见图5.8-151。

三、工程特点

1. 直接增层的第七层框架柱剪力墙的竖向钢筋直接生根于原办公楼结构上，采用化学植筋技术。见图5.8-152。

2. 新外套框架柱与原办公楼各层梁端整体连接，采用化学植筋技术。见图5.8-153。此连接待外套框架完工后再施工，即此处成为后浇带。此方法最大限度地减小新外套结构与原办公楼结构的沉降差异。

3. 托换梁采用无粘结预应力混凝土梁。梁高1.6m，宽4.5m，梁跨18m，配置2×4ϕ15.24预应力钢筋。预应力梁的采用，提高的梁的承载力，减少变形，也减少了对原框

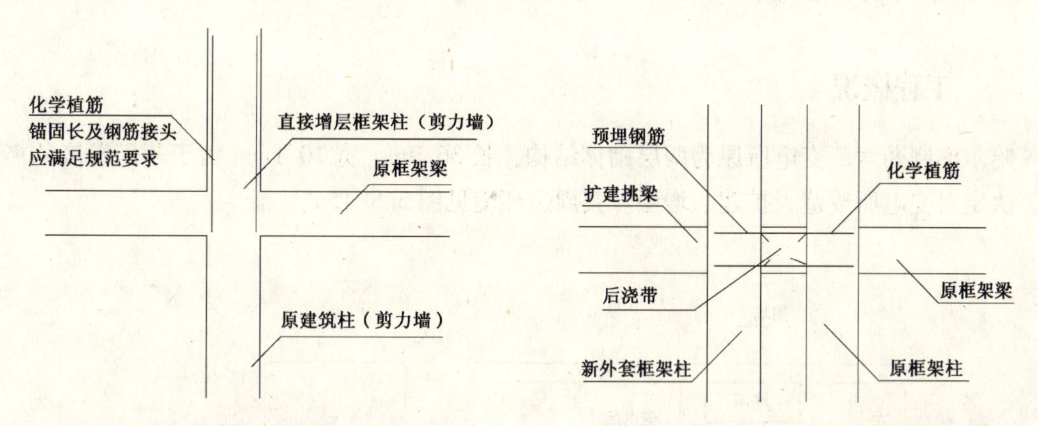

图 5.8-152　直接增第七层框架柱与原结构的连接

图 5.8-153　外套框架柱与原结构的连接

架的影响；同时，梁高的减少，也减少了层高和总高，降低了造价。

4. 新外套和直接增层与原办公楼结构协同工作，共同承受竖向荷载和水平荷载。

5. 根据整体计算结果，对不满足承载要求的部分柱、剪力墙、梁进行加固。

（1）剪力墙加固

将原剪力墙两侧建筑面层进行凿除，并将结构面凿毛清洗。两侧布置 $\phi 4@200\text{mm}$ 的钢筋网，竖向钢筋上下端锚固于基础梁和框架梁内。水平钢筋两端锚固于框架柱内。锚固做法采用化学植筋。墙两侧喷射 80mm 厚混凝土。

（2）框架梁、柱加固

框架梁、柱采用外粘钢板技术。将梁、柱表面用金钢石砂轮磨打平整，粘贴用的钢材除锈焊接成形。采用膨胀螺栓临时固定于梁、柱表面，钢材与结构表面留有 3～5mm 的距离。最后，用专用粘钢胶注入缝隙。注入要求饱满均匀，未达到设计强度时不得扰动。

四、地基与基础

原办公楼为Ⅱ类中软场地，基础埋深 4m，持力层为粉质黏土，其下为强风化灰岩和中风化灰岩。

经核算，原柱下交叉梁基础满足荷载要求。对新外套增层柱采用人工挖孔灌注桩基础，桩顶承台与原交叉梁基础连成整体。桩型为端承桩，桩端持力层为中风化灰岩。施工为减少对周围岩层的影响，采用了小剂量爆破技术。

外套框架所采用的桩基形式，造价低，方便施工，基础沉降小，对减少外套框架结构与原办公楼的差异沉降十分有利。

（《工业建筑》2006 年 11 期）

［实例二十二］　哈尔滨制药六厂变电所外套增层扩建工程

一、工程概况

哈尔滨制药六厂变电所原为两层砌体结构，长36.9m，宽10.1m。由于药厂发展的需要，决定对变电所改造、扩建、增层。其周边环境见图5.8-154。

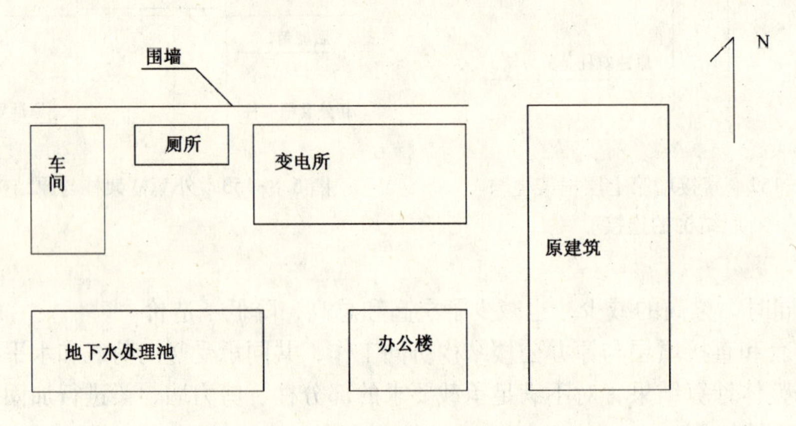

图5.8-154　变电所周边环境平面示意图

条件是：

1. 改造增层施工中必须保证变电所的正常工作。
2. 可拆除原厕所。
3. 增层后总层数为6层，即增加4层。

二、增层结构方案的选择

由于要求改造、增层扩建施工不能影响变电所的正常工作，所以增层扩建方案确定为：在原变电所范围采外套增层，在拆除原厕所范围采用扩建。新外套部分与原变电所部分采用完全分离式，各自成为独立的受力体系。考虑外套增层部分与新扩建部分刚度相差较大，在两者间设120mm宽的人工缝。

外套部分的跨距13.68m，采用预应力混凝土梁。纵向跨距为5.7 m，首层层高为10 m，标准层层高为3.9 m。采用首层和二至五层柱尺寸变化的方式，减少沿结构竖向的不均匀性。

新扩建部分因受场地限制，纵向跨距3.0m和2.6m，横向跨距与外套部分相同。整个新扩建部分采用预应力混凝土梁框架结构。

所有框架柱均采用普通混凝土结构。

外套增层扩建形式见图5.8-155和图5.8-156。

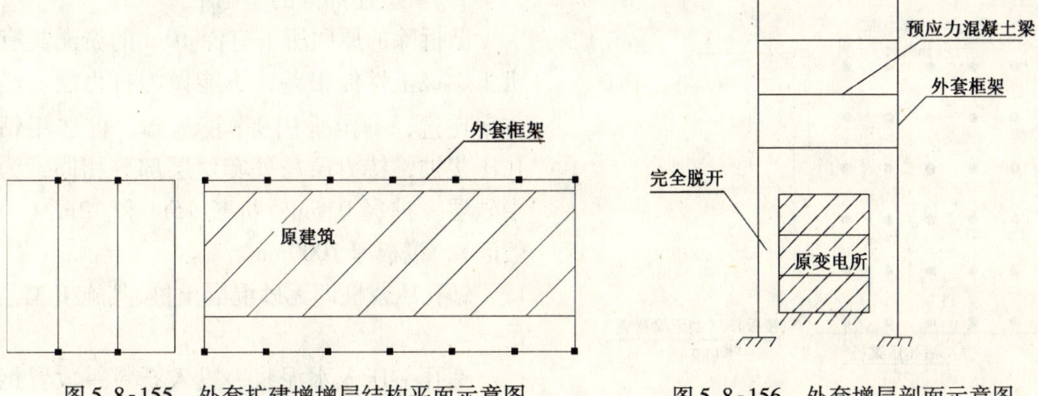

图 5.8-155　外套扩建增增层结构平面示意图　　图 5.8-156　外套增层剖面示意图

三、地基与基础

1. 工程地质与水文地质概况

标高 0.00m ~ -0.7m 为杂填土。

标高 -0.7m ~ -9.0m 为分图层和粉质黏土层。

标高 -9.0m ~ -16.0m 为中砂层，是较好的桩端持力层。

地下水标高为 -15.0m。

2. 外套增层部分的基础

原变电所北距厂房围墙、南距原建筑物很近，没有施作浅基础的条件。并且浅基础的附加应力会影响原变电所和原建筑基础，产生不均匀沉降。本外套增层工程采用了一柱一桩大直径带护壁的人工挖扩孔灌注桩技术。

大直径桩直径 1.3m，扩孔 2.3m，桩端落在中砂层，桩端进持力层 0.5m。扩孔段选在粉质黏土层，不易塌孔。其坡度为 1:2。桩顶采用地梁连成一体。地梁尺寸为 1500mm × 1500mm。

桩及地梁平面布置见图 5.8-157。

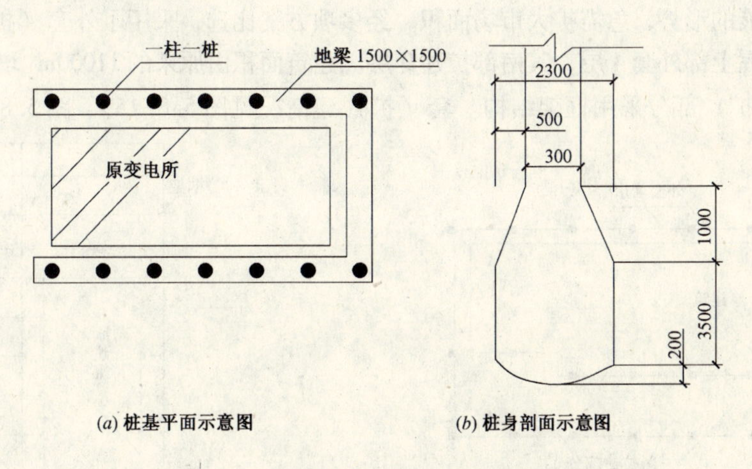

(*a*) 桩基平面示意图　　(*b*) 桩身剖面示意图

图 5.8-157　外套增层结构桩及地梁平面布置示意图

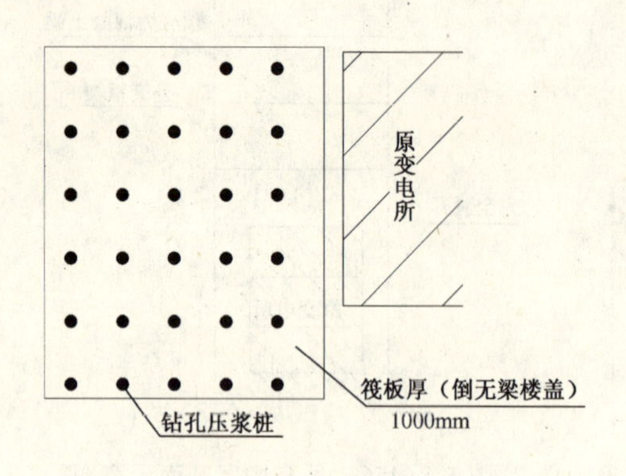

图 5.8-158 扩建部分的桩-筏基础平面示意图

3. 新扩建部分的基础

已拆除的原厕所下有深 10m 的淤泥类有机土。该土性能很差，不能做为持力层。经方案比选，确定采用桩-筏基础。桩选用钻孔压浆桩，持力层与外套增层部分相同，为中砂层。桩径 0.6m，桩长 15m 和 12m（一般区），筏板厚 1000mm。

钻孔压浆桩即无砂混凝土桩，其施工工艺是：

钻孔→压入水泥浆→投入石料→放置钢筋笼→二次补浆至孔内浆液不下沉。

扩建部分的桩-筏基础平面图见图 5.8-158。

四、实施效果

工程实践证明，外套框架增层是一种行之有效的增层方法。在受条件限制时，采用桩基础的深基础形式可有效控制新外套（扩）建工程的沉降，减小对原建筑的附加应力和附加沉降。

（参考文献：2002 年哈尔滨工业大学硕士学位论文）

［实例二十三］ 绥芬河青云市场外套（扩）增层工程

一、工程概况

绥芬河青云市场原为五层框架结构建筑，1993 年建成投入使用。21 世纪初，为适应中俄边界贸易发展的形势，急需扩大市场面积。经多项方案比选，采用了外套（扩）的加层方案。即在原房屋上部外套 4 层，其南部扩建 9 层。建筑面积由原来的 11000m^2 增至 31000m^2。

该外套（扩）部分采用框架结构。套（扩）建情况见图 5.8-159、图 5.8-160。

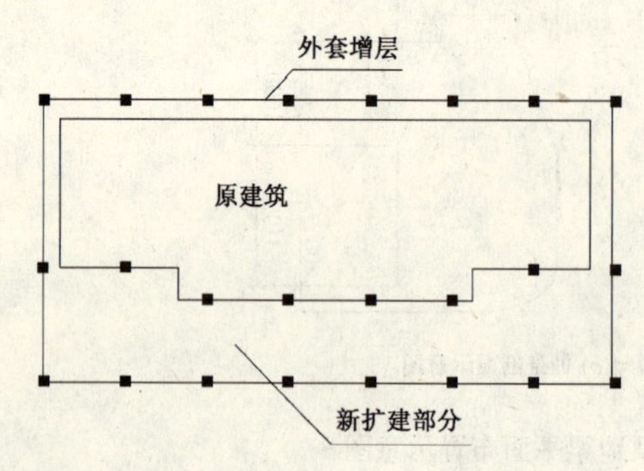

图 5.8-159 外套（扩）结构平面示意图

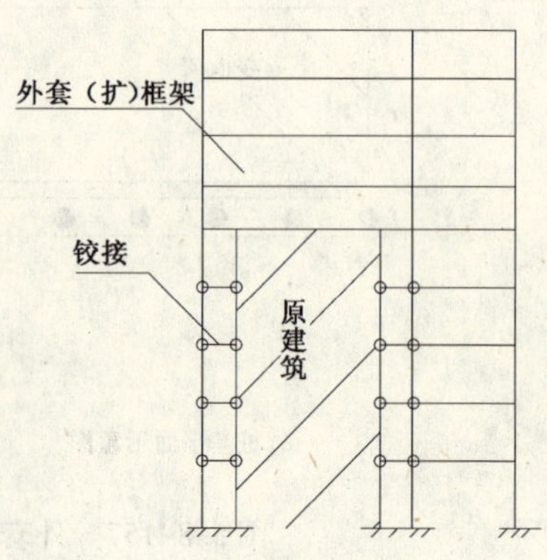

图 5.8-160 外套（扩）结构剖面示意图

二、结构方案的选择

1. 确定方案的原则

在该外套（扩）工程方案比选时，提出了确定方案的原则是方案合理、可行，造价适中、保证安全。更提出了不能停止原建筑的正常使用的原则。

2. 外套（扩）建结构的选择

外套（扩）结构采用框架结构。为保证原建筑的正常使用，套建一层顶板，与原建筑顶层顶板留有一个层高。外套一层必须采用“施工阶段自承重楼盖结构”，此“自承重楼板结构”采用了内置钢桁架—预应力混凝土组合框架梁，在梁下部配置预应力钢筋。施工时下挂梁、板底模，模板荷载不传至原建筑屋顶板。所以新增荷载通过外套框架柱，直接传给地基，内置钢桁架。

外套框架二、三、四层大梁为预应力混凝土梁，断面尺寸为800mm×1600mm。大跨度梁结构采用了预应力技术，减少了梁的断面，降低了层高和建筑物的总高度。

新扩建小跨边柱尺寸为800mm×800mm，大跨梁处柱尺寸为1000mm×1000mm。

内置钢桁架预应力梁见图5.8-161。

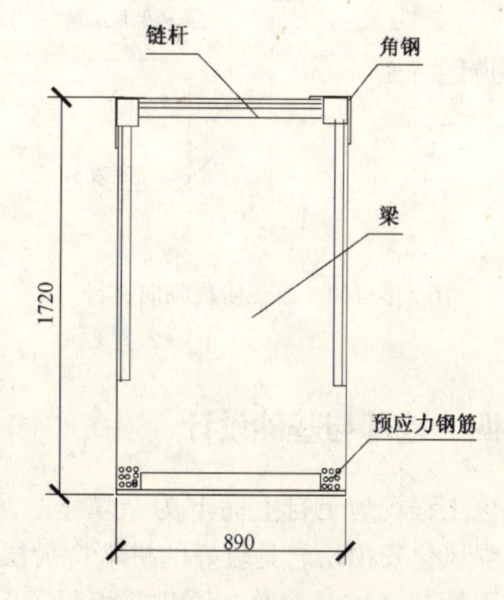

图5.8-161　内置钢桁架预应力梁剖面示意图

3. 扩建结构

新扩建部分也采用了框架结构。其层高与原建筑、新外套增层层高相一致，以方便做好节点的连接。

4. 结构体系

新外套和新扩建结构与原建筑结构设计有可靠的连接，形成新外套（扩）部分、原建筑在竖向可各自自由变形，在水平方向可协同工作的结构体系。

三、新外套（扩）结构与原建筑结构的连接

通过在各层顶设置水平链杆的措施，实现在水平方向的协同工作。

1. 施工阶段的水平临时链杆

通过分析、计算，决定施工阶段在原建筑结构顶层位置，与新外套增层框架柱建立链杆连接。具体做法是在原建筑结构顶点与新增框架柱间设置预制混凝土垫块，并在原建筑屋顶每榀设一张拉钢绞线。见图5.8-162。

此链接在外套（扩）主体工程完成后，即可施作永久链杆，并放松预应力钢绞线，卸下预制混凝土垫块。

2. 永久性可靠连接

永久性可靠连接应在新外套（扩）结构完工，施工阶段临时连接处已施作永久连接后进行。设置在原建筑框架结构梁端与新外套（扩）框架柱间。具体做法是施工时，在此位置新外套框架柱预埋钢筋，原建筑结构同标高处采用植筋技术。最后两者焊接牢固，浇筑80mm厚的混凝土将钢筋包裹。见图5.8-163。

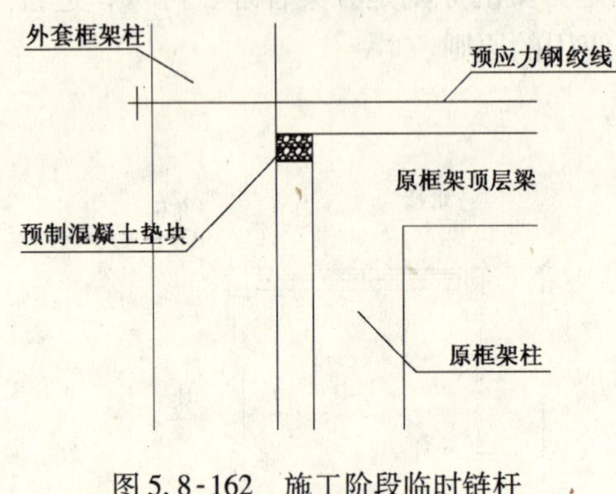

图5.8-162　施工阶段临时链杆

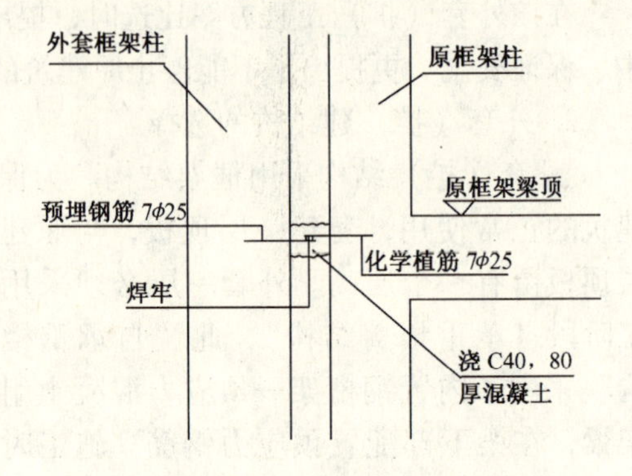

图5.8-163　永久可靠连接

四、地基与基础设计

该工程场地土自上而下为杂填土、坡积黏土质角砾、残积粉质黏土、强风化安山玢岩。强风化安山玢岩是较好的桩端持力层。

因外套（扩）建筑与原建筑相距较近，新建结构桩基础受到限制。应充分考虑的问题是：

1. 应确保新外套（扩）结构基础和原建筑结构基础分别受力，新外套（扩）基础荷载绝不能传至原建筑基础，造成次生灾害。

2. 应尽量减少新外套（扩）结构桩基础的沉降量，避免原建筑产生新的沉降。

为此，经过比选，决定采用大直径人工挖孔灌注桩，持力层为安山玢岩。

五、实施效果

该工程施工过程没有影响中俄边界贸易。而青云市场面积扩大了近2倍。经过几年使用，效果极好。该工程设计提出的“自承重楼盖结构”取得了成功，值得类似工程借鉴。

（《土木工程学报》2006年11月）

第六章　结构改造与加固

本章内容提示：本章全面介绍了建筑结构改造加固的设计和施工方法，还有13项工程实例。其内容包括：结构改造与加固是结构工程的重要组成、结构改造、结构加固、裂缝分析与修补处理、结构改造加固工程实例等。

第一节　结构改造与加固是结构工程的重要组成

一、结构改造加固的必然性

随着城市化进程的加快，我国建筑业的发展十分迅速，城镇既有建筑物数量也在不断增加。从发达国家城市近代建筑业的发展规律来看，一般分为三个时期：第一时期是大规模的新建时期，20世纪50年代左右，各国特别是欧洲自第二次世界大战后，为满足基本的生产和人民生活的需求，大规模地建设和恢复建筑物；第二时期为新建与维修改造并举时期，一方面为满足社会发展的需求，不断建造新的建筑，同时社会发展和生产生活的要求不断提高，建筑物的标准也相应提高，对过去低标准的建筑物要求进行维修、加固、补强和内部功能的现代化改造，如装修材料老化、陈旧，需要重新装修；如宾馆原来公用卫生间、水房，改为每个房间自己独用，或增加通信功能、增加智能化等；第三阶段为维修与现代化改造为主时期，随着社会和科技的进一步发展，人民生活水平的逐渐提高，对建筑功能的需要也越来越高，原有的老房子建设标准低、使用时间久、结构功能降低等，受经济和规划等影响，如拆掉重建费用高，规划不允许在原址重建，因此在原有结构的基础上，对结构按新标准进行补强、加固，使用功能现代化改造是合理的选择。我国建国50多年来，随着综合国力的显著增强和已有建筑物的逐年增加，不少大中城市已经开始进入到新建与改造并重的发展时期，随着环保意识、节约资源和可持续发展的要求，不久也将进入到以建筑物现代化改造和维修、加固为主的第三时期。加固、改造可延长建筑物的使用寿命，符合可持续发展的战略，与新建相比，有投资少、影响小、见效快的优点，拆掉旧建筑，产生大量的废物和垃圾，不利于环保，同时拆旧、建造新建筑都需要大量的材料，消耗大量的资源。

建筑物在它的建造和使用期内（一般建筑物设计使用年限为50年）可能会遇到各种各样的情况，在长期的自然环境和使用环境的双重作用下，结构功能由于设计失误、施工质量差或使用不当等原因会逐渐减弱、降低，有时与原设计预期的要求有较大的差距，不能满足建筑物安全性、适用性、耐久性的要求；或者建筑物在使用期间由于规划、改变用途等新的需求，已有功能不能满足新的使用要求，需要移位、纠倾、增层和改造等，把存在问题的建筑物和不能满足新的使用要求的建筑物全部拆除显然是不现实、不合理，也是不可能的。对其进行合理的加固改造是解决这类问题的最佳途径之一，也是实现建筑与社会、环境和人相互和谐的一个发展趋势。这时就需要对建筑物进行检测，对其可靠性进行科学的、客观的评价、鉴定。鉴定结果不满足要求时，首先需要进行加固、补强设计，然后采取有效的加固、补强、维修等措施进行处理，以此可以提高结构的功能，满足使用要求，延长建筑物的使用寿命。这个过程可用图6.1-1来形象地表示。

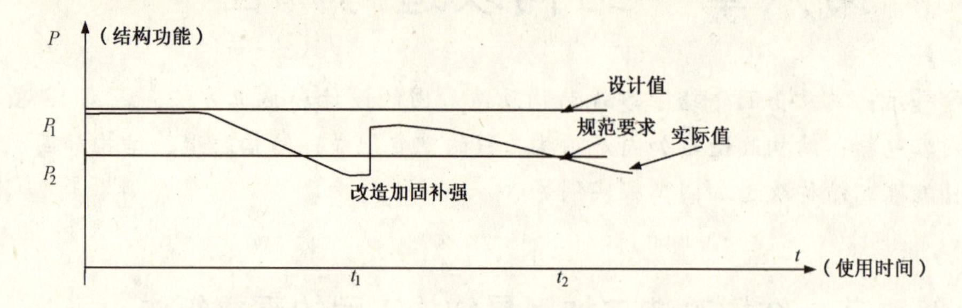

图6.1-1　建筑物功能随时间变化示意图

建筑物移位、纠倾、增层和改造过程中及其后期使用阶段，结构的受力状态是不相同的，必须首先进行结构可靠性检测、鉴定分析。当任何一个环节，尤其是安全性不满足规定要求或使用要求时，必须进行加固和补强。

造成建筑物功能不能满足使用要求的原因主要有以下几个方面：

1. 原设计有误、考虑不周

现在的结构设计从地基基础到上部结构都有已成熟的计算机设计软件，正确地使用设计规范和计算机软件，加上专业设计人员的知识和经验，建筑物设计都能保证结构安全。结构构件按承载力极限状态设计时，结构可靠性指标β一般在2.7、3.2、3.7、4.2，相应的结构失效概率为（6.9~1.1）$\times 10^{-4}$，在荷载的选取时按荷载规范都是较大的值，使用期间的荷载出现极限值的情况也较少，因此在正常的设计中如果不是出现大的失误，一般是不会在施工及使用阶段出现质量事故的。

设计出现失误常常是设计人员对结构承受的荷载和作用估计不足，考虑荷载时漏项，施工过程中或使用后的实际荷载远远超过设计值；或设计计算的结构模型与实际结构不符，如湖南某砖混结构工程施工阶段发生了倒塌，主要原因就是设计错误，将固定端当作铰接配筋；另一个工程事故是辽宁某工程非框架结构设计计算时按框架结构计算、配筋，因此，使用后梁、板出现严重的裂缝和变形；或设计时错误地理解设计规范、标准，采用错误的地质勘察资料等，造成结构构件截面过小、连接构造不当等；或对所选材料的物理、化学性能掌握不够，对某些性能不了解，使用期间造成结构损坏，如北京某工程采用菱镁混凝土作楼面垫层，使用几年后引起楼板上部钢筋、板内金属管线、柱根、抗震墙根部钢筋严重锈蚀，花费大量的资金凿掉腐蚀的混凝土层，锈蚀的钢筋除锈，结构补强、加固。

2. 施工质量不良

施工质量不良在已有工程事故原因统计结果中所占比例较高，一方面的原因是管理，如建筑市场不规范、不健全，出现甲方拖欠施工队工程款，施工队拖欠材料商材料款；不按基建程序办事，不报建、不招标或不公平竞争，不合理压价，层层转包，致使施工管理和技术保证失控，真正施工单位利润有限，出现偷工减料、以次充好的现象，工程质量下降；另一方面是施工单位片面追求产值和利润，没有把好质量关，放松企业内部的质量检查和管理体系；施工人员技术水平不高，素质过低，没有受过专业技术培训，责任心不强，违反施工操作规程，不能达到设计要求等，有些时候是原材料和构配件质量不能满足设计和材料标准的要求，缺乏进场检验或复验，样品与工程所用材料不一致等。

3. 使用管理不当

建筑物建成交付使用后，使用部门管理不善，拆改承重结构，或使用环境管理不善，侵蚀性物质进入结构构件，造成损坏。

4. 环境影响、材料老化

工业厂房等周围存在有害介质，有机材料本身有老化现象，沿海的建筑物氯离子侵蚀，建筑物附近的深基坑开挖设计、施工不当，地铁施工、高速公路施工、地下煤矿开采以及临近建筑物地基施工过大的振动等影响。

5. 灾害影响

使用期间发生水灾、火灾、爆炸、飓风、地震等灾害，对建筑物造成影响。如 2004 年 12 月 26 日印尼的海啸，引起大量建筑物的损坏；2003 年 11 月 3 日湖南衡阳某商住楼大火，建筑物局部倒塌。

6. 改变用途

建筑物在使用过程中，使用功能发生改变，工业厂房生产工艺改变，民用房屋改变用途等，原设计不满足新的功能要求，需要进行结构改造。例如以下情况：

（1）建筑物的移位、纠倾、增层的同时，需要对原结构加固改造；

（2）提高既有结构的整体性和构件的承载能力，改善结构的变形性能；

（3）改变既有建筑的使用功能，如荷载改变、扩大柱网或开间尺寸、层高改变、在承重墙体和楼板上增设洞口等；

（4）既有建筑改建、扩建，如增设楼梯、电梯，增加卫生间、厨房，增加专用管道，增设阳台、挑板等。

二、结构改造加固的设计原则

既有建筑物结构改造较为复杂，不仅结构形式繁多，而且设计年代不同，依据规范不同，多年使用后结构的完好性明显降低程度不同，所以许多结构改造与加固工程同时进行，在改造中进行结构加固。还应满足改造后新结构的安全性、实用性能等方面的要求，因此需要认识到结构改造与加固工程的复杂性，需要有经验的专家进行专门技术论证，审慎处理。结构改造加固工程应进行专项设计，改造后的结构体系和平、立面布置要符合现行规范的要求，并应进行结构整体验算，根据建筑物的性能目标，优选出安全、适度、适用、实施性强、经济合理的方案。由于改造设计属于非常规设计，研究应抓住影响结构安全的主要技术问题（如强度、变形能力等）；对一般次要问题，应允许适当放宽。但对重要的改造项目，应进行专门技术论证后方可施工。

建筑物移位和纠倾加固应着重于结构的整体性加固，尤其是砌体结构、装配式结构和建造较早的建筑物，应防止因构件之间连接构造较弱，造成彼此分离和损伤。

房屋增层和改造的加固应对所有因内力增大而承载力不足的构件进行加固，对裂损构件进行补强，对新旧结构间可能出现的差异沉降进行控制和妥善处理。

三、平屋顶上增设坡屋顶及加层改造

在平屋顶上增设坡屋顶改造时，应根据房屋的具体情况，合理选择结构形式，优先采用轻质高强材料：

1. 在房屋已有承重墙位置砌墙或焊钢架找坡，原有屋面板承载力有富余时，可在屋面板上立小钢柱找坡；屋面宜在轻钢檩条上铺压型钢板、复合压型钢板和轻型瓦。

2. 坡屋面结构强度和变形验算，应根据结构自重、风荷载、雪荷载、活荷载及施工荷载进行组合，新老结构构件间应有可靠连接。

在平屋顶上增设坡屋顶俗称“平改坡”，是目前城市改造中经常采取的方法，其优点是：美化市容，解决平屋顶防水、保温问题，对缓解砌体建筑顶部墙体温度裂缝也大有好处。

新增的坡屋顶应尽量采用轻型钢结构和轻型屋面，以减轻对原有建筑的负担，但要注意与原有建筑的可靠连接。根据各地的经验，当原有多层居住建筑已按《建筑抗震设计规范》（GB 50011—2001）正确设计和正确施工时，新增一层坡屋顶对下部结构一般不会出现不良影响。

近年来，我国一些地方出现了在框架结构上采用轻钢结构加层（层数为2~3层），已形成一种新的结构改造形式。轻钢结构加层的墙体和屋面均用彩钢复合板，具有自重轻、地震作用小等优点，对下部结构和地基基础影响较小。由于加层部分与原结构的质量与刚度相比，有较大变化，不仅要进行加层部分的设计，还应进行结构的整体分析。

第二节　结构改造

一、结构改造工程的对象和内容

建筑是社会的财富，也是有寿命的财富。随着时间的流逝，许多原来修建时标准过低，已无法满足当今使用功能要求的旧建筑，或修建时安全性和耐久性不足，已造成严重安全隐患的旧建筑，都将逐渐淘汰。但在大量的既有建筑中，有一部分是历史建筑，能反映修建时期的人文历史文化；或具有强烈的艺术特色和浓郁的地方民俗风貌，具有保护价值，应成为建筑结构加固改造的对象。在近代大量的工业与民用建筑中，仍然有相当一部分建筑原来的设计、施工和维护质量都较好，虽已使用多年甚至几十年、上百年，经过改造加固，仍可以“延年益寿”，继续作为财富为社会服务。这样做是符合当前建设节约型社会方针的，也是落实科学发展观的体现。

有必要保留并进行结构改造的建筑有两大类。

（一）既有历史建筑

又分为文物建筑和历史风貌建筑两部分，其改造加固的原则有所区别，现分述如下：

1. 文物建筑

指文物价值极高的古建筑，如宫殿、庙宇、古塔等，其中有的已被认定为国家级或世界级的历史文化遗产。对这类文物的改造加固，应本着“修旧如旧”的原则进行，尽量忠实于原来的环境、风貌、内外装饰、结构做法；但对隐蔽部分，考虑到抗震和耐久性需要，可以用些现代材料和现代结构手段，如基础，原来的砖砌体已腐烂粉化，可以改用混

凝土加以托换；原来没有地梁，可以增加隐蔽的钢筋混凝土地梁；又如柱子，原为圆木柱，已失去足够的承载能力和抗震性能，可以改用碳纤维管混凝土柱，放在核心位置，外包一定厚度的木套圈（用几块弧形木拼成），再缠绕碳纤维布，节点部位通过木套圈与周围的木梁连结，木套圈外表的油漆装修做法则完全仿古。

2. 历史风貌建筑

指近百年以来各种有独特风格和文化内涵的近现代建筑，它们代表着一个城市的历史、文化，需要加以保护。对这类建筑的保护改造，应忠实于原来的环境、原来的风貌，特别是原来的立面造型风格应严格保留。这些建筑往往修建年代很早，设计使用年限已过，而且当年并未考虑抗震、防火，耐久性标准过低，结构安全度不足，因此在内部结构上往往要动大手术，在内部房间布置上也允许做些变动，使之既能继续安全使用，又留有原有的建筑风貌。而不能片面强调要完全保留原来的已过时的结构和材料。如【实例一】的沈阳火车站改造工程。

（二）既有工业及民用建筑

量大面广的工业及民用建筑，是我国城镇建筑的主体部分，是广大人民群众生活、生产、工作的场所，包容着我国巨大的社会财富和社会资源。对这部分建筑的维护和改造，充分发掘其利用潜能，延长其使用寿命，是极大的节约。若不重视对其改造利用，必将产生“大拆大建”现象，使我国建筑物的平均使用寿命急剧下降，据报导有的城市已出现建筑“短命”现象，实际住宅的平均寿命仅仅为30年。

造成建筑“短命”现象的原因，主要有三个方面：一是规划设计方面。相当一部分建筑不是由于质量而是由于规划不合理、功能不合理，或由于旧城改造等原因拆毁的。二是建筑质量方面。有些建筑建成后，由于存在一定安全隐患，又不想加固改造，不得不过早拆毁。三是法律法规及政策方面。当前，社会上普遍存在一种急功近利思想，特别是由于法律法规上缺失，一些单位、一些人为追求经济效益最大化，不管一栋建筑刚建多久，也不管居民或用户同不同意，一律拆了建高层，为的是多卖房子、多赚钱。

要杜绝建筑“短命”现象，首先应由有关部门尽快出台法律法规和政策，严厉禁止没有质量问题的建筑提前被拆毁；其次，应大力提倡建筑结构的改造和加固，使许多既有建筑通过改造而新生，做到“延年益寿”。使我国的许多建筑物的实际使用寿命均能像一些发达国家一样，远远超过其设计使用寿命。

二、当前结构改造工程的主要方面

根据我国国情，下列情况需对既有建筑进行结构改造：

1. 建筑物功能布局改变引起的结构改造

我国有大量建筑修建于二三十年前，当时经济尚未振兴，国力较穷，所以建筑标准也相对较低，现在已经显得落后。如量大面广的住宅，特别是在唐山地震后设计的多层住宅，当时都很注重抗震质量，平面和竖向都非常规则，设置了构造柱和圈梁，内外墙间的连结良好，其抗震性能不亚于近几年设计的体形复杂、洞口大、墙肢短小、墙身追求曲折的“时尚住宅”。但由于户型小、开间窄，使用起来已不方便舒适。如典型的俗称“老五二”型住宅，一个单元五个开间，一梯三户，使用面积过小，层数又多（一般7~8层），若改造成一梯两户，使每户面积增加50%，并在楼梯间内侧增设一部电梯，使上下方便，再将每户的一个内横墙去掉，出现一个两个开间的大厅，使生活更舒适。这种带电梯的多层住宅，一定将受到住户欢迎，其房价亦能成倍增长。在改造过程中可能使一些墙体受到损伤，但利用新加的电梯井，作成钢筋混凝土筒体，与原有砖墙复合连结，起结构增强作用。

过去的一些公共建筑，也由于建筑标准过低，如层高过低、柱网过密等，诸如此类问题，都可以通过结构改造使之更加合理。

2. 平移、纠倾、增层引起的结构改造

建筑物的平移、纠倾、增层，本身就是结构改造，在这之前，也应对整体建筑进行鉴定，对该建筑物的整体承载能力、抗震性能、现存耐久性等都应按本节第二段的方法做全面的鉴定评估，不满足的应先加固改造再平移、纠倾、增层。

3. 增强建筑物抗震性能引起的结构改造

唐山地震（1976 年）以前的建筑，基本上均未考虑抗震。虽然 1974 年颁布了《工业与民用建筑抗震设计规范》TJ11—74，但经过 1975 年、1976 年几场地震的检验，认为标准过低。唐山地震以后开始按震害调查和总结经验教训进行抗震设计。

我国于 1978 年颁布了《工业与民用建筑抗震设计规范》TJ11—78（以下简称为《78 抗规》）；1989 年对《78 抗规》进行修订，颁布了《建筑抗震设计规范》GBJ11—89（以下简称为《89 抗规》），使抗震设计水平有大幅度提高；2001 年，又在调查总结和科学研究的基础上对《89 抗规》进行修订，颁布了《建筑抗震设计规范》GB50011—2001（以下简称《01 抗规》），使抗震设计更趋完善，标准进一步提高。

因此，既有建筑的抗震设计水平，大致可以分为以下四个阶段：1978 年以前、1978～1989 年、1989～2001 年和 2001 年至今。除 2001 年至今按《01 抗规》正确设计、正确施工和正常维护的建筑不需进行抗震加固改造外，其他三个阶段的建筑都或多或少存在因抗震性能的改善而引起的结构改造。

4. 提高建筑物的耐久性引起的结构改造

结构的耐久性指经过正常设计、正常施工，并且在设计预定的环境中正常使用的结构，不需经过昂贵的维修加固，能在保持预定使用功能的条件下，达到设计使用年限的程度。

我国国家标准《建筑结构可靠度设计统一标准》GB50068 对各类建筑的耐久性标准作了规定，一般工业及民用建筑的设计使用年限定为 50 年，特别重要的建筑可以提高到 100 年。设计使用年限也可按建设单位的要求确定。

影响混凝土结构耐久性的因素包括两方面：一是对混凝土结构抗力的影响，包括碳化作用、钢筋锈蚀、冻融作用、硫酸盐侵蚀、氯离子侵蚀、腐蚀、碱骨料反应等；另一个是作用效应对混凝土结构的影响。

影响砌体结构耐久性的因素也包括两方面：一是对砌体抗力的影响，包括大气条件下材料风化、冻融作用、潮湿作用、温度变化频率等；另一个也是作用效应对砌体结构的影响，包括基础沉陷等因素。

当上述各种因素产生劣化作用时，将影响建筑物的使用奉命，如达不到规定的设计使用年限，或对建筑物作进一步保护要求延长设计使用年限时，应对建筑物进行改造加固。

5. 建筑物群体间的结构改造

除对建筑物单体进行结构改造之外，有时在几个单体之间增设新的结构，以改变其建筑功能，如加天桥、加裙房、设连廊、填内庭等。

6. 建筑物造型美化引起的结构改造

可以对外墙或外填充墙进行改造，增加扶墙垛、腰线、壁柱或其他挑出构件；也可更换外墙材料，改善外墙的保温性能；屋面进行“平改坡”或屋面绿化，也能引起结构改造。

7. “烂尾楼”复建引起的结构改造

一些“烂尾楼”在复建时，往往新业主从经济效益和经营效果出发，对原设计提出许多新的变动，而且改动的内容很多，有的楼既要增层又要扩跨（外表层挑出扩大使用面积），还要改动内部入口大厅空间（抽柱断梁）等，这种“烂尾楼”虽然烂尾，但设计和施工年代较近，原结构裸露，质量检测方便，改造起来比老建筑容易，业主希望“脱胎换骨”，改造工程的特点往往是“内容复杂、规模庞大、效益显著”。如【实例二】。

三、改造前的技术鉴定和可行性论证

（一）改造工程的技术鉴定

既有建筑改造前的技术鉴定，指对既有建筑的可靠性鉴定。可靠性鉴定的内容极为复杂，包括建筑物的安全性鉴定、适用性鉴定和耐久性鉴定。安全性鉴定时，在地震区又包括抗震鉴定。

从鉴定的目标区分，鉴定工作区分为两大类别：其一为正常性鉴定，即本书提到的为满足建筑结构改造目标而进行的技术鉴定；另一类为非常性鉴定，如危房鉴定、灾后（地震、火灾、水灾和其他突然事件）鉴定等，后者的鉴定目标为抢险。本书不包含后者内容。

针对建筑结构改造工程的鉴定，目前国家尚未颁布建筑物改造工程技术规范，更没有定量的成熟的鉴定标准和鉴定方法，各地在进行鉴定时仍然遵循主要靠经验和概念进行宏观判定，再参照现行结构设计规程和经验进行量化分析，以判定进行改造的可行性。

目前我国实行的鉴定标准有两套系统，一套是《民用建筑可靠性鉴定标准》GB50292和《工业厂房可靠性鉴定标准》GBJ144，前者1999年发布实行；另一套是《建筑抗震鉴定标准》GB50023—95，1996年发布实行。两套标准都在《01抗规》颁布之前编制，与新一轮国家各项规范很不匹配，基本上与《89抗规》相对应，而设防标准又低于《89抗规》及当时的各项设计规范的规定。

两套《标准》在实行中存在以下问题：

（1）《民用建筑可靠性鉴定标准》只着重对结构或构件的承载能力和正常使用性能进行鉴定，并未考虑地震情况下的安全性；

（2）《建筑抗震鉴定标准》只适用于抗震加固鉴定，不适用于增层等的结构改造工程的可靠性鉴定。该标准条文说明第1.0.2条中说：“现有建筑增层时的抗震鉴定，情况复杂，本标准未作规定。”结构改造不仅包括增层，其他如建筑物功能布局改变引起的改造等，其复杂程度往往超过增层，该标准无法包括；

（3）我国地震区幅员辽阔，在地震区既有建筑的可靠性鉴定，应与抗震鉴定结合进行，两本标准在方法上和控制标准上均难统一；

（4）我国抗震设防目标是“三水准”，也就是“小震不坏，中震可修，大震不倒”，《01抗规》和《89抗规》均规定：“按本规范进行抗震设计的建筑，其抗震设防目标是：

当遭受低于本地区抗震设防烈度的多遇地震影响时，一般不受损坏或不需修理可继续使用；当遭受相当于本地区抗震设防烈度的地震影响时，可能损坏，经一般修理或不需修理仍可继续使用；当遭受高于本地区抗震设防烈度预估的罕遇地震影响时，不致倒塌或发生危及生命的严重破坏。”而现行《建筑抗震鉴定标准》中的抗震鉴定的目标仅是一个水准，即：“符合本标准要求的建筑，在遭遇到相当于抗震设防烈度的地震影响时，一般不致倒塌伤人或砸坏重要生产设备，经修理后仍可继续使用”。回避了“大震不倒”这一重要设防目标，而且用词十分含糊，如在中震时要求“一般不致倒塌”。1999 年 3 月开始实行的《建筑抗震加固技术规程》JGJ116—98 和《建筑抗震鉴定标准》GB50023—95 的设防目标和做法基本保持一致，相对于现行抗震设计规范，设防标准偏低。

鉴于以上情况，在结构改造工程中往往存在对既有建筑的加固改造和部分新建、扩建相结合，情况比完全新建或仅仅抗震加固要复杂得多，每个工程的改造后的性能目标不一样，后续使用年限不一样，掌握的标准尺度皆不一样。

因此，不可按《01 抗规》的设防标准对现行建筑进行鉴定；也不能按现有的建筑抗震鉴定的设防标准对改造工程，特别是其中新建部分进行抗震设计；对具体改造工程还要区别对待。

对于结构改造工程，更多地应偏重于“概念鉴定”和“概念设计”。由于地震作用更具有偶然性和突发性，在结构抗震分析上存在许多假定和量的不确定性，就更凸显“概念鉴定”和“概念设计”的重要性。应首先评定原有结构体系的规则性、整体性和整体牢固性（构件间的连接性能），分析其现阶段的实际抗震性能和进一步改造加固的可行性和难易程度，可以做出多种方案比较，结合业主的要求，作出结构改造的正确、经济的评估。

（二）明确改造的性能目标和后续设计使用年限

基于性能的抗震设计理念和方法，是建筑结构抗震设计的一个新的重要发展，自 20 世纪 90 年代在美国兴起，目前已引起工程界的广泛关注。在结构改造工程中应用尤显突出有效，美国 ATC40（1996 年）、FEMA237（1997 年）[3] 提出了既有建筑评定、加固中使用多重性能目标的建议，并提供了设计方法。在我国，徐培福、戴国莹[4] 提出在超限高层建筑结构设计中采用基于性能抗震设计的研究，并通过超限专项审查，在一些工程中加以试点应用。我国 2006 年颁布的国家标准《混凝土结构加固设计规范》GB50367，也开始在加固设计中引进这种设计思想，提出加固后的性能目标，包括“加固后混凝土结构的安全等级，应根据结构破坏后果的严重性、结构的重要性和加固设计使用年限，由委托方与设计方按实际情况共同商定”。并建议结构加固后的使用年限“一般情况下，宜按 30 年考虑；到期后，若重新进行的可靠性鉴定认为该结构工作正常，仍可继续延长其使用年限。”

首先，应确定结构改造的性能目标和后续设计使用年限。改造工程在抗震设计时设防目标，仍应该是“小震不坏、中震可修、大震不倒”，但在后续设计使用年限的选定上，不一定像新设计建筑那样，选为 50 年或 100 年。对于本来就未按《01 抗规》设计的既有建筑，那样做代价太大，反而促使被过早地拆除。可以和业主充分沟通，共同商定一个合适的后续使用年限。一般来说，1989 年以前设计施工的建筑被改造部分按 30 年是一个可以接受的标志性年限，较为符合当前加固改造技术发展的水平和我国十几年来所积累的经验；况且到了30年也并不意味着该房屋结构寿命的终结，而只是需要再次进行一次系统的检查和鉴定，以作出是否可以继续安全使用或应再次加固的结论。至于结构改造中的新增部分，仍可按常规50年设计，到了30年后和被改造部分一起，都进行一次系统的检查和鉴定，也是必要的。至于1989～2001年期间设计和施工的建筑，其改造工程设计可以根据其用途和重要性采用后续设计使用年限为35～40年，加固部分仍可按30年考虑。

若业主认为其房屋极具保存价值，而加固费用也不成问题，则可商定一个较长的设计使用年限，譬如文物建筑和纪念性建筑，这在技术上都是能够做到的，但毕竟很费财力，不应在业主无特殊要求的情况下，误导他们这么做。

至于一些保护价值较低的房屋，如原来修建标准就较低的工业厂房，工艺已经落后也要改造，但目前还需要用一段时间再更新改造，则把后续使用年限降到20年也是可以的。

（三）按后续设计使用年限确定结构改造的设防标准

我国抗震规范中规定的设计基本地震加速度为：50年设计基准期内超越概率为10%的地震加速度的设计取值。

设计基准期为50年。这个数值正好与现行国家标准《建筑结构可靠度设计统一标准》GB50068中规定的丙类建筑（大部分结构改造项目均属丙类建筑）的“设计使用年限”相吻合。

“设计使用年限”指设计规定的结构或结构构件不需进行大修即可按其预定目标使用的期限。在结构改造加固工程中的“后续设计使用年限”指被改造加固后的结构或结构构件不需进行大修即可按其预定目标使用的期限。

从广义来讲，设计使用年限或设计后续使用年限中的“预定目标使用的期限”，应包括抗震设防、安全性、耐久性等性能目标。

结构改造工程中基于性能的设计方法的一个特点是，设计人员（含鉴定人员）可以和业主共同探讨各种性能目标及其利弊（含经济代价），最后确定一个安全、适度、适用、可实施性强、经济合理的改造加固方案。

后续设计使用年限的确定是非常重要的，它是改造工程的设计基准期，它决定了各种荷载的取值。对于各种可变荷载，如楼面活荷载、屋面雪荷载和风荷载，不同的使用年限可有不同的取值。地震作用也随后续设计使用年限而变。

基于耐久性加固改造的后续使用年限，可以与基于抗震加固改造的后续使用年限区别对待。《混凝土结构加固设计规范》把它定为30年，应该说是较合适的。它较符合当前加固技术的发展水平，不能定得过长。由于耐久性加固时使用了胶粘剂，或涂刷化学防护膜，或其他聚合物等的加固方法，不论厂商如何标榜其产品的优良性能，这些人工合成材料不可避免地存在着老化问题，或者因高温、高湿、低温、冻融、化学腐蚀、振动、温度应力、地基变形等引起防护破坏，促使原构件损坏；或者因错用劣质材料或施工工艺不当，也易造成破坏。为防范这类隐患，对耐久性进行改造加固后，不能高枕无忧30年，还应加强定期检查或监测。检查时间的间隔可由设计单位作出规定，按《混凝土结构加固设计规范》的规定，第一次检查时间宜定为投入使用后的6～8年，且最迟不应晚于10年。

在国家关于结构改造标准尚未正式颁布之前，本书综合一些有经验设计和加固改造单位的意见，对改造工程的抗震验算方法作如下规定：

1. 水平地震作用的确定

结构抗震设计时，新建工程的地震作用按相当于重现期50年的取值。我国学者周锡元、龚思礼等，运用地震危险性分析的研究，可得到重现期不等于50年的地震作用，表6.2-1给出了不同设计使用年限对应的地震作用调整系数。

不同设计使用年限对应的地震作用调整系数　　表6.2-1

设计使用年限	10	20	30	40	50	60	70	80	90	100
调整系数	0.35	0.56	0.74	0.88	1.00	1.11	1.21	1.29	1.37	1.45

不同使用期地震作用的差异十分显著。由上表可知，若按后续设计使用年限为30年来校核设计改造工程，则地震作用比按50年基准期的取值要减小26%。

在建筑抗震规范中，一般建筑的设计基准期（设计使用年限）确定为50年，采用三水准设防思想。所谓的三水准，就是多遇地震、基本烈度地震和罕遇地震（通常也称为“小震”、“中震”和“大震”）相应的超越概率分别为0.632、0.10和0.02~0.03。若设计基准期不是50年，改为30年，则在30年内遇到同样超越概率的地震（小震、中震、大震）作用都将减小26%。这对既有建筑改造工程的分析是有利的，也是合理的。它并不意味着降低改造工程的基本设防烈度，也不意味着改变“三个水准”的设防思想。所有的分析工作都与现行规范的规定相行不悖。

2. 风荷载的确定

风荷载应按我国国家标准《建筑结构荷载规范》GB50009的规定确定，正常设计的基本风压应按50年一遇的风压采用，但不得小于0.3kN/m^2。若后续设计使用年限不是50年，宜按表6.2-2修正。

不同设计使用年限对应的风压值修正系数ψ_a　　表6.2-2

设计使用年限	10	20	30~50	100
调整系数	0.85	0.95	1.0	1.1

注：对表中未列出的中间值，可按线性内插法确定，当年限小于10年时，仍应按10年取ψ_a值。

3. 竖向荷载的确定

各项竖向荷载宜按原结构设计年代采用的我国国家标准《建筑结构荷载规范》的规定确定。由于现行荷载规范楼面活荷载取值比89荷载规范增加1/3，如果改造标准要求较高，后续设计使用年限定为50年或50年以上，则仍应按现行《建筑结构荷载规范》GB50009的规定确定，也可按改变用途后的实际楼面活荷载确定。

4. 关于承载力调整系数

我国现行《建筑抗震设计规范》GB50011中规定结构构件的截面抗震验算，应采用下列设计表达式：

$$S \leqslant R/\gamma_{RE} \tag{6.2-1}$$

式中　S——结构构件内力组合的设计值；

R——结构构件承载力设计值；

γ_{RE}——承载力抗震调整系数，除另有规定外，应按表6.2-3采用；

承载力抗震调整系数　　　　**表6.2-3**

材　料	结构构件	受力状态	γ_{RE}
钢	柱，梁		0.75
	支撑		0.80
	节点板件，连接螺栓		0.85
	连接焊缝		0.90
砌　体	两端均有构造柱、芯柱的抗震墙其他抗震墙	受剪	0.9
	其他抗震墙	受剪	1.0
混凝土	梁	受弯	0.75
	轴压比小于0.15的柱	偏压	0.75
	轴压比不小于0.15的柱	偏压	0.80
	抗震墙	偏压	0.85
	各类构件	受剪、偏拉	0.85

我国《89抗规》中关于承载力抗震调整系数的规定中关于砌体和混凝土部分与上表一致，钢构件部分均小于上表0.05。

我国《建筑抗震鉴定标准》GB50023-95中也建议采用现行国家标准《建筑抗震设计规范》规定的方法，按下式进行结构构件抗震验算：

$$S \leqslant R/\gamma_{Ra} \tag{6.2-2}$$

式中S和R的定义与式（6.2-1）相同，只是将式（6.2-1）中的承载力抗震调整系数γ_{RE}改用γ_{Ra}，并给定$\gamma_{Ra}=0.85\gamma_{RE}$。

由于γ_{Ra}取值比γ_{RE}小，致使式（6.2-2）的右端项使构件的抗力部分增大很多，会造成抗震验算偏不安全。尤其是砌体中的肢长小的墙段和混凝土偏压柱子受影响较大，过多地提高其承载能力，会带来安全度减小的隐患。

按照性能化抗震验算，水平地震作用已按后续设计使用年限折减，它影响墙、柱等竖向构件的竖向荷载组合值也已减小，因此不应把构件允许抗力过分增大。

目前我国结构改造规范尚未编制，一些有经验的设计单位遇到结构改造工程的抗震验算时，往往主张仅对水平地震作用加以削减，而对垂直荷载的取值从严对待，这是合理的。毕竟，地震是短暂作用，而垂直荷载中的绝大部分却是永久荷载，已经工作多年的既有构件再继续长期承担负荷，当然宜从严对待。同时，按照结构抗震安全评价的能量原则，一个结构及其构件的承载力较高，则其延性变形能力要求可有所降低。因此，本书主张仍按式（6.2-1）进行构件的截面抗震验算；承载力抗震调整系数仍按表6.2-3取用，不再乘以0.85。

5. 关于抗震构造措施

按照性能化抗震分析理论，不同的后续设计使用年限，不仅对应的地震作用可以较大幅度调整（表6.2-1），而且对应的抗震构造措施也可以调整，调整的幅度接近于表6.2-1，但构造措施主要是根据抗震概念设计原则，结合震害调查和构件试验结果制定的，本来就不是可以完全定量的指标。因此，用定量的方法来进行深化鉴定和构造设计是极为困难的。在我国结构改造规范尚未发行之前，各设计单位仍然遵循“概念鉴定”和“概念设计”的原则对既有建筑的抗震构造措施进行鉴定和补强。有的设计院作如下规定：

（1）凡已确定后续设计使用年限为50年的改造项目，其抗震构造措施应满足《01抗规》的相关规定；

（2）凡已确定后续设计使用年限为40年的改造项目，其抗震构造措施应满足《89抗规》的相关规定；

（3）凡已确定后续设计使用年限为30年的改造项目，其抗震构造措施应满足《78抗规》的相关规定，但对薄弱部位的重要构件应满足《89抗规》的要求。若采取加固措施，有条件将它处理得更牢靠一些。

四、结构体系的技术改造

我国近十几年来结构改造的实践证明，对既有建筑进行加固改造，不仅应针对有关构件进行加固，更应着眼全局，从结构体系上改善和增强，针对结构的整体性进行改造和加固。这样效果非常明显，较容易满足建筑物功能改造的要求。

在结构体系技术改造时，除应对体系本身进行强化改造外，还应注意对体系的升级改造，现将各种体系的常用改造方法分别介绍如下：

（一）框架结构的改造

1. 限制改造后的总高度和层数

经过近20年来世界上各次大地震的震害表明，纯框架结构在水平地震作用下侧移偏大，较难满足抗震规范规定的侧移限值，且纯框架结构的 $P\text{-}\Delta$ 效应显著，特别是已建成使用二三十年的框架要满足“大震不倒”难度较大；此外，由于侧向刚度小，围护结构和机电设备等在地震中损坏严重；填充墙在竖向和平面中的布置（包括使用期间的改变）往往对整个结构的质量和刚度分布影响很大。因此，针对纯框架结构的改造（包括增层），首先应限制改造后的总高度和层数：一般8度区不宜超过20m、5层，7度区不宜超过28m、7层。

2. 增设剪力墙形成框架-剪力墙结构体系

如果总高度和层数超过上述规定，或改造时对原框架造成抽柱、断梁等损害，则应在原框架中嵌入部分混凝土剪力墙，新增剪力墙的位置、厚度和数量应根据建筑平面中加墙的可能性和内力分析确定；新墙应设置于原来的柱间，与柱子和上下的框架梁牢固连结，尽量使墙在原有柱和梁的包围约束之中。

新增剪力墙后，形成多道防线；剪力墙吸收一定数量的水平地震作用，减轻了原有柱子的负担，使原有柱端剪力和弯矩明显减小，对原来不足的构造措施可以适当放宽。

3. 增设柱间钢支撑

如果增设混凝土剪力墙会增加建筑自重，须加固基础且湿作业量过大，则可改为在柱间增设交叉钢支撑，其效果同样显著。如果还想进一步吸收地震能量，减轻地震震害，则可在钢支撑的交叉节点处增设阻尼器。

阻尼器有两种：一种叫黏滞耗能阻尼器，在北京饭店、北京站等重要建筑中使用，目前大多为进口货；另一种叫摩擦耗能阻尼器，为我国自造，利用汽车刹车用的摩擦片与钢板多层叠合而成。经哈尔滨工业大学结构试验室试验证明，其耗能效果也很好。图 6.2-1 为沈阳某框架结构改造时在柱间安装摩擦耗能阻尼器的情况。

4. 调整平面布局，使柱网规则化。

图 6.2-1 沈阳市政府原楼的纵横墙正在安装摩擦耗能阻尼器

[**例 6-1**] 某住宅采用不规则框架，平面如图 6.2-2 所示，该框架柱子完全按建筑师的房间布局设定，考虑抗震不够，形成框架不成榀、单向框架、独柱框架、单跨框架等缺点，抗震鉴定不通过。改造时建议改成如图 6.2-2 所示。在⑨轴与Ⓓ轴相交处加个柱子，并在Ⓓ轴的⑨-⑩段加梁，使 D 轴上的 4 个柱连结成榀，提高北侧结构的纵向刚度，也消除了受力不合理的独柱；在⑩轴上的Ⓑ-Ⓓ段，板下加扁梁，使⑩轴上的 4 个柱连结成榀，由两个单跨框架变为刚度更好的三跨框架。

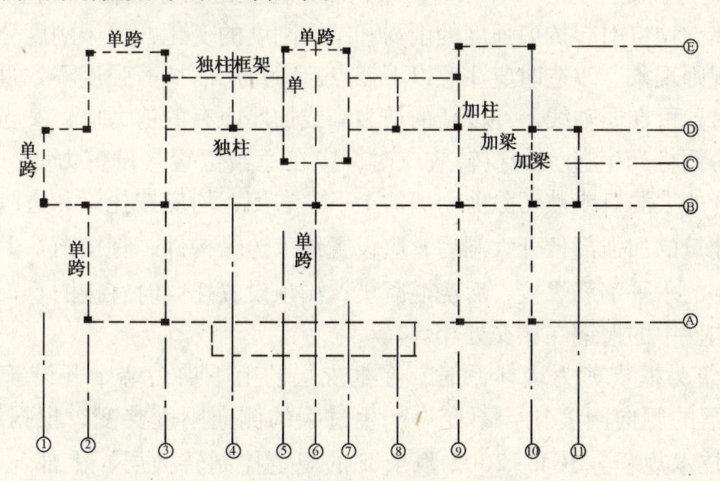

图 6.2-2 某住宅框架平面布置图

［**例 6-2**］某三层百货商场，建于 1953 年，框架结构，原设计和施工质量在当年是非常好的，但已过服役期，平面见图 6.2-3。现欲接建一层，若采用轻钢骨架（含钢支撑）、轻钢屋面和轻质保温外墙板，基础和柱子的承载力尚够，可以不作处理。但必须保证在大震时不发生强烈的扭转现象。因此，建议将平面中右端的缺口各层都用框架堵死，形成规则的平面，结合改造在适当位置增设抗侧交叉钢支撑，减轻柱子的抗震负担，加强顶部钢结构与下面混凝土框架的连结，新增的钢支撑上下层对应设置，原有柱子外表面作耐久性保护，今后注意维护，这个建筑仍可继续使用 30 年以上。

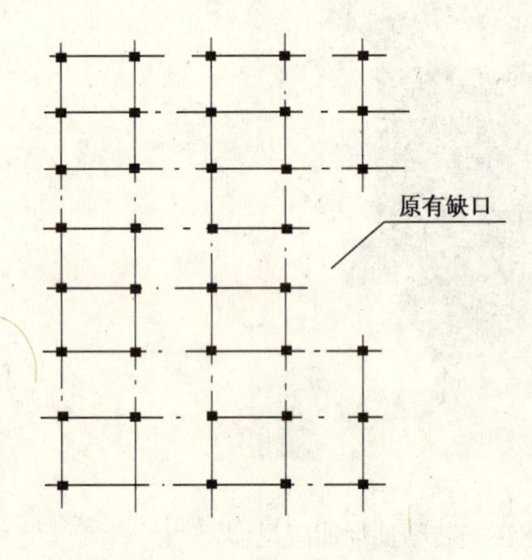

图 6.2-3　改造前一层平面

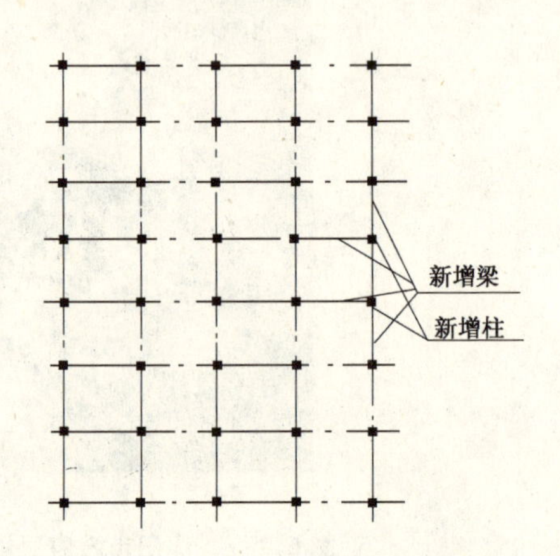

图 6.2-4　改造后一层平面

5. 加强重点部位柱子的承载能力和耐久性

年代已久的框架，应着重加固重点部位的柱子，如角柱、短柱、底层受荷特别大的柱、轴压比大延性严重不足的柱子等。

加大柱子的承载能力，可以适量弥补柱子因构造措施缺陷造成的延性不足。

（二）剪力墙结构的改造

1. 既有建筑为混凝土剪力墙体系时，结构改造往往是在剪力墙中开大洞口，甚至切除柱间整道剪力墙。这将引起抗剪强度的削弱和结构刚度的变化，由于刚度分布的不均引起竖向或平面不规则现象。改造时应注意以下三点：①每层的抗剪强度不致过多削弱，当取消一道剪力墙时，可在同轴线上补设新的剪力墙或加厚原有的剪力墙；②当取消剪力墙引起刚度分布不协调将产生过大的扭转效应时，应在适当位置补设剪力墙，以消除扭转效应；③在被凿开的大洞口或被切除剪力墙的上下左右侧，均应按托梁和边缘构件的要求进行加固。高层建筑的加强部位开大洞后，应设置约束边缘构件，宜按图 6.2-5 设置，采用槽钢与墙中凿出的水平钢筋焊接，后浇混凝土；洞顶设置托梁时宜按图 6.2-6 设置，托梁的槽钢与边缘构件中的槽钢在相交处相焊。

2. 既有建筑为框支剪力墙体系时，在框支层的上下剪力墙中开设新洞口，应注意验算框支层上下的侧向刚度比，不允许产生过大的侧向刚度突变，根据现行《高层建筑混凝土结构技术规程》JGJ3-2002 附录 E 的规定控制转换层，上部与下部结构的刚度。

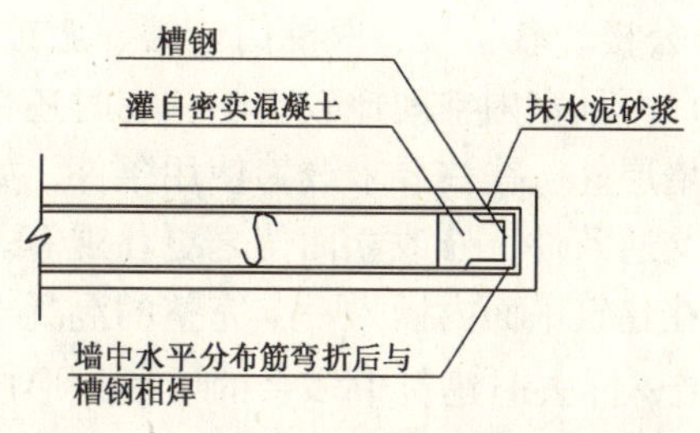

图 6.2-5　洞口边的约束边缘构件

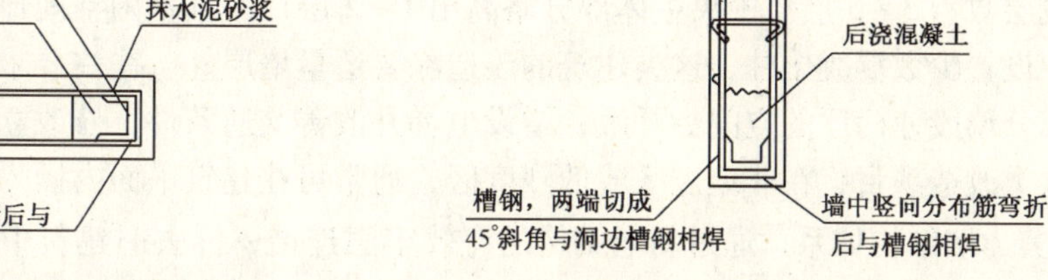

图 6.2-6　门洞上方托梁

3. 既有剪力墙建筑平面不规则或剪力墙布置不合理，易使改造后的结构在地震时产生严重扭转效应时，应在结构改造的同时合理调整，如在对抗扭转最有效的位置增设新墙；对引起过大偏心的旧墙可以开大洞加以削弱。

（三）砌体结构的改造

砌体结构占既有建筑中的很大比例，早期的改造主要是抗震加固改造，近些年来由使用功能改变引起的结构改造数量渐增。

常用的砌体结构加固方法是在原砌体结构中加混凝土构造柱（组合柱、约束柱）和圈梁（型钢或混凝土），形成约束砌体结构体系。通过约束可提高结构的整体牢固性，可增强砌体的强度和稳定性。

近十几年来，砌体加固的方法有了显著改进，从初期的加构造柱和圈梁的抗震加固，发展到夹板墙（在砖墙两边布置钢筋网格，喷射混凝土加厚）加固，再发展到现今已被广为采用的在砌体表面铺抹纤维网格布加聚合物砂浆。近来，一种强度和耐久性更好的钢绞线网格或镀锌细钢丝网格加聚合物砂浆的加固方法获得推广应用。为砌体结构的功能性改造创造更好的条件。

夹板墙法目前仍常用于砌体结构的加固改造。如北京的国土资源部办公楼，见图 6.2-2，存在超高、超层、墙体平面不闭合、L 平面肢长伸出过长及楼板裂缝等问题。在改造时首先将平面规则化，在 L 形的西楼新设一道防震缝，变成两个较规则的平面单元；在主楼中将原有的两道伸缩缝堵死（因原缝宽仅 20mm 且缝两侧的墙体在平面上不闭合，楼板似连非连），变成一个抗震结构单元。其次，将房屋的砖墙抗震体系改变为现浇钢筋混凝土剪力墙抗震体系。这一改变的主要思路就是用夹板墙法，在现有承重墙体两侧，用喷射混凝土施工方法，增设一定厚度的钢筋混凝土墙，新增墙和原砖墙结构成一整体。当未遭遇地震作用时，楼盖、屋盖和其他的原有垂直恒荷载主要由砖墙承受，其活荷载则由加固后的墙体共同承受。当遭遇设防烈度地震作用时，主要由钢筋混凝土剪力墙承受。此时，夹在两层剪力墙中的砖墙可能发生裂缝，将原来承担的外荷载转变为由混凝土剪力墙单独承担，因此，在抗震计算时可不考虑砖墙的抗震和承受垂直荷载能力，即水平地震作用和垂直荷载全部由钢筋混凝土剪力墙承受，这就意味着已改变了原房屋的抗震传力体系。若在设计中处理好混凝土墙和砖墙连接的构造，则此种方案将能保证 8 度区的抗震性能。

又如在一些低烈度区，夹板墙不必全部设置，仅利用原建筑的楼电梯间、洗手间等房间局部设置，形成几个小筒体，合理分布于结构段中，利用现浇楼板的整体性将水平地震作用传到几个小筒体上，减轻原有墙体的负担。

20世纪五六十年代修建的公共砌体建筑，如办公楼、教学楼、医院门诊楼、旅馆等，一般层数为3～5层。中央主体部分略高出1～2层，而且室内空间比较空旷，有时还在门厅中设置少数混凝土柱，这类建筑的改造除要适量增层外，往往要求改善使用条件，如拆除部分墙段使门厅的空间更开敞，增设电梯井改善交通条件，修改立面使之更壮观等。对于这类改造项目，在非地震区或低烈度区，通常可在建筑平面内插入一个完整的混凝土框架-剪力墙结构体系，通过新老结构的有效牢固连结，拆去旧建筑中多余的墙段，形成新的抗震的带混凝土剪力墙和砖剪力墙的框架结构体系。图6.2-7所示为沈阳市的一个办公楼，(*a*)为改造前的砌体结构平面；(*b*)为改造后的结构平面，黑色的柱和墙为新增混凝土部分。

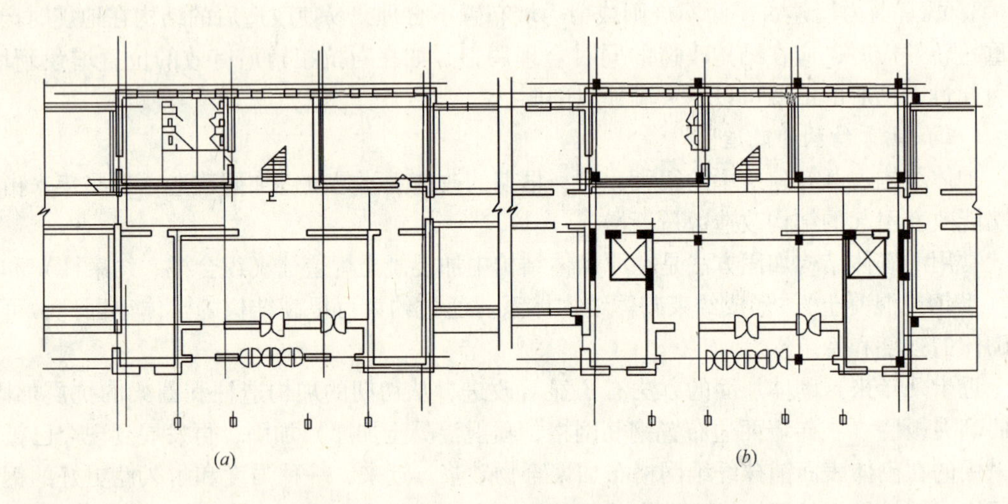

图6.2-7　一个砌体结构办公楼的增层改造
(*a*) 改造前的砌体结构平面　　(*b*) 改造后的结构平面

（四）工业厂房排架结构的改造

在老工业区，由于厂区外迁，留下高大陈旧的厂房。有的厂房曾是当地工业历史的辉煌写照，见证了几代人艰苦创业的历程。老百姓建议把它改造成工业博物馆、陈列馆、大型菜市场、商场、俱乐部等。

过去的单层工业厂房，大多采用平面排架结构，排架柱间和屋架间通过支撑连接，整体性较差，允许的侧移变形较大，且构件大多裸露，生产过程受工业气体腐蚀，耐久性较差。

但老工业厂房外部体量高大雄伟，内部空间宽敞明亮，不仅留下历史的记忆，更是给改造带来无限的自由度。在国外，许多建筑师乐于从事旧工业建筑的改造工作，而且成果层出不穷，成为当地居民最受欢迎的人。在欧洲几乎大多数老城镇都在攀比，看谁更出色地把旧工业厂房改造成新的用途，以保护城市记忆而引以自豪。

当厂房结构是整体性较差的平面钢结构体系或混凝土排架结构体系，应首先在柱间、桁架间增设或强化纵、横向钢支撑系统，形成空间整体性强的钢结构或空间排架结构体系。加强天窗架之间的整体牢固性也很重要，对于一些过于简陋、开启不便、保温不好的天窗架可以局部更换。

屋架（屋面大梁）支座的锚固牢固性，支撑屋架的柱顶牛腿支座的牢固性都是旧厂房的薄弱环节，在改造时应重点检查并采取措施加固。

如果整个屋盖系统的缺陷很多，耐久性已严重不足，则不妨通过论证将之拆除，改建为整体性强、重量轻的钢网架结构。

工业建筑的柱子一般设计得较坚固，原来要承担吊车动力荷载，现在不用了，承载有潜力，改造时应多加维护利用。柱间的外围护墙由于保温节能需要，一般宜加以改造。

在工业厂房改造中，还会遇到室内增层（或局部增层）或室外扩跨等改造内容，在本书第五章中已有论述。

（五）钢结构的改造

钢结构的改造重在提高结构的空间整体性，增加刚度，减少挠度，增加超静定次数，预防倒塌事故发生；特别是钢屋架支座的连接牢固性，可以变简支铰节点为固定铰节点；对于较长的杆件，可以采取增加腹杆的方法划小杆件的计算长度；有的杆件受压承载力不足，可以在杆件外面叠加焊接型钢，使原杆件的稳定系数升值明显提高，其抗压强度也随之提高，另外新增的截面积也可利用，起增强作用。图 6.2-8 为在原来的圆钢管柱外加焊 4 个小角钢，使圆柱变成方柱，承载力得到增强。图 6.2-9 为在原来的网架上弦压杆的外面加焊 4 个小翅片，使杆件的稳定系数升值增大，满足承载力要求。

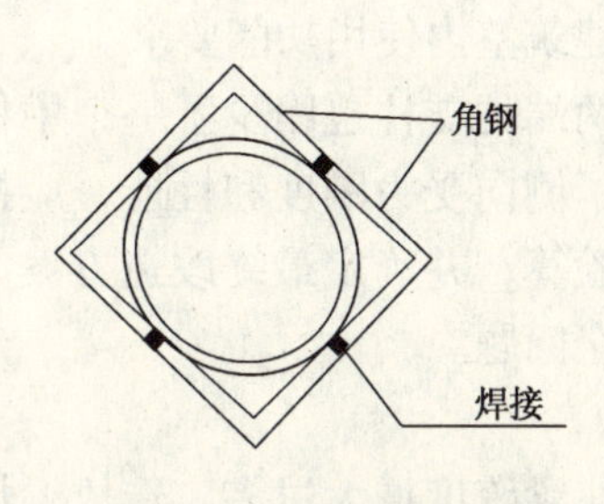

图 6.2-8　圆钢管加角钢

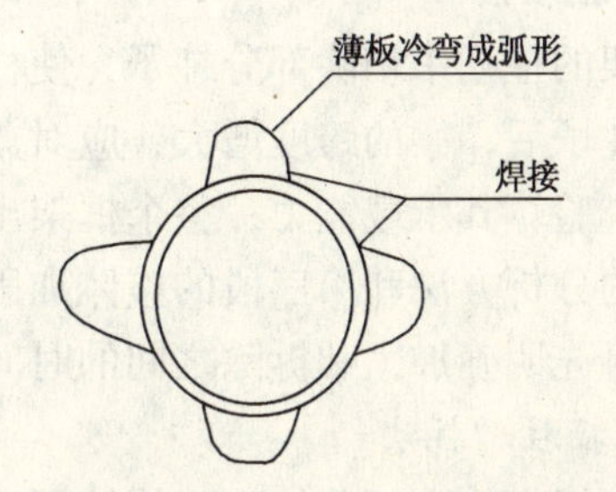

图 6.2-9　上弦压杆加焊小翅片

五、结构功能性改造的典型做法

在建筑物改造时，经常要求改变室内空间和平面布局，以适应新的使用功能，这种改造俗称功能性改造。这种改造一般是“扩小变大”，扩大柱网尺寸、增大层高或局部层高、拆除部分墙体等，形式和花样非常多。我国工程建设标准化协会标准《建筑物移位纠倾增层改造技术规范》在 8.2.2 条中提出的六种结构改造做法（见图 6.2-10）是将各种改造工程中常用的方法归纳为六种典型做法，现分述如下：

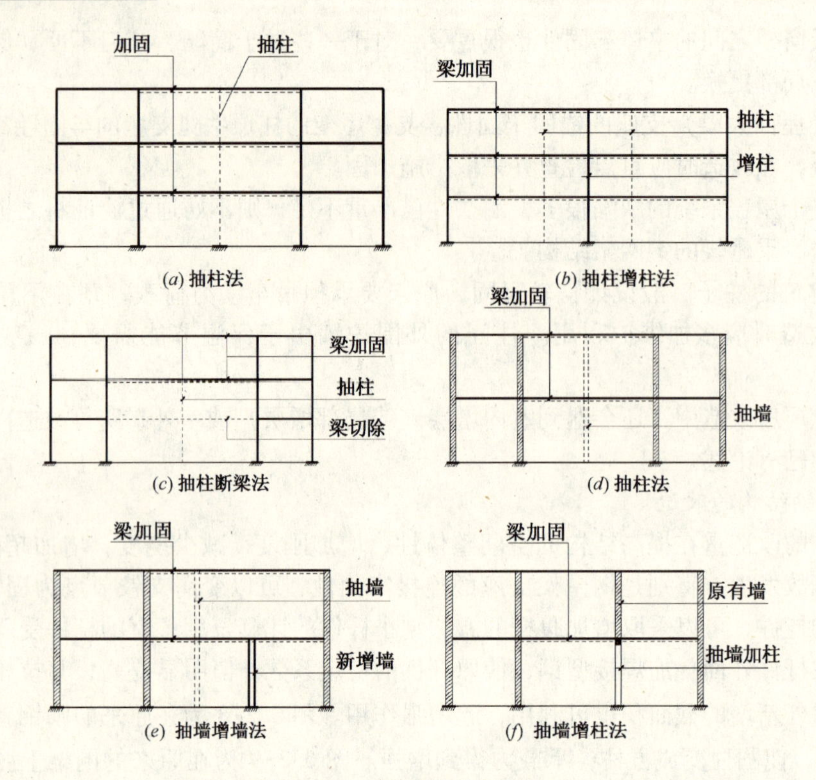

图 6.2-10　几种典型改造方法

(一) 抽柱法

在框架的柱列中切除部分柱子，使柱距增大，满足建筑室内使用功能要求。

切除柱子后，梁的跨度增大，应对梁进行加固；梁两端的支柱也因少了一个中柱而增加荷载，应验算其承载能力；整个框架出于抽柱，改变了侧向受力刚度和性能，应按照本节第二段的分析方法和第三段的整体加固措施予以重新验算，并确定最终改造方案。在改造时还应事先明确加固和拆除之间的时间配合和施工安全问题。

(二) 抽柱增柱法

在原框架中抽除部分柱列，使柱网尺寸增大。为不使梁跨度增大过多，造成梁加固的困难，又在抽除的柱列间增设新的柱列。

新增的柱列可以做得格外坚固，而且可以通过两方向的连梁与柱连成榀（横向与原有梁相连接，纵向新设梁与相邻柱列的柱相连接），对原框架结构损害较小。

(三) 抽柱断梁法

将多跨框架的中柱和与其相交的梁、板切除，形成局部大空间。这在既有公共建筑门厅的功能改造中常常遇到。

北京五洲大酒店改造工程就是抽柱断梁法改造的一个典型案例。该工程主楼部分地下 2 层，地上 18 层，采用局部框支剪力墙结构体系。此次改造是由于原有门厅大堂柱子过多，层高过小，不够气派，业主要求拆除原结构中首层第 2 层的 8 根框支中柱以及一层的楼盖，形成宽敞的、相当于原 2 层高的新门厅大堂。

在确定结构改造方案时，采用“先加固后拆除”的总体设计方案，利用上部设备层的高度做预应力框支梁进行托换，并将边柱截面加固加大，在梁上还有15层建筑的情况下拆除原中柱和原一层楼盖。在拆除过程中，对梁柱内力和变形进行了精确的观测。利用预应力技术不但有效地解决柱的拆除问题，而且可解决框支梁的变形问题，为今后此类工程的改造设计提供了可参考的经验。

（四）抽墙法

在砌体结构中拆除部分承重墙，扩大室内平面布局。

由于抽掉墙，应在原墙顶位置增设梁，以支承楼板和上部墙体的荷载。梁可根据具体情况设置托梁、吊梁或反梁。反梁一般用于屋面楼盖处，吊梁吊于顶层反梁上。

新增梁的集中荷载传于墙上，原有的墙垛应考虑增强。若承载力不足，可作组合柱或扶墙混凝土柱，或将墙处局部拆垛，嵌入一个混凝土柱。

（五）抽墙增墙法

在砌体结构中改变承重墙的布局，改变房间布局。

例如某办公楼要改为门诊楼使用，原来的纵向内走廊太窄，则可将靠北边的走廊内纵墙拆除，在其北边另设新的内纵墙，使走廊轴线间宽度从1.8m扩展到3m，相应北向房间的进深减小1.2m。

新增加墙，相应新增墙基础，出于基础后建，要考虑与老基础之间的沉降差影响，宜适当加大新基础的底板尺寸，或在新基础底板上预留孔洞，以便往后用锚杆静压桩控制地基变形。

新增加墙后改变了楼板的支承条件，应对楼板进行加固处理。

（六）抽墙增柱法

在砌体结构中抽掉原有承重墙后，用混凝土柱代替墙承重。

抽掉的墙不可过多，否则会改变整体结构。将砌体结构变成内框架房屋，甚至独柱内框架或单排柱内框架，对抗震不利。新增的柱之间宜用混凝土梁相连结，形成框架。

（七）结构功能性改造的其他特例

以上六种做法是各地常用的功能性改造做法。下面介绍几个比较特殊的改造实例：

1. 整体提升

（1）某3层框架，拟顶部接建2层改造为商场使用，但原来首层的层高仅3.6m，业主认为太低了，宜改为4.8m。经研究，决定将首层的全部柱子切断，用千斤顶同步整体顶升1.2m，同时对柱子进行加固处理，待柱子和基础加固完成后，再接建上部2层。

（2）某18层框结构，原顶层为层高仅2.2m的设备层，现业务发展，原房屋已不够用，拟将该设备层改造为可用于办公的房间，则采取整体提升法。将长2.2m的柱在高度中间切断，部分剪力墙也在此高度处切断，用千斤顶同步整体顶升混凝土屋盖，然后加固接长柱和墙，获得4.2m的新的层高和新的使用空间。

2. 外挑扩容

北京某大酒店除前述用抽柱断梁法对大厅进行扩大空间的改造外，业主要求从设备层（第三结构层）至十七层的全部客房要扩大进深，增加客房面积，以便从三星级提升为准五星级。由于内部柱网尺寸不能变动，故采取向外侧延伸的办法，在框架外边柱的外边梁上钻孔、植筋，增加悬挑梁、板，使原有结构向外延伸2.05m，外挑扩容达到增大客房面积的目的，而原建筑的立面造型完全照原样外移。

3. 减法改造

据报载："2007 年 1 月 6 日，号称西湖第一高楼，建成至今才 13 年的浙江大学湖滨校区教学主楼被实施爆破；1 月 7 日，青岛市昔日的标志性建筑之一——建于 15 年前的铁道大厦，也被爆破拆除。这几项拆除工程引来一片质疑：仅仅使用了十几年的大楼，为何如此被草草结束寿命?"

该报继续写道："全部是钢筋混凝土结构的浙大湖滨区教学主楼至少可以使用 100 年，由于所在地块被高价出让，受让方要求平整土地后重建一个大型商业项目。"

该报继续写道："当初建造西湖第一高楼时，就有专家对在西湖旁建高楼持反对态度，但由于特殊背景，高楼还是冲破有识之士阻拦，在西子湖畔巍然耸立。"

为何不经充分论证就贸然施爆？为何连地下二层地下室也要一起爆破清除后受让方方可付款买地?

许多从事结构改造的专家认为：该楼不应该采取爆破的方法，而应采取切割拆卸的方法，把影响西湖景观的高楼顶上部分拆掉，整个保留 2 层地下室和地上 5 ~ 7 层大柱网框架，加以改造，与新建建筑协调处理，和谐共生，完全可以当商业建筑使用，而为国家节约社会财富。

爆破是一种危害极大的破坏手段，不仅使原楼粉身碎骨，而且要连根拔掉，包括基础都要彻底清除，并且危及周围环境。现今切割手段非常先进，既不危及周围，又可以把建筑中要保留的部分无损地保留下来。

六、结构构件的加固改造

结构构件的加固改造，应根据该构件的性能缺陷，有针对性地进行性能改造。如柱子，有的因抗剪承载力不足，有的因延性不足，有的因耐久性不足而须加固，不能仅用一种加固方法"包打天下"，譬如将抗压强度不足的加固方法盲目用于所有的情况。再譬如原有柱已是短柱，再用加大截面法反而成为超短柱了，所以加固方法要"对症下药"。

以下分别对柱子、楼板、梁、墙等主要构件的加固改造进行分类概述。对它们的具体加固方法将在本章第三节中详细介绍。

（一）柱子的加固改造

柱子的加固改造可以归纳为以下几种类型，每种加固类型应采取相应的加固对策。

1. 安全性加固

（1）抗压强度不足。一般指偏心受压承载力不足，可用加大截面法、外包钢加固、贴碳纤维布加固等等常用方法进行加固；

（2）抗剪强度不足。当抗压强度足够，仅抗剪强度不足时，可用绕钢丝法、贴碳纤维箍条法进行加固；

（3）抗震构造措施不足。构造措施有许多内容，宜针对具体不足部分有针对性地加固；

（4）延性不足。由于轴压比超过限值引起的加固，根据轴压比超值的程度，分别用绕钢丝法、外围叠合混凝土法等。当计算叠合性的后叠合外围混凝土的轴压比时，新加轴力应按柱子新老混凝土的竖向刚度比例分配，这样叠合前的原有轴力全部由核心部分混凝土承担。叠合后增加的轴力，按竖向刚度比分配，分配到外围混凝土上的轴力就比较小，可以使外围混凝土的轴压比控制得比较小，达到延性加固的目的。

混凝土理论可以证明，柱子的抗震延性控制，实质上是控制柱子截面在设计阶段（小震组合）的压应变值不应过大，在大震时截面一般将产生大偏心受压破坏，其最大压应变均发生在截面的边缘。当边缘混凝土压应变超过极限压应变值（0.003~0.0033）时，则产生压溃现象，导致截面破坏。叠合理念是设法改变设计阶段轴力在截面上的分布，减小外围混凝土的边缘压应变值，使之与极限压应变值相差更大，达到增加截面的转动变动能力，增加延性，并可适当减小外围的叠合截面积。

2. 耐久性加固

柱混凝土由于保护层过薄、强度过低、混凝土配制不当（水泥骨料、掺合料、外加剂选择不当）以及时间、冻融、环境介质等因素引起混凝土性能退化，裂缝开展，钢筋锈蚀等现象，影响柱子使用的耐久性。这方面的处理方法常用的有修补裂缝，在混凝土表面涂刷化学液剂起防护阻锈作用，也有的可减缓混凝土的碳化作用。当然若条件允许，在原柱外围外包一圈新的强度高的钢筋混凝土，是对原有柱的最好保护。

3. 综合加固

有的柱子各项指标大都不合格，那就要采取众多加固手段综合整治。

有一个柱子，在浇筑泵送混凝土时，误把润滑管道的砂浆当混凝土浆倒入柱模板中，拆模后发现该柱柱身有1.5m高度是已凝固的砂浆，强度只相当于C10，该柱原设计断面为1200mm×1200mm，采用C60混凝土，其上面各层主体已建成而且质量没问题，仅该层柱在1.5m高度范围内须加固处理。经研究最后采取置换法处理，如图6.2-11所示。在柱中心区保留600mm×600mm砂浆截面积，外围一圈厚度为300mm的砂浆层分四次凿去，上部凿成斜面保留原有钢筋，补灌C80级高强混凝土，修补效果良好。

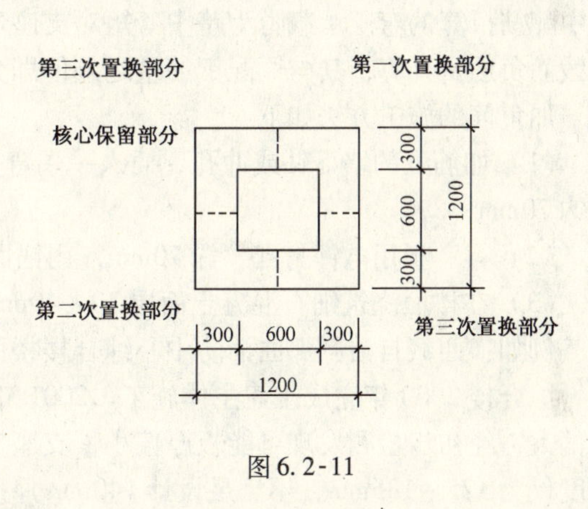

图6.2-11

4. 柱加固实例

沈阳商业城曾是沈阳最大的商业建筑，1996年一场大火使占地120m×120m，总面积达8万m^2的钢筋混凝土框架结构遭到严重损伤。原柱断面为900mm×900mm，表面混凝土烧伤深度达100mm。其中50mm应凿掉，原有钢筋仅能按构造钢筋使用，凿去烧损部分后再叠合浇筑外包混凝土150mm，使断面增大为1100mm×1100mm。外包部分重新配置柱的纵向钢筋和箍筋。核心部分（刨后净断面800mm×800mm）承担加固前的荷载，叠合成整体后按竖向刚度分配共同承担后期荷载，由于后期荷载较小且外包的截面积与核心截面积接近相等，原柱核心部分分配到约3/4的总轴力，外包混凝土仅承担1/4的总轴力，其设计轴压比值为0.29，仅为火灾前设计轴压比的32%。外包部分新加的纵筋、箍筋用量均满足7度设防构造要求。叠合后核心部分的轴压比为0.86，虽稍大，仍满足抗震等级为III级的框架要求。此外，该工程灾后加固时利用楼梯间等柱间增设剪力墙，使原来的纯框架变成框架-剪力墙结构体系，使之具有足够的抗大震能力。

（二）楼板的加固改造

楼板的加固通常有楼板增荷，提高楼盖整体性，增强耐久性，楼板开大洞时的加固等。现将常用的方法介绍如下：

1. 粘钢板及粘纤维布

对于验算配筋量差值较小（相对受压区高度系数 $\xi \leqslant 0.5$）的楼板，采用等拉力（强度设计值与截面积的乘积）法用薄钢板或碳纤维片材粘贴加固。

加固位置选择应根据楼板的使用状况决定。一般楼面已做装修或板支座有墙时，可在楼板跨中下表面粘贴，在结构验算时采用弯矩塑性调幅方法，即将支座弯矩调向跨中。当楼面要重新装修时，则可在板支座上表面粘贴，同样采用将跨中弯矩调向支座。当楼板上、下面均可粘贴时，则不需弯矩调幅了。

2. 板面作混凝土叠合层，板支座加负弯矩钢筋法

由于施工原因造成板厚不足、配筋不足或混凝土强度不足使板承载力不满足设计要求，或者板荷载等级增大导致板承载力不足，或者板的挠度过大，整体性差。当楼面处于未装修状况（或将已有饰面凿除）时，采用板面加配筋是一种较好的补强方法。

根据设计荷载要求，计算出跨中弯矩与支座弯矩。当跨中配筋不满足跨中弯矩时，以跨中配筋折算的弯矩承载力为跨中弯矩对支座弯矩进行调幅，以调幅后的支座弯矩进行支座截面负筋量计算，其与原配钢筋量之差值即为需加固的负钢筋。

加负筋的施工方法如下：

（1）加筋处的墙下钻或冲孔，插入一端弯直钩70mm的负筋；插入后的直筋端也弯成直钩70mm；

（2）梁、板用电锤打孔，深70mm，用锚固胶将钢筋两端锚固在孔内；

（3）在楼面浇筑细石混凝土面层30～40mm，随浇随抹平，并撒水泥素灰压光。

例如：西藏自治区那曲消防中心综合楼楼面加固

综合楼2000年完成土建主体施工。2001年6月进行内部装修时发现二、三层楼板振动偏大，经初步检测发现可能板厚偏小，支座负筋配置有误。经检查，二、三层部分楼板厚度仅为125～135mm，不满足设计140mm厚度要求，配筋中主要是有些板的支座区负筋将 $\phi10$ 误配为 $\phi8$。根据各层的情况不同，采用支座区加负筋的的方法加固，加固量为 $\phi10@200\sim500$，从轴线外伸1300～1450mm。

3. 板跨中加钢梁法

在板的跨中加型钢梁，使板在钢梁支承处截面上部开裂形成简支支座。若在钢梁支承处的板上面加支座负筋，则此支座仍为连续梁支座。由于板跨度减少，从而使板的内力大幅度降低，从而使板能承受更大的荷载。

例：某酒店欲将一房间由餐厅改为库房，原楼面活载为2.00kN/m^2，现浇板，板厚100mm，楼板为连续板板跨 $l=4$m，采用板跨中加钢梁法，其楼面活载可提高至多少？

加钢梁处容许开裂，按一端固定、一端铰支座验算。原楼面荷载设计值 $q_1=7.19\text{kN/m}^2$，跨中弯矩值 $M_1=\frac{1}{24}q_1l^2=4.57\text{kN}\cdot\text{m}$；支座弯矩为 $M_2=\frac{1}{12}q_1l^2=9.14\text{kN}\cdot\text{m}$。在跨中加钢梁后，跨中弯矩为 $M_3=\frac{9}{128}q\left(\frac{l}{2}\right)^2=\frac{1}{57}q_2l^2$，支座弯矩为 $M_4=-\frac{q\left(\frac{1}{2}l\right)^2}{8}=-\frac{1}{32}q_2l^2$

按跨中弯矩相等反算 q_2 值。

$$M_1 = M_3 \qquad 4.57 = \frac{1}{57} q_2 l^2$$

$$q_2 = \frac{57 \times 4.57}{l^2} = \frac{57 \times 4.57}{4^2} = 16.28\text{kN/m}^2$$

按固端支座弯矩相等反算 q_2 值。

$$M_2 = M_4 \qquad 9.14 = \frac{1}{32} q_2 l^2 \qquad q_2 = \frac{9.14 \times 32}{4^2} = 18.28\text{kN/m}^2$$

取较少值为 q_2，即 $q_2 = 16.28\text{kN/m}^2$；

原楼面荷载设计值中，静荷载部分为 4.39kN/m^2，因此活荷载标准值为：

$$q_k = \frac{16.28 - 4.39}{1.40} = 8.5\text{kN/m}^2$$

4. 板面加型钢法

对于一些局部楼面需临时加荷载或因急需加荷载时，可以采用楼板面加铺型钢面层，与原楼板形成叠合层共同承担楼面荷载。结构设计时除了按增加荷载作用的弯矩设计选用型钢外，另外为了让型钢层充分发挥承载作用，尚应计算型钢层在增加荷载作用下产生的跨中挠度 f，在支座处加厚度为 f 的垫层将型钢层的支座垫高。

例如：某通信楼改建一房间为电池放置室，原楼板面活载标准值为 2.0kN/m^2，现楼面活载标准值为 10.0kN/m^2。设计板加型钢法加固楼板。楼板跨度 $l = 4\text{m}$。

板面增加活载标准值为 8kN/m^2，增加型钢自重 1kN/m^2，增加楼板设计值为 $\Delta q = 8 \times 1.4 + 1 \times 1.2 = 12.4\text{kN/m}^2$，取 1m 宽板带计算增加楼面跨中弯矩：$M = \frac{1}{8} \Delta q l^2 = \frac{1}{8} \times 12.4 \times 4^2 = 24.8\text{kN·m}$ 所需型钢层净截面模量 W 为：$W = \frac{M}{f}$

式中，f 为钢材抗剪强度设计值，对 Q235 钢 $f = 215\text{N/mm}^2$。

$$W = \frac{24.8 \times 10^6}{215} = 115350\text{mm}^3$$

选用 18 槽钢，腹板向上平放，其单根 $W_y = 21520\text{mm}^3$，1m 宽平铺 $W = 21520 \times \frac{1000}{180} = 119560\text{mm}^3$　满足设计需要。

槽钢挠度计算按简支梁受均布荷载计算：$f = \frac{5 q_k l^4}{384EJ}$

取宽 180mm 的单根槽钢计算，其中 $q_k = 9 \times \frac{180}{1000} = 1.62\text{kN/m} = 1.62\text{N/mm}$，$l = 4000\text{mm}$，$E = 2.1 \times 10^5 \text{N/mm}^2$，$J = J_y = 1.11 \times 10^6 \text{mm}^4$

$$f = \frac{5 \times 1.62 \times 4000^4}{384 \times 2.1 \times 10^5 \times 1.11 \times 10^6} = \frac{2073 \times 10^{12}}{89.5 \times 10^{12}} = 23.16\text{mm}$$

因此，型钢叠层在两端支座处应垫高 23mm。

对楼板支座处，尚应以增加后的总楼面荷载进行支座混凝土板截面的抗剪验算；当混凝土的抗剪承载力不足时，尚应对型钢支座处作抗剪加固处理。

（三）梁的加固改造

1. 梁跨度不变情况下的加固改造

在梁跨度不变情况下，为了提高梁的承载能力、减小挠度、提高抗裂性，常用以下几种方法：

（1）粘钢板及粘碳纤维片材加固

对于验算钢筋量差值较小的梁，即相对受压区高度系数$\xi \leqslant 0.5$，或差值在0.2以内，可采用粘钢板及粘碳纤维片材加固的方法。具体设计及施工方法见《混凝土结构加固技术规范》及《碳纤维片材加固混凝土结构技术规程》。

（2）加大截面法加固

根据现场结构的实际情况，可分别采用受压区或受拉区两种不同的加固形式。具体设计及构造施工等参见《混凝土结构加固技术规范》。

（3）外包钢加固法

在梁两侧用角钢及扁钢外包形成钢桁架与梁共同承载荷载。构造上有粘贴湿式外包钢加固与分离式外包钢加固。分离式外包钢加固在钢材桁架安装完成后，在梁跨中下表面与钢桁架下弦杆（或下弦杆的水平连接板）间用铁楔子楔紧，使钢筋混凝土梁减荷，使外加钢桁架预加荷。湿式外包钢加固构造及施工参见《混凝土结构加固技术规范》。

（4）预应力加固法

预应力加固钢筋混凝土梁有预应力拉杆、预应力下撑式拉杆及无粘结预应力钢绞线等。预应力拉杆与预应力下撑式拉杆的设计、构造及施工参见《混凝土结构加固技术规范》。

无粘结预应力钢绞线加固的布置见图6.2-12，其结构计算简图见图6.2-13。梁端预应力筋总拉力为T。

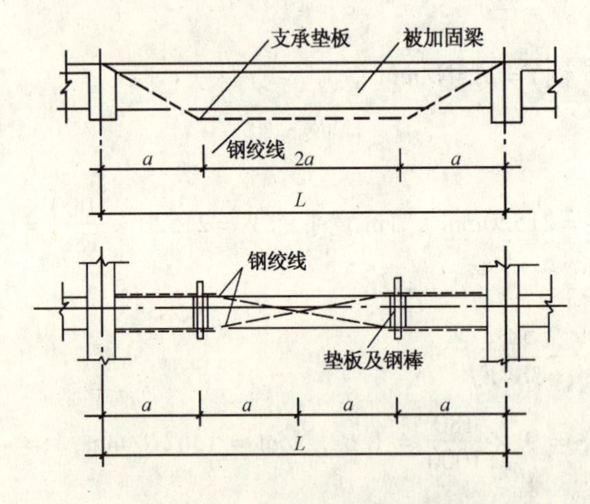

图6.2-12　预应力钢绞线加固梁

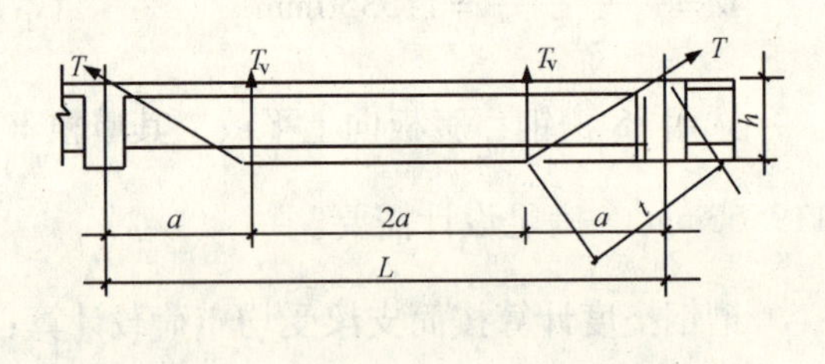

图6.2-13　预应力钢绞线加固梁计算简图

有了T_v，根据垫板及钢棒的布置与梁支座的情况按结构力学的方法可以计算出梁的跨中弯矩与支座弯矩。此弯矩与梁增加的荷载弯矩符号正好相反，使它们平衡，即可算出应张拉的预应力筋总拉力T，进一步选定有效预应力、预应力筋截面及直径、根数。

无粘结预应力筋张拉施工时，尚应对梁的跨中反拱度进行实测，控制其最大反拱度值在 $L/150$ 以内。

2. 梁扩跨后的加固改造

当框架结构实行“抽柱”改造时，框架梁的工作条件有很大变化，常用的方法有以下几种：

（1）梁加固

一般梁在柱子支承处底部纵向筋是分离的。为了使“抽柱”后梁在柱子处能承受正弯矩，在“抽柱”前应将底部纵筋焊接在一起，并以此构造进行梁抗弯承载力计算。当抗弯承载能力不足时，再用外包钢等加固法提高承载力。

例如：沈阳客车厂生活间门洞改造

车间附属生活间系 4 层框架结构，纵墙上需开行车门洞，需要抽去一根 400mm × 400mm 的钢筋混凝土柱。底部纵筋 2 ⌽28 伸过柱子约 300mm，采用的加固措施是将两侧梁伸入柱子的 2 ⌽28 底部纵筋在柱两边梁下部凿出外露，并侧边焊接 150mm；梁底角加 2∟125 ×80 ×8；洞口两侧原梁下与地梁上用砖墙堵砌。

（2）梁两侧钢桁架加固

对于楼层下梁两侧有足够的高度空间可用于加固处理时，在梁两侧各设计一榀型钢桁架，并使两榀桁架之间及与原梁之间锚接。由于抽柱后钢桁架的支端压力对两边柱增加的荷载，需对边柱及边柱地基基础进行抗压验算，并采取加固处理。为了避免地基基础的加固处理，亦可在下一楼层采用类似的梁两侧加钢桁架处理措施，将两边柱的荷载又传回上层抽去柱的柱子及地基基础。

例如：沈阳玻璃厂老切装车间抽柱扩跨——钢桁架加固法

沈阳玻璃厂老切装车间厂房是日伪时期建筑，一层为现浇无梁楼盖钢筋混凝土结构；二层为现浇钢筋混凝土框架结构；三层为钢框架结构；四层屋面为钢柱上设 19. 5m 轻钢屋架结构，其结构平面布置见图 6. 2-14。根据新的生产工艺要求，在保留四层楼面结构的前提下，将一 ~ 三层④ ~ ⑥轴 12 根柱抽掉，形成高 15m、跨度为 19. 2m 的通道。

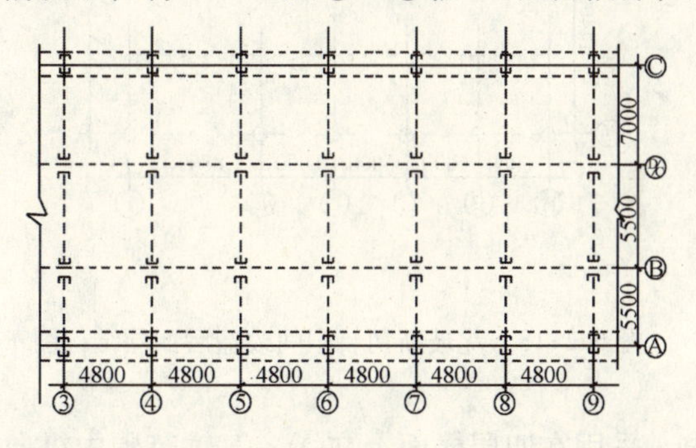

图 6. 2-14　沈玻老切装车间三层原钢结构框架图

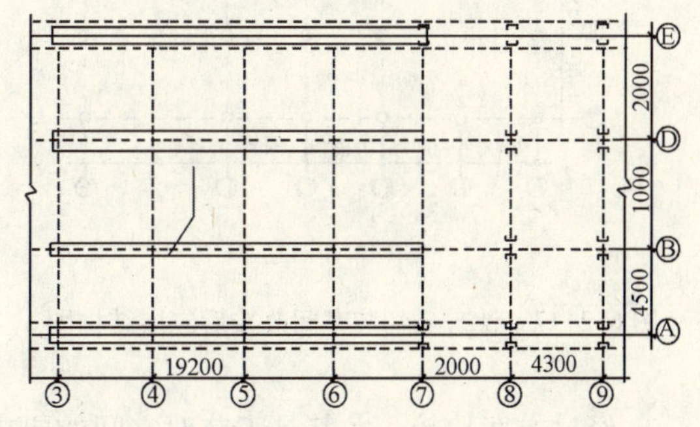

图 6. 2-15　沈玻老切装车间改选后三层钢结构图

根据原结构三层钢柱为 2I28a，三层顶部为钢梁：纵向 I28a、横向 I50a 的条件，采用在三层顶部纵向梁 I28a 下部，在③-⑦轴间设置平行弦桁架式钢屋架方案，如图 6. 2-15 所示。此方案能满足工艺要求的作用空间，可在平台上分段制作，分段拼装与原柱焊接施工方便，且保证在不停产情况下施工。

钢桁架的结构计算简图如图 6.2-16 所示。各排桁架的 P_1、P_2 为 29～68kN；设计上弦杆 2∟180×110×10～2∟200×14，下弦杆 2∟180×110×10～2∟200×14，腹杆 2∟80×10～2∟125×10。跨中挠度计算结果控制在 1/800。

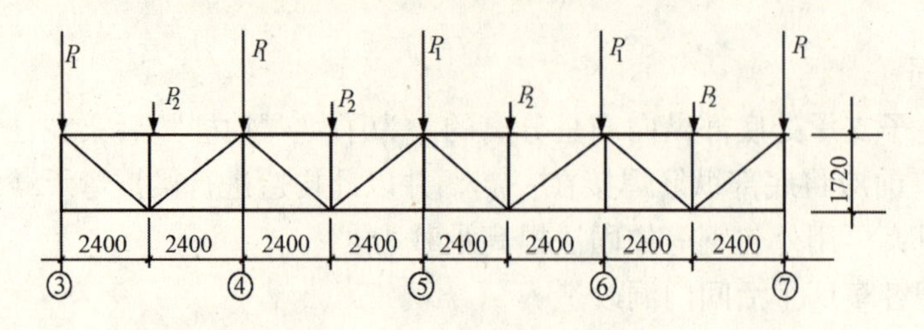

图 6.2-16　新加钢架结构计算简图

（3）上层反梁加固

当抽柱的一层层高受限制，不便采用梁加固及钢桁架加固时，可以在上一楼层，尤其是屋面层采用现浇钢筋混凝土反梁加固，反梁宜设计为预应力钢筋混凝土梁。

例如：沈阳玻璃厂新切装车间厂房抽柱扩跨——上加钢筋混凝土梁

该厂房为 4 层钢筋混凝土框架结构，横向Ⓐ～Ⓕ五跨，纵向①～⑩十三跨，如图 6.2-17 所示。现为了安装新设备，需将一～三层Ⓐ～Ⓔ轴的⑧、⑨轴柱共 10 根及Ⓕ轴⑧～⑩轴柱共 3 根抽去，形成如图 6.2-18 所示的新空间结构。

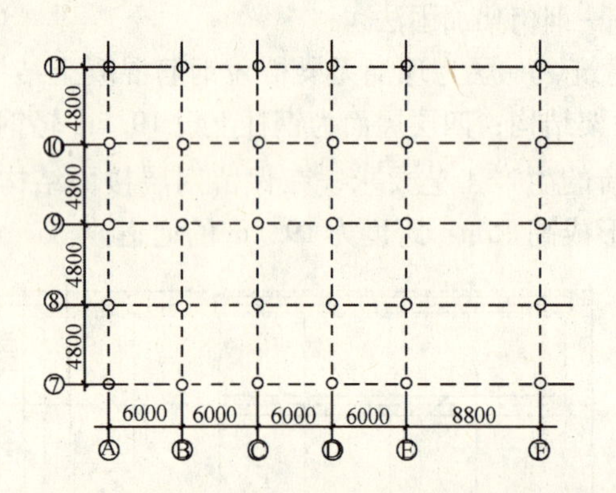

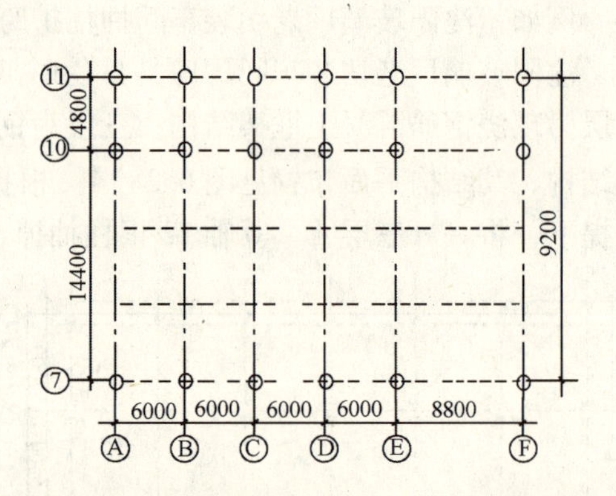

图 6.2-17　沈玻新切装车间改造后二层结构图　　图 6.2-18　沈玻新切装车间改造后四层结构图

经过方案比较，尤其是工艺对空间的要求，采用在四层楼面上在Ⓐ～Ⓔ轴范围内纵向梁⑦～⑩轴与在Ⓕ轴沿纵向⑦～⑪轴设置穿柱式无粘结预应力钢筋混凝土梁，承受楼面及上部结构荷载。新增结构在四层楼面上施工方便，采用预应力配筋技术可以控制结构较小的变形。各轴线加固梁根据作用在每抽柱上的结构荷载计算梁的内力及无粘结预应力钢筋和非预应力钢筋，其结构图如图 6.2-19 所示，其配筋计算结果如表 6.2-4 所示。

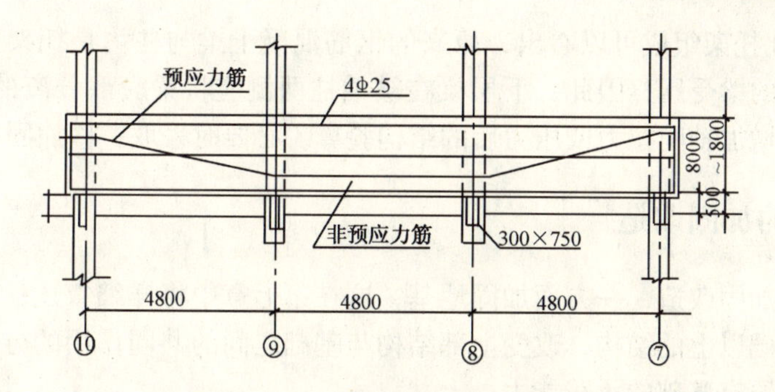

图 6.2-19　钢筋混凝土梁加固图

沈玻新切装车间加固梁配筋　　**表 6.2-4**

梁 编 号	轴　线	配筋数量		注
		无粘结预应力筋	非预应力筋	
XL-1	Ⓐ	$6U7\phi_5^j$	12⏀36	
XL-1′	Ⓔ	$8U7\phi_5^j$	15⏀36	
XL-2	ⒷⒸⒹ	$8U7\phi_5^j$	14⏀25	
XL-3	Ⓕ	$14U7\phi_5^j$	15⏀36	

根据抽柱后的结构和原结构的结构验算与对比，对Ⓕ轴⑦、⑪轴柱与基础进行加固处理。

（4）上层托架加固

有些公共或商用建筑为了使底层形成较大的平面空间，往往需要抽柱。由于此类建筑原有柱网及荷载均较大，因此，底层柱的荷载就较大，抽柱后将荷载传给相邻柱，较好的改造方案是上层托架加固。

图 6.2-20 为钢托架抽柱加固方案，图中 S 杆为拉杆，N 杆为压杆。设计时可先选择压杆截面，按压杆稳定计算出压杆的承载力及其承载力竖向分力 N_v，被抽柱的总竖向荷载减去 N_v 后的剩余部分再设计拉杆 S。以被抽柱的一半荷载加至相邻柱及基础，柱与基础承载力不足时，对柱及基础需采取加固措施。一般对地基及基础采取加固措施比较费事。若地下室空间可能时，则在地下室仍采用托架加固方案，将相邻柱增加的荷载再传回至被抽柱基础。

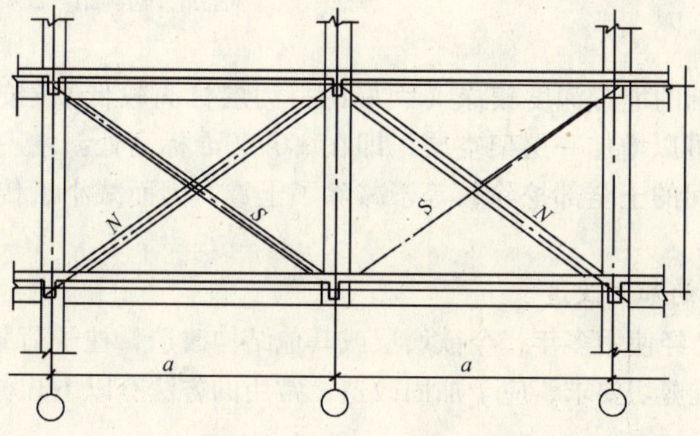

图 6.2-20　上层托架加固

从图6.2-20托架组成可以看出，原来的钢筋混凝土梁与柱均是托架的一部分，下层的梁受拉，上层的梁受压，因此，下层梁在被抽柱两侧应将梁底部分离的底部纵筋焊接，对上、下梁进行增加轴间拉力或压力后的结构验算，必要时采取一些加固措施。

七、基础的加固改造

地基基础的加固改造，一方面加固地基，这在第七章中将详细叙述；另一方面可以通过改造基础和基础以上的结构，改变上部结构与基础之间的共同作用的方法，改善基础的受力条件，挖掘原有基础的承载能力。

（一）柱下独立基础的加固改造

1. 扩大基础底面积法

该法是中小型建筑中最常用的基础加固方法，通过减少基底压力，达到加强基础、减少基础不均匀沉降的目的。具体做法详见本书第七章。

2. 增设连梁扩散荷载法

在柱下独立基础之间增设刚度较大的连梁，连梁的底宽较大，以便将柱子传来的荷载传递到连梁，再传给地基。这种方法不仅提高了基础的承载能力，而且提高了基础的整体性，对抗震性能的改善尤为有利。

3. 增设筏板，封闭地基法

在扩展基础中，不论柱下独立基础或墙下条形基础，均可将各基础之间的平面空隙用封闭的筏板填堵。当然筏板和原基础之间应通过植筋进行有效锚固，形成带正、反柱帽的筏形基础（图6.2-21）。

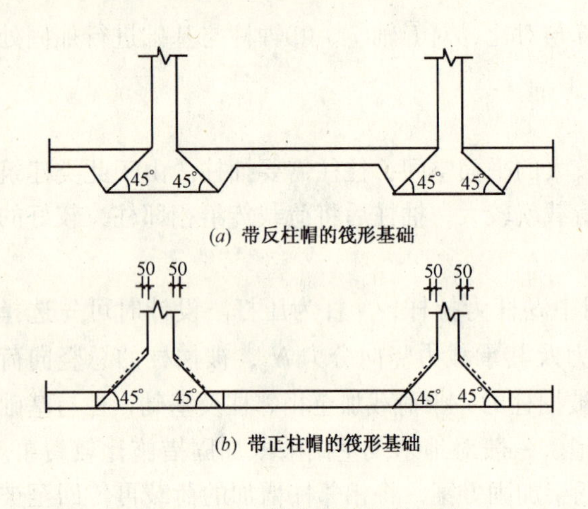

图6.2-21　带柱帽的筏形基础

由于增设封闭的筏板，使原基础的埋深可以从室外地坪算到基础底面，增加了基础埋置深度，也增加基础底面的宽度（由单个基础底宽扩展到整个基底宽度），则通过深宽修正，使地基承载力特征值得以提高，也有效地减少了整个基础的沉降量，增加了基础的稳定性。

4. 减荷加固

如果原来的基础的埋置深度较深（因好的持力层标高较低），按上面第3条增设筏板、封闭地基后，可以增加一层架空层，即在±0.00m标高处新增一层混凝土楼盖，将楼盖以下到筏板之间的土全部挖除，等于减除了土重，因而减小了传给整个房屋地基的压强。

（二）筏形基础的加固改造

原有筏形基础已经使用多年，今欲增层或其他结构改造，柱子荷载增加，原来的筏板厚度不满足抗冲切抗剪切要求，应予加固改造，常用的方法有以下几种：

1. 加厚筏板

在原筏板上面，在地下室层高允许的范围内，适当增加浇筑一层新的混凝土，其效果是：①增加了抗冲切锥体的斜面积；②减小了冲切反力的设计值。因而提高筏板的抗冲切和抗剪切承载力。

2. 加粗柱子

在地下室使用条件允许下，加粗柱子或增设柱裙，都可达到与第1段所述的加固效果。即将冲切锥体的位置向外扩大，既增加抗冲切锥体的斜面积，又减小了冲切反力的设计值。

图6.2-22所示工程为地下车库，地面有一300mm厚的垫层，用于铺设排水沟和管道。现顶部接层。在加粗柱子后仍感到冲切力过大，则利用该地面300mm的垫层高度，在靠近柱子四周1.2m范围内增设钢筋混凝土环形板，使冲切锥体的位置进一步向外扩大，满足了抗冲切的要求。

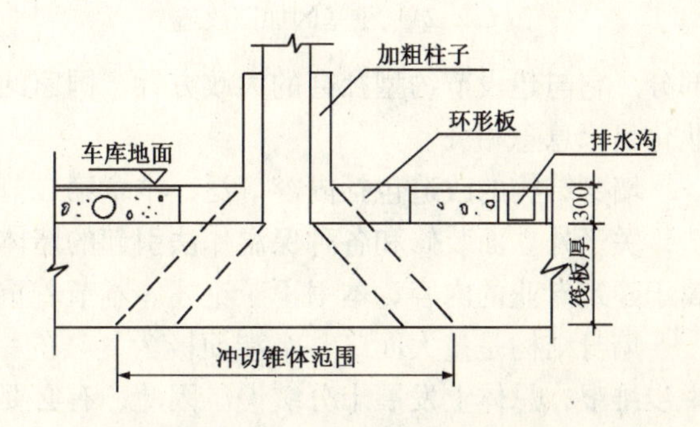

图6.2-22　筏形基础结构加固

在地下车库改造时，双方向加粗柱子可能影响车库的使用净宽，可以采取单向加粗的方法。

3. 加混凝土墙或短肢混凝土墙

在地下室中，不影响使用功能的情况下，在两个柱子之间加混凝土墙，新加的墙应与原柱子和顶部的框架梁良好连结，使能共同受力并扩散由柱传来的荷载。对筏板提高其抗冲切和抗剪承载力。

当两柱间无法布置通长混凝土墙时，亦可在柱边布置短肢混凝土墙（图6.2-23），也能扩大冲切锥体的面积，提高筏板的抗冲切和抗剪承载力。

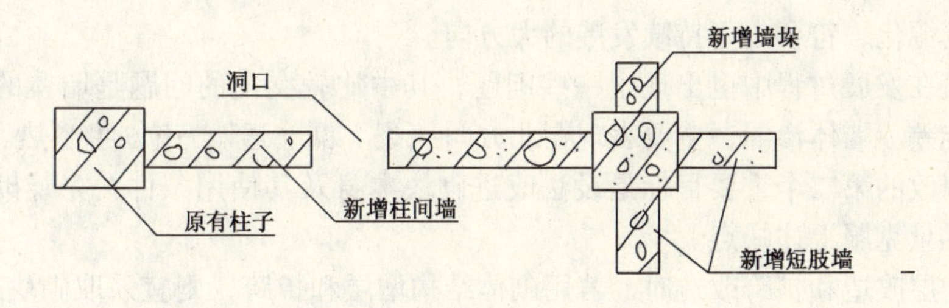

图6.2-23

地下室中加混凝土墙后，可以调整地下层的抗侧刚度，使之大于等于地上一层的抗侧刚度的2倍，则可取上部结构的嵌固端为地下室顶盖表面。这样，降低了上部结构的高宽比，减小了各层楼盖的水平变形和扭转指标，对上部结构非常有利；传给地基的荷载也更小、更均匀，有利于基础改造。

（三）桩基的加固改造

1. 加固连梁，提高梁的抗弯刚度，以便减小柱端弯矩传给桩的附加轴力。

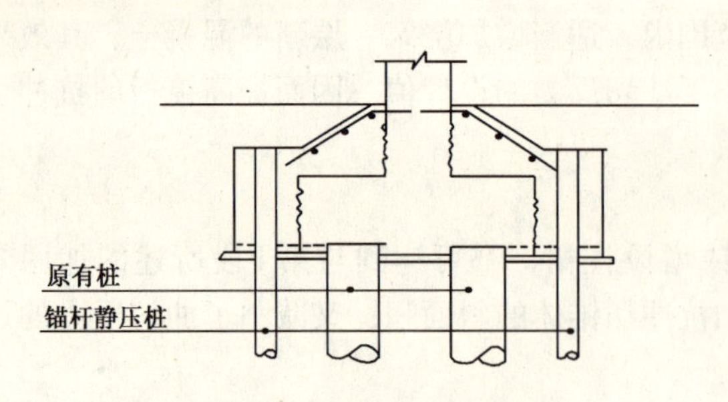

图 6.2-24　桩基的加固改造

2. 加厚加宽承台，承台分担部分荷载，减小承台的转动。

3. 在原承台四周作一圈扩大的承台，然后在新的承台上做锚杆静压桩，以增强原有桩基（图 6.2-24）。

八、墙身结构的改造

墙身结构改造是结构改造的重要组成部分。它与建设节约型社会的大政方针、国家的能源政策、建筑材料工业的发展和建筑产业化目标息息相关。

墙身结构的改造包括内容广泛，本章第二节第（三）段中已介绍了墙体结构体系的改造，关于外立面装修和各种保温作法引起的墙体改造，以及用预制墙板代替砌筑墙体，均属于建筑专业的内容，本书不予论述。本节着重讨论墙身结构材料的改革和其发展方向。

墙身结构是量大面广、牵涉面极为复杂的一项工作。多年以来，墙改总是起伏很大，举步维艰，总体上发展十分缓慢。因此，有必要在充分调研总结的基础上，找出问题的症结，提出切实可行的措施。根据我国国情，应大力推进以砌块建筑为代表的墙身改革。

（一）墙身改造的目标和内容

砌体结构一直是我国城乡民用建筑中用的最广的一种结构形式。由于可以就地取材、成本低廉、施工简便，沿用至今，占领广阔的市场份额。

据近年统计资料显示：我国每年生产实心黏土砖高达 7000 亿块，毁田数十万亩，耗掉标准煤 7000 多万吨，严重污染了环境。

因此，墙改的首要目标是尽量不用或少用黏土砖，不用黏土，不毁农田，不用烧结制砖，提倡用工业废料生产砌块。

各地有许多矿山、大工业企业，每天都在排放大量的煤矸石、矿渣、粉煤灰、石碴等工业废料，这些废料占地堆放、破坏环境，形成公害。若加以合理利用，可以变废为宝，使工业废料资源化，符合走可持续发展的大方向。

砌块建筑在发展过程中也出现了一些问题，其中比较突出的问题是墙体的裂缝较多、保温隔热性能差、墙体渗漏，主要表现在北方叫“裂、漏、透”，南方叫“热、渗、裂”。

因此，墙改的第二个重要目标是设法改进砌块本身及其使用条件，完善砌块的生产、砌筑工艺，尽量克服上述缺点。

在房屋增层改造和扩跨改造时，若用砌体结构增层和扩跨，则宜采取砌块来代替黏土砖（包含黏土空心砖），外套框架增层时，框架的内填充墙宜用轻质材料，外填充墙也不能用黏土砖。

框架结构的外围护墙改造，应结合外墙保温要求一起进行。如果是原有框架结构的外墙改造，则可以有以下四种情况：①墙荷改造，改为轻和薄的墙身；②外围护墙增设保温层的改造；③外围护墙结合立面造型的改造：④外围护墙的耐久性改造等。在以上改造中以第②项外围护墙增设保温层为最重要。建设部有规定：既有建筑进行各种改造，都应同时进行墙体节能改造。

目前，对保温做法已有共识，即外墙采取外保温的方法是最科学、有效的方法，因此，在外围护墙改造时，都应首先考虑采取外保温的方法。

（二）大力推进混凝土小砌块和混凝土空心砖建筑

在混凝土砌块发展过程中，可以总结出以下经验教训：

1. 大型砌块和中型砌块由于裂缝集中且严重、施工不便，已经被淘汰。

2. 我国在发展砌块的初期，普遍推崇沿用国外的小砌块芯柱结构体系。由于灌芯需用专用自密实混凝土和专用砌筑砂浆，灌芯施工困难，质量不易保证。近年来，国内研究集中配筋的构造柱体系或组合墙结构体系，施工方便很多，且抗震性能、变形能力、延性均远优于仅用芯柱的小砌块建筑。

3. 应发扬我国传统的砌筑施工工艺。几千年来，小砖长盛不衰，既可以建造体量高大的多层建筑，也可以砌筑精美的建筑线脚和造型。操作方便，虽手工劳动，但效率特高。应使小型空心砌块的施工方法趋同于原来的砖砌体，“以砌为主，避免灌芯”。

4. 应进一步改进小型空心砌块的规格尺寸，块型小型化，尺寸向承重空心砖看齐。譬如，块的长度由390mm变为240mm，高度由190mm变为90mm，宽度也由190mm变为115mm（图6.2-25）。其好处有：

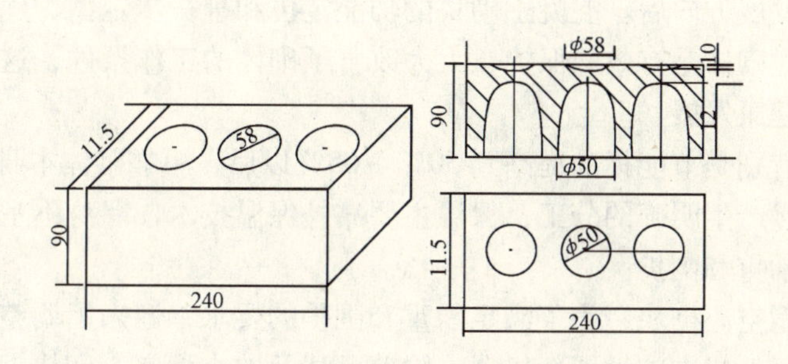

图6.2-25 混凝土三孔砖规格尺寸

（1）块的大小和重量皆有利于手工操作，砌筑灵活方便、传统，劳动效率高；

（2）块型变小后相对收缩就小，可分散裂缝、减小裂缝宽度，以致消除收缩裂缝。特别是块的高度减小到90mm后，可提高竖向灰缝的灌缝饱满度。减小竖缝高度是消除裂缝、提高砌体质量的极为重要的措施。

5. 提倡“大孔厚肋”。把分散的孔洞集中为几个较大的圆孔，将众多的孔间薄肋集中成数量减少的圆弧形厚肋。这样不仅方便制作成型，从力学角度看，可以避免应力集中，可均匀传递剪力，可增加块体本身的刚度。特别是纵向外肋是受力的薄弱环节，受压试验表明，此处最易产生劈裂现象，适当加厚外肋，有利于提高砌体的抗压承载力，也有利于增强与保温构造的锚固性能。

6. 盲孔化。近些年来，许多生产砌块的厂家纷纷把它们的产品实行盲孔化，将孔洞的顶部封闭，带来许多好处：水平缝密实，提高了抗剪接触面，增强了水平钢筋的锚固性能，砌筑时铺灰方便，减少漏浆等。

由于盲孔化对推动砌块建筑发展有重大功效，各地已将这一技术纳入规范管理。如辽宁省于2006年分别出版两本地方标准《封底混凝土小型空心砌块建筑技术规程》DB21/T1461—2006和《混凝土三孔砖建筑技术规程》DB21/T1414—2006。这两本规程在编制过程中经过大连理工大学工程力学系进行了力学性能检验，结果证明，采用盲孔以后，砌体的抗压强度、抗剪强度、弯曲抗拉强度（沿通缝和齿缝）均分别超过不盲孔的小型空心砌块和同样砖体和砂浆强度等级的多孔空心砖，而且超过程度很大。尤其是后者，由于采用“拱形孔腔，凹形槽封顶”结构，力学性能更为突出。

通过不断实践，不断总结经验教训，不断改进砌块的设计和制作、施工工艺，砌块墙体将在墙体改造中发挥更大的作用。

（三）与外墙外保温相配套的墙身改造

当前，我国建筑节能正进入跨越式发展的新时期。建筑节能已成为我国的基本国策，一方面节能标准不断提高，我国将普通执行节能50%的标准，一些大城市将率先执行节能65%的标准；另一方面，节能技术经过近十年的摸索实践和市场竞争的结果，外墙外保温新技术已经成为建筑节能最有效的方式。建设部组织编制的《外墙外保温工程技术规程》已经颁布实施，其中推荐了五种行之有效的外保温技术措施。预计今后大部分节能建筑将按照外保温的方式修建。

建筑节能与墙身改革是相辅相成的两件大事。当建筑节能确定以外墙外保温这一先进模式作为今后主要发展方向后。混凝土砌块的功能定位和进一步定型、优化和应用都将有新的变化，外保温对砌体是有效的保护，大大改善了砌体的工作条件，这将大大推动砌块墙体的技术进步和健康发展。

外墙外保温，特别是节能标准提高到50% ~65%以后，单靠砌体本身的热工性能是无法达到的。因此必然产生明确的分工：保温主要靠外保温技术，墙身不主要承担保温的功能，其主要功能是承重和围护。

作为混凝土小型空心砌块，为了满足承重和围护的要求，迎来了调整块型、减少品种规格、统一标准、降低成本的发展新机遇。除前已述及的小型空心砌块缩小块型尺寸，向空心砖演变外，还有以下几个演变特点：

（1）砌块中留的孔洞，主要是为了减轻自重，减少材料用量，不主要靠它起保温作用。因此，不必追求高孔洞率，适当增加净承压面积，提高承载能力。

（2）由于不必考虑延长孔洞间的热桥通道的长度，故不必追求多排孔或错孔排列。单排孔可适当增加孔洞壁肋的厚度，既可防止外壁受压时的劈裂现象，同时也可以增加锚固螺栓的锚固性能，使外保温构造可以更牢靠地依附于围护墙上。内纵肋的增厚也对室内装修所用的锚固件起固定作用。

（3）尽量减薄墙体厚度。过去墙身既要承重还要保温，墙身做得很厚，现在不考虑承担保温功能，墙身只要强度足够，通过构造柱、圈梁等构造措施，保证满足抗震要求，则寒冷地区一般六、七层住宅的外墙都可以用240mm厚，比过去至少用370mm（沈阳）、490mm（长春）、620mm（哈尔滨）厚墙，要节省不少建筑面积和砌体材料。

（四）既有砖墙墙身的加固改造

1. 原位加固

为增加墙的强度或刚度，需对原墙进行加固，采用的方法有夹板墙法、抹纤维网格布加聚合物砂浆法、抹钢绞线网格或镀锌细钢丝网格加聚合物砂浆法等。本章第三节中将对以上方法进行详细介绍。

2. 砖墙开洞后的加固

（1）洞上加梁

对于在墙上开洞且洞口跨度尺寸不太大时，如洞口水平尺寸0.9～1.5m，可直接先开洞，在洞口上端设置预制钢筋混凝土过梁、型钢过梁或现浇钢筋混凝土过梁。当洞口尺寸较大，如洞口水平尺寸1.8～2.4m时，应在洞口过梁上部设置1～2个横向小梁伸出墙面，再在两面用支柱支顶牢固后，再开墙洞和设置过梁。过梁强度达要求后，再拆除支顶柱及小横梁。

当洞口和上部荷载较大时，宜在洞口两侧及底部加设钢筋混凝土边柱及底梁，使与过梁一起形成一个四方的刚性边框，加强洞口的刚度与抗侧移性能。

（2）加夹墙梁

整道墙片的拆除，宜采用图6.2-26所示夹墙梁加固。在欲拆墙的上、下端墙两侧设置夹墙钢筋混凝土梁，在夹墙梁两端贴端墙设置边柱。在上、下夹墙梁中以1～1.5m间距在墙中开洞，设置宽250mm的钢筋混凝土连梁。这些传力措施设置完成后，即可拆除墙体。

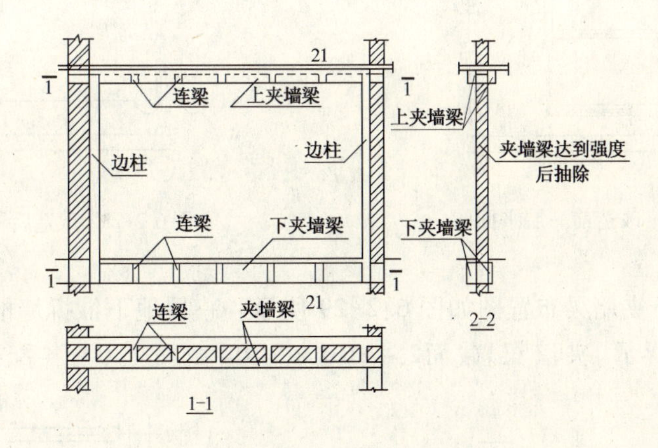

图6.2-26　夹墙梁抽墙

此种加固处理措施的传力途径是上层墙体与楼层荷载通过上端连梁传给夹墙梁，上夹墙梁将荷载传给梁端边柱及墙体，边柱与墙体又将压力传给下夹墙梁端，下夹墙梁端荷载又通过梁身及连梁将压力传给原墙条形基础。

在设计上、下夹墙梁时，宜采用截面上、下对称配筋，配筋弯矩取固端弯矩值。施工时注意上夹墙梁与楼板间应用混凝土或砂浆填塞严实。

（3）加夹墙梁与柱

当纵、横墙均需抽掉或所抽墙长度较大时，可以在纵、横墙交叉处或较长墙的中部设置钢筋混凝土柱，来减少梁的跨度与截面高度。其设计原理同上节加夹墙梁，也即上层荷重传给上夹墙梁，再传给柱子，再传给下夹墙梁，再传给原墙基础。

［例1］ 铁岭市中心医院门厅改造

铁岭市中心医院门诊楼原为一栋三层砖混结构建筑，纵、横墙承重。其一楼如图6.2-27所示，为挂号、药库等房间，现医院改造，将一楼纵、横墙全部拆去，改为门诊大厅。改造后的一层平面图如图6.2-28所示。改造的原理是将承重墙的荷载通过夹墙梁传给钢筋混凝土加固柱；加固柱荷载又通过基础夹墙梁传给原条形基础，不增加现有梁、墙及地基荷载而达到拆墙换柱的目的。

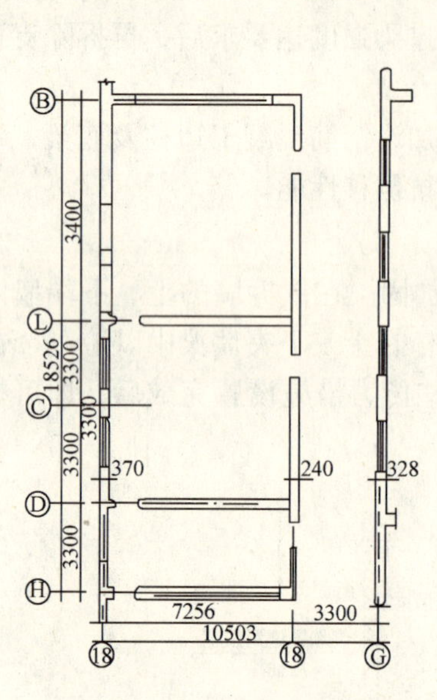

图 6.2-27　改造前一层平面图

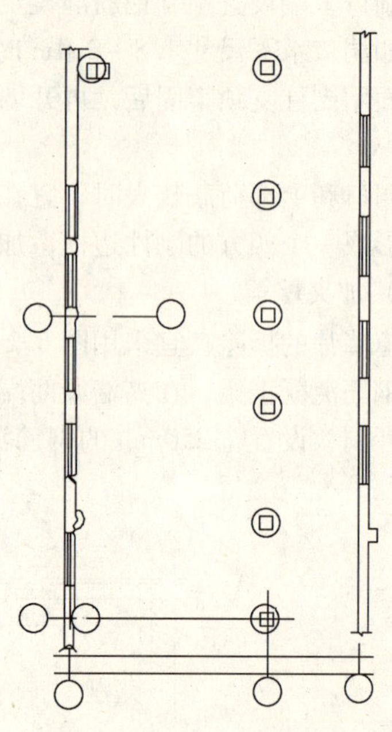

图 6.2-28　改造后一层平面图

一层顶楼板下夹墙梁布置图如图 6.2-29 所示。一层地下欲拆墙的基础顶夹墙梁布置如图6.2-30所示。夹墙梁1截面2 -200 ×500，截面上、下各配4Φ20纵向钢筋。

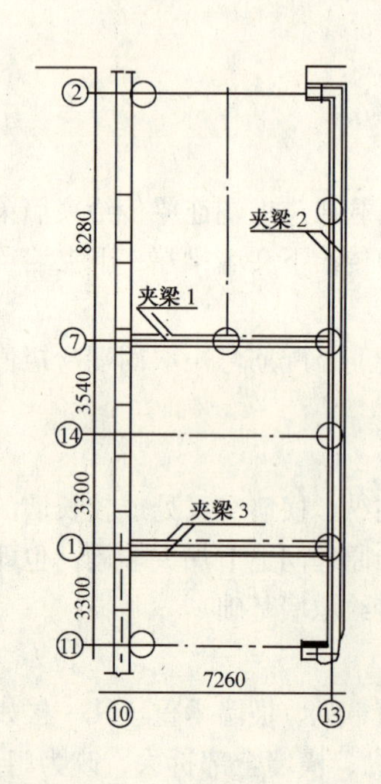

图 6.2-29　一层顶板下梁布置图

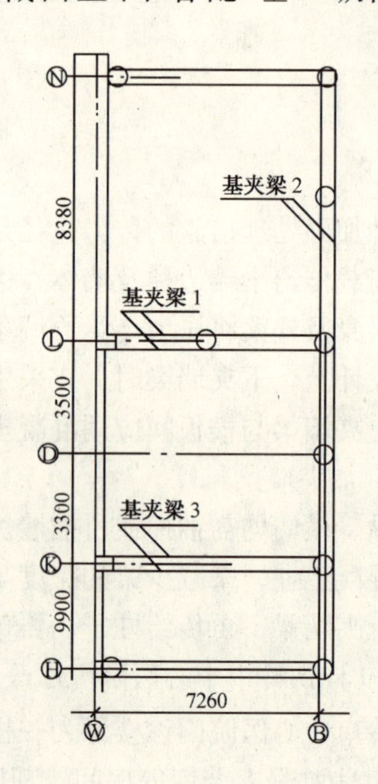

图 6.2-30　基础顶和加梁布置图

夹墙梁2截面2-200×660，截面下配4⌀20，截面上配6⌀20。夹梁3截面2-250×800，截面上、下配8⌀25纵筋。基夹梁1与基夹梁2截面2-150×800；截面上配筋4⌀20，下截面配筋6⌀20。基夹梁3截面2-150×800，截面下配筋4⌀20，截面上配4⌀25。

［**例2**］鞍山市毓秀宾馆会议厅改造

毓秀宾馆位于千山风景区，原为二层砖混结构公共建筑。原会议厅位于二层，如图6.2-31所示。为了扩大会议厅面积，欲将多道纵、横墙拆除，欲拆墙体如图6.2-31所示。

宾馆屋面为平屋面，但是檐头为琉璃瓦挑出构造，荷载较大。本次改造在不损坏原屋面及檐头构造条件下，将原承重墙的荷载通过新加的夹墙梁传给新加的钢筋混凝土柱，再传给新加的钢筋混凝土独立基础。会议厅顶部夹墙梁布置如图6.2-32所示。

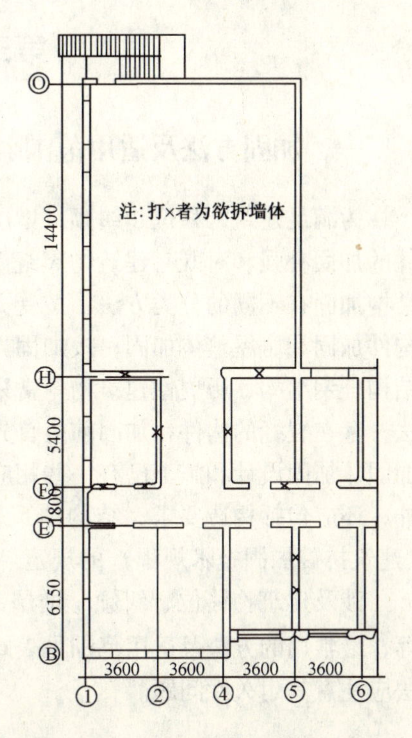

图6.2-31　会议厅改造前后平面图

夹墙梁1截面2-200×850，截面底部配筋7⌀25，截面上部配筋4⌀20。夹墙梁2截面2-200×850，截面底部配筋7⌀25，截面上部配筋4⌀20。夹梁3截面2-150×600，截面下部配筋6⌀20，截面上部配筋6⌀20。房屋原墙体基础为毛石条形基础，基础底埋深-24m，地基土为风化岩。此次加固柱基础布置见图6.2-33，采用14m×14m的独立基础，从深-24m开始在原毛石条形基础外侧浇筑毛石混凝土至-4m，其上铺⌀12@150钢筋网，再浇筑350mm厚混凝土基础。

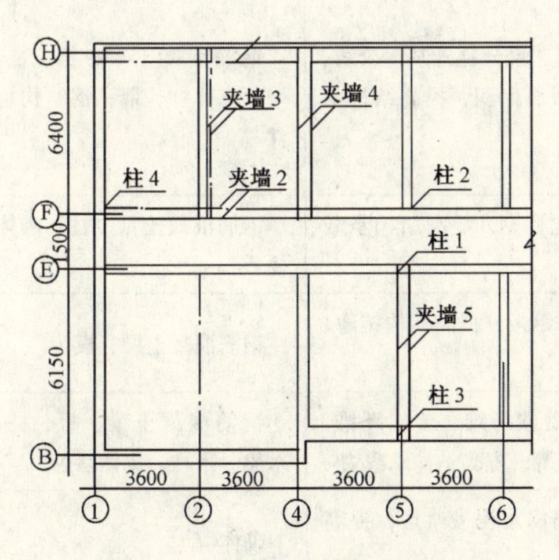

图6.2-32　会议厅顶夹墙梁布置图

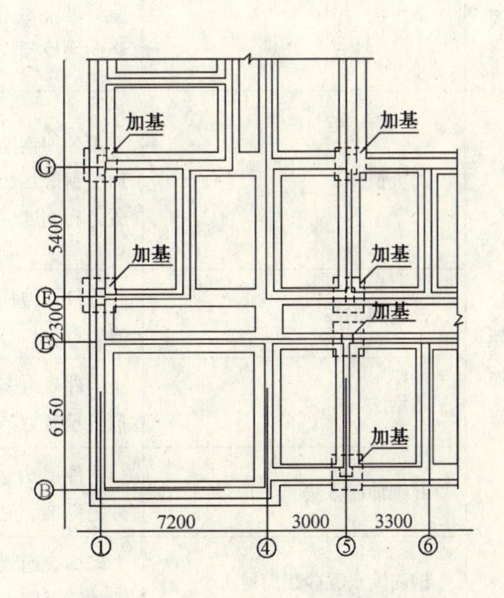

图6.2-33　会议厅柱基础布置图

第三节 结构加固

一、加固方法及适用范围

为满足建筑物移位、纠倾、增层和改造的需要，可采取建筑结构整体性加固、结构构件的加固补强和对既有建筑物裂缝及缺陷的修补。抗震加固应符合现行有关规范的要求。结构加固有不同的分类方法，按受力性质分有静力加固和抗震加固；按加固对象分有结构构件加固和房屋整体加固；按加固方法分有直接加固和间接加固。其中砌体结构、装配式结构、钢结构、历史性建筑物等常采用整体性加固的方法，其他结构常采用构件加固的方法，存在裂缝的构件在加固前应首先进行裂缝修补。建筑物结构加固主要是对承重构件的加固，加固设计和施工已有一些相应的国家和行业标准、规范。抗震性能除了承载力加固外，还应包括构造要求、结构体系和布置等，应符合现行《建筑抗震设计规范》和现行《建筑抗震加固技术规程》的规定。

涉及建筑物移位、纠倾、增层和改造的主要是整体加固、构件加固及裂缝缺陷修补等，最常用的方法及适用范围见表6.3-1，应因地制宜合理选用。采用有机材料的加固方法应注意其耐久性问题。

结构常用加固方法和适用范围　　表6.3-1

名称		特点	适用范围
整体加固	增设抗侧力结构	增设抗震墙、水平支撑、柱间支撑、闭合墙段等	加强结构整体性，提高结构侧向刚度和抗震能力
	捆绑法	建筑物外部增设圈梁和构造柱或预制楼盖处增浇叠合层；在建筑物纵向、横向、竖向增设预应力拉杆等	加强结构整体性，改善结构破坏形态，提高结构抗震能力
构件加固	加大截面法	用外加钢筋混凝土、聚合物砂浆钢绞线、加型钢等加大构件截面面积，提高结构承载力和刚度	钢筋混凝土梁、板、柱、墙；砌体柱、墙；钢结构构件
	外粘型钢法	构件受力周边外包型钢，提高结构承载力	钢筋混凝土梁、柱；砌体柱
	粘钢法	构件受力表面粘贴钢板，提高结构抗弯、抗剪承载力	钢筋混凝土梁、板
	纤维加固方法	构件受力表面粘贴碳纤维、玻璃纤维、芳纶纤维、尼龙纤维等，提高结构承载力	钢筋混凝土梁、板、柱、木梁、木柱、砌体墙等
	钢筋网水泥砂浆面层法	砌体表面增做钢筋网水泥砂浆层，提高墙体抗震能力	砌体墙

续表

名称		特点	适用范围
构件加固	钢筋混凝土夹板墙加固法	墙体表面增做钢筋混凝土面层，提高墙体抗震能力	混凝土墙、砌体墙
	缠绕法	钢丝、碳纤维或纤维树脂缠绕圆形或方形混凝土构件或开裂木质构件，提高结构承载力和延性	圆形、方形混凝土柱及木梁、木柱、木桁架等
	钢夹板法	扁钢、螺栓及胶加固木质构件	木梁、木柱、木桁架等
	预应力加固法	高强钢筋或型钢施加预应力加固构件，提高构件抗弯、抗剪、抗压等构件的承载力和变形能力，改变受力特征	混凝土梁、板、柱，钢梁、钢柱
	钢拉杆法	钢拉杆托换腐朽木质受拉构件	木桁架
	局部托换法	新木材托换腐朽木质构件	木结构

建筑物整体加固分为增设抗侧力结构、捆绑法增设构件、改变受力形式加固等，目的是加强结构整体性，提高结构侧向刚度和抗震能力，改善结构破坏形态。增设抗侧力结构包括增设抗震墙、水平支撑、柱间支撑、闭合墙段、设置钢筋混凝土边框等；或拆除部分抗震墙，减少地震作用；捆绑法增设构件包括建筑物增设圈梁和构造柱；采用钢拉杆、长锚杆、外加柱或圈梁增强纵横墙的连接；增设满足楼屋盖支撑长度的托梁或作现浇层；在建筑物纵向、横向、竖向增设预应力拉杆，预制楼盖处增浇钢筋混凝土叠合层。

建筑物的结构构件加固方法很多，针对不同的构件的受力特征，采用相适应的加固方法，常用的构件加固方法见表6.3-2。

常用的构件加固方法 **表6.3-2**

名称		特点	适用范围
墙体	混凝土墙	1. 钢筋混凝土加大截面法； 2. 不锈钢绞线或镀锌钢丝绳加聚合物砂浆加固法	提高强度和刚度
	砌体墙	1. 砂浆面层加固法； 2. 钢筋网砂浆面层加固法； 3. 钢筋混凝土夹板墙加固法； 4. 不锈钢绞线或镀锌钢丝绳加聚合物砂浆加固法	提高强度和刚度
柱	混凝土柱	1. 加大截面法； 2. 外粘型钢加固法； 3. 预应力加固法	提高强度和刚度

续表

名称		特点	适用范围
柱	钢柱	1. 外包混凝土加固法； 2. 增补型钢加固法； 3. 预应力加固法	提高强度和刚度
	砌体柱	1. 外包混凝土加固法； 2. 外粘型钢加固法	提高强度和刚度
梁	混凝土梁	1. 增大截面加固法； 2. 外粘型钢加固法； 3. 体外加预应力加固法； 4. 粘贴钢板加固法； 5. 粘贴纤维复合材料加固法； 6. 钢绞线或钢丝绳－聚合物砂浆加层加固法； 7. 增设支点加固法	提高强度和刚度
	钢梁	加大截面加固法	提高强度和刚度
楼板	混凝土楼板	1. 增大截面加固法； 2. 粘贴钢板加固法； 3. 体外加预应力加固法； 4. 粘贴纤维复合材料加固法； 5. 钢绞线或钢丝绳－聚合物砂浆加层加固法； 6. 增设支点加固法	提高强度和刚度或仅提高强度
	钢楼板	1. 增大截面加固法； 2. 增设支点加固法	提高强度和刚度
屋架	混凝土屋架	1. 改变传力途径加固法； 2. 外粘型钢加固法； 3. 体外加预应力加固法； 4. 增大截面加固法	提高强度和刚度、稳定性
	钢屋架	1. 增设支撑或支点加固法； 2. 改变支座连接加固法； 3. 体外加预应力加固法； 4. 增大杆件截面加固法； 5. 增设杆件加固法	提高强度和刚度、稳定性

二、加固设计

（一）建筑物移位、纠倾、增层、改造时加固设计原则

1. 建筑物移位、纠倾、增层和改造加固设计应兼顾施工阶段及使用期间在安全性、适用性及耐久性方面的不同要求，其安全度应满足相关标准的规定。建筑物移位、纠倾和增

层加固设计，在施工阶段是暂时的、短期的，在使用阶段属于长期的、永久的，因此，其安全度取值应有所区别。

2. 建筑物移位加固设计主要是托盘结构设计及结构整体性加强，托盘结构应具有足够的刚度，包括平面内刚度和出平面刚度，应作到除重力荷载和移位过程中的振动力外，其他施工荷载不应影响或传给上部结构。托盘结构好比船或火车箱，它须具有足够的刚度和整体性。当然，火车和轮船运行时必然伴随着一定的振动和颠簸，建筑物应能经受得住这种振动和颠簸，其关键就在于结构的整体性。

3. 建筑物纠倾加固设计主要是对该结构既有的整体性能进行分析和加强。对于筏形基础或箱形基础等现浇结构，结构整体性一般较强，只要纠倾方法选用合理，可不进行加固；对于装配式建筑，原则上宜增设一定的纵向、横向、竖向及周边拉结连系，以保证在不同方位受力情况下力的有效传递；对于砌体结构，主要是分析纵横墙的连接可靠性和圈梁、构造柱设置情况，凡不符合要求的均应进行加固处理。不同类型的建筑结构，其整体性及变形适应能力是不一样的，箱形基础现浇剪力墙结构最好，框架结构次之。但框架结构对差异沉降的适应能力较好，装配式结构整体性较差，砌体结构的整体性和对变形的适应能力都较差。纠倾方法必须与结构的整体性和变形能力相适应，否则就必须进行整体性加固。

4. 房屋增层和改造必然会引起相关结构构件内力增大和可靠性降低，故应对可靠性不满足要求的构件进行加固。有的增层如室内增层和外套结构增层，新旧结构间还会产生差异沉降，对此，应严加控制和妥善处理。

5. 建筑结构整体性加固设计可采用增设拉结构件、水平构件和竖向构件的方法，增设拉结构件、水平构件、竖向构件的设计、连接方式及构造要求等应符合有关规范的规定。

建筑物整体性加固往往需要增设新的构件与既有结构形成一体，共同工作，如砌体结构增设圈梁、构造柱，框架柱增设柱间支撑，大梁、屋架间增设水平支撑，建筑物内部增加梁板等水平构件、增加抗震墙柱等竖向构件等，增设构件的关键是与原有结构的连接，连接应可靠，保证新增构件在结构中有效的发挥作用。连接方式、构造要求应按现行《混凝土结构加固设计规范》的规定、《钢结构加固技术规范》（CECS77）第4章、《砖混结构房屋加层技术规范》（CECS78）第5章的规定。

6. 结构构件加固的方法很多，包括提高承载力、增大刚度的方法和裂缝控制方法等，设计人员要根据结构的特点和加固方法的适用性进行多方案的分析、比较，选择最优的方法，切实做到技术可靠、经济合理、方便施工。

7. 混凝土结构经可靠性鉴定确认需要加固时，应根据鉴定结论和委托方提出的要求，由有资质的专业技术人员按本规范的规定和业主的要求进行加固设计。加固设计的范围，可按整幢建筑物或其中某独立区段确定，也可按指定的结构、构件或连接确定，但均应考虑该结构的整体性。加固后混凝土结构的安全等级，应根据结构破坏后果的严重性、结构的重要性和加固设计使用年限，由委托方与设计方按实际情况共同商定。混凝土结构的加固设计，应与实际施工方法紧密结合，采取有效措施，保证新增构件和部件与原结构连接可靠，新增截面与原截面粘结牢固，形成整体共同工作；并应避免对未加固部分，以及相关的结构、构件和地基基础造成不利的影响。对高温、高湿、低温、冻融、化学腐蚀、振动、温度应力、地基不均匀沉降等影响因素引起的原结构损坏，应在加固设计中提出有效的防治对策，并按设计规定的顺序进行治理和加固。混凝土结构的加固设计，应综合考虑其技术经济效果，避免不必要的拆除或更换。对加固过程中可能出现倾斜、失稳、过大变形或坍塌的结构，应在加固设计文件中提出相应的临时性安全措施，并明确要求施工单位必须严格执行。

8. 结构的加固设计使用年限，应按下列原则确定：

结构加固后的使用年限，应由业主和设计单位共同商定；一般情况下，宜按 30 年考虑；到期后，若重新进行的可靠性鉴定认为该结构工作正常，仍可继续延长其使用年限；对使用胶粘方法或掺有聚合物加固的结构、构件，尚应定期检查其工作状态。检查的时间间隔可由设计单位确定，但第一次检查时间不应迟于 10 年。未经技术鉴定或设计许可，不得改变加固后结构的用途和使用环境。

（二）加固设计计算原则

1. 结构加固设计采用的结构分析方法，应遵守现行国家标准《混凝土结构设计规范》（GB50010）《砌体结构设计规范》（GB50003）等规定的结构分析基本原则，且在一般情况下应采用线弹性分析方法计算结构的作用效应。

2. 加固结构计算，应按规定进行承载能力极限状态和正常使用极限状态的设计、验算。验算结构、构件承载力时，应考虑原结构在加固时的实际受力状况，包括加固部分应变滞后的特点，以及加固部分与原结构共同工作程度，因加固前原结构已承受荷载作用，新加部分只有在新增荷载下才开始受力，产生应变、应力。新加部分与原有结构通过粘结、锚固等措施连接成为一体，整体工作，共同承受外荷载的作用。

3. 应根据调查或检测核实结构上的荷载及作用，结构的计算图形应符合其实际受力和构造状况；作用效应组合和组合值系数以及作用的分项系数，应按现行国家标准《建筑结构荷载规范》（GB50009）确定，并应考虑由于实际荷载偏心、结构变形、温度作用等造成的附加内力。结构、构件的尺寸，对原有部分应采用实测值；对新增部分，可采用加固设计文件给出的名义值。原结构、构件的材料强度等级和受力钢筋抗拉强度标准值可采用原设计的标准值；当结构经过现场检测时，应采用检测结果推定的标准值。

4. 加固后改变传力路线或使结构质量增大时，应对相关结构、构件及建筑物地基基础进行必要的验算。地震区结构、构件的加固，除应满足承载力要求外，尚应复核其抗震能力；不应存在因局部加强或刚度突变而形成的新薄弱部位；同时，还应考虑结构刚度增大而导致地震作用效应增大的影响。

5. 采用有效构造处理、连接措施及适当的施工方法，使新旧的两部分结构共同工作，如原构件混凝土表面凿毛，清理干净；涂刷界面剂；设置一定数量的剪切-摩擦筋，贯通新旧结合面的短钢筋；采用喷射混凝土施工，不需支模，不用振捣，施工质量易保证，早期强度高，常温下 1d 可达 6 ~ 15MPa，粘结性好，比普通混凝土高 2 ~ 4 倍；通过承压板焊接、锚栓、射钉连接、化学植筋、建筑结构胶粘结等措施，使新加部分钢筋或型钢与原有结构可靠的连接、锚固。

6. 必要时采用卸荷方法降低原结构应力应变水平，改善新加结构应力应变滞后现象，提高加固结构承载力。卸荷方式有两种：直接搬走可卸荷载（活荷载）的直接卸荷法，直观、准确掌握卸荷量；反向施加作用力，以变形控制或反向力控制的间接卸荷法。

三、加固材料选择

1. 混凝土

加固所用混凝土应收缩性小、粘结性好，强度等级宜与被加固构件的混凝土强度相同或至少提高一级，且不应低于C20。混凝土主要用于加大截面法加固，提高混凝土强度等级是为了保证新旧界面的粘结强度，又有减小加固部分体积的作用，降低对原有结构空间的影响。如果被加固构件的混凝土强度等级≥C40时，新加混凝土强度等级可与被加固构件相同。结构加固用的混凝土，可使用商品混凝土，但所掺的粉煤灰应为Ⅰ级灰，且烧失量不应大于5%。

当结构加固工程选用聚合物混凝土、微膨胀混凝土、钢纤维混凝土、合成短纤维混凝土或喷射混凝土时，应在施工前进行试配，经检验其性能符合设计要求后方可使用。不得使用铝粉作为混凝土的膨胀剂。

配制结构加固用的混凝土，其粗骨料应选用坚硬、耐久性好的碎石或卵石。其最大粒径：对现场拌合混凝土，不宜大于20mm；对喷射混凝土，不宜大于12mm；对短纤维混凝土，不宜大于10mm；粗骨料的质量应符合现行行业标准《普通混凝土用砂、石质量及检验方法标准》（JGJ 52）的规定；不得使用含有活性二氧化硅石料制成的粗骨料；细骨料应选用中、粗砂；对喷射混凝土，其细度模数尚不宜小于2.5；细骨料的质量应符合现行行业标准《普通混凝土用砂、石质量及检验方法标准》JGJ 52的规定。混凝土拌合用水应采用饮用水或水质符合现行行业标准《混凝土用水标准》（JGJ 63）规定的天然洁净水。

2. 砂浆

加固和修补所用砂浆包括高强度水泥砂浆、环氧砂浆、聚合物砂浆等，应强度高，粘结性能好，收缩变形小。混凝土结构或砌体结构外观缺陷及截面损伤修补常常采用砂浆，加大截面加固法也会采用砂浆，要求砂浆的收缩性小、粘结性高，避免产生表面裂缝。

3. 钢材

宜优先选用HPB235、HRB335级钢筋，也可选用HRB400级和RRB400级钢筋等；受力构件采用化学植筋时，应选用热轧带肋钢筋；钢筋的质量应分别符合现行国家标准《钢筋混凝土用热轧带肋钢筋》（GB1499）、《钢筋混凝土用热轧光圆钢筋》（GB 13013）和《钢筋混凝土用余热处理钢筋》（GB 13014）的规定；钢筋的性能设计值应按现行国家标准《混凝土结构设计规范》（GB 50010）的规定采用；不得使用无出厂合格证、无标志或未经进场检验的钢筋以及再生钢筋。

受力构件采用钢螺杆时，应选用Q345级、Q235级全螺纹钢螺杆；钢板、型钢、扁钢和钢管，宜优先选用Q235钢、Q345钢，对重要结构的焊接构件，若采用Q235级钢，应选用Q235-B级钢；也可选用Q390钢、Q420钢等，钢材质量应分别符合现行国家标准《碳素结构钢》（GB/T 700）和《低合金高强结构钢》（GB/T 1591）的规定；钢材的性能设计值应按现行国家标准《钢结构设计规范》（GB 50017）的规定采用；不得使用无出厂合格证、无标志或未经进场检验的钢材。

加固结构有二次受力、组合结构的特点，后加部分高强钢材在结构破坏时很难充分发挥其强度，低强度等级的钢材还有可焊性好的优点。当采用预应力加固法时，可选用高强度等级的钢材。

4. 纤维复合材

选用应符合《碳纤维片材加固混凝土结构技术规程》（CECS146）和《混凝土结构加固设计规范》（GB50367）的规定。纤维片材是近几年广泛应用于建筑结构加固中的材料，其安全性、耐久性等除在实验室试验外，还应经过实际工程的考验，其性能应符合产品标准和应用标准以及规范的规定。

5. 连接材料

（1）焊接选用的焊条应符合现行国家标准的规定，焊条型号应与被焊接钢材的强度相适应；对直接承受动力荷载或振动荷载且需要检验疲劳的结构，宜采用低氢型焊条。焊条的质量应符合现行国家标准《碳钢焊条》（GB 5117）和《低合金钢焊条》（GB 5118）的规定；焊接工艺应符合现行行业标准《钢筋焊接及验收规程》（JGJ 18）或《建筑钢结构焊接技术规程》（JGJ 81）的规定；焊缝连接的设计原则及计算指标应符合现行国家标准《钢结构设计规范》（GB 50017）的规定。

（2）螺栓、铆钉应符合现行国家标准《钢结构设计规范》（GB50017）的规定。化学植筋、锚栓、钢螺杆应符合现行《混凝土结构后锚固技术规程》（JGJ145）的规定。当混凝土结构锚固件为植筋时，应使用热轧带肋钢筋，不得使用光圆钢筋，植筋用的钢筋其质量应符合规范的规定。当锚固件为钢螺杆时，应采用全螺纹的螺杆，不得采用锚入部位无螺纹的螺杆。螺杆的钢材等级应为 Q345 级或 Q235 级；其质量应分别符合现行国家标准《低合金高强结构钢》（GB/T 1591）和《碳素结构钢》（GB/T 700）的规定。

6. 粘结材料

（1）粘结材料应选用粘结性好、收缩性小、无毒或低毒、耐久性好的材料。

承重结构用的胶粘剂，宜按其基本性能分为 A 级胶和 B 级胶；对重要结构、悬挑构件、承受动力作用的结构、构件，应采用 A 级胶；对一般结构，可采用 A 级胶或 B 级胶。

（2）承重结构用的胶粘剂，必须按规定进行安全性检验。检验时，其实测的粘接抗剪强度标准值应根据置信水平 $C=0.90$、保证率为 0.95 的要求。

（3）浸渍、粘结纤维复合材的胶粘剂必须采用专门配制的改性环氧树脂胶粘剂，其安全性检验指标必须符合《混凝土结构加固设计规范》（GB50367）的规定。承重结构加固工程中不得使用不饱和聚酯树脂、醇酸树脂等作浸渍、粘结胶粘剂。加固用的胶粘剂必须通过毒性检验。对完全固化的胶粘剂，其检验结果应符合实际无毒卫生等级的要求。在承重结构用的胶粘剂中，严禁使用乙二胺作改性环氧树脂固化剂；严禁掺加挥发性有害溶剂和非反应性稀释剂。寒冷地区加固混凝土结构使用的胶粘剂，应具有耐冻融性能试验合格的证书。冻融环境温度应为 -25 ~ 35℃（允许偏差 -0℃；+2℃）；循环次数不应少于 50 次；每一次循环时间应为 8h；试验结束后，试件在常温条件下测得的强度降低百分率不应大于 5%。

四、建筑物整体加固方法

建筑物整体加固是为了加强结构整体性，改善结构破坏形态，提高结构侧向刚度和抗震能力。常用的方式有在建筑物中增设钢筋混凝土抗震墙或砌体墙，或者使非闭合的墙通过增设新墙使其形成闭合墙段等。当砖混结构或砌体结构圈梁、构造柱设置不符合现行设计规范要求，或纵横墙交接处咬槎有明显缺陷，或房屋的整体性较差时，应增设圈梁和构造柱进行整体性加固；预制楼盖上部增浇钢筋混凝土叠合层加固；在建筑物纵向、横向、竖向增设预应力拉杆等。在钢结构中或工业建筑以及屋面系统中增设水平支撑、柱间支撑等；钢结构整体加固方法还有改变结构计算图形，是指采用改变荷载分布状况、传力途径、节点性质和边界条件，增设附加杆件和支撑、施加预应力、考虑空间协同工作等措施对结构进行加固的方法，如增加支撑形成空间结构并按空间结构验算；加设支撑增加结构刚度，或者调整结构的自振频率等，以提高结构承载力和改善结构动力特性；增设支撑或辅助杆件，使结构的长细比减少，以提高其稳定性；在排架结构中重点加强某一列柱的刚度，使之承受大部分水平力，以减轻其他柱列负荷；在塔架等结构中设置拉杆或适度张紧的拉索，以加强结构的刚度。

对受弯杆件可采用下列改变其截面内力的方法进行加固：如改变荷载的分布，将一个集中荷载转化为多个集中荷载；改变端部支承情况，变铰接为刚接；增加中间支座或将简支结构端部连接成为连续结构；调整连续结构的支座位置；将结构变为撑杆式结构；施加预应力。

对桁架可采取下列改变其杆件内力的方法进行加固：增设撑杆变桁架为撑杆式结构；加设预应力拉杆。

加固构件与原有结构的连接：钢结构连接方法有焊接、铆钉、普通螺栓和高强度螺栓连接方法的选择，应根据结构需要加固的原因、目的、受力状况、构造及施工条件，并考虑结构原有的连接方法确定，一般宜采用焊缝连接、摩擦型高强度螺栓连接，有依据时亦可采用焊缝和摩擦型高强度螺栓的混合连接。当采用焊缝连接时，应采用经评定认可的焊接工艺及连接材料。混凝土结构和砌体结构连接一般采用植筋或化学栓锚固连接、胶粘剂连接、界面剂、摩擦短筋等。

五、结构构件加固方法

（一）加大截面加固法

1. 简介

采用同种材料增大混凝土结构或构件的截面面积，提高结构或构件承载能力和变形能力，适用于梁、板、柱、墙等一般结构（受弯、受剪、受压、受拉构件）的加固。该法施工工艺简单、适应性强，并具有成熟的设计和施工经验；但现场施工的湿作业时间长，对生产和生活有一定的影响，且加固后的建筑物净空有一定的减小。

当被加固构件界面处理及其粘结质量符合规范要求时，可按整体截面计算。采用增大截面加固受弯构件时，应根据原结构构造和受力的实际情况，选用在受压区或受拉区增设现浇钢筋混凝土外加层的加固方式。当仅在受压区加固受弯构件时，其承载力、抗裂度、钢筋应力、裂缝宽度及挠度的计算和验算，可按现行国家标准《混凝土结构设计规范》GB 50010 关于叠合式受弯构件的规定进行。若验算结果表明，仅需增设混凝土叠合层即可满足承载力要求时，也应按构造要求配置受压钢筋和分布钢筋。

2. 加大截面法构造规定

新增混凝土层的最小厚度，板不应小于 40mm；梁、柱，采用人工浇筑时，不应小于

60mm；采用喷射混凝土施工时，不应小于50mm。加固用的钢筋，应采用热轧钢筋，板的受力钢筋直径不应小于8mm；梁的受力钢筋直径不应小于12mm；柱的受力钢筋直径不应小于14mm；加锚式箍筋直径不应小于8mm；U形箍直径应与原箍筋直径相同；分布筋直径不应小于6mm。

新增受力钢筋与原受力钢筋的净间距不应小于20mm，并应采用短筋或箍筋与原钢筋焊接；其构造应符合下列要求：

（1）当新增受力钢筋与原受力钢筋的连接采用短筋（图6.3-1*a*）焊接时，短筋的直径不应小于20mm，长度不应小于其直径的5倍，各短筋的中距不应大于500mm。

（2）当截面受拉区一侧加固时，应设置U形箍筋（图6.3-1*b*）。U形箍筋应焊在原有箍筋上，单面焊缝长度应为箍筋直径的10倍，双面焊缝长度应为箍筋直径的5倍。也可以采用化学植筋埋设U形箍筋（图6.3-1*c*）。

（3）当用混凝土围套加固时，应设置环形箍筋或加锚式箍筋（图6.3-1*d*或*e*）。

梁的新增纵向受力钢筋，其两端应可靠锚固；柱的新增纵向受力钢筋的下端应伸入基础并应满足锚固要求；上端应穿过楼板与上层柱脚连接或在屋面板处封顶锚固（图6.3-1*f*）。

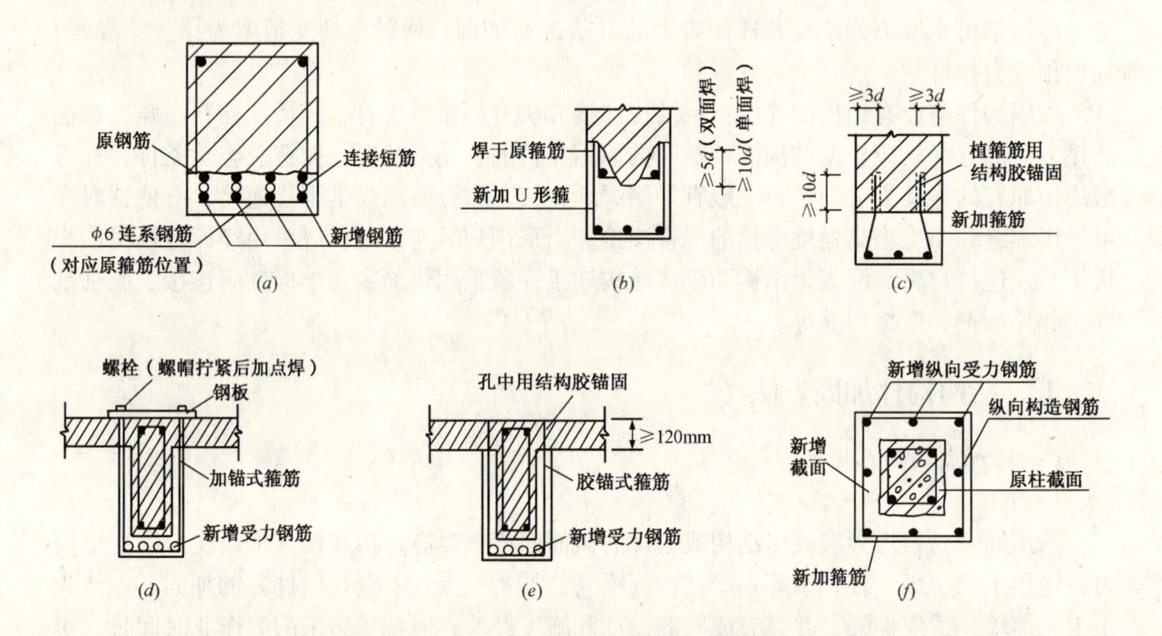

图6.3-1　增大截面配置新增箍筋的连接构造

3. 施工要点

（1）原构件表面处理；

（2）原钢筋和新设受力筋除锈处理，卸荷或支顶后焊接，绑扎钢筋。

（3）采用混凝土界面剂处理新旧混凝土交接面。

（4）采用喷射混凝土施工工艺或浇筑混凝土。

（二）外粘型钢加固法

1. 该法也称湿式外包钢加固法，在混凝土构件四周或两个角部包以型钢的加固方法，受力可靠、施工简便、现场工作量较小，但用钢量较大，且不宜在无防护的情况下用于60°C以上高温场所；适用于使用上不允许显著增大原构件截面尺寸，但又要求大幅度提高其承载能力的混凝土结构加固。

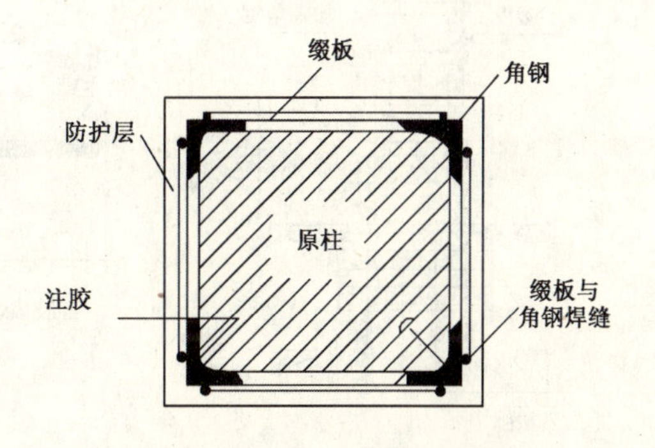

图6.3-2 外粘型钢加固柱

外粘型钢（角钢或槽钢）加固法用于需要大幅度提高截面承载能力和抗震能力的钢筋混凝土梁、柱结构的加固。采用外粘型钢加固混凝土结构构件（图6.3-2）时，应采用改性环氧树脂胶粘剂进行灌注。

采用外粘型钢加固钢筋混凝土梁时，应在梁截面的四角或两角粘贴角钢。若梁的受压区有翼缘或有楼板时，应将梁顶面两侧的角钢改为钢板。

2. 外粘型钢加固法构造规定：

采用外粘型钢加固法时，应优先选用角钢；角钢的厚度不应小于5mm，角钢的边长，对梁和桁架不应小于50mm，对柱不应小于75mm。沿梁、柱轴线方向应每隔一定距离用扁钢制作的箍板（图6.3-2）或缀板与角钢焊接。当有楼板时，U形箍板或其附加的螺杆应穿过楼板，与另加的条形钢板焊接（图6.3-3*a*、*b*）或嵌入楼板后予以胶锚（图6.3-3*c*）。箍板与缀板均应在粘胶前与加固角钢焊接。箍板或缀板截面不应小于40mm×4mm，其间距不应大于20*r*（*r*为单根角钢截面的最小回转半径），且不应大于500mm；在节点区，其间距应适当加密。

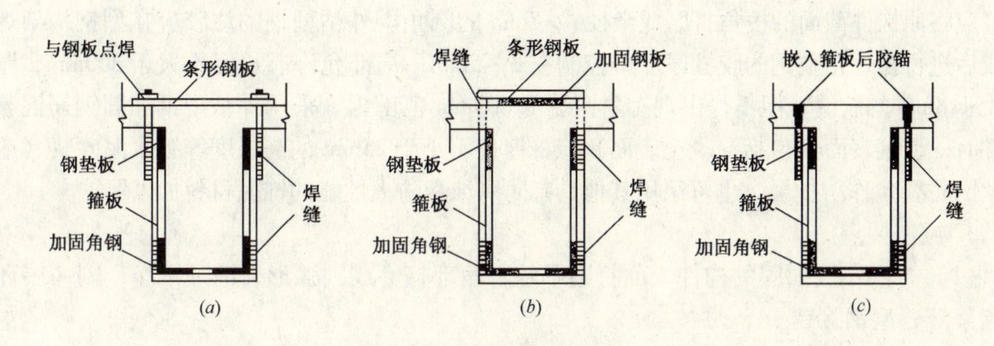

图6.3-3 加锚式箍板焊缝

外粘型钢的两端应有可靠的连接和锚固（图6.3-4）。对柱的加固，角钢下端应锚固于基础中；中间应穿过各层楼板，上端应伸至加固层的上一层楼板底或屋面板底；若相邻两层柱的尺寸不同，可将上下柱外粘型钢交汇于楼面，并利用其内外间隔嵌入厚度不小于10mm的钢板焊成水平钢框，与上下柱角钢及上柱钢箍相互焊接固定。对梁的加固，梁角钢（或钢板）应与柱角钢相互焊接。必要时，可加焊扁钢带或钢筋条，使柱两侧的梁相互连接（图6.3-4*c*）；对桁架的加固，角钢应伸过该杆件两端的节点，或设置节点板将角钢焊在节点板上。

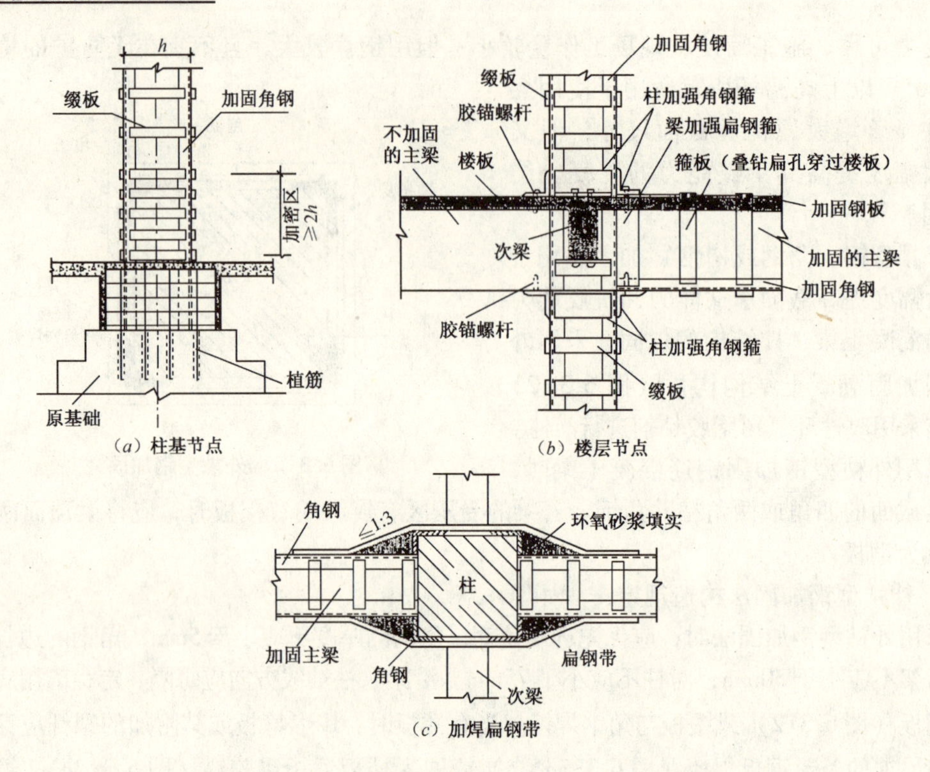

图 6.3-4　外粘型钢梁、柱、基础节点构造梁

当按构造要求采用外粘型钢加固排架柱时，应将加固的型钢与原柱头顶部的承压钢板相互焊接。对于二阶柱，上下柱交接处及牛腿处的连接构造应予加强。外粘型钢加固梁、柱时，应将原构件截面的棱角打磨成半径 $r>7$mm 的圆角。外粘型钢的注胶应在型钢构架焊接完成后进行。外粘型钢的胶缝厚度宜控制在 3～5mm；局部允许有长度不大于 300mm、厚度不大于 8mm 的胶缝，但不得出现在角钢端部 600mm 范围内。采用外粘型钢加固钢筋混凝土构件时，型钢表面（包括混凝土表面）应抹厚度不小于 25mm 的高强度等级水泥砂浆（应加钢丝网防裂）作防护层，也可采用其他具有防腐蚀和防火性能的饰面材料加以保护。

3. 施工要点

（1）打磨：被加固的构件表面打磨平整，角部打磨成圆弧形，清理干净，刷一层环氧树脂浆液，型钢除锈。

（2）就位、焊接：型钢就位，用卡具卡紧，相互焊接连接。

（3）封闭：用环氧胶泥将型钢四周封闭，留出排气孔和灌浆孔，粘贴灌浆嘴，灌浆嘴间距约 2.0～3.0m，通气试压。

（4）灌浆：用灌浆泵以 0.2～0.4MPa 的压力将环氧树脂从灌浆嘴压入。当排气孔出现浆液后停止加压，将排气孔封堵，再维持低压 10min 以上，停止灌浆。

（5）灌浆后不要扰动型钢，待其环氧树脂凝固达到一定强度后，拆除卡具，构件表面进行装饰。

（三）粘贴钢板加固法

1. 简介

在混凝土构件表面，用特制建筑结构胶粘贴钢板，以提高其承载力的一种加固方法。适用于受弯及受拉构件，即梁、板、桁架等。该法施工快速、现场无湿作业或仅有抹灰等少量湿作业，对生产和生活影响小，且加固后对原结构外观和原有净空无显著影响，但加固效果在很大程度上取决于胶粘工艺与操作水平；适用于承受静力作用且处于正常湿度环境中的受弯、大偏心受压或受拉构件的加固。不适用于素混凝土构件，包括纵向受力钢筋配筋率低于现行国家标准《混凝土结构设计规范》（GB 50010）规定的最小配筋率的构件加固。被加固的混凝土结构构件，其现场实测混凝土强度等级不得低于C15，且混凝土表面的正拉粘结强度不得低于1.5MPa。

粘贴钢板加固钢筋混凝土结构构件时，应将钢板受力方式设计成仅承受轴向应力作用。粘贴在混凝土构件表面上的钢板，其外表面应进行防锈蚀处理。表面防锈蚀材料对钢板及胶粘剂应无害，其长期使用的环境温度不应高于60℃；处于特殊环境（如高温、高湿、介质侵蚀、放射等）的混凝土结构采用本方法加固时，除应按国家现行有关标准的规定采取相应的防护措施外，尚应采用耐环境因素作用的胶粘剂，并按专门的工艺要求进行粘贴。当被加固构件的表面有防火要求时，应按现行国家标准《建筑防火设计规范》GB 50016规定的耐火等级及耐火极限要求，对胶粘剂和钢板进行防护。采用粘贴钢板对钢筋混凝土结构进行加固时，应采取措施卸除或大部分卸除作用在结构上的活荷载。

2. 外粘钢板加固构造规定

采用手工涂胶粘贴的钢板厚度不应大于5mm。采用压力注胶粘结的钢板厚度不应大于10mm，对钢筋混凝土受弯构件进行正截面加固时，其受拉面沿构件轴向连续粘贴的加固钢板宜延长至支座边缘，且应在钢板的端部（包括截断处）及集中荷载作用点的两侧，设置U形钢箍板（对梁）或横向钢压条（对板）进行锚固，并采用膨胀螺栓或化学锚栓附加锚固。

当粘贴的钢板延伸至支座边缘仍不满足延伸长度的要求时，应采取下列锚固措施：

（1）梁加固时应在延伸长度范围内均匀设置U形箍（图6.3-5），且应在延伸长度的端部设置一道加强箍。U形箍的粘贴高度应为梁的截面高度；若梁有翼缘（或有粘贴钢板），应伸至其底面。U形箍的宽度，对端箍不应小于加固钢板宽度的2/3，且不应小于80mm；对中间箍不应小于加固钢板宽度的1/2，且不应小于40mm。U形箍的厚度宜与钢板相同，最小不应小于受弯加固钢板厚的1/2，且不应小于4mm。U形箍的上端应设置纵向钢压条；压条下面的空隙应加胶粘钢垫块填平。

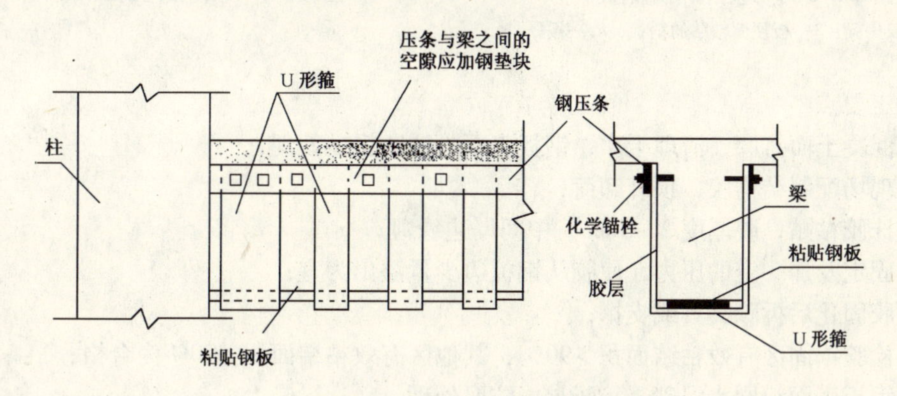

图6.3-5　梁粘贴钢板端部锚固措施

（2）对板，应在延伸长度范围内通长设置垂直于受力钢板方向的钢压条。钢压条应在延伸长度范围内均匀布置，且应在延伸长度的端部设置一道。压条的宽度不应小于受弯加固钢板宽度的3/5，钢压条的厚度不应小于受弯加固钢板厚度的1/2。

当采用钢板对受弯构件负弯矩区进行正截面承载力加固时，应采取下列构造措施：

（1）支座处无障碍时，钢板应在负弯矩包络图范围内连续粘贴；其延伸长度的截断点应满足锚固长度。在端支座无法延伸的一侧，尚应采取构造方式进行锚固处理，如加角钢和锚栓等。

（2）支座处虽有障碍，但梁上有现浇板时，允许绕过柱位，在梁侧4倍板厚范围内，将钢板粘贴于板面上（图6.3-6）。

（3）当梁上无现浇板或负弯矩区的支座处需采取加强的锚固措施时，可按构造方式进行锚固处理。当加固的受弯构件需粘贴不止一层钢板时，相邻两层钢板的截断位置应错开不小于300mm，并应在截断处加设U形箍（对梁）或横向压条（对板）进行锚固。

当采用粘贴钢板箍对钢筋混凝土梁或大偏心受压构件的斜截面承载力进行加固时，其构造应符合下列规定：宜选用封闭箍或加锚的U形箍；若仅按构造需要设箍，也可采用一般U形箍；受力方向应与构件轴向垂直；封闭箍及U形箍的净间距不应大于现行国家标准《混凝土结构设计规范》（GB 50010）规定的最大箍筋间距的0.7倍，且不应大于梁高的0.25倍。箍板的粘贴高度应符合下列要求：一般U形箍的上端应粘贴纵向钢压条予以锚固。钢压条下面的空隙应加胶粘钢垫板填平。当梁的截面高度（或腹板高度）$h \geqslant$ 600mm时，应在梁的腰部增设一道纵向腰间钢压条（图6.3-7）。

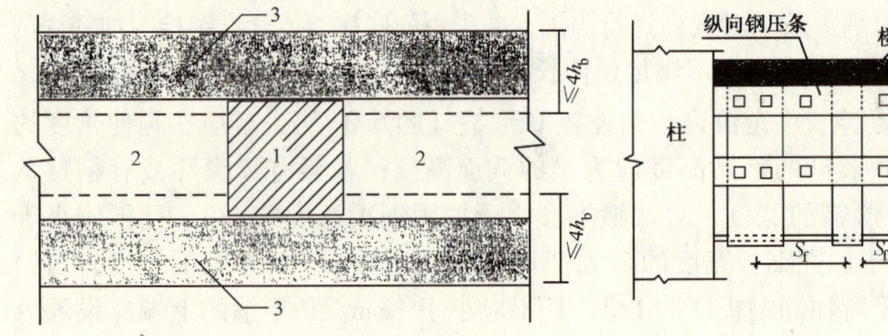

图6.3-6　绕过柱位粘贴钢板

1—柱；2—梁；3—板顶面粘贴的钢板；h_b—板厚

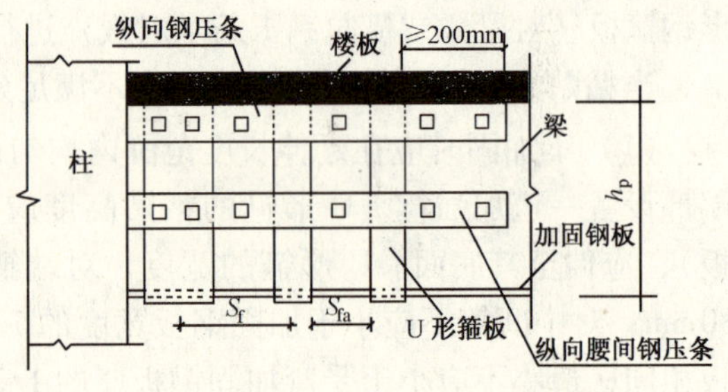

图6.3-7　纵向腰间钢压条

3. 施工要点

（1）混凝土面打磨、清理干净，钢板表面除锈、粗糙处理；

（2）现场配制结构胶，顶升卸荷；

（3）抹胶粘贴，胶厚度2～5mm，中间厚边缘薄；

（4）固定及加一定的压力，使胶从钢板边少量溢出为宜；

（5）胶固化后拆除夹具或支撑；

（6）检验锚固区有效粘结面积>90%，其他区有效粘结面积>70%为合格；

（7）钢板表面粉刷水泥砂浆等防火、防腐处理。

（四）粘贴纤维增强塑料加固法

1. 碳纤维的性能

应用于建筑领域的纤维增强复合材料一般包括三种：以聚丙乙烯或中间沥青原材料经高温碳化制成的直径5～8μm的碳纤维；有机材料、高分子聚合物形成的芳纶纤维；主要成分为二氧化硅的玻璃纤维。

碳纤维从性能上分为高强度和高弹性模量两种，从其组成形式和形状上又有片材、棒材和型材之分，碳纤维片材是碳纤维布和碳纤维板的总称；碳纤维棒材是指有肋棒材、无肋棒材、集束棒材，类似于钢筋混凝土结构中的钢筋和钢绞线；碳纤维型材包含碳纤维棒材组成的网格形、碳纤维板组成的工字形、层压形、矩形等。图6.3-8所示为几种形式的代表。

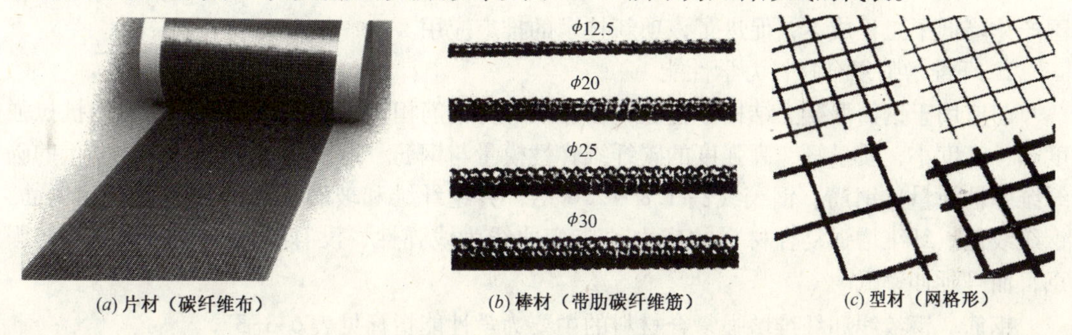

(a) 片材（碳纤维布）　(b) 棒材（带肋碳纤维筋）　(c) 型材（网格形）

图6.3-8　碳纤维材料的形状

芳纶纤维和玻璃纤维不像碳纤维有那么多种类型，其主要形式是芳纶纤维布和玻璃纤维布。

各种纤维片材根据纤维的排列方向又可分为单向纤维片材、双向纤维片材和多向纤维片材。单向纤维片材是一种纤维均匀排列的单向带，由纱网和少量树脂固定而成；双向纤维片材和多向纤维片材是由不同方向的纤维条编织而成；另外，还有混杂纤维片材，即双向或多向纤维布中，不同的方向采用不同品种的纤维，如主要受力方向为碳纤维，另外的方向为芳纶纤维或玻璃纤维。如图6.3-9所示。

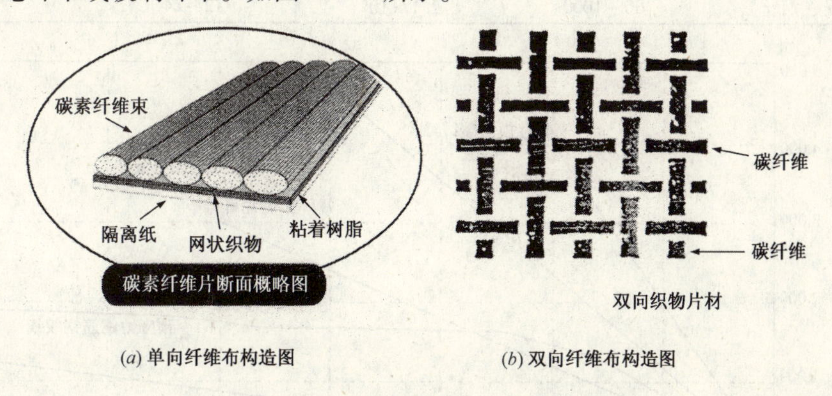

(a) 单向纤维布构造图　(b) 双向纤维布构造图

图6.3-9　纤维增强复合材料的构造图

纤维布是由少量树脂（胶粘剂）粘附于基网上，胶粘剂含量约3%～5%，以250～500mm宽为规格成卷装运，碳纤维板和棒材一般是由含有35%～40%树脂和60%～65%的碳纤维热压成形。

纤维片材适用于在既有结构抗震加固和承载力加固中，而棒材和型材主要应用于新建土木工程，特别是集束棒材作为预应力材料，在各种桥梁建造中广泛应用。碳纤维片材在1995年日本阪神大地震后的高速公路桥墩和桥面板加固中得到大量应用，在台湾9.21地震后的建筑物加固中也得到广泛应用。

我国于1996年开始引进该项技术，并在高校和科研机构开始试验研究工作，1998年开始在混凝土结构加固工程中应用，2003年已正式出版了中国工程建设标准化协会标准《碳纤维片材加固混凝土结构技术规程》CECS146:2003。2007年对局部内容进行了修编，前几年我国土木工程加固中应用的碳纤维材料全部为国外进口或台湾产品，近年来也有国产碳纤维布、碳纤维板和碳纤维棒材及配套的树脂问世，而且价格比进口材料低，材料的国产化降低了工程成本，促进了该项新技术的推广应用。

2. 纤维增强复合材料力学性能

与应用于钢筋混凝土结构中普通钢筋和预应力钢筋相比，纤维增强复合材料的抗拉强度高，密度小，质量轻，高强度的碳纤维弹性模量与钢筋、钢绞线接近，高弹性模量的碳纤维弹性模量比钢筋、钢绞线高1.8~2.6倍，芳纶纤维和玻璃纤维的弹性模量比钢筋、钢绞线低。纤维增强复合材料的应力-应变曲线为线弹性，没有类似于普通钢筋的屈服点，而且延伸率低。

钢筋、钢绞线和纤维增强复合材料的主要力学性能指标见表6.3-3。

纤维增强复合材料、钢筋、钢绞线应力-应变曲线见图6.3-10。

钢筋、钢绞线和纤维增强复合材料的主要性能　　表6.3-3

材　　料	抗拉强度（MPa）	弹性模量（MPa）	伸长率（%）	密度（g/cm^3）
高模量碳纤维	2940~4600	$>3.9\times10^5$	0.5~1.2	1.8~2.1
高强度碳纤维	3430~4900	2.3×10^5	1.5~2.1	1.8
芳纶纤维	2840	1.1×10^5	2.4	1.45
玻璃纤维	2350	0.7×10^5	4.7	2.54
预应力钢丝钢绞线	1860	2.0×10^5	>5.0	7.74
普通钢筋、钢丝	300~1000	2.1×10^5	12~24	7.74

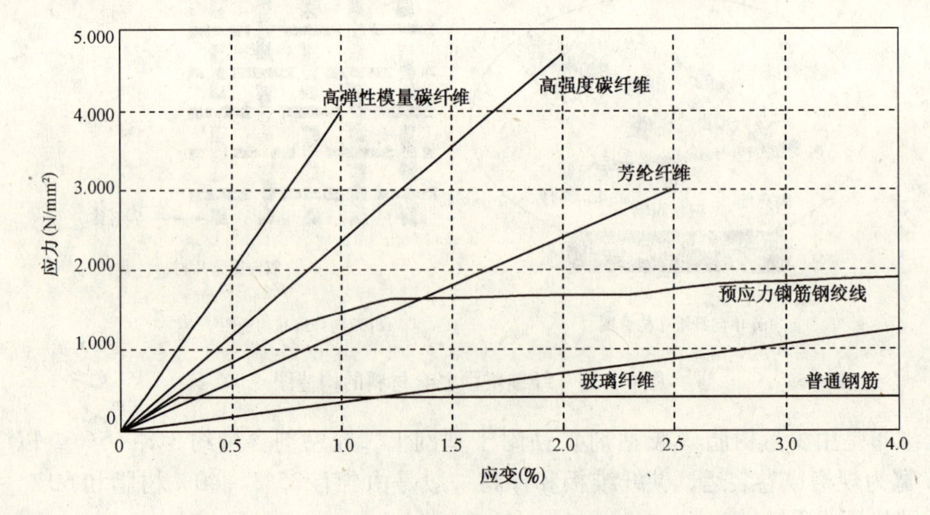

图6.3-10　增强复合材料、钢筋、钢绞线应力-应变曲线

3. 碳纤维材料特点

碳纤维材料的优点是：单向抗拉强度高，是普通钢筋的10倍左右；质量轻，质量只有普通钢筋的四分之一；弹性模量高，尤其是高弹性模量的碳纤维片材，在加固结构中能发挥较大的作用；体积小，对加固结构的外形和建筑物的外观影响小，如常用碳纤维布的纤维单位面积质量有200g/m^2、300g/m^2、450g/m^2、600g/m^2，其计算厚度分别为0.111mm、0.167mm、0.250mm、0.333mm，碳纤维板的厚度通常为1.0mm，最大不超过2.0mm；适用于潮湿、侵蚀性环境中，因纤维增强复合材料和粘结用树脂化学性能稳定，能抵抗酸、碱、盐和水的侵蚀，防水效果好，抗腐蚀性能好；抗疲劳性能好，广泛应用于桥梁等工程；施工性能超群，首先它们易于剪裁，对所需的形状和尺寸有很高的适应能力；体积小，对施工的操作空间要求可达到最低限度；重量轻，可手工操作，不需要大型的机具、设备；在结构表面粘贴，不需要凿毛、剔除混凝土保护层等费时费力的过程，施工速度快、周期短，对加固结构的生活、生产影响小。

碳纤维片材的缺点：单向抗拉强度高，横向强度低，抗弯、抗折强度非常低，因此，当沿纤维方向遇到加固构件的转角时，必须将转角表面处理成曲率半径不小于20mm的圆弧形，且在粘贴之前，构件表面需要用找平树脂填补平整；由于强度高，延伸率低，断裂时的极限应变低，加固构件的破坏形式为脆性破坏。由于需要树脂将纤维片材粘贴在构件表面，树脂多为有机材料，遇高温和火灾时树脂性能改变，因此防火性能差，对于树脂的耐久性、抗老化性还有待进一步的试验研究和已有加固工程的现场观测、考察。

4. 加固工程应用

（1）虽然纤维增强复合材料有多种形式和规格（片材、棒材、型材），可在多种结构（混凝土结构、砌体结构、木结构、钢结构）中应用，国内外研究和应用较多的是既有混凝土结构加固用的碳纤维片材，主要应用方面在：梁、板等受弯构件的受拉区粘贴，进行抗弯承载力的加固；梁、柱构件的抗剪加固，环绕形粘贴在构件四周，或U形粘贴在梁的两个侧面和底面，或粘贴在构件侧面，提高抗剪承载力；环绕形粘贴在构件四周，对构件进行抗震加固，提高柱或桥墩的延性；沿受拉构件的轴向粘贴，增强其抗拉承载力；纵横向粘贴在抗震墙的侧面，提高墙的抗弯、抗剪能力；在特种结构加固中应用，如壳体、隧道、筒仓、烟囱等工程；修补裂缝，骑缝粘贴在构件的裂缝表面，分担裂缝处的应力。

（2）适用于钢筋混凝土受弯、轴心受压、大偏心受压及受拉构件的加固，不适用于素混凝土构件，包括纵向受力钢筋配筋率低于现行国家标准《混凝土结构设计规范》GB 50010规定的最小配筋率的构件加固。被加固的混凝土结构构件，其现场实测混凝土强度等级不得低于C15，且混凝土表面的正拉粘结强度不得低于1.5MPa。外贴纤维复合材加固钢筋混凝土结构构件时，应将纤维受力方式设计成仅承受拉应力作用。粘贴在混凝土构件表面上的纤维复合材，不得直接暴露于阳光或有害介质中，其表面应进行防护处理。表面防护材料应对纤维及胶粘剂无害，且应与胶粘剂有可靠的粘结强度及相互协调的变形性能。

被加固的混凝土结构，其长期使用的环境温度不应高于60℃；处于特殊环境（如高温、高湿、介质侵蚀、放射等）的混凝土结构采用本方法加固时，除应按国家现行有关标准的规定采取相应的防护措施外，尚应采用耐环境因素作用的胶粘剂，并按专门的工艺要求进行粘贴。

当被加固构件的表面有防火要求时，应按现行国家标准《建筑防火设计规范》（GBJ 16）规定的耐火等级及耐火极限要求，对纤维复合材进行防护。

5. 粘贴复合材料构造规定

对钢筋混凝土受弯构件正弯矩区进行正截面加固时，其受拉面沿轴向粘贴的纤维复合材应延伸至支座边缘，且应在纤维复合材的端部（包括截断处）及集中荷截作用点的两侧，设置纤维复合材的U形箍（对梁）或横向压条（对板）。当纤维复合材延伸至支座边缘仍不满足延伸长度的要求时，应采取下列锚固措施：

（1）对梁，应在延伸长度范围内均匀设置U形箍锚固（图6.3-11*a*），并应在延伸长度端部设置一道。U形箍的粘贴高度应为梁的截面高度；若梁有翼缘或有现浇楼板，应伸至其底面。U形箍的宽度，对端箍不应小于加固纤维复合材宽度的2/3，且不应小于200mm；对中间箍不应小于加固纤维复合材宽度的1/2，且不应小于100mm。U形箍的厚度不应小于受弯加固纤维复合材厚度的1/2。

（2）对板，应在延伸长度范围内通长设置垂直于受力纤维方向的压条（图6.3-11*b*）。压条应在延伸长度范围内均匀布置。压条的宽度不应小于受弯加固纤维复合材条带宽度的3/5，压条的厚度不应小于受弯加固纤维复合材厚度的1/2。

（3）当采用纤维复合材对受弯构件负弯矩区进行正截面承载力加固时，应采取下列构造措施：

（a）支座处无障碍时，纤维复合材应在负弯矩包络图范围内连续粘贴；其延伸长度的截断点应位于正弯矩区，且距正负弯矩转换点不应小于1m。

（b）支座处虽有障碍，但梁上有现浇板，且允许绕过柱位时，宜在梁侧4倍板厚（h_b）范围内，将纤维复合材粘贴于板面上（图6.3-12）。

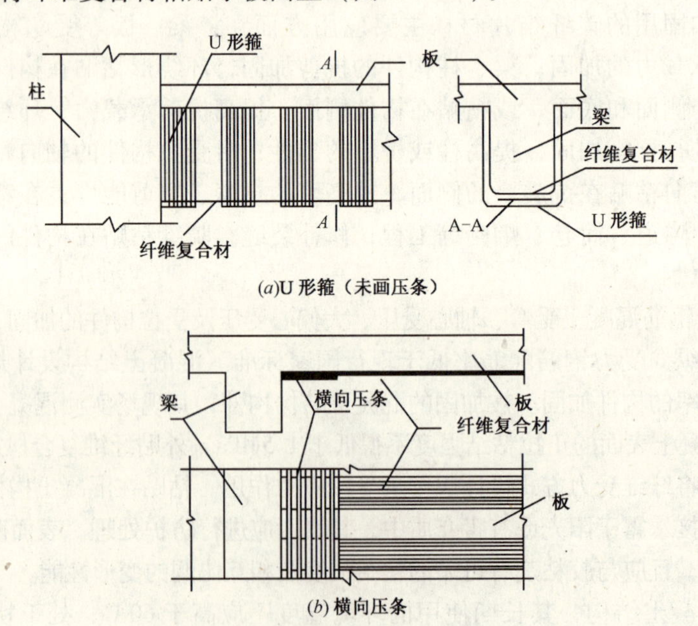

图6.3-11　梁、板粘贴纤维复合材端部锚固措施

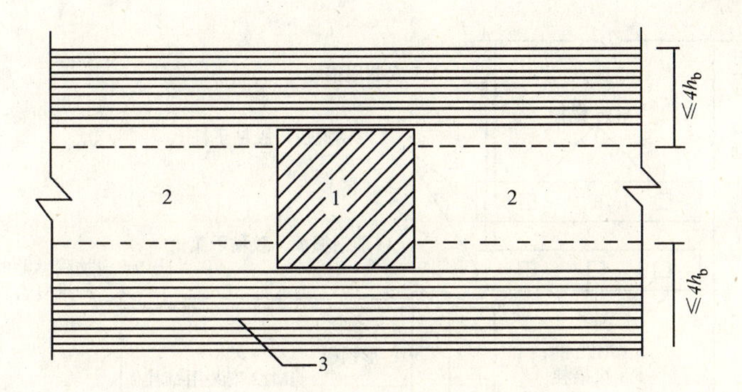

图 6.3-12　绕过柱位粘贴纤维复合材

(c) 在框架顶层梁柱的端节点处，纤维复合材只能贴至柱边缘而无法延伸时，应加贴L形钢板和U形钢箍板进行锚固（图 6.3-13），L形钢板的总截面面积应按下式进行计算：

$$A_{a,l} = 1.2\psi_f f_f A_f / f_y \tag{6.3-1}$$

式中　$A_{a,l}$——支座处需粘贴的L形钢板截面面积；

ψ_f——纤维复合材的强度利用系数，按《混凝土结构加固设计规范》第 9.2.3 条采用；

f_f——纤维复合材的抗拉强度设计值，按《混凝土结构加固设计规范》规范第 9.1.6 条采用；

A_f——支座处实际粘贴的纤维复合材截面面积；

f_y——L形钢板抗拉强度设计值。

L形钢板总宽度不宜小于 0.9 倍梁宽，且宜由多条钢板组成；钢板厚度不应小于 3mm。

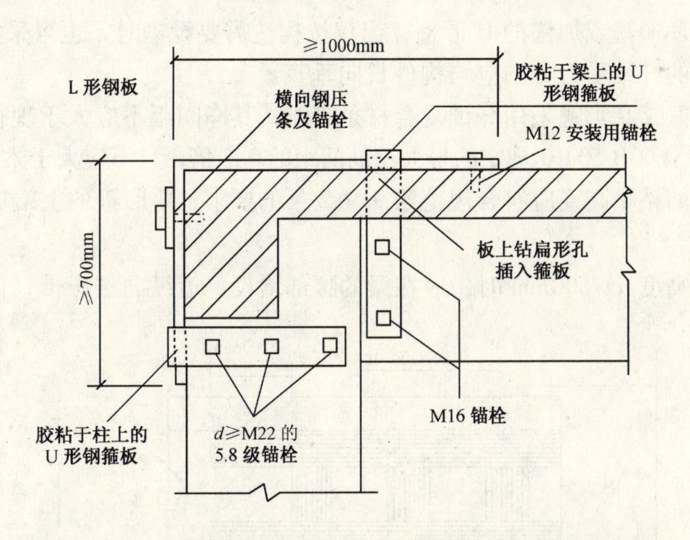

图 6.3-13　柱项加贴 L 形钢板及 U 形钢箍板的锚固构造示例

(d) 当梁上无现浇板，或负弯矩区的支座处需采取加强的锚固措施时，可采取图 6.3-14 的构造方式。但柱中箍板的锚栓等级、直径及数量应经计算确定。

注：若梁上有现浇板，也可采取这种构造方式进行锚固，其U形钢箍板穿过楼板处，应采用半叠钻孔法，在板上钻出扁形孔以插入箍板，再用结构胶予以封固。

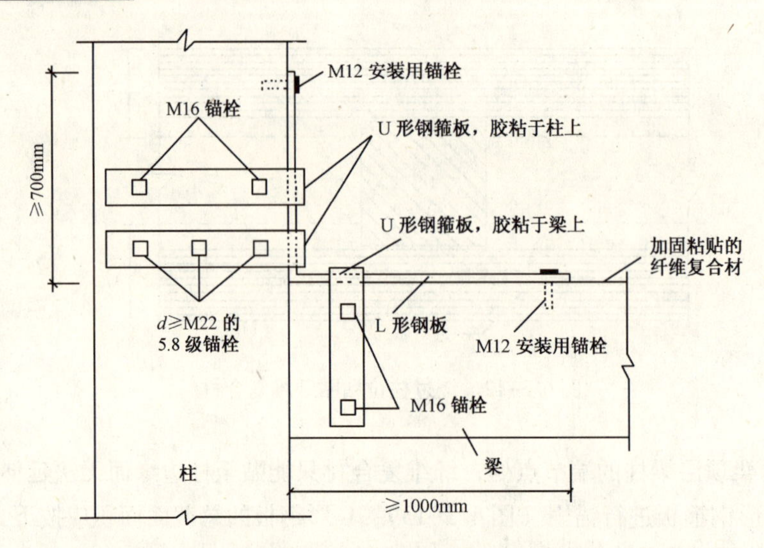

图 6.3-14　柱中部加贴 L 形钢板及 U 形钢箍板的锚固构造示例

（e）当加固的受弯构件为板、壳、墙和筒体时，纤维复合材应选择多条密布的方式进行粘贴，不得使用未经裁剪成条的整幅织物满贴。

（f）当受弯构件粘贴的多层纤维织物允许截断时，相邻两层纤维织物宜按内短外长的原则分层截断；外层纤维织物的截断点宜越过内层截断点 200mm 以上，并应在截断点加设 U 形箍。

（4）当采用纤维复合材对钢筋混凝土梁或柱的斜截面承载力进行加固时，其构造应符合下列规定：

（a）宜选用环形箍或加锚的 U 形箍；当仅按构造需要设箍时，也可采用一般 U 形箍。

（b）U 形箍的纤维受力方向应与构件长向垂直。

（c）当环形箍或 U 形箍采用纤维复合材条带时，其净间距不应大于现行国家标准《混凝土结构设计规范》GB 50010 规定的最大箍筋间距的 0.7 倍，且不应大于梁高的 0.25 倍。

（d）U 形箍的粘贴高度应符合规范第 9.9.2 条的要求；U 形箍的上端应粘贴纵向压条予以锚固。

（e）当梁的高度 $h>600$mm 时，应在梁的腰部增设一道纵向腰压带（图 6.3-15）。

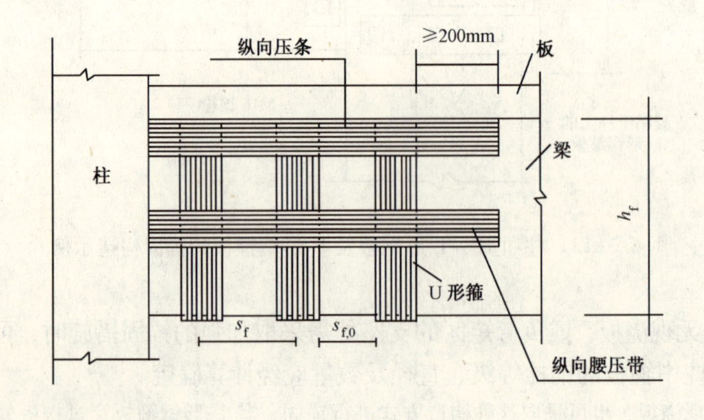

图 6.3-15　纵向腰压带

（5）当采用纤维复合材的环向围束对钢筋混凝土柱进行正截面加固或提高延性的抗震加固时，其构造应符合下列规定：

环向围束的纤维织物层数，对圆形截面不应少于2层，对正方形和矩形截面柱不应不少于3层；环向围束上下层之间的搭接宽度不应小于100mm，纤维织物环向截断点的延伸长度不应小于200mm，且各条带搭接位置应相互错开；当沿柱轴向粘贴纤维复合材对大偏心受压柱进行正截面承载力加固时，除应按受弯构件正截面和斜截面加固构造的原则粘贴纤维复合材外，尚应在柱的两端增设机械锚固措施。当采用环形箍、U形箍或环向围束加固正方形和矩形截面构件时，其截面棱角应在粘贴前通过打磨加以圆化（图6.3-16）；梁的圆化半径r，对碳纤维不应小于20mm；对玻璃纤维不应小于15mm。柱的圆化半径，对碳纤维不应小于25mm；对玻璃纤维不应小于20mm。

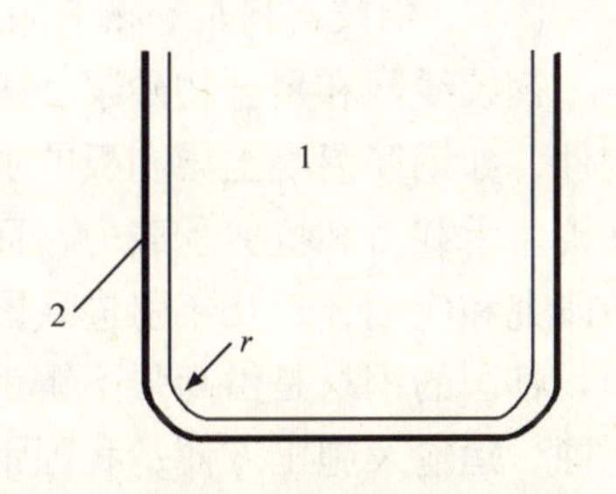

图6.3-16 构件截面棱角的圆化打磨
1—构件截面外表面；2—纤维复合材；
r—棱角圆化半径

6. 碳纤维片材加固施工

碳纤维片材是通过配套的树脂类粘结材料粘贴在构件表面实现其加固作用的，配套的树脂包括底层树脂、找平材料、浸渍树脂或粘结树脂。施工的顺序（见图6.3-17）是混凝土表面打磨平整，转角处打磨成圆弧形，裂缝修补，基层清理干净；涂刷底层树脂使其渗入混凝土基层；指触干燥后削平凸出部分，用找平材料将混凝土表面凹陷部位填补平整；然后，将碳纤维布用浸渍树脂或粘结树脂粘贴；树脂初期硬化后，根据装饰和防护要求作表面涂装。

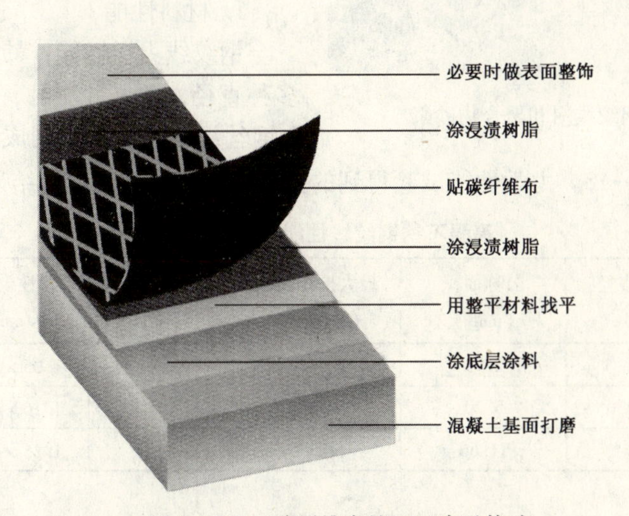

图6.3-17 碳纤维布施工工序及构造

（五）钢筋网水泥砂浆面层（或混凝土面层）法

砌体墙的加固，有时也用钢筋混凝土外加层加固，该法的优缺点与加大截面法相近。

该法属于复合截面加固法的一种。其优点是施工工艺简单、适应性强，砌体加固后承载力有较大提高，并具有成熟的设计和施工经验；适用于柱、带壁墙的加固；其缺点是现场施工的湿作业时间长，对生产和生活有一定的影响，且加固后的建筑物净空有一定的减小。

（六）钢绞线网聚合物砂浆加固法

钢绞线网和聚合物砂浆加固钢筋混凝土结构和砌体结构，主要适用于受弯构件和受剪构件，如钢筋混凝土梁和板的加固、混凝土剪力墙或砌体剪力墙的加固等，不仅能显著提高抗弯承载力和抗剪承载力，而且构件刚度也能够得到明显的增加。该技术首先由韩国开始研究和应用，近几年引进我国，在立交桥和工业与民用建筑物加固改造中也得到广泛应用。韩国的钢材是由高强不锈钢丝制成的钢绞线，再由工厂加工成钢绞线网，强度高、不锈蚀、运输及施工方便；我国钢绞线是采用镀锌钢丝绳，再加工成的钢绞线网；聚合物砂浆为无机材料，强度高，与混凝土和砌体等粘结性能好，并具有良好的耐久性和耐高温性能。这些材料全部在工厂生产，然后运送到现场进行施工，可以机械化施工（如喷射法），也可人工操作（如分层抹），施工便捷。

图 6.3-18　钢绞线网和聚合物砂浆

不锈钢绞线网和镀锌钢丝绳网解决了钢筋锈蚀的问题，渗透性聚合物砂浆为无机材料，具有良好的粘结性能，与粘钢板和粘贴碳纤维片材等加固方法相比具有良好的耐久性能、耐火性能及耐高温性能，收缩变形小，提高构件强度的同时提高构件的刚度，非常适合于水工结构、港口工程、潮湿环境、腐蚀性环境下的工业与民用建筑以及桥梁等工程的加固。

1. 材料性能

钢绞线力学性能：韩国不锈钢绞线有多种直径，常见的三种，钢绞线均为 7×7 钢丝组成，钢绞线网成品规格均为 30m 长，1m 宽，见图 6.3-18。力学性能试验得到的抗拉强度、弹性模量等结果见表 6.3-4。

高强不锈钢绞线性能试验结果　　表 6.3-4

型　号	钢绞线直径 (mm)	公称面积 (mm^2)	最大抗拉强度 (N/mm^2)	延伸率 (%)	弹性模量 (N/mm^2)	重量 (kg/100m)
1	ϕ2.4	2.93	1704.7	1.6	1.05×10^5	2.38
2	ϕ3.2	5.20	1653.8	1.7	1.16×10^5	4.17
3	ϕ4.8	11.66	1405.7	—	1.26×10^5	9.23

国产镀锌钢丝绳由 6×7 钢丝组成，其力学性能等指标见表 6.3-5。

镀锌钢丝绳力学性能及试验结果　　表 6.3-5

钢绞线直径 (mm)	公称面积 (mm^2)	最大抗拉强度 (N/mm^2)	延伸率 (%)	弹性模量 (N/mm^2)	重量 (kg/100m)
ϕ3.05	4.68	1641.0	—	1.34×10^5	3.83

聚合物砂浆性能：对渗透性聚合物砂浆的力学性能和耐久性进行了试验，力学性能试验内容包括：砂浆抗压强度试验、粘结强度、抗弯强度、热膨胀系数等，耐久性试验内容包括：透水性、氯离子的渗透、抗碳化能力及其他化学药品溶液的阻抗性试验等，渗透性聚合物砂浆力学性能试验结果见表6.3-6和表6.3-7，耐久性试验结果见表6.3-8。

渗透性聚合物砂浆力学性能试验结果 **表6.3-6**

物理特性 \ 时间	1d	3d	7d	28d
抗压强度（N/mm^2）	9.8	24.3	37.3	43.4
粘贴强度（N/mm^2）	—	—	2.8	3.1
抗弯强度（N/mm^2）	—	—	8.0	13.6

渗透性聚合物砂浆与普通砂浆力学性能比较 **表6.3-7**

物理特性 \ 砂浆划分		普通砂浆	聚合物砂浆（韩国）	MS-504（国产）
抗压强度（N/mm^2）		31.7	42.0	41.4
粘贴强度（N/mm^2）	混凝土面层	1.4	3.1	1.85
	钢绞线网加固后	1.1	2.7	—
热膨胀系数（/℃）		9.8×10^{-6}	10.2×10^{-6}	—

渗透性聚合物砂浆耐久性实验结果 **表6.3-8**

耐久性 \ 砂浆划分		普通砂浆	聚合物砂浆
透水阻抗性（cm/sec）	7d	2.64×10^{-6}	1.01×10^{-6}
	28d	4.23×10^{-6}	1.54×10^{-6}
氯离子渗透试验（coulombs）		4100	340
碳化深度试验（mm）	28d	9	3
	60d	18	7
化学药品阻抗性（%）	5% H_2SO_4	63	86
	10% Na_2SO_4	97	100
	10% $CaCl_2$	96	99

渗透性聚合物砂浆在工厂生产、包装，在工地现场按比例混合、搅拌均匀。由上述各表可见聚合物砂浆的特点：该材料强度比较高，并且早期强度增长快；具有渗透性，即使不使用底漆，粘结性能很好，如使用界面剂，粘结强度还会提高；收缩性小，基本不会发生收缩裂缝；密实度高，二氧化碳的透过性差，可以延缓混凝土的碳化；抗氯化物的渗透性好，可以防止内部钢筋的腐蚀；力学性质与混凝土相近，长期粘结性能很好，耐久性很好；耐其他化学药品的阻抗性很好；该砂浆材料无毒，对人体无害。

2. 加固设计

钢绞线网加聚合物砂浆加固受弯构件的承载力计算，类似于钢筋混凝土增大截面法加固，钢筋由高强钢绞线代替，混凝土由聚合物砂浆代替，考虑加固结构二次受力的特点，钢绞线的抗拉设计强度应取一个合理的值。构件的截面应变分布仍符合平截面假定，根据原有构件的材料强度和配筋及截面尺寸，根据构件的内力，首先确定聚合物砂浆的厚度，即可计算出所需要的钢绞线的用量。

抗弯刚度的计算可根据加大截面的尺寸、钢绞线的用量以及原构件的材料强度、截面尺寸、配筋量等，参照《混凝土结构设计规范》进行计算。

3. 施工工艺

钢绞线网加聚合物砂浆加固结构剖面见图6.3-19，施工工艺如下：

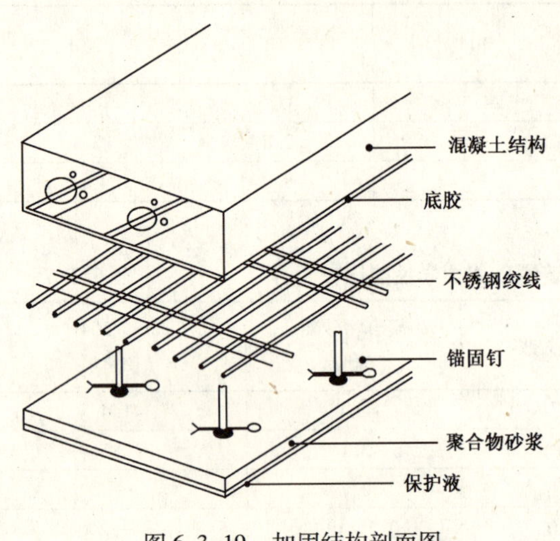

图6.3-19　加固结构剖面图

（1）基面处理：清除要加固面的灰尘、污物等。

（2）安装钢绞线网：用固定钉将高强不锈钢绞线网固定在加固面上，并用紧线器拉紧钢绞线网对其进行预紧。

（3）用高压水枪清洗施工面，避免因灰尘存在而降低灰浆粘结力。

（4）涂浆：首先喷涂一层约等于2mm厚的加强粘结的胶粘剂，然后采用喷射器进行渗透性聚合物砂浆喷涂。

（5）养护：喷水养护。

（6）保护液：根据现场情况喷涂或手工抹一层乳液，也可不作这道工序。

（七）绕丝法

在构件四周缠绕经退火处理的低碳冷拔钢丝，提高构件的承载力和延性，适用于混凝土结构构件斜截面承载力不足的加固，或需对受压构件施加横向约束力，提高变形能力，增强抗震性能。

要求被加固的构件混凝土强度等级在C10～C50之间，比较适用于圆形截面；如果是矩形截面时，长边与短边比要小于1.5，施工时构件四角混凝土保护层应凿除，打磨成圆弧形，然后沿构件长度均匀分布的缠绕钢丝。钢丝间距重要构件不大于15mm，一般构件不大于30mm，钢丝两端与原构件主筋焊接连接，最后构件表面喷射细石混凝土或支模现浇细石混凝土，混凝土强度不低于C30。

（八）预应力加固法

采用外加预应力的钢拉杆或撑杆，对结构进行加固的方法。除提高承载能力外，还可提高构件刚度（变形性能）和抗裂性能。加固后占用空间小，具有卸荷、加固、改变结构受力三重效果。可用于大型结构、大跨度结构的梁、板、柱或桁架、网架、屋架等。

该法能降低被加固构件的应力水平，不仅使加固效果好，而且还能较大幅度地提高结构整体承载力，但加固后对原结构外观有一定影响；适用于大跨度或重型结构的加固以及处于高应力、高应变状态下的混凝土构件的加固。但在无防护的情况下，不能用于温度在600℃以上环境中，也不宜用于混凝土收缩徐变大的结构。

梁板加固可采用拉杆方式有水平式拉杆、下撑式拉杆、组合式拉杆；张拉方法有机张法和横向张拉法；柱加固采用撑杆方式。设计计算内容：承载力验算，张拉控制变形计算。

设计构造要求：

（1）拉杆：HPB235、HRB335 钢筋或型钢（$h>600$mm）。张拉力在 150kN 以下时，可用两根直径为 12～30mm 的 HPB 235 钢筋；若加固的预应力较大，应用 HRB335 钢筋。当加固梁的截面高度大于 600mm 时，应用型钢拉杆。桁架加固时，可用 HRB 335 钢筋、HRB 400 钢筋、精轧螺纹钢筋、碳素钢丝或钢绞线等高强度钢材。

（2）净空距离：预应力水平拉杆或预应力下撑式拉杆中部的水平段距被加固梁或桁架下缘的净空宜为 30～80mm。

（3）钢垫板：预应力下撑式拉杆的斜段宜紧贴在被加固梁的梁肋两旁；在被加固梁下应设厚度不小于 10mm 的钢垫板，其宽度宜与被加固梁相等，其梁跨度方向的长度不应小于板厚的 5 倍；钢垫板下应设直径不小于 20mm 的钢筋棒，其长度不应小于被加固梁宽加 2 倍拉杆直径再加 40mm；钢垫板宜用结构胶固定位置，钢筋棒可用点焊固定位置。

（4）端部锚固：加固构件端部有传力预埋件可利用时，可将预应力拉杆与传力预埋件焊接，通过焊缝传力。当无传力预埋件时，宜焊制专门的钢套箍，套在混凝土构件上与拉杆焊接。钢套箍可用型钢焊成，也可用钢板加焊加劲肋（图 6.3-20②）。钢套箍与混凝土构件间的空隙，应用细石混凝土填塞。钢套箍对构件混凝土的局部受压承载力应经验算合格。

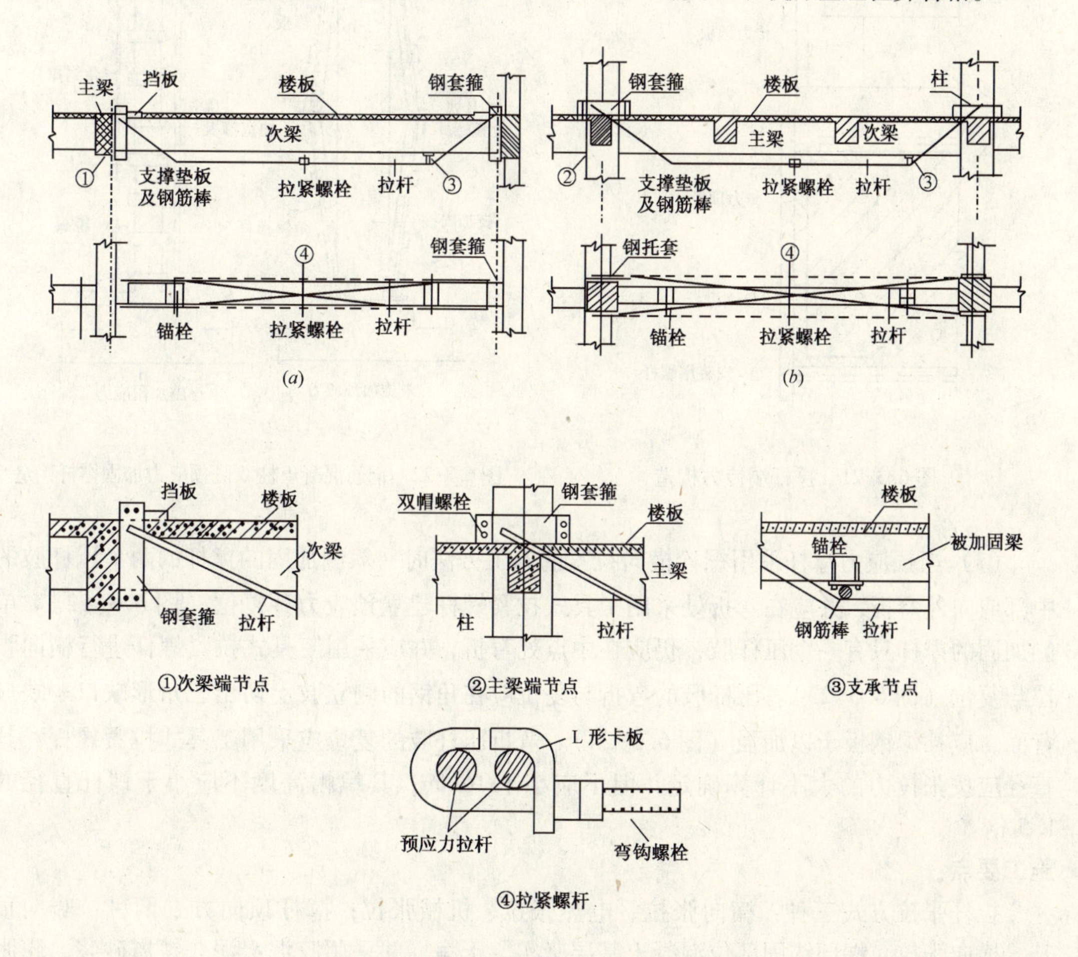

图 6.3-20　被加固梁预应力下撑式拉杆构造

（5）横向张拉应采用工具式拉紧螺杆（图 6.3-20④）。拉紧螺杆的直径应按张拉力的大小计算确定，但不应小于 16mm，其螺帽的高度不得小于螺杆直径的 1.5 倍。

（6）预应力撑杆进行加固时构造：预应力撑杆用的角钢截面不应小于 50mm × 50mm × 5mm。压杆肢的两根角钢用缀板连接，也可用单根槽钢作压杆肢。缀板的厚度不得小于 6mm，宽度不得小于 80mm，其长度应按角钢与被加固柱之间的空隙大小确定。相邻缀板间的距离应保证单个角钢的长细比不大于 40。压杆肢末端应采用焊在压杆肢上的顶板与承压角钢顶紧，通过抵承传力（图 6.3-21）。承压角钢嵌入被加固住的柱身混凝土或柱头混凝土内不应少于 25mm。传力顶板宜用厚度不小于 16mm 的钢板，其与角钢肢焊接的板面及与承压角钢抵承的面均应刨平。承压角钢截面不得小于 100mm × 75mm × 12mm。

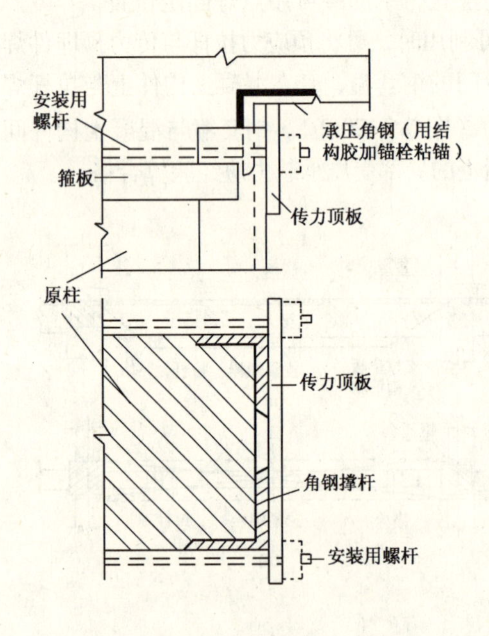

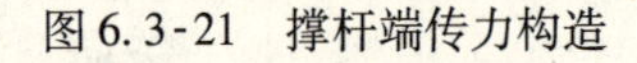
图 6.3-21　撑杆端传力构造

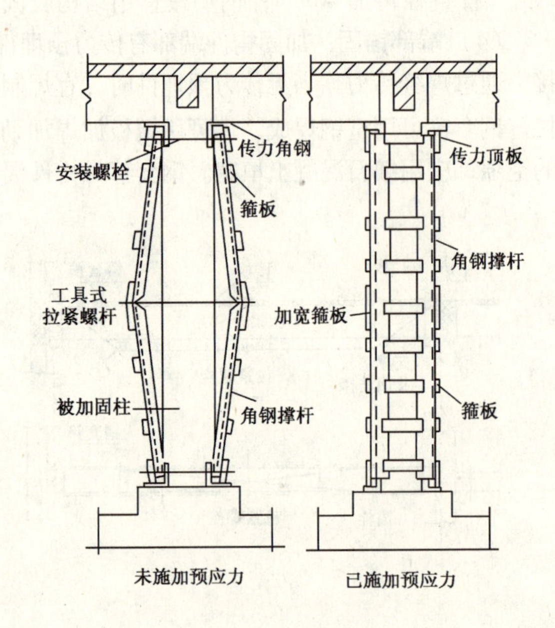

图 6.3-22　钢筋混凝土柱双侧预应力加固撑杆构造

（7）当预应力撑杆采用螺栓横向拉紧的施工方法时，双侧加固的撑杆的两个压杆肢的中部应向外弯折，并应在弯折处采用工具式拉紧螺杆建立预应力并复位（图 6.3-22）。单侧加固的撑杆只有一个压杆肢，仍应在中点处弯折，并应采用工具式拉紧螺杆进行横向张拉与复位（图 6.3-23）。压杆肢的弯折与复位应在角钢的侧立肢上切出三角形缺口。缺口背面，应补焊钢板予以加强（图 6.3-24）。弯折压杆肢的复位应采用工具式拉紧螺杆，其直径应按张拉力的大小计算确定，但不应小于 16mm，其螺帽高度不应小于螺杆直径的 1.5 倍。

施工要点：

拉杆张拉方式三种：横向张拉、电热张拉、机械张拉；撑杆顶向方式两种：竖向顶升、横向张拉。端部锚固部位混凝土基层坚实、干净，并采用胶泥水泥、铁屑砂浆、膨胀螺栓等固定锚固件。多点横向张拉时，拉紧螺栓应同步拧紧。次变形控制张拉方式，次拉杆或撑杆真正受力时值应作为张拉的起始点，做好张拉控制记录。拉杆、撑杆、缀板及各锚固件，应采取有效的防火、防腐措施，涂防锈漆或做防火保护层。

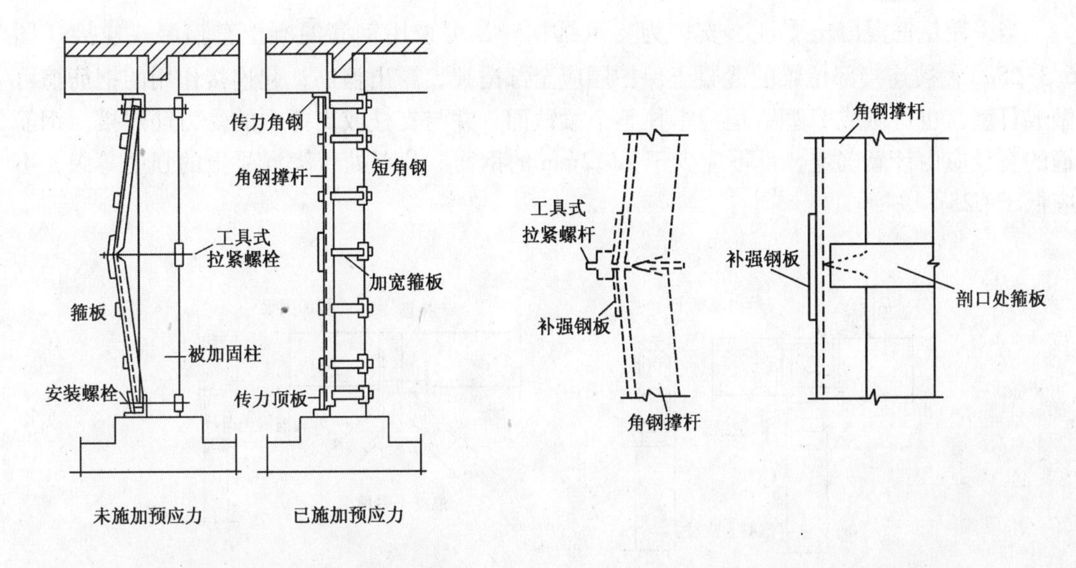

图 6.3-23　钢筋混凝土柱单侧预应力加固撑杆构造

图 6.3-24　角钢缺口处加焊钢板补强

（九）增加支点加固法

增设支点，减少结构计算跨度，减少结构内力，相应提高其承载力和变形性能的加固方法。适用于梁、板、桁架、网架等大跨度且空间不受影响的水平构件的加固。该法简单可靠，但易损害建筑物的原貌和使用功能，并减小使用空间，适用于具体条件许可的混凝土结构加固。

本方法按支承结构受力性能的不同，可分为刚性支点加固法和弹性支点加固法两种。刚性支点：承载力提高显著，空间影响大；弹性支点：承载力提高小，空间影响小。设计支承结构或构件时，宜采用有预加力的方案。预加力的大小，应以支点处被支顶构件表面不出现裂缝和不增设附加钢筋为度。

加固计算：

采用刚性支点加固梁、板时，其结构计算包括：计算并绘制原梁的内力图；初步确定预加力（卸荷值），并绘制在支承点预加力作用下梁的内力图；绘制加固后梁在新增荷载作用下的内力图；将上述内力图叠加，绘出梁各截面内力包络图；计算梁各截面实际承载力；调整预加力值，使梁各截面最大内力值小于截面实际承载力；根据最大的支点反力，设计支承结构及其基础。

采用弹性支点加固梁时，应先计算出所需支点弹性反力的大小，然后根据此力确定支承结构所需的刚度，具体步骤如下：计算并绘制原梁的内力图；绘制原梁在新增荷载下的内力图；确定原梁所需的预加力（卸荷值），并由此求出相应的弹性支点反力值 R；根据所需的弹性支点反力 R 及支承结构类型，计算支承结构所需的刚度；根据所需的刚度确定支承结构截面尺寸，并验算其地基基础。

构造规定：

采用增设支点加固法新增的支柱、支撑，其上端应与被加固的梁可靠连接：

（1）湿式连接

当采用钢筋混凝土支柱、支撑为支承结构时，可采用钢筋混凝土套箍湿式连接（图6.3-25*a*）；被连接部位梁的混凝土保护层应全部凿掉，露出箍筋；起连接作用的钢筋箍可做成Π型，也可做成Γ型，但应卡住整个梁截面，并与支柱或支撑中的受力筋焊接。钢筋箍的直径应由计算确定，且不应少于2ϕ12mm的钢筋。节点处后浇混凝土的强度等级，不应低于C25。

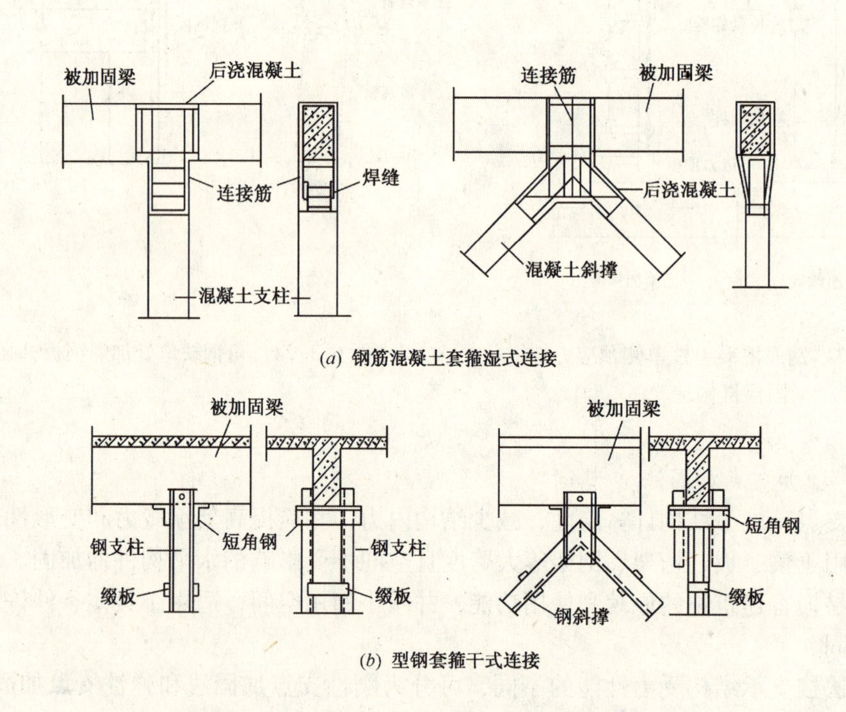

图6.3-25　支柱、支撑上端与原结构的连接构造

（2）干式连接

当采用型钢支柱、支撑为支承结构时，可采用型钢套箍干式连接（图6.3-26*b*）。增设支点加固法新增的支柱、支撑，其下端连接，若直接支承于基础，可按一般地基基础构造进行处理；若斜撑底部以梁、柱为支承时，可采用以下构造：

1）对钢筋混凝土支撑，可采用湿式钢筋混凝土围套连接（图6.3-26*a*）。对受拉支撑，其受拉主筋应绕过上、下梁（柱），并采用焊接。

2）对钢支撑，可采用型钢套箍干式连接（图6.3-26*b*）。

施工要点：

保证支承点的紧密结合和支承结构的有效传力。湿式连接时节点混凝土表面处理、浇筑微膨胀混凝土。干式连接时型钢套箍与原混凝土结合面应坐浆。楔块顶升时，顶升完毕后，所有楔块与锚板焊接，再用环氧砂浆封闭。

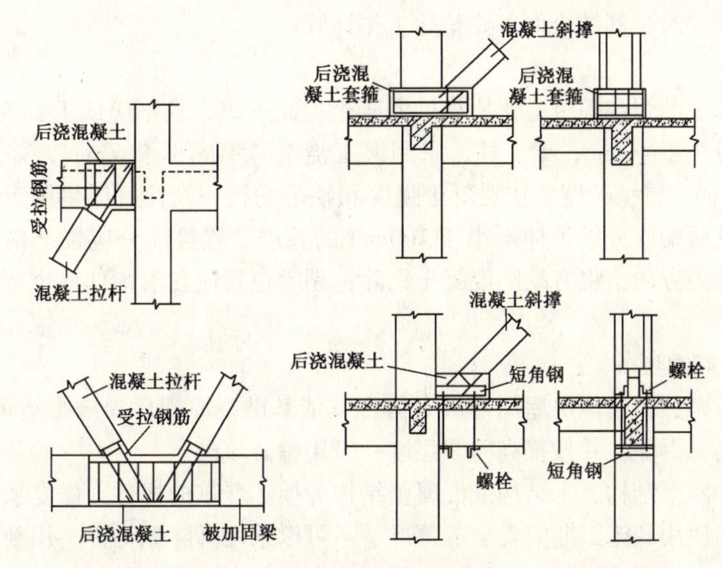

(a) 钢筋混凝土围套湿式连接

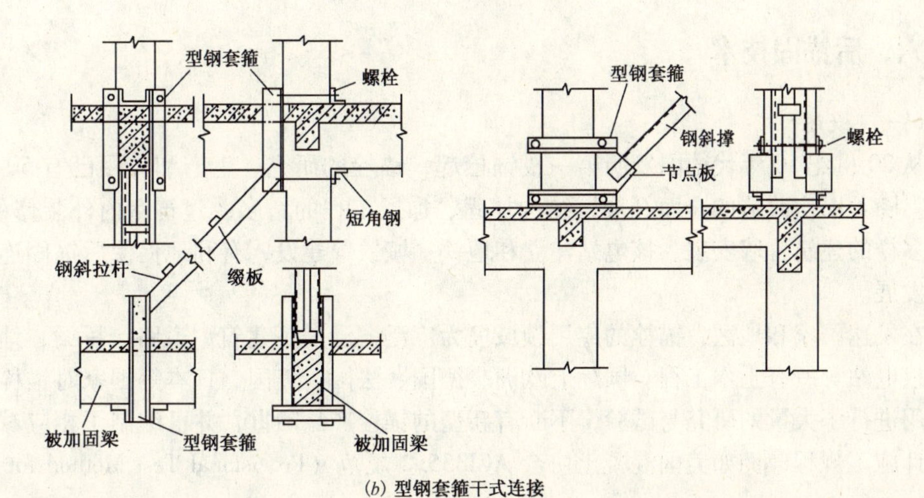

(b) 型钢套箍干式连接

图 6.3-26　斜撑底部与梁柱的连接构造

（十）置换混凝土加固法

置换混凝土加固法是指构件受压区混凝土强度偏低或有严重缺陷的部分用新的混凝土代替，优点与加大截面法相近，且加固后不影响建筑物的净空，但同样存在施工的湿作业时间长的缺点；适用于受压区混凝土强度偏低或有严重缺陷的梁、柱、墙、板等混凝土承重构件的加固。

加固梁式构件时，应对原构件加以有效地支顶。加固柱、墙等构件时，应对原结构、构件在施工全过程中的承载状态进行验算、观测和控制，置换界面处的混凝土不应出现拉应力；若控制有困难，应采取支顶等措施进行卸荷。

加固混凝土结构构件时，其非置换部分的原构件混凝土强度等级，按现场检测结果不应低于该混凝土结构建造时规定的强度等级。当混凝土结构构件置换部分的界面处理及其施工质量符合要求时，其结合面可按整体工作计算。

构造规定：

置换用混凝土的强度等级应比原构件混凝土提高一级，且不应低于C25。混凝土的置换深度，板不应小于40mm；梁、柱，采用人工浇筑时不应小于60mm，采用喷射法施工时不应小于50mm。置换长度应按混凝土强度和缺陷的检测及验算结果确定，但对非全长置换的情况，其两端应分别延伸不小于100mm的长度。置换部分应位于构件截面受压区内，且应根据受力方向，将有缺陷混凝土剔除；剔除位置应在沿构件整个宽度的一侧或对称的两侧。

（十一）局部更换法

砌体局部拆砌：当砌体房屋局部破裂但在查清其破裂原因后尚未影响承重及安全时，可将破裂墙体局部拆除，并按提高砂浆强度一级用整砖填砌。

对钢结构、网架结构、木结构或混凝土结构等损坏严重的构件，修复加固代价比较大时，在保证结构使用和施工期间安全的情况下，可以采用拆除原构件、用新构件替换的方法处理。

六、后锚固技术

（一）概述

从20世纪50年代德国发明第一枚锚栓起，锚栓的研究、生产和应用已有50多年的历史。随着旧房改造的全面开展，结构加固、加层工程的增多，建筑室内外装修的升级，多种多样的建筑幕墙安装、核电站建立和地铁、城铁等建设，有利地促使后锚固连接技术快速发展。

在发达国家和地区，锚栓的应用领域极为广泛。涵盖了建筑、道路、桥梁、地铁、水利及核电站等所有土木工程。国际上欧洲、德国、法国、美国、日本等国家对锚栓的产品和应用进行了大量的研究与试验，不断有新型的锚栓产品问世，并已编制了相应试验标准和设计施工规程，例如美国混凝土协会ACI355.2规范（Provisional Test Method for Evaluating the Performance of Post-Installed Mechanical Fasteners in Concrete）；欧洲的ETAG指南Guidline for European Technical Approval of《Metal Anchors for Use in Concrete》；CEB设计指南《Design of Fastenings in Concrete》；ASTM Designation E488-96 Standard Test Methods for《Strength of Anchors in Concrete and Masonry Elements》；CFA《Guidance note：Procedure for Site Testing Construction Fixings》、《Use of anchors in nuclear power stations and nuclear facilities》等。

锚栓的种类繁多，有适用于砌体、轻质混凝土、钢筋混凝土、石材及金属结构等不同基材的锚栓，也有膨胀型、后切型、化学粘结型等不同锚固原理和安装方式的锚栓。还有尼龙、塑料、金属结构等不同材质的锚栓。

在建筑结构中，锚栓因其锚固的可靠性和安装的灵活性，在许多方面正逐步取代预埋件，在货架固定、设备安装、玻璃幕墙安装、外挂石材、外墙外保温材料锚固、门窗安装、道路护栏、管道支架、建筑装饰以及建筑物改造、加固等工程中大量使用，成为一种极具有发展前途的产品。

建筑结构锚栓在我国于20世纪70年代后期首先在核电工程中应用，核电工程中设备和管道数量之多，以至于用传统的预埋件难以进行设计施工，美国、德国、法国等都编制了核电站中应用锚栓的设计、施工规范。到了20世纪90年代，锚栓在其他领域得到重视和快速发展。特别是化学粘结型锚栓，在新建工程和建筑物维修、改造中大量应用。

顾名思义，后锚固是相应于先锚固（预埋件）而言，先锚固是在浇筑混凝土时预先将埋件埋设其中，后锚固是在已经硬化的既有混凝土结构上或砌体结构上通过相关技术手段的锚固。后锚固具有施工简便、使用灵活等优点，是现代房屋装修、设备安装、旧房改造及工程结构加固等必不可少的专用技术。

锚栓是一切后锚固组件的总称，作用是通过机械内锁、摩擦、粘结或这些作用的组合将被连接件锚固到混凝土或砌体等基材上的锚固组件，锚固组件的与基材主体嵌固部分叫锚固部件，另一端通常为紧固件形式，便于与被连接件（构件或器具等）连接，称为紧固部件。

锚栓按其工作原理及构造措施的不同，锚固性能及适用范围存在较大差异，欧洲规范分为膨胀型锚栓、扩孔型锚栓及粘结型锚栓三大类，根据我国实际情况，《混凝土结构后锚固技术规程》包括膨胀型锚栓、扩孔型锚栓、粘结型锚栓及化学植筋四大类，新近出现了混凝土螺钉（Concrete Screws），制作简单，性能可靠，加之还有传统的射钉、混凝土钉等，都属于锚栓范围。

（二）锚栓的应用范围

锚栓的选用，除本身性能差异外，还应考虑基材是否开裂、锚固连接的受力性质（拉、压、中心受剪、边缘受剪）、被连接结构类型（结构构件、非结构构件）、有无抗震设防要求等因素的综合影响。就国内外工程实践而言，除化学植筋外，现有各种机械定型锚栓，包括膨胀型锚栓、扩孔型锚栓、粘结型锚栓及混凝土螺钉等，绝大多数应用于非结构构件的后锚固连接，少数应用于受压、中心受剪（$c \geqslant 10h_{ef}$）、压剪组合结构构件的后锚固连接。到目前为止，尚未发现应用于受拉、边缘受剪及拉剪复合受力结构构件的后锚固连接工程实践。

膨胀型锚栓、扩孔型锚栓、化学植筋可用作非结构构件的后锚固连接，也可用作受压、中心受剪（$c \geqslant 10h_{ef}$）、压剪组合结构构件的后锚固连接。

非结构构件包括建筑物中的非承重结构构件和建筑附属机电设备的支架等。如围护外墙、隔墙、幕墙、吊顶、广告牌、储物柜架等属于非承重结构构件，机电设备的支架包括电梯、照明和应急电源、通信设备、管道系统、采暖和空调系统、烟火监测和消防系统，公用天线等。

膨胀型锚栓和扩孔型锚栓不得用于受拉、边缘受剪（$c < 10h_{ef}$）、拉剪复合受力的结构构件及生命线工程非结构构件的后锚固连接。

满足锚固深度要求的化学植筋及螺杆，可应于抗震设防烈度小于等于8度的受拉、边缘受剪、拉剪复合受力结构构件及非结构构件的后锚固连接。化学植筋及螺杆简称植筋，是我国工程界广泛应用的一种后锚固连接技术，系以化学胶粘剂——锚固胶，将带肋钢筋及长螺杆胶结固定于混凝土基材钻孔中，通过粘结与锁键（interlock）作用，以实现对被连接件锚固的一种组件。化学植筋锚固基理与粘结型锚栓相同，但化学植筋及长螺杆由于长度不受限制，与现浇混凝土钢筋锚固相似，破坏形态一般均可以控制为锚筋钢材破坏，故适用于静力及抗震设防烈度≤8 度的结构构件或非结构构件的锚固连接。对于承受疲劳荷载的结构构件的锚固连接，由于实验数据不多，使用经验特别是构造措施缺乏，应慎重使用。

（三）后锚固连接基材

承载锚栓的母体结构材料称为锚固基材，简称基材（Base material）。作为工程结构基材的种类很多，有混凝土、砌体、石材、金属、木材；有实心的、空心的、多孔的；有强度很高的（如花岗石、金属），强度极低的（如泡沫混凝土、多孔砖等）。

一般情况下，材质越坚实、整体性越强、体量越大的基材，其锚固性能越好；反之，材质疏松、整体性差、体量小的基材，锚固性能就较差。

基材锚固性能由强到弱的大致排序为：金属→花岗石→混凝土→轻质混凝土→砖石砌体、木材→空心及多孔块材砌体→泡沫混凝土。由于国内外对混凝土基材的试验研究比较多，本书主要论述混凝土基材。

作为后锚固连接的母体——基材混凝土构件和砌体构件应坚实、坚固、可靠，相对于被连接件，应具有较大体量；同时，基材结构本身尚应具有相应的安全余量，以承担被连接件所产生的附加内力和全部附加荷载，并获得较高锚固力。显然，存在严重缺陷和材料强度等级较低的基材，锚固承载力也低，且很不可靠。

连接结构的荷载通过锚栓的机械内锁、摩擦、粘结等作用传递到基材上，一般情况下，荷载传递性能的确定、连接依靠基材——混凝土或砌体的抗拉能力。

因此规程要求基材混凝土强度等级不应低于 C20，基材混凝土强度指标及弹性模量取值应根据现场实测结果，按现行国家标准《混凝土结构设计规范》GB50010 确定。

风化混凝土和砌体、严重裂损混凝土和砌体、不密实混凝土、结构抹灰层、装饰层等，均不得作为锚固基材。

锚栓材质及力学性能：混凝土结构所用锚栓的材质可为碳素钢、不锈钢或合金钢，应根据环境条件的差异及耐久性要求的不同，选用相应的品种。化学植筋的钢筋及螺杆，应采用 HRB400 级和 HRB335 级带肋钢筋及 Q235 和 Q345 钢螺杆。钢筋的强度指标按现行国家标准《混凝土结构设计规范》GB50010 规定采用，锚栓弹性模量可取 $E_s = 2.0 \times 10^5$MPa。作为化学植筋使用的钢筋，一般以普通热轧带肋钢筋锚固性能最好，光圆钢筋较差。

（四）构造要求

1. 基材要求

（1）基材的厚度

作为后锚固连接的母体——基材，必须坚实可靠，基材混凝土强度等级越高，锚固承载能力越大。相对于被连接件，基材结构应具有较大的体量。锚固基材厚度、群锚间距及边距等最小值规定，除避免锚栓安装时或减小锚栓受力时基材混凝土劈裂破坏的可能性外，主要在于增强锚固连接基材破坏时的承载能力和安全可靠性，其值应通过系统性试验分析后给定。

基材的厚度 h 应满足下列规定：

1）对于膨胀型锚栓和扩孔型锚栓，$h \geqslant 1.5h_{ef}$且$h > 100\text{mm}$；

2）对于粘结型锚栓及化学植筋，$h \geqslant h_{ef} + 2d_o$且$h > 100\text{mm}$，其中$h_{ef}$为锚栓的埋置深度，$d_0$为锚孔直径。

（2）基材的平面尺寸

基材的平面尺寸应满足锚栓布置中最小间距$S \geqslant S_{min}$和最小边距$C \geqslant C_{min}$的要求。

基材结构本身应具有相应的安全余量，以承担被连接件所产生的附加内力。

（3）基材的最小抗剪能力

锚栓在基材结构中所产生的附加剪力$V_{Sd,a}$及锚栓与外荷载共同作用所产生的组合剪力V_{Sd}，应满足下列规定：

$$V_{Sd,a} \leqslant 0.16 f_t b h_0 \tag{6.3-2}$$

$$V_{sd} \leqslant V_{Rd,b} \tag{6.3-3}$$

式中　$V_{Rd,b}$——基材构件受剪承载力设计值；

f_t——基材混凝土轴心抗拉强度设计值；

b——构件宽度；

h_0——构件截面计算高度。

2. 锚栓选择与布置构造要求

锚栓的选择应根据被连接结构的类型、锚固连接受力性质、基材性状及有无抗震要求等因素，按锚栓的适用范围确定。对于有抗震设防要求的锚固连接所用锚栓，应选用化学植筋和能防止膨胀片松弛的扩孔型锚栓或扭矩控制式膨胀型锚栓，不应选用锥体与套筒分离的位移控制式膨胀型锚栓。除专用开裂混凝土粘结型锚栓外，普通粘结型锚栓不得用作开裂基材的受拉锚固。

锚栓应布置在坚实的结构层中，不应布置在混凝土的保护层中，有效锚固深度h_{ef}不得包括装饰层或抹灰层。有抗震设防要求时，锚栓宜布置在构件的受压区、非开裂区，不应布置在素混凝土区；对于高烈度区一级抗震的重要结构构件的锚固连接，宜布置在有纵横钢筋环绕的区域。

3. 耐久性及防护构造要求

处在室外条件的被连接钢构件，会因钢件与基材混凝土的温度差异和变化，而使锚栓产生较大的交变温度应力。为避免锚栓因温度应力过大而遭致疲劳破坏，其锚板的锚固方式应使锚栓不出现过大交变温度应力，故规定应从锚固方式采取措施。在使用条件下，应控制受力最大锚栓的温度应力变幅$\Delta\sigma = \sigma_{max} - \sigma_{min} \leqslant 100\text{MPa}$。根据试验研究，低周反复荷载下锚固承载力呈现出一定的退化现象，其量值随破坏形态、锚栓类型及受力性质而变，幅度变化在0.6～1.0之间。

一切外露的后锚固连接件，应考虑环境的腐蚀作用及火灾的不利影响，应有可靠的防腐、防火措施。锚栓的耐久性和防护性能均从构造措施来保证。

外露后锚固连接件防腐措施应与其耐久性要求相适应，耐久性要求较高时可选用不锈钢件，一般情况可选用电镀件及现场涂层法。

外露后锚固连接件耐火措施应与结构的耐火极限相一致，有喷涂法、包封法等。

（五）后锚固连接施工安装与验收

后锚固连接施工安装，应根据锚栓类型及品种的不同采用相应的工艺流程：

膨胀锚栓：钻孔→清孔→插入锚栓→膨胀紧固（分扭矩控制式和位移控制式）→质检。

扩孔型锚栓：钻直孔→扩孔（分预扩孔和自扩孔）→清孔→插入锚栓→紧固→质检。

粘结型锚栓及植筋：钻孔→清孔→配胶（分管装式、机械注入式和现场配制式）→植筋→固化→质检。

施工安装要点：安装前锚栓品质及基材性状核对，安装中锚固参数控制，安装后质量检验。基材性状着重核对锚固区混凝土强度、配筋情况、应力状况。锚固参数主要是控制有效锚固深度、间距、边距；对于机械锚栓，孔径偏差应小，膨胀紧固力应准确；对于粘结型锚栓和植筋，清孔应彻底，胶粘剂性能好，灌注密实。质检的核心是现场抗拔力检验。见【实例十四】。

第四节　裂缝分析与修补处理

当对建筑物进行可靠性鉴定分析时，常常需要对结构中出现的裂缝进行分析。然而裂缝有很多类型，不同类型的裂缝产生的原因不同，其特点也不相同，对结构耐久性和安全性的影响也不同。不是所有的裂缝都会危及结构的安全和承载能力。就结构的受力裂缝而言，钢筋混凝土结构分析和设计中就是考虑混凝土在受拉区可以带裂缝工作，因而受拉区出现的裂缝不会直接影响构件的承载能力，然而这些裂缝给腐蚀物质形成了一条通道，会降低构件的防腐能力。但是，在构件受压区出现的受力裂缝往往会导致结构的极限破坏。预应力混凝土结构中，当遭受重复荷载作用时，出现预想不到的裂缝必然会导致结构的疲劳破坏。然而，混凝土结构中出现的裂缝不仅仅是由于受力引起的。一条裂缝可能由一种或几种原因同时引起。因而，在进行混凝土结构耐久性和安全性分析时，必须分清裂缝类型，详细调查裂缝，通过裂缝来反映结构出现的问题。

一、裂缝分析

（一）裂缝的几种分类方法

1. 根据裂缝产生的时间划分裂缝，可分类为两类：

（1）施工期间产生的裂缝；

（2）使用期间产生的裂缝。

2. 根据引起裂缝的原因可分为以下几种：

（1）材料使用不当；（2）施工不当；（3）荷载作用；（4）温差、温度作用；（5）钢筋锈蚀；（6）冻融作用；（7）地基不均匀沉降；（8）地震作用；（9）火灾作用；（10）其他原因。

3. 根据裂缝的规律性、形态、发生部位以及分布情况，划分裂缝可以有以下几种：

（1）塑性收缩裂缝；（2）塑性沉降裂缝；（3）龟裂；（4）收缩裂缝；（5）温度裂缝；（6）纵向裂缝；（7）横向裂缝；（8）剪切裂缝；（9）扭转裂缝；（10）斜裂缝、八字形和倒八字形裂缝；（11）X 形交叉裂缝；（12）其他裂缝。

4. 根据裂缝的活动性质分类

根据裂缝的活动性质分为两类，裂缝的宽度和长度已经稳定不再变化的裂缝，称为静止裂缝；其长度和宽度随着外界因素而变化的裂缝称为活动裂缝。

（二）裂缝分类及特点

1. 施工期间产生的裂缝

（1）塑性收缩裂缝：是在混凝土硬化前，当水分从混凝土表面以极快的速度蒸发掉而引起的。这种裂缝对结构通常没有多大危害，需要进行表面处理。

（2）塑性沉降裂缝：这是在施工过程中，尚未有任何强度时，由于基础发生沉陷，模板移动或混凝土表面出现大量泌水现象引起的。这种裂缝通常比较宽、深。对于沿着钢筋出现的这种纵向裂缝，是引起钢筋锈蚀的一个常见原因，对结构有一定的危害，需要进行处理。

（3）龟裂：由于没有进行合理的整修和养护引起的。裂缝很浅，常在初凝期间出现。这种裂缝对结构影响不大，一般不需处理。

（4）收缩裂缝：是混凝土在硬化期间或硬化后在表面形成的裂缝。由于受到周围结构构件的约束或者养护不足、收缩量不同而引起的，裂缝一般与构件表面垂直，可根据裂缝的大小和深度来判断对结构的影响程度。当裂缝较浅时，可不进行处理。

（5）由于配筋不足，施工中上部钢筋踏下、支撑拆除过早，预应力张拉错误等都会引起结构裂缝，这时结构需要进行加固处理。

（6）早期冻胀引起的裂缝：在结构构件表面沿主筋、箍筋方向出现宽窄不一的裂缝，深度一般到主筋。

（7）温度作用产生的裂缝：在施工期间引起的温度裂缝，一般是由于水泥的水化热或者环境温度过高而造成，一般与构件截面垂直。裂缝有时仅位于构件表面，有时贯穿整个截面。

在使用期间由于环境温度过高引起的裂缝，一般贯穿整个截面，应根据宽度和深度的不同，采用不同的处理方法。

2. 使用期间随着时间而发展的耐久性裂缝

（1）纵向锈蚀裂缝：通常在结构使用一定时期后，沿着钢筋位置出现的纵向裂缝，是表明钢筋正在生锈的一个重要征兆。这种裂缝不是由于收缩、温度以及荷载作用引起，而是钢筋生锈膨胀后产生的。如果不进行处理，将会导致混凝土开裂，保护层完全脱落，并引起钢筋严重锈蚀。这种裂缝对结构的耐久性和安全性影响很大，应进行彻底处理。

（2）冻融循环作用引起的裂缝。

（3）盐类及酸类侵蚀引起的裂缝：处理这种裂缝之前，应首先清除结构内的侵蚀介质，然后根据对结构的不同影响程序进行处理。

（4）碱骨料反应引起的裂缝：应根据碱骨料反应的大小而区别对待。

3. 荷载作用引起的裂缝

（1）弯矩作用；（2）拉力作用；（3）剪力作用；（4）扭转作用；（5）几种不同外力的共同作用。

对于结构在荷载作用下出现的裂缝，当裂缝宽度小于规范允许值时，可不进行处理；当超过规范要求时，应进行结构耐久性或加固补强处理。

4. 几种按裂缝形态分类的裂缝

（1）横向裂缝

垂直于构件截面的横向裂缝，通常是因荷载作用、收缩以及温度作用而引起的。

当裂缝与主筋垂直、裂缝宽度不宽，并且无侵蚀性介质时，这种裂缝对结构一般无多大危害；当钢筋沿两个方向垂直放置时，裂缝则与一根钢筋垂直而与另一根钢筋平行。由于大直径钢筋的作用，很可能这条平行的裂缝与钢筋位置相符合，这种裂缝则容易引起钢筋锈蚀。

（2）剪切裂缝

因结构上的荷载作用或者结构错位移动而引起的。

（3）斜裂缝、八字形裂缝和倒八字形裂缝

这种裂缝一般出现墙面上，是因地基的不均匀作用或温差作用而引起的。

当建筑物中部下沉量大时，建筑物端部出现八字形裂缝；当建筑物中部的地基坚硬，两端头位于软土地基上时，出现倒八字形裂缝；当建筑物某一端下降量大时，出现斜裂缝。

当建筑物屋面上部因高温或高湿而膨胀时，墙面出现八字形裂缝；当屋面上部因低温或干燥而收缩时，发生倒八字形裂缝。需要根据这些裂缝的稳定性和大小，来判断对结构耐久性和承载力的影响。

（4）X 形交叉裂缝

在地震荷载作用下，在柱子端头和墙面上一般出现 X 形裂缝，应根据结构的分析结果进行处理。

（5）由于火灾作用引起的温度裂缝和不规则的烧伤裂缝，应根据裂缝大小来判断进行表面处理或灌浆处理。

（三）裂缝调查与原因分析

分析开裂原因是研究是否需要为恢复结构物的机能和进行修补与混凝土加固所必需的。在结构物所出现的裂缝中，有的易于推断出原因，有的只凭简单裂缝情况调查难于分析其原因。实际上，裂缝的开裂机理很复杂，多数情况下裂缝由多方面原因引起，而且在其他原因的影响下开裂。在推断开裂原因决定修补及补强加固方法之前需进行裂缝调查，通常需要调查以下内容：

1. 裂缝现状调查

包括对所处理的裂缝调查其产生形式、裂缝宽度、长度、是否贯通、缝内有无异物及裂缝宽度的变化等情况。应将结构图、平面图、立面图一并绘入记录。另外，裂缝末端位置是推断混凝土应力状态的重要参数，一定要仔细观察到看不见为止，并做好记录。如在结构物表面划上方格与图纸一起对照记录，则效率高、精度高。当产生网状裂缝时，必须断定是干缩裂缝还是膨胀裂缝，必须仔细观察并记录裂缝类型及表面状态。摄影也是一个有效的手段。

（1）裂缝宽度

裂缝宽度是判断裂缝对混凝土结构物影响程度的重要参数。

应预先查明裂缝宽度是否发展变化，因为它是分析开裂原因、决定修补及补强加固方法的重要项目。

（2）裂缝长度

根据裂缝长度可以大致搞清开裂是局部原因引起的，还是较广泛范围的原因引起的。

调查裂缝长度主要用于掌握修补与补强加固规模及计算工程费用。因此，最少应将宽度大于0.5mm的裂缝长度全部测出，并予记录。一般一条连续裂缝不分成该修补部分或不该修补部分，所以，应尽可能将肉眼所观察到的全长都记录下来。

通常使用刻度尺或普通尺沿裂缝测定其长度。此时，无须严密沿裂缝弯曲地测定长度，而可考虑实际测定时间及修补作业，适当累加所选区间的直线距离。

当需监视裂缝长度的变化时，应在裂缝测定区间的端部记录测定日期，以调查裂缝的延伸情况。

（3）裂缝是否贯通。裂缝是否贯通可用水及空气等是否渗透或流通来判断。当能同时观察到混凝土两个表面时，表面裂缝形状是否一致也是判断内容。

（4）开裂部位的情况。由开裂部位观察并记录缝内有无异物、有无盐析及钢筋是否锈蚀等。

2. 裂缝附近（周边）调查

对于拟检查裂缝，要调查该裂缝附近混凝土表面的干湿状态、污垢、剥离及剥落等情况，并最好与裂缝现状调查一样，记入结构物的设计图纸。

表面干湿状态不单纯与干缩及反应性骨料等所产生的裂缝有关，也与选择修补方法有直接关系，故最好经肉眼观察后并记录在案。

另外，对开裂四周也要调查并记录锈水及盐析等所产生的污染情况。因为这类污物不单影响美观，也可由此发现肉眼观察中所遗漏的微细裂纹。

3. 裂缝开展情况调查

开裂时间是判断开裂原因的重要依据，所以，必须慎重判断。一般说来，发现裂缝的时间与开裂时间并不一致，因此必须多方收集线索，参考裂缝宽度的变动情况记录等，进行综合分析判断。拆模时是否发现裂缝也是很重要的因素。

4. 是否影响使用的调查

对已开裂部位，用肉眼观察有无漏水、钢筋外露及太大的挠度等而产生影响。当已产生障碍时，应记录在图纸上。另外，当有碍观瞻时，特别要注意由裂缝所引起的污染、锈水、盐析产生的污垢等；如有，应将其记录在图纸上。

5. 影响使用情况调查

当已产生影响，应从有关人员那里了解何时开始产生影响，并做记录。对于已经漏水，但还没有影响结构物机能的情况，说明还没有达到表面化。由于表面化的时间与开裂时间不同，由此有助于推断已了解的开裂时间。

6. 设计资料的调查

除了可用于判断的结构物原设计总图、配筋图、结构计算书外，还要按需要调查相应的工程规范及说明书等设计资料。所用建筑材料及特殊注意事项也应予以注意，特别必须仔细调查实际所用材料及其试验数据。

7. 施工记录调查

主要包括：①混凝土用料；②混凝土的配合比；③浇灌及养护工作；④管理试验数据；⑤地基情况；⑥模板种类；⑦施工现场的环境条件。

8. 结构物的使用及环境状态调查

主要包括：①荷载；②温度及湿度条件；③场地条件。

当分析裂缝产生的原因时，除了对裂缝的形态、规律性、发生部位和分布区域、裂缝的宽度和长度、裂缝的稳定性以及上述提出的项目进行调查外，还可结合表6.4-1的调查项目和方法来分析裂缝的开裂原因。

裂缝原因的调查项目和调查方法 **表6.4-1**

开裂原因	调查项目和调查方法
材料使用不当	查阅施工资料，调查材料的配合比、水泥品种、外加剂品种、骨料中含泥量，是否有反应性骨料及风化岩
施工不当	查阅施工记录，目测判断，模板是否下沉
混凝土强度不足	参照有关规程对混凝土回弹、取芯，查阅原始施工记录
荷载作用	调查荷载分布，有无堆载、超载
温度、温差作用	调查气象记录、履盖材料，有无热源，环境温度
钢筋锈蚀	调查环境温湿度，直接打开混凝土表面检查，酸、盐等化学作用，有无杂散电流，半电池电位测定
地基的不均匀沉降	测量建筑物水平面的水平标高，调查周围不均匀沉降情况
地震作用	调查是否发生过地震
冻　胀	养护方法，查气象记录
火　灾	目测及仪器观测，火灾记录，使用状况调查

二、裂缝修补方法

(一）修补设计

修补裂缝的目的在于使混凝土结构物因开裂而降低的机能及耐久性得以恢复。首先必须基于裂缝调查结果充分掌握裂缝的现状，更重要的是要选择与修补目的相吻合的最佳方法。

修补设计原则上应根据是否需要修补及补强加固的判定结果，进行恢复已开裂建筑物的机能及耐久性的设计，更重要的是要选择适当的修补材料、修补工法以及在选择修补时间的基础上进行修补设计。

进行修补设计时，应考虑如下事项：

(1）根据是否需要修补的判断结果，设定修补范围及规模，还应按需要再度调查现场。

(2）掌握开裂原因、开裂状况（裂缝宽度、深度及型式等）、建筑物的重要性及环境条件（一般环境、工厂地区、盐类环境、温泉地带、寒冷地带及特殊用途）。

(3）为明确规定修补目的及恢复目标，考虑环境条件，选定最适于修补的修补材料及修补工法。

（二）裂缝修补

混凝土结构或构件出现裂缝，有的破坏结构整体性，降低构件刚度，影响结构承载力；有的会引起钢筋锈蚀，降低耐久性；有的会发生渗漏，影响正常使用。因而在了解裂缝出现的各种原因后，要针对各个时期可能引起开裂的不同原因，采取预防措施，避免裂缝的发生。而一旦发现裂缝，则应根据裂缝发生的原因、性质、大小、部位、结构受力情况及使用要求，区别情况及时认真治理。

（1）对于承载能力影响不大的表面裂缝及大面积细裂缝，防渗漏水处理时可采用表面修补方法。一般采用的表面处理方法有表面涂抹砂浆法、表面涂抹环氧胶泥法、表面凿槽嵌补法及表面贴条法等。

（2）当裂缝对结构整体性有影响时，或者结构有防水及防渗要求时，可采用内部修补法，一般采用水泥灌浆及化学灌浆两种方法。

（3）对于结构整体性、承载能力有较大影响的裂缝，一般采用结构加固法。通常有：粘贴碳纤维加固、围套加固、钢箍加固、预应力加固以及粘结钢板及喷浆加固等方法。

（4）对于结构耐久性及承载能力有影响的纵向锈蚀裂缝，应按钢筋锈蚀修复技术进行处理。

考虑结构防水性、耐水性要求进行裂缝修补的准则，主要根据裂缝宽度并综合考虑裂缝深度、形式以及结构使用环境进行确定。

（三）一般裂缝修补方法

根据裂缝的宽度、深度、分布及特征，裂缝修补方法可分为表面封闭法、压力灌浆法、填充密封法三种。

1. 表面封闭是针对混凝土结构微细裂缝，在其表面涂抹封闭材料，满足美观和耐久性要求。裂缝表面封闭应符合下列规定：

（1）应清除裂缝表面松散物，沿裂缝两侧 20～30mm 处擦洗干净并干燥裂缝表面。

（2）用所选择的材料均匀涂抹在裂缝表面。

2. 压力灌浆法是将裂缝表面封闭后，用压力灌浆法灌浆材料，恢复构件的整体性。压力灌浆修补工艺可按图 6.4-1 所示进行。

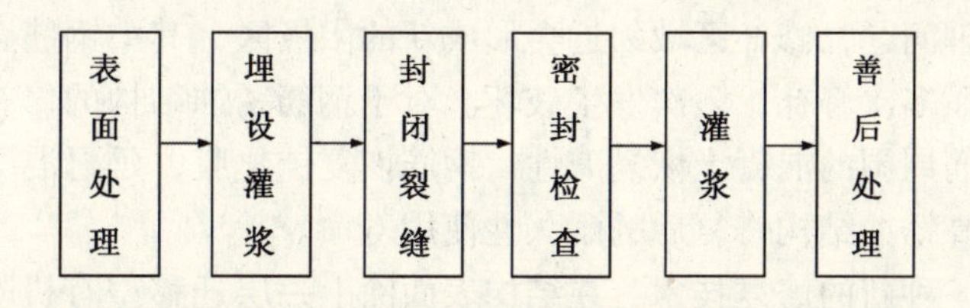

图 6.4-1　压力灌浆修补工艺

压力灌浆法施工应符合下列规定：

（1）表面处理：裂缝灌浆前，应用钢丝清除裂缝表面的灰尘、浮渣及松散混凝土，将裂缝两侧 20～30mm 处清理干净并保持干燥。

（2）埋设灌浆嘴：灌注施工可采用专用的灌注器具进行，一般应埋设灌浆器。其灌注点间距应根据裂缝宽度和裂缝深度综合确定，一般宜为200～300mm。对于大体积混凝土或大型结构上的深裂缝，可在裂缝位置钻孔；对于裂缝形状或走向不规则的，宜另钻斜孔，增加灌浆通道。钻孔灌浆的裂缝孔内宜用灌浆管。对灌注有困难的裂缝，可先在灌注点凿出“V”形槽，再埋设灌浆嘴。

（3）封闭裂缝：灌浆嘴埋设后，宜用环氧胶泥封闭，形成一个密闭空腔，预留浆液进出口，再用灌浆泵或针筒注胶瓶将浆液压入缝隙，并使之注满。

（4）密封检查：裂缝封闭后应进行压气试漏，检查密封效果。试漏需待封缝胶泥或砂浆有一定强度时进行。试漏前沿裂缝涂一层肥皂水，从灌浆嘴通入压缩空气。凡漏气处，应予修补密封至不漏为止。

（5）灌浆：根据裂缝特点用灌浆泵或注胶瓶注浆。检查灌浆机具运行情况，用压缩空气将裂缝吹干净。

对于静止裂缝：①当裂缝宽度小于0.3mm时，宜用环氧胶泥封闭裂缝后，再采用甲基丙烯酸脂类浆液或低黏度环氧树脂浆液灌注；②当裂缝宽度大于或等于0.3mm，可采用环氧树脂浆液灌注；③当裂缝宽度大于1.0mm时，可采用环氧树脂浆液或水泥浆液灌注。

对于活动裂缝：当裂缝宽度为0.2～1mm时，可采用柔性的发泡环氧树脂等柔性材料进行灌注。

（6）善后处理：待灌缝材料凝固后，方可将灌缝器具拆除，然后进行表面处理。

3. 填充密封法是针对混凝土结构表面有较大的裂缝（一般裂缝宽度大于1mm），将裂缝表面凿成凹槽，填入填充材料进行的修补。裂缝填充法施工应符合下列规定：

（1）沿裂缝将混凝土开凿成“V”形槽，槽宽与槽深可根据裂缝深度和有利于封缝来确定；

（2）将槽内混凝土碎屑、粉尘清除干净；

（3）用所选择的材料嵌填裂缝，直至与原结构表面平齐。

（四）钢筋锈蚀损坏的修复方法

人们曾把钢筋锈蚀比喻为工程癌症，传统上对钢筋锈蚀引起的开裂、起鼓等采取的是“打补丁”的办法，即局部凿除松动的混凝土，露出锈蚀钢筋，除锈后抹上水泥砂浆。我们在实际工程中多次发现这种修复方法比较失效，给补丁四周的钢筋混凝土带来更严重的锈蚀问题。特别是有氯离子侵蚀的环境，此种情况屡见不鲜。这是因为过去传统的修复方法没有考虑锈蚀机理问题，修补区域邻近会形成新的阳极区，其中钢筋腐蚀后可会将原修好的区域胀裂。因而多次修补，多次发生破坏。对于钢筋锈蚀结构的修补，要从机理上解决问题。应从使钢筋周围的混凝土恢复碱性，钢筋恢复钝化膜，延迟混凝土中性化速度入手，才能有效地提高锈蚀结构修复后的耐久性使用寿命。

近年来开发了一种新的修复技术：在结构表面涂上一层迁移型有机阻锈剂，它可以通过混凝土迁移到钢筋表面，取代氯离子，使钢筋再钝化。也可结合传统的局部修补技术，在凿开局部混凝土后，直接涂覆于混凝土基面，依靠其分子的迁移作用，使修补处钢筋背面和附近区域的钢筋再钝化，从而显著提高保护效果。

钢筋锈蚀评估及耐久性修复见图6.4-2。

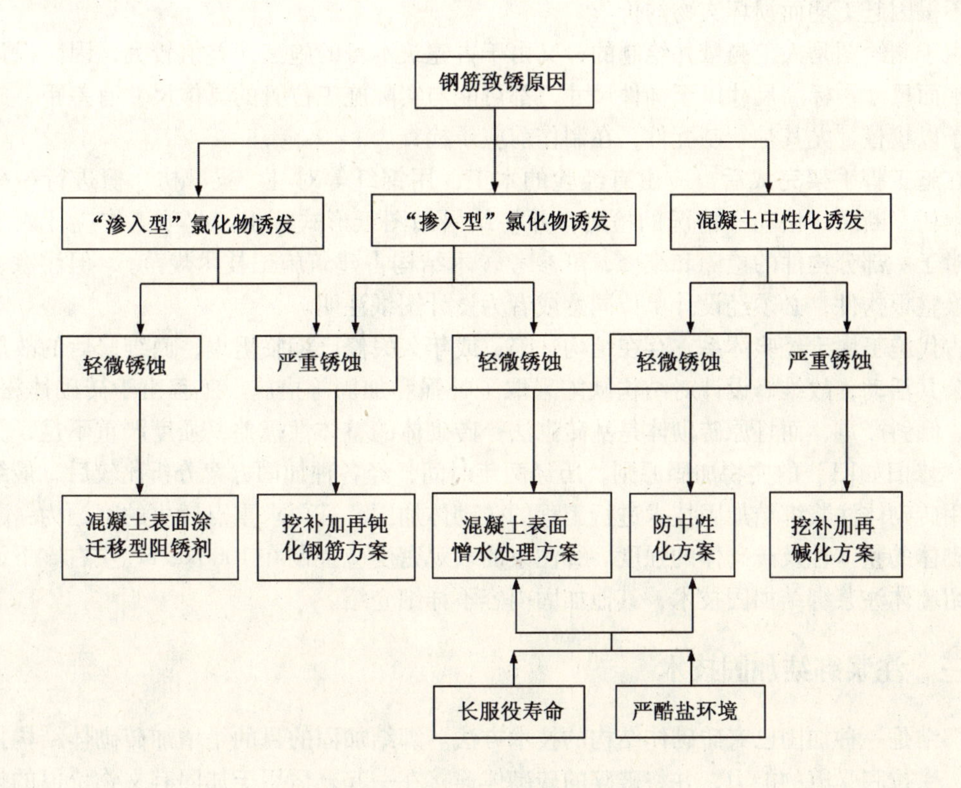

图 6.4-2 耐久性修复方案选择流程图

第五节 工 程 实 例

[实例一] 阿炳故居砖砌体注浆绑结加固技术

一、工程概况

阿炳故居建筑群包括雷尊殿东、西殿，阿炳故居及院落等，位于无锡崇安区，砖木结构，为国家级文物保护建筑；建筑耐火等级为三级，建筑防火类别：砖木结构一级；抗震设防烈度为6度。按照设计规范，可不考虑抗震设计；由于缺乏准确测绘资料，以阿炳居室的室内标高为±0.000m。

二、加固设计要求

文物维修是一种既不同于新建筑营建，也不同于普通建筑维修的项目，其特殊情况表现在两个方面：

1. 受文物法保护，其墙体、构件原则上不得更换（设计注明的除外），而只能采取修补、补强的办法。

2. 许多维修工作是随着施工的进展才逐步显露出来。因此施工进度应留有一定的余地，不得因赶工期而损坏文物的价值。

由于测绘图是人工测量并绘制的，又由于古建筑本身的施工误差值较大，因而设计图中的平面尺寸、标高尺寸以至构件尺寸，都可能与实际施工位置的具体尺寸有差距，施工中应予以校核，尤其是新制配件，在制作前应予检查。

在施工脚手架完成后，应由有经验的木工，用钢纤等对柱、梁、枋、檩进行一次歪闪、糟朽、断裂、松动等情况的检测，并将结果用图纸形式标出。此项工作应计入工作量，对于一部分构件的检测和维修，可参考《木结构古建筑施工技术规范》，但注意，如须更换整根构件，必须经设计单位同意或者为设计图纸注明。

古代施工属于经验体系，存在结构缺陷，或年久失修已濒临坍塌，而维修后的故居又用作公共活动，故维修设计对结构缺陷采取了补强和加固等措施。工程由于砖砌体松散、开裂、倾斜严重，而且原砖砌体是乱砖砌法，砖砌体的整体性极差，强度严重不足，为了确保“修旧如旧”的文物加固原则，历经两年时间，经各种加固方案分析比较后，最终决定采用砖砌体注浆绑结加固技术进行工程的砖砌体加固。其要求重点解决的问题为：①提高砖砌体的整体性及砖砌体的强度。②注浆的表观密度应控制在 1000kg/m^3 左右。下面主要介绍墙体注浆绑结加固技术，其他加固内容不详细介绍。

三、注浆绑结加固技术

绑结是一种加固已有砖砌体结构的技术方法。绑结加固的目的是增加砖砌体结构抵抗受压、受拉和受剪的能力，并将破碎的砖砌体连接在一起，适用于加固有文物价值的损坏的砌体结构。在 20 世纪 80 年代初，被引入我国，被称为绑结或砌体加筋。

绑结方法是通过网状钻孔、绑筋、注浆来实现加固的，其钢筋网络类似钢筋混凝土中的配筋，因而就将普通砌体结构变成为配筋砌体结构。工程使用的钢筋为 ϕ10 不锈钢钢筋。

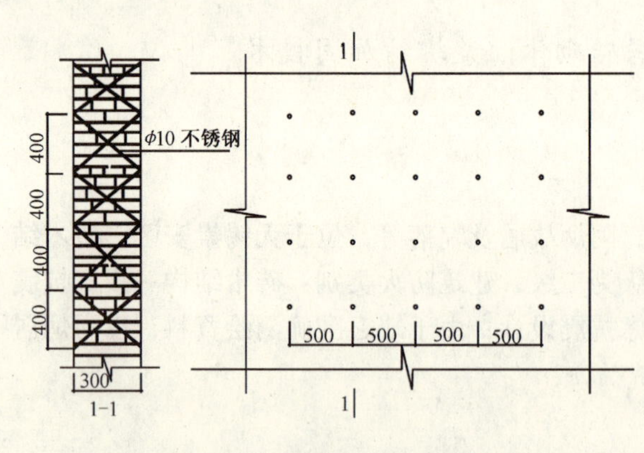

图 6.5-1　墙体注浆绑结加固

绑结加固的钻孔直径为 20mm，长度必须保证足够的接头搭接，长度与绑结构件的厚度和结构特点有关，钻孔的数量和配筋量取决于结构条件和加固原因。每 1m^2 墙面约 6 个孔，每个孔长约 2 倍墙厚，孔再长时未必能提高强度，见图 6.5-1。

选用 10mm 直径的不锈钢筋，以提供钢筋与注浆之间良好的粘结强度。

注浆是用于向结构注入液状材料，随后经养护凝结成为耐久的固体或凝胶。这项技术用于修复砌体结构已有上百年的历史，尽管对理论原理有较好的理解，在使用中还是有大量的经验工艺需要掌握。所以，要注意技术资料和实践观测报导中所介绍的有关注浆方案的设计和执行情况。

应先用充水法检测墙体裂缝，并采取相应补强措施，再用无机轻质高强灌浆材料低压灌浆补强，灌浆要满墙支护，自下而上分层进行，并先进行局部实验。实验时，设计人员到场，并观测墙体沉降，采取相应的措施。实际施工时，每400mm高度、间距500mm设置注浆孔，采用注浆绑结法对墙体进行结构加固，保证结构安全。

四、砖砌体注浆绑结加固工艺

砖砌体注浆及绑结的施工难度很大，不可预见因素较多，因此，在施工过程中应严格按施工方案进行施工。

1. 工艺流程

表面清理→埋设灌浆嘴→封缝→密封检查→注浆→绑结插筋→封孔。

工程的注浆方法是把浆液在压力状态下从注射点贯入和渗透到孔隙和裂缝中去，置换原来留在那里的空气，所以尚应采取措施使原留的空气有排出的通路，否则就不能灌注密实。要使灌浆能得到高度成功的结果，尚需选择浆液的合适黏度和凝结或胶着性能，还应有熟练的注射工艺。

注浆管插入预先定位钻设的孔中到达一定深度，孔口封闭，使浆液能向内充分延展。在每个注射点，注浆的速度和数量取决于浆液的性质和黏度，结构或地基的裂隙大小及渗透性，以及使用的压力大小。所以，灌浆作业人员需有相当经验，使孔距、材料和使用压力在具体位置都有最优的组合，应注意使用过高的压力会使结构破坏，甚至发生倾覆事故。

注浆时一般是从最低位置开始，逐步向上和对称向两侧发展，在每一注射点达到预期的压力极限或者浆液在邻近注射点自由流出，注射方可终止，把注射孔堵塞。作业可在邻近流浆的注射孔继续进行。在任一注射点，浆液的灌注到达为能再进入的程度，而邻近注射孔又未出现流浆现象，这时应考虑在中间位置加钻副孔。当有的注射孔注浆无止境或不能建立回返压力时，注浆必定是有泄漏；如找不到漏洞，采用速凝剂（要注意避免灌浆机具受堵塞）、絮凝剂和填充料，或用原浆在持续小量注射下，使漏失通路逐渐沉淀堵塞。注浆邻近灌注点流出，或在砌体灰缝流出，也是把内部的气泡逐出，可以监测注浆在内部延展情况。这种泄漏如有必要可用速凝砂浆或麻丝嵌塞，所有漏浆在凝固之前应予清除。注浆作业完成后，所有注浆应拆除，注浆点应修复成原状，表面的最终清理包括移除临时嵌缝和溢出物。

2. 注浆绑结材料和配合比

水泥注浆材料（液态悬浮）：水泥注浆材料由水泥混合其他粉料作为填料，注浆的水泥采用普通硅酸盐水泥并加APF剂以改善液态和硬化性能，完全用水拌合，形成具有可泵性的悬浮液。水泥浆所用的水为饮用的自来水，不含有害的成分。钢筋为Q235ϕ10不锈钢钢筋，水灰比为0.45。

APF剂：APF剂是一种完全能溶于水、中性、具有活性的微量材料功能表面活性剂，为棕黄色、透明溶液，不含甲醛，溶剂无毒无异味，对人无害，不污染环境，用量小，属中性高分子表面活性剂。该溶剂直径达纳米等级，分子量大，用量少，效果好。能在水泥中引入50%以上的孔隙，与水泥反应成聚合物水泥浆液，提高水泥粘结性，又促进水泥快速分散、水解、浸润、聚合、早强；但是，水泥不会产生絮凝结团现象，APF剂在水泥泥浆中产生大量的孔隙，快速反应、聚合成胶状水泥浆，水泥浆呈封闭、膏状、不泌水，不收缩、粘结强度高、抗震直至凝结硬化成封闭的水泥硬石。APF 剂是水泥注浆材料的主要功能材料，具有 3 个特点：①有很强的分散性，在水泥浆液中不产生结团、絮凝、收缩、泌水、降沉现象。②有很好的稳定性、增稠性、早强，水泥浆液稳定，无沉降坍塌、收缩现象。③有很好粘结强度，吸水率低，气孔独立封闭，不吸储水，不产生干缩现象。APF 剂的物理性能指标见表 6.5-1。APF 剂作用生成水凝性化合物，增加了拌合物的流动性及强度，同时降低了密度，也改善了可泵性和流动性，并能减少泌水。APF 剂是一种质优激化剂，用以改进水泥注浆的性质。

APF 剂的物理性能指标 **表 6.5-1**

pH	注浆液气孔直径（mm）	抗压强度（MPa）	粘结强度（MPa）	导热系数〔W/（m·K）〕	注浆材料耐温性能（℃）	重量比（kg）
7	1.0~0.05	0.8~15	0.2~0.4	0.15~0.214	600~1200	700~1000

3. 制浆设备与装置

制浆的设备是专门设计的专用设备，以形成平衡和完整的体系，使配料和搅拌能达到要求的标准，按所需数量和压力送到注射地点而不发生离析。设备选择和操作，机具设备及其用途如下：大型注浆机（PEH 型）用于墙体注浆；手持式钻机（水钻）用于砖墙上打孔；空压机用于清孔及增加注浆压力；手持式风机用于清孔；电锤用于打 10mm 以内孔；灌浆注浆器用于孔内注浆；台秤用于配计量；搅拌机（HBC 型）用于配浆；钢筋探测仪用于探测钢筋位置。

4. 配料

工程在现场配料按重量计量。混合和搅拌机械有效地搅拌极为重要，搅拌机为专门设计以适应材料性能的搅拌机。对于水泥注浆的制作，采用高剪力胶悬式搅拌机（HBC 型），它能把颗粒完全湿润，破坏团块，使制成的浆液具备泌水、沉淀和滤出都很低的性能。对含有速凝剂和其他填加剂的灌浆应特别注意，因为可能引起早凝。搅拌机应注意不使材料固结或塞满在机内，要便于卸空和清洗，需要置备用水或溶剂清洗的设施，并应考虑废水的排除问题。不立刻使用的水泥注浆，搅拌后一般是送入搅动罐暂贮，罐中装有翼浆，使浆液保持悬浮状态，不使其沉淀。

5. 泵送

注浆泵及其联系的阀门和输送管道应设计成能满足所需的运输量和压力。工程采用的连续式泵机是由活塞提供脉冲压力，其撞击作用有助于注浆的灌入。动力设备的速率控制着注浆的输出，在各种情况下，泵的快速控制十分重要，使泵能快速停止或放松压力，以建立稳定的压力值。

注浆软管、注射管和旋阀，用橡胶或塑料软管输送搅拌后的浆液要有合适的直径，并能承受设定的压力，接头连接要能快速紧密，且便于拆卸清洗。

注射管用钢管，插入每个注射孔，用快凝砂浆或适当的填塞材料密封管的外周，软管与注射管的连接也应是快动密封的接头，并有启闭阀门或其他快速止住注浆的设施。要求一旦管堵塞或灌浆量达到时立刻关闭。钢管中的锥形螺塞或一小段软管上安装夹具，可以用于此种目的。

在导管的输入端设置一个两通阀门，向搅拌箱设置一个回浆管路也许更方便些。当一个灌浆点注射完毕，在移动注射头时浆液可以回流，这样就使由于浆液凝结易堵塞输浆管的危险大为减少，并避免了每次转换注射孔时关闭和启动泵机。

五、墙体注浆绑结加固施工

1. 设灌浆嘴：400mm×500mm 布置，埋设灌浆嘴，灌浆嘴采用 ϕ20 铁管，埋入深度为 60mm，用结构胶进行固定。外墙、内墙均在内侧布置。

绑结钻孔设备选择取决于结构的一般条件和尺寸以及被钻材料的硬度。钻孔使用由一个人操作的手持钻机。使用电动旋转金刚石取芯钻，用水冷却钻头并带出砖屑。这种钻机对结构影响最小，但是速度较慢。

2. 满墙灌浆，外墙和内墙孔隙均用速凝材料封闭。用压力空气进行密封检查，发现不密封处要及时处理。

3. 浆液配制：PO32.5 级水泥内掺 5% 的 APF 剂，浆液配制后应搅拌均匀，初凝时间要求在 30min 以上。

4. 用压力注浆机械浆液注入墙体。灌浆从最低位置开始，逐步向上和对称向两侧发展。当浆液从邻近注浆孔自由流出，注浆中止，并把注浆孔堵塞，再在邻近流浆的注浆孔继续进行。

在几排孔钻好后用水清洗，插入钢筋和注浆管准备注浆，每个注浆管装配一个阀门，以进行监测和控制。注浆从最低排开始，逐渐向上进行。

注浆设备由搅拌器、储液箱和注浆泵组成，包括连在一起的注浆管路和控制阀。搅拌器应是高速胶体型的，以保证最小的分离。低速搅拌会导致温度升高和过早的浆液硬化。

注浆泵是双向型的，以保证连续的浆液流动，注浆设备放置在紧挨绑结区，以使得注浆管路尽可能地短，更重要的是注浆操作相互联系迅速、方便。绑结孔注浆通常在 1~2个压力的低压下进行，在孔口附近设置三通阀门。在注浆管阀门与三通之间设置一个压力表。在三通阀门到贮箱之间的回液管将保证浆液连续地流动，在很慢注浆时不发生堵塞。

当一个孔注满时，三通邻近的压力表迅速给出指示，注浆移到下一个孔位。从打开注浆阀门的大小监测和控制注浆速度。对一个孔进行大量注浆不使用孔附近的开关，在很小压力下的大体积注浆也要固定结实，因此，安全的办法是允许下一步工作前注浆硬化，这样就意味着增加钻孔数量。

（1）插入 10mm 直径的不锈钢筋。

（2）待浆液完全凝固后，拆除注浆管并封孔。

六、加固后的砖砌体检测

绑结加固能增加结构的抗压、抗剪和抗拉能力。注浆和绑结施工没有标准规范可循，因此，重要的是委托有实践经验的专业技术人员准备方案和进行工作。

注浆工作的情况可通过随机钻孔，由内孔探测镜来检查，注水试验或注浆试验也许更能揭示其情况。绑结加固后的砌体抗压强度可通过原位砌体抗压试验进行检测。

工程的注浆体28d强度经现场抽样70.7×70.7×70.7试块，抗压强度为10.5MPa。注浆体的表观密度为850kg/m^3。

七、结语

工程采用注浆绑结加固取得了很好的加固效果。其主要优点是加固工作开始进行，结构的强度立即得到改善。由于加固钢筋没有预应力，结构逐渐被固结而没有改变现有的应力形式。

[实例二]　北京某框架结构混凝土加层加固改造技术

一、结构计算及加固方案的设计

根据原有设计图纸，本楼原初设计采用的是扩孔灌注桩，桩基础考虑桩侧摩擦力，桩身长度9.5m。地质勘察报告显示，桩端持力层为粉砂层，容许端承载力400kPa。主体为框架结构空心砖墙填充，层高分别为4.5m、3.5m、3.5m，原有结构混凝土强度等级C25，抗震设防烈度为8度。

根据工艺要求，原二层附加钢制设备需要移动位置。因为此钢制设备重量较大，将近35t，利用原有屋面无法固定，所以必须重新浇筑混凝土梁，预埋件才能固定。因此设计小组商议决定将原有屋面整体揭除，重新浇筑梁板。

我们采用了中国建筑科学研究院编制的satwet三维空间结构计算软件对加层加荷后结构整体计算（计算时根据规范，我们将混凝土和钢筋的强度乘以0.9的折减系数）。结果显示自震周期、层间位移、底层柱轴压比均达不到规范要求，说明加层、加荷后建筑物整体的承载力、抗震能力不能满足要求，必须处理。

因此，我们对底层柱采用加大截面，外包钢处理，并在4.5m柱中部增植混凝土梁（原设计4.5m柱内侧无梁拉结），以此增加结构整体性。并将整体加固模型用三维空间结构软件分析计算，计算结果显示各项指标均满足规范要求。通过核算，本建筑物虽然局部加高了两层，附加设备荷载增大了，桩顶附加内力却没有显著的变化。工程小组分析，原有工程中附加设备荷载较大，受力分布点距离单柱较近，所以大部分荷载通过单柱传递到基础上。新增两层后，附加设备荷载受力点进行了调整，改变了荷载分布状况、传力途径，使力均匀传递到周围的基础，所以桩顶附加外力没有显著变化。原有桩基础满足使用要求，不需要处理。

总结分析结果我们确定了加层加固整体方案：①将原有屋面揭除，重新浇筑梁板，预埋埋件。②从基础顶底起将底层柱截面加大，其余柱截面外包钢加固。整个工程采取减轻结构体系自重，加层不加荷的原则，采取相应措施是更换了墙体材料采用较轻的加气混凝土块砌筑，屋面采用轻钢屋面。新浇筑的混凝土，比原有混凝土高一个强度等级。

二、地基土的加固处理

根据工艺要求，将在桩基础之间挖一条深 3m、宽 1m 的除灰混凝土水沟。桩中心间距 6.6m，根据规范要求，水沟底部水平连线与桩顶侧壁连线必须小于土壤内摩擦角。而且本工程的桩是考虑桩侧壁摩擦阻力的，水沟的开挖必然影响到粉土对桩的摩擦力。我们考虑受水沟影响的此排桩所承担的轴力较小，水沟中心距桩中心距离满足 3 倍桩径要求。如果注意施工工艺，对桩周围土壤进行固化加固处理，可以开挖。针对水沟开挖设计了施工方案如下：首先对受影响的桩基周围土壤进行加固处理。我们采用化学浆液注入法处理桩周围 3m 深度、4.5m 范围内地基。根据地质勘察报告，此区间内土壤为粉砂，所以采用水玻璃系或硅酸钠化学浆液注入土壤中，化学反应形成硅酸凝胶，短期内土壤强度可以达到 1~1.4MPa，且具有不透水性。水沟的施工采取垂直开挖，侧壁加固支护，分段开挖浇筑，每段长度不大于 2m。

三、柱加固加层施工方法

根据计算我们将底层边柱，原 500mm×500mm 柱加大为 800mm×800mm。柱采用湿式包角钢加固法，加固配筋见 6.5-2 剖面图。施工方法：

1. 先将有裂缝部位和酥松混凝土剔除，抹成原形，不需剔除的柱表面应先凿毛增糙，四角磨出圆角，并用钢丝刷刷毛，用压缩空气吹净，然后在处理好的原有柱外表面涂刷结合界面剂。

2. 绑扎新钢筋，浇筑混凝土。

3. 柱四角外包 75×6 角钢，角钢之间用 75×6 钢板连接，沿柱纵向间距 750mm 加固处理。

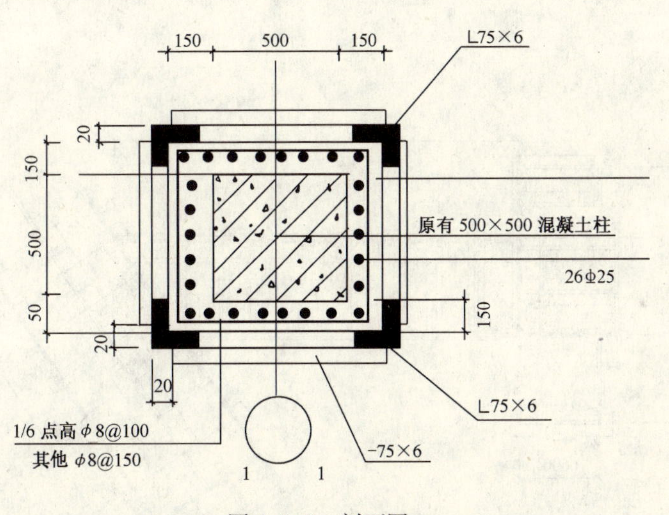

图 6.5-2　剖面图

为了加层并重新浇筑挂设备的大梁，我们没有采取一般混凝土结构的加层法，将屋盖揭除植筋柱加高，而是从顶层柱中部计算弯距最小处截断。为了减小施工对原有柱强度产生的不利影响，我们将所有加高柱分三批从不同地方截断加高，柱截断时采用无损静力机械截断。新老柱混凝土浇筑前，界面用钢丝刷刷毛，用压缩空气吹净，然后涂刷界面结合剂。钢筋连接采用与原有钢筋直径相同的钢筋机械挤压套筒连接，满足接头错开的要求。混凝土浇筑完毕后，柱相应外包750mm长、10mm厚钢板加固处理。这种方法可以有效地提高截断处混凝土柱抗剪切力。

在整个加固加层工程施工前，必须拆除所有墙体、设备和屋盖，这样可以减轻结构自身重力。我们的设计思想是：揭除屋盖梁板—卸载—柱加固—加层—轻屋盖代换。

通过此项工程，我们设计小组在加层加固方面做了一些有益的探索。总结混凝土结构加层加固，我们认为：

1. 加层工程必须仔细核算原有建筑物的地基，主体结构才能实施。

2. 旧有建筑物，通过先进的设计计算理论，有效改变力的传递体系，减轻结构自重，采用轻质高强材料可以为加层创造实施的可能性。

3. 在混凝土结构加固工程中，尽可能使新增结构和原混凝土结构融为一体，共同发挥作用。

4. 结构的保护性拆除是改造工程的难点，风险极大，需反复斟酌设计和施工方案，综合运用现场一切手段，如动态监测、临时支撑等技术措施，避免突然加载和卸荷冲击结构。

［实例三］　复杂体形房屋纠偏加固

一、工程概况

某综合楼位于浙江岱山岛，建筑平面为近似哑铃形布局。基础平面图如图6.5-3所示。

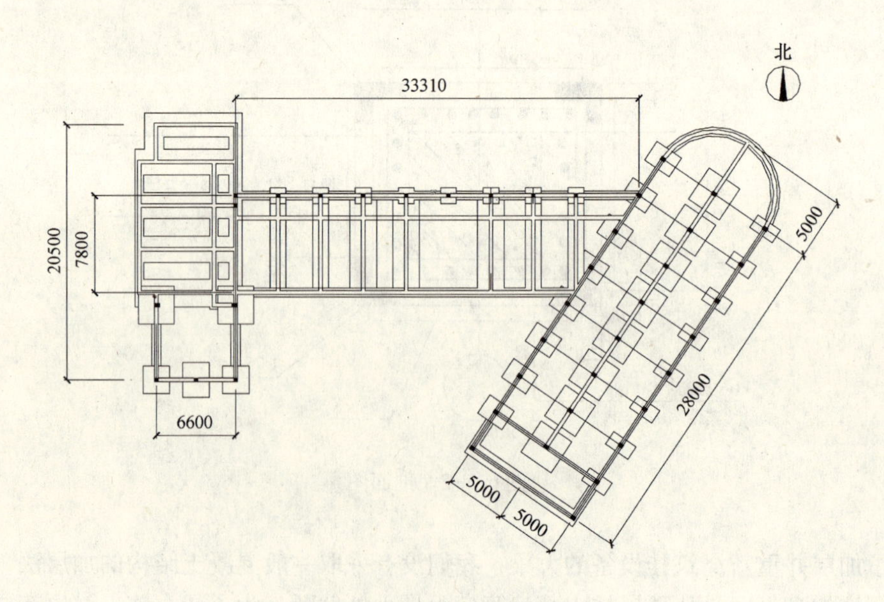

图6.5-3　基础平面图

东首，近似南北走向，为4层混合结构（底层为框架结构，二～四层为砖混结构）；中部，东西走向，为4层砖混结构；西首，南北走向，为5层砖混结构。采用天然地基、条形基础（东首为独立基础）。各部未设沉降缝，建成于1987年，建筑面积约3000m²。其中：东首建筑面积约1120m²，基底面积约210m²；中部建筑面积约920m²，基底面积约160m²；西首建筑面积约800m²，基底面积约170m²。综合楼因地基变形严重，需及时进行加固纠偏处理。

由于不均匀沉降对东西两翼建筑物的破坏不甚严重，主要不均匀沉降裂缝出现在中部建筑与东西两翼的连接部位。因此，东西两端的业主出于自身考虑，并不积极响应中部业主的整治提议。房屋整体向东倾斜，造成中部“单元”承重墙成为危险构件。

二、危房病况

综合楼外墙总体明显向东倾斜，中部最大倾斜率14.6‰，余部向东最大倾斜率均小于7‰；东首、中部略呈向北倾斜，西首五层部分略呈向南倾斜，最大倾斜率均小于7‰。室内抽测情况：中部一～四层承重横墙均向东倾斜，倾斜率10‰～15‰，呈上大下小；四层屋顶女儿墙压顶水准仪实测情况：东、西首差异沉降超过40cm，东首累计沉降明显大于中部和西首。

外墙主要裂缝分布情况：综合楼中部“单元”南北纵向外墙上存在多条单向（向东）斜裂缝，裂缝宽度下宽上窄，最大有10mm；东首西纵墙存在明显的正八字形裂缝；东首同中间部分交接处廊道扶手有拉脱现象。

2002年5月的沉降观测资料显示：综合楼中间、西首沉降趋于稳定，东首沉降虽减缓但沉降速率明显大于中间和西首，不均匀沉降仍然存在。

三、工程地质概况

通过补充勘察，现场工程地质情况简表如表6.5-2所示。

表6.5-2

层号	岩土名称	主要特征	层厚（m）	f_i（kPa）	f_k（kPa）
1	填土	较密实，由山砂、碎石组成	最大约0.8		
2	淤泥质黏土	灰色、流塑	最大约0.5		
3	粉质黏土	黄褐色、浅黄色，可塑	最大约3.6	50	156
4	淤泥质黏土	灰色、流塑	最大约24	22	67
5	碎石	灰黄色，较硬，含少量粉质黏土	最大约2.8		

注：1. f_i——桩周土摩阻力极限值，按预制桩提供；
2. f_k——天然地基承载力标准值。

四、病因分析

根据综合楼现状及相关资料综合分析，造成综合楼变形严重、倾斜开裂的因素主要有：

(1) 未经勘察，对综合楼地基处理缺乏工程地质依据；

(2) 地基承载力取值偏大，软弱下卧层厚度大，是房屋沉降历经十多年仍未稳定的主要因素；

(3) 东首、中部地基承载力取值较西首大，产生差异沉降，是综合楼整体向东倾斜的主要因素；

(4) 建筑物形体复杂，未设沉降缝分隔，使房屋转角处出现应力集中现象，东首、中部、西首以及三部分应力叠加区沉降不均匀是综合楼严重变形开裂的重要因素。

五、方案设计

根据综合楼病况及病因分析，考虑到病楼体形复杂，若采用传统的整体纠偏方案：

当采用整体顶升时，造价偏高（约 50 万），业主难以接受。

当采用整体迫降纠偏方案时，则存在以下几方面的问题：①技术难度大，建筑物本身基础及上部结构刚度差，且存在多条结构裂缝，另外由于体形复杂，根据经验，部分监测数据需经过技术处理后才能同直接监测到的数据组成系统，进行协调性分析，指导迫降过程，由于全部监测数据不能确保基于一个系统，造成迫降纠偏的信息化过程难以科学控制；②增大了纠偏工程量；③难以统一三方业主的意见：东部业主“安于”现状，西部业主认为得不偿失（在倾斜不大的情况下却要让其房屋整体下沉 30 多厘米）。

统筹考虑上述因素，我们提出了两个方案供业主研究选择：

[**方案一**] 将东首切开，使综合楼分割为两个结构单元（原有使用功能不变），消除目前沉降尚未稳定的东首对中部的影响，从而使房屋立即解危，余部体形得到简化，采用沉井冲淤迫降纠偏至倾斜率小于 7‰。

为使此方案得到实现，需采取如下技术措施：

1. 在综合楼沿东首与中部相接处靠中间部分一边的设计位置托换一榀 4 层框架，框架柱采用桩基础，通过这一结构承担东首与中间相接处中间部分的上部结构荷载；

2. 托换框架承载能力满足要求后，将东首与中部相接处切开，设置沉降缝；

3. 余部纠偏：采用沉井冲淤迫降纠偏方案。

[**方案二**] 采用托换技术将东首、西首同中部切开使综合楼分割为三个独立结构单元（原有使用功能不变），从而使东首、西首房屋立即解危，中部加固纠偏至倾斜率小于 7‰。

根据相关资料分析，西首房屋自成一结构单元后可不加固纠偏、东首因倾斜不大也可不纠偏、中间部分必须纠偏。

由于分割成三个独立结构单元后，中部这一结构单元东西两端为桩基、中间部分为天然地基，为避免产生新的不均匀沉降对结构造成不良影响，中间单元需采用锚杆静压桩托换技术进行地基加固。

最终业主选择了方案二，它同时满足了各方要求：①实现了产权独立；②东首权属单位因筹资困难，可观察使用；③西首权属单位不能接受因中部纠偏而使自己的房屋同步迫降；④中部权属单位在心理价位上实现立即整治。

结构施工图从略。

两种方案特点比较 表6.5-3

<table>
<tr><th>方案类别</th><th>共同点</th><th>不同点</th><th>结构刚度</th><th>其他方面</th></tr>
<tr><td>方案一
（二结构单元，建议东首地基加固、余部纠偏至最大倾斜率小于7‰）</td><td rowspan="2">1. 使东首自成一结构单元且形体简单，上部结构刚度得到改善，原有使用功能不变；
2. 一榀框架桩式托换，解除了中间部分同东首的应力叠加对结构造成的不利影响；
3. 简化了纠偏的复杂程度，减小了纠偏工作量，即避免了使房屋降得更低</td><td>1. 综合楼分割成两结构单元，沉降缝处两结构单元楼面无明显高差；
2. 东首不纠偏（资料显示其最大倾斜率小于7‰），余部纠偏至其最大倾斜率小于7‰</td><td>有改善</td><td>工期75天；
可在第35个工作日开始装潢作业；
费用：东首单元加固时为24.3万；东首单元不加固时为16.3万</td></tr>
<tr><td>方案二
（三结构单元，建议东首单元地基加固、中间单元加固纠偏至最大倾斜率小于7‰、西首单元既不加固也不纠偏）</td><td>1. 综合楼分割成三结构单元；西首沉降缝处结构单元楼面有明显高差；
2. 仅对中间单元纠偏至其最大倾斜率小于7‰，同时中间单元需进行地基加固；
3. 结构平面布局更为简化、处理更为彻底；
4. 进一步简化了纠偏的复杂程度，减小了纠偏工作量</td><td>彻底改善</td><td>工期75天；
可在第35个工作日开始装潢作业；
费用东首单元加固时为30.8万；东首单元不加固时为21.8万</td></tr>
</table>

六、主要施工过程简述

1. 托换框架施工

（1）托换框架地基梁施工

1）根据设计尺寸，用风镐凿除地面混凝土，再按设计标高开挖土石方等，同时进行预制桩施工。

2）按设计图纸及规范要求进行地基梁施工，预留桩位孔，预埋锚杆螺栓。

（2）托换框架的施工

切割墙缝，拆除框架柱部位的墙体。

在原楼面架空板上开凿灌注混凝土孔，多孔板开孔避免损坏预应力钢筋，每块楼板只开一个孔。

按图绑扎托换框架梁、柱的钢筋，先底层再二层，逐层进行，钢筋的制作安装按设计图和施工规范进行。

框架模板，框架柱及梁的模板需预留灌混凝土孔，混凝土先从下部预留孔进入模板，振捣密实后封闭下部预留孔，再从其上的预留孔灌混凝土，确保新浇混凝土密实，新旧混凝土接触紧密，粘结可靠。见图6.5-4。

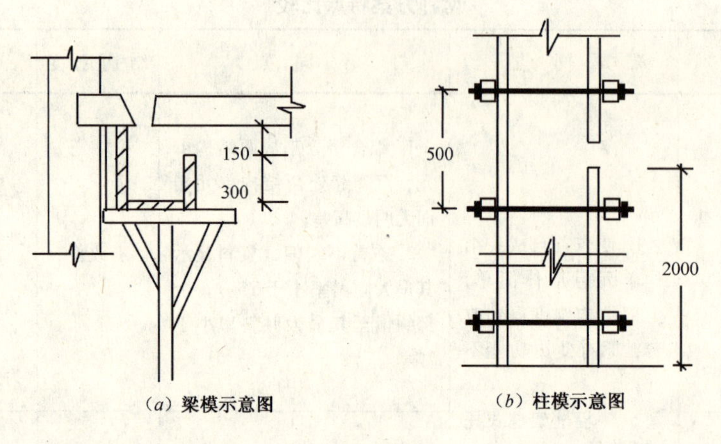

（a）梁模示意图　（b）柱模示意图

图 6.5-4

混凝土强度达到 1MPa 时，拆除边模，混凝土强度达到 25MPa 时拆除底模。

（3）沉降缝切割

托换框架施工结束后，在框架地基梁预留压桩孔按设计压入锚杆静压桩封固，最后进行沉降缝切割。

沉降缝切割应确保沉降缝位置的结构连接彻底断开。

2. 地基加固

采用锚杆静压桩法加固地基。

3. 纠偏

（1）纠偏前根据倾斜测量结果，制订详细、周密的冲淤计划；

（2）每天进行 1～2 次的沉降观测，根据测量结果，对各轴线上每点的沉降量进行回归分析，要求同一轴线上各点的沉降量满足线性沉降的要求；

（3）沉井冲淤时，应严格按照制订的冲淤点、冲淤深度、冲淤方向进行冲淤施工，应严格控制出泥量；

（4）冲淤纠偏过程中，应定期观察建筑物原有裂缝的发展情况，观察有无新裂缝出现；

（5）回程速率控制在 5mm/d 以内，一般控制在 2～3mm/d 左右。

实施纠偏的危房仅限于独立的中部单元，其体形十分简单，解决了复杂体形危房纠偏的技术难题，起到了化繁为简的作用。但是实施分体后，如何防止纠偏过程中影响紧邻的西部单元，又成为一个难点。对此，我们采取了对西部单元“共”墙部分进行预防性桩式托换，并对其紧邻的托换框架进行了千斤顶迫降和冲淤迫降相结合的技术方案，由于方案科学，措施到位，所以纠偏加固工作十分顺利，很快达到了设计要求。

七、结论

通过技术回访，和近年来的分体整治实践，我们认为对于复杂体形的倾斜病房，可以采用托换技术分割成若干个体形简单的独立结构单元，化繁为简，逐个施治。

[实例四]　老厂房改造中屋盖系统的加固

对已有企业的挖潜改造是我国进一步发展生产的既定方针，在无锡某钢铁厂电炉车间扩建和改造工程项目中，由于生产能力扩大、旧设备更新、生产工艺调整、操作环境改善等因素，因此要求对旧有厂房进行必要的加固处理。本文仅对钢屋架加固进行简要探讨。

本工程为单层单跨排架体系，混凝土柱与重级工作制吊车梁、钢屋架、托架及支撑系统组成完整的空间受力体系，排架间距为18m，跨度为24m，檐口标高为+21.3m，屋架间距为6m。本次改造位置处于两榀排架之间，混凝土柱及钢托架不是本次工程直接有关构件，且原有截面富余较多，经计算均能满足设计要求。如图6.5-5所示。

原有屋面采用了无檩体系，上铺大型屋面板，由于工艺要求，在电炉上方的3榀屋架上需加设抽风烟道——俗称象屋（有顶、有围护结构、有悬挂杆件），这样就在屋面上出现了一个12m×12m的洞口，其范围内的大型屋面板均需拆除（详见图6.5-5）。由于抽烟道的高度为10m，且因为实施新工艺后增加了集尘管（通风专业提供的钢管，自重为每延米1.5t，活荷载为每延米3t，支承在象屋上共计18t的集中荷载）支撑于其上，故改造后新加荷载比需拆除的大型屋面板自重大。同时，原有设计采用无檩体系，现要改造为有檩体系，支撑系统需增加布置，这部分荷载也不能忽略。这样不仅钢屋架需重新计算，且与其有关的托架、柱、基础均需经过计算确定是否需加固，在设计时间上与甲方的要求相差较大，且甲方可能投入的成本过大，施工周期及施工难度均加大。在同甲方说明情况后，经过论证，决定通过两种方式实现改造：其一为加固，在进行计算后确定单榀屋架的单个构件的具体数值；其二为减荷，即经过计算，把大型屋面板的拆除范围扩大到象屋范围以外，共拆除屋面板44块，使得改造后屋架上的荷载总量值与原有大致相同，托架及柱、基础满足要求而不需加固。

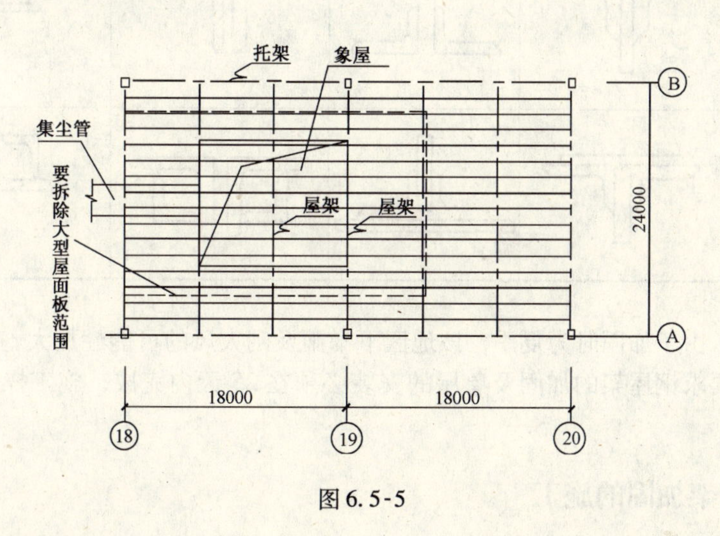

图6.5-5

一、钢屋架的加固设计

钢屋架由上弦、下弦、中间腹杆、支座端杆组成，本工程中钢屋架与混凝土柱间的连接分为两种：一种为钢屋架直接落在柱顶上，为铰接支座；另一种为钢屋架与托架铰接，托架与混凝土柱钢接。

由于原有钢屋架暴露在空气中，且已经使用了15年以上，尽管厂方对钢构架均会定期进行防腐防锈处理，但是空气及车间内的水蒸气，生产时产生的腐蚀气体对钢材的锈蚀是不可避免的。车间现场实地观测后发现，由于投入使用年数较多，屋架上下弦及腹杆均有程度不同的积灰现象。灰尘清除后，暴露出钢材其锈蚀现象与原来设想的情况大致相同，即上弦锈蚀情况最不严重，腹杆尚可，下弦的情况最不利。根据锈蚀情况，考虑钢材截面的削弱（计算假定按比原有钢材壁厚减小一个等级，如原为L125×8，现在按L125×6计算），对钢屋架重新计算后，3榀钢屋架均需加固方可满足要求。对上弦：由于有较多的集中荷载，处于受压区，且拆除了象屋范围内的屋面板，平面外计算长度需通过新增横向水平支撑得到保证，而横向支撑与上弦的连接也需新加节点板，故上弦为全长加铺 $t=10$mm 钢板。对下弦：由于此次加固均为高空作业，且屋架在大型屋面板拆除后其下弦仍有自重及施工荷载产生的拉应力。若采用仰焊，则焊接过程中施工人员操作难度增加，危险性较大，且施工质量难以保证。若采用高强螺栓加固，则对横断面的削弱使得加固后的安全储备降低，经比较，最后采用了沿长度方向在跨中左右各2个节间范围内底部加贴 $t=12$mm 钢板的方法，其与下弦的连接为沿角钢长度方向焊接。端腹杆与中间竖杆的连接采用加贴小角钢。

具体加固数据及形式详见表6.5-4。

表6.5-4

	屋架上弦	屋架下弦	端斜杆	中间竖杆
加固前截面	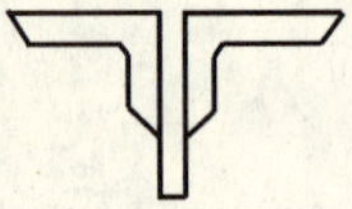	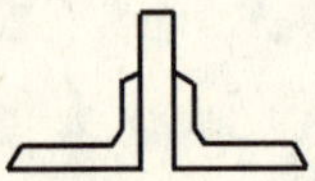	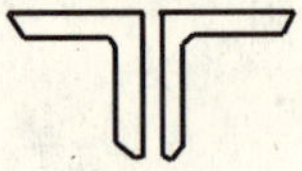	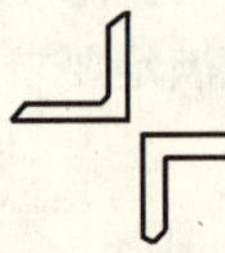
加固后截面	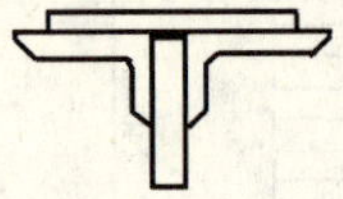	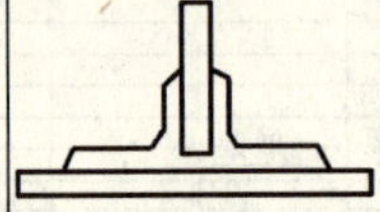	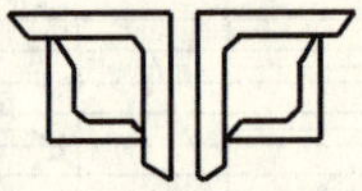	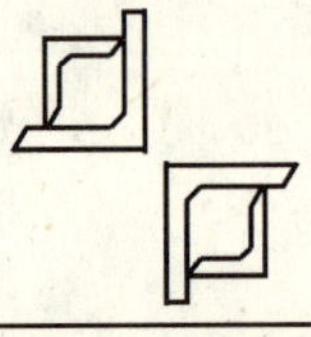

除此以外，由于加固时为夏季，该地区下暴雨及刮大风的可能性加大，留给施工的时间较短，厂房要求钢屋架的加固及象屋的安装必须在25天内完成，施工操作的可行性也必须予以考虑。

二、钢屋架加固的施工

加固时考虑到施工顺序及操作流程，与在工厂中制作好再运至工地拼装的一套有所不同。此次加固均为高空作业，且施工工期短，屋架处于受力状态，故在设计时考虑了受力特点后确定了施工顺序：

1. 拆除大型屋面板，增设临时支撑，保证改造部位的稳定，对钢屋架进行除锈防腐处理。

2. 根据图纸对钢屋架进行加固。

3. 屋架上下弦水平支撑和屋架垂直支撑的安装。

4. 象屋及集尘管的安装。象屋及集尘管均为新增加构件，可在工厂里制作完成。象屋设计成一个方形，通过立柱间的支撑组成几何不变的整体，由四角的8根拉杆固定在屋架上。

三、设计总结

由于此次屋架加固要求出图时间紧，设计难度较大，且是在车间未完全停产的状态下施工，故设计计算时适当地考虑了一些安全储备。改造加固设计要考虑：①原结构支撑体系的改变和荷载的变化。②设计时要综合考虑施工因素，在保证质量的前提下，尽量满足施工方便。经计算，此次改造，总共加固部分的用钢量为2.56t，象屋部分的用钢量为38.4t。

施工完成后，从现场反馈回的信息表明，工期、质量、用钢量都得到了保证，甲方比较满意。

[实例五]　某住宅楼顶升纠偏加固工程实践

一、工程概况

该住宅楼为5层砖混结构，南北朝向，建成于1989年，长44.4m，宽9.2m，总建筑面积2200m^2。各层楼面采用预制空心板，所有外墙、楼梯间砖墙均为实砌，C20钢筋混凝土条形基础。该楼建成后便出现不均匀沉降。1992年前业主曾请施工队伍作了迫降纠偏处理，但没有对地基基础进行有效、科学的加固处理。差异沉降继续发展，至2005年3月该楼向西倾斜15‰，东西向差异沉降约60cm，西侧一楼室内地坪已低于室外地坪约40cm，一楼西侧已失去居住功能。由于建筑物的倾斜属承重墙平面外侧向倾斜，使承重墙处于严重的大偏心受压状态，承重墙体在纠偏前已出现了局部水平裂缝，严重影响了房屋的安全使用，使房屋处于十分危险状态。这便大大地增加了顶升纠偏的技术难度。不均匀沉降引起纵向墙体斜裂缝也有多处。

纠偏前，我们对该楼进行了勘察，浅地基土可划分为4个工程地质层：

①1-1层杂填土，由黏性土、碎石及生活垃圾组成，成分杂，结构散松，层厚约1m；

②1-2层为粉质黏土，黄绿色，软可塑，黏塑性较好，物理力学性质尚可，层厚约1m；

③2层淤泥质黏土，灰色，流塑，厚层状，高压缩性，物理力学性质极差，层厚8～15m，东西向厚度差7m；

④3层粉质黏土，黄褐色，可塑，低压缩性，物理力学性质较好，层厚较大，钻孔未揭穿。

勘察资料表明，该住宅楼下卧层为两层高压缩性淤泥质黏土层，导致房屋沉降较大，且两层高压缩性土厚度严重不均匀，致使住宅楼东西向沉降差异大，这是该楼倾斜的主要原因。

二、基础加固与纠偏方案的确定

1. 基础加固

对该楼地基基础进行必要的加固处理，彻底消除不均匀沉降产生的原因，是对该建筑物病害治理的关键之一。

由于锚杆静压桩具有设计理论成熟，施工机具轻便、灵活、作业面小，对周围环境影响小，施工技术成熟可靠，质量可以充分保证，工期短，费用低等优点，我们决定采用锚杆静压桩加固地基基础。

2. 纠偏方案

由于该住宅一楼室内地坪已低于室外地坪40cm，若采用迫降纠编，一楼将失去居住功能，由此给业主造成100多万元的损失，因此不宜采用。采用顶升法纠偏是该项目最合理的选择。

三、基础加固及顶升纠偏方案设计

1. 设计目标

（1）加固纠偏期间，确保结构安全。

（2）加固纠偏后，住宅楼差异沉降得到有效控制。

（3）最西侧①轴横墙顶升86cm，最东侧⑭轴横墙顶升27cm，顶升后房屋倾斜率控制在4‰以内，可以安全投入使用。

2. 基础加固设计技术参数

本工程共布置锚杆静压桩27根，详见图6.5-6。

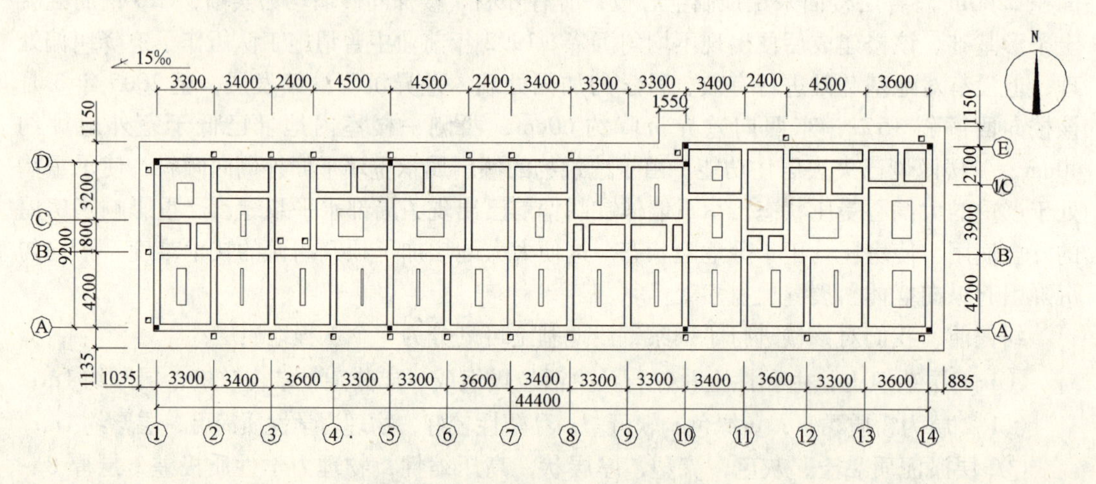

图6.5-6 锚杆静压桩平面布置图

桩径250mm×250mm，桩身混凝土强度为C30，采用角钢接桩，桩端持力层为③层粉质黏土，单桩设计承载力①-⑤轴为300kN。⑥-⑭轴为250kN，压桩力取单桩承载力的1.5倍，桩长通过最终压桩力及地质变化情况进行双控调节。

3. 顶升纠偏设计参数

（1）在原地梁上部距梁顶0.4m处采用托换工艺浇筑顶升圈梁。

（2）地梁与顶升梁之间，设置269只额定顶升力为32t的螺旋式千斤顶，平均每只千斤顶承受荷载约141kN。

顶升梁及千斤顶平面布置图详见图6.5-7。

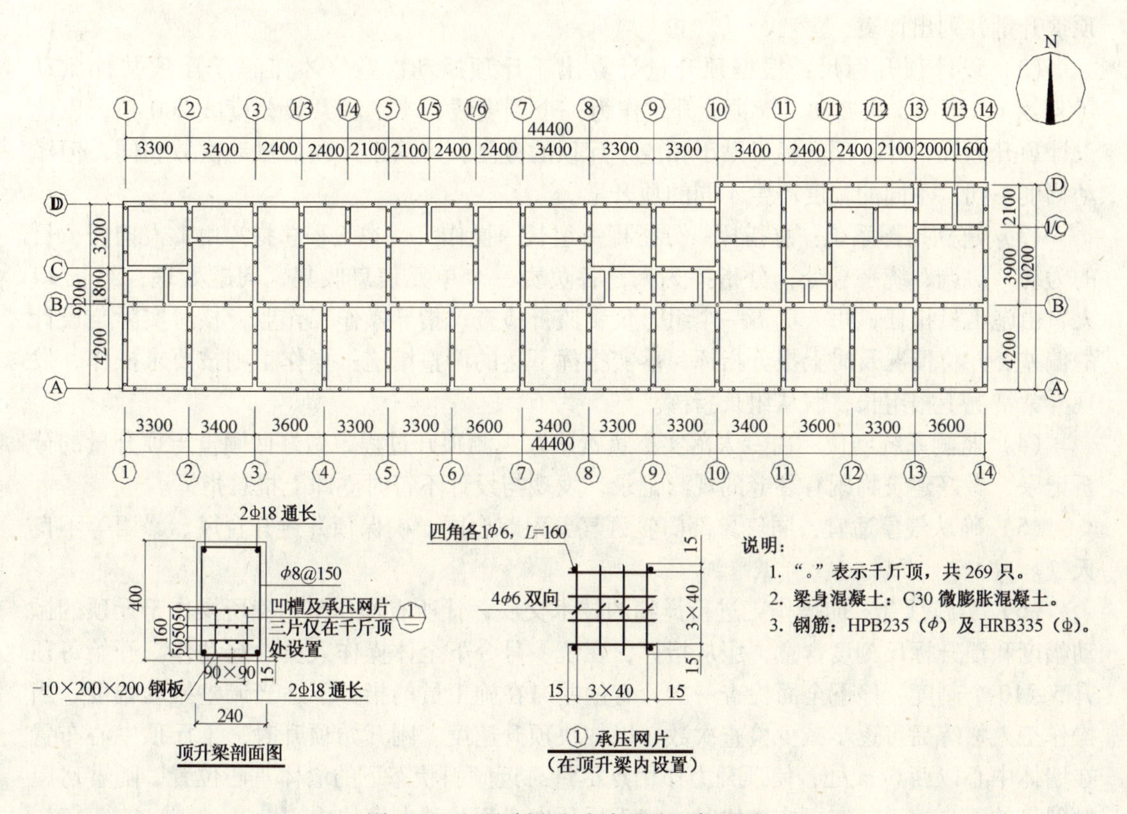

图6.5-7 顶升梁及千斤顶平面布置图

（3）对一楼的门窗及墙上壁洞，所有房屋装修过程中被破坏的墙体，通过砌墩加固处理，以提高墙体强度刚度。

四、顶升纠偏施工要点

1. 顶升梁托换施工

（1）顶升梁托换施工时，钢支撑位置尽量和千斤顶位置进行统一，以减少千斤顶上方钢板垫块的数量。

（2）托换施工时，钢支撑与上部墙体必须有2~5cm间隙，此间隙采用微膨胀灌浆料进行填充，确保间隙填充致密，这是托换施工成功的关键。

（3）按照先纵墙后横墙的施工顺序进行顶升梁施工。

（4）在托换横墙上的顶升梁时，采取间隔施工。凿墙洞时尽量减少振动，严禁狠敲猛打。

2. 顶升施工要点

本次顶升①轴顶升量为86cm，⑭轴顶升量为27cm。顶升时将整体抬升27cm，与东西向纠偏 59cm 合二为一，经计算 269 只千斤顶共有 72 种行程。如何保证在同一时间每只千斤顶顶升量与千斤顶总顶升量的比值相等是顶升成功的关键，为此必须采取相应措施：

（1）确定每只千斤顶的顶升量：会同有关部门实测建筑物倾斜现状，设置测量标志，根据实测结果商定验收办法，建筑物顶升回倾量及整体抬升量，根据商定值计算每只千斤顶顶升量并列出详表。

（2）设计顶升标尺：根据顶升量计算出千斤顶掀动次数（本工程千斤顶共计掀动 1000 次），将每 5 次掀动千斤顶上升量作为一个刻度线，本工程共设刻度线 200 条，以此设计顶升标尺，并将顶升标尺贴于相应千斤顶的旁侧。每只千斤顶的掀动次数相同，但掀动幅度不同，不同的幅度产生不同的顶升量。

（3）建立指挥系统：总指挥→分指挥→组长→操作工。本工程总指挥由 1 人担任，目的为统一协调，统一号令；分指挥 3 人，各负责一个单元信息收集，问题处理；组长 14 人，由施工员担任，每人负责一个组，负责监督检查、指导操作工作业，核对实际与设计的偏差，并将情况及时上报分指挥，落实指挥下达的调整措施；操作工则按要求操作，发现异常情况上报组长，服从组长指挥。

（4）监测系统到位：由专人落实，负责跟踪观测顶升过程，做好回倾量与顶升量的分析记录，做好建筑物既有裂缝的观测记录，发现与设计不符时立即上报总指挥。

（5）确认气象适宜：同气象部门签订气象跟踪合同，确保顶升避开台风、暴雨等不良天气。

（6）实施顶升：向操作工进行详细的技术交底，让所有操作工明确所操作千斤顶的掀动幅度和顶升标尺刻度含意，服从指挥，在统一号令下全体操作人员一起动作。开始每顶升 5～10 个刻度，停下全面检查一次，有偏差时在施工员的指导下适当调整掀动幅度。当操作工人熟练后可逐步减少检查次数，以加快顶升速度。刚开始顶升时，千斤顶中心布置在墙体中心以西 6cm 处，使顶升力作用点尽量靠近倾斜状态下的墙体重心位置，随着房屋倾斜值的逐步缩小，在更换垫块时，将千斤顶中心逐步移向墙体中心。

3. 结构联接

（1）千斤顶钢筋混凝土垫块浇筑时，必须在两个侧面留有凹槽，确保垫块两侧混凝土与垫块间有良好的咬合。

（2）截断的构造柱接规范进行连接。

（3）顶升产生的间隙全部采用 C20 混凝土进行填充连接。

（4）恢复底层楼梯原状及底层原有通道，回填开挖面。

五、效果

顶升完成后，所有千斤顶顶升量完全与设计吻合，住宅楼向西最大倾斜率为 2‰，在顶升期间及顶升后建筑结构完好无损，实现了预定目标。

顶升施工期间，二层以上居民可以正常居住。顶升纠偏结束后重新修建了一楼室内地面及室外排污管线，现该楼一层也恢复了居住功能。

地基基础加固后，经半年沉降跟踪观测，房屋沉降已经稳定且比较均匀，实现了预想的地基基础加固目标。

纠偏前，基础上部一部分砖墙长年浸泡在地下水中，已经出现了不同程度的风化，给房屋安全留下了隐患。纠偏后地下水位以下部分全都是C20混凝土，原风化的砖块也已凿除，房屋安全性也由此得到了提高。

［实例六］ 深圳机场1号候机楼结构改造工程设计

一、序言

深圳机场1号候机楼20世纪90年代初投入使用，对当时深圳的发展起到了十分重要的作用。随着深圳的不断发展壮大，20世纪90年代末该候机楼已不能满足日益增长的航空客流的需要，于是又修建了2号候机楼。到了21世纪初，1、2号候机楼共同运作也不能满足市场的需要了。而且，1号楼的立面也显得很落后，与目前这个时代很不相称，尤其和2号楼相比显得极不协调。为此，深圳市政府决定用2003年一年的时间对1号候机楼进行改造。

深圳机场1号候机楼改扩建是在原有建筑的基础上，向南扩出9.8m×5=49m，向北扩出9.8m×2=19.6m，在楼的正立面方向向外扩出5.3m，然后通过五个连接部分与新建桥体相连，原来的车道部分则变成了室内。其平面布置如图6.5-8所示（中间已删除部分）。

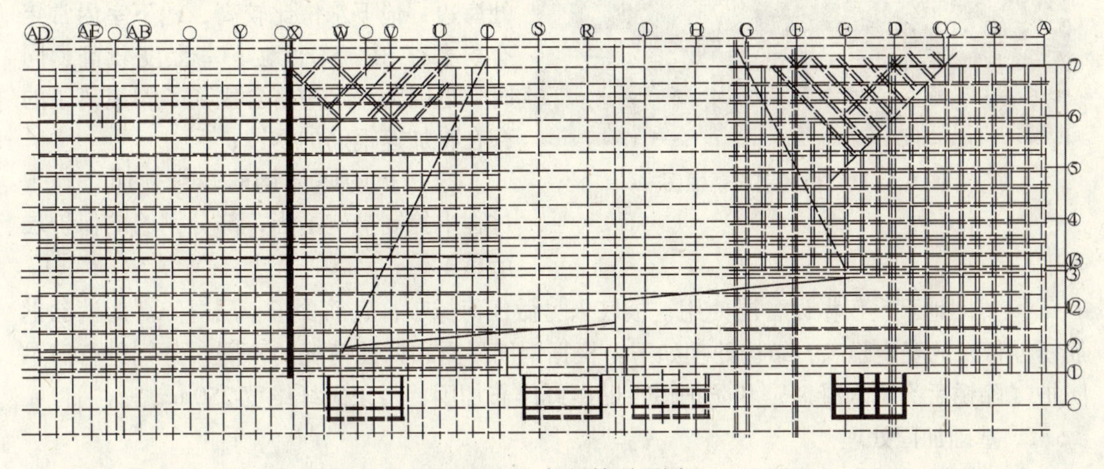

图6.5-8 候机楼平面图

与此同时，在原有候机楼屋面上新加一个与2号候机楼结构形式相似的钢屋盖见图6.5-15，这样既改善了1号候机楼的功能，也改变了其立面形象。改造前与改造后的效果分别如图6.5-9和图6.5-10所示。经过改造后原侯机楼变成了一个十分现代的与2号候机楼又完全协调的建筑，各界对此改造效果反映良好，认为该工程是老楼换新颜的一个样板。

二、结构设计介绍

作为改造工程我们必须首先回答的问题：一是原设计是否能满足现行规范以及欠缺在哪里；二是原有结构的实际质量是否能满足现行标准。为此按新规范对原结构（竣工图）

受力情况进行了分析。同时，请深圳市建筑质量检测中心对原结构的构件进行了全面检测。检测与分析结果说明：除个别柱与基础不能满足新结构的要求外，总的情况还是比较好的，但原有的一些竖向构件及基础需进行加固处理。同时，检测也揭示 ±0.000 层楼板个别部位钢筋锈蚀较严重，如图 6.5-11。

图 6.5-9　原候机楼立面图

图 6.5-10　改造后候机楼立面图

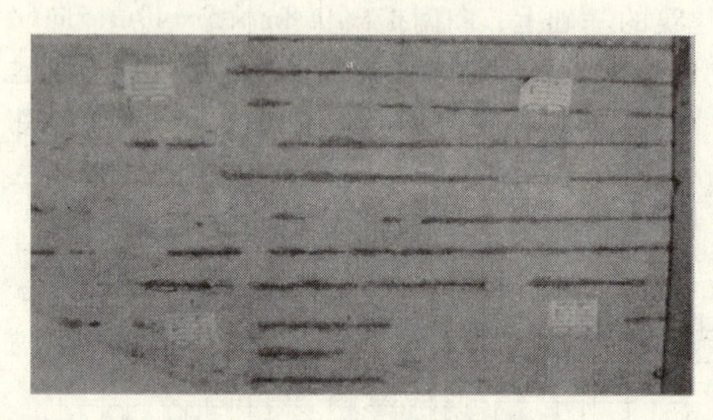
图 6.5-11　板底钢筋锈蚀图

1. 对楼板钢筋锈蚀的处理

楼板钢筋锈蚀原因如下：

（1）深圳机场 1 号候机楼是一个带有半地下室的结构（无底板）。由于机场地处海边，地下水位比较高，地下室内常年有积水存在，整个地下室湿度较高；同时，也因为海水中富含氯离子，氯离子的存在将加速钢筋的锈蚀；

（2）板的底部钢筋较细，加之施工过程中控制措施不当，部分钢筋的保护层严重不足；

（3）因地下室仅做设备层使用，板底未另做任何抹灰，底筋少了一层屏障。为消除钢筋锈蚀带来的安全隐患，结构处理如下：根据钢筋暴露和锈蚀情况的不同，分别进行简单防护（除锈后涂刷永凝剂）和防护后再贴碳纤维布加固，每条碳纤维宽 250mm。

2. 基础加固处理

基础的加固可分两种情况：一种是原建筑的边柱因工程向外扩建而导致原建筑边界处的基础承载力不足。对于这种情况，经与桩基施工单位沟通，只要新加桩离开原建筑外墙 1m 以上即可进行锤击施工。因此，此处采用与扩建部分相同的锤击高强预应力管桩基础。解决此问题的技术难度是：一如何加固承台；二如何保证柱轴力与群桩中心的一致；三如何保证力能可靠地传递至新加桩上。经研究承台的加固充分运用了半地下室的空间，采用在原承台上加新承台的办法进行加固，承台加固如图 6.5-12 所示。为保证柱轴力与群桩中心的尽量一致及传力的可靠性，本工程采用了加大柱截面法，使柱截面形心向新加桩侧转移并保证了新旧混凝土柱共同传力。基础加固的另一种情况是原建筑内部基础承载力不足的加固。由于使用功能的改变及新旧规范的变更，按新规范核算，发现原建筑物内部有些基础承载力已不足，需进行加固。受施工条件的限制，此部位的加固方案，经充分比较招标的各方案，确定为预制方桩（250mm×250mm）加固方案。预制方桩承载力标准值取

300kN，每段长5m。施工时，先施工承台并在承台内预留锚筋和压桩孔，待方桩施工完后再封孔。施加于预制方桩上的压桩力就来源于这些锚筋。根据基础承载力欠缺的多少，在原承台四周对称加桩。承台厚度按方桩的承载力确定，新旧承台间适当设一些膨胀螺栓。典型承台加固如图6.5-13所示。

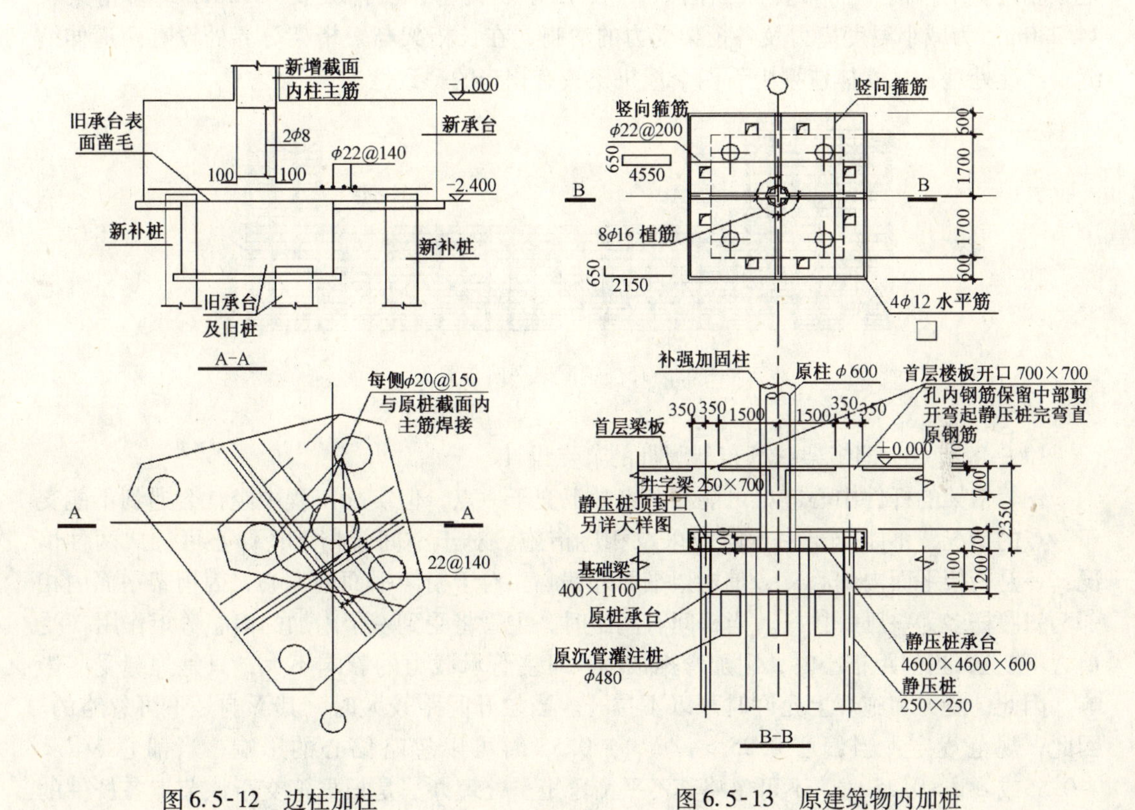

图6.5-12　边柱加柱　　　图6.5-13　原建筑物内加桩

3. 结构的连接处理

深圳机场1号候机楼经扩建后总长度达到了254.8m。为减小混凝土结构的温度应力，在新加部位的C轴和X轴处设两道缝（图6.5-8），剩余部分与原结构连成整体。该部分需妥善解决的问题是新旧结构的连接问题。随着科学技术的进步，植筋已被广泛应用于旧建筑改造的各个领域。但对于本工程来说，有多处是一根柱上需要有多道梁与之相接，如图6.5-8所示。一方面钢筋太多，且为不同方向；另一方面原柱内需钻的孔也太多，对柱子造成的伤害难以估计。为此本工程采用的办法是在植筋的基础上将柱截面加大，用以作为对柱子承载力的补偿，同时对梁钢筋的锚固提供一定帮助，如图6.5-14所示。楼板钢筋的连接采用的办法是：底筋植筋，负筋与凿出的原板负筋搭接焊。扩建部分的混凝土为微膨胀混凝土。

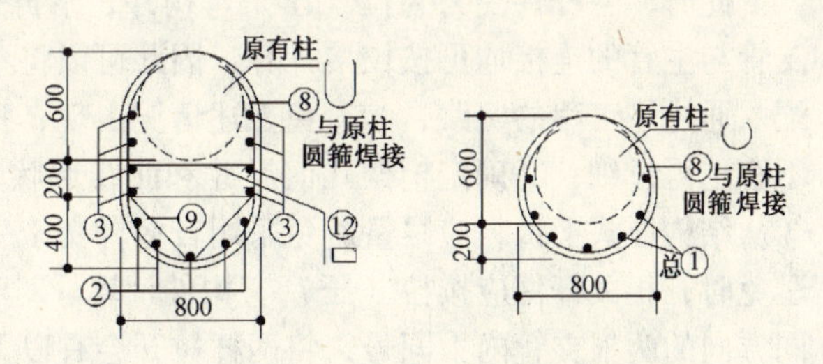

图6.5-14　柱加固截面图

三、三角形曲线桁架几个典型节点的设计与处理

本工程采用的结构是三角形截面曲线桁架结构，各桁架通过混凝土柱顶的四叉撑杆与柱顶相连。结构的平面布置图如图 6.5-15 所示。其中，长桁架长 83.561m，短桁架长 44.230m。为减小温度应力及各桁架受力的清晰，在长桁架与短桁架分界处设有两道伸缩缝。经此处理，从立体造型上看两个候机楼具有相当的一致性。

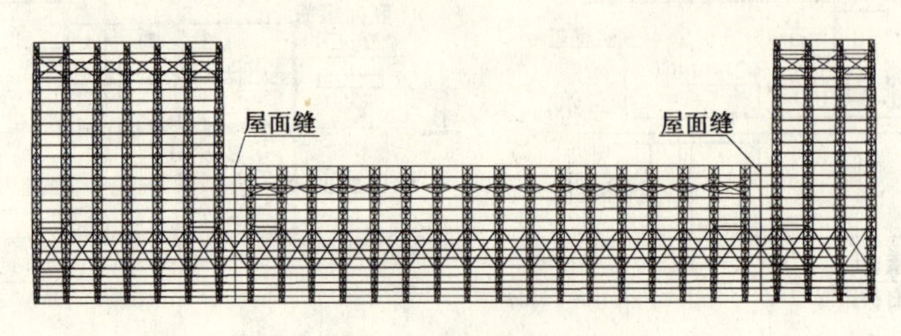

图 6.5-15　钢屋架平面布置图

1. 一般节点：即桁架弦杆与斜腹杆的节点设计

钢管桁架的杆件中心应尽可能在节点处汇交于一点，但实际工程中经常会遇到不能交于一点的情况，不能交于一点时应采取相应措施。对于空间管桁架，偏心可分成两种情况：一是桁架平面内偏心；一是桁架平面外偏心。对于桁架平面内偏心，因桁架平面内相邻两斜腹杆多为一压一拉杆。当杆间有间距时，主管将受到一个附加的偏心弯矩作用（受剪力不变）；当间距很小时，附加弯矩很小，对主管承载力的影响不大，只是焊缝受些影响。因此，受力和施焊上允许时可以不拉开。当拉开间距较大时，其影响是不可忽略的。因此，规范规定：当偏心 $0.25 > e/d > -0.55$ 时可以忽略偏心的影响；当偏心 $e/d < -0.55$ 或 $e/d > 0.25$ 时，不可忽略其不平衡弯矩。处理办法是根据汇交于该节点各杆件的线刚度进行偏心弯矩的分配，公式表达如下：

$$M_i = K_i M / \sum K_i \qquad K_i = E_s I_i / L_i \qquad M = (N_1 - N_2) e$$

式中，M、N_1、K_i 和 e 分别表示弯矩、轴力、杆件线刚度和偏心矩。

此时，各杆件受力为拉（压）弯构件，不再是单纯的轴心受力构件。由于实际设计中支管与主管的连接均可按铰接计算，因此可以将不平衡弯矩只在节点两侧的弦杆间进行分配。通过该工程的实践，为避免上述情况出现，我们觉得以下几点经验可以借鉴：①主管不宜选得过细；②确定桁架几何尺寸和曲线形状时，应对节点的相交情况进行充分考虑；③从结构形式上讲，应尽量避免采用较多杆交于一点的节点形式；④采取上述措施仍不能避免时，相关杆件应按拉（压）弯构件计算。对于桁架平面外支管过密，因同一截面上不同方向的两根支管内力同号，将两杆拉开会有以下几点有利因素：首先，相贯焊缝长度增长，对焊缝强度有利；其次，对支管对主管的冲切面增大，对抗冲切破坏有利；第三，对提高主管壁的环向变形承载力有利。因此，如果平面外遇到两支管相碰时，完全可以将两支管适当拉开。

2. 四叉撑杆与下弦杆相交处的节点

该节点与其他节点完全不同，它的破坏形式除了主管壁的塑性破坏，主管壁的冲剪破坏以及支管与主管之间的连接破坏外，还有四叉撑杆对主管的局部应力和主管的环向弯曲破

坏。因此，除了普通节点验算支管（斜腹杆）与主管相交处承载力和焊缝外，还应验算四叉撑杆与下弦主管相交处的局部应力和钢管的环向弯曲应力，根据相关资料近似计算如下：

（1）局部应力：$\sigma = K_g \dfrac{R}{t_c(b+1.56\sqrt{r_i t})}$

对于本工程 $K_g=0.92$　$R=1382\text{kN}$　$t_c=t=18\text{mm}$　$r_i=104.5$

$$\sigma = 0.92\times\frac{1382\times10^3}{18\times(200+1.56\times\sqrt{104.5\times8})}=263.86\text{N/mm}^2>f$$

（2）钢管环向弯曲应力：$\sigma=\dfrac{3k'R}{2t_c^2}=\dfrac{3\times0.082\times1382\times10^3}{2\times18^2}=524.6\text{N/mm}^2>1.1f$

上述计算结果表明：该节点若不做任何加强处理，节点强度不满足要求。处理办法一是：在四叉撑的上部与下弦杆相交处加了一个半圆托板如图 6.5-16，节点因加半圆形托板而外观上多出一部分；处理办法二是：在下弦杆内部加两道加劲板，如图 6.5-17。这种处理办法外观干净、好看。本次设计即采取了这种处理办法。

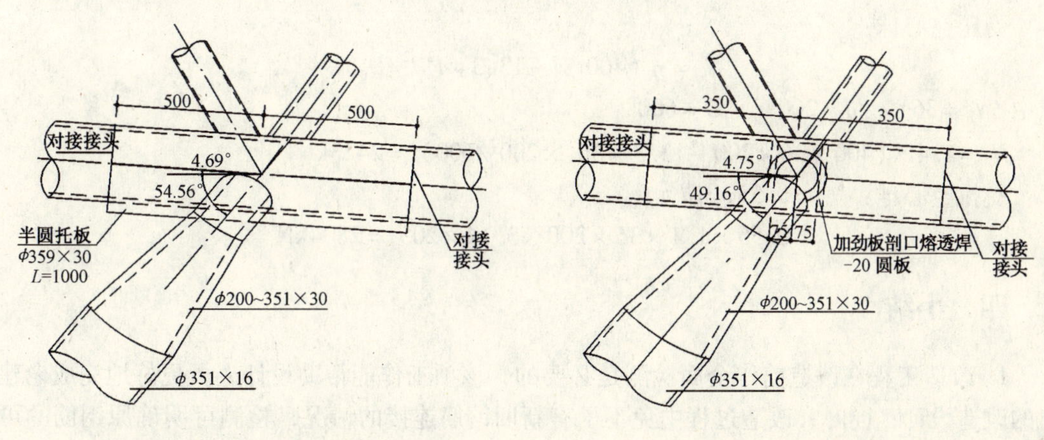

图 6.5-16　下弦节点一　　　　图 6.5-17　下弦节点二

3. 四叉撑与柱顶空心球的节点设计

为可靠传递杆件的内力和使空心球能有效地布置与之相连接的圆钢管杆件，球支座设计如下（采用有肋球如图 6.5-18）。

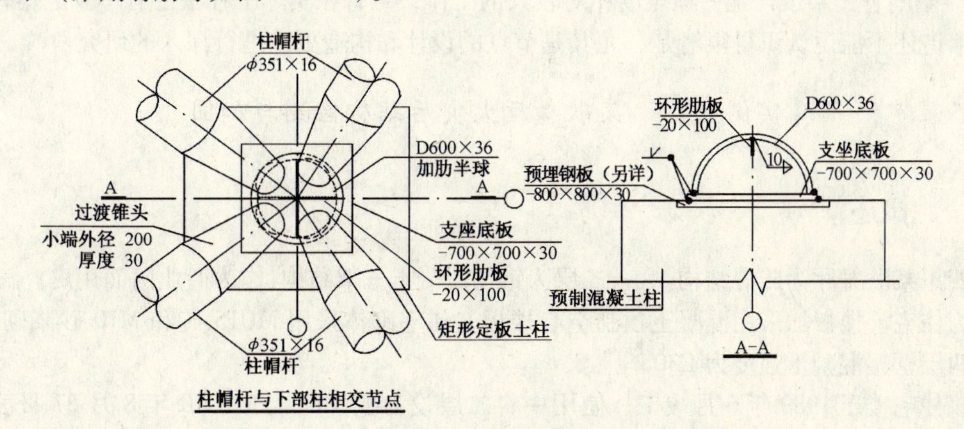

图 6.5-18　柱顶球节点

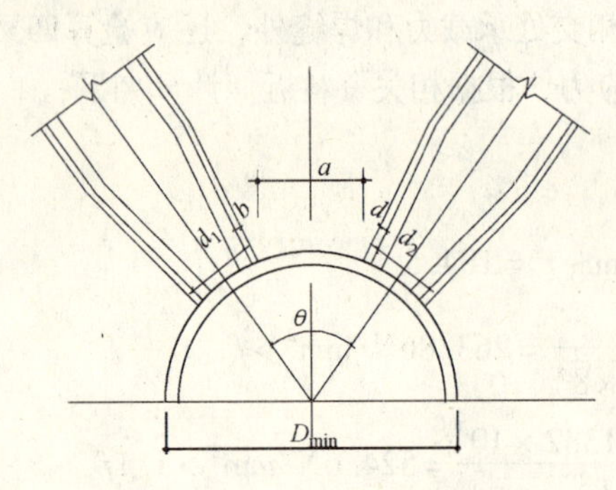

图 6.5-19　半球直径计算简图

（1）壁厚为空心球直径的 1/45～1/25，为连接杆件壁厚的 1.2～2.0 倍。

（2）为便于施焊和确保质量，连于空心球上的两相邻杆件间的净距不宜小于 15mm；同时，两层厚型防火涂料的厚度约为 2×25mm（该项容易被忽略而使得四个撑杆显得很拥挤）。按图 6.5-19，由数学推导可得球的最小直径：

$$D_{min}=180\times(d_1+2a+2b+d_2)/(\pi\theta)$$
$$=180\times(200+2\times15+2\times25+200)/(3.14\times52°\text{的弧度})$$
$$=529.2\text{mm}$$

结合以往经验，为防止各杆之间过于拥挤，本设计取球直径为 600mm。

（3）承载力

受压空心球：

$$N_c=\eta_c(400t_b d-13.3\times t_b^2 d^2/D_d)$$

式中　$t_b=36$　　$d=200$　　$D=600$

$$N_c=1.4\times(400\times36\times200-13.3\times36^2\times200^2/600)=2423\text{kN}$$

受拉空心球：$N_t=0.55\eta_t t_b d\pi f$

$$=0.55\times1.1\times36\times200\times3.14\times205=2804\text{kN}$$

四、小结

1. 改造工程在改造前作全面检测是必要的，该项工作能帮助设计人员更好地完成老建筑的改造设计；同时，改造过程中免不了有新旧钢筋连接的情况，检测可明确原钢筋的可焊性。

2. 新规范对钢筋保护层的厚度分情况对待是正确的，对于不再抹灰的部位保护层厚度可适当增加，或明确要求抹灰。

3. 小短方桩用于原建筑内部的加固是可行的。

4. 空间管桁架设计是一项难度相对较大的工作，尽管在实际工程中已有不少应用，就目前来讲还不能说认识得很清楚，尤其是节点的设计和构造更应进行深入的研究。

[实例七]　某歌舞厅火灾后结构检测与加固

一、概述

四川某歌舞厅为砖混结构。一、二层为钢筋混凝土框架结构，作为商业门面用房。三～八层为住宅。楼板均采用混凝土预制空心楼板，住宅砌体采用 MU15 砖和 M10 砂浆砌筑，底部两层框架混凝土强度为 C30。

该住宅楼于 1989 年 6 月竣工，使用中将二层设为歌舞厅，于 2000 年 8 月 27 日凌晨 3:30 分发生火灾，火灾开始于该楼层前部，然后迅速蔓延至全楼层后半部分，并将部分玻璃和铝合金窗熔化，但并未引起三楼室内燃烧，大火燃烧时间为100min，直至5:10分火势得到控制。

二、结构受损与分析

因燃烧发生在第二层，故第三层的楼面梁、板和第二层的柱损伤十分明显。柱上抹灰层普遍炸裂、脱落，部分柱的混凝土保护层出现龟裂，个别柱烧伤程度达到50mm。第三层梁底保护层普遍烧酥，梁底部位损伤最为严重，梁侧面烧酥程度较底部轻，但出现大面积龟裂和裂缝。剥开裂缝发现，少数裂缝深入梁核心混凝土。个别梁烧伤十分严重，其刚度明显降低。第二层楼板普遍完好。第三层楼板的板底混凝土普遍烧酥大面积脱落，大部分空心板孔洞外露，空心板的预应力钢筋也出现大面积外露、松弛现象，使空心板丧失了承载能力。从火烧作用的范围来看，第二层楼板几乎无损伤，第二层柱由下而上，损伤逐步加重，第三层梁比第二层柱严重，第三层预制板比该楼层楼面梁严重，梁柱的棱角部位比平面部位严重，梁柱自表面向里损伤逐渐减轻。其主要原因是不同构件接触火苗的部位不同、受火面大小不同和构件自身的薄厚不同所致。第三层楼板的损伤比框架梁柱的损伤严重得多，主要原因是火灾时钢筋混凝土空心板直接承受火荷载，而且板的厚度比较小，其钢筋混凝土保护层也比较小。所以，钢筋混凝土空心板是火灾时最薄弱的环节。火灾时，钢筋混凝土空心板中钢筋受高温作用而强度降低，钢筋与混凝土之间的粘结力完全失效，从而使板的截面抵抗矩降低，板的刚度下降，挠度增加，裂缝增多，进而导致板的完全破坏。

对住宅部分各层墙体检查时发现，第三层和第四层因火灾而引起的裂缝较多，尤其第三层更显著，大多数裂缝都贯穿墙体两面。最大裂缝达2.0mm，裂缝走势和分布无规律可循，但水平向裂缝很少，门窗洞口一般均出现裂缝。由于外墙被直接从第二层窜出的火苗烧烤，其变形较内墙较快且大，其裂缝也比内墙多。第四层墙体裂缝只有个别大于0.5mm。随着楼层的增加，温度影响越来越小，墙体裂缝也逐渐减少。

按照《钻芯法检测混凝土强度技术规程》（CECS03：88）的要求，取与梁柱混凝土浇筑方向垂直的方向，钻取混凝土芯样，经过加工，剔除芯样烧伤部分后，试压发现：框架梁的混凝土立方抗压强度为21～22.8MPa，框架柱的混凝土立方抗压强度为22.7～34.5MPa，两者均不能达到原设计的安全度。根据以上检测结果，进行房屋安全分析后，确定对该房屋进行加固处理。

三、结构加固方案

火灾仅限于第二层，结构损伤最严重部位是第三层楼面梁、楼面板和第二层柱，故结构加固方案也主要是针对这些受损伤的部位制定。加固的总体思路是：首先对第三层楼面梁采用钢管支撑以排除险情，第三层楼板由于损伤过于严重，决定予以拆除，重新浇筑混凝土板，第三层梁采用外粘钢板进行加固，第二层柱敲除表面抹灰，采用外包钢加固后，重新进行粉刷。

1. 钢管支撑

采用直径为219mm的钢管对第三层楼面梁进行支护。每根梁设置两根钢管支护，钢管应上下对齐，两端采用钢板封闭，下垫250mm×250mm的方木。由于火灾时楼面梁刚度降低，在荷载作用下已明显挠曲，应采用千斤顶给梁反向加荷卸载。千斤顶的顶升荷载根据现场梁上荷载确定，使其顶升位移满足卸荷要求。

钢管支护的主要目的是由于该工程火灾损伤较重，需要及时排出险情，同时又能给第三层楼面梁柱卸荷，有利于结构加固。火灾使梁柱混凝土内部出现微裂缝，这些微裂缝将逐渐发展与梁柱的应力水平有关，应力水平越高，其发展速度越快，反之越慢。通过钢管的顶升作用，可使梁柱的应力水平降至最低，从而最大限度地阻止了梁柱微裂缝的继续发展。

2. 柱加固

由于柱表面已经受损，柱截面削弱较大，采用外包钢进行加固。

该方法在新增加柱截面的部分提高柱承载力的同时，还因为新增钢板箍的横向约束作用，使原混凝土柱处于良好的三向应力状态，因而可以大幅度地提高柱的承载力。

3. 梁加固

梁侧面和梁底损伤较为严重，强度降低较大，采用外粘钢板进行加固。

该方法将高强度的钢板粘贴于被加固的钢筋混凝土梁受力部位，不仅能保证混凝土和钢板作为一个新的整体共同受力，而且能最充分地发挥粘钢构件的抗弯、抗剪和抗压的性能。由于混凝土面受火灾后产生不同程度的疏松、剥落，应将其凿除后才能进行补强。凿除受损混凝土后，混凝土表面凹凸不平，可用胶泥砂浆对其表面进行找平，然后才能对其进行粘钢加固处理。

4. 板加固

第三层楼板是损伤最为严重的构件，其表面混凝土大面积脱落，钢筋裸露，部分钢筋已锈断，决定拆除原预制混凝土空心楼板，整体浇筑钢筋混凝土板。且该层是框架与砖混部分之间的转换层，整体现浇对房屋的刚度是有利的。

5. 构件裂缝处理

经过火灾作用的混凝土突然遇到冷水作用而使混凝土面产生大面积的龟裂纹，大部分裂缝宽度仅为0.3mm左右，且大部分在混凝土梁上。为避免钢筋锈蚀，先用裂缝密封胶对其进行密封。对于梁柱上的裂缝，应采用粘钢补强，通过钢板来封闭粘钢部位加固构件的裂缝，约束混凝土的变形，从而有效地提高加固构件的强度、刚度和抗裂性。

通过上述方法对该房屋进行加固后，满足了业主继续使用该房屋的要求，同时大大缩短了该房屋恢复使用的时间，为业主节省了大量的工程费用及其他经费，取得了较好的经济效益和社会效益。该房屋经加固后已经使用了3年多，未出现任何问题。

[实例八]　线路杆塔地基的压密注浆加固变形计算

线路杆塔地基变形计算的目的是为了保证杆塔部分结构由于地基沉降而引起的变形，不出现妨碍正常使用和线路的安全运行。

对于直线杆塔基础而言，只要满足地基承载能力就能满足地基变形要求，因此，一般情况下可以不进行地基变形计算。然而对于有特殊地基变形要求的耐张、转角、终端杆塔基础，就要求进行地基变形的计算。特别是软弱地基，需经加固后满足地基变形计算值不应大于地基变形允许值的要求。

一、线路杆塔地基变形的特征值和允许值

1. 地基变形特征值

不同类型的杆塔，其使用要求不同，对地基变形的适应性亦不同。因此，在应用规范公式验算地基变形时，要考虑采用不同的地基变形特征来进行比较和控制。线路杆塔是一种高耸结构，应由倾斜值来控制；同时，线路杆塔体形特殊、荷载差异大，而且线路基础往往以多腿基础的形式出现，因此，又应由沉降量、沉降差来控制。

沉降量：一般指基础各点的绝对沉降值S，对独立基础而言，一般以基础中心沉降值S表示。

沉降差：一般指不同基础之间或同一基础各点间的相对沉降量$\Delta S=S_1-S_2$。

倾斜：一般指基础倾斜方向两端点的沉降差与其距离的比值$\tan\theta=(S_1-S_2)/b$。

2. 地基变形允许值

线路杆塔地基变形允许值：

倾斜允许值 $\tan\theta$ 表 6.5-5

杆塔总高度 H_g（m）	$H_g\leqslant50$	$50<H_g\leqslant100$	$100<H_g\leqslant150$	$150<H_g\leqslant200$	$200<H_g\leqslant250$	$250<H_g\leqslant300$
$\tan\theta$	0.006	0.005	0.004	0.003	0.002	0.0015

沉降量允许值 s 表 6.5-6

杆塔总高度 H_g（m）	$H_g\leqslant100$	$100<H_g\leqslant200$	$200<H_g\leqslant250$	$250<H_g\leqslant300$
S（mm）	400	300	200	100

沉降差允许值 Δs 表 6.5-7

相邻基础沉降差 Δs	地基土类别	
	中、低压缩性土	高压缩性土
一般杆塔结构	$0.002l$	$0.003l$
当基础不均匀沉降时不产生附加应力的杆塔结构	$0.005l$	$0.005l$

注：1. 上述表中数值为杆塔地基实际最终变形允许值；

2. l为相邻基础的中心距离（mm）；H_g为自然地面起算的杆塔总高度（m）。

《建筑地基基础设计规范》（GB50007—2002）和《架空送电线路基础设计技术规定》（DL/T5219—2005）根据大量的常见建筑物、杆塔的类型、变形特征以及沉降观测资料记录统计分析得出地基变形允许值，要求建筑物、杆塔的变形特征值不应大于地基变形允许值。

二、线路杆塔地基的变形计算

规范推荐的计算地基最终变形的方法，采用平均附加应力面积的概念，按天然土层界

面分层（以简化由于过多分层所引起的繁琐计算），并结合大量工程沉降观测的统计分析，以沉降计算经验系数对地基最终变形计算加以修正。

1. 采用平均附加应力系数计算沉降量的基本公式

由分层总和法可知，计算单层土的沉降量为

$$\Delta s_i = \overline{\sigma}_{zi} h_i / E_{si}$$

由以上公式可求得地基总变形量 s' 为

$$s' = \sum_{i=1}^{n} \Delta s_i = \sum_{i=1}^{n} \frac{p_0}{E_{si}} (\overline{\alpha}_i z_i - \overline{\alpha}_{i-1} z_{i-1}) \tag{1}$$

式中 n——地基变形计算深度范围内所划分的土层数；

p_0——对应于荷载效应准永久组合时的基础底面处的附加压力（kPa）；

E_{si}——基础地面下第 i 层土的压缩模量（MPa），应取土的自重压力至自重压力与附加压力之和的压力段计算；

z_i、z_{i-1}——基础底面至第 i 层土、第 $i-1$ 层土底面的距离（m）；

$\overline{\alpha}_i$、$\overline{\alpha}_{i-1}$——基础底面计算点至第 i 层土、第 $i-1$ 层土底面范围内平均附加应力系数。

2. 对地基总变形量 s' 的修正

《建筑地基基础设计规范》在总结我国工程中大量观测资料基础之上，对（1）式计算结果进行修正，引入沉降计算经验系数 ψ_s，得出用于设计的计算公式

$$s = \psi_s s' = \psi_s \sum_{i=1}^{n} \frac{p_0}{E_{si}} (\overline{z}_i \alpha_i - \overline{z}_{i-1} \alpha_{i-1}) \tag{2}$$

式中 s——地基最终变形量（mm）；

s'——按分层总和法计算出的地基变形量；

ψ_s——沉降计算经验系数，根据地区沉降观测资料及经验确定，无地区经验时可采用下表的数值。

沉降计算经验系数 ψ_s **表 6.5-8**

E_s（MPa） 基底附加压力	2.5	4.0	7.0	15.0	20.0
$p_0 \geqslant f_{ak}$	1.4	1.3	1.0	0.4	0.2
$p_0 \leqslant 0.75 f_{ak}$	1.1	1.0	0.7	0.4	0.2

注：E_s 为变形计算深度范围内压缩模量的当量值，应按下式计算：

$$\overline{E}_s = \frac{\sum A_i}{\sum \frac{A_i}{E_{si}}}$$

式中 A_i——第 i 层土附加应力系数沿土层厚度的积分值。

3. 地基变形计算深度 z_n 的确定

地基变形计算深度 z_n（图 6.5-20）应符合下式要求：

$$\Delta s'_{n} \leqslant 0.025 \sum_{i=1}^{n} \Delta s'_{i}$$

式中　$\Delta s'_{i}$——在计算深度范围内，第 i 层土的计算变形值；

$\Delta s'_{n}$——在计算深度向上取厚度为 Δz 的土层计算变形值，Δz 见图 6.5-20 并按表 6.5-9 确定。

如确定的计算深度下部仍有较软土层时，应继续计算。

当基础无相邻荷载影响，基础宽度在 1～30m 范围内时，基础中点的地基变形计算深度也可按下列简化公式计算：

$$z_{n} = b(2.5 - 0.4\ln b)$$

式中　b——基础宽度（m）。

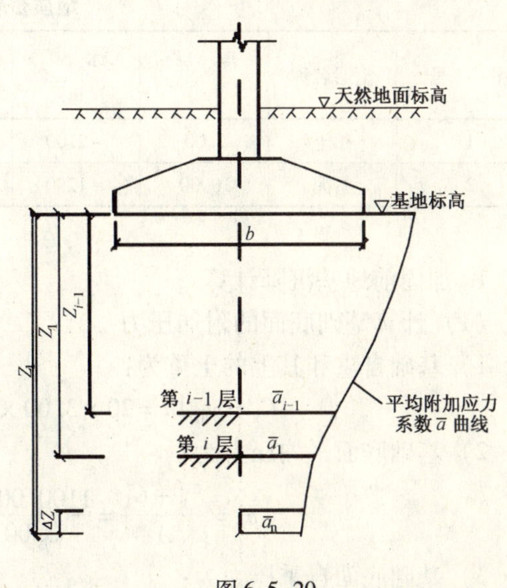

图 6.5-20

表 6.5-9

Δz

b（m）	$b \leqslant 2$	$2 < b \leqslant 4$	$4 < b \leqslant 8$	$8 < b$
Δz（m）	0.3	0.6	0.8	1.0

三、线路杆塔地基的淤泥土层采用压密注浆进行加固后变形计算

压密注浆是指用一定稠度的水泥浆液、黏土水泥浆液或化学溶液（如水玻璃），经注浆泵通过高压管注入预留在地基土层中的注浆孔内，浆液通过注浆孔渗入到周围土层的孔隙中，置换土中的孔隙水。水泥浆液或化学溶液凝固后，把土颗粒粘结在一起，使松散的土变成坚硬的块体，基本消除了土的压缩性，压缩模量得以提高，并大大提高了土的强度。

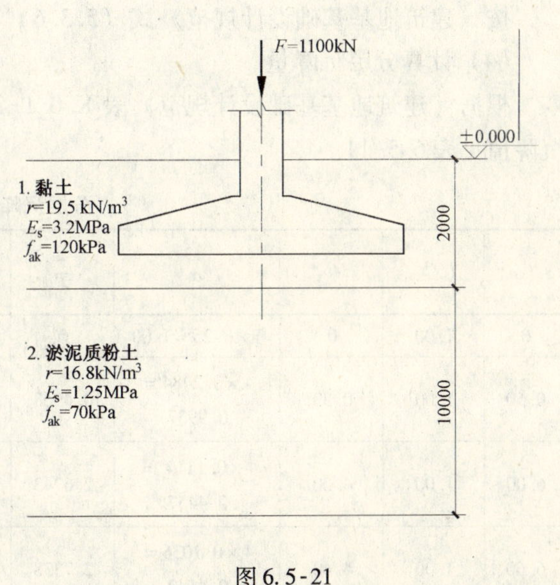

图 6.5-21

工程实例如下：

条件：锥形基础，底面尺寸为 3.0m × 3.0m = 9.00m²；基础的埋置深度为 $d = 1.5$m，上部传下来的荷载 $F = 1100$kN，地基土层如图 6.5-21 所示。

地质资料参数表 **表 6.5-10**

序　　号	土层名称	厚　度（m）	标　高（m）	深　度（m）	重度（kN/m^3）	模量 E_s（MPa）	承载力特征值 f_{ak}
1	黏土	2.00	-2.00	2.00	19.50	3.20	130
2	淤泥	10.00	-12.0	12.00	16.8	1.25	70

1. 加固前地基沉降计算

（1）计算基础底面的附加压力

1）基础自重和其上的土重为：

$$G_k = \gamma_G Ad = 20 \times 3.00 \times 3.00 \times 1.50 = 270.00\text{kN}$$

2）基础底面平均压力为：

$$p_k = \frac{F_k + G_k}{A} = \frac{1100.00 + 270.00}{3.00 \times 3.00} = 152.22\text{kPa}$$

3）基础底面自重压力为：

$$\sigma_{ch} = \gamma_m d = 19.50 \times 1.50 = 29.25\text{kPa}$$

4）基础底面的附加压力为：

$$p_0 = p_k - \sigma_{ch} = 152.22 - 29.25 = 122.97\text{kPa}$$

（2）确定分层厚度

按《建筑地基基础设计规范》表 5.3.6：

由 $b = 3.00\text{m}$ 得 $\Delta z = 0.60\text{m}$

（3）确定沉降计算深度

按《建筑地基基础设计规范》式（5.3.6）确定沉降计算深度 $z_n = 6.60\text{m}$

（4）计算分层沉降量

根据《建筑地基基础设计规范》表 K.0.1-2 可得到平均附加应力系数，计算的分层沉降值见表 6.5-11。

分层沉降值 **表 6.5-11**

z（m）	l_1/b_1	z/b_1	$\bar{\alpha}$	$z\bar{\alpha}$	$z_i\bar{\alpha} - z_{i-1}\bar{\alpha}_{i-1}$	E_{si}（MPa）	$\Delta s_i = p_0/E_{si}$ $(z_i\bar{\alpha}_i - z_{i-1}\bar{\alpha}_{i-1})$	$\sum\Delta s_i$（mm）
0	1.00	0	4×0.25 = 1.00	0				
0.50	1.00	0.33	4×0.2484 = 0.9937	0.4968	0.4968	3.20	19.09	19.09
6.00	1.00	4.00	4×0.1114 = 0.4457	2.6743	2.1775	1.25	214.21	233.31
6.60	1.00	4.40	4×0.1036 = 0.4142	2.7338	0.0595	1.25	5.85	239.16

表 6.5-11 中 $l_1 = l/2 = 1.50\text{m}$　$b_1 = b/2 = 1.50\text{m}$

$z = 6.60\text{m}$ 范围内的计算沉降量 $\sum\Delta s = 239.16\text{mm}$，$z = 6.00\text{m}$ 至 6.60m（Δz 为 0.60m）

土层计算沉降量 $\Delta s_i' = 5.85\text{mm} \leqslant 0.025 \sum \Delta s_i' = 0.025 \times 239.16 = 5.98\text{mm}$，满足要求。

（5）确定沉降计算经验系数 ψ_s

由沉降计算深度范围内压缩模量的当量值 $\overline{E}_s$ 可从《建筑地基基础设计规范》表5.3.5查得 ψ_s 系数

$$\sum A_i = p_0 \times 2.73 = 2.73 p_0$$

$$\sum \frac{A_i}{E_{si}} = p_0 \times \left(\frac{0.497}{3.20} + \frac{2.177}{1.25} + \frac{0.059}{1.25}\right)$$

$$= p_0 \times (0.16 + 1.74 + 0.05)$$

$$= 1.94 p_0$$

$$E_s = \frac{2.73 p_0}{1.94 p_0} = 1.41\text{MPa}$$

$f_{ak} = 130.00\text{kPa} > p_0 = 122.97\text{kPa} > 0.75 f_{ak} = 0.75 \times 130.00 = 97.50\text{kPa}$

$f_{ak} = 130.00\text{kPa} > p_0 = 122.97\text{kPa} > 0.75 f_{ak} = 0.75 \times 130.00 = 97.50$ 查《建筑地基基础设计规范》表5.3.5得沉降计算经验系数 $\psi_s = 1.3351$

（6）最终的沉降量

$s = \psi_s s' = \psi_s \sum \Delta s'_i = 1.3351 \times 239.16$

$= 319.30\text{mm} > 300\text{mm}$（$100 < H_g \leqslant 200$）（沉降量允许值 s）不满足地基沉降要求。

2. 压密注浆加固技术参数

注浆材料为水泥单浆，水泥强度标准为PO32.5；浆液配比按水灰比0.5:1的浓度等级配置；水泥浆搅拌时间不得少于5min，水泥浆从制备到用完的时间不得超过4h。

（1）灌浆扩散半径

假定被灌土层为各向同性体，浆液为牛顿体，当采用充填式灌浆且浆液从管底端注入地层时，则浆液在地层中呈球状扩散，浆液的扩散半径可用下式计算：

$$r_1 = 3\sqrt{\frac{3Khr_0 t}{\beta \cdot n}}$$

式中：K 为砂土的渗透系数（cm/s）；h 为灌浆压力（厘米水头）；r_0 为灌浆管半径（cm）；t 为灌浆时间（s）；β 为浆液黏度与水的黏度比；n 为砂土的孔隙率。

由于土层均一性差，其孔隙率、渗透系数变化大，因而仅用理论公式计算浆液扩散半径显然不甚合理，现据大量的经验数据，暂定 r 值为1.5m。在现场进行灌浆试验后进一步确定 r 值。

（2）灌浆孔的孔距

$$L = 2 \times \sqrt{r^2 - \frac{b^2}{4}} = 2 \times \sqrt{1.5^2 - \frac{1.7^2}{4}} = 2.47\text{m}$$

式中 r 为浆液扩散半径（m）；b 灌浆体厚度（m）。

（3）灌浆压力

$$p = \beta \times \gamma \times T + c \times K \times \lambda \times h$$

式中 p——容许灌浆压力；

β——经验系数，1~3内选择；

γ——地表以上覆盖层的厚度；

T——地基覆盖层厚度；

c——与灌浆期次有关的系数，第一期孔 $c=1$，第二期孔 $c=1.25$，第三期孔 $c=1.5$；

K——与灌浆方式有关的系数，自下而上 $K=0.6$，自上而下 $K=0.8$；

λ——与地层性质有关的系数，在0.5~1.5之间选择（结构疏松、渗透性强的取低值；结构紧密、渗透性弱的取高值）；

h——地面至灌浆段的深度。

灌浆压力由于灌浆压力与土的重度、强度、初始应力、孔深、位置及灌浆次序等因素有关，而这些因素又难以准确地确定，因而本次灌浆的压力通过灌浆试验来确定。现据有关公式计算，暂定灌浆压力在第一、第二灌浆段灌浆时分别为0.1~0.2MPa、0.3~0.4MPa，在灌浆过程中根据具体情况再作适当的调整。

（4）灌浆量

$$Q=k\times V\times n$$

式中 k——经验系数；

V——灌浆体积；

n——土的孔隙率。

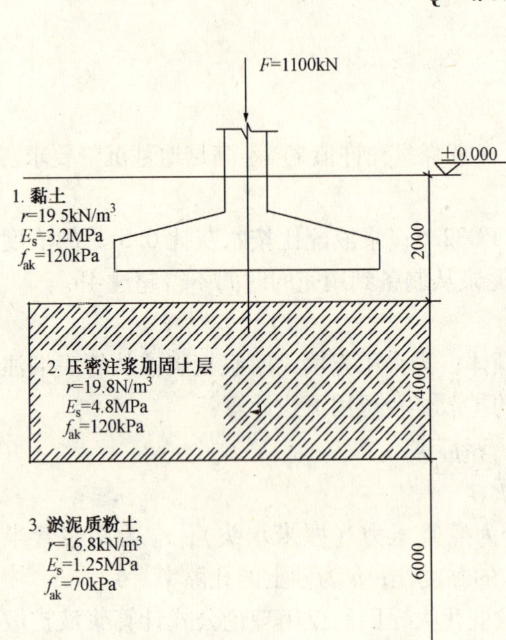

图6.5-22

理论估算淤泥的单位吸浆量为0.28m^3，灌浆结束标准在规定的灌浆压力下，孔段吸浆量小于0.6L/min，延续30min即可结束灌浆，或孔段单位吸浆量大于理论估算值时也可结束灌浆。

3. 加固后地基沉降计算

（1）对基础底部4m范围内土层进行压密灌浆进行加固，加固后土体参数，根据标准贯入试验取芯试验确定。

混合土的表观密度 $r=19.8\text{kN/m}^3$，压缩模量 $E_s=4.8\text{MPa}$，承载力特征值 $f_{ak}=130\text{kPa}$。

地质资料参数表 **表6.5-12**

序号	土层名称	厚度（m）	标高（m）	深度（m）	重度（kN/m^3）	模量 E_s（MPa）	承载力特征值 f_{ak}
1	黏土	2.00	-2.00	2.00	19.50	3.20	130
2	加固土层	4.00	-6.00	6.00	19.80	4.80	130
3	淤泥	6.00	-12.00	12.00	16.8	1.25	70

（2）计算基础底面的附加压力

1）基础自重和其上的土重为：

$$G_k = \gamma_G Ad = 20 \times 3.00 \times 3.00 \times 1.50 = 270.00\text{kN}$$

2）基础底面平均压力为：

$$p_k = \frac{F_k + G_k}{A} = \frac{1100.00 + 270.00}{3.00 \times 3.00} = 152.22\text{kPa}$$

3)基础底面自重压力为：

$$\sigma_{ch} = \gamma_m d = 19.50 \times 1.50 = 29.25\text{kPa}$$

4）基础底面的附加压力为：

$$p_0 = p_k - \sigma_{ch} = 152.22 - 29.25 = 122.97\text{kPa}$$

（3）确定分层厚度

按《建筑地基基础设计规范》表5.3.6：

由 $b = 3.00\text{m}$　得 $\Delta z = 0.60\text{m}$

（4）确定沉降计算深度

按《建筑地基基础设计规范》式（5.3.6）确定沉降计算深度 $z_n = 9.60\text{m}$

（5）计算分层沉降量

根据《建筑地基基础设计规范》表K.0.1-2可得到平均附加应力系数，计算的分层沉降值见表6.5-13。

分层沉降值　　表6.5-13

z（m）	l_1/b_1	z/b_1	$\overline{\alpha}$	$z\overline{\alpha}$	$z_i\overline{\alpha}_i - z_{i-1}\overline{\alpha}_{i-1}$	E_{si}（MPa）	$\Delta s_i = p_0/E_{si}(z_i\overline{\alpha}_i - z_{i-1}\overline{\alpha}_{i-1})$	$\sum\Delta s_i$（mm）
0	1.00	0	4×0.25=1.00	0				
0.50	1.00	0.33	4×0.2484=0.9937	0.4968	0.4968	3.20	19.09	19.09
4.50	1.00	3.00	4×0.1370=0.5479	2.4653	1.9685	4.80	50.43	69.52
9.00	1.00	6.00	4×0.0805=0.3219	2.8968	0.4314	1.25	42.44	111.97
9.60	1.00	6.40	4×0.0762=0.3047	2.9254	0.0286	1.25	2.81	114.78

表6.5-13中 $l_1 = l/2 = 1.50\text{m}$　$b_1 = b/2 = 1.50\text{m}$

$z = 9.60\text{m}$ 范围内的计算沉降量 $\sum\Delta s = 114.78\text{mm}$，$z = 9.00 \sim 9.60\text{m}$（$\Delta z$ 为0.60m）

土层计算沉降量 $\Delta s'_i = 2.81\text{mm} \leqslant 0.025\sum\Delta s'_i = 0.025 \times 114.78 = 2.87\text{mm}$，满足要求。

（6）确定沉降计算经验系数 ψ_s

由沉降计算深度范围内压缩模量的当量值 $\overline{E}_s$ 可从《建筑地基基础设计规范》表5.3.5查得 ψ_s 系数

$\sum A_i = p_0 \times 2.93 = 2.93p_0$

$$\sum \frac{A_i}{E_{si}} = p_0 \times \left(\frac{0.497}{3.20} + \frac{1.969}{4.80} + \frac{0.431}{1.25} + \frac{0.029}{1.25}\right)$$
$$= p_0 \times (0.16 + 0.41 + 0.35 + 0.02)$$
$$= 0.93 p_0$$
$$\overline{E}_s = \frac{2.93 p_0}{0.93 p_0} = 3.13\text{MPa}$$

$f_{ak} = 130.00\text{kPa} > p_0 = 122.97\text{kPa} > 0.75 f_{ak} = 0.75 \times 130.00 = 97.50\text{kPa}$

$f_{ak} = 130.00\text{kPa} > p_0 = 122.97\text{kPa} > 0.75 f_{ak} = 0.75 \times 130.00 = 97.50$ 查《建筑地基基础设计规范》表5.3.5得沉降计算经验系数 $\psi_s = 1.2929$

（7）最终的沉降量

$s = \psi_s s' = \psi_s \sum \Delta s'_i = 1.2929 \times 114.78 = 148.40\text{mm} < 300\text{mm}$ 满足地基沉降要求。

[实例九]　某电动扶梯改造加固工程方案

一、工程概况

某商场建于1992年，为全现浇钢筋混凝土框架-剪力墙结构，横向框架采用部分预应力钢筋混凝土框架，纵向为普通钢筋混凝土框架，整个建筑按抗震烈度7度进行设防，建筑物地下1层，地上6层，地下室为钢筋混凝土结构，局部为六级人防区域。根据经营需要将作仓库使用的地下室改为超市，在一层与地下室之间增设一部电动扶梯，需在地下室底板（标高-4.500m）开凿一个长4.6m、宽4.2m、深1.55m的电动扶梯井。由于该地区地下水位较高，商场新建时曾出现管涌流沙等现象，电动扶梯井开挖时可能有流砂、管涌等情况发生。

二、方案设计

经查阅当时的地质勘测资料：

①-1层杂填土，灰色、稍密—中密度，厚0.6~1.6m；

①-2层素填土，褐灰色、软塑，厚2~3.3m，土质较差；

②层黏土，灰褐色、可塑土质尚可，厚0.5~1.4m；

③层淤泥质粉质黏土，灰色、流塑土质甚差，为高压缩性软土，厚7.7~9.4m；

④层黏土，灰色、可塑土质较好，厚1.4~2.3m；

⑤层黏土，黄色、可塑-硬塑，土质良好，厚2.1~3.9m；

⑥层粉砂，灰黄—灰色，饱和，稍—中密土质尚可。

现需开挖电梯坑在③层淤泥质粉质黏土层，流塑性很大。初步拟定开挖方案如下：

1. 沉井施工：沉井施工经济简易，四周防护较好，但没法控制底面出现的管涌、流砂。

2. 井点降水：通过一级或二级，甚至四级、五级井点降水，可满足降水深度要求，但同样没法控制沉井施工中可能出现的问题。

3. 地基压密注浆：注浆加固可提高地基土的强度和变形模量以及控制地层沉降。选用水泥和水玻璃双液型混合浆液能使被加固土体在平面和深度范围内连成一个整体。通过对需开挖地基的注浆加固，在开挖坑的四周和底面形成一个整体拱的防护，可有效防止水的渗漏。

经反复比较，选用第三种方案。

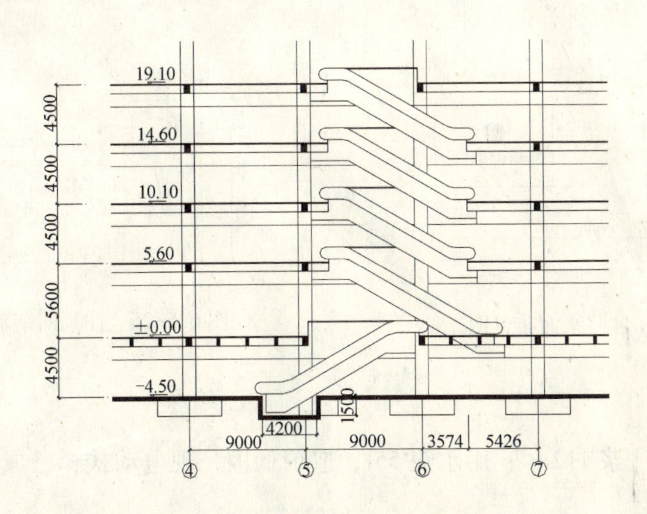

图 6.5-23 新加电动扶梯图

三、加固施工

1. 注浆孔的布置：注浆孔按开挖电梯坑向外扩大 4m，注浆孔按 800mm × 800mm 布置，详见图 6.5-24。

2. 注浆深度：坑内注浆深度为板底向下 6.0m，坑四周为地下室底板向下 8.0m。

3. 注浆液的配制：注浆前先进行室内浆液配比试验和现场注浆试验，以确定设计参数和检测施工方法及设备。根据现场试验确定采用水泥砂浆浆液，配比为 PO32.5 级水泥内掺 3% 水玻璃，水灰比为 0.6，注浆量为 200kg/m^3 水泥用量。浆体应经过搅拌机械充分搅拌均匀后才能开始压注，在注浆过程中要不停地搅拌，防止发生沉淀。

4. 注浆：注浆从中间向四周逐层扩散，注浆压力为 7MPa，注浆流量为 7 ~ 9L/min。注浆由下向上进行，注浆时每次上拔高度为 0.5m。

5. 注浆孔的封堵：每个孔注浆结束时，用木塞将注浆孔进行临时封堵。

6. 检测：注浆结束 28d 后，将注浆孔逐个打开，用钢钎检查注浆液的凝固情况，用静力触探仪对土质进行检测，是否符合开挖条件，发现有漏注的情况进行补注。

7. 在坑四周注浆孔内打入 $\phi45 \times 3.5$、$L = 6500$ 的钢管。

8. 开凿：首先对地下室的底板进行凿除，剪断上层钢筋网片，保留底板下层钢筋网片，并对其变形情况进行观察。待变形变为零时，切除底层钢筋网片，开挖土方。

9. 土方开挖：土方开挖后无渗水现象，开始进行电梯机坑的施工。在坑底留集水坑，放一真空泵用于混凝土凝固期间排水，以减小水压，混凝土凝固后用快硬水泥胶浆封堵。

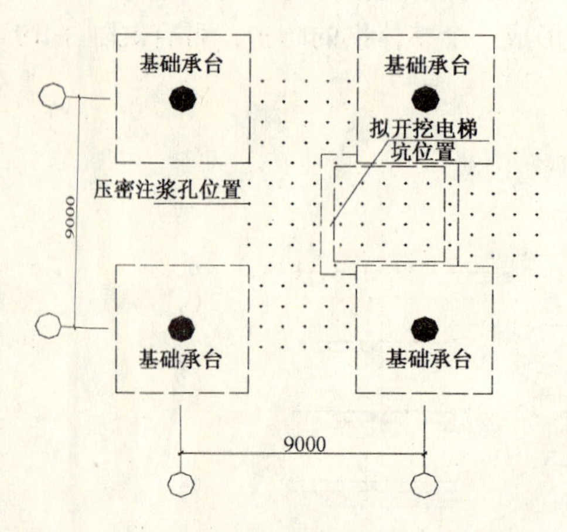

图 6.5-24　注浆平面布置图

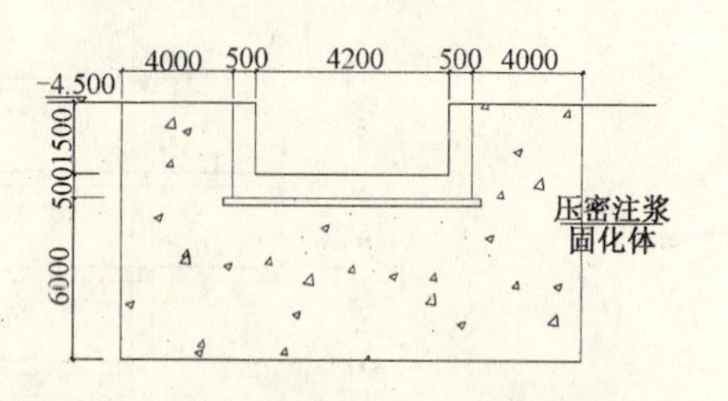

图 6.5-25　注浆固结范围剖面图

四、结语

本工程共压密注浆 112m^3，用水泥 55t，造价低廉，现电动扶梯已成功安装，使用三年以来无渗漏现象。

［实例十］　常州市某住宅楼二层柱置换混凝土加固技术

一、工程概况

常州市某房地产开发有限公司开发的住宅楼工程位于常州市内，该工程为带底层车库的6层框架结构，混凝土强度设计等级为 C30。混凝土使用的是商品混凝土，当施工至第六层框架结构梁板时，发现二层柱的柱顶部有开裂现象，呈典型的柱受压破坏裂缝。建设方对二层柱混凝土试验强度发生怀疑，因此委托某建设工程质量检测中心对二层柱进行回弹检测，发现共有 21 根柱混凝土强度在 C20 以下，其中大部分柱混凝土强度在 C10 以下。经设计计算复核，该工程的框架柱承载能力严重不足，结构随时都有倒塌的可能，情况十分危险。根据加固方案比较，最终确定对此 21 根框架柱进行混凝土置换。

二、原因分析

经对商品混凝土质量进行调查、分析、检验，发现该 21 根柱均为同一车商品混凝土共 8.5m^3，由于是在深夜施工水泥用量没有按规定的配合比要求进行配置，从而导致混凝土强度低劣。

三、加固依据

1. 常州市某建筑设计院有限公司设计图纸，常州市某建设工程质量检测中心出具的检测报告

2. 现场实际荷载状况

3.《混凝土结构加固设计规范》

4.《混凝土结构设计规范》

5.《建筑结构荷载规范》

四、置换混凝土加固方案

1. 置换混凝土加固施工工序

施工工序规定，本工程框架柱置换混凝土施工应按下列工序进行：

结构受力状态计算→结构位移控制的仪器仪表设置→结构卸荷→剔除框架柱混凝土→界面处理→钢筋修复配置→立模→浇筑混凝土→养护→拆模→检查验收→拆除卸荷结构

本加固方法应对原结构在施工过程中的承载状态进行验算、观察和控制，以确保置换界面处的混凝土不会出现拉应力，尽可能使纵向钢筋的应力为零。

2. 置换混凝土的材料性能

（1）钢筋品种规格、性能

钢筋应按现行国家标准《钢筋混凝土用热轧带肋钢筋》GB1499 等的规定抽取试件作力学性能检验，其质量必须符合有关标准及设计图的规定。

（2）置换混凝土的性能

混凝土采用加固型高强无收缩 C35 混凝土，其品种质量及应用技术应符合下列技术指标，并抽取试样进行强度复验。

表 6.5-14

技术指标	1d	3d	28d
混凝土强度（MPa）	15.0	35.0	45.0
膨胀率	0.01	0.04	0.06

3. 支撑结构的选用

（1）二层柱顶的荷载计算（以四面支撑的中柱为例）

$N = 4\text{m} \times 4\text{m} \times 3.5\text{kN/m}^2 \times 3$ 层 $+ 4\text{m} \times 4\text{m} \times 1.0\text{kN/m}^2 \times 1$ 层 $+ 3$ 层 $\times 0.4\text{m} \times 0.4\text{m} \times 3.0\text{m} \times 25\text{kN/m}^3 = 220\text{kN}$

（2）卸荷点的结构节点支撑力计算

柱支撑点的荷载计算：$F = N/n = 220\text{kN} \div 4$ 点 $= 55\text{kN}$（四节点）

（3）支撑选用

支撑选用直径为 152mm、壁厚为 8mm 的 Q235 钢管。

计算式如下：

$f = 205\text{MPa} \quad A_n = 3619\text{mm}^2 \quad A = (152 \div 2)^2 \times 3.14 = 18136.64\text{mm}^2$

$i = 51.0 \quad l_0 = 6000\text{mm} \quad N = 2 \times 55 = 110\text{kN}$ 每米重量：28.41kg/m

1）稳定性验算：

$\lambda = l_0/i = 6000 \div 51.0 = 117.65 < [\lambda] = 180 \quad \phi = 0.39$

$N/(\varphi \cdot A) = 110000 \div (0.39 \times 18136.64) = 15.55 < f = 205\text{MPa}$

2）强度验算：

$\sigma = N/A_n = 110000 \div 3619 = 30.40\text{MPa} < f = 205\text{MPa}$

因此，支撑选用直径为 152mm、壁厚为 8mm 的 Q235 钢管满足要求。

4. 置换混凝土柱的垂直位移检测与控制

卸荷点的力值与位移控制被加固构件卸荷的力值应等于柱所承受的全部荷载，卸载时的力值控制用带数显式电子压力表的千斤顶进行卸载，卸荷点的结构节点位移用千分表进行测量。卸荷时的力值、卸荷点的位置确定、卸荷顺序及卸荷点的位移控制符合要求。

卸荷前按计算卸荷力值确定卸荷位置，明确卸荷点的位移控制值，按下列卸荷位置图执行。卸荷时所使用的数显式电子压力表、千分表的精度均不低于 1.5 级。

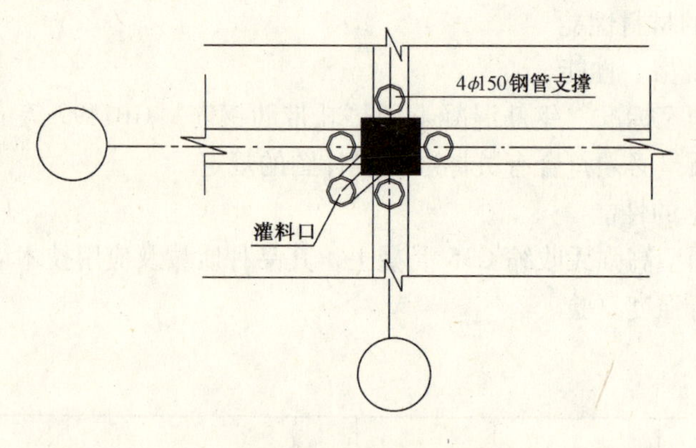

图 6.5-26　卸荷平面图

5. 置换混凝土的支撑设置

卸载时必须确保卸载结构的安全。卸载结构采用垂直顶撑、钢桁架结构等。带电子压力表的千斤顶的力值，可过渡到支撑结构上，过渡方法采用钢锲等。当千斤顶的力值为零时方可拆除千斤顶。力值过渡时应用千分表进行卸载点的位移控制。

卸载的支撑结构应满足强度及变形要求，应将荷载传递到基础上。

6. 支撑施工过程中的重点问题（钢筋应力与应变的控制）

本工程卸载时必须确保二层框架柱的纵向钢筋应力为零。因此，卸载结构的千斤顶的力值应准确无误地与设计计算值吻合，并应用千分表严格进行卸载点的位移控制。

（1）支撑从混凝土基础开始向上逐节支设。

（2）先用千斤顶通过临时钢管向上层结构施加反力（55kN），当达到力值要求后，用钢管进行置换，钢管下方用钢楔块楔人，在千斤顶显示力值回 0 时撤出千斤顶。

（3）支撑设置时，必须保证钢管上下节支撑之间的位置基本一致。

（4）对原结构用千斤顶卸荷时，用千分表加以监控，结构位移控制值为 +0.01 ~ 0.05mm。防止因支撑力过大而破坏原结构或施工的力值达不到卸荷要求。

（5）施工中加强对支撑的观察，发现问题及时处理。

五、置换混凝土加固施工

1. 被置换混凝土的拆除

混凝土的拆除采用 BOSCH-11 型电动凿除机械进行施工。

2. 置换混凝土的界面处理

在浇灌新混凝土前，必须涂刷一层与混凝土同性能的界面结合剂，随涂随浇，新旧混凝土界面粘结质量符合有关标准规定。

3. 模板的设立

采用现场特制的钢结构定型模板。

4. 置换混凝土的浇筑

在三层楼面开孔从特制定型模板的浇筑口灌注加固型混凝土。混凝土施工应严格控制用水量，以确保混凝土质量，每根柱浇筑时应一次性浇筑完成，并使浇筑的混凝土高出柱顶界面 100mm，以保证加固柱顶部密实。

5. 置换混凝土的养护

混凝土的养护时间为 72h，拆模时间为 24h，支撑的拆除时间为 72h。

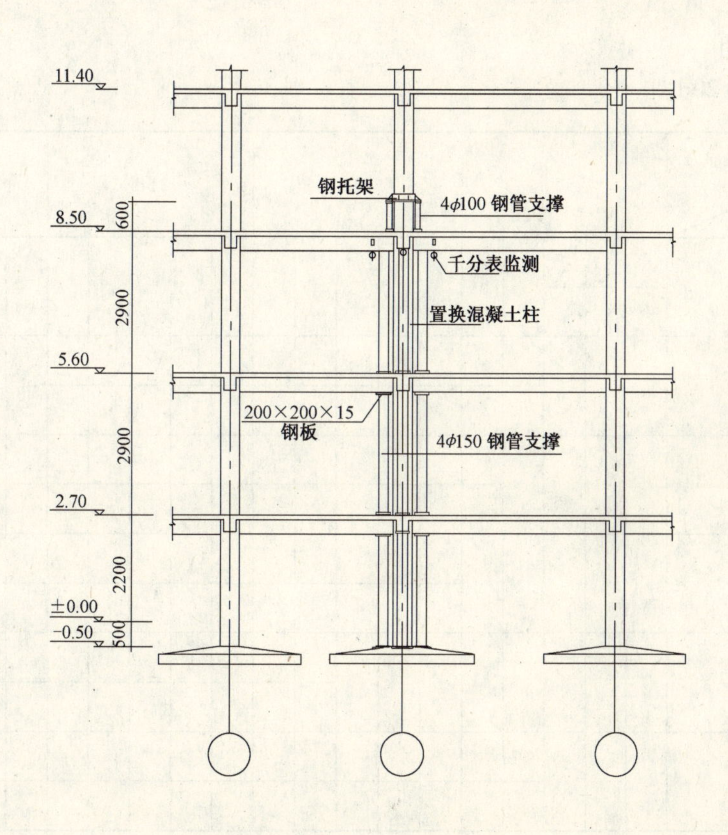

图 6.5-27 卸荷立面图

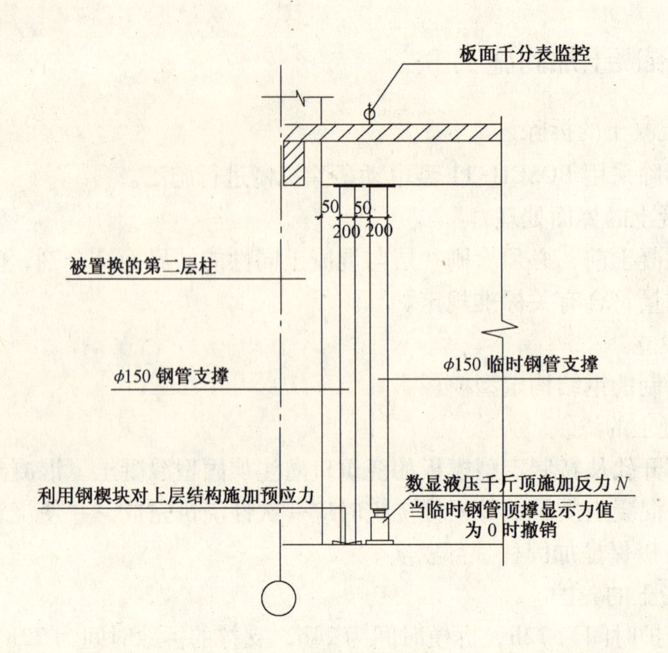

图 6.5-28　卸荷示意图

6. 施工工期

施工工期为20d。

工期 / 工序	5d	10d	15d	20d
施工准备				
钢支撑设置				
模板设立				
浇筑混凝土				
钢支撑拆除				
验　　收				

7. 施工质量控制及验收

在浇筑混凝土之前应进行检验及隐蔽工程验收，其内容包括：原结构混凝土界面、钢筋品种、规格、数量、位置，加固型混凝土配合比的计量等。支撑及模板的承载能力、刚度和稳定性。

结构拆模后经设计、监理、建设单位、施工单位对外观质量进行检查，并对加固型混凝土强度及时进行检测，其3d混凝土抗压强度为35.0MPa完全满足加固设计要求，结构加固工程质量优良。

六、结语

置换混凝土加固法在工程结构加固技术中对解决混凝土强度等级偏低的结构已得到了广范的应用，从近几年的施工实践证明，该项技术可靠性强，经济效益显著。但在加固设计和施工中有一定的难度，且无标准可循。《混凝土结构加固技术规范》和《建筑结构加固工程施工质量验收规范》已将该项加固方法列入规范，为今后的加固设计施工将起到一定的指导作用。

[实例十一] 某商场室内改造加固工程

一、工程概况

某大型商场位于市中心地区，两面临街，其他两面与相邻建筑物较近。该建筑物建于1996年，原为7层框架结构，总建筑面积13238m^2，一~三层为商业用房，四~七层原设计为办公用房，后改为简易仓库，层高只有3m。因扩大经营需要，业主需对大厦内部进行改造，拆除原五、六两层结构层，在四层和原七层之间新浇筑一层结构平面，这样原四层和新五层层高均为4.5m，满足商场使用要求。

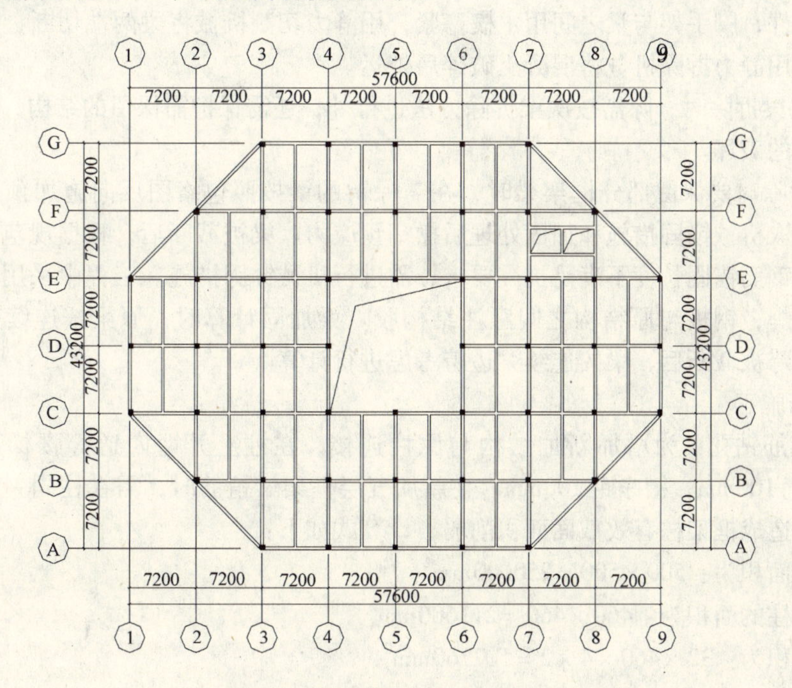

图6.5-29 新加五层结构平面图

整个改造工程要求是在商场不停业的情况下进行，对整个施工的要求比较高，施工难度比较大。

二、方案设计

1. 对该建筑物进行全面鉴定，地基基础未发生不均匀沉降，上部结构基本完好，未出现结构损坏现象，表明原设计满足使用要求。

2. 本次改造要求拆除两层结构，每层结构原设计使用荷载为 $2.0kN/m^2$，现新增一层营业楼面使用荷载为 $3.5kN/m^2$，拆除后新加楼面只有减少总荷载，改造不增加原来地基基础的负荷，基础不需要进行处理。

3. 重新建模对原结构进行复算，增层后底层框架柱最大轴压比约为0.7，柱基本不需要加固，只是根据现行抗震规范要求对柱节点粘贴环形钢板加固。

4. 拆除：用静力机械拆除原五、六层结构楼地面、次梁，保留原有主梁，待新浇一层混凝土强度达到设计强度的75%后拆除。

5. 新浇筑：新老结构采用植筋方法连接，节点部位采用加大截面法加固，梁主筋采用挤压套筒连接，新加结构采用C30商品混凝土浇筑。

三、加固施工的实施

1. 拆除

（1）隔墙直接用人工拆除，拆除垃圾及时清运，不得发生超负荷堆载现象。

（2）预制板拆除：预制板拆除沿孔长方向逐孔拆除，拆除时严禁楼板整体下落。

（3）次梁拆除：在梁下搭设脚手架，脚手架立柱下垫 $400mm \times 400mm$ 木板，最上一层钢管双扣件，脚手架与梁之间用木楔塞紧，用静力切割机械将梁两端切断，梁整体放在脚手架上，用静力拆除机械将混凝土破碎后外运。

（4）主梁拆除时，除需按次梁拆除方法进行外，还需保护需保留的结构，不得产生对需保留结构的破坏。

（5）拆除时要保留部分框架梁时，在需保留的梁按照包络图反向施加预应力后再拆除，对梁采取机械锚固措施和加固处理后撤销预应力。梁被截断后，根据规范要求，截断后梁的上部钢筋锚固长度不满足抗震要求，需进行机械锚固措施。工程中采用在梁端加节点钢板后塞焊，钢板与原结构之间灌注结构胶。梁加固计算时，原梁按连续梁中间跨考虑，梁相邻跨被截断后，梁按连续梁边跨考虑进行计算。

2. 植筋施工

（1）植筋钻孔：为增加新加结构与原柱连接，在柱上开凿四道等腰梯形槽，槽深35mm，槽宽100mm，槽净距100mm。在新加五层框架梁植筋时，需在柱同一截面上四个方向钻孔，造成框架柱有效截面面积削弱，计算式如下：

柱截面面积为：$500 \times 500 = 250000mm^2$

开槽后柱的面积为：$460 \times 460 = 211600mm^2$

钻孔面积为：$32 \times 460 \times 4 \times 2 = 117760mm^2$

柱剩余截面面积为：$211600 - 117760 = 93840mm^2$

上部结构重量：1073.38kN

轴压比：$N/(f_c \cdot A) = 1073.38 \times 10^3/(93840 \times 9.6) = 1.19 > 1.05$ 不满足要求。

所以如植筋钻孔同时施工，将导致施工过程中不能满足结构安全要求。为确保施工安全，每根柱在同一截面的钻孔数量每次每天不得超过四根，并应及时将孔注入植筋胶，将钢筋植入柱内。在胶完全凝固前不得进行下一个方向的施工。

（2）植筋注浆：如按常规植筋要求，植入深度为 $35d$，本工程大部分采用 ϕ25 钢筋，植筋深度为375mm，柱截面 500mm×500mm，如植筋双个方向按双排钢筋进行施工，则无法进行。本次选用对穿孔植筋。在钻孔前用钢筋探测仪测定钢筋的准确位置，根据计算确定钻孔的角度，保证不损伤原有柱的钢筋。钻孔后对孔清孔三次以上，以确保无浮尘。对需要植入的钢筋进行除尘、除油污处理。钢筋先穿入孔内，然后将钢筋与孔之间缝隙用结构胶封死，并埋入注浆管和出气管，注浆管埋在孔的下方，出气孔埋在另一端孔的上方，植筋胶从一端用压力注入，直到胶从出气孔溢出，并溢出一定的量为至。注胶结束后将出气孔和注胶孔封堵。待胶完全固化后，根据要求对植筋进行抽样检测，结果完全满足要求。

3. 抗震加固

（1）根据抗震规范要求，新加梁柱节点部分柱箍筋没有加密区，不满足规范要求。在新加框架柱节点处采用柱加大截面法进行加固，柱四周各加大 75mm，内配 ϕ10@150 箍筋，梁上下净高 1/6 内采用粘贴 −4×60@150 环箍钢板进行加固，环箍封闭焊接。

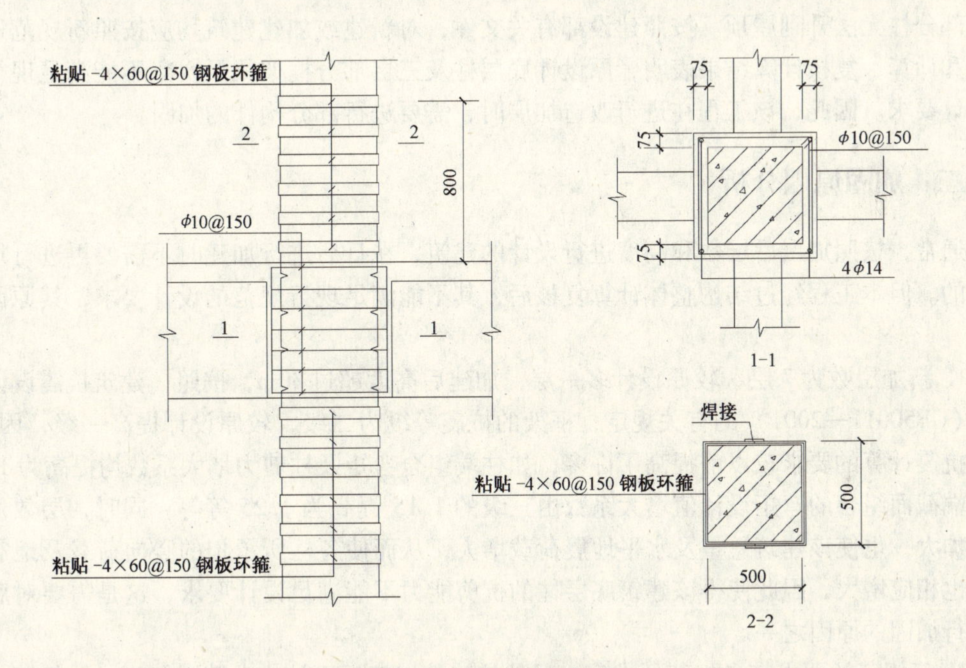

图 6.5-30　柱节点加固

（2）底层柱底部原设计箍筋不满足现行规范要求，在柱底 1/3 处采用粘贴 −4×60@150 环箍钢板进行加固。

四、现场监测

1. 由于工期比较紧，拆除时多台拆除机械同时施工，我们采用无振动切割机械进行施工，提高了施工速度，消除了共振对柱结构的影响，确保拆除结构时对柱结构的影响。

2. 为监测柱在施工过程中的位移，采用千分表进行了水平和垂直位移监测。

五、结语

该工程是将原有7层变为6层的改造工程，施工是在一个大型购物商场内进行，施工是在不停业的情况下进行，施工的难度非常大。整个改造工程的施工严格按既定的施工组织设计施工，目前商场已投入使用，取得良好的社会效益。

[实例十二]　某框架结构增层改造加固分析

一、工程概述

某工程建于1999年，为2层框架结构，原设计时，根据建设单位要求，结构按照6层、总高为26m进行设计，抗震设防烈度为7度，建筑场地类别为Ⅱ类，框架抗震等级三级。基础采用预应力管桩。建设单位于2004年提出加建到7层，且七层为大空间会议室，中间部分柱无法升到屋顶。按照建设部有关文件，对新建或加建建筑均应按照新规范进行设计和计算，复核计算结果表明，原设计底层柱及三层部分框架梁及次梁不能满足现行规范设计要求。因此，该工程在进行改造加层时，需要进行部分构件的加固。

二、加固原因分析

通常，按照加层后层数和高度进行设计的建筑，在日后进行加建时不需要再进行加固设计的。但本工程经过结构整体计算复核后，其不能满足现行规范的设计要求，其原因如下：

1. 新加层数为7层、较原设计多一层，加建后高度超过30m，按照《建筑抗震设计规范》（GB50011—2001）的有关规定，框架的抗震等级为二级，较原设计提高一级，因此，结构抗震计算的要求较以前提高了许多，如柱端组合弯矩及柱剪力增大系数均提高为1.2，柱下端截面组合的弯矩设计值增大系数由三级的1.15提高为1.25等等；同时，层数及总高的加大，也使该建筑总重及水平地震荷载增大，从而使各柱所承担的竖向荷载及地震剪力等也相应增大，因此使得该建筑底层柱的抗剪能力不能满足设计要求，这是需要对底层柱进行加固的原因之一。

2. 新规范的要求较老规范要求高。虽然该建筑竣工后至该次改建时间不长，但正好处于新旧规范更迭的时期，如《建筑结构荷载规范》、《混凝土结构设计规范》、《建筑抗震设计规范》等很多规范均进行了修订。新规范的一些要求较老规范高，其具体表现如下：

（1）《建筑结构荷载规范》修订之后，楼面活荷载取值较以前有所提高，一般楼面活荷载标准值由1.5kN/m^{2}提高到2.0kN/m^2；

（2）《建筑结构荷载规范》将基本风压的重现期由30年改为50年，根据规范条文说明，修订后的基本风压值与旧规范取值相比，总体上提高了7%～10%；

（3）《混凝土结构设计规范》对混凝土强度设计值、钢筋强度设计值进行了修订，新规范取值要小于旧规范；

（4）《建筑抗震设计规范》修订之后通过提高地震作用和抗震构造措施达到安全度水准有所提高。

总之，由于新规范的修订，安全度水准的提高，对结构整体及构件提出了更高的受力、变形等性能要求，虽然原设计考虑了后续的加建，仍不能满足新规范对此的要求。需要采取一定的加固处理。

三、加固方案的确定及加固措施

整体计算及各构件验算表明，原设计基础、大部分框架梁及次梁满足设计要求。但由于首层层高较高，结构水平变形及部分底层柱配筋不能满足规范要求，需要对首层柱的截面刚度及配筋适当加强。原屋面梁（二层顶梁）由于荷载及地震作用等原因，配筋也出现部分不足等现象。由于该建筑的加层与改建不能影响正常的使用要求，这给加固方案的确定带来了一定的困难。经多次现场勘察、反复计算并进行相关的经济比较，同时考虑到施工进度等，最后采用如下加固方案及加固措施：

1. 首层增设三道混凝土剪力墙。剪力墙的长度、数量及位置经反复试算确定（见图6.5-31），使首层的框架结构改变成框架-剪力墙结构，相应框架柱所承担的地震剪力较纯框架时要小很多，从而使部分原框架柱的配筋能够满足设计要求；同时，首层剪力墙的设置，也使得结构竖向布置更加合理，使该建筑在加建后结构的侧向刚度达到下大上小、逐渐变化的理想状态。

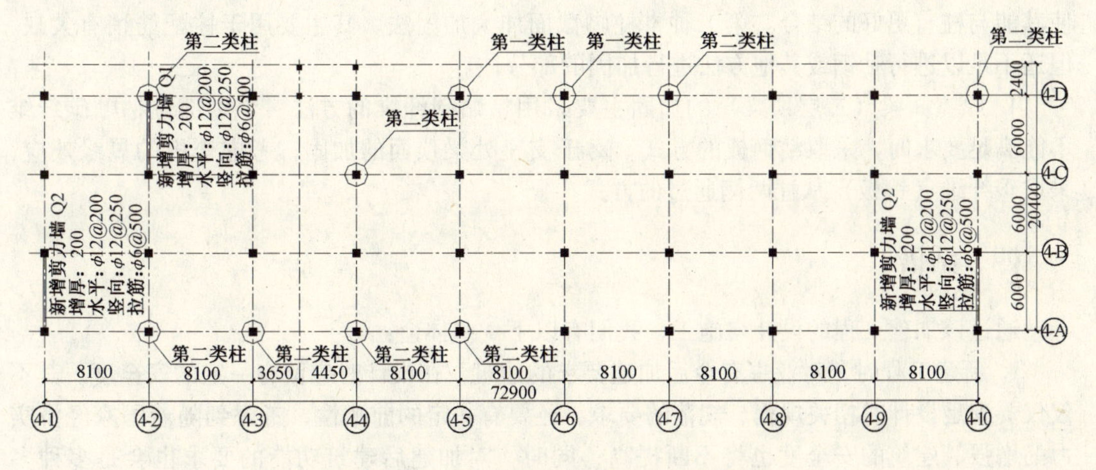

图6.5-31 首层加固柱及新增剪力墙平面图

2. 新增的剪力墙采用植筋的方式分别在上部与框架梁、左右与框架柱连为一体。下部在原基础梁之上增设基础梁，并使其为新增剪力墙的基础。如图6.5-32所示。

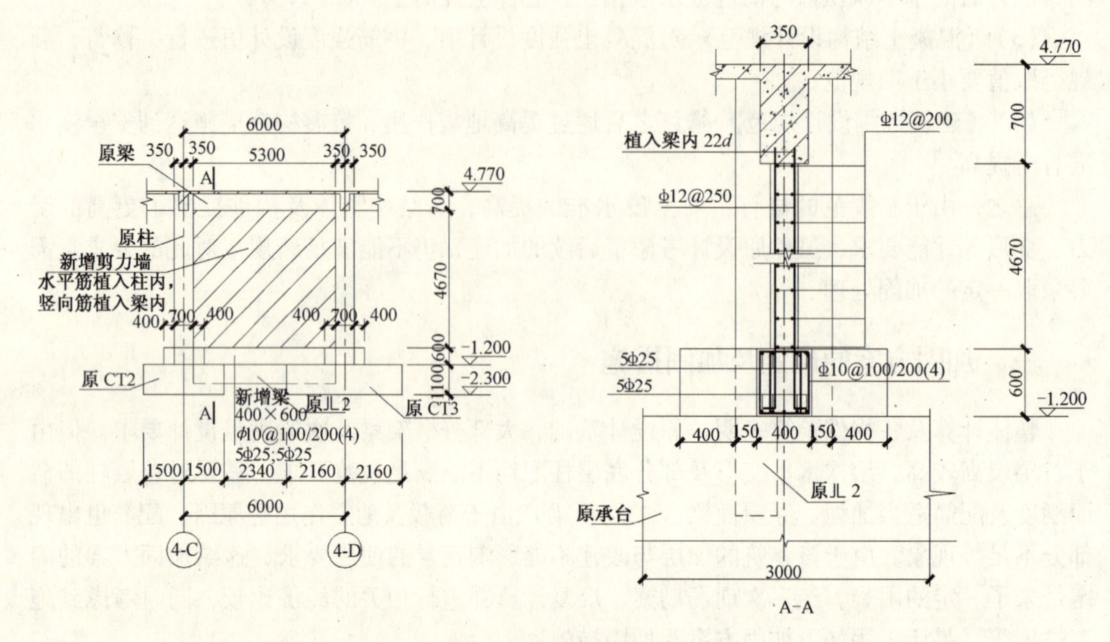

图 6.5-32　新增剪力墙作法示意图

3. 部分柱根据增加剪力墙后，计算配筋大小的不同，分别采取两种加固方法：第一种，采用外包钢法。如图6.5-33、图6.5-34 所示。其施工及有关技术措施均按相关规范。但所不同的是，为确保粘钢效果、减少用钢量、降低柱计算长度，加固时将柱脚从基础承台顶至 ±0.000m 标高范围内，对其进行加大截面的办法。这样保证了柱四角粘钢的锚固，使其能与柱有更好的结合。第二种，柱脚截面加大加固法。其主要用于柱配筋稍有欠缺，但还不足以进行粘钢或其他方法进行加固的部分柱。

4. 原屋面梁（二层顶梁）的加固主要采用粘贴碳纤维的方法。个别部位粘贴碳纤维不能满足要求时，采取粘钢板的方式。对于支座处梁顶面的加固，考虑楼板的翼缘效应，采取碳纤维（钢板）从柱两侧通过的方式。

四、结语

通过该加建工程的设计与施工，我们有以下一些体会：

1. 新建工程时，对业主有今后加建要求的建筑，在设计时应留有一定的安全度，其不仅仅要满足设计时相关规程、规范的要求，还要有一定的前瞻性，考虑到随着国家经济实力的增强、建筑的安全度也将不断提高；同时，对加建后建筑功能的要求也会是多种多样。因此，初期设计充分考虑这些因素，将会减少日后加建时进行加固的代价。

2. 工程的加固要充分考虑结构的安全、施工方便、造价、进度等诸方面的因素，选择最佳加固方案，采取有效技术措施，以达到最佳加固效果。

3. 加固材料的好坏和施工是否按照有关操作程序关系到施工质量优劣，虽然本文未对其相关技术要求和措施进行讨论，但对加固工程来讲不容忽视。

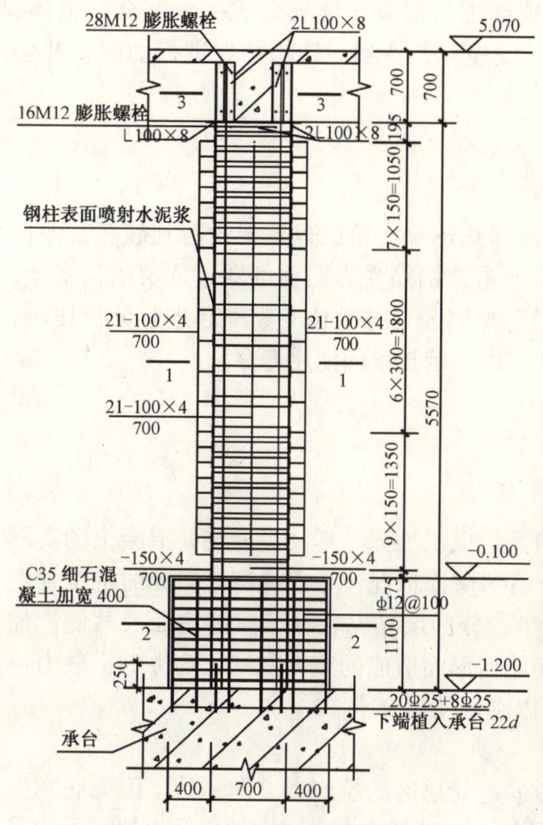

图 6.5-33 第一种柱加固示意图

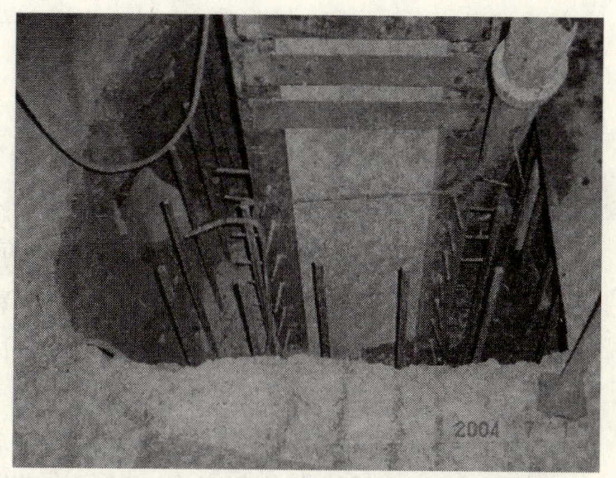

图 6.5-34 柱脚及柱粘钢施工现场图

［实例十三］ 碳纤维材料加固框架梁设计与施工技术探讨

一、碳纤维加固结构构件技术简介

碳纤维复合材料（Carbon Fiber Reinforced Plastic）加固修复混凝土结构技术是近年来兴起的一项新型加固技术，该项技术是将碳素纤维这种高性能纤维应用于土木工程，利用树脂类材料把碳纤维粘贴于结构或构件表面，形成复合材料体（CFRP）。通过其与结构或构件的协同工作，达到对结构构件补强加固及改善受力性能的目的。

二、碳纤维加固结构构件技术原理

碳纤维材料具有高强度、高弹性模量、重量轻及耐腐蚀性好等优点，其抗拉强度是普通钢筋的十倍左右，弹性模量略高于普通钢筋的弹性模量。

加固修复混凝土结构所用碳纤维材料主要为两种：碳纤维材料与配套树脂。其中，碳纤维的抗拉强度为建筑钢材的十倍，而弹性模量与钢材相当。某些种类（如高弹性）碳纤维的弹性模量甚至在钢材的两倍以上，且施工性能与耐久性良好，是一种很好的加固修复材料；配套树脂则包括底层树脂、找平树脂及粘结树脂，前两者的作用是为了提高碳纤维的粘结质量，而后者的作用则是使碳纤维与混凝土能够形成一个复合性整体，并且共同工作，提高结构构件的抗弯、抗剪承载能力，达到对结构构件进行加固、补强的目的。

三、加固工程概况

某110kV变电所建于2000年，因电容器室爆炸燃烧，第二榀框架梁遭到破坏，保护层混凝土开裂、酥松、剥落，下弦钢筋变形较严重，钢筋受力截面削弱，危及结构安全，影响电力的安全生产。经基建部门、设计部门、加固公司等单位专家一起进行分析比较，选择粘贴碳纤维布进行加固，防止大梁的过度变形，延长梁的使用寿命。

四、碳纤维布加固框架梁设计

1. 碳纤维布加固的前提

首先，利用回弹法对框架梁混凝土进行检测，以供加固参考。经检测，混凝土的实际强度为C30。根据设计图纸及现场混凝土、钢筋的受损情况，考虑提高框架梁的抗拉强度等级。为此，将610mm宽的碳纤维布裁成两半，分两层粘贴在框架梁的底面及两侧。加固后增加了原受拉钢筋面积，弥补了由于原钢筋变形而造成的截面削减，构件的承载力得到加强；而且，总体配筋率$\rho_{min} \leqslant \rho \leqslant \rho_{max}$，可以满足使用要求。

2. 碳纤维布的设计

在受弯加固时，应使碳纤维片材的纤维方向与受拉区的拉应力方向一致。因梁底宽度为350mm，而碳纤维布的宽度为610mm，兼顾加固时碳纤维布的幅宽效应及框架梁下的受拉范围，考虑将碳纤维布裁为两半：一层为300mm宽，一层为310mm宽，分两层粘贴在梁的下侧；再粘贴100mm宽的碳纤维布“U”形箍；框架梁两侧面上边缘各粘贴四根100mm宽的碳纤维布条固定碳纤维布“U”形箍（具体设计见图6.5-35）。

碳纤维布的主要力学指标　　表6.5-15

	抗拉强度（MPa）	弹性模量（MPa）	延伸率（%）
技术规程指标	≥3000	$\geqslant 2.1 \times 10^5$	≥1.4

3. 配套树脂粘结材料的设计

配套树脂分别由主剂和固化剂配制而成，分为适合于冬天及夏天使用的冬用型和夏用型。主剂和固化剂分别包装，在现场使用时，应按工艺要求，按照规定的比例混合均匀，以形成所需要的底层树脂、找平树脂、粘结树脂。

①底层树脂　底层树脂作用是增强表面混凝土与找平材料或粘结树脂界面粘结强度；

②找平树脂　找平树脂是使表面平整度符合规定要求，并与底层树脂及粘浸树脂具有可靠的粘结强度；

③粘结树脂　粘结树脂是粘贴碳纤维布的主要粘结材料，其作用是使碳纤维布与混凝土得到充分的粘结，使其共同承受结构的作用。

配套树脂粘结材料的主要力学性能指标　　　　表 6.5-16

		正拉粘结强度（MPa）	剪切强度（MPa）	拉伸强度（MPa）	弯曲强度（MPa）
底层树脂 找平树脂	技术规程指标	≥2.5，且大于混凝土抗拉强度的 1.2 倍	—	—	—
粘结树脂	技术规程指标	同底层树脂	≥10	≥30	≥40

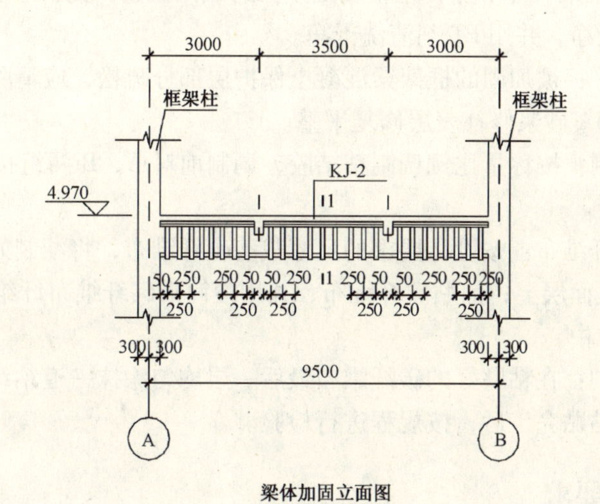

梁体加固立面图

碳纤维布压条，宽4×100mm，厚0.111mm

碳纤维布“U”形箍，宽100mm，厚0.111mm

双层碳纤维布压条，宽300mm及310mm

配套树脂类粘结材料

950

350

1-1

图 6.5-35

4. 施工准备

（1）主要材料：底胶、黏着胶、碳纤维布。

（2）辅助材料：低速搅拌器、专用滚筒、角向磨光机、剪刀、凿子、刮板、吹风机、榔头、量具等。

（3）搭设脚手架：

按安全规程要求搭设好脚手架，高度以满足施工要求和施工方便为宜。

五、施工程序

表面处理→修补找平→定位、下料→胶料配制→粘贴碳纤维布→表面防护→检验、验收。

六、施工方法

1. 表面处理：清理粘贴部位混凝土表层，打磨平整，并用MA砂浆修补，平整度应达到5mm/m；框架梁、柱节点转角粘贴处须打磨成圆弧状，圆弧半径不小于20mm。表面打磨后用吹风机吹净，并用PT剂清洗干净。

2. 修补找平：被加固的框架梁混凝土保护层部分疏松，应清除直至露出结构层；局部裂纹、蜂窝用MA砂浆修补表层修复平整。

3. 胶料配制：按称量比例调制粘结胶，调制前对A、B两组按规定比例分别搅拌，混入后再充分搅拌。

4. 粘贴碳纤维布：按设计要求的尺寸裁剪碳纤维布，将配制好的粘结胶均匀涂抹在粘贴部分的混凝土面层上；铺贴碳纤维布，并用滚筒沿碳纤维布纤维方向多次滚压，使粘结胶充分浸透纤维中。

5. 表面防护：在粘贴好的碳纤维布最后一层均匀涂抹一道粘结胶。

6. 检验：粘贴完工后，按规程进行检验。

七、施工要求

1. 表面处理：混凝土表面应露出结构，本体洁净。构件转角应成圆弧状，半径不小于20mm。

2. 修补找平：经表面处理后的粘贴面平整度应达到5mm/m，转角部位、凹凸部位应用MA砂浆找平，抹成平滑曲面。

3. 胶料配制：胶料应严格按比例配制，调胶使用的工具应为低速搅拌器。搅拌应充分均匀，配制搅拌后的胶料应无沉淀、色差、气泡，并应防止灰尘、杂质混入胶料。

4. 粘贴碳纤维布：应按设计要求裁剪碳纤维布，不得损伤横向织物面。涂抹粘结胶应均匀，铺贴应平整、无气泡。

5. 表面防护：在粘贴好的碳纤维布上应涂抹粘结胶一道，进行防护，涂抹应均匀充分，不应漏涂。

6. 检验：粘贴完工经固化后，进行检验。密实度可用小锤敲击构件粘贴表面，通过不同声音判别密实情况。密实度应达到相关规定，否则应重新修补后再检验。

八、质量检验及验收标准

1. 纤维产品应按设计图纸要求选用，技术指标必须符合有关规定，所用纤维产品应有产品质保书。

2. 粘结胶料应按设计要求选用，符合基本性能要求，所用胶料产品应有产品质保书。

施工质量检验及验收标准　　表 6.5-17

序　号	检验项目	合格标准	检验方法	频　数
1	粘贴位置	与设计要求位置比较，中心偏差≤10mm	钢尺测量	全部
2	粘贴量	≥设计数量	实测计算	全部
3	粘贴质量	（1）单个空鼓面积 < $100mm^2$ 割除修补； （2）空鼓面积占总粘贴面积 <5%	锤击法或其他方法	全部或抽样

九、结论

根据加固原理可知，在施工前必须选择合适的胶粘剂，认真查看材料的质保书及使用说明，掌握材料的各有关参数，以确保它有足够的强度，能保证碳纤维丝共同工作，同时又确保碳纤维布与结构共同工作；在施工过程中，参照使用说明，每道胶都必须处理好，特别是粘贴碳纤维布的胶，应尽可能让胶充分地渗入到碳纤维丝之间（细部空鼓处，可用针筒注射胶），确保相互共同工作。

通过对某 110kV 变电所工程实例的施工操作，深深体会到碳纤维结构加固技术简介中介绍的各项优点，该工程施工时，在确保安全的前提下，仅使用了简单的脚手架；而且，碳纤维布裁剪非常方便，可以根据形状及尺寸随意裁剪，在各种支架的遮挡处可以随意穿过，施工非常方便；另外，从 2005 年 4 月 28 日加固后到现在，一切使用良好；该工程从开工到结束仅 7 天（包括搭、拆脚手架），工程总费用仅为 16772.00 元。

由此可见，碳纤维材料加固结构技术的优点很明显，应用前景很好。

十、探讨

粘贴碳纤维结构加固技术是一种新型的加固技术，已经得到较为广泛的应用，并已产生较大的经济效益；在混凝土结构的加固中，碳纤维布主要是分担钢筋的受力，即碳纤维布的主要作用是提高结构构件的抗拉强度和抗变形能力，减少裂缝的开展，那么在正常使用状态中，碳纤维布与钢筋混凝土一起各发挥了多少作用呢？它们的应力状态如何呢？在其他结构中，碳纤维布能否也起到加强抗拉强度的作用呢？这些问题有待工程技术人员进一步研究、开发。

第七章 地基基础的加固处理

本章内容提示：本章针对既有建筑物的改造与病害处理工程，全面地介绍了相应的地基基础加固工程。包括概述、既有建筑地基基础的鉴定和地基计算、建筑工程质量事故原因综合分析、既有建筑地基基础加固处理特点、基础加固法、基础托换法、地基加固法等。本章共附有21个地基基础加固实例。

第一节 概 述

我国地域辽阔，幅员广大，由于地质构造、地貌变迁、环境和气候条件差异很大，因此分布在一些地域的特殊土性质也极为不同。如沿江湖河海的淤泥软土，西北及华中地区的湿陷性黄土，城市及其他道路交通沿线的填土（杂填土、素填土、吹填土），东北、西北地区的冻土，西南地区的膨胀土、红黏土，山区的土岩组合地基等。这些地基土的成因、物理力学特性均各不相同。在这些地区进行工程建设时，首先要了解这些土的性状，按照专门编制的工程技术标准和当地成熟的经验，正确判断其承载和变形性状，然后针对其工程特性进行地基处理，以满足工程建设的要求。

一、软土

软土（soft soil）一般是指在静水或缓慢流水环境中以细颗粒为主的近代沉积物，主要有淤泥、淤泥质土、泥炭、泥炭质土等。其天然含水量大、压缩量高、承载力低、渗透性小，是一种呈软塑到流塑状态的饱和黏性土。其天然含水量等于或大于液限，天然孔隙比等于或大于1.0，压缩系数大于0.5MPa，不排水抗剪强度小于20kPa。当黏性土由生物化学作用形成，并含有机质，其天然含水量大于液限，天然孔隙比大于或等于1.5时称为淤泥；天然孔隙比在1.0~1.5之间时称为淤泥质土。在潮湿和缺氧环境中，由未充分分解的植物遗体堆积而形成的黏性土，其有机质含量大于60%的为泥炭；有机质含量为30%~60%时为泥炭质土。

在我国的沿海地区和内陆平原或山区都广泛地分布着海相、三角洲相、湖相和河相沉积的饱和软土。沿海软土主要分布在各河流的入海口处；内陆软土主要分布在洞庭湖、洪泽湖、太湖流域及昆明的滇池等地区；山区软土则分布于多雨地区的山间谷地、冲沟、河滩阶地和各种洼地里。软土按沉积环境及形成特征，大致可分为滨海沉积、湖泊沉积、河滩沉积、谷地沉积等四种类型。

软土的工程特性有以下几点：

（1）天然含水量高、孔隙比大

软土多呈软塑或流塑状态，其天然含水量一般超过30%，孔隙比可达到2.0；山区软土含水量高达70%，甚至可达200%。

（2）渗透性弱

软土的渗透系数很小，一般在$10^{-6} \sim 10^{-9}$cm/s之间，因此软土固结需要相当长的时间。

（3）压缩性高

软土的孔隙比较大，具有高压缩性的特点。压缩系数α_{1-2}一般在0.5～2.0 MPa^{-1}之间，最大可达4.5 MPa^{-1}。

（4）抗剪强度低

软土的抗剪强度很低，在不排水条件下进行三轴快剪实验时，其内摩擦角接近于零，黏聚力值一般小于20kPa。

（5）触变性强

软土是结构性沉积物，具有触变性。其结构一旦受到扰动，土的强度就会显著降低。我国软土的灵敏度一般为3～9。

（6）流变性强

软土具有较强的流变性，在剪应力作用下，土体产生缓慢的剪切变形，导致抗剪强度的衰减，在固结变形完成后还可能产生次固结变形。其流变性包括蠕变特性、流动特性等。蠕变特性是指在荷载不变的情况下变形随时间变化的特性；流动特性是土的变形速率随应力变化的特性。

二、湿陷型黄土地基

湿陷性黄土（collapsible loess）是指在土自重压力或土自重压力和附加压力的作用下，受水浸湿后结构迅速破坏而发生显著附加下沉的黄土。其颜色多呈黄色、淡灰黄色或褐黄色；颗粒组成以粉粒为主，粒度大小较均匀，黏粒含量较少，一般仅占10%～20%；含碳酸盐、硫酸盐及少量易溶盐；孔隙比大，一般在1.0左右。

黄土在我国分布很广，主要分布在甘肃、陕西、山西、宁夏、青海、河南、河北、山东、内蒙古、辽宁、新疆等地。

1. 黄土的湿陷性

黄土的湿陷性，按室内压缩试验在一定压力下测定的湿陷系数值δ_s来判定。湿陷系数δ_s是指天然土样单位厚度的湿陷性，用下式计算：

$$\delta_s = \frac{h_s - h_p'}{h_0} \tag{7.1-1}$$

式中　h_s——保持天然湿度和结构的土样，加压至一定压力时，下沉稳定后的高度（cm）；

h_p'——上述下沉稳定后的土样，浸水作用下下沉稳定后的高度（cm）；

h_0——土样的初始高度（cm）。

当湿陷系数δ_s值小于0.015时，定为非湿陷性黄土；当湿陷系数δ_s等于或大于0.015时，定为湿陷性黄土。

根据湿陷系数的大小，可以大致判断湿陷性黄土湿陷性的强弱，一般认为：$\delta_s \leqslant 0.03$时，定为弱湿陷性；$0.03 \leqslant \delta_s \leqslant 0.07$时，为中等湿陷性；$\delta_s > 0.07$时，为强湿陷性。

2. 黄土场地的湿陷类型与判别方法

湿陷性黄土可分为自重湿陷性黄土和非自重湿陷性黄土两种类型。一般采用自重湿陷

系数 δ_{zs} 来划分非自重湿陷性和自重湿陷性黄土。自重湿陷系数可在土的饱和自重压力下进行室内压缩试验测定。按下式计算：

$$\delta_{zs}=\frac{h_z-h_z'}{h_0} \tag{7.1-2}$$

式中 h_z——保持天然湿度和结构的土样，加压至土的饱和自重压力时，下沉稳定后的高度（cm）；

h_z'——上述稳定后的土样，在浸水作用下，下沉稳定后的高度（cm）；

h_0——土样的原始高度（cm）。

根据自重湿陷系数，可按下式计算自重湿陷量 Δ_{zs}（cm）：

$$\Delta_{zs}=\beta_0\Sigma\delta_{zsi}h_i \tag{7.1-3}$$

式中 δ_{zsi}——第 i 层土在上覆土的饱和（$S_r>85\%$）自重压力作用下的自重湿陷系数；

h_i——第 i 层土的厚度（cm）；

β_0——因土质地区而异的修正系数。对陇西地区可取 1.5；对陇东、陕北地区可取 1.2；对关中地区可取 0.7；对其他地区可取 0.5。

当实测或计算自重湿陷量小于或等于 7cm 时，定为非自重湿陷性黄土场地；当实测或计算自重湿陷量大于 7cm 时，定为自重湿陷性黄土场地。

计算自重湿陷量 Δ_{zs} 的累计，应自天然地面（当挖、填方的厚度和面积较大时，自设计地面）算起，至其下全部湿陷性黄土层的底面为止，其中自重湿陷系数 Δ_{zs} 小于 0.015 的土层不计。

湿陷性黄土地基，受水浸湿饱和至下沉稳定为止的总湿陷量 Δ_s（cm），按下式计算：

$$\Delta_s=\sum_{i=1}^{n}\beta\delta_{si}h_i \tag{7.1-4}$$

式中 δ_{si}——第 i 层土的湿陷系数；

h_i——第 i 层土的厚度（cm）；

β——考虑地基土的侧向挤出和浸水率等因素的修正系数。基底下 5m（或压缩层）深度内可取 1.5m；5m（或压缩层）深度以下，在非自重湿陷性黄土场地，可不计算；在自重湿陷性黄土场地，可按式（7.1-3）中 β_0 取值。

根据建筑场地的湿陷类型、计算自重湿陷量和总湿陷量大小，可按表 7.1-1 确定湿陷性黄土地基的湿陷等级。

湿陷性黄土地基的湿陷等级 **表 7.1-1**

湿陷类型 / 计算自重湿陷量 / 总湿陷量 Δ_s	非自重湿陷场地	自重湿陷量场地	
	$\delta_{zs}\leqslant7$	$7\leqslant\delta_{zs}\leqslant35$	$\delta_{zs}>35$
$\Delta_s\leqslant30$	Ⅰ（轻微）	Ⅱ（中等）	—
$30<\Delta_s\leqslant60$	Ⅱ（中等）	Ⅱ或Ⅲ	Ⅲ（严重）
$\Delta_s>60$	—	Ⅲ（严重）	Ⅲ（很严重）

三、人工填土地基

人工填土是由人类活动而堆填的土。根据填土的组成物质、堆填方式及形成的工程性质的差异，可分为素填土、杂填土、冲填土。

素填土是由碎石土、砂土、粉土、黏性土等一种或几种材料组成的填土，一般不含杂质或杂质很少，按其组成物质分为碎石素填土、粉性素填土和黏性素填土。在同一建筑场地，填土的各项指标一般具有较大的分散性，因而防止建筑物不均匀沉降问题是利用填土地基的关键。

杂填土是由建筑垃圾、工业废料、生活垃圾等杂物组成的填土。按其组成物质成分和特征分为建筑垃圾土、工业废料土、生活垃圾土等。根据以往的试验研究，认为以生活垃圾和腐蚀性工业废料为主要成分的杂填土，一般不宜作为建筑物地基；对以建筑垃圾或工业废料为主要成分的杂填土，采用适当有效的措施，处理后可作为一般建筑物地基。

冲填土（吹填土）是由水力冲填泥沙形成的堆积土。冲填土的含水量大，透水性较弱，排水固结效果差，一般呈软塑或流塑状态。特别是当黏粒含量较多时，水分不易排出。土体形成初期呈流塑状态，由于土体表面水分蒸发，形成上面干缩龟裂而下面仍处于流塑状态，稍加扰动即发生触变的现象。因此，冲填土多属未完成自重固结的高压缩性软土。

冲填土一般比同类自然沉积的饱和土的强度低，压缩性高。冲填土的工程性质与其颗粒组成、均匀性、排水固结条件，以及冲填形成的时间均有密切关系。

人工填土的工程特性有以下几点：

（1）不均匀性

人工填土由于成分复杂，回填方法的随意性，厚度差别又大，所以人工填土一般都不均匀，尤其是组成物质复杂多变的杂填土，不均匀性更为严重。

（2）湿陷性

人工填土是人类活动而堆填的土，土质疏松，孔隙率较高，在自重作用下得不到压实，一旦浸水，即表现强湿陷性。

（3）抗剪强度低、压缩性高

人工填土由于土质疏松，密实性差，抗剪强度低，其承载力亦低。其压缩性与相同干密度的天然土相比要高得多，尤其是随着含水量的增加，压缩性会急剧增大。

（4）自重压密性

人工填土属于欠压密土，在自重和雨水下渗的长期作用下有自行压密的特点。不过由于自重压密所需时间常与其颗粒组成和物质成分有关，颗粒越细，自重压密所需时间越长。

由于人工填土所具有的这些工程性质，建造在这类地基上的建筑常常因为过大的不均匀沉降而开裂损坏。

四、膨胀土地基

膨胀土（expansive soil）是指土中黏粒成分主要有强亲水性矿物组成，具有显著的吸水膨胀和失水收缩的特性，其变形特性是可逆的。膨胀土在我国分布广泛，主要分布在广西、云南、四川、湖北、河南、陕西、河北、安徽、贵州、山东、广东和江苏等地。

1. 膨胀土的工程特性

（1）胀缩性

膨胀土遇水体积膨胀，使建筑物隆起，失水体积收缩，造成土体开裂，并使建筑物下沉。土中蒙脱石含量越多，膨胀量和膨胀力就越大。土的初始含水量越低，其膨胀量与膨胀力也越大。

（2）崩解性

膨胀土浸水后体积膨胀，发生崩解。强膨胀土浸水后几分钟即完全崩解，弱膨胀土崩解缓慢且不完全。

（3）超固结性

膨胀土大多具有超固结性，天然孔隙比小，密实度大，初始结构强度高。

（4）风化特性

膨胀土受气候因素影响很敏感，极易产生风化破坏作用。受气候作用影响深度各地不一样，在地表下2~5m左右。

（5）强度衰减性

由于膨胀土的超固结性，初期强度极高，然而随着张缩效应和风化作用时间的增加，抗剪强度有大幅度衰减。

2. 膨胀土工程特性指标

（1）自由膨胀率（δ_{ef}）

自由膨胀率为人工制备的烘干土，在水中增加的体积与原体积的比，即

$$\delta_{ef}=\frac{V_w-V_0}{V_0} \tag{7.1-5}$$

式中 V_w——土样在水中膨胀稳定后的体积（mL）；

V_0——土样原有体积（mL）。

（2）膨胀率（δ_{ep}）

膨胀率是在一定压力下，浸水膨胀稳定后，试样增加的高度与原高度的比，即

$$\delta_{ep}=\frac{h_w-h_0}{h_0} \tag{7.1-6}$$

式中 h_w——土样浸水膨胀稳定后的高度（mm）；

h_0——土样原始高度（mm）。

（3）收缩系数（λ_s）

收缩系数为原状土样在直线收缩阶段，含水量减少1%时的竖向线缩率，即

$$\lambda_s=\frac{\Delta\delta_s}{\Delta\omega} \tag{7.1-7}$$

式中 $\Delta\delta_s$——收缩过程中与两点含水量之差对应的竖向线缩率之差（%）；

$\Delta\omega$——收缩过程中直线变化阶段两点含水量之差（%）。

（4）膨胀力（P_e）

膨胀力是原状土样在体积不变的情况下，由于浸水膨胀产生的最大内应力。

3. 膨胀土的评价

当土的自由膨胀率大于或等于40%时，且有以下工程地质特征的场地，判定为膨胀土：

（1）裂隙发育，常有光滑面和擦痕，部分裂隙充填灰白、灰绿色黏土，自然条件下呈坚硬或硬塑状态；

（2）二级或二级以上阶地、山前和盆地边缘丘陵地带，地形平缓，无明显陡坎；

（3）常见浅层塑性滑坡、地裂，新开挖坑（槽）壁已发生坍塌；

（4）建筑物裂缝随气候变化而张开和闭合。

膨胀土的膨胀潜势可按自由膨胀率大小分为弱、中、强三类。

膨胀土地基的膨胀潜势分类　　　　**表 7.1-2**

自由膨胀率（%）	级　别	自由膨胀率（%）	级　别
$40 \leqslant \delta_{ef} < 65$	弱	$\delta_{ef} \geqslant 90$	强
$65 \leqslant \delta_{ef} < 90$	中		

4. 膨胀土地基的分类及评价

进行膨胀土场地的评价，应先查明建筑场地内膨胀土的分布及地形、地貌条件，根据工程地质特征及土的自由膨胀率等指标综合评价。

膨胀土地基的评价是根据地基的膨胀、收缩变形对基础的影响程度，用地基分级变形量 S_c 来划分胀缩等级。地基分级变形量 S_c：

$$S_c = \psi \sum_{i=1}^{n} (\delta_{epi} + \lambda_{si} \Delta w_i) h_i \tag{7.1-8}$$

式中　ψ——计算胀缩变形量的经验系数，可取 0.7；

δ_{epi}——基础底面下第 i 层土在 50kPa 压力下的膨胀率；

λ_{si}——第 i 层土的收缩系数；

Δw_i——地基土收缩过程中，第 i 层土可能发生的含水量变化的平均值（以小数表示）；

h_i——第 i 层土的计算厚度（mm）；

n——土层数，计算深度可取大气影响深度，一般为 3 ~ 5m。

膨胀土地基的胀缩等级，可根据地基分级变形量按表 7.1-3 进行分级。

膨胀土地基的胀缩等级　　　　**表 7.1-3**

地基分级变形量 S_c（mm）	级别	地基分级变形量 S_c（mm）	级别
$15 \leqslant S_c < 35$	Ⅰ	$S_c \geqslant 70$	Ⅲ
$35 \leqslant S_c < 70$	Ⅱ		

五、土岩组合地基

土岩组合地基（soil - stone assorted foundation）是指在建筑地基（或被沉降缝分割区段的建筑地基）的主要受力层范围内，遇到下卧基岩表面坡度较大的地基、石芽密布并有出露的地基或大块孤石或个别石芽出露的地基。

土岩组合地基是山区地基中最为常见的地基类型。

由于土岩组合地基常分布有不同类型的土层和起伏变化较大的基岩，故易产生较大的差异沉降而促使建筑物开裂破坏。

（1）下卧基岩表面坡度较大的地基

岩层表面的坡度及其风化程度、上覆土层的力学性质及其厚度，决定了地基上建筑物产生不均匀沉降的大小。建筑物裂缝常出现于基岩埋藏较浅的部位。当下卧基岩单向倾斜时，建筑物易出现倾斜。

（2）石芽密布并有出露的地基

这类地基基岩表面凹凸不平，一般充填有黏土，大多为坚硬或硬塑黏性土，承载力较高，压缩性较低；石芽间土层处于有侧限受力状态，其变形量小于同类土在一般情况下的变形量。若石芽间土层很软，土的变形过大，仍会使建筑物开裂。

（3）大块孤石或个别石芽出露的地基

在山区坡积型或冲积型土层中，常夹有大块孤石。此外，在岩溶发育地区也常遇到有个别石芽出露的地基。这类地基的变形条件对建筑物极为不利。

第二节 既有建筑地基基础的鉴定和地基计算

一、既有建筑地基基础的鉴定

既有建筑进行增层或改造前，对建筑物的历史和现状应有一个全面的了解，并结合使用要求对其移位、纠倾或增层改造的可行性做出初步判断，进而进行经济分析，以确定工程的合理性与可行性。因此，在进行工程设计及施工前，必须对既有建筑物进行鉴定。而在对既有建筑物进行鉴定时，首先需要进行的则是地基与基础的鉴定。

（一）地基鉴定

既有建筑地基鉴定可分为地基检验与地基评价两部分。

地基检验包括如下内容：

1. 检验步骤

（1）搜集场地岩土工程勘察资料、既有建筑的地基基础和上部结构设计资料和图纸、隐蔽工程的施工记录及竣工图等；

（2）对原岩土工程勘察资料，应重点分析下列内容：

1）地基土层的分布及其均匀性，软弱下卧层、特殊土及沟、塘、古河道、墓穴、岩溶、土洞等；

2）地基土的物理力学性质；

3）地下水的水位及其腐蚀性；

4）砂土和粉土的液化性质和软土的震陷性质；

5）场地稳定性。

（3）根据工程的目的，结合搜集的资料和调查的情况进行综合分析，提出地基检验的方法。

2. 检验方法

地基检验可根据工程要求和场地条件采用以下方法进行：

(1) 采用钻探、井探、槽探或地球物理等方法对场地地基进行勘探;

(2) 进行原状土的室内物理力学性质试验;

(3) 进行载荷试验、静力触探试验、标准贯入试验、圆锥动力触探试验、十字板剪切试验或旁压试验等原位测试。

3. 检验要求

针对既有建筑物的特点,场地地基检验应符合以下要求:

(1) 根据建筑物的重要性和原岩土工程勘察资料情况,适当补充勘探孔或原位测试孔,查明土层分布及土的物理力学性质,孔位应尽量靠近基础;

(2) 对于重要的增层、增加荷载等建筑,尚宜在基础下取原状土进行室内土的物理力学性质试验或进行基础下的载荷试验。

地基评价应符合下列规定:

(1) 应根据地基检验结果,结合当地经验,提出地基的综合评价;

(2) 应根据地基与上部结构现状,提出地基加固的必要性和加固方法的建议。

(二) 基础鉴定

既有建筑基础鉴定可分为基础检验与基础评价两部分。

基础检验包括如下内容:

1. 检验步骤

(1) 搜集基础、上部结构和管线设计施工资料和竣工图,了解建筑各部位基础的实际荷载;

(2) 应进行现场调查。可通过开挖探坑验证基础类型、材料、尺寸及埋置深度,检查基础开裂、腐蚀或损坏程度,判定基础材料的强度等级。对倾斜的建筑,尚应查明基础的倾斜、弯曲、扭曲等情况。对桩基应查明其入土深度、持力层情况和桩身质量。

2. 检验方法

基础检验可根据工程要求采用以下方法进行:

(1) 目测基础的外观质量;

(2) 用手锤等工具初步检查基础的质量,用非破损法或钻孔取芯法测定基础材料的强度;

(3) 检查钢筋直径、数量、位置和锈蚀情况;

(4) 对桩基工程可通过沉降观测,测定桩基的沉降情况。

基础评价应符合下列规定:

(1) 应根据基础裂缝、腐蚀或破损程度以及基础材料的强度等级,判断基础完整性;

(2) 应按实际承受荷载和变形特征进行基础承载力和变形验算,确定基础加固的必要性和提出加固方法的建议。

经过鉴定,确认建筑物基础需要进行加固处理时,应根据原基础的状态、荷载大小、要求提供承载力的大小,通过方案比较,选择经济合理、施工方便、效果可靠的基础加固方法。

二、既有建筑的地基计算

既有建筑在进行移位、纠倾及增层改造前必须验算地基基础是否能满足新增荷载的要求。对于拟进行改造的既有建筑,当地基或基础不能满足设计要求而需对其进行加固时,也应进行地基计算。地基计算包括地基承载力计算和地基变形计算两部分,两者均需满足设计要求。

1. 地基承载力计算

既有建筑地基基础加固或增加荷载时，地基承载力计算应符合下式要求：

当轴心荷载作用时

$$p \leqslant f \tag{7.2-1}$$

式中 p——基础加固或增加荷载后基础底面处的平均压力设计值；

f——地基承载力设计值。应根据地基承载力标准值，按国家现行标准《建筑地基基础设计规范》GB50007 确定。

当偏心荷载作用时，除符合式（7.2-1）要求外，尚应符合下式要求：

$$p_{max} \leqslant 1.2f \tag{7.2-2}$$

式中 p_{max}——基础加固或增加荷载后基础底面边缘的最大压力设计值。

基础加固或增加荷载后基础底面的压力，可按下式确定：

当轴心荷载作用时

$$p = \frac{F+G}{A} \tag{7.2-3}$$

式中 F——基础加固或增加荷载后上部结构传至基础顶面的竖向力设计值；

G——基础自重和基础上的土重设计值，在地下水位以下部分应扣去浮力；

A——基础底面面积。

当偏心荷载作用时

$$p_{max} = \frac{F+G}{A} + \frac{M}{W} \tag{7.2-4}$$

$$p_{min} = \frac{F+G}{A} + \frac{M}{W} \tag{7.2-5}$$

式中 M——基础加固或增加荷载后作用于基础底面的力矩设计值；

W——基础加固或增加荷载后基础底面的截面模量；

p_{min}——基础加固或增加荷载后基础底面边缘的最小压力设计值。

地基承载力标准值的确定应符合下列原则：

（1）对于需要加固的地基应在加固后通过检测确定地基承载力标准值；

（2）对于增加荷载的地基应在增加荷载前通过地基检验确定地基承载力标准值；

（3）对于沉降已经稳定的既有建筑直接增层地基，可根据现行标准的有关规定采用下列方法综合确定地基承载力标准值：

1）试验法

A. 载荷试验：建筑物增层前，可在基础下进行载荷试验直接测定地基承载力。

B. 室内土工试验：在既有建筑物基础下 0.5～1.5 倍基础底面宽度的深度范围内取原状土进行室内土工试验，根据试验结果按现行有关规范确定地基承载力标准值。

2）经验法

建筑物增层改造时，其地基承载力标准值可考虑地基土的压密效应而提高，其提高幅度应根据建筑基底平均压力值、建成年限、地基土类别和当地成熟经验确定。

尤其需要注意的是，若地基受力层范围内有软弱下卧层时，尚应进行软弱下卧层地基承载力的验算；对建造在斜坡上或毗邻深基坑的既有建筑物，应验算地基稳定性。

2. 地基变形计算

在进行既有建筑地基基础加固或增加荷载的工程设计时，必须对建筑物地基进行变形验算。既有建筑地基变形计算，按照既有建筑沉降情况分为沉降已经稳定和沉降尚未稳定两种情况。对于沉降已经稳定的既有建筑，其基础最终沉降量包括已完成的沉降量和地基基础加固后或增加荷载后产生的基础沉降量。对于沉降尚未稳定的既有建筑，其基础最终沉降量除了以上两项沉降量外，还包括原建筑荷载下尚未完成的基础沉降量。

对地基基础进行加固或增加荷载的既有建筑，其基础最终沉降量可按下式确定：

$$S = S_0 + S_1 + S_2 \tag{7.2-6}$$

式中　S——基础最终沉降量；

S_0——地基基础加固前或增加荷载前已完成的基础沉降量，可由沉降观测资料确定或根据当地经验估算；

S_1——地基基础加固后或增加荷载后产生的基础沉降量。当地基基础加固时，可采用地基基础加固后经检测得到的压缩模量通过计算确定；当增加荷载时，可采用增加荷载前经检验得到的压缩模量通过计算确定；

S_2——原建筑荷载下尚未完成的基础沉降量，可由沉降观测资料推算或根据当地经验估算。当原建筑荷载下基础沉降已经稳定时，此值应取零。

既有建筑基础沉降量的计算可按国家现行标准《建筑地基基础设计规范》GB50007 的有关规定执行，且其最终基础沉降量不得大于国家现行标准《建筑地基基础设计规范》GB50007 规定的地基变形允许值。

在考虑既有建筑地基变形时，有时需要分别预估建筑物在施工期间和使用期间的基础沉降量，以便预留建筑物有关部分之间净空，考虑连接方法和施工顺序。此时，一般多层建筑物在施工期间完成的沉降量，对于砂土可认为其最终沉降量已完成 80% 以上，对于其他低压缩性土可认为已完成最终沉降量的 50% ~80%，对于中压缩性土可认为已完成 20% ~50%，对于高压缩性土可认为已完成 5% ~20%。

第三节　地基基础质量事故原因综合分析

在我国的建筑史上，建筑工程事故时有发生，其中由地基基础病害引发的工程事故始终占有较大的比例。特别是改革开放以来，我国的城市建设加快，建设项目剧增，工程难度日益加大，地基基础工程事故也越来越多。与其他分部工程相比，地基基础工程事故带来的损失较以往要大得多。这是由于随着建设事业进入了一个新的高潮，大批的多层建筑、高层建筑和超高层建筑如雨后春笋般地涌现出来。在建筑规模越来越大的同时，场地条件却越来越差，工程事故相继发生。这样的地基基础工程事故往往会给上部结构造成较大的隐患和损坏，也可能使整栋建筑物丧失使用功能，导致建筑工程事故。建筑工程事故的后果严重，小到一场惊吓，大到造成数千万元乃至上亿元的经济损失，甚至造成人员伤亡。

工程质量事故连年不断，造成了许多不应有的损失。为了预防事故的再次发生，同时也为排除事故提供依据，很有必要来探讨质量事故发生与发展的一些规律。对大量的事故进行调查与分析发现，虽然事故类型各不相同，但是发生事故的原因有不少相同或相似之处，对这些引发事故的原因，必须有足够的认识。建筑工程发生质量事故的原因是复杂的，既有外部的诱发条件，也有其内在的因素；可能是一种原因，也可能是由许多问题共同造成的。但是无论如何，只有进行调查分析建筑质量事故发生的原因，并给出正确的结论，这样才能采用具体措施对各种不同建筑工程质量事故进行处理。针对由于地基基础原因引起的建筑工程质量事故，作者进行了大量的调查工作，大致可以将导致事故发生的原因归纳为勘察、设计、施工、管理、规划、使用以及自然灾害等方面的问题。其中，设计失误、施工问题以及管理问题是导致建筑工程质量事故发生的主要原因，其他的原因所占比例数较小。以下就这些方面的问题进行具体分析。

一、勘察失误

建筑场地的岩土工程勘察是基本建设中重要的一环，同时也是进行地基基础设计的主要依据。由于勘察工作失误造成的地基基础工程事故常有发生，其主要表现为以下几点：

（1）勘测点布置过少，勘探孔深度不够，或者只是借鉴相邻建筑物的地质资料，对建筑场地没有进行认真勘察评价，没有查明地基主要受力层范围内有无对工程影响较大的透镜体及软弱夹层。上部结构建成后，由于透镜体或软弱夹层而造成上部结构的不均匀沉降或是整体沉降过大，使得建筑物不能正常使用，如图 7.3-1 所示。

（2）勘察过程中没有认真施工，结果岩溶、土洞、墓穴、旧的人防地下道被忽视，使新建的建筑物发生严重下陷、倾斜或开裂，如图 7.3-2 所示。

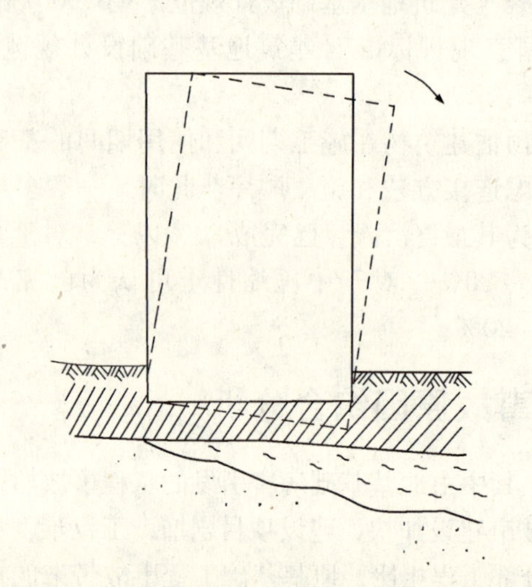

图 7.3-1　厚薄不均的淤泥夹层引起倾斜

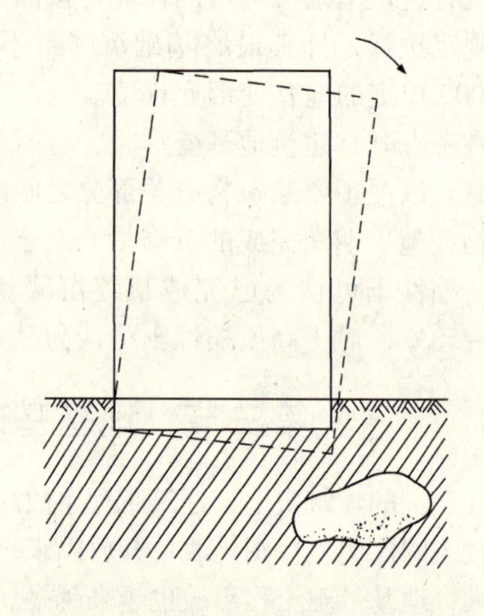

图 7.3-2　地基中洞穴坍塌引起倾斜

（3）勘察数据处理失真，提出的地质勘察报告有误，不能真实反映场地条件，使得地基处理措施不当或者变形计算结果存在误差，最终导致建筑物不能正常使用。

（4）工程事故实例

某仓库由于基础承载力不足，建成后即发现地基大量下沉。其原因是没有经过勘察而盲目设计，使基底压力达 150kPa，施工时对软土的特点又未加注意。经事后实地勘察，软土厚达 8m，而承载力只有 80kPa，势必导致地基土从基础两侧发生塑性挤出而造成基础沉降过大。后采用混凝土套扩大面积法和板桩加固法来减少基底压力，防止侧向挤出。加固处理后沉降趋于稳定，效果良好。

二、设计失误

设计失误是造成建筑工程质量事故发生的一个主要原因，特别是许多设计人员对地基基础问题的重要性认识不足，常把复杂的地基基础问题简单化处理。加强对地基基础设计工作的管理，是减少失误和事故的重要途径与方法。以下是几种常见的由于设计失误而造成建筑工程质量事故的现象：

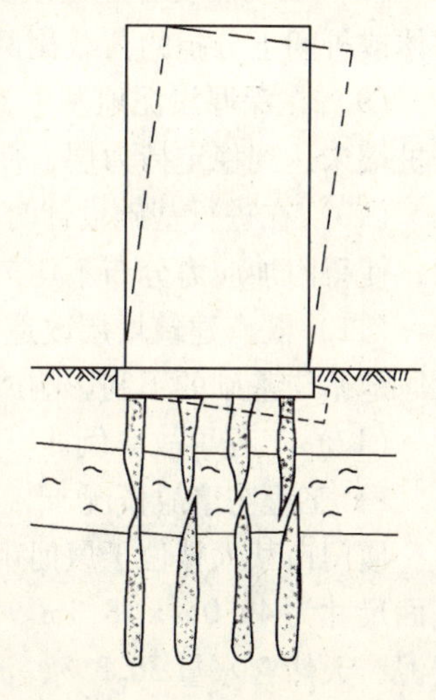

图 7.3-3　因桩基缩颈、折断引起的倾斜

（1）进行建筑物基础设计时，缺乏对地基土特性的足够认识，没有进行有针对性的方案比较，从而由于采用了不合适的地基处理方式、基础形式或结构形式而发生建筑工程事故。例如，在深厚淤泥软土、粉细砂地基上，错误选用振动沉管灌注桩、沉管夯扩桩等基础形式。打桩过程中，由于大面积的快速施工产生了较大的超孔隙水压力，导致桩体缩颈、断桩和桩长达不到持力层等事故（如图 7.3-3 所示）。

（2）在填土、软土、膨胀土或湿陷性黄土等特殊土地基上，未采用针对性的处理措施，而采用一般性的条形或筏形等基础形式。由于这些地基土的工程性质较复杂，使用后由于加载或渗水等原因，地基土发生不均匀变形，导致上部结构的倾斜、开裂等，如图 7.3-4 所示。

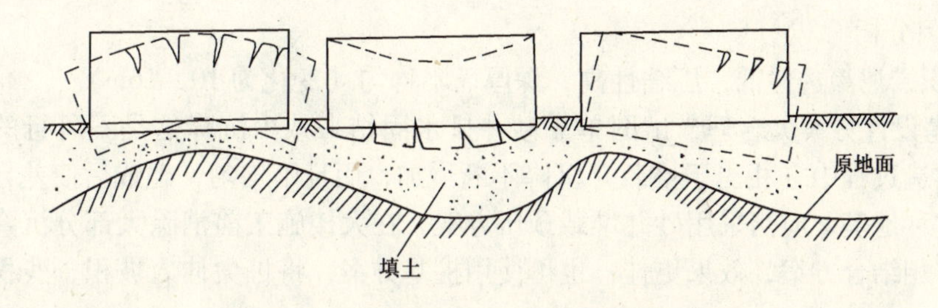

图 7.3-4　大面积填土引起的倾斜及开裂

（3）对于欠固结的填土、淤泥等软土地基，地面大量回填堆载，如采用桩基方案，设计计算时忽视了负摩擦力的作用与计算，导致使用过程中桩基沉降过大、断桩等严重事故，使建筑物倾斜或开裂。

（4）同一栋建筑物上选用多种不同的基础形式或将基础置于几种变形模量不同的地基土层上，从而在建造或使用过程中，建筑物产生不均匀沉降，导致建筑物不能正常使用。

（5）软土地基上，对于形体复杂、高度变化较大的建筑物，仅进行了承载力验算而未进行变形验算。由于地基中存在附加应力重叠或附加应力分布不均匀现象，因此会形成局部的沉降中心和整体的不均匀沉降，致使建筑物发生过大的挠曲或倾斜，导致裂缝的出现。

（6）设计人员对国家颁布的有关现行规范、标准了解不够。没有按照其相关规定进行地基处理和基础设计，从而造成严重后果。比如在软土地基或岩土组合地基上，对于规范上要求进行变形计算的建筑物未进行变形计算，或虽然进行计算验证了，但却得出了一个错误的结论，从而使得建筑物整体沉降值或不均匀沉降值都超过了地基规范的容许变形值的指标，建筑物倾斜、开裂，甚至倒塌。

（7）持力层选择不当，基础落在软弱土层或其他特殊性岩土层上面，发生建筑事故。

（8）在利用复合地基或复合桩基进行地基处理时，由于未正确估算桩土应力比，使得桩体或桩间土分担的荷载比例过大，引起了应力集中，致使建筑物发生过量沉降或倾斜。

（9）在深厚淤泥地基中，预制桩桩间距过小，沉桩困难，造成大量截桩甚或断桩，部分桩端未达到稳定持力层，使得桩基发生不均匀沉降，建筑物倾斜或开裂。

（10）在进行基础设计时忽略了附近既有建筑的影响，从而造成了基础以下的应力叠加，使得附加应力分布不均匀，建筑物发生倾斜、开裂。

（11）既有建筑增层改造方案不当，只对墙柱承载力进行了验算，却忽略了增层荷载对原地基与基础的不利影响或者考虑不周，使增层后的建筑物发生倾斜。

（12）工程事故实例

1）工程与事故概况

厦门市某大楼位于厦门市湖滨南路西段，7层框架结构（局部8层），筏形基础，其底面尺寸为42.0m×18.3m。根据钻探表明，地基土的表层为填土，厚2m；第二层为海积淤泥，天然含水量56.3%，流动状态，厚度为10～16m；第三层为坡积残积亚黏土。地基采用砂井处理，砂井直径为35cm，井距1.5m，三角形布置，砂井顶部有0.5m厚的砂垫层。大楼建成后，基础最大沉降为1134mm，最小沉降为568mm，差异沉降为566mm，最大倾斜为16.9‰，导致电梯井中心线偏离原设计轴线（从底层地坪至六层顶面），南北向偏320mm，东西向偏260mm，电梯无法安装。

2）原因分析

A. 海积淤泥渗透性低，压缩性高，深厚而不均匀（变化为10～16m）。

B. 地基设计方案欠合理，试图单靠砂井排水固结来减少沉降这是不可行的。其后果是建筑物建造过程中（相当于堆载）沉降不断增加，而且不均匀，建成后使差异沉降迅速增加。对这种地基，应当采用砂井堆载预压方案，在大楼施工前消除大部分沉降；或采用砂井和强夯相结合方案，效果更佳；也可使用桩基方案，将桩尖伸入坡积、残积亚黏土层中。

3）处理措施

采用水冲掏砂纠偏。将建筑物沉降较小处基础下的砂掏出，使周围基底压力增加，导致侧向挤出，从而使沉降量也随之增大。掏砂引起的沉降又称为人工迫降。用此法可减小或消除基础的沉降差，达到建筑物纠偏目的。这种方法的关键在于控制迫降速度，该工程迫降速度为8mm/d。

经过三个多月的掏砂，完成迫降最大数值为453mm，最小值为5mm，纠偏后电梯井中心轴线南北偏差小于10mm，东西偏差小于60mm，达到预期纠偏效果。纠偏过程中仅底层填充墙窗台部分出现45°方向斜裂缝，但这些裂缝在施工结束后都有不同程度的闭合。

三、施工问题

施工质量低劣、违反相关规程、偷工减料、弄虚作假、配套工程影响以及施工方法不当等是造成建筑物发生质量事故的又一个重要原因。

（1）桩基础施工过程中，桩长随着监理人员（或业主）是否在场而变化。由于持力层的不同而造成各桩的承载力相差悬殊，建筑物发生倾斜、开裂等。

（2）钻孔、挖孔桩的孔底虚土、残渣没有清理干净，从而导致桩端承载力严重不足，建筑物产生不均匀沉降。

（3）桩头处理不当，常见的是接桩或截桩时处理不当，没有按有关规程、标准施工，结果成桩质量不高，甚至桩身形成折线形，严重降低了单桩承载力，建筑物产生不均匀沉降。

（4）预制桩施工时，由于桩距过小或打桩速度过快，在地基土中产生较大的超静孔隙水压力，致使桩身产生倾斜，甚至断桩，大大降低了单桩承载力。同时，由于未施工的桩施工难度加大，造成大量截桩，且地基土大量隆起。由此种种原因，造成许多预制桩的承载力达不到设计要求或者各不相同，故在建造或使用阶段建筑物产生不均匀沉降，如图7.3-5所示。

（5）相邻的深基坑施工引起建筑物倾斜、开裂。在高层建筑基础工程施工中，由于深基坑的开挖、支护、降水、止水、监测等技术措施不当，造成基坑变形、漏水、涌土、失稳，引起基坑周边地面沉降，使已建成或正在建造的相邻建筑物发生倾斜、开裂等问题，如图7.3-6所示。

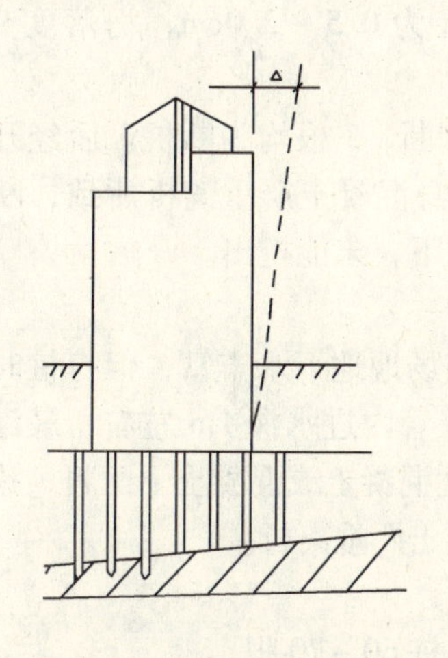

图7.3-5　桩基承载力不足

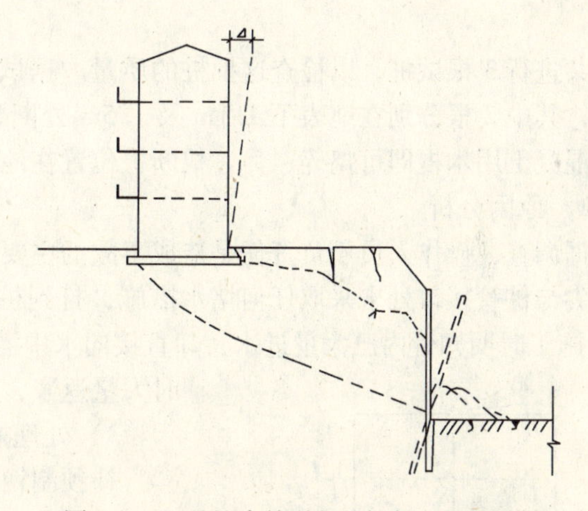

图7.3-6　基坑事故引起的倾斜引起的倾斜

（6）基础施工时，为了施工方便或偷工减料，施工单位随意修改设计方案，造成基础与上部结构总荷载相对偏心，建筑物产生倾斜、开裂等。

（7）采用强夯法处理地基时，由于夯击能量不足，影响深度达不到加固深度的要求，没有彻底消除填土或黄土的湿陷性，或者没有消除地基土的液化性，建筑物在使用过程中地基进水或者遇到地震等动荷载时，造成建筑物严重下沉、倾斜或裂损。

（8）基坑挖土不按规定分层开挖，而是一挖到底；基坑挖出的土方堆放在基坑旁边，使基坑侧壁产生位移变形，同时亦造成基桩的倾斜。

（9）随便减少配筋，降低混凝土强度等级，采用劣质钢材乃至缩小基础尺寸，减少基础埋深等，均能产生建筑工程质量事故。

（10）不合理的施工顺序。当施工挤土桩时，未考虑施工顺序对周边环境的影响，如造成临近建筑的倾斜、场地附近临空面的滑动等。

（11）配套工程施工时，忽略了对主体工程的保护，使得主体结构基础外侧产生较大的临空面，基础下土体侧向挤出，引起主体工程倾斜。

（12）施工期间没有注意保护建筑物地基土，使得地基土严重浸水或扰动，承载力下降，压缩量增大，建筑物下沉。

（13）工程事故实例

1）工程与事故概况

成都市金牛区某住宅工程采用锤击沉管灌注桩。锤型为18kN杆式柴油锤，桩管外径ϕ325，预制桩尖直径375mm，桩身混凝土强度为C20。根据岩土工程勘察报告，该工程场地从上至下主要土层为：素填土，由黏性土夹少量建筑垃圾及木炭组成，湿、稍密；淤泥层，为淤泥质亚黏土和淤泥质轻亚黏土，混多量有机质，夹粉细砂，很湿；亚黏土及轻亚黏土，含铁锰质氧化物斑点，可塑，湿；细砂，饱和，稍密；卵石，粒径2～8cm，充填20%～40%的细砂，稍密层R_j为2940kPa（R_j：打入式灌注桩桩尖平面处土的容许承载力），中密层R_j为3822kPa。地下水属孔隙潜水，静止水位埋深1.95～3.75m。

单桩设计承载力为216kN。卵石层为桩尖设计持力层。试桩入土深度为4.9～5.5m，通长配主筋4ϕ12，箍筋ϕ6.5@200，混凝土中的石子粒径为0.5～2.0cm，坍落度9～12cm。

共进行3根试桩，以检查这批桩的质量。据试验结果判断，3根均为断桩。后经开挖证实，其中2根分别在地表下1.1m及1.5m处断裂，系桩身混凝土严重离析所致，断桩处的混凝土用木棍即可捣碎；另一根断桩位置在地下水位以下，未能挖出。

2）原因分析

据调查，操作人员不负责任是造成事故的主要原因。该场地地下水丰富，但打桩时预制桩尖与桩管接口处未采取任何堵水措施，打到桩位后，桩管内进水深1m左右，最深达2m，施工时明知管内已大量进水，却直接向水中灌入干硬性混凝土或混凝土干配料，拔管时大量返浆，致使混凝土严重离析。

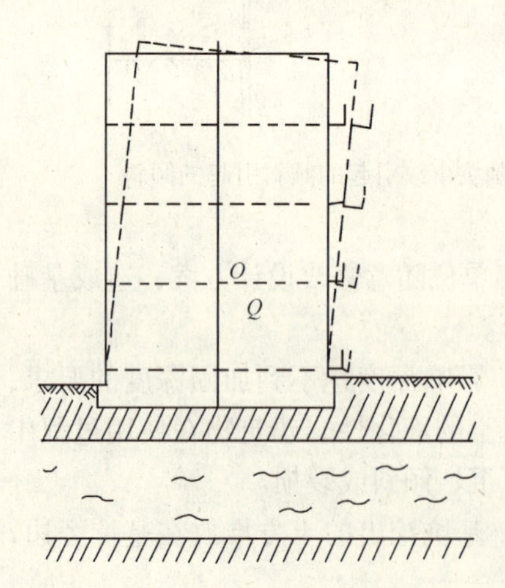

图7.3-7　荷载偏心引起倾斜

3）处理措施

补预制钢筋混凝土桩60～70根。

四、管理失误

随着建筑工程市场化，管理水平的高低将在很大程度上影响工程质量。

（1）建设方不按建设程序进行工程建设，任意发包建设工程，造成一些不够资质的设计单位、施工单位进行工程设计与施工，使得工程质量低劣。

（2）为了节约成本，建设方强迫施工单位减少施工成本，造成了基础不符合设计要求，上部结构产生倾斜、开裂等。

（3）建设方背着设计单位擅自更改设计方案，如大量增加阳台等附属设施，造成上部结构的偏心距过大，建筑物发生倾斜，如图7.3-7所示。

（4）建设方将建筑物的基础外移，后又要将基础移回原位。但筏形基础已经做好，只好再加大筏板，导致上部结构的重心与筏形基础的形心严重偏离，建筑物产生倾斜，如图7.3-8所示。

（5）为了充分利用空间，建设方要求新建建筑物与相邻的已建（构）筑物太近，且没有处理好与旧基础之间的关系，致使新旧建（构）筑物基础重叠相压，局部出现应力叠加，两者均产生了倾斜，甚至开裂，如图7.3-9所示。

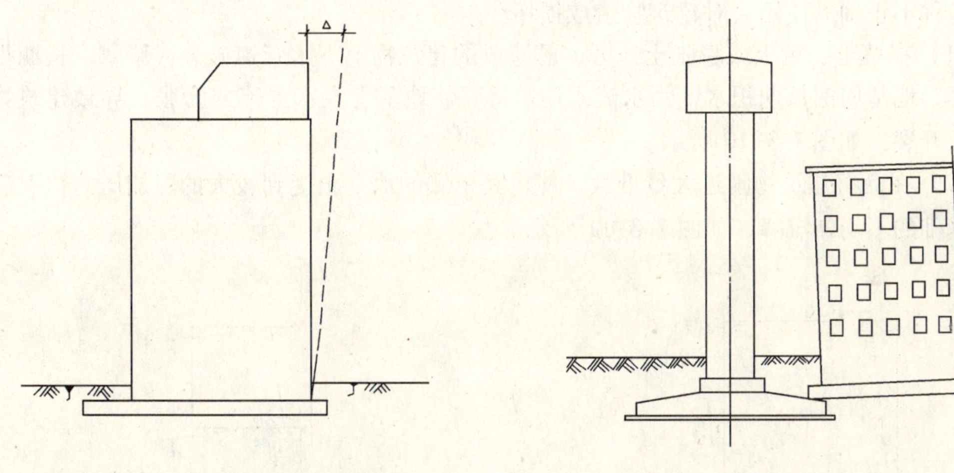

图7.3-8　基础形心偏离引起倾斜　　　　图7.3-9　两基础相压引起倾斜

（6）为了节省投资，在不进行场地勘察的情况下，建设方委托设计院进行设计。由于对场地地质情况缺乏足够了解，地基处理措施不当，引发了后期的建筑工程质量事故。

（7）建筑物使用时间较长，甚至超过结构可靠度的设计基准期后，仍未得到有效的维修保护，基础及承重结构老化，强度下降，甚至局部破坏，或者由于年久失修，散水、排水通道破损，地基常年浸水，建筑物发生倾斜。

（8）工程事故实例

某办公楼为5层框架结构，钢筋混凝土筏形基础。根据勘察资料，地基土层主要为粉土。该办公楼在基础施工阶段，将筏板向东外伸至建筑红线以外，城建部门发现后，勒令建设单位将建筑物后退。此时钢筋混凝土筏板已经浇筑完毕，施工单位只好将基础板向西加长，办公楼向西退至距离原有住宅楼不足0.5m处，但并没有将外伸至红线以外的多余基础板取消。由于基础板外伸宽度在东西两方向上相差悬殊，该办公楼向西严重倾斜。

五、规划不当

规划部门在批准建筑用地时，由于初期规划不当，相邻建筑相互距离过近，造成相邻建筑地基应力产生局部叠加，特别是在淤泥及淤泥质软土地基上施工时，两者的相互影响更为强烈，从而引起了相邻建筑物的相向倾斜，严重者可使建筑物开裂、倒塌，丧失使用条件。

如武汉某住宅楼为7层底框结构，筏形基础。土层组成情况：表层为薄层填土，第二层为淤泥，第三层为软黏土，第四层为黏土。该宿舍楼在施工过程中，与其紧邻的某3层住宅楼发生倾斜，墙体开裂，最大沉降430mm，影响了正常使用。事故的主要原因在于规划不当，新旧两建筑物相距太近，且两建筑均采用的是天然地基，地基土层厚薄不均匀，承载力低，压缩性大，相邻基础下地基土下应力产生叠加，产生不均匀沉降。

六、使用不当

我国建筑物结构可靠度采用的设计基准期一般取50年。在50年甚至更长的使用期内，各种不正确的使用会对建筑物造成损坏。

（1）在填土、黄土或膨胀土地区，已建成的建筑物上下水管道破裂或堵塞。长期得不到维修，地基周围长期积水，污水流入地基等，使地基土浸水湿陷或膨胀，导致建筑物的倾斜、开裂，如图7.3-10所示。

（2）在既有建筑物附近大量堆载，使得其单侧的地基土受到较大的附加压力，引起地基和基础的不均匀沉降，如图7.3-11所示。

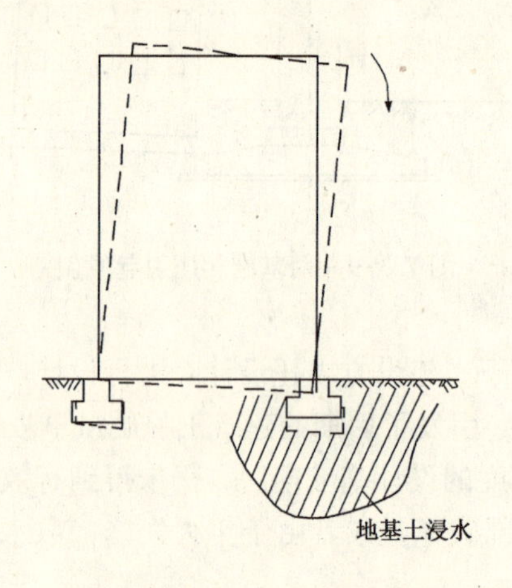

图7.3-10　地基浸水引起倾斜

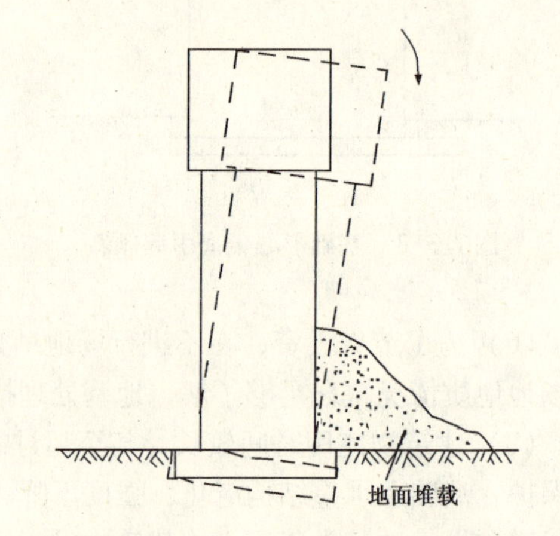

图7.3-11　地面堆载引起倾斜

（3）对既有建筑进行改造，其新旧结构传力关系处理不当，导致基础沉降或建筑物损坏。

（4）在湿陷性黄土或膨胀土地区，绿化带距离建筑物过近，长期灌溉造成地基土湿陷，建筑物产生不均匀沉降。

（5）工程事故实例

1）工程与事故概况

某教学楼为3层砖混结构，条形基础，位于膨胀土地区。由于地面排水沟渗漏，水渗入地下，浸泡膨胀土，使东端墙脚严重开裂，底层最为显著，裂缝达1cm以上，因有封闭牢固圈梁，裂缝向二楼延伸减弱。

2）原因分析

教学楼东端原为水塘回填，土质松软，其下为膨胀土。施工时对水塘回填土未作彻底处理，而设计只是将基础稍加变动，加深、加宽，没有防水措施。且地面排水沟又紧靠墙脚，并有渗漏，因此造成地基上胀缩不均匀，致使东端墙脚开裂。

3）处理措施

采用挖孔桩托换，沿开裂墙基内外采用人工挖孔桩托换处理。

七、自然灾害

（1）山体滑坡、泥石流，其巨大的推力使得建筑物倾斜，甚至破坏，如图 7.3-12 所示。

（2）地震使得地基土液化、喷砂，建筑物沉陷、倾斜，甚至倒塌，如图 7.3-13 所示。

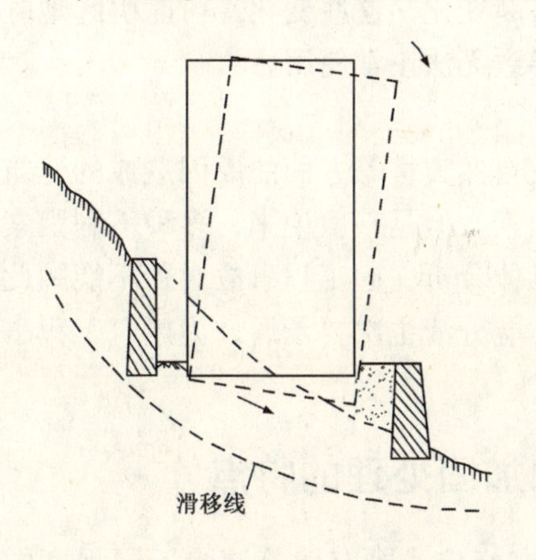

图 7.3-12　山体滑移引起倾斜

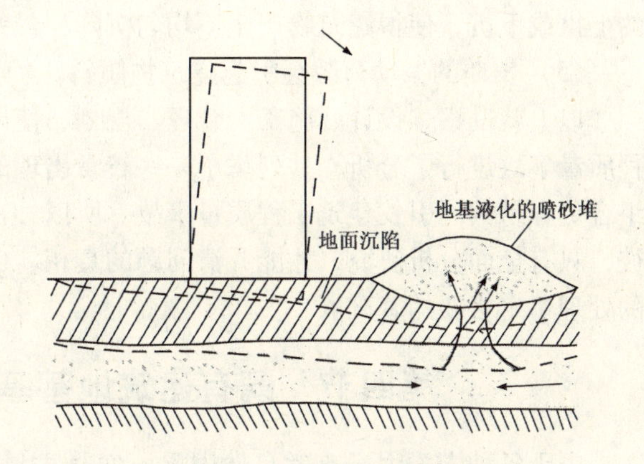

图 7.3-13　地震液化引起倾斜

（3）地下水流的潜蚀作用，造成地基土被掏空，引起建筑物倾斜、破坏。

（4）由于洪水、飓风等的巨大破坏力，使得建筑物受到严重破坏，无法正常使用。

（5）工程事故实例

1）工程与事故概况

四川省某单位在拟建建筑物场地附近发生滑坡，影响了该建筑物的开工日期。

2）原因分析

①滑坡后缘位于两座山的交界处，岩层坡度较大，其倾向与斜坡倾向一致，而且地表面和基岩均为凹洼成勺形，汇水面积大，易积水。

②土层中有一层遇水后强度显著降低的灰色黏土层。

③在坡脚处新建建筑物时，切削了坡脚土方以平整场地，破坏了土体的平衡条件。

④连日下雨，雨水浸入斜坡体内，土自重加大，土层中的抗剪强度降低，尤其是灰色黏土层的抗剪强度降低更为显著。

3）处理措施

滑坡前缘在场地平整的区域内，为了确保新建建筑物使用安全，必须清除滑坡土体。

八、其他原因

造成建筑工程质量事故的原因，除了以上所说的各种因素之外，还有其他一些常见的原因，如：

（1）建筑行业的一些不正常现象，例如无照的私人设计，无照施工，所提供的地基处理手段或基础施工方法均不符合现行规范，甚至是十分错误的，导致建筑工程质量事故。

（2）我国建筑行业技术人员的技术素质参差不齐，管理水平较差，施工过程中轻率处理问题，均有可能给建筑物造成难以挽回的损失。

（3）地下工程的施工，例如城市修建地铁、隧道等地下设施时由于采用技术不当，引发地面沉降，造成地面建筑物的下沉、开裂、倾斜等损害。

（4）地下水位的变化引起地基土性质的改变。目前我国有许多城市属于缺水城市，或者是大规模建筑施工的原因，不断地超限开采地下水，使得地下水位不断降低；有些地区由于地表水源的补给不稳定，也造成了地下水位的不断变化，这些变化都可能引起地基土的上拱或下沉，使得建筑物产生不均匀沉降，最终导致无法正常使用。

（5）长期的振动荷载会引起建筑物倾斜。

以上就勘察、设计、施工、管理、规划、使用及自然灾害等方面的原因造成的建筑工程质量事故进行了分析，并列举了一些较常出现的因素。但是一般说来，多种不利因素的组合更容易共同引发建筑工程质量事故。所以，在具体分析一起工程事故时，不能顾此失彼，只有全面分析研究，才能弄清问题的真相，也才能分清主次要矛盾，为建筑工程事故的处理奠定必要的基础。

第四节　既有建筑地基基础加固处理的特点

由于各种人为因素或者自然因素，使得大量正在修建或既有建筑遭受不同程度的损坏，甚至是全部倒塌毁掉，建筑物局部或全部丧失正常使用功能；或者是由于建筑物使用功能的改变，需要对其移位或增层改造，使得既有建筑地基基础满足不了新增的上部结构荷载要求。由于既有房屋的改建而引发的工程事故屡有发生。仅广州而论，近几年就有沙河某厂因增层改造引起楼房倒塌，砸死数十人的特大伤亡事故；某楼房因加层而使原基础下沉，引起旧楼开裂，最后全幢楼房报废拆毁。在所有这些事故中，很大一部分是由于地基基础满足不了要求而发生的。对于这些不同的建筑工程事故，有着不同的特点和不同的处理措施。本节就既有建筑地基基础加固处理的特点进行一些阐述。

一、既有建筑地基基础加固处理的重要性

根据调查，在我国需要进行加固处理的既有建筑，从建造年代来看，除少数古代建筑和一些近代建筑外，绝大多数是建国以后建造的，其中又以 20 世纪 50 ~ 70 年代末建造的建筑占主体。从使用功能上来看，虽然一些建筑的建造时间不长，但由于一些原有的工业建筑需要转为民用建筑或者是公共设施，或者正常使用时的荷载发生变化，或者由于当初的规划不当而需对建筑进行移位时，这些建筑中的一部分需要进行地基基础加固处理。就建筑类型而言，有工业建筑，也有公共建筑和大量民用建筑。这些建筑由于以下一些原因需要进行加固改造：

（1）一些建筑已接近或超过设计使用年限，需要根据建筑现状逐步进行加固改造，以延长其使用期限。

（2）由于城市建设用地越来越紧张，建造成本越来越贵，而对既有建筑进行加固改造，就成为节约建设用地、节省投资的有效途径。

（3）为了增加房屋的使用面积和提高房屋的使用质量而进行改造，如增加卫生间、阳台等附属设施，改善房屋的居住条件。

（4）由于建筑的使用功能改变，需要对地基基础进行加固处理。如工业建筑改为民用建筑使用，或原有一般工业建筑改为有长期振动荷载作用的建筑。

（5）由于当初的规划不当而需对既有建筑进行移位，需要对建筑地基基础进行加固处理。

（6）因遭受人为或自然灾害（如火灾、水灾、风灾、地震等）造成建筑物的倾斜、损坏，需要进行加固改造，以便恢复房屋的正常安全使用。

综上所述，由于需要进行加固处理的既有建筑范围广、数量多、工程量大、投资额高，因此，既有建筑加固处理在建筑业中占有重要的地位。

二、既有建筑地基基础加固处理的应用范围

房屋进行加固处理时，首先遇到和要解决的就是地基和基础的加固问题。

对于地基，由于增加了上部荷载或者上部荷载的偏心作用，地基承载力和可能产生的不均匀沉降变形值是关键问题。不同土质情况各异，多数的黏性土和砂性土地基，承载力都有一定的安全储备，但有些地基（如湿陷性黄土浸水）在使用期间的承载力可能会比开始修建时要有所降低。如果由于地基土的承载能力不足，可能产生的变形较大，不适于改造时，应在进行充分分析、比较的基础上，提出地基加固处理措施，进行必要可行的加固处理，以适应改造工程的需要。

对于基础，由于修建时间过长，采用的材料及施工质量不同，加上浸水、地震、荷载作用等诸多因素的影响，有的仍很坚固，有的已遭损坏；而且建筑改造可能增加了荷载，原有的基础多已不适用，故需要改变基础尺寸、调整基础埋深或采用桩基等手段，增大基础面积，加强基础刚度，进行基础加固和托换的设计与施工。特别是已产生明显裂缝和不均匀沉降的建筑物，妥善加固和处理好基础是十分重要的。

根据既有建筑需要进行地基基础加固的分类，大致有下列几种情况：

（1）由于勘察、设计、施工或使用不当，造成既有建筑开裂、倾斜或损坏，而需要进行地基基础加固。这在软土地基、湿陷性黄土地基、人工填土地基、膨胀土地基和土岩组合地基上较为常见。

（2）原有建筑改变其使用要求或使用功能，而需要进行地基基础加固。如增层、增加荷载、改建、扩建等。其中民用住宅楼以扩大建筑使用面积、改善居住条件为目的的改造较为常见，尤以不改变原有结构传力体系的直接增层为主。办公楼常以增层改造为主，因一般需要增加的层数较多，故常采用外套结构增层的方式，增层荷载由独立于原结构的新设的梁、柱、基础传递。公用建筑（如会堂、剧院等）因增加使用面积或改善使用功能而进行改建或扩建等。单层工业厂房和多层工业建筑，由于产品的更新换代，需要对原生产工艺进行改造，对设备进行更新，这种改造和更新势必引起荷载的增加，造成原有结构和地基基础承载力的不足等等。

（3）因周围环境改变的影响而需要进行地基基础加固，如：

1）地下工程施工可能对既有建筑造成影响。

2）邻近工程的施工对既有建筑可能产生影响。

3）深基坑开挖对既有建筑可能产生影响。

4）由于人为或自然因素，使得地下水位变化，地基土变形而对建筑产生影响。

（4）古建筑的维修，需要进行地基基础加固。

三、既有建筑地基基础加固处理的原则与规定

与新建工程相比，既有建筑地基基础的加固是一项技术较为复杂的工程。因此，必须遵循下列原则和规定：

1. 如何评价既有建筑物的地基，是既有建筑物改造中遇到的首要问题。评价时应考虑可能存在的有利和不利于地基承载力提高的条件。如对地基承载力提高有利的条件有地下水位的降低，有效应力增加；改造后的建筑会使得基底附加应力分布更趋于均匀等。对于地基承载力提高不利的条件有地下水上升，地基难以承受新增荷载；邻近的地下工程施工使得地基或地面下沉；邻近新建建筑的影响等。

2. 对既有建筑的地基基础加固处理必须由有相应资质的单位和有经验的专业技术人员来承担其评价、加固设计和加固施工等工作，并应按规定程序进行校核、审定和审批等。

3. 既有建筑地基基础加固设计，可按下列步骤进行：

（1）根据鉴定检验获得的测试数据确定地基承载力和地基变形计算参数等。

（2）选择地基基础加固方案。首先根据加固的目的，结合地基基础和上部结构的现状，并考虑上部结构、基础和地基的共同作用，初步选择采用加固地基或加固基础，或加强上部结构刚度和加固地基基础相结合的方案。大量工程实践证明，在进行地基基础设计时，采用加强上部结构刚度和承载能力的方法，能减少地基的不均匀变形，取得较好的技术经济效果。因此，在选择既有建筑地基基础加固方案时，同样也应考虑上部结构、基础和地基的共同作用，采取切实可行的措施，既可降低费用，又可收到满意的效果。其次，对初步选定的各种加固方案，分别从预期效果、施工难易程度、材料来源和运输条件、施工安全性、对邻近建筑和环境的影响、机具条件、施工工期和造价等方面进行技术经济分析和比较，选定最佳的加固方法。

4. 既有建筑地基基础加固施工。一般来说，既有建筑地基基础加固施工具有场地条件差、施工难度大、技术要求高、不安全因素多和风险大等特点，因此加固施工是一项专业性很强的技术，要求施工单位具有专业工程经验，施工人员具备较高的素质，清楚所承担地基基础加固工程的加固目的、加固原理、技术要求和质量标准等。加固施工前还应编制详细的施工组织设计，制订完善的施工操作规程，特别要充分估计施工过程中可能出现的安全事故，以及采取的应急措施。要认真研究加固工程施工时，对相邻既有建筑可能造成的影响或危害，并制定出确保相邻既有建筑安全的技术方案。

5. 既有建筑地基基础加固施工中的监测、监理、检验和验收。加固施工中应有专人负责质量控制，还应有专人负责监测。当出现异常情况时，应及时会同设计人员及有关部门分析原因，妥善解决。当情况严重时应采取果断措施，以免发生安全事故。对既有建筑进行地基基础加固时，沉降观测是一项必须要做的重要工作。它不仅是施工过程中进行监测的重要手段，而且是对地基基础加固效果进行评价和工程验收的重要依据。因此，除在加固施工期间进行沉降观测外，对重要的或对沉降有严格限制的建筑，尚应在加固后继续进

行沉降观测，直至沉降稳定为止。由于地基基础加固过程中容易引起对周围土体的扰动，因此，施工过程中对邻近建筑和地下管线也应同时进行监测。此外，施工过程中应有专门机构负责质量监理，施工结束后应进行工程质量检验和验收。

既有建筑物地基基础评价与加固处理程序如图 7.4-1 所示。

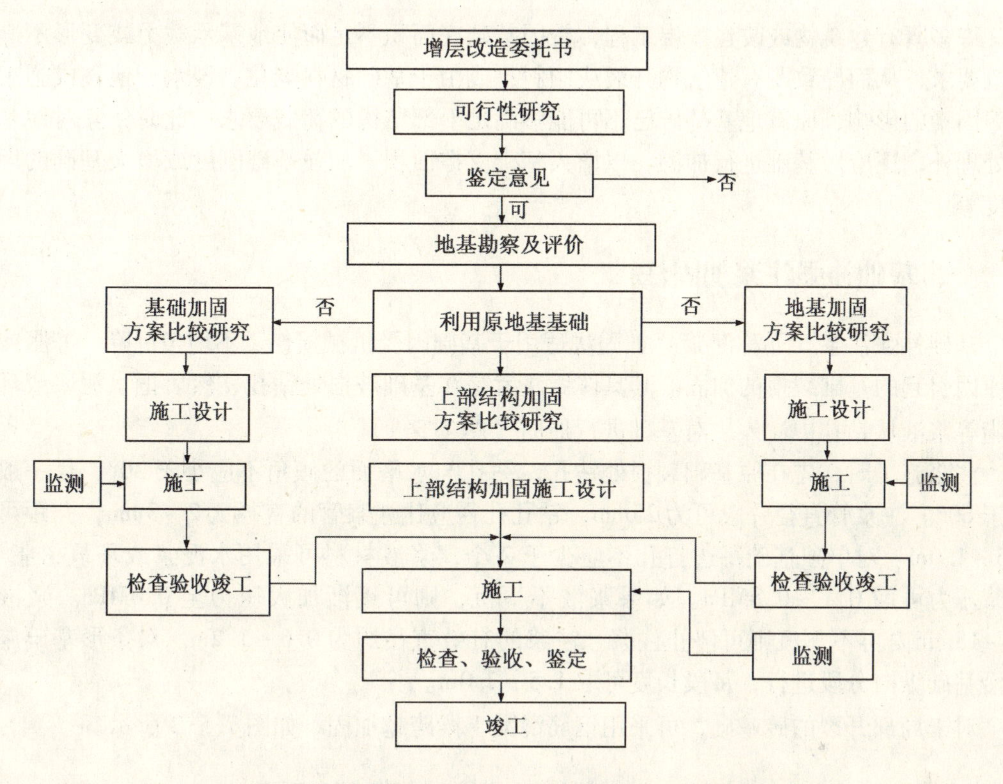

图 7.4-1 既有建筑物地基基础评价与加固处理流程图

四、既有建筑地基基础加固处理的方法分类

目前，我国对既有建筑地基基础加固技术的全面研究还处于发展阶段，不过已取得了一些成果，且发展异常迅速。近年来全国各地需要进行地基基础加固的既有建筑迅速增加，而且已经完成了一批风险高、难度大的工程项目，其中包括一些国家重点工程改造项目，取得了可观的经济效益和社会效益。而且，我国还编制了国家行业标准《既有建筑地基基础加固技术规范》（JGJ 123—2000），经建设部审查，批准为强制性行业标准，自 2000 年 6 月 1 日起施行。各种专业学会多次举办学术活动，进行技术交流和研讨。所有这些都有力地推动了既有建筑地基基础加固领域的技术进步和发展。目前，既有建筑地基基础加固处理方法可大致分类如下：

（1）既有建筑基础常用的加固方法有：以水泥浆等为浆液材料的基础补强注浆加固法、用混凝土套或钢筋混凝土套加大基础面积的扩大基础底面积法、用灌注现浇混凝土的加深基础法等。

（2）既有建筑常用的基础托换方法有：锚杆静压桩法、树根桩法、坑式静压桩法、后压浆桩法、桩式托换法、抬墙梁法、沉井托换加固法等。

此外，还有既有建筑迫降纠倾和顶升纠倾以及移位等方法。

第五节 基础加固法

许多既有建筑物或改建增层工程，常因基础底面积不足而使地基承载力或变形不满足规范要求，从而导致既有建筑物开裂或倾斜；或由于基础材料老化、浸水、地震或施工质量等因素的影响，原有地基基础已不再能够满足上部结构的荷载要求。此时，除对地基进行处理外，还应对基础进行加固，以增大基础支撑面积、加强基础刚度或增大基础的埋置深度等。

一、基础补强注浆加固法

基础补强注浆（亦称灌浆）加固法适用于基础因受机械损伤、不均匀沉降、冻胀或其他原因引起的基础裂损的加固。其具体做法就是在基础破损处钻孔，然后把水泥浆或环氧树脂等浆液从钻孔中注入，对基础进行加固（图7.5-1）。

注浆施工时，先在原基础裂损处钻孔，钻孔与水平面的倾角不应小于30°，且一般不大于60°。注浆管直径一般可为25mm，钻孔孔径应比注浆管的直径大2～3mm，孔距可为0.5～1.0m。对单独基础每边打孔不应少于2个，浆液材料可采用水泥浆或环氧树脂等，注浆压力可取0.1～0.3MPa。如果浆液不下沉，则可逐渐加大压力至0.6MPa。浆液在10～15min内再不下沉则可停止注浆。注浆的有效直径约为0.6～1.2m。对条形基础施工应沿基础纵向分段进行，每段长度可取1.5～2.0m。

对于局部开裂的砖基础，可采用钢筋混凝土梁跨越加固，如图7.5-2所示。

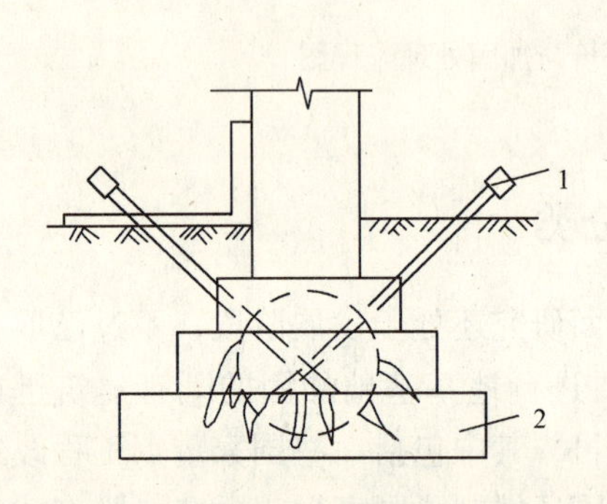

图7.5-1 基础补强注浆加固示意图

1—注浆管；2—加固的基础

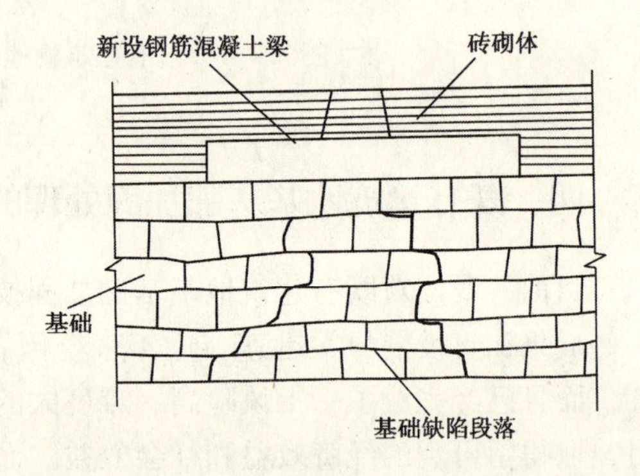

图7.5-2 用钢筋混凝土梁跨越缺陷基础加固示意图

二、扩大基础底面积法

扩大基础底面积法适用于既有建筑的地基承载力或基础底面积尺寸不满足设计要求，或基础出现破损、裂缝时的加固。其具体做法是采用混凝土套或钢筋混凝土套加大基础底面积，其中采用素混凝土包套时，基础可加宽200～300mm；采用钢筋混凝土外包套，可加宽 300mm 以上，如图 7.5-3 和图 7.5-4。

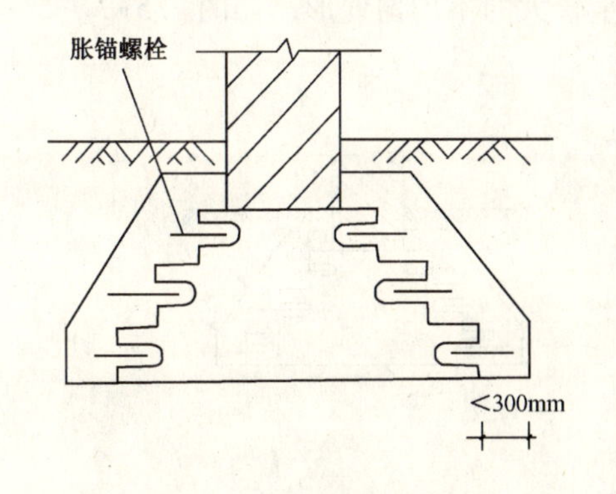

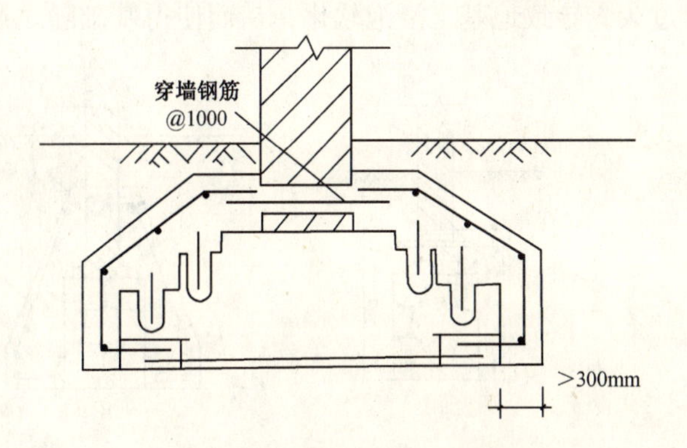

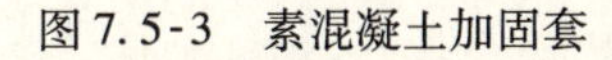

图 7.5-3　素混凝土加固套　　　　图 7.5-4　钢筋混凝土加固套

在进行原有基础评价后，若原基础承受偏心受压时，或受相邻建筑基础条件限制，或为沉降缝处的基础，或为了不影响室内正常使用而只在室外施工时，可采用不对称加宽或者是单面加宽基础，如图 7.5-5；若原基础承受中心荷载时，可采用双面对称加宽基础；对于单独柱基础加固，可沿基础底面四边扩大加固，如图 7.5-6。

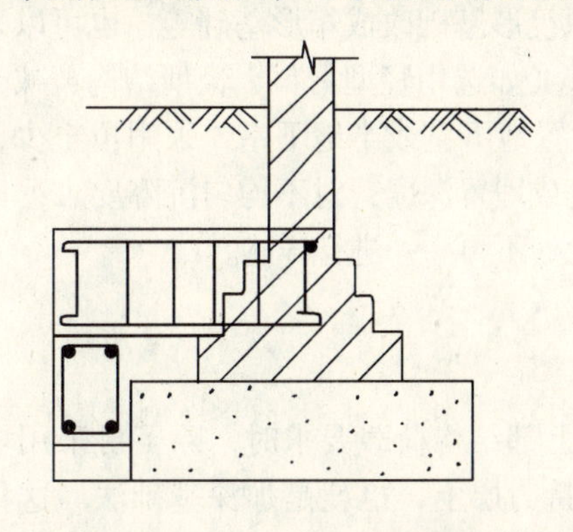

图 7.5-5　条基的单面加宽

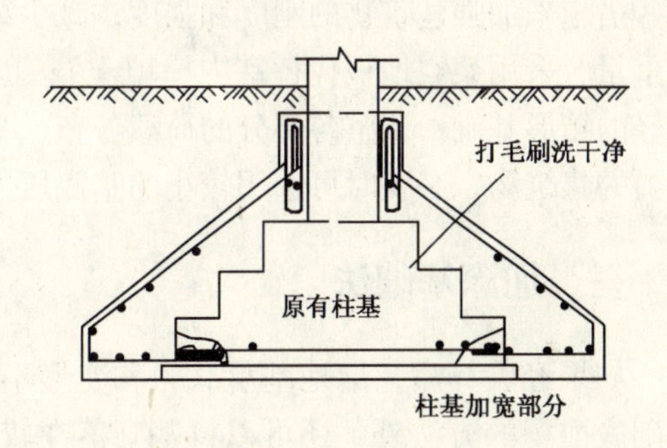

图 7.5-6　柱基加宽

在使用该工法进行施工时，应在灌注混凝土前应先将原基础凿毛和刷洗干净后，铺一层高强度等级水泥浆或涂混凝土界面剂，并沿基础高度每隔一定距离设置锚固钢筋，也可在墙角或圈梁钻孔穿钢筋，再使用环氧树脂填满，穿孔钢筋须与加固钢筋焊牢。这样，可达到增加新老混凝土基础粘结力的目的。

若原基础采用素混凝土套加固，则基础每边加宽的宽度及其外形尺寸应符合国家现行标准《建筑地基基础设计规范》GB50007 中有关刚基础台阶宽高比允许值的规定，且沿基础高度隔一定距离应设置锚固钢筋；若原基础采用钢筋混凝土套加固，那么加宽部分的主筋应与原基础内主筋相焊接。

在进行基础加宽施工之前，对于加套的混凝土或钢筋混凝土的加宽部分，其地基上应铺设厚度和材料均与原基础垫层相同的夯实垫层，从而使得加套后的基础与原基础的基底标高和应力扩散条件相同且变形协调。

当对条形基础进行加宽施工时，应按长度 1.5 ~ 2.0m 划分成许多单独段，然后分批、分段、间隔进行施工。决不能在基础的全长范围内挖成连续的坑槽而使全长的地基土暴露过久，导致地基土浸泡软化，从而使得基础随之产生较大的不均匀变形，如图 7.5-7。

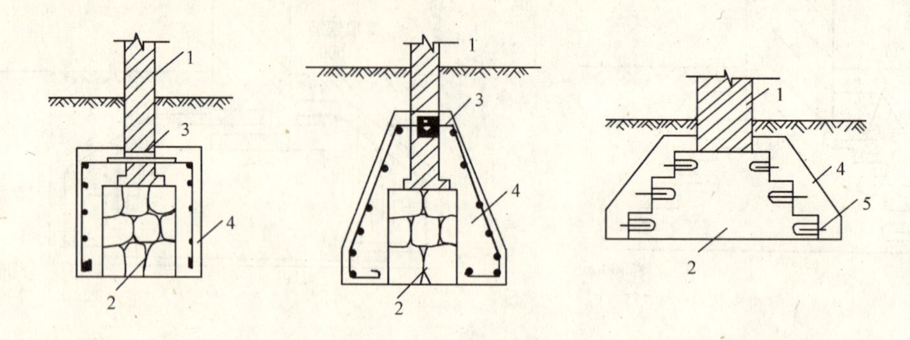

图 7.5-7　条基的双面加宽

1—原有墙身；2—原有墙基；3—墙角钻孔穿钢筋，用环氧树脂填满再与加固钢筋焊牢；4—基础加宽部分；5—钢筋锚杆

由于施工条件以及其他一些原因的限制，当不宜采用混凝土套或钢筋混凝土套加大基础底面积时，可采用改变基础形式的方法加大基础底面积，如将原独立基础改成条形基础；将原条形基础改成十字交叉条形基础或筏形基础；将原筏形基础改成箱形基础等；也可以采取一些措施来加强建筑物的刚度和强度，减少结构自重（如选用轻型材料、轻型结构、减少墙体重量、采用架空地板代替室内厚填土）；也可以设置地下室或半地下室，采用覆土少、自重轻的箱形基础；调整各部分的荷载分布、基础宽度或埋置深度；对不均匀沉降要求严格或重要的建筑物，必要时可选用较小的基底压力等。此处不再一一进行详述。

三、加深基础法

如果经验算后，原地基承载力和变形不能满足上部结构荷载要求时，除了可采用增加基础底面积的方法外，还可以将基础落在较好的新持力层上，也就是加深基础法。这种托换加固方法也称为墩式托换或坑式托换。

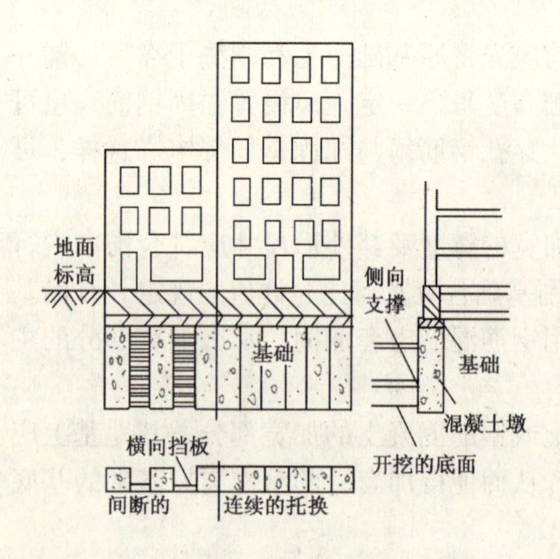

图 7.5-8　间断的和连续的混凝土墩式托换

加深基础法适用于地基浅层有较好的土层可作为基础持力层，且地下水位较低的情况。其具体做法是将原基础埋置深度加深，使基础支承在较好的持力层上，以满足设计对地基承载力和变形的要求。若地下水位较高时，则应根据需要采取相应的降水或排水措施。

对既有建筑进行基础加深托换加固时，其设计应遵循以下一些要点：

（1）根据被加固结构荷载及地基土的承载力值大小，所设计使用的混凝土墩可以是间隔的，也可以是连续的（图 7.5-8）。其中，如果间断的墩式托换满足建筑物荷载条件对基底土层的地基承载力要求，则可设计为间断墩式基础；如果不满足，则可设计为连续墩式基础。施工时应先设置间断混凝土墩以提供临时支撑；在开挖间断墩间的土时，可先将坑的侧板拆除，再在挖掉墩间土的坑内灌注混凝土，然后再进行砂浆填筑，从而形成了连续的混凝土墩式基础。

（2）当坑井宽度小于1.25m，坑井深度小于5m，坑井间距不小于单个坑井宽度的3倍，建筑物高度不大于6层时，可不经力学验算就在基础下直接开挖小坑。

（3）如果基础为承重的砖石砌体、钢筋混凝土基础梁时，对间断的墩式基础，该墙基应可跨越两墩之间。如果其强度不足以满足两墩间的跨越，则有必要在坑间设置过梁以支撑基础。即在间隔墩的坑边做一凹槽，作为钢筋混凝土梁、钢梁或混凝土拱的支座，并在原来的基础底面下进行干填（图7.5-9）。

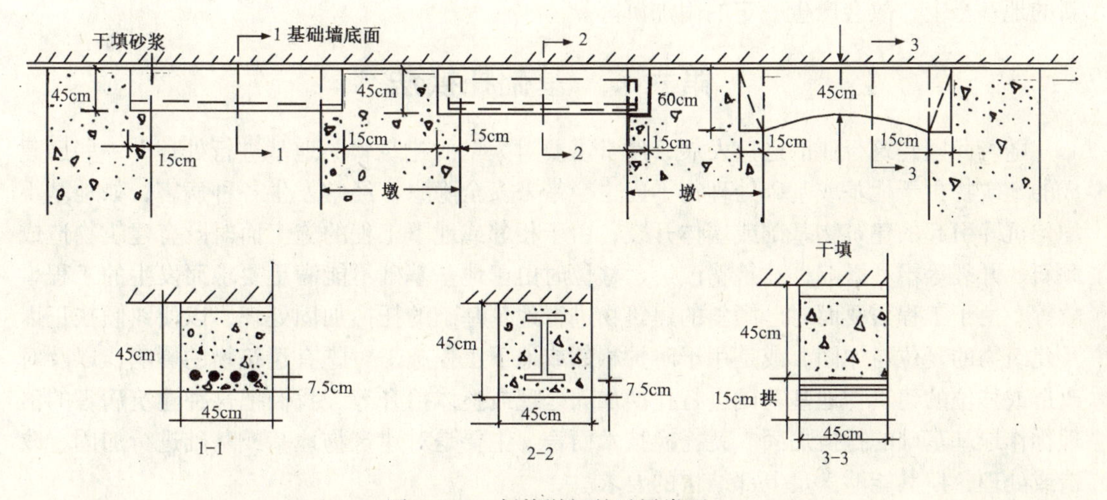

图7.5-9 托换墩间的过梁类型

（4）对大的柱基用基础加深时，可先将柱基面积划分为几个单元进行逐个托换的方法进行施工。单元尺寸根据基础尺寸的大小不同而不同。对于不加临时支撑的柱基进行托换施工时，通常一次托换不宜超过基础支承总面积的20%。由于柱子的中心处荷载最为集中，可从基础的角端处先行开挖并施工进行托换的混凝土墩。

（5）在框架结构中，上部各层的柱荷载可传递给相邻的柱子，所以理论上的荷载决不会全部作用在被托换的基础上，因而不能在相邻柱基上同时进行托换工作。一旦在一根柱子处开始托换后，就要不间断地进行到施工结束为止。

（6）如果地下建筑要在某些完整无损的建筑物外墙旁经过时，需在其施工前对这些建筑物的外墙进行托换。这时可采用将外墙基础落深到与地下建筑底面的相同标高处，因而基础加深的方法可作为预防性托换措施方案之一。

（7）如果基础加深的施工结束后，预计附近会有打桩或深基坑开挖等工程，可在混凝土墩式基础施工时，预留安装千斤顶的凹槽，使得在今后需要的时刻安装千斤顶来顶升建筑物，从而调整不均匀沉降，这就是维持性托换。

在进行基础加深的施工时，应先在贴近既有建筑基础的一侧分批、分段、有间隔地开挖长约1.2m、宽约0.9m的竖坑，竖坑底面应比原基础底面深1.5m左右。如果坑壁是不能直立的砂土或软弱土地基，则要进行坑壁支护。然后在原基础底面下沿横向开挖与基础宽度相同、深度达到设计持力层的基坑。等到基础下的坑体开挖完成后，采用现浇混凝土的方法灌注，并在距原基础底80mm处停止灌注，待养护一天后再用掺入膨胀剂和速凝剂的干稠水泥砂浆填入基底空隙，并用铁锤敲击短木，使在填塞位置的砂浆得到充分捣实，成为密实的填充层。由于这种方法形成的填充层厚度比较小，所以实际上可视为不收缩的，因而建筑物不会因混凝土收缩而发生附加沉降。有时也可使用液态砂浆通过漏斗注入，并在砂浆上保持一定压力直到砂浆凝固变硬为止。重复上面的步骤，直至全部托换基础的工作完成。

加深基础法的优点是费用低、施工简便，由于托换工作大部分是在建筑物的外部进行，所以在施工期间仍可使用建筑物。其缺点是工期较长，且由于建筑物的荷载被置换到新的地基土上，故会产生一定的附加沉降。

第六节　基础托换法

随着我国建筑行业的迅速发展，经常需要对大量的建筑软弱地基进行处理，一些已建成的建筑物由于地基或基础处理得不当也会带来安全隐患，经常发生各种病害，如地基不均匀沉降引起的建筑物基础或墙体开裂；由于相邻或地下工程的施工而对既有建筑物造成倾斜、开裂等不利影响；建筑物改造、移位时由于地基基础不能满足要求而发生的工程事故等。由于工程需要而对已倾斜的建筑物进行地基基础的托换加固处理，以便纠倾扶正以及建筑物的复位与加固，或是用于防护相邻或地下工程施工对既有建筑物的影响，以及对改造或移位的建筑物地基基础进行托换加固处理或整体抬升等。我们把这种建筑病害的治理称作地基基础的托换加固。就托换技术而言，主要是对建筑物地基或基础进行加固、改造或处理，使其能够满足上部结构的要求。

托换方法一般可分成以下常见的几种：

（1）抢救性托换：当既有建筑物基础下的地基土强度或变形不能满足上部结构的要求，房屋或构筑物下沉、开裂，或者对灾害后建筑物的抢救，常需要将原基础置于其下较好土层上。当地下水位较高、施工有困难时，亦可采用扩大原有基础底面积或者采用局部顶升复位的办法处理。通过抢救加固托换处理，保持建筑物的正常使用功能。常用的方法有桩工法、注浆法、基础加固法以及坑式加固法等。

（2）保护性托换：在既有建筑物附近或其下，要修建地下工程（如地下铁道、巷道、商场、储备库、人防工程或基坑开挖工程等）。为防止这些工程的实施对既有建筑物造成损害，要预先做好防护性的加固处理，如采用地下连续墙、树根桩、板桩墙、注浆以及合适的基坑支护方法等，来保护既有建筑物。

（3）预留性托换：在新建工程时，已考虑到将来环境可能发生对建筑物的不利因素，如地层斜断面错动使房屋发生倾斜、不均匀下沉或使用若干年后可能需要增层改造。为确保建筑物的长远安全使用，在新建工程设计或施工时，就提出了预留性的托换加固措施，对地基基础进行预防性加固，如预留顶升纠偏条件、预留桩基法以及预留抽砂法等。

（4）综合性托换：考虑到既有建筑物有可能进行增层改扩建，因此，既要有预留性托换措施，以便适应增层荷载的要求；同时，又考虑到建筑物周围环境的变化，可能影响其安全，因此需要采取保护性托换或者预留性托换措施。

改变承重体系托换：由于既有建筑物的纵墙承重，不利于结构抗震，或者为挖掘地基潜力需将原结构在增层时改为纵横墙同时承重，这就需要对地基和基础进行托换加固处理。

以下框图列出了托换方法的分类及一些常用的方法，本节着重介绍锚杆静压桩法、树根桩法、坑式静压桩法、桩式托换法、后压浆桩法、抬墙梁法及沉井托换加固法。

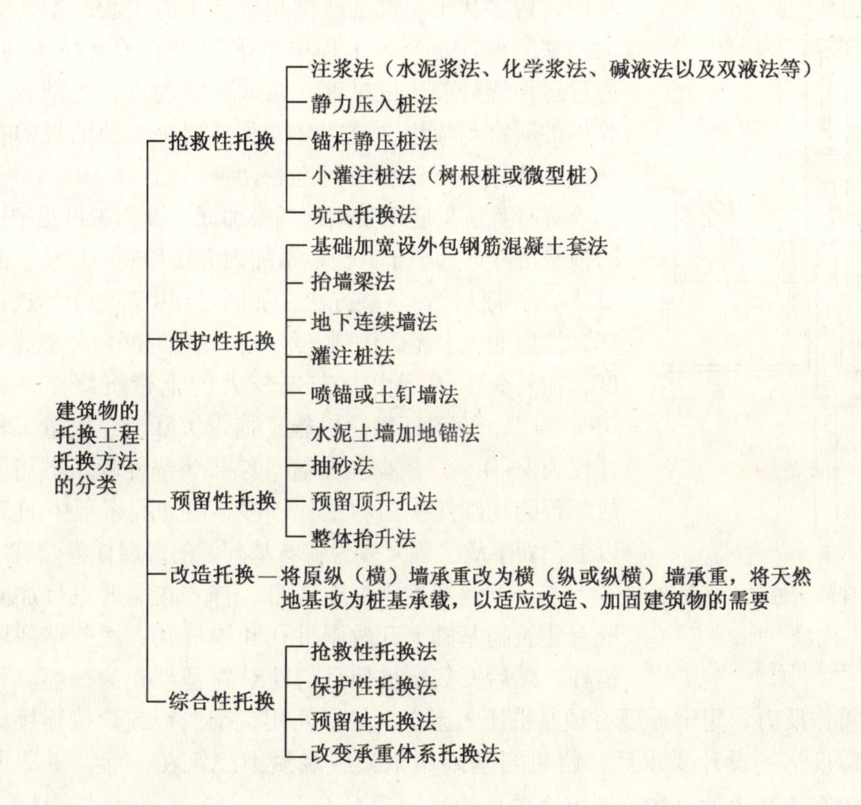

一、锚杆静压桩法

（一）锚杆静压桩法的特点

锚杆静压桩法是将锚杆和静力压桩两项技术巧妙结合而形成的一种桩基施工新工艺，是一项基础托换处理新技术，适用于淤泥、淤泥质土、黏性土、粉土和人工填土等地基土。其加固机理类同于打入桩及大型压入桩，但其施工工艺又不同于两者。锚杆静压桩在施工条件要求及对周边环境的影响方面明显优于打入桩及大型压入桩。

该技术与其他地基加固工法相比，具有无法比拟的优点，如锚杆静压桩受力明确，桩基质量有保证，事故工程经加固后可以起到立竿见影的效果；施工机具轻巧，操作方便，施工时无振动、无噪声、无环境污染，属于半机械半人工操作方法，加固费用低廉。该项新技术研究成功后，得到迅速推广应用，目前华东地区、广东沿海地区、武汉地区等全国各地已广泛使用，特别是上海地区在处理沉降、倾斜超标工程得到了首肯的应用。

锚杆静压桩技术开始时仅用于事故工程的地基加固，但随着对该项技术的深入研究，在工程中运用锚杆静压桩的机理，扩大了使用范围，例如：用于倾斜超标建筑物的纠偏工程，在建筑物南、北两侧外挑基础上进行补桩加固，并在沉降少的一侧辅以掏土后使建筑物回倾到允许范围内；同时，通过锚杆静压桩对建筑物南、北两侧加固，可使建筑物立刻起到稳定作用。又如在上海繁华商业街南京路、金陵路和在密集建筑群中，以及不允许有噪声环境条件下，当大型机具无法进入的情况下可以采用锚杆静压桩桩基逆作施工法进行建筑物的地基基础加固。又如20世纪90年代中后期上海大发展时期，在新建高层建筑过程中，曾多次出现桩基移位和桩基事故工程。如何解决大型缺陷桩，是当时工程中急需解决的重大技术问题。通过运用锚杆静压桩机理，在地下室内进行大型静压钢管桩的研究与应用，成功解决了高层桩基缺陷桩的补强加固，确保高层建筑顺利施工。

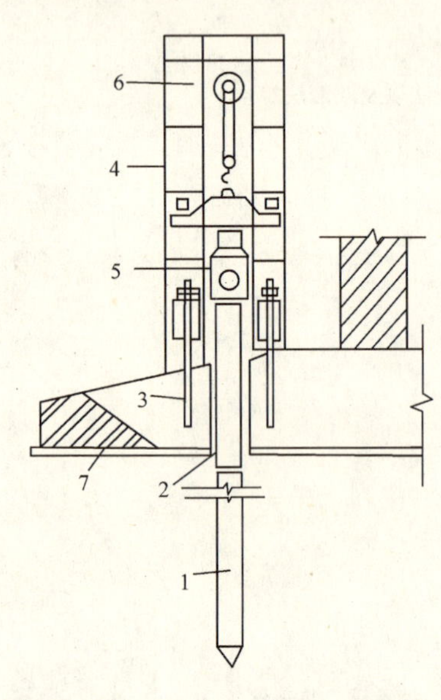

图7.6-1　锚杆静压桩装置示意图

1—桩；2—压桩孔；3—锚杆；4—反力架；5—千斤顶；6—手动或电动葫芦；7—基础

锚杆静压桩应用于基础托换加固，其施工过程中引起的拖带沉降远远小于其他地基加固方法如旋喷桩法、灌注桩法、注浆法等。这些方法在加固过程中都将土体进行破坏，然后加入水泥固化剂，经较长固化时间后才能建立强度，在外荷作用下由此带来较大的拖带沉降，一般在10cm以上，而锚杆静压桩施工拖带沉降量经大量工程统计仅为1~4cm。根据初步统计结果，锚杆静压桩用于事故工程的基础托换加固工程较多，占加固工程中的70%以上，而事故工程大多为软弱基础上的多层住宅建筑。

在进行锚杆静压桩施工时，首先在需要进行加固的既有建筑物基础上开凿压桩孔和锚杆孔，用胶粘剂埋好锚杆，然后安装压桩架且与建筑物基础连为一体。利用既有建筑物自重作反力，用千斤顶将预制桩压入土中，桩段间用硫磺胶泥或焊接连接。当压桩力或压入深度达到设计要求后，将桩与基础用微膨胀混凝土浇筑在一起，桩即可受力，从而达到提高地基承载力和控制沉降的目的（图7.6-1）。

（二）锚杆静压桩的应用

锚杆静压桩主要可用于既有建筑物托换加固和纠偏加固工程。既有建筑由于种种原因，产生较大的不均匀沉降而导致建筑物开裂，甚至成为沉裂工程，或者是由于既有建筑物使用功能的改变，如增层、扩大柱距等，基础上的荷载增大，地基土承载力不能满足上部结构要求时，则需要对其进行基础加固。在施工条件限制下，其他一些工法不适用时，锚杆静压桩则是比较理想的选择；既有建筑物由于不均匀沉降而发生严重倾斜时，若其上部结构刚度大，整体性好，建筑物没有或仅有少量裂缝，只是发生了整体倾斜，这种情况下可采用锚杆静压桩并联合掏土、钻孔或沉井冲水等方法可以很好地进行纠斜加固。当然，如果采用双排桩（一侧为止倾桩，一侧为保护桩），则能做到可控纠倾，既安全可靠又节约成本。

（三）工程地质勘察

针对锚杆静压桩进行工程地质勘察时，除了应进行常规的工程地质勘察工作外，尚应进行静力触探试验。由于锚杆静压桩在施工过程中的受力特点与静力触探试验非常相似，故静力触探试验配合常规勘察可提供适宜的桩端持力层，并且可提供沿深度各土层的摩阻力和持力层的承载力，从而可以比较准确地预估单桩竖向容许承载力，为锚杆静压桩设计提供较为可靠和必需的设计参数及依据。

（四）锚杆静压桩的设计

在进行锚杆静压桩设计前，必须对拟加固建筑物进行调研，查明其工程事故发生的原因，了解其沉降、倾斜、开裂情况，分析上部结构与地基基础之间的关系，调查周边环境、地下网线及地下障碍物等情况，并应收集托换工程的地基基础设计所必需的其他资料。

设计内容包括单桩竖向承载力、桩断面及桩数设计、桩位布置设计、桩身强度及桩段构造设计、锚杆构造设计、下卧层强度及桩基沉降验算、承台厚度验算等。若是纠倾加固工程，尚需进行纠倾设计。

1. 单桩竖向承载力的确定

锚杆静压桩的单桩竖向承载力可通过单桩载荷试验确定；当无试验资料时，也可根据静力触探试验资料确定或是按国家现行标准《建筑地基基础设计规范》GB 50007 有关规定估算。

2. 桩断面及桩数设计

桩断面可根据上部结构、地质条件、压桩设备等初步选择，压桩孔一般宜为上小下大的正方棱台状，边长为 200 ~ 300mm，其孔口每边宜比桩截面边长大 50 ~ 100mm。这样就可以初步确定单桩竖向承载力。设计时必须控制压桩力不得大于该加固部分的结构自重。若是考虑桩土的共同作用，则带承台的单桩承载力比不带承台的单桩承载力要大许多，故在计算桩数的时候应加以考虑。由于估算桩土应力比是一个比较复杂的问题，为了合理、方便地考虑桩土应力比，在既有建筑地基基础托换加固设计中一般建议为 3∶7，即 30% 的荷载由土承受，70% 的荷载由桩承受。当然，也可按照地基承载力大小及地基承载力利用程度相应选取桩土应力比，使之更趋于合理。若是在建筑物加层托换加固设计中，地基承载力能够满足既有建筑荷载要求，且建筑物沉降已趋于稳定，可考虑既有建筑荷载由土承受，加层部分荷载由桩承受。

设计桩数应由上部结构荷载及单桩竖向承载力计算确定。由桩承受的荷载值除以单桩竖向承载力就可得到桩数。若是计算所得桩数过多、桩距过小，可适当扩大桩断面，重新

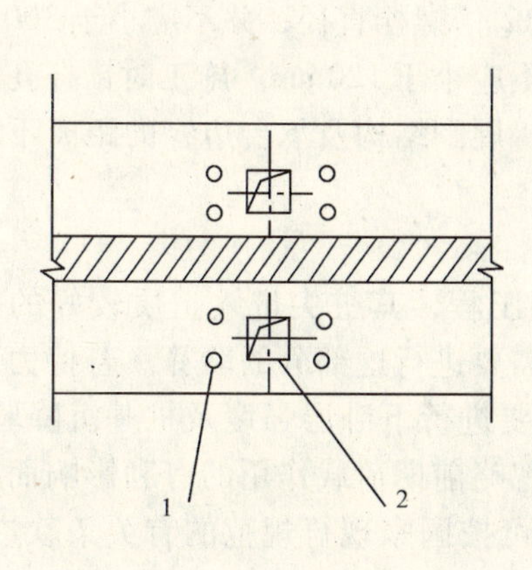

图 7.6-2　条形基础桩位示意图

1—锚杆；2—压桩孔

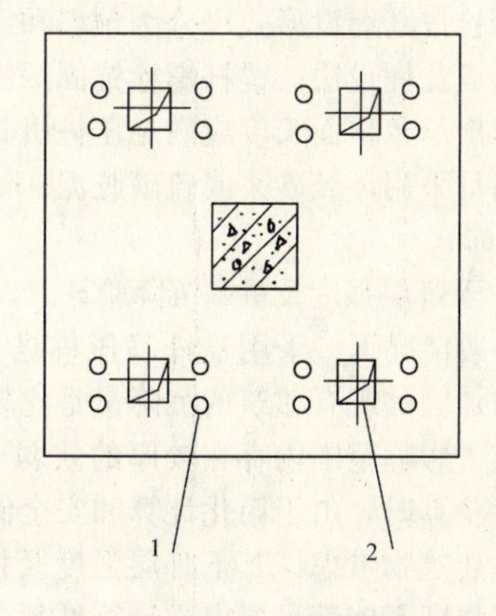

图 7.6-3　独立柱基础桩位示意图

1—锚杆；2—压桩孔

计算桩数，直至合理为止。

3. 桩位布置

锚杆静压桩应尽量靠近墙体或柱子。对于托换加固工程，其桩位应尽量靠近受力点两侧，这样桩位就处于刚性角范围内，从而可以减小基础的弯矩；对条形基础可布置在靠近基础的两侧（图7.6-2）；独立基础可围着柱子对称布置（图7.6-3）；板基、筏基可布置在靠近荷载大的部位及基础边缘，尤其是角落部位，以适应马鞍形的基底接触应力分布。

4. 桩身强度及桩段构造设计

钢筋混凝土方桩的桩身强度可根据压桩过程中的最大压桩力并按钢筋混凝土受压构件进行设计，且其桩身强度应稍高于地基土对桩的承载力。桩身材料可采用钢筋混凝土或钢材，一般混凝土强度等级不应低于C30，保护层厚度4cm。桩内主筋应按计算确定。当方桩截面边长为200mm时，配筋不宜少于4ϕ10；当边长为250mm时，配筋不宜少于4ϕ12；当边长为300mm时，配筋不宜少于4ϕ16。

桩段长度由施工条件决定，如压桩处的净高、运输及起重能力等，一般为1.0～2.5m。如果从经济及施工速度的角度出发，应尽量采用较长的桩段，这样就可以减少接桩的次数；另外，还应考虑桩段长度组合应与单桩总长尽量匹配，避免过多截桩。因此，适当制作一些较短的标准桩段，可以更方便地匹配组合使用。

桩段一般可采用焊接接头或硫磺胶泥接头连接。当桩身承受水平推力、侧向挤压力或拉应力时，应采用焊接接头连接；承受垂直压力时则应采用硫磺胶泥接头连接。当采用硫磺胶泥接头时，其桩节两端应设置焊接钢筋网片，一端应预埋插筋，另一端应预留插筋孔和吊装孔。当采用焊接接头时，桩节的两端均应设置预埋连接铁件。出于抗震需要，对承受垂直荷载的桩，上部四个桩段应为焊接接桩，下部可为硫磺胶泥接桩。

5. 锚杆构造设计

锚杆可用光面直杆镦粗螺栓或焊箍螺栓。锚杆直径可根据压桩力大小选定：当压桩力小于400kN时，可采用M24锚杆；当压桩力为400～500kN时，可采用M27锚杆；压桩力再大时，可采用M30锚杆。锚杆数量可由压桩力除以单根锚杆抗拉强度确定。锚杆螺栓按其埋设形式可分为预埋和后成孔埋设两种，对于既有建筑的地基基础加固都采用后成孔埋设法。锚杆螺栓锚固深度可采用10～12倍螺栓直径，并不应小于300mm，锚杆露出承台顶面长度应满足压桩机具要求，一般不应小于120mm。施工时锚杆孔内的胶粘剂可采用环氧砂浆或硫磺胶泥；锚杆与压桩孔、周围结构及承台边缘的距离不应小于200mm。

6. 下卧层强度及桩基沉降验算

一般情况下，采用锚杆静压桩进行托换加固的工程，其桩尖进入土质较好的持力层，被加固的既有建筑的沉降量是比较小的，并不需要进行这部分的验算。若持力层下附加应力影响范围内存在较厚的软弱土层时，则需要进行下卧层强度及桩基沉降验算。在进行验算时，出于简化计算和安全储备考虑，可忽略前期荷载作用的有利影响而按新建桩基建筑物考虑，其下卧层强度及桩基沉降计算可按国家现行规范的有关条款进行。当验算强度不能满足要求或计算桩基沉降量超过规范的容许值时，应适当改变原定方案重新设计。

7. 承台厚度验算

原基础承台验算可按现行《混凝土结构设计规范》进行，验算内容包括基础的抗冲切、抗剪切强度。当验算结果不能满足要求时，应设置桩帽梁，并由抗冲切、抗剪切计算确定。桩帽梁主要利用压桩用的抗拔锚杆，加焊交叉钢筋并与外露锚杆焊接，然后围上模板，将桩孔混凝土和桩帽梁混凝土一次浇灌完成，并形成一个整体。

除应满足有关承载力要求外，承台厚度不宜小于350mm。桩头与基础承台连接必须可靠，桩顶嵌入承台内长度应为50～100mm；当桩承受拉力或有特殊要求时，应在桩顶四角增设锚固筋，伸入承台内的锚固长度应满足钢筋锚固要求。另外，承台的周边至边桩的净距离不宜小于200mm。压桩孔内应采用C30微膨胀早强混凝土浇筑密实。当既有建筑原基础厚度小于350mm时，封桩孔应用2ϕ16钢筋交叉焊接于锚杆上，并应在浇筑压桩孔混凝土的同时，在桩孔顶面以上浇筑桩帽，厚度不应小于150mm。

如果既有建筑基础承载力不满足压桩要求，应对基础进行加固补强；也可采用新浇筑钢筋混凝土挑梁或抬梁作为压桩的承台。

8. 纠倾设计

既有建筑的倾斜会增大沉降较多一侧的基底压力，由此进一步加大了基底应力的不均匀性，使得倾斜会进一步加剧。当倾斜影响到或可能影响到既有建筑的正常使用时，必须进行纠倾加固。针对不同的工程情况，应该因地制宜地制定纠倾加固方案。

对于倾斜率较小的工程（倾斜率小于4‰或4‰左右），可视工程情况分两种方法处理。一种是在沉降多的一侧设计止倾桩，桩的数量可按一侧的大部分荷载由桩承担设计。止倾桩不仅可以止住该侧的继续沉降，还可以进行应力调整，为自然回倾创造条件，这样由自然回倾使得建筑物倾斜度达到规范规定的容许范围值；另一种是在沉降多的一侧设计止倾桩，但估计自然回倾不能达到纠倾的目的，则需要在沉降少的一侧适量掏土，增大掏土侧土中应力，使地基局部达到塑性变形，造成既有建筑缓慢而又均匀地回倾，从而达到规范规定的容许倾斜值。

对于倾斜率较大的工程，在沉降较多的一侧首先设计止倾桩，然后在沉降少的一侧设计掏土。掏土方式可采用冲水取土。冲水可在钻孔中进行，也可在沉井中进行。由于纠倾量过大，为防止回倾过度，在沉降少的一侧也设计少量的保护桩，达到可控纠倾的目的。

（五）锚杆静压桩的施工

锚杆静压桩的施工可分为托换加固施工与纠倾加固施工两种。

1. 托换加固施工

在锚杆静压桩进行施工以前，应做好准备工作，如首先根据压桩力大小选择压桩设备及锚杆直径（黏性土，压桩力可取1.3～1.5倍单桩容许承载力；砂类土，压桩力可取2倍单桩容许承载力）；其次，要根据实际工程编制施工组织设计，其内容应包括针对设计压桩力所采用的施工机具与相应的技术组织、劳动组织和进度计划；在设计桩位平面图上标好桩号及沉降观测点；施工中的安全防范措施；拟订压桩施工流程；施工过程中应遵守的技术操作规定；工程验收所需的资料与记录等。一般的压桩施工流程见图7.6-4。

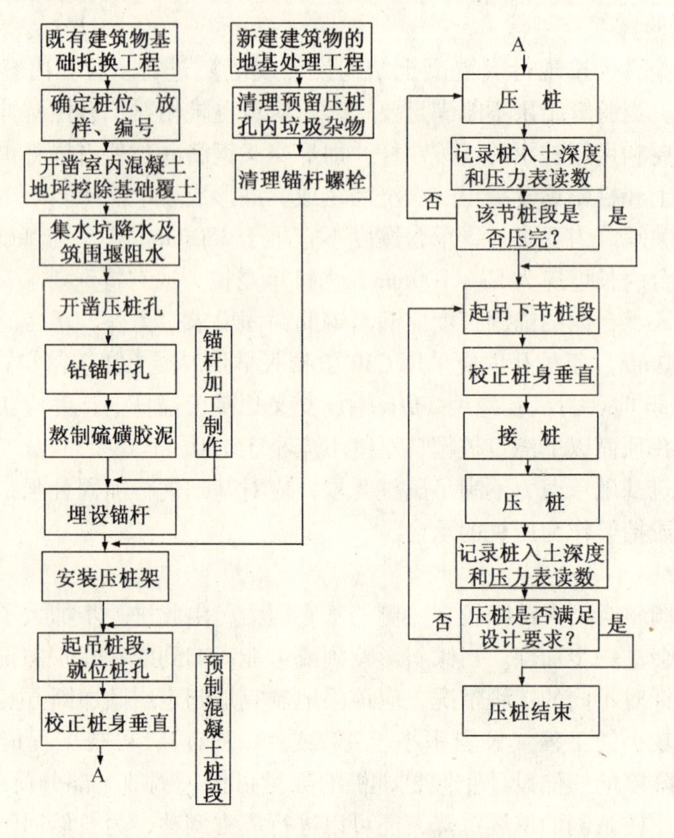

图 7.6-4　压桩施工流程图

在进行压桩施工以前，还应先行清理压桩孔和锚杆孔的施工工作面；制作锚杆螺栓和桩节；开凿压桩孔，并将孔壁凿毛，清理干净压桩孔，将原承台钢筋割断后弯起，待压桩后再焊接；开凿锚杆孔，并确保锚杆孔内清洁干燥后再埋设锚杆，以胶粘剂加以封固等工作。

在进行压桩施工时应遵守下列规定：

（1）压桩架应保持竖直，锚固螺栓的螺帽或锚具应均衡紧固。在压桩施工过程中，应随时拧紧松动的螺帽。

（2）桩段就位时桩节应保持竖直，使千斤顶、桩节及压桩孔轴线在同一垂直线上，可用水平尺或线坠对桩段进行垂直度校正，不得偏心加压。压桩施工前应先垫上钢板或麻袋，套上钢桩帽后再进行压桩，防止桩顶压碎。桩位的平面偏差不应超过 ±20mm，桩节垂直度偏差不应大于 1% 的桩节长。

（3）压桩施工时应一次性连续压到设计标高，如不得已必须中途停压时，桩端应停留在软弱土层中，且停压的间隔时间不宜超过 24h。

（4）压桩施工应对称进行，不宜数台压桩机在一个独立基础上同时加压；压桩力总和不应超过既有建筑的自重，以防止基础上抬，造成结构破坏。

（5）焊接接桩前应对准上、下桩节的垂直轴线，清除焊面铁锈后进行满焊，确保质量。

（6）采用硫磺胶泥接桩时，上节桩就位后应将插筋插入插筋孔，检查重合无误，间隙均匀后，将上节桩吊起 10cm，装上硫磺胶泥夹箍，浇筑硫磺胶泥，并立即将上节桩保持垂直放下，且接头侧面应平整、光滑，使得上下桩面充分粘结，待硫磺胶泥固化后才能继续进行压桩施工。当环境温度低于 5°C 时，应对插筋和插筋孔做表面加温处理；熬制硫磺胶泥时温度应严格控制在 140 ~ 145°C 范围内，浇筑时温度不得低于 140℃。

（7）桩尖应到达设计持力层深度且压桩力应达到国家现行标准《建筑地基基础设计规范》GB50007 规定的单桩竖向承载力标准值的 1.5 倍，持续时间不应少于 5min；若是桩顶未压到设计标高（已满足压桩力要求），则必须经设计单位同意后对外露桩头进行切除。

（8）封桩是整个压桩施工中的关键工序之一，必须认真进行。封桩前应凿毛和刷洗干净桩顶、桩侧表面后再涂混凝土界面剂。封桩可分不施加预应力法和施加预应力法两种方法：当封桩不施加预应力时，在桩端达到设计压桩力和设计深度后，则可使用千斤顶卸载，拆除压桩架，焊接锚杆交叉钢筋，清除压桩孔内杂物、积水及浮浆，然后与桩帽梁一起浇筑 C30 微膨胀早强混凝土。当施加预应力时，应在千斤顶不卸载条件下，采用型钢托换支架，清理干净压桩孔后立即将桩与压桩孔锚固。当封桩混凝土达到设计强度后，方可卸载，具体封桩流程见图 7.6-5。

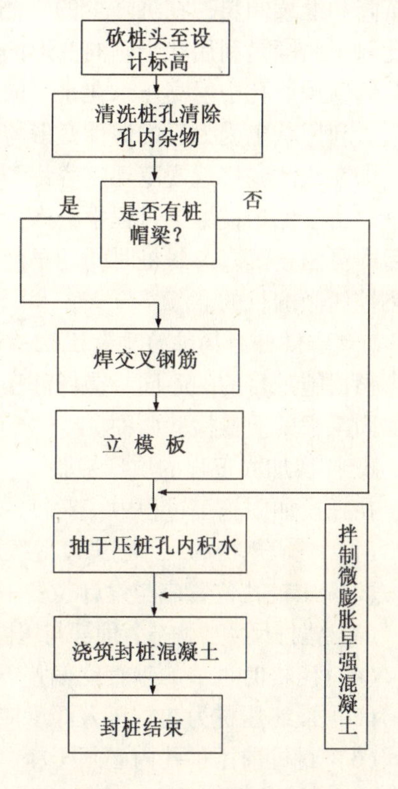

图 7.6-5　封桩施工流程图

2. 纠倾加固施工

利用锚杆静压桩进行纠倾加固施工时，应遵循以下几项规定：

（1）在进行纠倾加固施工前，应先判断既有建筑物的整体刚度。如果其整体刚度很好，则可不做调整就可直接进行纠倾加固施工；如果其整体刚度不够，则应根据实际情况对既有建筑物底层进行加固，如设置拉杆和砌筑横墙等。如果是在有人居住的情况下进行纠倾加固，则更应该重视安全防范措施。

（2）若是在有人居住的情况下进行纠倾加固，则应要求住户密切配合。如发现异常情况应及时向有关部门反映，以便采取应急措施。

（3）充分考虑既有建筑的整体刚度和桩土共同作用特性，通过计算和分析，得出既有建筑合理的回倾速率。一般情况下可定为 4 ~ 6mm/d，并应在加固过程中贯彻均匀、缓慢、平移、观测的纠倾原则。

（4）在整个纠倾加固过程中，必须做好沉降观测工作，及时进行信息分析与反馈，作为纠倾加固施工的控制手段来指导施工。

对于纠倾量较大的既有建筑，在进行纠倾加固时，首先应该进行的是止倾桩施工，即根据设计方案在沉降多的一侧先施工锚杆静压桩，可采用边压桩边封桩的方法，封桩混凝土一定要在几小时内达到足够强度，必要时可采用预加应力封桩，从而可以制止既有建筑的沉降和继续倾斜；在沉降少的一侧进行掏土，可采用钻孔取土或沉井射水取土。其中，钻孔取土纠倾是利用软土侧向变形的特点，使得既有建筑物回倾；沉井射水取土纠倾是在沉井侧壁预留孔中射高压水在水平向切割土体，将土冲成泥浆，并从冲水孔中排出，形成孔穴，利用软土受力后的塑性变形特性，使得既有建筑不断沉降和回倾。最后为保护桩施工，即在纠倾到接近规范规定容许倾斜值时，可在沉降少的一侧根据设计方案设置少量保护桩。由于保护桩施工过程中会产生拖带沉降，可使得纠倾效果会进一步显示；保护桩封桩后即可制止沉降。封桩时间的早晚，可起到调节纠倾效果及纠倾量大小的作用，从而达到可控纠倾的目的。

（六）锚杆静压桩的质量检验

根据施工目的的不同，锚杆静压桩的质量检验也可分为托换加固工程的质量检验与纠倾加固工程的质量检验两种。

1. 托换加固工程的质量检验

在托换加固施工过程中，对每一道工序都必须进行质量检验，主要包括以下几点：

（1）桩段规格、尺寸、强度等级应符合设计要求，且应按强度等级的设计配合比制作；

（2）压桩孔位置应与设计位置一致，其平面偏差不得大于 ±20mm；

（3）锚杆尺寸、构造、埋深与压桩孔的相对平面位置必须符合设计及施工组织设计要求；

（4）压桩时桩节的垂直度偏差不得超过 1.5% 的桩节长；

（5）最终压桩力与桩压入深度应符合设计要求；

（6）封桩前压桩孔内必须干净、无水，检查桩帽梁、交叉钢筋及焊接质量，微膨胀早强混凝土必须按强度等级的配比设计进行配制，配制混凝土坍落度为 2 ~ 4cm，封桩混凝土需振捣密实；

（7）桩身试块强度和封桩混凝土试块强度应符合设计要求，硫磺胶泥性能应符合国家现行标准《建筑地基基础工程施工质量验收规范》（GB50202—2002）的有关规定。

2. 纠倾加固工程的质量检验

纠倾加固是技术性很强的一项工作，其压桩部分的竣工验收及质量检验与托换加固大致相同。但纠倾是该部分的主要目的，其质量检验与竣工验收重点应放在纠倾效果上，由回倾率指标反映。因此，计算回倾率所必需的沉降观测资料，不仅仅是纠倾过程中指导施工的重要指标，也是最后竣工验收的重要技术资料。

此外，对需纠倾的既有建筑裂缝观测也是纠倾加固工程的质检与竣工验收的必要内容。原则上在纠倾过程中不应产生新的裂缝。

二、树根桩法

树根桩是一种小直径的钻孔灌注桩，由于其加固设想是将桩基如同植物根系一般，在各个方向与土牢固地连接在一起，形状如树根而得名。树根桩直径一般为 150 ~ 300mm，桩长一般不超过 30m，适用于淤泥、淤泥质土、黏性土、粉土、砂土、碎石土及人工填土等地基土上既有建筑的修复和增层、古建筑的整修、地下铁道的穿越等加固工程。

树根桩法的应用可以追溯到 20 世纪 30 年代，意大利的 Fondedile 公司的工程师 F. Lizzi 首次提出并应用于工程实践的。第二次世界大战后迅速从意大利传到欧洲、美国和日本，开始应用于修复古建筑，进而用于修建地下构筑物托换工程。国内首先由同济大学叶书麟推荐，并于1981年在苏州虎丘塔纠倾工程中进行了树根桩的现场试验；接着在上海新卫机器厂进行了树根桩的载荷试验研究。1985年，上海市东湖宾馆加层项目中，同济大学与上海市基础公司合作第一次正式在国内工程中使用树根桩。

近年来，对树根桩的研究主要集中在设计方法优化、施工工艺的改进、质量控制以及加固效果的数值模拟等方面。

在基础的托换和地基土加固方面，树根桩法的成功工程实例已经有数千例，例如图7.6-6表示的是房屋建筑下条形基础的托换加固，图7.6-7表示的是桥墩基础下利用树根桩进行的托换加固，图7.6-8表示的是树根桩在土质边坡中的应用，图7.6-9表示的是树根桩在岩质边坡中的应用。

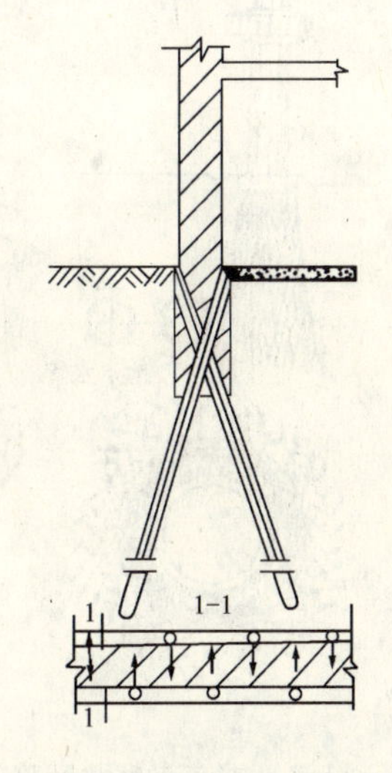

图7.6-6　房屋建筑条形基础下树根桩托换

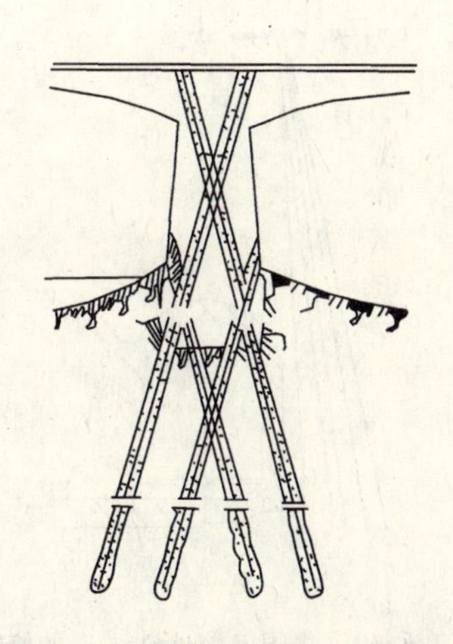

图7.6-7　桥墩基础下树根桩托换

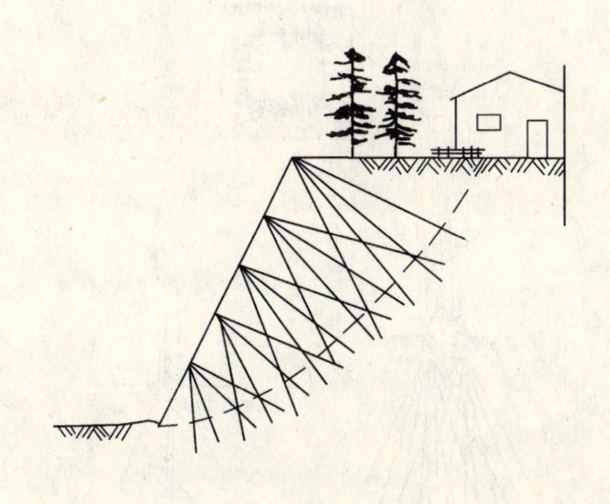

图7.6-8　应用树根桩加固土质边坡

图7.6-9　应用树根桩加固岩质边坡

图 7.6-10 是树根桩应用于法国巴黎的地铁隧道的修建。为了防止地铁隧道的开挖，由于地基土的卸荷作用对邻近建筑物造成不良影响，于是设置了网状结构的树根桩作为 A 区和 B 区的分隔墙。这样，在修建地铁的时候，对 A 区可能出现的卸荷作用不会影响到位于 B 区的邻近既有建筑物；同时，采用这种侧向托换方法可在不妨碍地面交通的条件下施工。

图 7.6-11 是日本东京都北区瞭望塔，要在其邻近铺设一条外径为 7.7m 的供水管道，管道与塔的水平距离为 11m，上覆土层厚度约 16.5m。经研究，决定采用网状结构树根桩的托换加固方案，沿着瞭望塔圆形片筏基础的周边设置两圈树根桩，每圈 40 根，桩长 30m，钻孔方向与竖直方向成角度 11.3°斜交。由于树根桩的托换加固，后来盾构施工时该瞭望塔安然无恙。

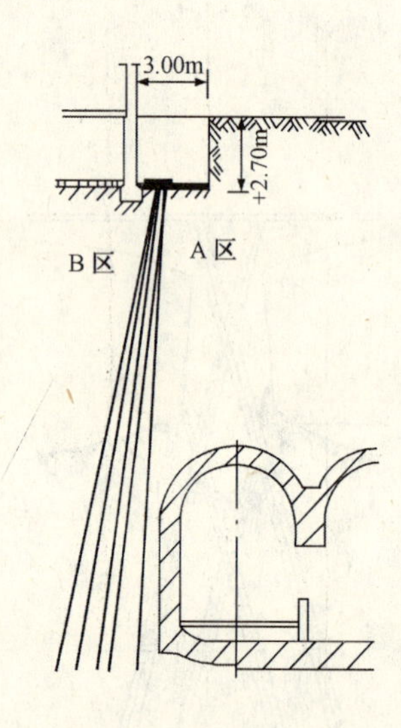

图 7.6-10　法国巴黎地铁隧道的修建

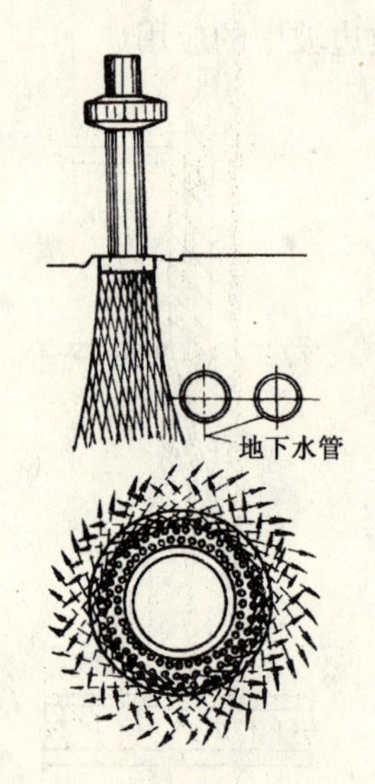

图 7.6-11　日本东京都北区瞭望塔

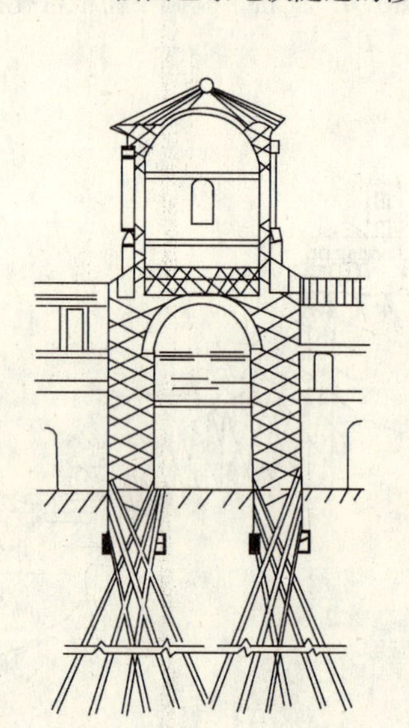

图 7.6-12　意大利罗马 S. Andrea delle Fratte 教堂

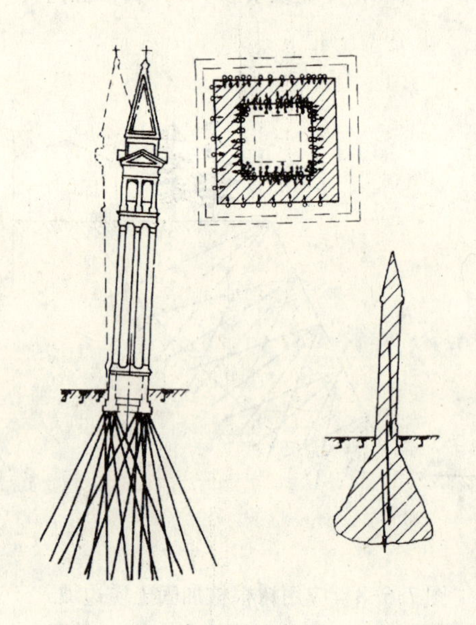

图 7.6-13　意大利威尼斯 Burano 钟楼

图 7.6-12 是意大利罗马的 S. Andrea delle Fratte 教堂利用树根桩进行托换加固的示意图。该教堂是建于 12 世纪的古建筑，由于年久失修而濒于破坏。意大利于 1960 年进行了地基土和上部结构的全面加固。墙身的加固是采用钢筋插入墙体，并采用低压注浆，成为加筋的砖石砌体。地基土采用了树根桩进行托换加固，并与经过加筋的上部结构连成一体。

图 7.6-13 是意大利威尼斯的 Burano 钟楼利用树根桩进行托换加固的示意图。该钟楼建于 16 世纪，由于不均匀沉降，塔身出现较大倾斜，必须进行纠倾加固。由于树根桩的特点，在于结构物连接后即可承受拉力，也可承受压力，且树根桩与桩间土构成一个整体性的稳定力矩；设计师还考虑了塔身与树根桩基础在一起的重心点需接近地面的形心，这使得塔体的稳定性得到了明显的改善。

树根桩施工时，国外一般是在钢套管的导向下用旋转法钻进。在托换工程中使用时，往往要穿越既有建筑的基础进入地基土中设计标高处，然后清孔后下放钢筋（钢筋数量由桩径决定）与注浆管，利用压力注入水泥浆或水泥砂浆，边灌、边振、边拔管，最终成桩。有时也可放入钢筋后再放入些碎石，接着灌注水泥浆或水泥砂浆而成桩。国内上海等地区进行树根桩施工时都是不带套管的，直接成孔，然后放钢筋笼并灌浆成桩。根据需要，树根桩可以是垂直的，也可以是倾斜的；可以是单根的，也可以是成排的；可以是端承桩，也可以是摩擦桩。

树根桩应用于托换工程的优点有以下几点：

（1）所需的施工场地较小，只要平面尺寸 1m×1.5m 和净空高度 2.5m 则可施工；

（2）施工时噪声及振动都比较小，对周围环境影响不大；

（3）托换加固时对墙身不存在危险，对地基土也无扰动，且不影响建筑物的正常使用；

（4）所有操作都可在地面上进行，施工比较方便；

（5）经托换加固后，结构物整体性得到大幅度改善；

（6）适用范围广；

（7）加固后建筑不会改变原有建筑的外貌和风格，对于古建筑的修复显得尤为重要。

（一）树根桩法的设计

树根桩设计可根据桩的布置形式分为单桩树根桩或网状结构树根桩两种设计思路。

1. 单桩树根桩的设计

在进行单桩树根桩设计的时候，可先根据被托换加固建筑物的具体情况，如建筑物的强度和刚度、沉降和不均匀沉降、墙身或各种结构构件的破损情况，计算判断经托换加固后该建筑物所能承受的最大容许沉降量 S_m，然后结合该树根桩的载荷试验 P-S 曲线可求得相应的单桩使用荷载 P_m，然后可按一般的桩基设计方法进行。一般情况下，托换后建筑物的沉降量 S_a 常常小于最大容许沉降量 S_m，其单桩使用荷载 P_a 也通常小于荷载 P_m。也就是建筑物只有部分荷载是由桩来承受的，而另外一部分荷载仍然由原基础下的地基土所承担。因此用于托换加固时，树根桩并不能充分发挥桩本身所有的承载能力，我们可不必关心比 P_m 大很多的桩的极限承载力 P_u（图 7.6-14）。

由树根桩对既有建筑物进行托换加固时，其安全系数应为原有地基土的安全系数与树根桩的安全系数，即：

$$K = K_s + K_p \qquad (7.6\text{-}1)$$

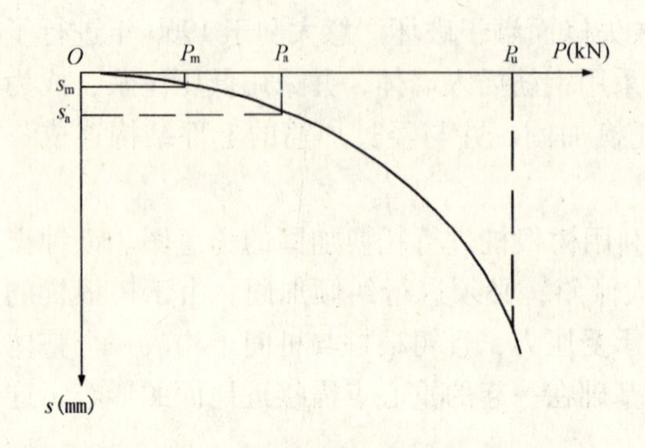

图 7.6-14　直桩型树根桩载荷试验曲线图

式中　$K_s \geqslant 1$ 原有地基土的安全系数；

$K_p = \dfrac{P_u}{P_a} > 1$ 树根桩的安全系数。

用树根桩进行托换时，可认为在施工期间，桩是不承受荷载的。当建筑物产生沉降，即使沉降量非常小，桩将承受建筑物传递下来的部分荷载，沉降量越大，桩体承受的荷载也越大，直至全部荷载由桩体所承担为止；与此同时，基础下的基底压力逐渐减小，直至为零。不过无论在何种情况下，最大沉降也限制在几毫米之内。

2. 网状结构树根桩的设计

如果树根桩布置成三维系统的网状体系则称为网状结构树根桩。这是一种修筑在土体中的三维结构，上面所举的几个工程实例都是采用的网状结构树根桩进行托换加固的。

在进行网状结构树根桩设计时，以桩和土之间的相互作用为基础，由桩和土组成复合土体的共同作用，将桩与土围起来的部分视作一个整体结构，其受力状况和一个重力式挡土结构相似。不过其中的单根树根桩的受力状况则要复杂得多，可能既要承受拉应力、压应力，还要承受弯曲应力。所以在对桩系及单桩进行受力分析时，要先进行树根桩的布置，再根据布置情况分析为受拉或受压的受力模式，然后对内、外力进行计算分析。

其中内力分析包括以下方面：

（1）钢筋的拉应力、压应力和剪应力；

（2）灌浆材料的压应力；

（3）网状结构树根桩中土的压应力；

（4）树根桩的设计长度；

（5）钢筋与压顶梁的黏着长度；

（6）网状结构树根桩用于受拉加固时，压顶梁的弯曲压应力。

外力方面的分析为：

（1）将网状结构树根桩的桩系（包括土在内）视为刚体时的稳定性；

（2）包括网状结构树根桩的桩系在内的天然土体的整体稳定性。

3. 受拉网状结构树根桩的设计和计算

在没有抗拉强度的土中设置的树根桩，就是要使树根桩具有抗拉构件的功能。

网状结构树根桩用于保护土坡则不需任何开挖，如图 7.6-15 所示，在实际工程中受拉树根桩可布置在与预测滑动面成 $45° + \dfrac{\varphi}{2}$ 角度的受拉变形方向；另外，由于滑动面可能有多种方向，而树根桩的布置也可能有多种方向，因此必须考虑树根桩与受拉变形间的角度误差，故而可将树根桩布置在与土的受拉变形成 0°～20°的角度范围内。

1）内力计算

受拉网状结构树根桩设计时，有两种情况的内力需要计算（图7.6-16）：一种是压顶梁背面的主动土压力计算；另一种是抗滑力计算。

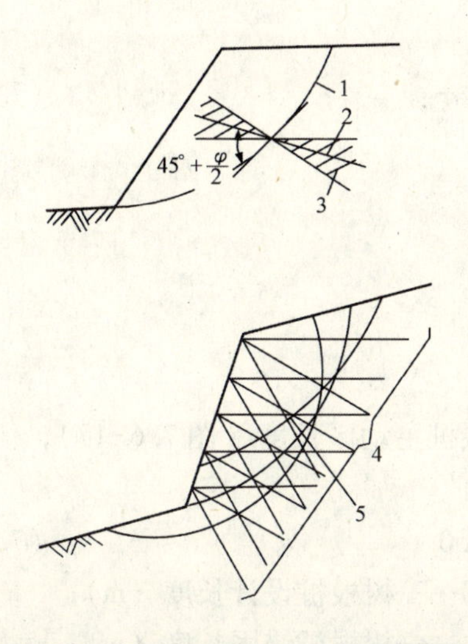

图7.6-15　滑动面与网状结构布置的关系
1—假想滑动面；2—受拉变形方向；3—树根桩布置范围；
4—网状结构树根桩；5—各种可能的滑动面图

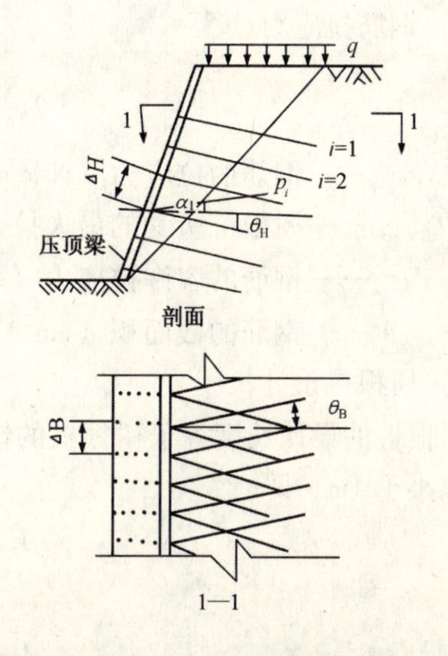

图7.6-16　压力梁背面的作用力为主动土压力时树根桩拉力计算

按压顶梁背面的作用力为主动土压力时，作用于树根桩的拉力按下式计算：

$$T_{Ri}=p_t\cdot\Delta H\cdot\Delta B\cdot\cos\alpha_1\cdot\frac{1}{\cos\theta_H}\cdot\frac{1}{\cos\theta_B}\tag{7.6-2}$$

式中　T_{Ri}——第 i 根树根桩上作用的拉力（kN）；

P_i——第 i 根树根桩上作用的土压力（kN）；

ΔH——树根桩的纵向间距（m）；

ΔB——树根桩的横向间距（m）；

α_1——土压力作用方向与水平线所成的交角（°）；

θ_H——树根桩布置方向与水平线所成的投影角（°）；

θ_B——树根桩水平方向角度（°）；

其中

$$P_i=K_a(\gamma_{sat}\cdot H_i+q)\tag{7.6-3}$$

式中　K_a——主动土压力系数；

γ_{sat}——土的饱和重度（kN/m^3）；

H_i——由上覆荷载作用面至第 i 根树根桩的深度（m）；

q——上覆荷载（kPa）。

按抗滑力分析时，作用于树根桩的拉力按下式计算：

$$T_R=\frac{p_R}{s_1}\cdot\cos\alpha_2\cdot\frac{1}{\cos\theta_H}\cdot\frac{1}{\cos\theta_B}\tag{7.6-4}$$

式中　T_R——每根树根桩上作用的拉力（kN）；

p_R——为避免发生圆弧滑动而需增加的抗滑力（kN/m）；

s_1——单位宽度1m中树根桩根数（m）；

α_2——滑动力作用方向与水平线所成的交角（°）。

2）钢筋拉应力计算

$$\sigma_{st} = \frac{T_{R \cdot max} \cdot 10^3}{A_s} \leqslant \sigma_{sa} \tag{7.6-5}$$

式中 σ_{st}——钢筋的拉应力（N/cm^2）；

$T_{R \cdot max}$——树根桩所受的最大拉力（kN）；

σ_{sa}——钢筋的容许拉应力（N/cm^2）；

A_s——钢筋的截面积（cm^2）。

3）树根桩设计长度

树根桩的设计长度等于树根桩的锚固长度加树根桩主动区长度（图7.6-17），但其总长不应小于4m，即

$$L = (L_{r0} + L_0) \geqslant 4.0 \tag{7.6-6}$$

式中 L——树根桩设计长度（m）；

L_{r0}——树根桩锚固长度（m）；

L_0——主动区内树根桩的长度（m）。

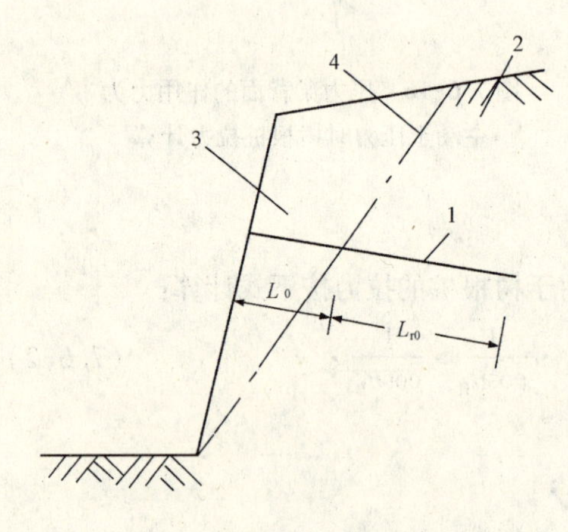

图7.6-17 树根桩设计长度

1—树根桩；2—锚固区；3—主动区；4—滑动区

树根桩在锚固区内可作为抗滑桩使用，抵抗下拉力，而主动区内则不予考虑其抗拉能力，其计算公式如下：

$$L_{r0} = \frac{T_{R \cdot max} \cdot 10}{\pi \cdot D \cdot \tau_{r0}} F_{sp} \tag{7.6-7}$$

式中 D——树根桩直径（cm）；

τ_{r0}——树根桩与桩间土的黏着力（N/cm^2）；

F_{sp}——树根桩与桩间土的黏着安全系数。

4）钢筋与压顶梁的黏着长度

钢筋与压顶梁的黏着长度可由下式计算得出：

$$L_{mo} = \frac{T_{R \cdot max} \cdot 10}{\pi \cdot d \cdot \tau_{ca}} \tag{7.6-8}$$

式中 L_{mo}——钢筋与压顶梁的黏着长度（m）；

d——钢筋直径（cm）；

τ_{ca}——钢筋与压顶梁的容许黏着应力（N/cm^2）。

当压顶梁的构造不能满足此黏着长度的要求时，应在钢筋顶部加承压板。

5）压顶梁的计算

一般压顶梁为钢筋混凝土结构，对作用于树根桩的拉力所引起的应力，压顶梁应具有足够的承受能力。

4. 网状结构树根桩加固整体稳定性计算

由于网状结构树根桩与预期滑动面成$45°+\frac{\varphi}{2}$的角度，起到了约束土的受拉变形，其加固效果相当于土体的黏聚力增加了Δc，这样增大了小主应力则可使得其与大主应力的比值增加，从而提高了土体的强度和增加其稳定性。

$$\Delta c=\frac{R_t}{\Delta H\cdot\Delta B}\cdot\frac{\sqrt{K_p}}{2} \tag{7.6-9}$$

式中　Δc——土体增加的黏聚力（kPa）；

R_t——树根桩的抗拉破坏强度（kN）；

K_p——被动土压力系数。

$$K_p=\text{tg}^2\left(\frac{\pi}{4}+\frac{\varphi}{2}\right)\text{或}K_p=\frac{1+\sin\varphi}{1-\sin\varphi} \tag{7.6-10}$$

实际情况中，由于树根桩和受拉变形方向实际上存在角度误差，所以对土体增加的黏聚力Δc值应进行修正：

$$\Delta c'=\cos\theta\cdot\cos\theta_B\cdot\Delta c \tag{7.6-11}$$

式中　$\Delta c'$——修正后土体增加的黏聚力（kPa）；

θ——推算求得土的拉伸变形方向与树根桩布置方向所成的角度（°）；

θ_B——树根桩水平方向的角度（°）。

5. 受压网状结构树根桩的设计和计算

受压网状结构树根桩设计时，内力可根据网状结构树根桩加固体计算基准面上作用的垂直力N、水平力H和弯矩M计算内力来计算（图7.6-18）。

1）内力计算

计算基准面处的网状结构树根桩加固体的等值换算截面积和等值换算截面惯性矩（图7.6-19）。

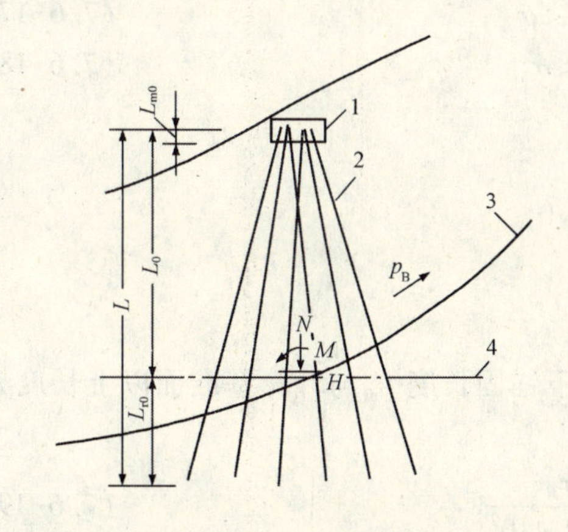

图7.6-18　滑动面与网状结构布置的关系

1—压顶梁；2—树根桩；3—预计滑动面；4—计算基准面

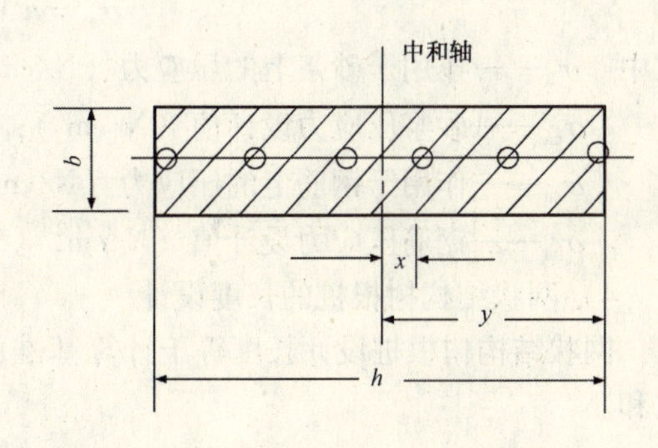

图7.6-19　计算基准面示意图

$$A_{RRP}=m\cdot A_p\cdot S_2+bh \tag{7.6-12}$$

$$A_p=(n-1)\cdot A_s+A_c \tag{7.6-13}$$

$$I_{RRP}=m\cdot A_{p}\cdot\sum x^{2}+\frac{bh^{3}}{12} \qquad (7.6\text{-}14)$$

式中　A_{RRP}——计算基准面处网状结构树根桩加固体的等值换算截面积（cm^2）；

I_{RRP}——计算基准面处网状结构树根桩加固体的等值截面惯性矩（cm^4）；

A_p——单根树根桩等值换算截面积（cm^2）；

m——树根桩与其周围土的弹性模量比（一般为200）；

n——钢筋与砂浆的弹性模量比（一般为15）；

S_2——计算基准面内包括的树根桩根数；

b、h——树根桩布置的单位宽度和长度（cm）；

x——计算基准面中和轴至各个树根桩的距离（cm）；

y——计算基准面中和轴至计算基准面边缘的距离（cm）；

A_c——树根桩的截面积（cm^2）；

A_s——钢筋的截面积（cm^2）。

由下式求得计算基准面处网状结构树根桩加固体上作用的最大压应力：

$$\sigma_{RRP}=\frac{N\cdot10^{3}}{A_{RRP}}+\frac{M\cdot10^{5}}{I_{RRP}}\cdot y \qquad (7.6\text{-}15)$$

式中　σ_{RRP}——计算基准面处网状结构树根桩加固体上作用的最大压应力（N/cm^2）；

N——计算基准面处网状结构树根桩加固体上作用的垂直力（kN）；

M——计算基准面处网状结构树根桩加固体上作用的弯矩（kN·m）。

2）网状结构树根桩加固体中土压应力计算

$$\sigma_{RRP}<f \qquad (7.6\text{-}16)$$

式中　f——计算基准面处经修正后地基承载力设计值（N/cm^2）。

3）砂浆与钢筋上压应力计算

$$\sigma_{R}=m\cdot\sigma_{RRP}<\sigma_{ca} \qquad (7.6\text{-}17)$$

$$\sigma_{sc}=n\cdot\sigma_{R}<\sigma_{sa} \qquad (7.6\text{-}18)$$

式中　σ_R——作用于砂浆上的压应力（N/cm^2）；

σ_{ca}——砂浆压应力设计值（N/cm^2）；

σ_{sc}——作用于钢筋上的压应力（N/cm^2）；

σ_{sa}——钢筋压应力设计值（N/cm^2）。

4）网状结构树根桩的长度设计

网状结构树根桩设计长度等于计算基准面以下锚固长度 L_{r0} 与计算基准面以上长度 L_0 之和。

$$L_{r0}=\frac{A_{c}\cdot\sigma_{R}}{\pi\cdot D\cdot\tau_{r0}\cdot10^{2}} \qquad (7.6\text{-}19)$$

式中　τ_{r0}——树根桩与计算基准面以下土间粘结力设计值（N/cm^2）。

5）钢筋与压顶梁间黏着长度 L_{m0} 的计算

$$L_{m0}=\frac{A_{s}\cdot\sigma_{sc}}{\pi\cdot d\cdot\tau_{ca}\cdot10^{2}} \qquad (7.6\text{-}20)$$

式中　A_s——钢筋截面积（cm^2）；

τ_{ca}——钢筋与压顶梁间黏着力设计值（N/cm^2）。

6）网状结构树根桩加固体的整体稳定性计算

对网状结构树根桩加固体在内的土体整体稳定性计算有两种方法。一种是假定滑动面不通过网状结构树根桩的加固体；另一种是不发生圆弧滑动而需要增加的抗滑抵抗力，也就是按树根桩的抗剪力进行计算的方法。

6. 其他规定

在进行树根桩的设计时，其单桩竖向承载力应通过单桩载荷试验确定。如果没有现场试验资料时，也可按国家现行规范的有关规定进行估算。另外，树根桩单桩竖向承载力的确定，还应该考虑既有建筑地基变形条件的限制以及桩身材料的强度要求。如桩身混凝土强度等级不应小于C20，钢筋笼外径应小于设计桩径的40～60mm，且主筋不宜少于3根。对于软弱地基，如果树根桩主要承受的是竖向荷载时，则钢筋长度不得小于$\frac{1}{2}$桩长；如果树根桩主要承受的是水平荷载时，则应全长配筋。

树根桩设计时，还应该对既有建筑的基础进行有关承载力的验算；如果其承载力不能满足要求时，应先对原基础进行加固或者是增设新的桩承台。

（二）树根桩法的施工

尽管在不同类型的工程中树根桩的形式和施工工艺均有所差别，但基本上遵循下列施工步骤：

1. 定位和校正垂直度

在开挖工程中，桩位偏差应控制在20mm之内；对新建工程，可放宽到50mm。树根桩的垂直度误差应不超出1/100。

桩位和垂直度对开挖工程尤为重要，墙体渗漏的主要原因往往是桩位和垂直度偏差大造成的，这项重要因素也是施工单位最容易忽视的。

2. 成孔

通常采用湿钻法成孔，除端承桩的钻孔必须下套管，以确保桩身截面均匀外，一般仅在孔口附近下一段护套筒，不用套管。在成孔过程中采用从孔口不断泛出的天然泥浆护壁。由于天然泥浆很稀，习惯上称作清水护壁。在钻孔遇到复杂地层极易缩颈和塌孔时，应采用人造泥浆护壁。钻孔至设计标高以下10～20cm停钻，通过钻杆继续压清水清孔，直至孔口基本上泛清水为止。

钻孔可以选用各种类型的钻头，以圆筒型钻头为佳，这种钻头的端部镶焊了一圈合金钻牙，可以钻穿混凝土之类的地下障碍物，同时有利于维持钻孔的垂直度。当混凝土层较厚时，可在钻进时加钢粒以提高钻进速度。采用这种钻头及钻进方法，可以钻穿厚达1m的钢筋混凝土板。

3. 吊放钢筋笼和注浆管

吊放钢筋笼时应尽可能一次吊放整根钢筋笼，因为钻孔暴露时间愈长就愈容易产生缩颈和塌孔现象。当受净空和起吊设备限制需分节吊放时，节间钢筋搭接焊缝长度应不小于10倍钢筋直径（单面焊），且尽可能缩短焊接工艺历时。钢筋笼外径宜小于设计桩径40～60mm。常用的主筋直径为12～18mm，箍筋直径6～8mm，间距150～250mm，截面主筋不少于3根。承受垂直荷载的钢筋长度不得小于1/2桩长；承受水平荷载一般在全桩长配筋。注浆管可用直径20mm的铁管，用于二次注浆的注浆管只在注浆深度范围内的侧壁开孔，呈花管状。

在吊放钢筋笼的过程中，若发现缩颈、塌孔而使钢筋笼下放困难时，应起吊钢筋笼，分析原因后重新钻孔。

4. 填灌碎石

碎石粒径宜在10~25mm范围内，用水冲洗后定量填放。填入量应不小于计算空间体积的0.8~0.9倍。当填入量过小时应分析原因，采取相应的措施。在填放碎石的过程中，应利用注浆管继续冲水清孔。

5. 注浆

注浆浆液分为水泥浆和水泥砂浆两种。注水泥浆时，浆液的水灰比以0.4~0.5为佳，可按实际施工需要加入适量的减水剂和早强剂。用作防渗堵漏时，可在水泥浆液中掺磨细粉煤灰，掺入量不超出30%。

注水泥砂浆时，常用的重量配比为水:水泥:砂=0.5:1.0:0.3，受砂浆泵的限制，砂粒径一般不大于0.5mm。

注浆时应控制压力和流量，最大工作压力应不小于1.5MPa，使浆液均匀上冒，直至在孔口泛出。一般不宜在注浆过程中上拔注浆管。当桩长超过20m或出现浆液大量流失现象时，可上拔注浆管到适宜的深度继续注浆。

在注浆过程中，应及时处理常见的窜孔、冒浆和浆液沿砂层或某一地下通道大量流失的现象。窜孔是指浆液从邻近已完工的桩顶冒出的现象，常用的措施是采用跳孔工序施工，跳一孔或二孔，在浆液中加入适量的早强剂。冒浆是指浆液从附近地面冒出的现象，大多出现在表层是松散填土层的现场，常用的措施是调整注浆压力和掺适量的早强剂。浆液大量流入邻近河、沟或人防通道、废井等地下构筑物的现象应严加防范。在地质勘探时，首先应弄清可能造成浆液流失的隐患，事先采用防范措施。在施工时，若出现注浆量超出按桩身体积计算量的三倍时，应停止注浆，查清原因后采取相应的措施。

在注浆过程中，浆液除了充填桩身之外，同时向四周土层渗透，甚至产生劈裂注浆现象。在上海地区，注浆量达到按桩身体积计算量的二倍属正常现象，即有不少于1/2的浆液注入了周围的土层。渗浆是不均匀的，砂性愈重的土层进浆量愈多。

在地下水位很低的地区，这种注浆成桩的工艺往往会造成大量浆液流失，甚至无法成桩。因此，有的工程采用不填石子，直接用导管灌入浓浆、砂浆或混凝土的工艺，这种树根桩更像小直径灌注桩。

二次注浆是利用预埋的第二根注浆管进行的，注浆应在第一次注浆的水泥达到初凝之后进行，一般约45~60min。注浆应有足够的压力，一般要求2~4MPa。注浆量应满足设计要求，并不应采用水泥砂浆和细石混凝土。

6. 拔注浆管、移位

拔起注浆管后桩顶会陷落，应采用混凝土填补桩至设计标高。当需要对桩身强度进行质检时，在填补前取样做试块。

7. 树根桩法的质量检验

树根桩属地下隐蔽工程，施工条件和周围环境都比较复杂。控制成桩过程中每道工序的质量是十分重要的。施工单位按设计的要求和现场条件制定施工大纲，经现场监理审查后监督执行。施工过程中应有现场验收施工记录，包括钢筋笼的制作、成孔和注浆等各项工序指标考核。桩位、桩数均应认真核查、复测，桩顶混凝土强度采用现场取样做试块的方法进行检验，通常每3～6根桩做一组试块，每组三块边长15cm立方体，按国家标准《混凝土结构设计规范》（GB50010）进行测试。

采用静载荷试验是检验桩基承载力和了解其沉降变形特性的可靠方法。各种动测法也常用于检验桩身质量，如查裂缝、缩颈、断桩等。动测法检测这类小直径桩效率高，但在判别时也要依赖于工程经验。

三、坑式静压桩法

坑式静压桩是在已开挖的基础下托换坑内，利用建筑物上部结构自重作支撑反力，用千斤顶将预制好的钢管桩或钢筋混凝土桩段接长后逐段压入土中的托换方法（图7.6-20）。该法将千斤顶的顶升原理和静压桩技术融于一体，适用于淤泥、淤泥质土、黏性土、粉土和人工填土等，且地下水位较低、有埋深较浅的硬持力层的情况。当地基土中有较多块石或坚硬黏性土、密实的砂土夹层时，则应根据现场试验确定其是否适用。

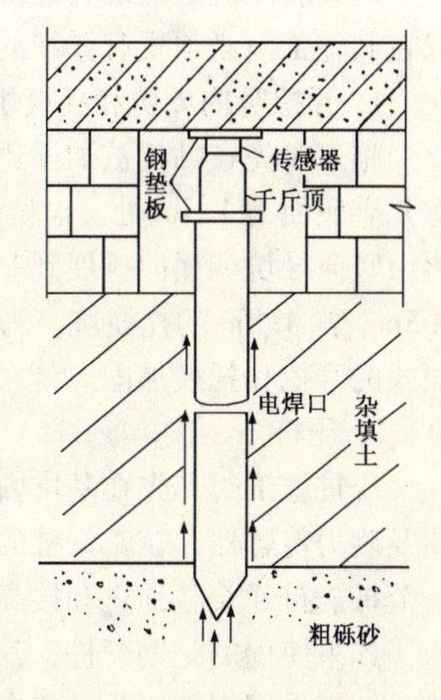

图7.6-20　坑式静压桩托换

坑式静压桩在国外早有应用。在国内自1981年由内蒙建筑设计院勘察分院首次使用以来，在我国其他各地陆续得到推广。其应用从开始时小规模锅炉或小型建筑物的局部托换，到后来的整栋建筑物的基础托换加固，再到近期的桩基础补强、大型设备基础顶升纠倾、基坑开挖对邻近建筑物或边坡稳定的侧向支护等，应用范围得到了很大程度的拓宽。

坑式静压桩的分类可根据不同的分类方法分为不同的类别：

1. 根据基础形式分类

按照被托换的既有建筑基础类型分类，有条形基础、独立柱基、基础板、砖砌体墙、桩承台梁下直接托换加桩等。

2. 根据施工顺序分类

根据施工顺序进行分类，有先压桩加固基础，再加固上部结构；先加固上部结构，后压桩加固基础。若承台梁底面积或强度不够，也可先加固或加宽承台梁后再压桩托换加固。

3. 根据桩的材料分类

根据桩的材料进行分类，有钢管桩和预制钢筋混凝土小桩两类。

（一）坑式静压桩的设计

坑式静压桩的桩身材料可采用直径为150～300mm的开口钢管或边长为150～250mm的预制钢筋混凝土方桩。桩径的大小可根据地基土的贯入难易程度进行调整。对于桩贯入容易的软弱土层，桩径还可在此基础上适当增大。每节桩段长度可根据既有建筑基础下坑的净空高度和千斤顶的行程确定。若为钢管桩，桩管内应灌满素混凝土，桩管外应做防腐处理，桩段与桩段之间用电焊连接；若为钢筋混凝土预制桩，可在底节桩上端及中间各节预留孔和预埋插筋相装配，再采用硫磺胶泥接桩，也可采用预埋铁件焊接成桩。在压桩过程中，为保证垂直度，可加导向管焊接。

桩的平面布置应根据既有建筑的墙体和基础形式，以及需要增补荷载的大小确定，一般可布置成一字形、三角形、正方形或梅花形。桩位布置应避开门窗等墙体薄弱部位，设置在结构受力节点位置。

当既有建筑基础结构的强度不能满足压桩反力时，应在原基础的加固部位加设钢筋混凝土地梁或型钢梁，以加强基础结构的强度和刚度，确保工程安全。

坑式静压桩的单桩承载力应按国家现行标准《建筑地基基础设计规范》GB 50007 的有关规定进行估算。

（二）坑式静压桩的施工

坑式静压桩是在既有建筑物基础底下进行施工的，其难度很大且有一定的风险性，所以在其施工前必须要有详细的施工组织设计、严格的施工程序和具体的施工措施。

1. 开挖竖向导坑和托换坑

施工时先在贴近被加固建筑物的一侧开挖长 1.2m、宽 0.9m 的竖向导坑，直挖到比原有基础底面下 1.5m 处。对坑壁不能直立的砂土或软弱土等地基，应进行适当的坑壁支护。再由竖向导坑朝横向扩展到基础梁、承台梁或直接在基础底面下，垂直开挖长 0.8m、宽 0.5m、深 1.8m 的托换坑。为了保护既有建筑物的安全，托换坑不能连续开挖，应采取间隔式的开挖和托换加固。

2. 压桩

压桩施工时，先在基坑内放入第一节桩，并在桩顶上加钢垫板。在钢垫板上安置千斤顶及测力传感器，校正好桩的垂直度，驱动千斤顶加荷压桩。每压入一节桩后，再接上另一节桩。桩经交替顶进和接高后，直至达到设计桩深为止。

如果使用的是钢管桩，其各节的连接处可采用套管接头。当钢管桩很长或土中有障碍物时，需采用焊接接头。整个焊口（包括套管接头）应为满焊；如果采用的是预制钢筋混凝土方桩，桩尖可将主筋合拢焊在桩尖辅助钢筋上。在密实砂和碎石类土中，可在桩尖处包以钢板桩靴。桩与桩间接头可采用焊接或硫磺胶泥接头。

桩位平面偏差不得大于 20mm，桩节垂直度偏差应小于 1% 的桩节长。在压桩过程中，应随时记录压入深度及相应的桩阻力，并随时校正桩的垂直度。桩尖应到达设计持力层深度、且压桩力达到国家现行标准《建筑地基基础设计规范》GB 50007 规定的单桩竖向承载力标准值的 1.5 倍，且持续时间不应少于 5min。

尤其需要注意的是，当天开挖的托换坑应当天托换完毕。如果不得已当日施工没有完成，千斤顶绝不可撤去，任何情况下都不能使基础和承台梁处于悬空状态。

3. 封桩和回填

对于钢筋混凝土方桩，顶进至设计深度后即可取出千斤顶，再用 C30 微膨胀早强混凝土将桩与原基础浇筑成整体。当施加预应力封桩时，可采用型钢支架，然后浇筑混凝土。回填可与封顶同时进行，也可以先回填后封顶。

对于钢管桩，顶进至设计深度后要拧紧钢垫板上的大螺栓，即顶紧螺栓下的钢管桩，并应根据工程要求，在钢管内浇筑 C20 微膨胀早强棍凝土，最后用 C30 混凝土将桩与原基础浇筑成整体。一般不需要在桩顶包混凝土，只需要用素土或灰土回填夯实到顶即可。

封桩根据不同的工程要求，可采用预应力法或非预应力法施工。

（三）坑式静压桩的质量检验

坑式静压桩质量检验包括：

（1）最终压桩力与桩压入深度应符合设计要求。

（2）桩材试块强度应符合设计要求。

另外，检验内容尚应包括压桩时最大桩阻力的施工纪录、钢管桩的焊口或混凝土桩接桩的质量、桩的垂直度等。

四、桩式托换法

除坑式静压桩外，还有其他一些桩式托换技术，如预压桩、打入桩、灌注桩等。

（一）预压桩

预压桩是针对坑式静压桩施工中存在的问题进行改进，从而发展起来的一种工法。在坑式静压桩施工中在撤出千斤顶时，桩体会发生回弹，影响施工质量。阻止这种回弹的方法就是在撤出千斤顶之前，在被顶压的桩顶与基础底面之间加进一个楔紧的工字钢。预压桩的施工方法是当桩体压入到设计深度后即进行预压（灌注的混凝土结硬后）。一般用两个并排设置的千斤顶放在基础底和桩顶面之间，其间应能够安放楔紧的工字钢钢柱。加压至设计荷载的150%，保持荷载不变，等桩基础沉降稳定后（1h 内沉降量不增加），将一段工字钢竖放在两个千斤顶之间并打紧，这样就有一部分荷载由工字钢承担，并有效地对桩体进行了预压，并阻止了其回弹，此时可将千斤顶撤出。然后，用干填法或在压力不大的情况下将混凝土灌注到基础底面，再将桩顶与工字钢柱用混凝土包起来，即完成了预压桩施工（图 7.6-21）。

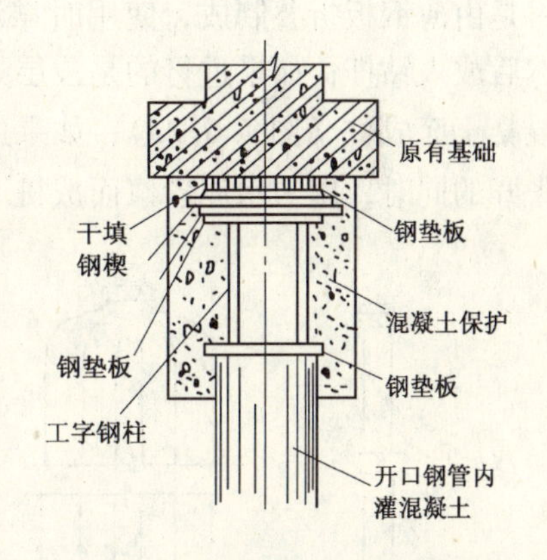

图 7.6-21　预压桩在安放楔紧的工字钢柱的施工示意图

采用预压桩的托换工程中，一般不采用闭口或实体的桩，因为桩顶的压力过高或桩端下遇到障碍物时，闭口钢管桩或预制混凝土难以顶进。

（二）打入桩

当地层中含有障碍物，或是上部结构较轻且条件较差而不能提供合适的千斤顶反力，或是桩身设计较深而成本较高时，静压成桩法不再适用，此时可考虑采用打入桩进行托换加固。

打入桩的桩体材料主要采用钢管桩，这是由于相比其他形式的桩，钢管桩更容易连接，其接头可用铸钢的套管或焊接而成。打桩设备常用的是压缩空气锤，装在叉式装卸车或特制的龙门导架上。导架的顶端是敞口的，这样可以更充分地利用有限的空间。在打桩过程中，还需要在桩管内不断取土。如遇到障碍物时，可采用小型冲击式钻机，通过开口钢管劈裂破碎或钻穿而将土取出。这种钻机可使钢管穿越最难穿透的卵、碎石层。在桩端达到设计土层深度时，则可以进行清孔和浇筑混凝土。

在所有的桩都按要求施工完成后，则可用搁置在桩上的托换梁（抬梁法或挑梁法托换）或承台系统来支撑被托换的柱或墙，其荷载的传递是靠钢楔或千斤顶来转移的。

打入桩的另一个优点是钢管桩桩端是开口的，对桩周的土体排挤较少，所以对周围环境影响不大。

（三）灌注桩

由于地层原因而无法使用静压成桩工法时，就目前国内的工程实例来看，使用打入桩托换加固的很少，大部分采用的都是灌注桩的托换形式。灌注桩托换也是利用搁置在桩上的托换梁或承台系统来支撑被托换的柱或墙，其与打入桩的不同在于成桩的方式不同。

灌注桩托换的优点是能在密集建筑群而又不搬迁的条件下进行施工，而且其施工占地面积较小，操作灵活，能够根据工程的实际情况而变动桩径及桩长。其缺点是如何发挥桩端支撑力和改善泥浆的处理、回收工作。

在托换加固工程中，常用的灌注桩类型有人工挖孔灌注桩、螺旋钻孔灌注桩、潜水钻孔灌注桩和沉管灌注桩。值得一提的是压胀式灌注桩用于基础托换工程。此种工法桩杆材料是由薄钢板折叠制成，使用时靠注浆的压力胀开（图 7.6-22）。在施工前要先行成孔，然后放入钻杆；如果进行的是浅层处理，则用气压将桩杆胀开，然后截去外露端头后浇筑混凝土而成桩（图 7.6-23）；如果进行的是深层处理，则用压力注浆设备和导管，将桩杆胀开的同时，压入水泥砂浆而成桩（图 7.6-24）。

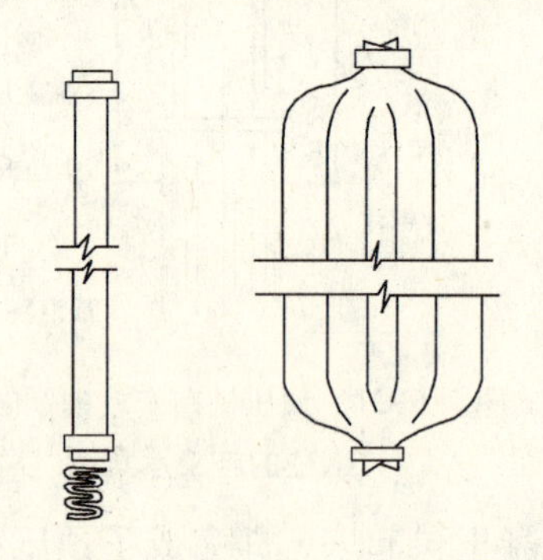

图 7.6-22　压胀式灌注桩桩杆变形前后

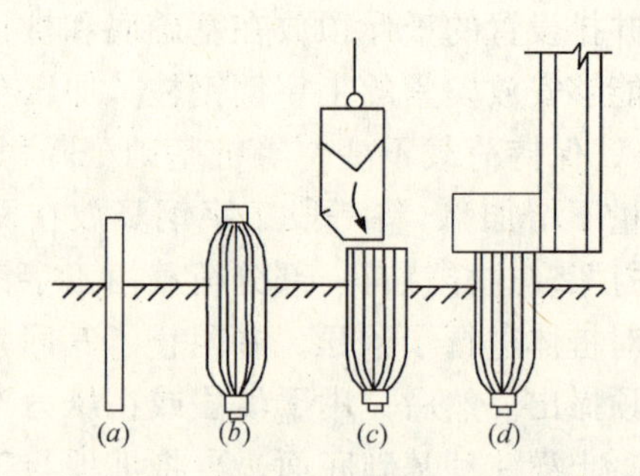

图 7.6-23　压胀式灌注桩浅层处理流程图

（a）桩杆；（b）压胀；（c）浇筑混凝土；（d）制作承台

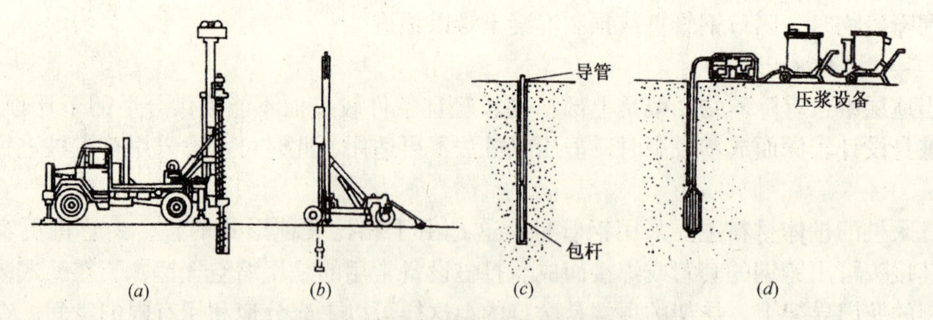

图 7.6-24　压胀式灌注桩深层处理流程图

（a）钻孔；（b）放包杆；（c）包杆与导管就位；（d）压力注浆

（四）灰土桩

灰土桩或灰土墩是利用打入钢套管（或振动沉管、炸药爆破）在地基中成孔，通过

“挤”压作用，使地基土得到加“密”，然后在孔内分层回填灰土后夯实而形成土桩。其属于柔性桩，和桩间土共同作用组成复合地基，同样也可应用于托换工程中（图7.6-25）。灰土桩适用于处理5～15m、地下水位以上、含水量14%～23%的湿陷性黄土、新近堆积黄土、素填土、杂填土及其他非饱和黏性土、粉土等土层。

当地基土的含水量大于23%、饱和度大于0.65以及土中碎（卵）石含量超过15%或有厚度40cm以上的砂土或碎石土夹层时，不宜采用灰土桩。

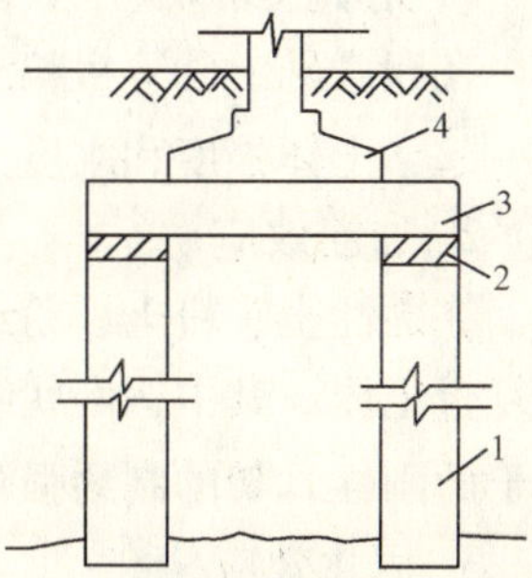

灰土桩或灰土墩的托换加固方法与灌注桩加固施工方法相似，只是用2:8（或3:7）灰土代替钢筋混凝土，在桩孔内夯实加密后形成桩体。其一般的施工方法是在事故基础两侧用人工方法挖孔，孔内分层回填灰土，然后在桩或井墩上筑钢筋混凝土顶板，再在需要加固的基础下掏洞筑钢筋混凝土托梁以支撑上部荷载。横梁一般应设在纵横墙交叉处。当墙身较长时，也可在中间再增设1～2道横梁。由于石灰带正电荷钙离子，其与带负电荷黏土颗粒相互吸附，形成胶体凝聚，且随着灰土龄期增长，土体固化作用提高，土体强度逐渐增加。在力学性能上，可达到挤密地基效果，提高地基承载力，消除湿陷性，使得地基沉降均匀和沉降量减小。

图7.6-25　灰土桩（井墩）托换示意图

1—灰土桩(井墩)；2—钢筋混凝土顶板；3—钢筋混凝土托梁；4—基础

需要注意的是，在湿陷性黄土地基上，不论是设计灌注桩还是灰土桩（井墩）进行托换加固，一定要使桩身穿透全部湿陷性黄土层，并需深入到密实的非湿陷性土层中；否则，再次受水浸湿后，仍然会产生再次湿陷的可能。如基底土为非自重湿陷性黄土，则桩的承载力等于其底部地基土的承载力与桩侧摩阻力之和；如为自重湿陷性黄土，除不应考虑正摩阻力之外，仍需考虑负摩阻力作用对桩（墩）身承载力的影响。

五、后压浆桩法

灌注桩的施工中存在一些问题，如桩底沉渣较难彻底清理，桩端地基土承载力无法充分发挥，而且又增加了桩基沉降量；桩侧泥皮过厚且厚度不均匀，使得桩侧摩阻力明显降低；由于设计的桩长和桩径尺寸过大而使得施工困难等。针对这些问题，中国建筑科学研究院地基所研发了灌注桩后压浆技术，即后压浆桩法。这项技术具有构造简单，便于操作，附加费用低，承载力增幅大，压浆时间不受限制等优点，已在全国迅速推广开来，取得了良好的技术和经济效益。

后压浆桩法是将土体加固与桩基技术相结合，大幅提高桩基承载力，减少沉降的有效方法。其一般做法是在灌注桩施工中将钢管沿钢筋笼外壁埋设，待桩体混凝土强度满足要求后，将水泥浆液通过钢管用压力注入桩端的地基土层孔隙中，使得原本松散的沉渣、碎石、土粒和裂隙胶结成一个高强度的结合体。水泥浆液在压力作用下由桩端通过地基土孔隙，向四周扩散。对于单桩区域，向四周扩散相当于增加了端部的直径，向下扩散相当于增加了桩长；群桩区域所有的浆液连成一片，所加固的地基土层成为一个整体，使得原来不满足要求的地基土层满足了上部结构的承载力要求。

后压浆桩根据注浆模式、地基土层的不同，具有不同的加固效果，主要表现为以下几种效应：

1. 充填胶结效应

在卵、砾、砂等粗粒土中进行渗入注浆，被注土体孔隙部分被浆液充填，散粒被胶结在一起，土体强度和刚度大幅度提高，即充填胶结效应，如图 7.6-26（*a*）。

2. 加筋效应

在黏性土、粉土、粉细砂等细粒土进行劈裂注浆，单一介质土体被网状结石分割加筋成复合土体。其中，网状结石称为加筋复合土体的刚性骨架，而复合土体的强度变形性状由于此刚性骨架的制约强化作用而大为改善，此即加筋效应，如图 7.6-26（*b*）。

3. 固化效应

桩底沉渣和桩侧泥皮与注入的浆液发生物理化学反应而固化，使单桩承载力大幅度提高，显示为固化效应。

在进行压浆过程中，由于桩侧、桩底土体还有不同程度的压密效应，对后压浆桩的承载力及变形性状的改善都有积极作用，如图 7.6-26（*c*）及图 7.6-27。

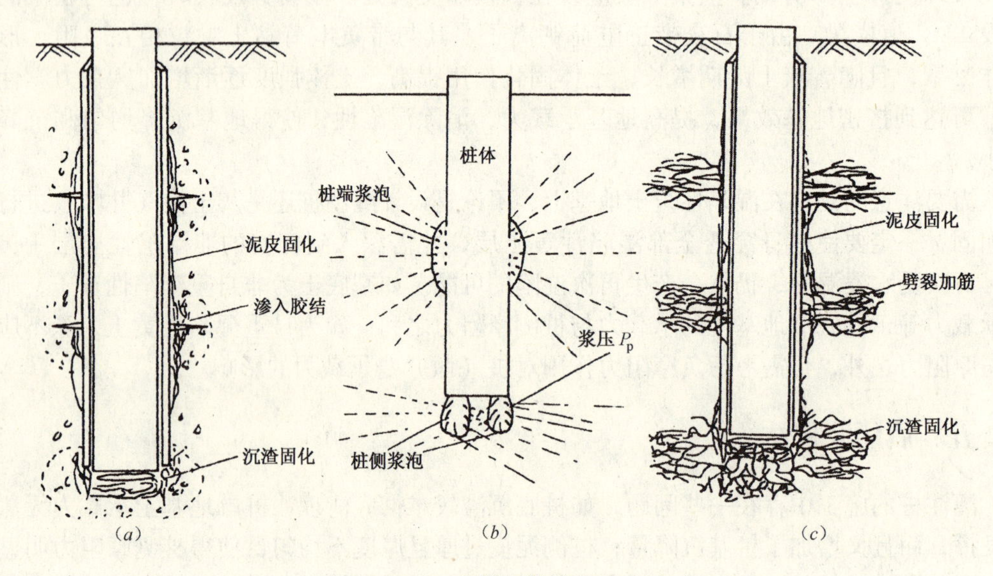

图 7.6-26　土体注浆效果示意图

（*a*）渗入性注浆的充填胶结效应；（*b*）劈裂注浆的加筋效应；（*c*）压密注浆的加固效果

后压浆桩法主要有以下优点：

（1）前置压浆阀管构造简单，安装方便，成本低，可靠性高，适用于锥形和平底形孔底；

（2）压浆施工可在成桩后 30d 甚至更长时间内实施，对桩身混凝土无破坏作用；

（3）施工参数可根据实际情况进行调整，易达到预期目标，使得桩基承载力大幅度提高；

（4）用于压浆的钢管可与桩身完整性超声波检测管结合使用，且在注浆后钢管作为等截面钢筋使用，附加费用低。

后压浆桩法的适用土层与灌注桩基本相同，尤其适用于持力层为非密实卵、砾石、

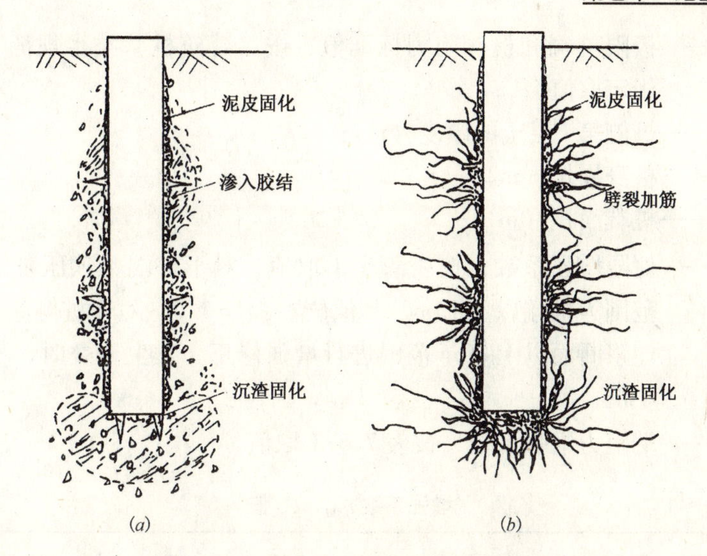

图 7.6-27 桩端及桩侧注浆加固示意图
（a）非密实砾石、中粗砂；（b）黏性土、粉土、粉细砂

中粗砂层，且分布均匀，厚度能够满足要求的情况。

（一）后压桩法的设计

后压桩法的设计内容包括以下几方面：

1. 桩端持力层

由于后压浆法使得灌注桩单桩承载力大幅度提高，因此涉及桩长的改变以及桩端持力层的优化设计。如果存在层厚能够满足设计要求的粗颗粒夹层，且又没有软弱下卧层时，可选择该层作为桩端持力层，从而减小桩长；若原设计为嵌岩桩，而基岩上覆风化层时，可采用非嵌岩后压浆桩，选择粗粒风化层作为桩端持力层，缩短桩长。

2. 布桩

由于后压浆法使得灌注桩单桩承载力大幅度提高。如果桩长不变，则可适当增加桩距，减少桩数。根据研究资料，若后压浆桩单桩承载力增加35%～127%，则相应桩数可减少至44%～74%。这样一来，桩距可由原非压浆桩的较小桩距调整至最优桩距 $S_a=(3.5\sim4.5)d$（S_a 为桩距，d 为桩径）。在同一建筑范围内，如果荷载分布不均，则可在荷载密集区采用 $S_a=(3.5\sim4.0)d$，使得沉降相应减少；在荷载较小区加大桩距，使得沉降相应增大。

3. 后压浆桩单桩承载力

后压浆桩单桩承载力的大小受到诸多因素的影响，如桩底、桩侧、土层性质、压浆模式、压浆量以及时间等，所以目前尚无精确计算的方法。在工程上，如果地区经验比较成熟，可根据地区经验预估单桩承载力进行布桩，然后进行载荷试验，根据试验结果再调整原来的设计方法；如果没有地区经验，则需要进行试验性施工试桩的方法，通过载荷试验确定单桩承载力值。

可按下式预估后压浆桩单桩极限承载力标准值：

$$Q_{uk}=Q_{sk}+Q_{pk}=(U\sum\xi_{ski}q_{ski}L_i+\xi_{pk}q_{pk}A_p)\lambda_Q \tag{7.6-21}$$

式中　q_{ski}，q_{pk}——极限桩端和桩侧阻力标准值，按《建筑桩基技术规范》（JGJ94—94）规定取值；

L_i——桩侧第 i 层土的厚度（m）；

U——桩身周长（m）；

A_p——桩端面积（m^2）；

ξ_{ski}——侧限增强系数，按表 7.6-1 取值，对于桩端单独压浆的情况，其增强范围为桩端以上 15m，其他位置 $\xi_{ski}=1.0$；对于桩侧注浆情况，在每个注浆断面以上 20m 范围进行增强修正，发生重叠时，不重复修正，取小值；

ξ_{pk}——端阻力增强系数，按表 7.6-1 取值。

增强系数 ξ_{ski}、ξ_{pk} 值　　　　**表 7.6-1**

土层名称	淤泥、淤泥质土	黏性土、粉土	粉、细砂	中砂	粗、砾砂	角砾、圆砾、碎石、卵石	强风化岩
ξ_{ski}	1.4	1.8	1.8	2.0	2.5	3.0	2.0
ξ_{pk}	1.6	2.5	2.5	3.0	3.2	3.6	2.5

λ_Q——修正系数，$\lambda_Q=\dfrac{\xi'_Q}{\xi_Q}=\dfrac{\text{实际增强系数}}{\text{理论增强系数}}$，大于 1.0 时按 1.0 取值。

其中　$\xi'_Q=1.12+5.70\lambda' c$（桩端为粗黏性土、卵石、砾石、粗中砂）

$\xi_Q=1.12+4.15\lambda_c$（桩端为细粒土、粉细砂、粉土、黏性土）

$$\lambda_c=\frac{G_c}{L\cdot d}$$

式中　λ'_c、λ_c——理论和实际注浆比；

G_c——注浆量；

L——桩长（m）；

d——桩直径（m）；

4. 后压浆桩沉降

后压浆桩沉降计算可按《建筑桩基技术规范》（JGJ94）规定的方法进行计算。计算时，对于细黏性土持力层，折减系数取 0.85；对于黏性土持力层，折减系数取 0.70。桩端以下 $10d^2/S_a$（S_a 为桩间距）范围内，可按等代墩基计算沉降。

5. 后压浆桩桩身强度

后压浆桩单桩承载力的提高主要是由于桩周土阻力的提高而导致的，为了使两者能够互相匹配，对桩身强度应进行验算。一般情况下，桩身混凝土强度等级应提高 1～3 级，以发挥注浆桩的潜力。

6. 后压浆群桩承台分担比

由于后压浆桩法使得桩底、桩间土强度和刚度的提高，群桩桩土整体工作性能增强，承载力大幅提高，使得基桩刺入变形减少，承台底土反力比非压浆群桩降低25%～50%。

（二）后压浆桩法的施工

后压浆桩法的施工流程见图7.6-28。

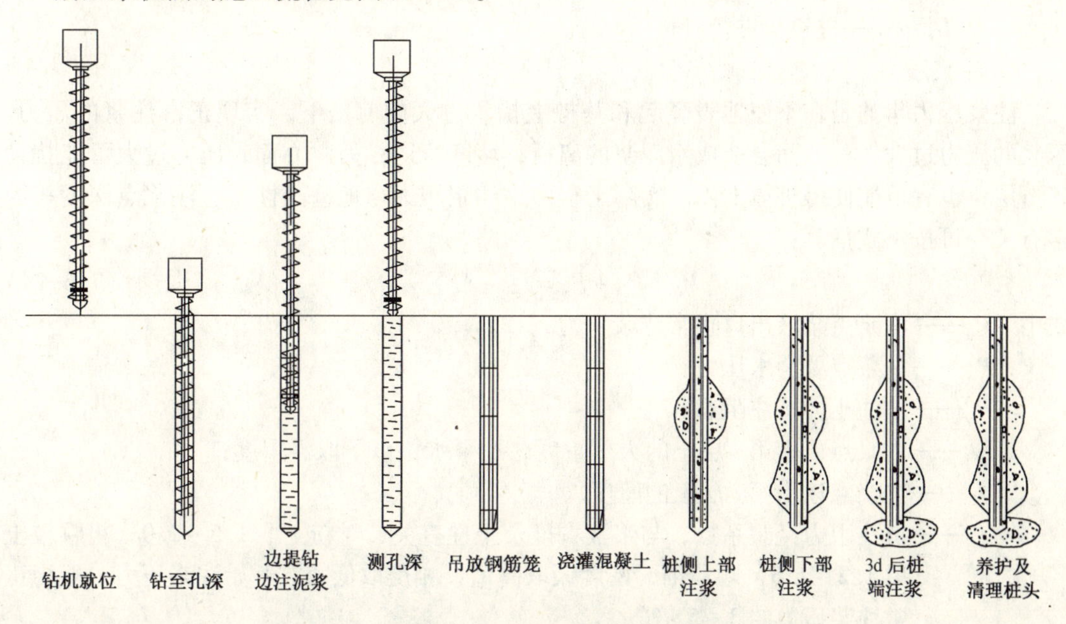

图7.6-28　螺旋钻孔灌注桩后压浆桩施工流程示意图

1. 桩侧注浆

桩侧注浆应在桩底注浆的前几天进行。桩侧注浆阀可根据地基土层以及桩长的不同，沿不同横断面呈花瓣形设置，也可沿桩长成波形设置。设置于桩身内部的注浆钢管与钢筋笼处在同一圆周上，与加强筋焊牢。当桩顶低于地面标高时，应用临时导管与桩身中的注浆管导管相连，待注浆初凝后取下临时导管下次使用。

2. 桩底注浆

在钢筋笼上设置1~2根底端带单向阀的注浆钢管，并将其插入沉渣及桩底土的一定深度（50~200mm），使得所注浆液能够起到固化沉渣和扩大桩底加固范围的作用。对于密实的卵石、砾石层或坚硬的基岩，注浆管无法插入，但需确保浆液渗入到混凝土面以下，固化桩底沉渣和泥皮。注浆阀外层应有保护套，防止阀膜被刺破，浆液可顺利流出。

3. 注浆量

根据大量的工程实践经验，对于桩径0.6~1.0m、桩长20~60m的灌注桩，桩底注浆所用水泥量约为0.6~2.0t；加桩侧注浆，则注浆量将增加一倍。可用下式估算注浆量：

桩底
$$G_{cp}=\pi(htd+\xi n_0 d^3)\times 1000 \tag{7.6-22}$$

桩侧
$$G_{es}=\pi[t(L-h)d+\xi m n_0 d^3]\times 1000 \tag{7.6-23}$$

式中　G_{cp}，G_{es}——桩底、桩侧注浆量，以水泥用量计（kg）；

ξ——水泥填充率，细粒土0.2~0.3，粗粒土0.5~0.7；

n_0——孔隙率；

t——桩侧浆液厚度，一般为10~30mm，黏性土及正循环成孔取高值，砂性土及反循环成孔取低值；

h——桩底压浆时，浆液沿桩身上返高度，一般取5~20m；

m——桩侧注浆横断面数，对于纵向波形注浆，取注浆点数的1/4；

L，d——桩长与桩径（m）。

4. 注浆压力

注浆压力指的是在不使地表隆起和基桩上抬量过大的前提下，实现正常注浆的压力。压浆的压力过大，一方面会造成水泥浆的离析，堵塞管道；另一方面，压力过大可能扰动碎石层，也有可能使得桩体上浮。实际工程中，注浆压力与地基土性质、注浆点深度等因素有关，可按下式估算：

$$P_0 = P_w + P_\gamma = P_w + \xi_\gamma \sum \gamma_i h_i \tag{7.6-24}$$

式中 P_0——注浆点浆液出口正常注浆压力；

P_w——注浆点处静水压力；

P_γ——被注土体抗注阻力；

γ_i——注浆点以上第i层土的天然重度，地下水位以下取浮重度；

h_i——注浆点以上第i层土的厚度；

ξ_γ——抗注阻力经验系数，与浆液稠度及土性有关，对粉土取1.5~2.0，粗颗粒土取1.2~1.5，颗粒细、密度大取高值，相反取低值，开始注浆压力一般为正常注浆压力的3~5倍。

由于压力损失原因，注浆管越长，注浆压力损失越大，因此注浆泵的额定压力一般不低于6MPa，流量为50~150 L/min。正常注浆时压力一直较低，则表明注浆质量存在问题，应延长注浆时间，加大注浆量并适当提高浆液稠度，直至注浆压力出现上升为止。

（三）后压浆桩质量检验

目前尚无有效手段对后压浆桩进行全面的质量检验。对于桩底的压浆质量可通过预设超声波检测管检测，根据压浆前后波速的变化进行判断；对于桩端阻力和桩侧阻力的检测，可通过单桩承载力的变化进行判断，其最有效的方式是进行静载荷试验以及预埋于桩身应力计，可分别确定后压浆桩的侧阻与端阻，此外高应变动测也是一种可行的检验方法。

六、抬墙梁法

墩式托换的缺点是直接在基础下挖坑，开挖土方量大，且需十分谨慎地施工，以防意外。抬墙梁法则可以在避免这些墩式托换缺点的同时，达到托换加固的目的。抬墙梁是采用预制的钢筋混凝土梁或钢梁穿过原有建筑的基础梁下，置于原基础两侧的用毛石（或砖、素混凝土）新砌筑的墩或桩基础上，支撑新增结构荷载。

采用抬墙梁法对建筑物进行托换加固常用以下三种做法：

1. 抬墙梁穿过原有建筑物的地圈梁下，支撑于砖砌、毛石或钢筋混凝土新基础上。基础下的垫层应与原基础采用同一材料，并且在同一标高上。浇筑抬墙梁时，应充分振捣密实，保证其与地圈梁紧密结合。有时也将抬墙梁做成微膨胀混凝土梁，与地圈梁挤密效果更好（图7.6-29）。

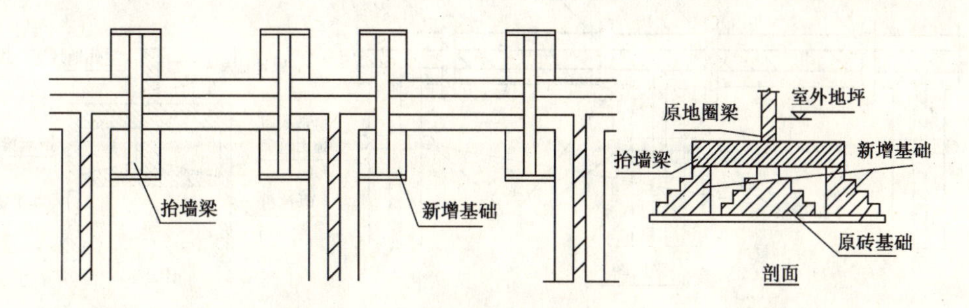

图 7.6-29　抬墙梁支撑于砖砌基础

该方法相当于扩大了原有基础底面积，使得地基承载力能够满足建筑物新增荷载的要求。施工时，在原有基础两侧挖槽，挖至基底设计标高后做垫层，然后施工砖砌、毛石或钢筋混凝土基础。基础墙凿洞时，不能损坏洞侧砖块；浇筑混凝土时应振捣密实，保证抬墙梁与原基础圈梁接触密实。其优点是新基础施工简单，速度快，成本低；缺点是地基土承载力低时，基础面积过大，挖方量大，且损坏室内地面较多。

2. 抬墙梁穿过原有建筑物的地圈梁下，支撑于钢筋混凝土小桩上。小桩直径一般为 ϕ150 ~ 250mm，深度根据上部增加荷载及地基土层情况，通过计算确定。加固桩的平面位置，在满足最小操作净空条件下，应尽量靠近原基础，保证桩与原基础能够共同承担上部荷载，新增荷载通过抬墙梁传递到桩上（图 7.6-30）。

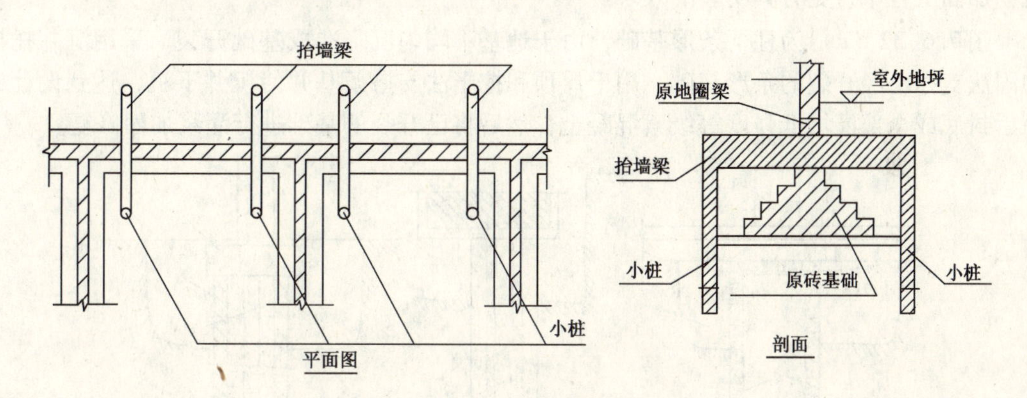

图 7.6-30　抬墙梁支撑于小桩

这种方法在室内外均能够施工，且不需大面积开挖地坪，对地基土扰动少，可在上部结构改造施工的同时进行基础处理，缩短了工期。小桩常采用灌注桩，施工方便，对周边环境影响小，适用于狭窄场地。其缺点是抬墙梁支撑于小桩上，若是在室内施工，限于空间高度，会使得施工困难，影响进度。

3. 抬墙梁下部支座支撑于钢筋混凝土爆破桩上。爆破桩紧靠原基础两侧布置，直径一般为 ϕ200 ~ 250mm，大头直径为 ϕ500mm 或 ϕ600mm，桩长一般为 2.5m 左右，根据地基土层情况确定持力层，推算桩长。爆破桩引爆时有一定振动，但因为桩头小，炸药量小，对房屋的影响不大（图 7.6-31）。

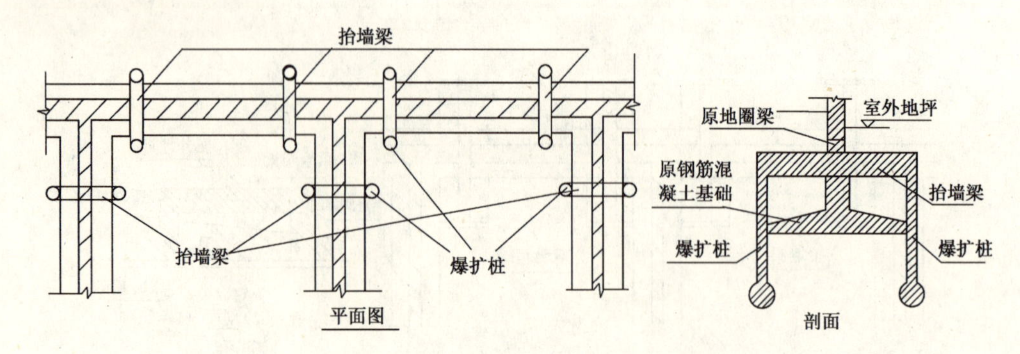

图 7.6-31　抬墙梁支撑于爆扩桩

这种方法的优点是不受场地限制，室内外均可施工，且施工简单，挖方量小，损坏地坪面积小。其缺点是爆破成桩时会有振动，对一般整体性较好的房屋可以使用，对整体性较差、裂缝较多的建筑则需谨慎使用。

利用抬墙梁进行托换加固时，其平面位置应避开门窗洞口。不能避开时，应对抬墙梁上的门窗洞口采取加强措施，并应验算梁支撑处砖墙的局部承压强度。

抬墙梁拆模后应及时夯实回填土，并做好散水工作。

七、沉井托换加固法

沉井托换加固法也是建筑物增层、纠偏时常用的方法。尤其在场地比较狭窄的既有建筑物加固工程中，更有其明显的效果。

图 7.6-32（*a*）为柱下条形基础，由于地基不均匀沉降造成基础开裂，采用沉井托换加固法支撑已经开裂的条形基础。用千斤顶和挖土法支撑条基并使沉井下沉，达到设计标高后封底或全部灌填低强度等级素混凝土，然后将已开裂的基础进行灌浆加固修复。

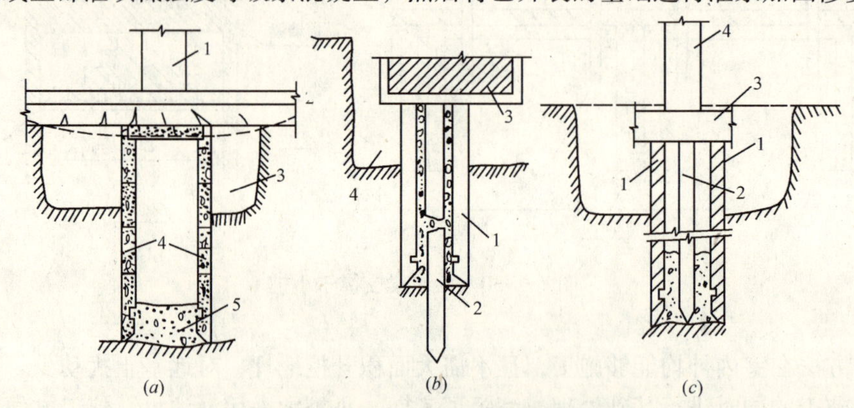

图 7.6-32　沉井托换加固法

（*a*）柱下条基加固法；（*b*）沉井法加固桩基础；（*c*）沉井法修复已断桩基础

（*a*）1—墙体；2—条基；3—挖坑；4—沉井；5—填混凝土

（*b*）1—沉井；2—原桩；3—基础；4—挖坑（*c*）1—沉井；2—原桩；3—基础；4—墙体

图 7.6-32（*b*）是采用沉井托换加固桩基础。由于单桩承载力不足，造成建筑物下沉，或在增层荷载作用下，原桩基础承载力已不能满足要求时，可在承台下开挖施工坑，并现场浇筑沉井，分节下沉，用挖土法和千斤顶加压法，至计算标高后，清底并封底或全

部充填低强度等级素混凝土。

图7.6-32（c）是采用沉井托换加固法修复已断的桩基础。

第七节　地基加固法

任何建筑物的荷载最终都要传递到地基上。由于上部结构材料强度高，而地基土强度相对较低、压缩性相对较大，应通过设置一定结构形式和尺寸的基础才能够解决这个矛盾。基础的作用是承上启下，它一方面处于上部结构的荷载及地基反力的共同作用下，另一方面基础底面的反力又作为地基上的荷载，使地基产生应力和变形。故除保证基础结构本身具有足够的强度和刚度外，同时还需要选择合理的基础方案和尺寸，使地基的强度和沉降保持在容许范围之内。

我国地域辽阔，从沿海到内地，从山区到平原，分布着各种各样的地基土，其强度、压缩性以及透水性等性质由于土的种类不同而差别很大。各种地基土中，不少为软弱土和不良工程地质土，主要有软黏土、杂填土、冲填土、湿陷性黄土、泥炭土、膨胀土、多年冻土等。而随着我国经济的快速发展，多层或高层建筑以及地下工程的大量修建，使结构物的荷载日益增大，对变形要求越来越高。因此，原来一些被评价良好的地基土，在某些特定的条件下也要进行地基处理。工程技术人员不仅要善于针对不同的地质条件，不同的结构选择最合适的基础形式、尺寸和布置方案，还要善于选择最佳的地基处理方案。

（一）在进行既有建筑物地基加固前，应首先进行地基的检验工作，检验步骤如下：

1. 搜集场地岩土工程勘察资料、既有建筑的地基基础和上部结构设计资料和图纸、隐蔽工程的施工记录及竣工图等。

2. 对岩土工程勘察资料，应重点分析下列内容：

（1）地基土层的分布及其均匀性，软弱下卧层、特殊土及沟、塘、古河道、墓穴、岩溶、土洞等；

（2）地基土的物理力学性质；

（3）地下水的水位及其腐蚀性；

（4）砂土和粉土的液化性质和软土的震陷性质；

（5）场地稳定性。

3. 调查建筑物现状、实际使用荷载、沉降量和沉降稳定情况、沉降差、倾斜、扭曲和裂损情况等，并进行原因分析。

4. 调查邻近建筑、地下工程和管线等情况。

5. 根据加固的目的，结合搜集的资料和调查的情况进行综合分析，提出检验方法，进行地基检验。

（二）地基的检验可根据建筑物的加固要求和场地条件选用下列方法：

1. 采用钻探、井探、槽探或地球物理等方法进行勘探；

2. 进行原状土的室内物理力学性质试验；

3. 进行载荷试验、静力触探试验、标准贯入试验、圆锥动力触探试验、十字板剪切试验或旁压试验等原位测试。

（三）既有建筑地基的检验应符合下列规定：

1. 根据建筑物的重要性和原岩土工程勘察资料情况，适当补充勘探孔或原位测试孔，查明土层分布及土的物理力学性质，孔位应靠近基础；

2. 对于重要的增层、增加荷载等建筑，尚宜在基础下取原状土进行室内土的物理力学性质试验或进行基础下的载荷试验。

（四）既有建筑地基的评价应符合下列规定：

1. 应根据地基检验结果，结合当地经验，提出地基的综合评价；

2. 应根据地基与上部结构现状，提出地基加固的必要性和加固方法的建议。

一、注浆加固法

注浆加固法（grouting）是利用液压、气压或电化学原理，通过注浆管把某些能固化的浆液注入地层中土颗粒的间隙、土层的界面或岩层的裂隙内，使其扩散、胶凝或固化，以增加地层强度、降低地层渗透性、防止地层变形、改善地基土的物理力学性质和进行托换技术的地基处理技术。

注浆法（灌浆法）是由法国工程师 Charles Bériguy 于 1802 年首创。此后，随着水泥的发明，水泥注浆法已成为地基土加固中的一种广泛使用的方法。现在，注浆法已广泛应用于房屋地基加固与纠偏、建筑物移位纠倾与增层改造、铁道公路路基加固、矿井堵漏、坝基防渗、隧道开挖等工程中，并取得了良好的效果。其加固目的主要有以下几方面：

（1）地基加固——提高岩土的力学强度和变形模量，减少地基变形和不均匀变形，消除黄土的湿陷性。

（2）防渗堵漏——降低土的渗透性，减少渗流量，提高地基抗渗能力，降低孔隙压力，截断渗透水流。

（3）托换纠偏——对已发生不均匀沉降的建筑物进行纠偏或托换处理。

1. 灌浆材料

注浆加固中所用的浆液是由主剂（原材料）、溶剂（水或其他溶剂）及各种外加剂混合而成。通常所指的灌浆材料是指浆液中所用的主剂。灌浆材料常分为粒状浆材和化学浆材两个系统，而根据材料的不同特点又可分为不稳定浆材、稳定浆材、无机化学浆材及有机化学浆材四类。通常可按图 7.7-1 进行分类。

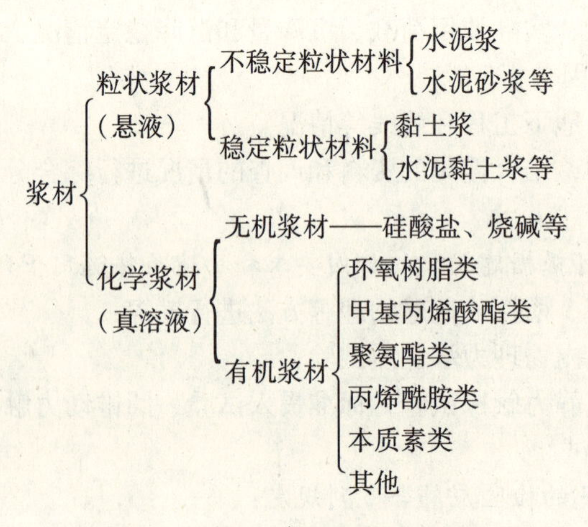

图 7.7-1　灌浆法按浆液材料分类

（1）水泥浆材

水泥浆材是以水泥浆为主的浆液，在地下水无腐蚀性条件下，一般都采用普通硅酸盐水泥。这种浆液是一种悬浮液，能形成强度较高和渗透性较小的结石体。这些浆材容易取得，配方简单，成本低廉，不污染环境，既使用于岩土工程，也使用于地下防渗等工程。在细裂隙地层中虽其可灌性不如化学浆材好，但若采用劈裂灌浆原理，则水泥浆材可用于不少弱透水层的加固。

由于常用的水泥颗粒较粗，一般只能灌注直径大于0.2mm的孔隙，而对土中孔隙较小的就不易注入。所以选择浆液材料时，首先要计算地基土的可灌比值，确定其可灌性。按下式计算：

$$N=\frac{D_{15}}{G_{85}}>15 \tag{7.7-1}$$

式中　D_{15}——根据土的颗粒分析试验，求得粒径级配曲线中15%的颗粒直径；

G_{85}——根据浆液材料的颗粒分析试验，求得粒径级配曲线中85%的颗粒直径。

水泥浆的水灰比，一般取0.6～2.0；常用的水灰比为1:1。有时为了调节水泥浆的性能，可加入速凝剂或缓凝剂等外加剂。工程中常用的速凝剂有水玻璃和氯化钙，其用量一般为水泥重量的1%～2%，常用的缓凝剂有木质素磺酸钙和酒石酸，其用量约为水泥重量的0.2%～0.5%。

（2）黏土水泥浆

黏土是含水的铝硅酸盐，其矿物成分为高龄石、蒙脱石及伊利石三种基本成分。以蒙脱石为主的土叫膨润土，这种土尤其是钠膨润土对制备优质浆液最为有利。因此，膨润土是一种水化能力极强、膨胀性大和分散性很高的活性黏土。黏土是高分散材料，许多工程场地附近都能找到符合灌浆要求的黏土，而且其亲水性好，因而沉淀析水性较小，在水泥悬液中加入黏土后，将使浆液的稳定性大大提高。

根据施工目的和要求不同，黏土可看作是水泥浆的附加剂，掺入量较少；也可当作灌浆材料使用，掺入量有时比水泥量还要多。

（3）聚氨酯浆材

聚氨酯是采用多异氰酸酯和聚醚树脂等作为主要原材料，再掺入各种外加剂配制而成的。浆液灌入地层后，遇水即发生反应生成聚氨酯泡沫体，起加固地基和防渗堵漏等作用。

聚氨酯浆材又分可为水溶性与非水溶性两类，前者能与水以各种比例混溶，并与水反应成含水胶体；后者只能溶于有机溶剂。

经过多年的研究和试验，得出了几种比较有效的浆材配方，如表7.7-1。

常用的聚氨酯配方　　　　**表7.7-1**

编　号	预聚体类型	材料重量比					
		预聚体	二丁酯（增塑剂）	丙酮（稀释剂）	吐温、硅油（表面活化剂）	催化剂	
						三乙醇胺	三乙胺
SK-1	PT-10	100	10～30	10～30	0.5～0.75	0.5～2	—
SK-3	TT-1/TM-1	100	10	10	0.5～0.75	—	0.2～4
SK-4	TT-1/TP-2	100	10	10	0.5～0.75	—	0.2～4

各配方的性能指标见表7.7-2，其中固砂体试件是在0.1MPa条件下成型的。

聚氨酯浆液性能指标　　表7.7-2

编　号	游离［NCO］含量（%）	相对密度	黏度（Pa·s）	固砂体		抗渗强度等级
				屈服抗压强度（MPa）	弹性模量（MPa）	
SK-1	21.2	1.12	2×10^{-2}	16.0	455.0	>B20
SK-3	18.1	1.14	1.6×10^{-1}	10.0	287.0	>B10
SK-4	18.3	1.15	1.7×10^{-1}	10.0	296.2	>B10

从上述两表可见，SK-1浆液的浓度较低，固砂体的强度较高，抗渗性较好，并有良好的二次扩散性能，适用于砂层及软弱砂层的防渗和加固处理；SK-3和SK-4浆液的特点是弹性较好，对变形有较好的适应性。上述浆液遇水后黏度迅速增长，不会被水稀释和冲走，特别适用于动水条件下的防水堵漏。

（4）丙烯酰胺类及无毒丙凝浆材

这类浆材国外多称AM-9，国内则多称为丙凝。由主剂丙烯酰胺、引发剂过硫酸铵（简称AP）、促进剂β-二甲氨基丙腈（简称DAP）和缓凝剂铁氰化钾（简称KFe）等组成，其标准配方见表7.7-3。

丙凝浆液的标准配方　　表7.7-3

试剂名称	代　号	作　用	浓度（重量百分比）
丙烯酰胺	A	主剂	9.5%
N－N′甲撑双丙烯酰胺	－M	交联剂	0.5%
过硫酸铵	AP	引发剂	0.5%
β-二甲氨基丙腈	DAP	促进剂	0.4%
铁氰化钾	KFe	缓凝剂	0.01%

丙凝浆液及凝固体的主要特点为：

1）浆液属于真溶液。在20℃温度及标准浓度下，其黏度仅为1.2×10^{-3}Pa·s，与水甚为接近，其可灌性远比目前所有的灌浆材料都好。

2）浆液从制备到凝结所需的时间可在几秒钟至几小时内精确地加以控制，而其凝结过程不受水（有些高分子浆材不能与潮湿介质粘结）和空气（有些浆材遇空气会降低胶结强度）的干扰或很少干扰。

3）浆液的黏度在凝结前维持不变，这就能使浆液在灌浆过程中维持同样的渗入性。而且浆液的凝结是立即发生的，凝结后的几分钟内就能达到极限强度，这对加快施工进度和提高灌浆质量都是有利的。

4）浆液凝固后，凝胶本身基本上不透水（渗透系数约为10^{-9}cm/s），耐久性和稳定性都好，可用于永久性灌浆工程。

5）浆液能在很低的浓度下凝结，如采用标准浓度为10%，其中有90%是水。且凝固后不会发生析水现象，即一份浆液就能填塞一份土的孔隙。因此，丙凝灌浆的成本是相对较低的。

6）凝胶体抗压强度低。抗压强度一般不受配方影响，约为0.4～0.5MPa。

7）浆液能用一次注入法灌浆，因而施工操作比较简单。

丙凝的主要缺点是有一定的毒性，经常与丙酰胺粉末接触会影响中枢神经系统，对空气和水也存在环境污染。过硫酸铵是强氧化剂，有可能破坏衣服和皮肤，施工人须戴上防护工具。

（5）硅酸盐类浆材

硅酸盐（水玻璃）灌浆始于1887年，是一种最为古老的灌浆工艺。虽然硅酸盐浆材问世以来的100年里，在20世纪50年代后期出现了许多其他化学浆材，但硅酸盐仍然是当前主要的化学浆材，它占目前使用的化学浆液的90%以上。由于其无毒、价廉和可灌性好等优点，欧美国家根据技术经济指标，依旧将硅酸盐浆材列在其他所有化学浆材的首位。

水玻璃（$Na_2O \cdot nSiO$）在酸性固化剂作用下可产生凝胶。水玻璃类浆液有很多种，表7.7-4介绍几种较有实用价值和性能较好的浆液。

水玻璃类浆液组成、性能及主要用途　　表7.7-4

原料		规格要求	用量（体积比）	凝胶时间	注入方式	抗压强度（MPa）	主要用途	备注
水玻璃—氯化钙	水玻璃	模数：2.5～3.0 浓度：43～45Bé	45%	瞬时	单管或双面	<3.0	地基加固	注浆效果受操作技术影响较大
	氯化钙	密度1.26～1.28 浓度30～32Bé	55%					
水玻璃—铝酸钠	水玻璃	模数：2.3～3.4 浓度：40 Bé	1	几十秒～几十分	双液	<3.0	堵水或地基加固	改变水玻璃模数、浓度、铝酸钠含铝量和温度可调节凝胶时间，铝酸钠含铝量多少影响抗压强度
	铝酸钠	含铝量：0.01～0.19（kg/L）	1					
水玻璃—硅氟酸	水玻璃	模数：2.4～3.4 浓度：30～45Bé	1	几秒～几十分	双液	<1.0	堵水或地基加固	两液等体积注浆、硅氟酸不足部分加水补充，两液相遇有絮状沉淀产生
	硅氟酸	浓度：28%～30%	0.1～0.4					

试验发现，硅酸盐凝胶具有明显的蠕变性，因此在进行硅酸盐灌浆设计时，应充分考虑加固体蠕变性对强度的影响。实验还证明，硅酸盐凝胶的耐久性是另一个重要问题。硅凝胶即便在潮湿状态下也会发生一定的收缩，但这种收缩是由于硅胶中的硅离子发生缩聚作用而把自由水从硅胶挤出的结果，这种作用被称为脱水收缩，其结果将使灌浆效果降低。所以灌浆体不宜暴露在干燥空气中和浸泡在溶蚀性水中。

（6）水玻璃水泥浆材

水泥浆中加入水玻璃有两个作用，一是作为速凝剂使用，掺量较少，一般约占水泥重量的3%～5%；另一是作为主材料使用，掺量较多，要根据灌浆目的和要求而定，在此所指的是后一种情况。

水玻璃水泥浆材是一种用途广泛、使用效果良好的灌浆材料，并具有以下特点：

1）浆液的凝结时间可在几秒钟到几十分钟内准确地控制。其主要规律是：水泥浆越浓、水玻璃与水泥浆的比例越大和温度越高，浆液凝结时间就越短，反之则长。为了加快或延缓凝结时间．可在浆液中加入适量的速凝剂或缓凝剂。在同一条件下，水泥中含硅酸三钙越多，胶凝时间就越快，因而普通硅酸盐水泥比矿渣硅酸盐水泥及火山灰水泥凝结快。

2）凝固后的结石率高，可达98%以上。

3）结石的抗压强度较高，如表7.7-5所示。

水玻璃水泥的配方　　表7.7-5

水泥浆浓度（水：水泥）	水玻璃将与水玻璃将体积比	凝固时间		结石抗压强度（MPa）	
		（min）	（s）	7d	28d
0.6:1	1:1	1	46	17.7	21.6
	1:0.8	1	21	19.8	23.8
	1:0.6	1	0	21.8	23.7
0.75:1	1:1	1	58	12.7	16.6
	1:0.8	1	28	16.0	21.0
	1:0.6	1	8	17.9	21.8
1:1	1:1	1	10	2.2	21.8
	1:0.8	1	40	9.4	13.0
	1:0.6	1	15	11.5	16.0

上表说明，水泥浆的浓度仍然是决定强度大小的关键因素。

4）水玻璃是促使水泥浆早凝的因素，但并不是所用水玻璃越多，浆液凝结就越快，在某些情况下却呈现相反的规律。

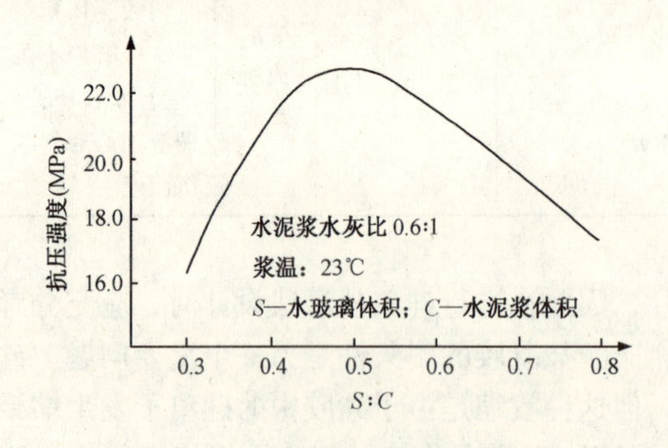

图7.7-2　$S:C$对结石强度的影响

5）水玻璃对强度的影响呈现一个峰值，超过此峰值后结石强度随水玻璃体积增加而降低，如图7.7-2所示。

结合各地的实践经验，水泥水玻璃浆材的适宜配方大体为：水泥浆的水灰比为0.8:1～1:1；水泥浆与水玻璃浆材的体积比为1:0.6～1:0.8。水玻璃的模数值为2.4～2.8，波美度30～45。这些配方的凝结时间为1～2min，抗压强度变化在9～24MPa。

2. 浆液性质

灌浆材料的主要性质有：分散度、沉淀析水性、凝结性 、热学性质、收缩性、结石强度、渗透性、耐久性和流动性等。

（1）材料的分散度

分散度是影响可灌性的主要因素，一般分散度越高，可灌性就越好。分散度还将影响浆液的一系列物理力学性质。

（2）沉淀析水性

在浆液搅拌过程中，水泥颗粒处于分散和悬浮于水中的状态。但当浆液制成和停止搅拌时，除非浆液极为浓稠，否则水泥颗粒将在重力作用下沉淀，并使水向浆液顶端上升。

（3）凝结性

浆液的凝结过程被分为两个阶段：初期阶段，浆液的流动性减少到不可泵送的程度；第二阶段，凝结后的浆液随时间而逐渐硬化。研究证明，水泥浆的初凝时间一般变化在2～4h，黏土水泥浆则更慢。由于水泥微粒内核的水化过程非常缓慢，故水泥结石强度的增长将延续几十年。

（4）热学性

由于水化热引起的浆液温度主要取决于水泥类型、细度、水泥含量、灌注温度和绝热条件等因素。

当大体积灌浆工程需要控制浆温时，可采用低热水泥、低水泥含量及降低拌合水温度等措施。当采用黏土水泥浆灌注时，一般不存在水化热问题。

（5）收缩性

浆液及结石的收缩性主要受环境条件的影响。潮湿养护的浆液只要长期维持其潮湿条件，不仅不会收缩还可能随时间而略有膨胀。反之，干燥养护的浆液或潮湿养护后又使其处于干燥环境中，就可能发生收缩。一旦发生收缩，就将在灌浆体中形成微细裂隙，使浆液效果降低，因而在灌浆设计中应采取防御措施。

（6）结石强度

影响结石强度的因素主要包括：浆液的起始水灰比、结石的孔隙率、水泥的品种及掺合料等，其中以浆液浓度最为重要。

（7）渗透性

与结石的强度一样，结石的渗透性也与浆液起始水灰比、水泥含量及养护龄期等一系列因素有关。如表7.7-6和表7.7-7所示，不论纯水泥浆还是黏土水泥浆，其渗透性都很小。

水泥结石的渗透性　　表7.7-6

龄期（d）	渗透性（cm/s）
5	4×10^{-8}
8	4×10^{-8}
24	1×10^{-10}

黏土水泥浆结石的渗透性　　表7.7-7

序号	黏土含量（%）	龄期（d）	渗透系数（cm/s）
1	50	10	7.4×10^{-7}
2	50	30	4.0×10^{-7}
3	75	14	1.5×10^{-6}

（8）耐久性

水泥结石在正常条件下是耐久的，但若灌浆体长期受水压力作用，则可能使结石破坏。

当地下水具有侵蚀性时，宜根据具体情况选用矿渣水泥、火山灰水泥、抗硫酸盐水泥或高铝水泥。由于黏土料基本不受地下水的化学侵蚀，故黏土水泥结石的耐久性比纯水泥结石为好。此外，结石的密度越大和透水性越小，灌浆体的寿命就越长。

研究证明，实际工程中的溶蚀破坏速度比理论值要慢。表7.7-8为在3个混凝土重力坝坝基中的实测资料，从中可见水泥灌浆帷幕的溶蚀现象是不可避免的，但溶蚀速度相当缓慢。

水泥帷幕化学溶蚀　　表7.7-8

坝号	坝高（m）	水泥耗量		氧化钙总量（kN）	氧化钙总耗失量（N）	氧化钙损失百分数（%）	观测时间（年）
		单耗（N/m）	总耗（kN）				
1	36	120	510	306	15580	5	8
2	124	1200	250000	150000	302970	0.2	3
3	65	640	120000	72000	15990	0.02	5

3. 浆液材料选择

（1）浆液应是真溶液而不是悬浊液。浆液黏度低，流动性好，能进入细小裂隙。

（2）浆液凝胶时间可从几秒至几小时范围内随意调节，并能准确地控制，浆液一经发生凝胶就在瞬间完成。

（3）浆液的稳定性好。在常温常压下，长期存放不改变性质，不发生任何化学反应。

（4）浆液无毒无臭。对环境不污染，对人体无害，属非易爆物品。

（5）浆液应对注浆设备、管路、混凝土结构物、橡胶制品等无腐蚀性，并容易清洗。

（6）浆液固化时无收缩现象，固化后与岩石、混凝土等有一定粘结性。

（7）浆液结石体有一定抗压和抗拉强度，不龟裂，防冲刷性能好。

（8）结石体耐老化性能好，能长期耐酸、碱、生物细菌等的腐蚀，且不受温度和湿度的影响。

（9）材料来源丰富、价格低廉。

（10）浆液配制方便，操作简单。

现有灌浆材料不可能同时满足上述要求，一种灌浆材料只能符合其中几项要求。因此，在施工中要根据具体情况选用某一种较为合适的灌浆材料。

4. 灌浆理论

在地基处理中，灌浆工艺所依据的理论主要可归纳为以下四类：

（1）渗透灌浆

渗透灌浆（permeation grouting）是指在压力作用下使浆液充填土的孔隙和岩石的裂隙，排挤出孔隙中存在的自由水和气体，而基本上不改变粒状土的结构和体积（砂性土灌浆的结构原理），所用灌浆压力相对较小。这类灌浆一般只适用于中砂以上的砂性土和有裂隙的岩石。代表性的渗透灌浆理论有：球形扩散理论、柱形扩散理论和袖套管法理论。

1）球形扩散理论

Maag（1938）的简化计算模式（图7.7-3）

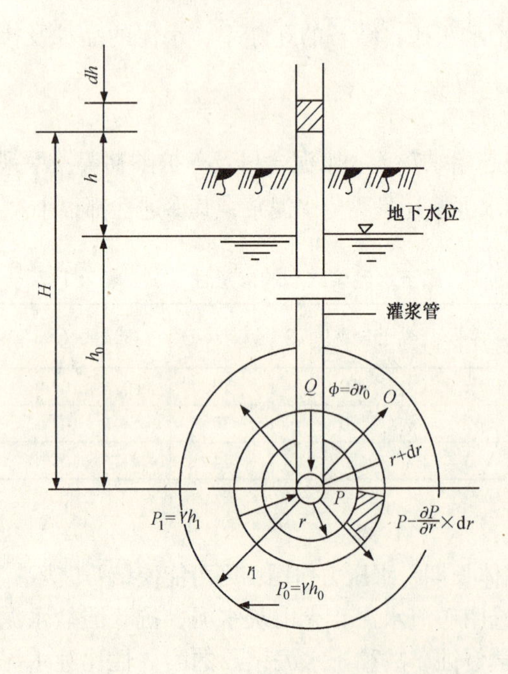

图7.7-3　Maag（1938）的简化计算

假定是：①被灌砂土为均质的和各向同性的；②浆液为牛顿体；③浆液从注浆管底端注入地基土内；④浆液在地层中呈球状扩散。

由达西定律：

$$Q=k_g iAt=4\pi r^2 k_g t(-\mathrm{d}h/\mathrm{d}r) \tag{7.7-2}$$

模式

$$-\mathrm{d}h=\frac{Q\beta}{4\pi r^2 kt}\cdot \mathrm{d}r$$

积分得

$$h=\frac{Q\beta}{4\pi rt}\cdot\frac{1}{r}+c$$

当 $r=r_0$ 时，$h=H$；$r=r_1$ 时，$h=h_0$，代入上式得

$$H-h_0=\frac{Q\beta}{4\pi kt}\left(\frac{1}{r_0}-\frac{1}{r_1}\right) \tag{7.7-3}$$

已知：

$$Q=4/3\times\pi r_1^3 n, h_1=H-h_0$$

代入上式得

$$h_1=\frac{r_1^3\beta\left(\frac{1}{r_0}-\frac{1}{r_1}\right)n}{3kt} \tag{7.7-4}$$

由于 r_1 比 r_0 大得多，故考虑 $\frac{1}{r_0}-\frac{1}{r_1}\approx\frac{1}{r_0}$

则

$$h_1=\frac{r_1^3\beta n}{3ktr_0} \tag{7.7-5}$$

于是

$$t=\frac{r_1^3\beta n}{3kh_1 r_0} \tag{7.7-6}$$

或

$$r_1=\sqrt[3]{\frac{3kh_1 r_0 t}{\beta\cdot n}} \tag{7.7-7}$$

式中　k——砂土的渗透系数（cm/s）；

Q——注浆量（cm^3）；

k_g——浆液在地层中的渗透系数（cm/s）；

β——浆液黏度与水的黏度比；

A——渗透面积（cm^2）；

r，r_1——浆液的扩散半径（cm）；

h，h_1——灌浆压力，厘米水头；

h_0——注浆点以上的地下水压头；

H——地下水压头和灌浆压力之和；

r_0——注浆管半径（cm）；

t——灌浆时间（s）；

n——砂土的孔隙率。

此公式比较简单实用,对黏度随时间变化不大的浆液能给出渗入性的初步轮廓。试验证明,在25min内浆液的黏度基本上不变,则灌注25min后浆液在各种土中的渗入半径见表7.7-9。

浆液的扩散半径 表7.7-9

砂土的渗透系数 k（cm/s）	10^{-1}	10^{-2}	10^{-3}	10^{-4}
浆液扩散半径 r_1（cm）	167	78	36	16

除 Maag 公式外，常用的还有 Karol 和 Raffle 公式等。

Karol 公式
$$t=\frac{n\beta r_1^2}{3kh_1} \tag{7.7-8}$$

Raffle 公式
$$t=\frac{nr_0^2}{3kh_1}\left[\frac{\beta}{3}\left(\frac{r_1^3}{r_0^3}-1\right)-\frac{\beta-1}{2}\left(\frac{r_1^2}{r_0^2}-1\right)\right] \tag{7.7-9}$$

2）柱形扩散理论

图7.7-4 为柱形扩散理论的模型。当牛顿流体作柱形扩散时：

$$t=\frac{n\beta r_1^2\ln\frac{r_1}{r_0}}{2kh_1} \tag{7.7-10}$$

$$r_1=\sqrt{\frac{2kh_1 t}{n\beta\ln\frac{r_1}{r_0}}} \tag{7.7-11}$$

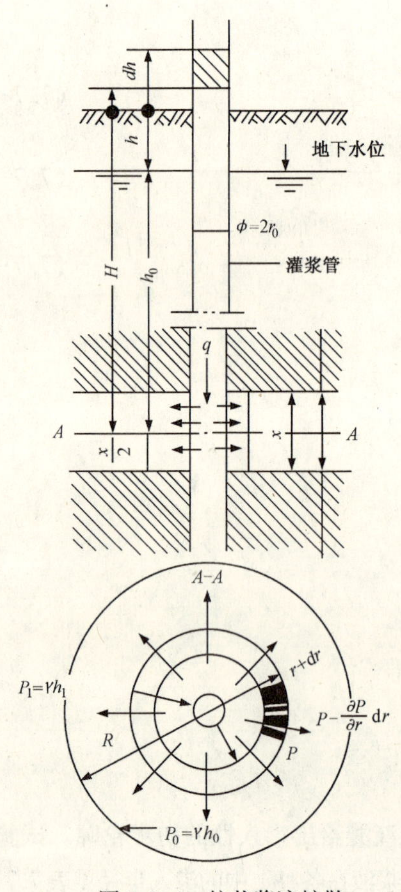

图7.7-4 柱状浆液扩散

3）袖套管法理论

假定浆液在砂砾石中作紊流运动，则其扩散半径 r_1 为：

$$r_1=2\sqrt{\frac{t}{n}\sqrt{\frac{kvh_1r_0}{d_e}}} \tag{7.7-12}$$

式中 d_e——为被灌土体的有效粒径；

v——浆液的运动黏滞系数。

其余符号同 Maag 公式。

（2）劈裂灌浆

劈裂灌浆（Fracturing Grouting）是指在灌浆压力作用下，浆液克服地层的初始应力和抗拉强度，引起岩石和土体结构的破坏和扰动，使其沿垂直于小主应力的平面上发生劈裂，使地层中原有的孔隙或裂隙扩张，或形成新的裂缝或孔隙，从而使低透水性地层的可灌性和扩散距离增大，而所用的灌浆压力也相对提高。

1）岩基

在岩基中，水力劈裂的开始很大程度上取决于岩石的抗拉强度、泊松比、侧压力系数、以及孔隙率、透水性和浆液的黏度等因素。若用参数 N 综合地表示 K（强度安全系数）和 η（浆液黏度），则在钻孔井壁处开始发生垂直劈裂的条件为：

$$\frac{P_0}{\gamma h}=\left(\frac{1-\mu}{1-N\mu}\right)\left(2K_0+\frac{S_T}{\gamma h}\right) \tag{7.7-13}$$

式中　P_0——灌浆压力；

γ——岩石的表观密度；

h——灌浆段高度；

μ——泊松比；

K_0——侧压力系数；

S_T——抗拉强度。

水平劈裂的初始条件为：

$$\frac{P_0}{\gamma h}=\left(\frac{1-\mu}{\mu(1-N)}\right)\left(1+\frac{S_T}{\gamma h}\right) \tag{7.7-14}$$

对于有节理裂隙的岩层，水力劈裂应包括原有裂隙的扩张和新鲜岩体的破裂。根据弹性理论计算，目前国内灌浆工程所用的灌浆压力，尚不能使新鲜岩体发生破裂，但仅用较小的灌浆压力就足以引起岩石现有裂隙的类弹性扩张。

2）砂和砂砾石层

对砂及砂砾石层，可按照有效应力的库仑—莫尔破坏标准进行计算：

$$\frac{\sigma_1'+\sigma_3'}{2}\cdot\sin\varphi'=\frac{\sigma_1'-\sigma_3'}{2}-\cos\varphi'\cdot c' \tag{7.7-15}$$

式中　σ_1'——有效大主应力；

σ_3'——有效小主应力；

φ'——有效内摩擦角；

c'——有效黏聚力。

由于灌浆压力的作用，使砂砾石层的有效应力减小。当灌浆压力 p_e 达到式（7.7-16）的标准时，就会导致地层的破坏：

$$P_e=\frac{(\gamma h-\gamma_w h_w)(1+K)}{2}-\frac{(\gamma h-\gamma_w h_w)(1-K)}{2\sin\varphi'}+c'\cdot\cot\varphi' \tag{7.7-16}$$

式中　γ——砂或砂砾石的重度；

γ_w——水的重度；

h_w——灌浆段深度；

h_w——地下水位高度；

K——主应力比。

下图为上述公式所代表的破坏机理。从图7.7-5中可见，随着孔隙水压力的增加，有效应力就逐渐减小至与破坏包线相切，此时表明砂砾土已开始劈裂。

3）黏性土地层

在黏性土地层中，水力劈裂将引起土体固结及挤出等现象，从化学角度出发还包括水泥微粒对黏土的钙化作用。

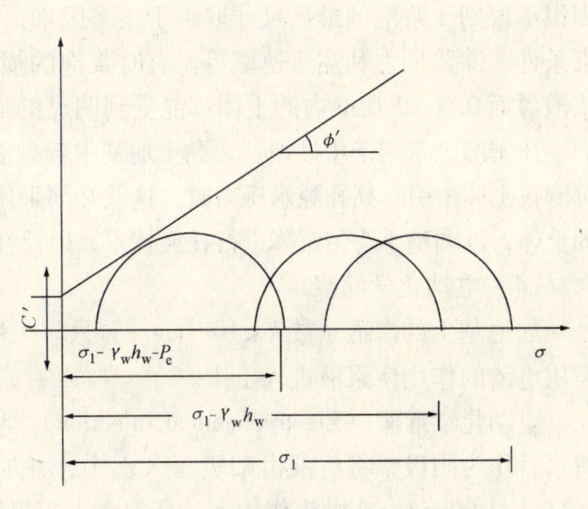

图7.7-5　假想的水力破坏模型

在只有固结作用的条件时，可用下式计算注入浆液的体积 V 及单位土体所需的浆液量 V：

$$V=\int_0^a (P_0-\mu)m_v\cdot 4\pi r^2\mathrm{d}r \tag{7.7-17}$$

$$Q=P\cdot m_v \tag{7.7-18}$$

式中 a——浆液的扩散半径；

P_0——灌浆压力；

μ——孔隙水压力；

m_v——土的压缩系数；

P——有效灌浆压力。

在存在多种劈裂现象的条件下，则可用下式确定土层被固结的程度 C：

$$C=\frac{(1-V)(n_0-n_1)}{1-n_0}\times 100\% \tag{7.7-19}$$

式中 n_0——土的天然孔隙率；

n_1——灌浆后土的孔隙率。

（3）压密灌浆

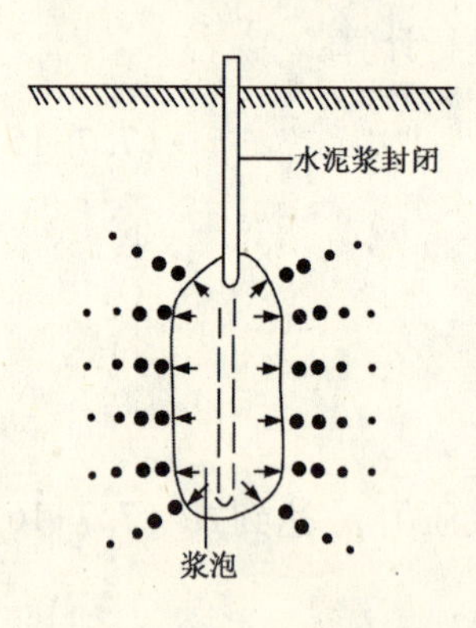

图 7.7-6 压密灌浆原理图

压密灌浆（compaction grouting）是指通过钻孔在土中灌入极浓的浆液，在注浆点使土体压密，在注浆管端部附近形成“浆泡”，如图 7.7-6 所示。

当浆泡的直径较小时，灌浆压力基本上沿钻孔的径向扩展。随着浆泡尺寸的逐渐增大，便产生较大的上抬力而使地面抬动。

经研究证明，向外扩张的浆泡将在土体中引起复杂的径向和切向应力体系。紧靠浆泡处的土体将遭受严重破坏和剪切，并形成塑性变形区。在此区内土体的密度可能因扰动而减小，离浆泡较远的土则基本上发生弹性变形，因而土的密度有明显的增加。

浆泡的形状一般为球形或圆柱形。在均匀土中的浆泡形状相当规则，而在非均质土中则很不规则。浆泡的最后尺寸取决于很多因素，例如土的密度、湿度、力学性质、地表约束条件、灌浆压力和注浆速率等。有时浆泡的横截面直径可达 1m 或更大。实践证明，离浆泡界面 0.3 ~ 2.0 m 内的土体都能受到明显的加密。

压密灌浆常用于中砂地基，黏土地基中若有适宜的排水条件也可采用。如遇排水困难而可能在土体中引起高孔隙水压力时，这就必须采用很低的注浆速率。压密灌浆可用于非饱和的土体，以调整不均匀沉降进行托换技术，以及在大开挖或隧道开挖时对邻近土进行加固。

（4）电动化学灌浆

如地基土的渗透系数 $k<10^{-4}$cm/s，只靠一般静压力难于使浆液注入土的孔隙，此时需用电渗的作用使浆液进入土中。

电动化学灌浆（Electrochemical Injection）是指在施工时将带孔的注浆管作为阳极，用滤水管作为阴极，将溶液由阳极压入土中，并通以直流电（两电极间电压梯度一般采用 0.3 ~ 1.0V/cm），在电渗作用下，孔隙水由阳极流向阴极，促使通电区域中土的含水量降低，并形成渗浆通路。化学浆液也随之流入土的孔隙中，并在土中硬结。因而电动化学灌浆是在电渗排水和灌浆法的基础上发展起来的一种加固方法。但由于电渗排水作用，可能会引起邻近既有建筑物基础的附加下沉，这一情况应予注意。

灌浆法的加固机理主要有：①化学胶结作用；②惰性填充作用；③离子交换作用。

根据灌浆实践经验及室内试验可知，加固后强度增长是一种受多种因素制约的复杂物理化学过程，除灌浆材料外，还有浆液与界面的结合形式、浆液饱和度、时间效应等因素对上述三种作用的发挥起着重要的作用。

1）浆液与界面的结合形式

灌浆时除了要采用强度较高的浆材外，还要求浆液与介质接触面具有良好的接触条件。图7.7-7为浆液与界面结合的4种典型的型式。图7.7-7（*a*）为浆液完全充填孔隙或裂隙，浆液与界面能牢固地结合；图7.7-7（*b*）为浆液虽填满孔隙或裂隙，但两者间存在着一层连续的水膜，使浆液未能与岩土界面牢固地结合；图7.7-7（*c*）为浆液虽也充满了孔隙或裂隙，但两者被一层软土隔开，且浆液未曾渗入到土孔隙内，从而使整体加固强度大为降低；图7.7-7（*d*）为介质仅受到局部的胶结作用，地基的强度、透水性、压缩性等方面都无多大改善。由此可知，提高浆液对孔隙或裂隙的充填程度及对界面的结合能力，也是使介质强度增长的重要因素。

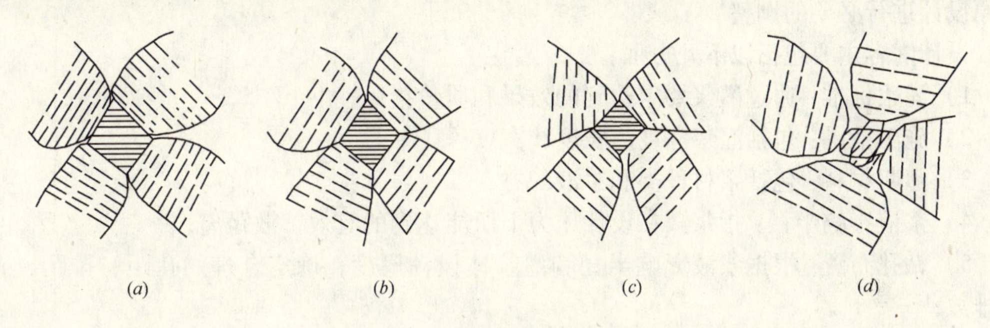

图7.7-7　浆液与界面的结合形式

2）浆液饱和度

裂隙或孔隙被浆液填满的程度称为浆液饱和度。一般饱和度越大，被灌介质的强度也越高。不饱和充填可能在饱水孔隙、潮湿孔隙或干燥孔隙中形成，原因则可能有多种，灌浆工艺欠妥可能是关键的因素，例如用不同的灌浆压力和不同的灌浆延续时间，所得灌浆结果就不一样。

灌浆一般采用定量灌注方法，而不是灌至不吃浆为止。灌浆结束后，地层中的浆液往往仍具有一定的流动性，因而在重力作用下，浆液可能向前沿继续流失，使本来已被填满的孔隙重新出现空洞，使灌浆体的整体强度削弱。不饱和充填的另一个原因是采用不稳定的粒状浆液，如这类浆液太稀，且在灌浆结束后浆中的多余水不能排除，则浆液将沉淀析水而在孔隙中形成空洞。可采用以下措施防止上述现象：①当浆液充满孔隙后，继续通过钻孔施加最大灌浆压力；②采用稳定性较好的浓浆；③待已填浆液达到初凝后，设法在原孔段内进行复灌。

3）时间效应

时间效应对强度也有重要影响，主要有以下几方面：

①许多浆液的凝结时间都较长，被灌介质的力学强度将随时间而增长。但有时为了使加固体尽快发挥作用而必须缩短凝结时间；有时为了维持浆液的可灌性则要求适当延长浆液的凝结时间。

②许多浆材都具有明显的蠕变性质，浆材和被灌介质的强度都将受加荷速率和外力作用时间的影响，进行地基灌浆的设计、施工和试验研究时，都应考虑这一不利因素。

③浆液搅拌时间过长或同一批浆液填注时间太久，都将使加固体的强度削弱。

5. 灌浆设计

（1）设计程序和内容

地基灌浆设计一般遵循以下几个程序：

1）地质调查：查明地基的工程地质特性和水文地质条件；

2）方案选择：根据工程性质、灌浆目的及地质条件，初步选定灌浆方案；

3）灌浆试验：除进行室内灌浆试验外，对较重要的工程，还应选择有代表性的地段进行现场强浆试验，以便为确定灌浆技术参数及灌浆施工方法提供依据；

4）设计和计算：用图表及数值计算方法，确定各项灌浆参数和技术措施；

5）补充和修改设计：在施工期间和竣工后的运用过程中，根据观测所得的异常情况，对原设计进行必要的调整。

设计内容主要包括以下几方面：

1）灌浆标准：通过灌浆要求达到的效果和质量指标；

2）施工范围：包括灌浆深度、长度和宽度；

3）灌浆材料：包括浆材种类和浆液配方；

4）浆液影响半径：指浆液在设计压力下所能达到的有效扩散距离；

5）钻孔布置：根据浆液影响半径和灌浆体设计厚度，确定合理的孔距、排距、孔数和排数；

6）灌浆压力：规定不同地区和不同深度的允许最大灌浆压力；

7）灌浆效果评估：用各种方法和手段检测灌浆效果。

（2）方案选择

这是设计者首先要面对的问题，但具体内容并没有严格限制，一般都把灌浆方法和灌浆材料的选择放在首位。灌浆方法和灌浆材料的选择又与灌浆目的、地质条件、工程性质等因素有关。掌握基本情况后，就能对灌浆方案做出初步的选择。根据工程实践经验，灌浆方案的选择一般应遵循下述原则：

1）如为提高地基强度和变形模量，一般可选用以水泥为基本材料的水泥浆、水泥砂浆和水泥水玻璃浆等，或采用高强度化学浆材，如环氧树脂、呋喃树脂、聚氨酯以及以有机物为固化剂的硅酸盐浆材等。

2）灌浆目的如为防渗堵漏时，可用黏土水泥浆、水泥粉煤灰混合物、丙凝、AC－MS、铬木素以及无机试剂为固化剂的硅酸盐浆液等。

3）在裂隙岩层中灌浆一般采用纯水泥浆或在水泥浆中或在水泥砂浆中掺入少量膨润土，在砂砾石层中或在溶洞中采用黏土水泥浆；在砂层中一般只能用化学浆液，在黄土中采用单液硅化法或碱液法。

4）对孔隙较大的砂砾石层或裂隙岩层中采用渗入性注浆法，在砂层灌注粒状浆材宜采用水力劈裂法；在黏性土层中采用水力劈裂法或电动硅化法，矫正建筑物的不均匀沉降则采用压密灌浆法。

但在实际工程中，常采用多种灌浆工艺联合施工，包括不同浆材及不同灌浆方法的联合，以适应某些特殊地质条件和专门灌浆目的的需要。

此外，在选择灌浆方案时，还要综合考虑技术上的可行性和经济上的合理性。前者还包括浆材对人体的危害或对环境的污染问题；后者则包括浆材是否容易取得和工期是否有保证等。

（3）灌浆标准

灌浆标准是指地基灌浆后应达到设计的质量指标。所用灌浆标准的高低，关系到工程质量、进度、造价和建筑物的安全。设计标准涉及的内容较多，而且工程性质和地基条件千差万别，对灌浆的目的和要求很不相同，因而很难规定一个比较具体和统一的准则，只能根据具体情况做出具体的规定。在此，仅提出几点与确定灌浆标准有关的原则和方法。

1）防渗标准

是指渗透性的大小。防渗标准越高，表明灌浆后地基的渗透件越低，灌浆质量也就越好。原则上，对比较重要的建筑，对渗透破坏比较敏感的地基以及地基渗漏量必须严格控制的工程，都要求采用较高的标难。

但是，防渗标准越高，灌浆技术的难度就越大，一般灌浆工程量及造价也就越高。因此，防渗标准不应该是绝对的，每个灌浆工程都应该根据各自的特点，通过技术经济比较确定一个相对合理的指标。原则上，对比较重要的建筑，对渗透破坏比较敏感的地基以及地基渗漏量必须严格控制的工程，都要采用较高的标准。防渗标准多采用渗透系数表示。对重要的防渗工程，多数要求将地基土的渗透系数降低至 $10^{-4} \sim 10^{-5}$cm/s 以下；对临时性工程或允许出现较大渗漏量而又不致发生渗透破坏的地层，也有采用 10^{-3}cm/s 数量级的工程实例。

2）强度和变形标准

由于灌浆目的、要求和各工程的具体条件千差万别，不同的工程只能根据自己的特点规定强度和变形标准。如：①为了增加摩擦桩的承载力，主要应沿桩的周边灌浆，以提高桩侧界面间的黏聚力；对支承桩则在桩底灌浆，以提高桩端土的抗压强度和变形模量；②为了减少坝基础的不均匀变形，仅需在坝下游基础受压部位进行固结灌浆，以提高地基土的变形模量，而无需在整个坝基灌浆；③对振动基础，有时灌浆目的只是为了改变地基的自然频率以消除共振条件，因而不一定需用强度较高的浆材；④为了减小挡土墙的土压力，则应在墙背至滑动面附近的土体中灌浆，以提高地基土的重度和滑动面的抗剪强度。

3）施工控制标准

灌浆后的质量指标只能在施工结束后通过现场检测来确定。有些灌浆工程甚至不能进行现场检测，因此必须制定一个能保证获得最佳灌浆效果的施工控制标准。

在正常情况下注入理论耗浆量 Q 为：

$$Q = V \cdot n \cdot m \tag{7.7-20}$$

式中　V——设计灌浆体积；

n——土的孔隙率；

m——无效注浆量。

按耗浆量降低率进行控制。由于灌浆是按逐渐加密原则进行的，孔段耗浆量应随加密次序的增加而逐渐减少。若起始孔距布置正确，则第Ⅱ次序孔的耗浆量将比第一次序孔大为减少，这是灌浆取得成功的标志。

（4）浆材及配方设计原则

1）对渗入性灌浆工艺，浆液必须渗入土的孔隙，即所用浆液必须是可灌的，这是一项最基本的技术要求，否则就谈不上灌浆；但若采用劈裂灌浆工艺，则浆液不是向天然孔隙而是向被较高灌浆压力扩大了的孔隙渗入，因而对可灌性要求就不如渗入性灌浆严格。

2）一般情况下，浆液应具有良好的流动性和流动性维持能力，以便在不太高的灌浆压力下获得尽可能大的扩散距离；但在某些地质条件下，例如地下水的流速较高和土的孔隙尺寸较大时，往往要采用流动性较小和触变性较大的浆液，以免浆液扩散至不必要的距离和防止地下水对浆液的稀释及冲刷。

3）浆液的析水性要小，稳定性要高，以防止在灌浆过程中或灌浆结束后发生颗粒沉淀和分离，并导致浆液的可泵性、可灌性和灌浆体的均匀性大大降低。

4）对防渗灌浆而言，要求浆液结石具有较高的不透水性和抗渗稳定性；若灌浆目的是加固地基，则结石应只有较高的力学强度和较小的变形性。与永久性灌浆工程相比，临时性工程的要求较低。

5）制备浆液所用原材料及凝固体都不应具有毒性，或者毒性尽可能小，以免伤害皮肤、刺激神经和污染环境。某些碱性物质虽然没有毒性，但若流失在地下水中也会造成环境污染，故应尽量避免这种现象。

6）有时浆材尚应具有某些特殊的性质，如微膨胀性、高亲水性、高抗冻性和低温固化性等，以适应特殊环境和专门工程的需要。

7）不论何种灌浆工程，所用原材料都应能就近取得，而且价格尽可能低，以降低工程造价。但在核算工程成本时，应把耗费量与总体效果综合起来考虑，例如有些化学浆材虽然单价较高，却因其强度较高和稳定性较好，常可把灌浆体做得更薄或更浅。

（5）浆液扩散半径的确定

浆液扩散半径 r 是一个重要的参数，它对灌浆工程量及造价具有重要的影响，如果选用的 r 值不符合实际情况，还将降低灌浆效果甚至导致灌浆失败。r 值可按前述的理论公式计算，如选用的参数接近实际条件，则计算值具有参考价值；但地基条件较复杂或计算参数不宜选择时，就应通过现场灌浆实验来确定。

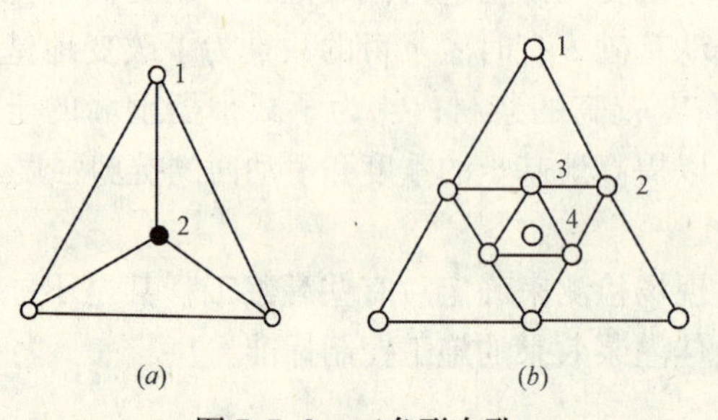

图 7.7-8　三角形布孔

（a）1—灌浆孔，2—检查孔；

（b）1—Ⅰ序孔，2—Ⅱ序孔，3—Ⅲ 序孔，4—检查孔

现场灌浆实验时，常采用三角形及矩形布孔方法，见图 7.7-8 和 7.7-9。

灌浆结束后，需对浆液的扩散半径进行评价：

①钻孔压水或注水，求出灌浆体的渗透性；②钻孔取出样品，检查孔隙充浆情

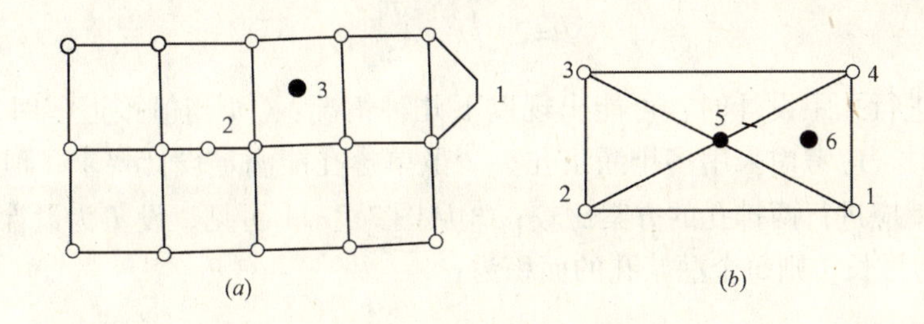

图 7.7-9　矩形或方形布孔

(a) 1—灌浆孔，2—试井，3—检查孔；

(b) 1~4—第Ⅰ次序孔，5—第Ⅱ次序孔，6—检查孔

况；③用大口径钻井或人工开挖竖井，用肉眼检查地层充浆情况，并采取灌浆样品供室内试验。

由于地基多数是不均匀的，尤其是在深度方向上，不论是理论计算或现场灌浆试验都难求得整个地层具有代表性的值，实际工程中又往往只能是采用均匀布孔的方法，为此，设计时应注意以下几点：

1）在现场进行试验时，要选择不同特点的地基，用不同的灌浆方法，以求不同条件下的浆液的值；

2）所谓扩散半径并非是最远距离，而是能符合设计要求的扩散距离；

3）在确定扩散半径时，要选择多数条件下可达到的数值，而不是取平均值；

4）当有些地层因渗透性较小而不能达到要求值时，可提高灌浆压力或浆液的流动性，必要时还可在局部地区增加钻孔以缩小孔距。

（6）孔位布置

注浆孔的布置是根据浆液的注浆有效范围，且应相互重叠，使被加固土体在平面和深度范围内连成一个整体的原则决定的。

1）单排孔的布置

如图 7.7-10 所示，l 为灌浆孔距，r 为浆液扩散半径，则灌浆体的厚度 b 为：

$$b=2\sqrt{r^2-\left[\left(l-r+\frac{r-(l-r)}{2}\right)\right]^2}=2\sqrt{r^2-\frac{l^2}{4}} \tag{7.7-21}$$

当 $l=2r$ 时，两圆相切，b 值为零。

如灌浆体的设计厚度为 T，则灌浆孔距为：

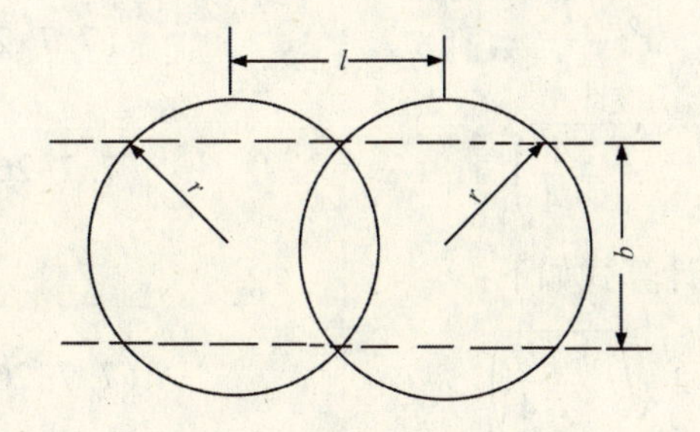

图 7.7-10　单排孔的布置

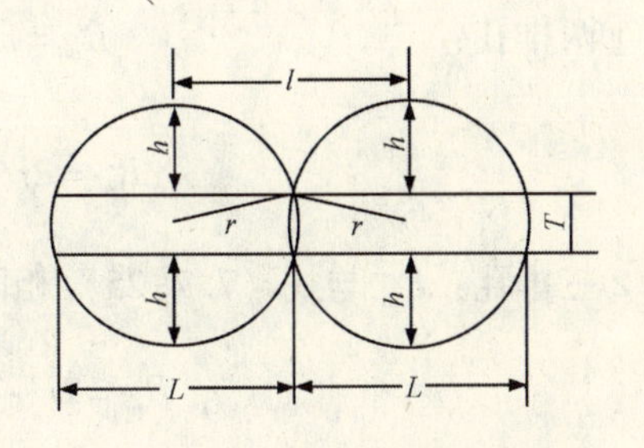

图 7.7-11　无效面积计算图

$$l = 2\sqrt{r^2 - \frac{T^2}{4}} \tag{7.7-22}$$

在按上式进行孔距设计时，可能出现以下几种情况：①l 当值接近零时，b 值仍不能满足设计厚度时，应考虑采用多排灌浆孔；②虽单排孔能满足设计要求，但若孔距太小，钻孔数太多，就应进行两排孔的方案比较；③从图 7.7-11 可见，设 T 为设计帷幕厚度，h 为弓形高，L 为弓长，则每个灌浆孔的面积为：

$$S_n = 2 \times \frac{2}{3} \cdot L \cdot h \tag{7.7-23}$$

式中 $L = l$，$h = r - T/2$，设土的孔隙率为 n，且浆液填满整个孔隙，则浆液的浪费量：

$$m = S_n \cdot n = \frac{4}{3} \cdot L \cdot h \cdot n \tag{7.7-24}$$

由此可见，当 l 值较大，对减少钻孔数是有利的，但可能造成的浆液浪费量也越大，故设计时应对钻孔费和浆液费用进行比较。

2）多排布桩

当单排孔不能满足设计厚度的要求时，就要采用两排以上的多排孔。而多排孔的设计原则是要充分发挥灌浆孔的潜力，以获得最大的灌浆体厚度。不允许出现两排孔的搭接不紧密的“窗口”，如图 7.7-12（a）；也不要搭接过多出现浪费，如图 7.7-12（b）。图 7.7-13 为两排孔正好紧密搭接的最优设计布孔方案。

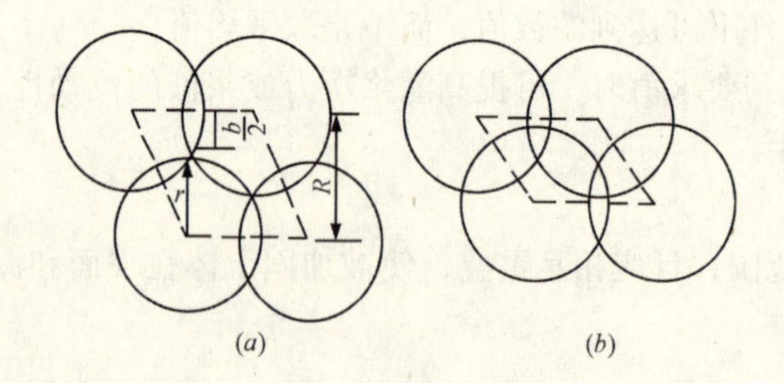

图 7.7-12　两排孔设计图

（a）孔排间搭接不紧密；（b）搭接过多

r—孔半径；R—孔的中心距

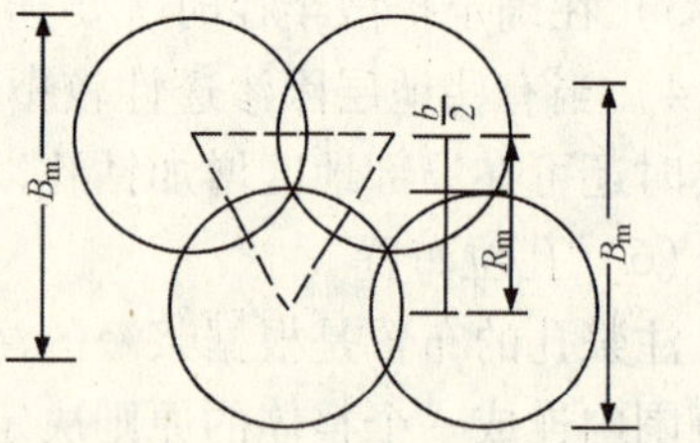

图 7.7-13　孔排间的最优搭接

根据上述分析，可推导出最优排距 R_m 和最大灌浆有效厚度 B_m 的计算式：

①两排孔：

$$R_m = r + \frac{b}{2} = r + \sqrt{r^2 - \frac{l^2}{4}} \tag{7.7-25}$$

$$B_m = 2r + b = 2\left(r + \sqrt{r^2 - \frac{l^2}{4}}\right) \tag{7.7-26a}$$

②三排孔：R_m 与式（7.7-25）相同，B_m 的计算式如下：

$$B_m = 2r + 2b = 2\left(r + 2\sqrt{r^2 - \frac{l^2}{4}}\right) \tag{7.7-26b}$$

③五排孔：R_m 与式（7.7-25）相同，B_m 的计算式如下：

$$B_{\rm m}=4r+3b=4\left(r+1.5\sqrt{r^2-\frac{l^2}{4}}\right) \tag{7.7-26c}$$

综上所述，可得出多排孔的最优排距为：

奇数排：

$$B_{\rm m}=(1-n)\left[r+\frac{n+1}{n-1}\cdot\frac{b}{2}\right]=(n-1)\left[r+\frac{n+1}{n-1}\sqrt{r^2-\frac{l^2}{4}}\right] \tag{7.7-27}$$

偶数排：

$$B_{\rm m}=n(r+b/2)=n\left(r+\sqrt{r^2-\frac{l^2}{4}}\right) \tag{7.7-28}$$

上式中，n 为灌浆孔排数。

在设计工作中，常遇到几排孔厚度不够，但（$n+1$）排孔厚度又偏大的情况；如有必要，可用放大孔距的办法来调整，但也应按上节所述方法，对钻孔费和浆材费进行比较，以确定合理的孔距。灌浆体的无效面积 $S_{\rm n}$ 仍可用式（7.7-23）计算，但式中 T 值仅为边排孔的厚度。

（7）灌浆压力的确定

灌浆压力是指不会使地面产生变化和邻近建筑物受到影响前提下可能采用的最大压力。

由于浆液的扩散能力与灌浆压力的大小密切相关，有人倾向于采用较高的灌浆压力，在保证灌浆质量的前提下，使钻孔数尽可能减少。高灌浆压力还能使一些微细孔隙张开，有助于提高可灌性。当孔隙中被某种软弱材料充填时，高灌浆压力能在充填物中造成劈裂灌注，使软弱材料的密度、强度和不透水性等得到改善。此外，高灌浆压力还有助于挤出浆液中的多余水分，使浆液结石的强度提高。

但是，当灌浆压力超过地层的压重和强度时，将有可能导致地基及其上部结构的破坏，因此，一般都以不以地层结构破坏或仅发生局部和少量的破坏，作为确定地基容许灌浆压力的基本原则。

灌浆压力值与地层土的密度、强度和初始应力、钻孔深度、位置及灌浆次序等一系列因素有关，而这些因素又无法准确地预知，因而宜通过现场灌浆实验来确定。

（8）灌浆量和注浆顺序

1）灌浆量

灌浆用量的体积应为土的孔隙体积，但在灌浆过程中，浆液并不可能完全充满土的孔隙体积，而土中水分亦占据孔隙的部分体积。所以，在计算浆液用量时，通常应乘以小于1的灌注系数，但考虑到浆液容易流到设计范围以外，所以灌注所需的浆液总量可参照下式计算：

$$Q=K\cdot V\cdot n \tag{7.7-29}$$

式中　Q——浆液总用量（L）；

V——注浆对象的土量（$\rm m^3$）；

n——土的孔隙率；

K——经验系数（软土、黏性土、细砂，取0.3～0.5；中砂，取0.5～0.7；砾砂，取0.7～1.0；湿陷性黄土，取0.5～0.8）。

一般情况下，黏性土地基中的浆液注入率为15%～20%。

2）注浆顺序

注浆顺序必须采用适合于地基条件、现场环境及注浆目的的方法进行，一般不宜采用自注浆地带某一端单向推进压注方式，应按跳孔间隔注浆方式进行，以防止串浆，提高注浆孔内浆液的强度与时俱增的约束性。对有地下动水流的特殊情况，应考虑浆液在动水流下的迁移效应，从水头高的一端开始注浆。

对加固渗透系数相同的土层，首先应完成最上层封顶注浆，然后再按由下而上的原则进行注浆，以防浆液上冒。如土层的渗透系数随深度而增大，则应自下而上进行注浆。注浆时应采用先外围、后内部的注浆顺序；若注浆范围以外有边界约束条件（能阻挡浆液流动的障碍物）时，也可采用自内侧开始顺次往外侧的注浆方法。

6. 施工工艺

（1）灌浆施工方法的分类

1）按注浆管设置方法的分类

① 用钻孔方法

主要是用于基岩或砂砾层，或已经压实过的地基。这种方法与其他方法相比，具有不使地基土扰动和可使用填塞器等优点，但一般的工程费用较高。

② 用打入法

当灌浆深度较浅时可用打入方法。即在灌浆管顶端安装柱塞，将注浆管或有效注浆管用打桩锤或振动机打进地层中的方法。

③ 用喷注法

在比较均质的砂层或注浆管难以打进的地方而采用的方法。这种方法利用泥浆泵。用水喷射的注浆管，容易使地基扰动。

2）按灌注方法分类

①一种溶液一个系统方式

将所有的材料放进同一箱子中，预先做好混合准备，再进行注浆，这适用于凝胶时间较长的情况。

②两种溶液一个系统方式

将两种溶液预先分别装在两个不同的箱子中，分别用泵通过Y字管输送，在注浆管的头部使两种溶液汇合。这种在注浆管中混合进行灌注的方法，适用于凝胶时间较短的情况。对于两种溶液，可按等量配合或按比例配合。

③两种溶液两个系统方式

将两种溶液分别准备放在不同的箱子中，用不同的泵输送，在注浆管（并列管、双层管）顶端流出的瞬间，两种溶液就汇合而注浆。这种方法适用于凝胶时间是瞬间的情况。

3）按注浆方法分类

①钻杆注浆法

钻杆注浆施工法是把注浆用的钻杆（单管），钻到所规定的深度后，把注浆材料通过内管送入地层中的一种方法。钻孔达到规定深度后的注浆点称为注浆起点。在这种情况下，注浆材料在进入钻孔前，先将A、B两液混合，随着化学反应的进行，黏度逐渐升高，并在地基内凝胶。

钻杆注浆法的优点是：与其他注浆法比较，容易操作，施工费用较低。其缺点是：浆液沿钻杆和钻孔的间隙容易往地表喷浆；浆液喷射方向受到限制，即为垂直单一的方向。

②单过滤管注浆法

单过滤管（花管）注浆法是把过滤管先设置在钻好的地层中，并填以砂，管与地层间所产生的间隙（从地表到注浆位置）用填充物（黏性土或注浆材料等）封闭，不使浆液溢出地表。一般从上往下依次进行注浆。每注完一段，用水将管内的砂冲洗出后，反复上述操作。这样逐段往下注浆的方法，比钻杆注浆方法的可靠性高。

若有许多注浆孔时，注完各个孔的第一段后，第二段、第三段依次采用下行的方式进行注浆。

③双层管双栓塞注浆法

该法是沿着注浆管轴限定在一定范围内进行注浆的一种方法。具体地说，就是在注浆管中有两处设有两个栓塞，使注浆材料从栓塞中间向管外渗出。该法是由法国Soletanche公司研制的，因此又称为Soletanche法，如图7.7-14。目前，有代表性的方法还有双层过滤管法（如图7.7-15）和套筒注浆法，施工顺序如图7.7-16所示。

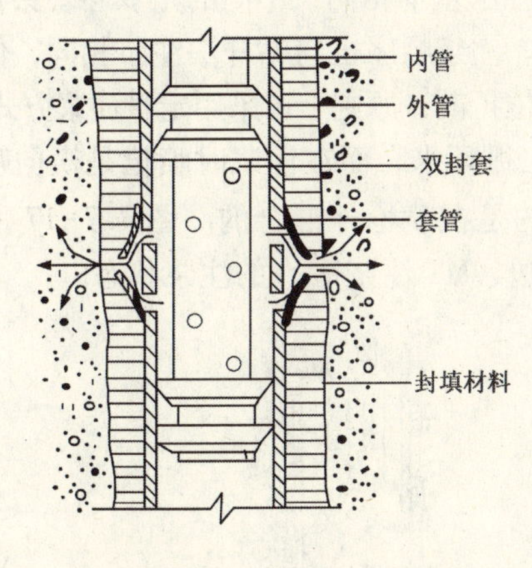

图7.7-14　Soletanche法

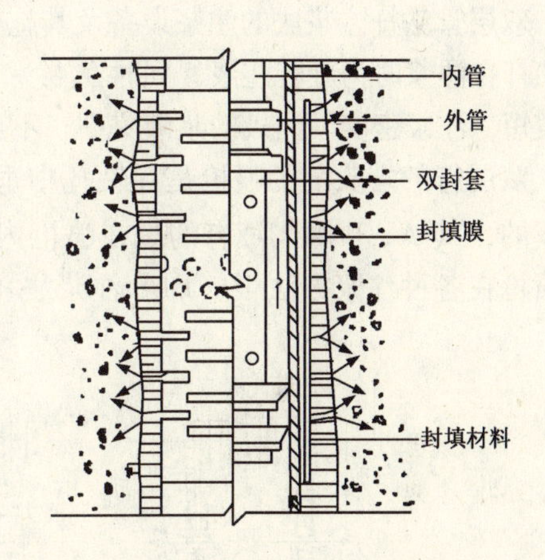

图7.7-15　双层过滤管法

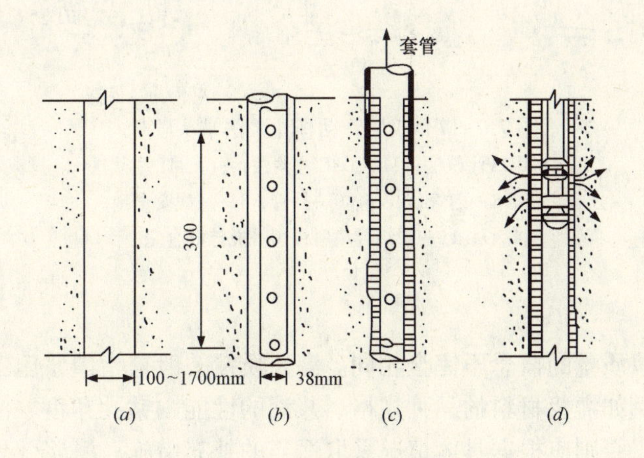

图7.7-16　双层管双塞注浆法施工顺序

双层管双栓塞注浆法以Soletanche法（又称袖阀管法）最为先进，于20世纪50年代开始广泛用于国际土木工程界。其施工方法分以下四个步骤：

（a）钻孔—通常用优质泥浆（例如膨润土浆）进行固壁，很少用套管护壁；

（b）插入袖阀管—为使套壳料的厚度均匀，应设法使袖阀管位于钻孔的中心；

（c）浇筑套壳料—用套壳料置换孔内泥浆，浇筑时应避免套壳料进入袖阀管内，并严格防止孔内泥浆混入套壳料中；

（d）灌浆—待套壳料具有一定强度后，在袖阀管内放入带双塞的灌浆管进行灌浆。

④双层管钻杆注浆法

双层管钻杆注浆法具有以下使用特点：

（a）注浆时使用凝胶时间非常短的浆液，浆液不会向远处流失。

（b）土中的凝胶体容易压密实，可得到强度较高的凝胶体。

（c）由于是双液法，若不能完全混合时，可能出现不凝胶的现象。

双层管钻杆注浆法是将A、B液分别达到钻杆的端头，浆液在端头所安装的喷枪里或从喷枪中喷出之后就混合而注入地基。

双层管钻杆注浆法的注浆设备及其施工原理与钻杆法基本相同，不同的是双层管钻杆法的钻杆在注浆时为旋转注浆，同时在端头增加了喷枪。注浆顺序也与钻杆法注浆相同，但段长较短，注浆密实。注入的浆液集中，不会向其他部位扩散，原则上可采用定量注浆方式。

双层管的端头前的喷枪是在钻孔中垂直向下喷出循环水，而在注浆时喷枪是横向喷出浆液的，其A、B两浆液有的是在喷枪内混合，有的是在喷枪外混合的。图7.7-17所示为喷枪在各种注浆方法中（DDS注浆法、LAG注浆法、MT注浆法）的注浆状态。

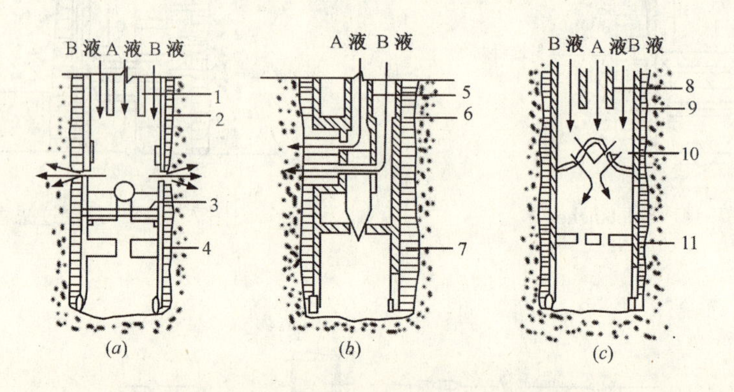

图7.7-17　双层管钻杆注浆法端头喷枪

（a）DDS注浆法；（b）LAC注浆法；（c）MT注浆法

1、5、8—内管；2、6、9—外管；3—过截安全销；

4、7、11—瞬结封填料；10—搅拌混合室

7. 质量检验

灌浆效果与灌浆质量的概念不完全相同。灌浆质量一般是指灌浆施工是否严格按设计和施工规范进行，例如灌浆材料的品种规格、浆液的性能、钻孔角度、灌浆压力等，都要求符合规范的要求，否则应根据具体情况采取适当的补充措施；灌浆效果则指混浆后能将地基土的物理力学性质提高的程度。

灌浆质量高不等于灌浆效果好，因此，设计和施工中，除应明确规定某些质量指标外，还应规定所要达到的灌浆效果及检查方法。

灌浆效果的检验，通常在注浆结束后28d才可进行，检验方法如下：

（1）统计计算灌浆量。可利用灌浆过程中的流量和压力自动曲线进行分析，从而判断灌浆效果。

（2）利用静力触探测试加固前后土体力学指标的变化，用以了解加固效果。

（3）在现场进行抽水试验，测定加固土体的渗透系数。

（4）采用现场静载荷试验，测定加固土体的承载力和变形模量。

（5）采用钻孔弹性波试验测定加固土体的动弹性模量和剪切模量。

（6）采用标准贯入试验或轻便触探等动力触探方法测定加固土体的力学性能。

（7）通过室内试验对加固前后土的物理力学指标进行对比，判定加固效果。

（8）采用γ射线密度计法，在现场可测定土的密度，以说明灌浆效果。

（9）电阻率法。将灌浆前后对土所测定的电阻率进行比较，根据电阻率差说明土体孔隙中浆液的存在情况。

在以上方法中，动力触探试验和静力触探试验最为简便实用。检验点一般为灌浆孔数的2%～5%，如检验点的不合格率等于或大于20%，或虽小于20%但检验点的平均值达不到设计要求，在确认设计原则后应对不合格的注浆区实施重复注浆。

二、高压喷射注浆法

高压喷射注浆法（High Pressure Jet Grouting）是利用钻机把带有喷嘴的注浆管钻进至土层的预定位置后，以高压设备使浆液或水成为20～40MPa的高压射流从喷嘴中喷射出来，冲击破坏土体；同时，钻杆以一定速度渐渐向上提升，将浆液与土粒强制搅拌混合，浆液凝固后，在土中形成一个固结体。

高压喷射注浆法20世纪60年代后期创始于日本，我国于1975年首先在铁道部门进行单管法的试验和应用。此后，我国许多科研院所和高等院校相继进行了三重管喷射法、干喷法的试验和应用研究。至今，我国已有数百项工程应用了高压喷射注浆技术。

1. 高压喷射注浆法的种类

高压喷射注浆法按注浆管类型、喷射流动方式和置换程度进行如下分类：

（1）按喷射流的移动方向，可以分为旋转喷射（旋喷）、定向喷射（定喷）和摆动喷射（摆喷）三种形式，如图7.7-18所示。

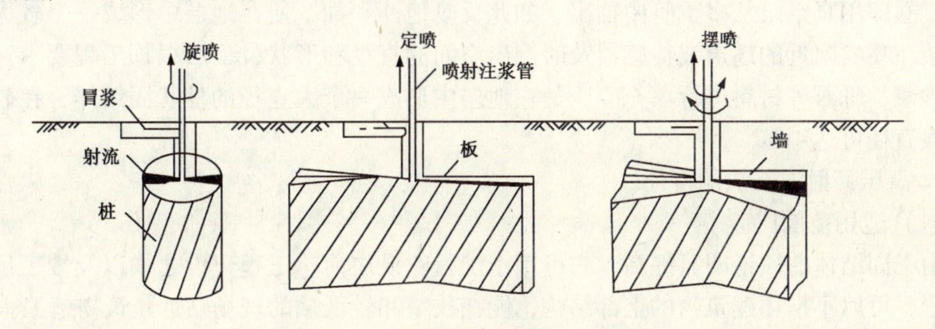

图7.7-18　高压喷射注浆的三种形式

旋喷法施工时，喷嘴边喷射边旋转提升，固结体呈圆柱状。主要用于加固地基，提高地基的抗剪强度；也可组成闭合的帷幕，用于截阻地下水流和治理流沙；也可用于场地狭窄处做围护结构。

定喷法施工时，喷嘴边喷射边提升，但喷射的方向固定不变，固结体形如板状或壁状。

摆喷法施工时，喷嘴边喷射边提升，喷射的方向呈较小角度来回摆动，固结体形如较厚墙状。

定喷和摆喷两种方法通常用于基坑防渗、改善地基土的水流性质和稳定边坡等工程。

（2）按高压喷射注浆法的工艺类型可分为单管法、二重管法、三重管法和多重管法等四种。

1）单管法

单重管喷射注浆法是利用钻机把安装在注浆管（单管）底部侧面的特殊喷嘴，置入土层预定深度后，用高压泥浆泵等装置，以 20MPa 以上的压力，把浆液从喷嘴中喷射出去冲击破坏土体，使浆液与冲切下的土搅拌混合，经过凝固后在土中形成一定形状的固结体。

2）二重管法

使用双通道的二重注浆管。当二重注浆管钻进到土层的预定深度后，通过在管底部侧面的一个同轴双重喷嘴，同时喷射出高压浆液和空气两种介质的喷射流冲击破坏土体。即以高压泥浆泵等高压发生装置喷射出 20MPa 左右压力的浆液，从内喷嘴中高速喷出，并用 0.7MPa 左右压力把压缩空气，从外喷嘴中喷出。在高压浆液和其外围环绕气流的共同作用下，破坏土体的能量显著增大，喷嘴一面喷射一面旋转和提升，最后在土中形成圆柱状固结体，固结体的直径明显增加。

3）三重管法

使用分别输送水、气、浆三种介质的三重注浆管。在以高压泵等高压发生装置产生 20MPa 左右的高压水喷射流的周围，环绕一股 0.7MPa 左右的圆筒状气流，进行高压水喷射流和气流同轴喷射冲切土体，形成较大的空隙；再另由泥浆泵注入压力为2～5MPa 的浆液填充，喷嘴作旋转和提升运动，最后在土中凝固为直径较大的圆柱状固结体。

4）多重管法

这种方法首先需要在地面钻一个导孔，然后置入多重管，用逐渐向下运动的旋转超高压力水射流（压力约 40MPa），切削破坏四周的土体，经高压水冲击下来的土和石成为泥浆后，立即用真空泵从多重管中抽出。如此反复地冲和抽，便在地层中形成一个较大的空间。装在喷嘴附近的超声波传感器及时测出空间的直径和形状，最后根据工程要求选用浆液、砂浆、砾石等材料进行填充。于是在地层中形成一个大直径的柱状固结体，在砂性土中最大直径可达 4m。

2. 高压喷射注浆法的特征

（1）适用范围广

由于固结体的质量明显提高，它可用于工程建设之前、工程建设之中以及竣工后的托换工程，可以不损坏建筑物的上部结构，能在狭窄和较低矮的现场贴近建筑物施工。

（2）施工简便、灵活

设备较轻便、机动性强，施工时只需在土层中钻一个孔径为50mm或300mm的小孔，便可在土中喷射成直径为0.4～4.0m的固结体，因而施工时能贴近已有建筑物；成型灵活，既可在钻孔的全长形成柱形固结体，也可仅作其中一段。

（3）可控制固结体形状

在施工中可调整旋喷速度和提升速度、增减喷射压力或更换喷嘴孔径改变流量，使固结体形成工程设计所需要的形状。

（4）可垂直、倾斜和水平喷射

通常是在地面上进行垂直喷射注浆，但在隧道、矿山井巷工程、地下铁道等建设中，亦可采用倾斜和水平喷射注浆。

（5）耐久性较好

由于能得到预期的、稳定的加固效果并有较好的耐久性，可以用于永久性工程。

（6）料源广阔

浆液以水泥为主体。在地下水流速快或含有腐蚀性元素、土的含水量大或固结体强度要求高的情况下，则可在水泥中掺入适量的外加剂，以达到速凝、高强、抗冻、耐蚀和浆液不沉淀等效果。

（7）设备简单

高压喷射注浆全套设备结构紧凑、体积小、占地少，能在狭窄和低矮的空间施工。

3. 高压喷射注浆法的适用范围

（1）适用的土质条件

主要适用于处理淤泥、淤泥质土、黏性土、粉土、黄土、砂土、人工填土和碎石土等地基。

当土中含有较多的大粒径块石、坚硬黏性土、大量植物根茎或有较多的有机质时，应根据现场试验结果确定其适用程度。

对地下水流速过大、浆液无法在注浆管周围凝固的情况，对于填充物的岩熔地段、永冻土以及对水泥有严重腐蚀的地基，均不宜采用高压喷射注浆法。

（2）适用工程对象

1）提高地基强度

根据高压喷射固结体形状的不同，可提高水平、垂直承载力、减小地基压缩变形和建筑物的不均匀沉降。

2）补强加固

可以整治已有建筑物的沉降、不均匀沉降、基础托换、纠倾及建筑物增层的地基处理和基础托换。

3）挡土围堰及地下工程建设

保护邻近建筑物，如图7.7-19。保护地下工程建设，如图7.7-20。防止基坑底部隆起，如图7.7-21。

4）增大土的摩擦力和黏聚力，防止小型塌方和滑坡及旋喷锚杆防止滑坡，锚固基础。

5）减小振动，固化流砂，防止液化。

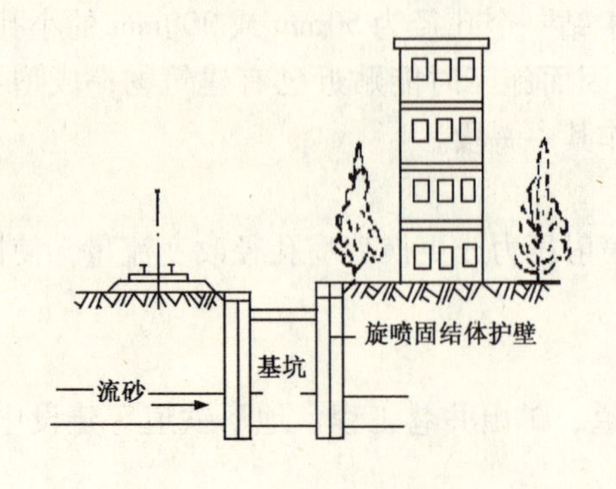

图 7.7-19　保护临近建筑物

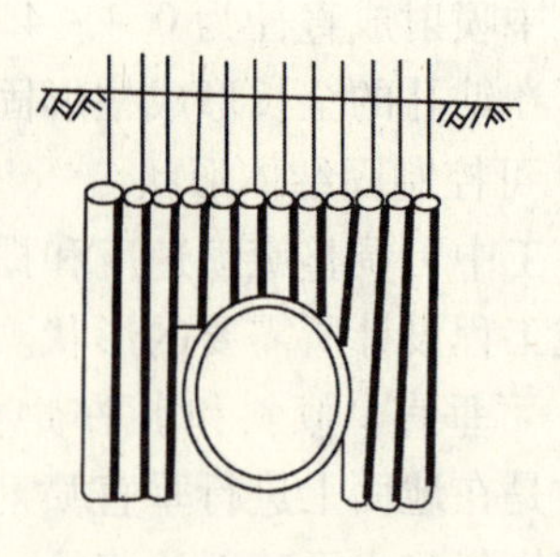

图 7.7-20　地下管道或涵洞护拱

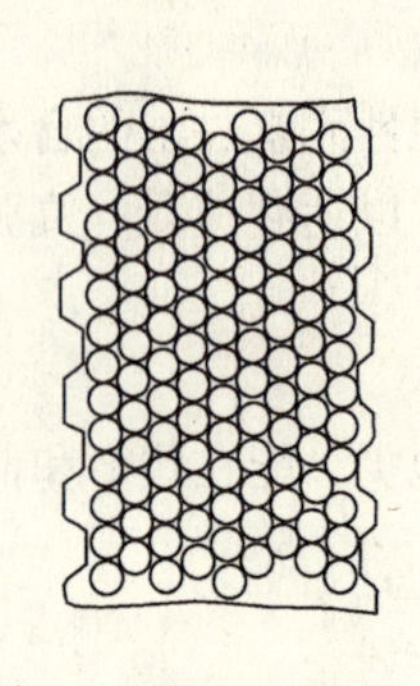

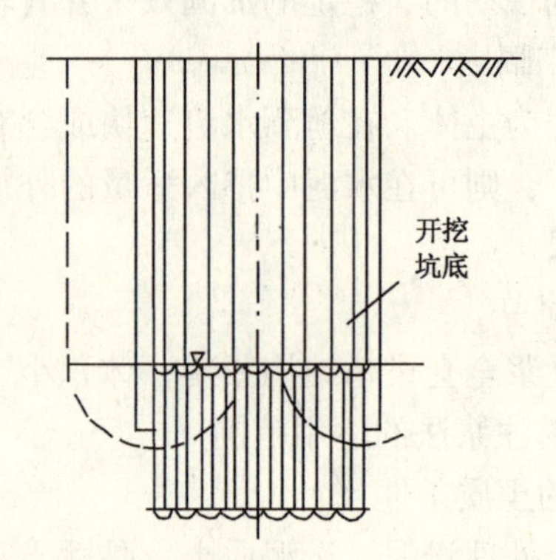

图 7.7-21　防止基坑底部隆起

6）降低土的含水量，整治路基翻浆冒泥，防止地基冻胀。

7）止水帷幕，防止洪水冲刷。

4. 加固机理

（1）高压水喷射流的性质

高压水喷射流是通过高压发生设备，使它获得巨大能量后，从一定形状的喷嘴，用一种特定的流体运动方式，以很高的速度连续喷射出来、能量高度集中的一股液流。

在高压高速的条件下，喷射流具有很大的功率，即在单位时间内从喷嘴中射出的喷射流具有很大的能量。

（2）高压喷射流对土体的作用

由于土的物理性质和喷射环境的不同，高压喷射流冲切破坏土体的作用也有较大的差别。高压喷射注浆时，高压喷射流集中并连续作用在土体上，其破坏土体的机理可分解为喷流动压、喷射流的脉动负荷、水块的冲击力、空穴现象、水楔效应、挤压力和气流搅动等作用力。这些作用力在喷射流的冲击点上同时连续作用，当这些外力超过土体构造的临界值时，土体便破坏成松散状，随着喷射流的连续冲切和移动，土体破坏的深度和范围不断扩大。

（3）高压喷射注浆法的成桩机理

在旋喷注浆时，高压喷射流在慢速旋转的同时缓慢上升，把土体切削破坏，扩大孔径，其加固的范围就是喷射距离加上渗透部分或挤压部分的长度成为半径的圆柱体。一部分细小的土粒被喷射的浆液所置换，随着浆液被带到地面上（俗称冒浆），其余的浆液与土粒搅拌混合。在喷射动压力、离心力和重力的作用下，在横断面上土粒按质量大小有规律地排列起来，小颗粒土在中部居多，大颗粒土多数在外侧或边缘部分（四周未被剥落的土粒则被挤密压缩），形成浆液主体、搅拌混合、压缩和渗透层等部分，经过一定时间便凝结成强度较高渗透系数较小的固结体。随着土质的不同，横断面结构也多少有些不同。由于旋喷体不是等颗粒的单体结构，固结质量也不均匀，通常是中心部分强度低，边缘部分强度高。

定喷时高压喷射注浆的喷嘴不旋转，只作固定方向的喷射，并逐渐向上提升，在土中形成一条或几条沟槽，并把浆液灌进槽中。土体冲切和移动土粒，一部分随着水流与气流被带出地面，其余的土粒与浆液搅拌混合，形成一个板状固结体。固结体在砂性土层中有一部分渗透层，而在黏性土中则无。

在大砾石层中进行高压喷射注浆时，因射流不能将大砾石破碎和移位，只能绕行前进并充填其空隙。其机理接近于静压灌浆理论中的渗透灌浆机理。

在腐殖土中进行高压喷射注浆时，固结体的形状及其性质，受植物纤维粗细长短、含水量及土颗粒多少影响很大。在含细短纤维的腐殖土中喷射注浆时，纤维的影响很小，成桩机理与在黏性土中相同。在含粗长纤维不太多的腐殖土中喷射注浆时，射流仍能穿过纤维之间的空隙而形成预定形状的固结体；但在粗长纤维密集部位，射流受严重阻碍而破坏力大为降低，固结体难以形成预定形状，强度明显受影响且浆液少，均匀性较差。

5. 施工

（1）施工设备

高压喷射注浆法施工的主要机具有高压水泵、高压泥浆泵、普通泥浆泵、工程地质钻机、高压喷射钻机、喷射注浆管、空气压缩机、泥浆搅拌机、耐高压胶管和污水泵等。由于喷射种类不同，所使用的机具设备和数量不尽相同，但所有参与喷射注浆施工的机具设备由造孔系统、供水系统、供气系统、制浆系统和喷射系统等五个组成，这五个系统有机地组合起来，共同完成高压喷射注浆的施工。

（2）施工工艺

1）钻机就位

钻机移动到设计的孔位上并应保持垂直，施工时旋喷管的允许倾斜度不得大于1.0%。

2）钻孔

单管旋喷常使用76型旋转振动钻机，钻进深度可达30m以上，适用于标准贯入度小于40的砂土和黏性土层。当遇到比较坚硬的地层时宜用地质钻机钻孔。一般在二重管和三重管旋喷法施工中都采用地质钻机钻孔。钻孔的位置与设计位置的偏差不得大于50mm。

3）插管

插管是将喷管插入地层预定的深度。使用75型振动钻机钻孔时，插管与钻孔两道工序合二为一，即钻孔完成时插管作业同时完成。如使用地质钻机钻孔完毕，必须拔出岩芯管，并换上旋喷管插入到预定深度。在插管过程中，为防止泥砂堵塞喷嘴，可边射水边插管。水压力一般不超过1MPa；若压力过高，则易将孔壁射塌。

4）喷射作业

当喷管插入预定深度后，由下而上进行喷射作业。值班技术人员必须时刻注意检查浆液初凝时间、注浆流量、压力、旋转提升速度等参数是否符合设计要求，并随时做好记录，绘制作业过程曲线。

当浆液初凝时间超过20h，应及时停止使用该水泥浆液（正常水灰比1∶1，初凝时间为15h左右）。

5）冲洗

喷射施工完毕后，应把注浆管等机具设备冲洗干净，管内不得残存水泥浆。通常把浆液换成水，在地面上喷射，以便将泥浆泵、注浆管和软管内的浆液全部排出。

6）移动机具

将钻机等机具设备移到新孔位上。

（3）施工注意事项

1）喷射注浆前要检查高压设备和管路系统，其压力和流量必须满足设计要求。注浆管及喷嘴内不要有任何杂物，注浆管接头的密封圈必须良好。

2）钻机或旋喷机就位时机座要平稳，立轴或转盘要与孔位对正。

3）喷射注浆时要注意设备开动顺序。以三重管为例，应先空载启动空压机，待运转正常后，再空载启动高压泵，然后同时向孔内送风和水，使风量和泵压逐渐升高至规定值。风、水畅通后，即可旋转注浆管，并开动注浆泵，先向孔内送清水，待泵量和泵压正常后，即可将注浆管的吸水管移至储浆桶开始注浆。待估算水泥浆的前峰已流出喷头后，才可开始提升注浆管，自下而上喷射注浆。

4）喷射时要根据施工设计控制喷射技术参数，做好压力、流量和冒浆情况的观察和记录，钻杆的旋转和提升必须连续不中断。

5）喷射注浆需拆卸注浆管时，应先停止提升和回转，同时停止送浆，然后逐渐减少风量和水量，最后停机。拆卸完毕，继续喷射时，开机顺序也要遵守上述顺序。同时，要保证新喷射注浆段与已喷射段搭接至少0.1m，防止固结体脱节、断桩。

6）喷射注浆作业后，由于浆液吸水作用，一般均有不同程度收缩，使固结体顶部出现凹穴，所以应及时用水灰比为0.6的水泥浆进行补灌，并要预防其他钻孔排出的泥土或杂物进入。

7）为了加大固结体尺寸，或对深层硬土，为了避免固结体尺寸减小，可以采用提高喷射压力、泵量或降低回转与提升速度等措施，也可以采用复喷工艺：第一次喷射（初喷）时，不注水泥浆液；初喷完毕后，将注浆管边送水边下降至初喷开始的孔深，再抽送水泥浆，自下而上进行第二次喷射（复喷）。

8）在喷射注浆过程中，应观察冒浆的情况，以及时了解土层情况，喷射注浆的大致效果和喷射参数是否合理。采用单管或二重管喷射注浆时，冒浆量小于注浆量20%为正常现象；超过20%或完全不冒浆时，应查明原因并采取相应的措施。若系地层中有较大空隙引起的不冒浆，可在浆液中掺加适量速凝剂或增大注浆量；如冒浆过大，可减少注浆量或加快提升和回转速度，也可缩小喷嘴直径，提高喷射压力。采用三重管喷射注浆时，冒浆量则应大于高压水的喷射量，但其超过量应小于注浆量的20%。

9）对冒浆应妥善处理，及时清除沉淀的泥渣。在砂层中用单管或二重管注浆旋喷时，可以利用冒浆进行补灌已施工过的桩孔。但在黏土层、淤泥层旋喷或用三重管注浆旋喷时，因冒浆中掺入黏土或清水，故不宜利用冒浆回灌。

10）在软弱地层旋喷时，固结体强度低。可以在旋喷后用砂浆泵注入 M15 砂浆来提高固结体的强度。

11）在湿陷性地层进行高压喷射注浆成孔时，如用清水或普通泥浆作冲洗液，会加剧沉降，此时宜用空气洗孔。

12）在砂层尤其是干砂层中旋喷时，喷头的外径不宜大于注浆管，否则易夹钻。

（4）质量检验

1）检验内容

①固结体的整体性和均匀性；

②固结体的有效直径；

③固结体的垂直度；

④固结体的强度特性（包括桩的轴向压力、水平力、抗酸碱性、抗冻性和抗渗性等）；

⑤固结体的溶蚀和耐久性能。

2）喷射质量的检验：

①施工前，主要通过现场旋喷试验，了解设计采用的旋喷参数、浆液配方和选用的外加剂材料是否合适，固结体质量能否达到达计要求。如某些指标达不到设计要求时，则可采取相应措施，使喷射质量达到设计要求。

②施工后，对喷射施工质量的鉴定，一般在喷射施工过程中或施工后一段落时进行。检查数量应为施工总数的2%～5%，少于 20 个孔的工程，至少要检验 2 个点。检验对象应选择地质条件较复杂的地区及喷射时有异常现象的固结体。

凡检验不合格者，应在不合格的点位附近进行补喷或采取有效补救措施，然后再进行质量检验。

高压喷射注浆处理地基的强度较低，28d 的强度在 1～10MPa，强度增长速度较慢。检验时间应在喷射注浆后四周进行，以防在固结度强度不高时，因检验而受到破坏，影响检验的可靠性。

3）检验方法

①开挖检验

待浆液凝固具有一定强度后，即可开始检查固结体垂直度和固结形状。通常在浅层进行，难以对整个固结体的质量作全面检查。

②钻孔取芯

在已旋喷好的固结体中钻取岩芯，并将岩芯做成标准试件进行室内物理和力学性能的试验。选用时以不破坏固结体为前提。根据工程的要求亦可在现场进行钻孔，做压力注水和抽水两种渗透能力试验。

③标准贯入试验

在旋喷固结体的中部可进行标准贯入试验。

④载荷试验

静载荷试验分垂直和水平载荷试验两种。做垂直载荷试验时，需在顶部 0.5～1.0m 范围内浇筑 0.2～0.3m 厚的钢筋混凝土桩帽。做水平推力载荷试验时，在固结体的加载受力部位，浇筑0.2~0.3m厚的钢筋混凝土加荷载面，混凝土的强度等级不低于C20。

三、水泥土搅拌桩法

水泥土搅拌法（Deep Mixing Method）是用于加固饱和黏性土地基的一种新方法。它是利用水泥（或石灰）等材料作为固化剂的主剂，通过特制的深层搅拌机械，在地基深处就地将软土和固化剂（浆液或粉体）强制搅拌，由固化剂和软土间所产生的一系列物理和化学反应，使软土硬结成具有整体性、水稳定性和一定强度的水泥加固土，从而提高地基强度和增大变形模量。根据施工方法的不同，水泥土搅拌法分为水泥浆搅拌（国内俗称深层搅拌法）和粉体喷射搅拌两种。前者是用水泥浆和地基土搅拌，后者是用水泥粉或石灰粉和地基土搅拌。

水泥土搅拌法是美国在第二次世界大战后研制成功的，称为就地搅拌桩（MIP）。后来，日本引进此法并接连开发研制出加固原理、机械规格和施工效率各异的深层搅拌机械，例如DCM法、DMIC法、DCCM法等。这种方法被大量用于各种建筑物的地基加固、稳定边坡、防止液化、防止负摩擦等。我国于20世纪80年代末首先在地基加固中正式采用并获得了成功。此后，深层搅拌法在我国得到了迅速的发展，应用也越来越广泛。这为软土地基加固技术开拓了一种新的方法，使用于处理正常固结的淤泥与淤泥质土、粉土、饱和黄土、素填土、黏性土以及无流动地下水的饱和松散沙土等地基，可在铁路、公路、市政工程、港口码头、工业与民用建筑等软土地基加固工程中使用。

水泥土搅拌法加固软土技术具有独特的优点：

（1）水泥土搅拌法由于将固化剂和原地基软土就地混合搅拌，因而最大限度地利用了原土；

（2）搅拌时无侧向挤出，施工时无振动、无噪声、无污染，可在市区内和密集建筑群中进行施工，对周围建筑物的影响也很小。

（3）根据不同地基土的性质及工程设计要求，合理选择固化剂、喷入量及加固形式，设计比较灵活；

（4）土体加固后重度基本不变，对软弱下卧层不致产生附加沉降；

（5）与钢筋混凝土桩基相比，节省了大量的钢材，并降低了造价；

（6）施工速度快，大大缩短了工期。

1. 加固机理

水泥加固土的物理化学反应过程与混凝土的硬化机理不同，混凝土的硬化主要是在粗填充料（比表面不大、活性很弱的介质）中进行水解和水化作用，所以凝结速度较快。而在水泥加固土中，由于水泥掺量很小，水泥的水解和水化反应完全是在具有一定活性的介质－土的围绕下进行，所以水泥加固土的速度增长过程比混凝土缓慢。

（1）水泥的水解和水化反应

普通硅酸盐水泥主要是氧化钙、二氧化硅、三氧化二铝、三氧化二铁等组成，由于这些不同的氧化物分别组成了不同的水泥矿物：硅酸三钙、硅酸二钙、铝酸三钙等。用水泥加固软土时，水泥颗粒表面的矿物很快与软土中的水发生水解和水化反应，生成氢氧化钙、含水硅酸钙、含水铝酸钙及含水铁酸钙等化合物。所生成的氢氧化钙、含水硅酸钙能迅速溶于水中，使水泥颗粒表面重新暴露出来，再与水发生反应，这样周围的水溶液就逐渐达到饱和。当溶液达到饱和后，水分子虽继续深入颗粒内部，但新生成物已不能再溶解，只能以细分散状态的胶体析出，悬浮于溶液中，形成胶体。

（2）黏土颗粒与水泥水化物的作用

当水泥的各种水化物生成后，有的自身继续硬化，形成水泥石骨架；有的则与其周围具有一定活性的黏土颗粒发生反应。主要有离子交换和团粒化作用以及所发生的硬凝反应。

（3）碳酸化作用

水泥水化物中有利的氢氧化钙能吸收水中和空气中的二氧化碳，发生碳酸化反应，生成不溶于水的碳酸化反应。这种反应也能使水泥土增加强度，但增长的速度较慢，幅度也较小。

从水泥土的加固机理分析，由于搅拌机械的切削搅拌作用，实际上不可避免地会留下一些未被粉碎的大小土团。在拌入水泥后将出现水泥浆包裹土团的现象，而土团间的大孔隙基本上已被水泥颗粒填满。加固后的水泥土中形成一些水泥较多的微区，而在大小土团内部则没有水泥。只有经过较长的时间，土团内的土颗粒在水泥水解产物渗透作用下，才逐渐改变其性质。因此，在水泥土中不可避免地会产生强度较大和水稳性较好的水泥石区和强度较低的土块区。两者在空间相互交替，从而形成一种独特的水泥土结构。可见，搅拌越充分，土块被粉碎得越小，水泥分布到土中越均匀，则水泥土结构强度的离散性越小，其宏观的总体强度也最高。

2. 设计计算

（1）水泥土搅拌桩的设计

1）对岩土工程勘察的要求

除了一般常规要求外，对下述各点应予以特别重视：

①土质分析：有机质含量，可溶盐含量，总烧失量等；

②水质分析：地下水的酸碱度（pH）值，硫酸盐含量。

2）加固型式的选择

搅拌桩可布置成柱状、壁状和块状三种形式。

①柱状：每隔一定的距离打设一根搅拌桩，即成为柱状加固形式。适合于单层工业厂房独立柱基础和多层房屋条形基础下的地基加固。

②壁状：将相邻搅拌桩部分重叠，搭接成为壁状加固形式。适用于深基坑开挖时的边坡加固以及建筑物长高比较大、刚度较小、对不均匀沉降比较敏感的多层砖混结构房屋条形基础下的地基加固。

③块状：对上部结构单位面积荷载大，对不均匀下沉控制严格的构筑物地基进行加固时可采用这种布桩形式。它是纵横两个方向的相邻桩搭接而形成的。如在软土地区开挖深基坑时，为防止坑底隆起也可采用块状加固形式。

3）加固范围的确定

搅拌桩按其强度和刚度是介于刚性桩和柔性桩间的一种桩型，但其承载性能又与刚性桩相近。因此在设计搅拌桩时，可仅在上部结构基础范围内布桩，不必像柔性桩一样在基础以外设置保护桩。

（2）水泥土搅拌桩的计算

1）单桩竖向承载力特征值的计算

单桩竖向承载力特征值应通过现场载荷试验确定也可按式（7.7-30）和式（7.7-31）进行计算，取其中较小值：

$$R_k = \eta \cdot f_{cu} A_p \quad (7.7\text{-}30)$$

$$R_k = u_p \sum_{i=1}^{n} q_{si} l_i + \alpha A_p q_p \quad (7.7\text{-}31)$$

式中 R_k——单桩竖向承载力特征值（kN）；

f_{cu}——与搅拌桩桩身加固土配比相同的室内加固水泥土块（边长为50mm或70.7mm的立方体），在标准养护条件下90d龄期无侧限抗压强度值（kPa）；

A_p——桩的截面积（m^2）；

η——强度折减系数，干法可取0.20～0.30；湿法可取0.25～0.33；

q_p——桩端天然地基土未经修正的承载力特征值（kPa）；

U_p——桩周长（m）；

l_i——桩长范围内第 i 层土的厚度（m）；

q_{si}——桩周第 i 层土的侧阻力特征值。对淤泥可取4～7 kPa；对淤泥质土可取6～12 kPa；对软塑状态的黏性土可取10～15 kPa；对可塑状态的黏性土可取12～18 kPa；

α——桩端天然地基土的承载力折减系数，可取0.4～0.6，承载力高时取低值。

在单桩设计时，承受垂直荷载的搅拌桩一般应视土对桩的支撑力与桩身强度所确定的承载力相近，并使后者略大于前者最为经济。因此，搅拌桩的设计主要是确定桩长和选择水泥掺入比：

①当土质条件、施工因素等限制搅拌桩加固深度时，可先确定桩长，根据桩长按式（7.7-31）计算单桩竖向承载力特征值 R_k，再根据单桩竖向承载力特征值按式（7.7-30）求水泥土的无侧限抗压强度 $f_{cu,k}$，然后再根据 $f_{cu,k}$ 参照室内配合比试验资料，选择所需的水泥掺入比 α_w。

②当搅拌桩深度不受限制时，可根据室内配合比试验资料确定水泥掺入比 α_w，再求得水泥土无侧限抗压强度 $f_{cu,k}$，然后再按式（7.7-30）计算单桩承载力特征值 R_k，最后根据式（7.7-31）确定桩长。

③直接根据上部结构对地基承载力要求，选定单桩承载力 R_k，然后按式（7.7-30）确定 $f_{cu,k}$，据此参照室内配合比试验资料求得相应于 $f_{cu,k}$ 的水泥掺入比 α_w，再根据要求的地基土承载力特征值代入式（7.7-31）求得桩长。

2）水泥土搅拌桩复合地基的设计计算

水泥土搅拌桩复合地基承载力特征值应通过现场复合地基静载荷试验确定，也可按下式计算求得：

$$f_{sp,k} = m \cdot \frac{R_k}{A_p} + \beta(1-m) f_{s,k} \quad (7.7\text{-}32)$$

式中 $f_{sp,k}$——复合地基承载力特征值（kPa）；

m——面积置换率；

$f_{s,k}$——桩间天然地基土承载力特征值（kPa）；

β——桩间土承载力折减系数，当桩端为软土时，可取 0.5～1.0；当桩端为硬土时，可取 0.1～0.4；当不考虑桩间土的作用时，可取零。

根据设计要求的单桩竖向承载力 R_k 和复合地基承载力特征值 $f_{sp,k}$ 计算搅拌桩的置换率 m 和总桩数 n：

$$n=\frac{m\cdot A}{A_p} \tag{7.7-33}$$

$$m=\frac{f_{sp,k}-\beta f_{s,k}}{\frac{R_k}{A_p}-\beta f_{s,k}} \tag{7.7-34}$$

式中　A——地基加固的面积（m^2）。

3）下卧层强度验算

当水泥土搅拌桩以群桩形式出现时，群桩中各桩的工作性状与单桩时的大不相同。以现场的载荷试验来看，群桩的承载力均小于单桩之和，群桩的沉降量大于各单桩沉降量。可见当桩距较小时，由于应力叠加，产生群桩效应。因此，当所设计的水泥土搅拌桩为摩擦桩、桩的置换率较大时（一般当 $m>20\%$ 时），且不是单行竖向排列时，或当桩端下地基土受力范围内有软弱下卧层时，应进行下卧层强度验算。即将搅拌桩底面各桩端范围内的搅拌桩和桩间土视为一由复合土层组成的假想的实体基础，并考虑假想实体基础侧面与土的摩擦力，验算假想基础底面的承载力，具体方法参见有关规程。

4）水泥土搅拌桩沉降验算

水泥土搅拌桩复合地基变形的计算，包括搅拌桩群体的压缩变形 s_1 和桩端下未加固土层的压缩变形 s_2 之和：

$$s=s_1+s_2 \tag{7.7-35}$$

s_1 的计算方法一般有以下三种：

①复合模量法：将复合地基加固区增强体连同地基土看作一个整体，采用置换率加权模量作为复合模量，复合模量也可根据试验而定，并以此作为参数用分层总和法求 s_1；

②应力修正法：根据桩土模量比求出桩土各自分担的荷载，忽略增强体的存在，用弹性理论求土中应力，用分层总和法求出加固区土体的变形作为 s_1；

③桩身压缩量法：假定桩体不会产生刺入变形，通过模量比求出桩承担的荷载，再假定桩侧摩阻力的分布形式，则可通过材料力学中求压杆变形的积分方法求出桩体的压缩量，并以此作为 s_1。

s_2 的计算方法一般有以下四种：

①应力扩散法：此法实际上是地基规范中验算下卧层承载力的借用，即将复合地基视为双层地基，通过一应力扩散角简单地求得未加固区顶面应力的数值，再按弹性理论法求得整个下卧层的应力分布，分层总和法求 s_2；

②等效实体法：即地基规范中群桩（刚性桩）沉降计算方法，假设加固体四周受均布摩阻力，上部压力扣除摩阻力后即可得到未加固区顶面应力的数值，即可按弹性理论法求得整个下卧层的应力分布，按分层总和法求 s_2；

③Mindlin－Geddes 方法：按模量比将上部荷载分配给桩土，假定桩侧摩阻力的分布形式，按 Mindlin 基本解积分求出桩对未加固区形成的应力分布；按弹性理论法求得土分担

的荷载对未加固区的应力，再与前面积分求得的未加固区应力叠加，以此应力按分层总和法求 s_2；

④当层法：加固区复合模量为 E_{sp}，未加固区模量为 E_s，则将加固区换算成与未加固区模量相当的土层，其相当厚度可按下式进行计算：

$$h_1 = h\sqrt{E_{sp}/E_s} \tag{7.7-36}$$

则由弹性理论计算未加固层中竖向应力为：

$$\sigma_z = \frac{3p}{2\pi(z + h\sqrt{E_{sp}/E_s})} \tag{7.7-37}$$

可由此应力按分层总和法计算 s_2。

3. 施工工艺

（1）施工机械及配套设备

深层搅拌法的施工机械种类繁多，不同传动原理的机械及不同搅拌轴的机械，水上和陆上的施工机械，均有不同的工艺流程和施工要求。国内常使用的机械按机械传动方式可分为转盘式和动力式。转盘式机械的优点是传动设备装在底盘上，重心低，比较稳定但不易组成多头搅拌，还需增加加压装置。动力头式深层搅拌机械的动力头悬挂在机身架子上，重心较高，必须配置重量较大的底盘，但是动力头和搅拌机具是连为一体的，重量较大，可不配加压装置；同时，可以实现多轴搅拌。按搅拌轴数可分为单轴和多轴搅拌机，按使用的固化剂形态可分为浆液喷射和粉体喷射的深层搅拌机。

（2）施工工艺

1）水泥土搅拌桩施工工艺

① 施工工序

（a）定位。起重机（或塔架）悬吊搅拌机到达指定桩位对中。当地面起伏不平时，应使起吊设备保持水平。

（b）预搅下沉。开动搅拌机预搅下沉至设计桩底标高。

（c）提升喷浆搅拌。搅拌机下沉到达设计深度后，开启泥浆泵将水泥浆压入地基中，边喷浆边旋转，同时严格按照设计确定的提升速度提升搅拌机。

（d）重复上、下搅拌。搅拌机提升至设计加固深度的桩顶标高时，集料斗中的水泥浆应正好排空。为使软土和水泥浆搅拌均匀，可再次将搅拌机边旋转边沉入土中一定深度后再将搅拌机提升出地面。

（e）成桩移位。重复上述步骤，再进行下一根桩的施工。

② 施工注意事项

（a）施工时设计停浆面一般应高出基础底面标高 0.5m，在开挖基坑时应将该施工质量较差段挖去。

（b）搅拌桩的垂直度偏差不得超过 1%，桩位布置偏差不得大于 50mm，桩径偏差不得大于 4%。

（c）施工前应确定搅拌机械的灰浆泵输浆量、灰浆经输浆管到达搅拌机喷浆口的时间和起吊设备提升速度等施工参数；并根据设计要求通过成桩试验，确定搅拌桩的配比等各项参数和施工工艺。宜用流量泵来控制输浆速度，使注浆泵出口压力保持在0.4～0.6MPa，并应使搅拌提升速度与输浆速度同步。

（d）制备好的浆液不得离析，泵送必须连续。拌制浆液的罐数、固化剂和外掺剂的用量以及泵送浆液的时间等应有专人记录。

（e）为保证桩端施工质量，当浆液达到出浆口后，应喷浆座底30s，使浆液完全到达桩端。

（f）施工时因故停浆，宜将搅拌机下沉至停浆点以下0.5m。待恢复供浆时再喷浆提升。若停机超过3h，为防止浆液硬结堵管，宜先拆卸输浆管路，妥为清洗。

（g）搅拌机喷浆提升的速度和次数必须符合施工工艺的要求，应有专人记录搅拌机每米下沉和提升的时间。深度记录误差不得大于100mm。

2）粉体喷射搅拌法施工工艺

①施工工序

（a）放样定位。

（b）移动钻机，准确对孔。对孔误差不得大于50mm；调平钻机，钻机主轴垂直度误差应不大于1%。

（c）启动主电动机，根据施工要求，以Ⅰ、Ⅱ、Ⅲ档逐级加速的顺序，正转预搅下沉。钻至接近设计深度时，应用低速慢钻，钻机应原位钻动1～2min。为保持送风通道的干燥，从预搅下沉开始直到喷粉为止，应连续输送压缩空气。

（d）提升喷粉搅拌。在确认加固料已喷至孔底时，按0.5m/min的速度反转提升。当提升到设计停灰标高后，应慢速原地搅拌1～2min。

（e）重复搅拌。为保证粉体搅拌均匀，须再次将搅拌头下沉到设计深度。提升搅拌时，其速度控制在0.5～0.8m/min左右。

（f）为防止空气污染，在提升喷粉距地面0.5m处应减压或停止喷粉。在施工中，孔口应设喷灰防护装置。

（g）钻具提升至地面后，钻机移位对孔，按上述步骤进行下一根桩的施工。

② 施工注意事项

（a）施工中，若发现钻机不正常的振动、晃动、倾斜、移位等现象，应立即停钻检查。必要时应提钻重打。

（b）施工中应随时注意送灰机、空压机的运转情况；压力表的显示变化；送灰情况。当送灰过程中出现压力连续上升、发送器负载过大、送灰管或阀门在钻具提升中途堵塞等异常情况，应立即判明原因，停止提升，原地搅拌。为保证成桩质量，必要时应予复打。堵管的原因除漏气外，主要是水泥结块。施工时不允许用已结块的水泥，并要求管道系统保持干燥状态。

（c）在送灰过程中如发现压力突然下降、灰罐加不上压力等异常情况，应停止提升，原地搅拌，及时判明原因。若由于灰罐内水泥粉体已喷完或容器、管道漏气所致，应将钻具下沉到一定深度后，重新加灰复打，以保证成桩质量。检查故障时，应尽可能不停止送风。

4. 质量检验

水泥土搅拌桩的质量控制应贯穿在施工的全过程，并应坚持全程的施工监理。施工过程中必须随时检查施工记录和计量记录，并对每根桩的质量进行评定。检查重点是：水泥用量、桩长、桩径、提升速度、复搅次数和复搅深度等。

水泥土搅拌桩的施工质量检验可采用以下方法：

（1）成桩7d后，采用浅部开挖桩头（深度宜超过停浆（灰）面下0.5m），目测检查搅拌的均匀性，量测成桩直径。

（2）成桩3d后，可用轻型动力触探N_{10}检查桩身的均匀性。从桩顶开始至桩端，每米桩身均先钻孔700mm深度，然后触探300mm，并记录锤击数；检验深度不小于4m。

（3）取芯检验

用钻孔方法连续取水泥土搅拌桩桩芯，可直观地检验桩体强度和搅拌的均匀性。取芯通常用ϕ106岩芯管，取出后可当场检查桩芯的连续性。

（4）静载荷试验

对承受垂直荷载的水泥土搅拌桩，静载荷试验是最可靠的质量检验方法。对于单桩复合地基载荷试验，荷载板的大小应根据设计置换率来确定，即载荷板面积应为一根桩所承担的处理面积。载荷试验应在28d后进行，检验数量为施工总桩数的0.5%，且不少于3根。

四、加筋水泥土桩锚法

加筋水泥土桩锚法是指采用注浆法、深层搅拌法、高压旋喷法等法将水泥浆或水泥和化学浆液注入土中形成固结体，再根据设计的要求向固结体中插入金属的或非金属的加劲体所形成的桩。其应用范围广泛，适用于砂土、黏性土、粉土、杂填土、黄土、饱和土、淤泥以及淤泥质土等土层采用加筋水泥土桩锚支护技术的工程。

按成形方向，加筋水泥土桩锚体可分为：竖向、斜向或水平向三种形式（图7.7-22）。

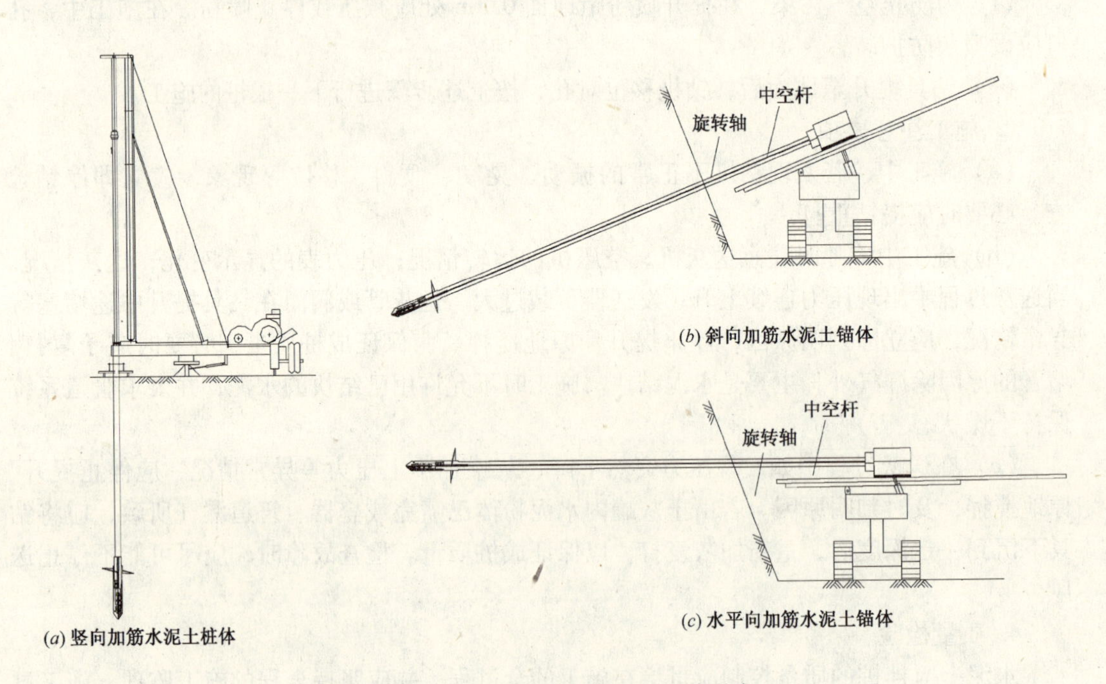

图7.7-22　加筋水泥土桩锚法的三种形式

根据成形方法，加筋水泥土桩锚可分为：注浆加筋水泥土桩锚支护；高压旋喷加筋水泥土桩锚支护；搅拌加筋水泥土桩锚支护和一次成锚式加筋水泥土桩锚支护。注浆加筋水泥土桩锚支护适用于软土厚度不大于2m或混合地层，不宜在深厚淤泥中采用，长度不宜大于10m，锚体间距不宜大于1.2m×1.2m；高压旋喷搅拌加筋水泥土桩锚支护适用于软弱的淤泥层和松散的砂土层，桩墙长度应按计算确定，桩墙嵌固长度宜进入隔水层1～2 m，锚体长度不宜小于1.0～1.5倍基坑深度，间距不宜大于1.5 m×1.5 m，直径宜为0.3 ～0.8 m，按梅花形布置；搅拌加筋水泥土桩锚支护适用于较厚的软弱淤泥层、松散粉细砂或砾石层，长度应按计算确定，桩墙嵌固长度宜进入隔水层1～2 m，锚体长度不宜小于1.0 ～1.5倍基坑深度，间距不宜大于1.5 m×1.5 m，直径宜为0.20 ～0.8 m，按梅花形布置；斜向桩锚体与水平面的夹角宜采用15°～35°。

1. 设计计算

（1）加筋水泥土桩锚体的抗拔承载力可按下列两种情况确定，取较小值：

1）由桩锚体自重与土体的侧摩阻力确定，其抗拔承载力极限值为：

$$N_R = (A_{cs} l \gamma \sin\theta + \pi d l \tau_{ak}) \lambda \tag{7.7-38}$$

式中 A_{cs}——加筋水泥土桩锚体的截面面积，$A_{cs} = \pi d^2/4$（m^2）；

d——加筋水泥土桩锚体的截面直径（m）；

γ——水泥土重度（kN/m^2）；

θ——加筋水泥土锚体与水平面夹角（°）；

l——加筋水泥土锚体的有效长度（m）；

τ_{ak}——加筋水泥土锚体与土体间的侧摩阻力极限值（kPa），可根据当地经验确定。当无经验时，可参照现行行业标准《建筑基坑支护技术规程》JGJ120的规定采用；

λ——经验系数，可根据当地经验取值；当无经验时，可取0.5～1.0。

2）由加筋水泥土加筋体的强度确定，其抗拔承载力极限值为：

$$N_R = \frac{1}{4} \pi d^2 f_{cs} \beta \tag{7.7-39}$$

式中 f_{cs}——加筋水泥土材料的抗拉强度设计值；

β——经验系数，可根据当地经验确定；当无经验时可取0.6～1.0。

（2）加筋水泥土锚体的抗拔承载力应按下列公式验算：

$$\gamma_R = \frac{N_{Ri} \cdot \cos\theta_i}{\gamma_0 E_{ai} s_x s_y} \tag{7.7-40}$$

式中 N_{Ri}——第i个加筋水泥土锚体的抗拔承载力极限值（kN）；

E_{ai}——作用在第i个桩锚体上的主动土压力值（kPa）；

s_x、s_y——加筋水泥土锚体的水平、竖向间距（m）；

θ_i——加筋水泥土桩锚体与水平面的夹角（°）；

γ_0——结构重要性系数；

γ_R——抗拔承载力安全系数，一般取1.2～2.0。

1）悬臂式加筋水泥土桩锚支护

当场地为混合土层和砂性土层，基坑深度不大于6m，基坑内墙脚处具备留土台的条件时，可采用悬臂式加筋（预应力或非预应力）水泥土桩锚支护（如图7.7-23）。

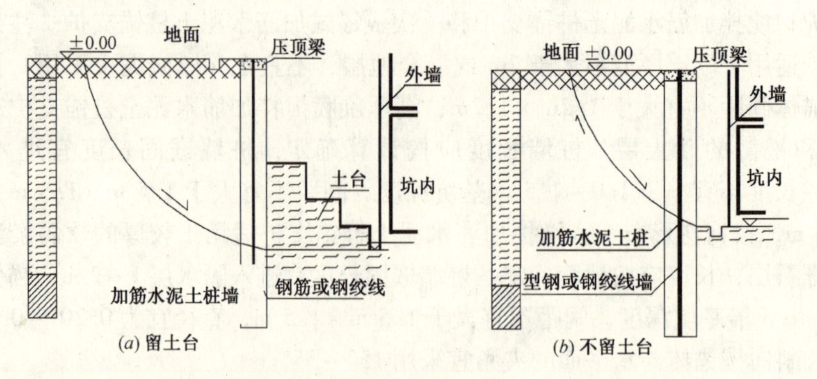

图7.7-23　悬臂式加筋水泥土桩体支护

设计时应注意以下事项：

①加筋水泥土锚体之间的咬合宽度应根据使用功能确定。当考虑止水作用时，咬合宽度不宜小于150mm；当仅考虑挡土作用而不考虑止水作用时，咬合宽度不宜小于100mm。

②当采用多排桩体支护墙时，排桩间距不宜大于0.8倍桩锚体直径。

③悬臂式加筋水泥土桩体中宜采用ϕ25～ϕ32钢筋、I10～I16工字钢或ϕ40～ϕ57钢管。插筋材料的插入深度应在计算弯矩反弯点1m以下。

④当坑内留有土台时，悬臂式桩体的嵌入深度应由计算确定，宜为1.2～1.5倍基坑深度。台面可布置土钉并挂网，喷射混凝土作为保护面层。

⑤当基坑底部地质条件较好且坑周地面6m以内无构筑物、坑内不具备留土台空间时，悬臂式桩体的嵌入深度宜为基坑深度的1～2倍。桩体中宜插入I10～16型钢。

⑥在基坑周边地面5m范围内应采用厚度不小于100mm的硬化面层。坑边和坑内应设排水沟和集水井。

2）人字形加筋水泥土桩锚支护

当场地为软土、素填土、各类砂性土，基坑深度不大于6m，基坑周围不具备放坡条件且地下水位较高时，可采用人字形加筋水泥土桩锚支护结构（图7.7-24）。

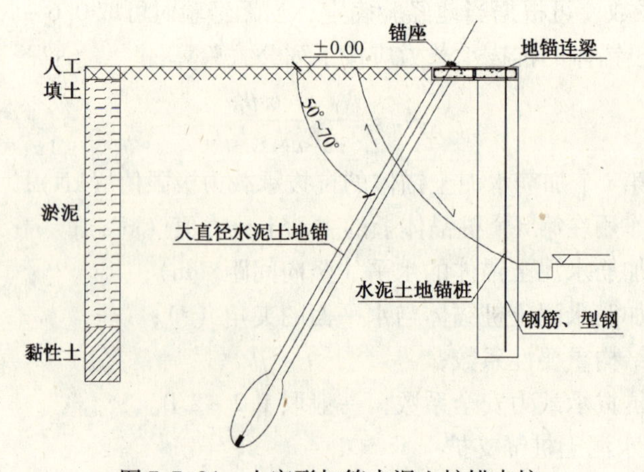

图7.7-24　人字形加筋水泥土桩锚支护

设计时应注意以下事项：

①加筋水泥土桩锚体之间的咬合宽度应根据使用功能确定。当考虑止水作用时，咬合宽度不宜小于150mm；当仅考虑挡土作用而不考虑止水作用时，咬合宽度不宜小于100mm。

②当采用多排桩墙时，排桩间距不宜大于0.8倍桩体的直径。

③加筋量应根据计算确定，宜采用ϕ25～ϕ32粗钢筋，间距0.5m或采用I10～16工字钢，间距1.0m。嵌固深度应超过基坑底深2.0～3.0m。

④在加筋水泥土桩墙的外侧，应设置斜向加筋水泥土锚体，其直径可采用350～600mm，倾角50°～70°，水平间距1.0～2.0m。

⑤斜向加筋水泥土锚体的长度应根据计算确定，且宜大于基坑深度的一倍。其加劲体可采用钢筋，也可采用预应力钢绞线。根据需要尚可采用多支盘水泥土锚体。

⑥在加筋水泥土桩墙与斜向加筋水泥土锚体间应设置桩锚连梁，将两者可靠连接。

3）门架式加筋水泥土桩

当基坑外有2～3 m施工空间，且基坑深度为6～10m时，宜采用门架式加筋水泥土桩锚支护（图7.7-25）。

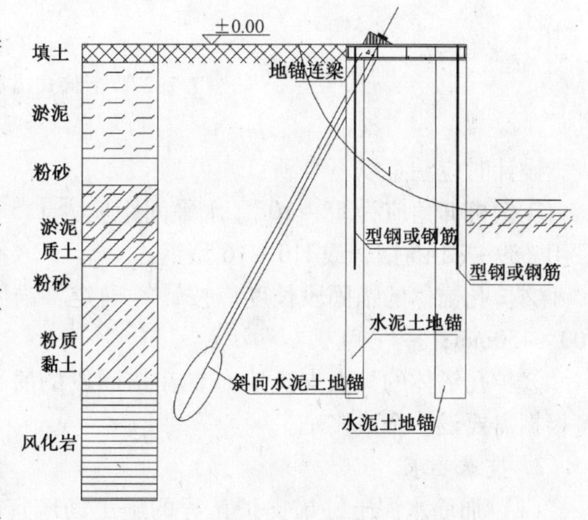

图7.7-25　门架式加筋水泥土桩锚支护

设计时应注意以下事项：

①门架式加筋水泥土桩墙的顶部应设置桩锚连梁，其截面尺寸可按计算确定或按经验选取，但截面最小尺寸不宜小于排桩的直径。桩中钢筋应伸入连梁，其长度不应小于35d（d为钢筋直径）。其混凝土强度等级不宜低于C20。

②支护桩墙的配筋量应根据计算确定。宜采用ϕ25～ϕ32钢筋，间距0.5m或采用I10～16型钢，间距1.0m。第二排可采用ϕ15.2钢绞线，宜施加预应力。

③加筋水泥土桩墙、斜向锚体的强度计算可按相关规范的有关规定计算。

4）复合式支护

在较好的层状土层中，可采用土钉或锚杆与加筋水泥土桩墙相结合形成复合式支护结构（图7.7-26）。

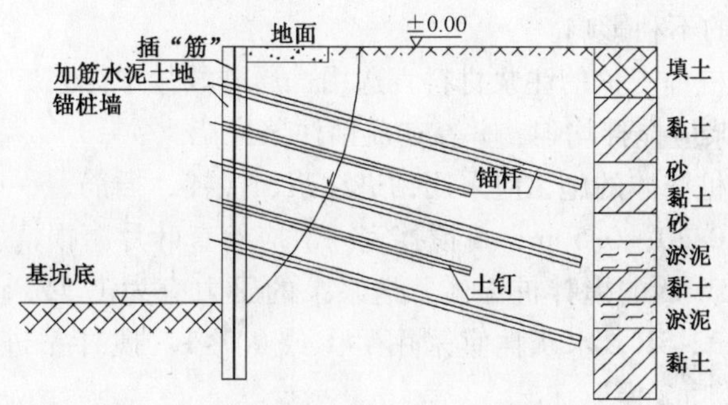

图7.7-26　加筋水泥土桩墙与多排加筋水泥土锚体支护

5）后仰式锚拉钢桩支护

当场地为可塑直至硬塑的黏土层，基坑深度不大于15m时，可采用后仰式锚拉钢桩支护结构。当要求支护结构具有止水作用时，可增设止水帷幕（图7.7-27）。

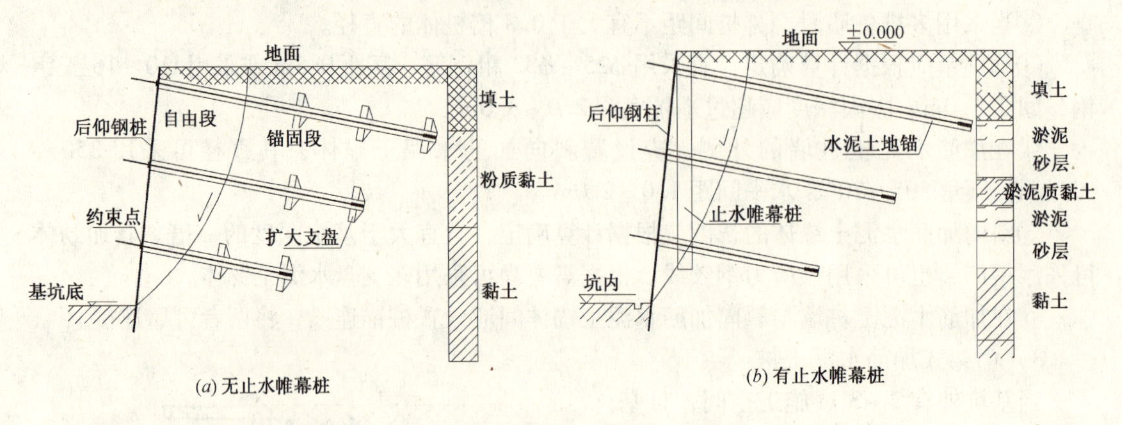

图7.7-27 后仰式锚拉钢桩支护

设计时应注意以下事项：

①钢桩仰角应为5°～10°，水平间距应为1.5～2.0m，钢桩截面应根据计算确定，宜采用ϕ89～ϕ146钢管或I10～16型钢；

②扩孔锚体的锚固段长度应按计算确定。锚固段长度应大于自由段长度，直径宜为100～150mm；

③扩孔锚体的扩大支盘应布置在锚固段的底部，扩大支盘的直径宜为250～300mm，可根据需要设一个或多个。

2. 技术要求

（1）加筋水泥土桩锚支护工程的施工场地宜先平整，清除地下障碍物。当场地低洼时，宜回填黏性土，不宜回填杂填土。当地表过软时，应采取防止施工机械失稳的措施。在边坡附近施工时，应考虑施工对边坡的影响，并采取确保边坡稳定的措施。

（2）对设计要求咬合成壁状的加筋水泥土桩墙应连续施工，相邻桩施工的间隔时间不应超过12～16h。

（3）加筋水泥土桩锚体预搅下沉时不宜采用冲水法。当遇较硬土层而下沉过慢时，可适量冲水。凡经输送管冲水下沉的桩体，喷浆提升前应将喷浆管内的水排尽，且应考虑冲水下沉对桩体承载力的不利影响。

（4）加筋水泥土桩锚支护的注浆材料宜选用普通硅酸盐水泥浆，且可根据需要在浆液中添入外加剂。水泥浆应搅拌均匀，并在初凝前注浆完毕。

（5）加筋水泥土桩锚体的施工应采用钻进注浆、搅拌、插筋，一次完成的方法。搅拌的叶片直径宜不小于0.20～0.50m，每搅拌完一次应检查叶片磨损情况，及时更换损坏的叶片。直径0.20～0.50 m的搅拌桩锚体，送浆泵的压力应为1.5MPa，并采用调速电机。水泥强度等级应采用32.5R，水灰比宜采用1:1或0.7:1。搅拌钻进速度宜采用0.45m/min，宜采用“进退2喷2搅”工艺。

（6）水泥土桩锚体的水泥掺入比，应根据基坑侧壁内外侧的水头压力大小、土体性质和基坑开挖深度确定，宜为被加固土体重量的12%～18%。可根据下列情况分别选用水泥掺量（按被加固土体质量计）：

1）当水泥土桩锚体用于止水时，对粉砂、中砂、粗砂、松散砾砂和填土层，水泥掺量宜为12%～15%；对可塑-流塑淤泥黏性土和粉土层，水泥掺量宜为12%～13%。

2）水泥土桩锚体用于挡土时，对粉砂、中砂、粗砂或松散砾砂和填土层，水泥掺量宜为12%～14%；对粉土、粉质黏土层，水泥掺量宜为13%～14%；对流塑-可塑淤泥、淤泥质土层，水泥掺量宜为15%～18%。

（7）水泥土28d龄期的单轴无侧限抗压强度值应经试验确定。当无试验数据时，对水泥掺量为15%的水泥土，可参照下列经验数据取值：砂土为1.1～2.0MPa，粉土为0.6～1.1MPa，黏性土为0.5～1.0MPa，淤泥质土为0.4～0.7MPa，淤泥为0.3～0.5MPa。

（8）在加筋水泥土桩锚支护工程施工时，相邻场地不得进行抽水作业。对砂土、粉土、黏性土，在水泥土桩锚体施工完成3d后，方可进行抽水作业。对淤泥或淤泥质土，在水泥土桩锚体施工完成4d后，方可进行抽水作业。需提前抽水作业或在有动水压力情况下施工的工程，注浆时应掺入速凝剂或早强剂。

（9）在水泥土初凝前，应及时按设计要求插筋。当插入钢管、型钢等刚性筋时，宜采用静压、振动挤压法和锤击法施工。

（10）当采用门架式加筋水泥土桩锚支护结构时，应按测量的准确位置先施工竖向加筋水泥土桩墙，其次施工斜向加筋水泥土锚体，最后施工桩锚连梁。

（11）对水平咬合加筋水泥土拱棚支护结构，当采用旋喷法施工时，压力宜采用20～30MPa；当采用搅拌法施工时，压力宜采用0.6～1.5MPa。进退速度宜采用0.45m/min。

（12）对加筋水泥土桩锚支护工程施工中的下列隐蔽作业，应按现行有关标准的要求及时进行检查并做好记录：

1）桩锚体的位置、直径、长度、垂直度和倾斜角度；

2）桩锚体的注浆压力、水泥用量、水灰比和注浆量等；

3）加筋体的位置、材料、长度和数量等；

4）加筋体的连接接头的外观质量；

5）桩锚体间的连接构造（包括焊缝长度、高度和外观质量等）；

6）桩锚体预应力张拉锁定力。

3. 质量检验

加筋水泥土桩锚支护工程检验应符合下列规定：

（1）锚体的拉拔承载力平均值大于计算所得承载力极限值中的较小值。

检验方法：参照现行行业标准《建筑基坑工程技术规范》YB9258附录M规定的锚杆试验要点执行。每一检验批中应随机抽取3%且不小于3根锚体做试验，取其实测平均值。

对土体加固工程，必要时应做桩体抗压承载力验收试验。

（2）每一桩锚体的注浆量不应小于理论计算量。

检验方法：抽查注浆记录，每一检验批中随机抽取20%桩锚体，核对注浆量。

（3）基坑支护结构桩锚体的顶部位移、最大位移和地面最大沉降量应符合表7.7-10的要求。

基坑支护结构位移限值（mm） 表7.7-10

基坑类别	桩锚体顶部位移	桩锚体最大位移
一级基坑	0.004h且不大于20～35	0.004h且不大于50
二级基坑	0.006h且不大于45～65	0.008h且不大于80
三级基坑	0.015h且不大于80～100	0.015h且不大于100

注：h—基坑开挖深度。

检验方法：检查每个检测点的位移检测记录。

(4) 基坑支护结构的表观效果应符合表7.7-11的要求。

基坑支护结构的表观效果要求 表7.7-11

序号	项目	表观效果要求	检测方法
1	侧壁渗漏	仅有局部渗漏，无流砂	观察
2	坑底稳定	仅有局部渗漏，无塑性隆起	观察
3	环境影响	周围建筑差异沉降量未造成建筑物表观明显变化和正常使用	监测点实测

五、双灰桩法

1. 概述

双灰桩挤密法是利用打入钢套管（或振动沉管、炸药爆破）在地基中成孔，通过"挤"压作用，使地基土得到加"密"，然后在孔中分层填入粉煤灰加石灰后夯实而成双灰桩。大量试验研究资料和工程实践表明，双灰桩法用于处理地下水位以上湿陷性黄土、新近堆积黄土、素填土和杂填土等地基，不论是消除土的湿陷性还是提高承载力都是有效的。它属于柔性桩，与桩间土共同组成复合地基。

双灰桩挤密法与其他地基处理方法比较，有如下主要特征；

(1) 双灰桩挤密法是横向挤密，但可同样达到所要求加密处理后的最大干密度的密度指标。

(2) 与土垫层相比，无需开挖回填，因而节约了开挖和回填土方的工作量。比换填法缩短工期约一半。

(3) 由于不受开挖和回填的限制，一般处理深度可达12～15m。

(4) 由于填入桩孔的材料均属就地取材，因而通常比其他处理湿陷性黄土和人工填土的造价为低，尤其利用粉煤灰可变废为宝，取得很好的社会效益。

国外在20世纪30年代就开始采用土（或灰土）桩挤密技术。我国在20世纪50年代曾在兰州等地使用过，在20世纪70年代初对湿陷性黄土地基和杂填土地基开展了较为系统的研究，并在实际工程中得到了广泛的应用。最近几年来，西安市建筑设计院大力研究和推广双灰挤密桩取得了显著的成绩。

双灰桩适用于处理深度5～15m、地下水位以上、含水量14%～24%的湿陷性黄土、新近堆积黄土、素填土、杂填土及其他非饱和黏性土、粉土等土层。当地基土的含水量大于24%及其饱和度大于65%以及土中碎（卵）石含量（质量百分数）超过15%或有厚度40cm以上的砂土或碎土夹层时，不宜采用。

2. 加固机理

（1）土的挤密作用

双灰桩挤压成孔时，桩孔位置原有土体被强制侧向挤压，使桩周一定范围内的土层密实度提高。其挤密影响半径通常为(1.5～2.0)d(d 为桩径直径)。相邻桩孔间挤密效果试验表明，在相邻桩孔挤密区交界处挤密效果相互叠加，桩间土中心部位的密实度增大，且桩间土的密度变得均匀，桩距越近，叠加效果越显著。合理的相邻桩孔中心距约为2～3倍桩孔直径。

土的天然含水量和干密度对挤密效果影响较大，当含水量接近最优含水量时，土呈塑性状态，挤密效果最佳。当含水量偏低，土呈坚硬状态时，有效挤密区变小。当含水量过高时，由于挤压引起超孔隙水压力，土体难以挤密，且孔壁附近土的强度因受扰动而降低，拔管时容易出现缩径等情况。

土的天然干密度越大，则有效挤密范围越大；反之，则有效挤密区较小，挤密效果较差。土质均匀则有效挤密范围大，土质不均匀，则有效挤密范围小。

（2）桩体材料的作用

粉煤灰中含有较多的焙烧后的氧化物。粉煤灰中活性 SiO_2 和 Al_2O_3 玻璃体与一定量的石灰和水拌合后，由于石灰的吸水膨胀和放热反应，通过石灰的碱性激发作用，促进粉煤灰之间离子相互吸附交换。在水热合成作用下，产生一系列复杂的硅铝酸钠和水硬性胶凝物质，使其相互填充于粉煤灰空隙间，胶结成密实、坚硬类似水泥水化物块体，从而提高了二灰的强度；同时，由于二灰中晶体 $Ca(OH)_2$ 的作用，有利于石灰、粉煤灰的水稳性。

3. 设计计算

（1）桩孔布置原则

1）桩孔间距应以保证桩间土挤密后达到要求的密实度和消除湿陷性为原则。甲、乙类建筑 $\overline{\lambda}_c$（桩间土的平均压实系数）≥0.93，λ_{cmin}（桩间土的最小压实系数）≥0.88；其他建筑 $\overline{\lambda}_c \geq 0.90$，$\lambda_{cmin} \geq 0.84$。

2）桩径、桩距和桩排

设计时如桩径 d 过小，则桩数增加，并增大打桩和回填的工作量；如桩径 d 过大，则桩间土挤密不够，致使消除湿陷程度不够理想，且对成孔机械要求也高。当前，我国桩孔直径一般选用300～600mm。

桩距的设计一般应通过试验或计算确定，而设计桩距的目的在于使桩间土挤密后达到一定平均密实度（指平均压实系数 $\overline{\lambda}_c$ 和土干密度 ρ_d 的指标）不低于设计要求标准。一般规定桩间土的最小压实密度不得小于1.5t/m^3，桩间土的平均压实系数 λ_c =0.90～0.93。

为使桩间土得到均匀挤密，桩孔应尽量按等边三角形排列，但有时为了适应基础尺寸，合理减少桩孔排数和孔数时，也可采用正方形和梅花形等排列方式。

按等边三角形布置桩孔时的桩距 L 和桩排 h 的计算原则是挤密范围内平均干密度达到一定密实度的指标，如图7.7-28所示，等边△ABC 范围内天然土的平均干密度 $\overline{\rho}_{dk}$，挤密后其面积减少正好是半个圆面积$\left(0.435L^2-\frac{\pi}{8}d^2\right)$，而减少了面积的干土密度由于桩孔内土的挤入而增大，由此可导出：

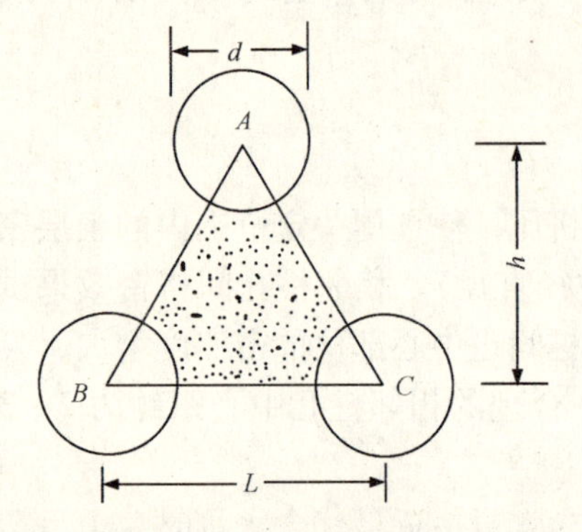

图 7.7-28　桩距和桩排计算示意图

$$L=0.95d\sqrt{\frac{\overline{\lambda}_c\cdot\rho_{dmax}}{\overline{\lambda}_c\cdot\rho_{dmax}-\overline{\rho}d}}\quad(7.7\text{-}41)$$

$$h=0.866L\quad(7.7\text{-}42)$$

式中　ρ_{dmax}——桩间土的最大干密度（t/m^3）；

$\overline{\rho}_d$——挤密前土的平均干密度（t/m^3）。

处理填土地基时，鉴于其干密度变动较大，一般不按式（7.7-41）计算桩孔间距。为此，可根据挤密前地基土的承载力标准值$f_{s,k}$和挤密后处理地基要求达到的承载力标准值$f_{sp,k}$，用下式计算：

$$L=0.95d\sqrt{\frac{f_{p,k}-f_{s,k}}{f_{sp,k}-f_{s,k}}}\quad(7.7\text{-}43)$$

式中　$f_{p,k}$——桩体的承载力标准值，宜取500kPa。

3）承载力和变形模量

①用载荷试验方法确定

对重大工程，一般应通过载荷试验确定其承载力，如挤密桩目的是为了消除地基湿陷性，则还应进行浸水试验。在自重湿陷性黄土地基上，浸水试验直径或边长不应小于湿陷性黄土层的厚度，且不少于10m。

②参照工程经验确定

对一般工程可参照当地经验确定挤密地基土的承载力设计值。

4. 施工方法

双灰桩的施工应按设计要求和现场条件选用沉管（振动或锤击）、冲击或爆扩等方法进行成孔，使土向孔的周围挤密。

成孔和回填夯实的施工应符合下列要求：

（1）成孔施工时，地基土宜接近最优含水量。当含水量低于12%时，宜采用人工浸水方法使土的含水量达到或接近最优含水量。

（2）桩孔中心点的偏差不应超过桩距设计值的5%。

（3）桩孔垂直度偏差不应大于1.5%。

（4）对沉管法，其直径和深度应与设计值相同；对冲击法或爆扩法，桩孔直径的误差不得超过设计值的±70mm，桩孔深度不应小于设计深度的0.5m。

（5）成孔和回填夯实的施工顺序宜间隔进行，对大型工程可采用分段施工。

5. 质量检验

抽样检验的数量，对一般工程不应少于桩总数的1%；对重要工程不应小于桩孔总数的1.5%，不合格处应采用加桩或其他补救措施。夯填质量的检验方法有下列几种：

（1）轻便触探检验法

先通过试验夯填，求得“检定锤击数”，施工检验时以实际锤击数不小于检定锤击数为合格。

（2）环刀取样检验法

先用洛阳铲在桩孔中心挖孔或通过开剖桩身，从基底算起沿深度方向每隔 1.0～1.5m 用带长把的小环刀分层取出原状夯实土样，测定其干密度。

（3）载荷试验法

对重要的大型工程应进行现场载荷试验和浸水载荷试验，直接观测承载力和湿陷情况。

上述前两项检验法，双灰桩应在 36h 内进行；否则，将由于二灰的胶凝强度的影响而无法进行检验。

对一般工程，主要应检查桩和桩间土的干密度和承载力。对重要或大型工程，除应检测上述内容外，尚应进行载荷试验或其他原位测试。也可在地基处理的全部深度内取土样，测定桩间土的压缩性和湿陷性。

六、化学灌浆法

1. 概述

化学灌浆法亦即单液硅化法和碱液法，适用于处理地下水位以上渗透系数为 0.10～2.00m/d 的湿陷性黄土等地基。在自重湿陷性黄土场地，当采用碱液法时，应先进行试验确定其实用性。

单液硅化法和碱液法宜适用于下列建筑物：

（1）沉降不均匀的既有建筑物和设备基础；

（2）地基受水浸湿引起湿陷需要立即阻止湿陷继续发展的建筑物或设备基础；

（3）拟建的设备基础和构筑物。

对酸性土和已渗入沥青、油脂及石油化合物的地基土，不宜采用单液硅化法和碱液法。

单液硅化法按其灌注溶液的工艺，可分为压力灌注和溶液自渗两种。压力灌注可用于加固自重湿陷性黄土场地上拟建的设备基础和构筑物的地基，也可用于非自重湿陷性黄土场地上的既有建筑物和设备基础的地基；溶液自渗适用于加固自重湿陷性黄土场地上的既有建构筑物和设备基础的地基。

碱液法按其灌注的溶液分类，可分为单液法和双液法。当 100g 干土中可溶性和交换性钙镁离子含量大于 10mg·eq 时，采用单液法，即只灌注氢氧化钠一种溶液进行加固；否则，采用双液法，即需采用氢氧化钠溶液与氯化钙溶液轮番灌注加固。

2. 设计计算

（1）单液硅化法

单液硅化法的溶液由浓度为 10%～15% 的硅酸钠（$Na_2O \cdot nSiO_2$），掺入 2.5% 的氯化钠组成。其相对密度宜为 1.13～1.15，并不应小于 1.10。

加固湿陷性黄土的溶液用量，可按下式计算：

$$Q = V \cdot \overline{n} d_{N1} \alpha \tag{7.7-44}$$

式中 Q——硅酸钠溶液的用量（m^3）；

V——拟加固湿陷性黄土的体积（m^3）；

$\overline{n}$——地基加固前，土的平均孔隙率；

d_{N1}——灌注时，硅酸钠溶液的相对密度；

α——溶液填充孔隙的系数，可取 0.60～0.80。

硅酸钠溶液的模数值宜为2.5～3.3，其杂质含量不应大于2%。

加固湿陷性黄土地基时，单液硅化法灌注孔的布置一般应符合下列要求：

1）灌注孔的间距，压力灌注宜为0.80～1.20m，溶液自渗宜为0.40～0.60m；

2）加固拟建的设备基础和建（构）筑物的地基，应在基础地面下按等边三角形满堂布置；超出基础地面边缘的宽度，每边不得小于1m；

3）加固既有建构筑物和设备基础的地基，应沿基础侧向布置，每侧不宜少于两排。

（2）碱液加固法

碱液加固地基的深度应根据场地的湿陷类型、地基湿陷等级和湿陷性黄土层厚度，并结合建筑物类别与湿陷事故的严重程度等综合因素考虑。加固深度宜为2～5m。对非自重湿陷性黄土地基，加固深度可为基础宽度的1.5～2.0倍；对Ⅱ级自重湿陷性黄土地基，加固深度可为基础宽度的2.0～3.0倍。

每孔碱液灌注量可按下式估算：

$$V=\alpha\beta\pi r^{2}(l+r)n \tag{7.7-45}$$

式中 α——碱液填充系数，可取0.6～0.8；

β——工作条件系数，考虑碱液流失影响，可取1.1；

l——灌注孔长度，从注浆管底部到灌注孔直径的距离（m）；

r——有效加固半径，宜通过现场试验确定；当无实验条件或工程量较小时，可取0.40～0.50m；

n——加固土的天然孔隙率。

灌注孔的平面布置，可沿条形基础两侧或单独基础周边各布置一排。当地基湿陷较严重时，孔距可取0.7～0.9m；当地基湿陷较轻时，孔距可适当加大至1.2～2.5m。

3. 施工注意事项

（1）单液硅化法

1）压力灌注溶液的施工步骤应符合下列要求：

①向土中打入灌注管和灌注溶液，应自基础底面标高起向下分层进行，达到设计深度后，将管拔出，清洗干净可继续使用；

②加固既有建筑物地基时，在基础侧向应先施工外排，后施工内排；

③灌注溶液的压力值由小逐渐增大，但最大压力不宜超过200kPa。

2）溶液自渗的施工步骤

①在基础侧向，将设计布置的灌注孔分批或全部打（或钻）至设计深度；

②将配好的硅酸钠注满各灌注孔，溶液面宜高出基础底面标高0.50m，使溶液自行渗入土中；

③在溶液自渗过程中，每隔2～3h向孔内添加一次溶液，防止孔内溶液渗干。

3）施工中应经常检查各灌注孔的加固深度、注入土中的溶液量溶液的浓度和有无沉淀现象。采用压力灌注时，应经常检查在灌注溶液过程中，溶液有无从灌注孔冒出地面；如发现溶液冒出地面，应立即停止灌浆，采取有效措施处理后再继续灌浆。

4）计算溶液量全部注入孔中后，所有灌注孔宜用2∶8灰土分层回填夯实。

（2）碱液法

1）灌注孔可用洛阳铲、螺旋钻成孔或带有尖端的钢管打入土中成孔，孔径为60～

100mm，孔中填入颗粒为20～40mm的石子，直到注液管下端标高处，再将内径20mm的注液管插入孔中，管底以上300mm高度内填入颗粒为2～5mm的小石子，其上用2:8灰土分层回填夯实。

2）碱液可用固体烧碱或液体烧碱配制，具体配制方法可参考相关规范。

3）碱液加热到90℃以上才能灌注，灌注过程中溶液温度应保持不低于80℃；灌注碱液的速度宜为2～5L/min。

4）灌注时宜间隔1～2孔进行灌注，并分段施工。相邻两孔灌注的时间间隔不宜少于3d，同时灌注的两孔间距不应小于3m。

4. 质量检验

（1）单液硅化法

1）灌注完毕，应在7～10d后，采用动力触探或其他原位测试对其承载力及其均匀性进行检验。

2）地基加固结束后，尚应进行沉降观测直至沉降稳定，观测时间不应少于半年。

（2）碱液法

1）施工中每隔1～3d应对既有建筑物的附加沉降进行观测。

2）施工完毕28d后，可通过开挖或钻孔取样，对加固土体进行无侧限抗压强度试验和水稳性试验。取样部位应在加固土体中部，试块数不少于3个，28d龄期的无侧限抗压强度平均值不得低于设计值的90%。

3）地基经碱液加固后应继续进行沉降观测，观测时间不得少于半年。按加固前后沉降观测结果或用触探法检测加固前后土中阻力的变化，确定加固质量。

第八节　地基基础加固工程实例

［实例一］　东莞正腾宿舍楼纠倾加固工程

一、工程概况

正腾工业园厂区三宿舍A楼位于厂区的西北侧，该建筑物为长×宽＝60.6m×12m的6层框架结构宿舍楼，2004年10月建成后未交付使用。该建筑物基础为复合地基的独立基础，基础埋深为－2.15m，独立基础置于水泥土搅拌桩上，搅拌桩直径1000mm，每个基础由多根搅拌桩组成，搅拌桩设计桩长为14.5m，桩尖进入粉砂约1～2m。

该建筑物建成后，2005年年底开始施工邻近的建筑宿舍B基础时，施工单位将挖基坑的泥土堆放在A、B两建筑物之间，达二层楼之高，堆载时间长达40多天，且不停地抽取宿舍B基坑内的水，造成A楼基础沉降加快，使得建筑物向B楼开始倾斜。

根据对该建筑物的沉降观测表明，该建筑物向B楼方向已经产生较严重的倾斜，最大倾斜值达11.5‰，且倾斜情况在继续发展，已超过规范标准，必须进行纠倾扶正及基础加固。

1. 地质条件

根据业主介绍，现±0.00以下约3m为回填石粉，其他土层地质勘察报告描述如下：

（1）耕土层（Q^{pd}）：

耕土：灰黄色，主要由粉黏粒组成，含少量石英质中细粒及植物根系，很湿，软~可塑。本层各个钻孔均见到。层厚0.40~1.50m，平均0.66m。

（2）冲积~淤积层（Q^{al}）：

②-1淤泥质土：灰黑色，主要由粉黏粒组成，含少量石英质粉细砂，局部含少量贝壳、腐殖质，饱和，软塑~流塑。本层各个钻孔均见到。层厚2.40~11.0m，平均6.76m。层顶标高-1.50m~-0.40m，平均-0.66m，层底标高-26.50m~-3.70m，平均-7.71m。平均标贯击数1.4击。

②-2粉砂：灰黑色，主要由石英粉粒组成，局部含粗颗粒较多，含较多黏粒，局部为粉质黏土或含腐殖质，饱和，松散~稍密。层厚1.10~14.00m，平均6.96m。层顶标高-10.50~-3.70m，平均-7.35m。层底标高-19.50~-7.30m，平均-14.31m。平均标贯击数3.3击。

②-3粉质黏土：灰黑色，主要由粉黏粒组成，饱和~很湿，软塑，层厚0.90~9.80m，平均3.90m，层顶标高-19.50~-10.00m，平均-16.79m，层底标高-25.60~-11.50m，平均-18.69m。平均标贯击数2.7击。

②-4中砂：灰黑、灰白色，主要由石英质中砂组成，局部较粗，含黏粒，饱和，稍密为主，底部中密，层厚1.00~13.5m，平均6.70m，层顶标高-25.60~-7.30m，平均-17.78m，层底标高-28.00~-8.90m，平均-24.38m。平均标贯击数11击。

（3）残积层（Q^{el}）：

粉质黏土：黄褐色，为泥岩残积风化形成，主要由粉黏粒及泥岩风化残块组成，湿，可塑~硬塑。厚度0.60~3.00m，平均1.69m，层顶标高-21.5~-8.90m，平均-13.75m，层底标高-23.00~-9.50m，平均-15.44m。平均标贯击数17.2击。

（4）泥岩层

④-1强风化泥岩：深灰色，风化强烈，岩芯手可捏碎，泡水易软化。平均厚度1.61m，层顶标高-28.30~-12.00m，平均-19.89m，层底标高-23.00~-12.00m，平均-21.50m。平均标贯击数42.4击。

④-2中风化泥岩：灰色，岩石呈薄层状结构，微裂隙发育，锤击声较脆，失水易干裂成薄层破碎。平均厚度1.20m，层顶标高-28.30~-12.00m，平均-24.86m。

2. 水文条件

场地内地下水赋存于各岩土层的孔隙、裂隙中，②—2粉砂、②—4中砂层含水性、透水性较强，属潜水类型；其他各土层含水性、透水性均较弱，属弱含水、弱透水层或相对隔水层。上部耕土层中含上层滞水，地下水受大气降水及侧向径流补给；大气蒸发、地层孔隙、裂隙渗透是主要排泄条件，其水位受季节变化影响。勘察期间测得混合地下水位埋深为0.2~0.80m。

二、建筑物纠倾加固方案

1. 纠倾加固方案

根据对本建筑物原设计方案、地质条件与水文条件的分析，以及对建筑物建成后的受临近建筑施工影响情况、沉降观测数据的了解分析，通过对现场的详细踏勘，确定本建筑物先纠倾后加固的技术方案。

本纠倾加固工程的主要施工措施为：首先进行基础承台加大及锚杆静压桩压桩施工（静压桩先不锁桩），然后对建筑物采用负摩阻力降水井纠倾，纠倾达到要求后，再对锚杆静压桩锁桩及封桩（即进行桩与承台连接），使建筑物最终稳固。

纠倾加固施工总体方案工序如图7.8-1所示。

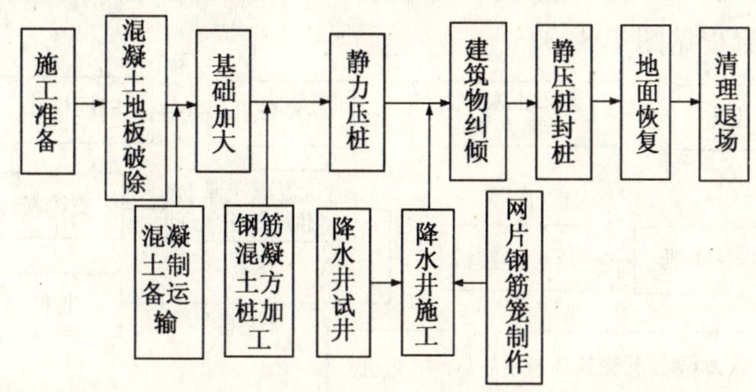

图7.8-1　纠倾加固施工总体方案工序图

2. 技术准备

为确保纠倾加固工作的顺利进行，必须做好以下技术准备工作，以指导正式施工。

（1）正式开工前，组织进行前期现场地质勘探，在建筑物室外B楼附近钻2~3个76mm勘探孔，以探明该区域实际工程地质状况及地下水的水位，为降水井试井的施工提供依据。

（2）根据地质勘探孔提供的地质资料施工试验井，试验井深度13.0m，并进行抽水试验，观察试验井的抽水量和回水速度的线性关系，为降水井施工以及纠倾预案提供第一手资料。

（3）根据有关资料表明，建筑物的地梁及承台形式与设计图纸有一定程度的差异，为了确保承台加大工作的施工可行，需要对该建筑物的承台及地梁抽样开挖，根据承台和地梁的实际形式调整承台加大的制作工艺，确保植筋、浇筑混凝土等加大承台施工的工艺可行性。

（4）正式开工前必须认真调查建筑物墙体及结构裂缝情况，做详细记录，并且由业主单位确认。

（5）开工前做好该建筑物的首次测量，施工中跟进对比，为纠倾施工提供指导。

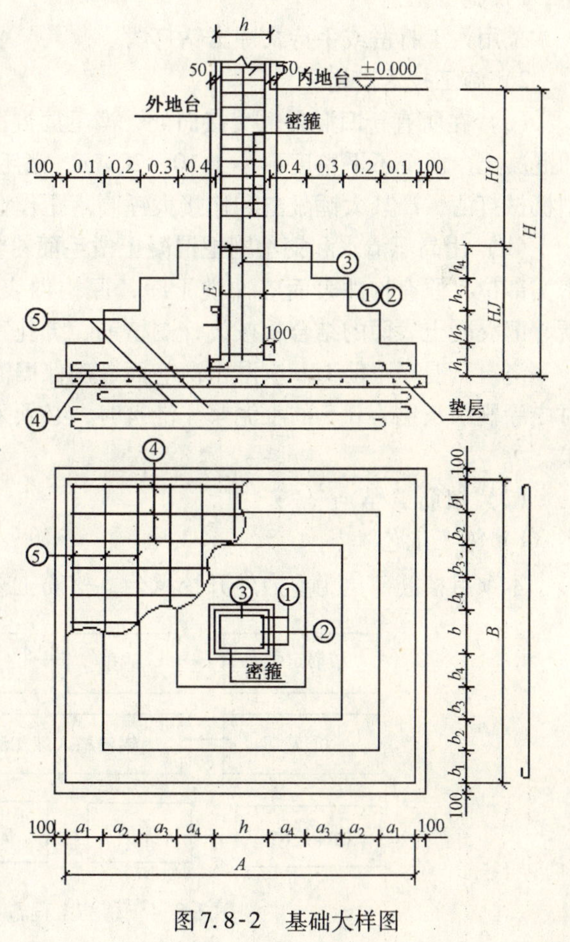

图7.8-2　基础大样图

3. 主要施工技术方案

根据建筑物所处的地质情况，本工程可采用承台加大和锚杆静压桩进行基础加固（基础大样图见图7.8-2）。共布桩76条。桩长要求进入粉砂层不小于1.5m，具体的压桩深度由压力表读数确定。设计单桩承载力为60t，按1.5倍系数施工，即压力表读数为90t。

基础加固施工流程见图7.8-3。

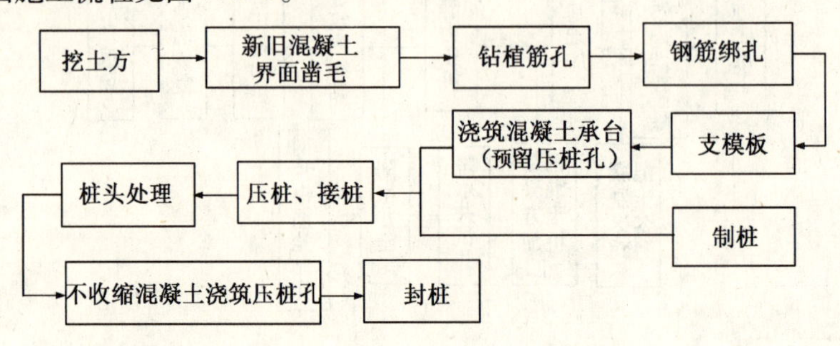

图7.8-3　基础加固施工工艺流程图

（1）新旧混凝土界面处理工程

本工程新旧混凝土界面处理为承台加大断面，详见设计图。

1）施工工艺

采用人工打凿或手持式冲击钻打凿。

2）施工技术措施

（a）在所有新旧混凝土交接面处，凿毛原混凝土表面，要求全表面露出新鲜和未碳化的混凝土，凿毛不平整度不小于10～20mm。凿毛应采用人工小锤敲击和低落距敲击或小型机械打凿，严禁大锤敲击和连接大锤高落距作业而破坏原结构。

（b）用高压清水和钢丝刷把混凝土凿毛面粉尘清洗干净，并清理原构件存在的缺陷至密实部位，原有构件表面应冲洗干净，原构件表面应以水泥浆界面剂进行处理，以加强新、旧混凝土表面的结合，按设计图植筋、绑扎完钢筋后，浇筑C30细石混凝土。

浇筑新混凝土前12h应淋水凿毛面，确保旧混凝土表面潮湿，并在浇筑混凝土前半小时内涂刷水灰比为0.5的水泥浆。浇筑时，必须采用振捣棒多次振捣，达到混凝土密实要求。

（2）植筋工程

1）施工工艺

本项目植筋部位为室内外开挖承台，植筋工艺见图7.8-4所示。

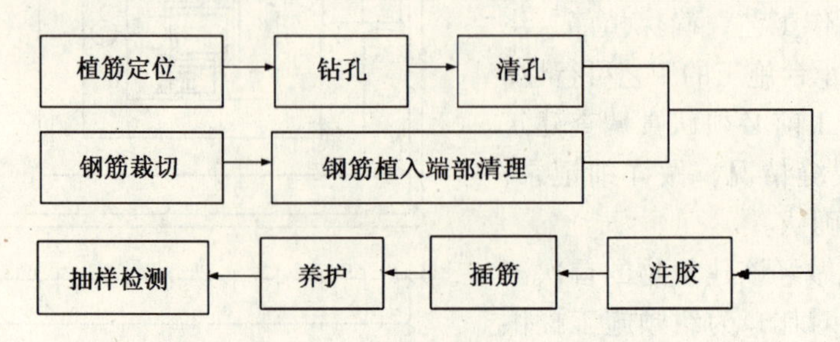

图7.8-4　植筋工程施工工艺流程图

2）施工技术措施

（a）根据图纸要求，划线定位，然后用冲击钻成植筋孔（由于风钻成孔可为外大里小的孔状，不利于抗拔，严格控制不得用风钻成孔），植筋孔径取不小于（$d+4$）mm，钻孔深度不小于（$L+15$）mm，其中 d 为钢筋直径，L 为钢筋植入深度，除图中另有注明外，植入深度取 $L=20d$，并且不大于植入方向构件尺寸减 30mm。

（b）用硬毛刷或硬质尼龙刷清刷孔壁，并用压缩空气将孔内灰尘清除干净，并检查孔深、孔径符合设计要求。

（c）用加长管由孔底向孔口将 JGN 植筋胶注入植筋孔内，注胶量为孔深的 2/3，并以插入钢筋后有少许溢出为宜。

（d）植筋前需将植钢筋的插入部分用钢丝刷刷干净，然后慢慢旋转插入孔内，保持静止至植筋胶固化为止。

（e）植筋外露钢筋不小于 500mm，但不得大于 2000mm，即能防止钢筋焊接对胶的影响，又保证钢筋方便植入。

（f）插入钢筋位置校准后，应有专人保护，防止人员、机械等碰撞钢筋，影响植筋拉力效果。

（g）植筋胶固结后，做 3% 的植筋随机抽样抗拔自检试验，符合要求后进行下一工序。由于考虑不要把钢筋拉坏，抗拔力按钢筋屈服强度的 70% ~80% 计。可根据需要另做 1 ~2组拉拔破坏试验。

（3）承台制作

承台植筋结束并通过验收后，按设计布筋进行加大承台部分钢筋的铺设，然后浇筑混凝土。

1）混凝土供应

混凝土比原设计提高一个等级，采用 C30 商品混凝土，添加早强剂。由于本工程混凝土量不大，且施工面分散，不利于泵送机运输，混凝土运送至现场后以斗车装运到各浇捣现场。

2）混凝土浇捣

在施工过程中，为预防和控制裂缝的出现，应着重从控制温升、延缓温降速率、界面剂处理等方面，采取一系列技术措施。

①混凝土结构引起开裂最主要的原因是水泥水化热的大量集聚使混凝土出现温升及后期降温现象，应采取措施降低水化热，可利用混凝土的后期强度，控制水化热温升，减少温度应力。

②浇筑混凝土时派专人观察模板、钢筋、预留孔洞、预埋件、插筋等有无位移变化或堵塞情况，发现问题立即停止浇灌，并在已浇筑的混凝土初凝前修整完毕。

③浇筑前，在新浇混凝土与下层混凝土结合处，在底面上均匀浇筑 1 ~2mm 厚水泥浆。

④混凝土的运输能力应适应混凝土凝结速度和浇筑速度的需要，使浇筑工作不间断，并使混凝土运到浇筑地点时保持均匀性及规定的坍落度。

3）混凝土检测

混凝土检测主要进行抗压强度试验，混凝土试块根据监理要求取样，按标准条件养护并及时送检，取样频率可按每罐车一组。

4）混凝土养护

①混凝土浇筑完毕后，在4d以内用麻布加以覆盖，并浇水养护。

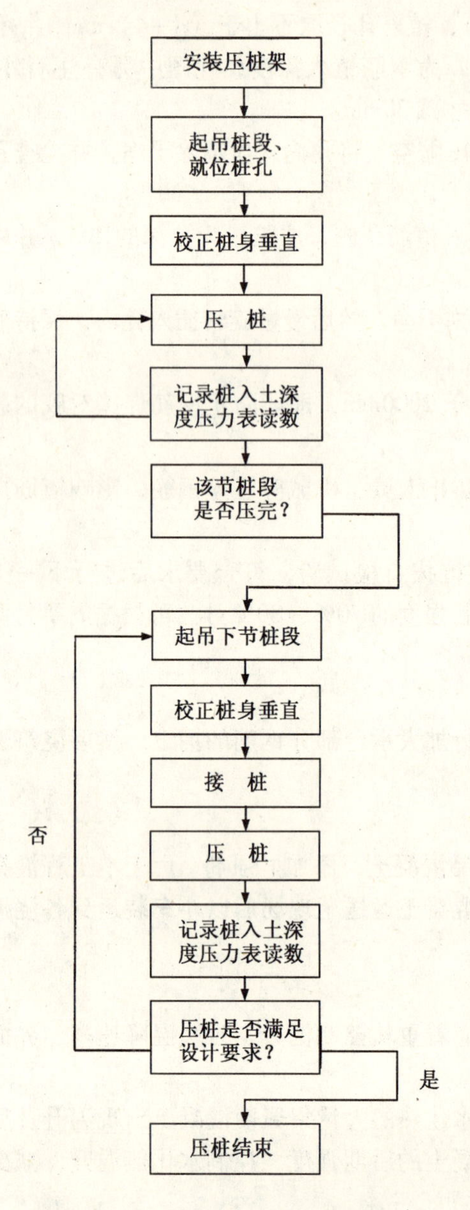

图7.8-5　静压桩施工工艺流程图

②混凝土浇水养护日期不少于7d。每日浇水次数以能保护混凝土处于足够的润湿状态为准。常温下每日浇水两次。

③混凝土达14d强度后方可正式用于压桩。

（4）锚杆静压桩工程

1）施工工艺

锚杆静压桩施工工艺见图7.8-5。

2）施工主要控制措施

①压桩前准备工作

（a）桩段的预制：为确保静压桩质量的稳定，本项目计划选用商品预制混凝土方桩，桩身混凝土强度等级不低于C30，要求满足90t的施工加载。桩段长度2m，接头方式加以改进，采用环包角钢焊接，有利于防止加载时桩头的破碎。

（b）平整场地、开挖基坑以及做好防雨准备的施工区的隔离工作。

（c）查清已有建筑物的地下管网，尤其注意通信电缆和煤气管道。

（d）浇筑基础混凝土前应检查压桩孔和锚杆孔的位置并加以保护。

②压桩施工技术措施

（a）压桩架要保持竖直，应均衡拧紧锚固螺栓的螺帽；

（b）桩段就位必须保持垂直，使千斤顶与桩段轴线保持在同一垂直线上，不得偏压；

（c）压桩施工不得中途停顿，应一次到位，如必须中途停顿时，桩尖应停留在软土层中，且停歇时间不宜超过24h；

（d）接桩时，上节桩就位后应将插筋（如有）插入插筋孔。检查重合无误、间隙均匀、上下垂直后，进行接头预埋的角钢焊接，然后涂上防锈剂；

（e）桩顶未压到设计标高时，对于外露的桩头进行切除；

（f）在压桩施工过程中，必须认真做好压桩施工各阶段记录。

③压桩施工的控制标准

压桩施工的控制标准，以设计最终压桩力（90t）加以控制，当压力表达到该设计值时，压桩结束。压桩前压力表须经计量部门率定，以设计最终压桩力压桩成功后，既验证了压桩的质量，同时检验了该承台的抗剪切能力，故无须采用其他方式对静压桩和承台质量再次进行检测。

基础纠倾可根据设计方案，在建筑物B轴处将B轴迫降，使B轴沉降量约等于A轴，最终满足建筑物的整体倾斜不大于4‰的要求。纠倾采用负摩阻力降水井纠倾技术进行。

负摩阻力降水井纠倾措施是通过在B轴各桩位处做负摩擦力降水井抽水，降水井进入透水性较好的砂层2~3m，通过抽水固结土体，使桩体下沉完成纠倾工作。

为确保建筑物的稳定，实施降水纠倾前，先行对A轴的静压桩进行临时锁桩，锁桩方式可采用钢楔打入，纠倾结束后撤出进行封桩。

(5) 观察井施工

在建筑物B轴附近设立观察井，观察井口径ϕ90，内设护壁管，用来观察回填砂及回填土中水位的排向及变化情况，为有效控制降水纠倾工作提供参考。

(6) 降水井施工

负摩力纠倾降水井井深13~14m，进入2-2层粉砂约3.5~4.0m，具体井深根据地质勘探孔成果进一步确定。降水井采用大直径工程回转钻机施工，钻孔施工时采用泥浆护壁。根据现场建筑物设施的限制，降水井暂时调整为14个。根据降水情况，可在适当部位加设抽水井（图7.8-6）。

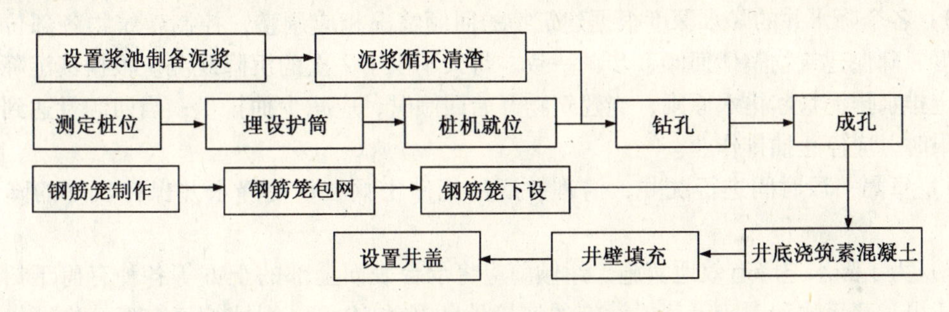

图7.8-6 降水井施工工艺流程图

1) 施工流程

2) 主要施工方法

(a) 埋设护筒

护筒是用4mm厚钢板制成的圆筒，其内径大于钻头直径100mm，其上部开设2个溢浆孔。埋设护筒时，先挖去井孔处表土，将护筒埋土中，保证其准确、稳定。护筒中心与桩位中心的偏差不大于50mm，护筒与坑壁之间用黏土填实，以防漏水。护筒的埋设深度为1.2m。护筒顶面应高于地面0.5m，并保持孔内泥浆面高出地下水位1m以上，在受水位涨落影响时，泥浆面应高出最高水位1.5m以上。护筒的作用是固定井孔位置，防止地面水流入，保护孔口，增高井孔内水压力，防止塌孔和成孔时引导钻头方向。

(b) 制备泥浆

泥浆在井孔内可以保持护筒内水压稳定、稳固土壁、防止塌孔；同时，起到携砂、排土、冷却和润滑钻头作用。制备泥浆方法可采用黏土泥浆或原孔造浆，泥浆相对密度应控制在1.1~1.3；施工中应经常测定泥浆相对密度，不合格的泥浆要废弃。

(c) 成孔

本工程的降水井采用大直径工程回转钻机施工，钻头直径600mm，终孔后适当清孔、下设钢筋笼。

（d）钢筋笼制作及下设

钢筋笼直径400mm（外包塑料纱二层），以保护竹片一层外包捆紧，底部是尖状闭合，成孔后一次吊入孔内，孔底填筑2.0 m厚碎石。在钢筋笼与井壁之间密实填充豆石。井口高出地面10cm，采用混凝土浇筑或砖砌，并设钢筋笼井盖。

（7）降水纠倾

实施降水纠倾前，对已有沉降、倾斜、裂缝作全面检查和观测，并做出标记，埋设观测点，以便施工期间的观测。

主要施工措施如下：

1）在现场B轴基础边任一空地做试验降水井，试验降水井抽水获成功后进行以下的其他施工。

2）降水井成井并下设钢筋笼后，在井内置潜水泵，通过抽水将井内水位降至一定深度，并维持该水位一定时间，观察建筑物回倾情况。回倾迫降速率控制在2～10mm/d，纠倾开始与结束阶段取小值，中间阶段取大值。通过循序渐进不断降低井内水位，达到建筑物纠倾的目的。

3）各个降水井的降水深度根据建筑物的回倾情况相应调整，控制建筑物各部位的回倾速度，确保建筑物整体回倾，步调一致。每天不少于2次的沉降观测。根据其沉降观测来确定排水排泥量。排水原则，当建筑物开始回倾时，应减少抽排量；当回倾量达到残余值上限时，应停止抽排作业。

4）每隔一段时间进行洗井，清理井底的细砂土颗粒，使降水井保持较好的降水效率。

5）为了降水迫降有效地实施，纠倾前应将承台表面上部的土方等各种有碍于纠倾的碍物清出，建筑物和围墙等其他设施的连接处断开约10cm，刚性管道与建筑物衔接处凿开，确保活动空间。

6）根据本建筑物的地基与基础情况分析，需在降水纠倾实施前，对建筑物基础中间的两排搅拌桩进行削桩。削桩高度 h 以相似三角形原理计算（图7.8-7）。

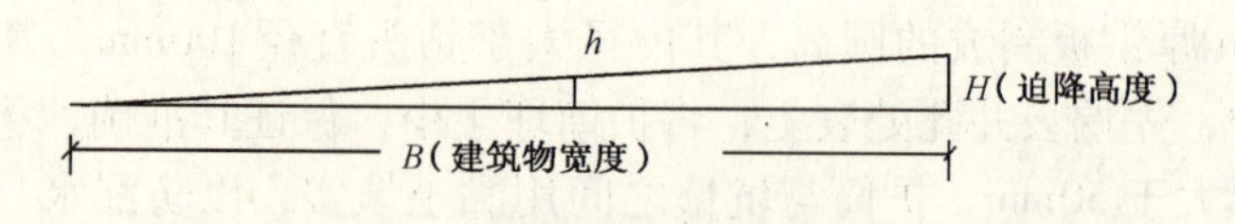

图7.8-7　基础中间排搅拌桩削桩示意图

7）纠倾施工需要根据地下水、气候（如台风、降雨等）等条件，采取有关的措施进行调整。

8）纠倾作为特种工程，必须实施信息化施工，项目部密切监视建筑物各时段倾斜量、回倾速率、抽水实施情况并进行资料分析，及时调整纠倾施工方案，在必要条件下实施新预案。

纠倾回倾达到4‰的标准时，采用锁桩装置对B轴进行快速锁桩，锁桩位置在桩与承台处进行，然后进行所有压桩孔封桩处理。

封桩是整个纠倾成功后施工的关键工序之一，封桩的目的是进行静压桩与混凝土承台的连结，最终实现建筑物回倾后的稳固。封桩工作必须认真进行。在封桩前，必须把压桩孔内的杂物清理干净，排除积水，清除孔壁和桩面的浮浆，以增加粘结力。然后和桩帽梁一起，在压桩孔内浇灌掺有微膨胀早强外掺剂的C30混凝土，并予以捣实。

最后对原室内外素混凝土地面进行恢复，浇筑C15混凝土垫层修复地面以后，用1∶2的水泥砂浆抹面25mm厚，加水泥粉随手抹光。

自从2006年6月纠倾加固处理竣工以来，A楼倾斜度已恢复到规范允许范围内并保持稳定，正常使用至今。

［实例二］　三水市御景华庭棕榈苑平台加固工程基础补强及加大基础

一、工程概况

三水市御景华庭棕榈楼板、梁由于承载力满足不了功能使用要求局部出现裂缝开裂，通过现场踏勘、分析，采用基础补强及加大基础的方法进行加固处理。

二、总体加固方案和步骤

1. 加固前先对加固区域进行支顶卸荷。
2. 对所有裂缝采用灌浆修复、封闭处理。
3. 对梁、板采用粘钢、粘碳纤维及加大截面等方式进行加固处理。

三、主要施工方法介绍

1. 裂缝灌浆

（1）凿槽：沿裂缝用钢钎凿成“V”形槽。

（2）清槽：用钢丝刷及压缩空气清理干净“V”形槽，要求无浮尘、无松动颗粒和无污渍。

（3）埋嘴封缝：用I型快硬膨胀水泥设置灌浆嘴并封闭裂缝，要求密实、平整。

（4）试压检查：待快硬水泥硬化后用压缩空气进行闭气试压检查，在封闭带及注浆嘴周围刷上肥皂水，发现有气泡处用快硬水玻璃进行封闭处理，保证不漏气。

（5）配制浆液：材料为环氧树脂混合液，用天平秤称量，按比例配好并搅拌均匀，根据一次性所需量配制，配制好的浆液应在3h内使用完毕。

（6）注浆：根据裂缝的大小采用不同压力灌注补强浆液，灌注时，压力为0.2～0.4MPa，并恒压5min。

（7）拆嘴：待浆液初凝后将嘴拆除。

2. 粘碳纤维

（1）清除被加固构件表面的剥落、疏松、蜂窝、腐蚀等劣化混凝土，露出混凝土结构层，并用修复材料将表面修复平整。

（2）混凝土表面凹下部位使用修补胶找平，不应有棱角。有段差和转角部位要用修补胶抹成平滑的表面，半径不应小于20mm，防止混凝土表面凹凸不平、台阶高差等因素造成纤维布粘结不良。

（3）混凝土表面应清理干净并保持干燥。

（4）用吹风机除尽混凝土表面灰尘，将底胶甲、乙组分按比例混合均匀（至颜色完全均匀），使用滚刷或毛刷均匀地涂抹至粘结面。调好的底胶要在规定的时间内用完。

（5）贴碳布

①按设计要求的尺寸裁剪碳纤维布。

②在混凝土基面涂刷胶粘剂，要求全表面满布，不得遗漏。

③碳纤维布粘贴就位后，采用刮刀刮压碳纤维布表面，使胶粘剂渗出碳纤维布，然后在碳纤维布外表面再涂刷补充胶粘剂，粘贴胶按比例混合均匀，并采用刮刀进行充分的刮压，排出气泡，使碳纤维布平直并被胶粘剂浸透。滚压时不得损伤碳纤维布。

④将碳纤维布贴上，纤维长方向上接头搭接长度应不小于10~20cm。底层粘浸胶充分渗透后刮涂上层胶，往复刮涂，使胶粘剂渗入到碳纤维布中去。

⑤常温下1~2h后，再使用硬橡胶辊或塑料刮板往复碾压消除可能出现的浮起和错动。碳纤维表面进行至少一遍面胶涂刷，粘碳纤维后的表面不得有布纹等缺陷。

（6）养护固化

施工完成后，应做好保护工作，不得拉扯碰伤碳纤维布。待胶粘剂已经基本凝固后，方可进入下一工序的施工。

3. 梁粘钢加固

（1）施工工艺

表面处理→配胶→粘贴钢板→固定及加压→固化。

（2）主要施工方法

1）表面处理

①钢板粘结面处理

钢板粘结表面须事先用砂轮打磨，标准为除去钢板表面的油污和锈斑，露出金属的光泽。

②混凝土梁粘结面处理

表面平整度较好的梁表面，用钢丝刷刷除表面油污、垢物，去掉表层粉刷层及疏松层，应清除至坚实基层。对于表面凸凹较大的柱表面，凸面用手锤打平，凹处用高强度等级水泥砂浆抹平，角部磨出圆角，并除去表面粉尘。

2）配胶

按结构胶产品说明书规定的配合比分别用容器称出（按一次应用量）。然后放在一起搅拌，直到胶干稀均匀、色调一致为止。搅拌好的结构胶一定要固化前用完，已经固化的结构胶不得再应用到施工中。

3）粘贴钢板

结构胶粘剂配制好后，用抹刀将胶同时均匀涂抹在钢板和混凝土构件表面，涂抹的胶层厚度在1~3mm左右，中间厚边缘薄，然后将钢板贴于预定位置。

4）固定及加压

钢板粘贴后，立即用卡具和螺栓固定（膨胀螺栓的埋设空洞应与钢板一道于涂胶前配钻），并适当加压，以使胶层充分接触混凝土-钢板表面。用手锤沿粘贴面轻敲钢板，基本上无空洞、空鼓现象，胶液从钢板两侧边缝挤出少许时，表示已粘贴密实，可以完成粘贴钢板这一工序；否则，应剥下钢板补胶，重新粘贴。

5）固化养护

结构胶在常温下可自然固化，在20℃以上时，24h即可拆除卡具和支撑，3d后（72h）即可承受设计使用荷载。固化期中不得对钢板有任何扰动。

6）钢材表面应涂刷防腐剂，或构件表面做20mm厚的1:3水泥砂浆保护层。

4. 加大钢筋混凝土梁施工

（1）施工程序

打凿新旧混凝土连接面旧混凝土处的饰面层→打凿新旧混凝土连接面旧混凝土表面约1～2cm→植筋→绑扎钢筋→浇水使旧混凝土潮湿→支模板→界面涂素水泥浆（本工序前旧混凝土应潮湿）→浇混凝土→养护→拆模。

（2）主要施工方法

1）界面凿毛：采用锤凿人工打凿新旧混凝土连接面旧混凝土饰面层，并打毛旧混凝土厚约1～2cm，去除旧混凝土表皮。

2）植筋：

①根据图纸要求，画线定位，然后用冲击钻成植筋孔，用硬毛刷或硬质尼龙刷清刷孔壁，并用压缩空气将孔内灰尘吹出，植筋孔比钢筋直径大4～6mm。

②用植筋胶注入植筋孔内，注胶量为孔深的2/3，并以插入钢筋后有少许溢出为宜。

③植筋前将需植钢筋的插入部分用钢丝刷刷干净，然后慢慢旋转插入孔内，保持静止至植筋胶固化为止。

④保护：插入钢筋位置校准后，应有专人保护，防路过人员、机械等碰撞钢筋，影响植筋拉力效果。

⑤植筋胶固结后，做1%～3%的植筋抗拔自检试验，抗拔力按钢筋屈服强度的80%进行，符合要求后进行下一工序。

（3）灌注孔的施工：采用人工打凿灌注孔，不得用大锤打凿，以免对楼板振动过大引起破坏，孔径为ϕ150@300～500。

（4）钢筋绑扎：钢筋工程采用机械制作、人工绑扎的施工方法，钢筋绑扎采用22#镀锌钢丝按八字形绑扎，接头形式采用绑扎或焊接，并对旧混凝土浇水，确保水在旧混凝土中达到饱和。

（5）支模板及支顶：该工程模板采用木模，用铁钉、斜方木支撑固定，支顶采用钢支撑和木支顶相结合按常规支撑进行。

（6）界面处理：将水泥和水按0.5的水灰比混合搅拌均匀，涂抹1～2遍。

（7）混凝土施工：沿需浇新梁顶在楼板上打ϕ150@300～500的浇筑孔，采用人工搅拌混凝土，并按原混凝土强度将混凝土提高一级，加入适量的膨胀剂，然后从浇筑孔中进行浇筑，浇筑混凝土为机械振捣，一次连续浇筑，不留施工缝，浇筑完的混凝土进行淋水养护7d。浇筑混凝土时特别对墙体洞口处采用多次振捣，防止洞口处混凝土不密实。

四、技术经济效果

本工程在2005年加固处理竣工后，建筑物至今未再发生出现裂缝，改造后使用情况良好。

［实例三］ 东莞市星河传说游泳池加固工程

一、工程概况

星河传说商住区有限公司会所大楼附近分布着三个独立的游泳池，室内泳池大体呈长方形，面积为250m²；室外儿童泳池呈环扇形，面积为452.37m²；室外成人泳池呈阶梯形。地台面积为1470m²。泳池建成后，在蓄水后的使用过程中，由于地基承载力不足，泳池与地台发生较严重的沉降现象，同时由于沉降产生的泳池裂缝导致池水严重渗漏，影响了泳池的正常使用。

二、加固方案

本加固工程包括室内外泳池及地台基础加固、泳池裂缝修复等工作内容，主要施工方法包括压密注浆、裂缝灌浆、做k11防水层、植筋等。

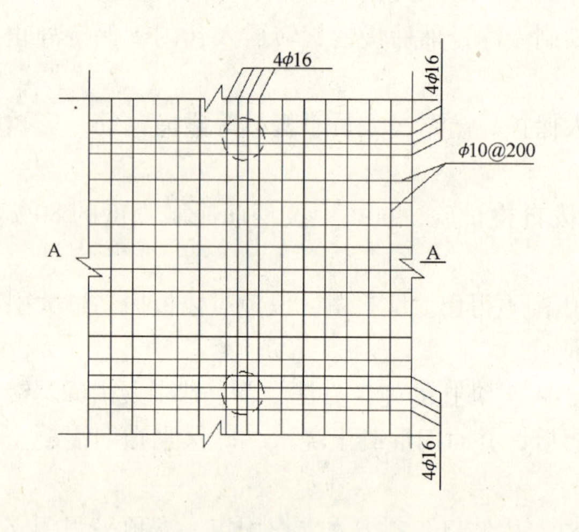

图7.8-8 板加固平面图

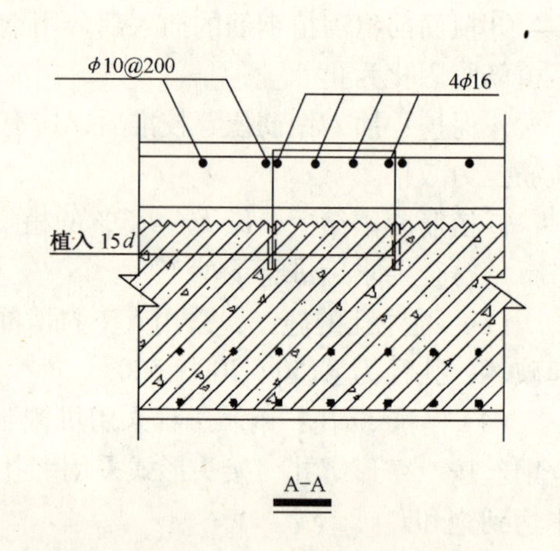

图7.8-9 板加固剖面图

三、总体方案概述

1. 会所室内泳池加固

（1）重点在底部基础作局部处理。以下沉的泳池角为中心点，向池边两个方向各做出3m长、2m宽的范围内做压密注浆，注浆深度暂定2.0m。

（2）水池边的平台梁裂缝处理

裂缝先采用灌注环氧补缝，然后采用植筋并U形箍补强。

U形箍补强方法：将边梁底部凿毛。侧边从底部起250mm高的范围内将保护层凿去，露出箍筋，底部在梁宽范围内将2ϕ20的钢筋植入主梁中，用U形箍（和原箍筋等直径等间距）和原箍筋焊接，然后用C35的细石混凝土浇筑。该梁其他跨段的裂缝用同一办法处理。

（3）池壁采用植筋浇筑混凝土加高，施工缝作细部防水处理。

（4）泳池的排水沟贴回瓷片。

（5）休息平台恢复原状。

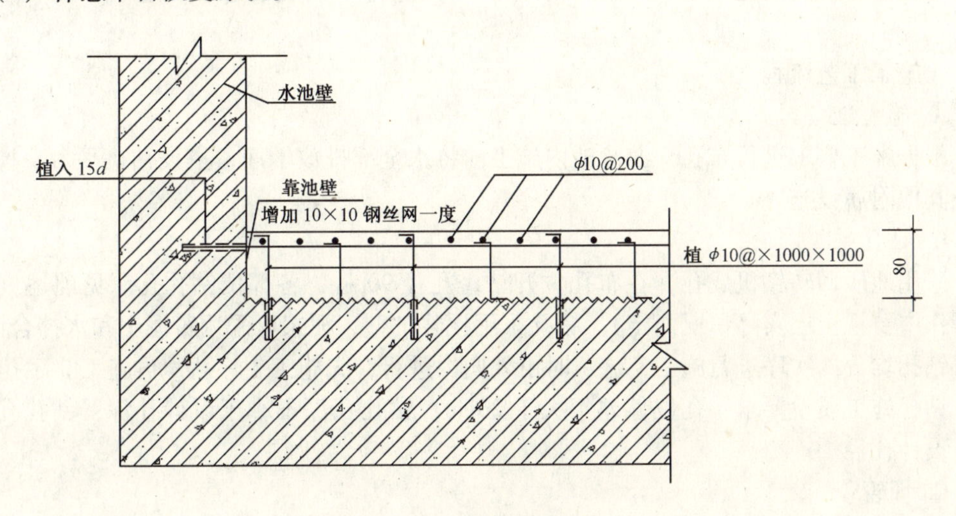

图7.8-10　板面加高大样图

2. 室外儿童池加固

（1）泳池底部进行化学灌浆处理加固地基，有效深度暂定2.0m。

（2）采用裂缝灌浆修补底板结构裂缝。沿裂缝方向将池底陶瓷锦砖除去并清理干净，用环氧树脂修补裂缝。然后做k11刚性防水一层，面覆1:2.5水泥砂浆20mm厚保护层，贴回陶瓷锦砖。

3. 地台处理

（1）揭去原地台面的铺砌板，露出钢筋混凝土地板。

（2）自混凝土面起1m深度范围内钻孔，进行砂浆灌注，填充混凝土板和板底回填土之间的空隙。

（3）灌注砂浆后，将孔深加深，进行压力灌浆，儿童池周边地台有效深度暂定4.0m，成人池地台深度暂定5.0m。

（4）恢复铺砌面砖。

四、主要施工工艺

1. 压密注浆

对室内泳池边角范围内、儿童池池内、室外儿童池及成人池的地台的地基土进行压密注浆加固处理，提高地基承载力，确保泳池正常使用。

本次注浆工程分为两序孔逐渐加密施工，注浆孔采用梅花形布置，孔距为3.0m，行距2.0m，孔深为1.5~5.0m，孔径90mm（或76mm）。施工中根据进浆量确定是否进行加孔处理。

1）儿童池露台正式灌浆施工前拟进行三个孔的灌浆试验对比，孔深分别取5.0m、4.0m、3.0m，根据三个不同孔深的试验孔的注浆量最终确定该区域的灌浆孔深度。

2）儿童池内也进行三个孔的灌浆试验，孔深分别取3.5m、2.5m、1.5m。

3）同样成人池露台进行6.0m、5.0m、4.0m的灌浆孔试验。

上述各个部位的施工开始时应取最深试验孔进行干钻法取芯，以进一步证实地层状况。

①施工工艺流程

A. 施工准备

根据施工要求进行布孔，游泳池内施工前将水全部排放干净，搭设钻机平台、搅浆平台及其他附属设施。

B. 钻孔

采用地质回转钻机成孔，在布孔位开钻，孔径90㎜，各部位钻孔孔深见前述（在实际操作中要视土层实际情况而定）。钻孔采用泥浆护壁，泥浆可采用黄泥土和水拌合而成。

钻孔均分两次序进行施工，施工时由外向内进行，先施工Ⅰ序孔，再施工Ⅱ序孔。

钻孔施工质量要求：孔位偏差不大于20cm；钻孔孔深不小于设计孔深；钻孔孔径不小于设计孔径。

C. 埋管

将特制的注浆钢管埋入钻好的孔内，管口超出地面不小于30㎝，注浆管与地面封闭紧密，不得有漏浆现象。

D. 注浆

注浆施工分为两次序，先进行Ⅰ序孔的注浆施工，再进行Ⅱ序孔的注浆施工。

全孔注浆施工采用孔口封闭式纯压注浆。注浆卡塞卡在孔口位置，采用BW-200注浆泵注浆，注浆压力0.15~0.3MPa。

全孔注浆的结束标准为：当达到注浆规定压力时，维持30min注浆压力保持不变，即可终止注浆。

对同一场地注浆应先外围后内部，外围注浆的进浆量不宜过大，当发现进浆量过大时应立即灌入固化液，固化后再灌入水泥浆，或灌入水泥浆与固化液混合的化学水泥浆液。

地台灌注化学浆液之前，在1m孔深的范围内先行灌注高流态的水泥砂浆，目的是充填混凝土板和地基土之间的空隙。工艺同化学灌浆。

E. 封孔

注浆正常结束后，须进行注浆孔的封孔，封孔应确保该部位密封不漏水。封孔材料可采用0.5:1的浓水泥浆液。封孔后必须检测是否漏水，否则进行进一步处理。

②注浆材料

正常施工时注浆材料以纯水泥浆液为主，需进行特殊处理时视情况掺入砂子、黏土以及外加剂等材料。

水泥采用普通硅酸盐水泥，水泥强度不低于32.5级。

砂子采用干净的河砂。

外加剂主要有：木钙、水玻璃等，其使用范围和使用量根据施工情况选用。

浆液配比为：正常水灰比为0.8:1~1:1。

在现场施工时，将根据现场施工的具体情况，进行注浆施工试验。根据试验的结果，对浆液的配比进行调整，以达到最佳的注浆效果。

浆液搅拌采用专用搅拌机搅拌，搅拌时间不少于3min。

③注浆过程监控措施

注浆过程控制主要包括控制注浆压力和灌注量等情况的监控。

施工中设有专人负责注浆压力及灌注量的监控工作，同时对施工区域的混凝土表面认真观察，如发现底板托起等情况立即停机处理，并向有关部门报告情况，以便使问题得到更好地解决。

④特殊情况处理

A. 由于底板下基础回填土疏松，孔隙率比较大，并且形成了较大的渗漏通道，注浆过程中应加以关注。如注浆流量过大，不易结束时，注浆施工采用低扩散度的灌注浆液堵漏。填缝或堵漏材料可考虑灌注稠度较高的水泥砂浆，特殊情况下灌注高速凝浆液或水泥水玻璃双液浆液。一般4~12h以后，再进行全孔注浆。

B. 在注浆过程中发现冒浆时，应根据具体情况采用嵌缝、表面封堵、加浓浆液、降低压力等方法处理。

C. 如发现串浆，可用注浆塞或其他措施塞住被串孔上部。

D. 注浆工作必须连续进行，若因故中断，应按下列原则进行处理：

（a）尽可能缩短中断时间，尽早恢复注浆。

（b）恢复注浆时，开始应使用较小水灰比的浆液灌注，如吸浆量与中断前相近似，即可采用中断前的水灰比。

E. 注浆质量评定与检查

由于该施工部位特殊，且工期要求紧张，注浆应严格按照设计工序方法执行，从施工工序上确保质量。质量评定以分析注浆成果、注浆施工资料等综合评定为主，必要时施工质量检查孔。

注浆质量检查孔：注浆质量检查孔数为总注浆孔数量的5%。注浆质量检查孔在注浆结束10d后进行。检查孔位置由双方现场确定，深度与设计注浆孔的钻孔深度相同。在检查孔内再进行注浆试验检查，浆液浓度和注浆压力与该段注浆相同。如每米孔深注浆量大于邻孔每米注浆量的15%，则认为该孔相邻孔注浆质量不合格，需补灌，直到达到合格为止。

注浆质量检查孔其孔数合格率应在80%以上，其余孔数的指标值亦不超过规定数值的50%，即认为合格；否则，应由设计、施工单位商定方案处理，直至合格为止。

2. 裂缝灌浆

对平台梁、泳池底板和侧壁裂缝采用裂缝灌浆工艺修复。主要施工方法如下：

（1）沿裂缝长度范围凿“V”形槽，宽度约为2~3cm，深度约为3~4cm。

（2）将裂缝表面的浮尘、粉尘及污染物等彻底清理干净，再用清水或溶液刷洗。

（3）用I型快硬水泥设置注浆嘴，嘴距300~500mm。

（4）采用0.2～0.6MPa压力灌注堵漏补强化学浆液。

3. k11防水层处理

裂缝灌浆处理完成后，对儿童泳池的池壁及池底裂缝处做k11防水层。具体施工方法如下：

（1）基面处理。沿裂缝处凿除陶瓷锦砖及砂浆层，宽度约20cm，要求基面平整、干净，无杂物、灰尘，无起砂、砂眼；若基面湿润，无明水即可。

（2）按规定比例取粉料，与水充分搅拌。

（3）用毛刷涂胶浆于基面上，要求均匀，不堆积，不漏刷。每涂刷一层按同一方向，待上一层干透后再涂抹下一层，两次涂抹方向垂直，涂抹至规定厚度。

（4）保护层。防水层施工完成，检验合格后，做2cm厚1:2.5水泥砂浆保护层，进行压光处理。

4. 植筋工程

（1）施工工艺

A. 根据设计要求，划线定位，搭设工作平台，然后用冲击钻成植筋孔（由于风钻成孔可为外大里小的孔状，不利于抗拔，严格控制不得用风钻成孔），植筋孔径应取不小于$d+4$mm，钻孔深度按技术要求，其中d为钢筋直径。

B. 用硬毛刷或硬质尼龙刷清刷孔壁，并用压缩空气将孔内灰尘清除干净，并检查孔深、孔径符合设计要求。

C. 将JGN植筋胶注入植筋孔内，注胶量为孔深的2/3，并以插入钢筋后有少许溢出为宜。

D. 植筋前需将植钢筋的插入部分用钢丝刷刷干净，然后慢慢旋转插入孔内，保持静止至植筋胶固化为止。

E. 植筋外露钢筋不小于500mm，但不得大于2000mm，既能防止钢筋的焊接对胶的影响，又保证钢筋方便植入。

F. 保护：插入钢筋位置校准后，应有专人保护，防止人员、机械等碰撞钢筋，影响植筋拉力效果。

（2）施工质量保证措施

A. 植筋用的钢筋必须保证表面洁净，无严重锈蚀、油渍。钢筋应有足够的长度以便于植筋、检测及搭接。

B. 应采用冲击电钻钻孔，以确保孔壁的粗糙度。

C. 钻孔的孔径和孔深应符合设计及植筋胶使用要求。

D. 应采用硬塑毛刷及硬质尼龙刷，压缩空气进行清孔，不宜用水冲洗。

E. 植筋各工序应连续进行，并有相应措施保证孔壁干燥、洁净。

F. 植筋胶应首先分别搅匀，再按比例混合，否则不宜使用。

G. 注胶量应以插入钢筋后有少许溢出为准。

H. 钢筋应清刷干净，插筋时应慢慢地旋转插入，宜一次插入。种植较大直径的钢筋时，可用铁锤敲击外露钢筋端部，以确保钢筋完全插入。

I. 植筋完毕时，应保证植入的钢筋胶固化前不受外力影响。

J. 植筋完成48h内严禁摇动钢筋。

自从2005年加固处理以来，游泳池未再发生开裂漏水现象，两年多来一直正常使用且情况良好。

［实例四］　万家寨水电站1～6机组下机架基础补强加固

一、工程概况

山西黄河万家寨水电站设计安装6台单机容量为180 MW的混流式水轮发电机组，分别在厂房二期混凝土浇筑完成后相继开始安装，从1998年6月至2000年12月先后完成并投入运行。由于机组下机架基础钢垫板的平面尺寸较大，约60m×140m，并需固定在二期混凝土的钢筋上，要在安装调平后，才进行三期混凝土浇筑，浇筑高程与下机架基础钢垫板面高程齐平；在混凝土达到一定的龄期，下机架及其基础板已安装成一体后，将下机架整体吊装在下机架基础钢垫板上，每个下机架支腿通过两根170cm长的基础螺栓固定；吊装完成后，再进行下机架基础板下和螺栓孔部位的四期混凝土浇筑，浇筑高程与下机架基础板平齐。由上可见，因机组安装工序的需要，不可避免地造成约40cm厚的混凝土分两期浇筑，每期厚度约20cm，增加了两条水平施工缝，影响了混凝土的整体性。施工难点有2个部位，基础钢垫板下每台机组沿环向布置的12个下机架基础处，前者由于钢垫板平面尺寸较大，浇筑部位较小，浇筑层薄；后者因浇筑仓号小，薄层分期浇筑，故均存在混凝土下料难度大、不易振捣、不易养护等问题，造成混凝土质量不易保证，影响密实性，使承载能力不足，难以保证承担机组自身重量及运行期间的竖向力和制动时的水平剪力。为确保机组安装后的安全运行，保证施工质量，在上述基础混凝土浇筑完成达到相应的龄期后，需分别对6台机组的下机架基础进行补强加固处理。

二、处理方案

1. 加固方案选择

由于工期限定为半个月，为确保基础处理效果，在进行了广泛研究的基础上选择了化学灌浆的处理方案。该方案处理效果的好坏，取决于能否对钢垫板、基础板下的混凝土结合面和混凝土水平施工缝进行有效的密实灌浆，并保证粘结良好。因此，必须选择可灌性好的灌浆材料，并进行有效的布孔和钻孔作业，使钻孔深度覆盖到基础钢垫板下较为薄弱的松散混凝土和穿越混凝土水平施工缝。为此，确定采用高强建筑结构胶和环氧灌浆材料作为灌入浆材，并根据基坑部位下机架基础的特点，沿基坑里衬环向基础板下部布设上斜孔、水平孔，在基础顶部布设垂直孔进行化学灌浆的方案。

2. 加固原理

通过灌注结构胶可把钢垫板与基础混凝土牢固地粘成一体，同时通过压力灌注，可将结构胶体灌入钢板与混凝土的结合面、混凝土分层浇筑的层面和未达到密实状态的混凝土中，使钢垫板与钢筋混凝土结构共同工作，从而保证混凝土的密实度，提高基础混凝土的抗折、抗剪强度，增加基础的承载能力。

3. 灌浆材料

灌浆材料选择长江牌（YZJ-1型）高强建筑结构胶和HK-G-2环氧灌浆材料。这两种材料均黏度小，可灌性好；可灌注0.5mm以下裂缝；浆液固化后的固结体抗压和抗拉强度高；浆液具有亲水性，对潮湿面亲和力好；凝结时间可调，施灌操作简便；能有效地渗透至混凝土缝隙、裂缝，并固结其中，达到防渗补强的目的，对混凝土与混凝土、混凝土与钢板的粘结性较强。

4. 灌浆孔布置

（1）基础板下水平孔、上斜孔的布设。割除基础板部位的基坑钢衬后，在基础板下部基坑里衬的立面上，进行测量计算放样，标出钻孔部位及可调整范围。每块基础板下布设6个上斜孔，要求钻孔孔深达到基础钢垫板下部并跨越混凝土分层浇筑产生的层面；同时，在每块基础板和基础钢垫板下各布设2个接近水平方向的钻孔，主要针对钢板下松散的混凝土，为避免钻头接触钢板，开孔位置选择在钢板下5cm处。每块基础板下钻设水平孔、上斜孔计10孔。

（2）基础混凝土顶面斜向下钻孔布设。基础垫板为重点处理部位，在四期混凝土顶面斜向下钻孔至基础垫板附近，增加该板下与混凝土接触面的灌浆区域，沿每块基础垫板两端对称钻3孔，计6孔。

（3）基础混凝土顶面垂直孔布设。沿混凝土顶面在基础板的外侧钻设垂直孔，每块基础板钻4孔，布孔原则上针对螺栓孔部位的外包混凝土。每块基础板周围布设了钻孔20个。

三、施工工艺

1. 切除水车室里衬钢板。将8 mm厚的里衬钢板在基础垫板附近割开120 mm×400 mm的矩形孔，露出混凝土面。

2. 钻孔。采用日立和博士电钻钻孔，垂直孔为$\phi22\times150$，水平、上斜孔（与基础垫板的夹角15°）为$\phi22\times150$，分上下两层，上层6孔，下层3孔。

3. 清孔。用0.6MPa压缩空气将钻孔内的残留物吹净，再用丙酮清洗孔壁，然后埋设灌胶嘴。

4. 压力灌胶。灌胶前，用0.8MPa的压缩空气对灌胶孔进行最后的清理，同时压缩空气能使较多的灌胶孔互相连通，利于对施灌部位的有效灌注。灌胶设备采用小型空压机带压力罐制成的压力泵，灌注压力为0.55~0.8 MPa。灌胶时逐渐增压，并根据施灌部位缝隙大小调节压力，缓慢加压至0.8MPa，直到胶液灌不进为止。进胶停止后，仍保持0.8MPa压力3~5 min，以确保胶液充分进入缝隙。

5. 灌胶孔外部处理。灌胶结束后，将露在混凝土外的所有灌胶嘴全部割除，并用结构胶将混凝土面与原内衬间的空隙抹平。结构胶固化后，再将表面打磨平滑，恢复处理前的表面状况。

四、技术经济效果

本工程6台机组的下机架基础处理时段基本都安排在混凝土龄期2周以上。由于该部位布置的钢筋比较密，在钻孔过程中，遇到钢筋时就及时调整孔位，保证灌浆孔覆盖到处理范围。在灌注过程中采用顺时针按前述工艺逐孔灌浆，若遇灌浆孔与相邻孔或数孔串通，则逐个用钢丝扎死灌浆嘴后加压灌浆。在进胶停止后，维持灌浆压力几分钟后结束灌浆。灌浆后达到相应的龄期后，对每个基础块钻设两个检查孔进行灌浆；如只是填孔进浆，说明第一次灌浆已灌密实，灌浆有效。

工程结束后，对机组下机架基础板的灌浆量和时间进行了分析，发现结构胶除填灌钻孔外，约有相当于总灌浆量的55.6%渗入到缝隙、蜂洞和基础垫板与混凝土结合面，说明灌胶确实对机组下机架基础的加固起到了重要作用。机组从投运到目前经多次检查，该部位结构未见异常，混凝土未出现裂缝，锤击检查也没有发现脱空现象，机组运行正常。可见，所采取的加固处理措施对这类特殊受力部位的基础处理是可行和有效的，且这种处理施工简便、工期短，能为机组早日投产发电奠定基础，具有明显的经济技术效果。

[实例五]　保定海明大厦基础扩底墩加固

保定市海明大厦为框架-剪力墙结构，地下1层，地上6层，于1994年底完成基础及基坑围护砖墙，但地下室尚未封顶。停工4年后，1999年继续施工至地上4层时要改为地上9层的彩电中心。增层后荷载增加很大，原建筑物基础底面积不够。若加大底面积，钢筋无法放置；若利用原钢筋，配筋量不够；若改为满堂基础，亦因配筋量不够而无法放置钢筋。另外，建筑物地下室机械设备的配置使地下室净空受到限制，综合考虑以上制约因素采用扩底墩坑式托换技术，收到了良好效果。

1. 地层分布

原建筑物基底坐在④层土上，从基底下分层列述如下：

④粉质黏土：黄灰色~灰褐色，斑块结构，含钙质，可塑~硬塑。锥头阻力f_c=0.4~3.0 MPa，侧摩擦力f_s=0.02~0.06MPa。厚0.4~1.2m。南楼南半中部存在局部近软塑段，土质湿软，厚0~1.3 m。

⑤—1粉土：黄褐色，均匀，较密实。锥头阻力f_c= 6.0~9.0 MPa，侧摩擦力f_s=0.22~0.50MPa。厚0.5~1.5 m。

⑤—2粉质黏土：灰绿色及棕灰色，硬塑~可塑，含姜石，偶见螺壳，下部含砂粒，部分呈粉土或混砂。锥头阻力f_c= 2.0MPa，侧摩擦力f_s=0.08~0.16MPa。厚0.6~2.5m。

⑥细中砂：黄灰色与灰白色，稍湿，中密，以中砂为主，夹细砂层，底部含圆砾，局部为粗砂。锥头阻力f_c=14.0~30.0MPa，侧摩擦力f_s=0.1~0.3MPa。厚3.7~4.9m。

⑦粉质黏土：暗黄褐色及棕褐色，含亚圆形姜石及螺壳，可塑，有钙质胶结斑，或少量钙质纹丝，底部含姜石层。锥头阻力f_c=3.0~6.0MPa，侧摩擦力f_s=0.02~0.18MPa。厚2.4~5.3 m。

⑧粉土：绿褐色及灰黄色，含小姜石及螺壳，可塑，有钙质胶结斑或少量钙质纹丝，底部具姜石层。锥头阻力f_c= 3.0~6.0MPa，侧摩擦力f_s=0.02~0.18MPa。厚2.4~5.3m。

⑨中砂：黄褐色及灰黄色，饱和，中密，纯净，均匀。锥头阻力f_c=16.0~36.0MPa，

侧摩擦力 $f_s=0.12\sim0.50\text{MPa}$。厚 $1.3\sim2.6\text{m}$。

2. 扩底墩坑式托换技术的特点

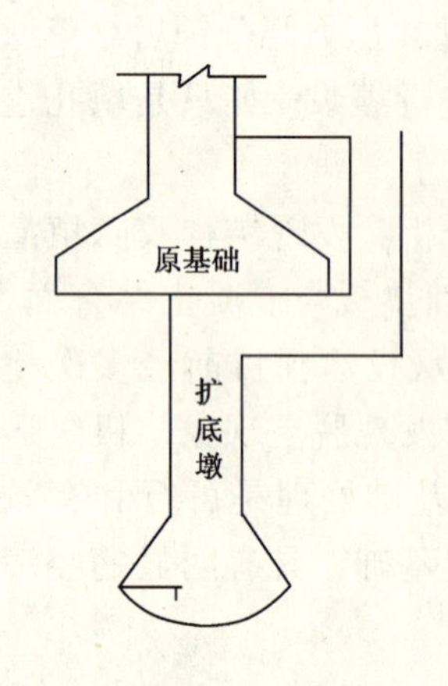

图 7.8-11　施工简图

扩底墩坑式托换是利用原建筑物的基础，在基础底下植入扩底墩基础，合理利用原建筑物基础与扩底墩基础的分担比；同时，考虑建筑物的刚度兼顾变形协调，以提高原建筑物基础的承载能力。该方法受力明确，承载力提高幅度大，可节省基础上部空间。

3. 技术措施

海明大厦工程地上建筑原有柱最大荷载标准值为 1460kN，改为彩电中心后，柱最大荷载标准值达 9 240.4kN，经论证采用扩底墩坑式托换技术，施工示意图见图 7.8-11。

即先在原建筑物基础旁挖一个引洞，再挖引坑导入建筑物基础下（根据设计图纸放线定位），这样在建筑物基础下边支护边成孔，直到挖成扩底墩灌注混凝土为止。原建筑物基底坐在④层粉质黏土上，$f_k=150\text{kPa}$。根据勘察报告所述，⑥层细中砂层是较好的墩端持力层，但是原建筑物地上已施工四层，扩底墩扩大头坐在⑥层细中砂层。墩长仅 5m，扩大头最大扩至 4.1m，这样扩大头的夹角 α 最大值为 1:2，远远超出规范 1:3 的要求。施工过程中上部荷载已存在，扩底墩长度在 2 倍基础宽度以内，应力大部分传递到扩大头部分，因此施工过程中的支护相当重要。

另外，扩底墩为后施工，解决扩底墩与原基础之间连接问题也是避免增层后沉降的关键。针对以上问题，在护壁部分利用式（7.8-1）：

$$t\geqslant\frac{KN}{f_c}\tag{7.8-1}$$

式中　t——混凝土护壁厚度（mm）；

N——作用在护壁截面上的压力（N/m^2）；

K——安全系数，一般取 =1.65；

f_c——为混凝土轴心抗压强度（MPa）。

为避免施工过程中发生附加沉降，采用式（7.8-2）的计算厚度作为施工护壁厚度。扩大头部分的支护采用素水泥锚杆工艺，即扩大头开挖前在底部打放射性锚杆，以起固砂和承载的作用。

$$t\geqslant\frac{KPD}{2f_c}\tag{7.8-2}$$

式中　P——为土和地下水对护壁的最大侧压力（MPa）。

扩底墩坑式托换技术的关键是扩底墩端与顶部的密实性，为此采用免振混凝土和后压浆技术来解决这一问题，在免振混凝土初凝时，利用高压注浆技术填充扩底墩端及墩基础与原基础之间的空隙，以保证彼此密切结合，避免建筑物增加荷载后出现突发变形。施工过程中严格控制施工顺序，采用间隔开挖避免土体塌陷而导致上部建筑物破坏；同时，施工中配合沉降观测，及时反馈建筑物的变形信息。

［实例六］　上海宝山区友谊路某住宅楼改造工程实例

一、概况

宝山区友谊路某公房建于1974年，为混合结构房屋，墙体为大型硅酸盐砌块，楼面为预制空心板。该房屋共5层（檐口高度15.38m），底层为商业用房，上面4层为居住用房，建筑物长74.1m，宽8.5m，共3个单元。改造前内部设施较差，居民6户或8户用一个简易卫生间，厨房窄小。为改变此现状，经有关部门批准，决定对该房屋实施“成套改造”，即每户都有独立的卫生间和厨房。

该住宅楼改造要求十分苛刻，底层商业店铺不能停业，上部住宅楼居民不搬迁，不能停水、停电，保持上下楼交通畅通，为此给设计和施工带来困难。

二、副楼设计中的几个技术问题

1. 副楼宽度的确定

副楼设计曾提出过4套方案，在征求有关部门及居民意见的基础上，采取在北侧扩建宽3.0m（局部为4.5m）的副楼，作为每户的卫生间和厨房，并对原平面作适当调整，使每户独立成套。

2. 结构抗震问题

副楼结构与原房屋结构如按刚性连接，根据上海地区的规范规定，应按整体房屋进行抗震加固，这样必然增加费用，同时居民需要搬迁才能进行加固施工。经研究，上述整体抗震设计方案无法实施。为此，应将副楼与原房屋结构分离考虑，副楼按7度抗震，原房屋维持原状。

3. 差异沉降的控制

原有建筑建成至今已有近30年之久，建筑物沉降已经稳定，然而新建的副楼为钢筋混凝土框架结构，荷载较大。如采用天然地基，必然会引起地基变形，预估沉降量约250mm，产生新旧建筑物之间的差异沉降。如果沉降过大，新旧楼之间将会出现台阶，从而给使用带来不便。根据以往工程经验，新旧楼之间的差异沉降不大于50mm，能满足使用要求。为控制副楼沉降，必须采取桩基才能满足设计要求。

4. 地基加固方案的选择——锚杆静压桩地基加固新技术

该住宅楼改造新建副楼所处位置有以下特点：

（1）副楼与原建筑贴得很近，新老基础叠合在一起，如何加以区分；

（2）拟建场地狭窄，北侧地下管线多；

（3）无法选择常规打桩机械进行打桩施工，因为机械无法靠近墙边，同时也不允许打桩有振动，否则影响原有建筑沉降；

（4）下卧层土质较差，不能用浅层加固方法进行加固，如注浆法、旋喷桩法等。此两种加固方法都会造成施工过程中的拖带沉降，无法解决下卧层的沉降问题。

经过多方案比较决定采用锚杆静压桩地基加固新技术和桩基逆作新技术。

桩基逆作施工新技术的工作原理：

该技术是通过在基础板上预留压桩孔，并在孔口附近埋设好锚杆，将压桩架固定在锚杆上，利用建筑物的自重作为反力，用千斤顶将桩段从基础预留或开凿的压桩孔内逐段压入土，再将桩与基础连接在一起，从而达到提高基础承载力和控制副楼沉降的目的。由于施工时需要房屋的自重去平衡压桩力，因此在上部结构完成2层并拆除底层支撑后才进行压桩，由于先施工上部结构，再施工桩基，故称之为桩基逆作法。此方法施工时无振动，无噪声，无污染，不占用场地。

（5）新老基础的连系

为防止新老结构由于沉降差引发的危害，新老基础也完全脱离。脱开的缝隙为150mm，中间填充泡沫塑料板（见图7.8-12）。

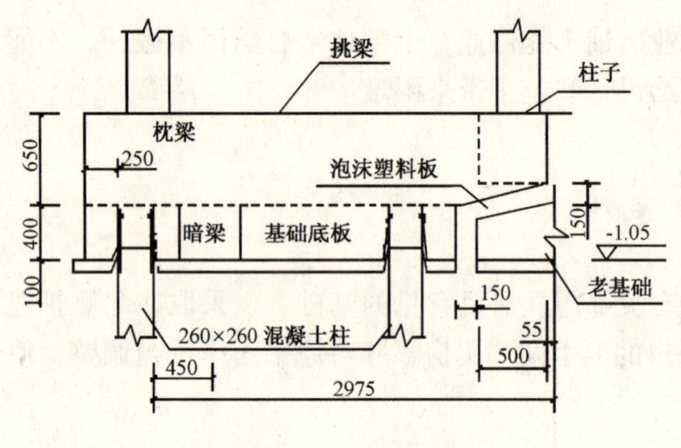

图7.8-12　基础剖面

三、锚杆静压桩设计

1. 设计参数

桩数81根，桩长22.5m，桩尖进入⑤$_1$黏土层，桩截面为250mm×250mm，桩段长为2.5m。接桩形式：上部4节为焊接桩，其余为胶泥接桩，采用C30微膨胀混凝土封桩。

2. 桩位布置图（见图7.8-13）

四、压桩施工

1. 压桩施工工艺流程

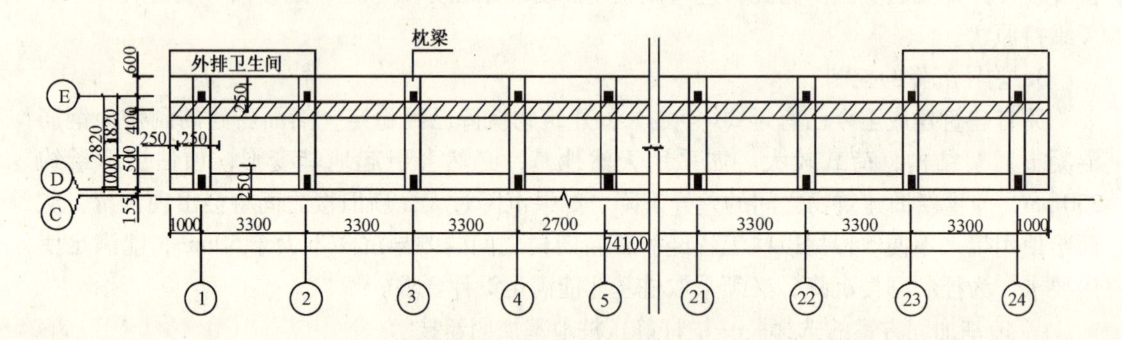

图7.8-13　扩建部分桩位分布

基础底板上预留压桩孔—预埋锚杆—安装压桩架—桩段就位—压桩—接桩—记录压桩力和桩长—桩长或压桩力达到设计要求即可停止压桩—焊接锚筋—焊接交叉钢筋—浇捣C30微膨胀混凝土。

2. 压桩措施

为减少压桩施工时引起的拖带沉降和进一步引起的锅底形变形，采取中间向两侧间隔压桩，并要求当天压桩当天封桩，使桩基能尽快承受上部荷载，减少基础的沉降量。

五、加固效果

1. 补桩加固工程于2001年4月完成，为检测压桩的效果，施工期间对压入的桩休止5日后，任意抽取2根桩进行复压试验。试压结果表明，桩的承载力（250kN）有明显恢复，已超过设计承载力2.2倍。当休止时间更长，桩的承载力将会进一步提高，说明压入的桩完全满足设计承载力和变形的要求。

2. 本工程在扩建部分的北侧设置沉降观测点计7处，经1年多观测，最大沉降量为46mm，最小沉降量20mm，完全满足设计要求。目前沉降已趋于稳定。改造后的住宅楼使用情况良好。

［实例七］　宝钢运输公司3#库柱基托换加固

一、工程概况

宝钢运输公司3#库（简称3#库）由一期车间、二期扩建车间和冷作车间组成，车间是单层双跨门式钢架轻钢结构；长90m，宽2×21m，高11.3m，柱距6m，吊车荷载为10t和20t两种，独立基础，面积为3.1m×3.8m和3.0m×3.4m，天然地基。厂房由当地乡政府建造，建于2000年，建成后租给宝钢运输公司使用，至今已有五年之久。3#库房内除堆放宝钢生产的各种不同规格的钢卷外（钢卷重由4～23t不等，并叠成二层堆放），单位面积投影荷载约为4～13t/m²，从而超过了地基的承载力，3#库区内尚有钢材半成品的加工设备，如开卷机、切割机和打包机等。对各柱沉降观测结果表明，3#库区内，堆有荷载区柱基沉降较大，设备区柱基沉降较小，沉降差达60多厘米，造成吊车滑轨、卡轨、柱子内倾、局部剪刀撑弯曲，直接影响车间的正常运行。为此建设方急于要求进行加固处理，制止不均匀沉降的继续发展，确保厂房结构的安全使用。

二、地基土特征

场区地层分布情况如下：

①粉质黏土：层厚2.0m，呈可塑～软塑，中等压缩性。

②淤泥质粉质黏土：层厚4.7m，饱和状，呈流塑，高压缩性。

③夹黏质粉土：层厚1.6m，饱和状，松散～稍密，属中等压缩性。

④淤泥质黏土：层厚8.20m，饱和状，软塑～流塑，中等压缩性。

⑤粉质黏土：层厚1.26m，饱和状，软塑～流塑，中等压缩性。

⑥粉质黏土：未钻穿，可塑～硬塑，中等压缩性。

由上可见3#库区地质较差，软弱土层较厚，建于天然地基上且车间内又有大面积堆载情况下的工业厂房，沉降必然很大。

三、柱基不均匀沉降情况

根据宝钢集团房屋质量检测站提交的检测结果（轴线平面位置详见图7.8-14），各柱基相对沉降差值最大达到646mm，其中相对沉降较大值主要在D、G列，这与现场D、G跨堆放有大量的钢卷情况相符。D列柱的相对沉降最大差值为344mm（5线和1线），A列柱的相对沉降最大差值为153mm（5线和6线），G列柱的相对沉降最大偏差值为158mm（1线和5线）。由上可见，厂房柱基存在明显的不均匀沉降。由此引起的轨道顶面的高差：如A轴最大高差为52mm（4线和14线）；北D列最大高差为117mm（6线和15线），南D列最大高差为121mm（5线和15线），G列最大高差为46mm（5线和15线）。

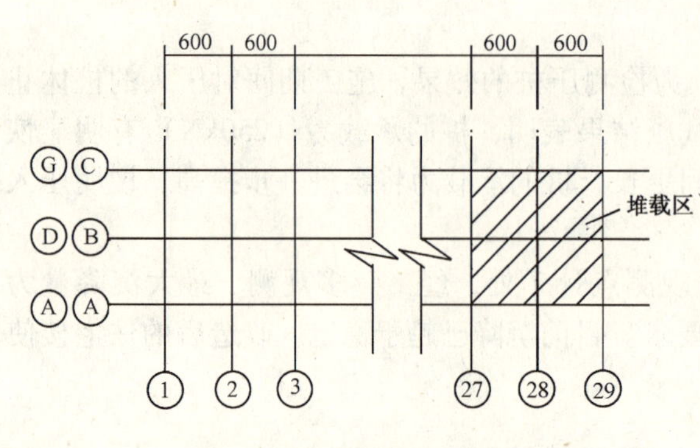

图7.8-14　轴线平面示意图

中心柱与边柱沉降差在堆载区比较明显，如A、D跨跨距21m，在16线处两点偏差最大值为186mm，D、G跨跨距21m，在14线处两点偏差最大值为199mm。

四、造成柱基大量沉降的原因

众所周知，冶金生产厂的板坯或钢卷等钢材需要有较大的存放场地。根据钢材要求，有的堆放在露天栈桥，有的则要堆放在带屋盖的库房内；存放的钢材或钢卷堆载荷载较大，每平方米少则几吨，多则几十吨，因此对地坪承载要求较高，常规的地坪地基都需作加固处理。然而本厂区内的库房为天然地基，土质较差，有较厚较软弱土层，虽然地表有一层②土层粉质黏土，地基承载力设计值为125kPa，然而③土层淤泥质粉质黏土和④淤泥质黏土，均属软塑~流塑状的软土，软土层厚达20m左右。地基承载力设计值仅为70kPa左右，所以当20t钢卷大面积均匀堆放在天然地基上的混凝土板上。在如此大的荷载作用下，下卧层土体必将引起压缩变形和软土的侧向变形，由于二跨库房宽度达42m和48m，单跨为21m和24m，压缩层厚度至少深达21~24m，主要受力变形区在③、④层土内。大面积堆载引起的沉降呈两边小、中间大的锅底形变形，从而导致柱基础产生大量沉降和柱基转动。

图7.8-15　受大面积堆载影响的厂房柱基加固

由于宝钢3#库厂房为带屋盖的钢架结构，从而约束了柱顶的转动，所以柱子倾斜受到制约，但柱子仍有一定量侧向变形，柱基沉降仍然是比较大的。测量结果表明，堆载引起的沉降达400~650mm。如果柱基按此沉降下去，将对上部结构带来极大的危害。不规则堆载，经调查发现钢卷直接堆在柱子边缘，经柱基开挖后发现，中间柱柱基础沿柱子边缘断裂。

由于上述原因，造成柱基大量沉降是必然的结果。

五、中间柱受堆载影响的沉降计算

受地面堆载的影响，一般以中间柱基为最大。假设堆载为均布荷载，如图7.8-16所示。

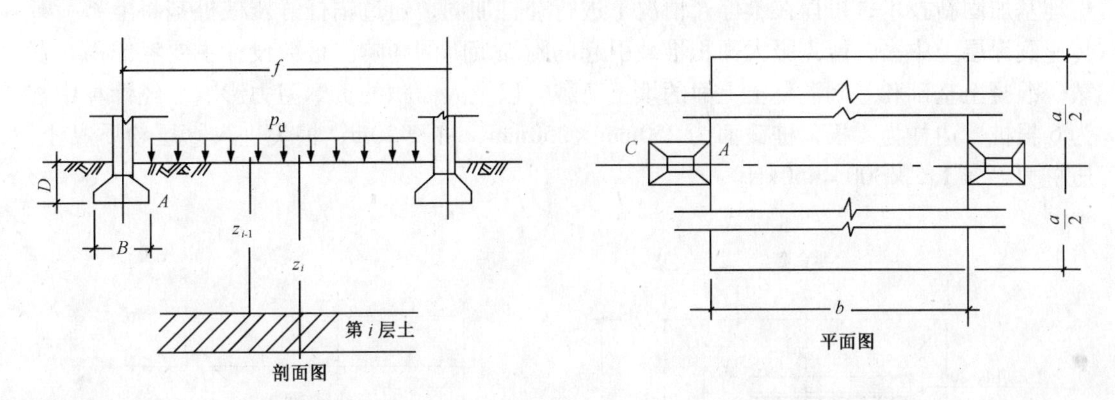

图7.8-16　大面积地面堆载示意图

中间柱基内外两侧边缘中点的附加沉降量分别如式（7.8-3）和式（7.8-4）所示。

$$S_A = \sum_{i=1}^{n} \frac{p_d}{E_{si}}(Z_i C_{Ai} - Z_{i-1} C_{Ai-1}) \frac{p_d}{E_{SD}} DC_{AD} \tag{7.8-3}$$

$$S_C = \sum_{i=1}^{n} \frac{p_d}{E_{si}}(Z_i C_{Ci} - Z_{i-1} C_{Ci-1}) \frac{p_d}{E_{SD}} DC_{CD} \tag{7.8-4}$$

式中　p_d——均布地面堆载（t/m²）；

n——地基压缩层范围内所划分的土层数；

E_{si}——室内地坪下第 i 层土的压缩模量（t/m²）；

Z_i、Z_{i-1}——室内地坪至第 i 层和第 $i-1$ 层底面的距离（m）；

C_{Ai}、C_{ci}、C_{Ai-1}、C_{Ci-1}——柱基内外侧中点自室内地坪面起算至第 i 层和第 i-1 层底面范围内平均附加压力系数，可按 TJ7—74 规范附录五采用；

C_{AD}、C_{CD}——柱基内外侧中点自室内地坪面起算至基础底面处的平均附加压力系数；

E_{SD}——室内地坪面至基础底面土的压缩模量（t/m²）；

D——基础埋深（m）。

通过计算3#库大面积堆载区影响中柱最大计算沉降量为320mm，但实际测值为400～600mm，说明土体进入塑性变形后引起的侧向变形增大是柱基大量沉降的主要原因。

六、柱基托换加固设计

宝钢3#库属带屋盖的轻钢结构，对边柱和中柱发生转动，起到强有力的制约作用。测试结果表明，大面积堆载区中柱沉降较大，但柱子偏斜不大，一般保持在小于4‰范围内，少数柱子倾斜率约为7‰～8‰，为此本工程重点解决今后继续堆载情况下如何有效控制柱基的下沉。以往工程经验表明，中、边柱采用桩基后，沉降与倾斜可以得到有效控制，效果是明显的；但由于厂房已建成，车间不能停顿加固，经多方案比较，推荐采用锚杆静压桩地基加固新技术，可以在不停产情况下进行补桩加固，通过锚杆静压桩桩基将上部荷载传递到深层土中去，能克服大面积堆载引起的附加沉降的影响。桩数设计主要考虑吊车荷载、混凝土基础和基础混凝土上面的填土荷载，以及大面积的负摩阻力影响。经计算中柱为6根桩，边柱为4根，桩截面为250mm×250mm，桩长20m，桩尖进入⑥层粉质黏土，压桩力 $P_{\mathrm{p}}>1.5\times300=450\mathrm{kN}$。

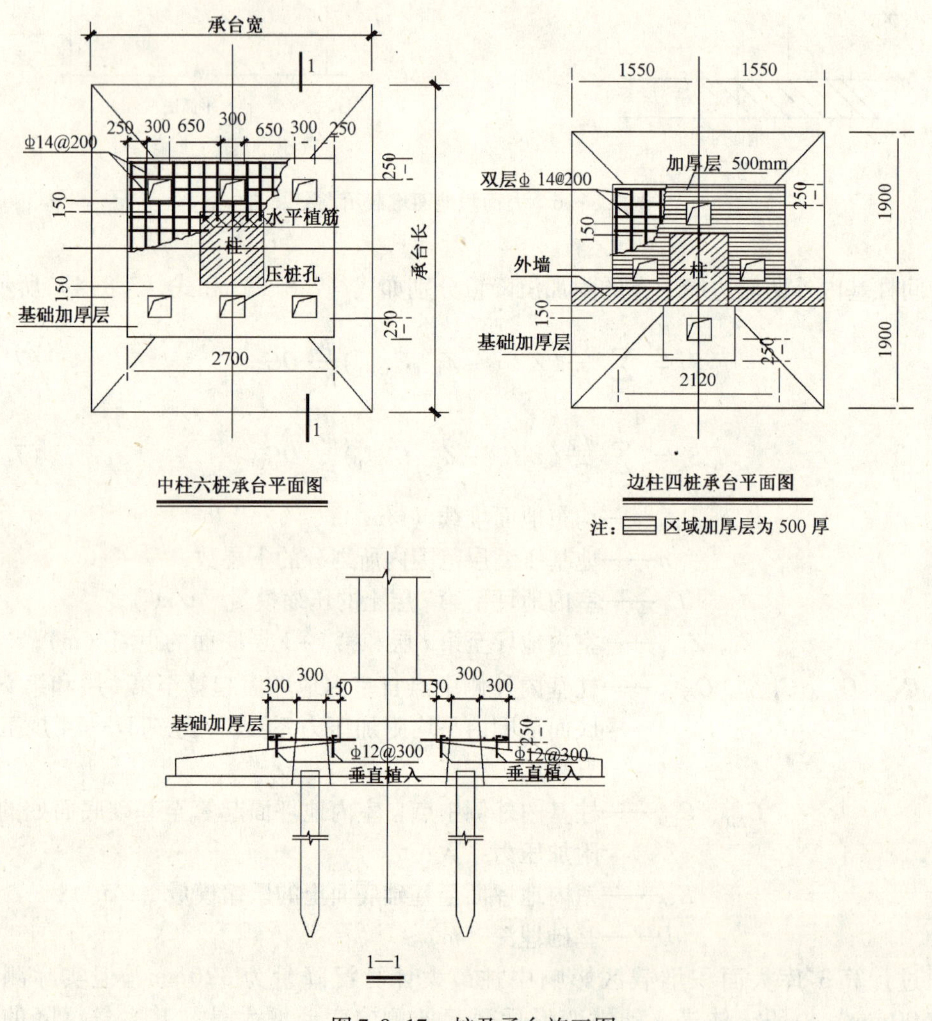

图7.8-17 桩及承台施工图

基础底板抗冲切验算，发现板厚300mm不能满足400 kN抗冲切力的要求，为此需要通过植筋，重新浇捣300mm厚混凝土板。对于柱边基础底板断裂的处理，除桩基移位外，尚需对断裂混凝土底板作加固处理，使其形成整体，详见中柱、边柱布桩图和承台加固图

（图7.8-17）。

七、基础托换加固效果

$3^{\#}$库加固自2006年2.10～5.30，历时108天，压桩数761根，桩长20m，压桩力>450kN，柱子基础植筋加固计177只，植筋数16300根。

2006年6月30日测量结果，柱子倾斜率均在4‰以内，沉降速率：设备区为0.08mm/d，堆载区为0.12mm/d。由此可见，$3^{\#}$库基础经锚杆静压桩托换加固后，取得了明显的加固效果，有效控制了库房的沉降，确保了仓库的安全使用。

［实例八］　上海某医院心血管大楼锚杆静压桩托换加固

一、工程概况

原上海某医院心血管大楼，地上7层地下1层，西端局部地上为9层：长44.8m，东侧宽19.4m、西侧宽24.9m，钢筋混凝土框架结构，箱形基础建于天然地基上，埋深-5m。1997年建成，至今已有10多年之久，沉降已基本稳定。由于医疗发展的需要，现拟在本大楼上加3层。加层施工于1997年5月开始，至1998年元月完成结构封顶，以后进入砌筑填充墙及室内外装修阶段。但沉降观测发现，结构封顶后大楼发生明显下沉及由北向南倾斜，此时使用荷载、电梯荷载、水箱及水荷载尚未施加，可以预料，施加了这些荷载必然会加大其沉降、沉降速率及相应的倾斜，其后果将不堪设想。为此，必须采取有效措施尽快制止沉降及不均匀沉降（图7.8-18）。

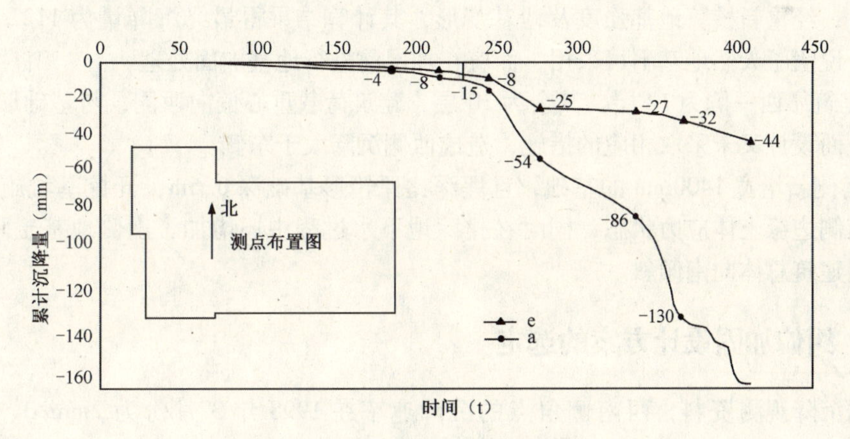

图7.8-18　沉降与时间关系曲线图

二、工程地质勘察资料

根据本工程地质勘察报告，该地区的地层特征为：

第①层为杂填土，层厚3.8～4.5m；第③层为灰色淤泥质粉质黏土夹砂质粉土，层厚2.5～3.7m，呈饱和流塑状，孔隙比1.2，高压缩性土，地基承载力f为125kPa（D=

5m），平均压缩模量 E_s 为 3.1MPa；第④层为灰色淤泥质黏土，层厚 7.9～8.7m，呈饱和流塑状，孔隙比为 1.428，属高压缩性土，地基承载力 f 为 60kPa，平均压缩模量 E_s 为 1.96MPa；第⑤-1 层为灰色黏土，层厚为 6.5～7.3m，呈软塑～流塑状，孔隙比 1.09，属高压缩性土，地基承载力 f 为 70kPa，平均压缩模量 E_s 为 2.99MPa；第⑤-2 层为灰色粉质黏土，层厚 17.7～19.5m，呈软塑～流塑状态，孔隙比为 1.023，属高偏中～高压缩性土，地基承载力 f 为 80kPa，平均压缩模量 E_s 为 4.37MPa；第⑤-3 层灰绿色粉质黏土，厚 1.5～3.5m，呈硬塑～可塑状，属中等压缩模量土，地基承载力 f 为 180kPa，平均压缩模量 E_s 为 8.39MPa；第⑦层为灰绿色砂质粉土，未钻穿。

在有关加层的补充勘察资料中是这样认定的：

"由于该心血管大楼采用箱形基础，并已建造使用多年，因此其地基沉降已基本完成，估计加层后对其地基土影响不大，故对该大楼可不进行基础处理"。

三、产生沉降与不均匀沉降原因简析

造成目前较大的沉降及较严重的不均匀沉降的现状与趋势，其原因主要有以下几个方面：

1. 加层的补充勘察资料中提出的地基土承载力修正计算及地基设计方案的建议缺乏根据，是不合理的。从工程地质资料来看，加层后的大楼，其压缩层厚度范围内都为土质差的高压缩性土，按目前荷载实况，基底下第④层土的应力水平已经超过其允许承载力，局部区域可能已发展成塑性区，故其沉降及沉降速率都较大，沉降不易收敛是必然的。而加层设计时又缺乏必要的地基计算分析，勘察单位的误导，盲目地采用了天然地基，这是造成事故工程的的最主要原因。

事后，经重新核算地基强度及地基变形，其计算结果得最终沉降量为 1122.4mm。由此，充分说明了天然地基不可采用，而应在加层前进行地基加固处理。

2. 建筑靠西一侧为 12 层，其余为 10 层，建筑荷载重心偏向西侧，与基础形心有较大的偏位，而设计又未采取相应的措施，造成西侧沉降大于东侧。

3. 南侧新增宽 1400mm 的基础，且埋深比原箱形基础深 0.6m，开挖基坑施工势必破坏箱基南侧边缘土体应力状态，同时在排除地下水过程中还增加了南侧地基土附加应力，由此加剧建筑总体向南倾斜。

四、纠偏加固设计方案的选定

根据沉降观测资料，西南侧角点的沉降速率在 1998 年 3 月份为 2mm/d、4 月份为 1.46mm/d、5 月份为 1.4mm/d，沉降速率无明显降低趋势，说明大楼沉降形势十分严峻。虽然大楼倾斜率于 6 月 13 日测得结果尚未超过规范限位，但根据地质资料、荷载状况及沉降趋势，应立即着手进行地基加固工作。

当时有两个纠偏加固方案，具体如下。

方案一：用锚杆静压桩托换加固方案，该方案是在沉降多的南、西两侧布置较多数量的锚杆静压桩，以迅速制止南、西两侧继续沉降及相应的倾斜，其他部位均布置一定数量的锚杆静压桩，使之共同负担外荷。锚杆静压桩的数量由其总承载力适当大于加层增加的总荷载来决定；用施工程序、施工时间差异来造成大楼向北自然回倾的条件，以达到既加固制止其沉降与倾斜又可适当纠偏的目的。

方案二：采用锚杆静压桩加固，配以沉井深层水平冲孔纠偏。该方案中考虑加层新增荷载的63.8%由桩承受，36.2%由原地基土承担，三个冲水沉井设在地下室内，沉井直径1.5m，深度5m左右，在④层土中进行辐射形水平冲孔取土。

两个方案提交有关部门审查，经过反复分析比较后认为：由于本工程地基土层应力水平已相当高，故不适宜采用深层水平冲孔方式进行纠偏。况且目前大楼倾斜率还不大，止倾是关键，用锚杆静压桩加强止倾托换并利用应力调整使其适量自然回倾的方案一是可行的。

五、锚杆静压桩托换加固设计

针对本工程的实际情况，锚杆静压桩托换加固设计总的构想是用桩基托换大楼上部荷载，增加边缘桩数，消除基础边缘土体的侧向变形，从而控制建筑物不均匀沉降。与此同时，充分利用压桩工艺的特性进行自然缓慢地回倾纠偏，确保工程的绝对安全。

1. 原建筑物层高7层和9层，已使用20年之久，沉降已稳定。现在新增加三层楼荷载，桩基设计承载力总和应以大于增加三层的总荷载为设计依据。

2. 依据设计院提供的荷载分布及箱基基底接触应力分布规律，同时考虑加强止倾托换控制建筑物的沉降量原则来进行桩位布置设计，共布桩136根（图7.8-19）。

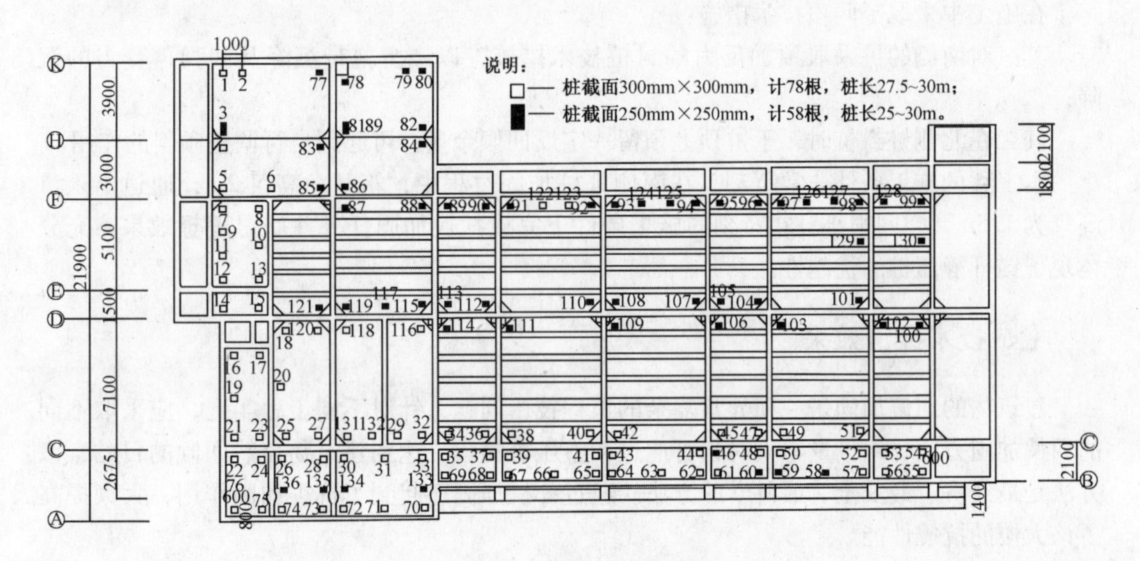

图7.8-19　锚杆静压桩桩位布置图

3. 沉降大的区域采用桩断面300mm×300mm，桩长30m，桩尖进入⑤-2层土，单桩设计承载力450kN；其余桩断面为250mm×250mm，桩长25m，桩尖进入⑤-2土层，单桩设计承载力为350kN。上部四节桩为焊接，其余为胶泥接桩，C35微膨胀早强混凝土封桩。

4. 充分利用压桩工艺特性进行适度纠偏。为此，先压沉降大的南、西两侧区域桩，每压完一根桩，立即在预加反力条件下进行封桩，使桩可立即受力。待沉降大的区域桩全部施工完毕再施工沉降小的区域桩，在沉降小的区域采用先压桩，封桩时间推迟，让其充分利用拖带沉降及应力调整法所产生的沉降，以达到纠偏的目的。

5. 原设计底板厚为350mm，承受桩抗冲切能力较低。为提高抗冲切力，在压桩孔顶面设计长800mm、宽500mm、厚200mm的混凝土桩帽梁。

六、锚杆静压桩托换加固施工

1. 根据设计意图，编制施工组织设计。

2. 严格按照安排顺序进行压桩施工及封桩施工

3. 严格按照“锚杆静压桩施工规程”进行施工，确保桩接头质量及封桩质量。

4. 为验证单桩承载力，曾作过两根最终压桩力偏低的单桩复压试验，92#桩最终压桩力363kN，休止一天后，复压力为800kN；121#桩最终压桩力为363kN，休止41d后，复压力为823kN，但两根桩桩身和地基土均未达到破坏，说明两根桩承载力尚有潜力。由上可见，两根单桩的复压力均满足了单桩设计承载力350kN的要求，平均安全度达到2.3，均超过2的设计安全系数。为此，以27.5m的桩长作为施工控制标准，单桩承载力是有保证的，能够满足设计要求。

5. 建立监测制度，每3天测量沉降和倾斜率，以便做到信息化施工。

6. 在施工过程中接受监理检查，并做好施工记录，发现异常情况及时上报。

在施工中采取了两项技术措施：

其一对南侧的桩采取预加反力的封桩技术措施，以减少拖带沉降及回弹再受力的沉降；

其二在北侧桩封桩时，于桩顶上预留一定反回倾余量，可起到自行调整倾斜的作用。

本工程的施工条件非常苛刻，在南侧补桩加固过程中，箱基净高仅2m，通道出入口高仅为1.5m，空间很小。在苛刻的施工条件下完成托换加固任务并获得理想效果，充分体现了锚杆静压桩的优越性。

七、技术经济效果

建筑物的纠偏加固是一项异常复杂的工程技术问题，针对不同工程实况，应采取不同的纠偏加固方法，纠偏量不大时，可通过调整压桩流程，达到建筑物自然回倾的目的，该方法是最经济、最安全、最科学的方法。通过补桩加固还起到了抗震加固作用，大大提高了该大楼的抗震性能。

该大楼自1998年6月7日进场进行基础托换加固，历时57d，于8月4日加固结束，加固后有效地控制了建筑物的沉降和倾斜。据1999年8月26日沉降观测资料反映，北侧5个观测点的沉降速率测值范围为0.037~0.040mm/d，平均沉降速率为0.0378mm/d；南侧5个观测点的沉降速率测值范围为0.038~0.040mm/d，平均沉降速率为0.03925mm/d；倾斜率向西为1.65‰，向南为3.0‰，观测资料说明了沉降均匀并渐趋稳定。而加固时倾斜率曾达4.1‰，目前已自然回倾到2.9‰，达到了预期的纠偏加固目的，确保了建筑物正常安全使用。

[实例九] 上海王开照相馆过街楼基础托换

一、工程概况

王开照相馆位于南京东路，东侧有一条弄堂，弄堂顶部的过街楼属王开照相馆所有，过街楼东侧为框架结构，西侧为王开照相馆主体的承重墙。该过街楼建于1929年，当时是3层，至1992年已加至6层，楼顶还有一个重3t的水箱。

王开照相馆过街楼东面的旧房于1992年上半年拆除，新建上海交电商业大厦，为8层楼房，高25m，地下室紧挨过街楼，开挖深度为5.5m。围护墙为ϕ650mm灌注桩，长11.5m，中心距800mm，中间夹一根ϕ50mm树根桩，设一道支撑。该过街楼顶层有照相馆的精密显影设备，楼下弄堂是居民每天进出的道路。为确保过街楼在基坑开挖期的安全，必须对过街楼进行基础托换。

该地段在地表1.5~2.0m硬壳层的下面是层厚3.0~5.0m的淤泥质粉质黏土层，含砂质粉土薄层。该层土下面是厚达9.5m的淤泥质黏土层，含水量为50.1%，直剪固快指标$\varphi=7.5°$，$c=12$kPa。该层下面为灰色黏土层，层厚6m。

二、设计计算

1. 过街楼原基础受力状态估算

过街楼为条形基础，如图7.8-20所示。条基总面积为28m^2，上部荷载估算值为2856kN，条基下土体所受的荷载为102kPa，因六层荷载已加载多年，可以认为土体已处于沉降稳定状态。

2. 基坑开挖引起的过街楼沉降估算

采用上海市标准《基坑工程设计规程》(DBJ08-61-97)所推荐的方法进行沉降计算，墙后

$$s_{\max}=V_0\cdot \mathrm{tg}(45°-\varphi/2)/h_0 \mathrm{m} \qquad (7.8\text{-}5)$$

其中土体损失量 $V_0=S_{\mathrm{W1}}+S_{\mathrm{W2}}\ \mathrm{m^3/m}$ (7.8-6)

S_{W1}为因墙体变形和支撑位移产生的土体损失。本工程设计限制墙顶水平位移量为1cm，墙体最大变形量为3cm，由墙体变形图算得：

$$S_{\mathrm{W1}}=0.23\ \mathrm{m^3/m}$$

S_{W2}为坑底隆起产生的墙后土体损失量，采用下列公式计算：

$$S_{\mathrm{W2}}=B_j(0.5h_0+0.04h_0^2)/300\ \mathrm{m^3/m} \qquad (7.8\text{-}7)$$

取基坑平均宽度$B_j=41$m，开挖深度$h_0=5.5$m，得：

$$S_{\mathrm{W2}}=0.54\mathrm{m^3/m}$$

土体内摩擦角取墙后各层土体按层厚加权平均值，取$\varphi=10°$，得：

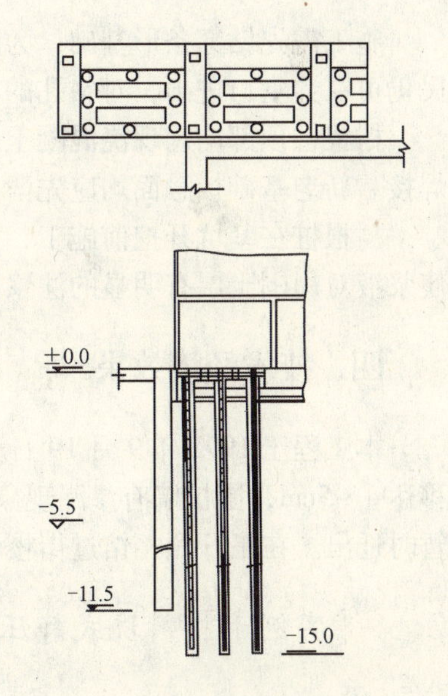

图7.8-20 王开照相馆过街楼树根桩托换

$$S_{max}=0.77\times0.84/5.5=0.12m$$

差异沉降最大变化率：

$$\begin{aligned}I_{max}&=(dS/dx)_{max}\\&=1.53V_0\times tg^2(45°-\varphi/2)\ h_0^2\\&=0.026=1/38\end{aligned}\qquad(7.8\text{-}8)$$

该值反映楼房局部位置可能产生的最大倾斜度。计算表明，对过街楼进行基础托换是必要的。

3. 托换加固方案

（1）过街楼下的天然地基局部产生12cm沉降和1/38的倾斜，必然会造成楼房严重损坏，甚至倒塌。为此，在基坑开挖时，过街楼的荷载已不能依赖浅层地基的原有承载力，必须采用树根桩托换，将全部荷载转移到树根桩。

托换加固方案如图7.8-20所示。在原有条形基础下面布置20根ϕ300mm树根桩，桩身强度等级为C15，配筋为4ϕ20，桩长15m，桩底端进入灰色黏土层。按同类工程测斜资料，该工程在深度10~11m以下的土层应无位移。树根桩钢筋穿过条形基础，现浇底板梁和原条基连成一体。

（2）单桩承载力验算：按纯摩阻桩计算，取周围土层的极限摩阻力为40kPa，取安全系数$K=3.5$，有效桩长为13.5m。

$$P_a=P_{af}=(0.3\pi\times13.5\times40)/3.5=145kN\qquad(7.8\text{-}9)$$

桩身强度C15，单桩承载力达265kN。

因此树根桩总承载力：20×145=2900kN，满足估算上部荷载2856kN的要求。

三、施工方法

施工需先钻穿条形基础，为防止风镐损坏条基，采用合金钻头钻进。为维持施工期居民仍可在弄堂口进出，对钻孔的泥浆进行了认真的处理。

树根桩顶部均用现浇混凝土底梁连接，要求树根桩主筋在穿越条基位置处和条基主筋焊接。新老基础接触面均应先凿毛，凿出条基主筋，和底梁主筋焊接。

树根桩在基坑开挖前施工，注浆管下到15m深桩底，要求一次压浆到孔口泛浆为止，使浆液对周围土层有明显的注浆加固效果，使基础在此位置无渗漏。

四、技术经济效果

本工程于1992年9月19日开始开挖，因支撑、围檩施工不佳，基坑北侧墙顶最大位移达4~5cm，围护墙有渗漏现象，北侧的民房沉降7~9cm。由于是危房，部分居民只得暂时迁出。在王开照相馆过街楼位置，楼房沉降在lcm之内，安全无恙。

［实例十］　坑式静压桩在江门边检局营房扩建基础加固中的应用

一、工程概况

本工程是将原江门边检局营房进行扩建，然后用作江门海关某局办公楼，其主要项目包括结构补强、扩建及基础加固、外立面改造等，共有3个单体工程，其中4#、5#楼需在建筑物正面扩建增加大厅，设计采用C30混凝土预制方桩基础，截面250mm×250mm，单桩设计承载力200kN。考虑到管桩施工地点与原建筑物距离太近，无法架设锤击桩架，加上锤击施工会产生较大振动，对已使用超过20年的旧建筑来说，结构安全性将受到不利影响，因此决定采用静压法施工。

二、施工工艺

1. 按照《既有建筑地基基础加固技术规范》（JGJ123—2000）中的锚杆压桩法和坑式压桩法来制定施工方案，即利用建筑物自重和锚杆加配重作为反力，采用YZY型压桩机架、PYO—100液压机和XB4—500高压油泵联合作业进行施压，将每节2m的混凝土方桩逐节压入土层中，每节桩之间采用焊接，直至抗压强度达到26MPa为止，垂直施加压力400kN。

2. 施工平面布置（图7.8-21）

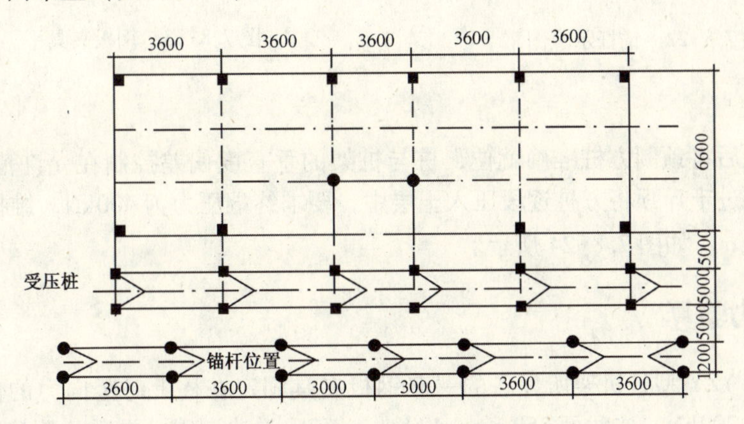

图7.8-21　施工平面布置图

3. 锚杆的设置（图7.8-22）

当施压于每轴的受压桩时，桩架一端固定在原建筑物柱上，另一端固定在轴两侧4根锚杆上。当终压力达400kN时，每端承受竖向反力为200kN，则每根锚杆需承受200/4 = 50kN。根据本工程实际情况和施工条件，锚杆采用$\phi300$，$L=3$m，受拉钢筋为$\phi18$，混凝土强度为C30，如图7.8-22所示。

每根锚杆能承受的竖向反力考虑土体摩擦力f和锚杆自重G，即：

$$f = mpDh = 8\times3.14\times0.3\times3 = 22.608\text{kN}$$

$$G = g_0hpr^2 = 24\times3\times3.14\times0.152 = 5.087\text{kN} \tag{7.8-10}$$

$$f + G = 22.068 + 5.087 \approx 27.7\text{kN} < 50\text{kN}$$

不满足要求，故需进行配重，即每侧锚杆配重50kN，则每条锚杆需承受的反力为

$$(200-100)/4 = 25\text{kN} < 27.6\text{kN} \tag{7.8-11}$$

4. 桩架的安装

计算结果表明锚杆加配重则可满足受力要求，故桩架一端固定在原建筑物柱上（采用钢板加木垫夹柱），另一端固定在锚杆上，如图7.8-23所示。

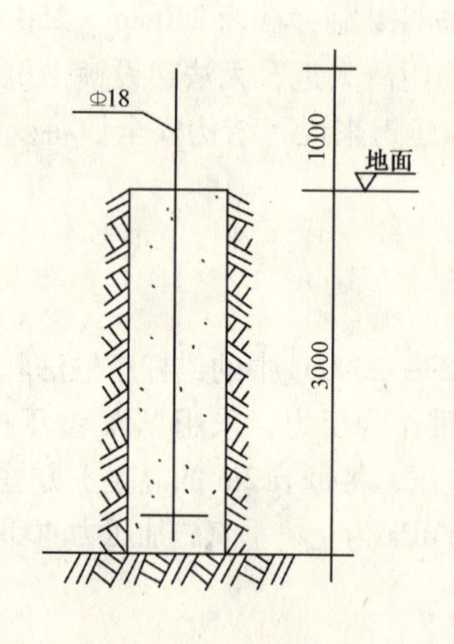

图 7.8-22　锚杆示意图

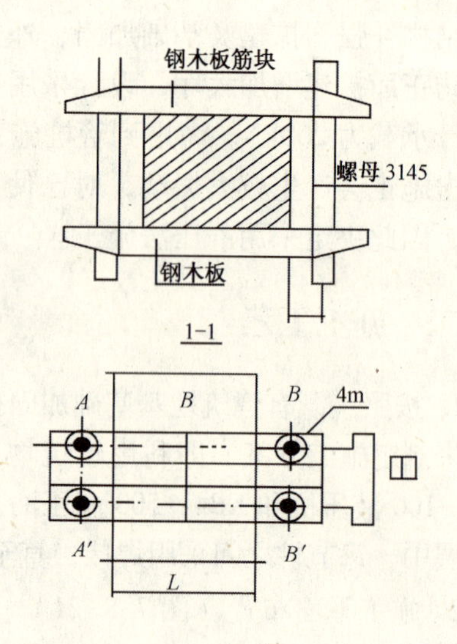

图 7.8-23　钢板夹具平、剖面图

5. 压桩

桩架安装后将预制方桩准确就位，桩与桩架的垂直度偏差控制在允许范围内；然后，启动液压机通过千斤顶将方桩逐段压入土层中，要求终端压力为 400kN，维持荷载 10min，累计沉降≤2mm，如图 7.8-24 所示。

三、受力验算

主要验算 YZY 型桩机架所配备的一套钢板夹具固定在柱上时竖向力的传递情况，已知单桩承载力 200kN，柱截面 350mm × 400mm，经回弹法测得柱混凝土强度为 C15，选用钢夹板宽 400mm，每套配 4 支 M45 × 6 方牙螺栓（45#钢），螺母厚 $h = 60$mm；在钢板与混凝土柱之间设 20mm 厚松木垫块，如图 7.8-25 所示。

图 7.8-24　桩架的安装固定

图 7.8-25　压桩施工现场

1. 支点传递力设计值 N_a

根据《既有建筑物地基基础加固技术规范》（JGJ123－2000）的规定，力的传递需计算安全系数 $K=2$，即坑式静压桩施压力 $N\times200=400$kN；竖向反力受力点荷载设计值 $N_a=400/2=200$kN，即锚杆两端承受的竖向反力均为200kN。

2. 夹紧力 N_b

根据摩擦力计算公式 $N_b=N_a/\text{m}$（m 为摩擦系数），经查有关资料，钢与木的摩擦系数 $m=0.4\sim0.6$，木与混凝土的摩擦系数 $m=0.6$，本例计算取 $m=0.5$，则每组钢夹板 $N_b=200/0.5=400$kN。

3. 螺栓强度

每组夹板设4支螺栓，则每支螺栓承受的拉力 $N=N_b/4=400/4=100$kN。

a. 螺栓抗拉强度

螺栓最小截面积 $F_1=(45-2\times3)^2\times3.14/4=11.944\text{cm}^2$；

$45^{\#}$钢屈服点 $[d]=64\text{kN/cm}^2$，容许拉应力 $[d]=24\text{kN/cm}^2$，

容许剪应力 $[t]=14.5\text{kN/cm}^2$，$N=11.944\times24=286.56\text{kN}>100\text{kN}$，安全。

b. 螺纹强度

牙距6mm，纹宽2.8mm，深3mm，螺母厚60mm，纹数10圈，底径 $D_i=39$mm，中径 $D_0=42$mm，螺栓升角＝arctg6/42＝2.6，则螺纹承受的剪切力 Q 和接触面压应力 $d_{压}$分别为：

$$Q=\frac{100}{3.9p\times0.28\times10}=2.9<[t]=14.5\text{kN/cm}^2$$

$$d_{压}=\frac{100}{4.2p\times0.28\times10}=2.7<[d]=24\text{kN/cm}^2 \tag{7.8-12}$$

满足要求。

上述验算结果表明YZY型桩机架配备的一套钢板夹具各项指标均满足施工要求，而实际施工时为了平衡受力，一般每一夹柱点均使用2套夹具，故其安全性能完全满足要求。

四、技术经济效果

在本工程施工过程中，锚杆和原建筑物柱均完好无损，为了验证锚杆最终能承受的拉拔力极限值，在施工最后一根桩时将压力提高至800kN才将锚杆拉松破坏，原建筑物柱仍未变形。整个施工过程在相当短的时间内完成，并顺利通过了有关检测和竣工验收，且观感质量综合评价良好，完工至今已有半年多，实践证明本方案的选择是成功的。坑式静压桩具有体积小、操作灵活、振动小的特点，可充分利用原建筑物环境条件安装固定桩架，如两端均利用建筑物自重作反力或两端均采用锚杆作反力，或两端均采用锚杆加配重作反力等。可在室内外进行施工，特别适用于旧楼改建中的基础加固工程，只需计算两端施加的竖向反力，满足要求即可进行施工，值得在类似改建基础加固工程中推广应用。

[实例十一] 桩式托换技术在某车站风雨棚工程中的应用

一、工程概况

某车站风雨棚主要病害表现为地道及其出入口大范围出现不均匀沉降，导致地道多处

扭曲、拉裂、渗水，雨棚在不同基础形式间出现较大的沉降差，中间站台西南端雨棚顶出现了15cm的错位，严重影响了结构的正常使用和观瞻。施工速度过快，填筑土体压实度不足，固结时间过短，加之施工期间雨水充沛以及地质条件恶劣是产生病害的根本原因，地道出入口部分采用不同的基础是产生病害的直接原因。根据现场地质条件判断，如不对基础进行处理，随着时间的推移，雨棚的病害程度会不断加剧。

根据原设计图和现场施工人员调查，地质资料和原有基础情况如下：

里程DK336+520～+640为填土2～12m，其下为砂黏土，硬塑，$f_k=150$kPa；其下为砂岩，严重风化，$f_k=450$kPa，此段基础采用人工挖孔桩，桩底埋入砂岩内1.5m。

里程DK336+640～+720为填土0～2m，其下为砂黏土，硬塑，$f_k=150$kPa；其下为砂岩，严重风化，$f_k=450$kPa，此段基础用MU30毛石砌至砂黏土$f_k=150$kPa内≥0.5m。

里程DK336+591～+641为填土0～3m，其下为砂黏土，硬塑，$f_k=150$kPa，厚1.5～3.0m；其下为砂岩，严重风化，$f_k=450$kPa，此段基础采用人工挖孔桩，桩底埋入砂岩内1.5m。

二、处理方案优选及技术分析

在考虑具体因素的基础上，本工程可采用的基础处理方法是化学加固法或桩式托换法。

1. 化学加固法：是指利用水泥浆液或其他化学浆液，通过灌桩压入、高速喷射或机械搅拌，使浆液与土颗粒胶结起来，以改善地基土的物理力学性质的地基处理方法。该方案的优点是施工简单，工期相对较短。但无法使下陷的雨棚顶升，且雨棚仍有可能下降，难以满足沉降差的要求。

2. 桩式托换：该方法的优点是费用较低、施工方便，在施工期间仍可以使用建筑物。根据现场条件，若采用人工挖孔桩置换原基础，将雨棚荷载直接传至稳定地层；同时，对上部已经倾斜的雨棚，采用“断肢接骨”手术，即将8根柱截断，利用群控液压千斤顶，将雨棚顶升至正常标高，利用焊接和高性能混凝土将截断的柱补齐，即可投入正常使用。此法有可靠的操作程序和较短的施工时间，对行车干扰少，资金节省一半。因此，本工程采用“桩式托换”的方法。

三、工程处理措施

1. 雨棚柱及人工挖孔桩的位置如图7.8-26所示。

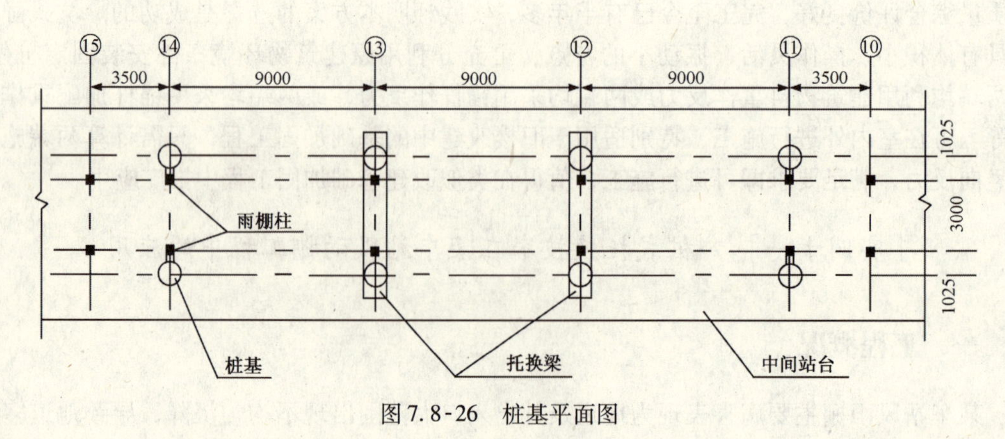

图7.8-26　桩基平面图

2. 在8根柱（11～14轴）的外侧，人工开挖直径1m的桩基（如图7.8-27）。为保证列车运营期间的施工安全，护壁下厚150mm，上厚225mm，高度1m，桩基挖至砂岩内1.5m，平均长度20m。

3. 对12、13轴桩，浇筑混凝土至-1.00m（±0.00为轨顶）即地道出入口的顶板上，挖除-1.00以上站台土体，在两桩之上浇筑断面为1000mm×800mm的钢筋混凝土托换梁（如图7.8-27）。浇筑时，12、13轴雨棚桩外侧打磨，并植入$\phi20$膨胀螺栓作为剪力键埋入托换梁中。

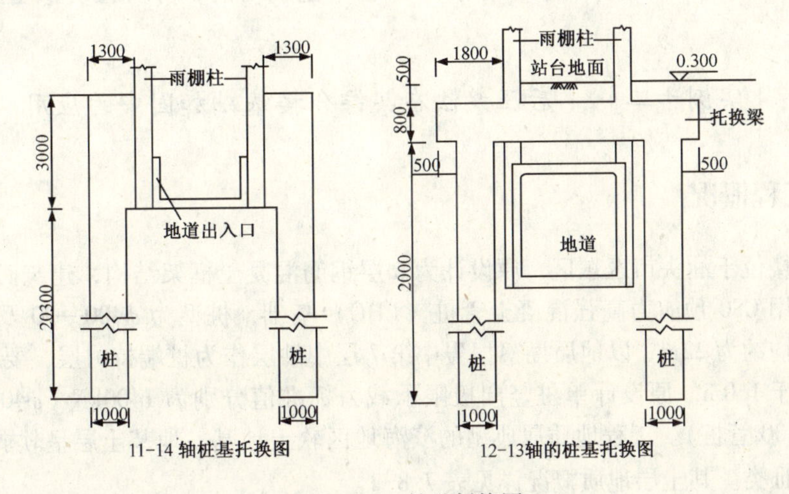

图7.8-27　桩基托换图

4. 对11、14轴桩，浇筑混凝土至-2.50m，位于此处地道出入口的底板下1.5m。在两根桩之间开挖横向导洞，尺寸1.5m×1.5m，在其中浇筑1000×800托换梁，并保证11、14轴柱的荷载可靠落在托换梁上。待混凝土达到规定强度后，回填横向导洞并注浆密实。

5. 待桩和托换梁均达到规定强度后，在离站台地面1.5m高处切断8根桩，荷载将首先转移至预先搭好的满堂脚手架上，利用群控千斤顶，顶升雨棚上部结构至规定标高，焊接切断的钢筋和中央水管，利用高强度补强水泥进行节点处理，待节点混凝土达到规定强度后拆除满堂脚手架。

6. 施工顺序：

（1）搭满堂脚手架，保证雨棚荷载能通过脚手架传至站台面。

（2）开挖8根桩，待11轴桩开挖10m深后，在离开该轴线各1.5m的两侧对地道底板下进行地基加固处理，目的是开挖横向导洞时该轴柱不致产生过多沉降并保证导洞稳定，同样施工14轴。

（3）浇筑桩混凝土至标高，浇筑托换梁。

（4）切断8根桩，顶升雨棚，浇筑柱接头。

（5）拆除脚手架，恢复站台面。

四、检测结果

1. 从全面的检测结果和建筑外观检查结果分析，基础托换过程得到有效控制，雨棚没有发现继续下沉的现象。

2. 从实现基础托换到完工使用已经有2年多的时间，雨棚变形已趋稳定，桩式托换工程实现了预期托换目标。

五、技术经济效果

本工程于2002年9月竣工验收，交付使用。从沉降观测和使用情况来看，未发现任何异常情况。说明桩式托换技术在本工程中是成功的，并可在类似工程中推广运用。

［实例十二］ 后压浆法在某综合楼基础加固中的应用

一、工程概况

某综合楼位于汕头市区东区，原设计为6层钢筋混凝土框架结构，建筑面积5580m^2。基础设计采用C80预应力高强混凝土管桩（PHC）基础，桩型为ϕ400—90及ϕ500—100两种，桩长均约为22m，以地质勘察报告中第7层中砂层作为桩端持力层，要求桩尖进入中砂层不少于1.0m。原设计单桩竖向极限承载力标准值分别为1400kN（ϕ400管桩）及2000kN（ϕ500管桩）。工程地质属典型的滨海地区软土地基，地基土层呈软弱多层结构，场地类别属Ⅲ类。其土层地质概况详见表7.8-1。

工程地质概况 **表7.8-1**

土层序号	土层名称	土层性状	土层厚度（m）	实测标贯击数 N'（击）	桩极限侧阻力标准值 q_{sik}（kPa）	桩极限端阻力标准值 q_{pk}（kPa）
1	细砂	湿～饱和，松散	1.3～1.5		18	
2	淤泥	饱和，流塑	2.1～2.5		11	
3	粉砂	饱和，松散	1.8～2.1	4.6～5.4	18	
4	淤泥	饱和，流塑	4.5～5.4		11	
5	粉质黏土	湿，可塑	5.1～6.6	6.6～10.7	50	
6	淤泥质黏土	饱和，流塑	0.8～3.3		20	
7	中砂	饱和，稍～中密	7.9～10.2	27.1～31.3	54	
8	淤泥质黏土	饱和，流塑	0.3～1.6		20	

工程于2001年12月底完成桩基施工，抽取3根工程桩作基桩竖向抗压静载试验及23根桩作低应变动力检测，检测结果全部合格。静载测试的3根桩均达到设计单桩承载力要求。其中，83$^{\#}$桩的检测结果见表7.8-2。当工程施工完成基础承台时，由于使用功能发生改变，业主要求将综合楼由原6层改为8层，并作局部修改，总建筑面积增至8600m^2；同时，业主对增层后基础加固的质量、工期、投资均提出较高的要求。

静载试验结果　　　　表 7.8-2

试验桩号	桩长（m）	桩径（mm）	设计单桩极限承载力标准值（kN）	单桩极限承载力标准值（kN）	最大沉降量（mm）	残余沉降量（mm）
83	21.4	ϕ500	2000	≥2000	11.47	2.28

采用多层及高层建筑结构空间分析程序 TBSA 对增层修改后的结构重新进行结构分析计算，增层后楼面设计负荷由原来的 3.0kN/m^2 减至 2.0kN/m^2，且建筑墙体用料由原蒸压砂砖改为轻质砖，计算结果表明，原桩基础 ϕ400 承台能满足增层后的设计要求，而 ϕ500 承台相当一部分无法满足增层后上部结构对基础的受力要求。该部分桩基础必须进行加固处理，才能满足建筑物增至 8 层的受力要求。其中，柱脚轴力增幅最大的基础为 3ϕ500 的三桩承台基础，其柱轴力设计值由原 3326kN 增至 3983kN。按原基础 3ϕ500PHC 管桩的桩数反算，则要求 ϕ500PHC 管桩的设计单桩竖向极限承载力标准值应由 2000kN 提高至 2200kN，才能满足增层设计的受力要求。

二、桩基加固方案选择

如何在保证基础的加固质量前提下，最大限度地减少对原桩基础及承台的损坏，缩短基础加固施工工期，降低成本，满足业主提出的各项要求成为关键问题。经过对重补 PHC 桩加固，锚杆静压桩加固及桩底后压浆加固等各种基础加固方法进行一系列技术、工期、经济的综合比较，最终决定采用桩底后压浆技术对原桩基础进行加固这一优化设计方案，该方案具有以下优点：

1. 施工简便，造价低，工期短；
2. 与原桩基础协同作用强；
3. 对原基础承台损坏少。

三、桩底后压浆提高 PHC 管桩单桩竖向承载力机理分析

对原 PHC 管桩基础的桩底进行压力注入水泥浆，浆液在高压作用下对桩端附近土层，特别是桩端持力层的土层起到劈裂、渗扩、填充、压密、固结等作用，经后期凝结硬化形成一种高强度的新土层，从而大大提高基桩桩端阻力；同时，在高压浆液作用下，部分浆液沿桩土界面上浸渗透、挤密、固结该部分土体，从而使基桩的桩侧阻力也得到相应的提高。

四、桩基加固设计

基于上述桩底后压浆提高 PHC 管桩单桩竖向承载力的机理，利用桩底后压浆技术，加固桩端持力层，使原桩端持力层（第 7 层中砂层）由稍密 ~ 中密状态加固成为密实状态，依据广东省标准《预应力混凝土管桩基础技术规程》（DBJ/T15-22-98）的有关规定，则桩极限端阻力标准值可由原 6300kPa 提高至 7200kPa，将后压浆提高 PHC 管桩侧阻力作为一种安全储备不计，则后压浆提高 PHC 基桩单桩竖向承载力的理论依据如下：

1. 原 ϕ500PHC 管桩基桩单桩竖向极限承载力标准值：

$$Q_{\mathrm{uk}}=\mu\sum q_{\mathrm{sik}}l_i+q_{\mathrm{pk}}A_{\mathrm{p}} \tag{7.8-13}$$

$$=\pi\times0.5\ (1.5\times18+2.5\times11+2\times18+5.3\times11+5.1\times50+2.9\times20+1\times54)$$

$$+\pi\times0.5^2\times6300/4$$

$$=2037\mathrm{kN}$$

取 $Q_{\mathrm{nk}}=2000\mathrm{kN}$

2. 压浆后 ϕ500PHC 管桩基桩单桩竖向极限承载力标准值：

$$Q_{\mathrm{uk}}=\mu\sum q_{\mathrm{sik}}l_i+q_{\mathrm{pk}}A_{\mathrm{p}} \tag{7.8-14}$$

$$=\pi\times0.5\ (1.5\times18+2.5\times11+2\times18+5.3\times11+5.1\times50+2.9\times20+1\times54)$$

$$+\pi\times0.5^2\times7200/4$$

$$=2223\mathrm{kN}$$

取 $Q_{\mathrm{uk}}=2200\mathrm{kN}$

由上述理论计算可见，利用桩底后压浆技术，提高 PHC 管桩基础单桩竖向承载力，完全能够使 ϕ500PHC 管桩基桩设计单桩竖向极限承载力由原 2000kN 提高至 2200kN，从而满足增层的设计要求。根据上述设计原理，采用桩底后压浆加固 PHC 管桩基础设计方案如下：

（1）对需要加固的三桩承台、二桩承台分别补钻 3 个注浆孔及 2 个注浆孔，即每一 PHC 基桩相应补钻 1 个注浆孔，注浆孔布置原则为靠近 PHC 基桩及均匀布置原则。此外，在承台补钻注浆孔前可先用钢筋探测仪对承台钢筋分布进行定位检测，使注浆孔布置在承台钢筋间隙部位，避免对原承台钢筋的破坏。

（2）压浆管沉至桩底持力层（中砂层），压浆水泥采用 32.5 级普通硅酸盐水泥，浆液水灰比控制在 0.5～0.65 之间，并按水泥用量的 8% 掺入 AEA 膨胀剂。入口注浆终压力控制在 3MPa 左右。

五、桩承台加固设计

由于设计基桩竖向极限承载力的提高，导致经注浆处理的那部分承台原配筋经验算无法满足新承载力的要求，故需对压浆处理的桩基承台进行加固。考虑桩底后压浆施工未对原承台造成破坏，所以本工程在原桩基承台基础上，仅对压浆处理的桩基承台高度加高 200mm，以满足增层后新的承载力要求；同时，为保证桩基承台新旧混凝土共同作用，本工程对桩基承台的加高提出如下设计要求：

1. 将结合处原有的混凝土面层全部凿毛；
2. 除去振损的酥松混凝土，并用压力水将碎屑、粉末彻底冲洗干净；
3. 在原桩承台面上涂一层新旧混凝土结合界面剂；
4. 桩基承台加高部分混凝土按水泥用量的 10% 掺入 AEA 膨胀剂。

六、静载试验

为了检验桩底后压浆技术对提高 PHC 管桩基桩竖向承载力的实际效果，确认压浆处理后的 PHC 管桩竖向承载力能否达到新设计承载力，满足建筑物增层要求；同时，为便于更直观比较及避免对已有桩基承台的破坏，本工程选取（$2\times C$）的三桩（$3\phi500$）承台作竖向抗压静载试验。该承台包含先前已作静载试验的83#桩，测试结果达到新设计承载力要求。静载试验结果详见表7.8-3。

静载试验结果 表7.8-3

试验承台	入土桩长（m）	桩径（mm）	承台设计极限承载力标准值（kN）	承台极限承载力标准值（kN）	最大沉降量（mm）	残余沉降量（mm）
$2\times C$（45#、46#、83#）	21.8 21.1 21.4	$\phi500$	6600	≥6600	10.55	2.05

对照桩底压浆前后两种情况可见，当试验加载到设计极限承载力时，上述两种情况的最大沉降量分别为11.47mm及10.65mm，极其接近，且Q-s曲线均平缓，无明显陡降段，s-lg$t$曲线均呈平行规则排列。试验表明，桩底后压浆确实可以提高PHC管桩的竖向承载力，经压浆处理后的PHC管桩竖向承载力完全能达到新的设计承载力要求，具有与原桩基础相当的安全可靠度，满足建筑物的增层要求。

七、技术经济效益

本工程利用桩底后压浆技术对PHC管桩基础进行加固，以满足建筑物增层需要。通过桩基竖向承载力静载检测和连续的基础沉降观测，结果均达到设计要求。该工程验收时，建筑物的最大沉降量仅为7mm，最小沉降量为6mm，表明该工程利用桩底后压浆技术对桩基础的加固设计方法是成功的，并取得较高的技术经济效益。实践证明，桩底后压浆技术对提高PHC管桩基础承载力不但具有充分理论依据，在实际应用上也是切实可行的，而且该方法技术成熟，工艺简便，可操作性强，工期短，成本低，质量可靠，对需加固的基础负面影响极小，在建筑物基础加固中具有独特优势，可在同类工程中使用。

[实例十三] 某小礼堂墙体与地基基础加固托换设计

一、概况

某礼堂座南朝北，呈工字形平面，建筑面积约800m^2，地上一层，高约8m，有局部地下室。主体为砖混结构，屋面为传统式样的工字脊大屋顶屋面，上覆绿色琉璃瓦。

该建筑物为墙下钢筋混凝土条形基础。外墙基础埋深1.65m，局部地下室基础埋深3.5m，条基80cm宽，每侧宽出墙体15cm。

二、场地勘察及建筑物裂损调查

1. 场地勘察

小礼堂产生裂损及下沉的原因：

（1）基础下有厚度大于4m的以炉渣为主的回填土层，该层土孔隙大，松散，强度低，表层含有较多的碎砖和灰渣等垃圾。该土层含水量高，遇水湿陷。这是医学院小礼堂发生不均匀沉降的重要原因。

（2）东方广场护坡桩施工时，泥浆浸入小礼堂地基，导致局部墙体开裂和基础下沉；同时，由于施工降水引起地基失水固结，也会在一定程度上加大沉降。

（3）由于建筑物整体刚度差，年久失修，抗外界干扰能力差。

2. 建筑物裂损调查

小礼堂的裂损情况汇总于表7.8-4。

小礼堂墙体裂损汇总表 **表7.8-4**

裂缝编号	裂缝宽度	裂缝位置	裂缝形态特征
F20	8mm	西墙窗下	八字斜向裂缝，自窗下至混凝土条基贯通，上宽下细
F1	1mm	地下室北墙	八字斜向裂缝，位于混凝土梁座处
F2	1.2mm	地下室北墙	八字斜向裂缝，位于混凝土梁座处，与门临近
F3	1.6mm	地下室北墙	水平向裂缝，位于混凝土楼板下墙角处
F5	1.0mm	地下室北墙	竖向裂缝，位于混凝土梁座下的墙面
F13	1.7mm	地下室北墙	倒八字斜向裂缝，自过门边发展至北墙面
F14 F15	2.0mm	地下室北墙 踢脚	竖向裂缝，与墙根水平裂缝贯通
F17	1.0mm	地下室北墙	倒八字斜向裂缝
F18	0.8mm	地下室北墙	倒八字斜向裂缝

另外，地下室房间内踢脚线与地面交汇处均有不同程度的水平裂缝，南侧东方广场施工护坡桩时，室内进泥浆与这些裂缝有关。

三、加固补强方案设计

1. 加固补强的原则

（1）加固施工时，不得对原建筑物及地基产生任何施工破坏，甚至发生进一步裂损。

（2）加固补强必须做到结构传力明确、技术合理、安全可靠、经久耐用、施工简便、缩短工期。

（3）尽量降低工程费用，要以较低的代价完成这项加固补强工程。

2. 加固补强技术方案

（1）礼堂外墙裂缝的加固

先将室内外两侧地面分段开挖，至基础底面标高（－1.65m），清除挖出土方，对地下墙体与基础进行仔细检查，对破损处的墙体凿毛、清洗、灌环氧水泥浆，封闭裂缝。裂损严重的墙体可采用局部卧入钢筋混凝土短梁置换的办法加固，短梁长度为1.2m，断面200mm×250mm。

同时，要注意地面以上墙体修补后的美观，保持与原结构的协调一致。

（2）礼堂外墙下基础及地基的加固

1）为确保结构安全，本设计不进行基础下地基开挖施工，采用在基础外的两侧做混凝土灌注桩和抬墙梁技术进行加固。

2）在原基础内外两侧，用洛阳铲成直径为25cm孔，直至第④层砂土层，进入砂层0.3～0.5m。桩长9m左右，如松散炉渣层塌孔，可先在桩孔周边预先注入黏土浆液，增加炉渣的黏聚性。

3）放入钢筋笼（5ϕ18钢筋，箍筋ϕ6@200）至桩底。

4）浇注C20混凝土，振捣密实，养护两周。

5）桩头做小承台（400mm×400mm×200mm），承台顶面低于墙基础底面65cm，承台按构造配筋，C30混凝土。

6）将断面为300mm×300mm，长度为1600mm的预制钢筋混凝土短梁通过基础下地基水平预掏孔水平置入基础下，并清除梁与基础上杂土，用干硬性砂浆填充，横梁下用两台20～30t千斤顶支顶于桩基承台上，千斤顶上下垫$\delta=10$mm厚钢板，尺寸为300mm×300mm。

7）将千斤顶同时缓慢加压各至10t并保持稳定，待灌注桩下沉稳定（0.1mm/h），再用两根100×100角钢支顶，撤出千斤顶，将角钢用钢筋焊接，并用三角铁打入上下缝隙处，使桩、梁与原基础密贴，浇筑C30细石混凝土封桩头。

8）桩间距1.6～1.7m，施工时应相隔两根桩间跳式施工。共需布桩188根，抬墙梁52个。

9）单桩承载力设计值为60kN，极限值为120kN。

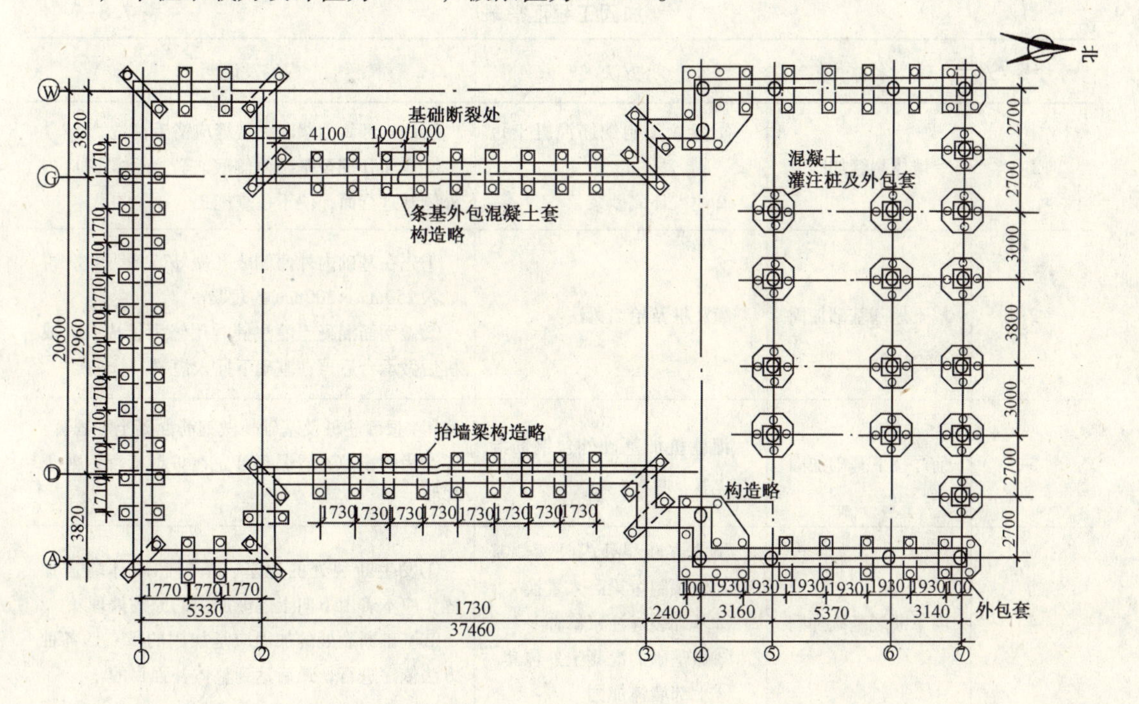

图7.8-28　桩及抬墙梁平面布置图

（3）礼堂前厅柱下基础的加固

1）每根柱子周边布4根ϕ20钢筋混凝土灌注桩；C20混凝土，桩底进入［4］层土30～50cm。共布桩96根，桩长约9m。

2）基础采用扩大钢筋混凝土外包套，共有柱子24根，还有部分桩基采用混凝土外包套和抬墙梁相结合办法加固，见图7.8-28。

3）单桩承载力50kN，每根柱基由桩提供的承载力可达200kN。

（4）墙下开裂的混凝土基础加固（西段）

西段墙下混凝土基础发生断裂，最大裂缝达8mm左右，致使上部墙体相继开裂。为加固这段开裂基础，采取如下技术措施：

1）先在基础顶部的墙体内置换卧入预制钢筋混凝土短梁。

2）卧入的钢筋混凝土短梁上下缝隙应用干硬性水泥砂浆填充，使其与上部墙体和下部基础密贴，能有效地承力。

3）墙体内外两侧共卧两个短梁，应分先后次序快速施工，不要同时施工，不要对墙体发生进一步破坏。而且应本着先修补灌注裂缝墙体后再卧入置换梁的办法施工，使破坏处墙体恢复一定强度。

4）凿毛拟修补处，条形基础外包钢筋混凝土套。

5）基础外包套加固前，在裂缝两侧的抬墙梁均应已做好；否则，会使已做好的修补加固体开裂。

（5）加固工程列于汇总表7.8-5。

（6）桩及抬墙梁平面布置图见图7.8-28。

加固工程汇总表 **表7.8-5**

序号	名称	方法	内容及说明
1	墙体裂缝加固	①置入预制钢筋混凝土短梁 ②注入环氧砂浆	①注入环氧砂浆时，裂缝应凿毛清洗 ②地面开挖至基础西侧底。置入卧梁时应内外侧开进行面，便于检查施工
2	墙下地基基础加固	灌注桩及抬墙梁法	①先在基础内外两侧或孔做ϕ25灌注桩，再插入250mm×300mm的短梁 ②做钢筋混凝土灌注桩时用洛阳铲成孔。成桩后做承台后再在基础下插入短梁
3	前厅柱下基础加固	灌注桩加基础外包钢筋混凝土套	①4根灌注桩及基础外做钢筋混凝土加固套 ②为防止炉渣层塌孔可先在桩地面灌入黏土泥浆
4	墙下断裂基础加固	①先在断裂处内外两侧基础上做预制短梁卧入置换 ②基础裂缝注浆修补 ③做基础的混凝土外包套 ④上部墙体加固	①发生断裂处的地基、基础和墙体均需加固，应本着由下向上逐渐加固的原则处理 ②基础断裂处的加固应是加固的重点，各种方法依序进行，最后达到整体补强目的

四、施工技术要点

小礼堂加固施工的程序框图及施工技术要点略。

［实例十四］　斜岭煤矿破碎软岩巷道注浆加固技术

一、工程概况

斜岭煤矿 +60 m 水平运输大巷埋深 250 m，布置在Ⅲ号煤层底板砂岩中，距煤层的距离一般为7m，最小为4 m。Ⅲ号煤层顶板岩性较弱，主要为节理裂隙发育的页岩。由于煤层自燃发火严重，建矿后采用跨巷开采，即所有底板巷道都不留设保护煤柱，均受到采动影响。巷道断面为直墙半圆拱，宽2. 3 m，墙高1. 4 m，采用料石砌碹支护，碹厚250 mm。上部煤层采过后，巷道变形严重，由于没有及时采取加强支护措施，巷道顶板破碎严重，断面收缩率达到50% 以上。为保证顶板不发生大面积垮落，该矿采用木支架临时支护，导致巷道空间更小，一些地段的巷道高度只有 1. 4 m，严重影响了矿井生产和安全。因此，采用合理的支护方法修复该巷道已成为亟待解决的问题。

二、注浆加固的对策

1. 巷道围岩注浆工艺特点及实施中存在的问题

一般的巷道围岩注浆工艺特点：注浆孔深度较大，通常在 2 m 以上，以保证浆液能充分充填围岩裂隙；注浆压力适中，终压一般控制在 0. 7MPa 以上；注浆施工一步到位，只有发现注浆不充分时才会进行补注。其工序包括喷混凝土、打注浆孔、封孔、注浆等。但是，在斜岭煤矿巷道，按一般注浆工艺施工时存在以下问题：①巷道采用木支架临时支护，正常的喷混凝土作业无法进行；②巷道顶板和两帮岩体极其破碎，存在大量空洞，打 0. 6m 以上的注浆孔时出现严重的卡钻；③ 打出的注浆孔太浅，布袋封孔等封孔方法不适宜；④围岩表面裂隙没有封闭，注浆压力上不去，注浆过程会出现严重的漏浆。

2. 多步注浆新工艺的提出

针对现有的围岩状况，有必要探索两步甚至多步注浆施工方法，打浅孔进行围岩浅部注浆是可行的，孔深可以依围岩条件而定。根据岩体注浆理论及注浆工程实践，采用合适的注浆材料，控制浆液的配比，可以控制浆液的凝结时间，使浆液注入岩体后不久就能凝胶，从而减少漏浆现象。若同时减小注浆的压力，并辅以必要的对围岩表面裂缝的封堵，就能控制漏浆的发生。因此，多步注浆工艺的第一步是巷道围岩浅部注浆。

当巷道围岩浅部一定范围的围岩被浆液充分填满后，凿岩施工的条件大为改善，打深孔进行深部注浆成为可能；同时，围岩表面裂隙被封闭，提高注浆压力也是可行的。因此，多步注浆工艺的第二步是巷道围岩深部注浆。如果在实施第二步注浆后依然不能达到注浆深度的要求，可以在其后进行第三步注浆，甚至进行更多步的注浆。

三、注浆材料与注浆参数

1. 注浆材料

注浆材料种类很多，有水泥浆材、超细水泥浆材、硅酸盐浆材、高水材料、改性环氧树脂浆材、化学浆材、水泥水玻璃浆材等。水泥水玻璃浆材具有取材广、价格低廉、可单双液注浆和凝结时间可调性强等优点，能适应巷道围岩浅部注浆和深部注浆的要求。在该注浆材料中，以水泥为注浆主料，水玻璃作为速凝剂，调节浆液凝结时间。为掌握浆液凝结时间及凝结后的强度，采用普通32.5级水泥和模数3.2、浓度38 Bé的水玻璃，进行了凝结时间及强度实验，结果见表7.8-6。根据表7.8-6中的参数，确定巷道围岩浅部注浆材料的质量配比为1.1∶1∶0.25（水∶水泥∶水玻璃），深部注浆材料的质量配比为1∶1∶0.06（水∶水泥∶水玻璃）。

2. 注浆参数

注浆参数主要包括：注浆孔深度、注浆压力、浆液扩散距离、注浆孔排距、间距。注浆参数选择合理与否，对围岩加固的质量、巷道的稳定、工程成本等影响较大。选择注浆参数主要依据工程的地质情况和现场实际条件。对于围岩深部注浆，可以按常规的方法确定注浆参数；对于浅部注浆，须根据现场实际确定注浆参数。

水泥水玻璃凝结时间及强度试验结果　　表7.8-6

质量配比 水∶水泥∶水玻璃	凝结时间		单轴抗压 强度（MPa）
	初凝	终凝	
1∶1∶0.06	6h58min	13h50min	2.05
1∶1∶0.08	6h18min	12h42min	2.10
1∶1∶0.10	5h40min	11h53min	1.95
1∶1∶0.15	2h58min	6h45min	2.26
1∶1∶0.20	1h18min	3h50min	2.52
1∶1∶0.25	35min	1h56min	2.88
1∶1∶0.3	31min	1h46min	2.83

注：测定的单轴抗压强度为7d的强度。

（1）注浆孔深度。围岩深部注浆时，孔深原则上应能使巷道外侧的松动圈围岩得到水泥浆的充分灌注固结，即注浆加固厚度应与围岩松动圈厚度相等或略大。利用声波测试仪测得围岩松动圈厚度为2.75m，确定围岩深部注浆的注浆孔深度为2.5m。围岩浅部注浆的目的是加固巷道浅部围岩，同时保证围岩深部注浆不出现漏浆。浅部注浆孔的深度依据巷道围岩的凿岩条件而定。围岩太松散，不能打深孔。保证孔深在0.6 m以上，但不超过1m。

（2）注浆压力。该巷道所穿过的岩层含水少，基本无静水压力，注浆压力值只需克服浆液流动时的阻力，同时又不宜使浆液扩散过远，避免注浆材料浪费，使用的围岩深部注浆初压为0.5～0.6MPa，终压为1～1.2MPa。

巷道浅部围岩裂隙非常发育，为防止漏浆，浅部注浆的压力只需保证浆液在围岩中正常流动，注浆初压为0.05MPa，终压为0.1～0.2MPa。

（3）浆液扩散距离。浆液扩散距离可根据注浆施工现场漏浆情况推断。现场观测表明，围岩深部注浆时漏浆点距注浆孔的最大距离为3 m，说明浆液扩散距离达3 m以上。由于巷道浅部围岩裂隙非常发育，注浆时漏浆点距注浆孔的最大距离为10 m，说明个别地点浆液扩散距离达10 m以上。

（4）注浆孔排距、间距。注浆孔排距、间距主要由浆液扩散距离确定，略小于浆液扩散距离，故取深部注浆排距为2.5m。为方便注浆施工并保证巷道帮角注浆效果好，深部注浆间距取1.5m。浅部注浆时漏浆是最难处理的问题，注浆孔的排间距不宜太大，施工中采用的注浆孔排距为2.5 m，间距为1.2 m左右。

四、注浆施工工艺

1. 浅部注浆施工工艺

浅部注浆施工工艺包括封闭围岩表面裂隙、打注浆孔、封孔、注浆和堵漏。

（1）封闭围岩表面裂隙。采用水泥砂浆手工封闭围岩表面裂缝，材料质量配比为1:2:2（水泥:砂子:石子），水灰比为0.4～0.45。对宽度较小的围岩表面裂隙，也可以用黄泥进行充填。

（2）打注浆孔。注浆孔孔径42mm，可用风动凿岩机或电动钻机打眼。巷道断面上每排布置5个注浆孔，间距一般为1.2m，顶板部位可布置密一些，以防严重漏浆。注浆孔空间布置均与岩壁成一定的角度。打巷帮注浆孔时，与岩壁成70°～80°角打孔；打巷道顶板注浆孔时，与顶板岩壁成50°角打孔。

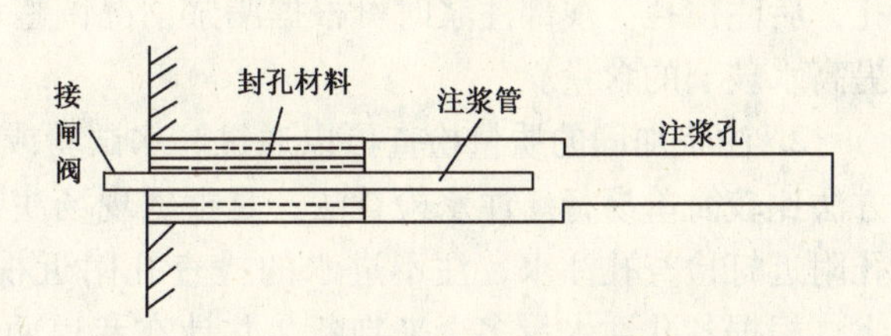

图7.8-29　围岩浅部注浆封孔示意

（3）封孔。采用水泥、水、砂子与水玻璃配制的砂浆封孔。材料质量配比为16:8:8:1（水泥:水:砂子:水玻璃）。封孔方式如图7.8-29所示，封孔步骤为：①用粗钢丝掏出注浆孔内的岩渣，插入短注浆管，并固定好位置；②按上述质量配比配制封孔材料；③将封孔材料送入注浆孔内，并用小木棍将其捣实，封孔长度为250～350 mm。为方便施工，也可以采用黄泥封孔，将黄泥搓成条块状，塞入注浆孔内，并用小木棍捣实。

（4）注浆。为控制凝胶时间，注浆方式采用双液注浆，用QZB-50/6型气动注浆泵。由于选用的注浆泵只能进行等体积双液注浆，必须根据选用的注浆材料，合理配比注浆甲液和乙液。通过配比试验，确定甲液质量配比为0.5:1（水:水泥），乙液质量配比为0.6:0.25（水:水玻璃）。

（5）堵漏。当巷道周边出现漏浆时，应及时封堵漏浆点，堵漏材料可用黄泥。

2. 深部注浆施工工艺

（1）打注浆孔。巷道断面上注浆孔布置如图7.8-30所示。注浆孔可用锚杆钻机、风动凿岩机或电动钻机打眼，采用ϕ42mm的钻头，锚杆钻机的钻头只有ϕ28mm，可采用风动凿岩机扩孔，扩孔长度为1.5m。

（2）封孔。采用布袋封孔，封孔材料为高水材料，水灰比为1.2∶1，封孔方式如图7.8-31所示。

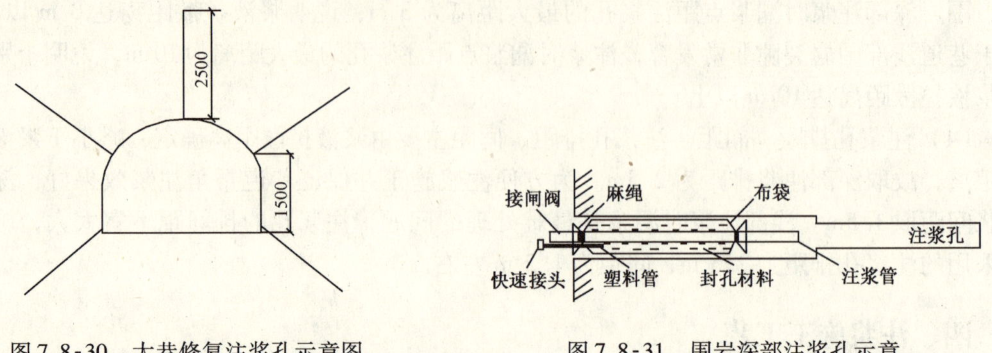

图7.8-30　大巷修复注浆孔示意图

图7.8-31　围岩深部注浆孔示意

（3）注浆。深部注浆使用的注浆泵同浅部注浆，注浆方式采用单液注浆。

五、施工要点与检查

1. 各注浆孔的注浆顺序采用自巷道低处向高处推进的方法，即先注底角孔，再注帮孔，后注顶孔。浅部注浆时可根据漏浆情况调整水玻璃溶液的配比。当漏浆严重时，适当提高水玻璃的含量。

2. 注浆加固的质量检查可以通过注水试验或钻孔取岩芯来进行。一般条件下，前一种方法比较简单易行。注水检查法，是根据现场注浆记录，选定注浆薄弱部位，在已注浆的孔附近打检查孔注水，注不进水的检查孔附近视为满足了注浆质量要求。注浆质量的优劣，根据各孔注水量多少来判断。共计在巷道两帮和顶板位置共打检查孔15个，只有个别孔周围的个别区域有轻微漏水现象，说明浆液已比较充分地充满了巷道围岩裂隙，注浆质量可靠。浅部注浆的质量还可根据打深部注浆孔的情况推断，如果打深孔时依然出现卡钻现象，说明浅部注浆效果不好。另外，打孔时还可看到浆液充满围岩裂隙情况，从而推断注浆加固圈厚度。浅部注浆后，在该巷道打深孔时没有出现卡钻现象，同时观测到围岩浅部0.8 m范围内已充满浆液，说明浅部注浆质量好。

［实例十五］　某多层砖混结构地基压密注浆加固纠倾

一、工程概况

江苏省高邮县北海新村7号住宅楼为4层砖混结构，长30m、宽11m，建于1981年，为筏形基础，基础底板厚25cm。由于基础坐落在软土层上，房屋产生下沉与倾斜。至1990年6月，房屋倾斜率达10.5‰，房屋东西两端与中间的沉降差分别达96mm与157mm，墙体产生多道倒八字形斜裂缝，最大缝宽5.2mm，一般为2mm左右。

二、工程地质条件

该场地地质剖面如图7.8-32所示。各土层主要物理力学性质指标示于表7.8-7中。

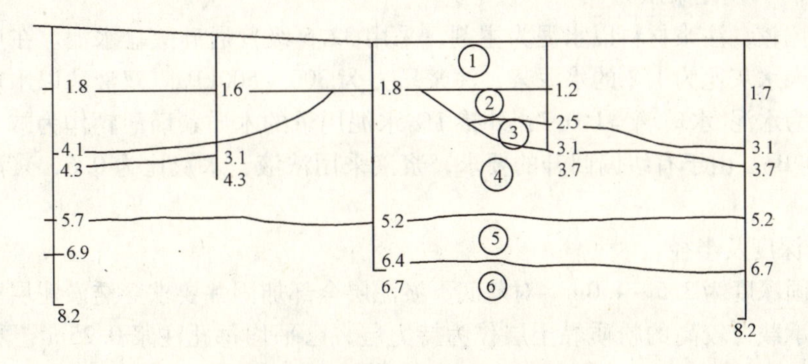

图 7.8-32　7 号住宅楼地质剖面示意图

①—填土；②—淤泥；③—粉质黏土；

④—粉质黏土；⑤—粉土；⑥—粉质黏土

地基土主要物理力学性质指标　　**表 7.8-7**

层序	土　名	厚度（m）	状态	含水量	孔隙比	塑性指数	黏聚力（kPa）	内摩擦角（°）	压缩模量（MPa）	地基承载力（kPa）
1	填　土	1.2～1.8	可塑	50	1.249	27	16	6.5	2.48	90
2	淤　泥	1.0～2.3	流塑	68.8	1.586	29.2	7	2.3	1.31	40
3	粉质黏土	0.5～0.7	可塑	27.7	0.770	17.0	26	18	5.72	230
4	粉质黏土	1.5～3.7	可～硬塑	25.5	0.721	15.1	27	18.9	7.01	250
5	粉　土	0.8～1.5	软～可塑	27.3	0.751	7.7			8.43	180
6	粉质黏土	未穿透	可塑	26.9	0.759	15.2	20	21	9.21	220

由图 7.8-32 及表 7.8-7 可见，作为主要持力层的淤泥土压缩性高，承载力低，而且分布厚薄不均。西端厚 2.3m，东端厚 1.4m，而中间淤泥土缺失，房屋中间部分基础支承在压缩性较低的粉质黏土层上，从而使房屋两端沉降大于中部，造成墙体产生倒八字形斜裂缝。此外，注浆钻孔时发现筏形基础下碎石垫层处理不好，密实度较差。而在 1983 年进行的上部结构抗震加固又增加了房屋自重，促使地基沉降差进一步增大。

三、加固设计与施工

针对事故情况及地基土性质，决定采用注浆法加固。现场试验表明，只注入水泥浆一种浆液的单液法，由于早期强度低，效果不好，产生较明显的附加沉降；而注入水泥浆与水玻璃的双液法，由于浆液可迅速凝固，不但加固体强度高，并能使基础得到一定的回升。因此，对房屋两端的淤泥质土采用调整双液注浆孔位置和加密复注的办法使其回升，而在房屋中部则只注入较稀的水泥浆，促其产生一些附加沉降，从而可达到减少房屋各部位沉降差的目的。

1. 注浆材料及注浆压力

经研究比较，注浆材料以水泥为主剂，采用32.5级普通硅酸盐水泥。在房屋中部采用单液法注入水灰比为1.2的水泥浆，注浆压力为300～500kPa。双液法以水玻璃为速凝剂，其配比为水泥∶水玻璃=1∶0.7，外掺1%水泥用量的木质素磺酸钙作为减水剂。水玻璃浓度为40°Be。由于有纠偏回升的要求，浆液采用浓液，水灰比为0.6，浆液可在十几秒内结硬。

2. 加固深度及半径

注浆加固深度为3.5～4.0m，对基底下淤泥层全部加固并要求穿透淤泥层而进入粉质黏土层，以承载力较高的粉质黏土层作为持力层，已平均每孔注浆0.25m^3。单液法注浆当压力为300～500kPa时，加固半径可达0.5m以上。双液法注浆压力为500～1000kPa，加固半径为0.2～0.3m。

共设计布置了106个注浆孔，室外58孔，室内48孔，孔位布置如图7.8-33所示。

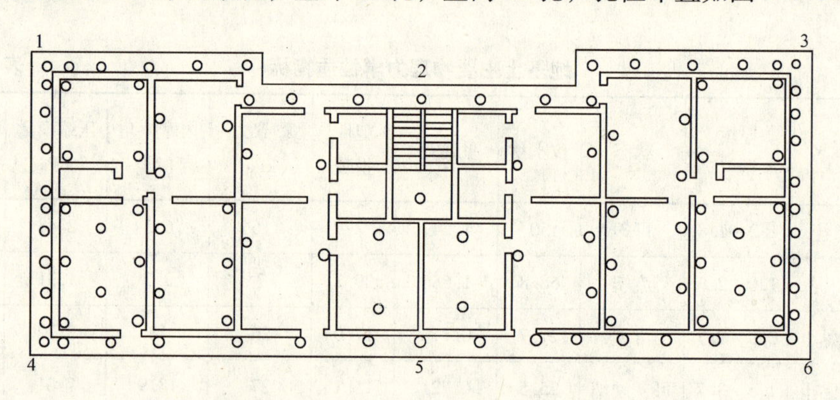

图7.8-33　注浆孔及测点位置示意图

3. 加固施工

本工程注浆加固施工工序如下：

定孔位→凿孔→插管→注浆→提管→复插管→复注浆→拔管→封孔。

（1）打孔及插管：用工程钻机成孔，孔径6～7cm，钻至设计标高后插入注浆管，注浆管采用下部钻眼的花管。

（2）制备浆液：浆液严格按配比要求制备，依次定量加入添加剂，充分搅拌均匀后，水泥浆液应过滤两次后方可使用。

（3）注浆：保证注浆压力稳定及注浆泵正常运转，不得中途停注。如因故停泵，需重新插管补浆，原则上应定量注浆。

（4）提管：提管注浆中要均匀提升注浆管，逐段提升逐段注浆直至地表，可形成糖葫芦状结石体。

（5）二次注浆：当吃浆量过大或对于重点加固区段，可采取二次注浆。即待第二次注浆初凝后，在此孔中重新插管注浆。

（6）冒浆处理：注浆时发现管壁间冒浆或邻孔窜浆时，要停注片刻，待浆液凝固后再注。

（7）停止注浆标准：凡符合下列条件之一即停止注浆：

①浆液从孔口或其他地方冒出；②注浆压力超过规定值；③注浆量超过规定值。

（8）注浆顺序：先室外后室内。每段施工应本着由疏到密、对称均匀的施工顺序，严禁分块集中连续注浆。

（9）注浆同时进行沉降观测，控制各部位基础一次上抬量不超过1cm，总上抬量不超过5cm，避免产生新的裂缝。

四、加固效果

上述注浆施工后进行的沉降观测表明，房屋东西两端均有回升。西端1、4号沉降观测点上升了32.58mm，东端3、6号沉降观测点上升了21.25mm，中间2、5号沉降观测点下沉了18.20mm，房屋最大倾斜率由原来的10.5‰降至7‰。

在注浆试验孔中取出的2cm×2cm×2cm双液法试块，其无侧限抗压强度达到11.7MPa，纯水泥浆单液法试块无侧限抗压强度达到14.3MPa。表7.8-8为加固前后淤泥层物理力学性质对比，由表列数据可见，土的抗剪强度提高了39%~157%，压缩模量提高了157%。

淤泥层注浆加固前后土性比较 **表7.8-8**

	土的状态	含水量（%）	孔隙比	塑性指数	液性指数	黏聚力（kPa）	内摩擦角（°）	压缩模量（kPa）
加固前	流塑	68.8	1.586	29.2	1.41	7	2.3	1.31
加固后	软~流塑	62.4	1.548	25.2	1.05	18	3.2	3.36

[实例十六] 高压喷射注浆法在深基坑支护施工中的应用

一、工程概况

广州地铁二号线磨碟沙站位于海珠区新港东路华南立交以西，赤岗以东，新建的新港东路道路中心附近，呈东西走向。车站设计为地下单层框架结构，全长193.8m，22.4~293.2m不等，底板埋深11.0~14.3m。顶板覆土3 m，总建筑面积9611m^2。

二、地质概况

车间的地质分层自上而下有：

1. 人工填土层：主要为人工堆积的砂土及黏性土、碎砖块、混凝土碎块等，硬质物含量约占40%~60%，层厚1.5~6.6 m，其中在原路面下由于软基处理局部存在间距0.8 m×0.8m、ϕ600的碎石桩，长8~10 m。

2. 海陆交互相沉积层：车站地质资料揭示有两个亚层，即海陆交互相淤泥、淤泥质土层和海陆交互相沉积砂层（淤泥质粉细砂层）。

3. 淤泥质土层：主要为黏粒及有机质，具黏性，局部含粉细砂，呈流塑状饱和，层厚0.9~5.5 m。

4. 海陆交互沉积砂层：以淤泥质粉砂、粉砂、细砂为主，局部地段含少量粉粒及有机质，呈饱和，松散状，层厚2~2.7m。

5. 砂层：主要以粗砂、中砂为主，局部为砾砂，呈中密状，局部松散、饱和，层厚0.5~9.45m。

6. 残积层：主要由粉质土、粉质黏土组成，其中⑤-1亚层为呈可塑状的粉质黏土及呈稍密状的粉土，层厚2.3m；⑤-2亚层为呈硬塑~坚硬状态的粉质黏土及中密~密实状的粉土，层厚1.3~5.3m。

7. 岩石全风化带：岩石已风化成土状或土柱状，较密实，岩石结构已基本破坏，层厚0.6~4.5m。

8. 岩石强风化带：主要由粗砂岩组成，局部为泥质粉砂岩，层厚0.55~9.3m。

三、围护结构方案选择

车站所处的新港东路，是海珠区的主要交通干道，地面交通繁忙，车站南北两侧中高层建筑较多，其中车站南侧邻近基坑的加油站和地下油库离车站围护结构不足7m。车站围护结构采用钻孔桩加三重管高压摆喷桩桩间止水相结合的支护方式。在车站D区，有中国移动光缆32孔（8×4）ϕ100 PVC管，中国联通光缆2孔ϕ100 PVC管以及ϕ800的自来水管通过围护结构上方。

经多次与管线权属部门协商该处管线的迁改工作，但管线迁移进展十分缓慢。为确保车站按期完成，根据地质条件，结合场地环境、经济性、基坑开挖后安全性和类似条件工程施工经验，经过方案比选，否定了采用人工挖孔桩、深层搅拌桩作围护结构的方案，现场采用三重管高压旋喷桩代替钻孔桩加三重管摆喷桩作基坑围护结构。

四、三重管高压旋喷桩施工

1. 三重管高压旋喷桩加固机理

三重管高压旋喷桩是利用水泥等材料作为固化剂，通过专业机械产生的高压水、压缩空气对土体产生的巨大的冲击和搅动作用，使注入的浆液和土拌合凝固为圆形的固结体，形成具有一定整体性、水稳性和强度的水泥土。

2. 三重管高压旋喷桩施工工艺

（1）施工准备：施工场地“三通一平”，指的是水通、电通、料通和场地平整。施工时供水采用ϕ200管道，且保证120m^3/h，电源采用三相五线制，电源电压380±20V，加固料采用42.5R水泥，且在施工场区内数量充足，施工场地基本平整。对场地中的供水管、电路、道路、排泥沟、废浆池及机械设备进行合理布置。水泥要进行垫高覆盖堆放，防止受潮结块。

（2）开挖探槽、精确定出管线位置，在地下管线两侧预埋ϕ150PVC管，防止地质钻机造孔时损坏管线。

（3）用XY-100地质钻机在预埋的ϕ150 PVC管中造孔，孔径ϕ130，深度同钻孔桩桩长，钻孔倾斜度小于1%。

（4）地质钻机造孔结束后，高喷台车立即就位，一边低压喷射水、气，一边下喷射管至设计位置。然后，待高压水、气、浆的压力达到额定值时，按设计提升速度旋转提升至桩顶。

（5）移动高喷台车至下一桩位，用水泥浆回灌，直至水泥浆不下沉为止。

五、质量控制

（1）地质钻机造引孔时，钻头必须严格准确对位，桩位偏差不得大于 ±5cm，并作水平校正，以减少孔位偏差和倾斜。

（2）插入喷射管时，使用低压水和压缩空气，边射水、气边插管，以确保喷射管下到设计深度，要求桩长偏差不得大于 5‰H（H 为桩长）。

（3）正式提升喷浆前，一定要待水压（大于 35MPa）、气压（大于 0.7MPa）、浆压（大于 1MPa）上升至设计值方可提升。提升速度应按设计要求执行，不得加快，一般控制在 5～10cm/min。对桩底、桩顶部位 2m 范围，适当放慢提升速度。

（4）水泥浆液要严格过滤，并设两道过滤网。水泥浆要严格按配合比配置，要预先筛除水泥中的结块。为防止水泥发生离析，灰浆搅拌机在施工中不断搅拌。

（5）严格控制浆液相对密度，当相对密度误差超过 1% 时，应停喷调整水灰比。

（6）拆卸注浆管节造成停喷，续喷时应在停喷点处加深 0.5m，再进行喷射提升。

（7）喷射过程中如未出现冒浆时，增大注浆量，待返浆后再行提升。如出现返浆量过大，可适当加快提升速度。

（8）施工中出现中断供浆、供气、供水，应立即将喷管下沉至停供点以下 0.5m，待复供后再行提升。因故停工 2h 以上，应妥善清洗泵体和喷浆管道；如停供点发生在砂层中，应提管至层顶部，防止埋管。

（9）喷射作业结束后，用水泥浆液灌回灌直至不下沉为止。

（10）喷射作业中，对从孔内返出的废水泥浆用泥浆泵抽至废浆池，并及时外运。

六、质量检验

为确保旋喷桩施工质量，采用下述方法进行加固质量检验：

1. 施工原始记录：详尽、完善、如实记录并及时汇总分析，发现不符合要求的立即纠正。

2. 开挖检验：根据工程设计要求，选取了一定数量的桩体进行开挖，检查加固桩体的外观质量、搭接质量，整体性良好。

3. 取样检验：采用岩芯钻孔取样制成试件，与室内制作的试块进行强度比较，无侧限抗压强度在 1.0MPa 以上。

4. 在挖孔桩及基坑开挖过程中，定期进行建筑物沉降及地面变形、侧向位移等观测。发现变形过大，应及时采取有效措施处理。

七、效果分析

施工中通过利用三重管高压旋喷桩代替钻孔桩加摆喷桩作开挖基坑的支护结构，避免了因管线迁改而耽误工期，根据基坑开挖后成桩的质量情况，基坑侧压的能力远远大于设计值。同时，其经济性非常明显。但其缺点是施工中成桩质量较难控制，产生的废水泥浆多，外运量大。在市政深基坑施工中，在地下管线改移困难、施工场地狭小的情况下利用三重管高压旋喷桩代替钻孔桩加止水帷幕作支护结构，实际施工效果显著。同时，为间隔桩在深基坑支护中的应用提供了一些实例参考。

［实例十七］ 临汾市某楼地基的水泥土搅拌桩处理

一、工程概况

拟建场地位于临汾市河汾路中段北侧，为某单位综合业务楼，地下1层，地上7层(局部8层)。该楼上部结构采用框架结构，呈“L”形。长、宽分别为58.7m和21.5m，钢筋片筏基础，基础埋深－5.60m，地基处理采用水泥土搅拌桩，有效桩长10.5m，要求处理后复合地基承载力≥200kPa，单桩承载力≥230kN，桩体无侧限抗压强度≥2MPa(28d)。根据工程地质勘察资料，场地自上而下涉及的地层见表7.8-9。

地层物理力学参数表　　表7.8-9

地层编号	成因年代	地层岩性	压缩性（密实度）	实测标贯击数（击）	层底埋深（m）	f_s（kPa）
①	Q_4^{2ml}	填　土	高压缩性	4.0～7.0	1.90～3.80	90
②	Q_4^{al}	粉质黏土	中等偏高	3.0～6.0	5.40～8.60	110
③	Q_4^{al}	粉质黏土与黏土互层	中等压缩性	6.0～11.0	9.30～11.30	130
④	Q_4^{al}	淤泥质粉质黏土	高压缩性	3.0～6.0	10.40～16.0	90
⑤	Q_4^{al}	中粗砂	稍　密	13.0～17.0	15.30～16.90	180
⑥	Q_4^{al}	粉质黏土	中等偏低压缩性	14.0～20.0	19.90～21.50	260

二、地基处理参数

1. 桩型、桩径及有效桩长：该拟建建筑物地基采用单头深层搅拌桩（湿法）进行地基处理，桩径为500mm，有效桩长为10m。

2. 桩位布置：等边三角形布桩，桩间距为1.0m，桩土面积置换率为0.227。

3. 水泥用量及要求：每延米水泥用量60 kg，水泥掺入比达到16%，水泥品种采用32.5级矿渣硅酸盐水泥。

4. 桩体强度要求：桩体水泥土28d龄期的无侧限抗压强度≥2.0MPa。

5. 经处理后，要求复合地基的承载力≥200kPa，单桩承载力为230kN。

三、施工工艺

1. 工艺流程

施工工艺流程主要为：平整场地→测放轴线→布置桩位→桩机就位→配制水泥浆液→搅拌下沉至设计标高→喷浆搅拌提升→重复搅拌下沉至设计标高→重复喷浆提升至孔口→结束一根桩的施工→移机到另一桩位，进行下一根桩的施工。

2. 工艺要求

（1）桩位对中误差≤5cm，桩机主动钻杆要保证垂直，倾斜度＜1%，防止斜桩。

（2）水泥浆水灰比为0.5，每米水泥用量≥60kg，凡配制好的水泥浆液如因设备故障时间≥2h，禁止使用。

（3）桩径≥500mm。

（4）四搅二喷搅拌成桩，成桩速度只能使用慢速成桩，提升速度0.5～0.8m/min。

（5）认真、如实填写水泥搅拌桩施工记录表。

四、质量检测

按照有关规范要求，对已完成的搅拌桩采用了四种检验方法，即采用了桩身取芯、复合地基载荷试验、单桩载荷试验和低应变动力检测。

1. 桩身水泥土强度

对本工程桩随机抽取桩芯水泥土试样54件（18组），试验结果分析：试件尺寸为：$\phi=100$mm，$H=100$mm（高径比为1），试样尺寸较规范要求大57%，试验测试值显然偏于安全。

根据该工程54件试件抗压强度值绘制频数－强度直方图表明具有正态分布特征。按《岩土工程勘察规范》（GB50021—2001）统计准则进行数值分析，可满足单侧置信保证率95%的安全度要求，得到的参数如下：

抗压强度平均值为3.72MPa；标准差为1.39；变异系数$\delta=0.37$；统计修正系数$\gamma=0.91$；抗压强度标准值为3.4MPa；满足设计要求的2.0MPa。

2. 单桩竖向抗压静载试验

6根单桩静载荷试验结果见表7.8-10。

6根单桩静载荷试验结果　　**表7.8-10**

桩　　号	1#	2#	3#	4#	5#	6#
总沉降量（mm）	24.5	43.375	40.695	40.540	19.625	33.020
最大加载压力（kN）	460	415（桩头碎裂）			460	415（桩头碎裂）
单桩竖向抗压承载力统计值（kN）	460	370	370	370	460	370
单桩竖向抗压极限承载力（kN）				400		

注：载荷试验压板直径为0.5m。

由上表的实验结果看，

极差：460－370 ＝ 90＜400×30% ＝ 120kN，单桩竖向抗压极限承载力为400kN。单桩竖向抗压承载力特征值200kN，不满足设计要求的230kN。

3. 复合地基载荷试验

6组复合地基载荷试验结果见表7.8-11，由复合地基载荷试验结果看满足设计要求的200kPa。

6 组复合地基载荷试验　　表 7.8-11

桩　号	1#	2#	3#	4#	5#	6#
总沉降量（mm）	2.99	8.460	3.055	1.910	1.775	3.230
最大加载压力（kN）	350	350	350	350	350	350
地基承载力统计值（kPa）	202	202	202	202	202	202
复合地基承载力特征值（kPa）				200		

注：载荷试验压板面积为 0.866m²。

4. 低应变动力检测

采用低应变动力检测 240 根桩身质量，其中Ⅰ类桩 190 根，占被测总数的 79.2%；Ⅱ类桩 39 根，占被测总数的 16.3%；Ⅲ类桩 11 根，占被测总数的 4.5%。

从上述质量检测结果来看，除单桩竖向承载力特征值不满足设计要求外，其余均满足设计要求。

五、加固效果

采用深层搅拌桩（湿法）进行地基处理，工艺简单，技术可行。与其他桩型相比，可省去挖土、填方、运输的工作量，缩短了工期，减小了污染，成本也较低廉。处理后的地基经检验效果较好。

[实例十八]　加筋水泥土桩在基坑支护中的应用

一、工程概况

青岛某广场工程由 1 层地下室组成，基坑周长 367m，开挖深度 5.0～6.0m。基坑西、南两侧为马路，东侧为一步行街，基坑北侧为一幢临建二层楼。二层楼距基坑最近处仅 1.8m，基坑开挖后需保证二层临建的正常使用。场地地层特征如表 7.8-12。

场区地下水类型主要为第四系孔隙潜水，含水层主要为粉砂、粗砾砂层。主要补给源为大气降水，稳定水位 2.40～4.40m。

土涂层物理参数表　　表 7.8-12

土层名称	层厚（m）	γ（kN/m³）	c（kPa）	φ（°）
杂填土	1.30～4.60	18	0	18
粉砂	0.50～1.10	19	0	23
粗砾砂	0.60～4.40	19.5	0	29
含有机质粉土	0.50～2.90	18	24.6	15.3
粉质黏土	1.60～3.30	19.8	28.3	15.4
碎（卵）石混砾砂混黏性土	3.40～5.70	20	30	40
基岩				

二、方案设计

基坑顶部按1∶0.75放坡，挂钢丝网水泥砂浆抹面。设置一排加筋深层搅拌桩挡土、截水。搅拌桩设在距拟建物外墙1.0m处，搭接构成水泥土挡墙。搅拌桩桩径600mm，桩心距450mm，搭接150mm。设计要求水泥土28d无侧限单轴极限抗压强度不小于1.5MPa。搅拌桩隔一桩插入6m长、直径48mm、壁厚2.8mm钢管，钢管顶部插入压顶梁200mm，桩端进入碎（卵）石混砾砂混黏性土不小于30cm，桩长不小于7m。搅拌桩桩顶设计200mm×600mmC25钢筋混凝土压顶梁一道，开挖后坑内每隔15m设置装砂草包扶壁一个。见图7.8-34。

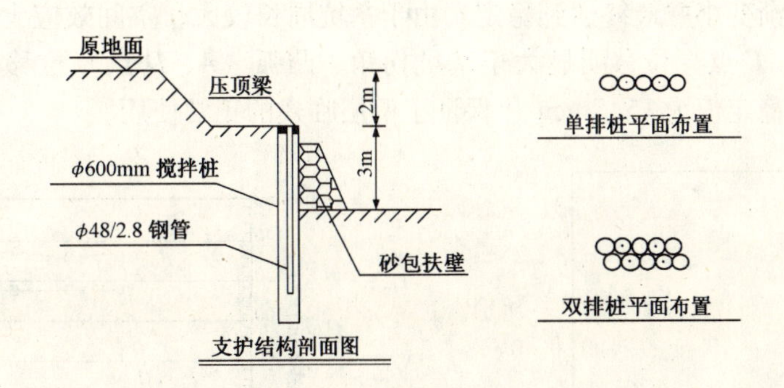

图7.8-34　设计示意图

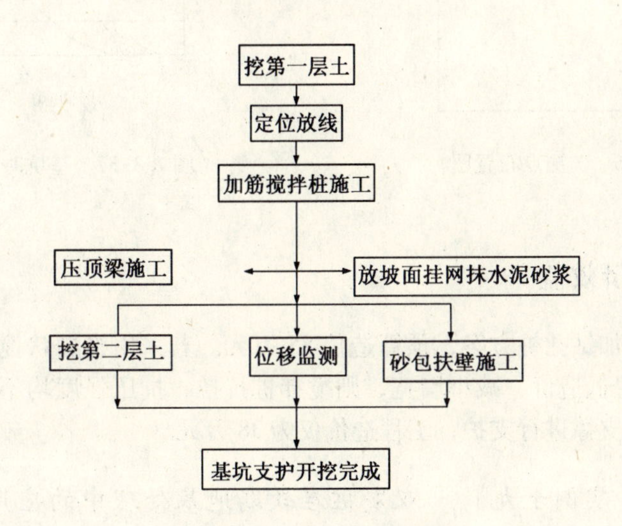

图7.8-35　施工工艺流程图

为保证北侧新建二层砖结构临舍的正常使用，北侧临建位置采用两排加筋搅拌桩，施工工艺同一排，坑内不设砂包扶壁。

为降低搅拌桩造价，同时最大限度地减小主动土压力，搅拌桩施工前，先将场地放坡开挖第一层土至地面以下2m。本工程施工工艺流程如上流程图（图7.8-35）。

三、施工

施工中采用 PO32.5R 普通硅酸盐水泥，水泥掺入比 15%。楼梯间施工时超挖 2m，导致支护结构局部失稳。问题发现后，利用挖掘机压入钢管局部补强，及时排除了险情。

四、开挖监测及施工效果

开挖后帷幕截水效果良好，*A*、*B*、*C*、*D* 四监测点布置如图 7.8-36，基坑位移曲线如图 7.8-37。

由开挖后观测曲线可以看出，基坑开挖后 24 h 内位移加速度最大，砂包扶壁施工以后位移加速度逐渐变小并最终达到稳定。由于基坑周长较大，空间效应十分突出，较长直线段中间点（*B*、*C* 点）位移明显大于基坑拐角、凸弧（*A*、*D* 点）位移。基坑北侧双排桩处，基坑位移稳定值为 15.5 mm，保证了两层临建的正常使用。

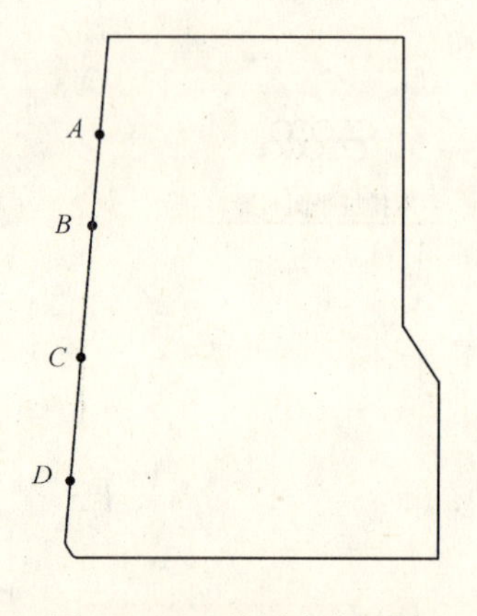

图 7.8-36　监测点布置图

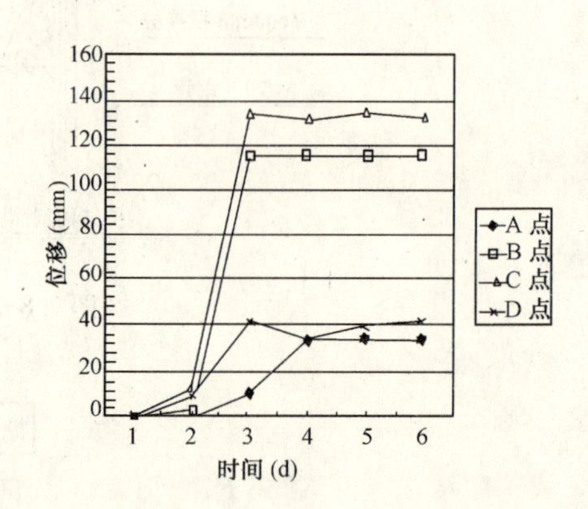

图 7.8-37　基坑时间-位移曲线

五、技术经济效益

原设计搅拌桩加钻孔桩方案，预算造价 85 万元。若采用格栅状搅拌桩需 4 排，预算造价 75 万元。若降低造价、减小墙宽，则搅拌桩抗拉、抗压强度均不满足。采用插管深层搅拌桩结合坑内支撑进行支护，工程造价仅为 38 万元。

［实例十九］　双灰桩在软弱地基处理中的应用

一、工程实例

珠海市响水坑水库管理处办公楼为一栋 5 层砖混结构，根据工程地质勘察报告持力层为软弱亚黏土层，含植物根系、小石子、碎青砖和炭屑，土质稍湿，中压缩性土，承载力为 100 kN /m^2。开挖基槽后，经钻探，基槽下软弱土层深浅不一，一般为 20 m 左右。由于办公楼的上部荷载较大，需要对软弱土进行处理。当持力层为软土层而又不很厚、软土层下为强度较高的土层，一般将软弱土全部挖除，进行换土处理，此法费工费时，不经济。若采用双灰桩对软弱土层进行处理，而不清除软弱土层，桩底可以达到承载力为160kN/m^2 的黏土层，此措施省工省时，较为经济。

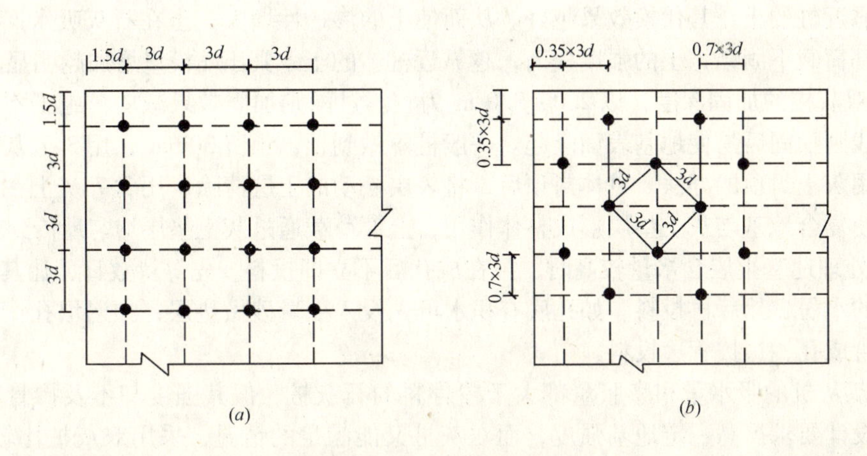

图 7.8-28　双灰桩布置

（a）平行状布置；（b）梅花布置

二、布孔

布孔方式一般有平行状和梅花状布置两种。平行状布置一般用于整体地基软弱；梅花状布置一般用于地基局部软弱，即部分桩基软弱。采用双灰桩处理后，应使局部要处理的地基与不处理的地基的承载力基本一致。两种方式布孔如图 7.8-28 所示。

设计桩径 d =250mm ，桩距 3d = 750 mm ，桩长 2000 ~2500 mm。用料配合比为生石灰∶粉煤灰 =7∶3（体积比）。该工程根据工程地质勘察报告可知，属整体地基软弱，应采用平行状布置。

三、施工方法

施工方法简单，成孔机具利用探钻或卷刃的长把铁铣或小型麻花钻即可。生石灰、粉煤灰按比例拌合好，灌入地基钻孔中，分层夯实。为防止向上膨胀，一般采用灰土封顶。如局部遇到滞留水层或有下水道渗水使土层软化而无法施工时，局部改用碎石桩处理。双灰桩施工完成后，最后立即砌筑基础。这样可以防止地基表面因挤密面隆起，而多一道清除隆起土层的工序。

四、施工效果

工程采用双灰桩进行地基处理后，根据试验资料并参考有关资料在 1 ~2 个月内被挤密的土层承载力一般提高 30% ~50% ，即桩间土承载力提高不太多，但按面积加权平均或通过试验确定的复合地基承载力提高 100% ~150% ，含水量降低 10% ~30% ，孔隙比减小 10% ~20% ，压缩模量提高 40% ~50%。经现场测试，地基承载力提高到150 kN/m^2，建成后使用 1 年多，沉降值为 2 mm 左右，建筑物未出现异常的现象。

五、总结

1. 双灰桩加固地基后，土中代换性钙离子转原土中增加较多，代换性钙离子明显降低，越靠近桩的土，其代换效果越好。从而使土的渗透性增大，土在石灰吸水产生的膨胀力及上部荷载下固结，土的强度提高，越靠近桩体的土，其压缩模量增加越明显。

2. 双灰桩的加固深度，以2.0～3.0 m为宜。过深则加固效果减弱，施工不便且不经济；过浅则加固后易使地基表面隆起。一般桩不做到顶，预留30mm，用3∶7灰土夯填密实，即用灰土封顶的办法。桩体封顶后，将表层松动的土层清除，用3∶7灰土在基槽内做垫层，使复合地基与灰土垫层形成整体作用，上部荷载通过灰土垫层均匀地传到其中去。

3. 处理地基土层含水量较高时，可在成孔后不立即投料。先等待数日，让其扩散或下渗过多的水份，然后再投料。如孔底有积水可先投入少量砂做垫层；如遇塌孔情况时，可用钢套管成孔，边拔管边投料。

4. 双灰桩的吸水量和膨胀量都大于掺骨料的石灰桩，但其强度却不及掺骨料的石灰桩。在设计要求提高一定地基强度，而双灰桩又能满足的情况，采用双灰桩比较经济的。双灰桩适合于含水量较高的呈酸性的黏性土及软黏土，不适合有地下水流的砂土，因为有地下水流的砂土会影响双灰桩的硬化，所以要根据软土地基的情况和设计要求选择桩型，这样综合效益更好。双灰桩还有另一重要作用，其膨胀量大，利用此特点可调整地基变形，以适应倾斜建筑物纠偏的需要。

[实例二十]　温州泽雅水库溢洪道裂缝化学灌浆

一、工程简介

泽雅水库位于温州西部，鸥江支流戍浦江流域主流藤桥江中游的鸥海区泽雅镇境内，是温州市重点工程及中期供水规划的主要水源。整个工程由大坝、溢洪道、供水隧洞等组成。大坝坝体为混凝土面板堆石坝，坝顶高程113.8 m，坝高78.8 m，坝顶长308 m，坝底宽200 m；溢洪道位于大坝右岸，距右坝肩90m，净宽36m，为闸门控制正堰岸坡式溢洪道。计三孔，单孔净宽12m，设三扇弧形闸门。溢洪道由进水明渠（0～31至0+0.00）、控制系统（即闸墩、闸门、交通桥、启闭机室组成）、溢洪堰槽（0+20.00～0+143.00）等组成。进水明渠平均长度86m，净宽46 m，底部高程98 m，溢洪道堰顶高程102 m，闸墩顶部高程113.858～118.8 m，泄洪槽底板混凝土设计厚度为0.75 m，坡度为1∶3，水平长度143.49 m，中部断开，设置有沉陷缝，末端挑流鼻坎收缩至26.40 m。主体工程于1996年3月11日正式开工，于1998年3月大坝主体工程建设完成。经过几年运行，由于原建筑物本体存在有质量问题，溢洪道两侧挡墙及闸墩、堰顶、挑流鼻坎，均不同程度地出现裂缝及渗漏水。为确保水库大坝和溢洪道安全运行，需要进行处理。

二、裂缝产生原因

1. 工程完工后暴露于大气中，造成局部混凝土碳化损伤；

2. 闸墩结构单薄（边墩厚2m、中墩厚2.5m），控制系统所有动载结构装置都以闸墩为支撑点，荷载相对较大，造成应力集中，引起闸墩产生较多裂缝，闸墩是这次施工的重点之一；

3. 混凝土施工缝拉开；

4. 由于闸室溢流堰基础不均匀沉陷，引起闸室底板上产生一条贯穿性裂缝；

5. 地下水的影响及岩体约束，进水明渠及溢洪堰槽的右岸挡墙造成伸缩缝及裂缝渗水。

三、处理方案

1. 渗水缝（伸缩缝和裂缝）：要求堵水防渗，在缝侧钻电锤斜孔与缝相交，灌KLY-G3型水溶性聚氨酯。该浆液凝胶时间可调，它遇水反应产生弹性凝胶堵住漏水，能适应缝的季节变化，其性能指标见表7.8-13。

灌浆用材料及相应技术指标 表7.8-13

材料指标	KLY-G3	KLY-G1
黏度（厘泊）	40~80	1.8~2.5
相对密度（g/cm^3）	1.05~1.1	1.03~1.07
粘结强度（MPa）	1~1.8	1.7~1.9
抗压强度（MPa）		80~100
抗拉强度（MPa）		12.5~14.8
抗渗等级	P15	P15
伸长率（%）	300	
膨胀率（%）	≥350	
毒性	聚合体无毒	聚合体无毒
特点	遇水发生固化反应，固化时间在几十秒至几分钟之间可调。固结体有较好的弹性，遇水膨胀，适宜于灌伸缩缝、渗水缝	可根据裂缝类型，配制相应浆液。可用于潮湿缝灌浆。这种浆材亲水性较好，固结体强度高，属于补强材料
优缺点	单组分材料，使用简便，渗透力强，适用于堵水防渗	黏度小，渗透力强，固化物强度高，适用于细微裂缝补强灌浆

2. 一般干裂缝和施工缝：要求补强，在缝侧钻电锤斜孔与缝相交，沿裂缝涂刷环氧稀胶泥封闭裂缝。固化后，由钻孔灌KLY-G1型环氧补强浆材，其性能指标见表7.8-13。

3. 对左闸室底板与基岩连通的贯穿性裂缝，布置深浅两排斜孔，深孔灌KLY-G3水溶性聚氨酯，以充填堵塞基岩裂隙通道；浅孔灌KLY-G1环氧补强浆液，达到充填混凝土内部孔隙，粘结裂缝，恢复结构整体。

四、施工情况

1. 清孔后，孔内插入特制的小型专用灌浆塞，灌浆前连接泵体管路。

2. 灌浆方式采用自下而上、单液法、单孔逐一灌注。

3. 灌浆压力控制：无论何种灌浆，开始时须控制灌浆压力和进浆速率。对于伸缩缝，开灌后待浆液绕过止水片漏出浆液初凝后，提高灌浆压力至1MPa；对于施工缝和裂缝，采用逐步升压，控制灌浆压力低于结构设计允许的最高压力，一般控制在1.0～1.5MPa。

4. 结束标准：无论是防渗还是补强灌浆，均应做到缝内浆液充填饱满，以缝面和邻孔出浆后，达到设计灌浆压力，保压灌浆20min。

5. 在一个区域灌浆完毕验收后，采用磨光机打磨。清理干净后，涂刷改性水泥浆，提高处理效果，起到保护作用，达到色泽与混凝土相近。

五、技术经济效益

施工中采用了新技术、新工艺、新材料，确保工程质量，经过有关各方通力协作，按期完成了溢洪道工程的处理任务，工程使用至今仍正常使用。

[实例二十一]　某焦化厂塔罐群地基单液硅化加固

一、工程概况

某焦化厂回收车间洗氨、洗萘、洗苯塔罐群是由5个直径1.5m、高23m的钢贮罐组成，基础为整体现浇钢筋混凝土，基底宽4m、长15m，埋深2m，基础下为30cm厚灰土垫层，总荷载约为4200kN。由于附近排水沟积水外流，渗入基础下土层，导致地基大范围湿陷，基础最大沉降30cm。由于沉降不均匀，造成塔罐倾斜，塔顶偏移15cm，使回收工艺生产无法正常进行。

二、地质条件

该场地位于渭北石川河东岸Ⅱ级阶地上，背靠黄土塬，黄土层厚16.6m，下伏卵石层。

建厂时的工程地质勘察将该场地评价为Ⅲ级自重湿陷性黄土地基（根据黄土规范BJG20—66评价标准），严重浸水后局部地基湿陷性已降为Ⅰ～Ⅱ级，表7.8-14为地基加固前在塔罐基础周围补勘的4个钻孔资料。由表7.8-14中所列数据可见，地基浸湿很不均匀。湿陷性土层厚度为10.4～13.9m，其地质剖面示于图7.8-39中。

加固前塔罐群地基湿陷性　　表7.8-14

湿陷量／钻孔编号	自重湿陷量				分级湿陷量（cm）			
	计算深度（m）	是否已达非湿陷土层	计算自重湿陷量（cm）	湿陷类型	计算湿陷土层深度（m）	是否已达非湿陷土层	分级湿陷量（cm）	湿陷等级
77	8.6	未达	10.8	自重	13.9	已达	38.8	Ⅱ
78	11.6	未达	26.9	自重	12.6	未达	31.6	Ⅱ
79	12.3	未达	35.5	自重	12.3	未达	45.1	Ⅲ
80	10.4	已达	12.3	自重	10.4	已达	19.3	Ⅰ

注：上表分类划级标准按BJG 20—66规范规定。

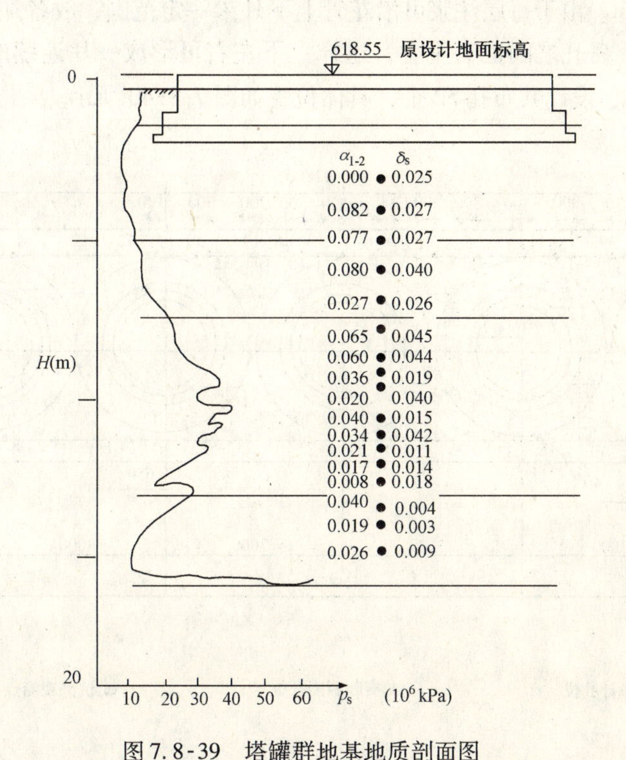

图 7.8-39 塔罐群地基地质剖面图

注：1. 图中所示 α_{1-2} 与 δ_s 值系 4 个钻孔平均值，土层划分也是 4 孔平均值；

2. 静力触探 p_s 曲线系取有代表性的 79 号钻孔

三、加固试验

在加固现场进行了单、双液硅化加固试验。试验用的水玻璃模数为 2.6～2.8，浓度为 19～22°Bé，氯化钙溶液浓度为 15°Bé，两种溶液体积比为 1∶0.5。试验测得硅化加固体无侧限抗压强度平均值单液法为 380～440kPa，双液法为 430～670kPa，充盈系数平均值为 0.57。试块在水中浸泡 20d 强度基本无变化，湿陷性完全消除。

四、加固设计

虽然通过试验表明，双液法加固强度比单液法高，但由于双液法施工中易造成堵管，而过高强度在工程上必要性不大，因此，本工程最终选定采用 19°Bé，水玻璃溶液的单液法加固。

根据场地地质条件及构筑物荷载情况，设计加固深度自灰土垫层往下为 4.4m，距地表 6.7m。该深度处附加压力与自重压力比值为 0.15，已达压缩层下限。黄土地基的湿陷可划分为由自重压力引起的自重湿陷及由附加压力引起的外荷湿陷，一般外荷湿陷影响深度均不超过压缩层深度，所以上述加固深度相当于外荷湿陷范围已全部得到加固。根据本场地加固试验结果，近似取每一灌注孔平均加固半径为 0.4m，注浆管带孔眼部分长 1.0m，共分 4 个加固层，每层厚 1.1m。由于每层注浆可沿花管上下外渗一定范围，故各加固层之间略有重叠。灌注孔孔距 0.7m，各孔之间也有重叠，这样上下左右可形成一片连续的加固体。灌注孔沿基础周边布置一排，设计共布孔 52 个，具体位置如图 7.8-40 所示。

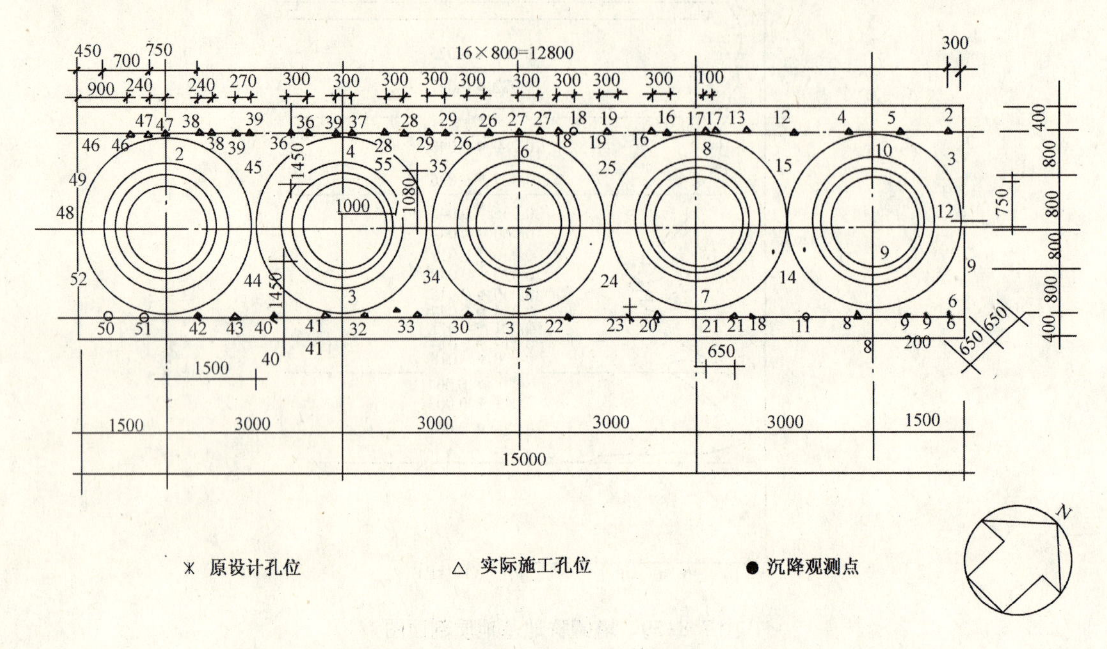

图 7.8-40　塔罐群地基硅化加固灌注孔布置图（尺寸单位：mm）

每孔溶液注入量按下式计算得出：

$$V = K\pi r^2 nl = 1.2 \times 0.57 \times 3.14 \times 0.40 \times 0.5 \times 4.4 = 0.756\text{m}^3 = 756\text{L}$$

上式所取充盈系数 K 比试验值提高 20%，以弥补黄土大孔隙及湿陷裂隙造成部分浆液流失的影响。土的孔隙率 n 为 50%。

因划分为 4 个加固层，故每层注入量为 189L。

五、加固施工

灌注管的埋设采用三角架通过定滑轮由人工拉锤击入预定孔位土层中。注浆是自上而下分层进行的，这样可以防止自下而上进行时，由于拔管引起的管壁与土层间松动而造成的浆液外冒现象。当灌注管打入第一层深度后即进行灌注，达到设计注入量后再继续锤击灌注管使之进入第二层，如此循环作业，直到第 4 层灌完为止。因地基存在湿陷裂隙，为弥补跑浆造成的溶液流失，在灌注第 4 层时，将溶液注入量适当提高到 215L。最后施工的是位于各塔罐之间的 14、15、24、25、34、35、44、45 号，共 8 个孔位。这 8 个孔从上至下只灌注了 3 层，但将第 3 层注浆量提高到 1000L，以尽可能扩大加固范围。

此外，有 4 个灌注孔在压力很低情况下进浆速度很快，估计是孔周围存在裂隙或空洞。为保证加固质量，补灌了水灰比为 1∶1 的纯水泥浆 550L。

本工程总计注入 41°Bé 水玻璃 25t，加固土体积 128m³，平均每加固 1m³ 黄土约需水玻璃 200kg。

六、加固效果

加固前在塔罐基础上共设置了10个沉降观测点，如图7.8-40所示。加固施工完成时测得基础平均附加下沉为13.4mm，最大附加下沉量为18mm，各沉降观测点之间差异沉降较小。试验时所取的土试样浸泡在水中历时7年仍完好无损，无崩解现象。

加固后对塔罐体垂直度进行了校正，至今生产一直正常进行。

参考文献

1. 袁海军，姜红主编．建筑结构检测鉴定与加固手册．北京：中国建筑工业出版社，2003
2. 华南理工大学等编．地基及基础．北京：中国建筑工业出版社，1991
3. 宋彧主编．工程检测与加固．北京：科学出版社，2005
4. 柳炳康，吴胜兴，周安主编．工程结构鉴定与加固．北京：中国建筑工业出版社，2000
5. 曹双寅，邱洪兴，王恒华编著．结构可靠性鉴定与加固技术．北京：中国水利水电出版社，2002
6. 张有才等编著．建筑物的检测、鉴定、加固与改造．北京：冶金工业出版社，1997
7. 张永钧，叶书麟主编．既有建筑地基基础加固工程实例应用手册．北京：中国建筑工业出版社，2002
8. 建筑地基基础设计规范（GB50007—2002）．北京：中国建筑工业出版社，2002
9. 岩土工程勘察规范（GB50021—2001）．北京：中国建筑工业出版社，2001
10. 建筑地基基础工程施工质量验收规范（GB50202—2002）．北京：中国计划出版社，2002
11. 建筑地基处理技术规范（JGJ79—2002）．北京：中国建筑工业出版社，2002
12. 既有建筑物地基基础加固技术规范（GBJ123—2000）．北京：中国建筑工业出版社，2002
13. 曾国熙等主编．地基处理手册．北京：中国建筑工业出版社，1993
14. 唐业清主编．简明地基基础设计施工手册．北京：中国建筑工业出版社，2003
15. 唐业清主编．土力学基础工程．北京：中国铁道出版社，1998
16. 陈仲颐，叶书麟等．基础工程学．北京：中国建筑工业出版社，1990
17. 杨顺安等．软土理论与工程．北京：地质出版社，2000
18. 叶书麟编著．地基处理．北京：中国建筑工业出版社，1988
19. 唐业清主编．建筑物改造与病害处理．北京：中国建筑工业出版社，2000
20. 唐业清主编．特种工程新技术．北京：中国建材工业出版社，2006
21. 经明．临汾市某楼地基的水泥土搅拌桩处理．岩土工程界，第8卷（3）
22. 李锡武，罗勇军．双灰桩在处理软弱地基中的应用．内蒙古水利，2004（2）
23. 孙涛等．加筋水泥土桩在基坑支护中的应用实例．城市勘测，2002
24. 樊盛祥，曹光钊．温州泽雅水库溢洪道裂缝化学灌浆．化灌科技网，2005（9）
25. 李树清等．斜岭煤矿破碎软岩巷道注浆加固技术研究．煤炭科学技术，2005（2）
26. 涂光祉．塔群地基硅化加固的试验研究与施工实践．西安冶金建筑学院学报，1979（4）
27. 石凯旋，李亮．桩式托换技术在某车站风雨棚工程中的应用．西部探矿工程，2005（2）
28. 许禄．桩底后压浆技术在建筑物基础加固中的应用．中国科技信息，2005（14）
29. 张一松．采用抬墙梁法加固地基基础．同煤科技，2001年6月第2期（总第88期）
30. 林青霞．万家寨水电站1#～6#机组下机架基础补强加固处理．电力学报，2003（4）
31. 张惠东．坑式静压桩在某旧楼扩建及基础加固中的应用．广东土木与建筑，2004（11）
32. 李兴武，乔凤龙．高压喷射注浆法在深基坑支护施工中的应用．山西建筑，2005（5）
33. 王为民．扩底墩坑式托换技术在工程中的应用．建筑技术，2002（6）
34. 唐业清主编．基坑工程事故分析与病害处理．北京：中国建筑工业出版社，1999